Microsoft Office 2010 从入门到精通

恒盛杰资讯 编著

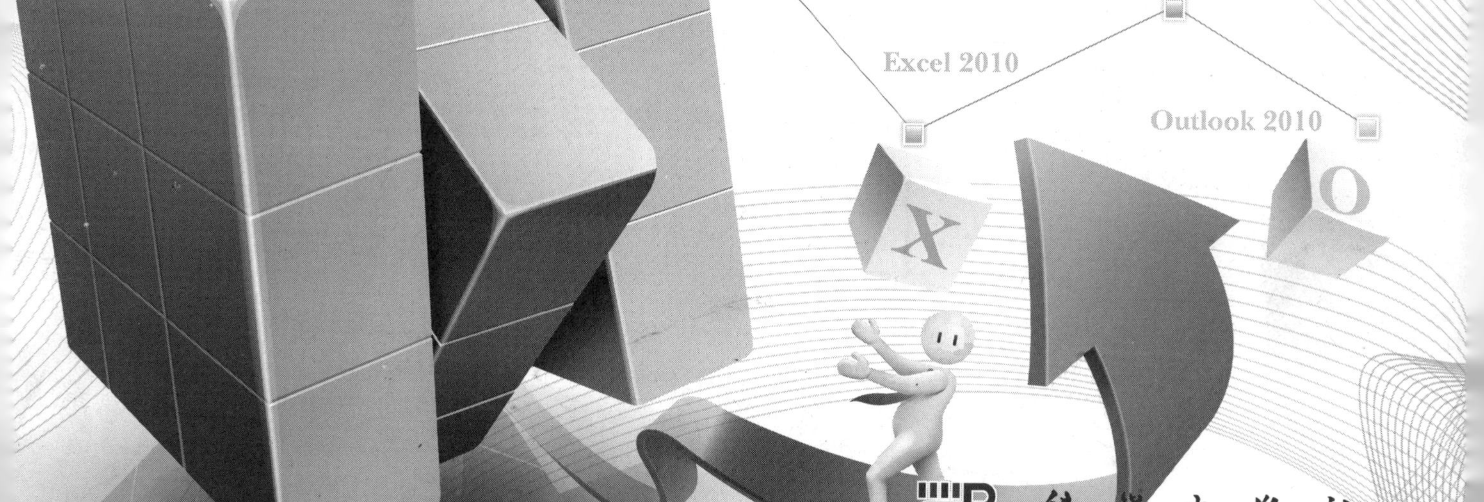

Word 2010

PowerPoint 2010

Excel 2010

Outlook 2010

科学出版社

内 容 简 介

Word、Excel 和 PowerPoint 是微软公司推出的 Microsoft Office 系列套装软件中的三大重要组成部分，当前的最新版本是 2010。Word 的特长是制作专业的办公文档、可供印刷的出版物；Excel 的特长是制作直观的图形、专业的图表；PowerPoint 的特长是制作具有专业外观的演示文稿。同时，由于 Word、Excel 和 PowerPoint 同为 Office 组件，有很强的兼容性，因此被广泛应用于文秘办公、行政管理、财务出纳、市场营销、学校教学和协同办公等事务中。

本书针对学会应用 Office 三大组件的必备知识，结合读者的学习习惯和思维模式，编排、整理了知识结构；又精心设计了本书的图文结构，力求使全书的知识系统全面、实例丰富、步骤详尽、演示直观。确保读者学起来轻松，做起来有趣，在办公实践中不断提高自身水平，成为 Office 办公应用高手。

全书共分 5 篇 25 章。其中，Office 组件篇包括第 1～2 章，先后介绍了三大组件 Word 2010、Excel 2010 和 PowerPoint 2010 三大软件的操作界面、新增功能，以及新建、保存、打开等基本操作。Word 篇包括第 3～10 章，主要介绍 Word 2010 文字处理软件，内容包括 Word 2010 的视图方式、文档格式的设置、在文档中插入与编辑图片、表格在办公文档中的应用、样式与查找/替换功能、文档的自动化处理、文档审阅与安全设置，以及文档的页面布局与打印。Excel 篇包括第 11～19 章，由浅入深地介绍了 Excel 的基础操作、数据的格式规范设置、工作表的美化与保护、公式与函数的应用、商务数据的分析与处理、数据透视表和数据透视图的应用、页面布局与打印工作表，以及链接的应用与自动化办公等内容。PowerPoint 篇包括第 20～24 章，主要介绍 PowerPoint 2010 演示文稿制作软件，内容涉及幻灯片基础操作、添加对象、设置演示文稿风格、动画设置、幻灯片的放映与共享等内容。综合演练篇即第 25 章，以“制作月工作报告”为例，综合运用三大组件，为读者演示了一个完整的办公案例的制作过程。

本书配 1 张 CD 光盘，内容极其丰富，含书中所有实例的原始文件和最终文件，以及时长约 353 分钟的 171 个操作实例的视频教学录像，以便于读者及时动手按照视频演示操练。

本书可供广大使用 Office 的办公从业人员，如文秘、行政、财务、人事、营销、技术人员，作为提高办公技能的参考用书，还可以供培训班作为 Office 培训教材。

图书在版编目（CIP）数据

Office 2010 从入门到精通/恒盛杰资讯编著.—北京：科学出版社，2010

ISBN 978-7-03-029260-5

Ⅰ.①O… Ⅱ.①恒… Ⅲ.①办公室－自动化－应用软件，Office 2010 Ⅳ.①TP317.1

中国版本图书馆 CIP 数据核字（2010）第 202358 号

责任编辑：杨 倩 吴俊华 / 责任校对：杨慧芳

责任印刷：新世纪书局 / 封面设计：锋尚影艺

科学出版社 出版

北京东黄城根北街 16 号

邮政编码：100717

http://www.sciencep.com

中国科学出版集团新世纪书局策划

北京艺辉印刷有限公司印刷

中国科学出版集团新世纪书局发行 各地新华书店经销

*

2011 年 1 月 第 一 版 开本：大 16 开

2011 年 1 月第一次印刷 印张：30.5

印数：1—5 000 字数：816 000

定价：60.00 元（含 1CD 价格）

（如有印装质量问题，我社负责调换）

前言

Preface

Word、Excel和PowerPoint是微软公司推出的Microsoft Office系列套装软件中的三大重要组成部分，当前的最新版本是2010。Word的特长是制作专业的文档，用它可以方便地进行文本输入、编辑和排版，实现段落的格式化处理、版面设计和模板套用，生成规范的办公文档、可供印刷的出版物等。Excel的特长是制作电子表格，可以方便地输入数据、公式、函数以及插入图形对象，实现数据的高效管理、计算和分析，生成直观的图形、专业的图表等。PowerPoint的特长是制作演示文稿，用它可以方便地添加文档、图表、动画和音频等文件，实现简便、省时而风格高度统一的制作流程，生成具有专业外观的演示文稿。同时，由于Word、Excel和PowerPoint这三款软件同为Office组件，彼此的兼容性很强，可以轻松地实现格式转换和内容套用，制作出更具专业外观的文档来，因此被广泛应用于文秘办公、行政管理、财务管理、市场营销、学校教学和协同办公等事务中。

那么怎样才能又快又好地学会Office 2010，抓住软件的关键技法，转变为有实用意义的技能呢？本书正是针对初、中级读者的这一需求编写的实例型教程，全书从实用角度出发，将Office 2010三大组件的基础知识和日常应用做了详细介绍。在介绍知识点时，采用阶梯式递进的方法，便于读者扎实根基、稳步前进。例如，首先是引导读者从整体认识Office 2010三大办公组件，并介绍了它们的通用操作，这样在后面的学习过程中，读者就不用反复学一些相似的内容，缩短学习时间。接着，分为Word、Excel和PowerPoint三大篇，分别介绍各自的基础操作和重点功能。在每篇的知识中，首先对各组件的功能进行介绍，接下来以详尽的图解实例操作步骤的方式，对所介绍的知识点进行演练。在这一过程中读者能够更详细、更清楚地了解软件的功能以及应用方法。在全书的最后，综合三大软件的使用方法，练习制作了一个较为复杂的实例，便于读者融会贯通，感悟它们彼此协作的效果。

本书内容

本书针对Office三大组件于实际操作中所必须了解的使用需求，结合读者的学习习惯和思维模式，编排、整理了知识结构；又精心设计了本书的图文结构，力求使全书的知识系统全面、实例丰富、步骤详尽、演示直观。确保读者学起来轻松，做起来有趣，在办公实践中不断提高自身水平，成为Office办公应用高手。

书中精选了171个典型实例，涵盖了Office三大组件热点问题和关键技术，并进行了大量套用于实际工作的练习。全书按Office组件篇、Word篇、Excel篇、PowerPoint篇以及综合演练篇进行讲解，可以使读者在短时间内掌握更多有用的技术，快速提高Office三大组件应用水平。

全书共分5篇25章。其中，Office组件篇包括第1～2章，先后介绍了三大组件Word 2010、Excel 2010和PowerPoint 2010三大软件的操作界面、新增功能，以及新建、保存、打开等基本操作。Word篇包括第3～10章，主要介绍Word 2010文字处理软件，内容包括Word 2010的视图方式、文档格式的设置、在文档中插入与编辑图片、表格在办公文档中的应用、样式与查找/替换功能、文档的自动化处理、文档审阅与安全设置，以及文档的页面布局与打印。Excel篇包括第11～19章，由浅入深地介绍了Excel的基础操作、数据的格式规范设置、工作表的美化与保护、公式与函数的应用、商务数据的分析与处理、数据透视表和数据透视图的应用、页面布局与打印工作表，以及链接的应用与自动化办公等内容。PowerPoint篇包括第20～24章，主要介绍PowerPoint 2010幻灯片制作软件，内容涉及幻灯片基础操作、添加对象、设置演示文稿风格、动画设置、幻灯片的放映与共享等内容。综合演练篇即第25章，以“制作月工作报告”为例，综合运用三大组件，为读者演示了一个完整的办公案例的制作过程。

本书特色

1. 循序渐进

本书从整体认识Office 2010三大组件开始，首先介绍了它们的安装方法、工作界面、新增功能，以及三大组件的通用操作；然后按篇分别介绍了Word 2010、Excel 2010和PowerPoint 2010软件的常规功能和具体应用；最后通过一个综合实例概括应用三大软件，进一步体现三大软件互相协作办公的特色。

2. 理论结合实践

在介绍Office知识点的同时结合实际工作中的一些实例，做到理论与实践相结合。本书采用知识点与实例相结合的手法，对于具体的操作步骤，使用编号加图注的方式，使得读者能在更短的时间内阅读和掌握本书内容。

3. 突出Office 2010的新功能

本书在写作时，特别突出了Office 2010中一些对实际工作非常有效的新功能，比如屏幕快照、迷你图等。对于Office的老用户来说，可以快速掌握这些新功能，从而提高读者的应用水平。

超值光盘

随书的1张CD光盘内容非常丰富，具有极高的学习价值和使用价值。

1. 完整收录的原始文件、最终文件

书中所有实例的原始文件和最终文件全部收录在光盘中，方便读者查找、学习。

2. 交互式多媒体视频语音教程

对应书中章节安排，收录了书中171个操作实例的配音视频演示录像。

3. 其他

使用本书实例光盘前，请仔细阅读后面的“光盘使用说明”。

作者团队和读者服务

本书由恒盛杰资讯组织编写。如果读者在使用本书时遇到问题，可以通过电子邮件与我们取得联系，邮箱地址为1149360507@qq.com，我们将通过邮件为读者解疑释惑。此外，读者也可加本书服务专用QQ：1149360507与我们联系。由于编者水平有限，疏漏之处在所难免，恳请广大读者批评指正。

编 著 者

2010年12月

光盘使用说明

How to use the CD-ROM

多媒体教学光盘的内容

本书配套的多媒体教学光盘内容包括实例文件和视频教程，课程设置对应图书章节的组织结构。其中，实例文件为书中重要操作实例在制作时用到的文件，视频教程为实例操作步骤的配音视频演示录像，播放总时间长达353分钟。读者可以先阅读书再浏览光盘，也可以直接通过光盘学习Office 2010的使用方法。

光盘使用方法

1. 将本书的配套光盘放入光驱后会自动运行多媒体程序，并进入光盘的主界面，如图1所示。如果光盘没有自动运行，只需在“我的电脑”中双击光驱的盘符进入配套光盘，然后双击start.exe文件即可。

图1　光盘主界面

2. 光盘主界面上方的导航菜单中包括“多媒体视频教学”、“实例文件”、“浏览光盘”和“使用说明”等项目。单击“多媒体视频教学”按钮，可显示“目录浏览区”和“视频播放区”，如图2所示。

图2　视频播放界面

光盘使用说明

3. “目录浏览区”是书中所有视频教程的目录，“视频播放区”是播放视频文件的窗口。在左侧的“目录浏览区”中有以章序号顺序排列的按钮，单击按钮，将在下方显示以节标题或实例名称命名的该章所有视频文件的链接。单击链接，对应的视频文件将在“视频播放区”中播放。单击“视频播放区”中控制条上的按钮可以控制视频的播放，如暂停、快进；双击播放画面可以全屏幕播放视频，如图3所示；再次双击全屏幕播放的视频可以回到如图2所示的播放模式。

图3　全屏播放效果

4. 通过单击导航菜单（见图4）中不同的项目按钮，可浏览光盘中的其他内容。

首页 | 多媒体视频教学 | 实例文件 | 浏览光盘 | 使用说明 | 征稿启事 | 好书推荐

图4　导航菜单

5. 单击“浏览光盘”按钮，进入光盘根目录，双击“实例文件>第11章”文件夹，可看到如图5所示的原始文件和最终文件，在Excel 2010软件中直接调用即可。

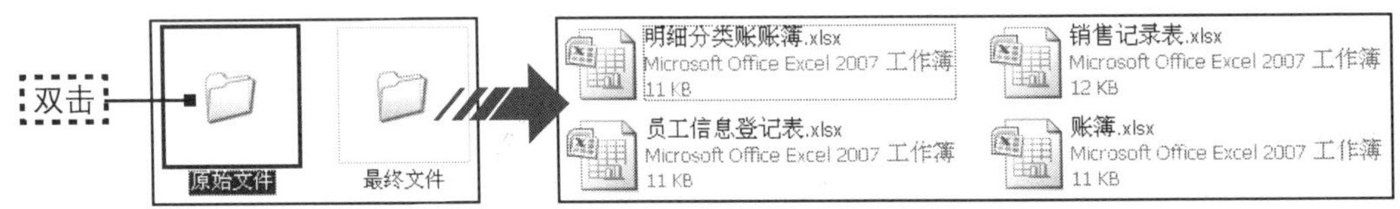

图5　直接浏览光盘中文件

6. 单击“使用说明”按钮，可以查看使用光盘的设备要求及使用方法。

7. 单击“征稿启事”按钮，有合作意向的作者可查询我社的联系方式，以便取得联系。

8. 单击“好书推荐”按钮，可以浏览本社近期出版的畅销书目，如图6所示。

图6　好书推荐

目录 CONTENTS

第 2 篇 Word 篇 ······34

目录 CONTENTS

目录 CONTENTS

目录 CONTENTS

目录 CONTENTS

第 4 篇 PowerPoint 篇 ······378

目录 CONTENTS

Part 1 Office组件篇

Chapter 01

从整体认识Office 2010三大办公组件

2010年5月13日，微软在中国与全球同步面向企业级市场发布了新一代商业软件平台，Microsoft Office 2010是其中之一。新版Office 2010提供了一些更加丰富和强大的新功能，让用户可以在办公室、学校、家里、酒店等不同地方更高效地完成工作。无论是从功能上，还是从操作界面美观上，它比以往任何一个版本都更加人性化、更加贴近用户的工作和生活。

1.1 安装Office 2010

在使用Office 2010软件之前，用户需要通过正规途径购买Microsoft Office 2010软件安装盘，然后就可以开始安装了。如果当前计算机中安装有低版本的Office软件，用户可以直接升级安装。其具体安装步骤如下。

步骤1 将安装盘放进光驱，随后屏幕上会弹出如图1-1所示的对话框，即可开始Microsoft Office 2010软件的安装。

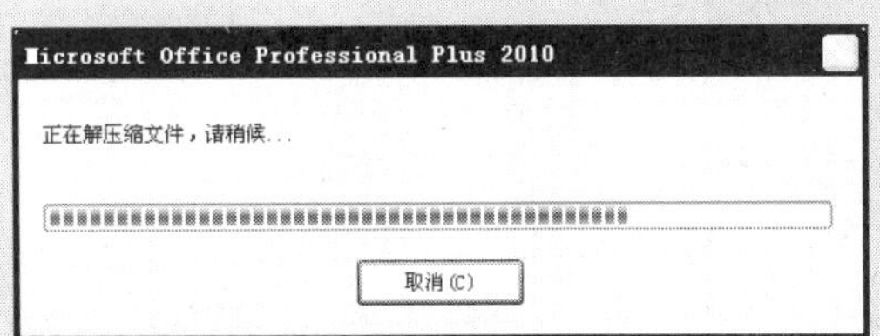

图1-1　开始安装

步骤2 随后弹出“阅读Microsoft软件许可证条款”的对话框，Step1勾选“我接受此协议的条款”，Step2单击“继续”按钮，如图1-2所示。

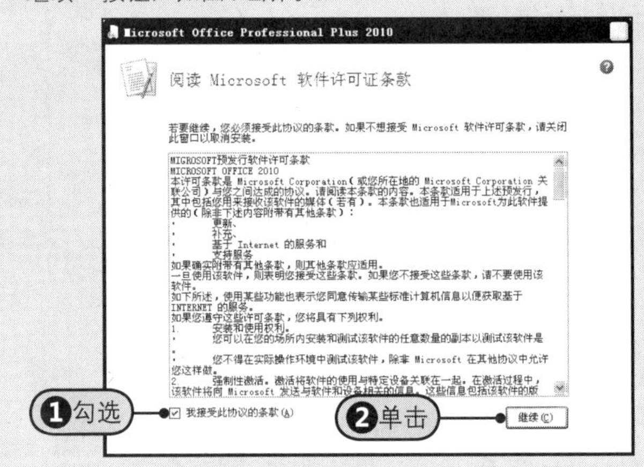

图1-2　勾选“我接受此协议的条款”复选框

步骤3 Step3在“选择所需的安装”对话框中单击“升级”按钮，如图1-3所示。

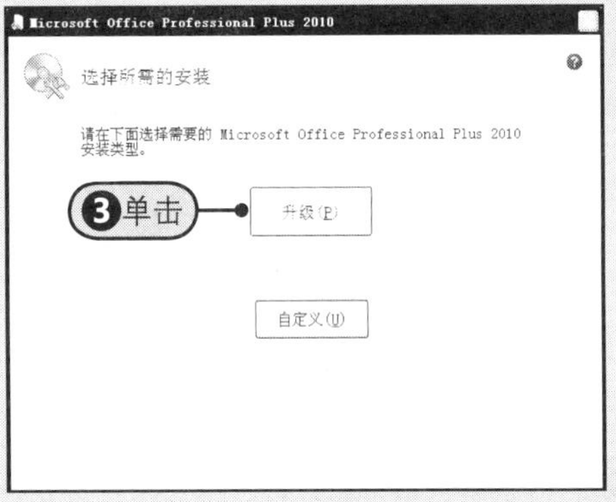

图1-3　选择需要的安装类型

步骤4 Step4在“升级早期版本”对话框中选中“保留所有早期版本”单选按钮，如图1-4所示。

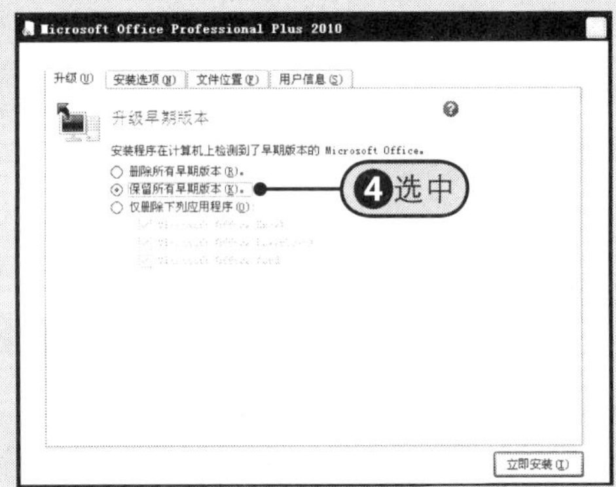

图1-4　选择处理早期版本的方式

步骤5 Step5单击“安装选项”标签，可以在相应的选项卡中自定义要安装的组件，如果要完全安装，请保留默认设置，如图1-5所示。

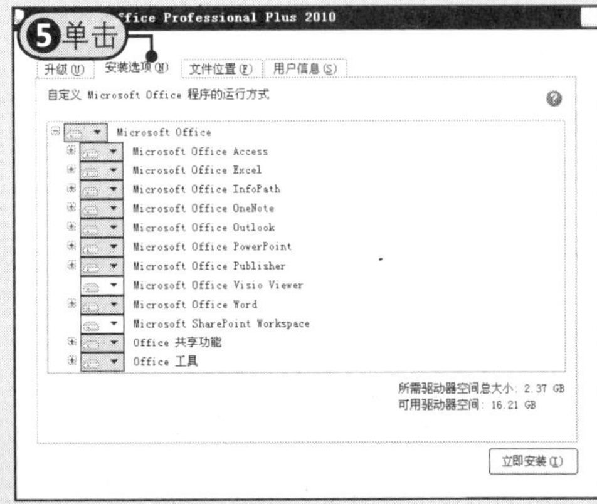

图1-5　设置安装选项

步骤6 Step6单击“文件位置”标签，可以在展开的选项卡中设置文件的安装位置。Step7手动修改安装位置，将默认的盘符C修改为D，如图1-6所示。

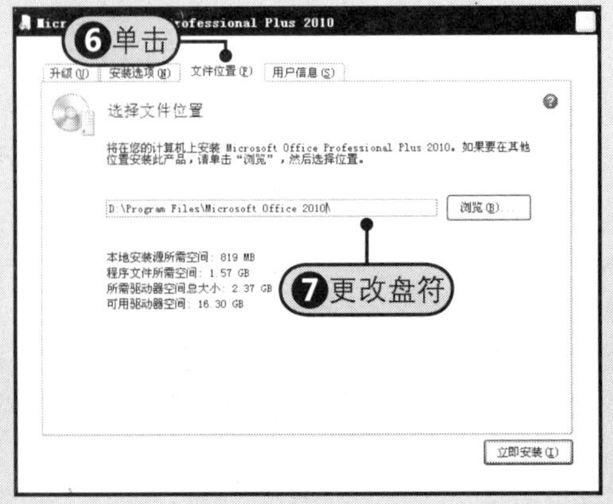

图1-6　设置文件位置

7 步骤 Step 8 单击“用户信息”标签，可以在“输入您的信息”区域内设置用户的姓名与公司，如果不想输入用户信息，Step 9 请直接单击“立即安装”按钮，如图1-7所示。

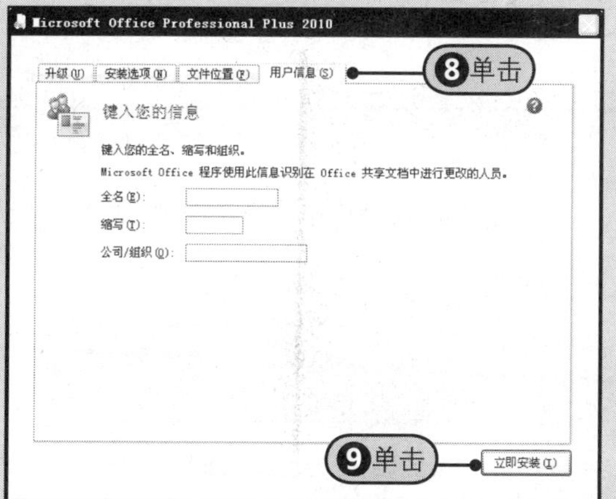

图1-7 设置用户信息

8 步骤 随后对话框会显示安装进度，并开始复制数据，如图1-8所示。

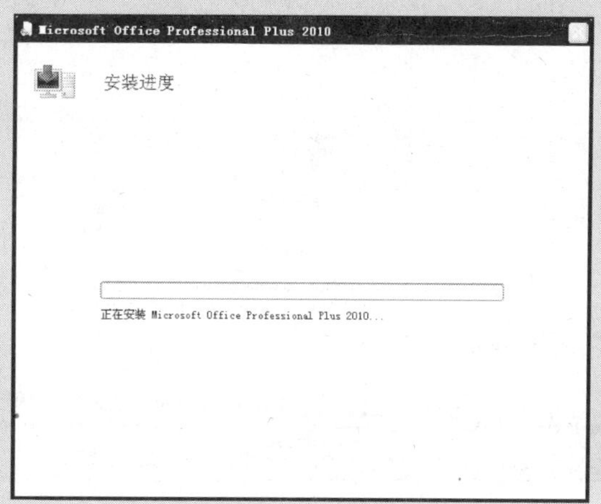

图1-8 显示安装进度

9 步骤 安装完后，屏幕上会弹出如图1-9所示的对话框。

图1-9 完成安装

10 步骤 随后屏幕上弹出如图1-10所示的“安装”对话框，提示用户重新启动计算机，Step 10 单击“是”按钮即可。

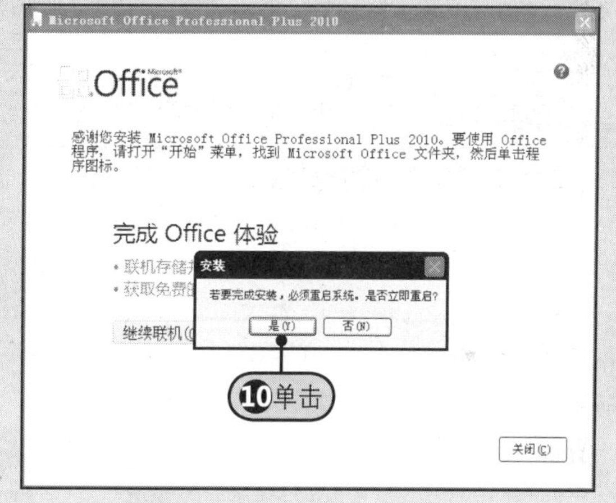

图1-10 提示重新启动计算机

1.2 Office 2010的工作界面

在Office 2010软件安装成功后，也许您已经迫不及待了吧！心里不停地在想Office 2010 会给我们的眼球带来怎样的视觉冲击呢？先睹为快，首先就来看看Office 2010中三大主要组件的工作界面吧！

1.2.1 Word 2010的操作界面

本节介绍一下文字处理软件Word 2010的工作界面，可以从整体和局部两方面来体验。

1 界面整体风貌

启动Word 2010后，它的整体界面就呈现在用户的眼前。从整体上看，整个操作界面可分为四大块，分别是控制和功能区域、导航窗格区域、用户编辑区域及状态栏区域，如图1-11所示。

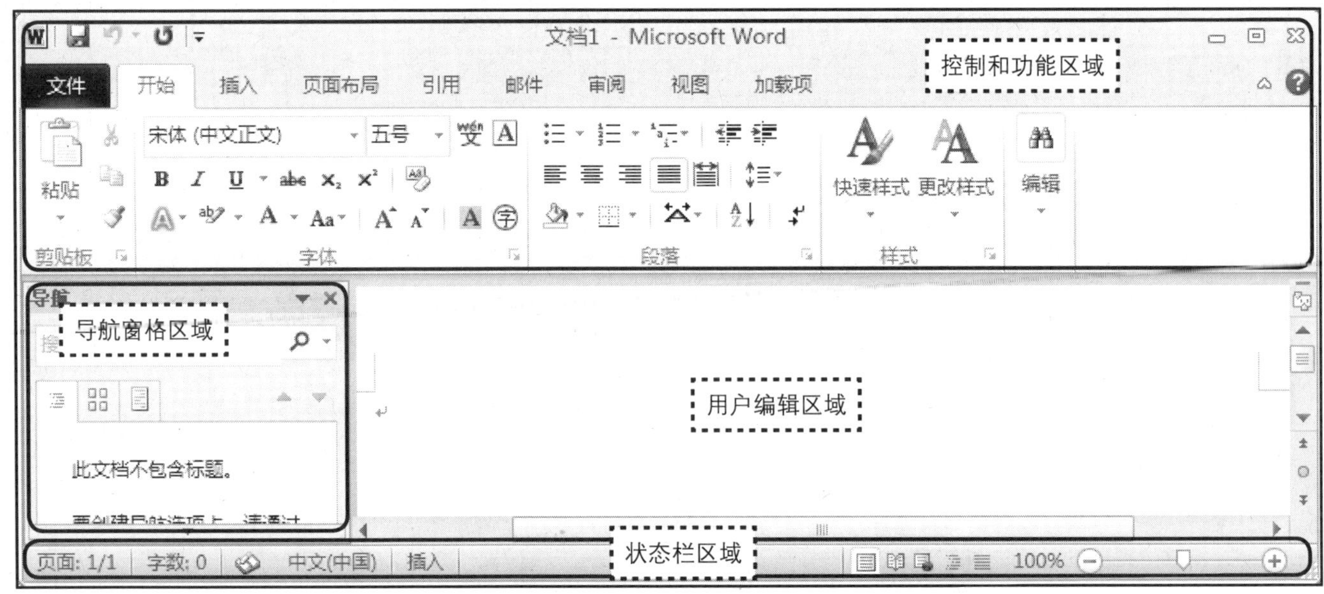

图1-11 Word 2010整体界面效果

❷ 认识控制和功能区域

Word控制和功能区域，即操作界面的上半部分，主要包括：窗口控制菜单按钮、快速访问工具栏、标题栏、窗口控制按钮、“文件”按钮、选项卡、组及功能区按钮，如图1-12所示。

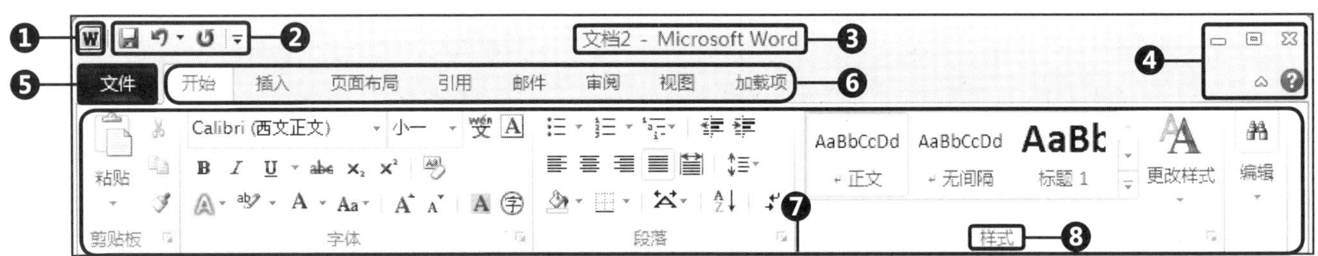

图1-12 控制和功能区

该区域各部分的名称及功能详解如表1-1所示。

表1-1 控制和功能区域各部分名称及功能

编　号	名　称	功 能 及 说 明
❶	窗口控制菜单图标	单击该图标可打开窗口控制菜单，对当前窗口进行移动、调整大小、最大化、最小化及关闭等操作
❷	快速访问工具栏	该工具栏中集成了多个常用的按钮，例如：“撤销”、“打印”按钮等，在默认状态下集成了“保存”、“撤销”、“恢复”和“打印”按钮
❸	标题栏	显示文档标题，并可以查看当前Word文档的名称
❹	窗口控制按钮	从左到右分别为使窗口最小化、最大化及关闭的控制按钮；按钮用于显示或隐藏功能区；按钮用于获取Word 2010帮助信息
❺	“文件”按钮	单击该按钮，可显示文档的保存、打开、关闭、信息及打印等操作
❻	功能区标签	显示各个集成Word功能区的名称
❼	功能区	在功能区中包括很多组，并集成了Word的很多功能按钮
❽	组名称	各个功能组所显示的名称，如“剪贴板”、“字体”等

❸ 认识用户编辑区域和状态栏

接下来认识操作界面的用户编辑区域和状态栏。编辑区域是指用户输入文字的空白区域，相当于一张白纸，而在页面的左侧和底部分别有垂直滚动条和水平滚动条，用来拖动查阅整个文档；状态栏区域包括当前文档的页码和字数统计信息、语言、编辑状态、右侧的视图切换按钮、缩放比例等，如图1-13所示。

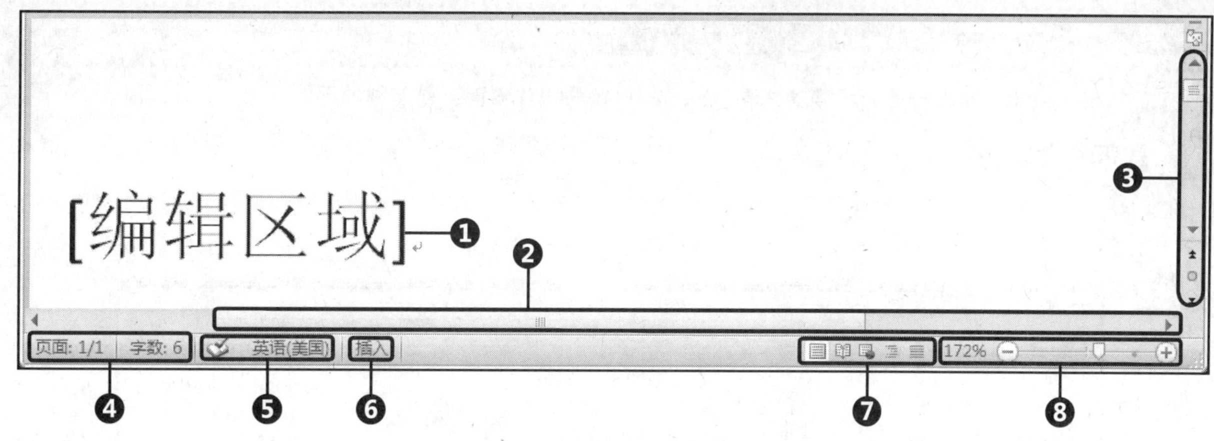

图1-13 用户编辑区域及状态栏

该区域各部分名称及功能详解如表1-2所示。

表1-2 用户编辑区域和状态栏各部分名称及功能

编 号	名 称	功能及说明
❶	编辑区域	可供用户输入内容的区域
❷	水平滚动条	拖动可左、右调节要查看的页面区域
❸	垂直滚动条	拖动可上、下调节要查看的页面区域
❹	文档的页码和字数统计	显示当前文档的页码和字数。单击可分别打开“定位”和“字数统计”对话框
❺	显示系统语言（地区）	显示当前计算机所使用的语言及注册地区
❻	插入或改写状态	显示当前的输入状态是“插入”，还是“改写”，可按键盘上的Insert键在“插入”与“改写”之间切换
❼	视图按钮	单击其中某一按钮可切换至所需的视图方式下
❽	显示比例	通过拖动中间的缩放滑块可以更改工作表的显示比例

❹ 导航窗格区域

在默认的方式下启动Word 2010新建文档时，界面中会显示“导航”窗格，如图1-14所示。用户可以使用“导航”窗格来快速查看文档中的标题、文档的页面，或者在文档中直接搜索要查看的内容。

“导航”窗格中各组成元素的名称及功能如表1-3所示。

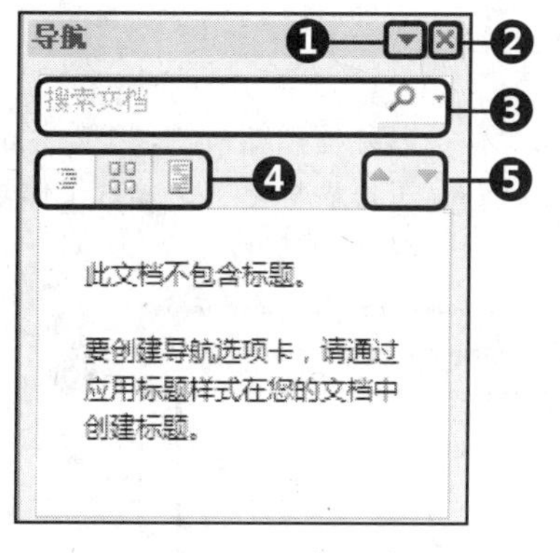

图1-14 “导航”窗格

表1-3 “导航”窗格各部分名称及功能

编 号	名 称	功能及说明
❶	任务窗格选项	单击该按钮，打开“任务窗格选项”菜单
❷	“关闭”按钮	单击该按钮，关闭“导航”窗格
❸	搜索窗格	用来在文档中搜索，还可以查找选项及设置其他的搜索命令
❹	浏览切换按钮	用来切换在“导航”窗格中显示的对象，单击按钮可显示标题，单击按钮可显示页面，单击按钮可显示搜索结果
❺	上下移动按钮	用来在上一标题和下一标题，或者上一页面和上一页面之间移动

提示

新建文档时隐藏“导航”窗格

如果希望在新建文档中隐藏“导航”窗格，可以在“视图”选项卡中的“显示”组中取消勾选“导航窗格”复选框。当再次新建文档时，将自动隐藏“导航”窗格。

1.2.2 Excel 2010的操作界面

在了解了Word 2010的操作界面后，接着来看看Excel 2010的操作界面又是怎样的呢？

❶ 界面整体风貌

启动Excel 2010后，可看到它的整体界面与Word 2010的有点类似，整个操作界面可分为四大块，分别是控制和功能区域、名称框和编辑栏区域、工作表编辑区域及状态栏区域，如图1-15所示。

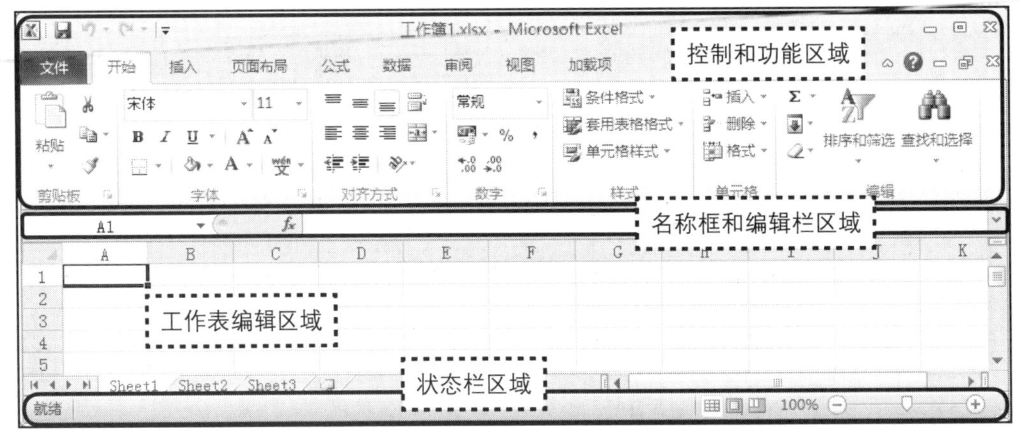

图1-15 Excel 2010整体界面效果

❷ 认识控制和功能区域

Excel控制和功能区域，即操作界面的上半部分，主要包括：窗口控制菜单按钮、快速访问工具栏、标题栏、窗口控制按钮、“文件”按钮、选项卡、组及功能区按钮，如图1-16所示。Excel 2010的控制和功能区域与Word 2010的功能完全类似，这里就不再详细介绍，读者可以参考表1-1。

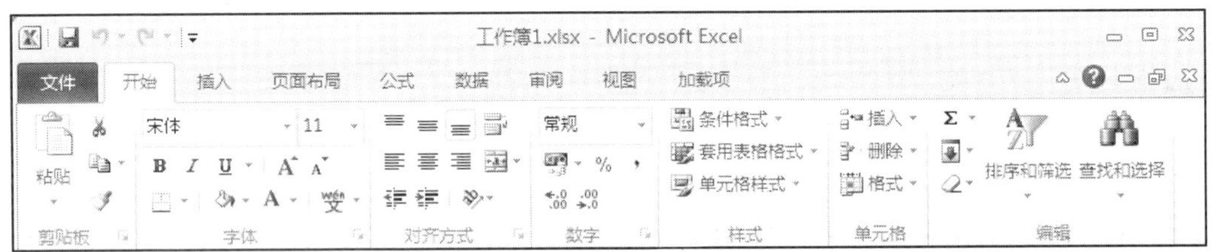

图1-16 控制和功能区

❸ 认识编辑栏、工作表编辑区域及状态栏区域

与Word 2010操作窗口不同的是，Excel 2010的操作界面上增加了编辑栏，编辑栏包括名称框和编辑栏。编辑栏的下方是工作表编辑区域，该区域包括“全选”按钮、行标、列标、单元格、工作表移动按钮、工作表标签、“插入工作表”按钮及水平和垂直滚动条。最下方的是状态栏，主要包括状态标识、视图切换按钮和显示比例，如图1-17所示。

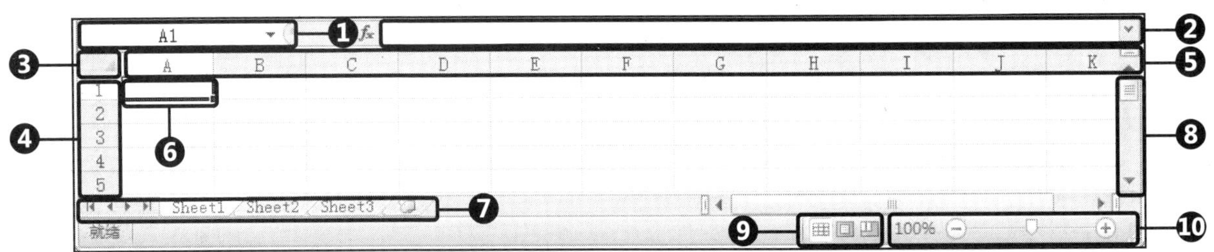

图1-17 用户编辑区域及状态栏

Excel 2010中的编辑栏、工作表编辑区域和状态栏区域各部分名称及功能详解如表1-3所示。

表1-3 Excel编辑栏、工作表编辑区域和状态栏区域各部分的名称及功能说明

编 号	名 称	功 能 及 说 明
❶	名称框	用来显示当前单元格或单元格区域的名称
❷	编辑栏	在编辑栏中可以向当前单元格输入文本、字符或公式

续表

编号	名称	功能及说明
❸	“全选”按钮	单击该按钮，用于选定整个工作表所有的单元格
❹	行号	用来显示工作表的行序号
❺	列标	用来显示工作表的列序号
❻	单元格	其为工作表中最小的对象，可供用户输入数据；四周显示黑色边框的，为活动单元格，也可称为当前单元格
❼	工作表标签	按钮用来移动向左或向右滚动工作表标签，工作簿默认有3个工作表，分别为Sheet 1、Sheet 2、Sheet 3，按钮的作用是插入新工作表
❽	滚动条	滚动条包括水平滚动条和垂直滚动条，可在水平和垂直方向滚动查看工作表
❾	视图按钮	在工作表的各个视图之间切换
❿	显示比例	用来设置Excel窗口的显示比例

1.2.3 PowerPoint 2010的操作界面

PowerPoint和Word、Excel等组件一样，都是由Microsoft公司推出的Office系列办公软件之一。它主要用于演示文稿（也可称为幻灯片）的创建，以辅助演讲、教学、产品展示等。那么，PowerPoint 2010的整体风貌又是怎样的呢？

❶ 界面整体风貌

启动PowerPoint 2010后，可以看到它的整个操作界面分为三大块，分别是控制和功能区域、幻灯片编辑区域和状态栏区域，如图1-18所示。

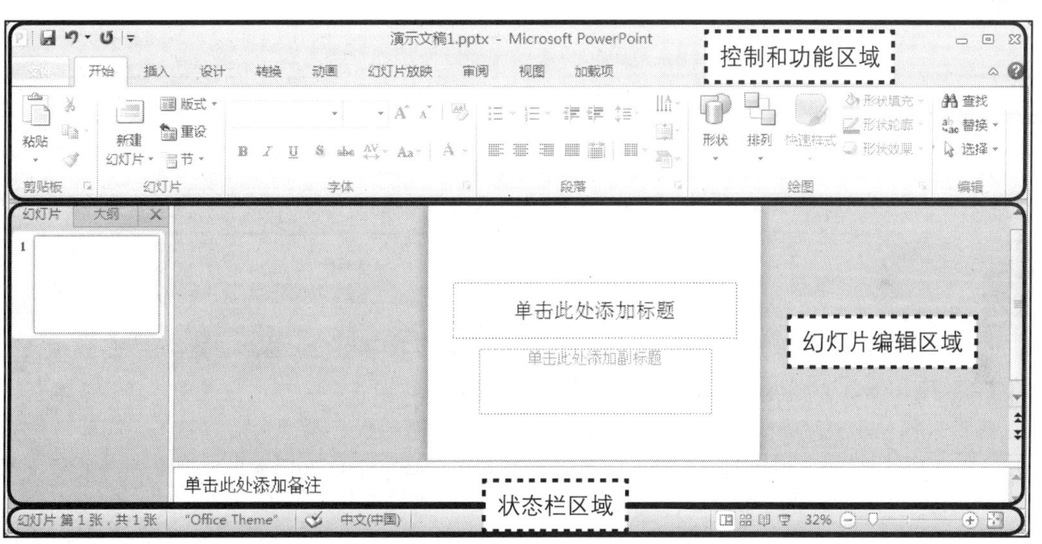

图1-18 PowerPoint 2010整体界面效果

❷ 认识控制和功能区域

Power Point控制和功能区域，即操作界面的上半部分，主要包括：窗口控制菜单按钮、快速访问工具栏、标题栏、窗口控制按钮、“文件”按钮、选项卡、组及功能区按钮，如图1-19所示。该部分名称及功能与Word 2010的类似，读者可以参考表1-1。

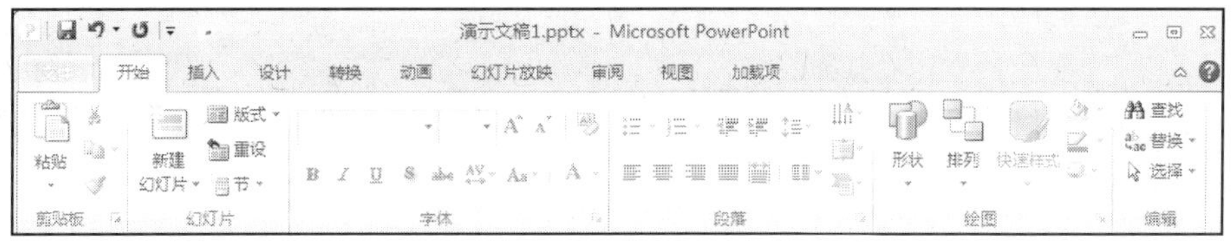

图1-19 控制和功能区

❸ 认识幻灯片编辑区域和状态栏区域

幻灯片编辑区域包括缩略图窗格、幻灯片页面区域和备注区域。演示文稿的状态栏包括幻灯片编号、当前主题、语言、视图按钮、显示比例及快速调整幻灯片以适应窗口按钮，如图1-20所示。

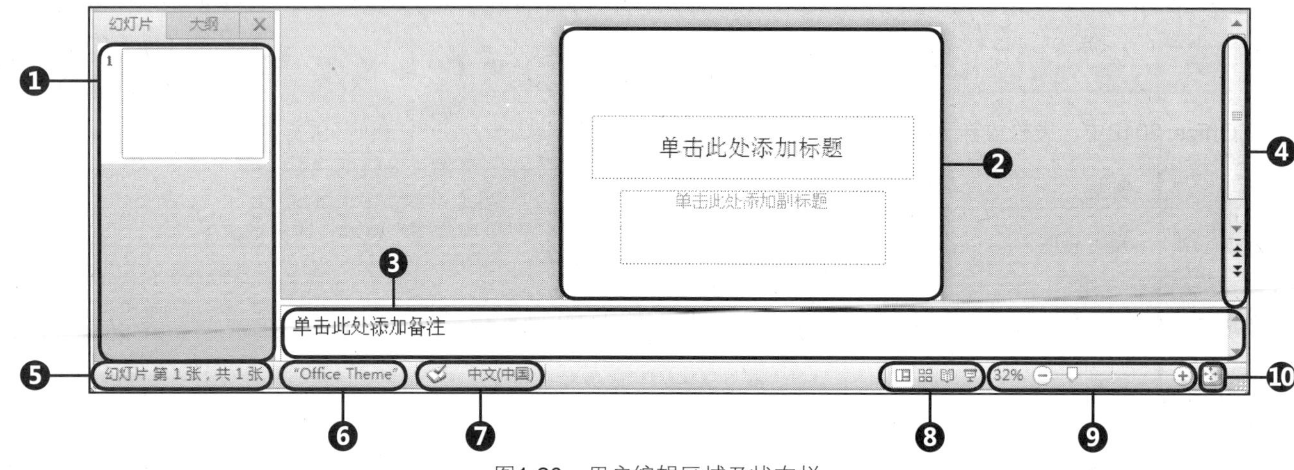

图1-20　用户编辑区域及状态栏

PowerPoint 2010中的演示文稿编辑区域和状态栏区域各部分名称及功能详解如表1-4所示。

表1-4　PowerPoint幻灯片编辑区域和状态栏区域各部分名称及功能说明

编　号	名　称	功能及说明
❶	缩略图窗格	用来显示当前文稿中幻灯片的缩略图或大纲
❷	幻灯片页面编辑区域	供用户输入幻灯片内容的区域
❸	备注信息编辑区域	用来编辑幻灯片备注信息
❹	滚动条	包括水平滚动条和垂直滚动条，可在水平和垂直方向滚动查看演示文稿
❺	幻灯片编号	用来显示当前演示文稿中的幻灯片编号
❻	主题名称	用来显示当前演示文稿所使用的主题名称
❼	语言	用来显示当前计算机所使用的语言及注册地区
❽	视图按钮	用来在演示文稿的各个视图之间切换
❾	显示比例	用来设置演示文稿窗口的显示比例
❿	使幻灯片适应当前窗口	单击该按钮，系统会根据当前窗口自动设置幻灯片的最佳比例

1.3 Office 2010新增功能

Microsoft Office 2010提供了一些更丰富和强大的新功能，让用户可以在办公室、家或学校里高效地工作；可以让处理的文件在视觉上更吸引观众并用自己的想法启发他们；可以让整个城市或世界不同角落的若干人同时协作并可实时访问自己的文件。使用Office 2010软件，用户可以控制工作任务进度并按照自己的计划创造惊人成就。接下来，就详细地来看看Office 2010为全球用户带来的精彩和革新吧！

1.3.1 自定义功能区

在Office 2010的所有组件中，都允许用户对功能区的选项卡、组和命令按钮进行自定义。与Office 2007相比，它更酷、更美观，更重要的是对功能区所有的对象都开放。用户可以自定义选项卡、组、命令按钮及快捷键等，如图1-21所示。

图1-21　自定义功能区

1.3.2 重新启用“文件”菜单

在Office 2010中，微软放弃了Office 2007里将菜单栏收入左上角圆形图标中的设计，重新启用传统的“文件”菜单界面，这样便避免了用户经常找不到文件菜单的现象。新的“文件”菜单界面中将过去散落在各个菜单中的一些功能整合在一起，只需单击“文件”按钮，系统便会显示一个下拉式的后台（Backstage）菜单栏。另外，打印预览功能也被整合到“打印”菜单界面中，方便用户的打印操作，如图1-22所示。

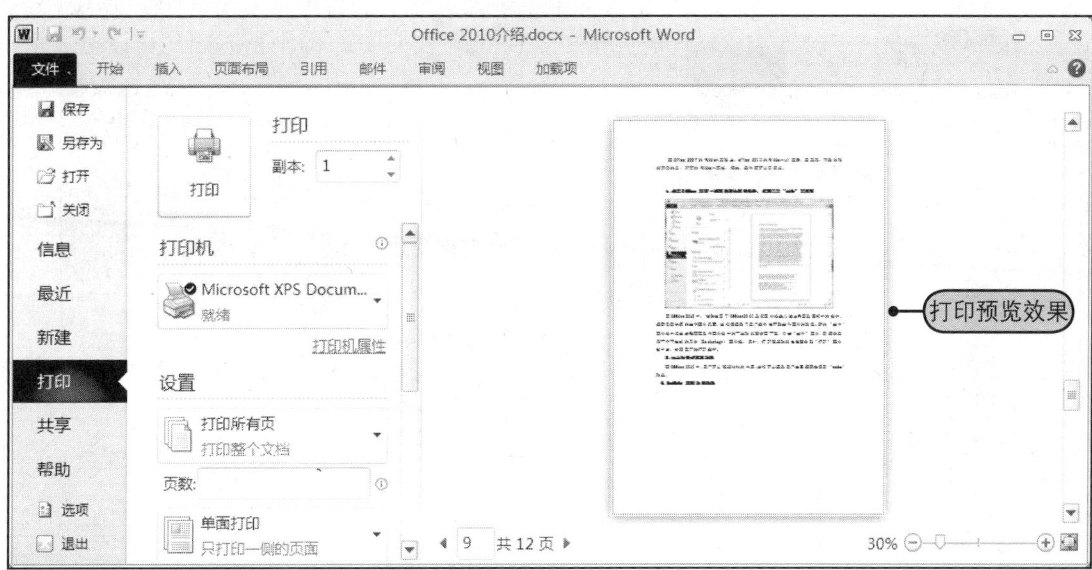

图1-22 “文件”菜单界面

1.3.3 改进的共享功能

在Office 2010中，微软提供一个共享按钮和菜单，将与文件共享相关的所有操作全部放到该菜单中，就好像形成一个共享的控制面板。除了包括多种共享文档的方式外，这其中还有个很实用的功能，那就是“更改文件类型”，既可以将文档转换为.txt、.rtf、.mht等格式，还可以直接将文档创建为PDF或XPS类型的文档，如图1-23所示。

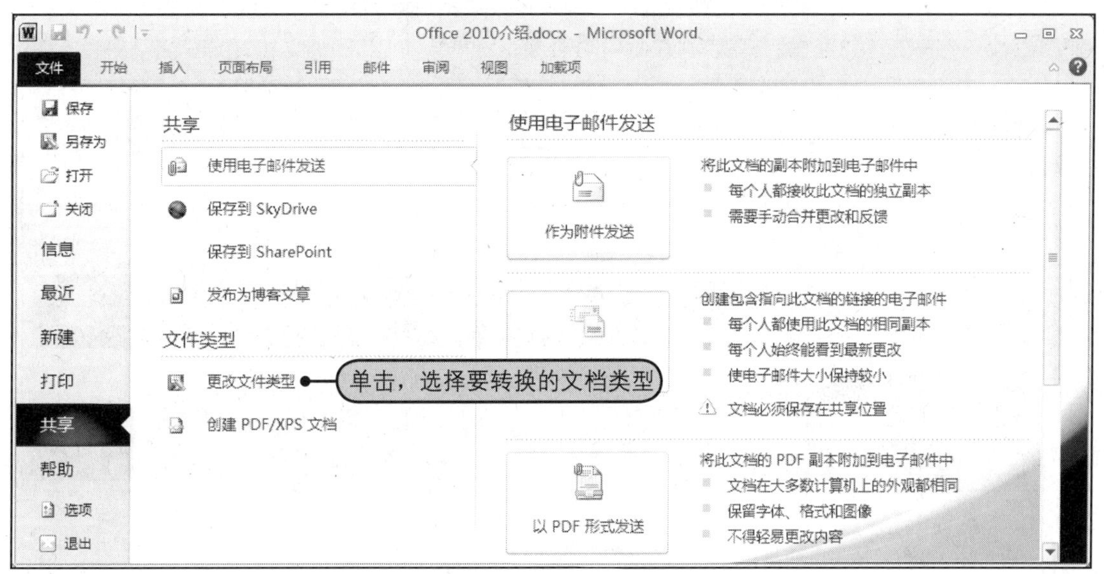

图1-23 “共享”菜单界面

1.3.4 将屏幕剪辑插入到文档

在Office 2010的各个组件（如Word 2010、Excel 2010）中，还可以直接截取屏幕上的画面并且快速插入到文档中，如图1-24所示。如果要插入某个打开的窗口，可直接在“可用视窗”区域双击要选择的视窗。

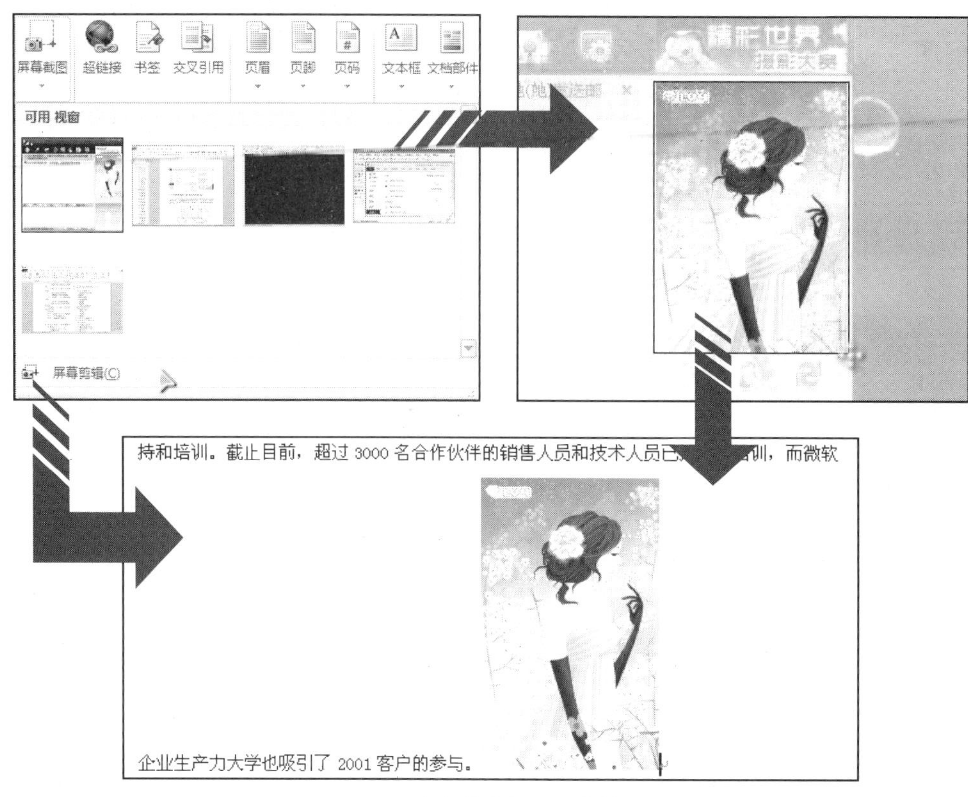

图1-24　在文档中插入屏幕快照

1.3.5 强大的“图片工具-格式”选项卡

利用 Office 2010 中新增的图片编辑工具，无需其他照片编辑软件即可插入、剪裁及添加图片特效。用户也可以通过更改颜色饱和度、色温、亮度及对比度，轻松地将简单文档转化为艺术作品，还可以通过单击某一个按钮轻松去除图片背景，如图1-25所示。无论是从使用角度，还是单从视觉效果来看，Office 2010在图片处理方面都更上了一层楼！

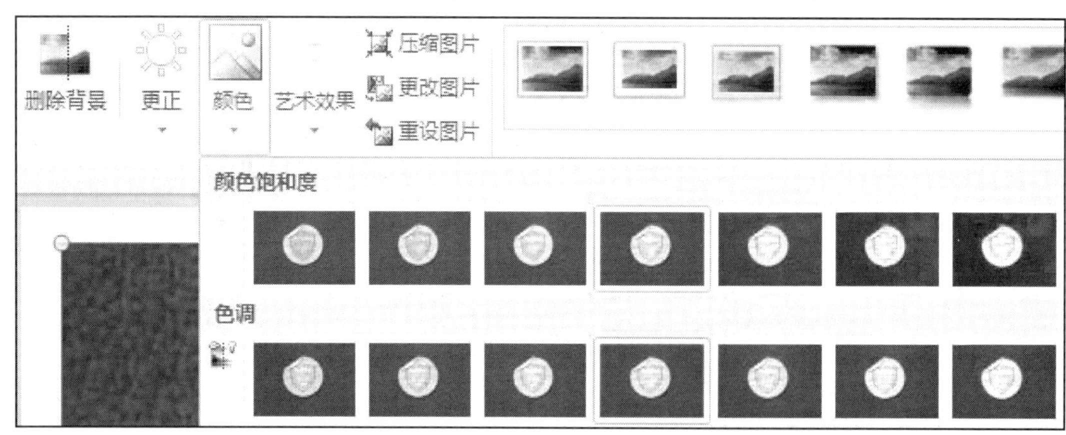

图1-25　强大的“图片工具-格式”选项卡

1.3.6 迷你图——短小精悍的数据分析图

迷你图是指适用于单元格的微型图表。用户可以使用迷你图以可视化方式汇总趋势和数据。例如，要查看某个销售部门员工在该年度每个月的业绩趋势，就可以使用迷你图显示在单元格中，如图1-26所示。

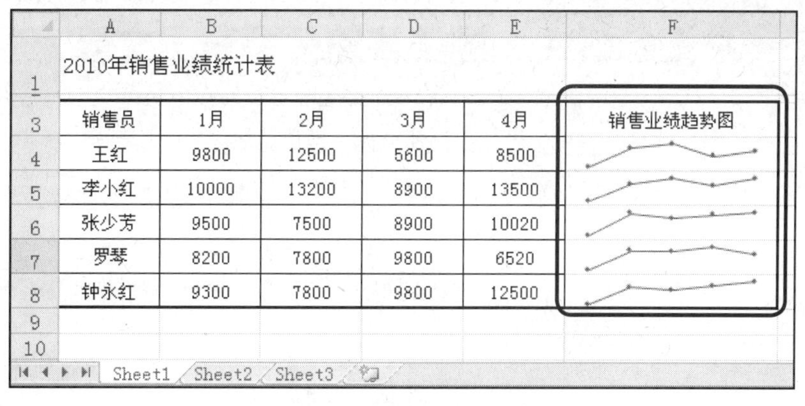

2010年销售业绩统计表

销售员	1月	2月	3月	4月	销售业绩趋势图
王红	9800	12500	5600	8500	
李小红	10000	13200	8900	13500	
张少芳	9500	7500	8900	10020	
罗琴	8200	7800	9800	6520	
钟永红	9300	7800	9800	12500	

图1-26　使用迷你图分析数据

1.3.7　切片器——让数据筛选更智能

在Excel 2010的新增功能中，提供了一种可视性极强的筛选方式以筛选出数据透视表中的数据。一旦插入切片器后，用户可以用多个按钮对数据进行快速分段和筛选，从而仅显示所需要数据。此外，对数据透视表应用多个筛选器后，用户不再需要打开列表查看数据所应用的筛选器，这些筛选器会显示在屏幕上的切片器中。用户还可以设置切片器的格式，使其与工作簿的格式相符，并且能够在其他数据透视表、数据透视图和多维数据集函数中轻松地重复使用这些切片器。例如，在图1-27中，将数据切片器添加到数据透视表中，可以直接单击切片器中的按钮来筛选需要查看的数据。

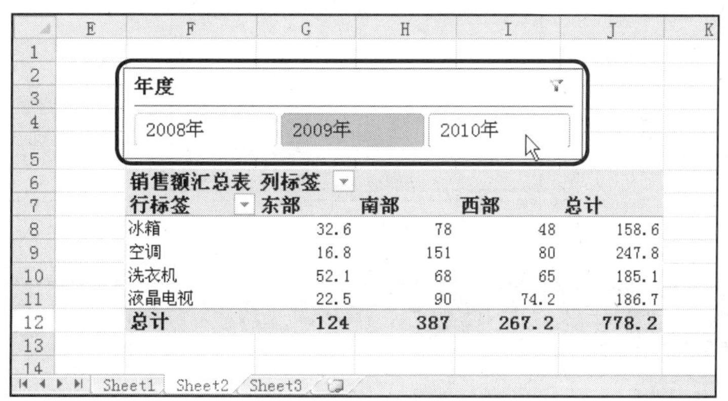

销售额汇总表	列标签			
行标签	东部	南部	西部	总计
冰箱	32.6	78	48	158.6
空调	16.8	151	80	247.8
洗衣机	52.1	68	65	185.1
液晶电视	22.5	90	74.2	186.7
总计	124	387	267.2	778.2

图1-27　在数据透视表中使用切片器筛选

1.3.8　可直接在PowerPoint中嵌入、编辑并管理视频

在PowerPoint 2010中，用户插入并处理本地视频或网络视频的操作更为方便。无需第三方软件便可以对这些视频进行剪辑，还可以使用视频工具制作视频淡入、淡出等特效画面，并会为视频内容显示预览图，如图1-28所示。另外PowerPoint 2010还会自动压缩视频，更适合演示用途，支持的视频格式包括：.AVI、.WMV、.WMA、.MP3、.MOV、H.264等；还允许安装DirectShow类编码器，以便拓展支持的视频类型。

图1-28　在演示文稿中插入和编辑视频

1.3.9 使用“广播幻灯片”功能快速分享演示文稿

即时传递消息可以将PowerPoint 演示文稿广播给远程观众，不管他们有没有安装 PowerPoint。使用新增的“广播幻灯片”功能，可以通过 Web 浏览器快速分享演示文稿，无须其他任何设置，如图1-29所示。

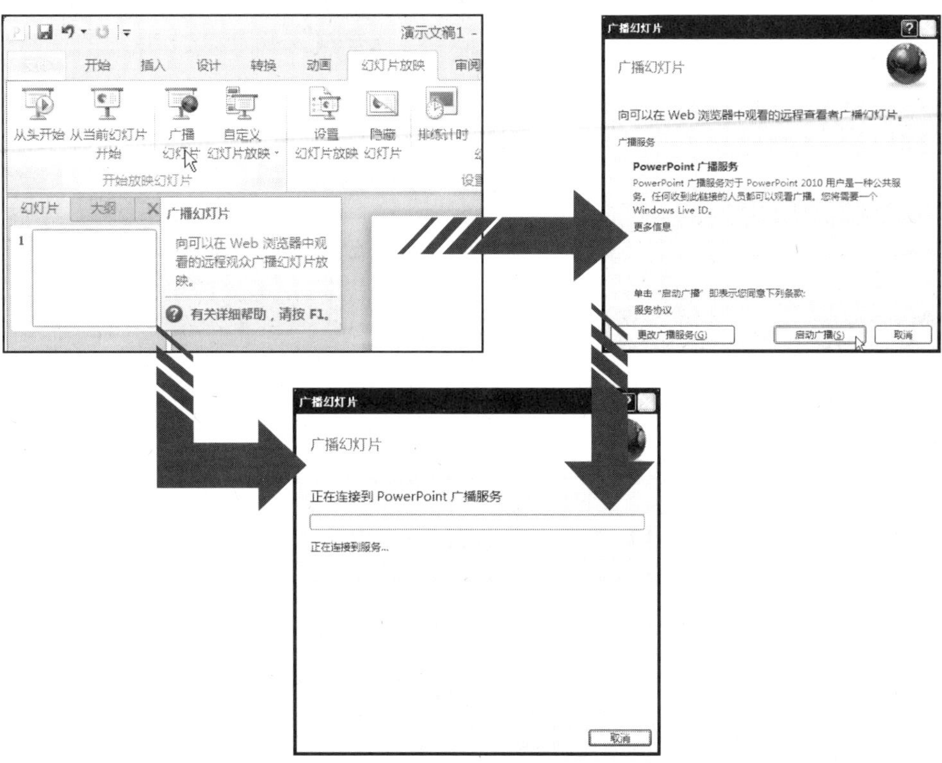

图1-29 使用“广播幻灯片”功能远程播放幻灯片

1.4 融会贯通 创建个性化功能区和快速访问工具栏

在Office 2010中，允许用户自定义功能区，包括自定义选项卡、组和命令按钮等。这一功能的开放使用户可以根据不同时期的工作需要定制特定的功能区和快速访问工具栏。接下来，以Office 2010中的Word 2010为例，介绍如何创建个性化的功能区和快速访问工具栏。

1 步骤 选择“选项”命令。

启动Word 2010软件，新建一个文档。

Step 1 单击“文件”按钮。

Step 2 选择“选项”选项。

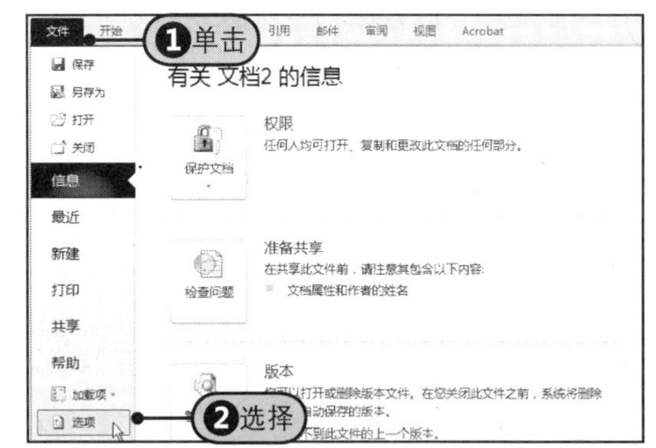

2 步骤 单击“新建选项卡”按钮。

Step 1 在“Word选项”对话框中单击“自定义功能区”标签。

Step 2 从“自定义功能区”下拉列表中选择“主选项卡”选项。

Step 3 单击“新建选项卡”按钮。

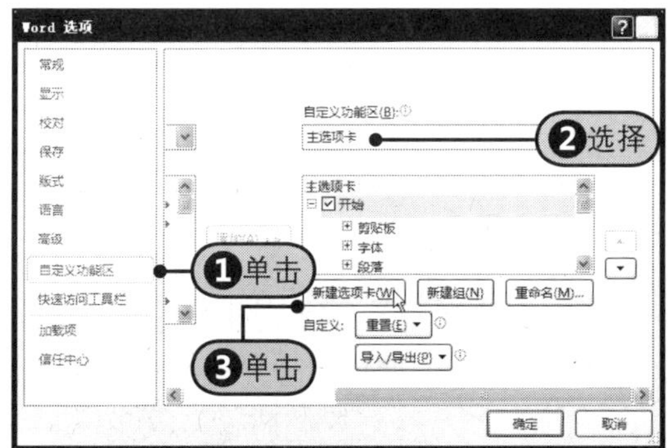

（续上）

3 步骤 单击“重命名”按钮。

此时系统会在“主选项卡”列表中添加一个“新建选项卡（自定义）”。

Step 1 勾选“新建选项卡（自定义）”复选框。

Step 2 单击“重命名”按钮。

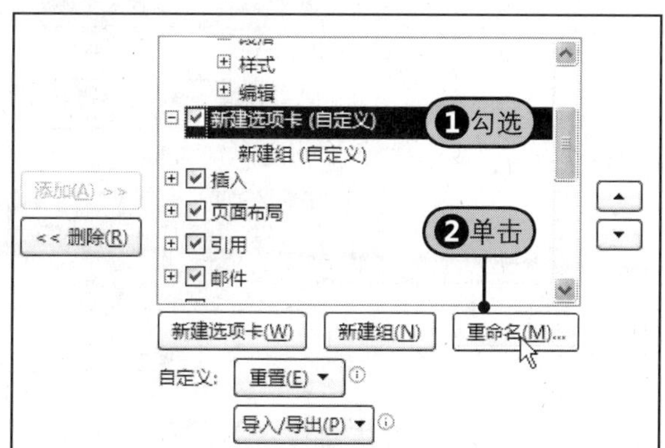

4 步骤 重命名选项卡。

随后打开“重命名”对话框。

Step 1 在“显示名称”框中输入“常用命令”。

Step 2 单击“确定”按钮。

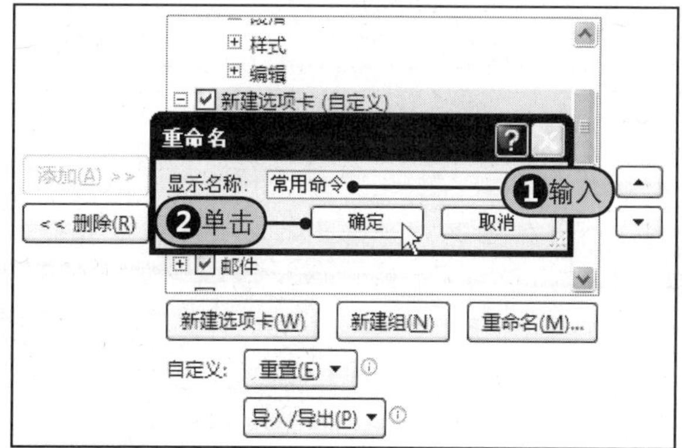

5 步骤 选择“新建组（自定义）”。

Step 1 选择“常用命令（自定义）”选项卡下面的“新建组（自定义）”。

Step 2 单击“重命名”按钮。

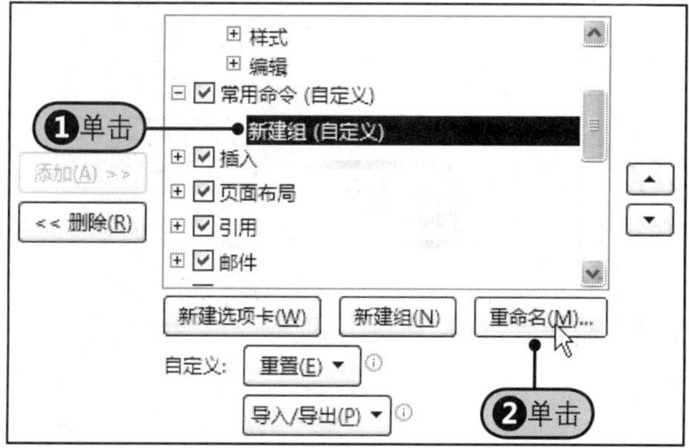

6 步骤 设置组名称。

随后弹出“重命名”对话框。

Step 1 在“显示名称”框中输入名称，如“格式”。

Step 2 单击“确定”按钮。

7 步骤 新建组。

Step 1 单击“新建组”按钮新建一个组。

Step 2 单击“重命名”按钮。

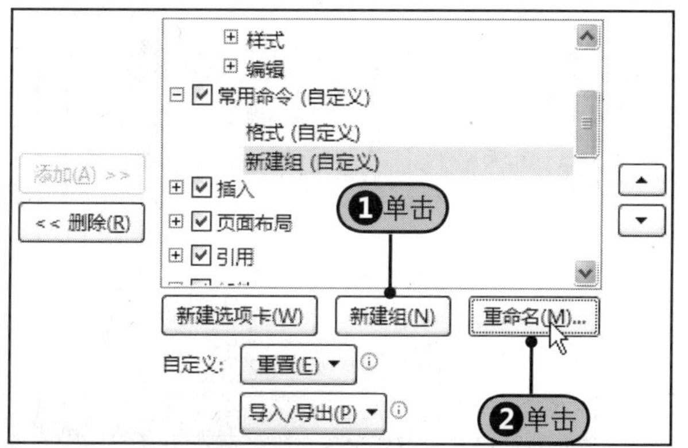

8 步骤 重命名组。

随后弹出“重命名”对话框。

Step 1 在“显示名称”框中输入组名，如“绘制图形”。

Step 2 单击“确定”按钮。

（续上）

9 步骤 **添加命令按钮。**

Step1 选择需要添加命令的组，如“格式（自定义）”组。

Step2 从左侧的“从下列位置选择命令”下拉列表中选择“常用命令”选项。

Step3 从列表框中选定要添加的命令。

Step4 单击“添加”按钮。

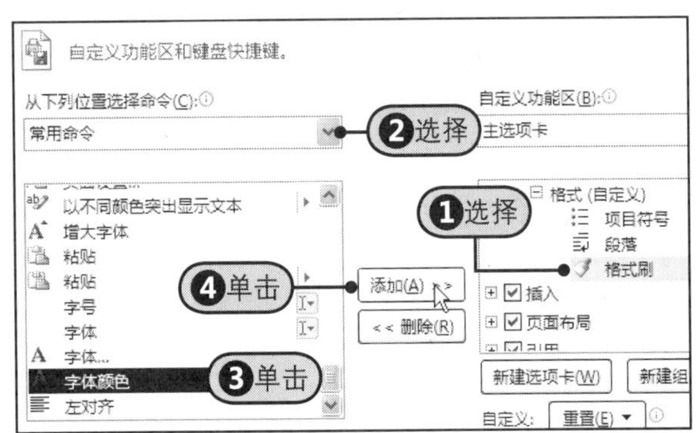

10 步骤 **调整组中按钮的顺序。**

随后命令会按照添加的次序显示在“格式”组中。

Step1 选择要调整顺序的命令。

Step2 单击“上移”（或“下移”）按钮。

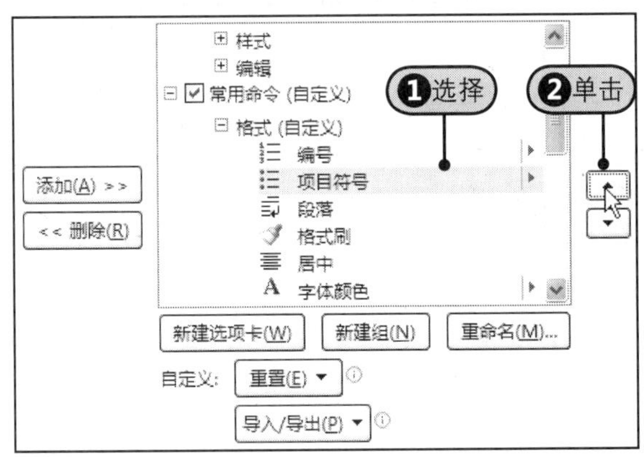

11 步骤 **选择命令的位置。**

Step1 选择需要添加命令的组，如“绘制图形（自定义）”组。

Step2 单击“从下列位置选择命令”右侧的下三角按钮。

Step3 选择“不在功能区中的命令”选项。

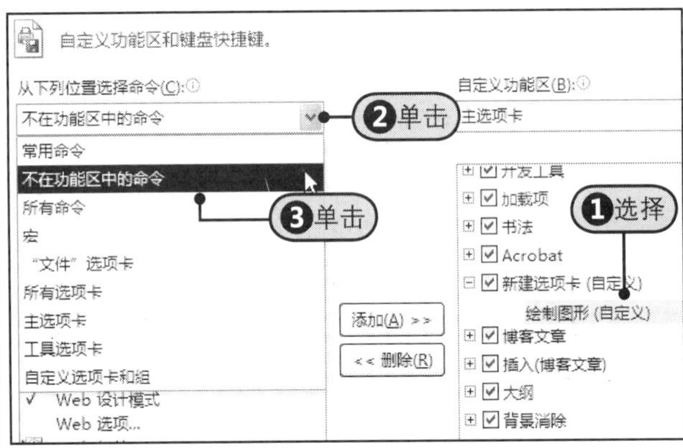

12 步骤 **添加命令按钮。**

Step1 从命令列表中选择要添加的命令。

Step2 单击“添加”按钮，将命令添加到自定义组中。

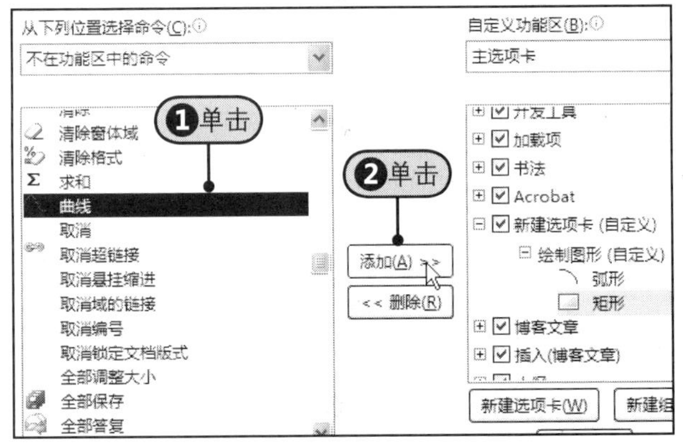

13 步骤 **查看自定义选项卡及组。**

此时Word文档窗口的“开始”选项卡右边会显示一个“常用命令”标签，单击该标签，会显示自定义的“格式”组和“绘制图形”组及组中自定义的命令按钮。

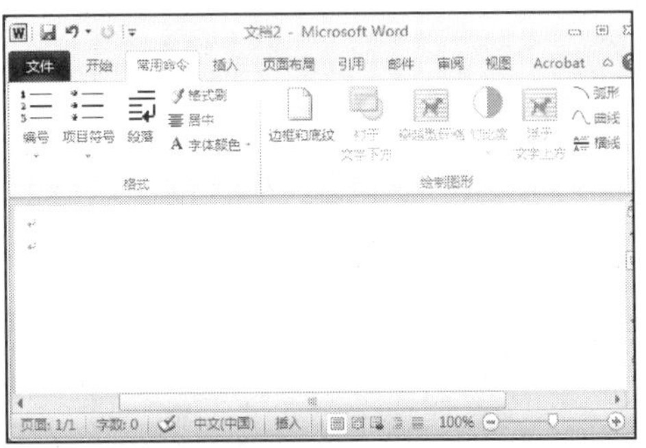

14 步骤 **将“新建”按钮添加到快速访问工具栏。**

Step1 单击快速访问工具栏右侧的“自定义快速访问工具栏”按钮。

Step2 从展开的菜单中选择“新建”命令。

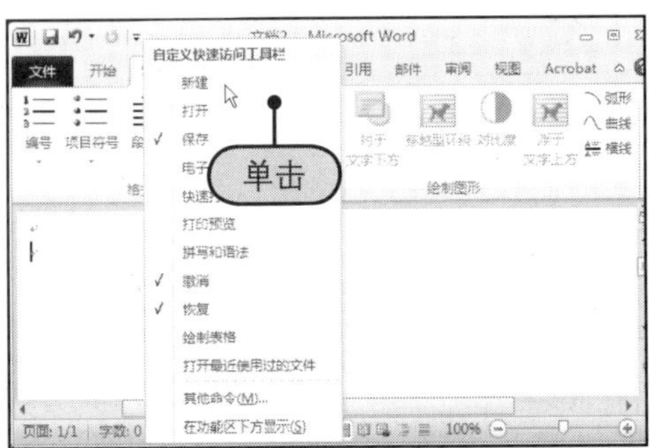

（续上）

15 步骤 向快速访问工具栏添加命令。

Step 1 单击快速访问工具栏右侧的“自定义快速访问工具栏”按钮。

Step 2 从展开的菜单中选择“电子邮件”命令。

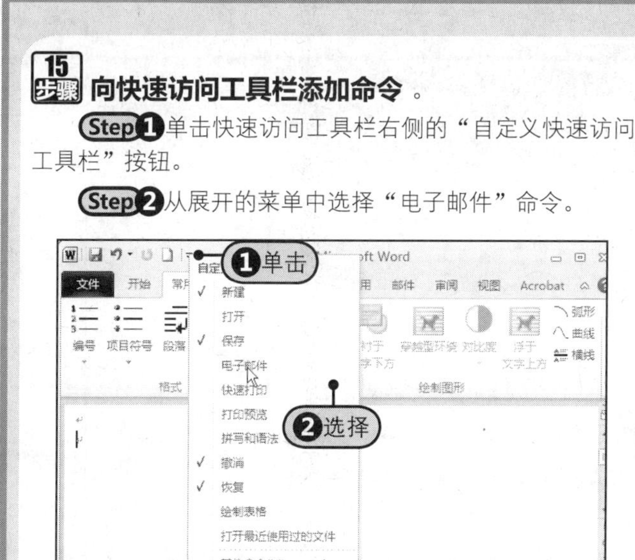

16 步骤 自定义后的快速访问工具栏。

此时，快速访问工具栏中会显示“新建”按钮和“电子邮件”按钮。

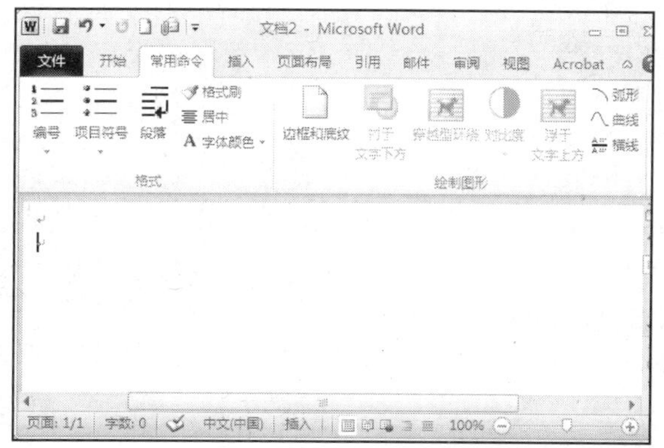

1.5 专家支招

本章首先介绍了Office 2010的安装，然后着重介绍了Word/Excel/PowerPoint 2010的操作界面，最后有针对性和概括地介绍了Office 2010与以前版本相比，比较突出的9个新功能。其中，其从整体上来认识Office 2010及对其工作环境的熟悉是本章的主要任务。针对本部分知识，下面再补充三点以帮助用户进一步熟悉Office 2010。

招术一 最大化显示Word 2010文档编辑区

现代商务活动中，人们的办公形式不再限于传统的办公室办公，而办公设备也日渐呈现多样化，如台式或笔记本电脑，甚至一些便携式的上网本、掌上电脑等通信工具。对于一些便携式的办公设备来说，它们的显示屏幕尺寸有限，有时就希望能够隐藏一些暂时不需要的功能区，最大化显示文档。在Office 2010中设计者们充分考虑到了这一点，只需要单击一个按钮，即可实现最大化显示文档编辑区。

现以Word 2010为例，只需要单击如图1-30所示的“显示或隐藏功能区”按钮，就可以马上隐藏功能区，最大化显示文档编辑区，如图1-31所示。再次单击该按钮，则又恢复显示功能区。

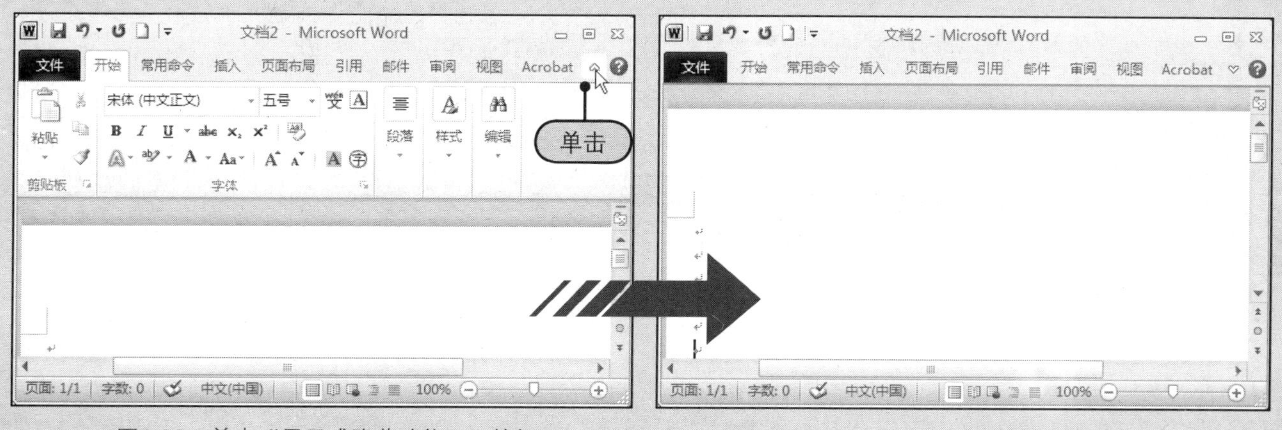

图1-30 单击“显示或隐藏功能区”按钮

图1-31 隐藏功能区

招术二 为文档页面添加标尺

在Word文档中还可以显示标尺，操作方法如下。

Step1 在Word 2010的操作窗口中单击“视图”标签，Step2 在“显示”组勾选“标尺”复选框，如图1-32所示，随后文档编辑区中将显示水平标尺和垂直标尺，如图1-33所示。

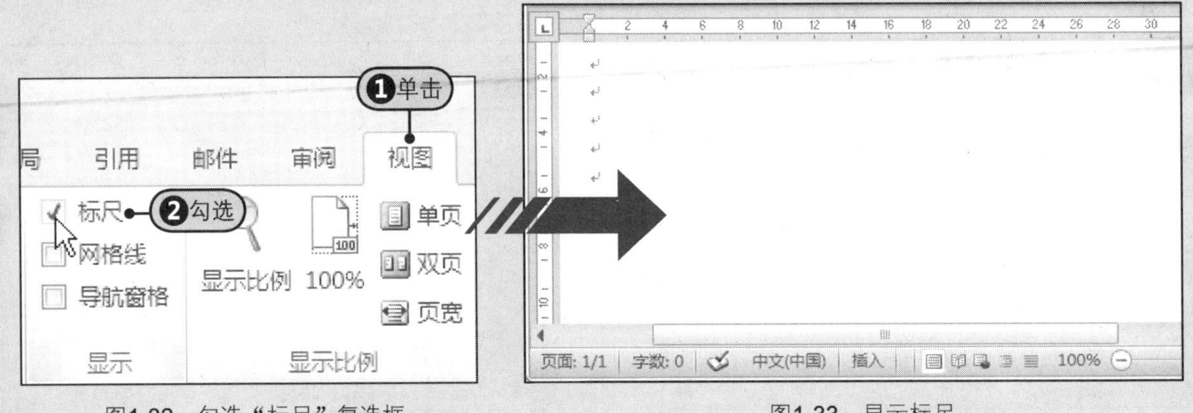

图1-32　勾选“标尺”复选框

图1-33　显示标尺

招术三 在草稿视图下编辑文档

草稿视图是Office 2010新增的一种视图方式。在草稿视图下，对于图片的显示效果和精度方面没有其他视图方式要求高，当在文档中插入和编辑大量的图片时，使用草稿视图可以提高计算机反应速度。以Word 2010为例，要在草稿视图下编辑文档。

Step1 请单击“视图”标签，Step2 在“文档视图”组中单击“草稿”按钮，此时会转为草稿视图，如图1-34所示。

图1-34　在草稿视图下编辑文档

Part 1 Office组件篇

Chapter 02

Office 2010三大组件的通用操作

Office 2010是一整套办公软件，它包含多个功能不同的组件，但是这些组件在一些基础操作方面都具有相通性。例如，新建、打开、保存、另存为、关闭和退出等基础操作，无论是其中的哪一个组件，操作上基本类似，都可以做到举一反三。本章将Office 2010三大组件，即Word 2010、Excel 2010和PowerPoint 2010的这些通用操作集中到一起来介绍，用最快捷的方式帮助用户掌握Office 2010的基本操作。

2.1 新建办公文档

本节以新建Word 2010办公文档为例，介绍Office 2010的新建操作。新建主要包括新建空白文档和新建模板文档，具体操作方法如下所示。

2.1.1 新建空白Word 2010文档

新建空白Word 2010文档的方式有好几种，比如通过启动Word程序来创建，也可以通过快捷方式来创建文档，还可以使用右键快捷菜单中的“新建”命令来创建，现分别介绍如下。

① 通过启动Word 2010程序来新建文档

通过“开始”菜单启动程序新建空白Word文档。

方法： Step 1 单击Windows窗口左下角的“开始”按钮，Step 2 从弹出的下拉菜单中选择“程序”，Step 3 然后选择Microsoft Office，Step 4 最后选择Microsoft Word 2010，如图2-1所示。

此外，还可以用双击屏幕上的Microsoft Word 2010快捷方式图标来启动Word 2010，创建一个新空白文档，如图2-2所示。

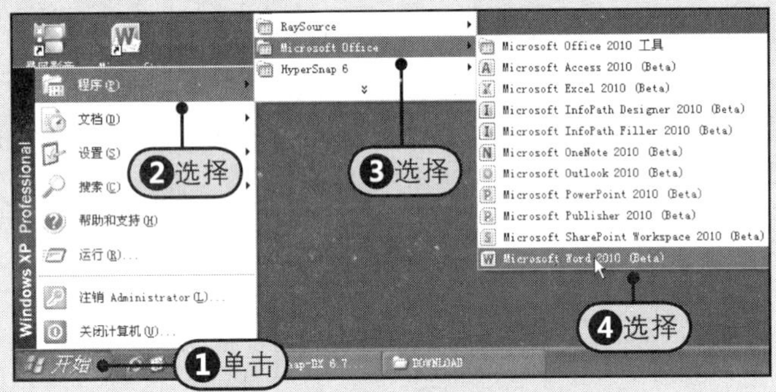

图2-1 通过“开始”菜单新建Word文档

图2-2 双击快捷方式图标创建Word文档

② 通过“新建”快捷菜单创建文档

Step 1 在桌面上空白区域右击，Step 2 从弹出的快捷菜单中选择“新建”命令，Step 3 然后从下拉子菜单中选择“Microsoft Word文档”，如图2-3所示。随后，系统会在桌面上创建一个名为“新建Microsoft Word文档”的文件图标，Step 4 双击可打开该空白文档，如图2-4所示。

> **提示 启动计算机时自动启动Word 2010**
>
> 用户只要将Word 2010程序的快捷方式添加到“开始”菜单下的“程序”菜单中的“启动”下面，当启动计算机时，系统就会自动启动Word 2010，创建一个新工作簿。

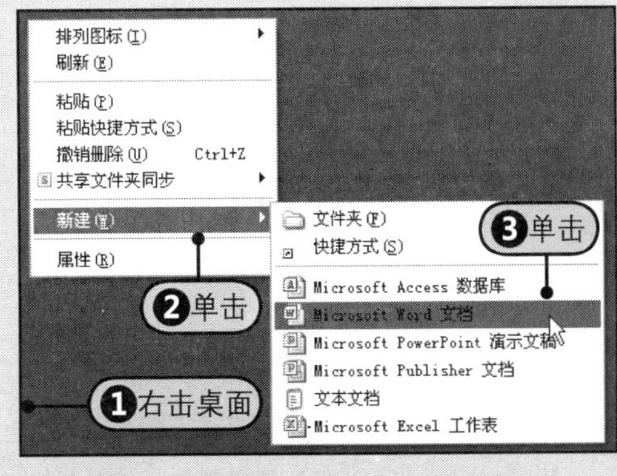

图2-3 使用快捷菜单创建Word文档

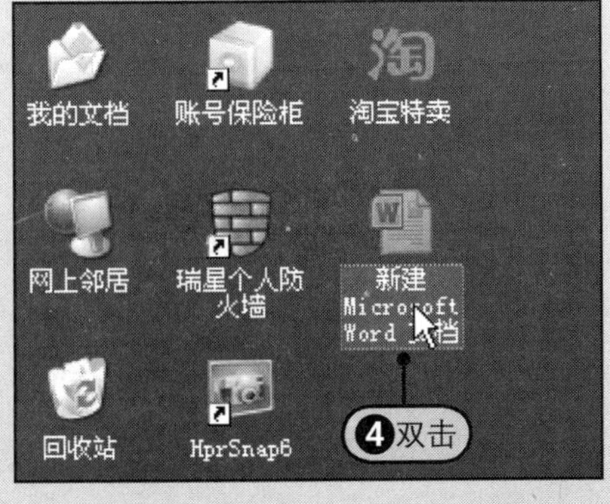

图2-4 双击打开新建的空白文档

2.1.2 新建模板文档

Office 2010为用户提供了许多常用的内置模板，如果用户的电脑能连接到Internet，还可以从Office.com主页上下载更多、更丰富的模板。Word 2010中内置的模板有“博客文章”、“书法字帖”等，Office.com模板文件包括几十种模板类型，如“会议日程”、“证书、奖状”、“名片”、“日历”等。如果用户要创建的文档与其中任意一种模板类似，则可以通过新建该模板文档来快速创建需要的文档。

步骤1 在Word 2010窗口，Step 1 单击“文件”按钮，Step 2 从展开的下拉菜单中选择“新建”命令，如图2-5所示。

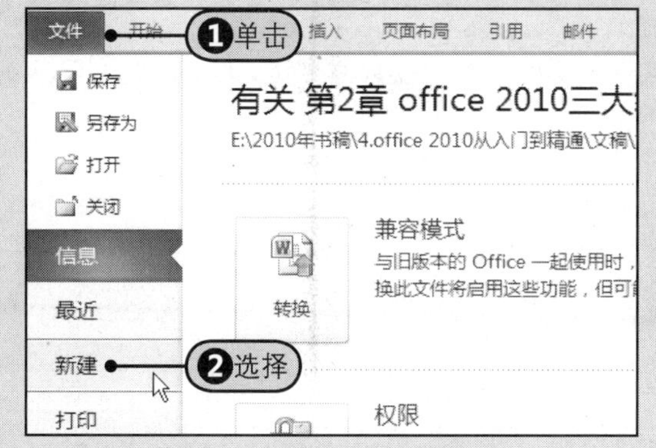

图2-5 选择“新建”命令

步骤2 Step 3 在“可用模板”区域内单击“样本模板”图标，如图2-6所示。

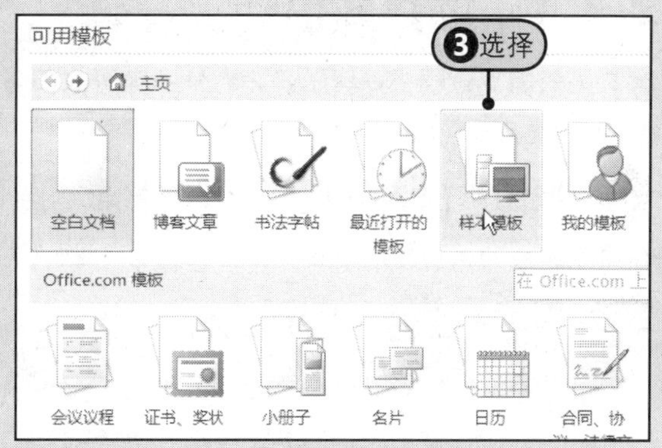

图2-6 选择“样本模板”

步骤3 Step 4 在“样本模板”区域内单击需要的模板，如“平衡报告”，如图2-7所示。

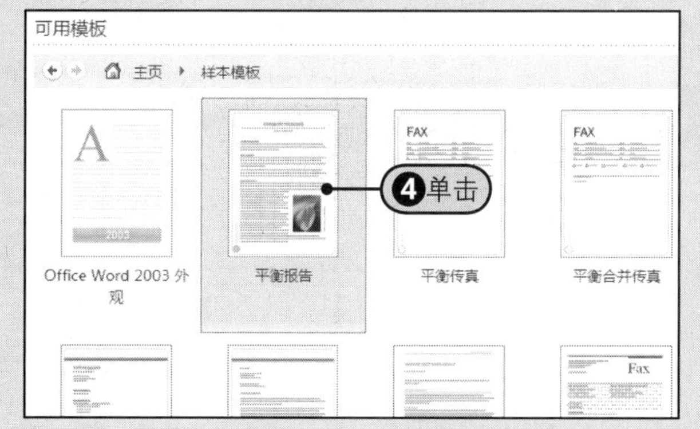

图2-7 选择模板

步骤4 Step 5 选中“文档”单选按钮，Step 6 单击“创建”按钮，如图2-8所示。

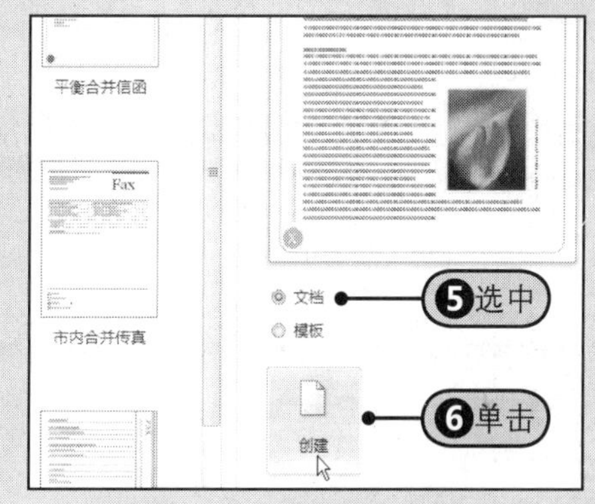

图2-8 基于模板创建的新文档

步骤5 Step 7 系统会根据所选的模板，自动创建一个基于该模板的新文档，如图2-9所示。

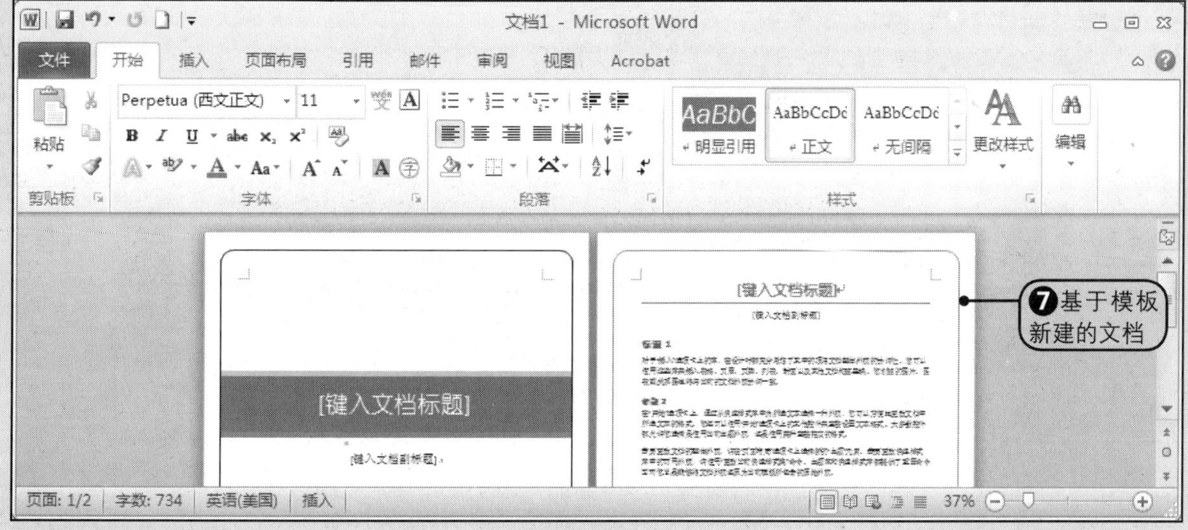

图2-9 基于模板新建的文档

2.2 保存工作成果

当用户完成对文档的编辑后，需要进行保存，只有这样操作，再次打开文档时数据才不会丢失。保存文档常见的方法有以下几种。

2.2.1 保存文档

在文档的编辑过程中，为了防止意外断电等故障导致文档数据丢失，要记住随时保存编辑的文档。通常，保存文档有以下两种方式。

1 使用“快速访问工具栏”中的“保存”按钮

当完成文档的编辑后，直接单击“快速访问工具栏”中的“保存”按钮，即可完成保存操作，如图2-10所示。

2 通过“文件”菜单保存

Step1 在Word窗口内单击“文件”按钮，Step2 从弹出的下拉菜单中选择“保存”命令，如图2-11所示。

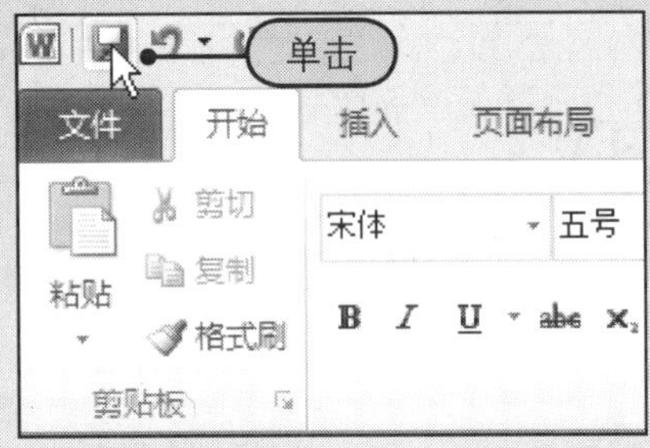

图2-10 单击“保存”按钮

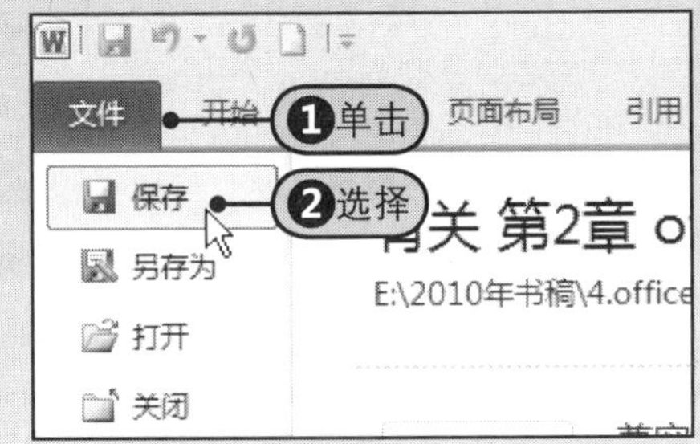

图2-11 选择“保存”命令

2.2.2 另存为文档

如果用户想要对已经编辑好并保存了的文档进行修改，可又不希望影响到原来的文档，则可以将文档另存为副本进行修改。具体操作方法如下所示。

Step1 在Word文档窗口内单击“文件”按钮，Step2 然后从弹出的下拉菜单中选择“另存为”选项，Step3 在弹出的“另存为”对话框的“文件名”框中输入文档的新名称，如“Office 2010基础操作”，Step4 然后单击“保存”按钮。Step5 返回Word文档窗口，在标题栏中会显示新的Word文档名称为“Office 2010基础操作.doc[兼容模式]-Microsoft Word”，如图2-12所示。

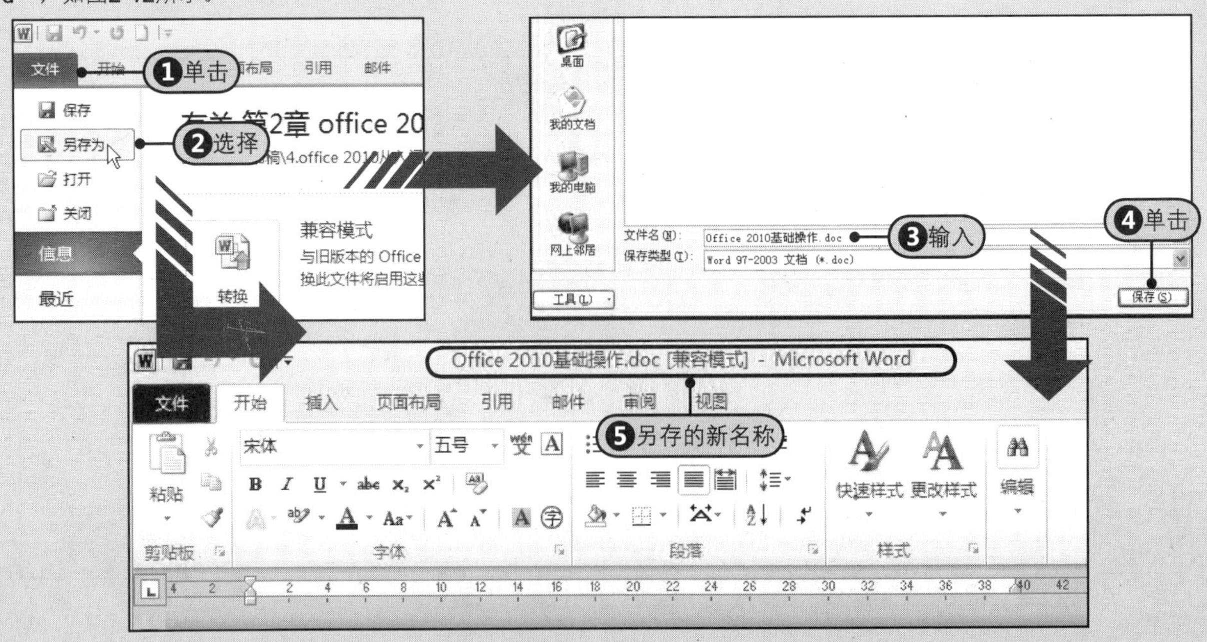

图2-12 另存为文档

提示

第一次保存文档

对于未命名的新建文档，在第一次保存时，无论是单击快速访问工具栏中的“保存”按钮，还是单击“文件”下拉菜单中的“保存”命令都会打开“另存为”对话框，让用户输入文档的名称、选择文档的保存类型。例如，对于新建的文档“文档2”，单击快速访问工具栏中的“保存”按钮，如图2-13所示，随后打开“另存为”对话框，要求用户输入文件名，如图2-14所示。

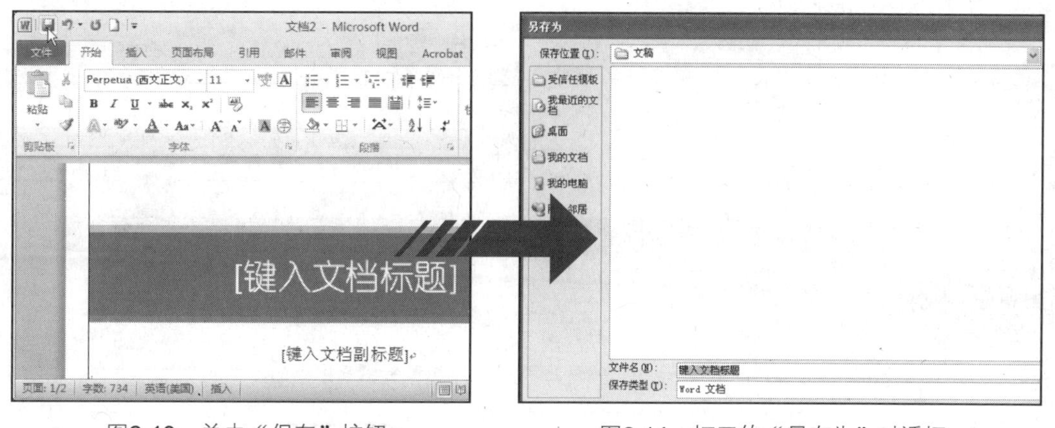

图2-13　单击“保存”按钮　　图2-14　打开的“另存为”对话框

2.2.3　保存的自动化操作

虽然我们每个人都知道忘记保存文档的严重后果，但是当我们全身心地投入到文稿的创作过程中时，还是可能忘记保存。为了尽量避免意外造成的数据丢失，还可以设置自动保存。

方法：Step1在Word文档操作窗口内单击“文件”按钮，Step2从弹出的下拉菜单中选择“选项”命令，如图2-15所示。随后打开“Word选项”对话框，Step3单击“保存”标签，Step4勾选“保存自动恢复信息时间间隔”复选框，Step5设置分钟数为“5”分钟，Step6勾选“如果我没保存就关闭，请保留上次自动保留的版本”复选框，Step7然后单击“确定”按钮，如图2-16所示。

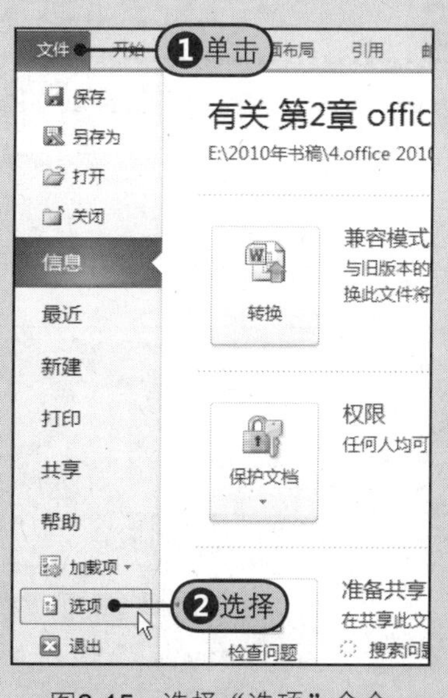

图2-15　选择“选项”命令

图2-16　设置自动保存时间间隔

2.2.4　将文档保存为模板

用户还可以将自己的文档保存为模板。

方法：Step1在Word操作窗口内单击“文件”按钮，Step2然后选择“另存为”命令打开“另存为”对话框，Step3从“保存类型”下拉列表中选择“Word模板”，然后单击“保存”按钮，可看到模板文档的文件图标，如图2-17所示。

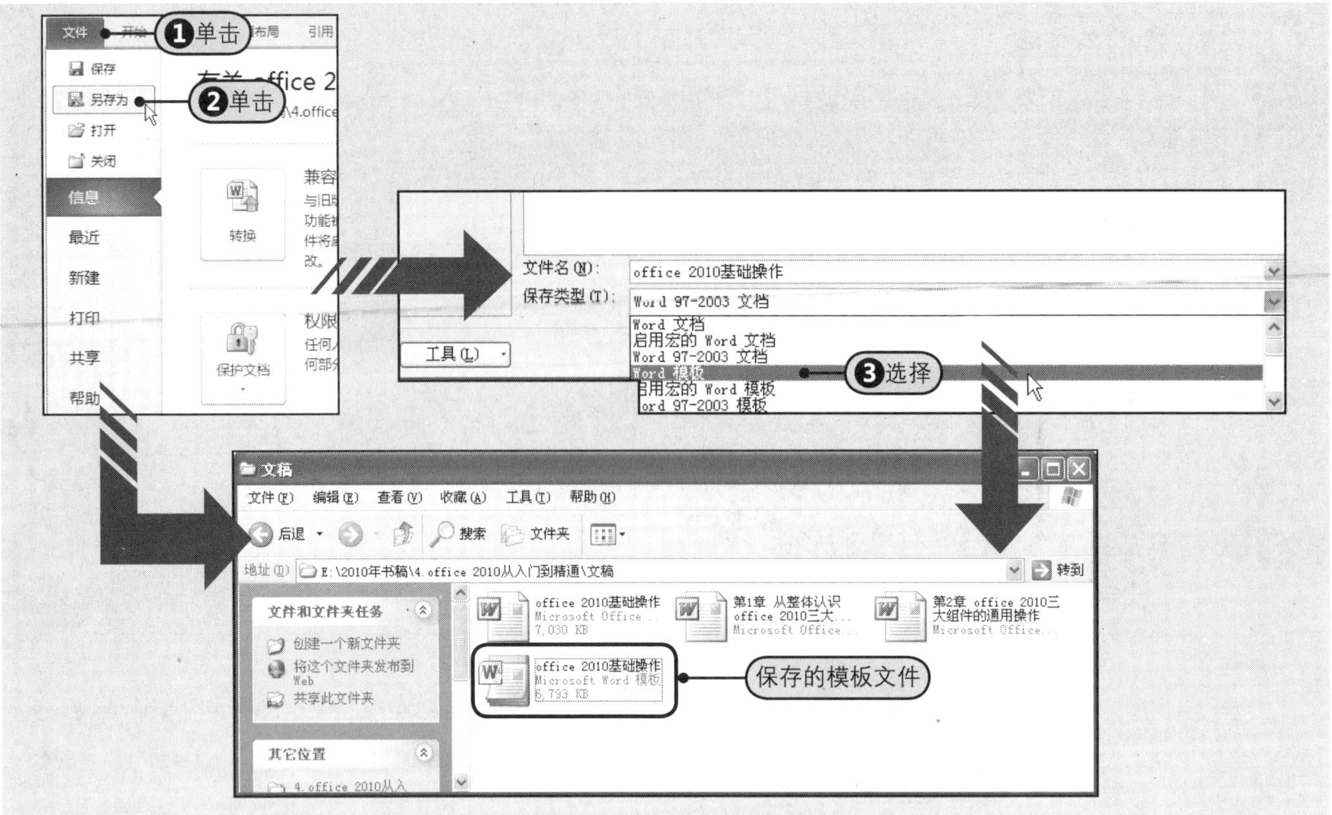

图2-17　将文档保存为模板

2.3 打开Excel文件

打开操作也是最基础的操作之一。本节以Excel电子表格为例，介绍Office 2010的打开通用操作。

2.3.1 直接打开电脑中的Excel 2010工作簿

在没有启动Excel 2010时，可以打开工作簿所在的文件夹，直接找到需要打开的工作簿并打开它。打开工作簿有两种方式，双击文件图标或右击文件图标。

1 双击文件图标打开

在特定的文件夹中，双击需要打开的工作簿文件图标，如图2-18所示，即可打开指定的工作簿，如图2-19所示。

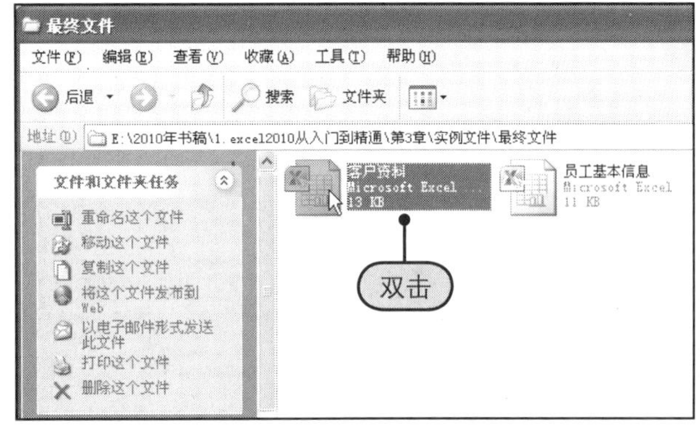

图2-18　双击文件图标

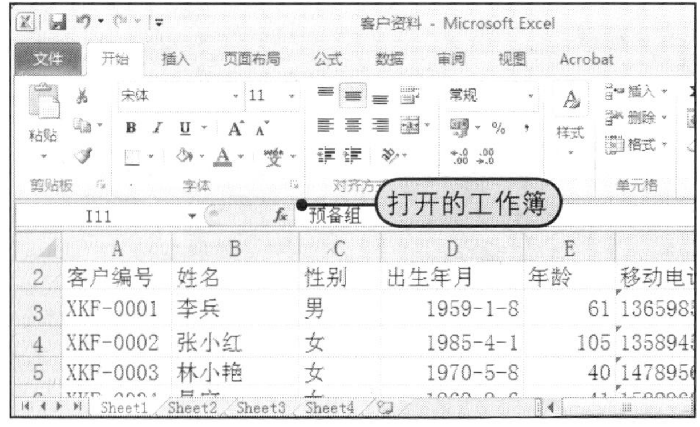

图2-19　打开的工作簿

2 右击文件图标打开

此外，还可以Step1右击需要打开的文件图标，Step2从弹出的快捷菜单中选择“打开”命令，如图2-20所示，随后打开的工作簿如图2-21所示。

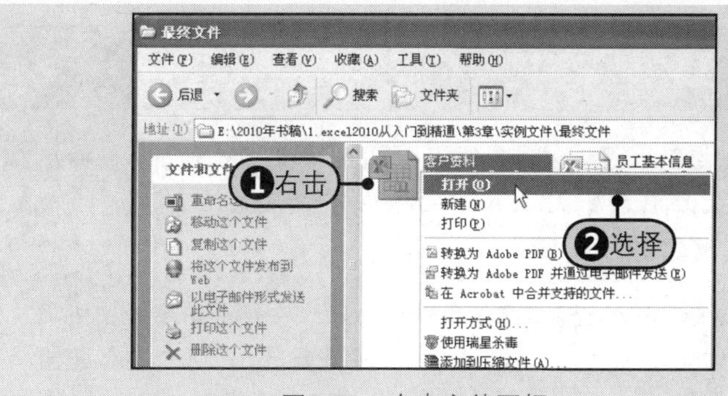

图2-20　右击文件图标

图2-21　打开的工作簿

2.3.2　在Excel 2010中打开工作簿

如果在当前计算机内已经打开的Excel 2010应用程序中需要再打开其他的工作簿文件，则可以通过单击“文件”按钮来完成。

❶ 使用“打开”对话框打开工作簿

在Excel工作窗口内，Step❶单击“文件”按钮，Step❷从弹出的下拉菜单中选择“打开”命令，Step❸在弹出的“打开”对话框中选定需要打开的工作簿文件，Step❹然后单击“打开”按钮，Step❺随后屏幕上会显示打开的工作簿，如图2-22所示。

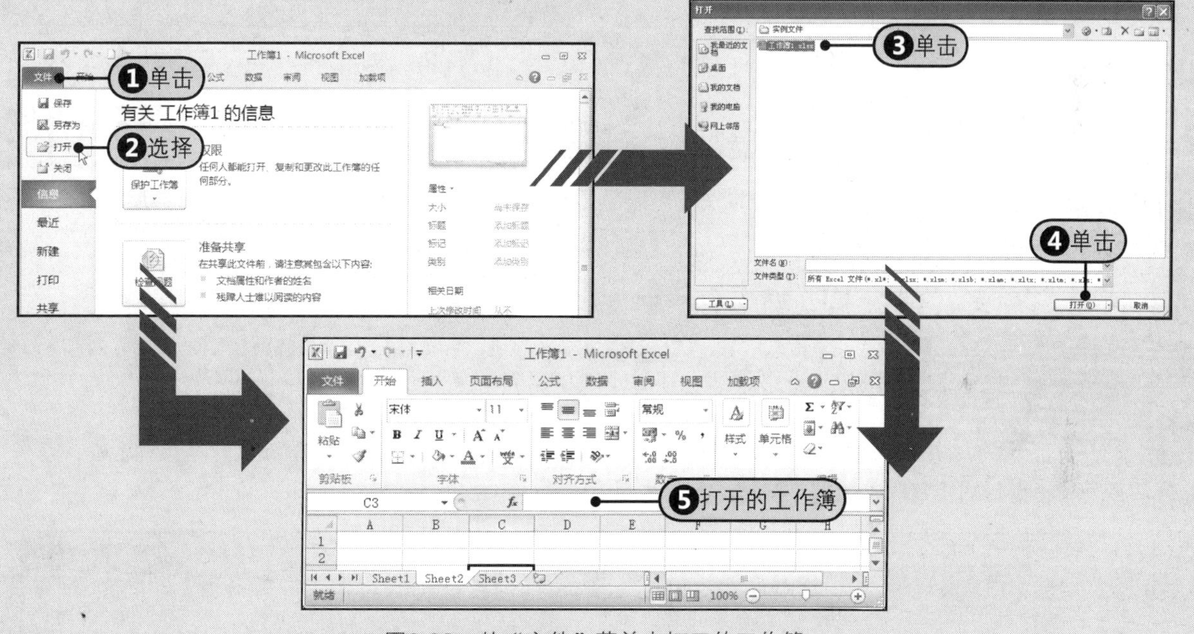

图2-22　从“文件”菜单中打开的工作簿

❷ 从“最近使用的工作簿”列表中打开

如果要打开最近几次使用过的工作簿，请在Excel工作窗口内，Step❶单击“文件”按钮，Step❷从弹出的下拉菜单中选择“最近”命令，Step❸在“最近使用的工作簿”列表中单击要打开的工作簿，如图2-23所示，Step❹随后该工作簿被打开，如图2-24所示。

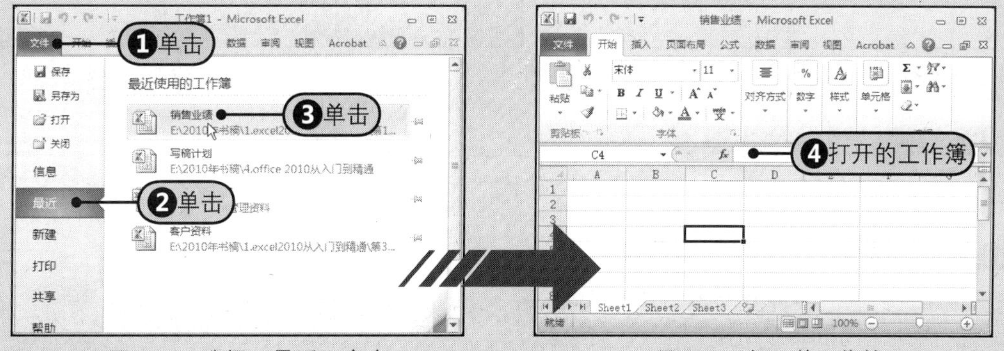

图2-23　选择“最近”命令　　图2-24　打开的工作簿

2.4 关闭与退出Excel 2010

完成工作簿的编辑并保存好工作簿后，就需要关闭和退出Excel 2010了。通常，关闭与退出Excel 2010有以下几种方法。

2.4.1 关闭当前工作簿但不退出Excel程序

如果只是要关闭当前的工作簿，不退出Excel 2010程序，请单击Excel窗口右上角的“关闭”按钮，如图2-25所示。随后可看到当前工作簿被关闭，但不会退出Excel 2010程序，此时由于没有处于打开状态的工作簿，功能区中的按钮显示为灰色，如图2-26所示。

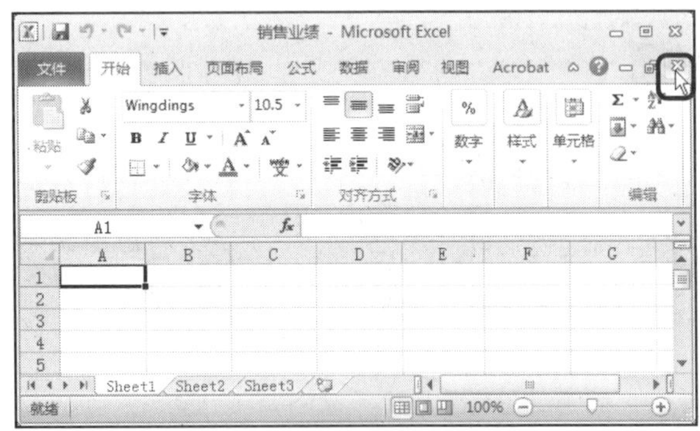

图2-25 单击“关闭”按钮

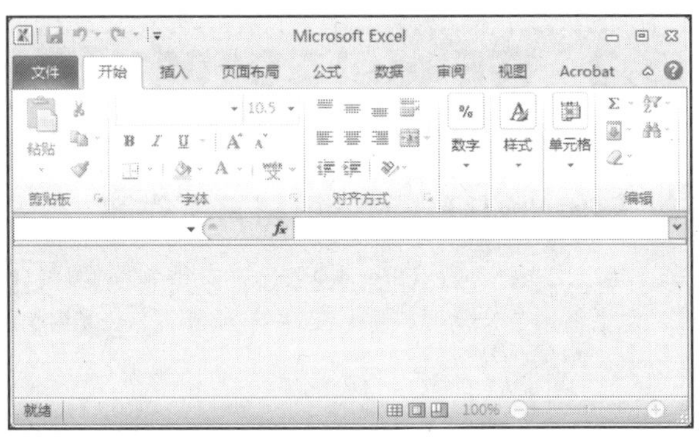

图2-26 关闭当前工作簿但不退出Excel

2.4.2 关闭工作簿并退出Excel程序

关闭工作簿的同时退出Excel程序有好几种方法，可以通过窗口右上角的“关闭”按钮，也可以通过“文件”菜单，还可以通过控制菜单图标，现分别介绍如下。

❶ 使用“文件”菜单中的“退出”命令

在Excel文档窗口，Step❶单击“文件”按钮，Step❷从展开的下拉菜单中选择“退出”命令，如图2-27所示。随后，在关闭当前工作簿的同时退出Excel程序。

❷ 单击“关闭”按钮退出Excel 2010

此外，还可单击窗口右上角的“关闭”按钮，实现关闭工作簿并退出Excel 2010，如图2-28所示。

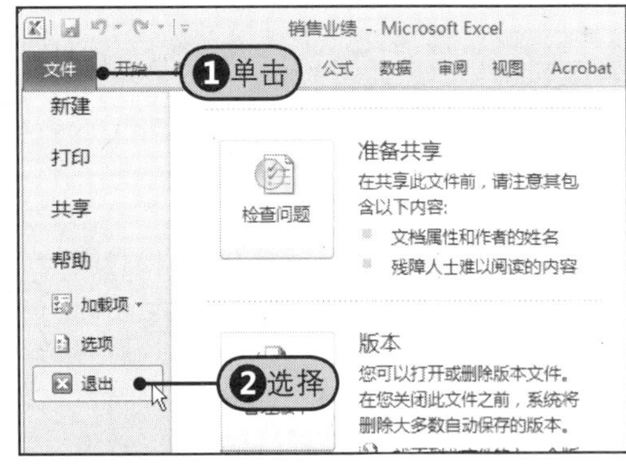

图2-27 使用“文件”菜单退出

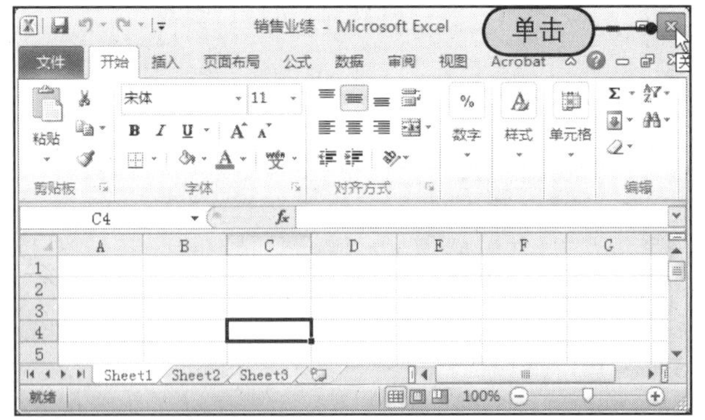

图2-28 单击“关闭”按钮

❸ 通过窗口控制菜单命令退出

Step❶单击Excel窗口左上角的窗口控制图标按钮，Step❷从弹出的下拉菜单中选择“关闭”命令，如图2-29所示。

❹ 右击任务栏中的Excel图标退出

如果Excel窗口当前被最小化，Step❶可以直接右击Windows任务栏中的图标，Step❷从弹出的快捷菜单中选择“关闭”命令退出Excel，如图2-30所示。

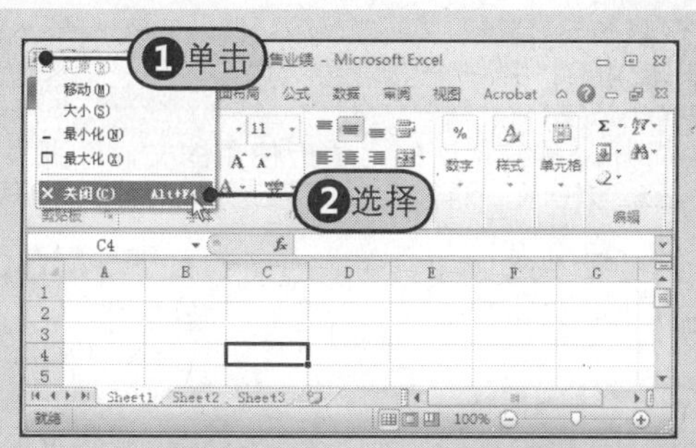

图2-29 单击“关闭”按钮

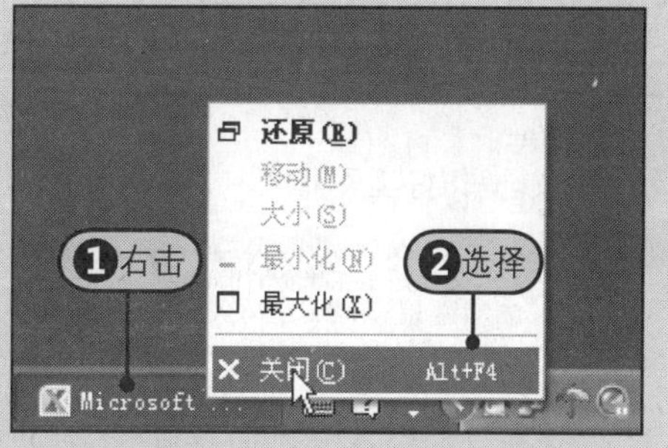

图2-30 选择“关闭”命令

提示 使用快捷键退出Excel

直接按下键盘上的快捷键Alt+F4，也可以关闭工作簿并退出Excel 2010程序。

2.5 认识Office 2010的“选项”对话框

在Office 2010中，用户可以通过“选项”对话框进行Office程序用户界面、保存等选项的设置，而且其中一些设置方法也是通用的，比如，设置启动实时预览效果、Microsoft Office个性化设置等。下面以PowerPoint 2010为例，介绍Office 2010的选项设置。

2.5.1 设置启用实时预览功能

使用Office 2010中的实时预览功能，在设置文字或图片的格式时，可以避免频繁使用撤销操作。用户只需要用鼠标指向需要选择的命令，此时文档中会显示选择该命令后的预览效果。实时预览功能在实际工作中非常实用，它极大地提高了用户的工作质量和效率。

打开附书光盘\实例文件\第2章\原始文件\演示文稿1.pptx。Step❶单击“文件”按钮，Step❷从展开的下拉菜单中选择“选项”命令，随后弹出“PowerPoint选项”对话框。Step❸在“常规”选项卡中的“用户界面选项”区域内勾选“启用实时预览”复选框，Step❹单击“确定”按钮。返回演示文稿中，Step❺在“视频工具-格式”选项卡中的“样式”下拉列表中指向“棱台形椭圆”样式，Step❻此时幻灯片中的视频会显示更改后的预览效果，如图2-31所示。

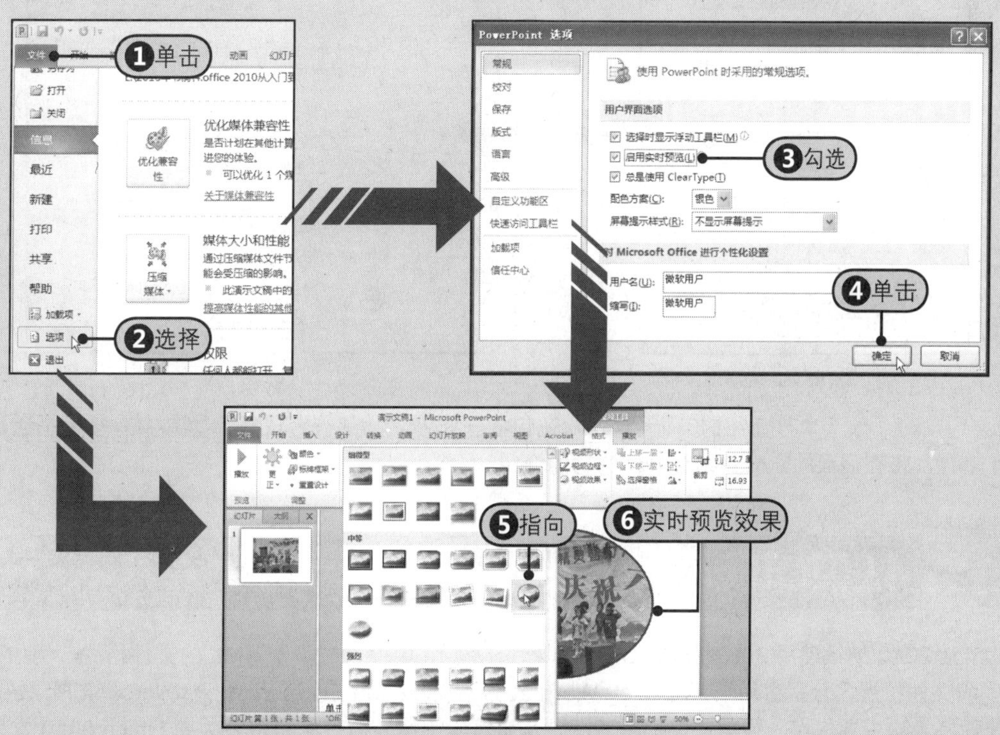

图2-31 启用实时预览功能

2.5.2 设置“最近使用的文件”个数

前面介绍了打开文件时，可以从“最近使用的文件”列表中打开。系统默认的“最近使用的文件”列表中显示的文件个数为20，实际上，用户也可以根据需要自定义显示文件的个数，但最多不能超过50，也就是输入的值为0～50之间的整数。

Step❶单击“文件”按钮，Step❷从展开的下拉菜单中选择“选项”命令，如图2-32所示。Step❸在弹出的“PowerPoint选项”对话框中单击“高级”标签，Step❹在“显示”区域的“显示此数目的‘最近使用的文档’”框中输入0～50的整数，Step❺然后单击“确定”按钮，如图2-33所示。

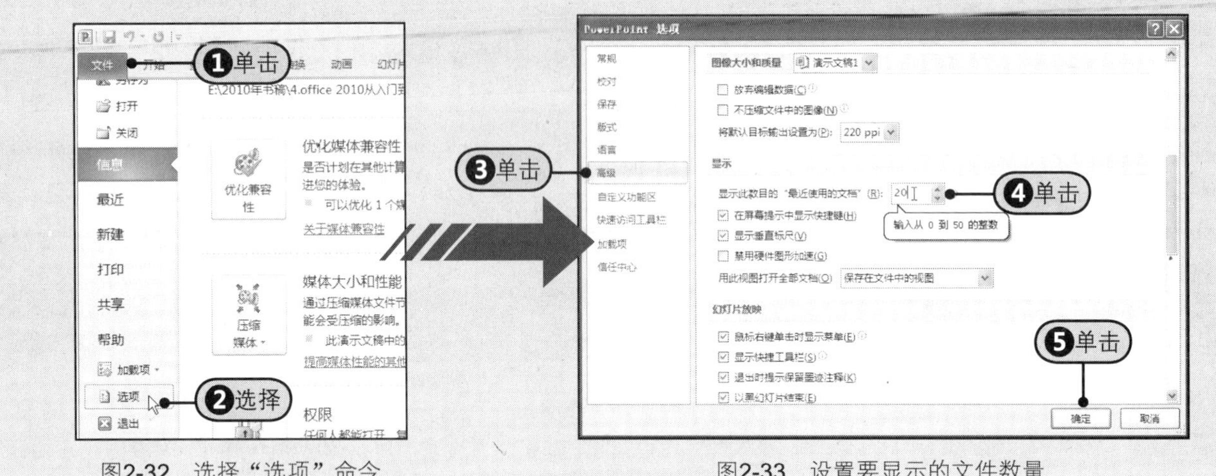

图2-32 选择“选项”命令　　图2-33 设置要显示的文件数量

2.5.3 Microsoft Office个性化设置

通过对Microsoft Office进行个性化设置，可以设置Office用户的“用户名”和“缩写”，当共享文档时，这样其他的用户就可以知道文档创建和编辑者的姓名。

仍然以PowerPoint演示文稿为例，Step❶单击“文件”按钮，Step❷从弹出的下拉菜单中选择“选项”命令，如图2-34所示。Step❸在“PowerPoint选项”对话框中的“对Microsoft Office进行个性化设置”区域内输入“用户名”和“缩写”，Step❹然后单击“确定”按钮，如图2-35所示。

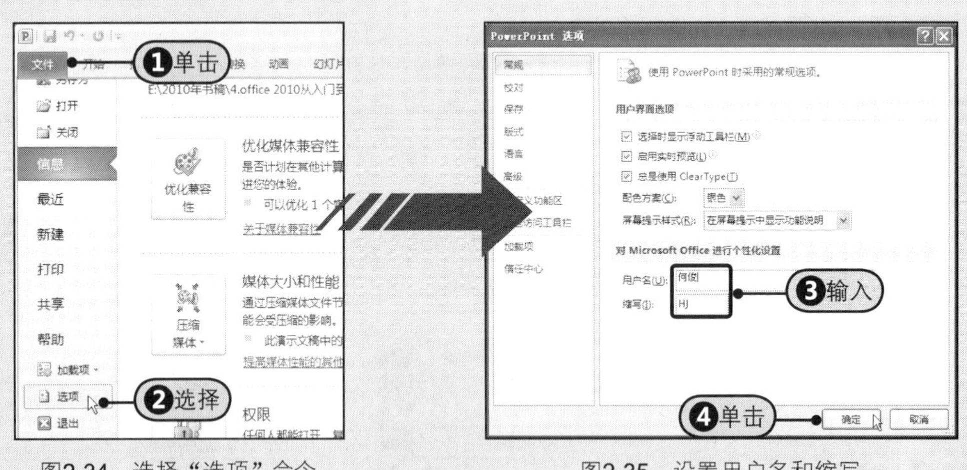

图2-34 选择“选项”命令　　图2-35 设置用户名和缩写

在设置Office选项时，除了本节介绍的3种设置外，还包括一些输入、保存等设置，这其中有些也是通用的，有些设置因软件不同略有差异，将在后面的章节中结合具体的功能介绍。

2.6 认识Office 2010的文件类型

Microsoft Office 2010 继续使用 2007 版Microsoft Office System 中引入的基于 XML 的文件格式，例如 .docx、.xlsx 和 .pptx。这些格式和文件扩展名分别适用于 Microsoft Word 2010、Microsoft Excel 2010 及 Microsoft PowerPoint 2010。本节将主要介绍这种格式的主要优点，各类文件扩展名，以及如何与使用早期版本的用户共享 Office 2010 文件。

2.6.1 Open XML格式和优点

Open XML 格式有许多优点，它不仅适用于开发人员及其构建的解决方案，而且适用于个人及各种规模的组织。它的优点主要体现在以下几个方面。

❶ 压缩文件

Open XML 格式使用 Zip 压缩技术来存储文档，由于这种格式可以减少存储文件所需的磁盘空间，并可以降低通过电子邮件、网络和 Internet 发送文件时所需的带宽，因此可以节省潜在成本。在用户打开文件时，这种格式可以自动解压缩；而在用户保存文件时，这种格式又可以重新自动压缩。用户不需要安装任何特殊的 Zip 实用工具，便可以在 Office 2010 中打开和关闭文件。

❷ 改进了受损文件的恢复过程

文件结构以模块形式进行组织，从而使文件的不同数据组件彼此独立。这样，即使文件中的某个组件（例如，图表或表格）损坏，仍然可以打开文件。

❸ 更好的隐私保护和更强有力的个人信息控制

采用保密方式共享文档，因为使用文档检查器可以轻松地识别和删除个人身份信息及业务敏感信息，如作者姓名、批注、修订和文件路径等。

❹ 更好的业务数据集成性和互操作性

将 Open XML 格式作为 Office 2010 产品集的数据互操作性框架，意味着：文档、工作表、演示文稿和表单都可以采用 XML 文件格式保存，任何人都可免费使用该文件格式并获得该文件格式的许可证，而不必支付版权费。Office 还支持客户定义的 XML架构，用于增强现有 Office 文档类型的功能，这意味着客户在现有系统中可以轻松地解除信息锁定，然后使用熟悉的 Office 程序对相应的信息进行操作。其他业务应用程序可以轻松地使用在 Office 中创建的信息，打开和编辑 Office 文件只需一个 ZIP 实用工具和一个 XML 编辑器即可。

❺ 更容易检测到包含宏的文档

使用默认的x后缀保存的文件不能包含宏和XLM宏，只有文件扩展名以m结尾的文件可以包含宏。

2.6.2 Office文件类型及扩展名详解

在默认的情况下，用户在Office 2010中创建的文档、工作表和演示文稿都将保存为XML格式，其文件扩展名是在用户已经熟悉原来的文件扩展名后添加x或m。x表示不含宏的XML文件，而m表示含有宏的XML文件。

❶ Word 2010中的文件类型及扩展名

在Word文档窗口中，Step❶单击“文件”按钮，Step❷从展开的下拉菜单中选择“另存为”命令，如图2-36所示，Step❸在弹出的“另存为”对话框中单击“保存类型”右侧的下三角按钮，展开Word 2010所有的文件类型列表，如图2-37所示。

图2-36 选择“另存为”命令

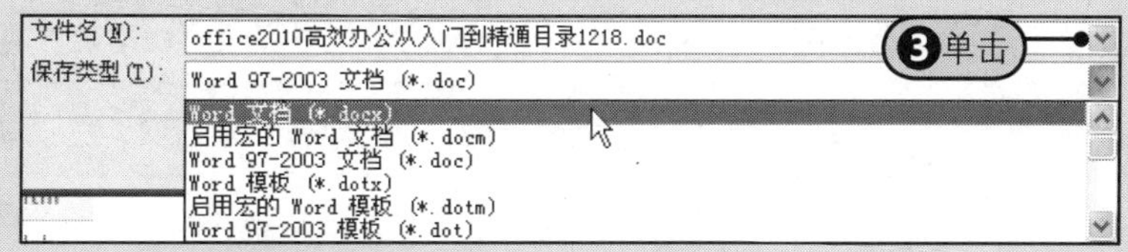

图2-37 Word文档的“保存类型”下拉列表

Word 2010中所有的文件类型及对应的扩展名如表2-1所示。

表2-1 Word 2010中的文件类型及扩展名

文件类型	扩展名	文件类型	扩展名
Word 97-2003文档	.doc	Word模板	.dotx
Word 2010文档	.docx	启用宏的Word模板	.dotm
启用宏的Word文档	.docm		

❷ Excel 2010中的文件类型及扩展名

在Excel 2010工作簿窗口中，Step 1 单击“文件”按钮，Step 2 从展开的下拉菜单中选择“另存为”命令，如图2-38所示，Step 3 在打开的“另存为”对话框中单击“保存类型”右侧的下三角按钮，展开Excel 2010所有的文件类型列表，如图2-39所示。

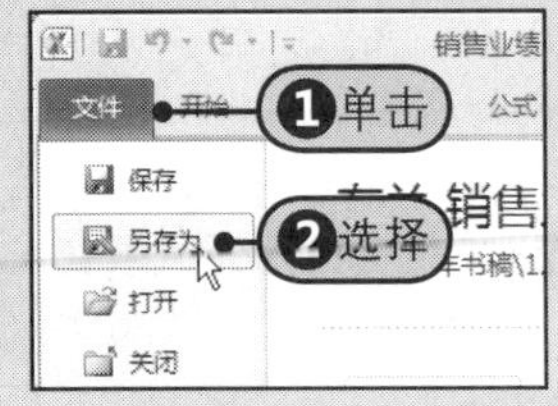

图2-38　选择“另存为”命令

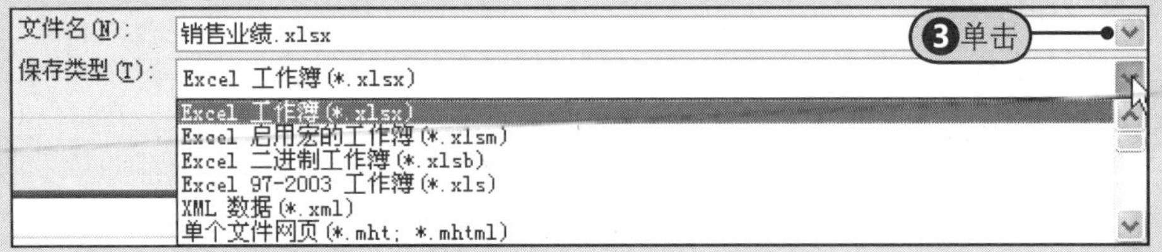

图2-39　Excel文档的“保存类型”下拉列表

Excel 2010中所有的文件类型及对应的扩展名如表2-2所示。

表2-2　Excel 2010中的文件类型及扩展名

文件类型	扩展名	文件类型	扩展名
Excel 97-2003工作簿	.xls	启用宏的模板	.xltm
Excel 2010工作簿	.xlsx	非XML二进制工作簿	.xlsb
Excel启用宏的工作簿	.xlsm	启用宏的加载项	.xlam
模板	.xltx		

❸ PowerPoint 2010中的文件类型及扩展名

在 PowerPoint 2010演示文稿窗口中，Step 1 单击“文件”按钮，Step 2 从展开的下拉菜单中选择“另存为”命令，如图2-40所示，Step 3 在打开的“另存为”对话框中单击“保存类型”右侧的下三角按钮，展开PowerPoint 2010所有的文件类型列表，如图2-41所示。

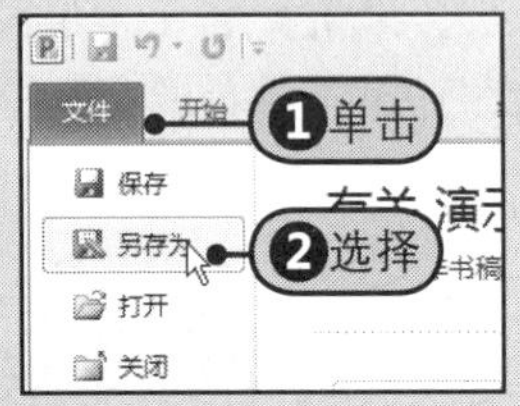

图2-40　选择“另存为”命令

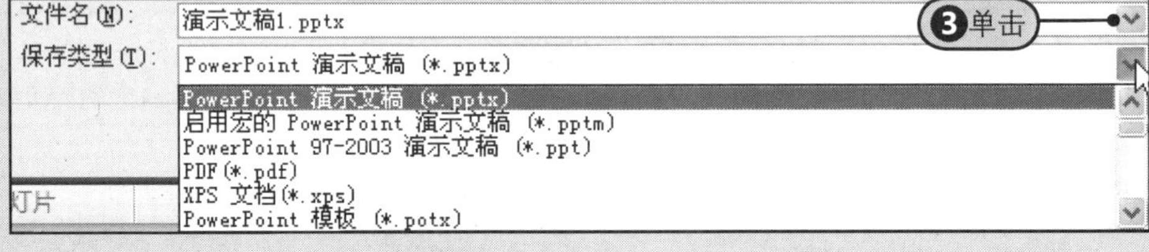

图2-41　PowerPoint 2010演示文稿的“保存类型”下拉列表

PowerPoint 2010中所有的文件类型及对应的扩展名如表2-3所示。

表2-3　PowerPoint 2010中的文件类型及扩展名

文件类型	扩展名	文件类型	扩展名
PowerPoint 97-2003演示文稿	.ppt	播放	.ppsx
PowerPoint 2010演示文稿	.pptx	启用宏的播放	.ppsm
启用宏的PowerPoint演示文稿	.pptm	幻灯片	.sldx
PowerPoint模板	.potx	启用宏的幻灯片	.sldm
启用宏的模板	.potm	Office主题	.thmx
启用宏的加载项	.ppam		

2.6.3 不同版本之间Office文件的兼容性

Office 2010 允许用户以 Open XML 格式及早期版本 Office 中的二进制文件格式保存文件，并且包含兼容性检查器和文件转换器以允许在不同版本的 Office 之间共享文件。

当用户在Office 2010 中打开低版本文件时，用户可以打开并处理在早期版本的 Office 中创建的文件，然后以现有格式保存该文件，并且Office 2010 会使用兼容性检查器来检查用户是否引入了早期版本 Office 不支持的功能。当保存文件时，兼容性检查器会向报告这些功能，并允许用户先删除这些功能，然后再保存文件。

当打开低版本的文件时，系统会在标题栏中的文件名称后面显示“［兼容模式］”字样，Office 2010中的新功能会被禁用。例如，当打开兼容格式的Word文档时，“插图”组中的“屏幕截图”按钮显示为“灰色”，如图2-42所示。

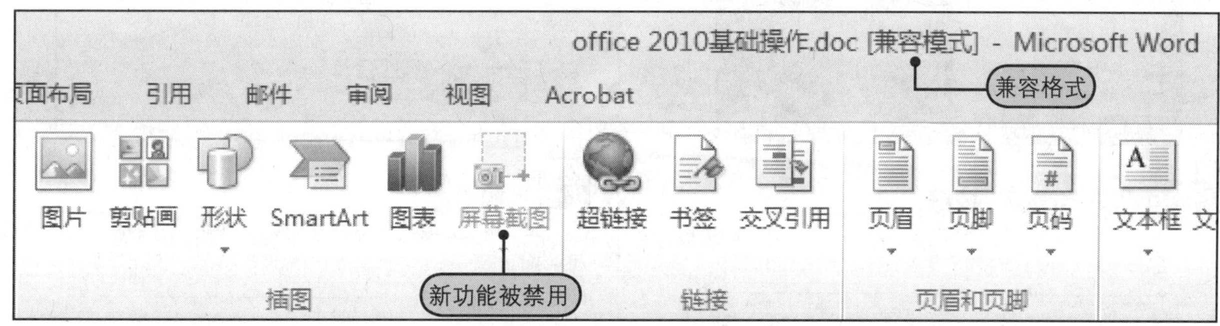

图2-42 兼容模式下的“屏幕截图”功能被禁用

如果要使用Office 2010中的新增功能，需要先将文件转换为Office 2010的新格式，转换的具体方法如下。

Step 1 单击“文件”按钮，Step 2 从弹出的下拉菜单中选择“信息”命令，Step 3 在“信息”选项面板中单击“转换”按钮，Step 4 在弹出的提示对话框中单击“确定”按钮，Step 5 转换后的文件如图2-43所示，此时标题栏中的“［兼容模式］”字样被取消了，同时，“插图”中的“屏幕截图”功能启用。

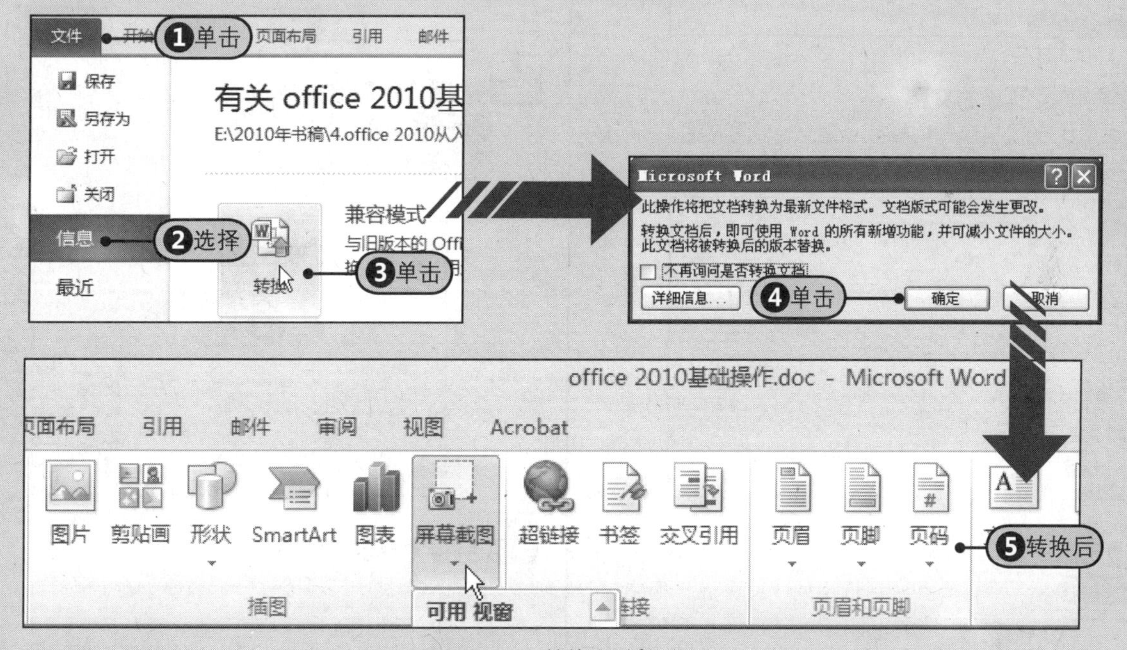

图2-43 转换文件格式

2.7 融会贯通 创建“PowerPoint简介”模板文稿

本章主要学习了Office 2010中的一些基础操作，如新建、保存、另存为、打开、关闭与退出等。接下来，以在PowerPoint 2010中创建“PowerPoint简介”模板演示文稿为例，对本章所学的基础知识加以综合应用。

（续上）

1 步骤 启动PowerPoint 2010程序。

选择“开始>程序>Microsoft Office>Microsoft PowerPoint 2010”命令，启动PowerPoint。

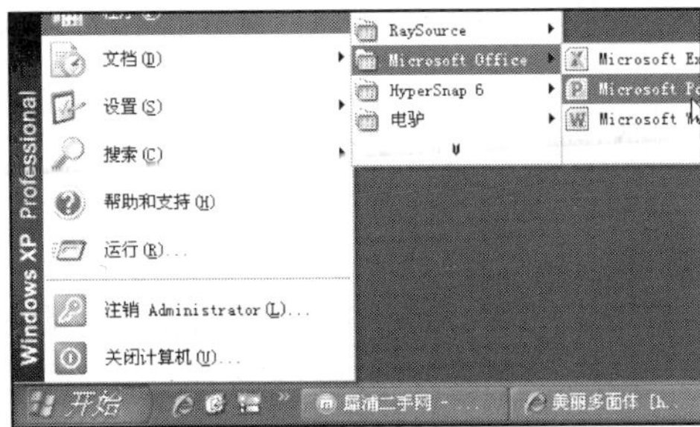

2 步骤 选择“新建”命令。

Step 1 单击“文件”按钮。

Step 2 在弹出的下拉菜单中选择“新建”命令。

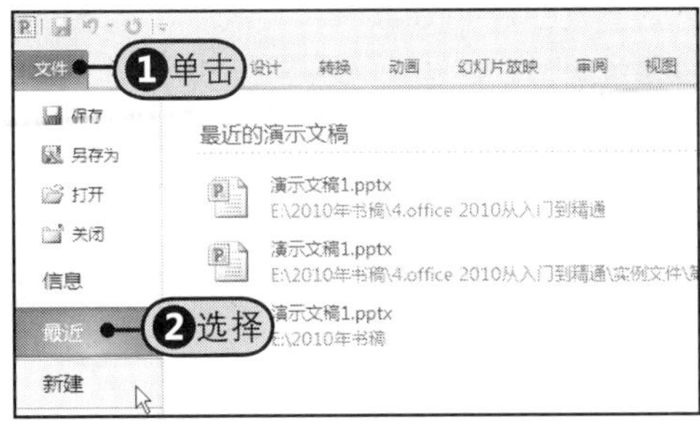

3 步骤 单击“样本模板”按钮。

在“可用的模板和主题”区域内单击“样本模板”按钮。

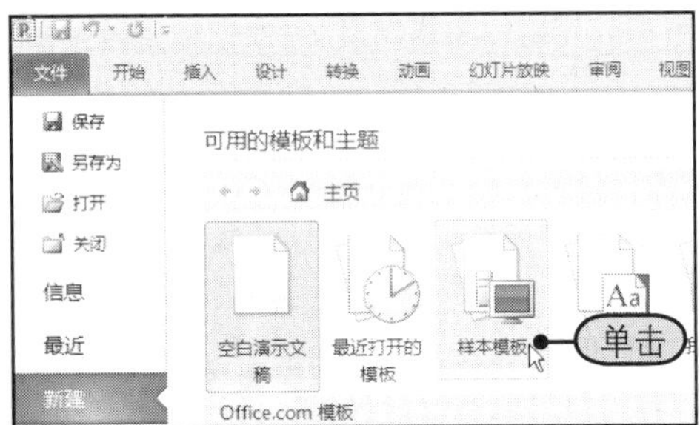

4 步骤 选择模板。

在“样本模板”区域内双击“PowerPoint 2010简介”模板。

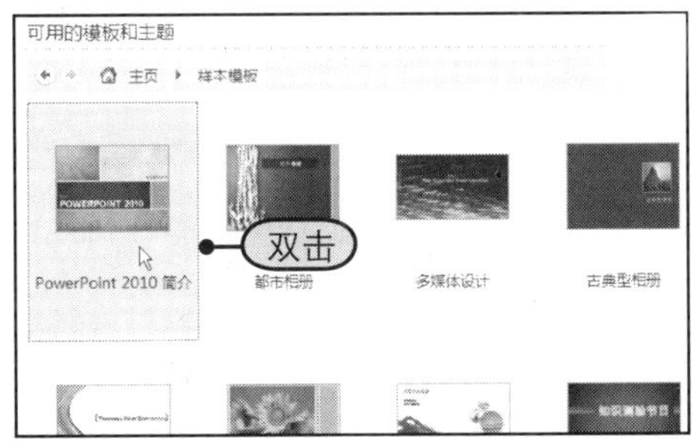

5 步骤 根据模板创建的文稿。

随后系统会根据选择的模板创建演示文稿，并以默认的“演示文稿×”命名。

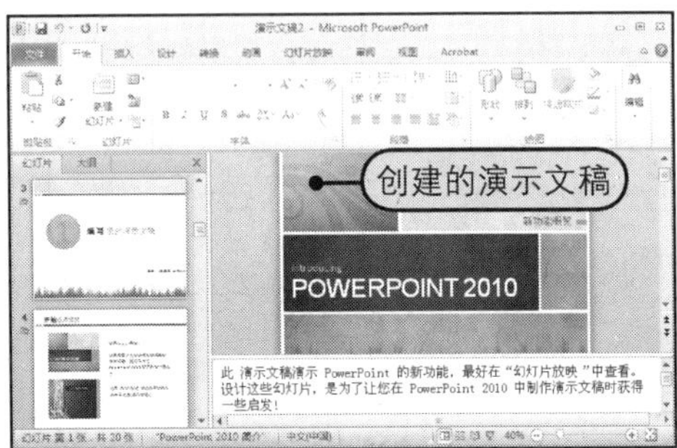

6 步骤 选择“另存为”命令。

Step 1 单击“文件”按钮。

Step 2 从下拉菜单中选择“另存为”命令。

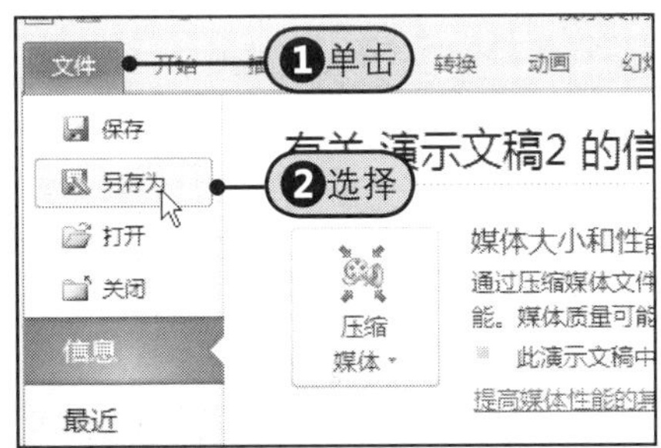

7 步骤 输入演示文稿名称。

Step 1 在“另存为”对话框中的“文件名”框中输入名称。

Step 2 单击“保存”按钮。

8 步骤 另存为后的演示文稿。

另存后，演示文稿的标题栏会显示新的名称。

2.8 专家支招

扎实的基础是走向成功的第一步，要想全面掌握Office 2010，基础知识看似简单，实际包含了许多技巧，可以使用户在以后运用Office 2010更加得心应手。除了前面介绍的新建、保存、打开、关闭等知识外，下面再介绍更改Office配色方案、设置屏幕提示、显示文件扩展名等技巧。

招术一 更改Office 2010的配色方案

在Office 2010中，系统提供了3种配色方案，默认的为“银色”，另外还有“蓝色”和“黑色”。用户可以修改配色方案，具体方法如下。

Step1 单击“文件”按钮，Step2 从弹出的下拉菜单中选择“选项”命令，Step3 在“Excel选项”对话框中单击“配色方案”右侧的下三角按钮，Step4 从下拉列表中单击“黑色”，最后单击“确定”按钮，Step5 修改后的用户界面如图2-44所示。

提示 在任意一个组件中修改配色方案会影响整个Office程序

修改配色方案需要注意的是，在任意一个Office程序中，如Excel 2010中修改了配色方案后，其余的组件，如Word 2010、PowerPoint 2010等的操作界面配色方案会自动更改为与Excel的相同。

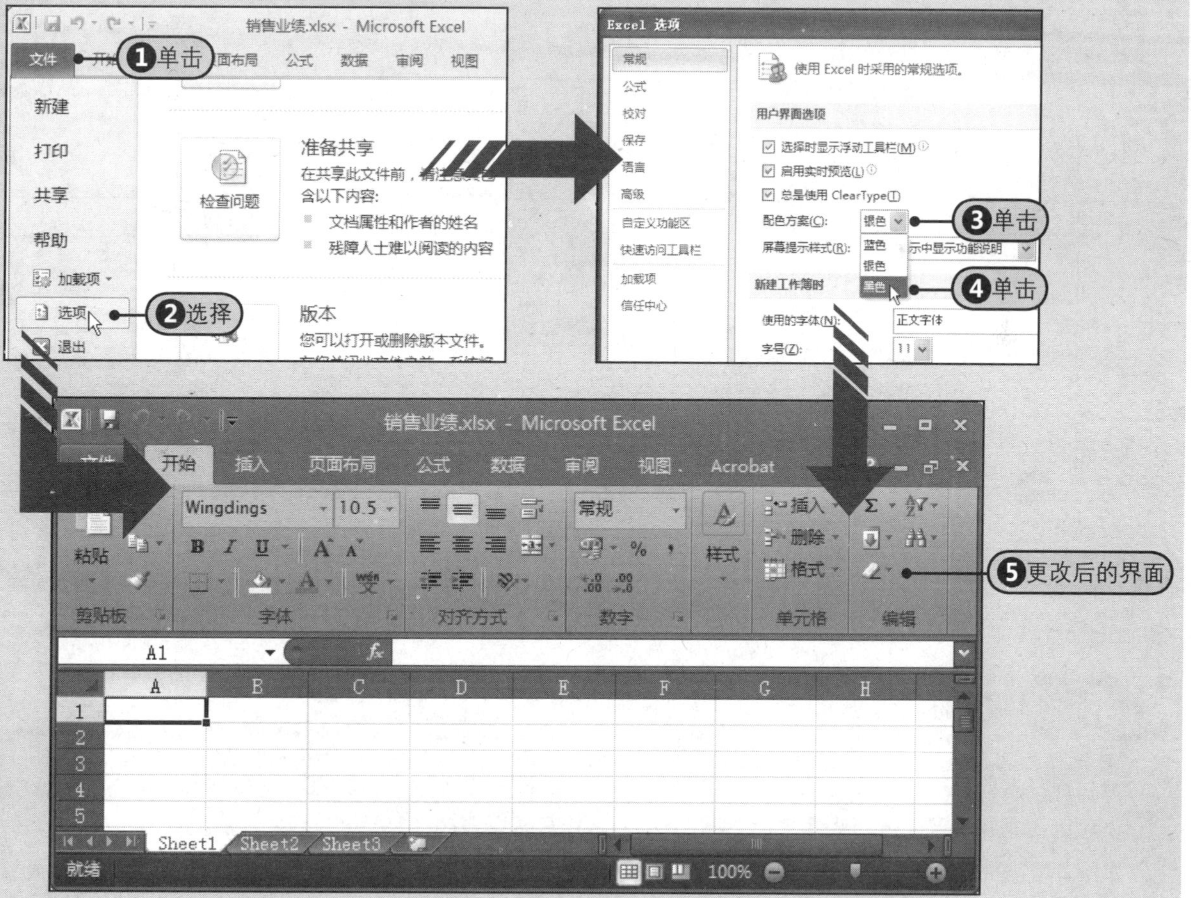

图2-44 更改Office用户界面的配色方案

招术二 显示和隐藏Office的屏幕提示

对于初次使用Office2010的用户，如果对Office中的许多功能按钮不太熟悉，可以开启屏幕提示功能，当用鼠标指针指到按钮上时，屏幕上会显示关于该按钮的提示。

Step1单击“文件”按钮，Step2从展开的下拉菜单中选择“选项”命令，Step3在“Excel选项”对话框中单击“屏幕提示样式”右侧的下三角按钮，Step4从下拉列表中选择“在屏幕提示中显示功能说明”，确定后返回工作表中，Step5当指向功能按钮时，屏幕上会显示相关提示，如图2-45所示。

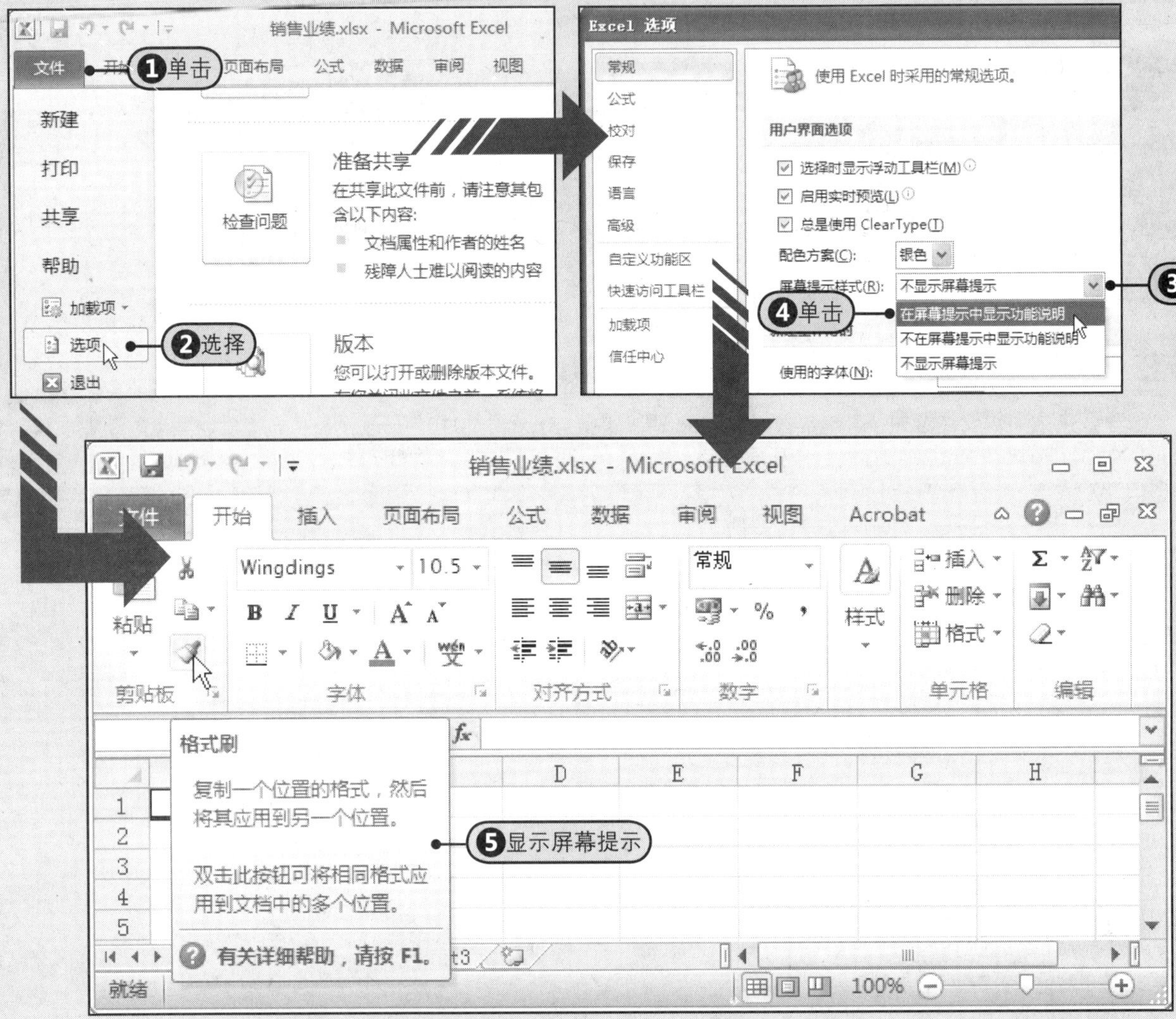

图2-45　设置显示和隐藏屏幕提示

招术三 在Windows XP中显示和隐藏文件扩展名

前面向用户介绍了Office 2010的文件类型，也许用户会发现有时文件图标中或者是“另存为”对话框的“保存类型”下拉列表中并没有显示文件类型的扩展名，实际上用户可以自己设置是否显示文件的扩展名。

方法：Step1打开任意一个文件夹，单击“工具”按钮，Step2从下拉菜单中选择“文件夹选项”命令，随后弹出“文件夹选项”对话框，Step3单击“查看”标签，Step4在该选项卡中勾选“隐藏已知文件类型的扩展名”复选框，然后单击“应用”按钮关闭对话框。Step5随后，文件夹中的图标将不再显示扩展名，如图2-46所示如果用户希望显示文件扩展名，则取消勾选“隐藏已知文件类型的扩展名”复选框即可。

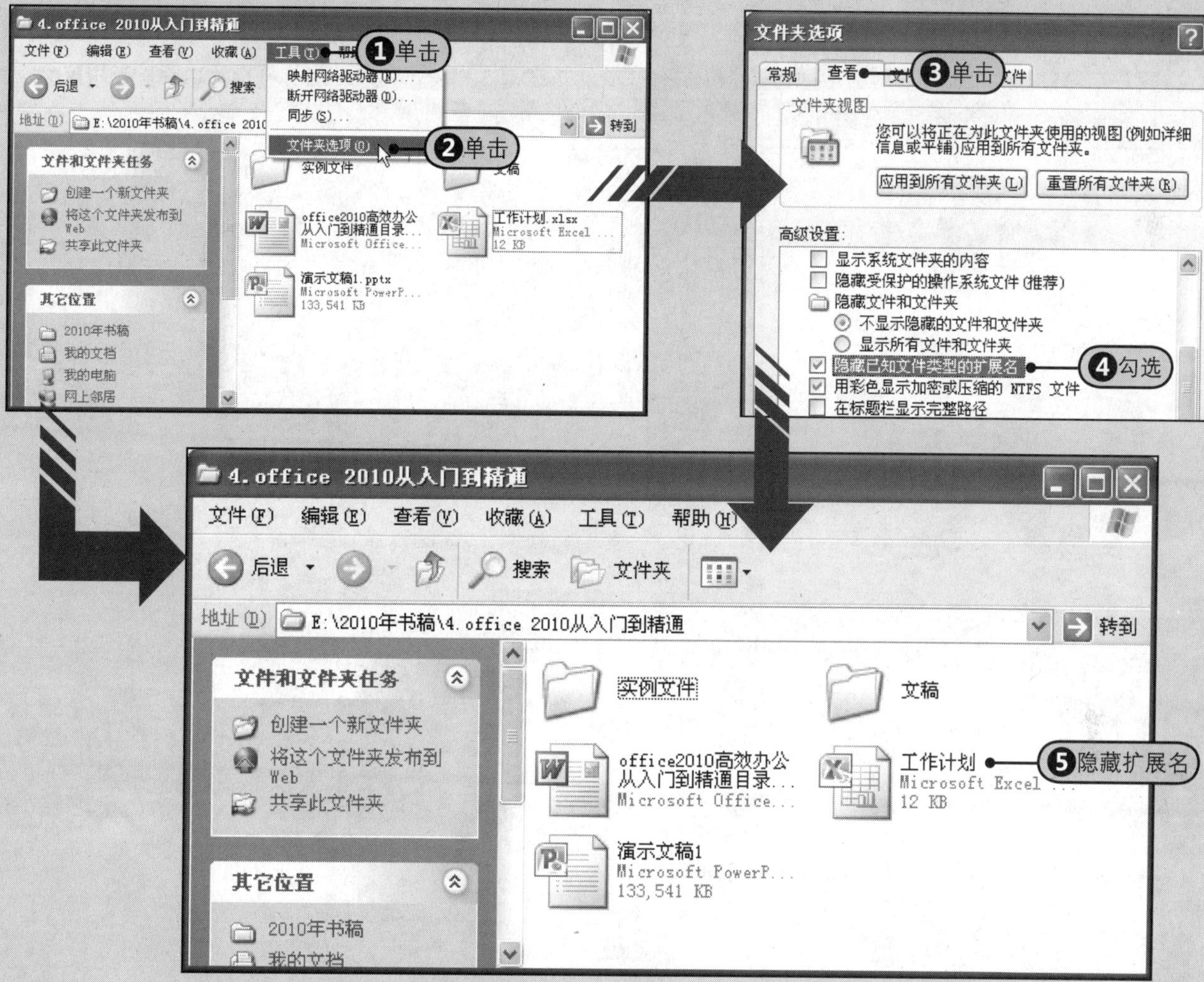

图2-46 显示和隐藏文件扩展名

读书笔记

Part 2 Word篇

Chapter 03

初识办公文档制作软件 Word 2010

Word 2010是Office 2010中一个非常重要的组件。作为一款文字处理软件，它可以用来输入和编辑文字、制作办公文档及表格等，适合各个行业的办公人员制作和处理办公文档。本章将主要介绍Word 2010的视图方式、文档的显示比例、在Word中输入与编辑文本等知识。

3.1 Word 2010的视图方式

Word 2010提供了多种视图方式，主要包括页面视图、阅读版式视图、Web版式视图、大纲视图和草稿视图5种视图方式，以满足用户在不同场合下的需求。下面分别介绍每一种视图方式及作用。

3.1.1 不同视图方式的作用

不同的视图方式有不同的作用和特点，用户只有了解了每种视图方式的作用和特点后，才可以根据自己的需要选择和更改最适当的视图方式。

❶ 页面视图

“页面视图”可以显示Word 2010文档的打印结果外观，即“所见即所得”。在页面视图中可以显示的对象主要包括页眉、页脚、图形对象、分栏设置、页面边距等元素，是最接近打印结果的页面视图。页面视图效果如图3-1所示。

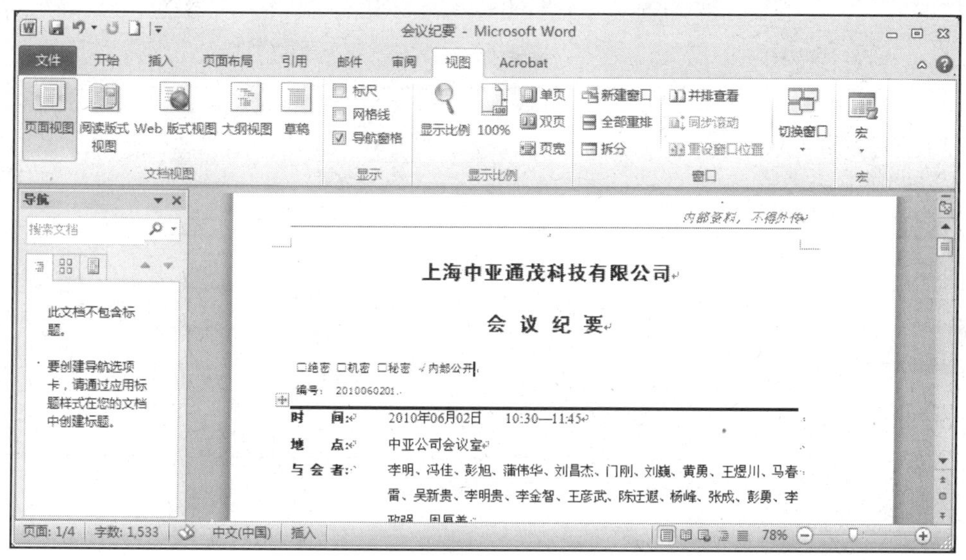

图3-1 页面视图

❷ 阅读版式视图

“阅读版式视图”以图书的分栏样式显示Word 2010文档，此视图下“文件”按钮、功能区等窗口元素被隐藏起来了。但是，阅读版式视图中会显示几个可能最会用到的按钮，如“保存”按钮、“工具”按钮和“视图选项”按钮等，用户可以单击“工具”按钮选择各种工具在该视图方式下对文档进行操作，如图3-2所示。

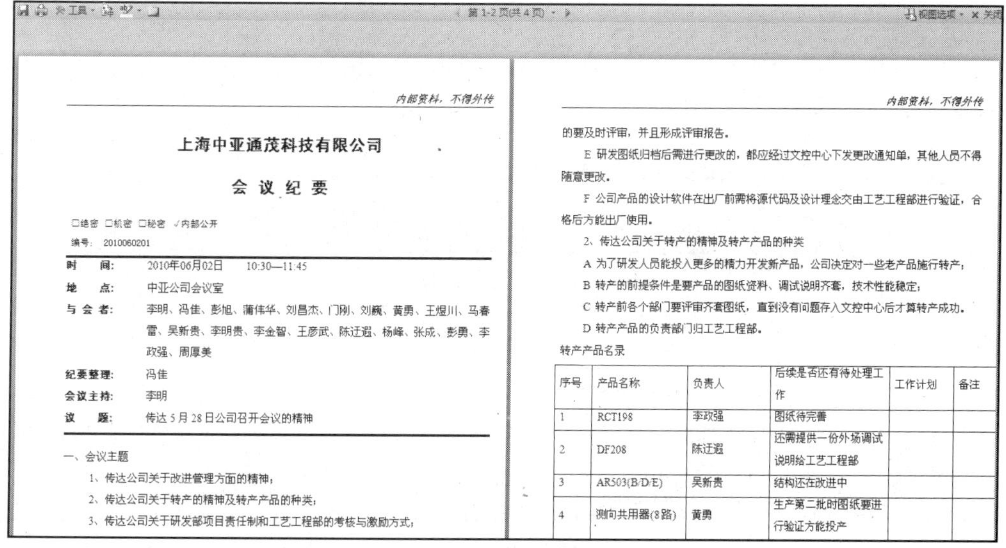

内部资料，不得外传

上海中亚通茂科技有限公司

会 议 纪 要

□绝密 □机密 □秘密 √内部公开

编号：2010060201

时 间：2010年06月02日 10:30—11:45

地 点：中亚公司会议室

与 会 者：李明、冯佳、彭旭、蒲伟华、刘昌杰、门刚、刘巍、黄勇、王煜川、马春雷、吴新贵、李明贵、李金智、王彦武、陈迁遐、杨峰、张成、彭勇、李政强、周厚美

纪要整理：冯佳

会议主持：李明

议 题：传达5月28日公司召开会议的精神

一、会议主题

1、传达公司关于改进管理方面的精神；

2、传达公司关于转产的精神及转产产品的种类；

3、传达公司关于研发部项目责任制和工艺工程部的考核与激励方式；

内部资料，不得外传

的要及时评审，并且形成评审报告。

E 研发图纸归档后需进行更改的，都应经过文控中心下发更改通知单，其他人员不得随意更改。

F 公司产品的设计软件在出厂前需将源代码及设计理念交由工艺工程部进行验证，合格后方能出厂使用。

2、传达公司关于转产的精神及转产产品的种类

A 为了研发人员能投入更多的精力开发新产品，公司决定对一些老产品施行转产；

B 转产的前提条件是要产品的图纸资料、调试说明齐套，技术性能稳定；

C 转产前各个部门要评审齐套图纸，直到没有问题存入文控中心后才算转产成功。

D 转产产品的负责部门归工艺工程部。

转产产品名录

序号	产品名称	负责人	后续是否还有待处理工作	工作计划	备注
1	RCT198	李政强	图纸待完善		
2	DF208	陈迁遐	还需提供一份外场调试说明给工艺工程部		
3	AR503(B/D/E)	吴新贵	结构还在改进中		
4	测向共用器(8路)	黄勇	生产第二批时图纸要进行验证方能投产		

图3-2 阅读版式视图

3 Web版式视图

“Web版式视图”以网页的形式显示Word 2010文档，适用于发送电子邮件和创建网页。在Web版式视图中将不会显示页眉、页边距等元素，如图3-3所示。

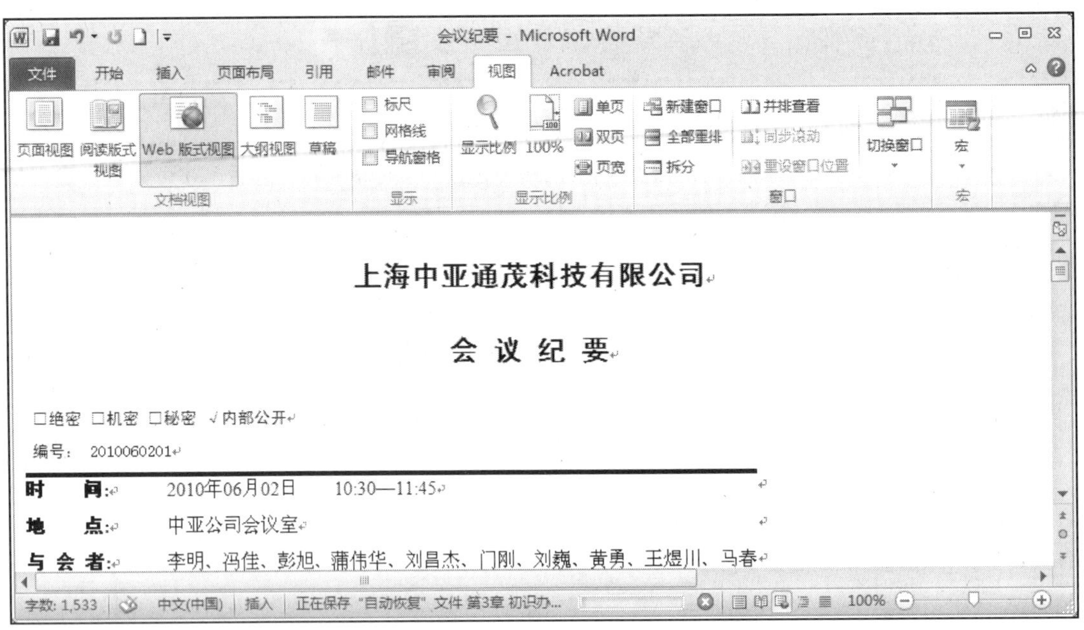

图3-3　Web版式视图

4 大纲视图

“大纲视图”主要用于Word 2010文档的设置和显示标题的层级结构，并可以方便地折叠和展开各种层级的文档。大纲视图广泛用于Word 2010长文档的快速浏览和设置中，如图3-4所示。

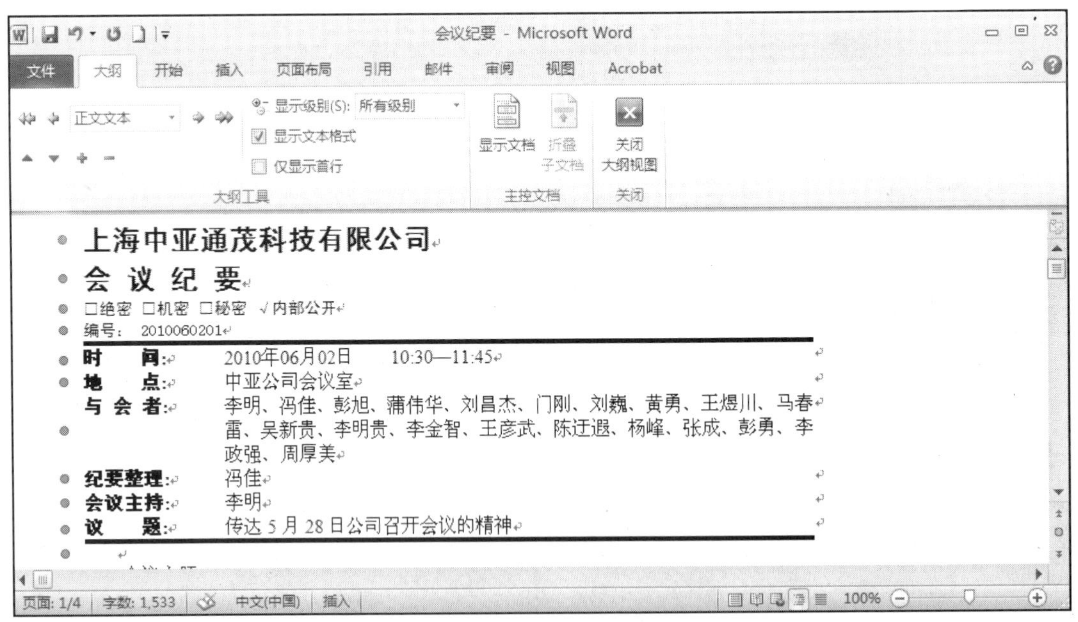

图3-4　大纲视图

5 草稿视图

“草稿视图”取消了页面边距、分栏、页眉和页脚、图片等元素，仅显示标题和正文，是最节省计算机系统硬件资源的视图方式。虽然现代计算机系统的硬件配置都比较高，基本上不存在由于硬件配置偏低使Word 2010运行遇到障碍的问题，但在处理大型文档时还是有助于提高编辑文档的速度。草稿视图下的文档如图3-5所示。

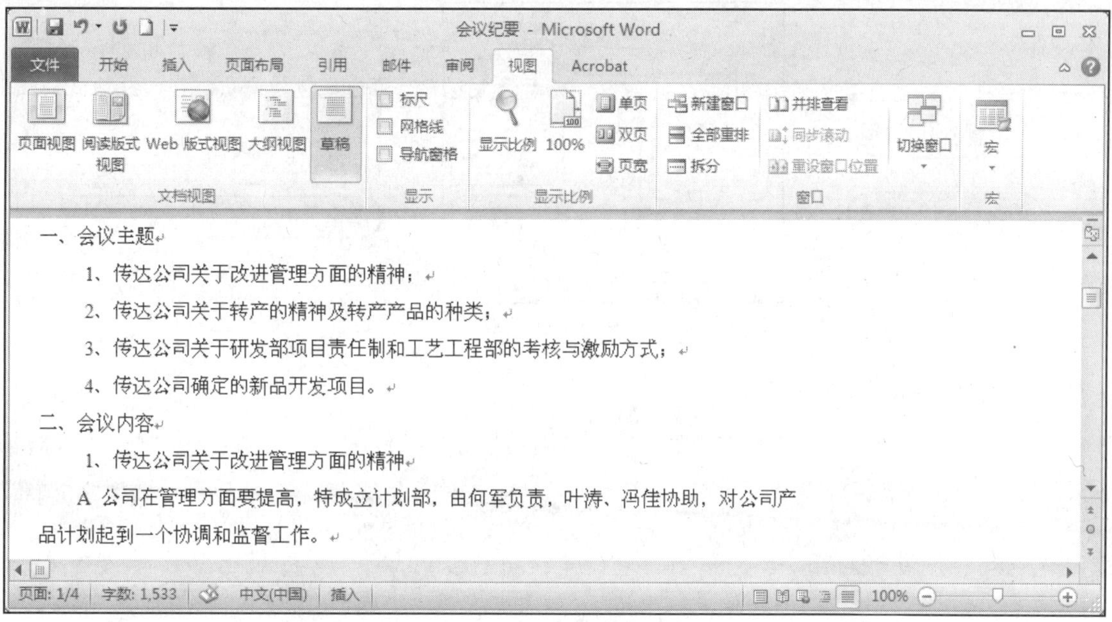

图3-5　草稿视图

3.1.2　在多种视图方式间切换

了解了各种视图方式的作用，怎样在不同的视图方式之间切换呢？通常，在不同的视图之间切换有两种方式，一是在“视图”选项卡的“文档视图”组中单击按钮切换，二是使用状态栏中的视图切换按钮。

❶ 单击功能区中的按钮切换视图方式

要在不同的视图方式之间切换，可以在“视图”选项卡的“文档视图”组中单击对应的视图方式按钮，如图3-6所示。例如，单击“阅读版式视图”按钮就会切换到阅读版式视图。

❷ 使用状态栏中的视图按钮切换

此外，还可以单击Word文档窗口内状态栏中的视图按钮来切换，如图3-7所示。

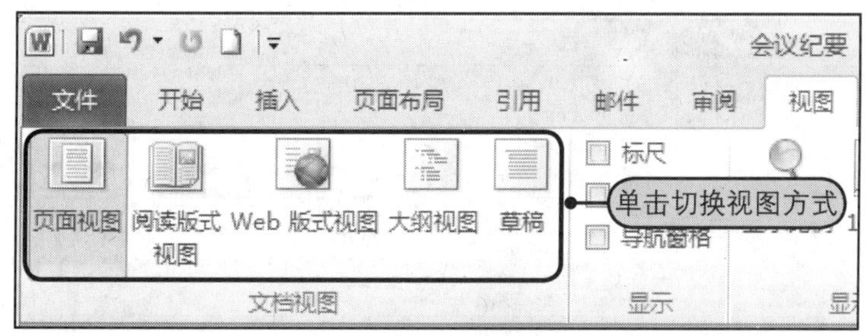

图3-6　在功能区中切换视图方式

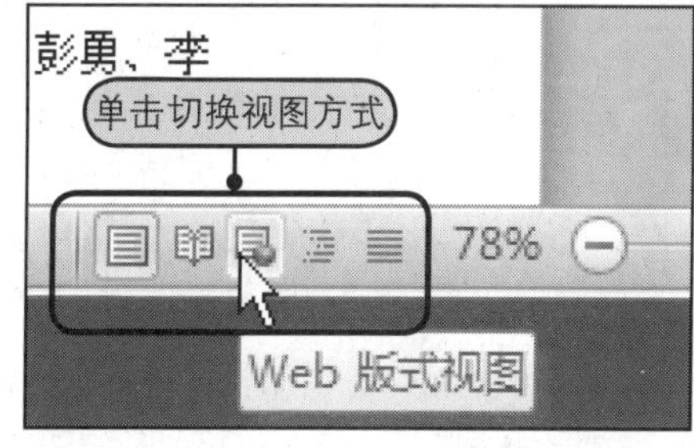

图3-7　使用状态栏中的视图按钮切换

3.2 调节文档的显示比例

用户在编辑和查看文档时，可以根据需要及显示屏幕的大小调整文档的显示比例。通常，调整Word文档显示比例的方法有两种，一种是使用功能区中的命令调节，另一种是使用状态栏中的视图按钮调节。

3.2.1　使用功能区中的命令调节比例

“显示比例”按钮位于“视图”选项卡中的“显示比例”组，该组中包括“显示比例”、“100%”、“单页”、“双页”及“页宽”等按钮，如图3-8所示。

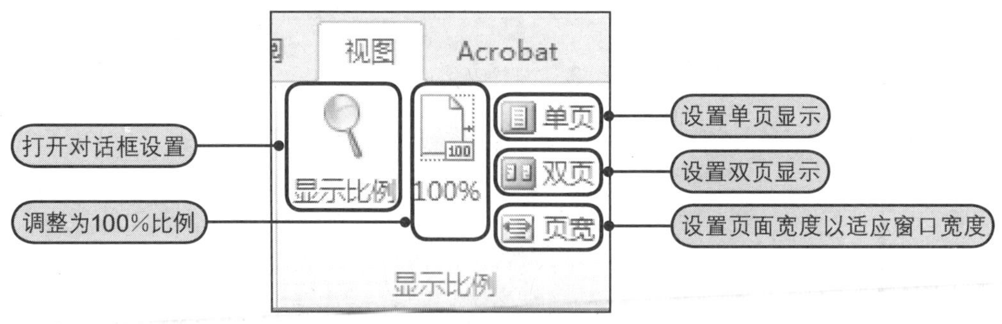

图3-8 “显示比例”组

1 在对话框中自由设置显示比例

如果需要精确设置页面的显示比例，并且希望在设置的同时能看到页面的预览效果，可以在“显示比例”对话框中设置。

方法：打开附书光盘\实例文件\第3章\原始文件\会议纪要.docx文件，此时文档默认的显示比例为“100%”。

Step1 在“会议纪要”文档窗口内切换到“视图”选项卡，Step2 然后在“显示比例”组中单击“显示比例”按钮，打开“显示比例”对话框。在“显示比例”区域内有一些预定义的单选按钮，是比较常见的比例设置，如果这些选项还是不能满足用户的需求，Step3 可以直接在“百分比”框中输入比例，同时“预览”区域内会显示更改后的比例效果，调节好显示比例后，Step4 单击“确定”按钮，Step5 更改显示比例后的效果，如图3-9所示。

提示

快速将窗口的显示比例恢复为100%

无论当前Word文档的窗口显示比例为多少，如果想要快速将显示比例恢复到100%，可以直接单击“视图”选项卡中“显示比例”组的“100%”按钮。

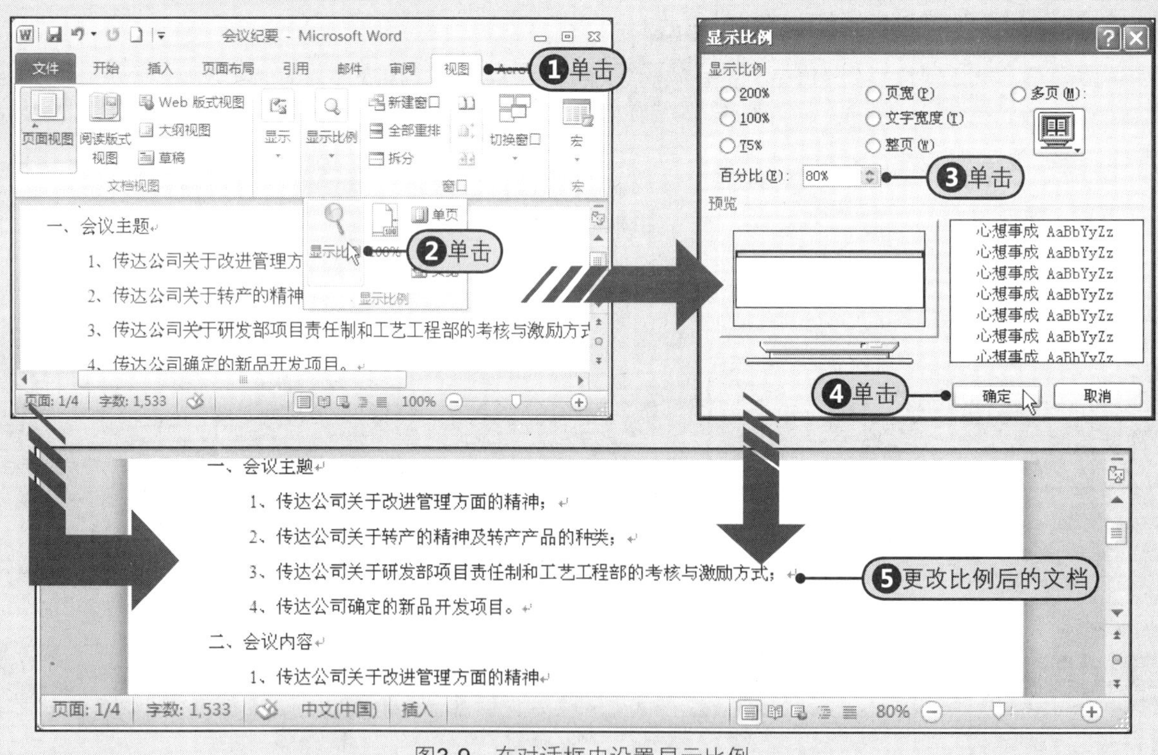

图3-9 在对话框中设置显示比例

2 设置单页或双页显示文档

有时需要在特定大小的窗口中单页或双页显示文档，在Word 2010中，用户只需简单地单击一个命令按钮，就会自动根据当前窗口的尺寸调节显示比例。如果要设置为单页显示。

Step1 在“视图”选项卡中的“显示比例”组中单击“单页”按钮，随后窗口中缩小文档显示比例以正好显示一单页；如果要设置为双页显示文档，Step2 则在“显示比例”组中单击“双页”按钮，随后Word会自动调节比例以在窗口中显示双页，如图3-10所示。

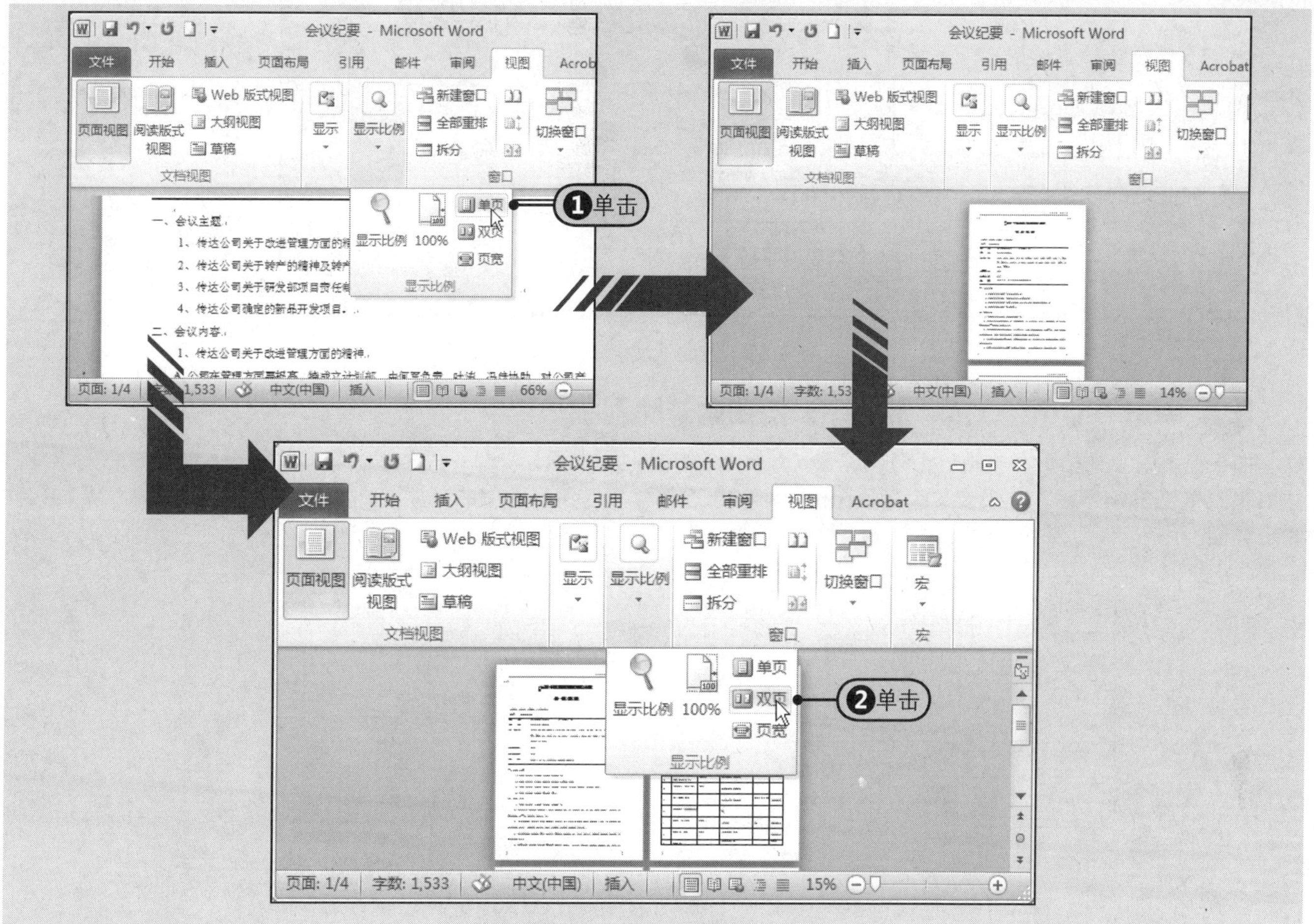

图3-10　设置单页或双页显示文档

❸ 设置页面宽度与窗口宽度一致

在“会议纪要”文档窗口内，在“视图”选项卡中的“显示比例”组中单击“页宽”按钮，如图3-11所示，随后Word会自动调整页面宽度以适应窗口宽度，如图3-12所示。

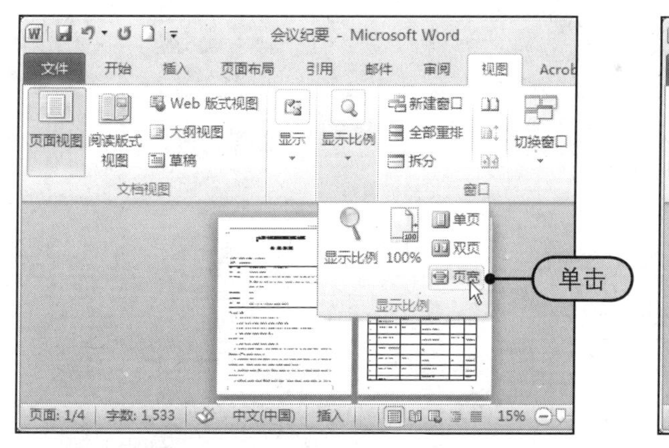

图3-11　单击“页宽”按钮

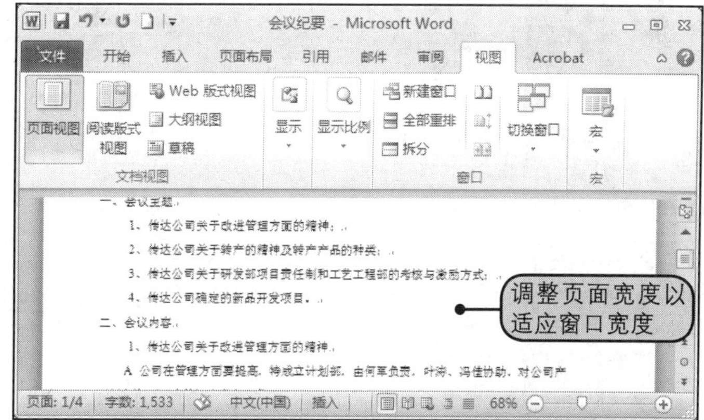

图3-12　调节比例以适应窗口宽度

3.2.2 使用状态栏中的“显示比例”滑块调节

除了使用功能区中的命令来调节文档的显示比例外，还可以通过拖动文档窗口内状态栏上的“显示比例”滑块来调节。

❶ 拖动“显示比例”滑块调节

在Word 2010中，还可以直接拖动Word窗口内状态栏上的“显示比例”滑块来实时调节文档的显示比例，向右拖动为增大比例，向左拖动为缩小比例，如图3-13所示。

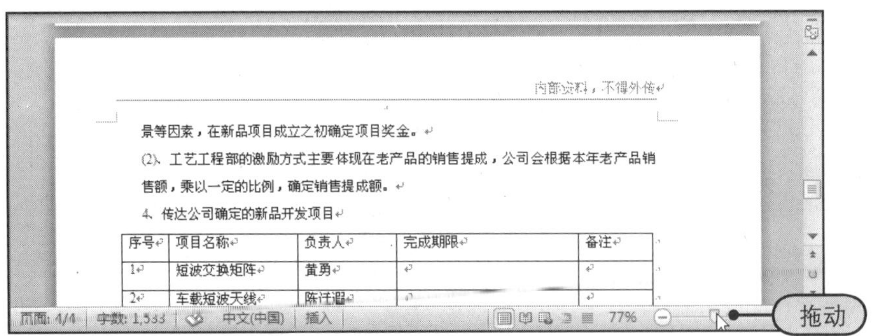

图3-13　拖动滑块调节显示比例

2 单击“缩小”（或“放大”）按钮调节比例

如果需要缩小文档页面的显示比例，还可以直接单击状态栏上“显示比例”左侧的“缩小”按钮，通常单击一次能缩小10%，如图3-14所示。如果要放大显示比例，可以单击“显示比例”右侧的“放大”按钮，单击一次也是放大10%左右，如图3-15所示。

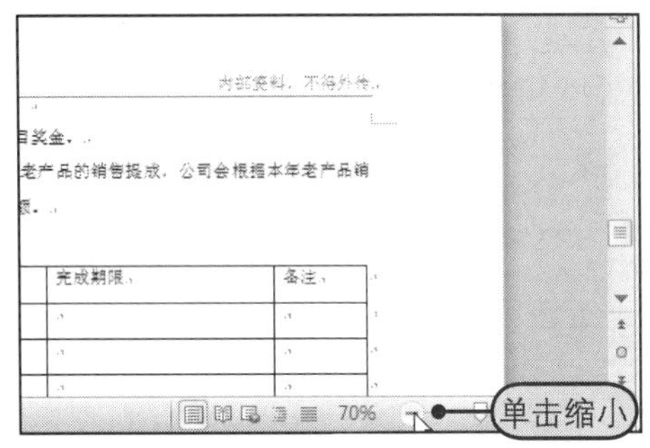

图3-14　单击“缩小”按钮

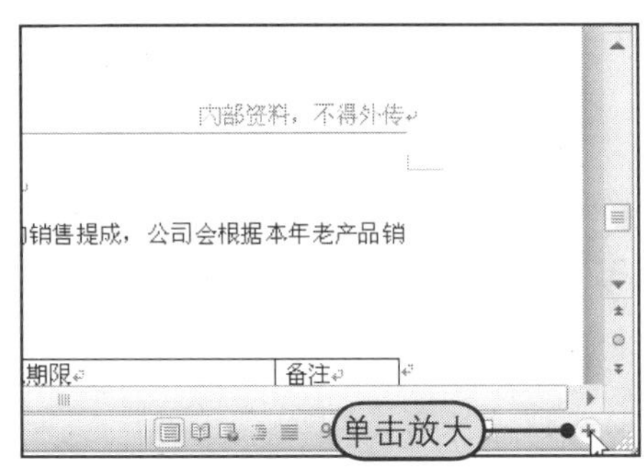

图3-15　单击“放大”按钮

提示　单击“缩放级别”按钮打开“显示比例”对话框

在Word文档窗口的状态栏上单击“缩放级别”按钮100%，可打开“显示比例”对话框。

3.3 同时查看多个窗口

在实际工作中，经常需要同时操作几个文档，比如，对比一个文档的不同修订版本，这时就需要同时查看多个窗口。如果直接切换窗口查看不方便比较，还可以并排查看文档。

与查看多个窗口相关的功能按钮位于“视图”选项卡中的“窗口”组中，如图3-16所示。

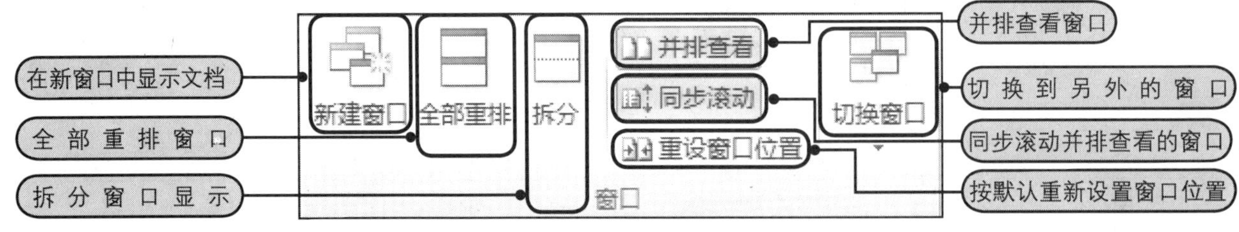

图3-16　“窗口”功能组

3.3.1　新建窗口查看文档

在编辑与处理较长的文档时，如果需要比较文档的不同部分，这时在一个窗口中查看文档就显得非常不方便，而在Word 2010中可以在新窗口中查看文档。

方法：打开附书光盘\实例文件\第3章\原始文件\会议纪要.docx文件。如果要新建窗口查看文档，可以在打开的“会议纪要”文档窗口内单击“视图”选项卡中的“新建窗口”组中的“新建窗口”按钮，随后会在新的窗口中再次打开“会议纪要”文档，同时标题栏中会显示“会议纪要：2”，而原来窗口的标题栏会显示为“会议纪要：1”，如图3-17所示。

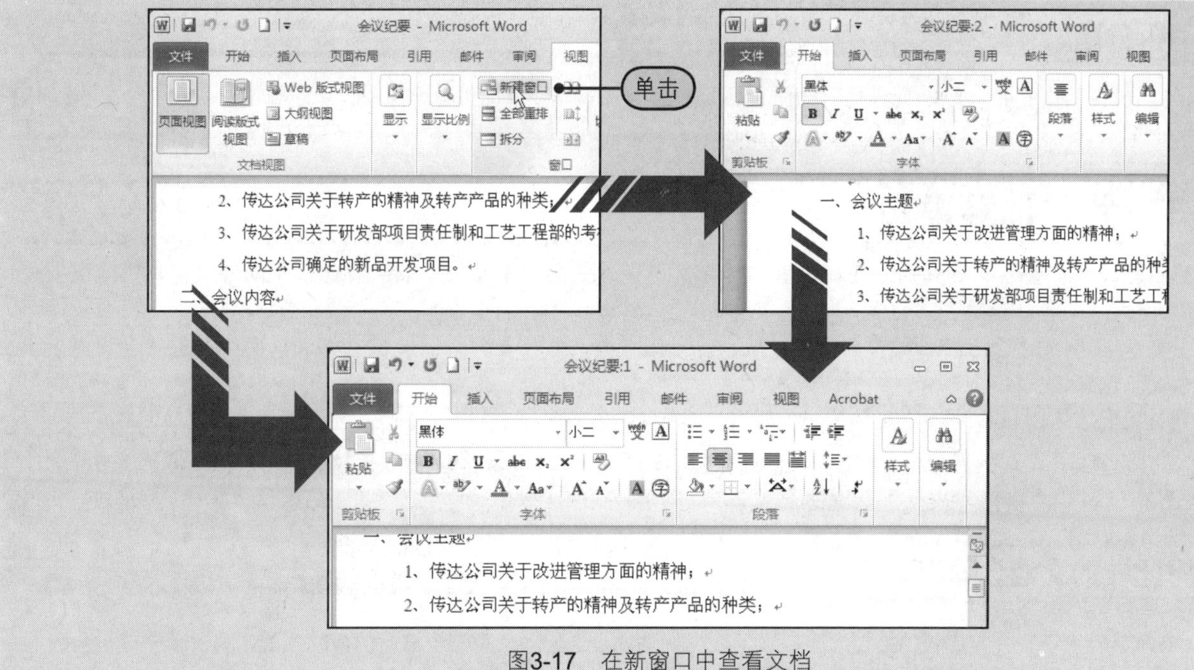

图3-17 在新窗口中查看文档

提示 在新建窗口中编辑文档

当在新窗口中查看文档时，原来的窗口也会显示在屏幕上。此时，用户可以在任意一个窗口中编辑文档，并且两个窗口会同时显示编辑后的文档，还可以进行保存等其他的操作，但是所有的操作结果都只对应一个文件。当关闭其中一个窗口时，标题栏会自动还原为文件的默认标题。

3.3.2 拆分窗口查看文档

在处理文档时，如果需要对比文档的不同部分，除了使用上一节中的新建窗口查看文档外，还可以将窗口拆分为两个窗格来查看或编辑文档。

仍然以“会议纪要”文档为例，Step 1 在Word文档窗口内“视图”选项卡的“窗口”组中单击“拆分”按钮，Step 2 然后用鼠标指针指向窗口内会显示一条拆分线，单击可从指定位置拆分窗口，拆分后的窗口各自都有垂直滚动条，用户可以拖动滚动条查看，如图3-18所示。

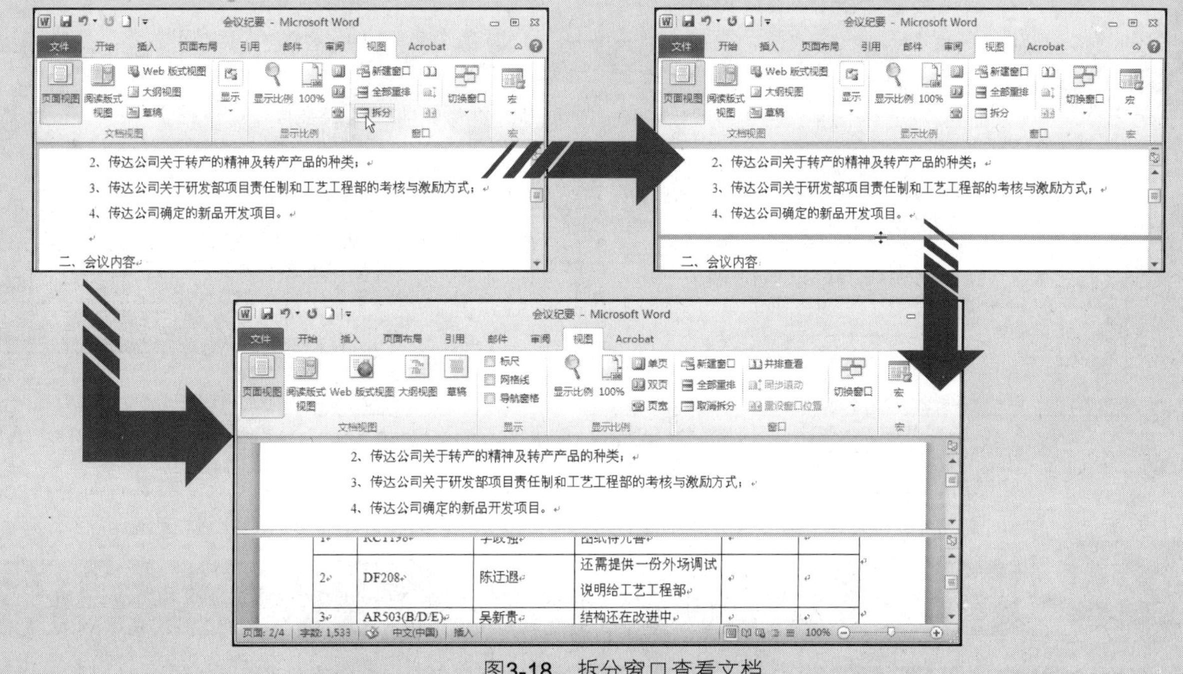

图3-18 拆分窗口查看文档

提示 取消拆分窗口

拆分窗口以后，如果想取消拆分窗口，只需要在“窗口”组中单击“取消拆分”按钮即可。

3.3.3 并排比较窗口

上面介绍的新建窗口查看文档和拆分窗口查看文档，都是查看的同一个文档，如果要比较不同的文档，则就需要使用“并排查看”命令。

打开附书光盘\实例文件\第3章\原始文件\意向性谈判.docx文档，假如要并排比较该文档和前面打开的“会议纪要”文档，操作方法如下所示。

Step 1 在这两个文档中的任一个文档窗口中，单击“视图”选项卡的“窗口”组中的 “并排查看”按钮，弹出“并排比较”对话框；在“并排比较”对话框中会显示当前所有打开的Word文档，Step 2 选择要比较的文档，Step 3 单击“确定”按钮，Step 4 随后两个文档会并排比较，如图3-19所示。

提示 并排比较的文档会同步滚动

在默认情况下，并排比较的文档会同步滚动，也就是说，当拖动任意一个窗口的滚动条时，另一个窗口也会跟着滚动。如果要取消同步滚动，只需在“窗口”组中单击“同步滚动”按钮，取消其选中状态即可。

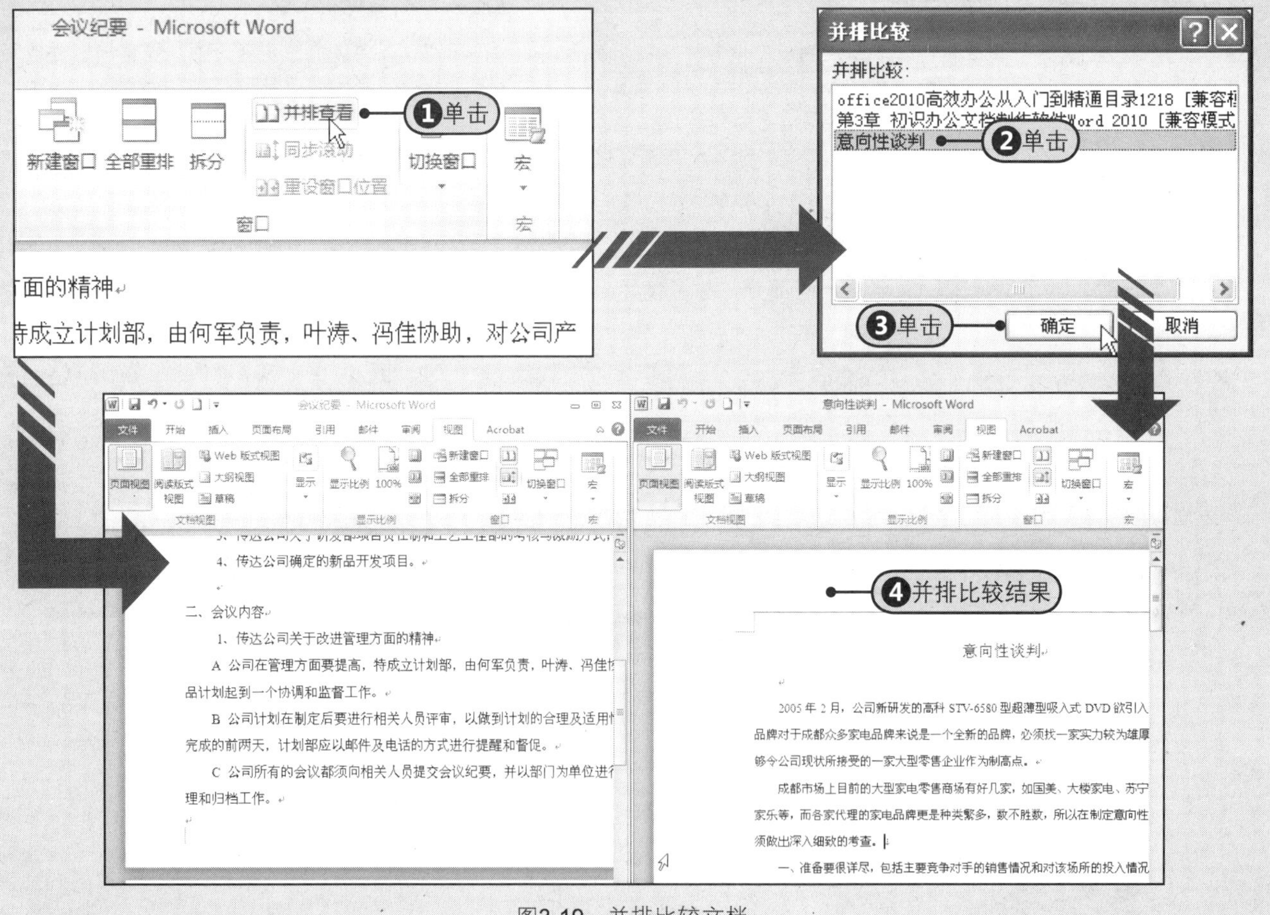

图3-19 并排比较文档

3.4 在Word 2010中编辑文档

认识了Word 2010的视图方式及窗口操作后，接下来介绍如何在Word 2010中编辑文档。

3.4.1 在Word 2010中输入文本

众所周知，Word的主要功能是文字处理，如输入和编辑文本等。在Word中输入的内容包括文字、符号、数字等是通过键盘输入的普通文本，还有一些特殊的符号则是通过键盘无法输入的，这部分特殊符号则需要使用专门的命令插入到文档中。

1 输入普通文本

普通的汉字、英文字母及键盘上有的符号都可以直接输入到文档中，如图3-20所示。

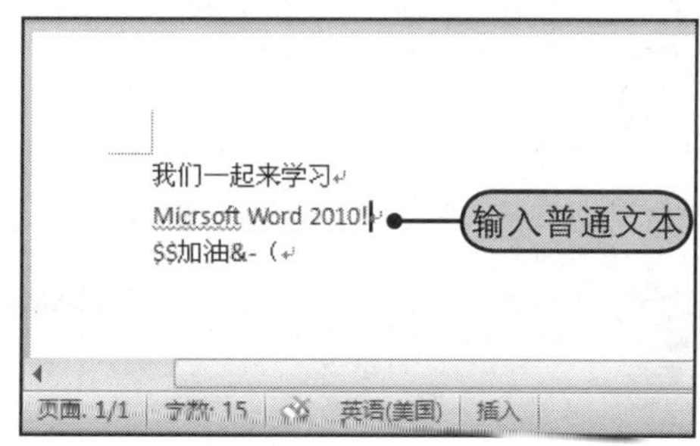

图3-20 输入普通文本

2 在文档中插入特殊符号

虽然有的符号可以用键盘直接输入，但是还有许多的符号是无法用键盘直接输入的。在Word 2010中，可以使用“符号”对话框来插入需要的符号。

新建一个Word 2010空白文档，Step1单击“插入”选项卡中“符号”组中的下三角按钮，Step2从展开的下拉列表中选择“其他符号”命令，Step3在打开的“符号”对话框中选择要插入的符号，Step4然后单击“插入”按钮，Step5选择的符号即被插入到文档当前光标处，如图3-21所示。

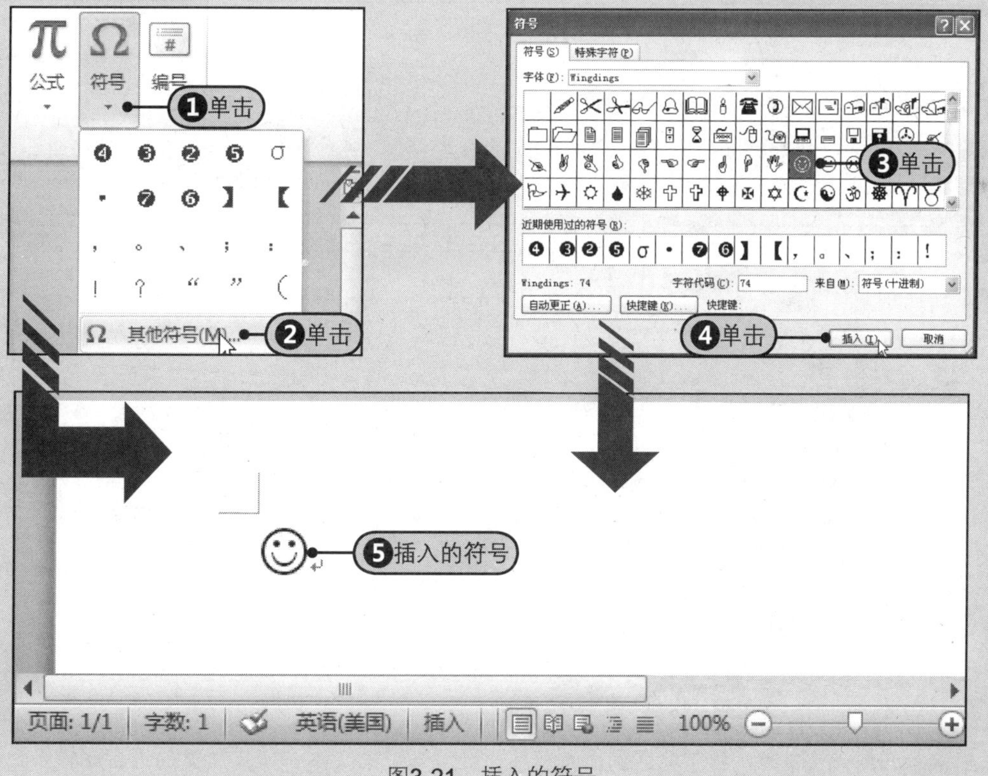

图3-21 插入的符号

3.4.2 选取不同内容的文本

在对文本进行任何操作前，都需要先选择操作的对象，因此文本的选定操作最基本的操作。在Word 2010中，用户可以选定一个词组、一行或多行内容、一个段落甚至全部内容进行操作，选定的方法介绍如下。再次打开附书光盘\实例文件\第3章\原始文件\会议纪要.doc文档。

❶ 选择单个词组

如果要选择的是一个词组，只需在该词组位置单击一次鼠标左键即可自动选定词组，如图3-22所示。

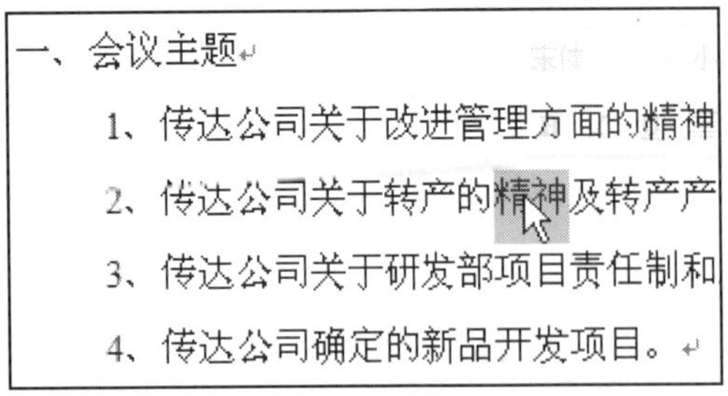

一、会议主题
1、传达公司关于改进管理方面的精神
2、传达公司关于转产的精神及转产产
3、传达公司关于研发部项目责任制和
4、传达公司确定的新品开发项目。

图3-22 单击选定词组

❷ 选择一行或多行

如果选定某一行并将鼠标移至行的最左边，当指针变为 ↗ 形状时，单击可选定整行，如图3-23所示。如果要选定连续的几行，只需要按住鼠标向下拖动即可。

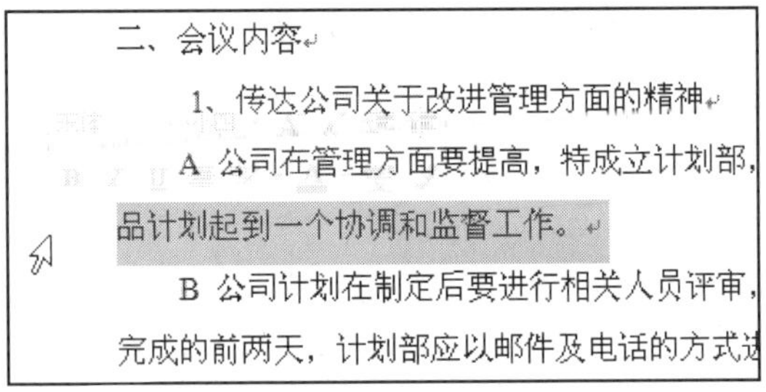

二、会议内容
1、传达公司关于改进管理方面的精神
A 公司在管理方面要提高，特成立计划部，
品计划起到一个协调和监督工作。
B 公司计划在制定后要进行相关人员评审，
完成的前两天，计划部应以邮件及电话的方式

图3-23 单击选定一行

❸ 选择段落

如果要完整地选择某个段落，最快速的方法就是在该段落内任意位置连续三次单击鼠标，如图3-24所示。

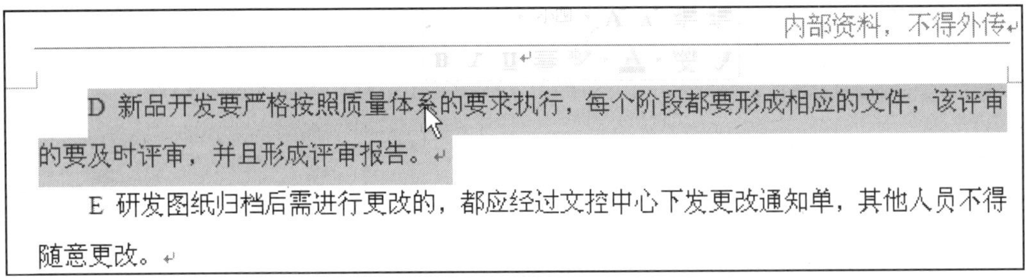

内部资料，不得外传
D 新品开发要严格按照质量体系的要求执行，每个阶段都要形成相应的文件，该评审的要及时评审，并且形成评审报告。
E 研发图纸归档后需进行更改的，都应经过文控中心下发更改通知单，其他人员不得随意更改。

图3-24 选定整个段落

❹ 选择全部内容

如果要选择整个文档内容，Step❶请在“开始”选项卡中的“编辑”组中单击“选择”的下三角按钮，Step❷从展开的下拉列表中选择“全选”命令，如图3-25所示。随后，整个文档都会被选中，如图3-26所示。

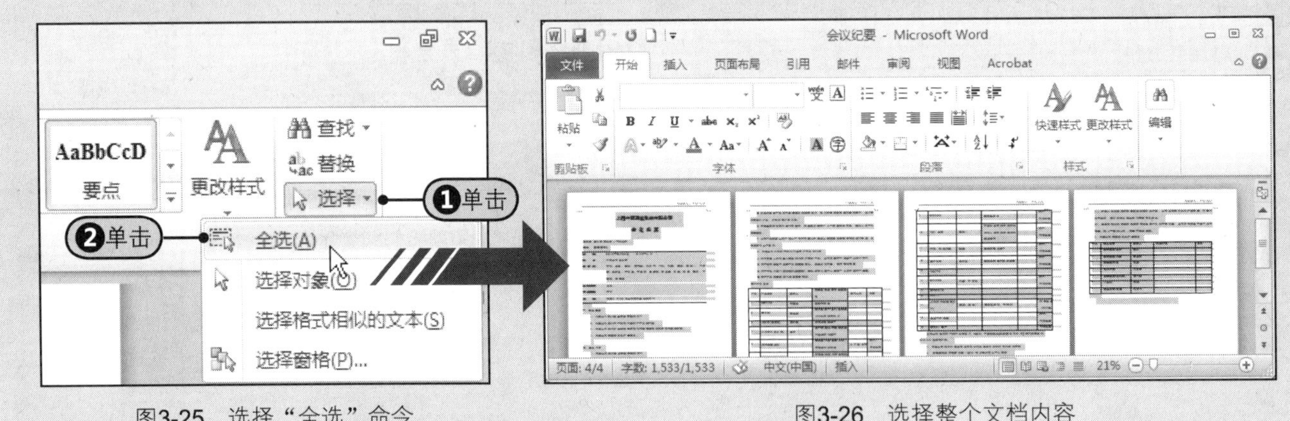

AaBbCcD
要点
更改样式
查找
替换
选择
❶单击
❷单击
全选(A)
选择对象(O)
选择格式相似的文本(S)
选择窗格(P)...

图3-25 选择“全选”命令

会议纪要 - Microsoft Word
文件
开始
插入
页面布局
引用
邮件
审阅
视图
Acrobat
粘贴
剪贴板
字体
段落
快速样式
更改样式
样式
编辑
页面: 4/4
字数: 1,533/1,533
中文(中国)
插入
21%

图3-26 选择整个文档内容

3.4.3 快速完成重复文本的录入

在实际工作中编辑和输入文本时，经常会遇到输入前面已经录入过的文本，如果重复的内容比较多且频率比较高时，都重新录入会耽误大量的工作时间。在Word 2010中，有两种快速完成重复文本的录入方法。

❶ 快速重复输入文本

如果是要重复输入刚刚输入的文本，则可以直接单击快速访问工具栏中的“重复”按钮。例如，在文档1中输入“与会人员”，然后单击“重复”按钮，会自动接着输入“与会人员”，再次单击“重复”按钮，则会再重复输入一次，如图3-27所示。

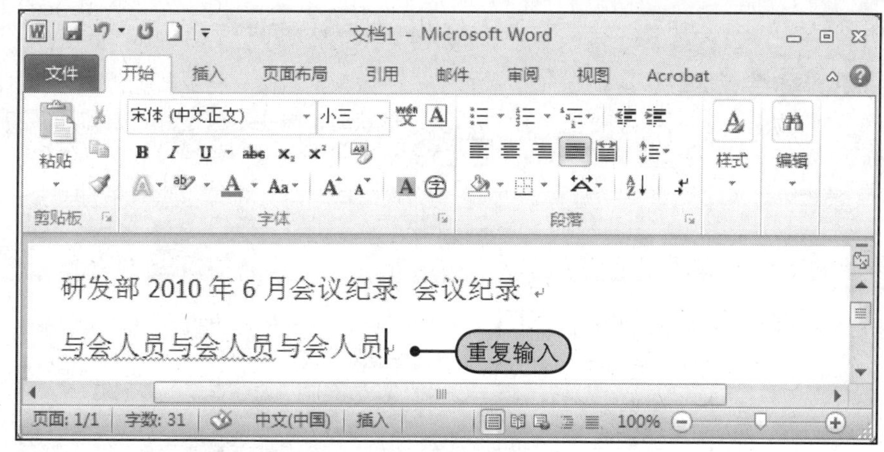

图3-27 重复输入文本

2 使用复制粘贴命令快速录入重复文本

“重复”命令通常是无法满足用户要求的，因为它只能重复输入刚刚键入的文本，并且只限于最后一次输入的字词或短语，而无法重复更早以前和更多的重复内容。相比之下，使用复制粘贴命令就更加灵活，可以满足用户更多的需求。

Step1 在打开的“会议纪要”文档窗口中单击选定文档第一页中的表格，Step2 然后单击“剪贴板”组中的“复制”按钮，Step3 单击第二页的开始位置，Step4 单击“剪贴板”组中“粘贴”的下三角按钮，Step5 在“粘贴选项”下拉列表中单击最左侧的“保留源格式”按钮，最后选定的表格被粘贴到第二页的最上方，如图3-28所示。

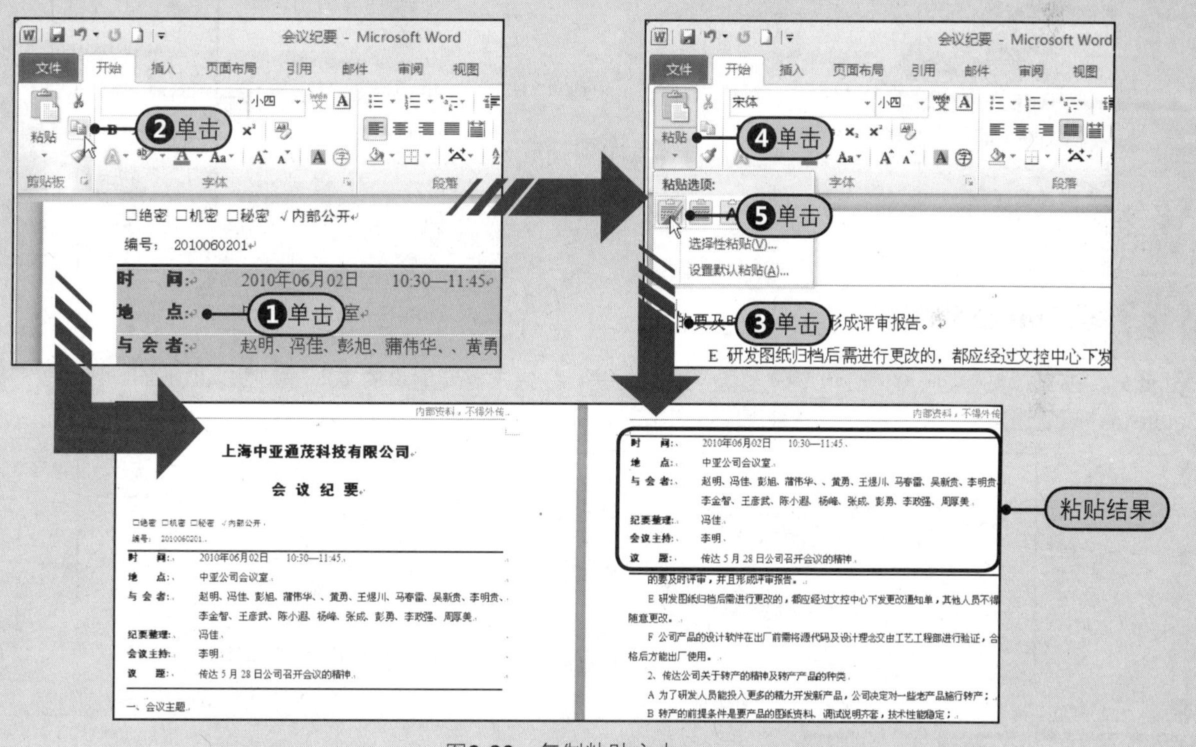

图3-28 复制粘贴文本

提示

如何选择粘贴选项

用户在粘贴复制过来的文本时，有多个选项可以选择。如果希望粘贴过来的文本保留源格式，则在“粘贴选项”下拉列表中单击“保留源格式”按钮；如果希望粘贴过来的文本格式与当前格式合并，则单击“合并格式”按钮；如果只希望粘贴文本，不想要粘贴格式，则单击“只保留文本”按钮。

3.4.4 删除文本

当错误地输入了文本或者输入的某一段文本不是当前所需要的，可以将它从文档中删除。删除文本的方法通常有两种，一种是使用“剪贴板”组中的“剪切”按钮，另一种是使用键盘上的Delete键。

1 使用“剪切”命令删除

Step1 选择之前复制粘贴在文档第2页上方的表格，Step2 在“剪贴板”组中单击“剪切”按钮，随后选定的内容会从文档中被剪切掉，如图3-29所示。

提示 关于剪切掉的内容

选择“剪切”命令后，选定的内容从当前位置被删除，但是它会暂时保留在Office剪贴板中，用户可以单击“粘贴”按钮将它粘贴到新的位置，这相当于就是移动文本的操作。

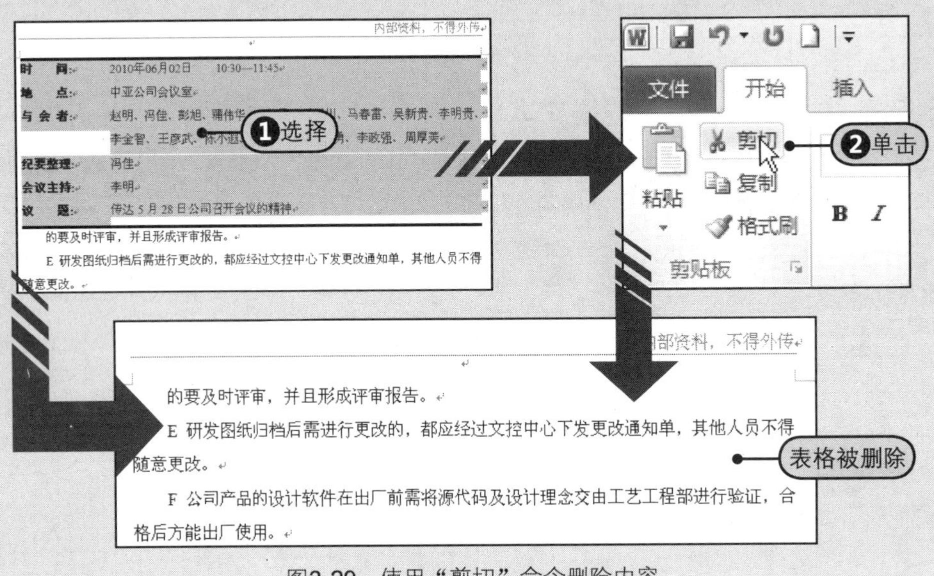

图3-29　使用“剪切”命令删除内容

2 按Delete键删除

此外，还可以按键盘上的Delete键来删除文本。方法：先选定需要删除的文本，如图3-30所示，然后按下键盘上的Delete键，随后选定的内容从指定位置被删除，如图3-31所示。

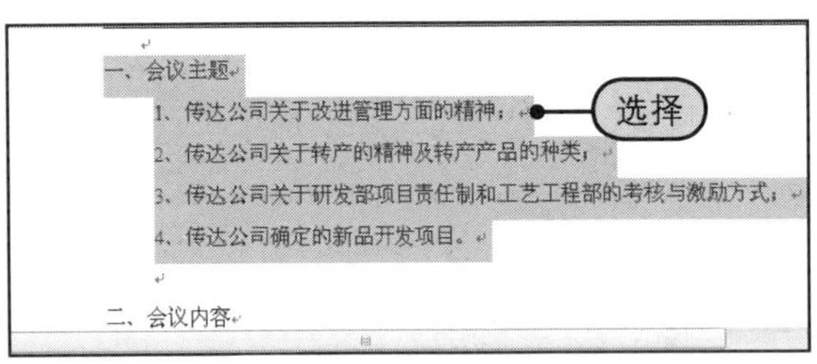

图3-30　选择要删除的内容

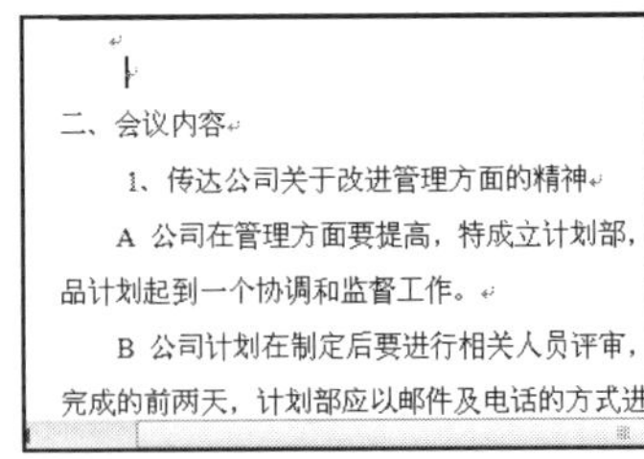

图3-31　删除选定的内容

提示 按Delete键直接删除

使用按键删除与使用“剪切”按钮删除不同的是，按Delete键后，选定的内容直接被删除，它不会被保留到剪贴板中。如果后悔删除，只能通过“撤销”操作来还原。

3.4.5　一步撤销或恢复错误操作

在实际操作中，误操作也是常有的现象。在Word 2010中，当你猛然间发现前面几个步骤出现了误操作，也不要紧，通过“撤销”按钮和“恢复”按钮可以轻松地帮助用户回到前几个操作。

在前面介绍剪切操作的时候，将“一、会议主题”部分内容剪切掉了，接下来以撤销剪切和恢复操作为例介绍撤销与恢复的方法。

Step❶单击快速访问工具栏中“撤销”的下三角按钮，展开的下拉列表中会显示最近20次的操作，Step❷单击要撤销的操作，如“剪切”，Step❸然后文档中被剪切的内容会被还原。此时，“恢复”按钮显示为可用，Step❹单击“恢复”按钮，将恢复“剪切”操作，如图3-32所示。

提示

“恢复”按钮显示为“灰色”

在Word 2010中，默认的时候，快速访问工具栏中显示的是“撤销”按钮和“重复”按钮，但是当用户单击“撤销”按钮时，“重复”按钮会被隐藏，而显示“恢复”按钮。也就是说，恢复操作，只针对被撤销的操作。

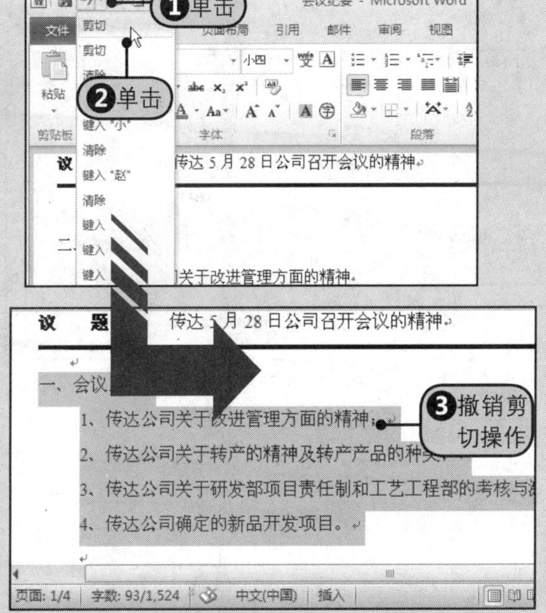

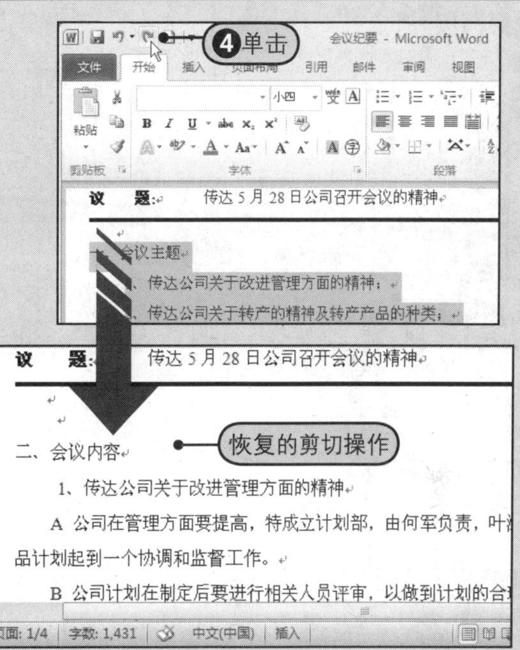

图3-32 撤销与恢复操作

3.5 融会贯通 创建班级新闻稿

本章初步认识了Word 2010的视图方式、设置文档的显示比例、在多个窗口中查看文档及在文档中输入与编辑内容等知识。接下来本节以创建班级新闻稿为例进行详细介绍，以融会贯通前面所学的Word知识。

为了丰富学生的校园生活，树立良好的班级风貌，学校决定每个班级在每学期都要创建新闻快递，让学生了解和关注身边发生的事情，养成良好的行为习惯和思想品德。接下来，将使用Word 2010中Office.com网站上的模板来快速完成具有专业水准的校园新闻稿，创建方法如下。

步骤1 单击“新建”按钮。

Step❶单击“文件”按钮。

Step❷从展开的面板中选择“新建”命令。

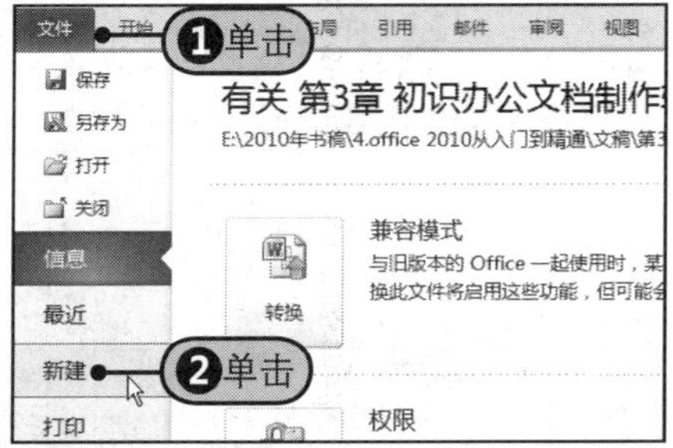

步骤2 选择模板类型。

在“新建”选项面板中的“Office.com模板”组中单击“新闻稿”模板。

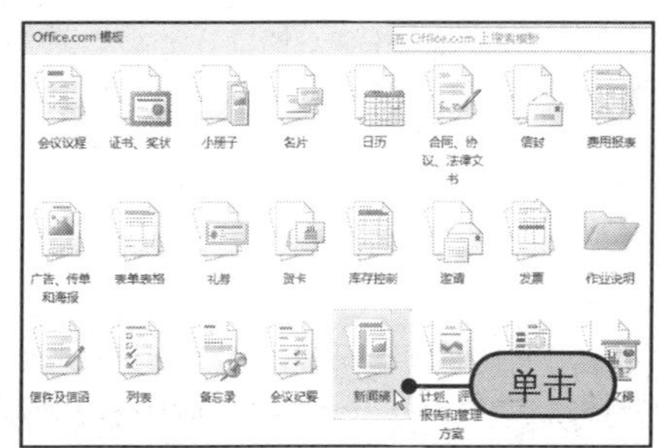

（续上）

提示 Word 2010丰富的模板

在Word 2010中，提供了许多类型的模板，当用户创建文档时，可以选择适合的模板来创建文档，将主要精力花费在文档的具体内容上，而不必过多地关注文档的格式和外观，这样可以在很短的时间内创建出具有专业外观和视觉效果的Word文稿。只要用户的电脑接入Internet，就可以免费在Office.com网站下载更多、更新的模板。

步骤3 选择模板。

双击"班级新闻快递（2栏，2页）"模板。

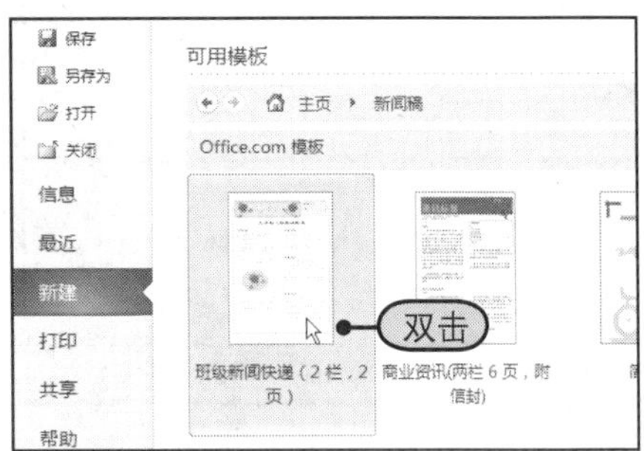

步骤4 下载模板。

随后屏幕上会显示"正在下载模板"对话框，当模板下载完后，该对话框会自动关闭。

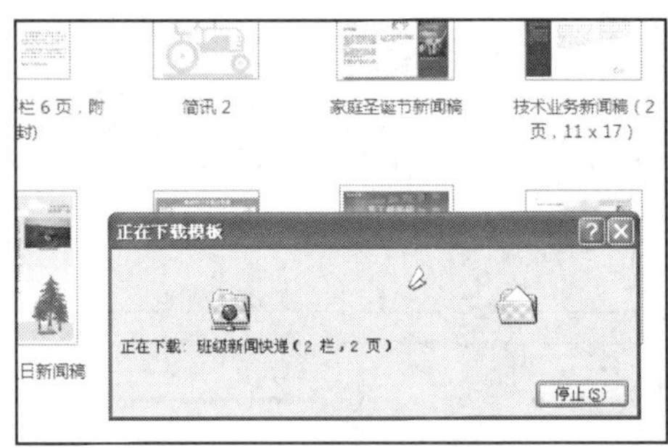

步骤5 创建的文档效果。

系统会根据模板自动创建一个名为"文档1"的Word 2010文档。

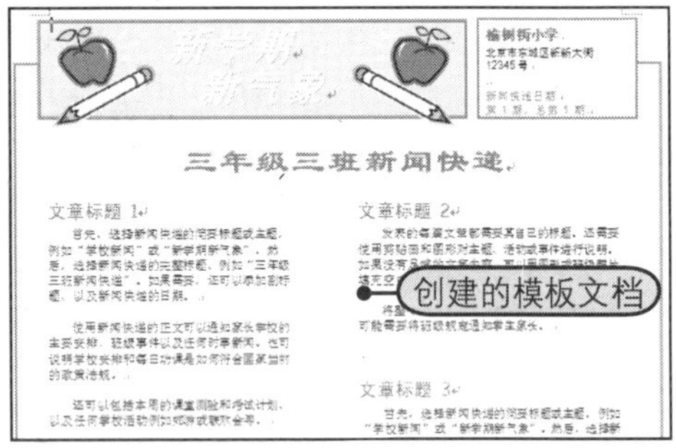

步骤6 编辑文章标题。

单击模板文稿中的占位符标题，即可重新输入实际的文章标题。

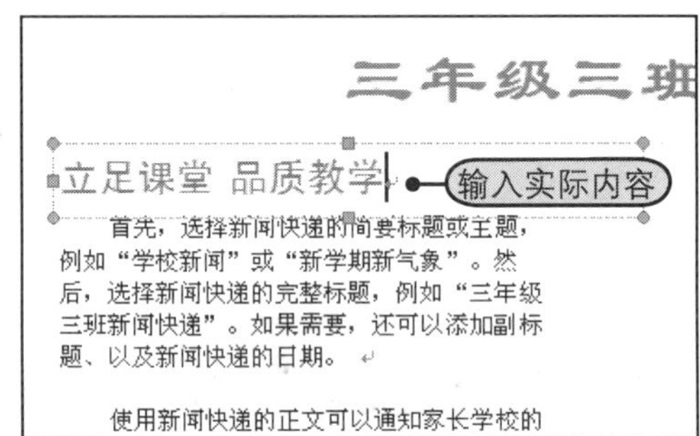

步骤7 输入具体内容。

在标题下方的文本区域内输入实际内容。

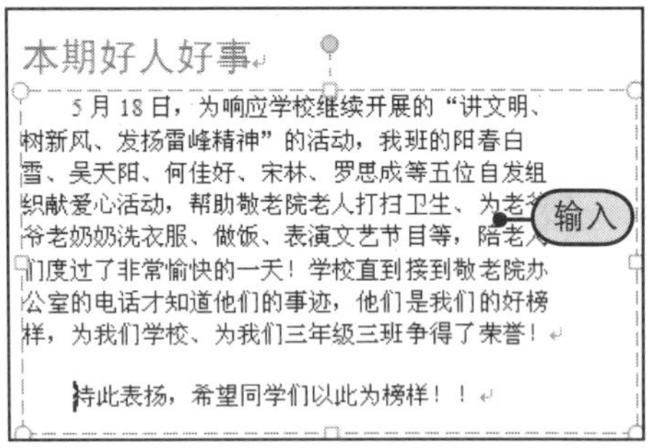

步骤8 单击"符号"的下三角按钮。

Step❶单击"插入"选项卡下"符号"下三角按钮。

Step❷从下拉列表中选择"其他符号"选项。

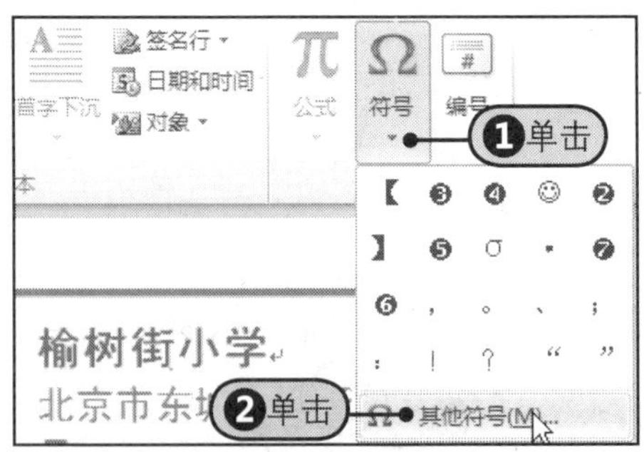

步骤9 选择符号。

Step❶在"符号"对话框中的"字体"下拉列表中选择Wingdings选项。

Step❷选择要插入的符号，如右图所示，然后单击"插入"按钮。

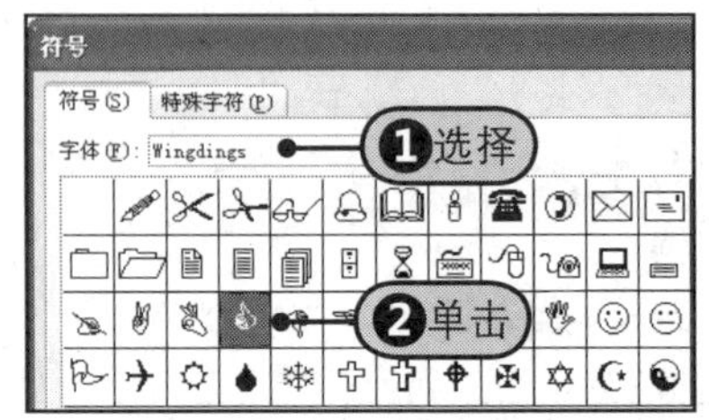

（续上）

10 步骤 设置符号格式。

选择插入的符号，设置“字体颜色”为“红色”、“字号”为“二号”。

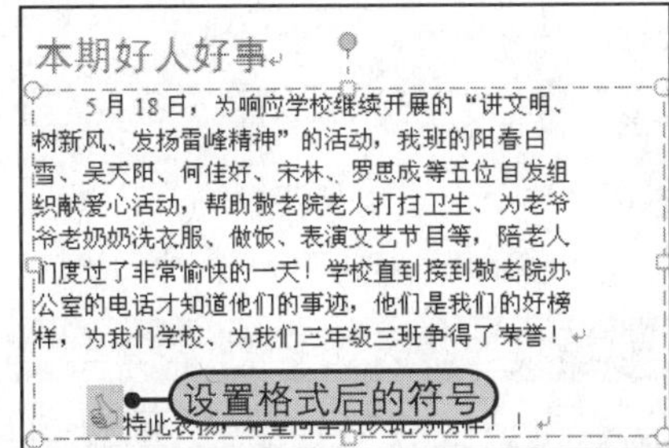

11 步骤 保存文档。

打开“另存为”对话框，在“文件名”文本框中输入“班级新闻稿”，然后保存文档。

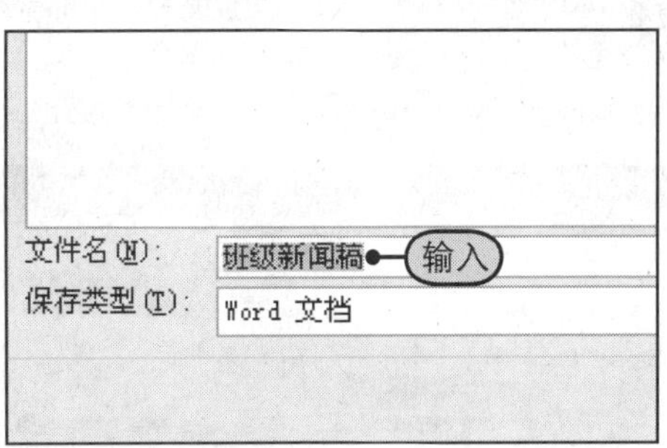

12 步骤 单击“拆分”按钮。

在“视图”选项卡中的“窗口”组中单击“拆分”按钮。

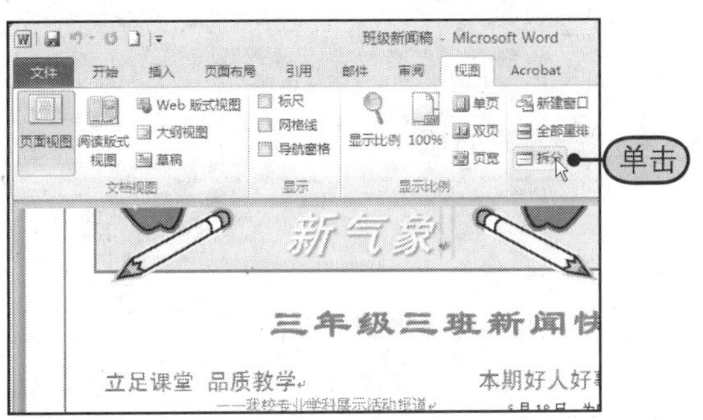

13 步骤 拆分窗口查看新闻稿。

此时文档窗口被拆分为两个窗格，用户可以在两个窗格中查看文档的不同部分。

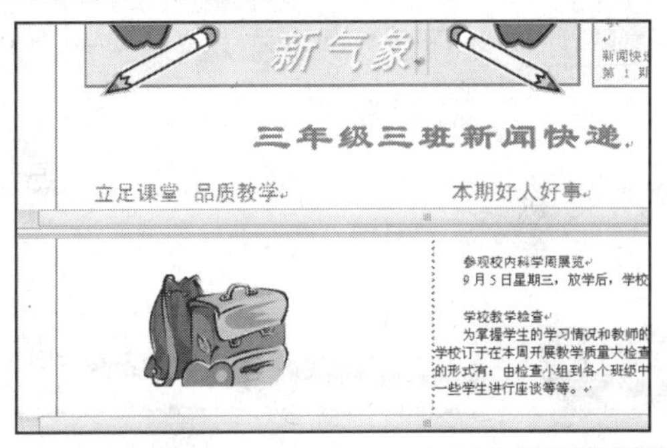

3.6 专家支招

要全面掌握Word 2010中的视图方式、显示比例设置、多窗口查看文档、输入与编辑文档、复制与粘贴等操作，还需要注意以下3个方面的问题。

招术一 在Word中显示与隐藏标尺、网格线及导航窗格

在Word 2010中，用户可以显示与隐藏标尺、网格线及导航窗格等窗口元素。在“视图”选项卡中的“显示”组中勾选“标尺”、“网格线”和“导航窗格”复选框，如图3-33所示，随后Word窗口就会显示这些元素，如图3-34所示。如果要隐藏它们，只需要在“显示”组中取消勾选相应的选项即可。

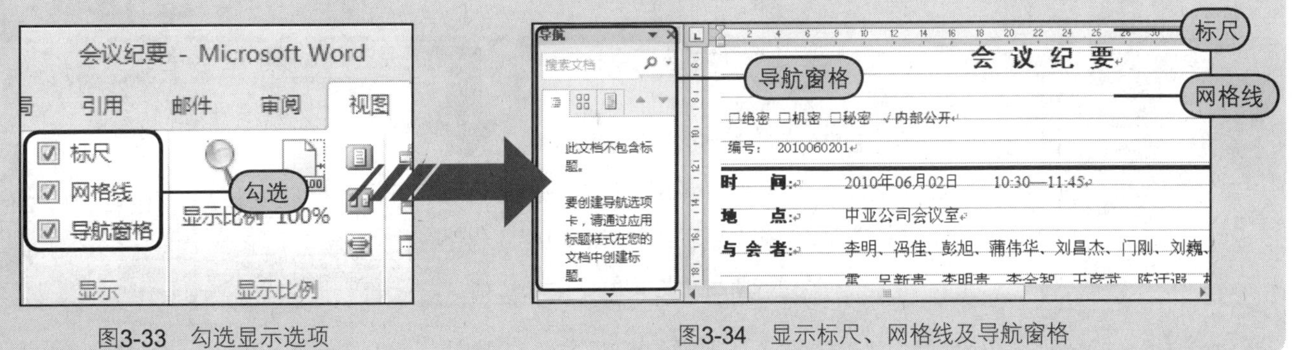

图3-33 勾选显示选项

图3-34 显示标尺、网格线及导航窗格

招术二 启用与设置智能剪切和粘贴选项

启用Word 2010中的智能剪切和粘贴选项，系统便允许自动调整所粘贴内容的格式，以适合目标文档的格式。启用与设置智能剪切和粘贴选项的方法如下。

打开“Word选项”对话框，Step1单击“高级”标签，Step2在“剪切、复制和粘贴”选项组中勾选“使用智能剪切和粘贴”复选框，Step3然后单击“设置”按钮，如图3-35所示。随后弹出“设置”对话框，Step4在“个人选项”区域内勾选需要设置的选项，Step5单击“确定”按钮即可，如图3-36所示。

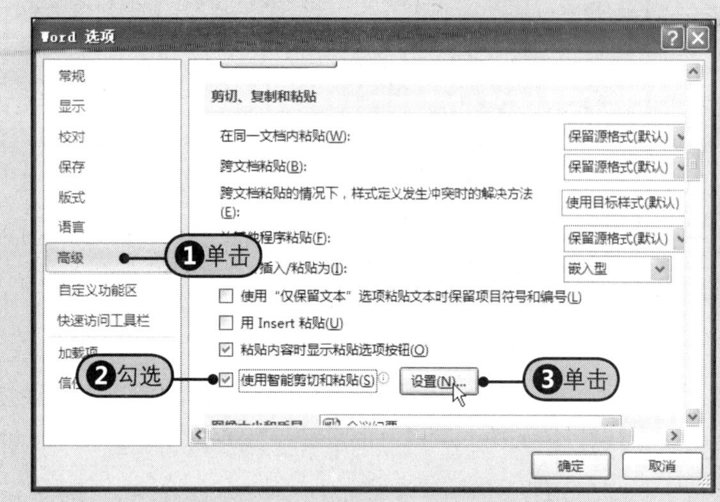

图3-35 单击“设置”按钮

图3-36 “设置”对话框

招术三 隐藏文档中的段落标记

段落标记是用来标识段落格式的符号，在默认情况下，段落标记会显示在文档中。用户也可以将段落标记隐藏起来，设置方法如下。

Step1在“Word选项”对话框中单击“显示”标签，Step2在“始终在屏幕上显示这些格式标记”区域内取消勾选“段落标记”复选框，Step3然后单击“确定”按钮，Step4隐藏段落标记后的文档，如图3-37所示。

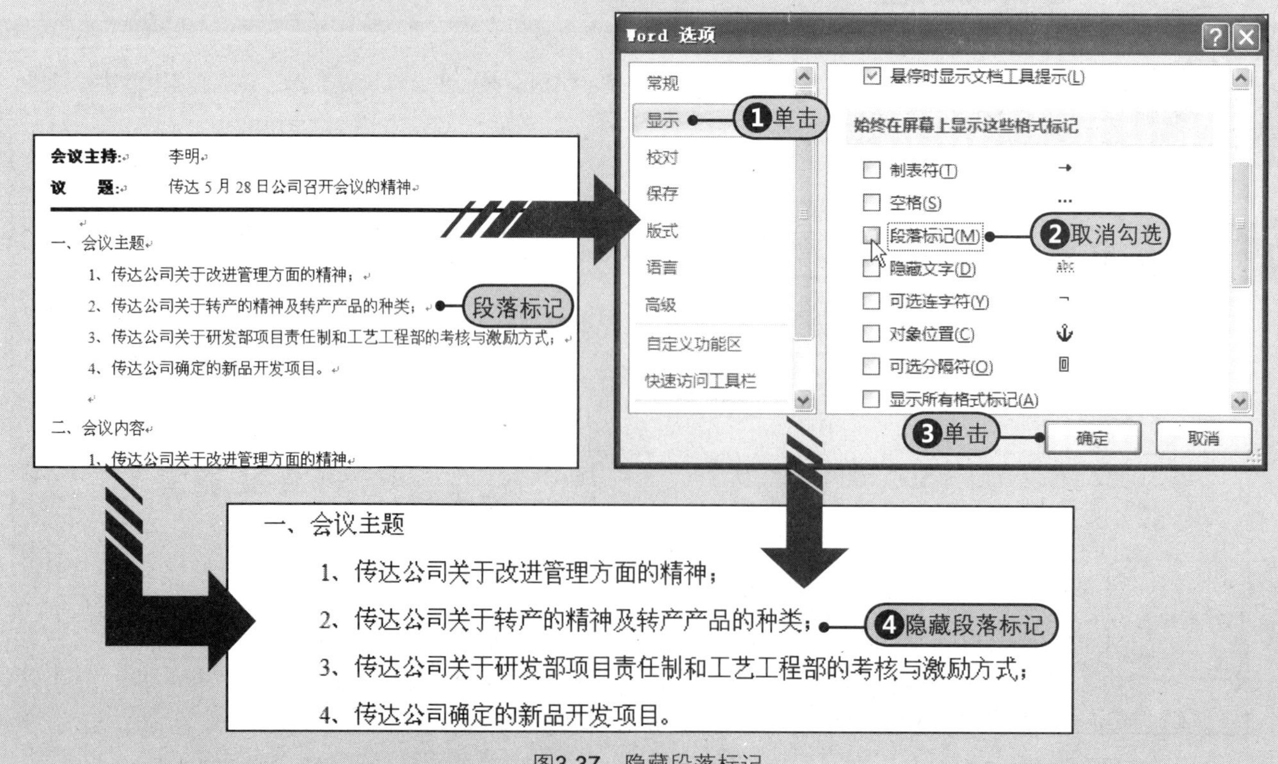

图3-37 隐藏段落标记

Part 2 Word篇

Chapter 04

设置Word 2010文档格式

要使用Word 2010制作一篇完整的文档，仅仅会输入内容还完全不够，还需要进行一系列的格式设置，包括字体、段落、编号和项目符号的格式设置等。而且，有些特殊的输入只有通过格式设置才能实现，比如输入上标、下标和带圈的字符等。

4.1 设置文本格式

文本的格式通常包括字体、字形、字号、文本颜色、下画线等格式的设置。在Word 2010中，关于“字体”格式设置的命令按钮均集中在“开始”选项卡的“字体”组中，如图4-1所示。

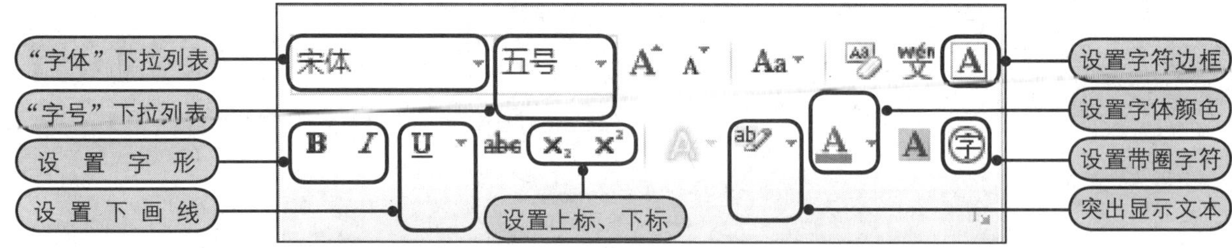

图4-1 “字体”组

4.1.1 设置文本字体、字号、字形和下画线

Word提供了丰富的字体和字号供用户选择，用户在输入内容后，可以根据需要设置文本的字体、字形和字号。打开附书光盘\实例文件\第4章\原始文件\行政部职责管理条例.docx文档。

❶ 设置字体

Step❶选择需要设置字体的文本，Step❷单击“字体”组中 “字体” 的下三角按钮，Step❸从展开的下拉列表中选择“华文琥珀”字体，Step❹设置字体后的效果，如图4-2所示。

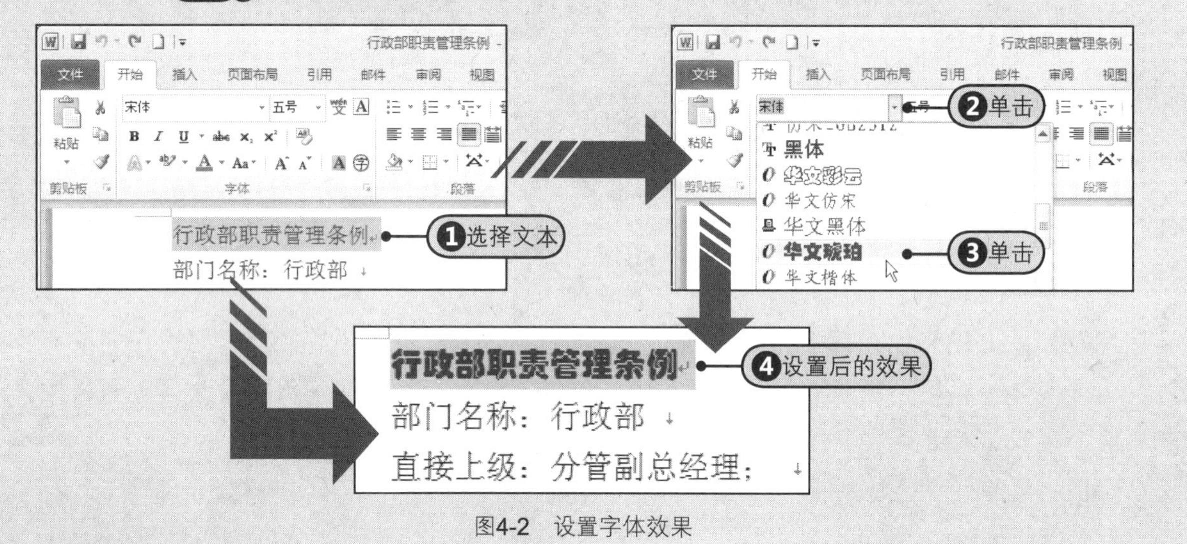

图4-2 设置字体效果

❷ 设置字号

Step❶选择需要设置字号的文本，Step❷单击“字体”组中 “字号” 的下三角按钮，Step❸从展开的下拉列表中选择需要的字号，如“小二”，如图4-3所示，Step❹设置字号后的效果，如图4-4所示。

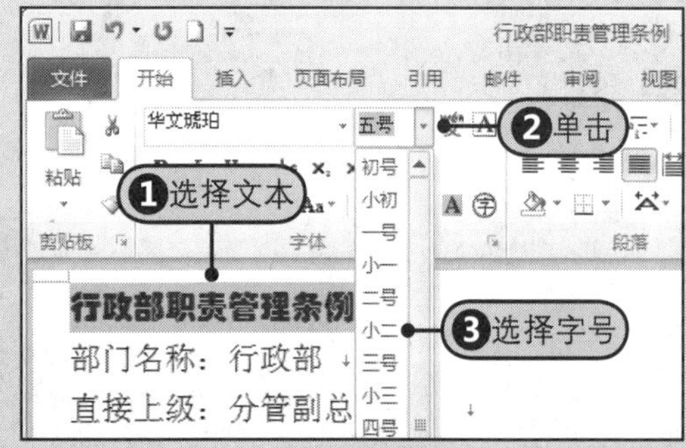

图4-3 选择字体

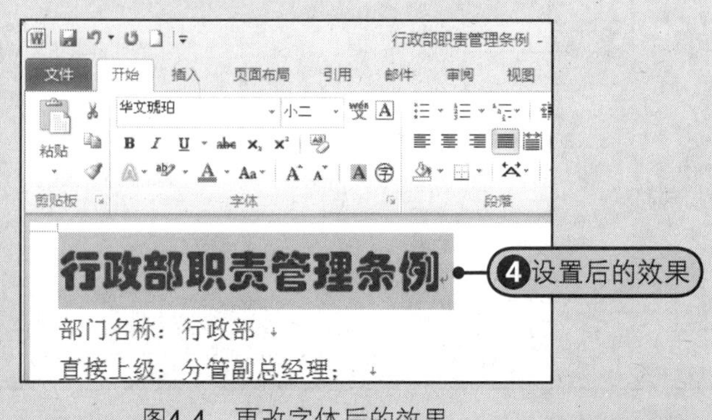

图4-4 更改字体后的效果

③ 设置字形和下画线

除了设置字体和字号，还可以设置加粗、倾斜等字形格式及下画线格式，具体操作步骤如下所示。

步骤1 Step1 选择文本“行政部职责管理条例”，Step2 在“字体”组中单击“倾斜”按钮，如图4-5所示。

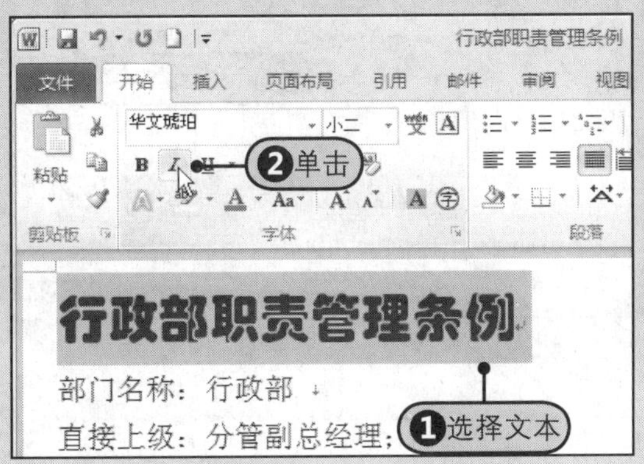

图4-5　单击“倾斜”按钮

步骤2 此时，“倾斜”按钮会显示为选中状态，Step3 选中的内容倾斜显示，效果如图4-6所示。

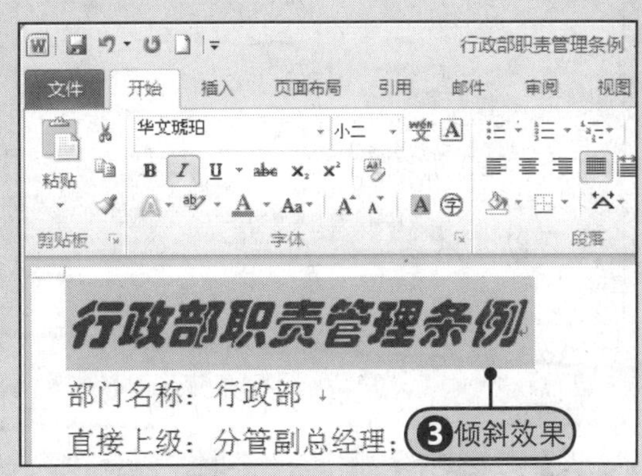

图4-6　倾斜显示 文本

步骤3 Step4 在“字体”组中单击“下画线”的下三角按钮，Step5 从展开的下拉列表中选择“双下画线”样式，如图4-7所示。

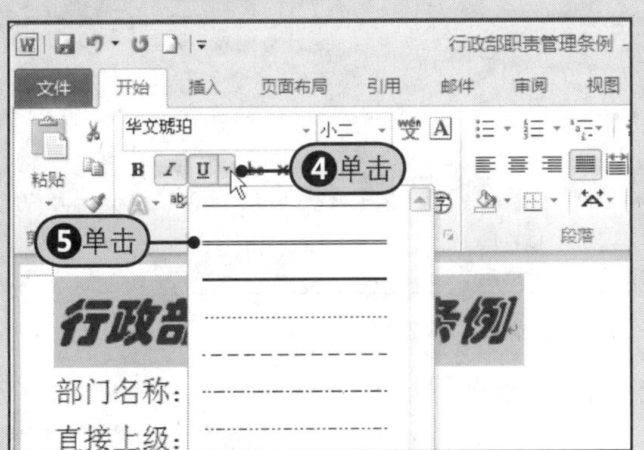

图4-7　选择下画线样式

步骤4 Step6 添加下画线后的效果，如图4-8所示。

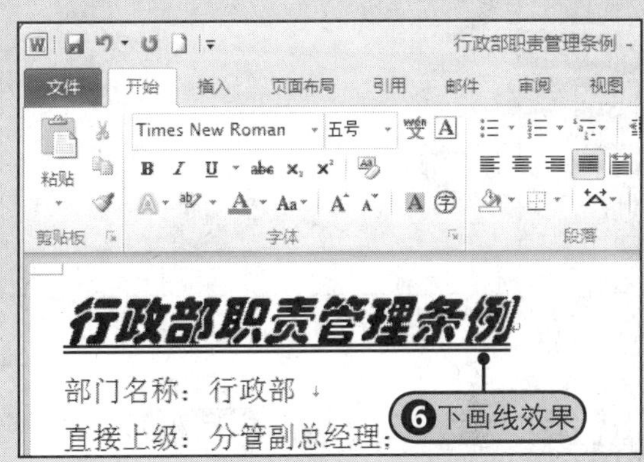

图4-8　应用下画线的效果

步骤5 Step7 再次在“字体”组中单击“下画线”的下三角按钮，Step8 从展开的下拉列表中选择“下画线颜色”选项，Step9 在下级下拉列表中选择适当的颜色，如“蓝色”，如图4-9所示。

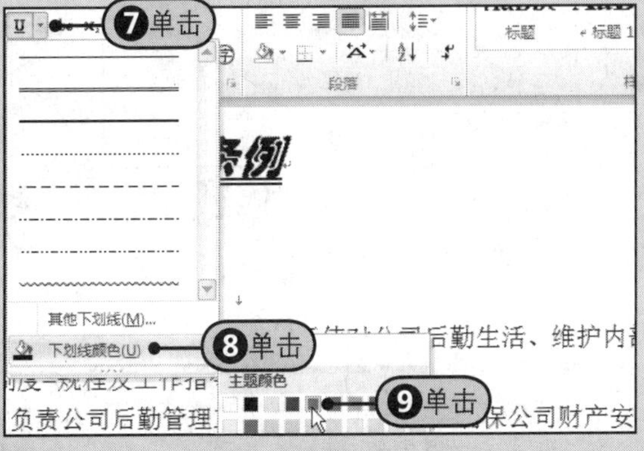

图4-9　设置下画线颜色

步骤6 Step10 设置下画线颜色后的效果，如图4-10所示。

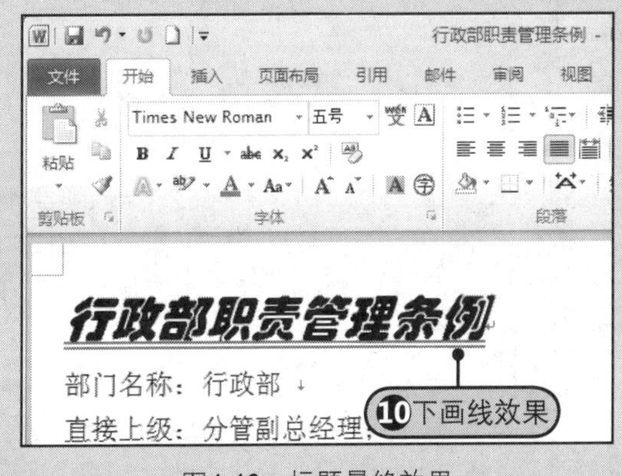

图4-10　标题最终效果

4.1.2 设置文本颜色

Step❶选择要设置颜色的文本，Step❷单击“字体颜色”的下三角按钮，Step❸从展开的下拉列表中选择适当的颜色，如图4-11所示，Step❹设置颜色后的效果，如图4-12所示。

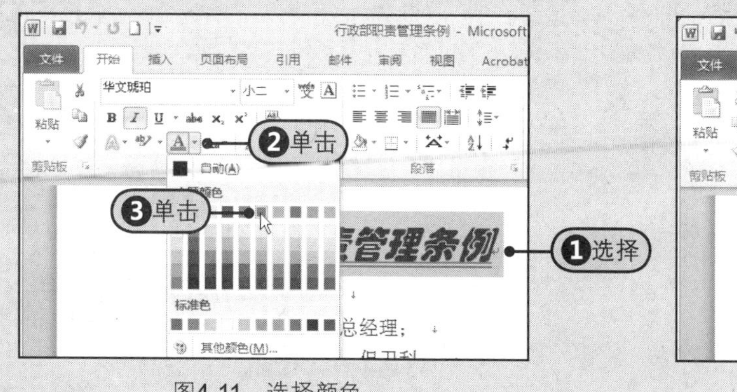

图4-11　选择颜色

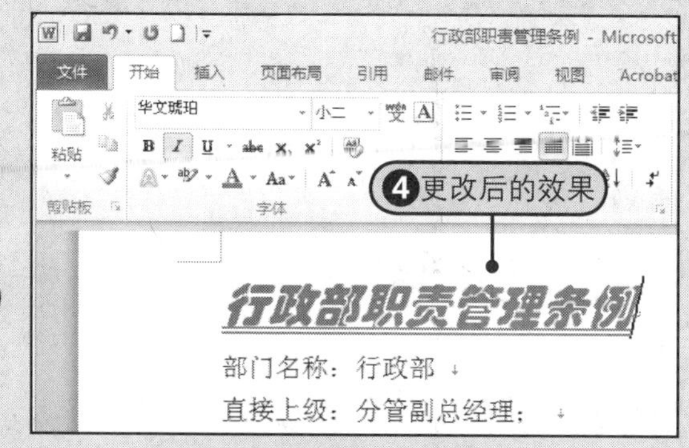

图4-12　设置颜色后的效果

4.1.3 设置文本效果

Step❶选择要设置文本效果的文本，Step❷在“字体”组中单击“文本效果”的下三角按钮，Step❸从展开的下拉列表中选择一种文本效果样式，如图4-13所示，Step❹应用文本效果后的效果，如图4-14所示。

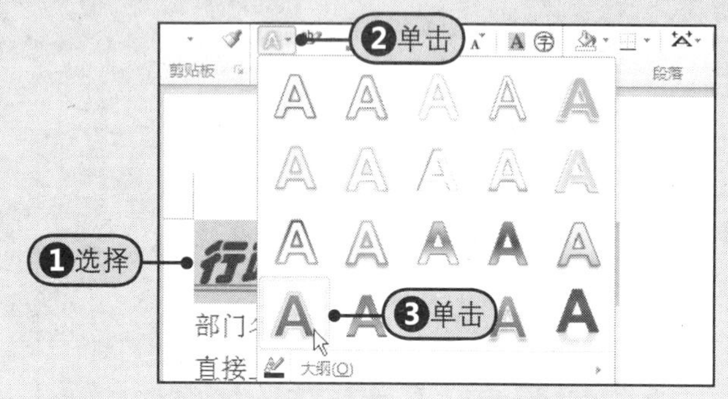

图4-13　选择文本效果

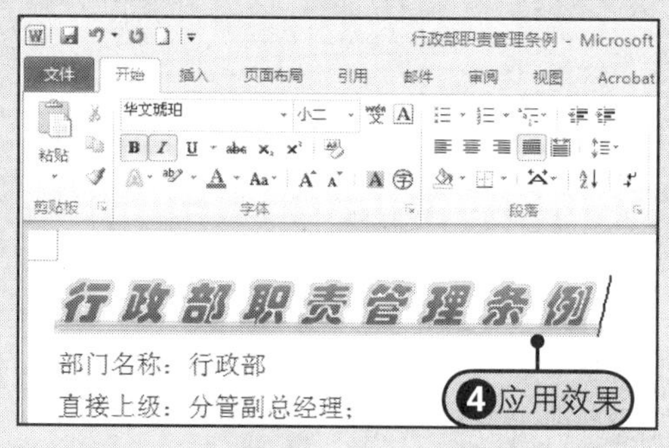

图4-14　设置文本效果后

4.1.4 制作上标或下标

Step❶选择要显示为上标的字符，Step❷然后在“字体”组中单击“上标”按钮，如图4-15所示，Step❸随后选择的字符显示为上标格式，如图4-16所示。

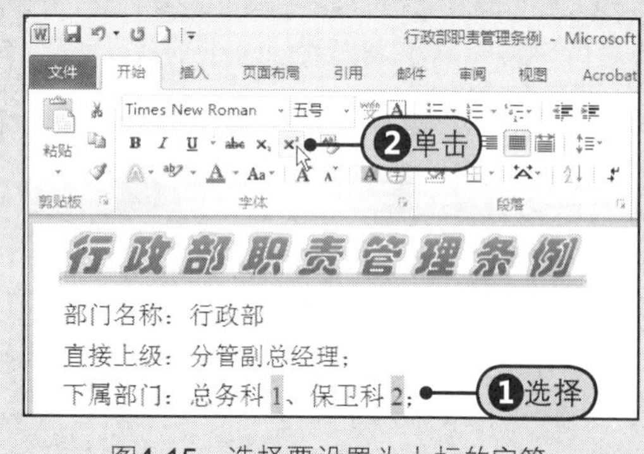

图4-15　选择要设置为上标的字符

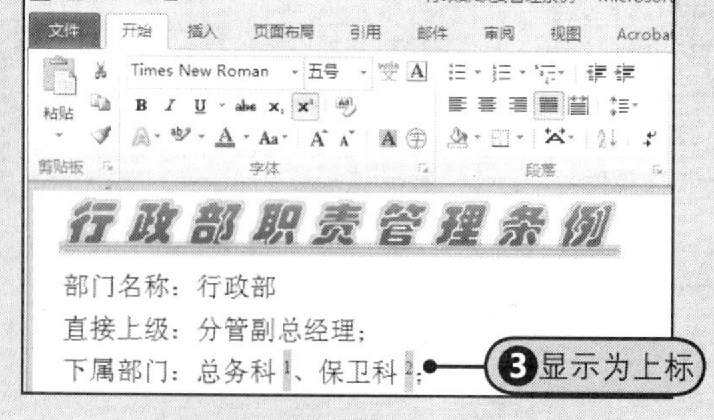

图4-16　显示为上标

提示

批量制作上标或下标

如果要制作下标的方法和制作上标的类似，只需要将单击“上标”按钮更改为单击“下标”按钮即可。如果要同时设置多个上标或下标，可以同时选中多个字符，单击一次命令按钮进行批量设置。

4.1.5 制作带圈字符

Step❶选择要显示为带圈字符的文本或符号，Step❷单击“字体”组中的“带圈文字”按钮，弹出“带圈字符”对话框。Step❸在“样式”区域内选择“缩小文字”按钮，其余选项保留默认设置，Step❹单击“确定”按钮，制作的带圈字符效果，如图4-17所示。

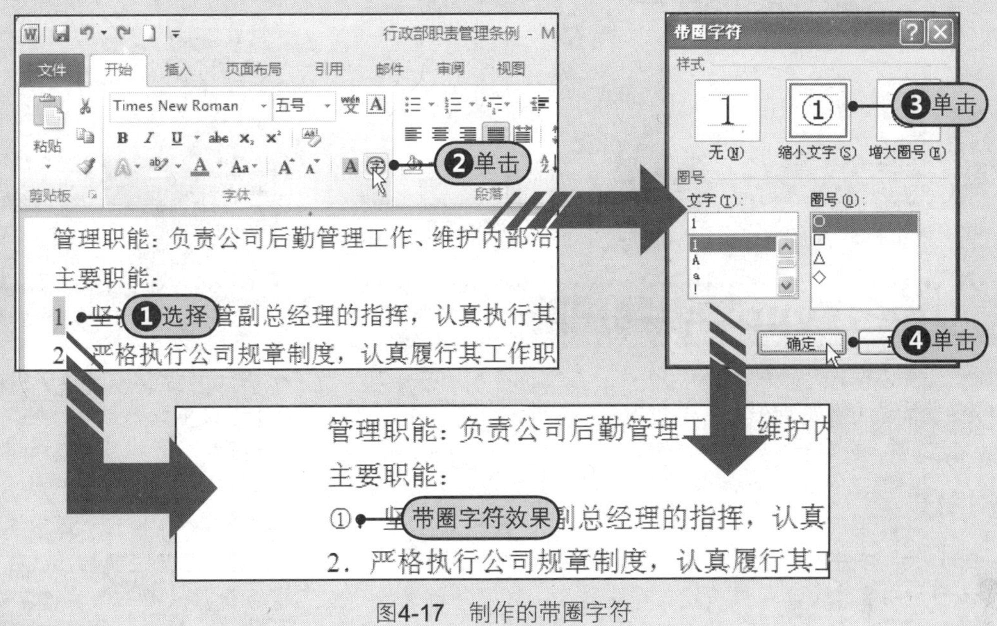

图4-17 制作的带圈字符

提示 用来制作带圈字符的文本

用来制作带圈字符的文本既可以是文字、数字，也可以是符号。

4.1.6 设置字符缩放

用户可以通过单击“字体”组中的“增大字号”和“减小字号”按钮来缩放字符，直到字符的大小达到用户满意为止。

❶ 增大字号

Step❶选择要设置缩放的字符，Step❷在“字体”组中单击“增大字号”按钮，如图4-18所示，单击多次后，Step❸字符会被明显增大，如图4-19所示。

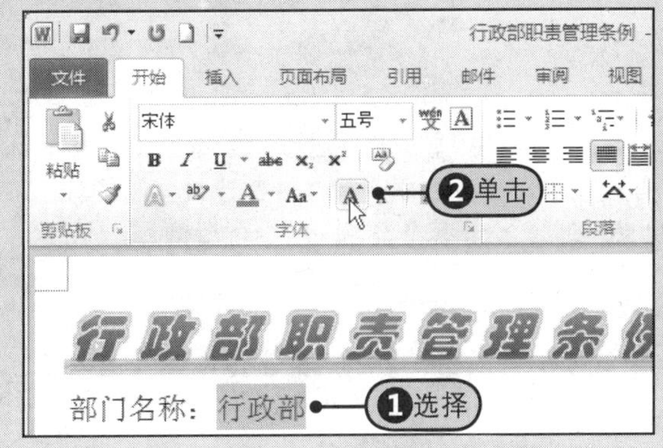

图4-18 单击“增大字号”按钮

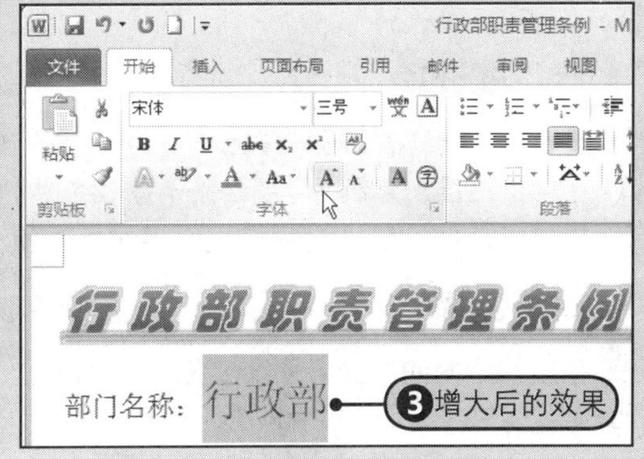

图4-19 增大字号后的效果

❷ 减小字号

同样的方法，可以缩小字符。Step❶选择要设置缩放的字符，Step❷在“字体”组中单击“减小字符”按钮，如图4-20所示，Step❸缩小字体后的效果，如图4-21所示。

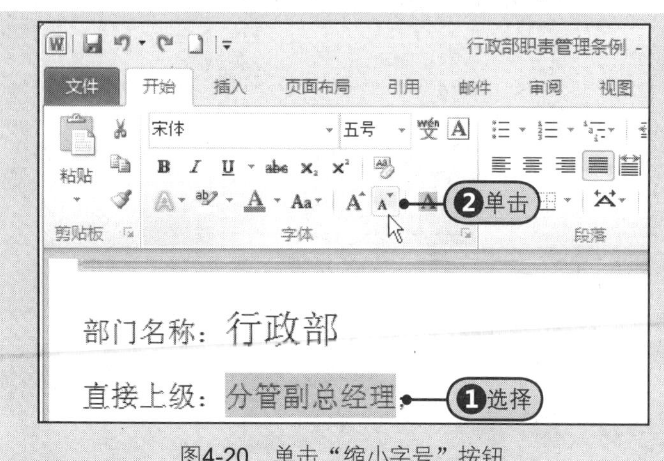

图4-20 单击“缩小字号”按钮

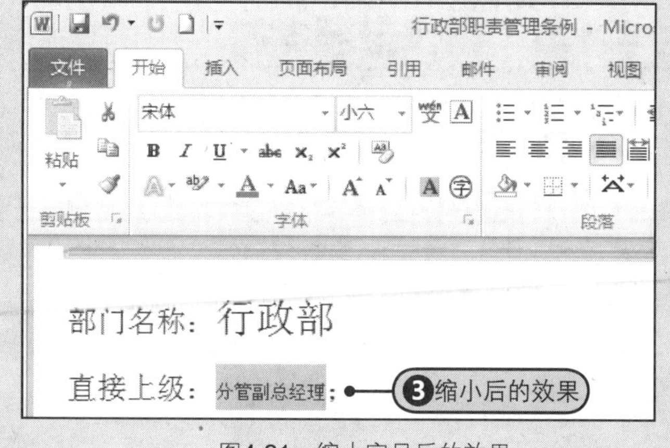

图4-21 缩小字号后的效果

4.1.7 OpenType功能的应用

OpenType是一种字体格式，是对TrueType®字体格式的扩展，并添加了对 PostScript 字体数据的支持。在Word 2010中新增了OpenType功能，主要是用于支持这些功能的字体，使文字更加精美，打印出来更具有专业效果。OpenType功能包括连字、数字间距选项、数字形式选项和样式集。

❶ 连字选项

连字是一种写成字形的字符组合，其写法让它看起来像是单个字符。通常，连字由几对字母构成。OpenType 标准规定了四类连字，但是由字体设计人员决定支持哪一类，以及将任意给定的字符组合归入哪一类。连字选项通常包括以下4种。

1 仅标准：标准连字集随语言而不同，但其中包含了大多数印刷人员和字体设计人员认为适合该语言的连字。例如，在英语中，常用连字与字母f有关，如短语five spiffy flowers中，应用该连字后，f后和其后近了母连字。

2 标准和上下文：上下文连字是字体设计人员认为适合在该字体中使用的连字，但它们不是标准连字。标准连字和上下文连字的组合构成了一组连字，字体设计人员认为它们适合通用。

3 历史和任意：历史形式的连字是曾经作为标准但已不在语言中经常使用的连字。使用它们可以造成一种“时期”效果。任意连字是字体设计人员为了达到特定效果才包括在字体中的连字。一般情况下，用户更有可能想将历史连字或任意连字仅应用到一部分文字。在英语中，短语check your fast facts on Fiji Islands可以展示出一些历史连字。

4 全部：可用于字体的所有连字组合都会应用到文字。

❷ 数字间距选项

数字间距选项通常包括3个，分别是“默认”、“成比例”、“间距”。如果选择“默认”，则数字间距由每种字体的字体设计人员指定；如果选择“成比例”，数字的宽度是变化的，因此其间距的设置类似于字母，例如，8 比 1 宽，这种间距使得数字在文字中更加便于阅读；如果选择“间距”，则每个数字的宽度相同，例如在表格中各个数字间的间距相同。

❸ 数字形式选项

数据形式选项也主要包括3个：“默认”、“内衬”和“旧样式”。其中，默认数字形式由字体的字体设计人员指定；内衬数字都有相同的高度，它们不会超出文字基准线以下，内衬数字在表格、方框或窗体中都比较容易阅读；在旧样式数字中，字符行排列在文字行的上方或下方，一些数字，如3或5会超出基准线以下或者在一行中位置偏上。

❹ 样式集选项

通过向文字应用不同的样式集可以改变文字的外观，字体设计人员可以在一个给定的字体中设置包括多达20个样式集，每个样式集可以包含该字体中字符的任意子集。

在了解了OpenType功能的各个选项以后，接下来举个例子，介绍OpenType功能的应用。

1 步骤 新建一个文档，Step1输入两行相同文字five spiffy flowers，Step2将它们的字体设置为Calibri，如图4-22所示。

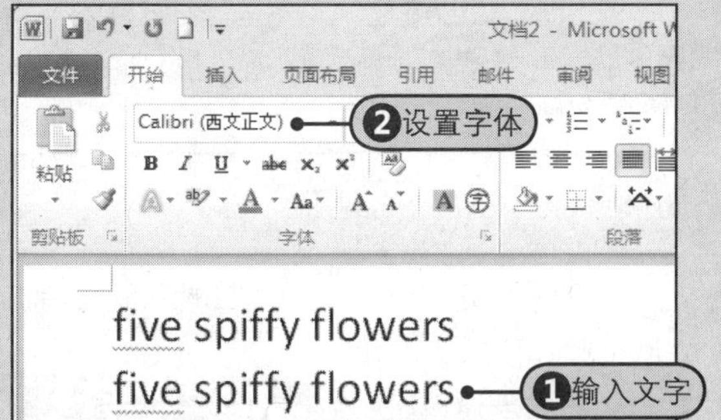

图4-22 输入文字并设置字体

2 步骤 Step3选择下面一行文字，Step4单击“字体”组中的对话框启动器，如图4-23所示。

图4-23 单击“字体”对话框启动器

3 步骤 Step5在“字体”对话框中，单击“高级”标签，在“OpenType功能”区域，Step6设置“连字”选项为“全部”、“数字间距”为“成比例”、“数字形式”为“旧样式”、“样式集”为“默认”，Step7最后单击“确定”按钮，如图4-24所示。

图4-24 设置OpenType功能

4 步骤 Step8应用OpenType功能后的效果，如图4-25所示。

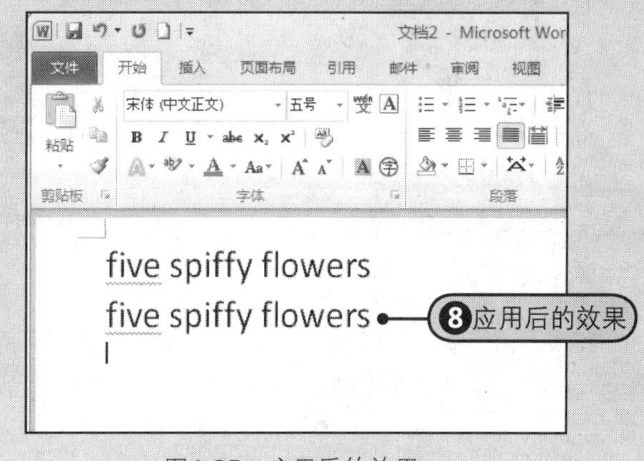

图4-25 应用后的效果

4.1.8 突出显示文本

在Word文档中，当需要突出或强调某个部分时，可以用一种颜色将这部分内容突出显示，具体操作方法如下所示。

1 突出显示指定文本

Step1选择要突出显示的文本，如“主要职能：”，Step2单击“字体”组中 “突出显示文本” 的下三角按钮，Step3从展开的下拉列表中单击“黄色”，如图4-26所示，此时可以看到选择的文本会显示为黄色。如果要取消突出显示，则选择已突出显示的文本，Step4再次单击“突出显示文本”的下三角按钮，Step5从展开的下拉列表中选择“无颜色”命令即可，如图4-27所示。

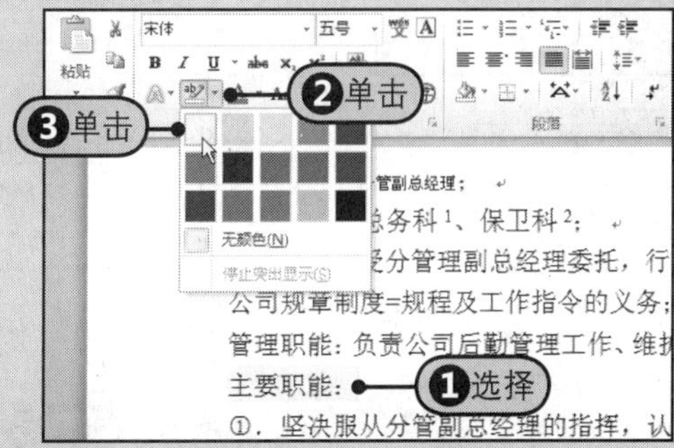

图4-26 突出显示指定文本

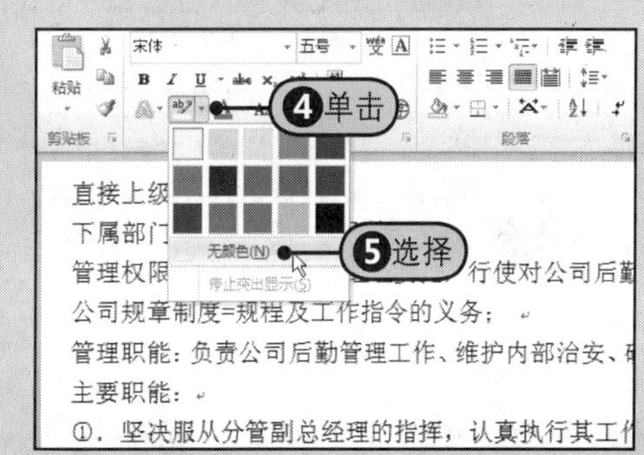

图4-27 取消突出显示指定文本

2 随意突出显示文本

如果需要在边阅读文档时边突出显示一些重要内容，可以先选择突出显示颜色，然后在阅读的过程中标识出重要内容。

Step1单击“字体”组中的“突出显示文本”按钮，Step2选择一种颜色，Step3将光标移至文档中，光标会显示为蜡笔形状，直接选择需要突出显示的文本即可。标识完后，如果想恢复原来状态，Step4再次单击“突出显示文本”的下三角按钮，Step5从下拉列表中选择“停止突出显示”命令即可，如图4-28所示。

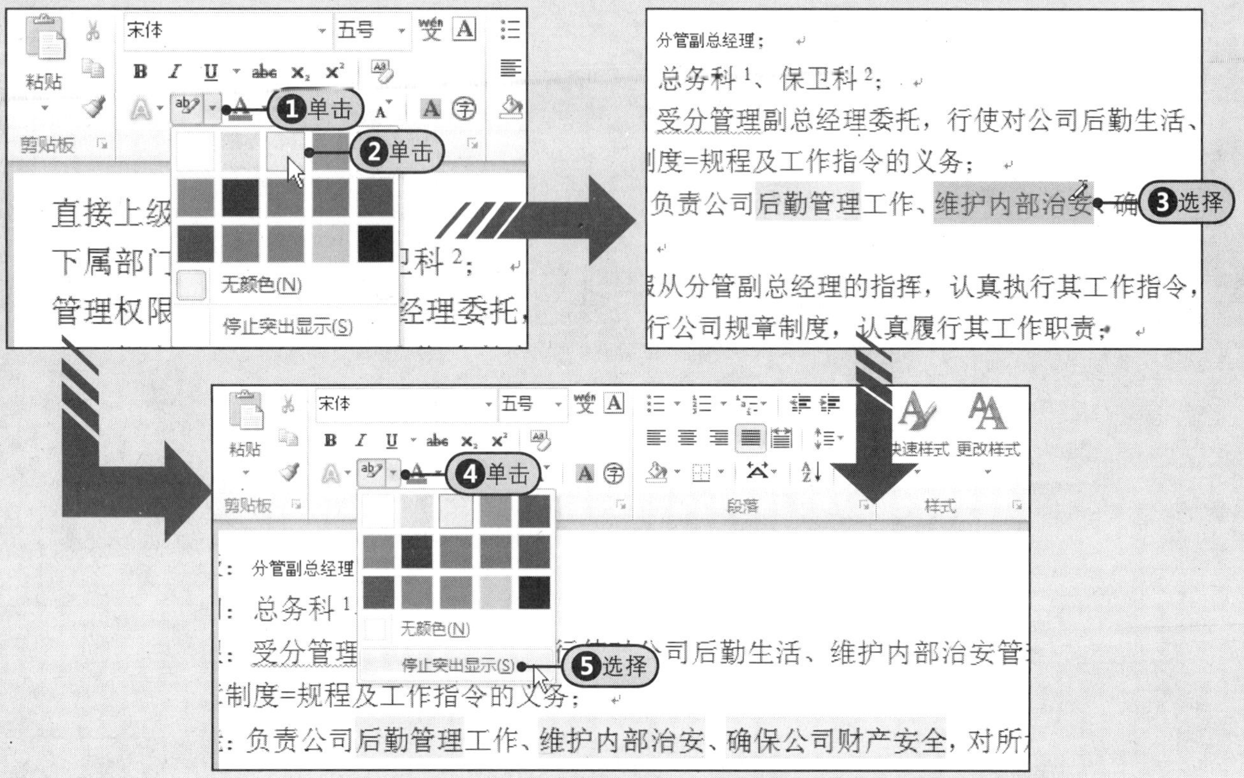

图4-28　随意突出显示文本

4.2 设置段落格式

段落格式通常包括设置文本对齐格式、缩进和间距、段落底纹及行距等。在Word 2010中，与段落格式设置相关的命令是在“开始”选项卡的“段落”组中，如图4-29所示。

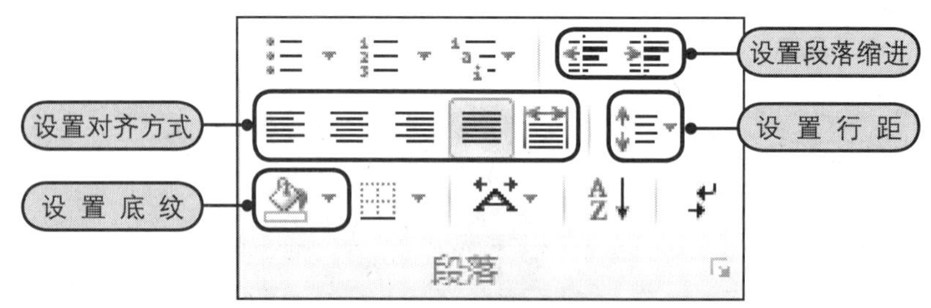

图4-29　“段落”组

4.2.1 设置对齐方式

文本对齐方式通常包括5种，即“左对齐”、“居中”、“右对齐”、“分散对齐”和“两端对齐”，用户可以根据不同的需要设置不同的对齐方式。

Step1选择要设置对齐方式的段落，Step2在“段落”组中单击“居中”按钮，如图4-30所示，Step3设置居中对齐后的段落格式如图4-31所示。

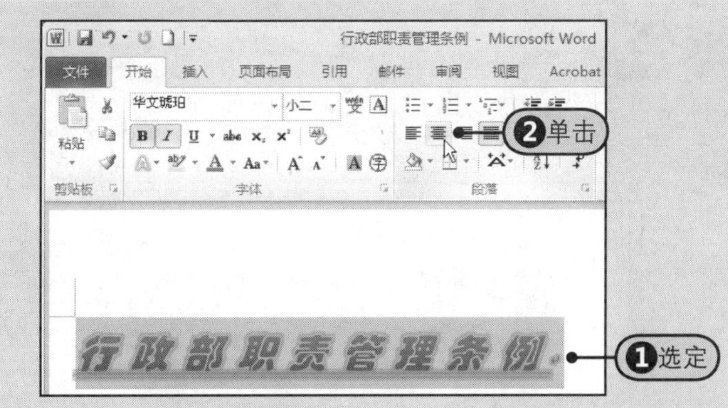

图4-30　单击“居中”对齐按钮

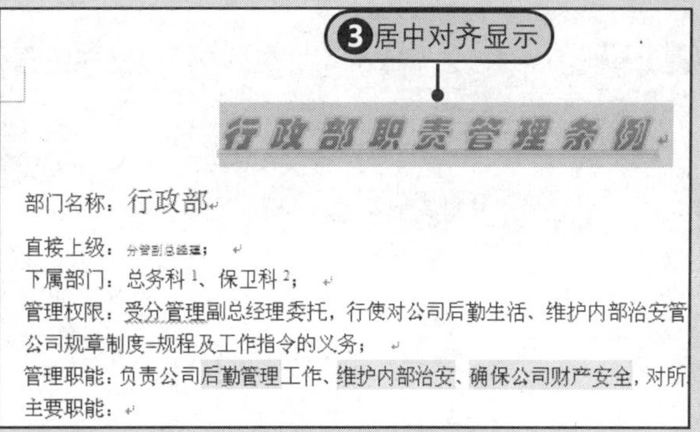

图4-31　居中对齐后的效果

4.2.2　设置段落的缩进效果

在实际编排文档工作中，有时需要某些段落缩进显示，如最常见的首行缩进、悬挂缩进等。在Word 2010中，可以直接单击功能区中的编辑按钮，也可以使用“段落”对话框来设置缩进。

❶ 使用功能区中的命令按钮设置缩进

通常，如果一篇文章的抬头几行内容比较特殊，为了与正文区分开，可以设置缩进。例如，在前面的示例“行政部职责管理规范”文档中，可以将“部门名称”、“直接上级”和“下属部门”三行内容设置缩进。

Step❶选择要设置缩进的段落，Step❷在“段落”组中单击“增加缩进量”按钮，如图4-32所示，单击两次该按钮设置两个字符的缩进量，Step❸得到如图4-33所示的效果。

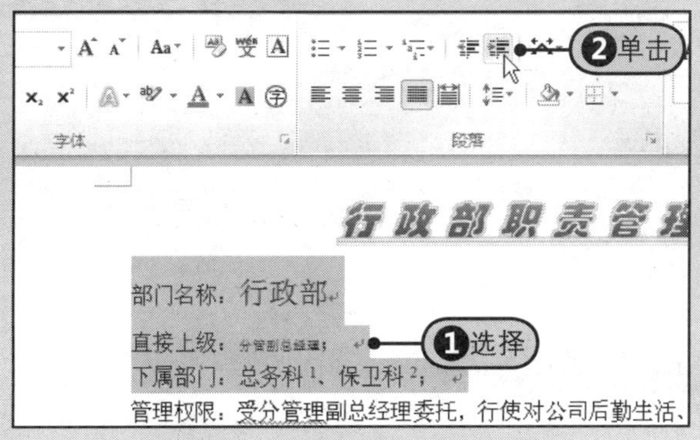

图4-32　单击“增加缩进量”按钮

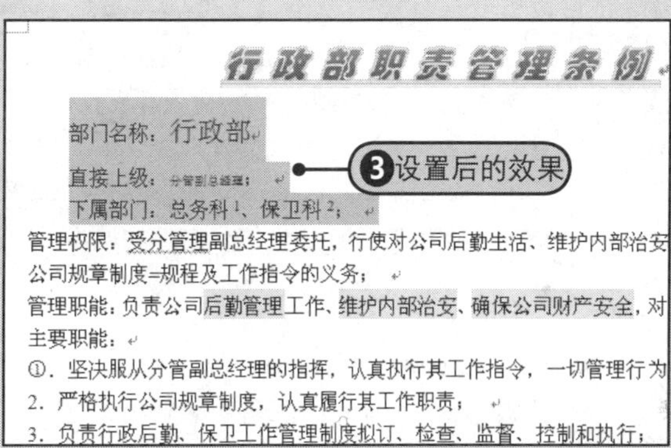

图4-33　增加缩进量后的段落

❷ 按指定的缩进量设置缩进

在精确的排版中，还可以为左右两边指定精确的缩进量，这时就需要使用“段落”对话框来设置。

1 步骤 Step❶选择需要设置缩进的段落，如图4-34所示。

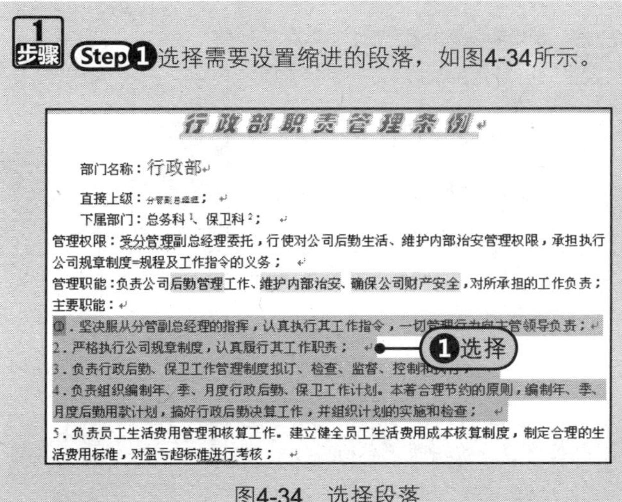

图4-34　选择段落

2 步骤 Step❷在“段落”组中单击对话框启动器，如图4-35所示。

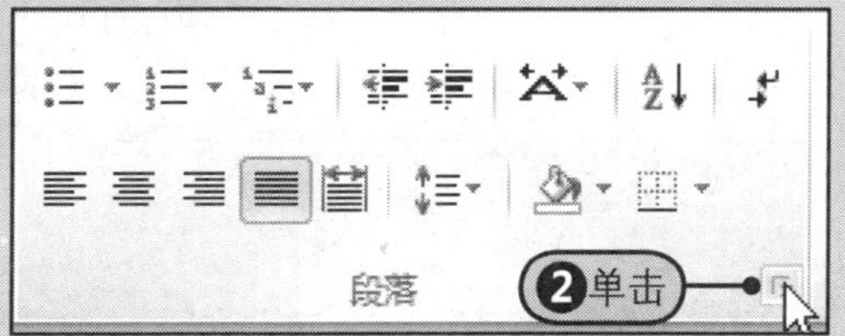

图4-35　单击对话框启动器

3 步骤 Step3 在“段落”对话框的“缩进和间距”选项卡中的“缩进”框内，设置“左侧”缩进量为“3字符”、“右侧”缩进量为“5字符”，如图4-36所示。

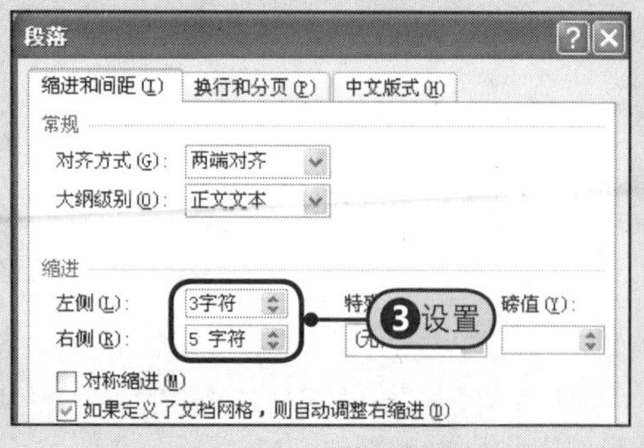

图4-36 设置缩进量

4 步骤 Step4 单击“确定”按钮，设置缩进后的效果如图4-37所示。

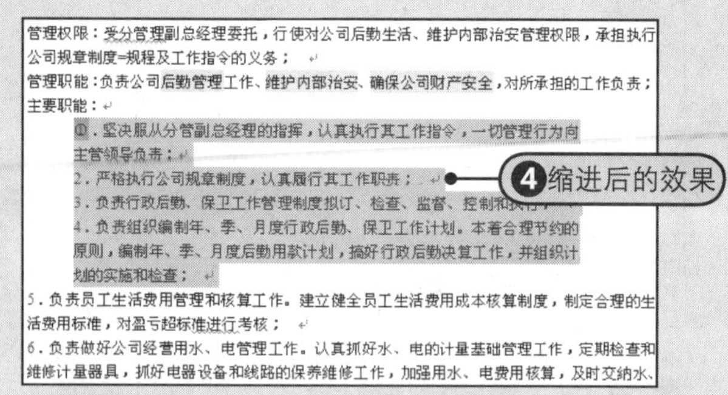

图4-37 设置缩进后的效果

提示 设置左、右两边对称缩进

如果要设置左、右两边对称缩进，请在“段落”对话框的“缩进”框中勾选“对称缩进”复选框，随后，“左侧”和“右侧”会显示为“内侧”和“外侧”，然后输入缩进值即可。

3 设置首行缩进

首行缩进是日常文档处理工作中最常见的一种，当另起段落时，默认的习惯是首行缩进两字符。设置首行缩进的方法如下。

Step1 选择要设置首行缩进的段落，Step2 打开“段落”对话框，在“缩进”区域的“特殊格式”下拉列表中选择“首行缩进”命令，保留默认的“磅值”为“2字符”，单击“确定”按钮，设置首行缩进的段落效果，如图4-38所示。

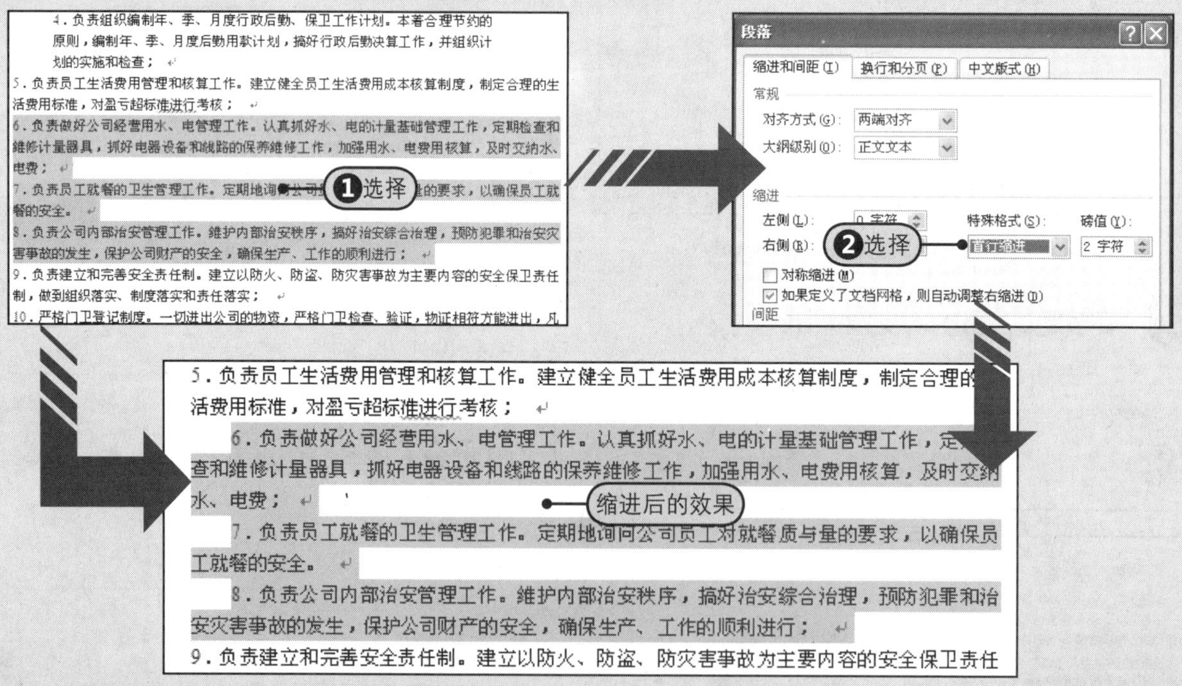

图4-38 设置首行缩进后的效果

4 设置悬挂缩进

悬挂缩进是指段落的首行不缩进，除首行以外的行设置缩进，感觉就好像首行悬挂着一样，因此称为“悬挂缩进”。

Step1 选择要设置悬挂缩进的段落，Step2 打开“段落”对话框，在“缩进”区域的“特殊格式”下拉列表中选择“悬挂缩进”，保留默认的磅值，Step3 设置悬挂缩进后的效果，如图4-39所示。

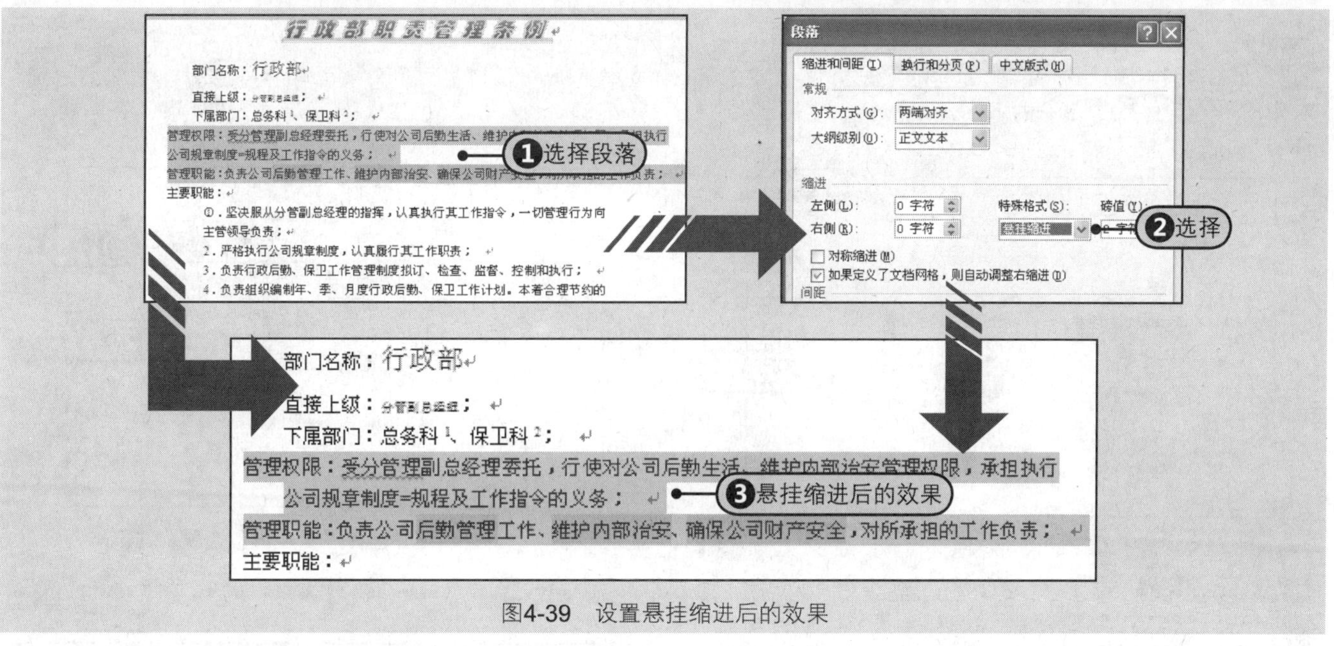

图4-39 设置悬挂缩进后的效果

4.2.3 设置段落的间距和行距

设置恰到好处的段落间距和行距，不但可以使别人便于阅读，而且还可以增加文档的美观性。间距是指段落之间有距离，通常包括段前间距和段后间距；行距是每一行之间的距离。设置间距和行距的方法如下。

1 步骤 Step1 选择要设置间距和行距的段落，Step2 单击"段落"组中"行距"的下三角按钮，Step3 从展开的下拉列表中选择要设置的行距值，如"1.5"，如图4-40所示。

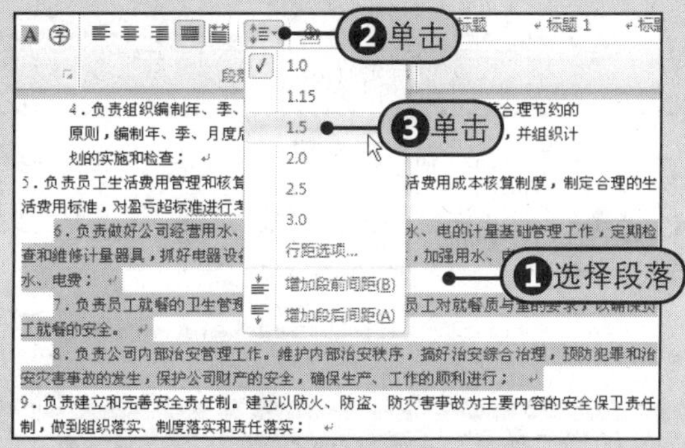

图4-40 选择行距值

2 步骤 Step4 设置行距后的段落效果，如图4-41所示。

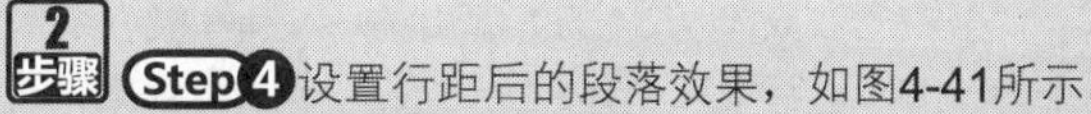

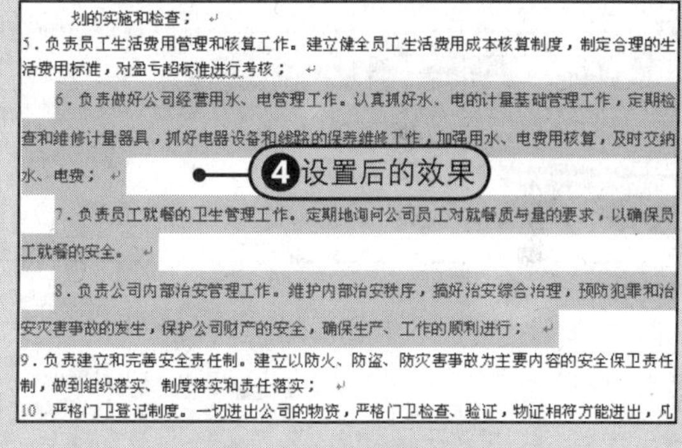

图4-41 设置行距后的效果

3 步骤 Step5 再次单击"行距"的下三角按钮，Step6 从展开的下拉列表中选择"增加段前间距"命令，如图4-42所示。

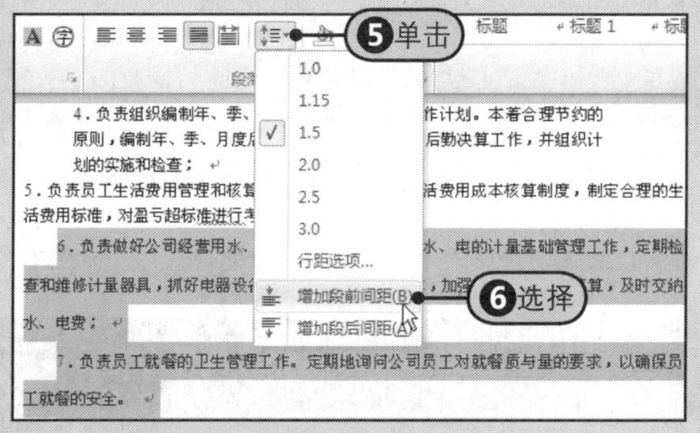

图4-42 选择"增加段前间距"命令

4 步骤 此时可以看到，段落之间的距离增加了。如果要删除段落间距，Step7 再次单击"行距"的下三角按钮，Step8 从展开的下拉列表中选择"删除段前间距"命令，如图4-43所示。

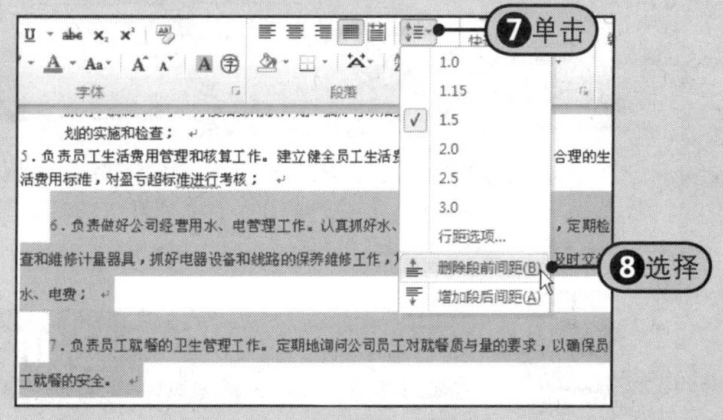

图4-43 选择"删除段前间距"命令

5 步骤 如果要设置固定的行距值，Step 9 单击“行距”的下三角按钮，Step 10 从展开的下拉列表中选择“行距选项”命令，如图4-44所示。

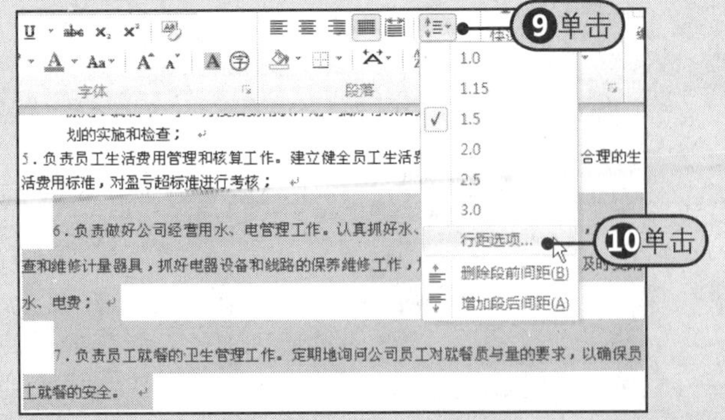

图4-44　选择“行距选项”命令

7 步骤 Step 13 在“设置值”框中输入磅值为“20”　磅，如图4-46所示。

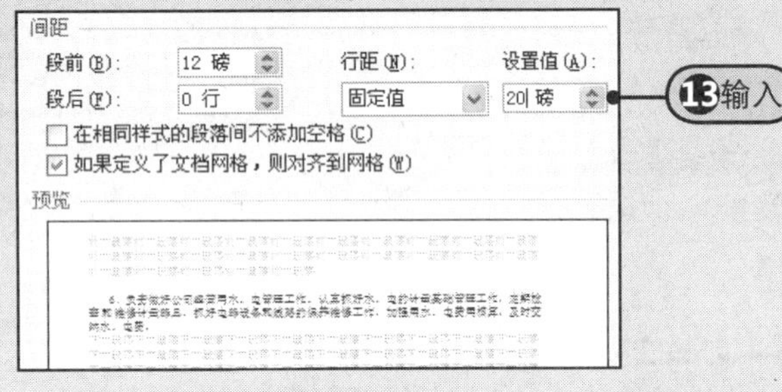

图4-46　输入值

6 步骤 在打开的“段落”对话框中，Step 11 单击“行距”右侧的下三角按钮，Step 12 从展开的下拉列表中选择“固定值”命令，如图4-45所示。

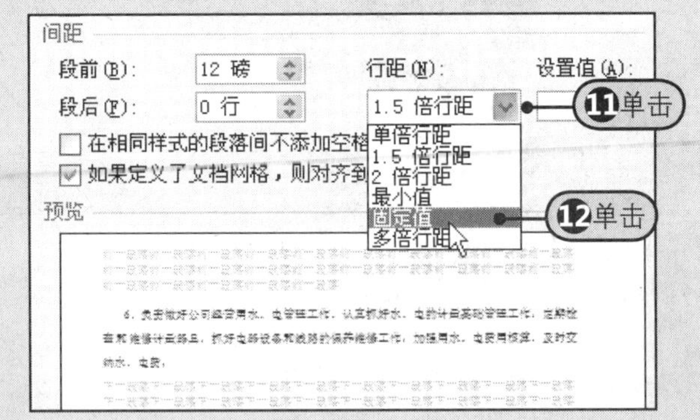

图4-45　选择“固定值”选项

8 步骤 Step 14 确定后，段落的效果如图4-47所示。

5．负责员工生活费用管理和核算工作。建立健全员工生活费用成本核算制度，制定合理的生活费用标准，对盈亏超标准进行考核；

6．负责做好公司经营用水、电管理工作。认真抓好水、电的计量基础管理工作，定期检查和维修计量器具，抓好电器设备和线路的保养维修工作，加强用水、电费用核算，及时交纳水、电费；

14设置后的效果

7．负责员工就餐的卫生管理工作。定期地询问公司员工对就餐质与量的要求，以确保员工就餐的安全。

8．负责公司内部治安管理工作。维护内部治安秩序，搞好治安综合治理，预防犯罪和治

图4-47　设置后的段落效果

4.2.4　为段落添加底纹

要为文字或段落设置背景色，Step 1 选择要设置底纹的段落，Step 2 在“段落”组中单击“底纹”右侧的下三角按钮，Step 3 从展开的下拉列表中选择一种背景颜色，如图4-48所示，Step 4 设置底纹后的段落效果，如图4-49所示。

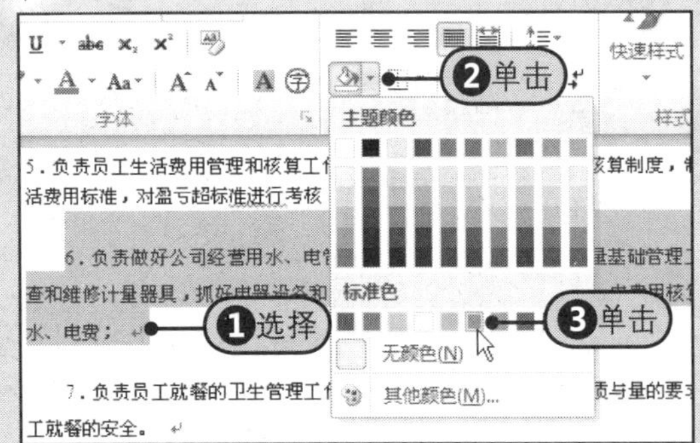

图4-48　选择背景色颜色

原则，编制年、季、月度后勤用款计划，搞好行政后勤决算工作，并组织计划的实施和检查；

5．负责员工生活费用管理和核算工作。建立健全员工生活费用成本核算制度，制定合理的生活费用标准，对盈亏超标准进行考核；

6．负责做好公司经营用水、电管理工作。认真抓好水、电的计量基础管理工作，定期检查和维修计量器具，抓好电器设备和线路的保养维修工作，加强用水、电费用核算，及时交纳水、电费；

4设置底纹后的效果

7．负责员工就餐的卫生管理工作。定期地询问公司员工对就餐质与量的要求，以确保员工就餐的安全。

8．负责公司内部治安管理工作。维护内部治安秩序，搞好治安综合治理，预防犯罪和治安灾害事故的发生，保护公司财产的安全，确保生产、工作的顺利进行；

9．负责建立和完善安全责任制。建立以防火、防盗、防灾害事故为主要内容的安全保卫责任制，做到组织落实、制度落实和责任落实；

图4-49　设置背景色后的效果

提示　清除底纹

在为段落设置了底纹后，如果要清除底纹，可以选择需要设置的段落或文本，在“段落”组中再次单击“底纹”右侧的下三角按钮，从展开的下拉列表中选择“无颜色”命令即可。

4.3　项目符号和编号的应用

在编制条理性比较强的文档时，通常需要插入一些项目符号和编号，以使文档的结构更清晰，层次更加鲜明。

4.3.1 应用项目符号

项目符号是指放在文本前的用于强调效果的符号或图片。在Word 2010中，系统提供了大量的内置项目符号，用户可以直接从这些符号中选择，也可以自定义项目符号。

❶ 使用内置项目符号

打开附书光盘\实例文件\第4章\原始文件\课程提纲.doc文件。Step❶选择要添加项目符号的段落，Step❷在“开始”选项卡中的“段落”组中单击“项目符号”右侧的下三角按钮，Step❸从展开的“项目符号库”中选择一种项目符号样式，如圆点，Step❹应用项目符号后的效果，如图4-50所示。

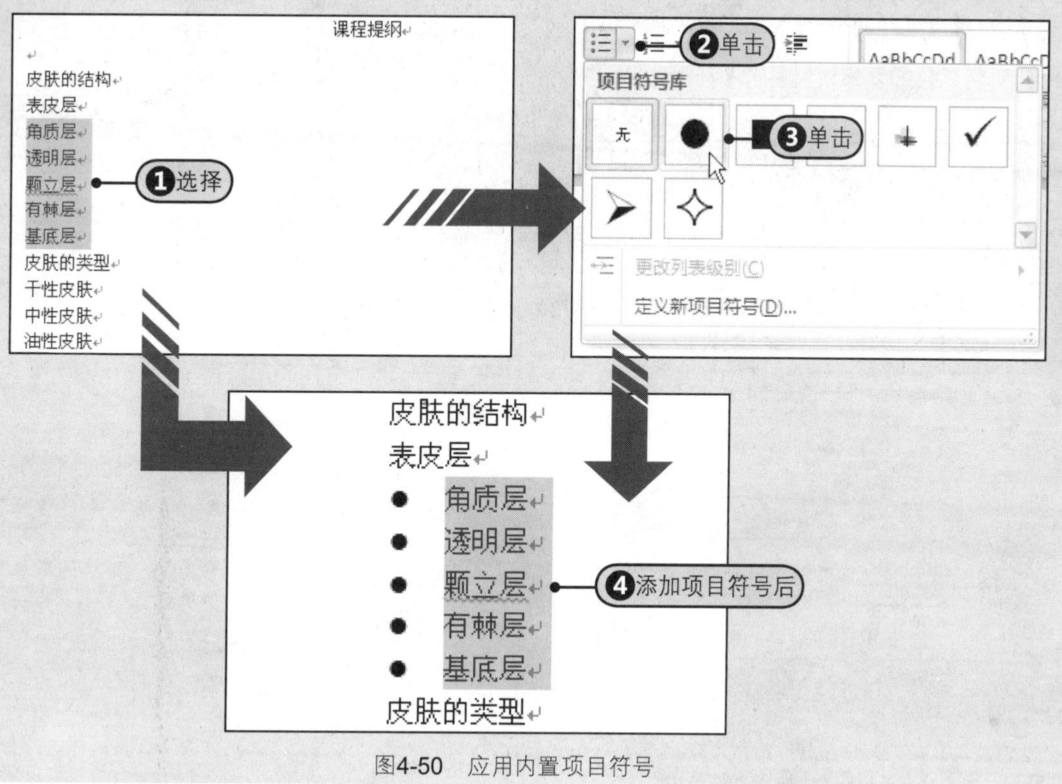

图4-50 应用内置项目符号

❷ 定义新的项目符号

如果系统内置项目符号库中的项目符号样式不能满足用户需求，还可以自定义项目符号，具体操作步骤如下所示。

1 步骤 Step❶单击“段落”组中的“项目符号”右侧的下三角按钮，Step❷从展开的下拉列表中选择“定义新项目符号”命令，如图4-51所示。

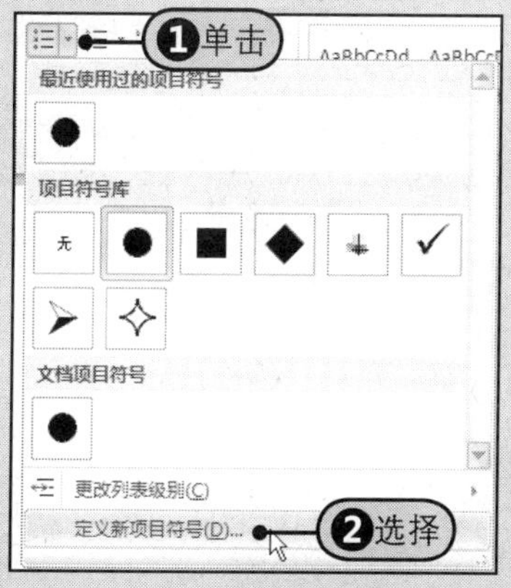

图4-51 单击“定义新项目符号”选项

2 步骤 Step❸在打开的“定义新项目符号”对话框中单击“符号”按钮，如图4-52所示。

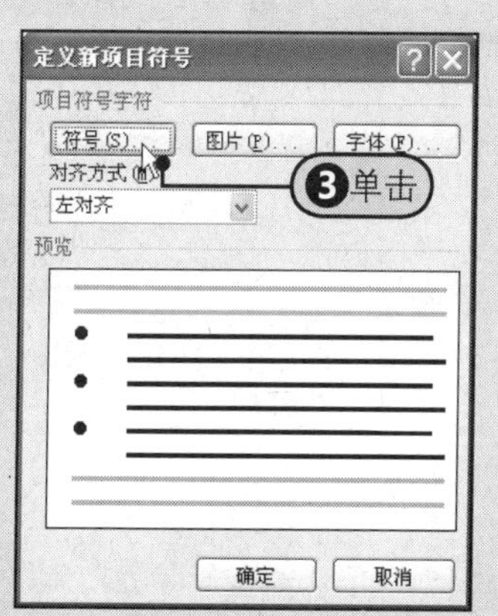

图4-52 单击“符号”按钮

3 步骤 随后打开“符号”对话框，Step 4选择要作为项目符号的符号，Step 5单击“确定”按钮，如图4-53所示。

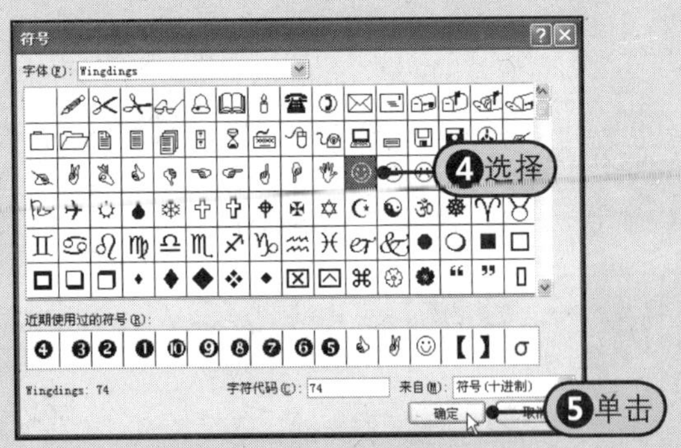

图4-53 选择符号

4 步骤 Step 6返回“定义新项目符号”对话框，在“预览”区域会显示新项目符号的预览效果，再单击“确定”按钮如图4-54所示。

图4-54 单击“确定”按钮

5 步骤 Step 7选择要应用新定义项目符号的段落，Step 8单击“段落”组中“项目符号”右侧的下三角按钮，Step 9此时新定义的项目符号会显示在“项目符号库”列表中，选择该项目符号。

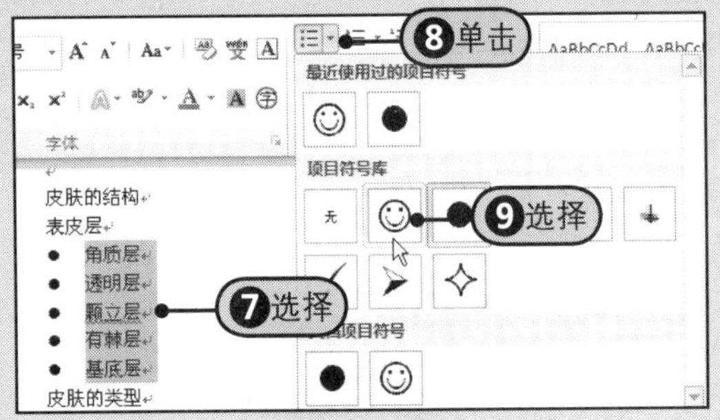

图4-55 选择新建的项目符号

6 步骤 Step 10应用新定义项目符号后的段落效果，如图4-56所示。

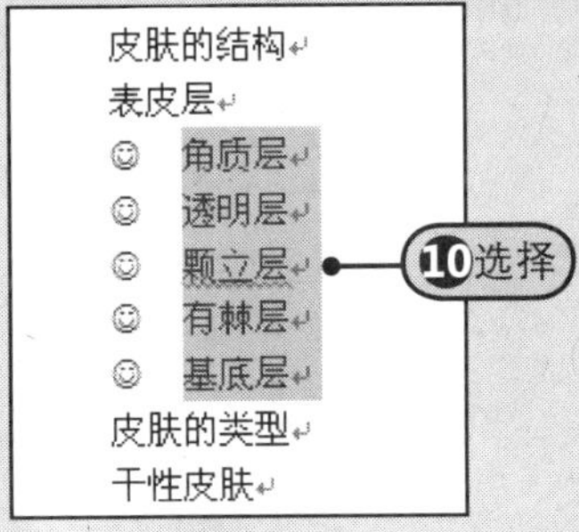

图4-56 应用新项目符号后的效果

4.3.2 程序自动添加编号

编号通常是放在文本标题或项目前，用于显示文档或段落顺序而添加的元素。编号有多种样式，除了系统提供的编号库中的编号样式外，还允许用户自定义编号。

1 应用编号库内编号

Step 1选择要添加编号的段落，Step 2单击“编号”右侧的下三角按钮，Step 3从“编号库”中选择一种编号样式，Step 4应用编号后的段落效果，如图4-57所示。

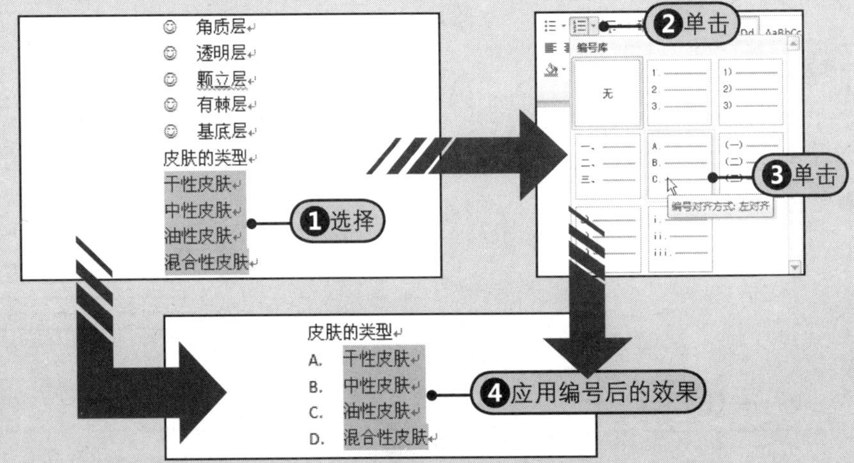

图4-57 应用内置编号

❷ 自定义编号样式

Step❶在“段落”组中单击“编号”右侧的下三角按钮展开下拉列表，在其中选择“定义新编号格式”命令，打开“定义新编号格式”对话框，Step❷单击“编号样式”右侧的下三角按钮，Step❸从展开的下拉列表中选择新的编号样式，Step❹应用新定义编号样式后的效果，如图4-58所示。

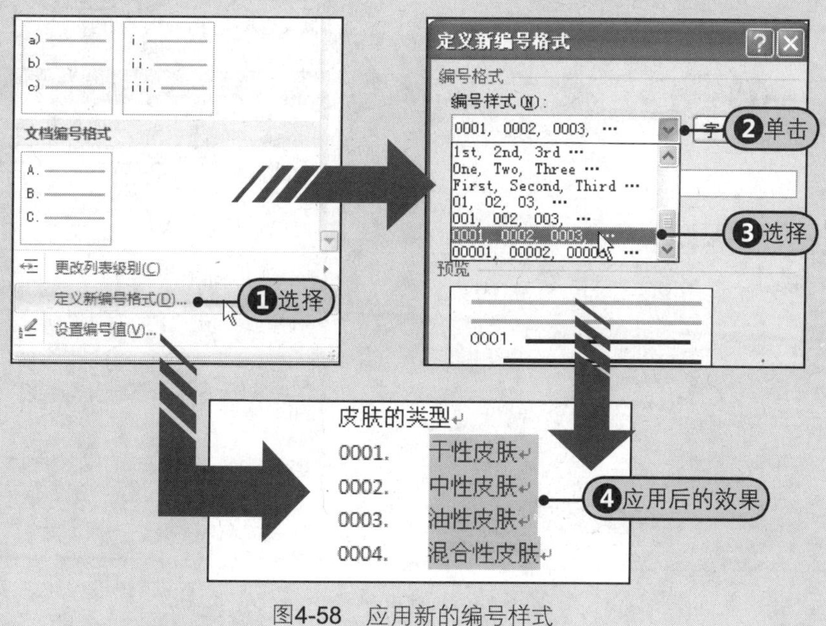

图4-58 应用新的编号样式

4.3.3 快速让标题层次分明

当文档或列表的层次结构比较复杂时，可以使用多级列表快速让标题层次分明。

❶ 应用已有多级列表

打开附书光盘\实例文件\第4章\原始文件\目录.doc，Step❶选择要应用多级列表的段落，Step❷单击“多级列表”右侧的下三角按钮，Step❸从“列表库”中选择一种样式，应用后的效果，如图4-59所示。

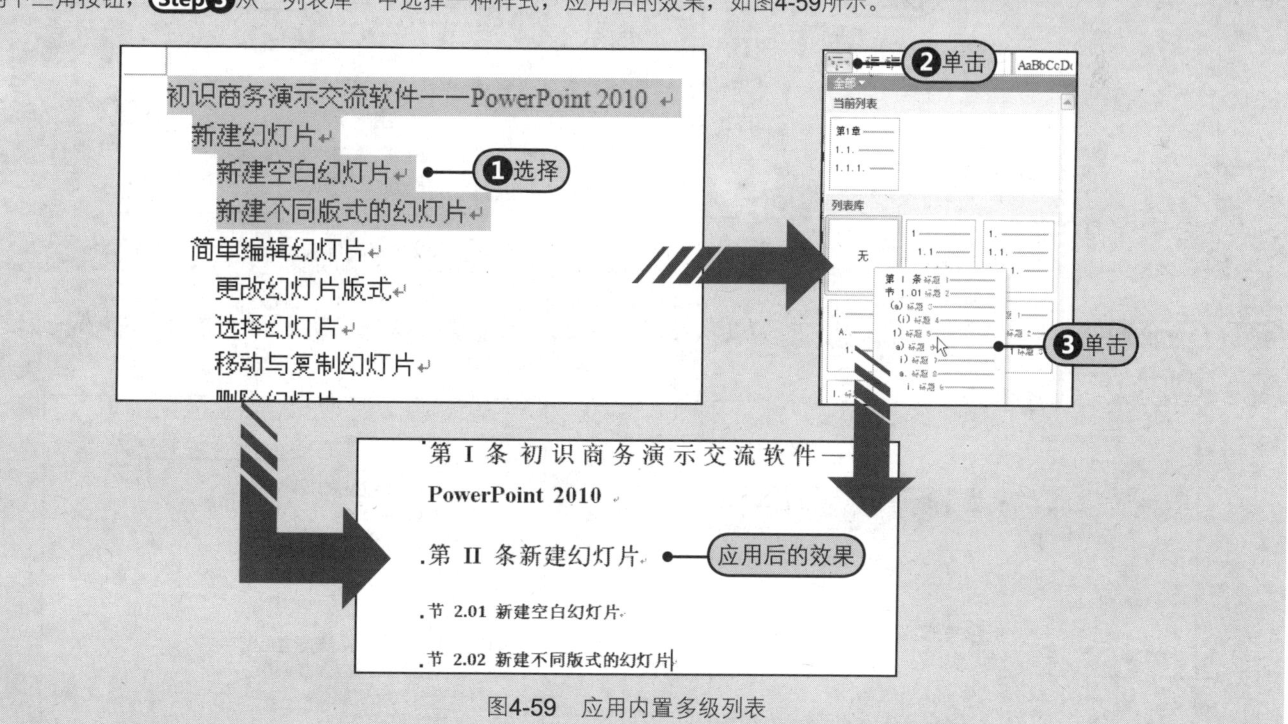

图4-59 应用内置多级列表

❷ 新建多级列表

打开附书光盘\实例文件\第4章\原始文件\目录.doc文档，此时由于没有设置多级列表，该目录看上去没有清晰的结构，显得比较混乱。接下来，为该目录应用多级编号列表，使其快速变得层次分明。

1 步骤 Step1 单击“段落”组中“多级列表”右侧的下三角按钮，Step2 从展开的下拉列表中选择“定义新的多级列表”命令，如图4-60所示。

❶单击
当前列表
列表库
无
定义新的多级列表(D)...
定义新的列表样式(L)...
❷选择

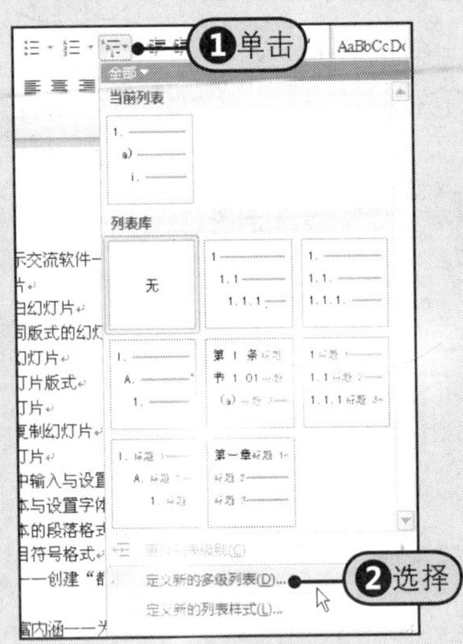

图4-60　选择“定义新的多级列表”命令

2 步骤 Step3 在打开的“定义新多级列表”对话框中单击“1”级别，Step4 在“编号格式”框中的数字左、右侧分别输入“第”和“章”，Step5 然后单击“确定”按钮，如图4-61所示。

定义新多级列表
❸单击
编号格式
输入编号的格式(O):
第1章
❹输入
字体(F)...
此级别的编号样式(N):
1, 2, 3, …
位置
编号对齐方式(U):
左对齐
对齐位置(A):
0 厘米
文本缩进位置(I):
0.75 厘米
设置所有级别(E)...
更多(M) >>
确定
❺单击

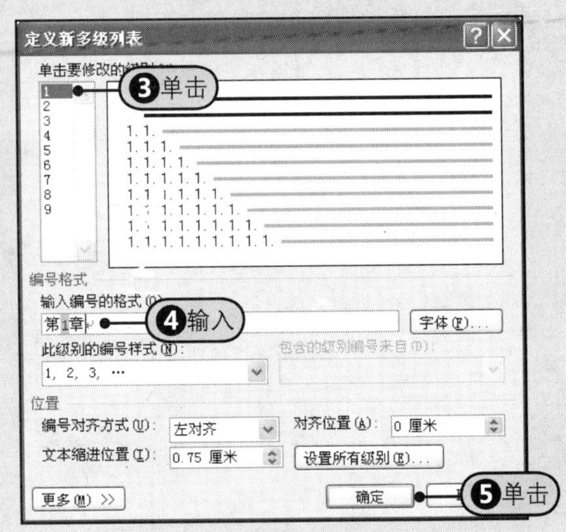

图4-61　更改编号格式

3 步骤 Step6 选择要添加多级列表的段落，如图4-62所示。

初识商务演示交流软件——PowerPoint 2010
新建幻灯片
新建空白幻灯片
新建不同版式的幻灯片
简单编辑幻灯片
更改幻灯片版式
❻选择
选择幻灯片
移动与复制幻灯片
删除幻灯片
在幻灯片中输入与设置相关内容
输入文本与设置字体格式
设置文本的段落格式
设置项目符号格式
融会贯通——创建“都市相册”文稿并更改幻灯片的版式

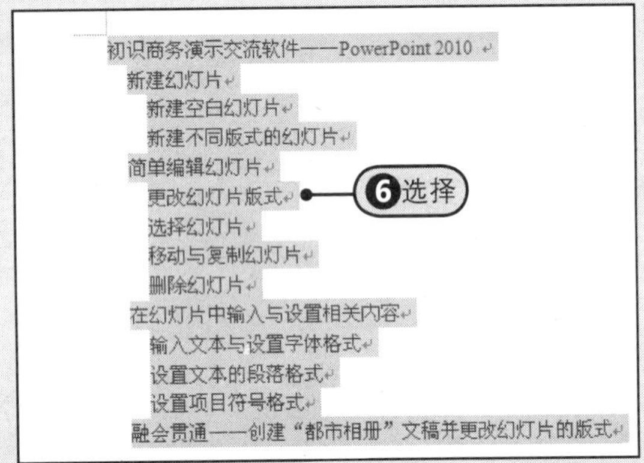

图4-62　选择段落

4 步骤 Step7 单击“多级列表”右侧的下三角按钮，从展开的下拉列表中选择刚定义的列表样式，如图4-63所示。

当前文档中的列表
第1章
1.1.
1.1.1.
❼选择
更改列表级别(C)
定义新的多级列表(D)...
定义新的列表样式(L)...

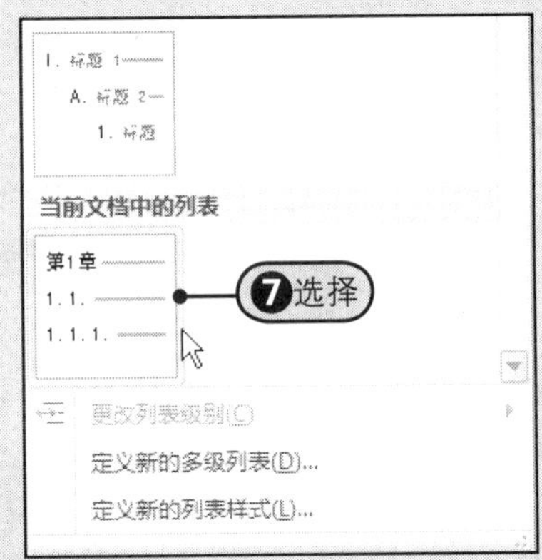

图4-63　单击新定义的多级编号样式

5 步骤 Step8 应用多级列表样式后的段落效果，如图4-64所示。

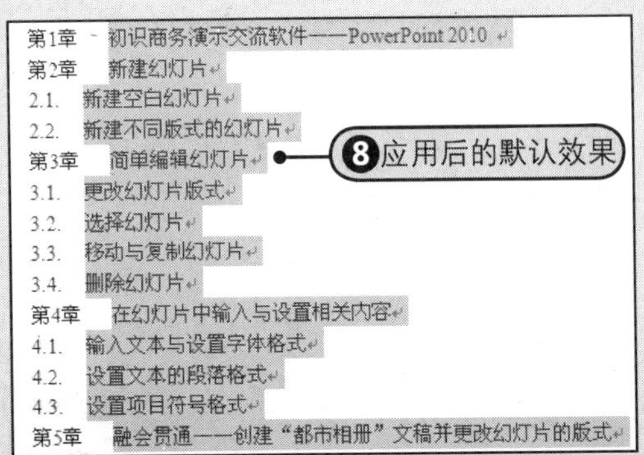

第1章　初识商务演示交流软件——PowerPoint 2010
第2章　新建幻灯片
2.1.　新建空白幻灯片
2.2.　新建不同版式的幻灯片
第3章　简单编辑幻灯片
❽应用后的默认效果
3.1.　更改幻灯片版式
3.2.　选择幻灯片
3.3.　移动与复制幻灯片
3.4.　删除幻灯片
第4章　在幻灯片中输入与设置相关内容
4.1.　输入文本与设置字体格式
4.2.　设置文本的段落格式
4.3.　设置项目符号格式
第5章　融会贯通——创建“都市相册”文稿并更改幻灯片的版式

图4-64　应用多级列表后的默认效果

6 步骤 Step9 单击需要更改级别的段落，将光标置于该段落最左侧，如图4-65所示。

第1章　初识商务演示交流软件——PowerPoint 2010
第2章　新建幻灯片
❾光标置于此处
2.1.　新建空白幻灯片
2.2.　新建不同版式的幻灯片
第3章　简单编辑幻灯片
3.1.　更改幻灯片版式
3.2.　选择幻灯片
3.3.　移动与复制幻灯片
3.4.　删除幻灯片
第4章　在幻灯片中输入与设置相关内容
4.1.　输入文本与设置字体格式
4.2.　设置文本的段落格式
4.3.　设置项目符号格式

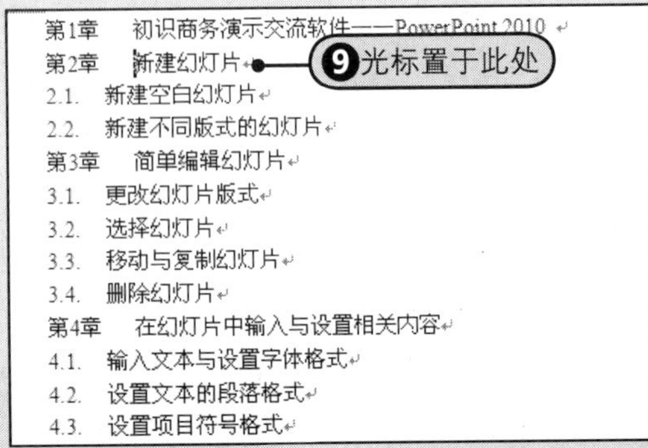

图4-65　移动光标至要更改的条目上

提示 快速更改级别快捷键

显然，如果每次都通过“更改列表级别”下拉列表去更改级别，该操作会显得比较麻烦。实际上，在Word中，可以通过一组快捷键来快速更改多级列表的级别。如果希望在当前级别的基础上上升一个级别，按Shift+Tab组合键；如果希望在当前级别的基础上下降一个级别，则可以直接按Tab键。

7 步骤 单击“多级列表”下三角按钮，Step10从展开的下拉列表中选择“更改列表级别”命令，Step11然后选择正确的级别，如图4-66所示。

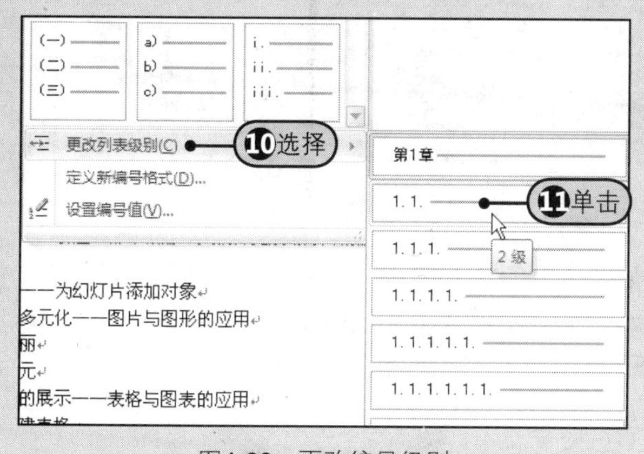

图4-66 更改编号级别

8 步骤 Step12重复该步骤，直到修改完所有的级别，得到如图4-67所示的效果。

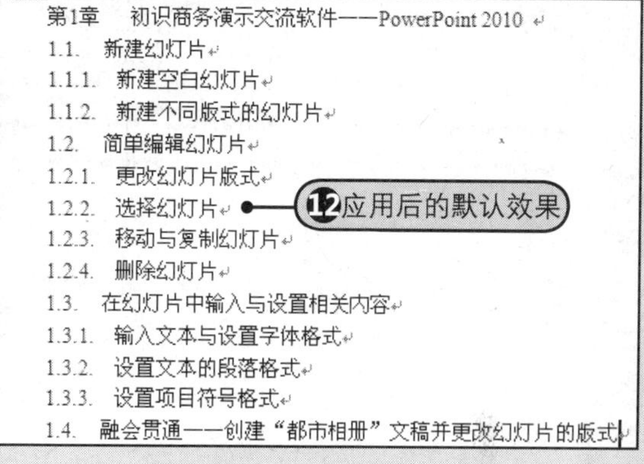

图4-67 更改后的最终效果

3 自定义列表样式

用户还可以自定义列表的样式。以上一节中新创建的多级列表为例，接下来介绍自定义列表样式的操作步骤。

1 步骤 选择文档中的多级列表，Step1单击“多级列表”右侧的下三角按钮，Step2从展开的下拉列表中选择“定义新的列表样式”命令，如图4-68所示。

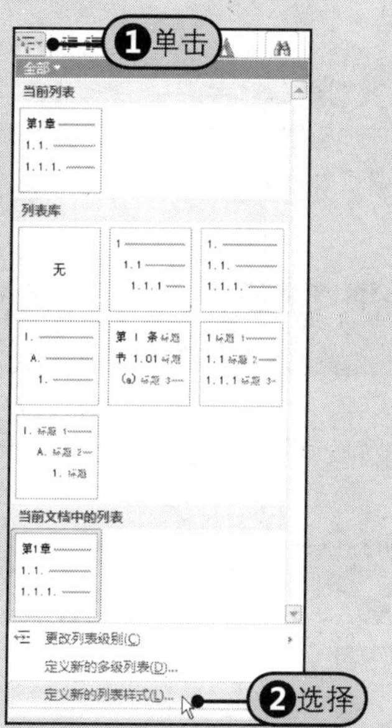

图4-68 选择“定义新的列表样式”命令

2 步骤 Step3从“格式”区域的“字体”下拉列表中选择“黑体”，Step4“字号”下拉列表中选择“四号”，如图4-69所示。

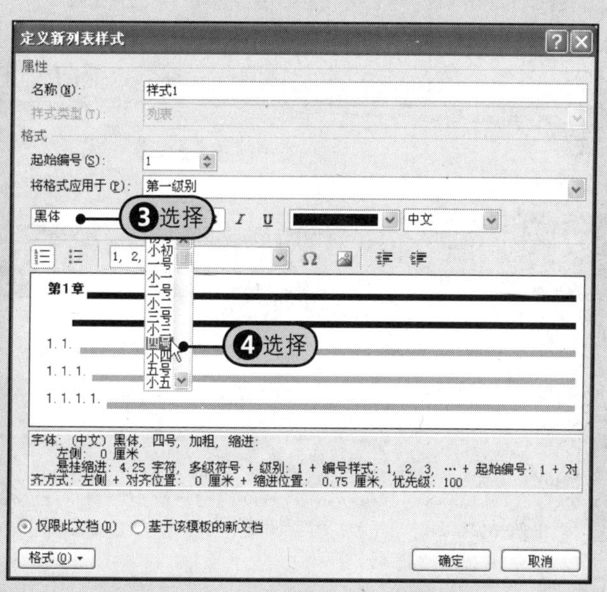

图4-69 “定义新列表样式”对话框

3 步骤 Step 5 从“将格式应用于”下拉列表中选择“第二级别”选项，Step 6 然后单击“加粗”按钮，如图4-70所示。

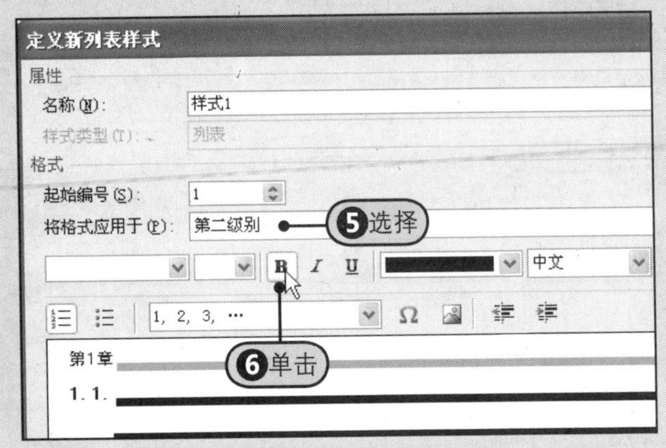

图4-70　设置第二级别样式

4 步骤 Step 7 从“将格式应用于”下拉列表中选择“第三级别”选项，Step 8 单击“加粗”按钮，Step 9 然后单击“增加缩进”按钮，如图4-71所示。

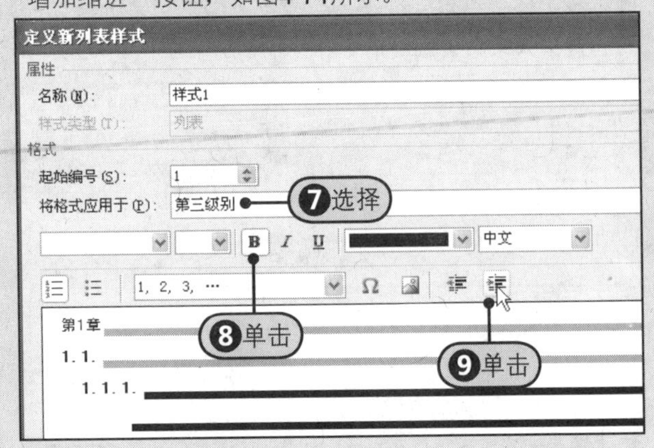

图4-71　设置第三级别样式

5 步骤 Step 10 设置好格式后，单击“确定”按钮，返回到文档中。更改样式后的多级列表效果，如图4-72所示。

第1章　初识商务演示交流软件——PowerPoint 2010
1.1.　新建幻灯片
1.1.1.　新建空白幻灯片
1.1.2.　新建不同版式的幻灯片
1.2.　简单编辑幻灯片
1.2.1.　更改幻灯片版式
1.2.2.　选择幻灯片
1.2.3.　移动与复制幻灯片
1.2.4.　删除幻灯片
1.3.　在幻灯片中输入与设置相关内容
1.3.1.　输入文本与设置字体格式
1.3.2.　设置文本的段落格式
1.3.3.　设置项目符号格式
1.4.　融会贯通——创建“都市相册”文稿并更改幻灯片的版式

10更改样式后的多级列表

图4-72　应用新样式后的效果

4.4 中文版式的混合应用

复杂的排版总是令人头痛的，使用Word 2010中的纵横混排、合并字符及双行合一等中文版式，可以帮助用户完成较为复杂的排版操作。

4.4.1　纵横混排

在实际工作中，有时需要按特殊的排版方式排列字符，例如，希望一段文字中的某几个字符按横向排列，而其余字符仍然按纵向排列。

新建一个Word 2010空白文档，在文档中插入一个竖排文本框，并输入文字“采购业务行政部后勤服务”。

Step 1 选择需要横排的文字，Step 2 在“开始”选项卡的“段落”组中单击“中文版式”下三角按钮，Step 3 从打开的下拉列表中选择“纵横混排”命令，Step 4 在弹出的“纵横混排”对话框中单击“确定”按钮，Step 5 纵横混排效果如图4-73所示。

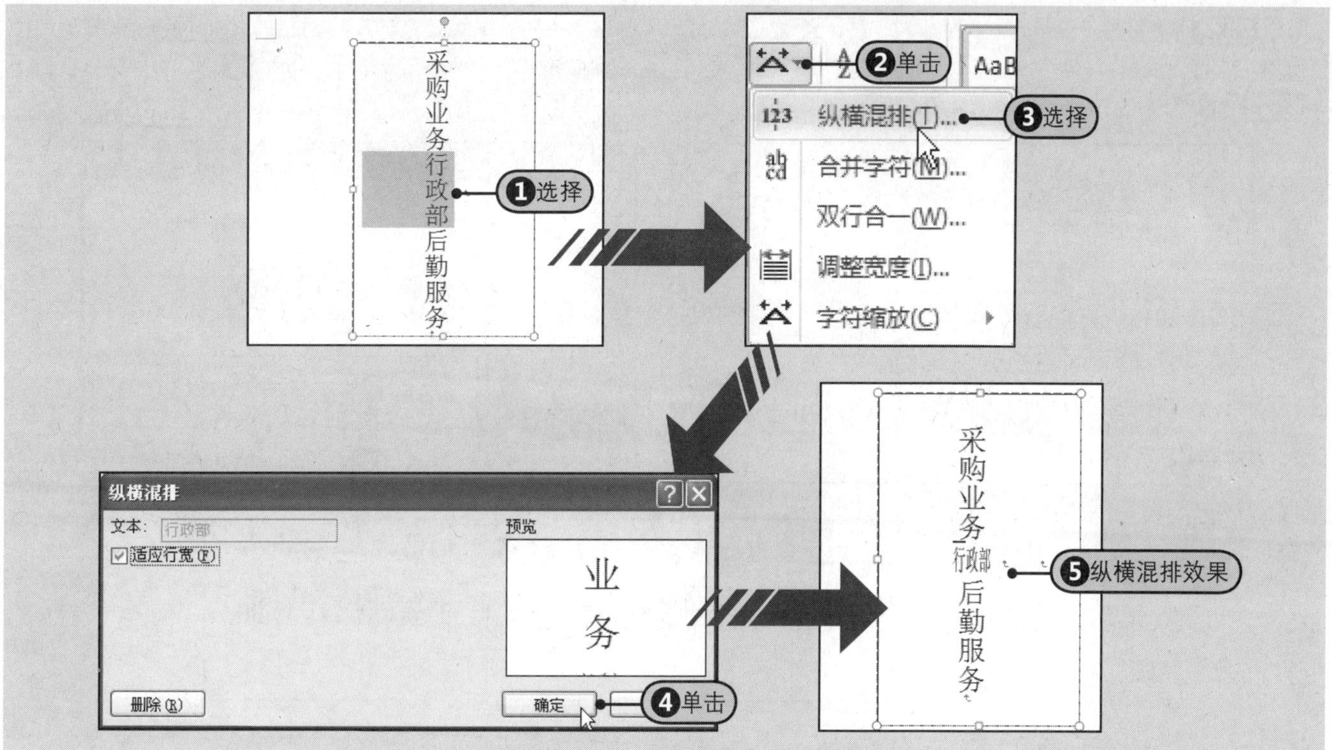

图4-73 设置纵横混排

4.4.2 合并字符

为了满足排版的需要，有时需要合并字符，实际上，合并字符就是将选定的多个字符合并，占据一个字符大小的位置。在学校制作考试试卷的排版时，通常会遇到需要同时具有上、下标的字符，如X^{10}。当上、下标的总长度不超过6个字符时，可以通过合并字符来完成。

Step1 在文档中输入“X12”，选择要设置为上、下标的字符“12”，Step2 单击“中文版式”的下三角按钮，Step3 从展开的下拉列表中选择“合并字符”命令，Step4 在“合并字符”对话框中会显示合并后的预览效果，单击“确定”按钮，Step5 合并字符后的效果，如图4-74所示。

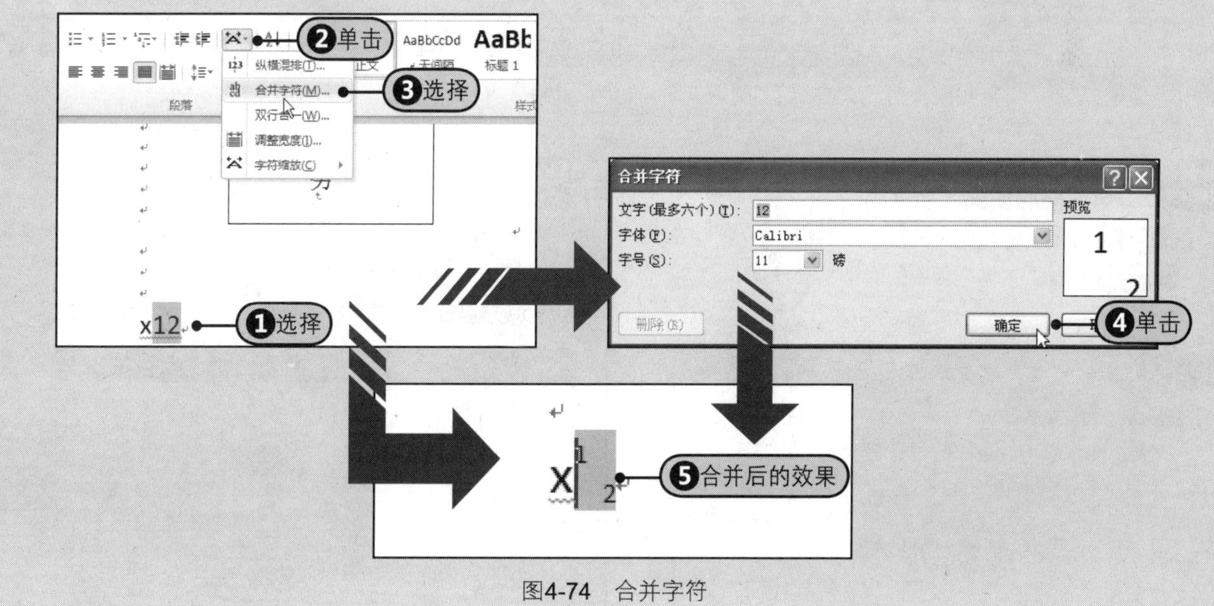

图4-74 合并字符

4.4.3 双行合一

用户在编辑Word文档的过程中，有时需要在一行中显示两行文字，然后在相同的行中继续显示单行文字，实现单行、双行文字的混排效果。这时，可以使用Word 2010中提供的“双行合一”功能实现这个目的，具体操作方法如下页所示。

Step 1 选择需要显示为双行的字符，Step 2 然后单击“段落”组中的“中文版式”下三角按钮，Step 3 从展开的下拉列表中选择“双行合一”命令，Step 4 在打开的“双行合一”对话框中勾选“带括号”复选框，Step 5 单击“确定”按钮，Step 6 双行合一后的效果，如图4-75所示。

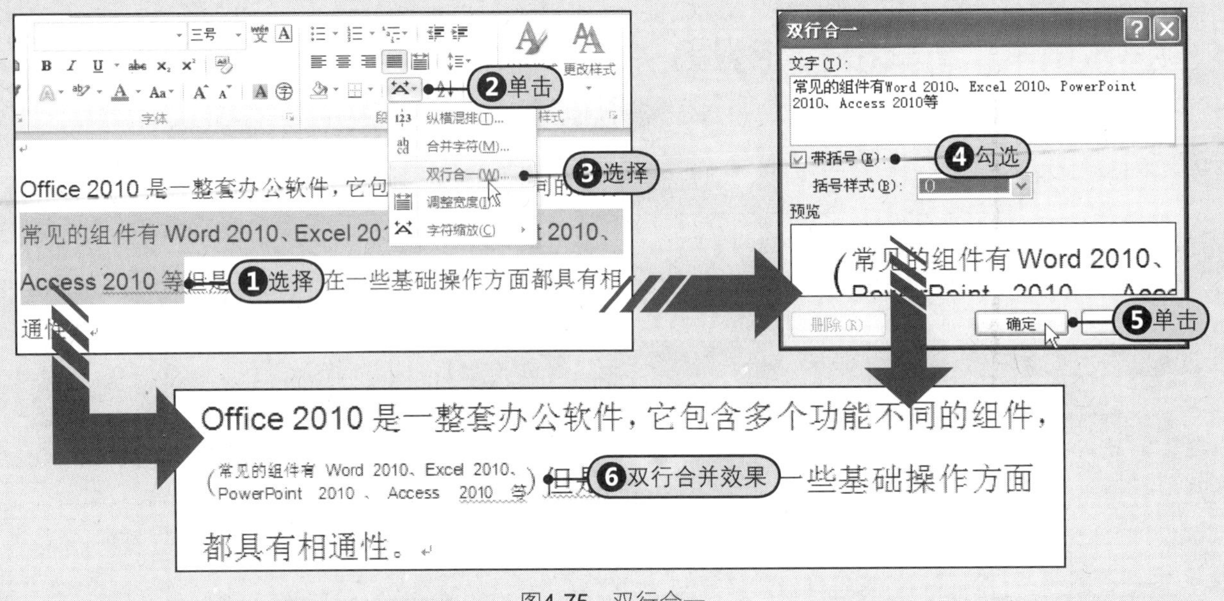

图4-75　双行合一

提示　为应用双行合一的字符添加括号

如果用户将应用双行合一的字符区域添加括号，这个括号并不需要手动输入，用户只需要在“双行合一”对话框中勾选“带括号”复选框，然后从“括号样式”下拉列表中选择需要的括号样式即可。

4.5 融会贯通　设置“安全生产简报”文档格式

为了使创建的“安全生产简报”文档格式更加规范，增加文档的美观性和可读性，可以使用本章所学习的设置文本格式和段落格式的方法来完成。打开附书光盘\实例文件\第4章\原始文件\安全生产简报.doc文档。

步骤1 单击对话框启动器。

Step 1 选择文档标题“安全生产简报”。

Step 2 单击“字体”组中的对话框启动器。

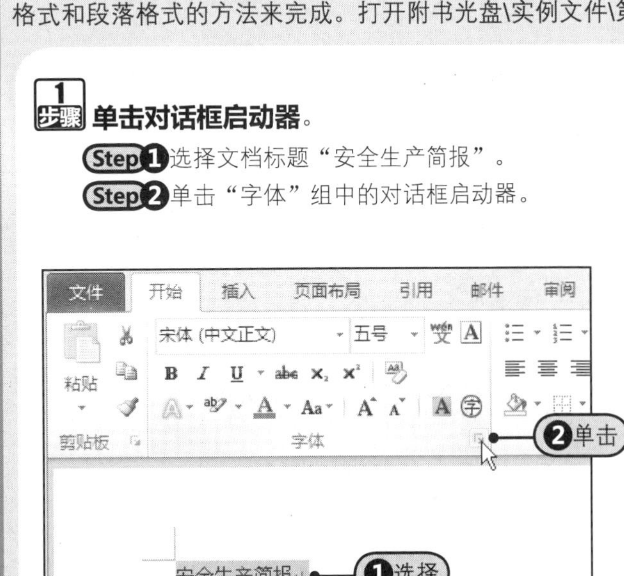

步骤2 设置字体格式。

Step 1 在“中文字体”下拉列表中选择“黑体”选项。

Step 2 在“字形”列表框中选择“加粗”。

Step 3 在“字号”列表框中选择“小初”。

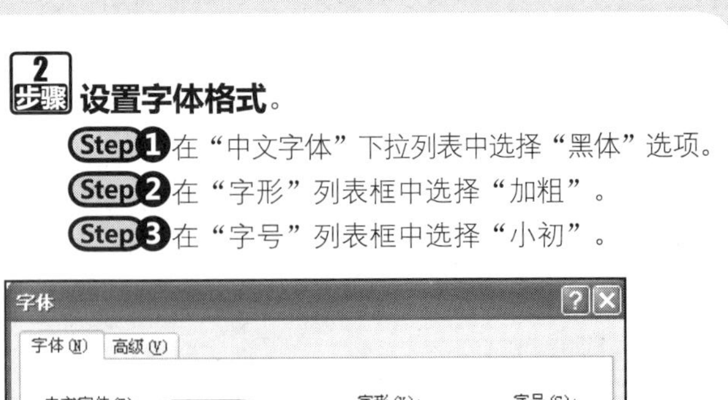

（续上）

3 步骤 设置标题居中对齐。

单击“段落”组中的“居中”按钮，设置标题居中对齐。

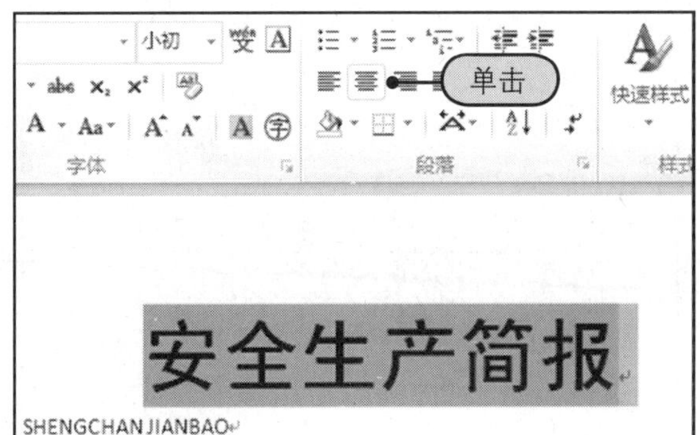

4 步骤 设置拼音标题格式。

Step 1 选择拼音标题。

Step 2 在“字体”组中的“字号”下拉列表中选择“小三”选项。

Step 3 在“段落”组中单击“居中”按钮。

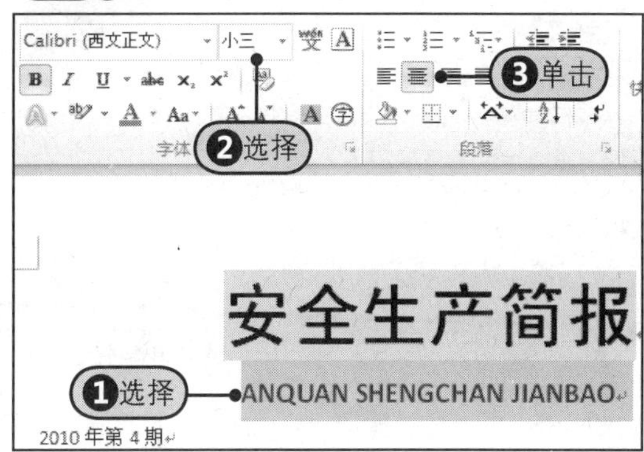

5 步骤 设置段落右对齐。

Step 1 选择期号和主编所在的段落。

Step 2 在“段落”组中单击“文本右对齐”按钮。

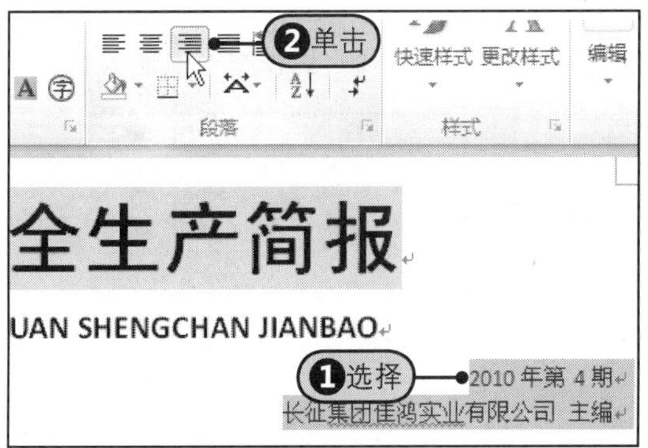

6 步骤 设置行距。

Step 1 选择要设置行距的段落。

Step 2 在“段落”组中单击“行和段落间距”的下三角按钮。

Step 3 从展开的下拉列表中单击“1.5”选项。

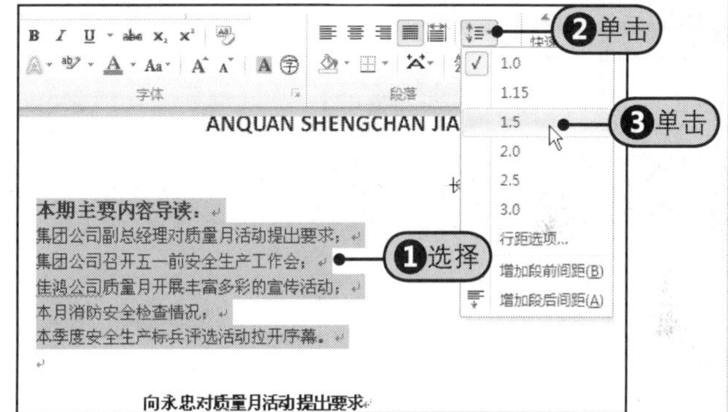

7 步骤 更改行距后的效果。

更改行距为1.5倍后的效果如下图所示。选择本期主要内容条目。

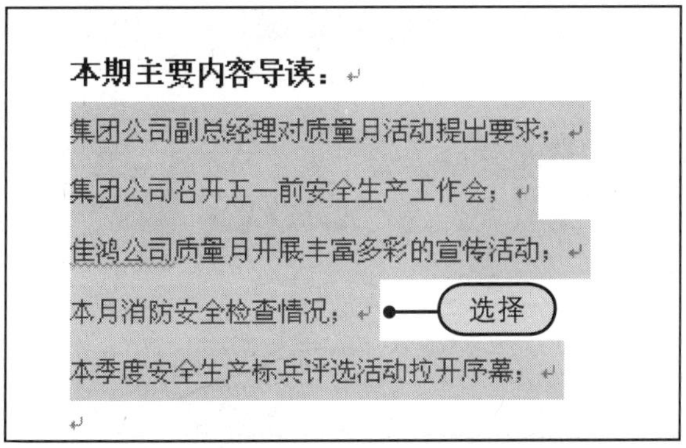

本期主要内容导读：

集团公司副总经理对质量月活动提出要求；

集团公司召开五一前安全生产工作会；

佳鸿公司质量月开展丰富多彩的宣传活动；

本月消防安全检查情况；　选择

本季度安全生产标兵评选活动拉开序幕；

8 步骤 选择项目符号。

Step 1 单击“项目符号”右侧的下三角按钮。

Step 2 从下拉列表中选择需要的符号。

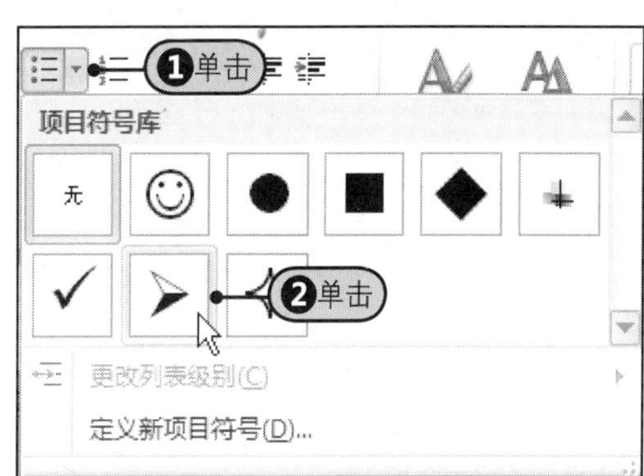

（续上）

9 步骤 设置首行缩进段落格式。

选择需要设置首行缩进的所有段落，然后打开“段落”对话框。

Step 1 单击“缩进”区域内“特殊格式”右侧的下三角按钮。

Step 2 从展开的下拉列表中选择“首行缩进”选项。

Step 3 在“磅值”框中设置值为“2字符”。

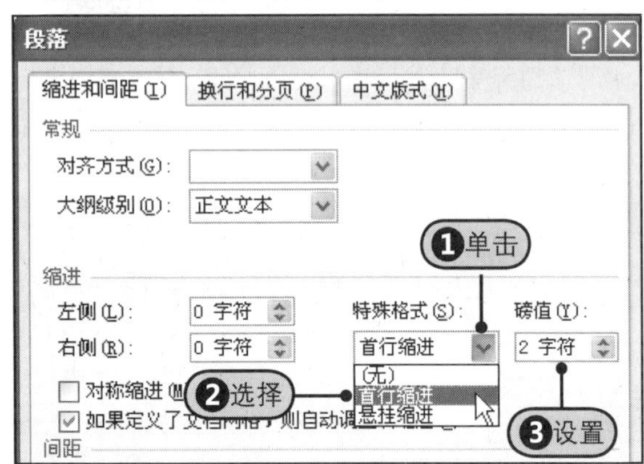

10 步骤 设置间距和正文行距。

Step 1 在“间距”区域内可以设置“段前”值为“1行”，设置“段后”值为“0.5行”。

Step 2 从“行距”下拉列表中选择“固定值”选项。

Step 3 设置“设置值”为“18磅”。

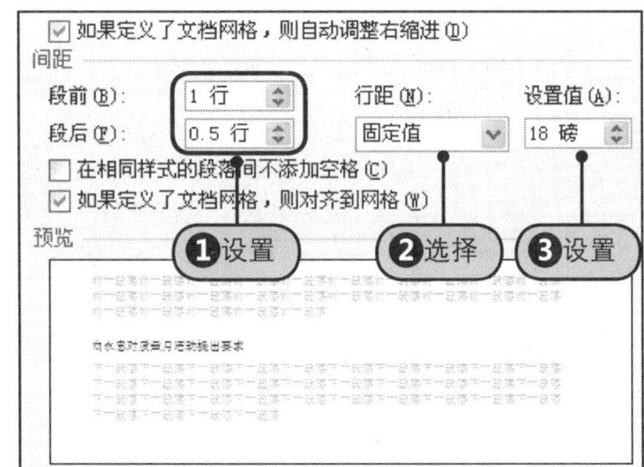

11 步骤 设置文章标题格式。

选择文章标题，设置居中对齐、字号为二号。

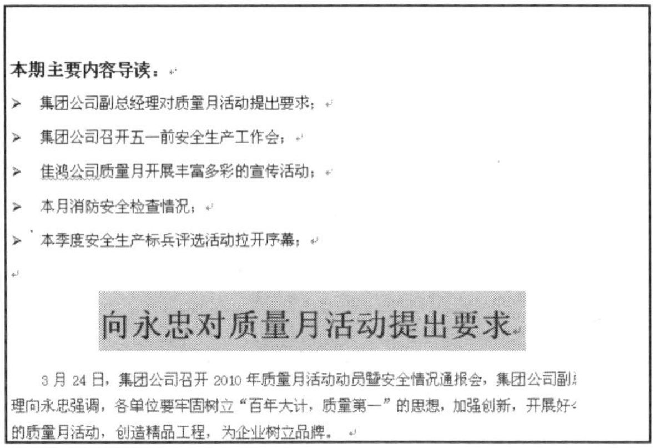

本期主要内容导读：

- 集团公司副总经理对质量月活动提出要求；
- 集团公司召开五一前安全生产工作会；
- 佳鸿公司质量月开展丰富多彩的宣传活动；
- 本月消防安全检查情况；
- 本季度安全生产标兵评选活动拉开序幕；

向永忠对质量月活动提出要求

3月24日，集团公司召开2010年质量月活动动员暨安全情况通报会，集团公司副总经理向永忠强调，各单位要牢固树立“百年大计，质量第一”的思想，加强创新，开展好今年的质量月活动，创造精品工程，为企业树立品牌。

12 步骤 设置特殊文字效果。

Step 1 单击“字体”组中“文本效果”右侧的下三角按钮。

Step 2 从展开的下拉列表中选择一种文字效果。

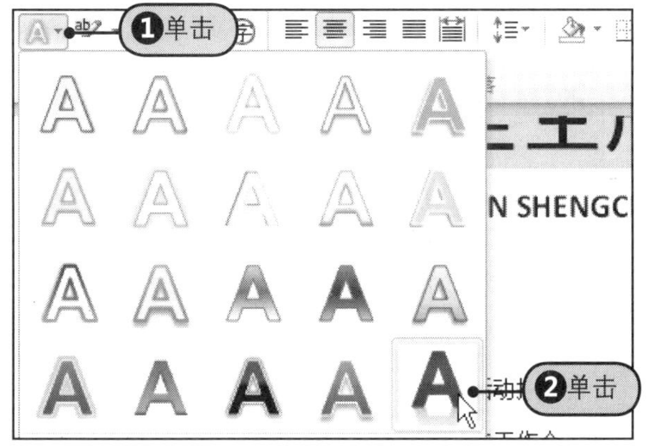

13 步骤 设置其他段落格式。

使用类似方法设置其余段落标题的格式，最后得到的文档效果如右图所示。

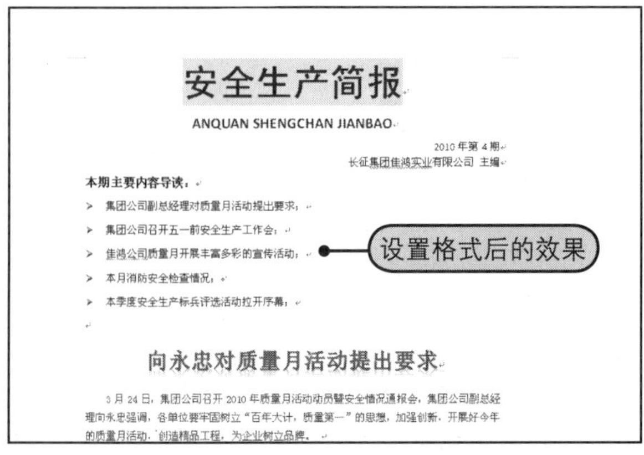

安全生产简报

ANQUAN SHENGCHAN JIANBAO

2010年第4期

长征集团佳鸿实业有限公司 主编

本期主要内容导读：

- 集团公司副总经理对质量月活动提出要求；
- 集团公司召开五一前安全生产工作会；
- 佳鸿公司质量月开展丰富多彩的宣传活动；
- 本月消防安全检查情况；
- 本季度安全生产标兵评选活动拉开序幕；

向永忠对质量月活动提出要求

3月24日，集团公司召开2010年质量月活动动员暨安全情况通报会，集团公司副总经理向永忠强调，各单位要牢固树立“百年大计，质量第一”的思想，加强创新，开展好今年的质量月活动，创造精品工程，为企业树立品牌。

4.6 专家支招

本章主要介绍在Word 2010中设置文档的字体、字号、字形、文本颜色、对齐方式、缩进、行距和间距、项目符号和编号及中文版式的混合应用，掌握了本章前面的知识，用户便可以完成日常工作中常见文档格式的设置。这里再针对前面的介绍，补充3个实用的技巧。

招术一 快速清除文本格式

当对某段文本或段落应用了一系列的格式时，如果想要快速清除所有的格式，只需要单击一个按钮即可实现。

Step 1 选择要清除格式的段落或文本，Step 2 在“字体”组中单击“清除格式”按钮，Step 3 随后，选择文本的所有格式都被清除，如图4-76所示。

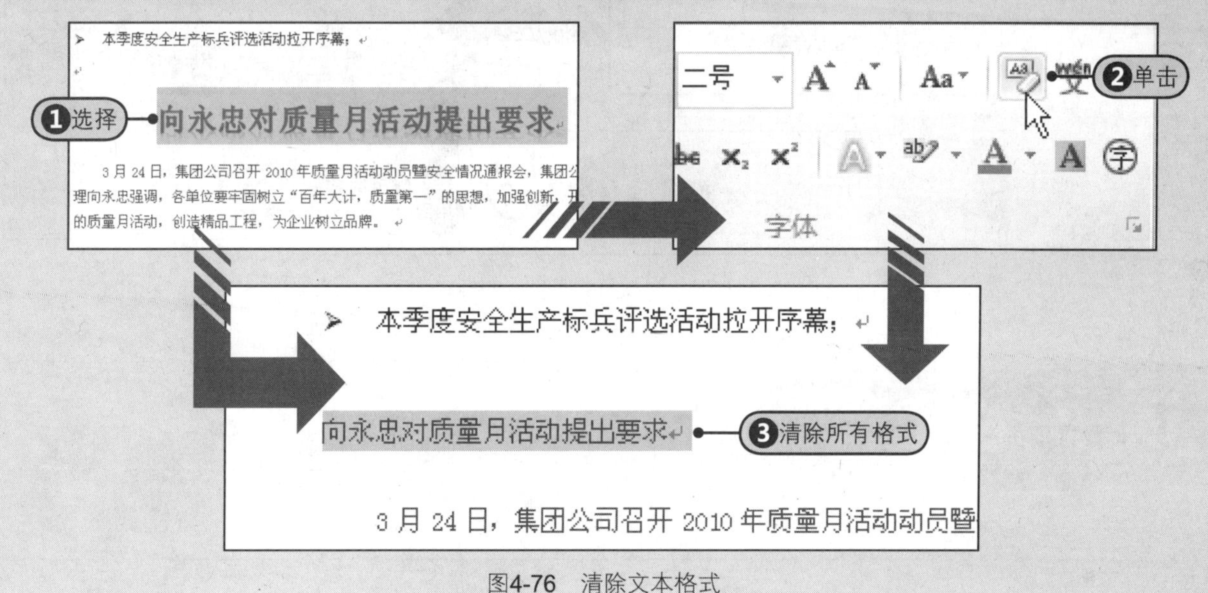

图4-76　清除文本格式

招术二 将项目符号添加到快速访问工具栏

在编辑文档时，如果需要频繁使用项目符号，可以将项目符号添加到快速访问工具栏，具体操作方法如下所示。

Step 1 单击“项目符号”右侧的下三角按钮，Step 2 在打开的下拉列表中右击“项目符号库”中任意一个项目符号，Step 3 从弹出的快捷菜单中选择“添加到快速访问工具栏”命令，如图4-77所示。Step 4 随后“项目符号”按钮会被添加到快速访问工具栏，如图4-78所示。

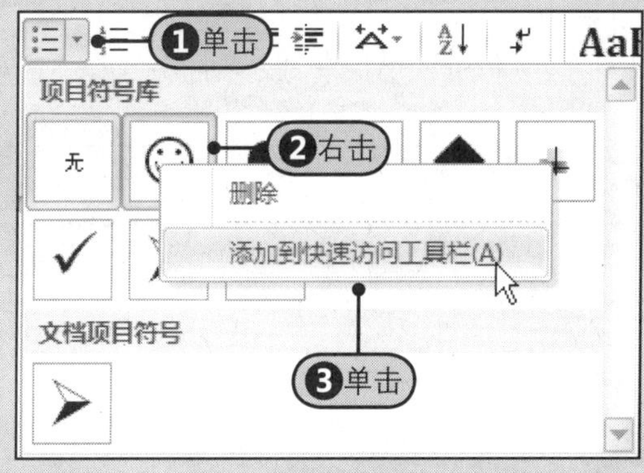

图4-77　选择“添加到快速访问工具栏”命令

图4-78　添加到快速访问工具栏

招术三 自定义带圈字符中圈的样式

在Word 2010中，用户可以设置带圈字符，虽然名为带圈字符，但圈的样式除了圆圈外，还可以是三角形等符号。用户可以根据需要进行选择，具体设置方法如下。

Step1选择要设置为带圈字符的字符，Step2在“字体”组中单击“带圈字符”按钮，Step3在“带圈字符”对话框中的“圈号”列表中选择圈的样式，Step4然后单击“确定”按钮，Step5设置为带圈字符后的效果，如图4-79所示。

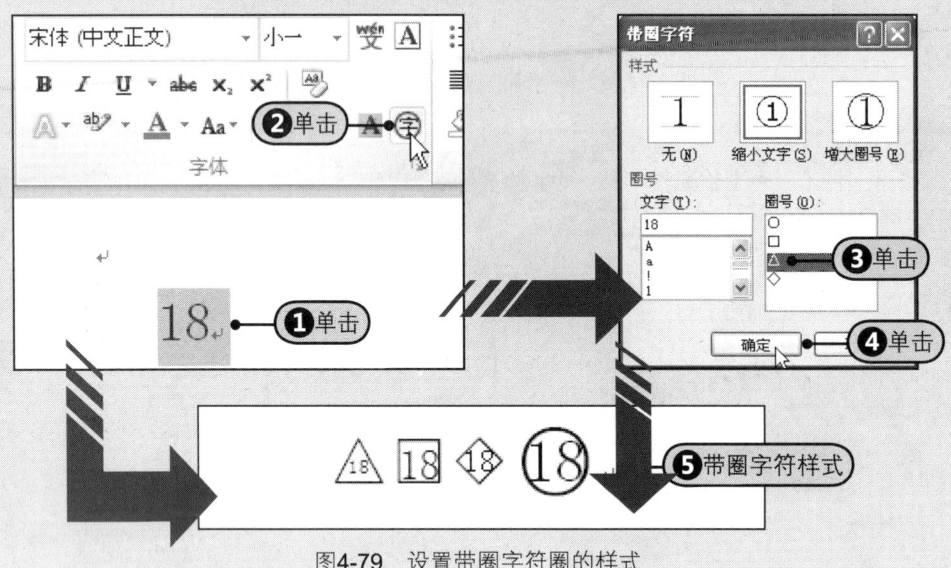

图4-79 设置带圈字符圈的样式

读书笔记

Part 2 Word篇

Chapter 05

让办公文档图文并茂

要使一篇文档内容生动而不使阅读者感到枯燥，可以在文档中插入图片、剪贴画、自选图形或者SmartArt图形等。本章主要介绍如何在Word 2010文档中插入与编辑图片、插入与编辑剪贴画、插入与编辑自选图形及SmartArt图形等内容。通过本章的学习，用户可以轻松地制作出行文生动、图文并茂的办公文档。

5.1 在Word 2010中插入与编辑图片

用户可以将网络上或计算机中的图片插入到Word 2010文档中，并可以根据需要对图片进行编辑，例如删除图片背景、更正图片对比度和颜色、为图片应用艺术效果、调整图片大小、裁剪图片、设置图片样式等。

5.1.1 插入图片

插入图片到文档中非常简单，用户只需要简单的以下三步操作就可以完成。

Step1在“插入”选项卡的“插图”组中单击“图片”按钮，Step2在“插入图片”对话框中的“查找范围”下拉列表中选择图片所在的文件夹，Step3双击要插入的图片，Step4图片会被插入到文档中当前光标位置，如图5-1所示。

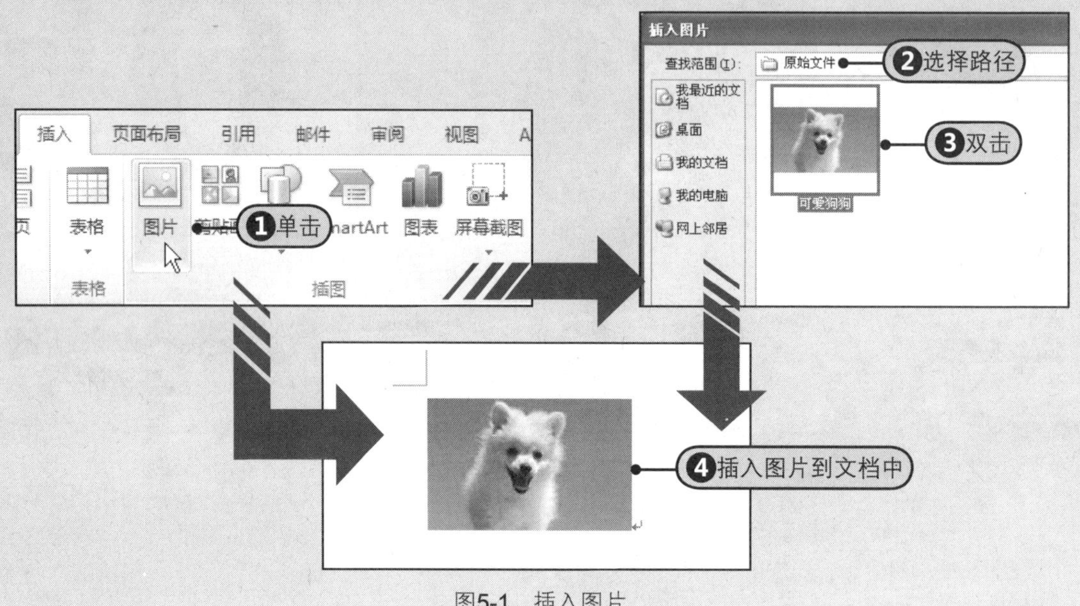

图5-1 插入图片

5.1.2 删除图片背景

在Word 2010中，如果用户不想要图片本来的背景，可以将图片背景删除，操作方法如下。打开附书光盘\实例文件\第5章\原始文件\可爱狗狗.docx文档。

Step1选择文档中的图片，显示图片工具栏，Step2在“图片工具-格式”选项卡中的“调整”组中单击“删除背景”按钮，Step3随后系统会自动用紫色标注出背景区域，按Enter键删除背景，Step4删除背景后的图片效果，如图5-2所示。

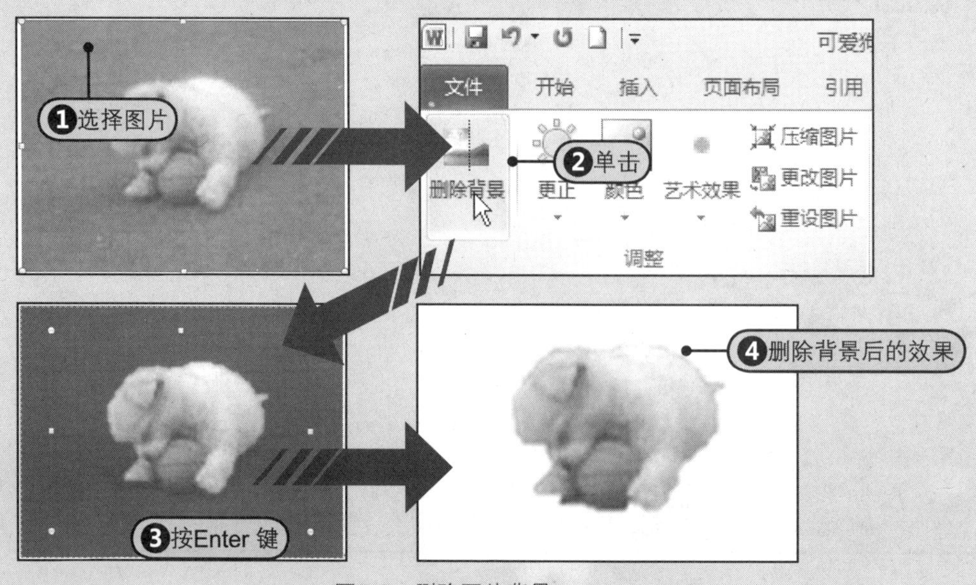

图5-2 删除图片背景

5.1.3 更正图片对比度与颜色

对于插入到Word 2010文档中的图片，不用借助于任何图片编辑软件，使用Word 2010自带的图片编辑功能就可以完成一些专业的图片编辑。例如，用户可以更改图片的颜色、透明度或者对图片重新着色。打开附书光盘\实例文件\第5章\原始文件\美丽三峡.docx文档。

1 步骤 Step 1 选择文档中的图片，如图5-3所示。

图5-3 选择图片

2 步骤 Step 2 在“图片工具-格式”选项卡中的“调整”组中单击“更正”的下三角按钮，Step 3 从展开的下拉列表中选择最需要的亮度和对比度样式，如图5-4所示。

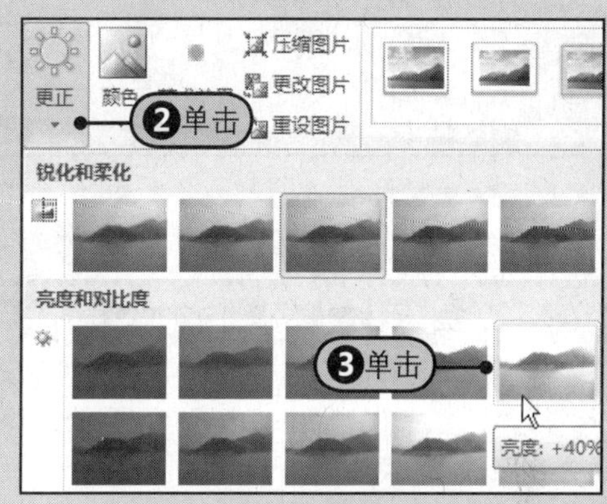

图5-4 更正图片的亮度

3 步骤 Step 4 更改图片亮度后的图片效果，如图5-5所示。

图5-5 更正亮度后的图片效果

4 步骤 Step 5 在“图片工具-格式”选项卡中的“调整”组中单击“颜色”的下三角按钮，Step 6 从展开的下拉列表中的“重新着色”区域内选择“红色”，如图5-6所示。

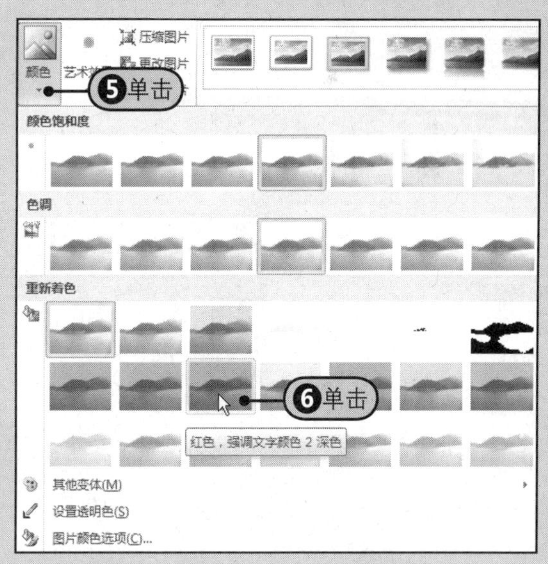

图5-6 更改图片颜色

提示 饱和度、色调和重新着色

图片颜色的浓度通常用颜色饱和度来衡量，饱和度是指颜色的浓度，饱和度越高，图片色彩越鲜艳；饱和度越低，图片越黯淡。当需要调整图片的颜色时，用户根据需要调整颜色饱和度即可。色调是指当相机未正确测量色温时，图片上会显示色偏（一种颜色支配图片过多的情况），这使得图片看上去偏蓝或偏橙，此时用户可以通过更改图片的色调，从而增强图片的细节来调整这种状况，并使图片看上去更好看。重新着色是指将一种内置的风格效果（如灰度色调）快速应用于图片。

5步骤 Step 7 将图片重新着色为红色后的图片效果，如图5-7所示。

图5-7 更改颜色后的图片效果

6步骤 Step 8 如果要删除重新着色效果，但保留对图片所做的任何其他更改，可以再次单击“颜色”的下三角按钮，从展开的下拉列表中选择第一个效果“不重新着色”选项，如图5-8所示。

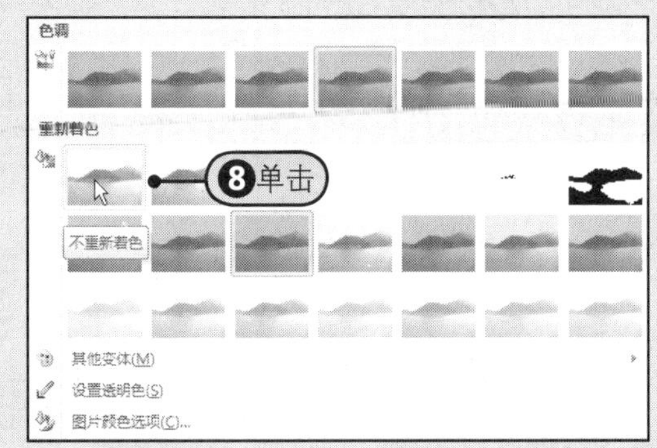

图5-8 恢复图片默认颜色

5.1.4 为图片应用艺术效果

在Word 2010的图片工具栏中，内置了丰富的图片艺术效果，如铅笔灰度效果、铅笔素描效果、粉笔素描效果、水彩海绵效果、胶片颗粒及纹理化等。用户可以将艺术效果应用于图片或图片填充，以使图片看上去更像草图、绘图或者绘画。

Step 1 选择要设置效果的图片，Step 2 在“图片工具-格式”选项卡的“调整”组中单击“艺术效果”的下三角按钮，Step 3 从展开的下拉列表中选择“纹理化”艺术效果，Step 4 应用了纹理化效果的图片如图5-9所示。可以看到，图片与原来的图片相比较，增加了纹理效果。

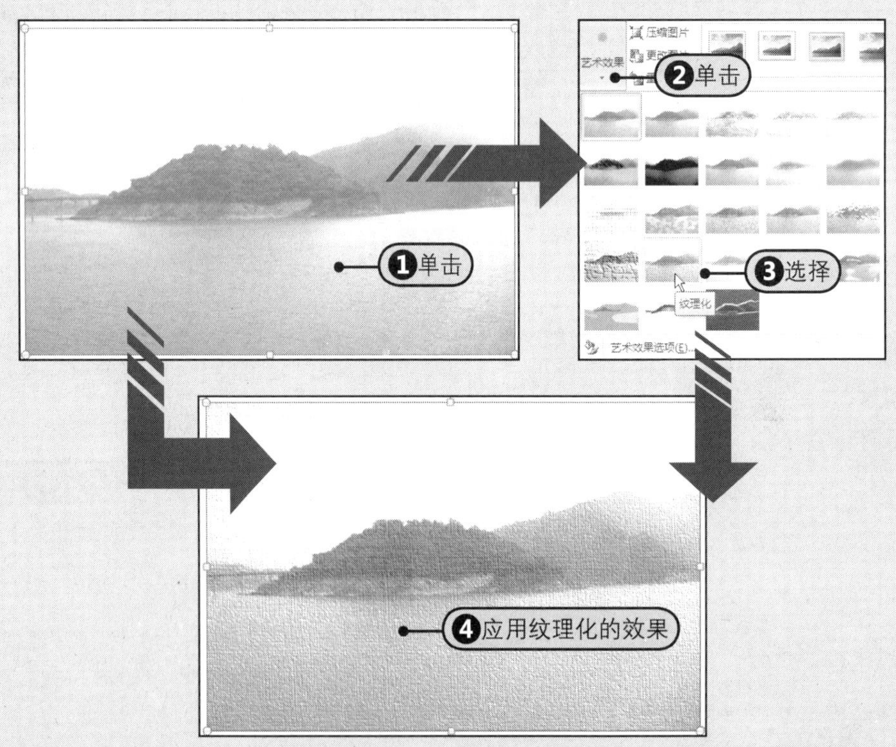

图5-9 为图片应用纹理化艺术效果

提示 **删除艺术效果**

一次只能将一种艺术效果应用于图片，当为图片应用不同的艺术效果时会删除以前应用的艺术效果。如果要删除图片的艺术效果，可以单击“艺术效果”的下三角按钮，从展开的下拉列表中单击最前面的一个“无”选项。

5.1.5 调整图片大小

对于插入到文档中的图片，用户可以根据需要调整图片的大小。通常，调整图片大小有两种方法，一种是直接在功能区中更改图片的高度或宽度，另一种是在“布局”对话框中调整缩放比例。

❶ 在功能区中更改图片的高度或宽度

选择图片，在“图表工具-格式”选项卡的“大小”组中的“高度”框中输入高度值，如图5-10所示，按Enter键后，系统会根据比例自动设置其宽度值，调整大小后的图片，如图5-11所示。

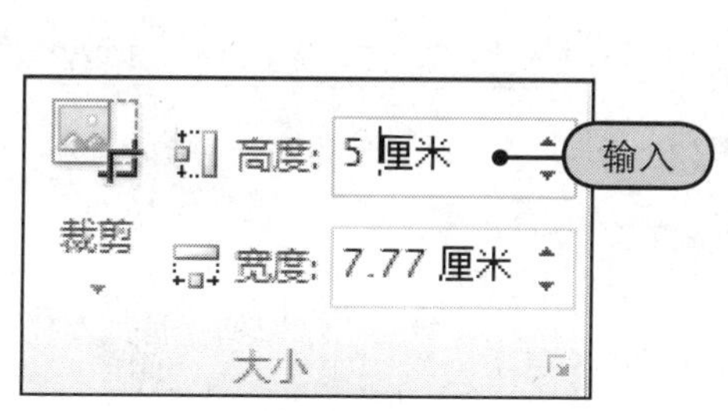

图5-10　设置高度或宽度

图5-11　更改后的图片

❷ 通过设置缩放比例来调整图片大小

在“大小”组中单击对话框启动器打开“布局”对话框，Step❶在“缩放”区域内设置“高度”比例，如“50%”，系统会自动调整其宽度比例，如图5-12所示，Step❷单击“确定”按钮，Step❸返回文档中，更改大小后的图片，如图5-13所示。

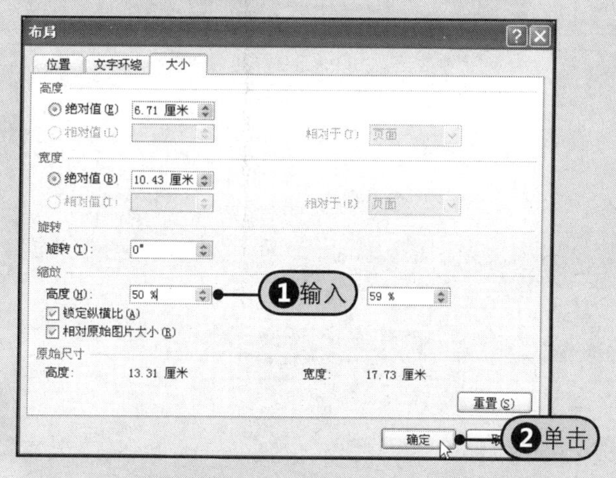

图5-12　设置缩放比例

图5-13　更改比例后的图片

提示　在调整图片大小时保持长宽比例不变

在调整图片大小时，如果希望保持图片的长宽比例不变，可以在“布局”对话框的“大小”选项卡中的“缩放”区域内勾选“锁定纵横比”复选框。

5.1.6 裁剪图片

对于插入到Word文档中的图片，用户还可以通过“裁剪”命令对图片的边角进行裁剪，只保留需要的图片部分。在Word 2010中，用户不但可以通过裁剪图片去掉原始图片中不需要的部分，而且还可以将图片裁剪为需要的任意形状。仍然以“美丽三峡”文档中插入的图片为例，裁剪图片的具体方法介绍如下。

❶ 裁剪图片

选定文档中插入的图片，Step❶在“图片工具-格式”选项卡中的“大小”组中单击“裁剪”下三角按钮，Step❷从展开的下拉列表中选择“裁剪”命令，如图5-14所示。Step❸随后图片四周会出现一些黑色的标记，当用鼠标指针指向这些标记并拖动鼠标时，可设置图片的裁剪区域，如图5-15所示。

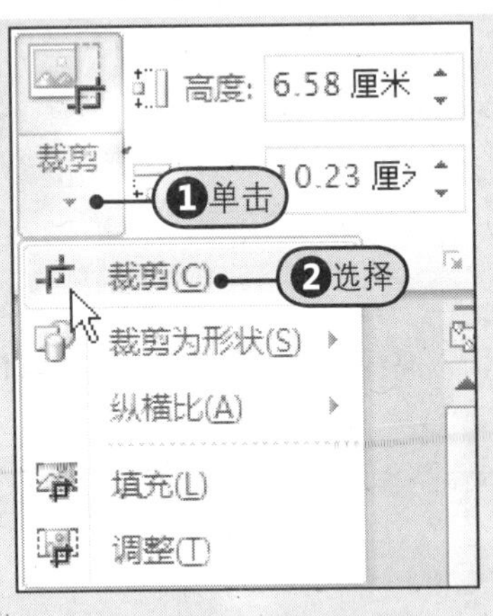

图5-14　选择“裁剪”命令

图5-15　拖动鼠标裁剪图片

2 裁剪图片为形状

在Word 2010中，可以轻松地将图片裁剪为椭圆、三角形、平行四边形等自选图形的形状，而且裁剪后用户还可以重新设置裁剪区域。具体操作步骤如下所示。

步骤1 Step1 单击“大小”组中“裁剪”的下三角按钮，Step2 从下拉列表中选择“裁剪为形状”命令，Step3 在下级下拉列表中的“基本形状”区域内单击“椭圆”形状，如图5-16所示。

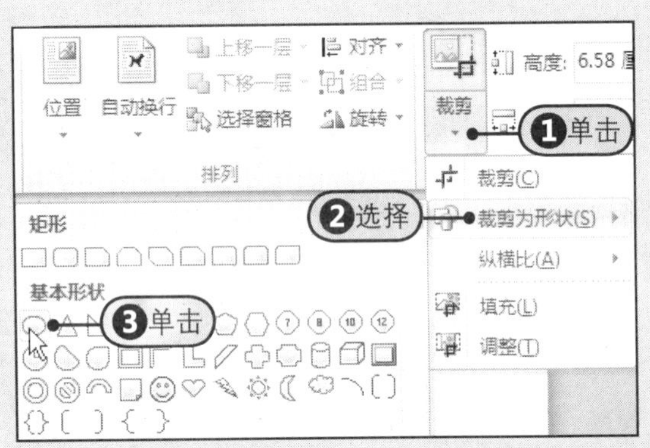

图5-16　选择“裁剪为形状”命令

步骤3 Step5 再次单击“裁剪”的下三角按钮，Step6 从下拉列表中选择“纵横比”命令，Step7 从下级下拉列表中的“纵向”区域内单击“2:3”，如图5-18所示。

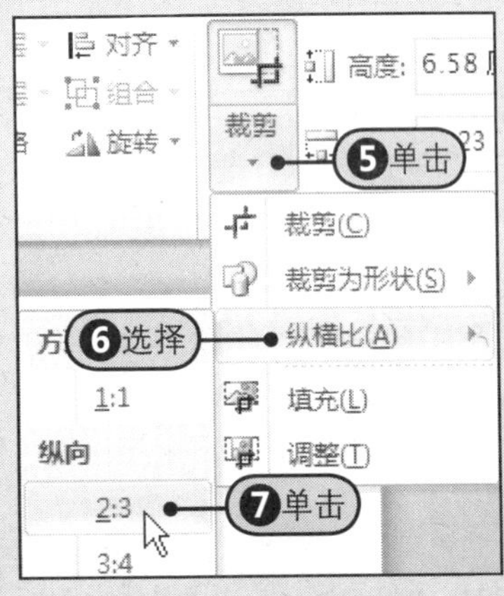

图5-18　选择纵横比例

步骤2 Step4 按照默认的最大尺寸裁剪为椭圆后的图片效果，如图5-17所示。

图5-17　裁剪为椭圆形状的图片

步骤4 Step8 随后，系统会按照用户选择的比例重新设置裁剪区域，如图5-19所示。

图5-19　按比例设置裁剪区域

5 步骤 Step 9 按Enter键，按设置的纵横比例裁剪后的图片效果，如图5-20所示。

图5-20 裁剪后的效果

6 步骤 Step 10 再次单击“裁剪”的下三角按钮，Step 11 从下拉列表中选择“填充”命令，如图5-21所示。

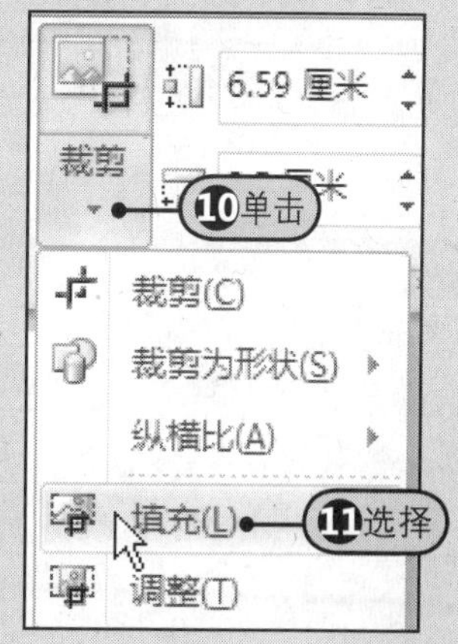

图5-21 选择“填充”选项

7 步骤 Step 12 此时，已被裁剪的区域会被填充起来，并显示为“黑色”，如图5-22所示。

图5-22 填充被裁剪的区域

8 步骤 Step 13 用户可以选择并拖动图片来更改裁剪区域，如图5-23所示。

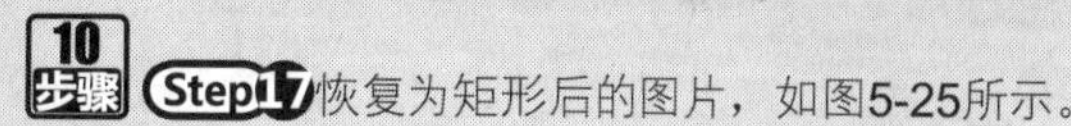

图5-23 重新修改裁剪的区域

9 步骤 如果想要恢复裁剪图片前的矩形图片，Step 14 可以单击“裁剪”的下三角按钮，Step 15 从下拉列表中选择“裁剪为形状”命令，Step 16 从下级下拉列表中单击“矩形”，如图5-24所示。

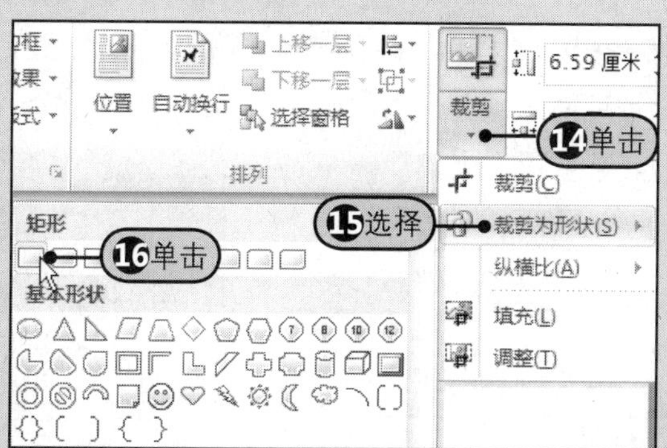

图5-24 单击“矩形”选项

10 步骤 Step 17 恢复为矩形后的图片，如图5-25所示。

图5-25 恢复为矩形图片

5.1.7 设置图片与文字的排列方式

默认情况下，插入到Word 2010中的图片是嵌入到文档中的，它的位置随着其他字符的改变而改变，用户不能自由地移动图片。但是，通过设置图片与文字的排列方式，则可以自由移动图片的位置。打开附书光盘\实例文件\第5章\原始文件\三峡游记.docx文档，设置图片与文字排列自由排列的操作步骤如下所示。

1 步骤 Step 1 选择文档中的图片，如图5-26所示。

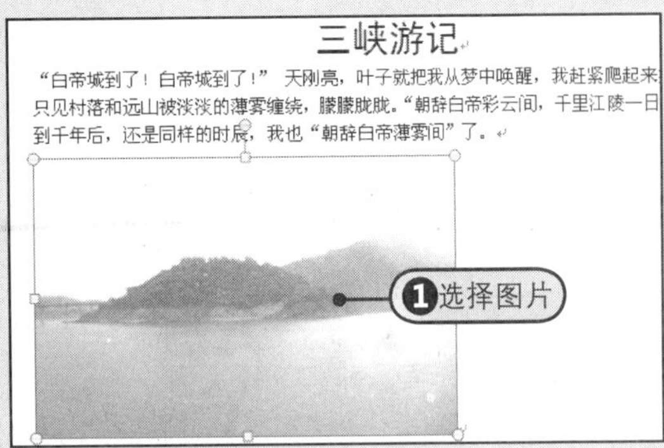

图5-26 选择图片

3 步骤 Step 4 设置“顶端居中-四周型文字环绕”的效果，如图5-28所示。

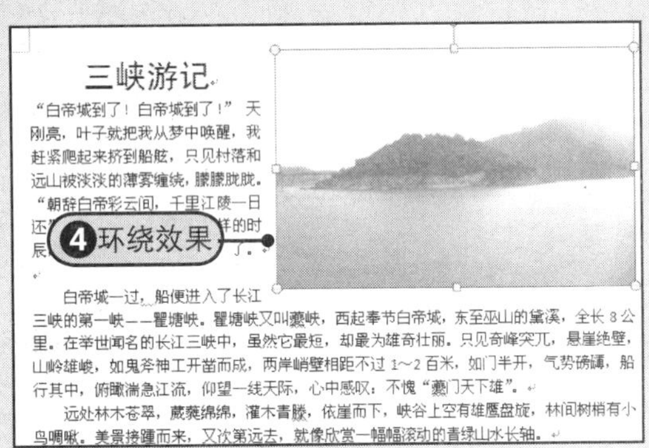

图5-28 设置环绕后的效果

5 步骤 Step 7 应用“中间居中-四周环绕”后的效果，如图5-30所示。

图5-30 中间居中-四周环绕效果

7 步骤 Step 10 设置图片衬于文字下方以后，用户还可以自由移动图片，效果如图5-32所示。

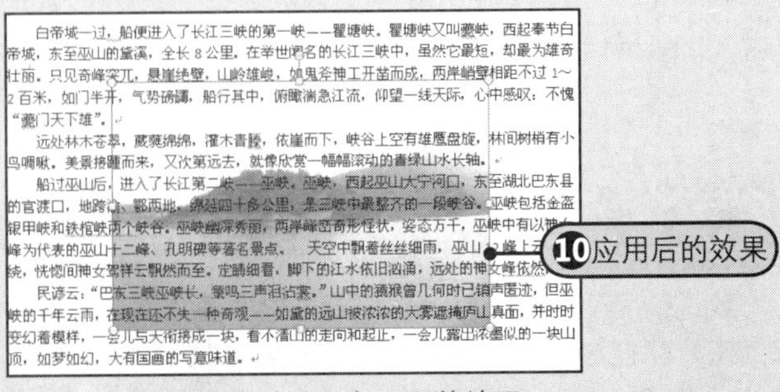

2 步骤 Step 2 在“排列”组中单击“位置”的下三角按钮，Step 3 从展开的下拉列表中的“文字环绕”区域内单击“顶端居右-四周型文字环绕”选项，如图5-27所示。

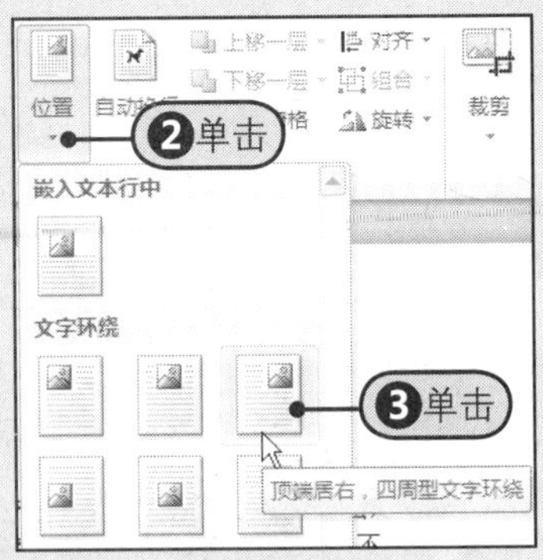

图5-27 选择一种文字环绕效果

4 步骤 Step 5 再次单击“排列”组中“位置”的下三角按钮，Step 6 从下拉列表中单击“中间居中，四周型文字环绕”选项，如图5-29所示。

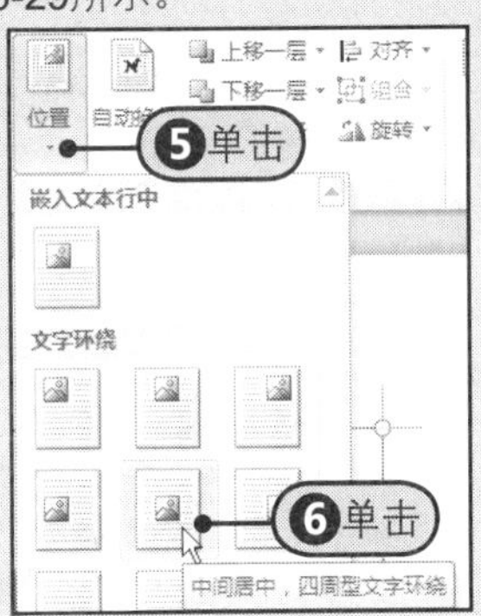

图5-29 更改环绕方式

6 步骤 如果还要设置更复杂的图文排列方式，Step 8 可以单击“排列”组中“自动换行”的下三角按钮，Step 9 从展开的下拉列表中选择需要的排列方式，如选择“衬于文字下方”选项，如图5-31所示。

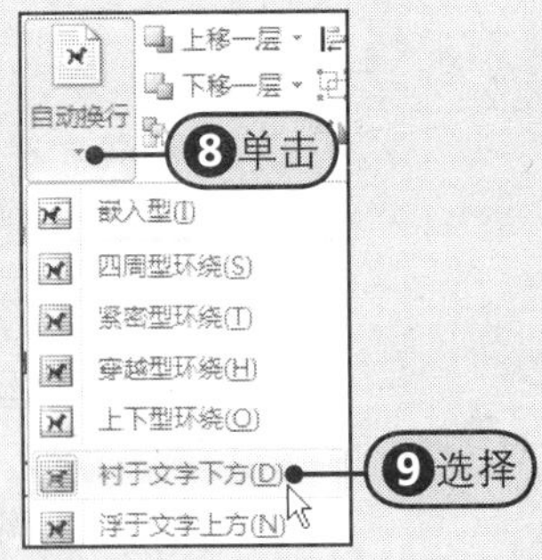

图5-31 单击“衬于文字下方”

⑩应用后的效果

图5-32 图片衬于文字下方的效果

提示

"自动换行"列表中的文字环绕方式详解

- **四周型环绕**：不管图片是否为矩形图片，文字以矩形方式环绕在图片四周。
- **紧密型环绕**：如果图片是矩形，则文字以矩形方式环绕在图片周围；如果图片是不规则图形，则文字将紧密环绕在图片四周。
- **穿越型环绕**：文字可以穿越不规则图片的空白区域环绕图片。
- **上下型环绕**：文字环绕在图片上方和下方；
- **衬于文字下方**：图片在下、文字在上分为两层，文字将覆盖图片。
- **浮于文字上方**：图片在上、文字在下分为两层，图片将覆盖文字。
- **编辑环绕顶点**：用户可以编辑文字环绕区域的顶点，实现更个性化的环绕效果。

5.1.8 设置图片样式

对于文档中插入的图片，还可以为图片应用样式，使其在最短的时间内拥有专业的外观。重新打开附书光盘\实例文件\第5章\原始文件\三峡游记.docx文档，为图片应用样式的操作步骤如下所示。

步骤1 Step1 选择要设置图片样式的图片，如图5-33所示。

图5-33　选择图片

步骤2 Step2 在"图片工具-格式"选项卡中的"图片样式"列表中选择自己喜欢的图片样式，如"棱台形椭圆，黑色"，如图5-34所示。

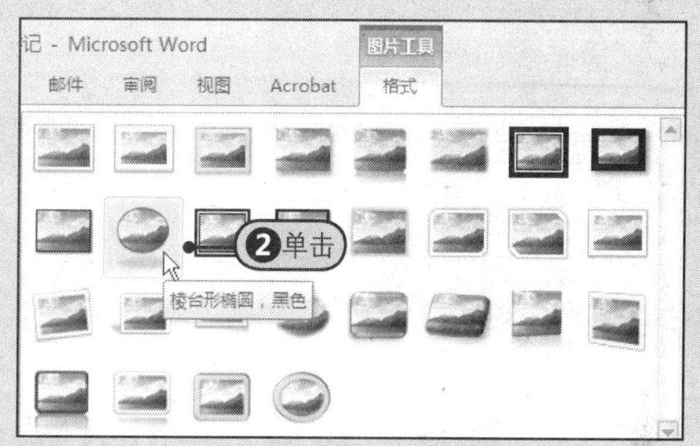

图5-34　选择图片样式

步骤3 Step3 应用样式后的图片效果，如图5-35所示。

图5-35　更改样式后的图片效果

步骤4 Step4 在"图片工具-格式"选项卡中的"图片样式"组中单击"图片边框"的下三角按钮，Step5 从展开的下拉列表中单击"红色"选项，如图5-36所示。

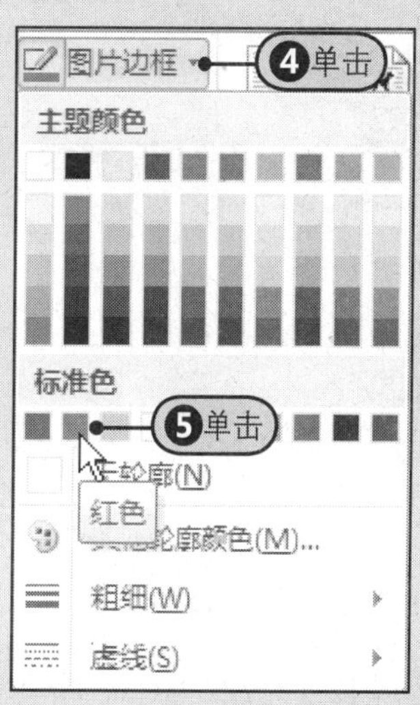

图5-36　更改图片边框颜色

5 步骤 Step 6 更改图片边框颜色后的效果，如图5-37所示。

图5-37 更改边框颜色后的图片效果

6 步骤 Step 7 再次单击“图片效果”的下三角按钮，Step 8 从展开的下拉列表中选择“发光”命令，Step 9 从下级下拉列表中的“发光变体”区域内选择一种变体效果，如图5-38所示。

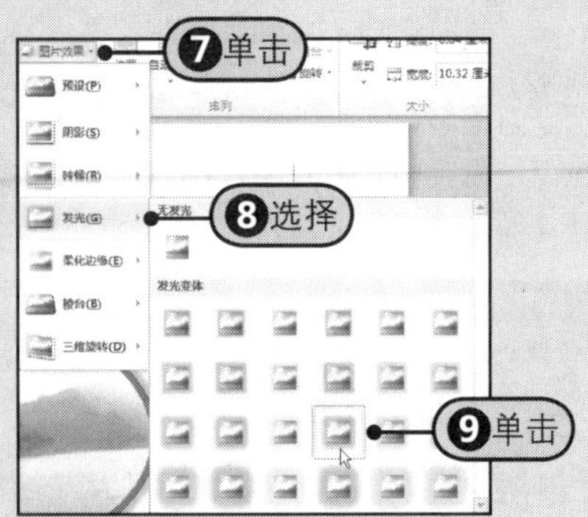

图5-38 设置发光效果

7 步骤 Step 10 设置发光变体效果后的图片最终效果，如图5-39所示。

图5-39 图片最终效果

5.1.9 将图片转换为SmartArt图形

在Word 2010中，还可以将图片转换为SmartArt图形，具体方法如下。

Step 1 选择要转换的图片，Step 2 在“图片样式”组中单击“图片版式”的下三角按钮，Step 3 从展开的下拉列表中选择一种SmartArt形状样式，Step 4 转换后的效果如图5-40所示。

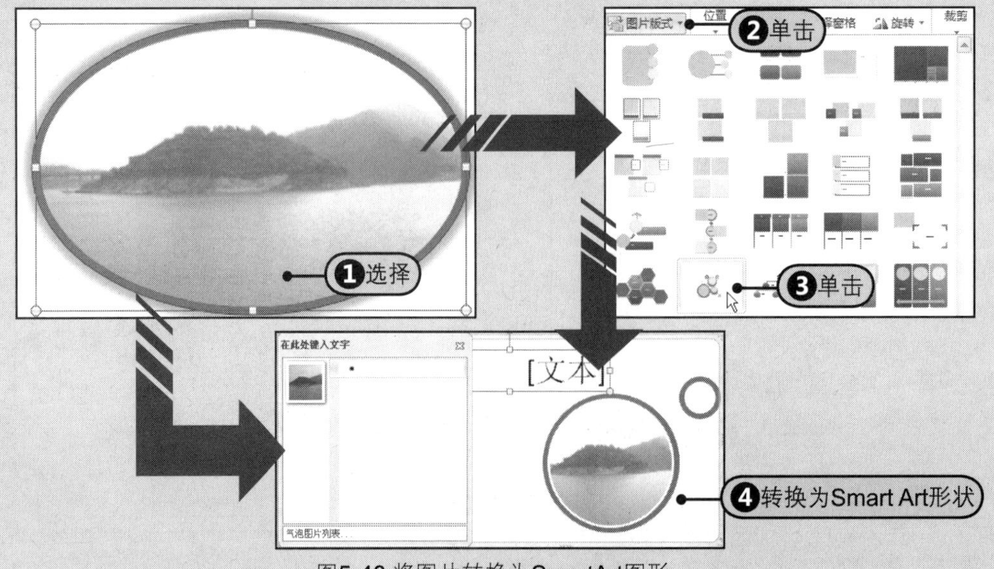

图5-40 将图片转换为SmartArt图形

5.2 剪贴画的应用

剪贴画是由Office自动提供的丰富剪辑库，主要包括图形、照片、声音、视频和其他媒体文件——统称为“剪辑”，可将它们插入并应用于演示文稿、出版物和其他 Microsoft Office 文档中。

5.2.1 在文档中插入剪贴画

在文档中插入剪贴画的方法非常简单，Step1 在“插入”选项卡中的“插图”组中单击“剪贴画”按钮，随后会在Word窗口的右侧打开“剪贴画”任务窗格，Step2 在“搜索文字”框中输入关键字，然后单击“搜索”按钮，Step3 在列表中单击需要插入的剪贴画，Step4 随后将剪贴画插入到文档中即可，如图5-41所示。

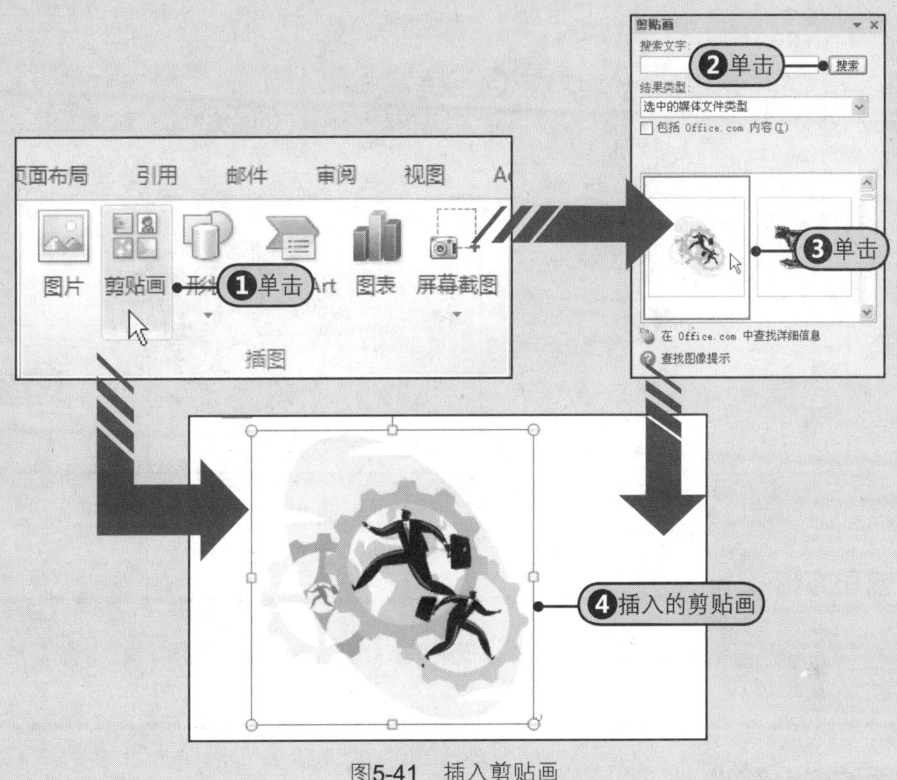

图5-41 插入剪贴画

5.2.2 设置剪贴画格式

和设置图片格式一样，也可以为剪贴画设置亮度、对比度及颜色等效果。

选择剪贴画，此时屏幕上会显示“图片工具—格式”选项卡，其方法和选择图片时完全类似。Step1 在“调整”组中单击“颜色”的下三角按钮，Step2 从展开的下拉列表中的“重新着色”区域内选择一种适当的颜色，如“紫色”，如图5-42所示。Step3 重新着色后的剪贴画效果，如图5-43所示。

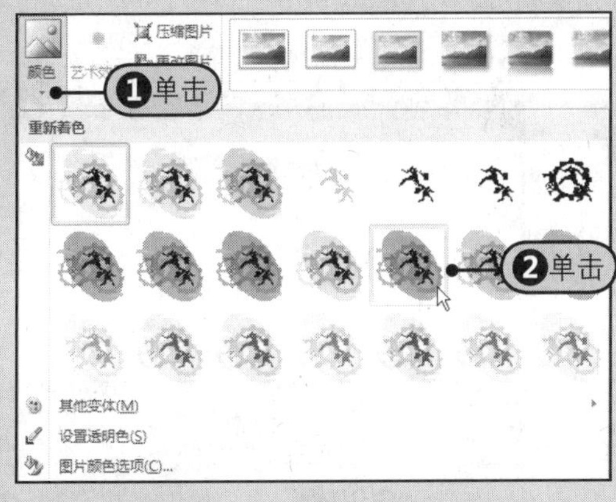

图5-42 选择重新着色的样式

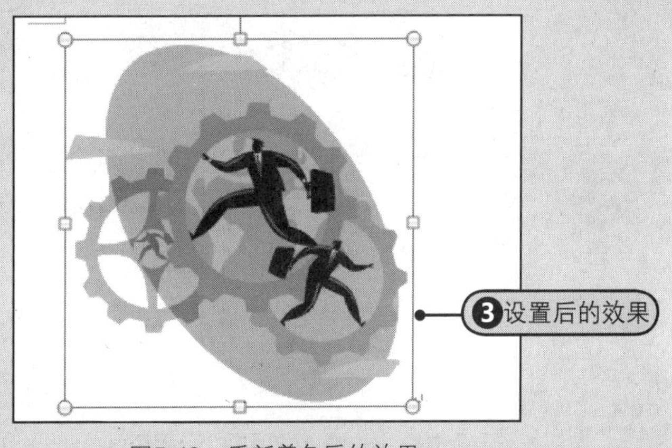

图5-43 重新着色后的效果

5.3 形状图形的应用

用户可以在Microsoft Office 2010文件中添加一个形状，或者绘制多个形状并组合在一起生成一个更为复杂的形状。通常的形状包括：线条、基本几何形状、箭头、公式形状、流程形状、星、旗帜和标注。在添加形状后，还可以在形状中添加文字、项目符号、编号和快速样式。

5.3.1 插入形状

在Word 2010中，系统提供了丰富的形状供用户选择。用户只要选择所需要的形状，然后在文档中拖动鼠标就可绘制出所选形状。如果用户要绘制多个相同的形状，可以设置锁定绘图模式来避免重复单击某一个形状。

1 插入单个形状

插入单个形状的方法非常简单，新建一个Word文档，Step1在“插入”选项卡中的“插图”组中单击“形状”的下三角按钮，Step2从展开的下拉列表中选择需要的形状，如“椭圆”，如图5-44所示。Step3然后拖动鼠标在文档任意位置绘制一个椭圆形状，如图5-45所示。

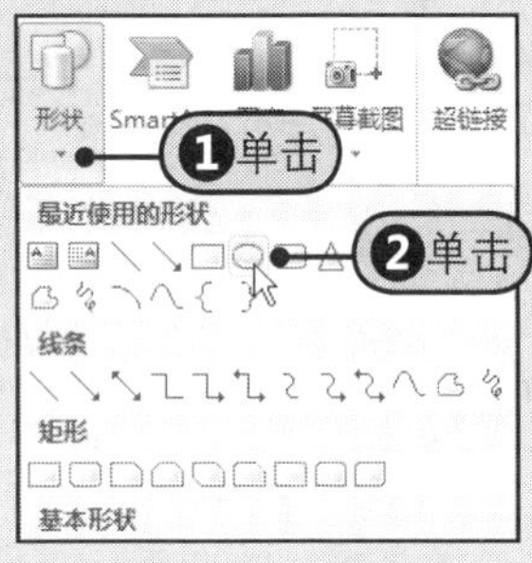

图5-44　选择形状

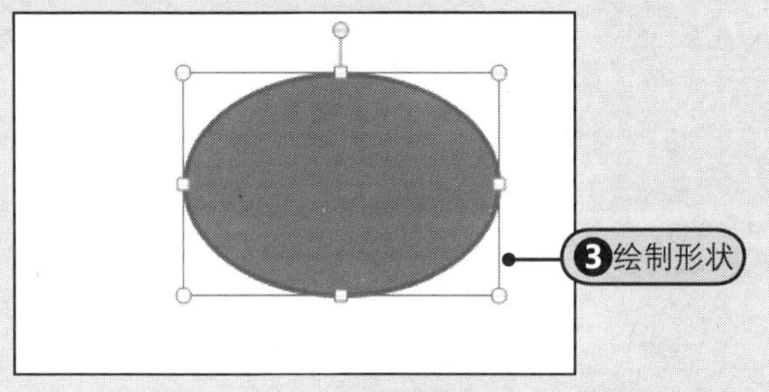

图5-45　绘制形状

提示　绘制圆形或正方形

如果用户希望绘制的是圆形或正方形，只要在“形状”下拉列表中单击“椭圆”或“矩形”形状，拖动绘制形状时按下键盘上的Shift键即可。

2 插入相同的多个形状

在文档中绘制形状时，通常情况下，在“形状”下拉列表中单击一次形状，只能够绘制一个形状，即当想再绘制一个形状时，就需要再一次在“形状”下拉列表中单击一次形状。如果需要绘制多个相同的形状时，重复单击操作就显得非常烦琐。在Word 2010中，您只需要设置锁定绘图模式，就可以一次绘制多个相同的形状。但是，在绘制形状前，需要开启绘图画布。

1 步骤 Step1单击“文件”按钮，Step2从展开的下拉菜单中选择“选项”命令，如图5-46所示。

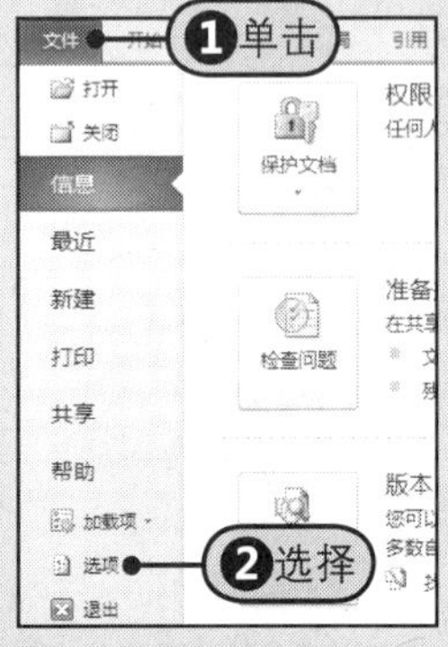

图5-46　选择“选项”命令

2 步骤 随后打开“Word选项”对话框，Step3单击“高级”标签，Step4在“编辑选项”区域内勾选“插入‘自选图形’时自动创建绘图画布”复选框，如图5-47所示，最后单击“确定”按钮关闭该对话框。

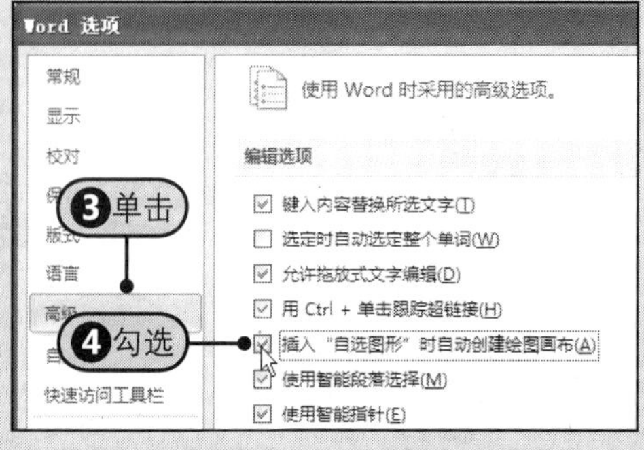

图5-47　开启绘图画布

3 步骤 Step5 在“插图”组中单击“形状”的下三角按钮，Step6 从展开的下拉列表中右击“椭圆”形状，Step7 从弹出的快捷菜单中选择“锁定绘图模式”命令，如图5-48所示。

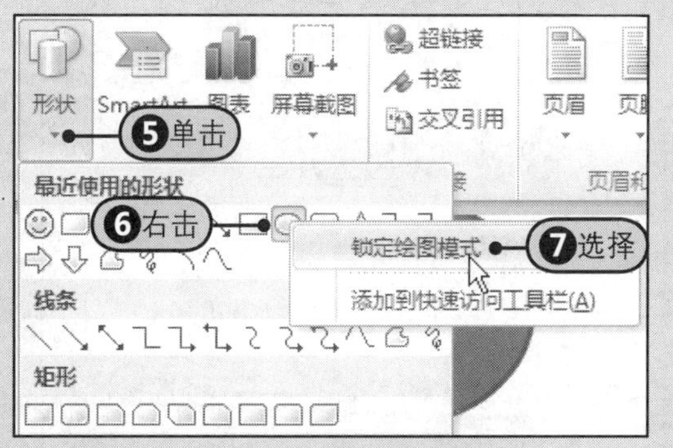

图5-48　选择“锁定绘图模式”命令

4 步骤 此时，系统会自动在文档中创建一个绘图画布。Step8 在该绘图画布中拖动鼠标绘制一个椭圆，再次拖动鼠标可以继续绘制椭圆形状。

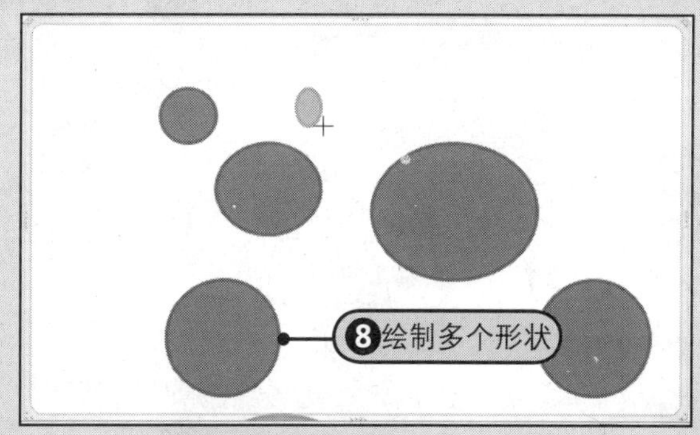

图5-49　绘制多个相同形状

提示　结束绘制相同形状

当绘制好形状而不需要再继续绘制相同形状时，只要在绘图画布外的文档区域单击，即可取消锁定绘图模式，结束绘制相同形状。

5.3.2　更改图形形状

对于已经插入到文档中的图形，也可以将它更改为其他的形状。例如，对于上一节中在绘图画布中创建的椭圆形状，如果想把其中的一个椭圆更改为“心形”，操作方法如下所示。

Step1 选择需要更改形状的图形，Step2 在“绘图工具-格式”选项卡中的“插入形状”组中单击“编辑形状”的下三角按钮，Step3 从展开的下拉列表中选择“更改形状”命令，Step4 然后从下级列表中选择新的形状，如“心形”，Step5 随后，选择的图形由原来的椭圆更改为心形，如图5-50所示。

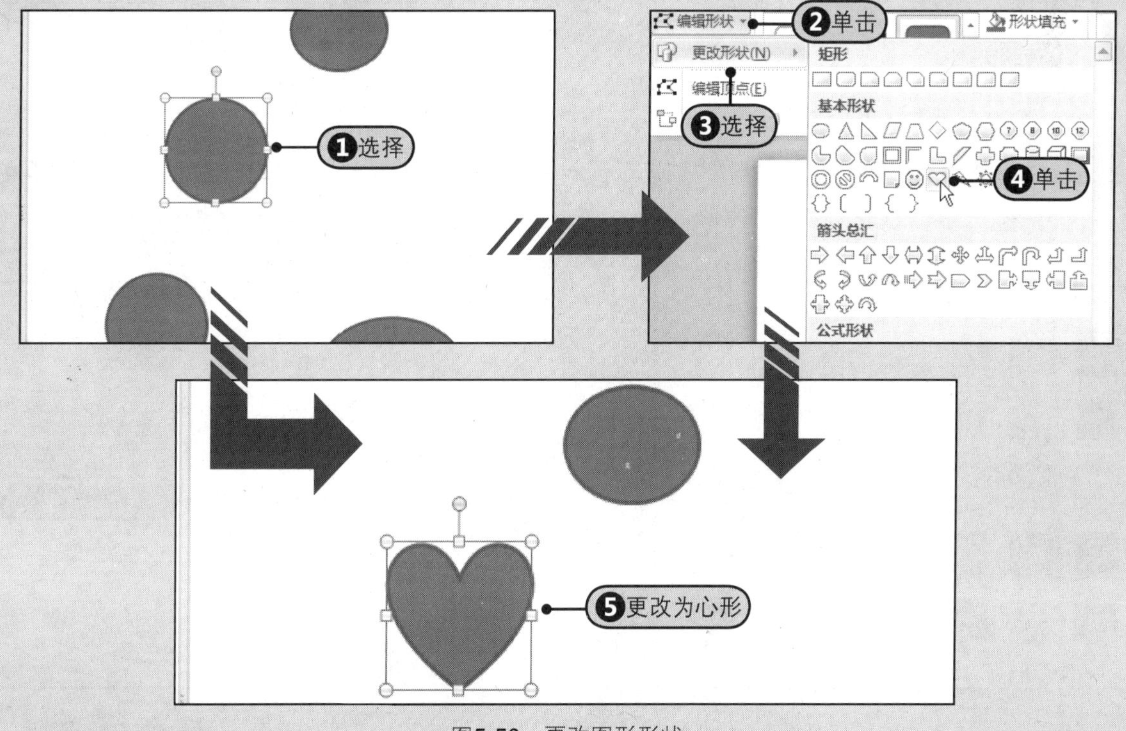

图5-50　更改图形形状

5.3.3 在形状中添加文字

在实际工作中，为了充分表达创作的意图，绘制形状后，还需要在形状中添加文字说明。实际上，向形状中添加文字的方法非常简单。

通常有两种方法，一种方法是可以Step 1直接单击形状，然后输入文字即可，如图5-51所示；还有一种方法就是Step 2右击需要添加文字的形状，Step 3从弹出的快捷菜单中选择“编辑文字”命令，如图5-52所示。

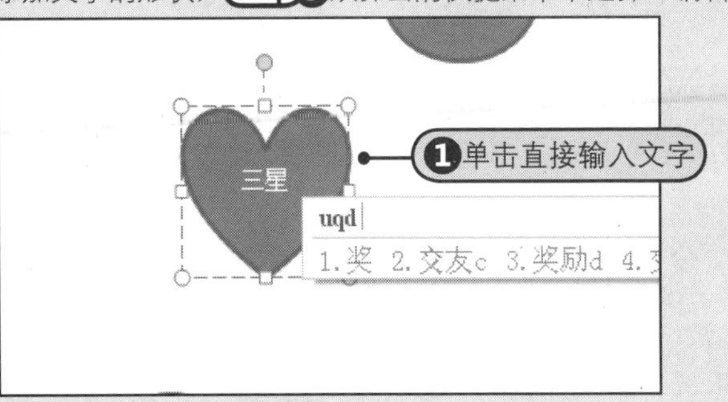

图5-51 单击输入文字

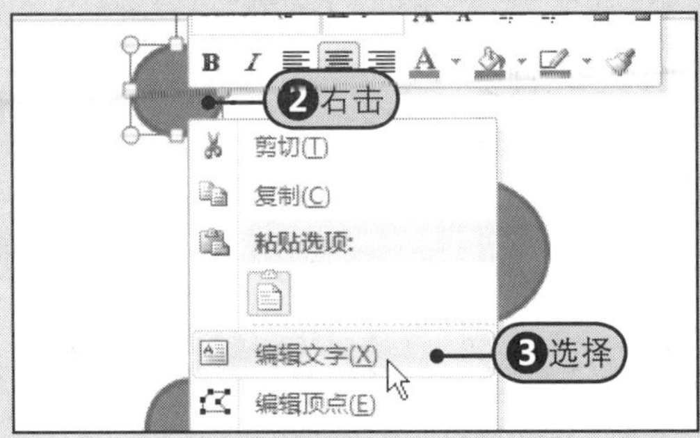

图5-52 在快捷菜单中选择“编辑文字”命令

5.3.4 设置形状的样式

创建好形状后，为了使创建的形状图形拥有更美观、更专业的效果，可以设置形状的样式。设置形状的样式，包括直接使用系统内置的快速样式，设置形状的填充效果、轮廓及形状效果等。

1 步骤 Step 1选择要设置样式的形状，如图5-53所示。

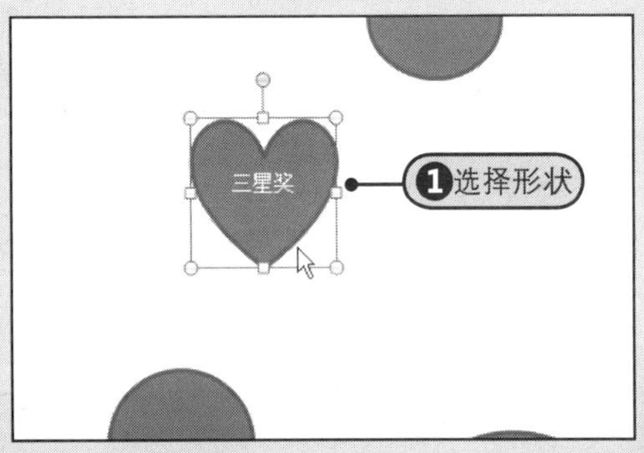

图5-53 选择形状

2 步骤 Step 2在“形状样式”组中单击“其他”按钮，显示整个样式列表，如图5-54所示。

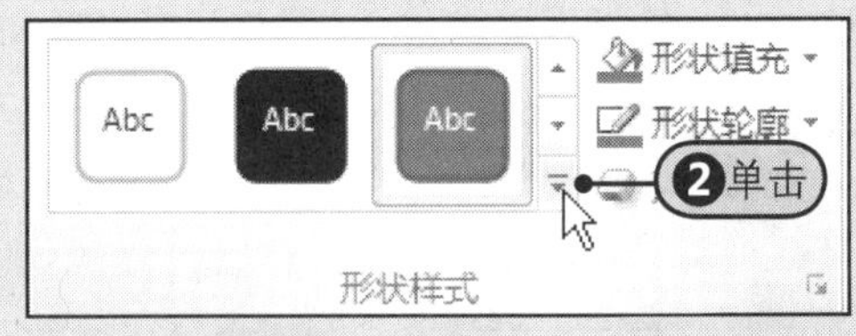

图5-54 单击“其他”按钮

3 步骤 Step 3在“形状样式”列表中选择一种适当的样式，如图5-55所示。

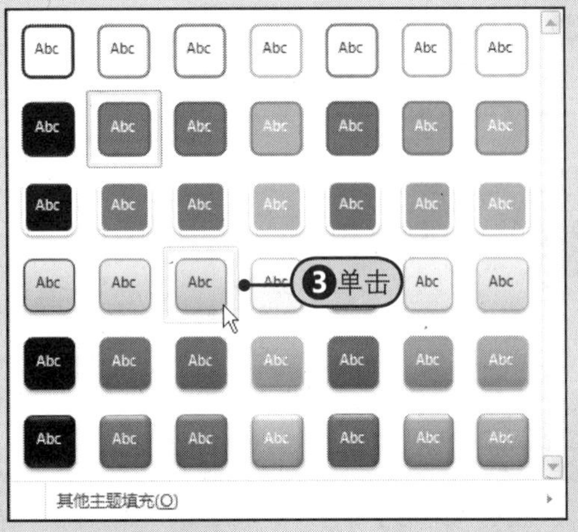

图5-55 选择样式

4 步骤 Step 4应用所选样式后的形状效果，如图5-56所示。

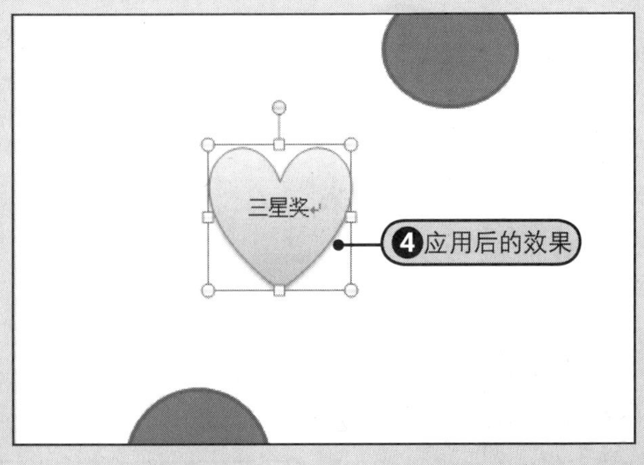

图5-56 应用样式后的形状效果

5 步骤 Step5 再次在“形状样式”组中单击“形状填充”的下三角按钮，Step6 在“标准色”区域内单击“黄色”，如图5-57所示。

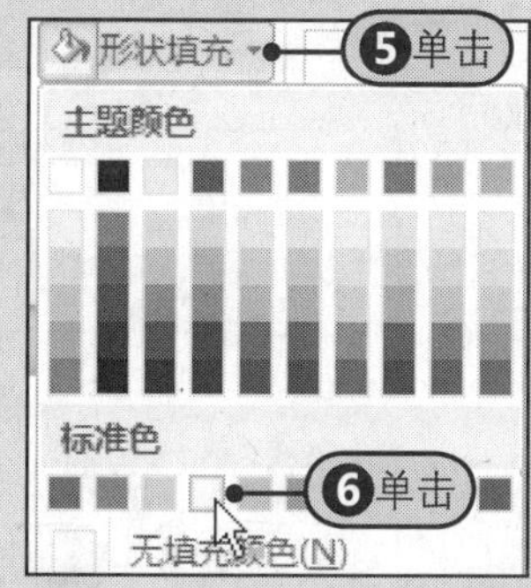

图5-57　选择形状填充颜色

6 步骤 Step7 设置黄色填充后的形状效果，如图5-58所示。

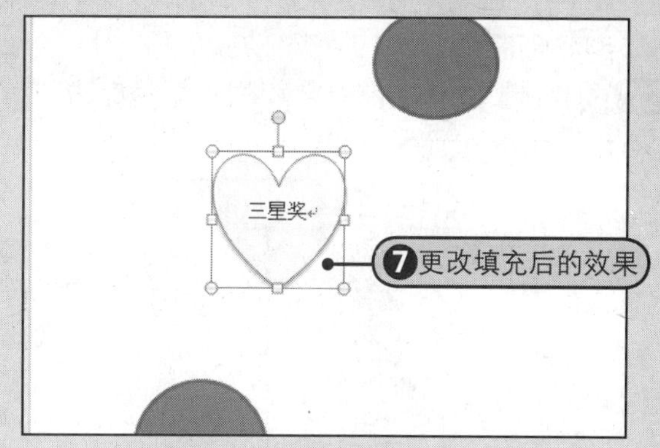

图5-58　更改填充颜色后的效果

提示　为形状应用图片、渐变和纹理填充效果

用户除了可以为形状设置不同颜色的纯色填充外，还可以为图片、渐变和纹理效果来填充形状，只要在“形状填充”下拉列表中选择对应的填充选项，然后在下级列表中选择所需要的渐变或纹理效果，或者用来填充的图片即可。

7 步骤 Step8 在“形状样式”组中单击“形状轮廓”的下三角按钮，Step9 从展开的下拉列表中的“标准色”区域内单击“红色”，如图5-59所示。

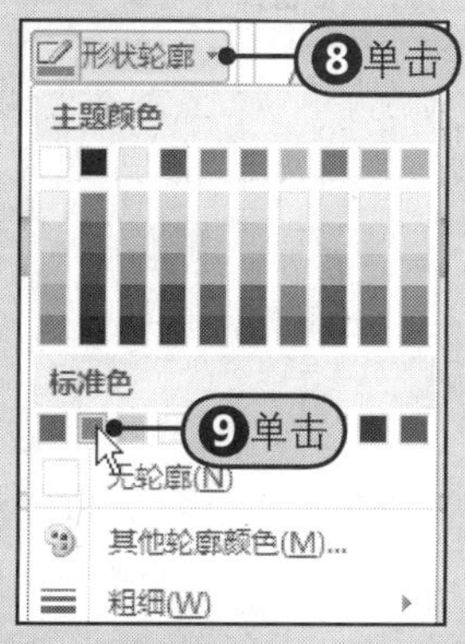

图5-59　选择形状轮廓颜色

8 步骤 Step10 再次单击“形状轮廓”的下三角按钮，Step11 从展开的下拉列表中选择“粗细”命令，Step12 从下级下拉列表中单击“2.25磅”，如图5-60所示。

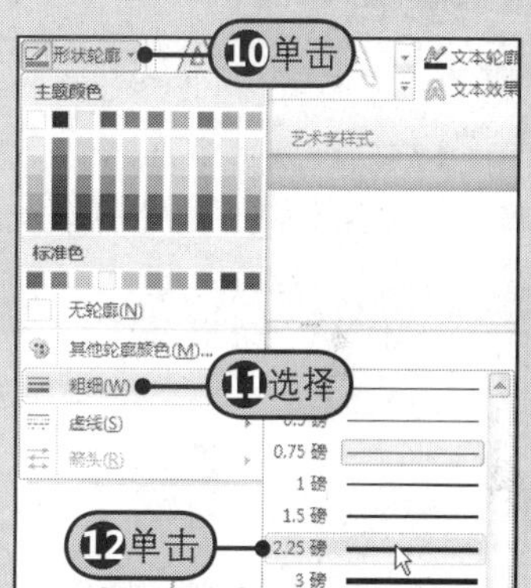

图5-60　更改轮廓线粗细

9 步骤 Step13 在“形状样式”组中单击“形状效果”的下三角按钮，Step14 从展开的下拉列表中选择“发光”命令，Step15 从下级下拉列表中选择自己喜欢的发光变体样式，如图5-61所示。

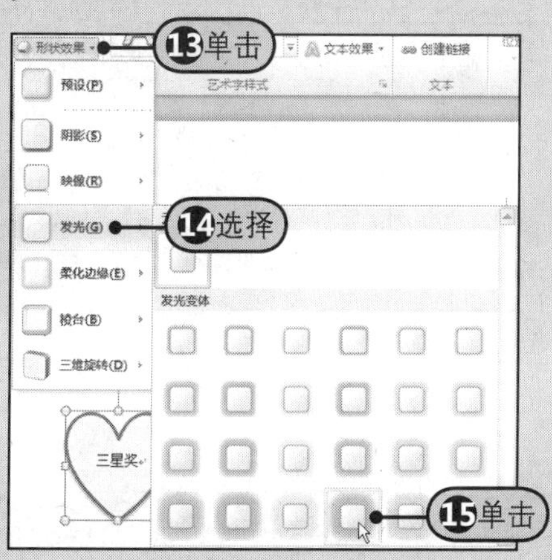

图5-61　设置发光效果

10 步骤 Step16 应用发光变体效果后，得到的图形最终效果，如图5-62所示。

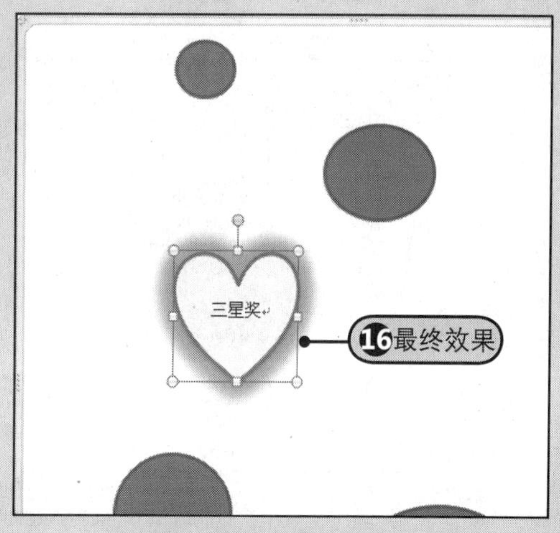

图5-62　图形最终效果

5.3.5 旋转图形

用户绘制了自选图形后，还可以通过拖动自选图形的旋转控点来旋转图形。

方法： Step1 选中自选图形，并用鼠标指针指向绿色的小圆点（见图5-63），Step2 拖动鼠标旋转图形，如图5-64所示，Step3 旋转到适当的位置后，释放鼠标，旋转后的图形如图5-65所示。

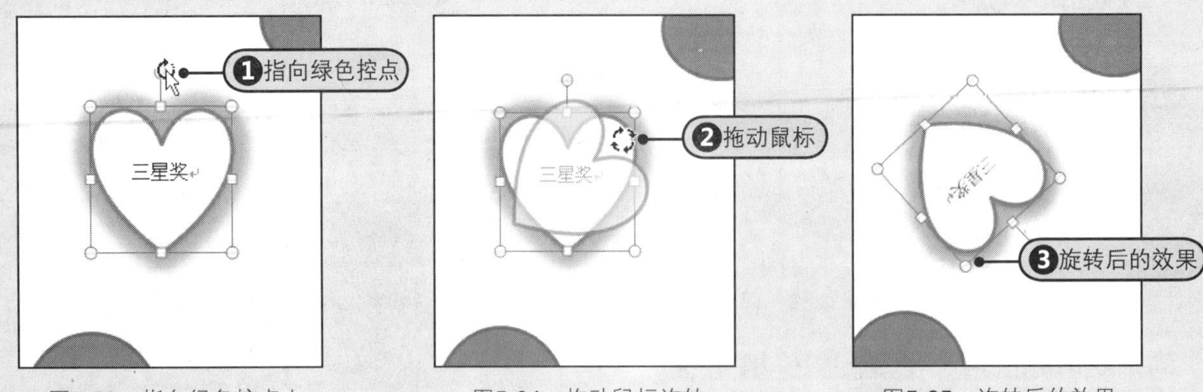

图5-63 指向绿色控点上　　图5-64 拖动鼠标旋转　　图5-65 旋转后的效果

提示　旋转图形时让文字一同旋转

在旋转自选图形时，图形中的文字会跟着自选图形一起旋转。

5.3.6 组合形状

用户还可以将多个不同的形状图形组合为一个对象。这样组合后，这些形状的大小和位置就不会轻易地发生改变。

方法： Step1 按住键盘上的Shift键，依次选择所有的形状，Step2 在保证选中所有形状的情况下单击鼠标右键，Step3 从展开的快捷菜单中选择“组合”命令，Step4 从下级列表中选择“组合”命令，然后所有选中的形状会组合为一个对象，如图5-66所示。

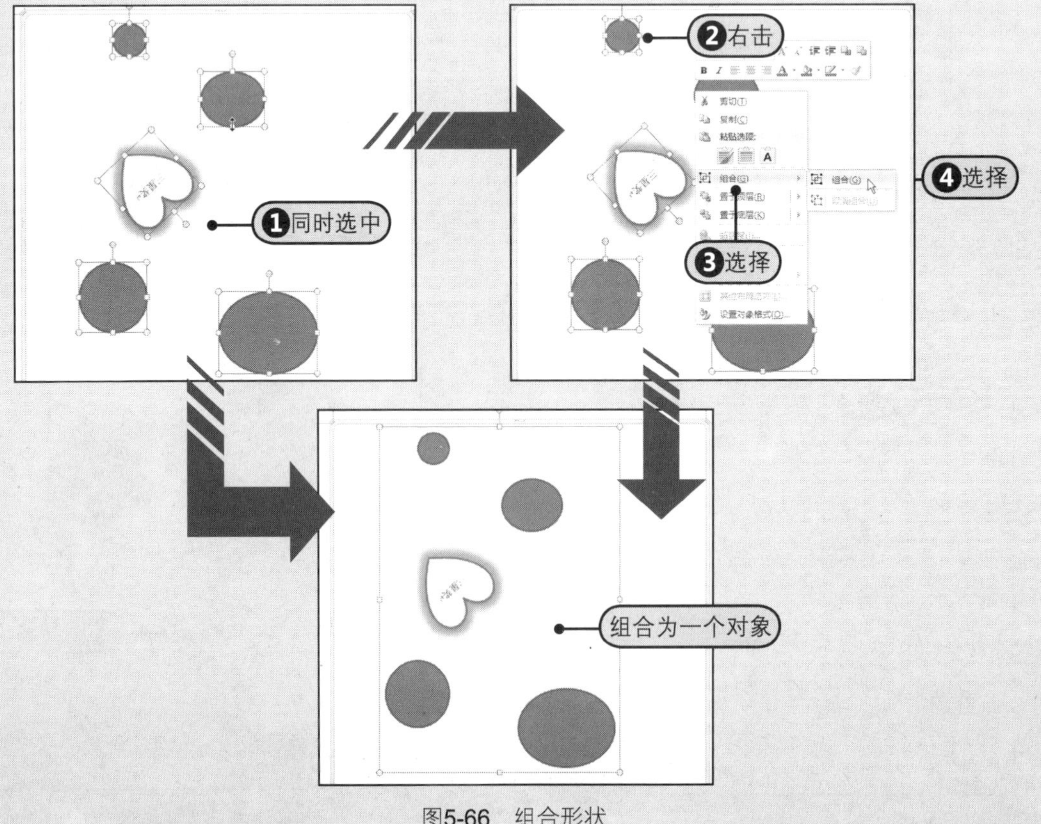

图5-66 组合形状

5.4 SmartArt图形让流程图的制作更便捷

SmartArt图形是信息和观点的视觉表示形式，可以通过从多种不同布局中进行选择来创建SmartArt图形，从而快速、轻松、有效地传达信息。如果使用Office2007以前的早期版本（没有SmartArt功能），用户要创建具有专业水准的插图比较困难。但从Office 2007开始，新增的SmartArt功能可以让用户只需单击几下鼠标，就可以创建出具有设计师水准的插图。

5.4.1 插入SmartArt图形

插入SmartArt 图形到文档中的操作非常简单，Step1在“插入”选项卡中的“视图”组中单击SmartArt按钮，Step2随后打开“选择SmartArt 图形”对话框，在其中选择一种SmartArt图形样式，Step3单击“确定”按钮，插入到文档中的SmartArt图形效果，如图5-67所示。

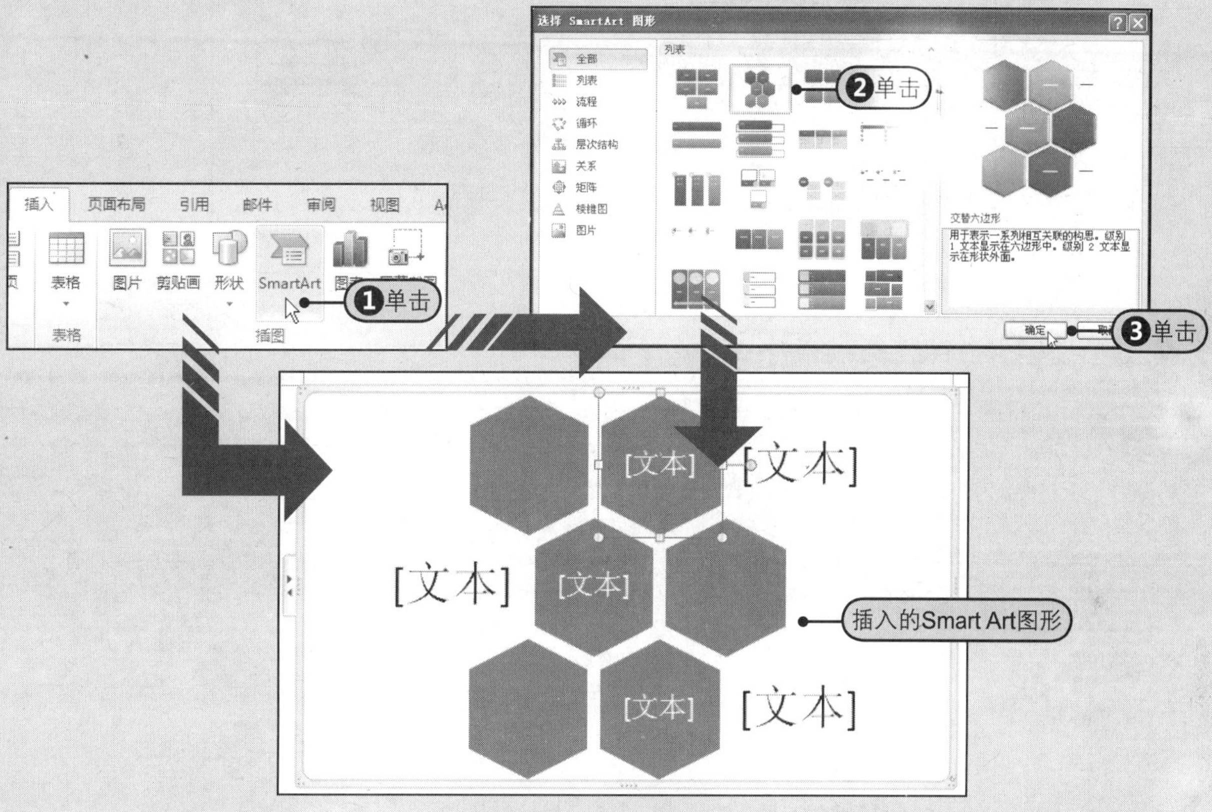

图5-67　插入SmartArt形状

5.4.2 要在SmartArt图形中添加文字

仅仅在文档中插入SmartArt图形是无法表达用户的意思的，只有通过在SmartArt图形中添加文字，才能明确地表达某个问题或某个概念。在SmartArt图形中添加文字通常有两种方法，一种是直接单击“［文本］”占位符，输入实际需要的文字内容；另一种是打开文本窗格，在文本窗格中输入内容。

❶ 直接单击输入文字

单击要输入文字的SmartArt图形，然后直接输入所需要的文字，如图5-68所示。输入完一个形状后，再单击另一个形状，直到完成所有形状的文字输入。

❷ 打开文本窗格输入文字

用户也可以通过文本窗格一次完成所有形状的文字输入。

Step1单击SmartArt 图形边框左侧的小三角形按钮，如图5-69所示，Step2随后屏幕上会显示文本编辑窗格，然后在文本编辑窗格中输入文字，输入完一个条目后，单击下一个窗格，再输入下一个条目即可，Step3输入的内容会同时显示在SmartArt中对应的图形上，如图5-70所示。

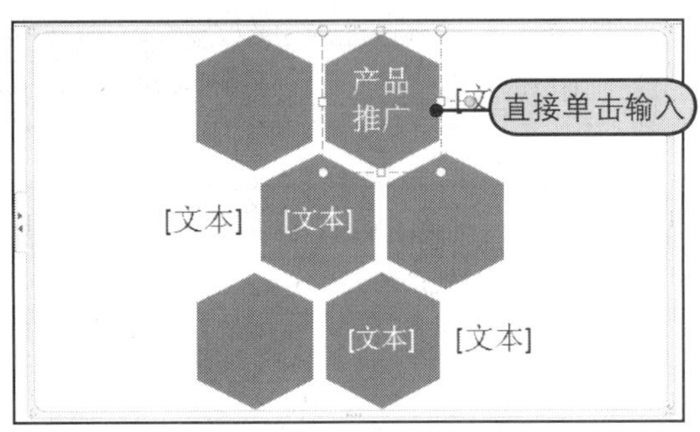

图5-68　直接单击输入文字

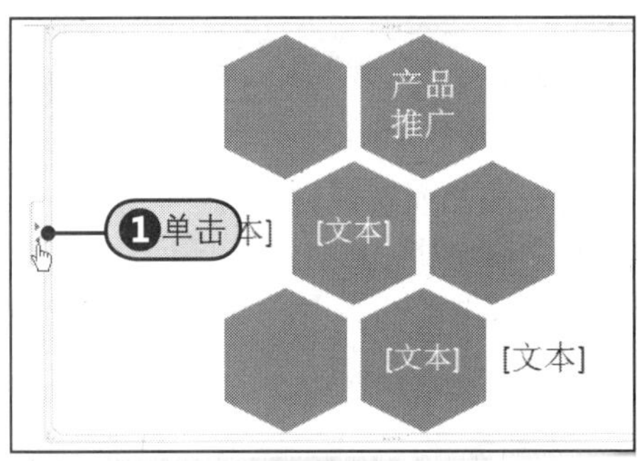

图5-69　单击展开按钮

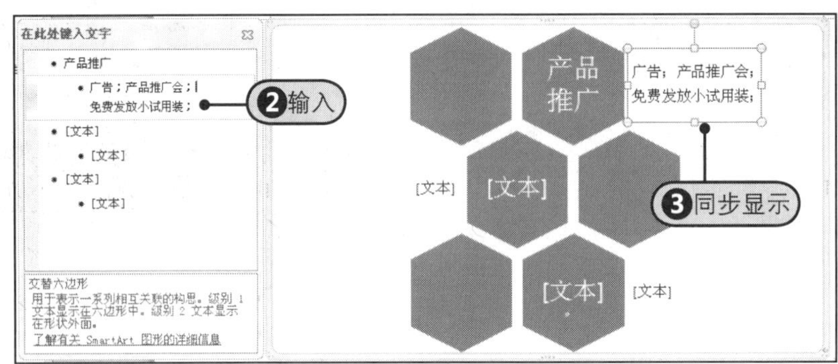

图5-70　在文本窗格中输入文字

5.4.3　为SmartArt图形添加形状

若默认的SmartArt图形中的形状个数不满足用户需要，可以为SmartArt图形添加形状。

Step❶选择与要添加形状相邻的形状，Step❷在“SmartArt工具-设计”选项卡中的“创建图形”组内单击“添加形状”的下三角按钮，Step❸从下拉列表中选择“在后面添加形状”命令，Step❹随后会在所选择形状的下方添加一个与该形状相同级别的形状，如图5-71所示。

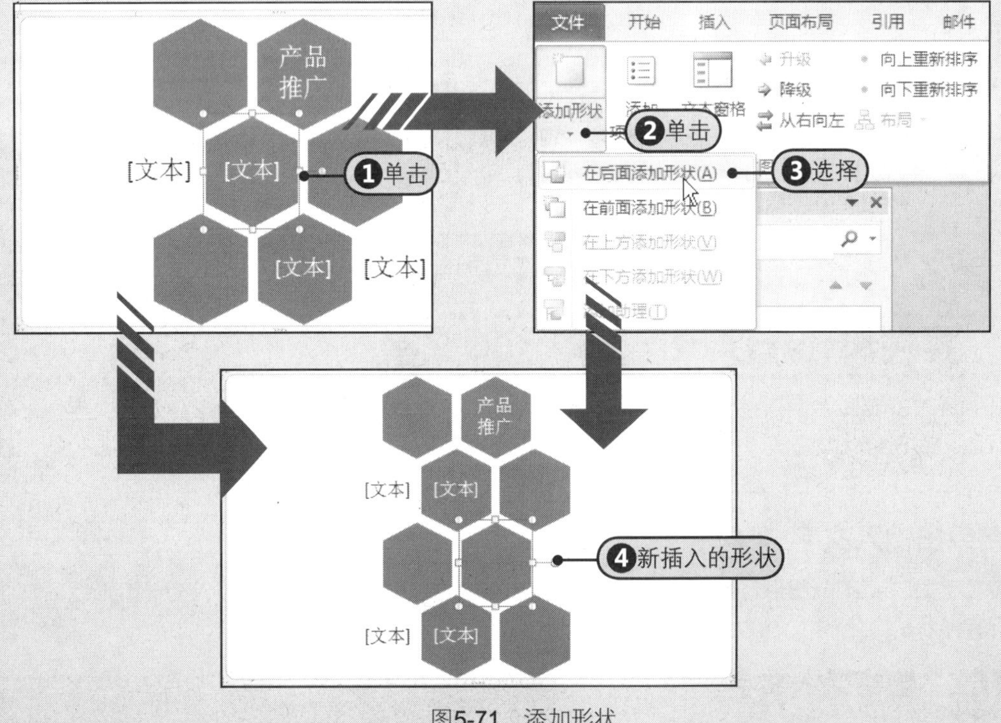

图5-71　添加形状

5.4.4　更改SmartArt图形的布局

系统提供了多种专业的SmartArt图形布局效果，对于已经创建好的SmartArt图形，也可以轻松更改它的布局。

Step 1 选择要更改布局的SmartArt图形，Step 2 在“SmartArt工具-设计”选项卡中的“布局”组中单击“其他”按钮显示整个布局列表，单击适当的布局样式，Step 3 更改布局后的效果，如图5-72所示。在更改布局的过程中，对图形中已输入的文字不会有任何的影响。

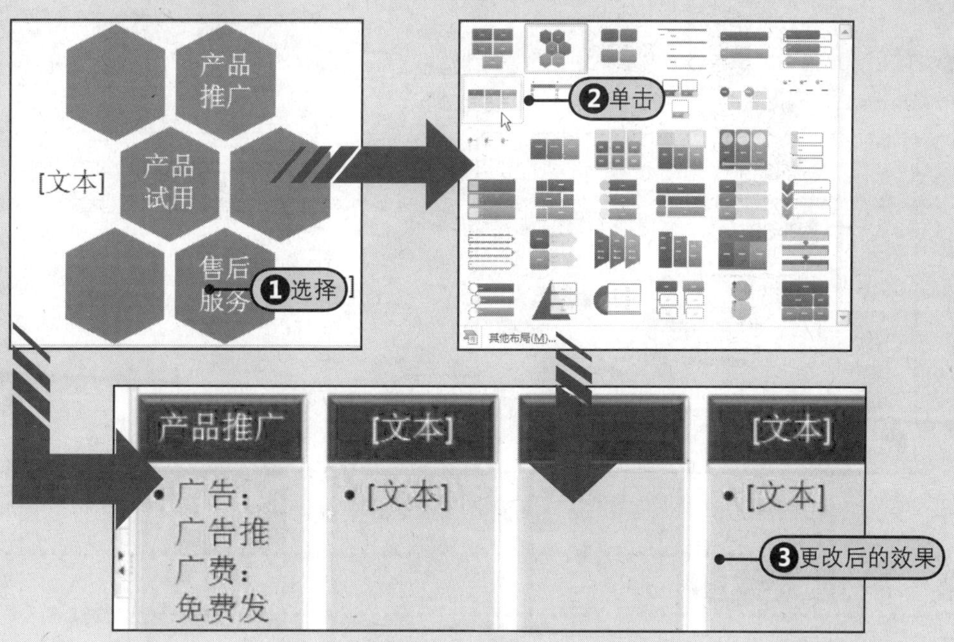

图5-72 更改SmartArt的布局

5.4.5 更改SmartArt图形的样式

同样地，用户可以轻松更改SmartArt图形的样式。

Step 1 在“SmartArt 工具-设计”选项卡的 “SmartArt 样式”组中单击“其他”按钮显示整个样式列表，在“三维”分组中单击第一种样式，Step 2 单击“更改颜色”下三角按钮，从下拉列表中的“彩色”分组中单击第一种样式，得到的效果如图5-73所示。

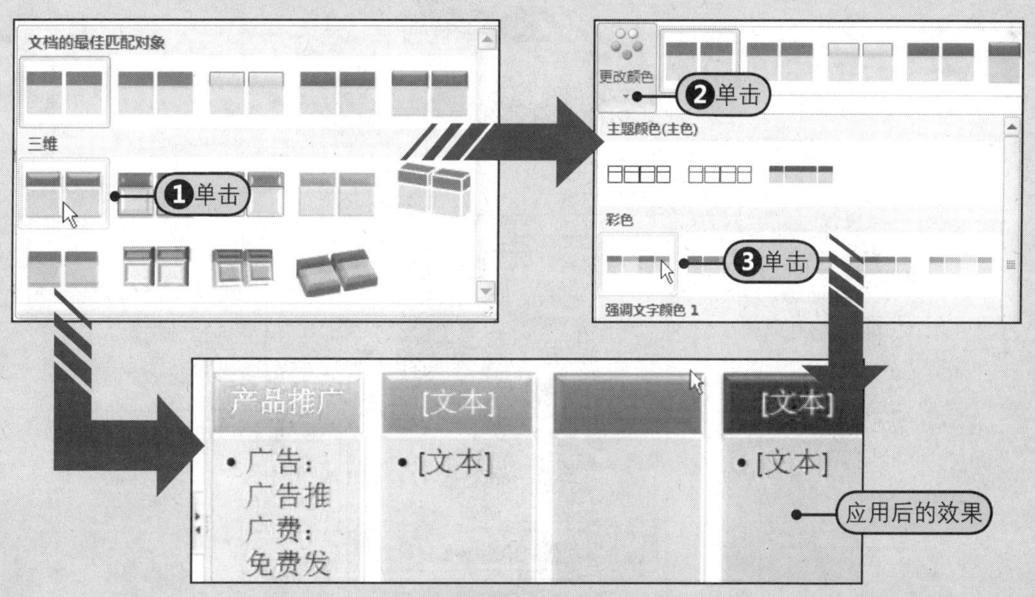

图5-73 更改SmartArt图形的样式

5.5 一键屏幕截图

在使用Word的过程中，为了使文档图文并茂及让读者看清楚操作过程，就需要截取操作过程中的图片插入文档中。以前要向Word文档中插入这类图片，需要先借助专业的抓图软件将图片捕捉下来并保存为图片格式，而现在使用Word 2010新增的“屏幕截图”功能可快速截取屏幕图像，并直接插入到文档中。

5.5.1 截取可用视图

Word 2010的“屏幕截图”会智能监视打开但没有最小化的活动窗口，可以很方便地将活动窗口的图片插入到正在编辑的文档中。

Step❶在“插入”选项卡中单击“屏幕截图”下三角按钮，Step❷在“可用视窗”区域内单击要作为图片插入的视窗缩略图，如图5-74所示；Step❸插入到文档中的图片，如图5-75所示。

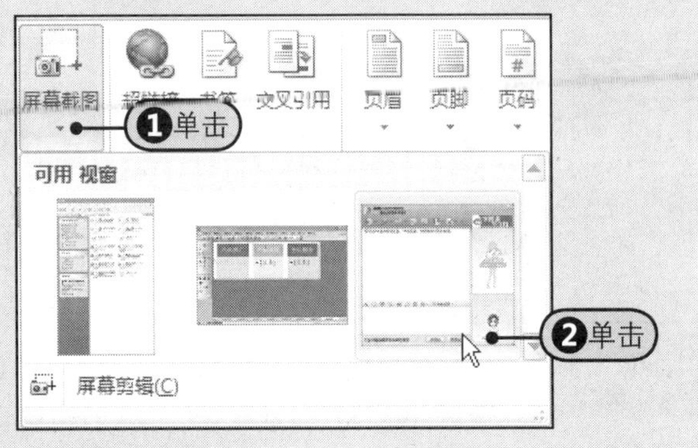

图5-74 选择视窗

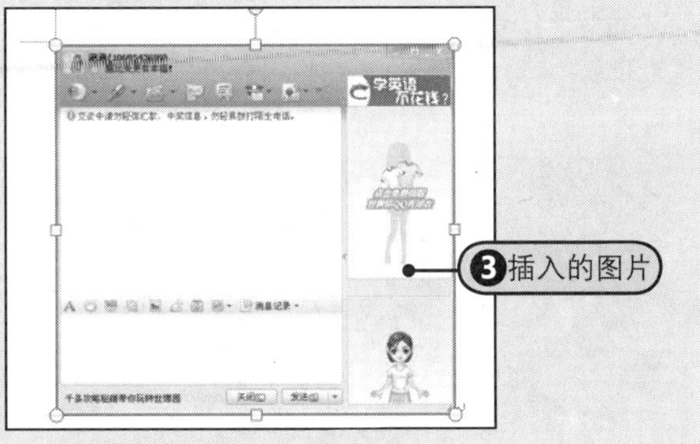

图5-75 插入到文档的屏幕截图

5.5.2 自定义截图

用户还可以自定义截图。

Step❶单击“屏幕截图”的下三角按钮，Step❷在下拉列表中选择“屏幕剪辑”命令，Step❸切换到要截取图片的窗口，此时整个窗口呈灰度显示，拖动鼠标选择截取的区域，被选择的区域亮度显示，Step❹释放鼠标后，选择的区域作为图片插入到文档中，如图5-76所示。

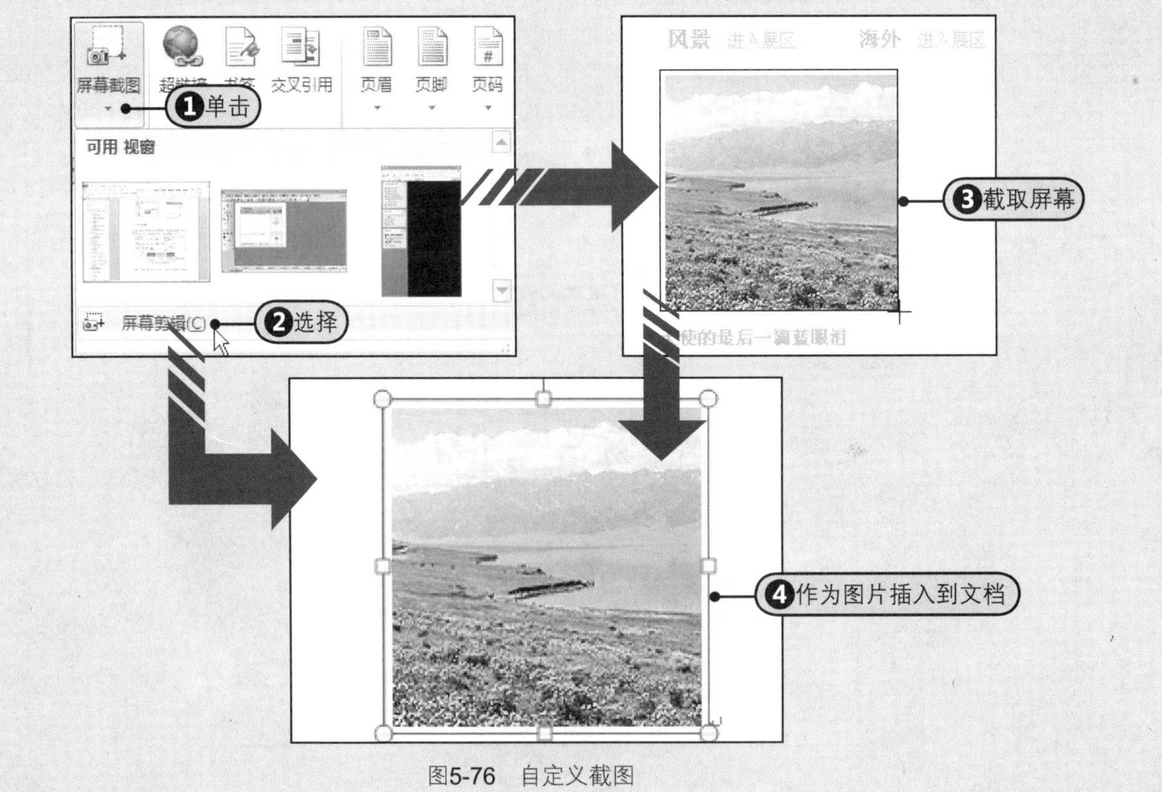

图5-76 自定义截图

5.6 文本插入的便捷操作

除了插入图片、图形以外，有时还需要插入一些与文本相关的元素，如文本框、自动图文集、艺术字、签名行、日期和时间等。在Word 2010中，将这些与插入文本相关的命令集成在“插入”选项卡的“文本”组中，如图5-77所示。

图5-77 “文本”组

5.6.1 插入文本框

在Word 2010中，系统提供了丰富的内置文本框样式，用户可以选择需要的样式插入文本框。

Step1在“文本”组内单击“文本框”下三角按钮，Step2从展开的下拉列表中单击“传统型引述”文本框样式，如图5-78所示；Step3插入到文档中的文本框，如图5-79所示。

图5-78 选择内置文本框样式

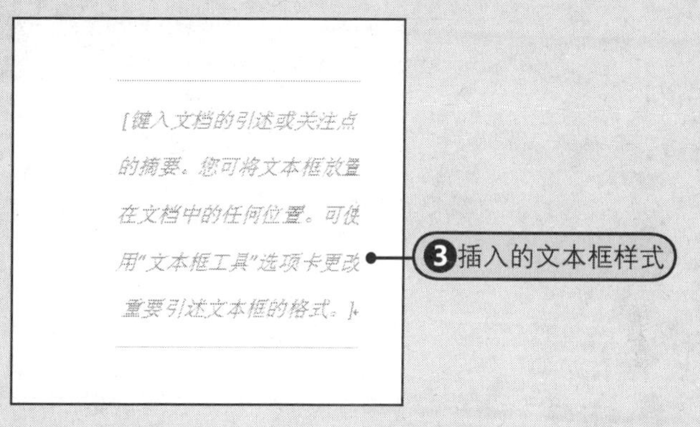

图5-79 插入到文档中的文本框

提示

获取更多的文本框样式

如果当前用户的计算机已接入Internet，则用户可以在Office.com网站上获取更多的文本框样式。用户只需要在“文本框”下拉列表中用鼠标指针指向“Office.com中的其他文本框”选项，就可以显示出更多的文本框样式。

5.6.2 插入文档部件

文档部件通常包括自动图文集、文档属性、域及构建基块管理器等。当用户创建的文档中需要添加这些部件时，用户可以通过“文档部件”下拉列表以默认的格式插入到文档中。

Step1单击“文档部件”下三角按钮，Step2从展开的下拉列表中选择“文档属性”命令，Step3从下级下拉列表中选择“单位地址”命令，Step4然后“单位地址”域被插入到文档的左上角，Step5单击输入实际地址，Step6输入完成后单击文档其他位置退出文档属性的编辑状态，如图5-80所示。

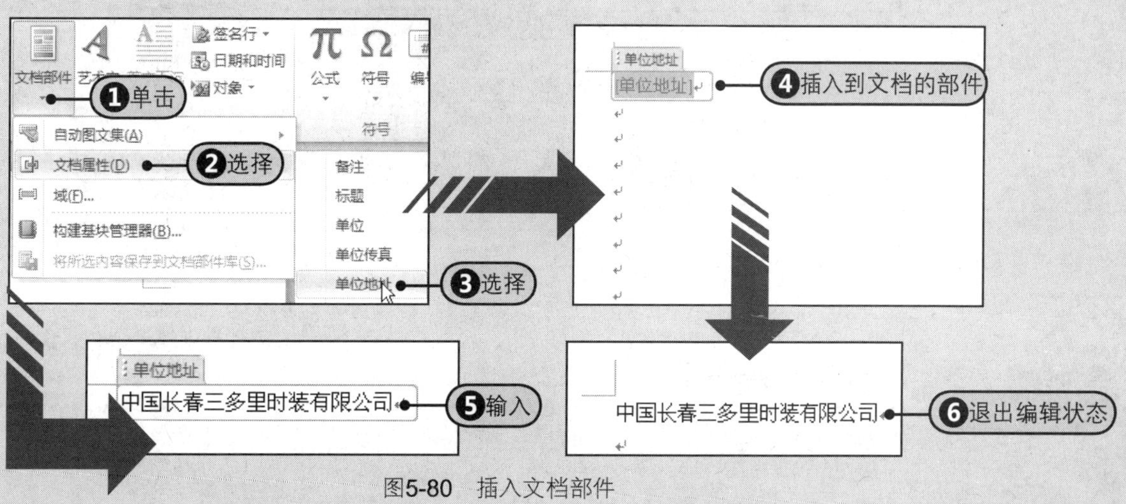

图5-80 插入文档部件

5.6.3 插入与设置艺术字

为了美化文档，还可以在文档中插入艺术字。Word 2010提供了丰富的艺术字样式，只需简单操作就可以创建出专业的艺术字效果。

Step1在“文本”组中单击“艺术字”下三角按钮，Step2从展开的下拉列表中选择一种喜欢的艺术字样式，Step3随后，艺术字被插入到文档左上角，Step4单击输入需要的文字，然后将艺术字拖动到恰当的位置即可，如图5-81所示。

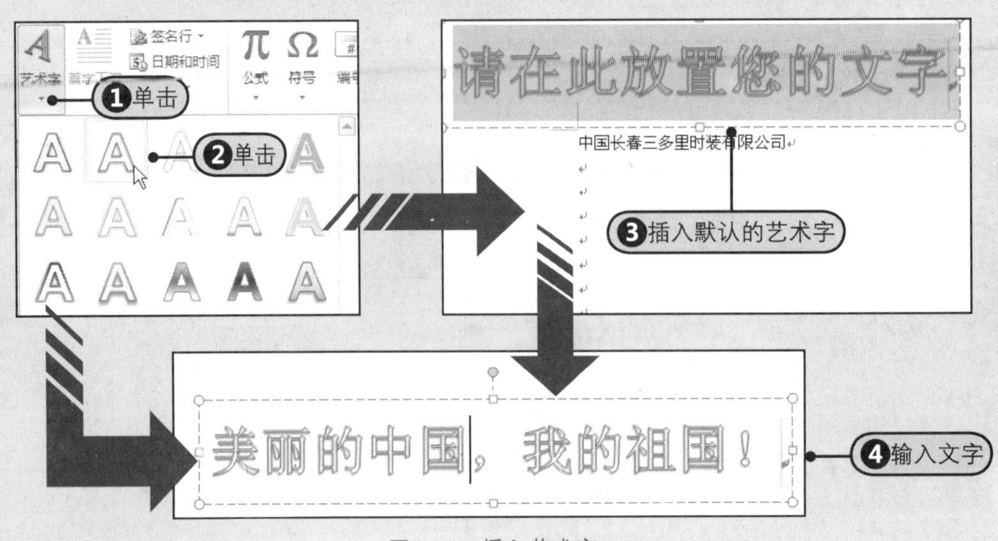

图5-81　插入艺术字

5.6.4 在文档中插入签名行

在日常办公中，经常需要在一些文件中签名，使用Word 2010，用户可以通过插入签名行来获取更加专业的签名效果。

Step1在“文本”组中单击“签名行”下三角按钮，Step2从展开的下拉列表中选择“图章签名行”命令，Step3随后打开“签名设置”对话框，设置好“签名人”、“职务”及“电子邮件”等信息后，Step4单击“确定”按钮，Step5得到图章签名行的效果，如图5-82所示。

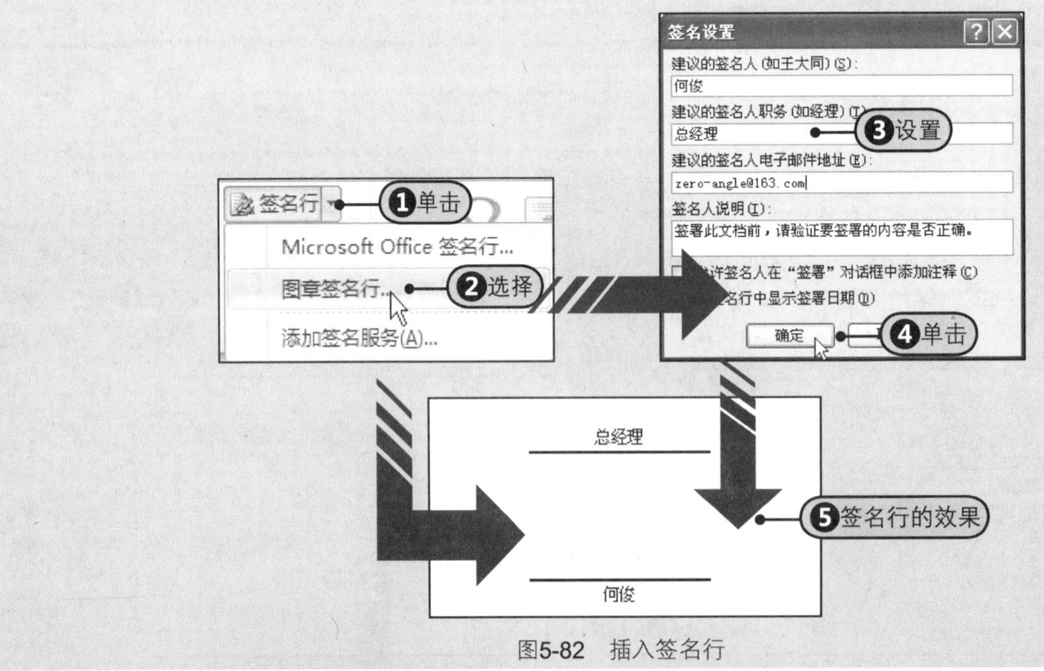

图5-82　插入签名行

5.6.5 插入时间和日期

此外，还可以直接在文档中插入系统当前的时间和日期，而不需要手动输入。具体操作方法如下所示。

Step1在“文本”组中单击“日期和时间”按钮，Step2随后打开“日期和时间”对话框，在“可用格式”列表框中选择一种时间格式，Step3单击“确定”按钮，Step4插入的日期和时间效果，如图5-83所示。

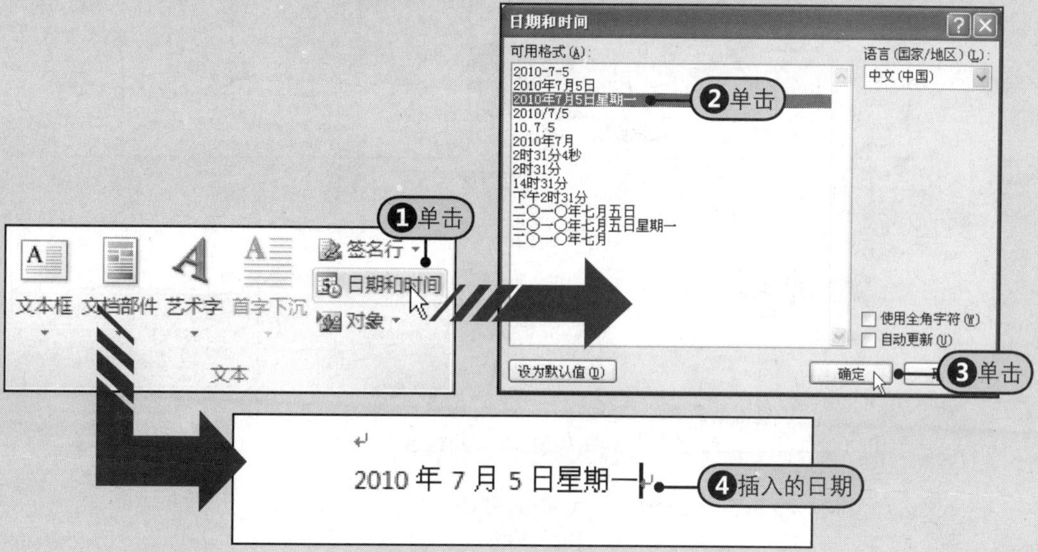

图5-83　插入日期和时间

5.6.6　在文档中插入对象

用户还可以将其他对象（如Excel工作表）插入到文档中。插入到文档中的Excel对象可以是已经创建好的工作簿文件，还可以是某个已经存在的文件中的文本。

1 插入对象

Step1在“文本”组中单击“对象”右侧的下三角按钮，Step2从下拉列表中选择“对象”命令，随后打开“对象”对话框，Step3在“新建”选项卡中单击“Microsoft Excel工作表”选项，Step4勾选“显示为图标”复选框，Step5单击“确定”按钮，Step6在文档中插入一个Excel图标，单击该图标可打开一个新工作簿，如图5-84所示。

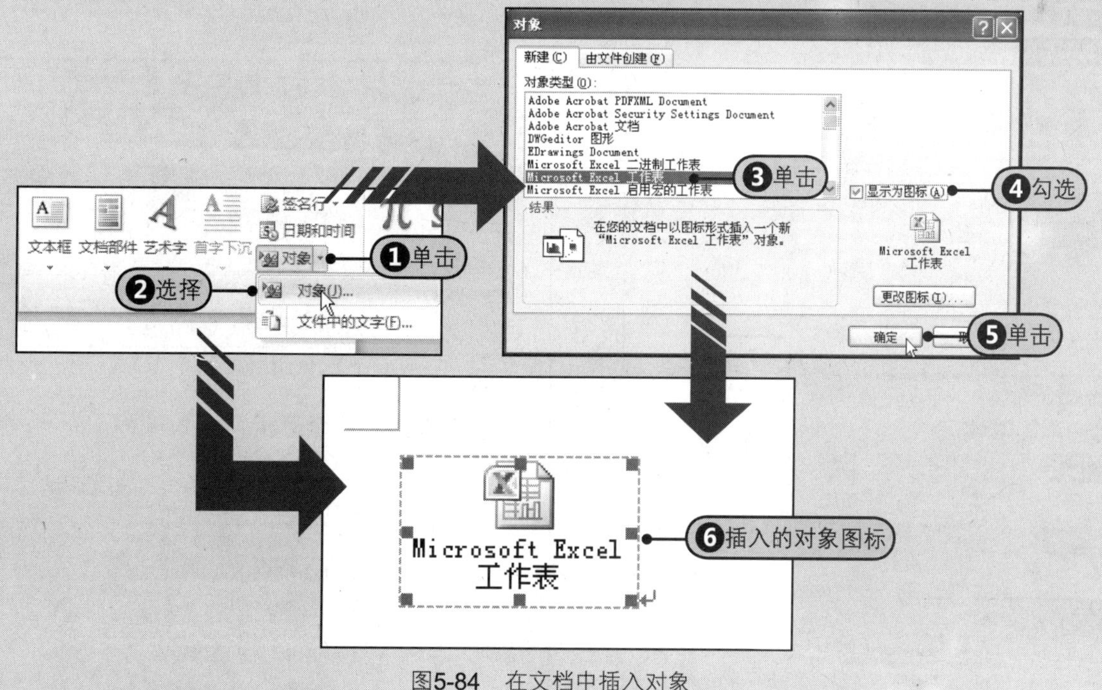

图5-84　在文档中插入对象

2 插入文件中的文字

Step1在“文本”组中单击“对象”右侧的下三角按钮，Step2在下拉列表中选择“文件中的文字”命令，打开“插入文件”对话框，Step3双击要插入的文件，Step4随后该文档中的文本全部被插入到当前文档中，如图5-85所示。

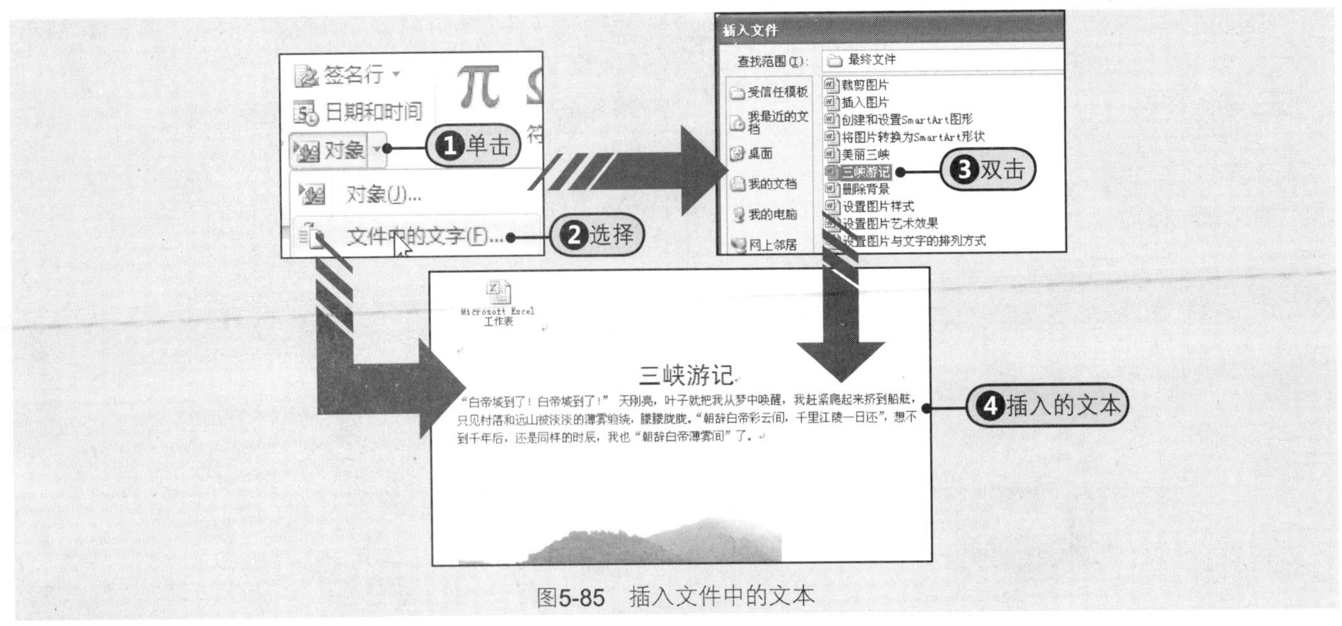

图5-85　插入文件中的文本

5.7 融会贯通　使用形状图形制作业务审批流程

本章详细介绍了Word中的图片、形状及SmartArt图形的应用，接下来将创建一个具体的业务审批流程来加强对本章所学知识的应用，先新建一个文档。

1 步骤 选择SmartArt图形。

Step 1 打开“选择SmartArt图形”对话框，选择“交错流程”图形。

Step 2 单击“确定”按钮。

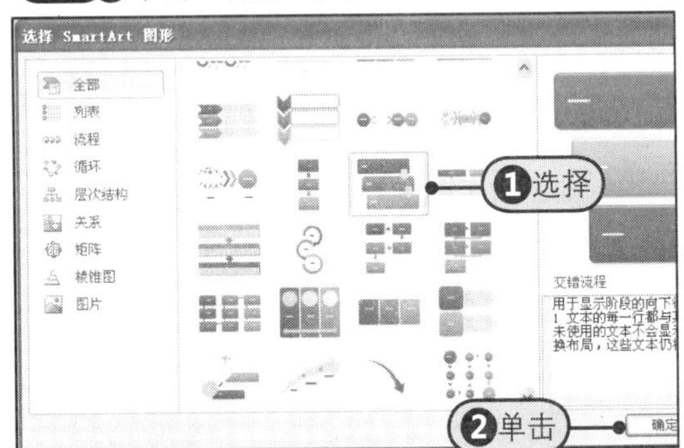

2 步骤 插入默认的图形效果。

插入默认SmartArt图形的效果，如下图所示。

3 步骤 单击添加形状。

Step 1 选择第一个形状，在“创建图形”组中单击“添加形状”右侧的下三角按钮。

Step 2 从展开的下拉列表中选择“在后面添加形状”命令。

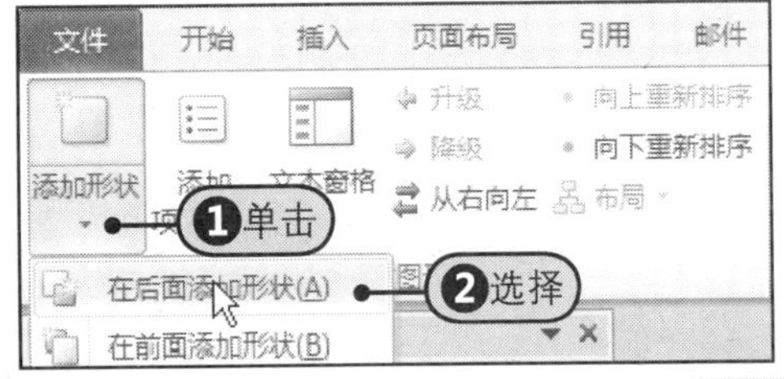

4 步骤 连续添加两个形状。

重复上一步骤，连续添加两个形状。

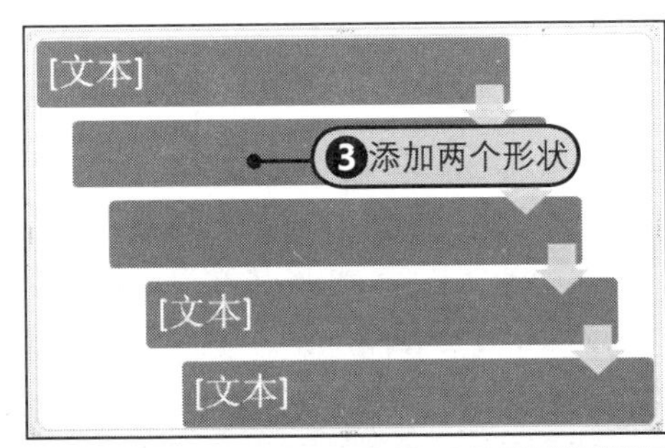

（续上）

5 步骤 输入文本。

显示“在此处键入文字”窗格，并依次在该窗格中输入文字项目。

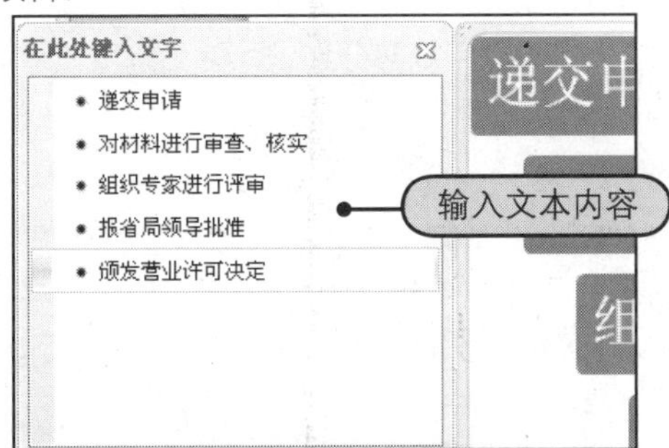

6 步骤 流程效果。

添加了文字项后的流程图效果，如下图所示。

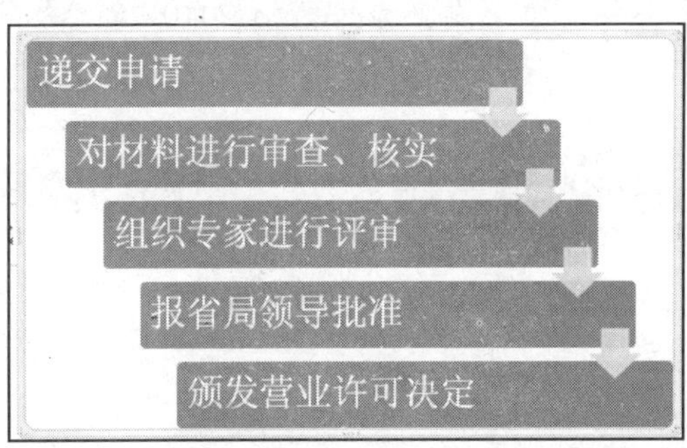

7 步骤 更改颜色。

Step 1 单击“更改颜色”下三角按钮。

Step 2 单击“彩色”区域的最后一种样式。

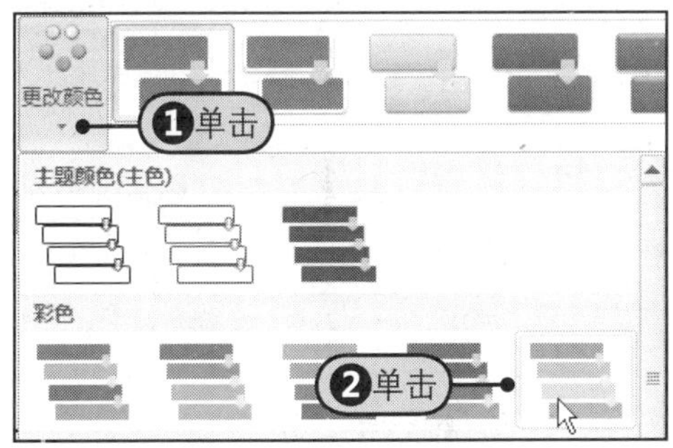

08 步骤 设置三维效果。

在SmartArt样式库的三维样式列表中单击“三维”分组中的第一种样式。

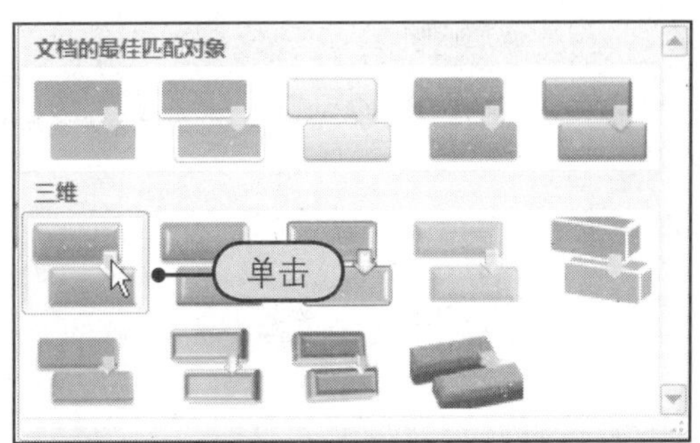

09 步骤 选择文本。

再次显示“在此处键入文字”窗格，拖动鼠标在该窗格中选择所有文本内容。

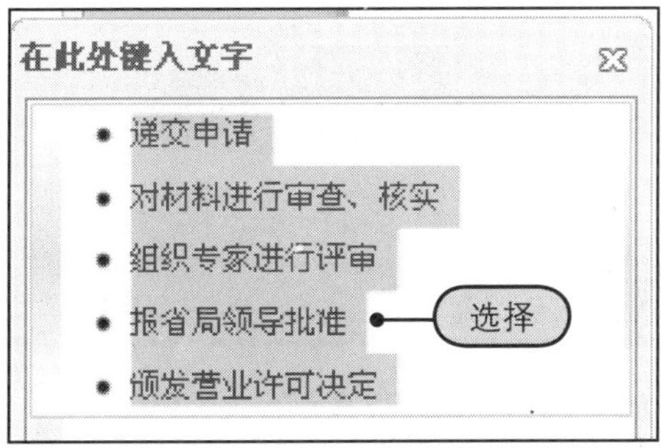

10 步骤 设置文本格式。

Step 1 在“字体”组中设置“字体”为“黑体”。

Step 2 单击“字体颜色”右侧的下三角按钮。

Step 3 从展开的下拉列表中选择“自动”命令。

11 步骤 显示流程图最终效果。

设置好字体格式后，得到的流程图最终效果，如右图所示。

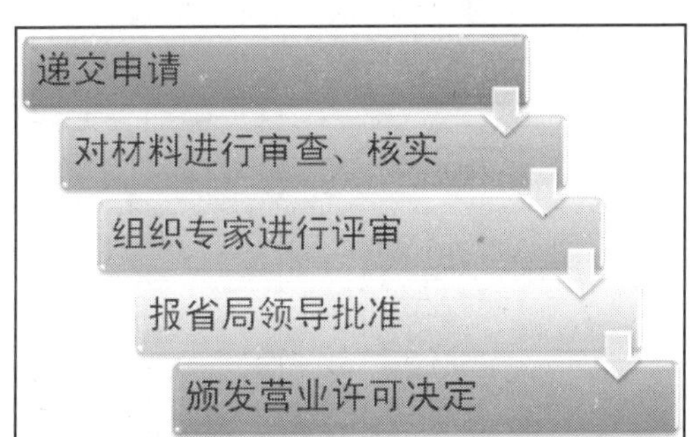

5.8 专家支招

本章主要介绍了Word 2010中的图片、剪贴画、形状、SmartArt图形的应用及相关格式设置，此外还包括Word 2010中新增的屏幕截图功能。通过本章内容的学习，用户可以在短时间内创建具有专业效果的图文并茂的办公文档。为了读者更好地掌握和应用本部分知识，接下来做三点补充。

招术一 设置插入形状时自动创建绘图画布

在Word 2010中，用户可以设置在新建形状时是否自动创建绘图画布，设置方法如下所示。

Step1 单击“文件”按钮，Step2 从展开的下拉菜单中选择“选项”命令，打开“Word选项”对话框，Step3 单击“高级”标签，Step4 在“编辑选项”区域内勾选“插入‘自选图形’时自动创建绘图画布”复选框，确定后关闭该对话框。Step5 返回文档中，在“形状”列表中选择任意形状时，系统会自动在文档中先创建绘图画布，如图5-86所示。

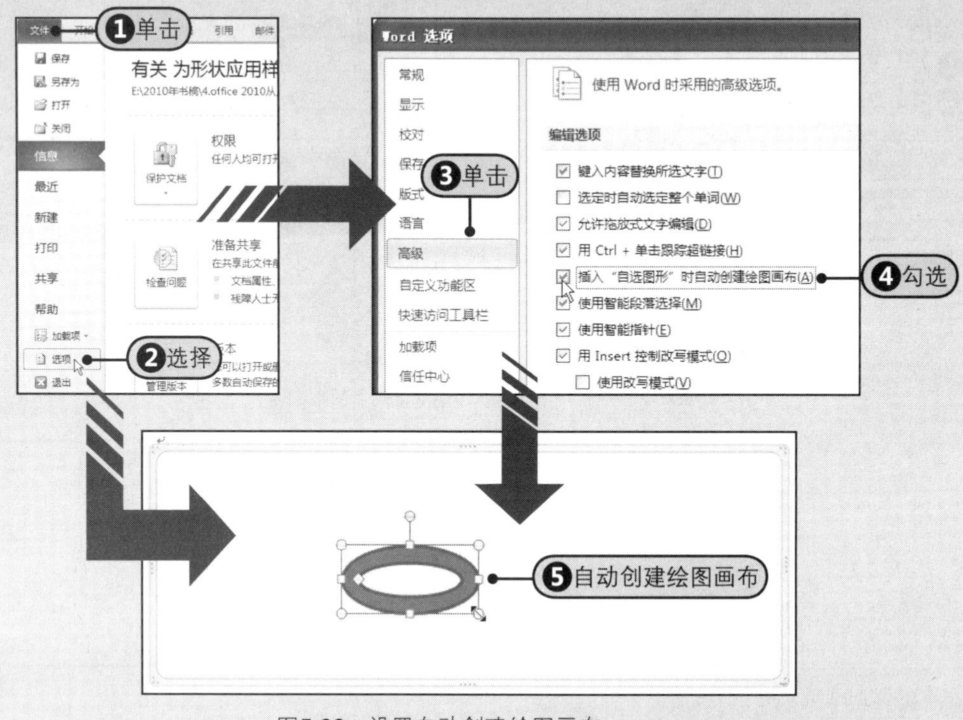

图5-86 设置自动创建绘图画布

招术二 快速恢复SmartArt形状图形的默认样式

在为SmartArt图形应用了一系列的格式后，如果想重新恢复到SmartArt图形默认的样式，可以这样操作。

Step1 选择SmartArt形状图形，Step2 在“SmartArt工具-设计”选项卡中的“重置”组中单击“重设图形”按钮，Step3 随后图形会恢复为默认的效果，如图5-87所示。

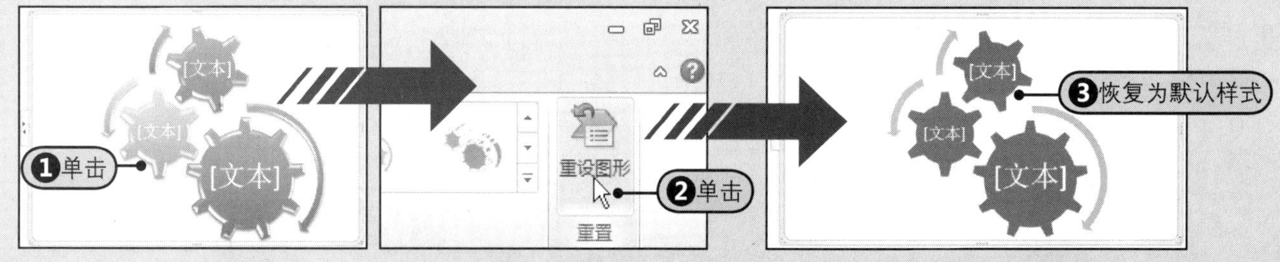

图5-87 快速恢复SmartArt形状的默认样式

招术三 更改形状中文字的方向

在默认情况下，形状中的文字都为水平方向，用户也可以根据需要设置形状中文本的方向。

Step1选择要设置的形状，Step2在“绘图工具-格式”选项卡中的“文本”组中单击“文字方向”下三角按钮，Step3从展开的下拉列表中选择“垂直”命令，Step4更改文字方向后的效果，如图5-88所示。

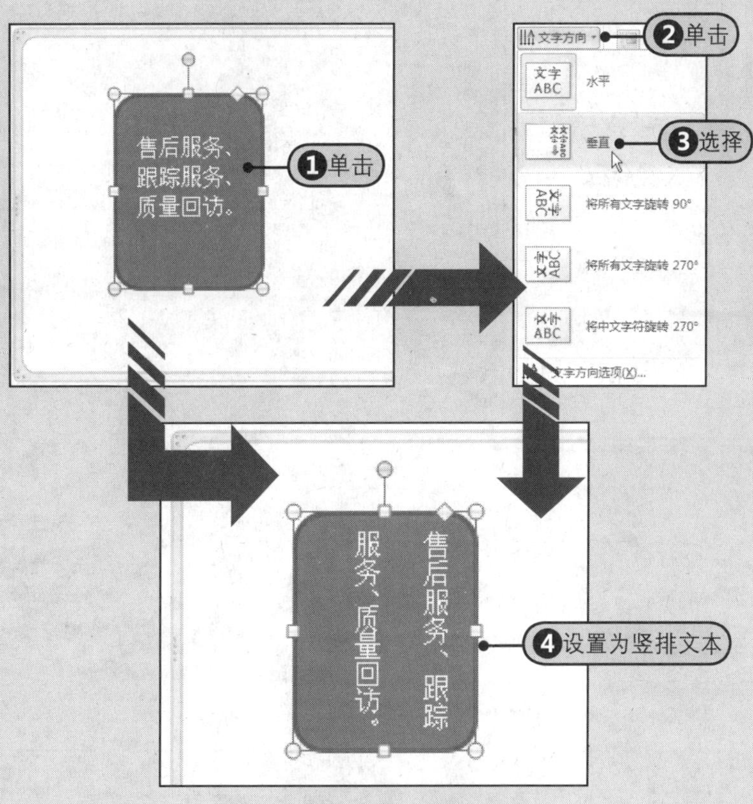

图5-88 更改形状中文本的方向

读书笔记

Part 2 Word篇

Chapter 06

表格在办公文档中的应用

表格由行和列的单元格组成，可以在单元格中填写文字或插入图片，通常用来组织和显示更具有条理性的内容或信息。几乎所有的Microsoft Office组件都可以用来创建表格，但它们各自适合创建的类型却完全不同。如果要创建的是不需要太多的计算且需要包含复杂的图形格式，如项目符号、制表符、编号和缩进等格式的表格，则Microsoft Word组件是创建这类表格的最佳选择！

6.1 在文档中插入表格

在 Microsoft Word 2010中插入表格的方法有多种，如快速插入预定行列的表格、自定义插入表格、手动绘制表格，还可以将文本内容转换为表格。现将各种方法分别介绍如下。

6.1.1 快速插入10列8行以内的表格

如果用户需要创建的是一个10列8行以内的表格，并且事先已经知道表格的行数和列数，可以使用该种方法来快速创建表格。

Step1 在“插入”选项卡中的“表格”组中单击“表格”下三角按钮，Step2 从展开的下拉列表中拖动鼠标选择表格的行、列数，如图6-1所示，Step3 释放鼠标后，插入到文档中的表格，如图6-2所示。

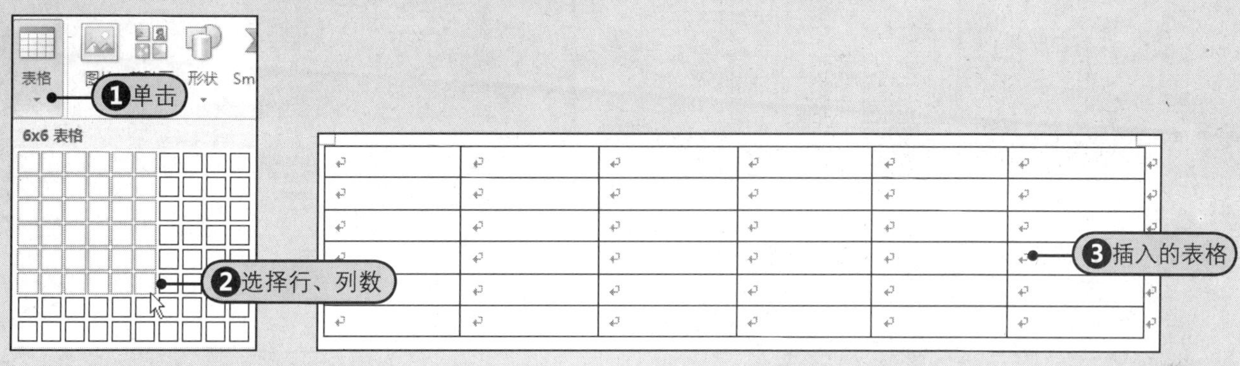

图6-1 选择表格的行数与列数　　图6-2 插入的表格

6.1.2 使用快速表格插入表格

快速表格是作为构建基块存储在库中的表格，用户可以随时访问和重用快速表格。在Word 2010中系统提供了多种特定样式的快速表格，用户只需要插入快速表格后修改表格中的数据即可。

Step1 单击“表格”的下三角按钮，Step2 从展开的下拉列表中选择“快速表格”命令，Step3 在下级下拉列表中选择一种快速表格样式，如“带小标题1”，Step4 插入到文档中的快速表格，如图6-3所示。

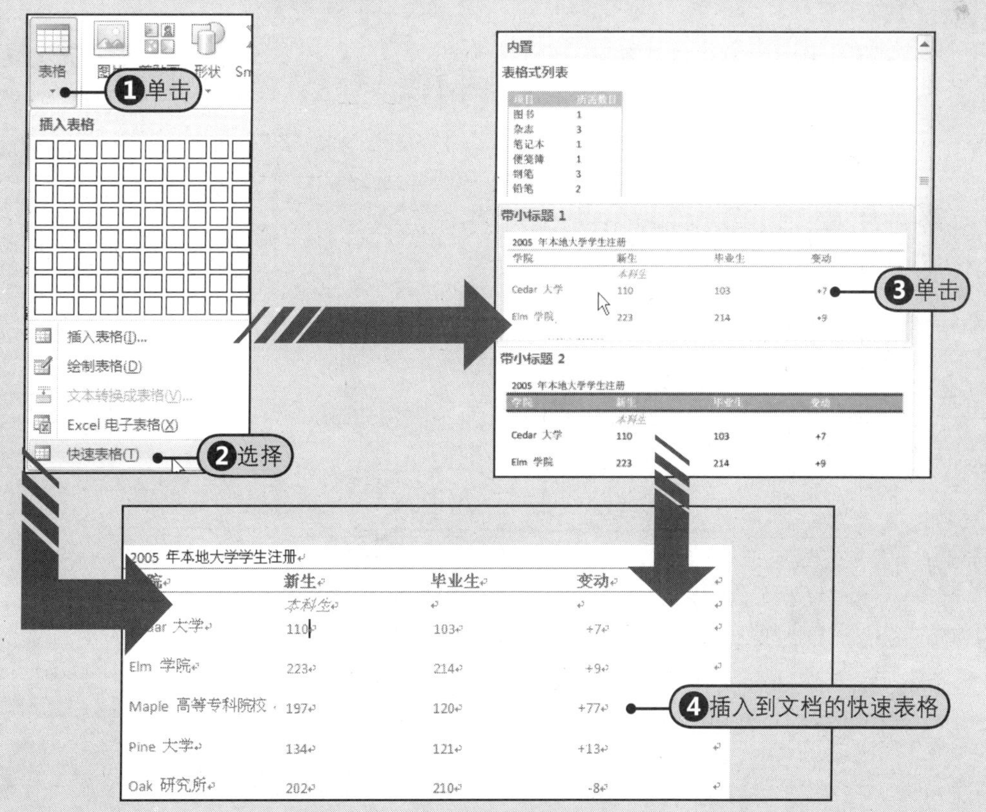

图6-3 插入快速表格

6.1.3 自定义插入表格

自定义表格适用于用户需要自己定义表格的行数和列数，以及表格的列宽的情况。

同样地，Step❶在“插入”选项卡中的“表格”组中单击“表格”的下三角按钮，Step❷从展开的下拉列表中选择“插入表格”命令，随后打开“插入表格”对话框。Step❸设置“列数”为5，“行数”为7，Step❹选中“固定列宽”单选按钮，Step❺设置“固定列宽”值为“1.5厘米”，Step❻然后单击“确定”按钮，Step❼插入的自定义表格，如图6-4所示。

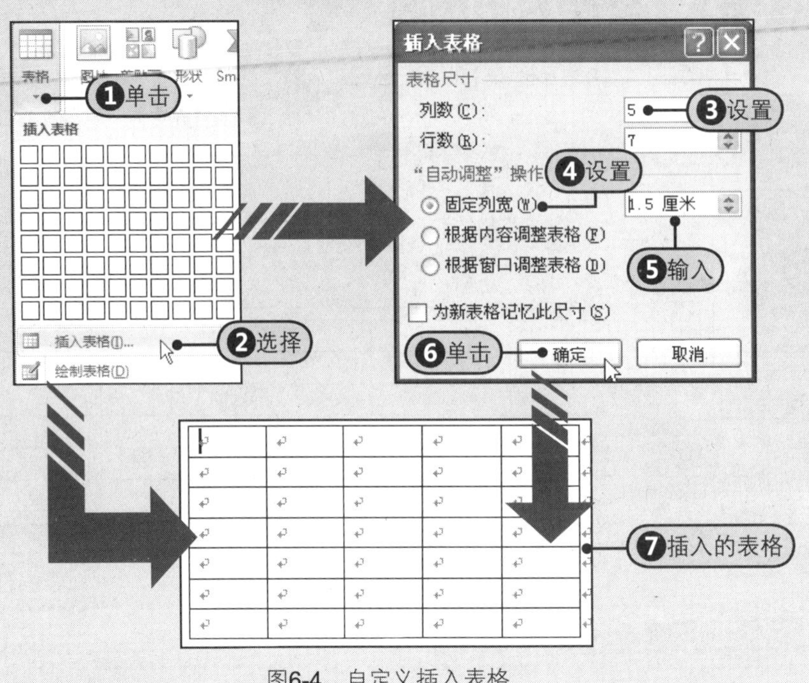

图6-4　自定义插入表格

6.1.4 手动绘制表格

当表格中包含大量不同高度的单元格或每行包含的列数不同，（即要创建的表格行列不怎么规则）时，可以通过手动绘制表格来创建表格。

Step❶单击“表格”的下三角按钮，Step❷从展开的下拉列表中选择“绘制表格”命令，Step❸随后鼠标指针会变为铅笔形状，拖动鼠标在文档中绘制一个表格边围边框，Step❹然后再拖动鼠标，在矩形外围边框内部绘制行、列框线，如图6-5所示。

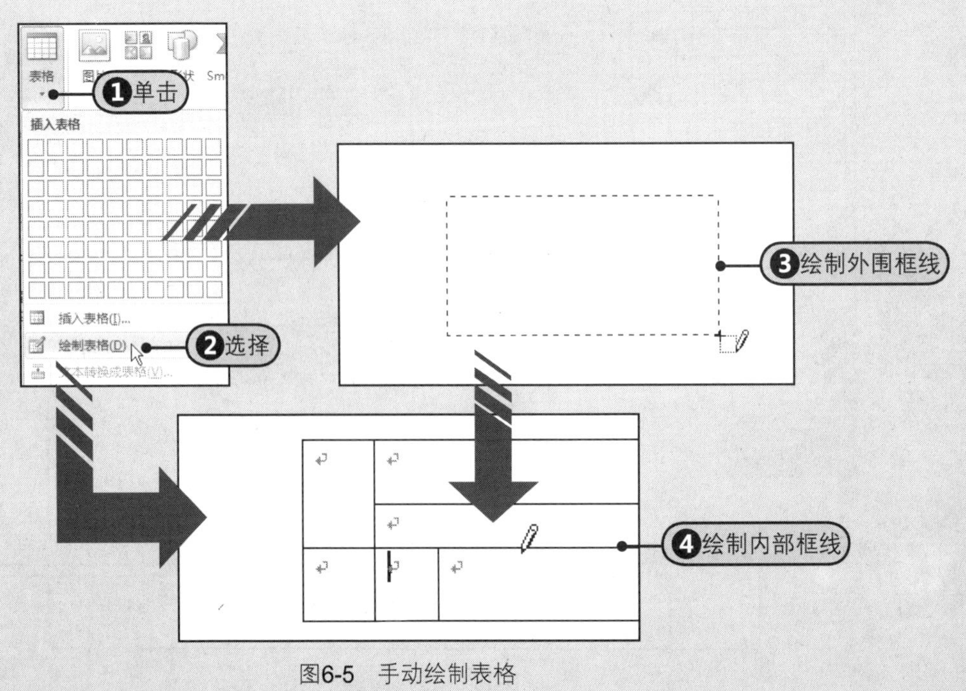

图6-5　手动绘制表格

提示

退出绘制表格模式

在表格绘制模式下，鼠标会一直显示为铅笔形状。当表格绘制好了以后，可以再次单击“表格”的下三角按钮，从展开的下拉列表中选择“绘制表格”命令，也可以“表格工具-设计”选项卡中的“绘图边框”组中单击“绘制表格”按钮退出绘制表格模式，如图6-6所示。

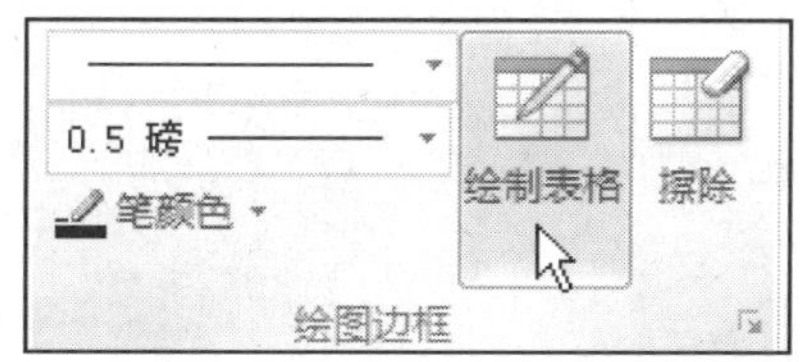

图6-6 单击“绘制表格”按钮退出绘表模式

6.1.5 将文本内容转换为表格

在Word 2010中，还可以将文本内容直接转换为表格。假设已经在文档中输入了“员工姓名”、“性别”、“年龄”和“学历”几项内容，各个项之间使用几个空格分隔，现将这些文本内容转换为表格。

Step1选定需要转换的文本内容，Step2在“表格”组中单击“表格”的下三角按钮，Step3从展开的下拉列表中选择“文本转换成表格”命令，Step4随后打开“将文字转换成表格”对话框，系统会自动根据当前选择的文本内容确定最佳的列数，Step5在“文字分隔位置”选项组中选中“空格”单选按钮，Step6然后单击“确定”按钮，Step7转换为的表格，如图6-7所示。

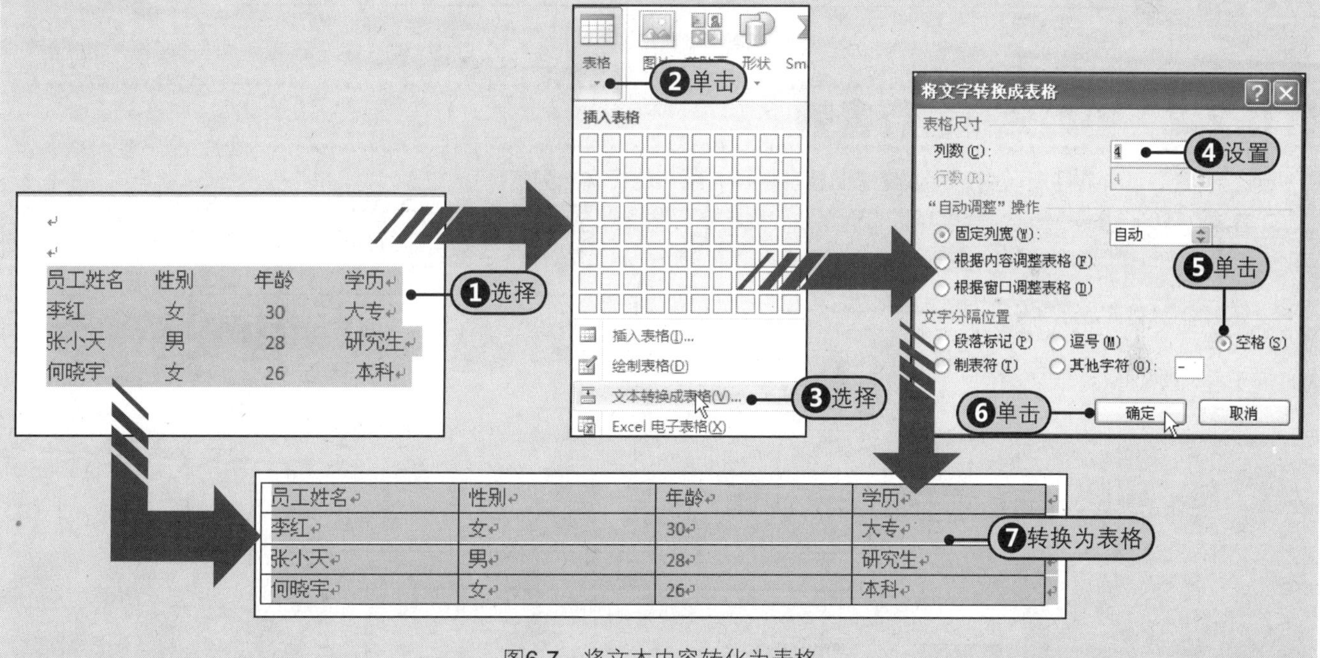

图6-7 将文本内容转化为表格

6.2 调整表格与单元格大小

创建了表格以后，可以根据需要调整表格和单元格的大小。在Word 2010中，当用户选择任意表格时，功能区中会显示“表格工具-布局”选项卡，调整表格与单元格大小的命令集中在该选项卡的“单元格大小”组中，如图6-8所示。

图6-8 “单元格大小”组

6.2.1 自定义设置单个单元格大小

用户可以自定义表格中某一个单元格的大小，但是该操作可能会影响到整个表格的结构或者该单元格所在的行（或列）。打开附书光盘\ 实例文件\第6章\原始文件\员工培训课程表.docx文档。

Step1将鼠标指针指向要调整单元格的左下角，当鼠标指针变为黑色的箭头形状时，选定要调整大小的单元格，Step2在“单元格大小”组中设置“宽度”和“高度”值为适当的数值，例如，将“宽度”值由原来的“3.01厘米”更改为“3.5厘米”，将“高度”值由原来的“0.56厘米”更改为“1.5厘米”，Step3设置后的单元格效果，如图6-9所示。可以看到，由于该单元格增加了行高和列宽值，因此整个行的行高及列宽都增加了，而且右侧的单元格开始向右移动，该行宽度超出其余行的宽度。

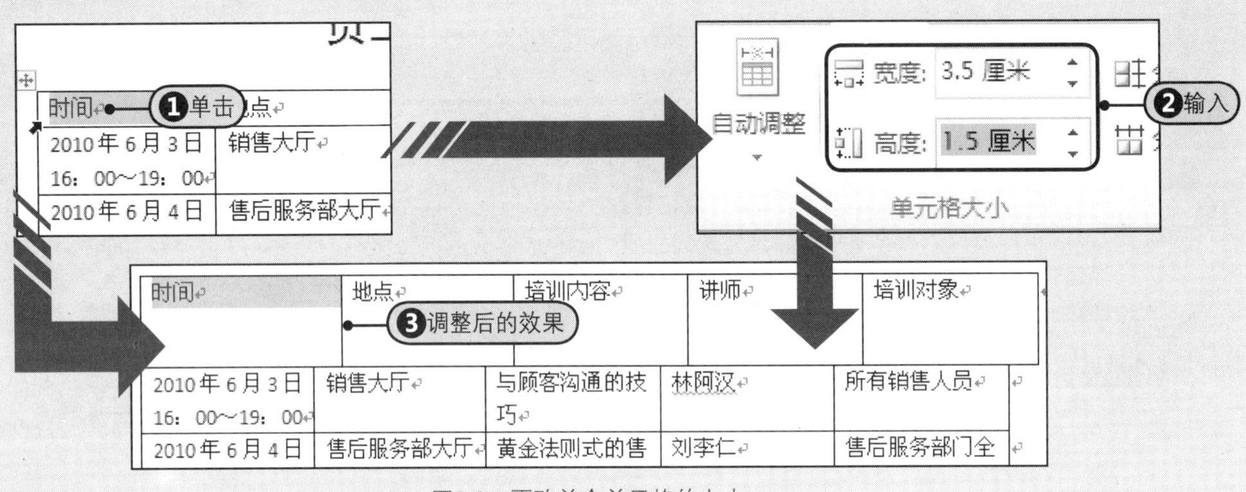

图6-9 更改单个单元格的大小

6.2.2 平均分布各行各列

通过设置平均分布各行各列，可以快速调整表格拥有统一的行高和列宽。

方法：Step1单击表格左上角的表格选择控点选定整个表格，Step2在“表格工具-布局”选项卡中的“单元格大小”组中单击“分布行”按钮，Step3随后，表格会平均分布各行，从而使每行的行高都相等，如图6-10所示。

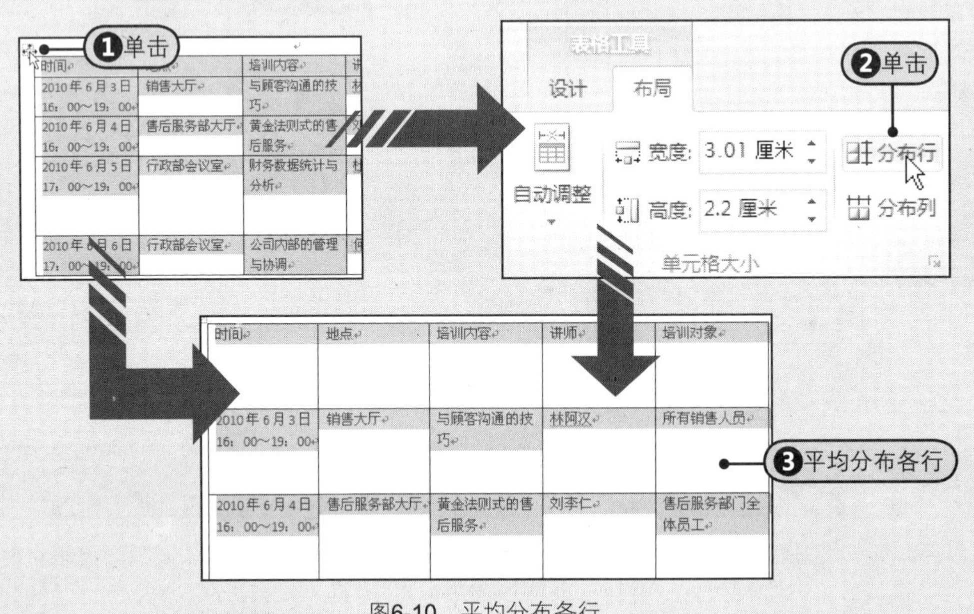

图6-10 平均分布各行

提示 使用右键快捷菜单平均分布行列

除了前面介绍的方法外，在选定表格后，还可以右键单击，从弹出的快捷菜单中选择“平均分布各行”（或者“平均分布各列”）命令来平均分布表格的行（列）。

6.2.3 自定义调整表格大小

在实际工作中，有时对表格的大小有特殊的限定，比如，规定表格的宽度只能为10厘米，此时，用户完全可以自定义调整表格大小来满足要求。仍然以“员工培训课程表”表格为例。

Step1 选定表格，在“表格工具-布局”选项卡中的“表”组中单击“属性”按钮，Step2 在打开的“表格属性”对话框中切换到“表格”选项卡，在“尺寸”区域内勾选“指定宽度”复选框，Step3 设置宽度值为“10厘米”，然后单击“确定”按钮返回文档，Step4 设置指定宽度后的表格效果，如图6-11所示。

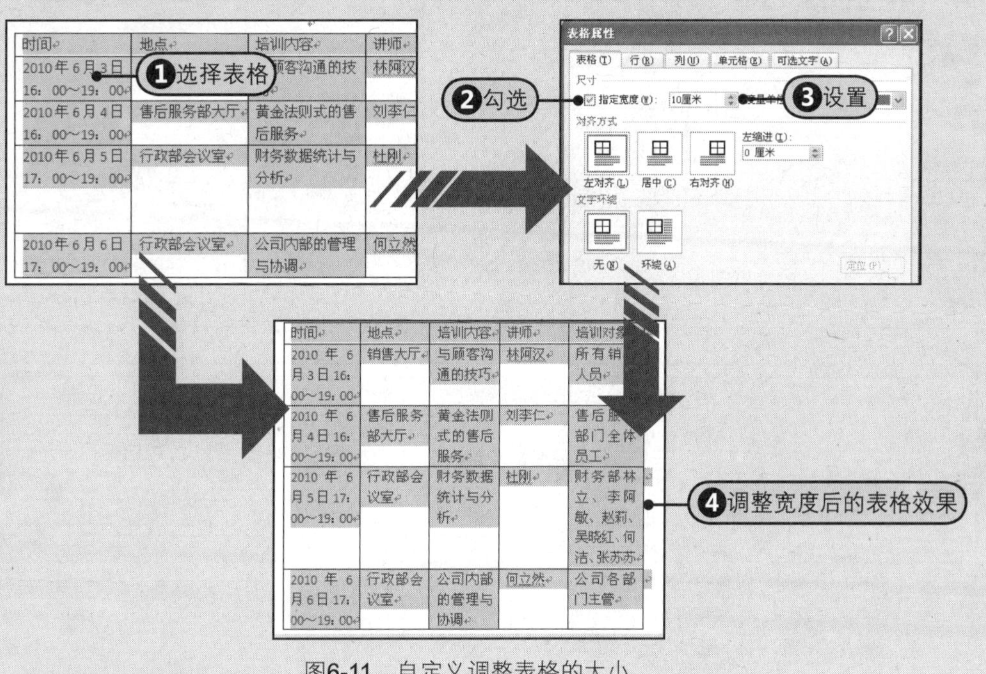

图6-11 自定义调整表格的大小

6.2.4 自动调整表格大小

除了上面介绍的自定义调整表格大小，用户还可以根据表格的内容、根据窗口及设置固定的列宽来自动调整表格大小。接着上节的操作，现介绍表格自动调整方法。

❶ 根据内容自动调整表格大小

Step1 选定需要调整的表格，Step2 在“单元格大小”组中单击“自动调整”的下三角按钮，Step3 从展开的下拉列表中选择“根据内容自动调整表格”命令，Step4 调整后的效果如图6-12所示。

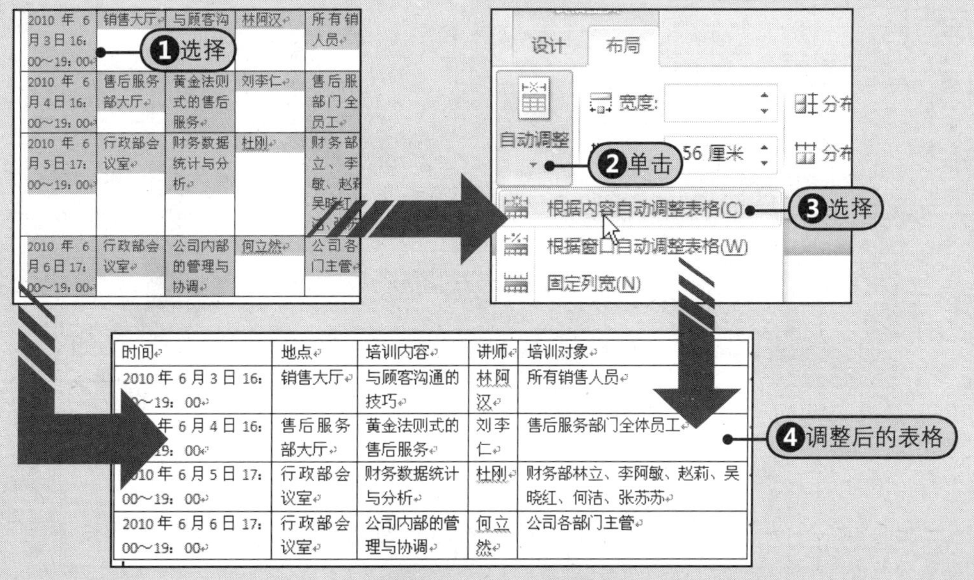

图6-12 根据内容自动调整表格

❷ 根据窗口自动调整表格

根据窗口调整表格，是指系统根据窗口页面的宽度自动调整表格各列的宽度，以占满整个窗口，而不考虑表格的内容。为了与根据内容自动调整区别，打开附书光盘\实例文件\第6章\原始文件\员工培训课程表1.docx文档，该表格中不包括“培训对象”列。

Step❶单击表格选择控点选定表格，Step❷在“单元格大小”组中单击“自动调整”的下三角按钮，Step❸从展开的下拉列表中选择“根据窗口自动调整表格”命令，此后，Step❹表格的宽度会占满整个页面，如图6-13所示。

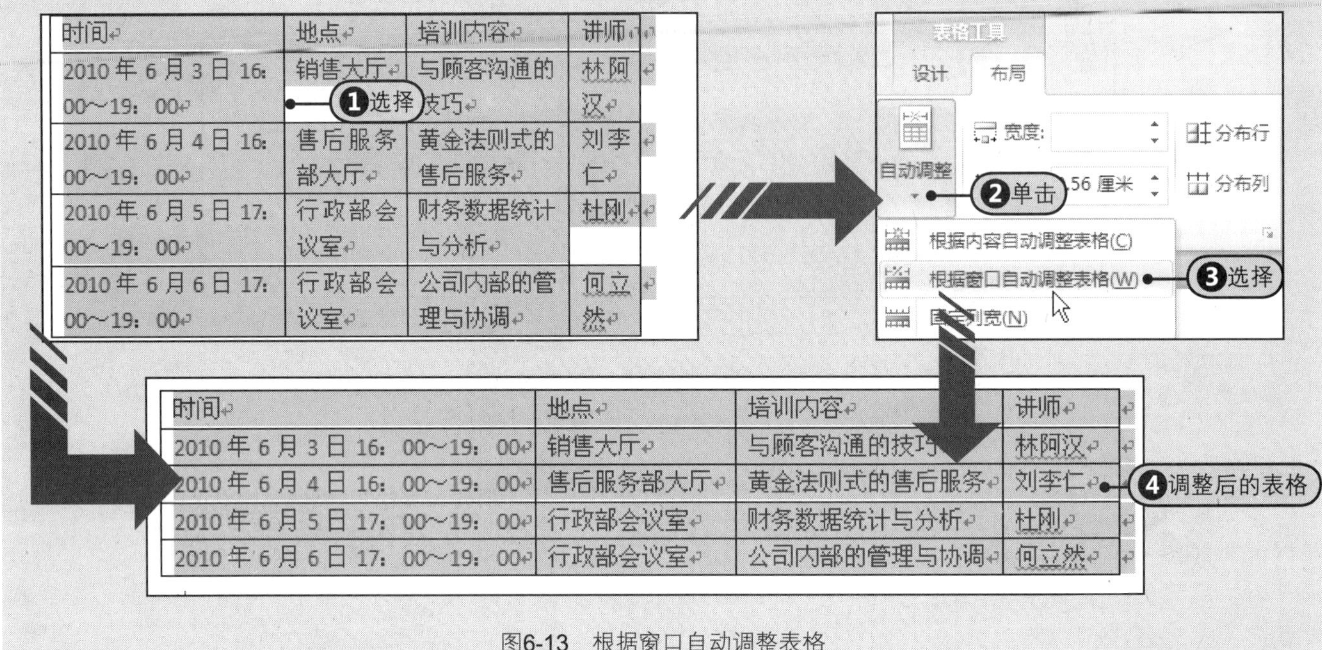

图6-13 根据窗口自动调整表格

6.2.5 设置固定的行高与列宽

用户还可以为表格中的某一行（或列）设置固定的行高（或列宽），再次打开附书光盘\实例文件\第6章\原始文件\员工培训课程表.docx文档，这里以设置行高为例进行介绍，设置列宽的方法与其类似。

Step❶选择要设置的行或列，Step❷在“单元格大小”组中单击对话框启动器，打开“表格属性”对话框，勾选“指定高度”复选框，Step❸设置高度值为“2.5厘米”，Step❹更改行高后的表格效果，如图6-14所示。

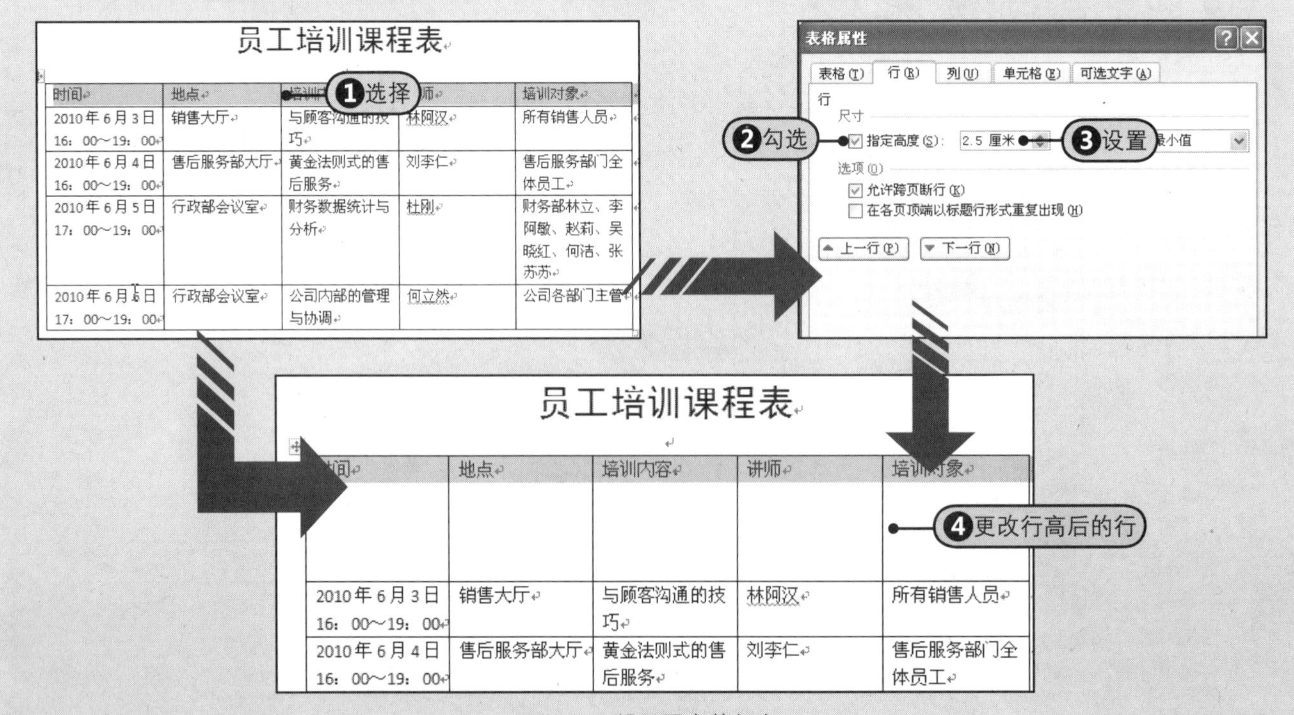

图6-14 设置固定的行高

6.2.6 使用拖动法调整行高与列宽

除了前面介绍的方法以外，还可以直接拖动鼠标调整行高与列宽。

Step1鼠标指向要调整的边框线，当鼠标指针变为双向箭头形状时，按住鼠标左键并拖动，此时会显示一条虚线，如图6-15所示，Step2释放鼠标，调整列宽后的效果，如图6-16所示。

地点	培训内容	讲师	培训对象
			❶拖动鼠标
销售大厅	与顾客沟通的技巧	林阿汉	所有销售人员
售后服务部大厅	黄金法则式的售后服务	刘李仁	售后服务部门全体员工
行政部会议室	财务数据统计与分析	杜刚	财务部林立、李阿敏、赵莉、吴晓红、何洁、张苏苏
行政部会议室	公司内部的管理与协调	何立然	公司各部门主管

图6-15 拖动鼠标调整列宽

地点	培训内容	讲师	培训对象
			❷调整后的列
销售大厅	与顾客沟通的技巧	林阿汉	所有销售人员
售后服务部大厅	黄金法则式的售后服务	刘李仁	售后服务部门全体员工
行政部会议室	财务数据统计与分析	杜刚	财务部林立、李阿敏、赵莉、吴晓红、何洁、张苏苏
行政部会议室	公司内部的管理与协调	何立然	公司各部门主管

图6-16 调整后的效果

6.3 单元格、行、列的插入与删除操作

接下来，学习如何在表格中插入与删除单元格、行及列。在Word 2010中，与单元格、行及列的插入和删除相关的命令是在“表格工具-布局”选项卡中的“行和列”组中，如图6-17所示。

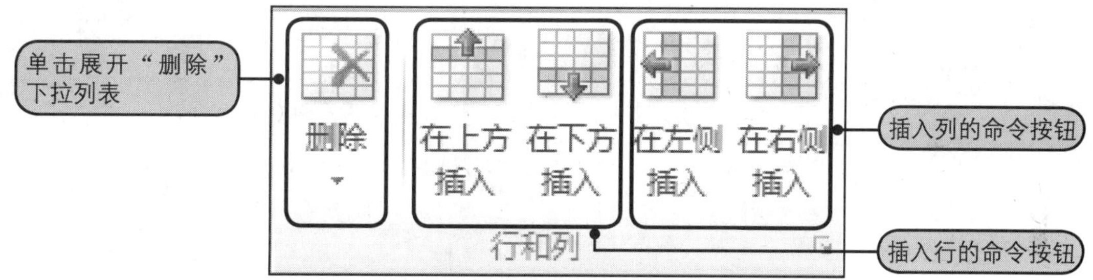

图6-17 “行和列”组

6.3.1 在表格中插入与删除单元格

对于已经创建好的表格，有时也需要在其中插入与删除某个单元格。打开附书光盘\实例文件\第6章\原始文件\员工培训课程表1.docx文档。

❶ 插入单元格

Step1选定要插入单元格位置的单元格，Step2单击鼠标右键，从弹出的快捷菜单中选择“插入”命令，Step3从下级菜单中选择“插入单元格”命令，Step4在打开的“插入单元格”对话框中选中“活动单元格下移”单选按钮，Step5单击“确定”按钮，Step6插入单元格后，活动单元格自动下移一行。在Word 2010中，对于移出的单元格，系统会自动调整到一个新行中，如图6-18所示。

提示 单击“行和列”组中的对话框启动器

在上面介绍的插入单元格时，选择单元格插入位置后，也可以直接单击“行和列”组中的对话框启动器来打开“插入单元格”对话框。

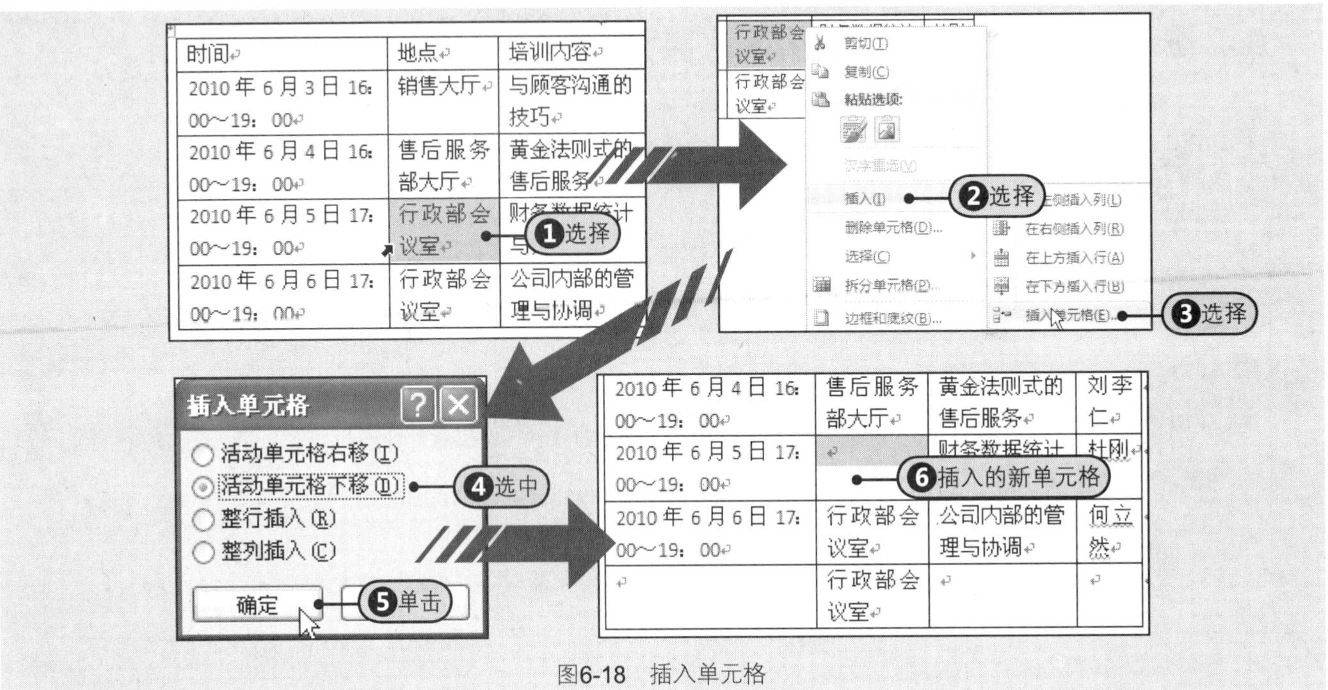

图6-18　插入单元格

2 删除单元格

与插入单元格相对应的操作是删除单元格。例如，当表格中的某一个单元格有误时，可以直接将该单元格删除。

Step 1 选定要删除的单元格，Step 2 在“行和列”组中单击“删除”的下三角按钮，Step 3 从展开的下拉列表中选择“删除单元格”命令，Step 4 在打开的“删除单元格”对话框中选中“下方单元格上移”单选按钮，Step 5 单击“确定”按钮，Step 6 删除单元格后，下方的单元格上移一行，在表格的最后形成一个空行，如图6-19所示。

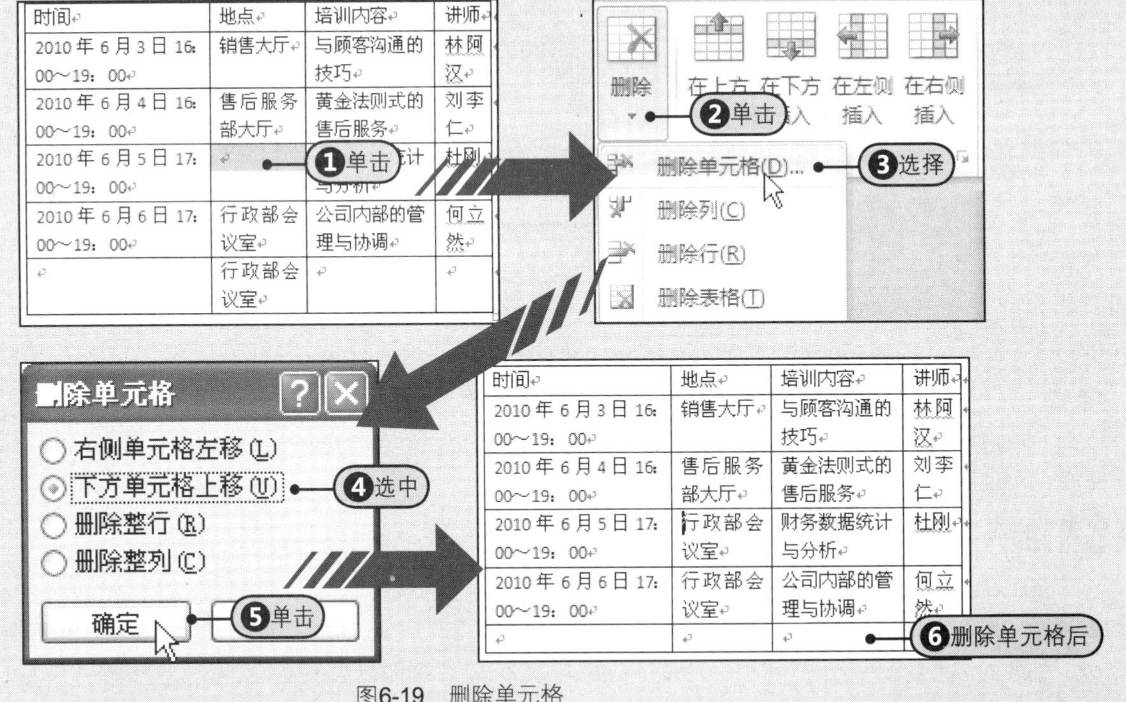

图6-19　删除单元格

6.3.2 在表格中插入和删除行与列

用户还可以直接在表格中插入行或者列，行与列的插入与删除方法完全类似，由于篇幅有限，只选择其中的一种举例介绍，希望读者可以举一反三。

1 插入行或列操作

Step 1 选定要插入位置的行或列，Step 2 根据要插入的行或列的位置在“行和列”组中单击对应的按钮，如单击“在

右侧插入”按钮，Step❸随后系统会在选定列的右侧插入新的一列，如图6-20所示。

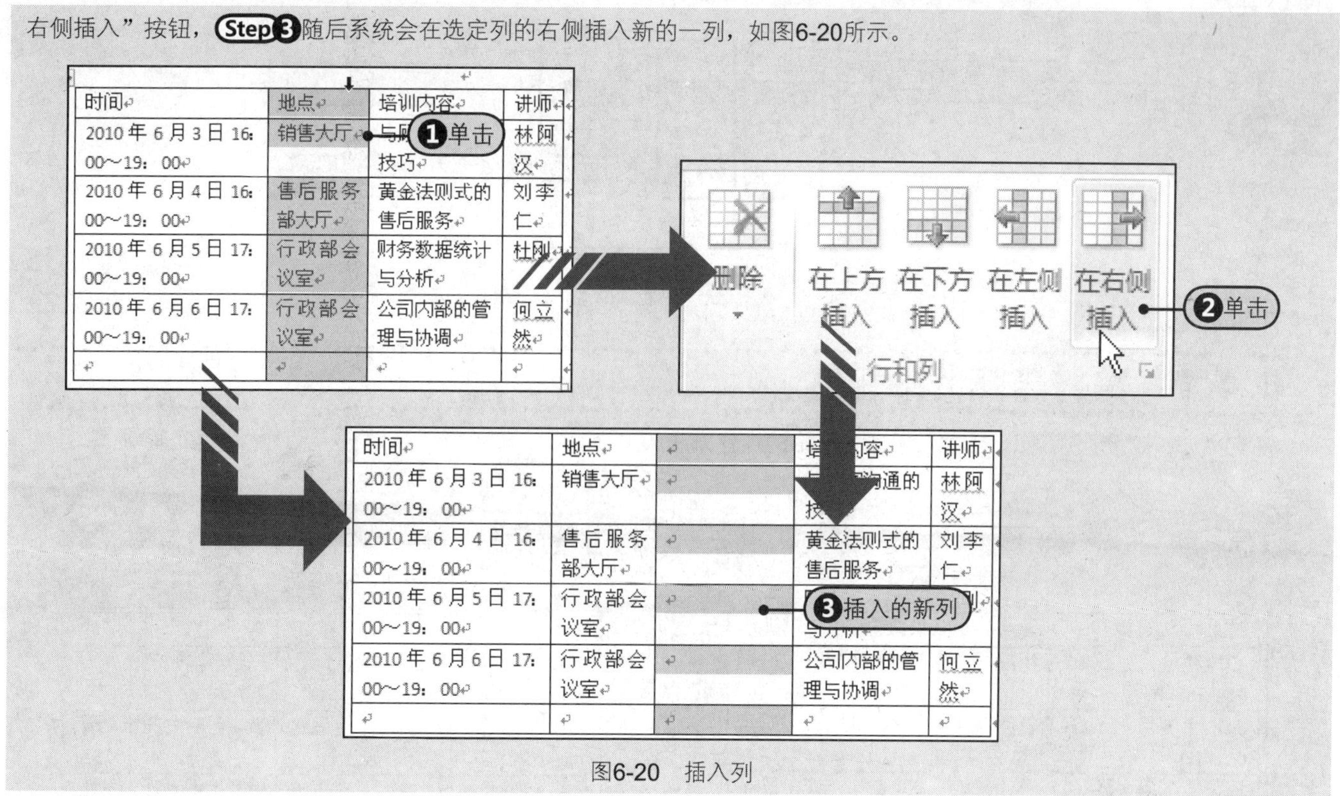

图6-20　插入列

❷ 删除行或列操作

Step❶选定要删除行或列，Step❷在“行和列”组中单击“删除”的下三角按钮，Step❸从展开的下拉列表中选择“删除列”命令，Step❹删除列后的表格效果，如图6-21所示。

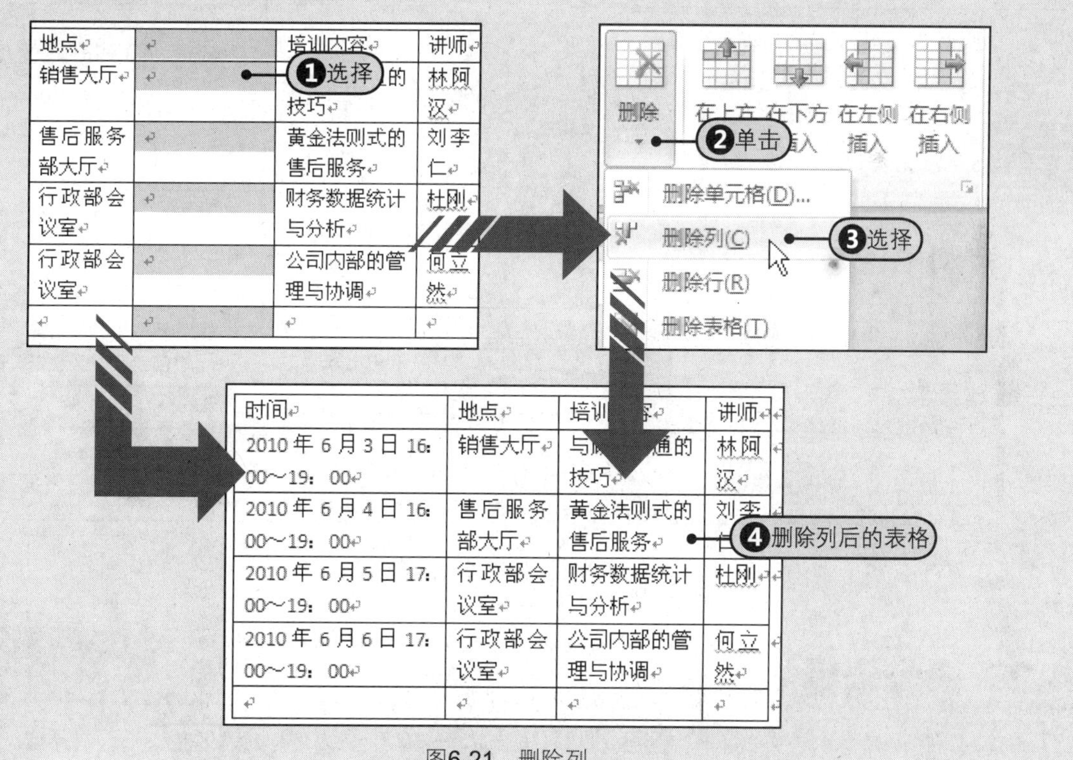

图6-21　删除列

6.4 合并与拆分单元格及表格

用户还可以对Word表格中的单元格及整个表格进行合并与拆分操作。在Word 2010中，与单元格及表格合并或拆分相关的命令按钮是集成在“表格工具-布局”选项卡中的“合并”组中，如图6-22所示。

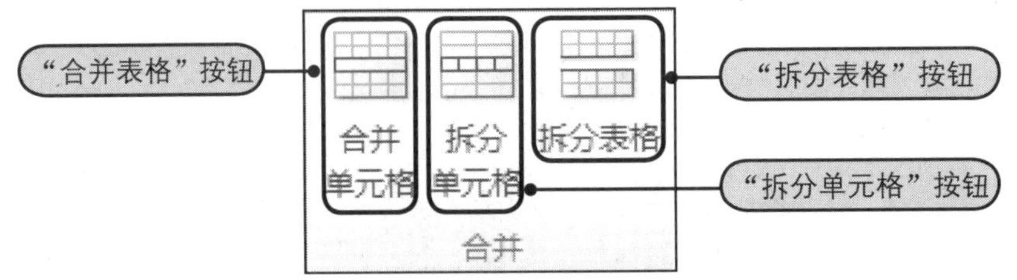

图6-22　“合并”组

6.4.1　合并与拆分单元格

接着以上一节的示例介绍，合并与拆分单元格的操作方法如下。

1 步骤 Step❶选择需要合并的单元格，如图6-23所示。

时间	地点	培训内容	讲师
2010年6月3日16:00~19:00	销售大厅	与顾客沟通的技巧	林阿汉
2010年6月4日16:00~19:00	售后服务部大厅	黄金法则式的售后服务	刘李仁
2010年6月5日17:00~19:00	行政部会议室	财务数据统计与分析	杜刚
2010年6月6日17:00~19:00	行政部会议室	公司内部的管理与协调	何立然

图6-23　选择要合并的单元格

2 步骤 Step❷在“合并”组中单击“合并单元格”按钮，合并后的单元格如图6-24所示。

时间	地点	培训内容	讲师
2010年6月3日16:00~19:00	销售大厅	与顾客沟通的技巧	林阿汉
2010年6月4日16:00~19:00	售后服务部大厅	黄金法则式的售后服务	刘李仁
2010年6月5日17:00~19:00	行政部会议室	财务数据统计与分析	杜刚
2010年6月6日17:00~19:00	行政部会议室	公司内部的管理与协调	何立然

图6-24　合并后的单元格

3 步骤 Step❸在“合并”组中单击“拆分单元格”按钮，打开“拆分单元格”对话框，设置“列数”为5，Step❹单击“确定”按钮，如图6-25所示。

图6-25　“拆分单元格”对话框

4 步骤 Step❺拆分后的单元格效果，如图6-26所示。

时间	地点	培训内容	讲师
2010年6月3日16:00~19:00	销售大厅	与顾客沟通的技巧	林阿汉
2010年6月4日16:00~19:00	售后服务部大厅	黄金法则式的售后服务	刘李仁
2010年6月5日17:00~19:00	行政部会议室	财务数据统计与分析	杜刚
2010年6月6日17:00~19:00	行政部会议室	公司内部的管理与协调	何立然

图6-26　拆分后的单元格

6.4.2　拆分表格

用户还可以将一个表格拆分为多个表格。Step❶选择要拆分位置的单元格或者行，Step❷在“合并”组中单击“拆分表格”按钮，Step❸随后表格被拆分为两个独立的表格，如图6-27所示。

提示

拆分表格

在执行“拆分表格”时，需要注意只能在水平方向上拆分表格，而不能在垂直方向上拆分表格。拆分后的表格，如果要还原为一个表格，只需将两个表格之间的空行删除即可。

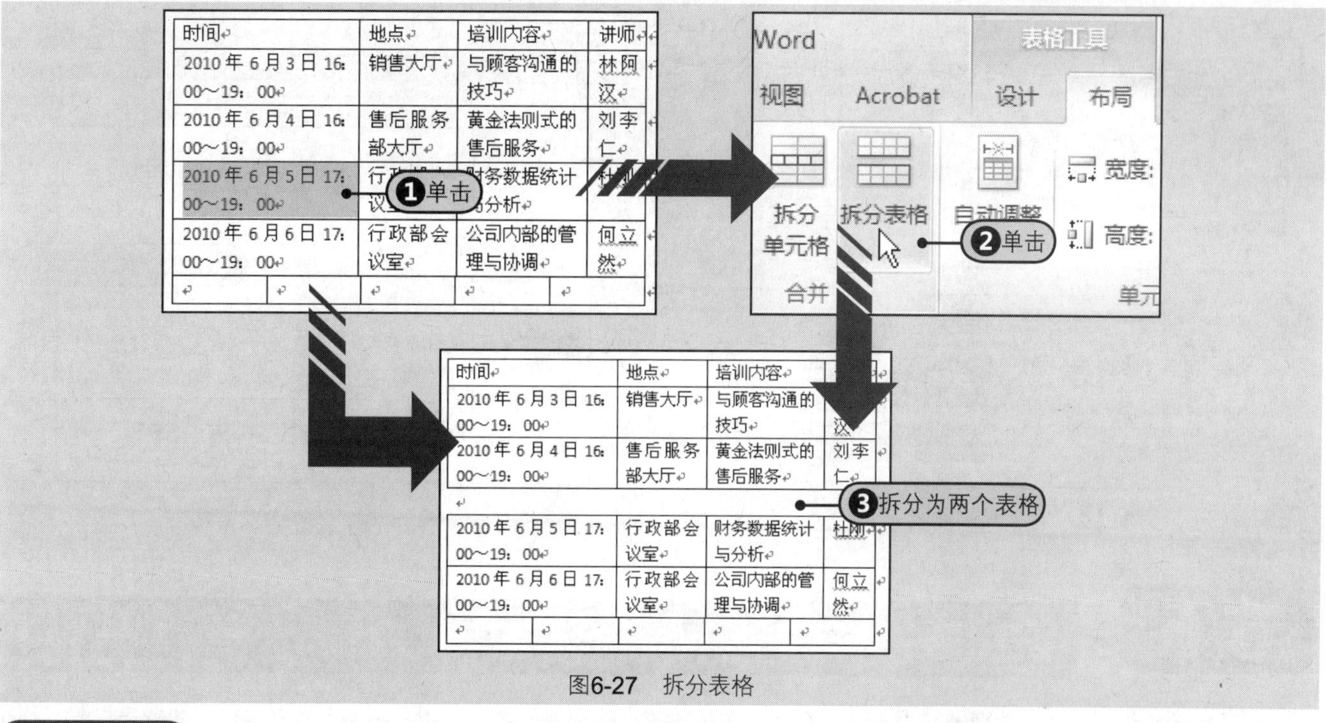

图6-27　拆分表格

6.5 设置表格内文本的对齐方式

为了使表格看上去更美观、更整齐，还需要设置表格内的文本对齐方式。表格内的文本对齐方式通常有9种，分别是靠上（中、下）两端对齐、靠上（下）居中对齐、水平居中对齐及靠上（中、下）右端对齐。设置表格内文本对齐方式的操作步骤如下所示。

1 步骤 Step 1 选择要设置文本对齐方式的表格，如图6-28所示。

时间	地点	培训内容	讲师
2010年6月3日 16:00～19:00	销售大厅	与顾客沟通的技巧	林阿汉
2010年6月4日 16:00～19:00	售后服务部大厅	黄金法则式的售后服务	刘李仁
2010年6月5日 17:00～19:00	行政部会议室	财务数据统计与分析	杜刚

1选择

图6-28　选择表格

2 步骤 Step 2 在“对齐方式”组中单击“水平居中对齐”按钮，如图6-29所示。

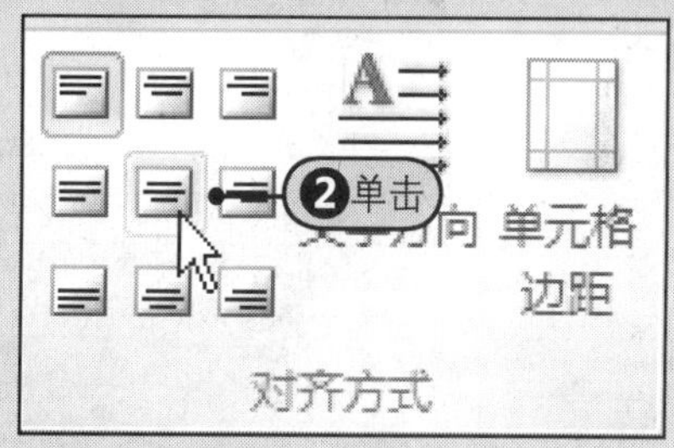

图6-29　单击“水平居中对齐”按钮

3 步骤 Step 3 设置水平居中对齐后的效果，如图6-30所示。

时间	地点	培训内容	讲师
2010年6月3日 16:00～19:00	销售大厅	与顾客沟通的技巧	林阿汉
2010年6月4日 16:00～19:00	售后服务部大厅	黄金法则式的售后服务	刘李仁
2010年6月5日 17:00～19:00	行政部会议室	财务数据统计与分析	杜刚

3设置对齐后的效果

图6-30　设置对齐后的效果

4 步骤 Step 4 选择要更改文字方向的单元格，如图6-31所示。

培训内容	讲师	培训对象
与顾客沟通的技巧	林阿汉	所有销售人员
黄金法则式的售后服务	刘李仁	售后服务部门全体员工
财务数据统计与分析	杜刚	财务部林立、李阿敏、赵莉、吴晓红、何洁、张苏苏

4选择

图6-31　选择单元格

Step 5 在“对齐方式”组中单击“文字方向”按钮，如图6-32所示。

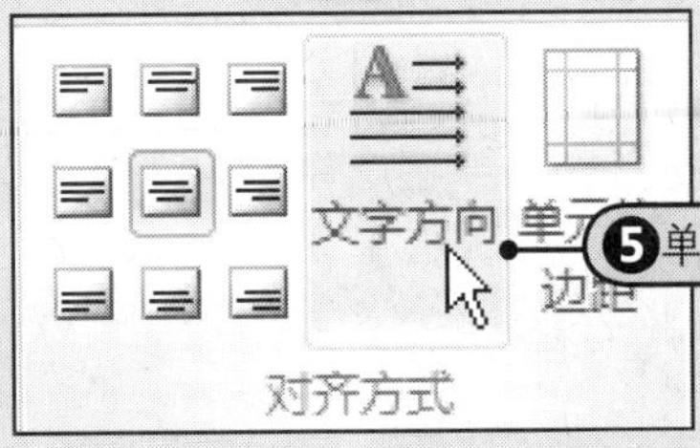

图6-32 单击“文字方向”按钮

Step 6 更改为竖排文本方向后的效果，如图6-33所示。

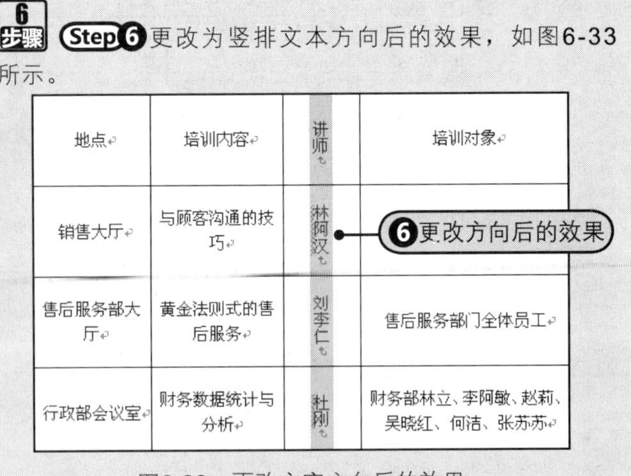

地点	培训内容	讲师	培训对象
销售大厅	与顾客沟通的技巧	林阿汉	
售后服务部大厅	黄金法则式的售后服务	刘李仁	售后服务部门全体员工
行政部会议室	财务数据统计与分析	杜刚	财务部林立、李阿敏、赵莉、吴晓红、何洁、张苏苏

图6-33 更改文字方向后的效果

6.6 设置表格样式

创建好表格以后，可以为表格应用样式，从而使表格快速拥有专业的外观。用户不但可以直接使用内置表样式，而且可以新建表样式。

6.6.1 应用程序内置表格样式

如果要在最短的时间内使表格拥有专业的外观，则可以为表格应用内置表样式。重新打开附书光盘\实例文件\第6章\原始文件\员工培训课程表.docx文档。

Step 1 选择表格，在“表格工具-设计”选项卡中的“表格样式”组中单击“其他”按钮，显示整个表的样式列表，**Step 2** 选择一种样式，如“中等深浅底纹2-强调文字颜色1”样式，**Step 3** 应用该样式后的表格效果，如图6-34所示。

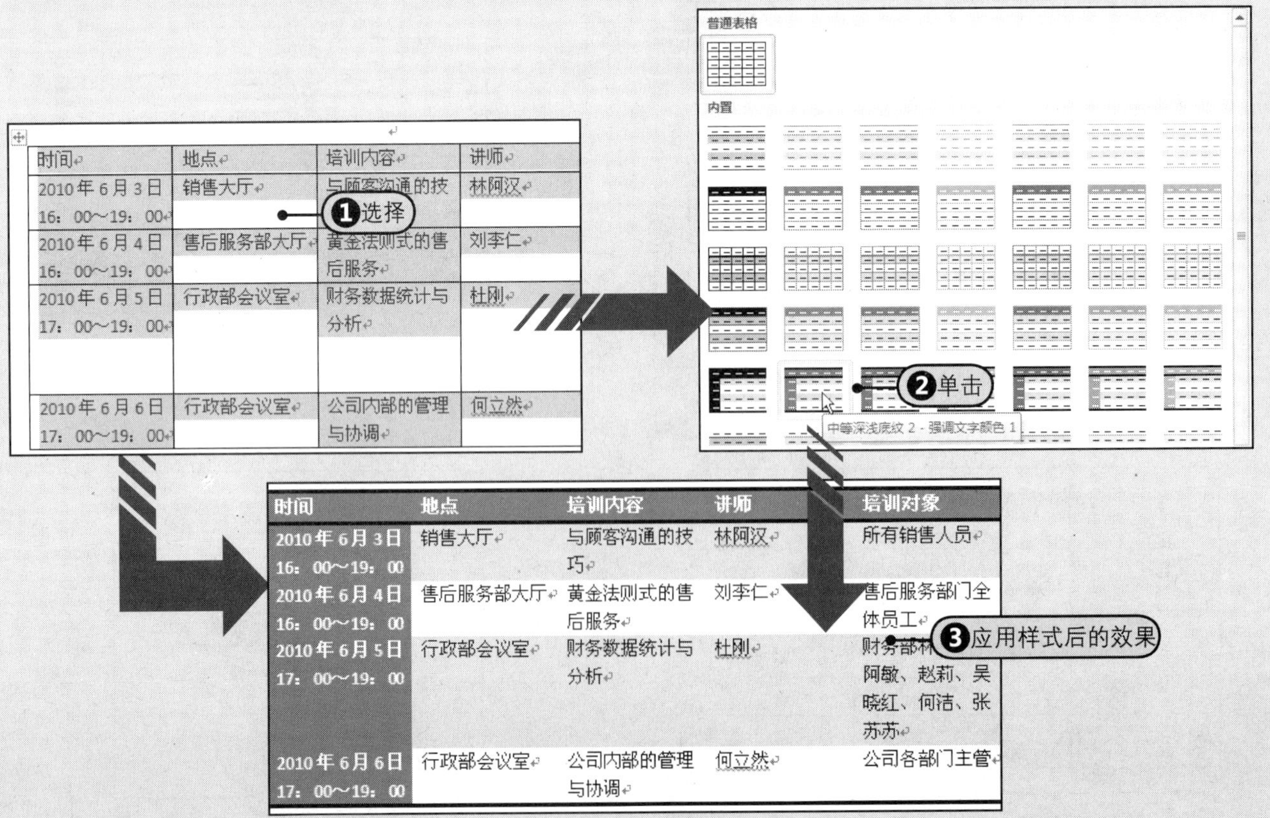

时间	地点	培训内容	讲师	培训对象
2010年6月3日 16：00~19：00	销售大厅	与顾客沟通的技巧	林阿汉	所有销售人员
2010年6月4日 16：00~19：00	售后服务部大厅	黄金法则式的售后服务	刘李仁	售后服务部门全体员工
2010年6月5日 17：00~19：00	行政部会议室	财务数据统计与分析	杜刚	财务部林立、李阿敏、赵莉、吴晓红、何洁、张苏苏
2010年6月6日 17：00~19：00	行政部会议室	公司内部的管理与协调	何立然	公司各部门主管

图6-34 应用内置表样式

6.6.2 设置表格样式选项

用户还可以设置是否在样式中显示“标题行”、“第一列”、“汇总行”、“最后一列”、“镶边行”和“镶边列”等特殊格式。

Step❶在“表格样式选项”组中勾选（或取消勾选）要显示（或取消显示）的特殊格式，例如，取消勾选“镶边行”复选框（见图6-35），Step❷取消镶边行特殊格式后的表格效果，如图6-36所示。

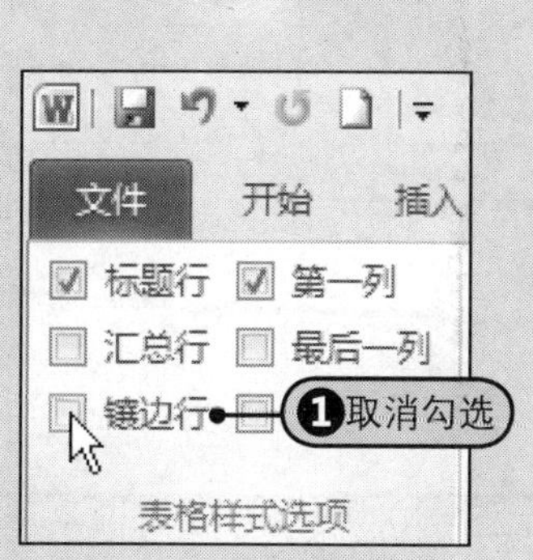

图6-35 设置表格样式选项

时间	地点	培训内容	讲师	培训对象
2010年6月3日 16：00~19：00	销售大厅	与顾客沟通的技巧	林阿汉	所有销售人员
2010年6月4日 16：00~19：00	售后服务部大厅	黄金法则式的售后服务	刘李仁	售后服务部门全体员工
2010年6月5日 17：00~19：00	行政部会议室	财务数据统计与分析	杜[illegible]	[illegible]阿敏、赵莉、吴晓红、何洁、张苏苏
2010年6月6日 17：00~19：00	行政部会议室	公司内部的管理与协调	何立然	公司各部门主管

❷取消镶边行格式后的效果

图6-36 不显示镶边行特殊格式的效果

提示 镶边行和镶边列

如果在“表格样式选项”组中勾选了“镶边行”和“镶边列”复选框，则表格中的奇数行和偶数行（奇数列和偶数列）会显示交互的不相同格式，以增强表格的可读性。

6.6.3 新建表格样式

除了使用系统内置的表格样式外，用户还可以根据自己的需要，创建有个性化特色的表样式。再次打开附书光盘\实例文件\第6章\原始文件\员工培训课程表.docx文档。

1 步骤 Step❶在“表格样式”组中单击“其他”按钮，显示整个表格样式列表，在表格样式列表底部选择“新建表样式”命令，如图6-37所示。

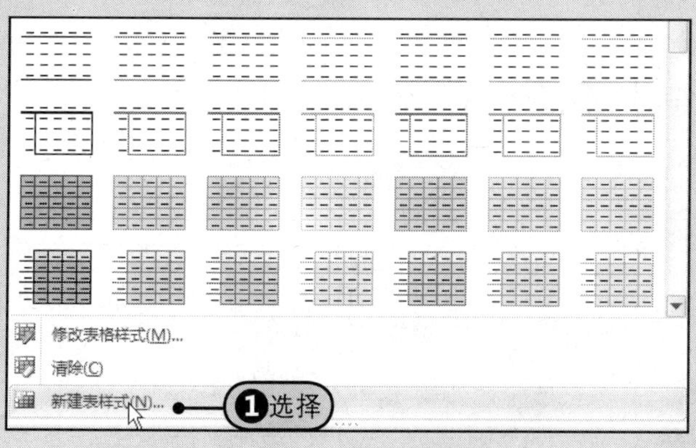

图6-37 选择“新建表样式”命令

2 步骤 Step❷在打开的“根据格式设置创建新样式”对话框中，单击“样式基准”右侧的下三角按钮，Step❸从展开的下拉列表中选择一种内置样式基准，如“浅色底纹-强调文字颜色3”样式，如图6-38所示。

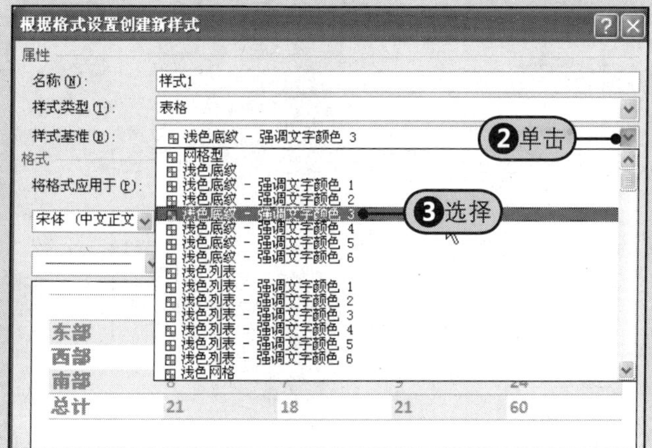

图6-38 选择样式基准

3步骤 Step 4 在该对话框“格式”区域的“将格式应用于”下拉列表中选择“标题行”，单击“填充颜色”右侧的下三角按钮，Step 5 从展开的下拉列表中单击“绿色”，如图6-39所示。

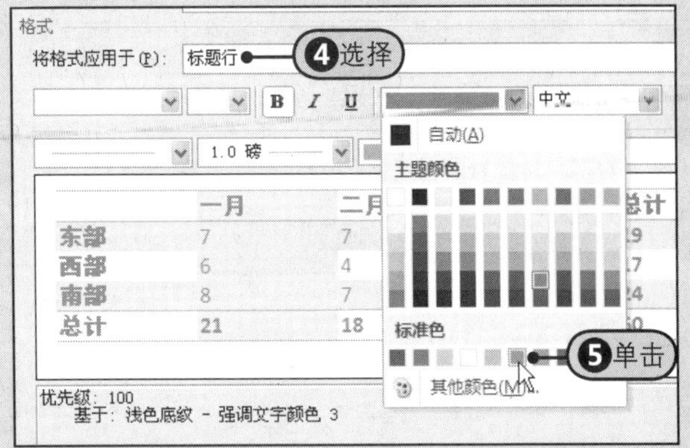

图6-39 设置标题行字体颜色

4步骤 Step 6 在“根据格式设置创建新样式”对话框中单击“格式”按钮，Step 7 从展开的下拉列表中选择“字体”命令，如图6-40所示。

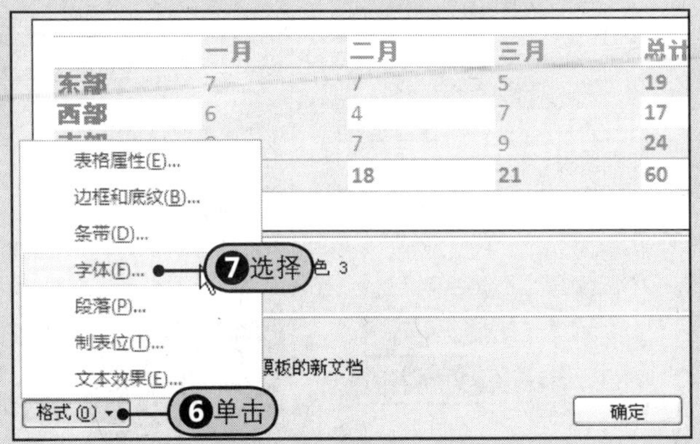

图6-40 选择“字体”命令

5步骤 在打开的“字体”对话框中，Step 8 在“字号”列表框中单击“四号”，Step 9 然后单击“确定”按钮，如图6-41所示。

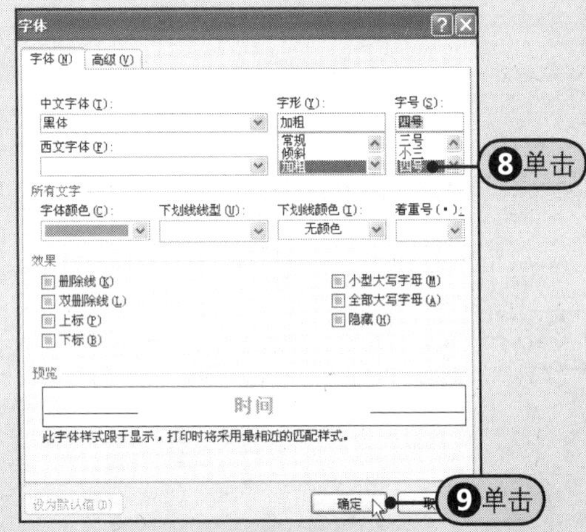

图6-41 设置字体

6步骤 返回“根据格式设置创建新样式”对话框中，Step 10 单击“填充颜色”右侧的下三角按钮，Step 11 从展开的下拉列表中单击“橙色”，如图6-42所示。

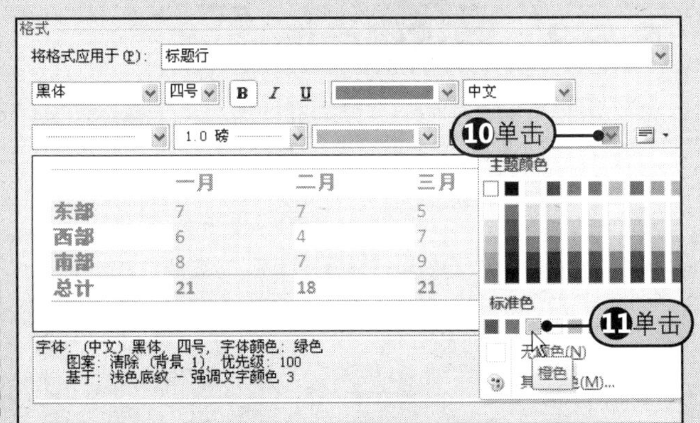

图6-42 设置标题行填充颜色

7步骤 Step 12 然后单击“确定”按钮，如图6-43所示。

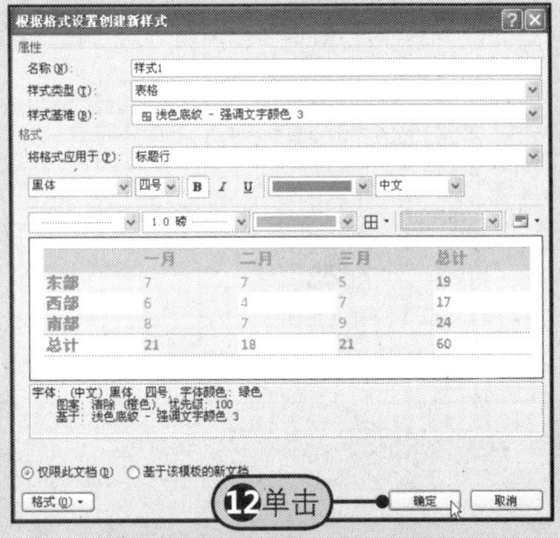

图6-43 单击“确定”按钮

8步骤 Step 13 在文档中选择表格，如图6-44所示。

时间	地点	培训内容	讲师
2010年6月3日 16：00~19：00	销售	与顾客沟通的技巧	林阿汉
2010年6月4日 16：00~19：00	售后服务部大厅	黄金法则式的售后服务	刘李仁
2010年6月5日 17：00~19：00	行政部会议室	财务数据统计与分析	杜刚
2010年6月6日 17：00~19：00	行政部会议室	公司内部的管理与协调	何立然

图6-44 选择表格

9 步骤 再次在“表格工具-设计”选项卡中的“表格样式”组中单击“其他”按钮，展开“表格样式”列表，Step14在顶部单击“自定义”区域的“样式1”，该样式即为前面步骤所新建的样式，如图6-45所示。

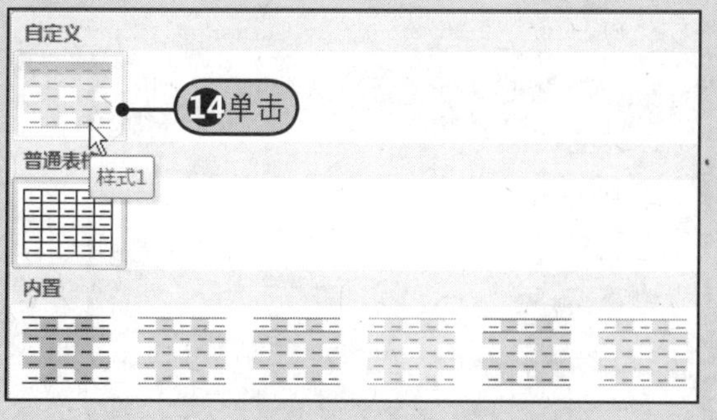

图6-45 应用自定义样式

10 步骤 Step15应用自定义样式“样式1”后的表格效果，如图6-46所示。

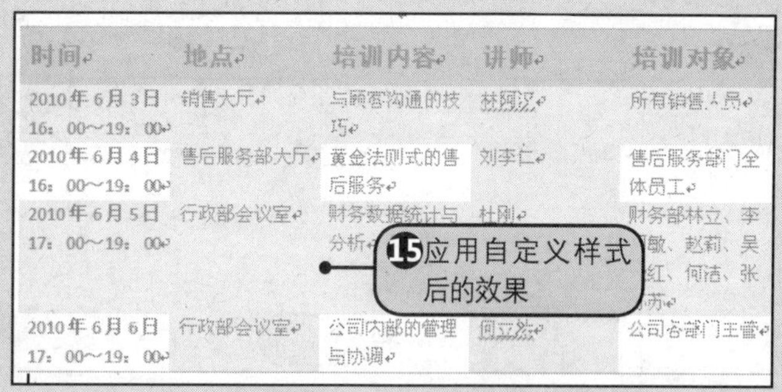

图6-46 应用样式后的效果

6.7 表格的排序与数据运算

用户还可以对Word表格中的数据进行排序，以及进行一些简单的数据运算，比如求和、求平均值等。当然，如果要创建的表格中涉及比较复杂的运算，则选择使用Microsoft Excel创建会更好。打开附书光盘\实例文件\第6章\原始文件\考核成绩统计.docx文档。

6.7.1 对表格内容进行排序

在Word 2010中，也可以像在Excel表格中那样对数据进行排序。

Step1选择要排序的表格，在“表格工具-布局”选项卡中的“数据”组中单击“排序”按钮，打开“排序”对话框，Step2在“主要关键字”下拉列表中选择“理论考核”，Step3选中“降序”单选按钮，Step4从“次要关键字”下拉列表中选择“实践考核”，Step5选中“降序”单选按钮，Step6最后单击“确定”按钮，Step7排序后的表格效果，如图6-47所示。

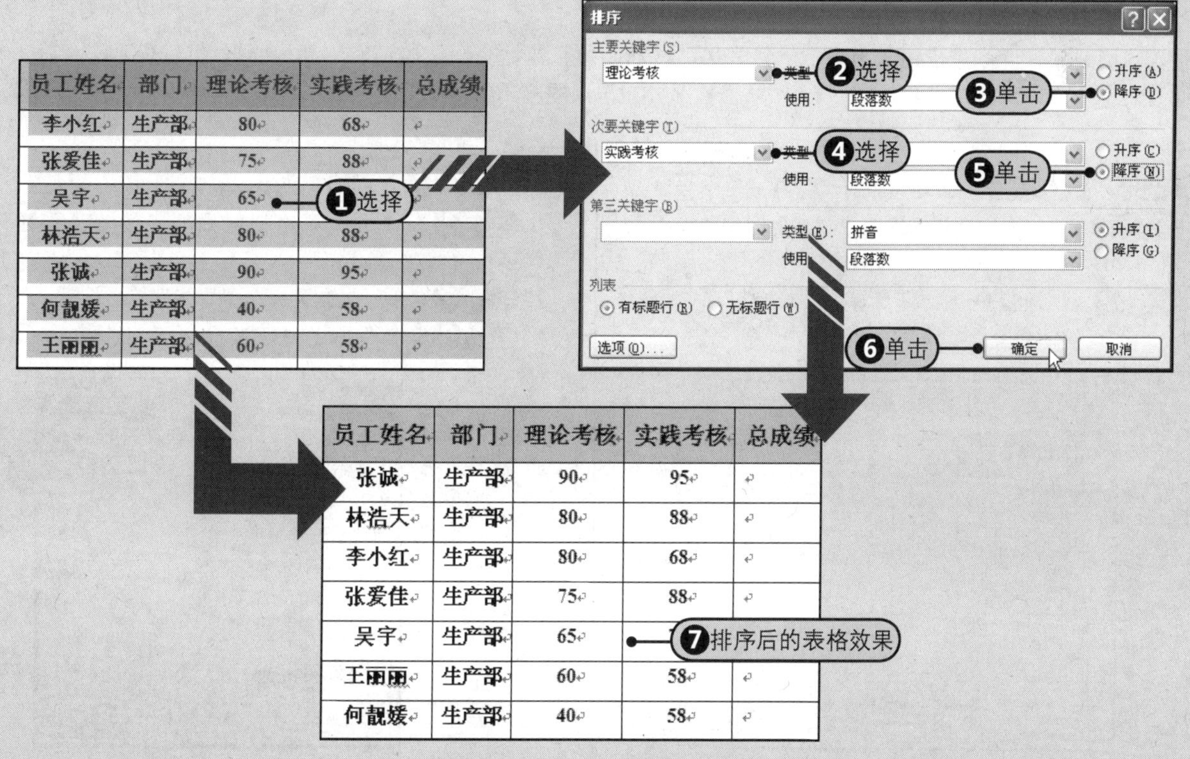

员工姓名	部门	理论考核	实践考核	总成绩
李小红	生产部	80	68	
张爱佳	生产部	75	88	
吴宇	生产部	65		
林浩天	生产部	80	88	
张诚	生产部	90	95	
何靓媛	生产部	40	58	
王丽丽	生产部	60	58	

员工姓名	部门	理论考核	实践考核	总成绩
张诚	生产部	90	95	
林浩天	生产部	80	88	
李小红	生产部	80	68	
张爱佳	生产部	75	88	
吴宇	生产部	65		
王丽丽	生产部	60	58	
何靓媛	生产部	40	58	

图6-47 对表格内容进行排序

6.7.2 在表格中进行公式运算

在Word 2010中，可以通过公式完成对表格中数据的一些简单计算，例如求和、求平均值等。

Step01单击需要设置公式计算的单元格，Step02在“表格工具-布局”选项卡的“数据”组中单击“公式”按钮，Step03随后打开“公式”对话框，此时系统会根据当前表格的情况自动创建最合适的公式，用户只需要单击“确定”按钮，然后切换到下一个单元格，重复此操作，Step04直到完成所有单元格的计算，得到如图6-48所示的表格。

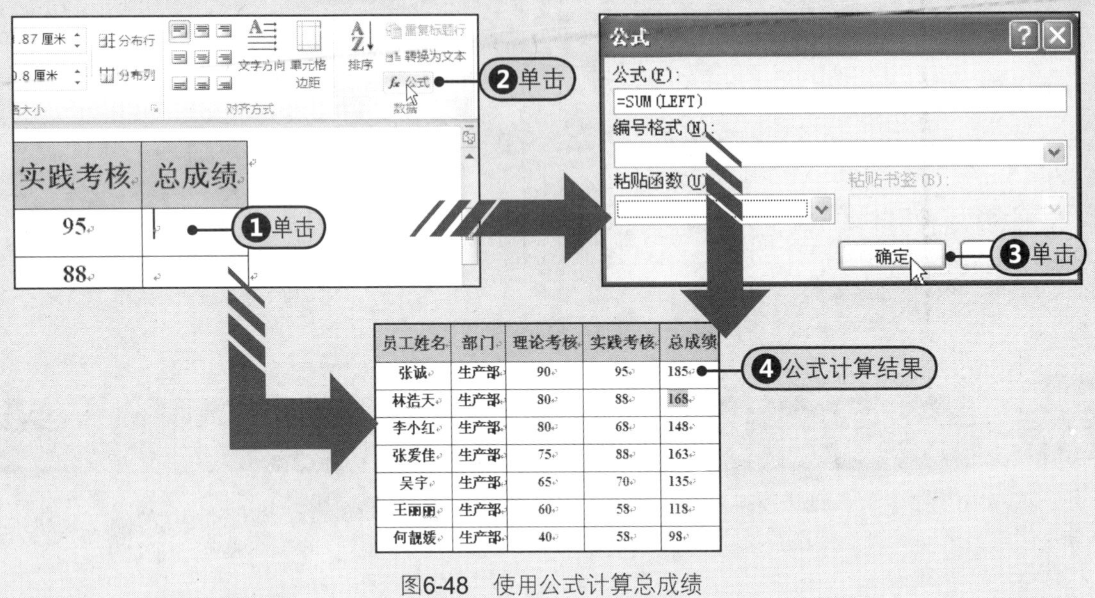

图6-48 使用公式计算总成绩

6.8 融会贯通 制作个人简历

表格的制作是Word办公软件中非常重要的一个功能，而且在实际工作中应用非常频繁。本章主要介绍了如何在文档中创建表格，调整表格与单元格大小的多种方法，单元格、行、列的插入与删除操作，设置表格内文本对齐方式、表格样式及表格数据的排序与计算等知识。

个人简历是现代职场中应用非常多的一种表格，当需要向企业提交职位申请时，都需要提供自己的个人简历。接下来，通过制作个人简历，进一步加深对Word表格各部分知识点的应用。

1 步骤 选择“插入表格”命令。

Step1在“插入”选项卡中的“表格”组中单击“表格”下三角按钮。

Step2从展开的下拉列表中选择“插入表格”命令。

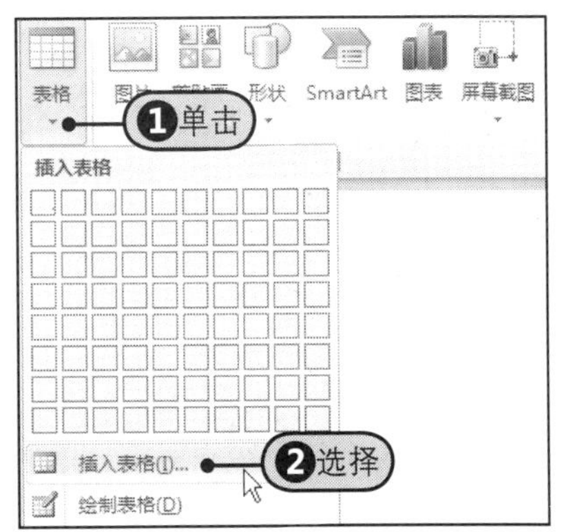

2 步骤 设置“插入表格”对话框。

Step1在“插入表格”对话框中设置“列数”为“5”，“行数”为“10”。

Step2选中“根据窗口调整表格”单选按钮。

Step3单击“确定”按钮。

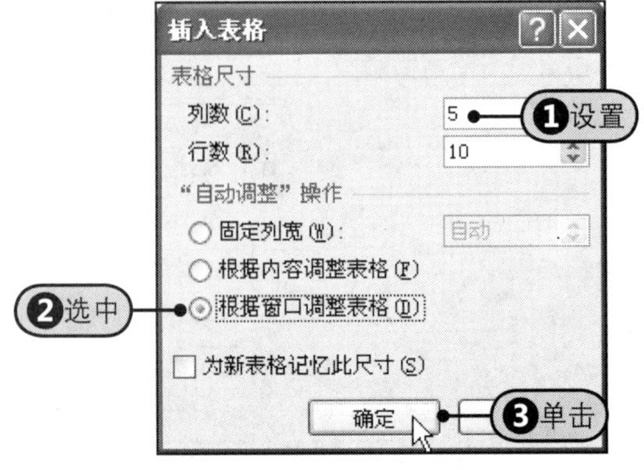

（续上）

3 步骤 插入默认的表格。

插入到文档中的表格如下图所示，移动光标到表格最左上角的单元格内。

4 步骤 输入表格标题。

按Enter键在表格上方插入一个空行，输入标题文字“个人简历”。

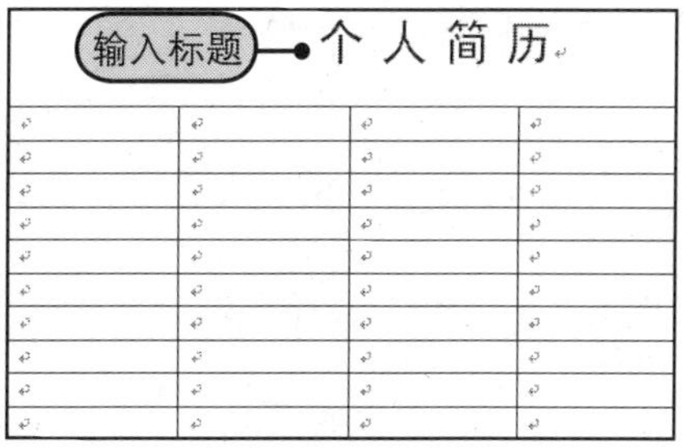

个 人 简 历

5 步骤 输入表项目。

在表格中输入个人简历表格的项目，如“姓名”、“性别”、“出生日期”等。

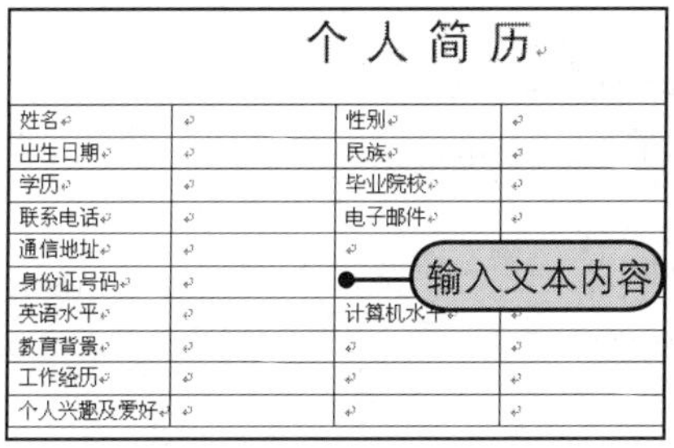

个 人 简 历

姓名		性别	
出生日期		民族	
学历		毕业院校	
联系电话		电子邮件	
通信地址			
身份证号码			
英语水平		计算机水平	
教育背景			
工作经历			
个人兴趣及爱好			

6 步骤 选择要合并的单元格。

选择需要合并的多个单元格。

个 人 简 历

姓名		性别	
出生日期		民族	
学历		毕业院校	
联系电话		电子邮件	
通信地址			
身份证号码			
英语水平		计算机水平	
教育背景			
工作经历			
个人兴趣及爱好			

7 步骤 单击“合并单元格”按钮。

在“表格工具-布局”选项卡的“合并”组中单击“合并单元格”按钮。

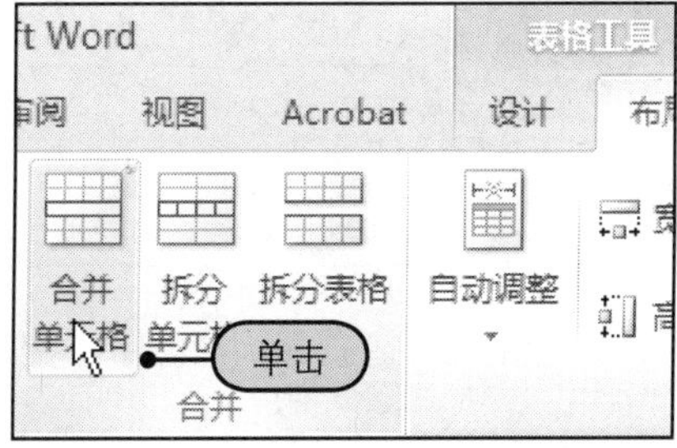

8 步骤 完成所有合并单元格的操作。

重复上面两个步骤，合并所有需要合并的单元格，如下图所示。

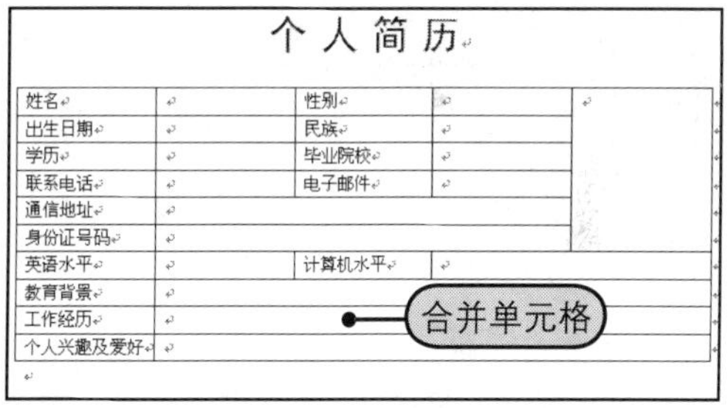

个 人 简 历

姓名		性别		
出生日期		民族		
学历		毕业院校		
联系电话		电子邮件		
通信地址				
身份证号码				
英语水平		计算机水平		
教育背景				
工作经历				
个人兴趣及爱好				

9 步骤 选择多行。

拖动鼠标同时选择需要调整行高的所有行。这里，选择的是“教育背景”、“工作经历”、“个人兴趣及爱好”和“自我评价”几行内容，如下图所示。

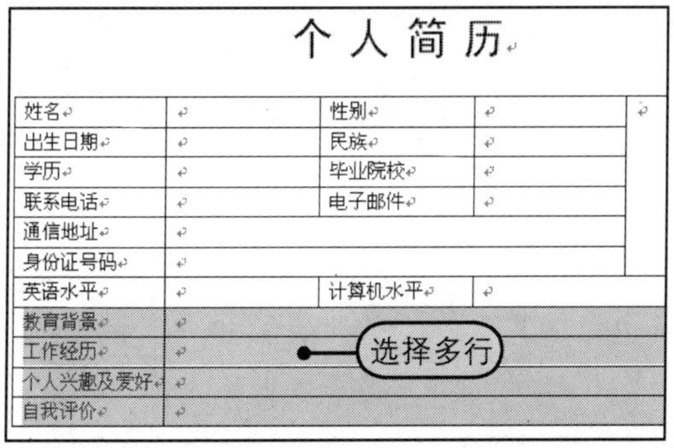

个 人 简 历

姓名		性别		
出生日期		民族		
学历		毕业院校		
联系电话		电子邮件		
通信地址				
身份证号码				
英语水平		计算机水平		
教育背景				
工作经历				
个人兴趣及爱好				
自我评价				

10 步骤 设置固定行高。

单击“表格工具-布局”选项卡的“单元格大小”组中的对话框启动器。

Step 1 在打开的对话框中勾选“指定高度”复选框。

Step 2 设置高度值为“4厘米”，行高值为“固定值”。

Step 3 单击“确定”按钮。

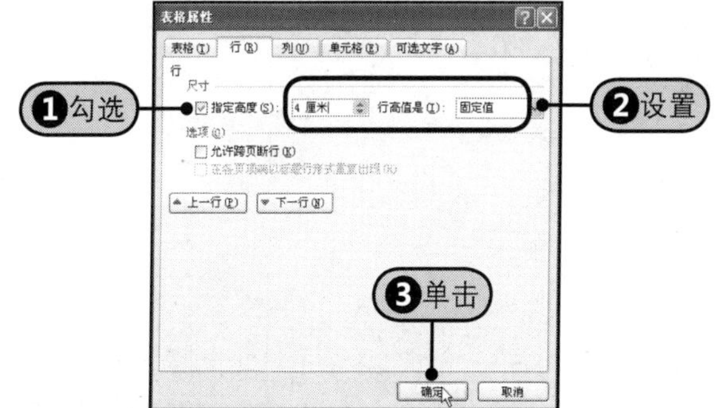

（续上）

11 步骤 查看更改行高后的效果。

经上述设置后，可以看到更改行高后的效果如下图所示。

教育背景
工作经历
更改行高后的效果
个人兴趣及爱好

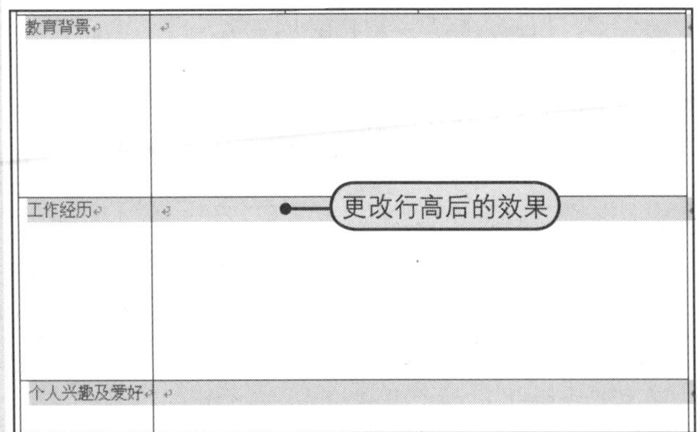

12 步骤 更改表格内文字方向和对齐方式。

Step 1 在“对齐方式”组中单击“文字方向”按钮，将文本更改为竖直方向。

Step 2 单击“中部居中”按钮。

文字方向
边距
1单击
2单击
对齐方式

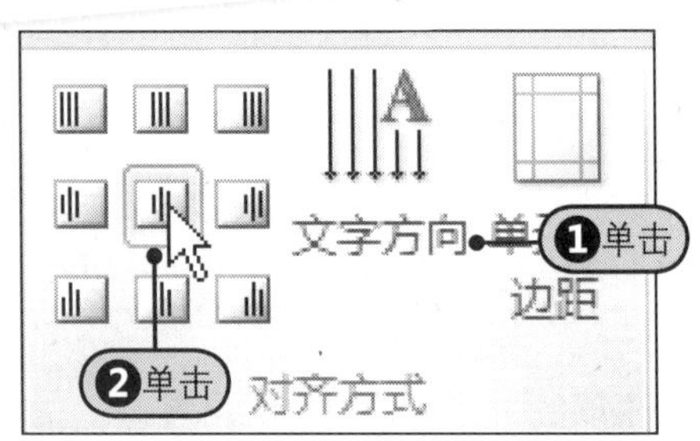

13 步骤 选择“调整宽度”命令。

Step 1 选择表格只有两个字或三个字的表项目。

Step 2 单击“中文版式”按钮。

Step 3 从展开的下拉列表中选择“调整宽度”命令。

2单击
纵横混排(T)...
合并字符(M)...
双行合一(W)...
段落
3选择
调整宽度(I)...
字符缩放(C)
姓名
1选择
出生日期
民族
学历
毕业院校
联系电话
电子邮件
通信地址
身份证号码

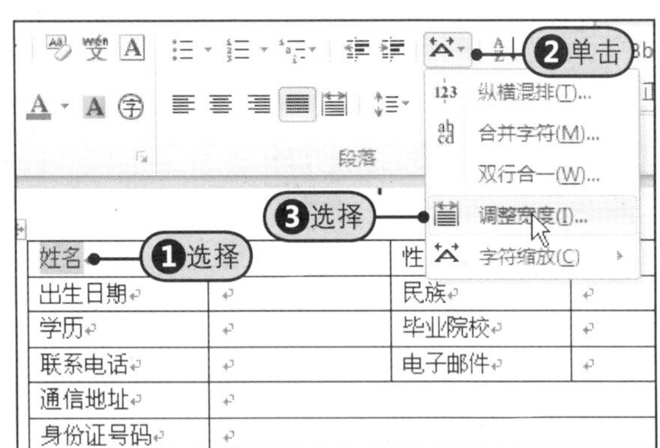

14 步骤 设置宽度值。

Step 1 在弹出的“调整宽度”对话框中修改“新文字宽度”值为“4字符”。

Step 2 单击“确定”按钮。

姓名
性别
出生日期
民族
学历
毕业院校
调整宽度
当前文字宽度：2 字符 (0.74 厘米)
新文字宽度(T)：4字符
1输入
删除(R)
确定
取消
2单击

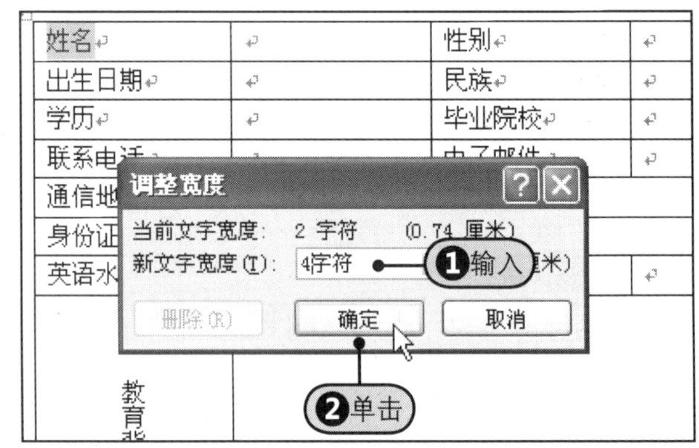

15 步骤 查看表格最终效果。

创建好的个人简历最终效果，如下图所示。

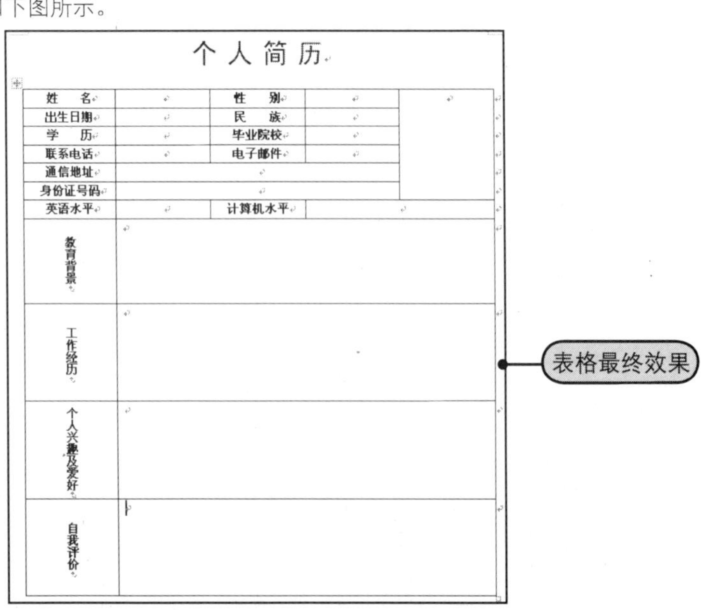

个 人 简 历
姓 名
性 别
出生日期
民 族
学 历
毕业院校
联系电话
电子邮件
通信地址
身份证号码
英语水平
计算机水平
教育背景
工作经历
个人兴趣及爱好
自我评价
表格最终效果

专家支招

在实际处理表格问题时，除了掌握前面的知识以外，可能还会遇到一些困惑，例如超过一页的表格如何使每页顶端都显示标题行、如何将表格转换为文本，以及如何设置不允许跨页断行等。

招术一 在各页的顶端显示标题行

在实际工作中，经常会遇到需要在多页中才能显示完的表格，这时为了增加表格的可读性，可以设置重复标题行，从而使每页顶端都显示表格的标题行。打开附书光盘\实例文件\第6章\原始文件\员工工资表.docx文档。

Step1选择表格的标题行，Step2在“数据”组中单击“重复标题行”按钮，Step3随后，在第二页的顶端，系统会自动增加显示一行标题行，如图6-49所示。

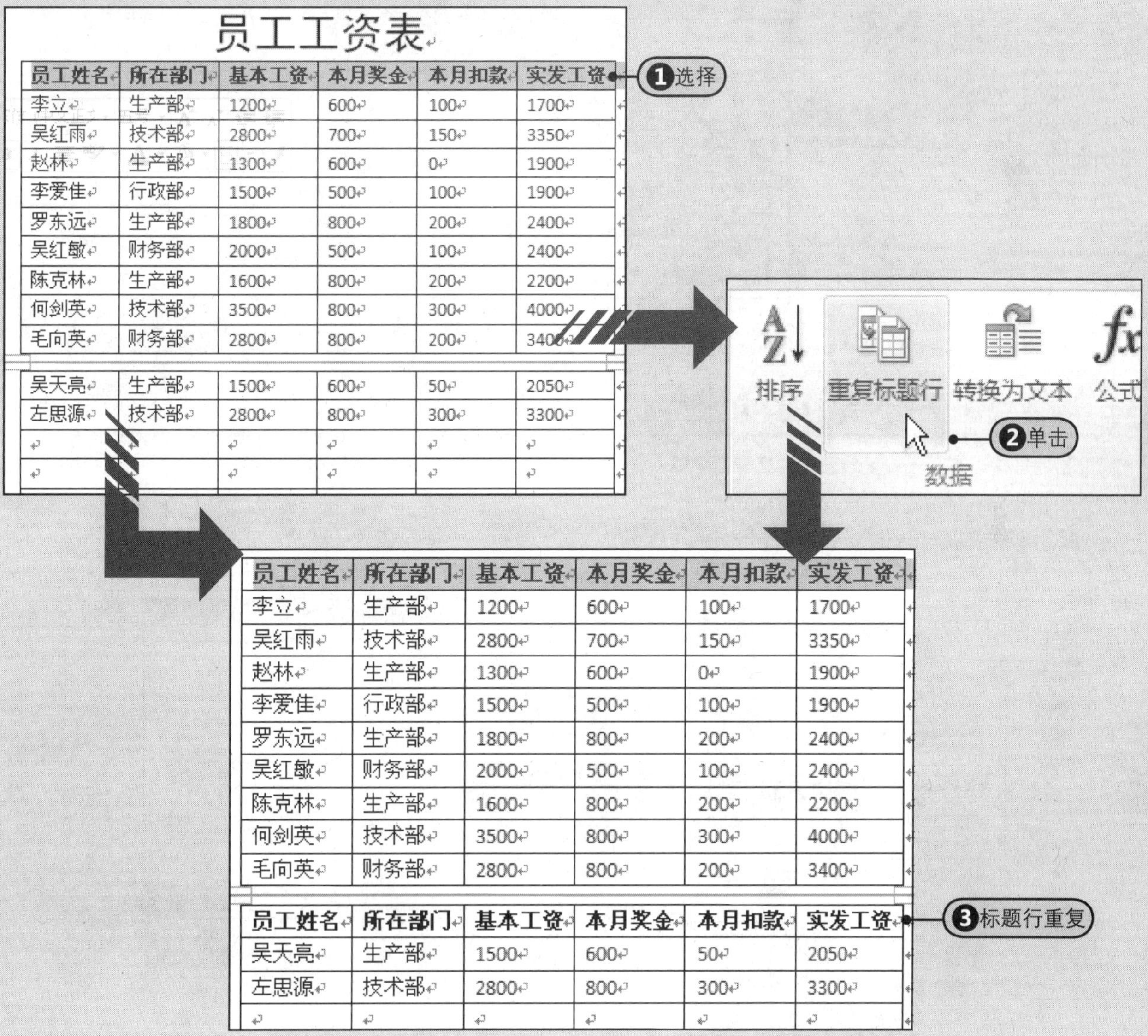

员工姓名	所在部门	基本工资	本月奖金	本月扣款	实发工资
李立	生产部	1200	600	100	1700
吴红雨	技术部	2800	700	150	3350
赵林	生产部	1300	600	0	1900
李爱佳	行政部	1500	500	100	1900
罗东远	生产部	1800	800	200	2400
吴红敏	财务部	2000	500	100	2400
陈克林	生产部	1600	800	200	2200
何剑英	技术部	3500	800	300	4000
毛向英	财务部	2800	800	200	3400
员工姓名	所在部门	基本工资	本月奖金	本月扣款	实发工资
吴天亮	生产部	1500	600	50	2050
左思源	技术部	2800	800	300	3300

图6-49 重复标题行

招术二 将表格转换为文本

前面我们介绍了如何将文本转换为表格，实际上，也可以将表格转换为文本，而且转换的方法非常简单。再次打开附书光盘\实例文件\第6章\原始文件\员工工资表.docx文档。

Step1单击表格选择控点选中表格，Step2在“表格工具-布局”选项卡中的“数据”组中单击“转换为文本”按钮，打开“表格转换成文本”对话框，在“文字分隔符”区域内选中“其他字符”单选按钮，Step3在其右侧的文本框中输入空格，Step4然后单击“确定”按钮，Step5转换后的效果如图6-50所示。

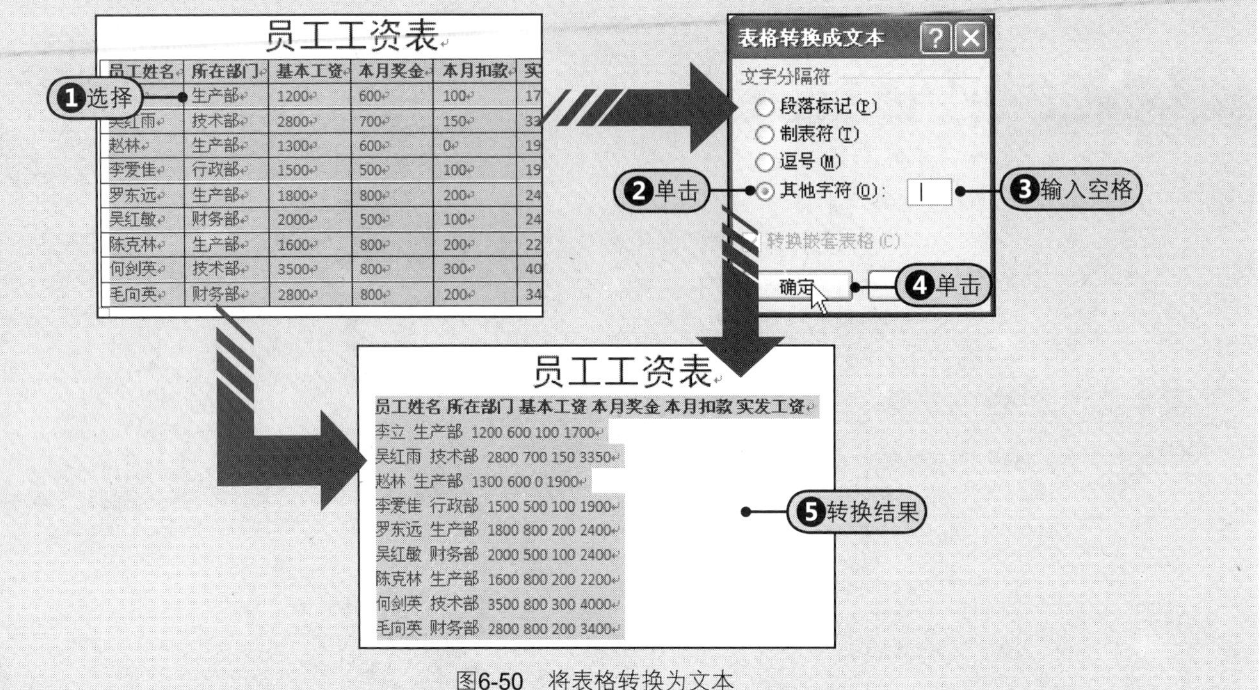

图6-50 将表格转换为文本

招术三 设置是否允许跨页断行

跨页断行是指当在某一页底端表格的某一行中输入内容时，内容的高度超出该页面所能显示的高度，而把该行的另一部分显示到下一页中。

Step1选择要设置的表格，Step2在“单元格大小”组中单击对话框启动器，打开“表格属性”对话框，取消勾选“允许跨页断行”复选框，Step3单击“确定”按钮，Step4随后该行会全部显示在下一页中，如图6-51所示。

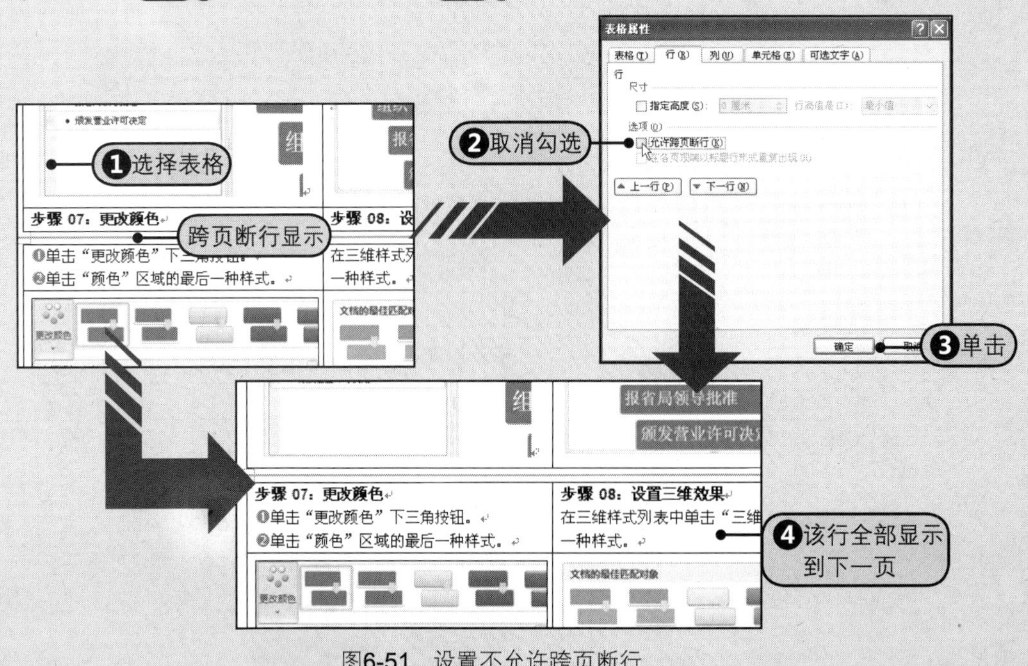

图6-51 设置不允许跨页断行

Part 2 Word篇

Chapter 07

高效办公路路通——样式与查找/替换功能的应用

样式是Word文档排版的灵魂，是Word应用的精髓，只有灵活掌握样式的应用，才有可能将Word软件运用自如；Word中的查找和替换功能非常强大，它不仅可以对普通的字符进行查找和替换，而且可以对格式、样式、特殊字符等进行查找与替换。在实际工作中处理文档时，如果不会使用Word文档的样式与查找和替换功能，那么你将无法取得让领导满意的工作效率！如何才能高效出色地完成工作，相信通过本章的学习后会得到满意的答案。

7.1 一键完成格式设置——样式的应用与设置

样式是应用于文档中的文本、表格和列表的一系列格式特征，能迅速改变文档的外观。用户只需要单击一次按键，就可以为选择的文本或段落设置专业的格式。

7.1.1 快速应用内置样式

在Word2010中系统为用户提供了丰富的内置样式，用户只需要在“样式”列表中选择适当的样式，就可以将自己的文档设置为和这些样式相同的格式。打开附书光盘\实例文件\第7章\原始文件\公司简介.docx文档。

Step1选择应用样式的文本或段落，Step2在“开始”选项卡的“样式”组中单击“其他”，展开样式列表，在列表中单击“标题1”样式，Step3应用“标题1”样式后的效果，如图7-1所示。

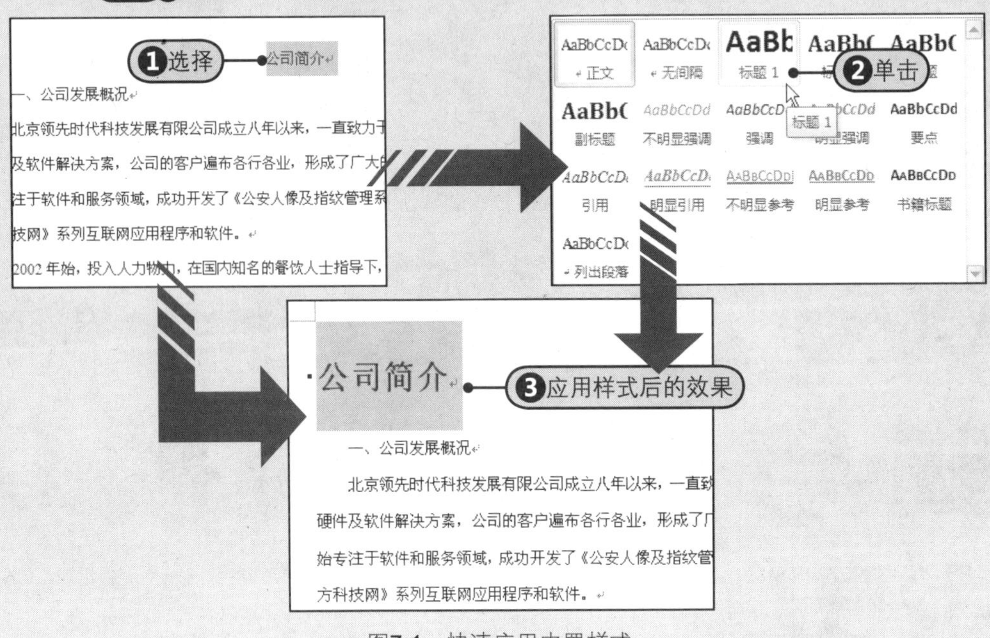

图7-1　快速应用内置样式

7.1.2 新建样式

用户除了可以直接使用系统的内置样式外，还可以自己新建样式。

Step1设置标题“公司简介”字体为“黑体”、“颜色”为“蓝色”，双下画线格式并选中该标题，Step2展开样式列表，在该列表中选择“将所选内容保存为新快速样式”命令，Step3在弹出的“根据格式设置创建新样式”对话框中的“名称”框中输入新样式的名称，如“文章标题”，Step4单击“确定”按钮，Step5此后新建的样式会显示在样式列表的左上角，如图7-2所示。

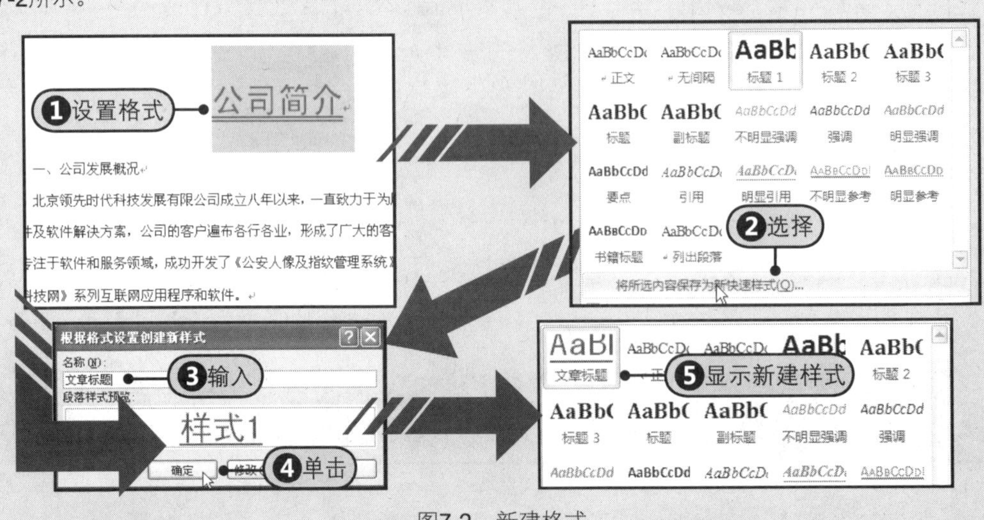

图7-2　新建格式

7.1.3 修改样式

对于已经定义好的样式，用户还可以进行修改；除了可以修改自定义样式外，对于系统提供的内置样式，同样可以进行修改。

Step❶在样式列表中右击需要修改的样式，Step❷从弹出的快捷菜单中选择“修改”命令，Step❸在打开的“修改样式”对话框中分别单击“加粗”按钮和“倾斜”按钮，Step❹则修改后的样式中新增了加粗和倾斜格式，如图7-3所示。

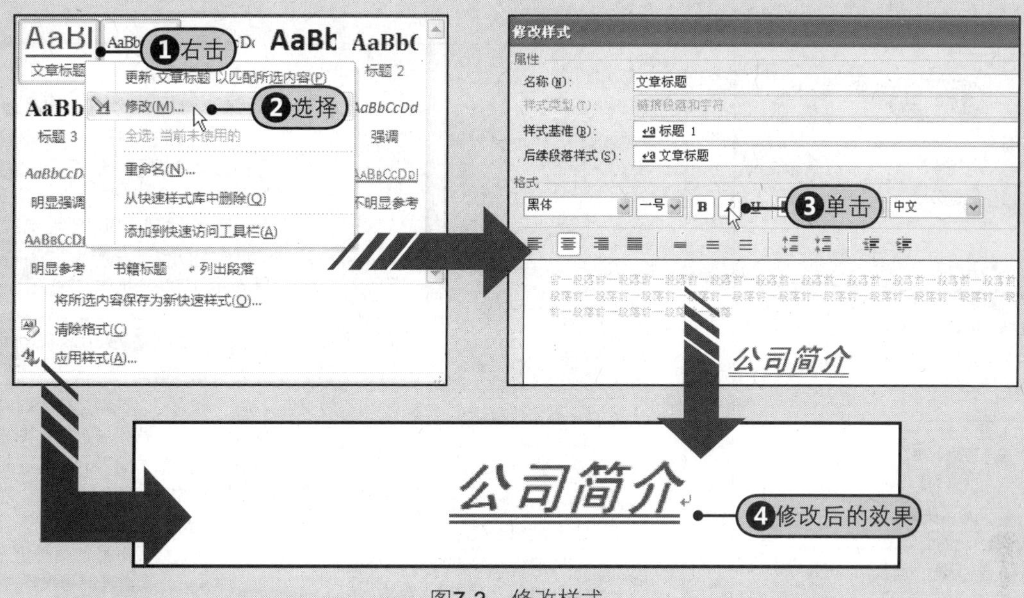

图7-3 修改样式

7.1.4 删除样式

当不需要某个自定义的样式时，可以将它从快速样式库中删除。

Step❶右击需要删除的样式，Step❷从弹出的快捷菜单中选择“从快速样式库中删除”命令，如图7-4所示。Step❸当再次展开样式列表，即可发现该样式已被删除，如图7-5所示。

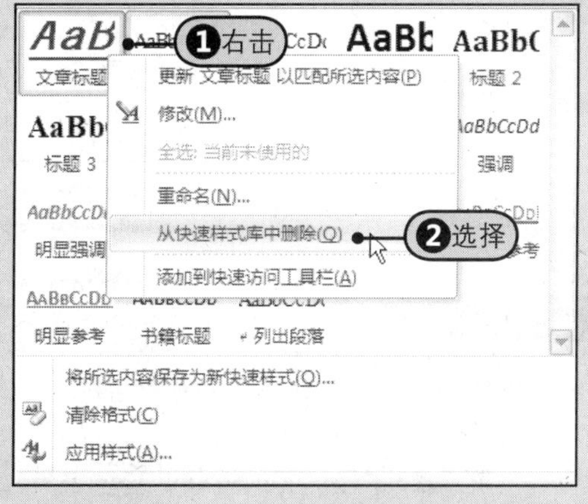

图7-4 选择“从快速样式库中删除”命令

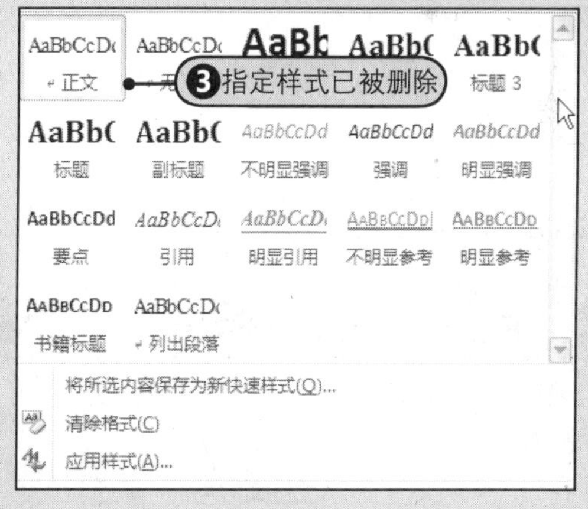

图7-5 删除样式后的列表

提示 清除格式

如果用户只是想要清除文档中某些文本或段落已使用的样式，可以先选择这些文本或段落，然后展开样式列表，在其中选择“清除格式”命令。清除格式只会清除文档中已应用的样式，而不会影响到样式库中的样式。

7.2 在纷繁的数据中脱颖而出——查找的应用

使用查找功能可以快速地在文档中查找到需要查找的文本内容、特定的格式或者特殊符号等。在Word 2010中，用户可以使用导航窗格查找文本，也可以使用对话框进行查找。

7.2.1　通过导航窗格查找文本内容

使用Word 2010中的导航窗格，用户可以很方便地查找出当前文档中所有的指定内容，并将查找到的结果突出显示在屏幕上，而且还可以使用导航窗格快速定位到某一处查找结果。打开附书光盘\实例文件\第7章\原始文件\办公系统设计方案.docx文档。

Step❶在导航窗格中输入要查找的内容，如Internet，Step❷单击“查找选项和其他搜索命令”按钮，如图7-6所示，Step❸然后会在文档中突出显示所有查找到的内容，如图7-7所示。

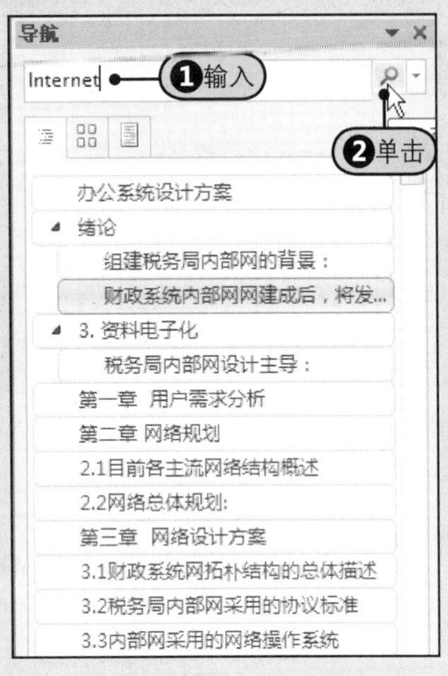

图7-6　在导航窗格中输入要查找的内容

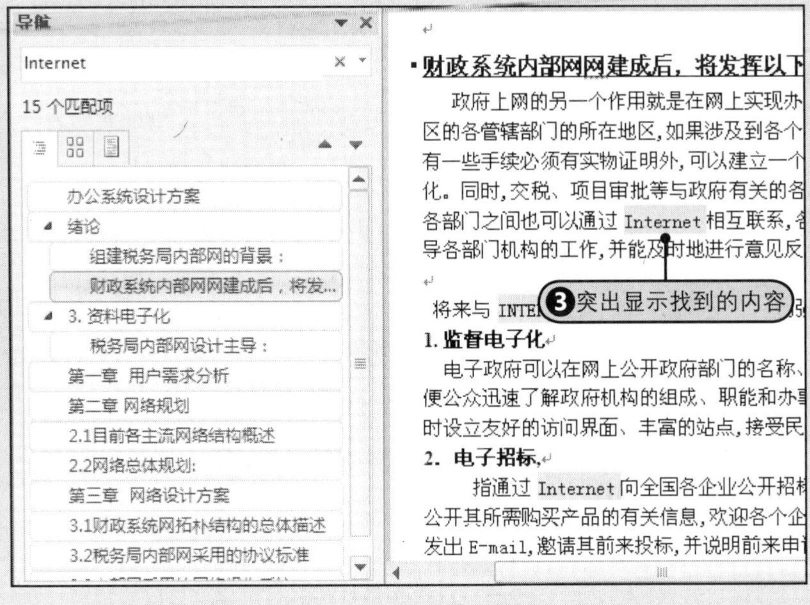

图7-7　突出显示查找结果

提示　显示导航窗格

如果当前窗口中没有显示导航窗格，在“视图”选项卡中的“显示”组中勾选“导航窗格”复选框，如图7-8所示，即可在窗口的最左侧显示导航窗格。

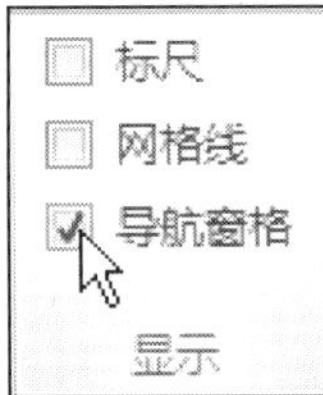

图7-8　勾选“导航窗格”复选框

7.2.2　通过“查找和替换”对话框查找文本

用户也可以通过“查找和替换”对话框来查找文本，在“开始”选项卡中的“编辑”组中单击“替换”按钮，打开“查找和替换”对话框。

Step❶单击“查找”标签，Step❷在“查找内容”文本框中输入要查找的内容，如Internet，Step❸单击“查找下一处”按钮，如图7-9所示。Step❹然后文档中会突出显示查找到的下一处位置，如图7-10所示。

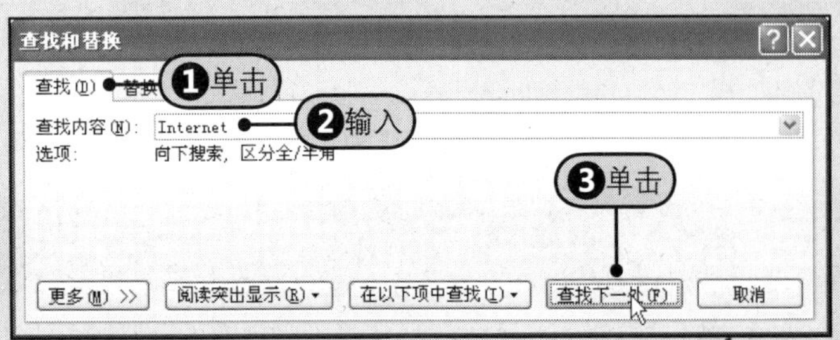

图7-9　在“查找和替换”对话框中输入要查找的内容

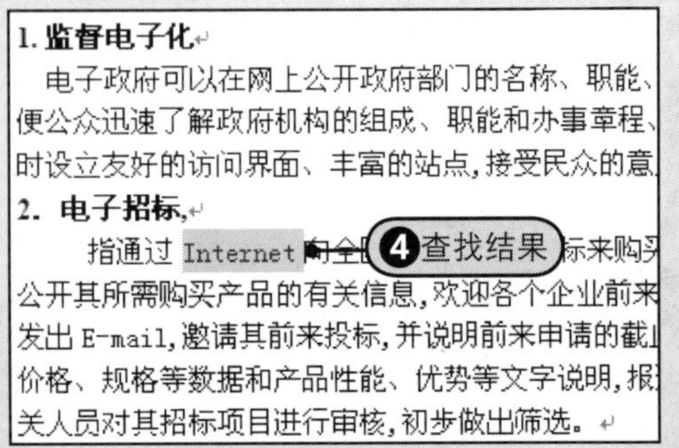

图7-10　显示下一个查找结果

7.2.3 查找格式

除了在文档中查找内容外，还可以对格式进行查找，具体操作步骤如下。

1 步骤 Step 1 在“查找和替换”对话框中单击“更多”按钮，如图7-11所示。

查找和替换
查找(D)
替换(P)
定位(G)
查找内容(N):
选项:
向下搜索，区分全/半角
更多(M) >>
❶单击
在以下项中查找

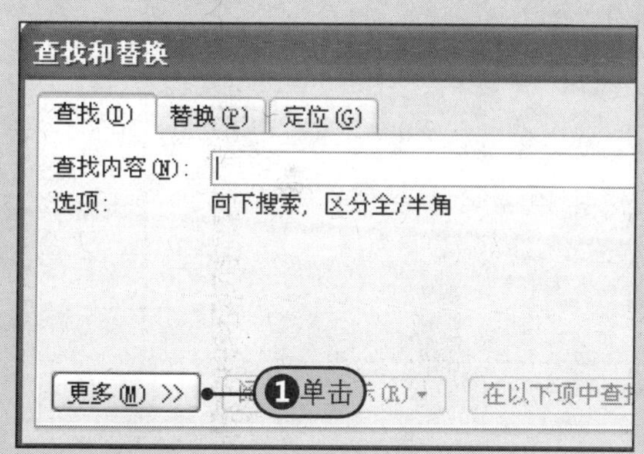

图7-11 单击“更多”按钮

2 步骤 Step 2 单击“格式”按钮，Step 3 从展开的下拉列表中选择“字体”命令，如图7-12所示。

查找和替换
❸选择
字体(F)...
段落(P)...
制表位(T)...
语言(L)...
图文框(M)...
样式(S)...
突出显示(H)
❷单击
格式(O)

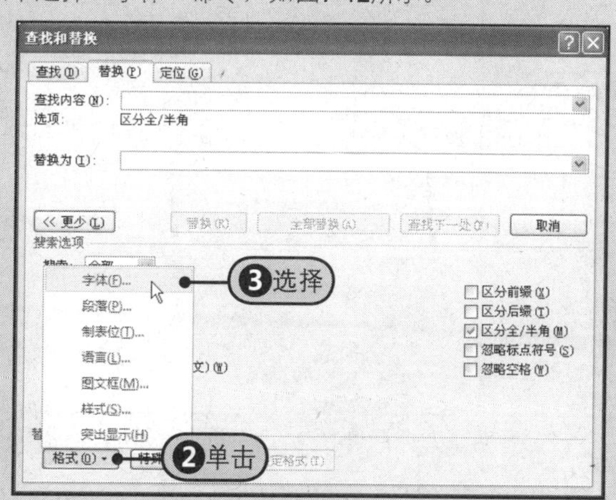

图7-12 单击“格式”按钮

3 步骤 Step 4 在“查找字体”对话框中的“中文字体”下拉列表中选择“华文彩云”，Step 5 单击“字体颜色”右侧的下三角按钮，Step 6 从展开的下拉列表中选择“红色”，如图7-13所示。

查找字体
中文字体(T):
华文彩云
❹选择
字体颜色(C):
无颜色
❺单击
自动(A)
主题颜色
标准色
❻选择
红色
确定
取消

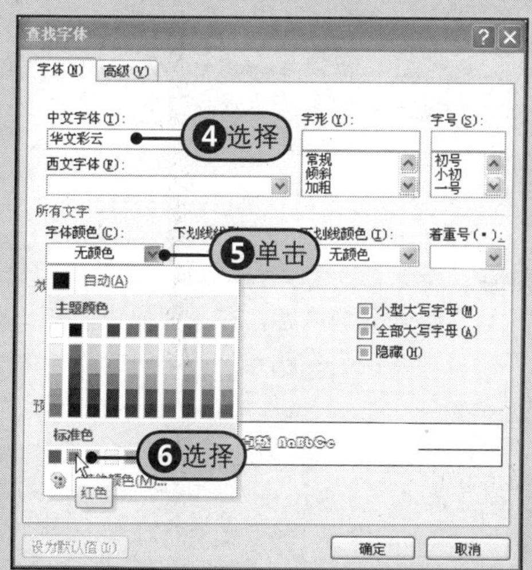

图7-13 设置要查找的格式

4 步骤 Step 7 返回“查找和替换”对话框后，要查找的格式会显示在“查找内容”框的下方，Step 8 单击“查找下一处”按钮，如图7-14所示。

查找和替换
查找内容(N):
选项:
区分全/半角
格式:
字体:(中文)华文彩云，字体颜色:红色
❼显示查找的格式
❽单击
查找下一处(F)
取消

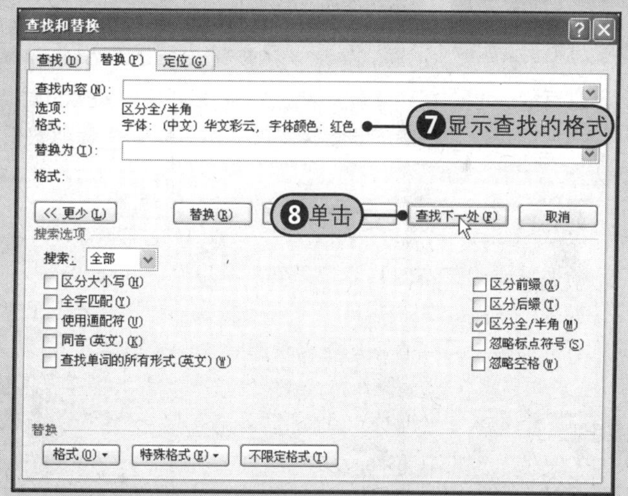

图7-14 显示要查找的格式

5 步骤 Step 9 系统会突出显示查找到的结果，如图7-15所示。

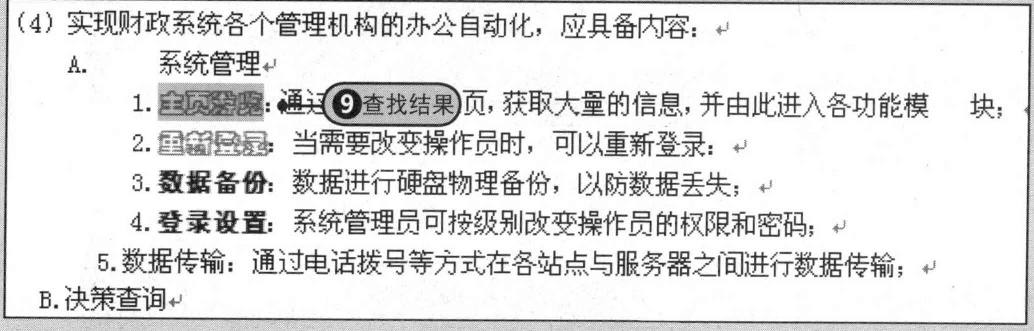

(4) 实现财政系统各个管理机构的办公自动化，应具备内容：
A. 系统管理
1. 主页登陆：通过主页，获取大量的信息，并由此进入各功能模块；
❾查找结果
2. 重新登录：当需要改变操作员时，可以重新登录；
3. 数据备份：数据进行硬盘物理备份，以防数据丢失；
4. 登录设置：系统管理员可按级别改变操作员的权限和密码；
5. 数据传输：通过电话拨号等方式在各站点与服务器之间进行数据传输；
B. 决策查询

图7-15 查找结果

7.2.4 在特定范围内查找

在Word文档中查找时，还可以指定查找范围。

Step1 在“导航”窗格中单击“查找选项和其他搜索命令”右侧的下三角按钮，Step2 从下拉列表中选择“查找”命令，Step3 单击“在以下项中查找”按钮，Step4 选择“主文档”命令，Step5 几秒后对话框中会显示查找结果，如图7-16所示。

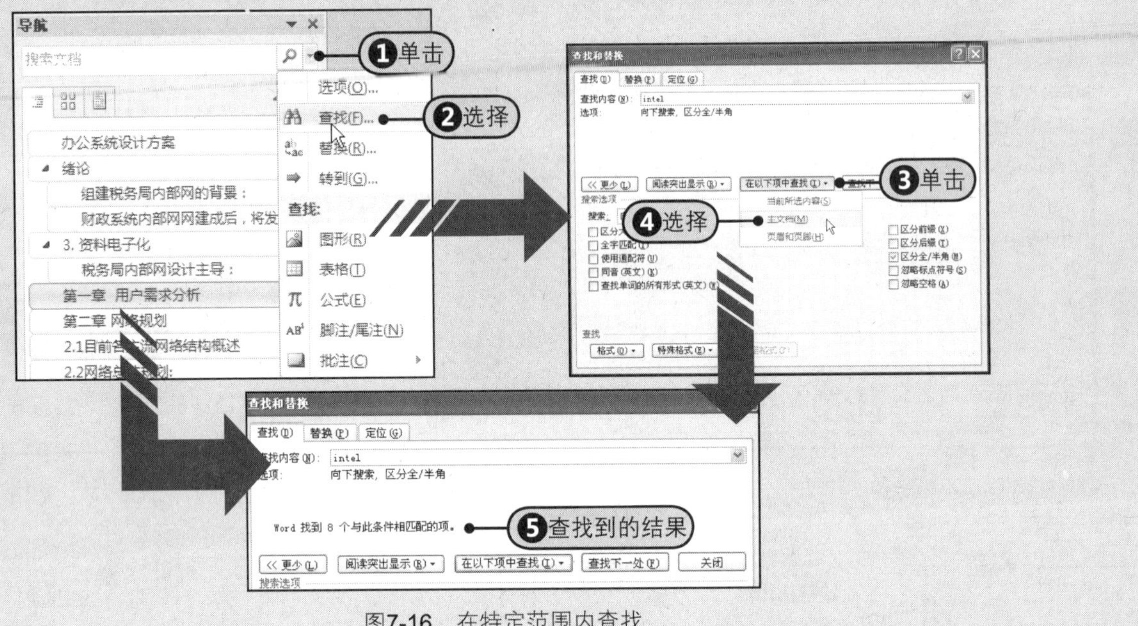

图7-16 在特定范围内查找

7.3 快速完成多处重复内容的更改——替换的应用

前面的一节介绍了查找功能，将查找功能与替换功能结合使用，可以快速完成长文档中多处重复内容的统一更改。用户除了可以替换文档中的普通文本外，还可以替换文档的格式及一些特殊字符等。

7.3.1 替换普通文本内容

替换普通的文本内容非常简单，用户只需要在“查找内容”文本框中输入要查找的内容，在“替换为”文本框中输入要替换为的内容，如果想一处一处地替换，可以单击“替换”按钮，替换一处后系统会自动定位到下一处；如果想直接完成所有的替换，可以直接单击“全部替换”按钮。

在“开始”选项卡中的“编辑”组中单击“替换”按钮，打开“查找和替换”对话框，Step1 输入要查找的内容，Step2 再输入要替换为的内容，Step3 单击“替换”按钮，系统从当前光标位置开始查找并替换找到的一处，然后自动定位在找到的下一处上。Step4 单击“全部替换”按钮，系统自动替换文档中所有找到的内容，并弹出对话框提示替换的数量，Step5 单击“确定”按钮关闭对话框，如图7-17所示。

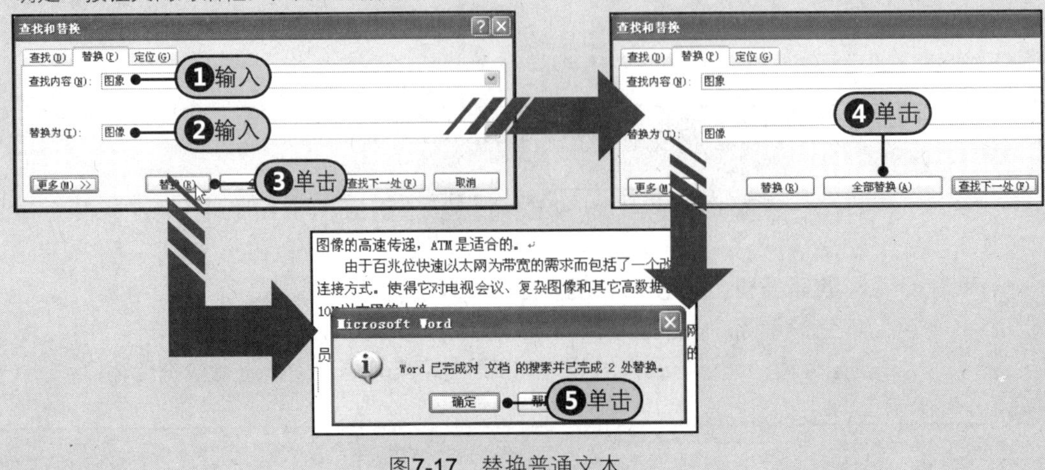

图7-17 替换普通文本

7.3.2 替换文档格式

所谓批量格式替换，即将文档中应用的某种格式全部替换为另一种新的格式。在替换文档格式时，可以包括的格式有字体格式、段落格式、制表位格式、图文框、样式等。本节仍然以“办公系统设计方案”文档为例，具体介绍文档格式的替换方法，具体操作步骤如下。

步骤1 打开“查找和替换”对话框，将光标置于“替换”选项卡中的“查找内容”文本框中，Step1单击“格式”的下三角按钮，Step2从展开的下拉列表中选择“字体”命令，如图7-18所示。

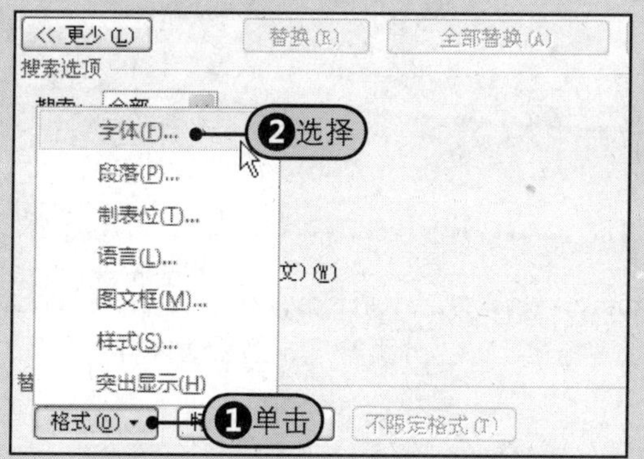

图7-18 单击“格式”按钮

步骤3 返回“查找和替换”对话框，将光标置于“替换为”文本框，Step6单击“格式”的下三角按钮，Step7从展开的下拉列表中选择“字体”命令，如图7-20所示。

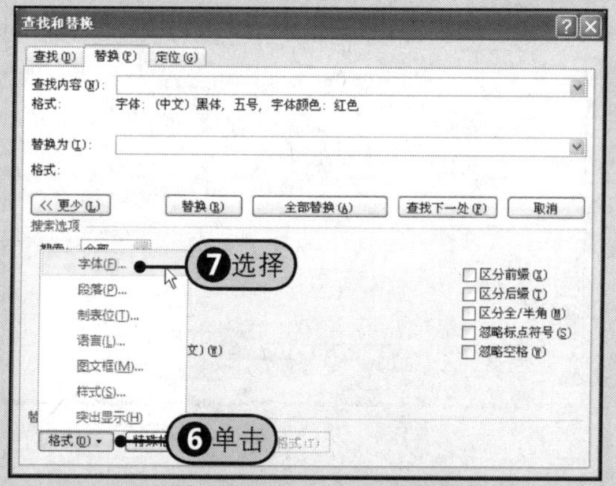

图7-20 选择“字体”命令

步骤5 返回“查找和替换”对话框，此时“查找内容”和“替换内容”文本框下方会显示要查找和替换的格式，Step12单击“替换”按钮，如图7-22所示。

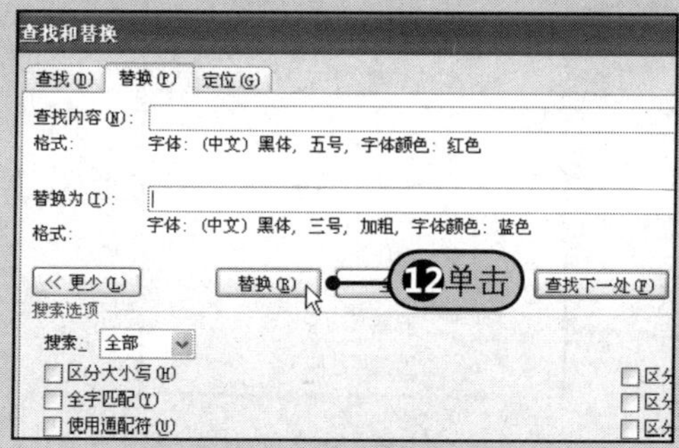

图7-22 单击“替换”按钮

步骤2 在打开的“查找字体”对话框中，Step3从“中文字体”下拉列表中选择“黑体”，Step4在“字号”列表框中单击“五号”，Step5在“字体颜色”下拉列表中选择“红色”，如图7-19所示。

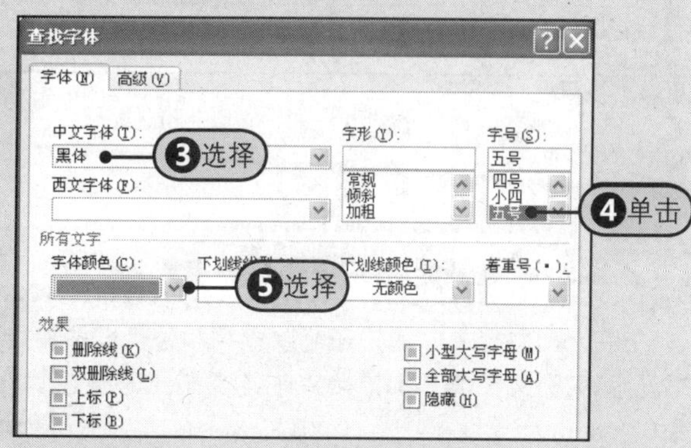

图7-19 设置要查找的格式

步骤4 随后打开“替换字体”对话框，Step8在“中文字体”下拉列表中选择“黑体”，Step9在“字形”下拉列表中选择“加粗”，AStep10在“字号”列表中选择“三号”，Step11从“字体颜色”下拉列表中选择“蓝色”，如图7-21所示。

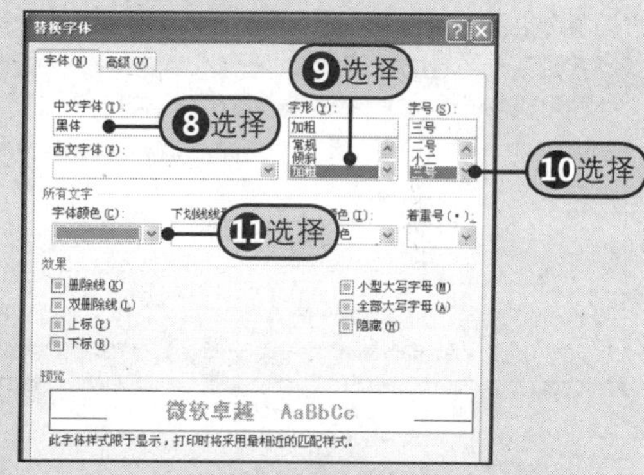

图7-21 设置要替换为的格式

步骤6 Step13然后Word会替换找到的第一处满足查找格式的段落，Step14并且会自动定位到下一处查找到的段落，如图7-23所示。

- 该网络应是面向连接的，能够实现虚拟网（VLAN）连接；
- 考虑对用户现有网络的平滑过度，使现有陈旧设备尽量保持较好的利用

1.1.4 税务局内部网对网络设备的要求：⑬替换结果

- 高性能：所有网络设备都应足够的吞吐量；
- 高可靠性和高可用性：应考虑多种容错技术；
- 可管理性：所有网络设备均可用适当的网管软件进行监控、管理和设置
- 采用国际统一的标准；

1.1.5 系统集成所共同遵循的设计原则：⑭定位到下一处

- 选择先进的开发工具与大型数据库；
- 采用分布式的结构，以便于开发和维护；
- 采用集群解决方案，以保证连续工作；
- 为保证网络速度而采用高的带宽；

图7-23 替换一处并自动定位到下一处

7 步骤 Step15在“查找和替换”对话框中单击“全部替换”按钮完成文档中所有的替换，如图7-24所示。

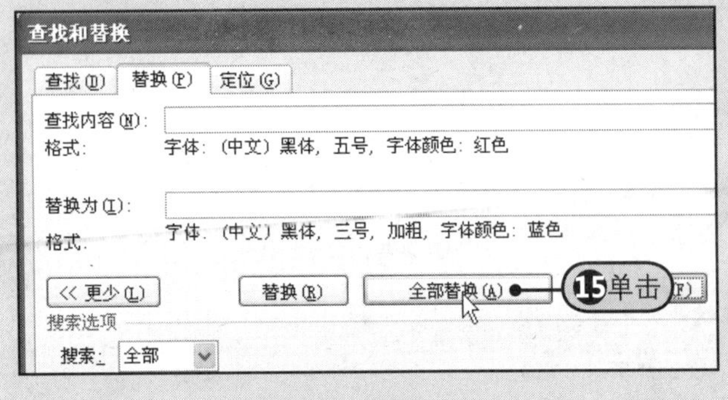

图7-24　单击“全部替换”按钮

8 步骤 随后屏幕上会弹出对话框提示替换结果，Step16单击“确定”按钮关闭该对话框，如图7-25所示。

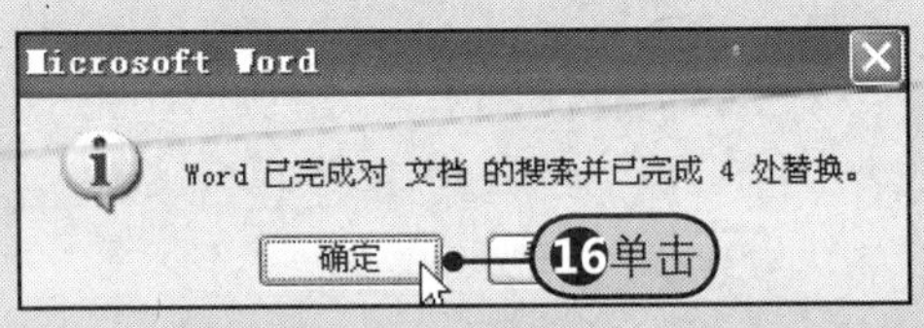

图7-25　替换结果提示

7.3.3　替换特殊字符

在Word文档中，用户还可以查找和替换一些特殊字符，例如“段落标记”、“分页符”、“手动换行符”等。打开附书光盘\实例文件\第7章\原始文件\职务转正考核述职报告.docx文档。

1 步骤 打开文档后，会发现文档中每个段落的结束使用的是手动换行符↓，如图7-26所示，现在需要将它替换为段落标记。

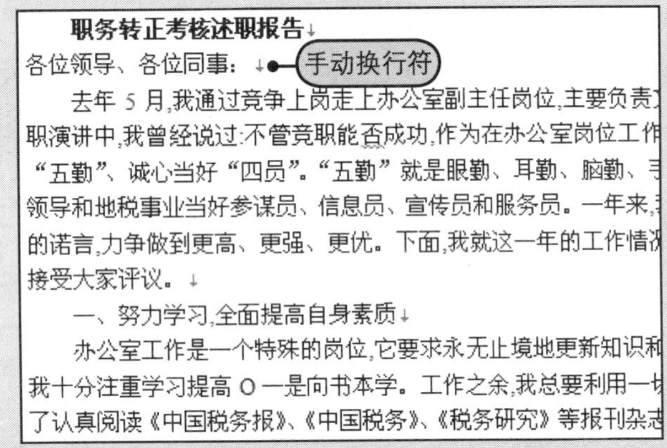

职务转正考核述职报告↓
各位领导、各位同事：↓ ——手动换行符
去年 5 月,我通过竞争上岗走上办公室副主任岗位,主要负责
职演讲中,我曾经说过:不管竞职能否成功,作为在办公室岗位工作
“五勤”、诚心当好“四员”。“五勤”就是眼勤、耳勤、脑勤、手
领导和地税事业当好参谋员、信息员、宣传员和服务员。一年来,
的诺言,力争做到更高、更强、更优。下面,我就这一年的工作情况
接受大家评议。↓
一、努力学习,全面提高自身素质↓
办公室工作是一个特殊的岗位,它要求永无止境地更新知识和
我十分注重学习提高 O 一是向书本学。工作之余,我总要利用一切
了认真阅读《中国税务报》、《中国税务》、《税务研究》等报刊杂志

图7-26　替换前的文本

2 步骤 打开“查找和替换”对话框将光标插入点置于“查找内容”框中，Step1单击“特殊格式”的下三角按钮，Step2从下拉列表中选择“手动换行符”命令，如图7-27所示。

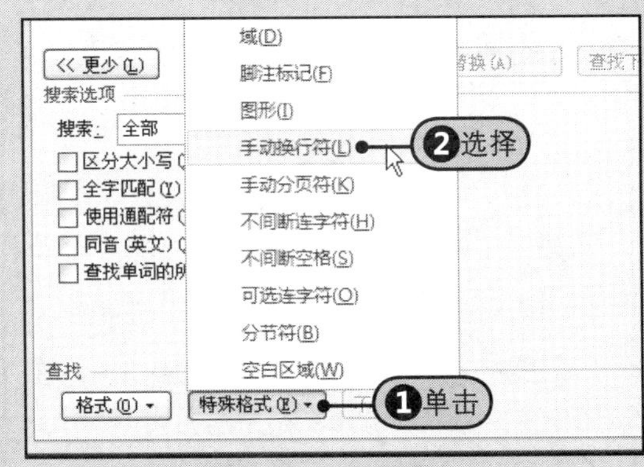

图7-27　设置查找的特殊字符

3 步骤 Step3单击“替换为”文本框，Step4再次单击“特殊格式”按钮，如图7-28所示。

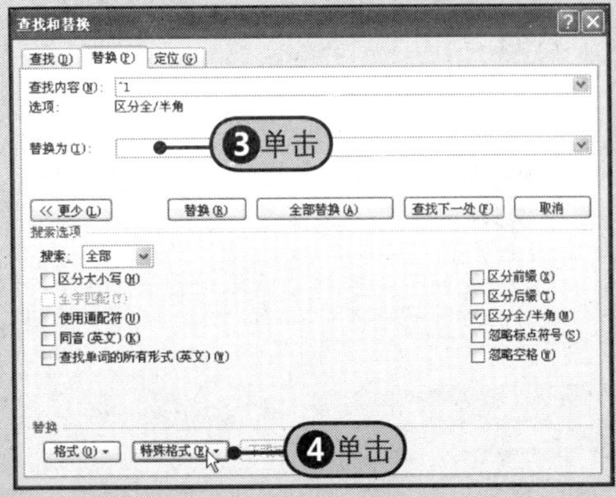

图7- 28　单击“特殊格式”按钮

4 步骤 Step5从下拉列表中选择“段落标记”命令，如图7-29所示。

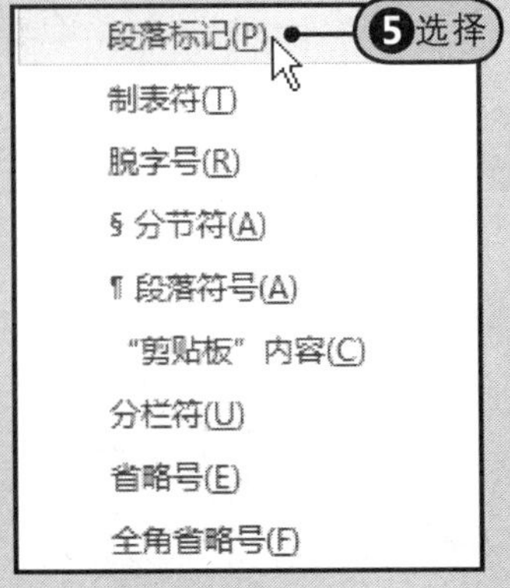

图7-29　选择“段落标记”命令

5 步骤 Step 6 单击“全部替换”按钮，如图7-30所示。

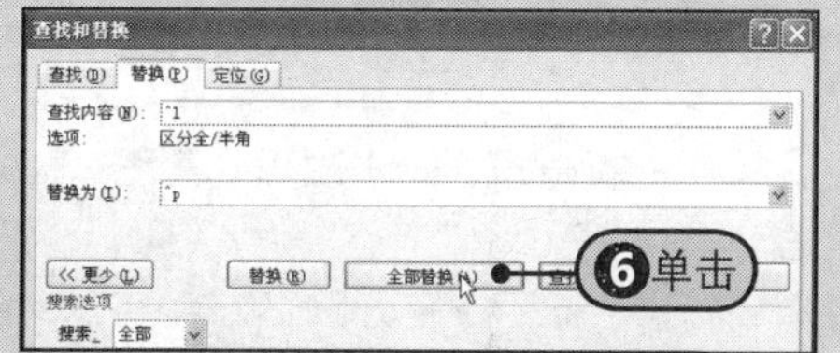

图7-30 单击“全部替换”按钮

6 步骤 随后屏幕上弹出替换结果提示对话框，Step 7 单击“确定”按钮，如图7-31所示。

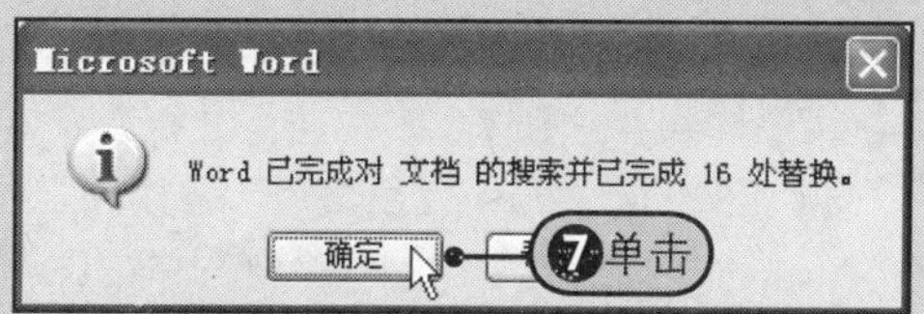

图7-31 单击“确定”按钮

7 步骤 Step 8 将手动换行符替换为段落标记后的文档效果，如图7-32所示。

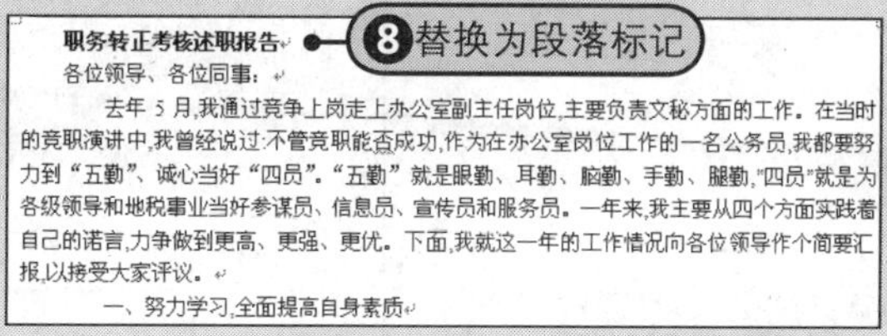

职务转正考核述职报告
各位领导、各位同事：
去年 5 月,我通过竞争上岗走上办公室副主任岗位,主要负责文秘方面的工作。在当时的竞职演讲中,我曾经说过:不管竞职能否成功,作为在办公室岗位工作的一名公务员,我都要努力到“五勤”、诚心当好“四员”。“五勤”就是眼勤、耳勤、脑勤、手勤、腿勤,“四员”就是为各级领导和地税事业当好参谋员、信息员、宣传员和服务员。一年来,我主要从四个方面实践着自己的诺言,力争做到更高、更强、更优。下面,我就这一年的工作情况向各位领导作个简要汇报,以接受大家评议。
一、努力学习,全面提高自身素质

图7-32 替换后的文档

提示 关于特殊字符

特殊字符，如“手动换行符”、“分页符”、“制表符”等符号均是不能通过键盘直接输入的。在用户进行查找和替换这些特殊字符时，除了可以从“特殊字符”下拉列表中选择以外，还可以直接输入特殊字符对应的代码。例如，输入^P代表段落标记；^t代表制表符；^m代表手动分页符等。

7.4 快速定位

在Word中使用快速定位命令能将光标快速移至指定的页，除了可以定位至页，还可以以“行”、“节”等为目标进行定位。打开附书光盘\实例文件\第7章\原始文件\员工手册.docx文档。

Step 1 在导航窗格中单击“查找选项和其他搜索命令”按钮，Step 2 从弹出的下拉菜单中选择“转到”命令，Step 3 然后在弹出的“查找和替换”对话框的“定位”选项卡中的“定位目标”框中单击“页”选项，Step 4 在“输入页号”框中输入要定位到的页码，如“5”，Step 5 单击“定位”按钮，Step 6 随后光标插入点会移至第5页的左上角，如图7-33所示。

提示 更改定位目标

在Word 2010中，除了可以定位到某一页外，还可以定位到文档中的某一节、某一行等。当需要定位到某一节或某一行时，只需要在“查找和替换”对话框的“定位”选项卡的“定位目标”列表框中选择“节”或者“行”选项即可。

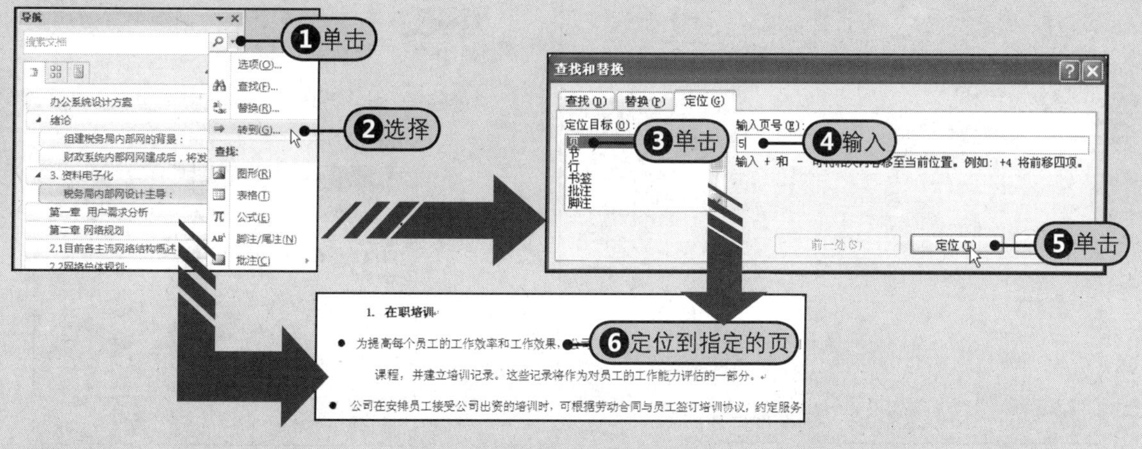

图7-33 快速定位到指定的页面

7.5 融会贯通 批量更改合同中的样式与文本

本章主要介绍了使用样式来快速为文档设置专业的格式，包括应用内置样式、新建样式、修改样式及删除样式；然后介绍了如何在Word文档中使用查找、替换和定位命令来快速批量修改文档。

接下来，通过批量更改商品代销合同中的文字及样式等选项来练习对本章知识的应用，打开附书光盘\实例文件\第7章\原始文件\商品代销合同.doc文档。

步骤1 输入查找和替换内容。

Step1 打开“查找和替换”对话框，在“查找内容”框中输入“销售”。

Step2 在“替换为”框中输入“代销”。

Step3 单击“替换”按钮。

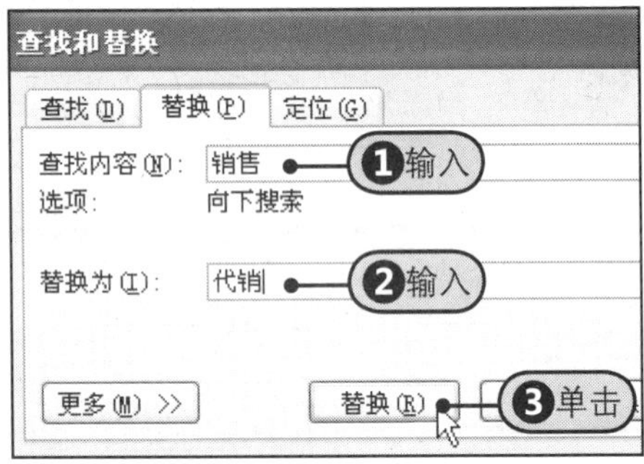

步骤2 “插入表格”对话框。

Word会替换查找到的最近的一处，如果希望在替换前先显示查找到的内容，在“查找和替换”对话框中单击“查找下一处”按钮。

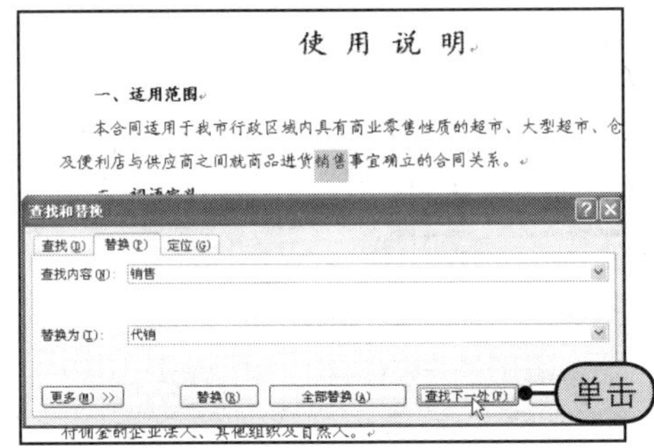

步骤3 单击“全部替换”按钮。

如果希望一次完成所有的替换，可以在“查找和替换”对话框中直接单击“全部替换”按钮。

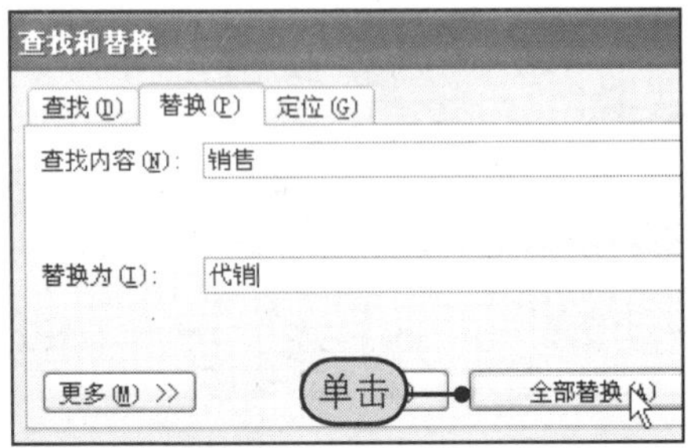

步骤4 替换结果提示。

随后，屏幕上会弹出对话框，提示一共完成的替换数量。

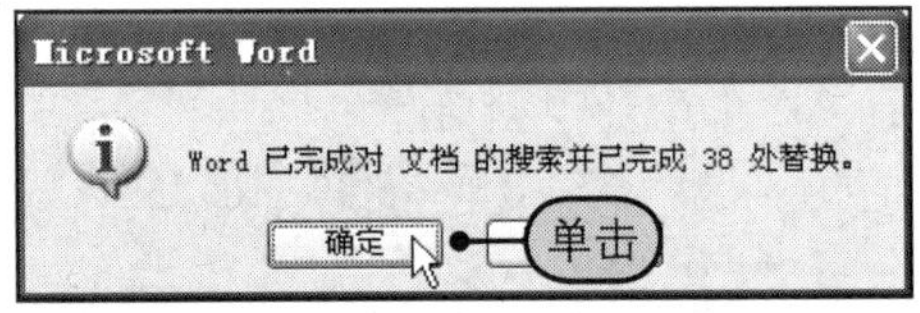

步骤5 设置查找的格式。

再次打开“查找和替换”对话框，清除“查找内容”框中的内容。

Step1 单击“格式”按钮。

Step2 从展开的下拉列表中选择“字体”命令。

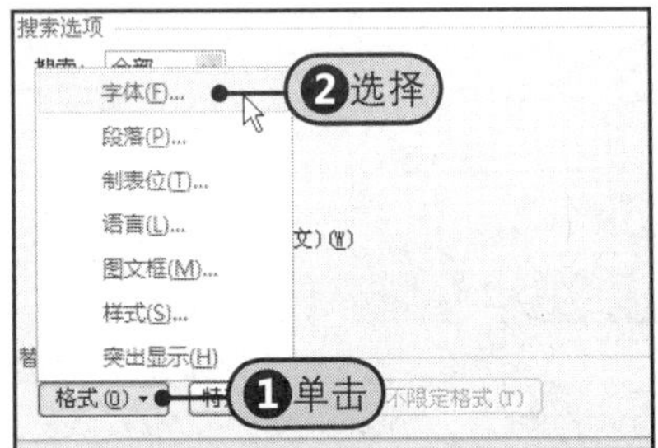

步骤6 设置查找字体。

Step1 在“查找字体”对话框中的“中文字体”下拉列表中选择“楷体”。

Step2 在“字号”列表框中单击“小四”。

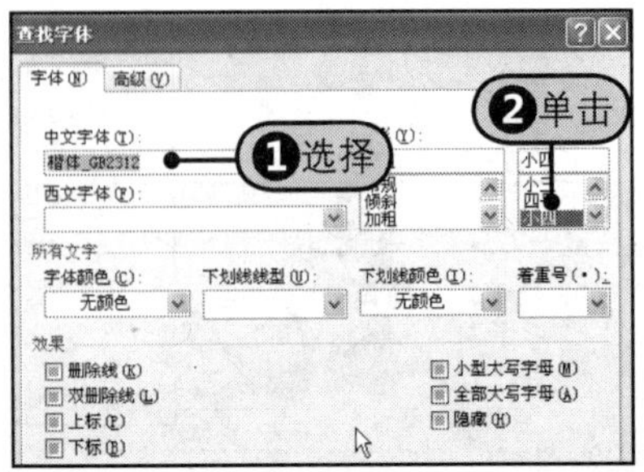

（续上）

7 步骤 单击“替换为”文本框。

返回“查找和替换”对话框，单击“替换为”文本框。

查找和替换
查找(D) 替换(P) 定位(G)
查找内容(N):
格式: 字体:（中文）楷体_GB2312，小四，加粗
替换为(I): 单击
格式:
<< 更少(L) 替换(R) 全部替换(A)
搜索选项
搜索: 全部

8 步骤 选择“样式”选项。

Step1 在“查找字体”对话框中单击“格式”的下三角按钮。

Step2 在下拉列表中选择“样式”命令。

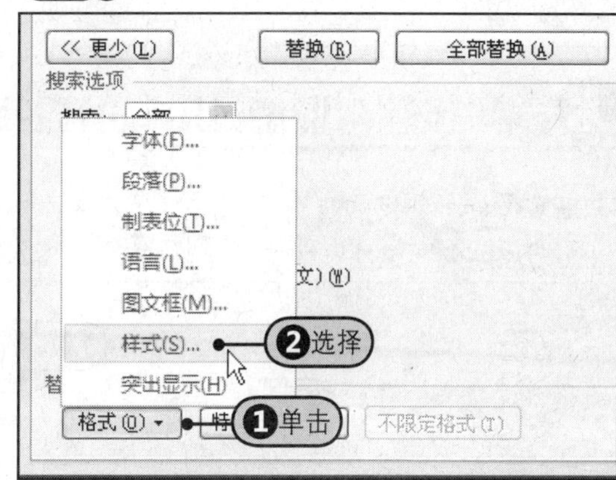

9 步骤 选择替换样式。

Step1 在“替换样式”对话框中的“用样式替换”框中选择“标题3”。

Step2 单击“确定”按钮。

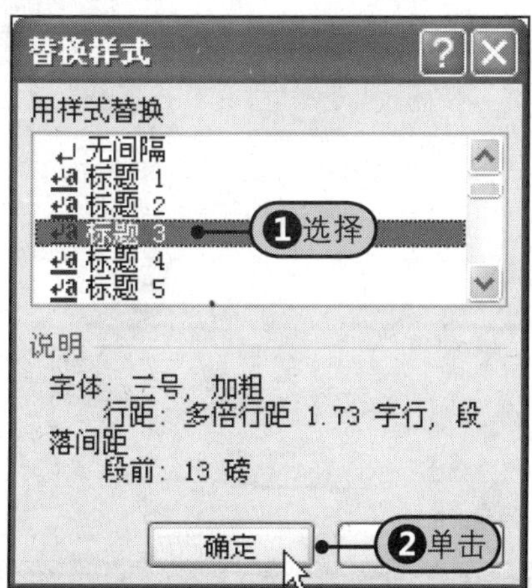

10 步骤 单击“替换”按钮。

返回“查找和替换”对话框，单击“替换”按钮。

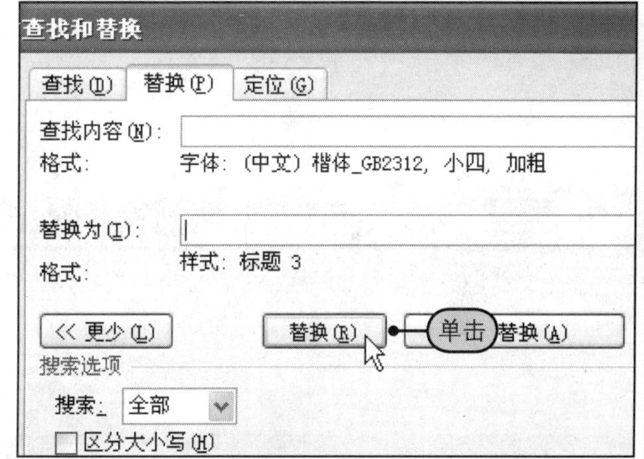

11 步骤 单击“查找下一处”按钮。

如果对于查找到的一些符合查找格式，但不是一级标题行的内容，则可以直接单击“查找下一处”按钮。

1、商品代销：是指零售商接受供应商的委托，代理代销商
销数量和金额向供应商进行结算，同时收取佣金的交易模式。
2、零售商：是指直接面向终端消费者提供商品及相应服务
自然人。

查找和替换
查找(D) 替换(P) 定位(G)
查找内容(N):
选项: 向下搜索
格式: 字体:（中文）楷体_GB2312，小四，加粗
替换为(I):
格式: 样式: 标题 3
<< 更少(L) 替换(R) 全部替换(A) 查找下一处(F) 单击
搜索选项

12 步骤 显示应用样式后的段落。

将格式替换为“样式3”后，在导航窗格中会显示替换后的段落。

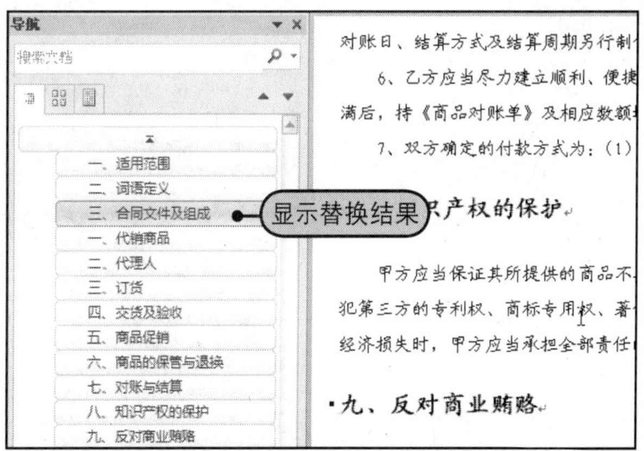

7.6 专家支招

在进行查找和替换操作时，有时还需要进行一些查找选项设置，比如设置与取消显示查找结果、快速清除设置的查找和替换格式及快速查找文档中的图形等对象。

招术一 设置与取消突出显示查找结果

Step 1 单击导航窗格中"查找选项和其他搜索命令"的下三角按钮，Step 2 在下拉列表中选择"选项"命令，如图7-34所示，Step 3 在弹出的对话框中勾选或清除勾选"全部突出显示"复选框即可设置是否突出显示，如图7-35所示。

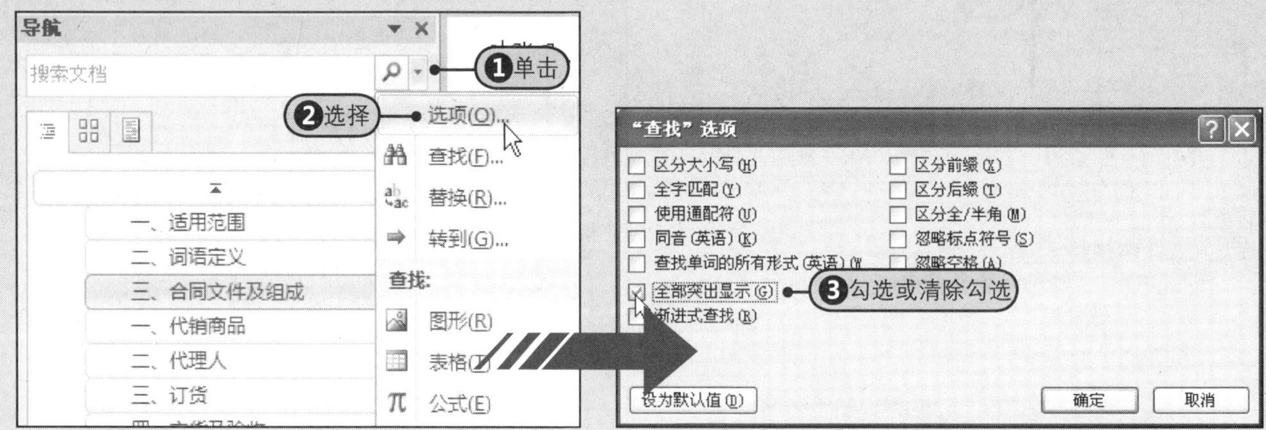

图7-34 选择"选项"命令　　图7-35 勾选或清除勾选"全部突出显示"复选框

招术二 快速取消查找和替换的格式限制

在为文档设置了查找和替换格式后，当再次打开"查找和替换"对话框时，会自动显示上一次设置的查找格式和替换格式，用户可以快速取消这些格式限制。

Step 1 在"查找和替换"对话框的底部单击"不限定格式"按钮，如图7-36所示，Step 2 随后会清除已设置的查找格式和替换格式，如图7-37所示。

图7-36 单击"不限定格式"按钮　　图7-37 清除查找和替换格式

招术三 使用查找和替换功能清除文档中所有的空格

有时在网上下载的文档中有许多空格，可以通过查找和替换功能快速清除。打开附书光盘\实例文件\第7章\原始文件\有空格的文档.doc文档。

打开“查找和替换”对话框，Step1在“查找内容”框中输入空格，Step2单击“全部替换”按钮，Step3在提示对话框中单击“确定”按钮，Step4并且文档中的空格已被删除，如图7-38所示。

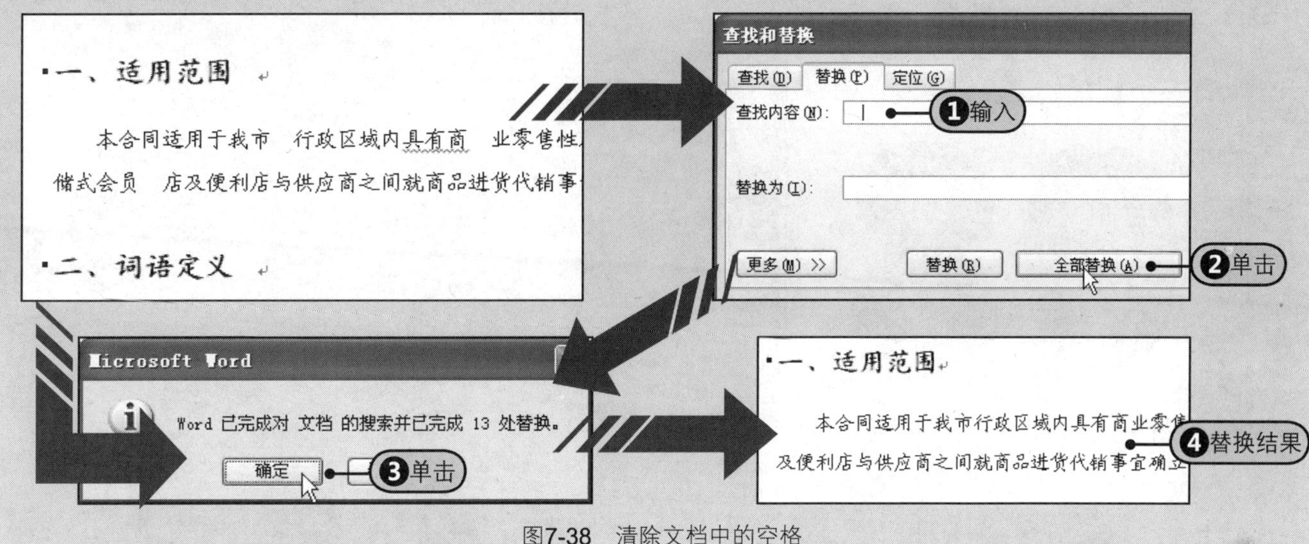

图7-38 清除文档中的空格

读书笔记

Part 2 Word篇

Chapter 08

文档的自动化处理

文档的自动化处理通常包括为文档中的图片或表格添加题注、在文档中插入和应用超链接功能、为文档添加脚注和尾注、轻松创建自动目录和索引及使用邮件合并文档等内容。在处理与编辑长文档时，这些自动化功能可以极大地减少手工劳动，提高文档创建的效率和准确性。

8.1 为图片与表格添加题注

大型的文档创建过程往往是反复变动、前后挪移，时常会需要添加或删减一些图片，如果手动对图片进行编号，那么每一次改动都得从头开始对图片进行重新编号，显得非常烦琐。而利用题注，当添加或删减图片后，题注会自动更新。打开附书光盘\实例文件\第8章\原始文件\办公系统设计方案.docx文档。

1 步骤 Step1 在需要添加题注的表格下方插入一个空行，如图8-1所示。

表一：百兆、千兆位以太网在具有以前 ATM 所有的功能之外，解决方案。

功能	100M 快速以太网	千兆位以太
IP 匹配性	Yes	Yes
以太网信息包	Yes	Yes
处理多媒体	Yes	Yes
传输速率	100M/秒	1000M/秒
服务质量	Yes	Yes

❶插入行

图8-1　在表格下方插入空行

2 步骤 Step2 在“引用”选项卡中的“题注”组中单击“插入题注”按钮，如图8-2所示。

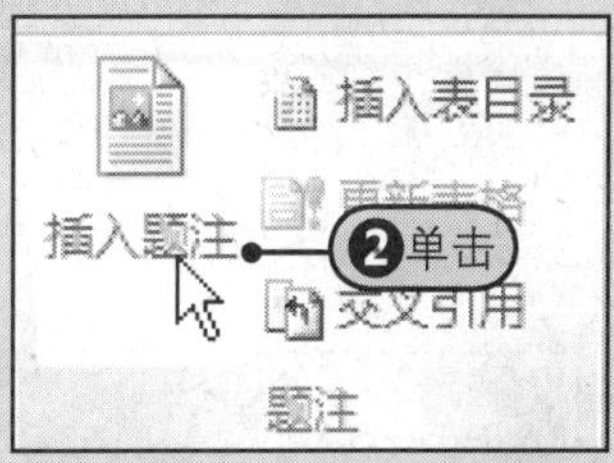

图8-2　单击“插入题注”按钮

3 步骤 Step3 在打开的“题注”对话框中单击“标签”右侧的下三角按钮，Step4 从展开的下拉列表中选择需要的标签，如图8-3所示。

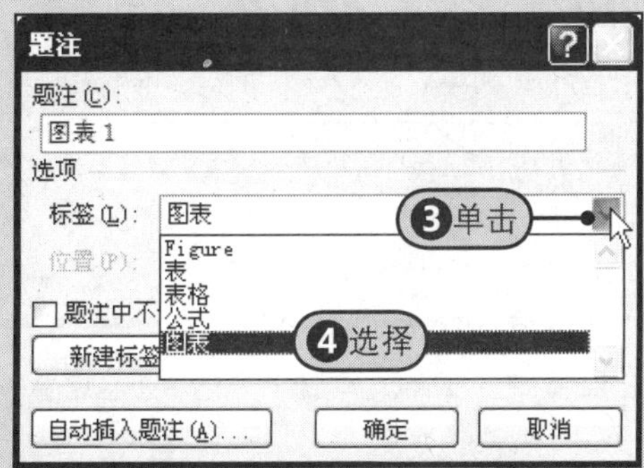

图8-3　查看“标签”列表中的标签

4 步骤 如果当前“标签”列表中没有满足用户要求的标签，Step5 可以单击“新建标签”按钮，如图8-4所示。

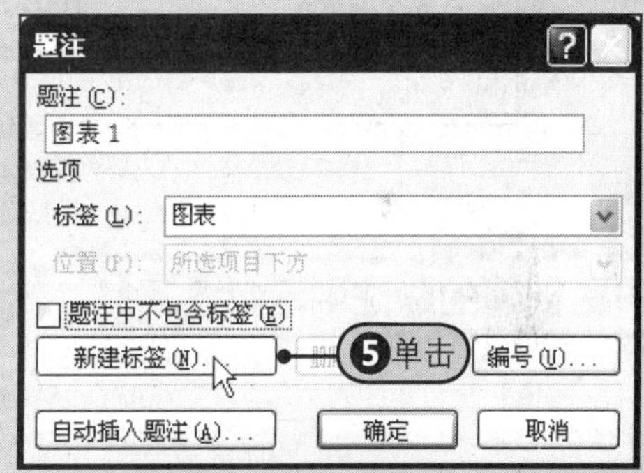

图8-4　单击“新建标签”按钮

5 步骤 Step6 在“新建标签”对话框中的“标签”框中输入“数据表”，Step7 然后单击“确定”按钮，如图8-5所示。

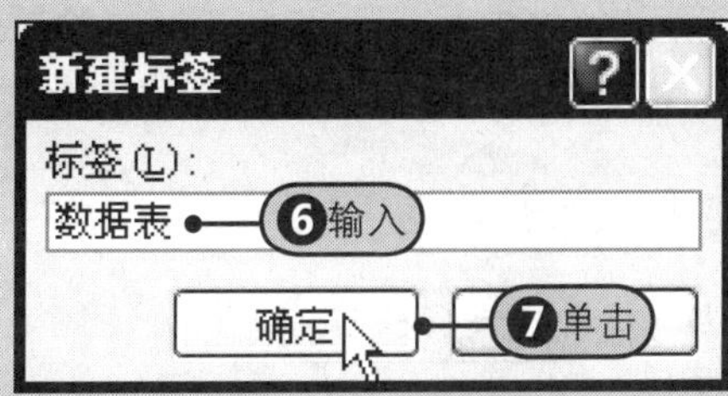

图8-5　新建标签

6 步骤 返回“题注”对话框，Step8 单击“编号”按钮，如图8-6所示。

题注
题注(C):
数据表 1
选项
标签(L): 数据表
❽单击
位置(P): 所选项目下方
题注中不包含标签(E)
新建标签(N)...　删除标签(D)　编号(U)...
自动插入题注(A)...　确定　取消

图8-6　单击“编号”按钮

7 步骤 Step 9 在“题注编号”对话框中单击“格式”的下三角按钮，Step 10 从展开的下拉列表中选择编号格式，如“一、二、三（简）…”选项，如图8-7所示。

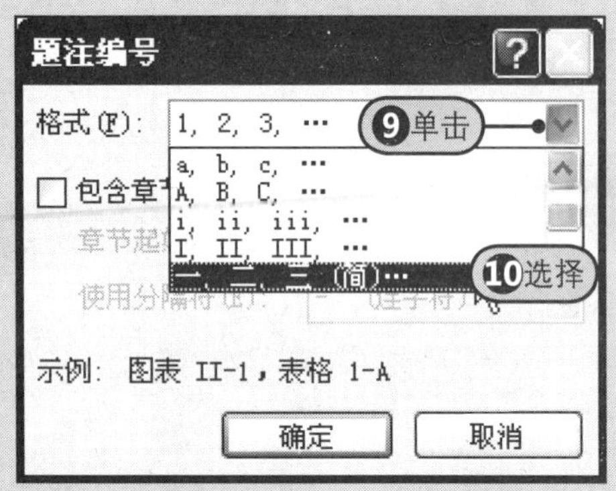

图8-7 选择编号格式

8 步骤 返回“题注”对话框，此时新建的题注样式会显示在“题注”文本框中，Step 11 单击“确定”按钮，如图8-8所示。

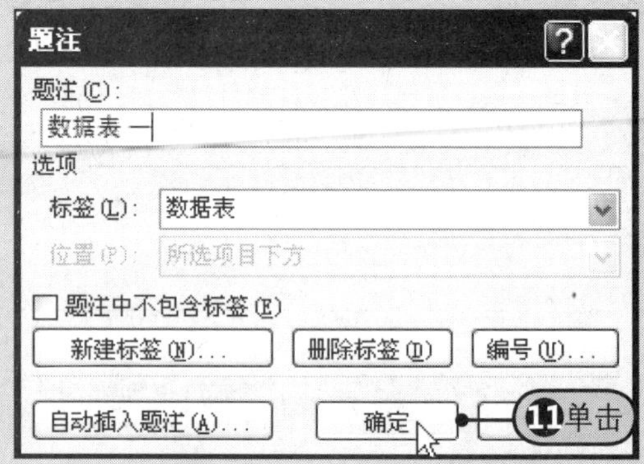

图8-8 单击“确定”按钮

9 步骤 Step 12 插入到表格下方的题注“数据表 一”，如图8-9所示。

功能	100M 快速以太网	千兆位以太网	ATM
IP 匹配性	Yes	Yes	需要 RFC1577 或 PNNI 操作
以太网信息包	Yes	Yes	需要 LANE 或从信源到包的转换
处理多媒体	Yes	Yes	Yes,但是要改变应用程序
传输速率	100M/秒	1000M/秒	155M/秒
服务质量	Yes	Yes	Yes,有 SVGS

数据表 一 ← 12插入的题注

图8-9 插入题注到表格下方

提示　设置创建的题注中不包含标签

如果希望创建的题注中不包含标签，只显示题注数字，可以在“题注”对话框中勾选“题注中不包含标签”复选框。

8.2 在文档中应用链接功能

文档中的链接功能包括在文档中插入超链接，既可以链接到该文档中的某一页，也可以链接到另外的文档，还可以链接到电子邮件地址；为文档添加书签，可以快速定位到指定的位置，而无须在文档中上、下滚动；还有一种是交叉引用，通常是对文档中标题、题注、脚注、书签等创建交叉引用。在Word 2010中，与这3种链接功能相关的命令是在“插入”选项卡中的“链接”组中，如图8-10所示。

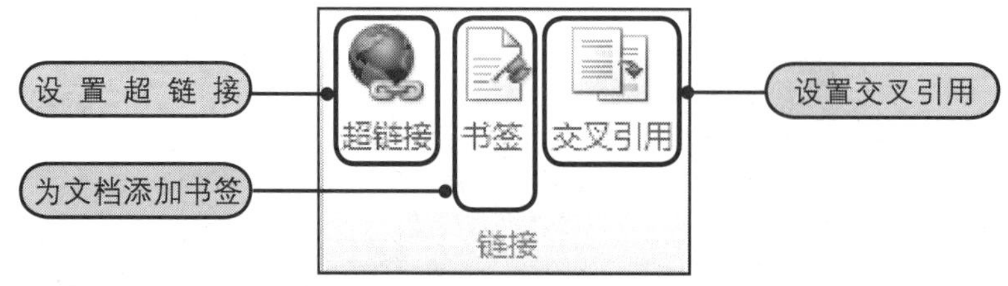

图8-10 “链接”组

8.2.1 为文档插入超链接

在Word中为文档插入超链接，可以链接到当前文档中的某个位置、计算机中保存的某个文件、一个新建文档，甚至还可以直接链接到用户的电子邮件地址。在使用超链接的时候，用户可以根据自己的需要选择要链接到的文件类型。本节仍然以“办公系统设计方案”文档为例，为文档插入超链接的方法如下。

1 步骤 Step 1 选择要添加超链接的文本，在“链接”组中单击“超链接”按钮，如图8-11所示。

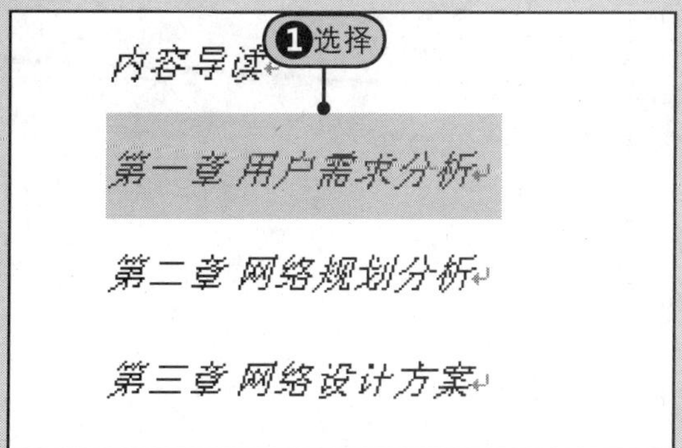

图8-11 选择要添加超链接的文本

2 步骤 Step 2 在“插入超链接”对话框中的“链接到”区域内单击“本文档中的位置”，Step 3 在“请选择文档中的位置”列表中选择“第一章 用户需求分析”，如图8-12所示。

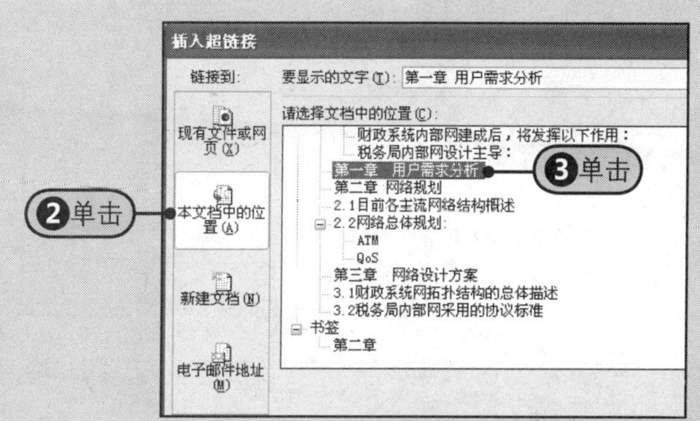

图8-12 选择要链接到的位置

3 步骤 Step 4 在“插入超链接”对话框中单击“屏幕提示”按钮，如图8-13所示。

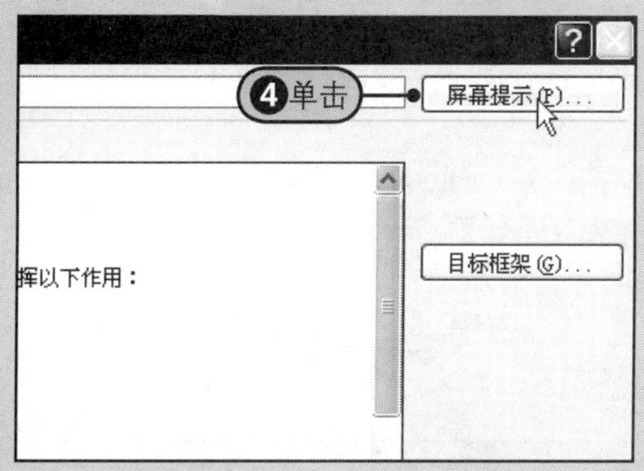

图8-13 单击“屏幕提示”按钮

4 步骤 Step 5 在打开的“设置超链接屏幕提示”对话框中的“屏幕提示文字”框中输入“单击切换到第一章”，Step 6 然后单击“确定”按钮，如图8-14所示。

图8-14 输入屏幕提示文字

5 步骤 Step 7 添加超链接的文本会显示为“蓝色”，当用鼠标指向该文本时，屏幕上会显示之前设置的屏幕提示及访问超链接的方法，如图8-15所示。

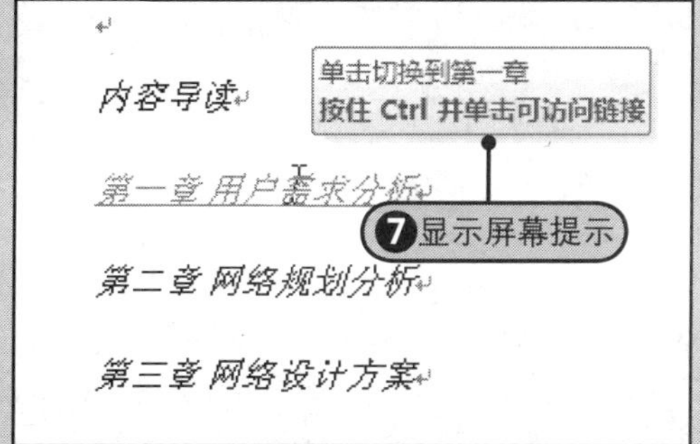

图8-15 显示屏幕提示

6 步骤 Step 8 按住Ctrl键单击切换到超链接指定的文档位置，如图8-16所示。

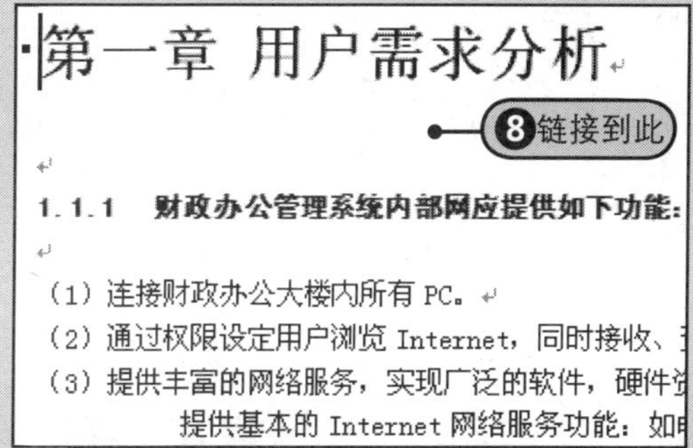

图8-16 链接到超链接指定的位置

8.2.2 为文档添加书签并设置链接

Word2010中的书签用来标识文档中的某段文本或某个文字，以便以后引用。在文档中插入书签后，可以设置超链接来链接到书签。

1 步骤 Step1 选择要添加为书签的文本，如图8-17所示，然后单击“链接”组中的“书签”按钮。

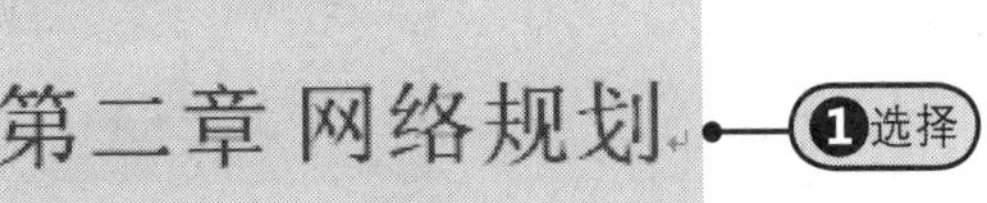

图8-17 选择要设置书签的位置

2 步骤 Step2 在“书签”对话框中的“书签名”框中输入书签名，如“第二章”，Step3 在“排序依据”区域内选中“位置”单选按钮，Step4 单击“添加”按钮，如图8-18所示。

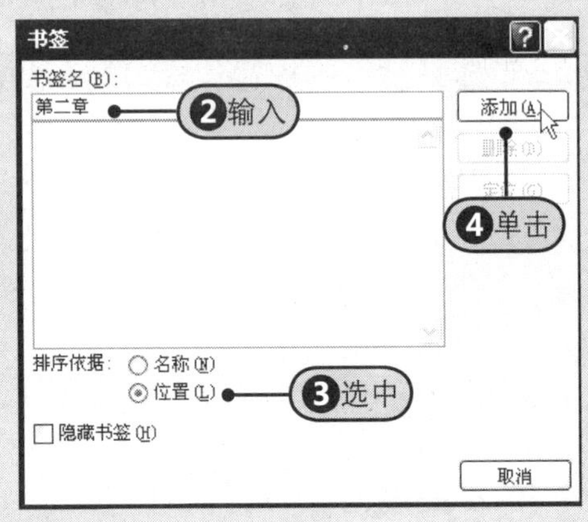

图8-18 “书签”对话框

3 步骤 Step5 选中要设置书签链接的文本，如“内容导读”部分的“第二章 网络规划分析”段落，如图8-19所示。

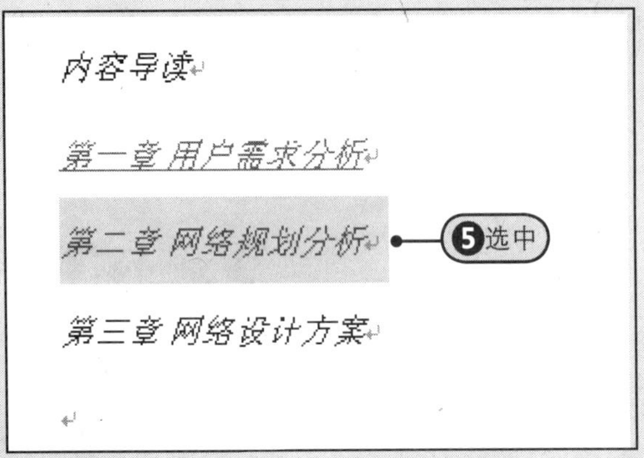

图8-19 选择要添加链接的文本

4 步骤 Step6 打开“插入超链接”对话框，单击“本文档中的位置”按钮，Step7 在“请选择文档中的位置”列表框中的“书签”下单击“第二章”，如图8-20所示。

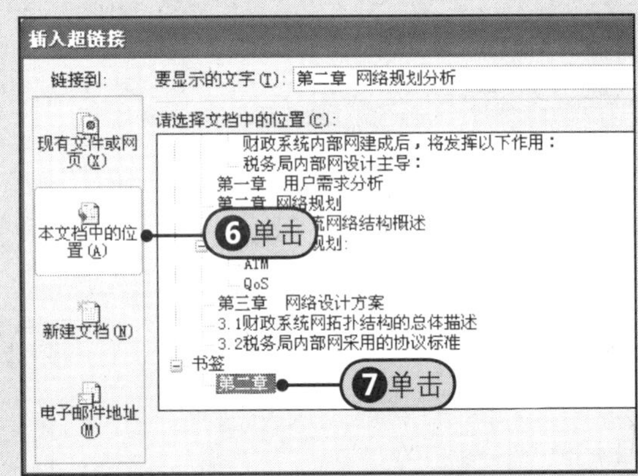

图8-20 设置链接到书签

5 步骤 Step8 将鼠标指针指向设置书签链接的文本，屏幕上会显示追踪超链接的提示，如图8-21所示。

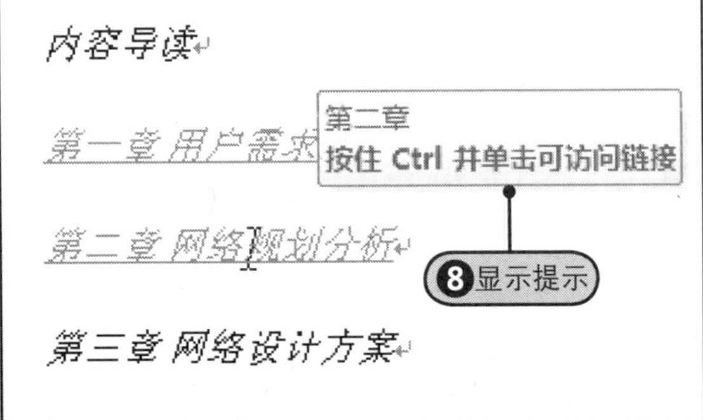

图8-21 显示屏幕提示

6 步骤 Step9 按住Ctrl键，单击可以链接到书签“第二章”的位置，如图8-22所示。

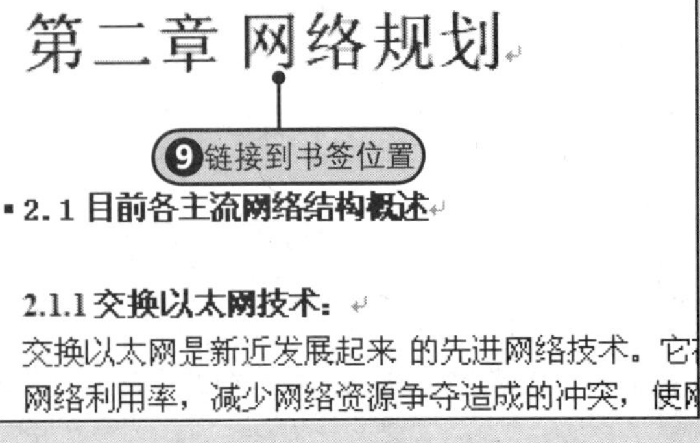

图8-22 链接到书签位置

提示 书签命名需注意

Word中的书签其实质是一个虚拟标记，有助于将来进行交叉引用。书签的命名有严格的规则：书签名必须以字母开头，可包含数字但不能有空格；可以用下画线字符来分隔文字，例如，“标题_1”。

8.2.3 链接的交叉引用

交叉引用是对文档中其他位置内容的引用，例如“请参考图1”等。在Word2010文档中，可以为标题、脚注、书签、题注等创建交叉引用。

Step❶在要插入交叉位置的文档处单击，Step❷在“链接”组中单击“交叉引用”按钮，Step❸在打开的“交叉引用”对话框中的“引用类型”列表中选择“图”，Step❹从“引用内容”下拉列表中选择“只有标签和编号”选项，Step❺在“引用哪一个题注”列表框中选择要引用的题注，Step❻单击“插入”按钮，Step❼插入的交叉引用，如图8-23所示。

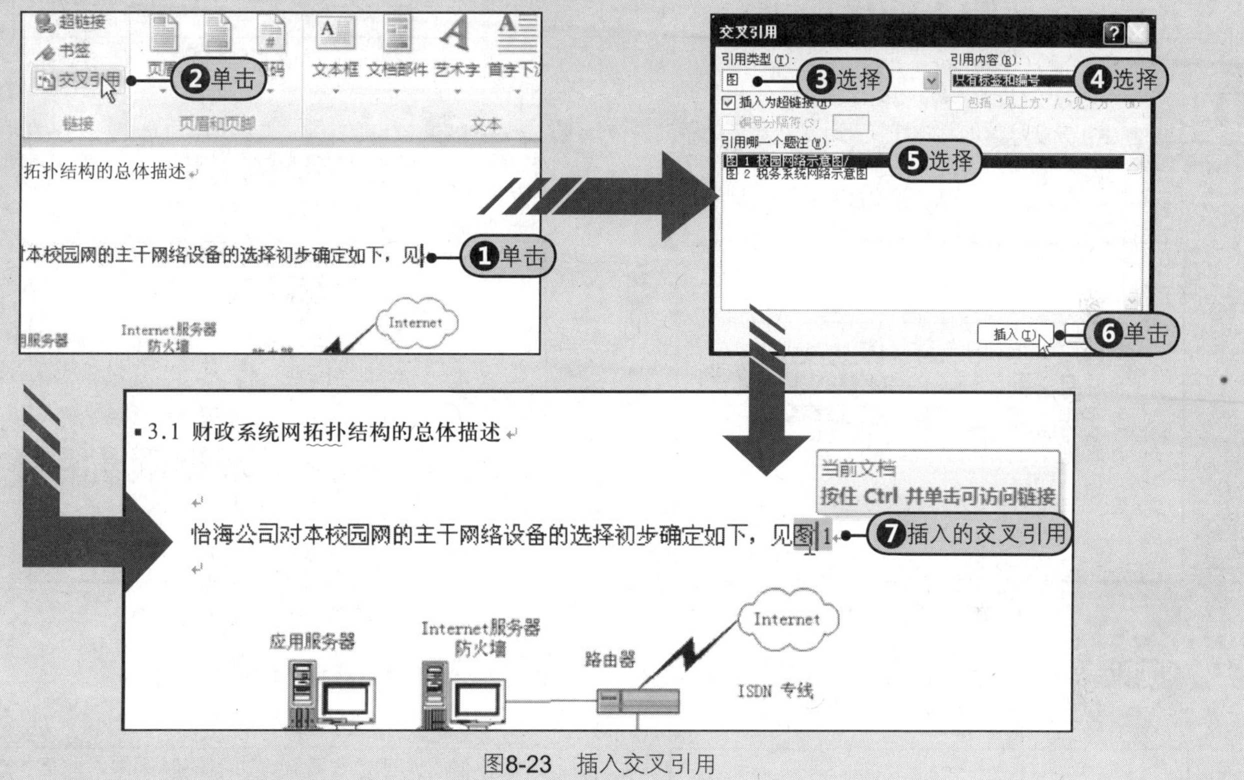

图8-23 插入交叉引用

提示 设置交叉引用的内容

在设置交叉引用的内容时，既可以只引用标签和编号，也可以设置引用整个题注及只引用题注文字。用户可以根据实际需要，在“交叉引用”对话框中的“引用内容”下拉列表中做出相应的选择。

8.3 在文档中应用脚注和尾注

脚注和尾注常用于在打印文档中为文档中的文本提供解释、批注及相关的参考资料的说明。脚注和尾注由两个互相链接的部分组成：注释引用标记和与其对应的注释文本。脚注位于页面结尾处，而尾注位于文档的结尾处。

8.3.1 为文档添加脚注和尾注

在实际工作中，当编辑一些古代的文学诗词或者现代的一些学术方面的文档时，常常需要为文档添加脚注和尾注。打开附书光盘\实例文件\第8章\原始文件\水调歌头.docx文档。

1 步骤 Step 1 在要插入脚注的文字后单击，Step 2 在“引用”选项卡的“脚注”组中单击“插入脚注”按钮，如图8-24所示。

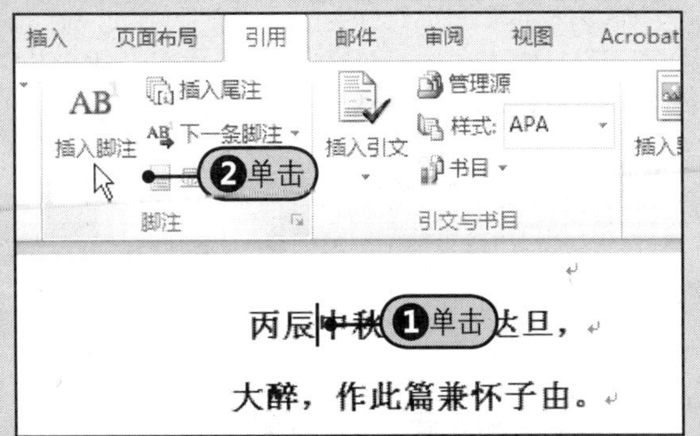

图8-24 单击“插入脚注”按钮

2 步骤 Step 3 Word会在指定的位置插入脚注引用标记。重复上面的步骤，直到插入完所有的引用标记，如图8-25所示。

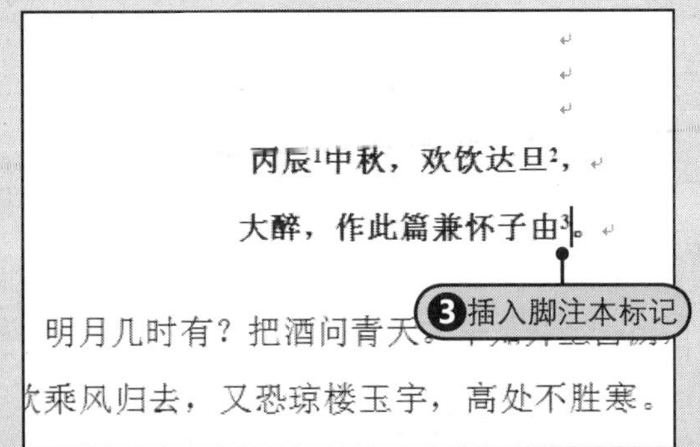

图8-25 插入脚注标记

3 步骤 Step 4 在页面底端的脚注注释部分输入对应的脚注内容，如图8-26所示。

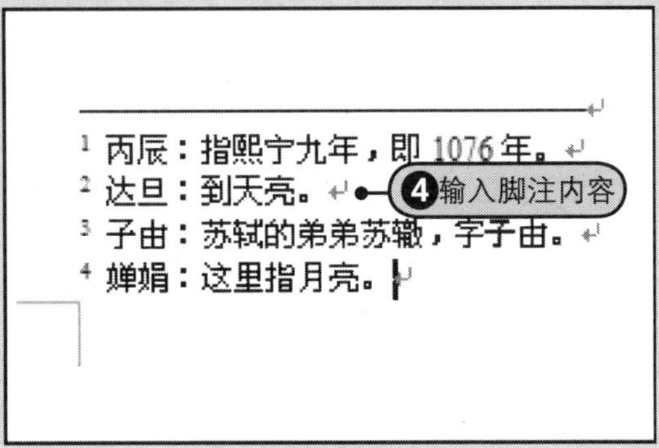

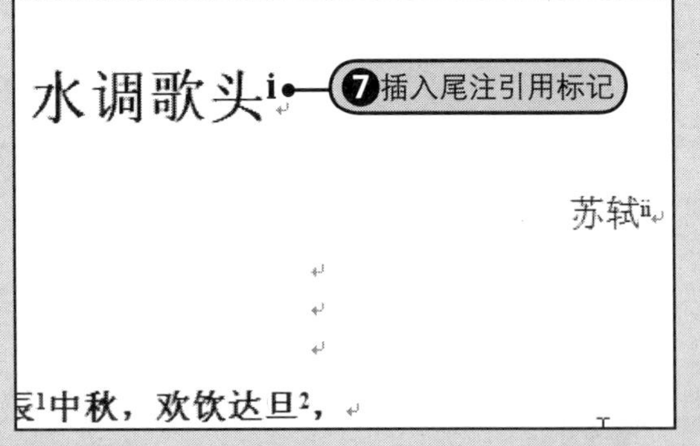

图8-26 输入脚注内容

4 步骤 Step 5 将光标插入点置于要添加尾注的文字右侧，如“水调歌头”右侧，Step 6 在“脚注”组中单击“插入尾注”按钮，如图8-27所示。

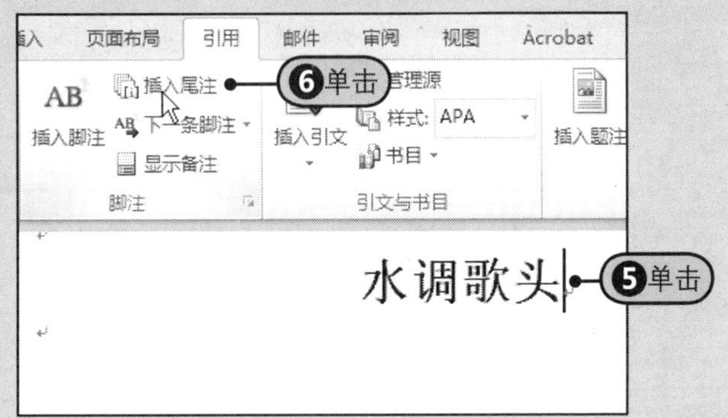

图8-27 单击“插入尾注”按钮

5 步骤 Step 7 Word会在指定的位置插入尾注引用标记，系统自动为尾注使用编号格式i,ii,iii,…，如图8-28所示。

图8-28 插入尾注引用标记

6 步骤 Step 8 在尾注区域内输入尾注的具体内容，如图8-29所示。

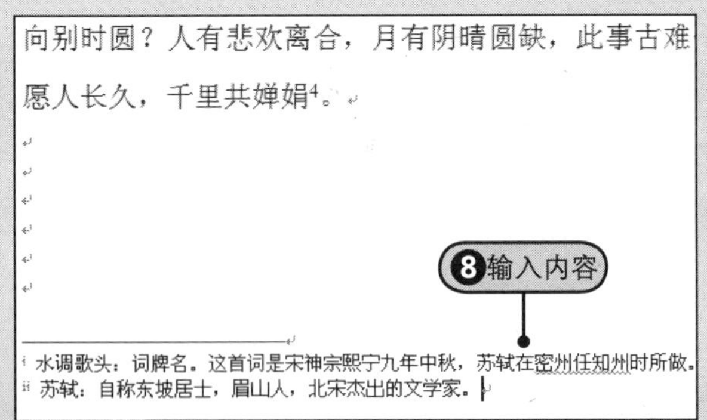

图8-29 输入尾注内容

8.3.2 脚注和尾注间的转换

对于已经在文档中创建好的脚注和尾注，还可以进行相互转换，如将脚注转换为尾注，或者将尾注转换为脚注。

在“引用”选项卡的“脚注”组中单击对话框启动器，打开“脚注和尾注”对话框，Step 1 单击“转换”按钮，Step 2 在打开的“转换注释”对话框中选择要进行转换的单选按钮，如“脚注全部转换成尾注”单选按钮，Step 3 单击“确定”按钮，Step 4 脚注全部转换为尾注后的效果，如图8-30所示。

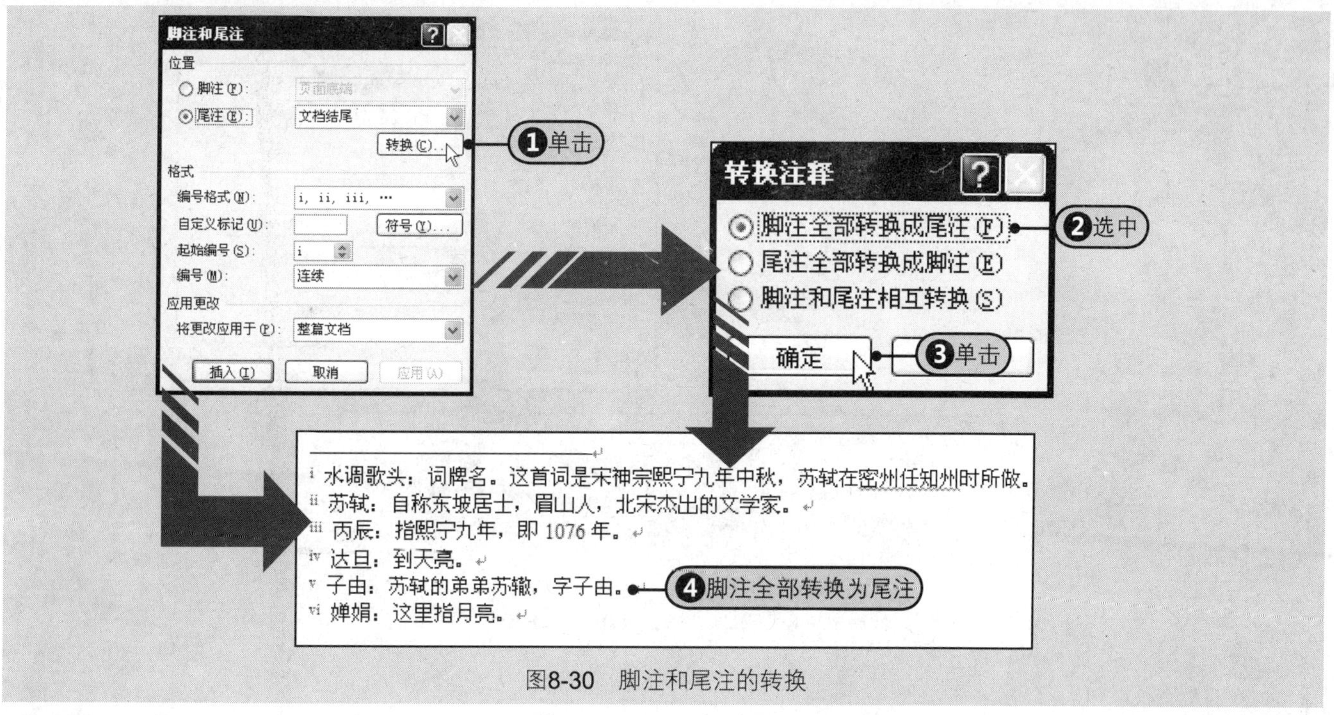

图8-30　脚注和尾注的转换

8.4 自动化目录和索引

目录是文档中标题的列表，可以通过目录来浏览文档中讨论了哪些主题。只要为文档的标题应用了标题样式，就可以自动生成目录。索引通常用来列出文档中主要的词条，以反映文档的主题或结构，索引中通常还应包括页码。本节将主要介绍如何在Word中创建自动化目录和索引。

8.4.1 创建自动目录

前面已经提到，如果同一篇文档的各级标题应用了Word中对应的标题样式，则可以根据这些应用了样式的标题自动生成目录。打开附书光盘\实例文件\第8章\原始文件\稿子.docx文档，该文档中已为标题应用了相应的内置标题样式。

将光标插入点置于文档的左上角，Step 1 在“引用”选项卡中的“目录”组中单击“目录”下三角按钮，Step 2 从展开的目录下拉列表中单击“自动目录1”样式，如图8-31所示。Step 3 随后Word会自动根据文档中的标题样式生成目录，如图8-32所示。

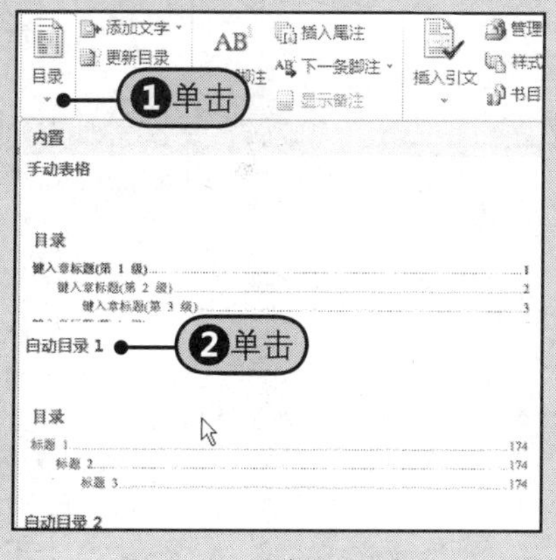

图8-31　单击目录样式

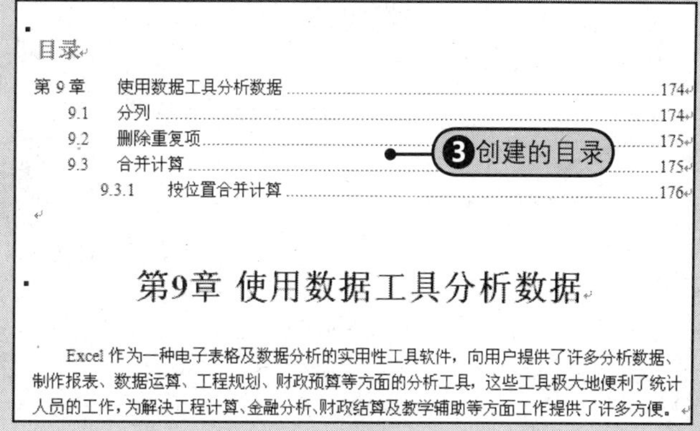

图8-32　创建的目录

8.4.2 创建图表目录

如果文档中包含大量的图片，还可专门为图表创建一个目录，但前提是必须为图表添加了题注。

Step 1 在“题注”组中单击“插入表目录”按钮，Step 2 在“图表目录”对话框中取消勾选“使用超链接而不使用页码”复选框，Step 3 单击“确定”按钮，Step 4 创建的图表目录，如图8-33所示。

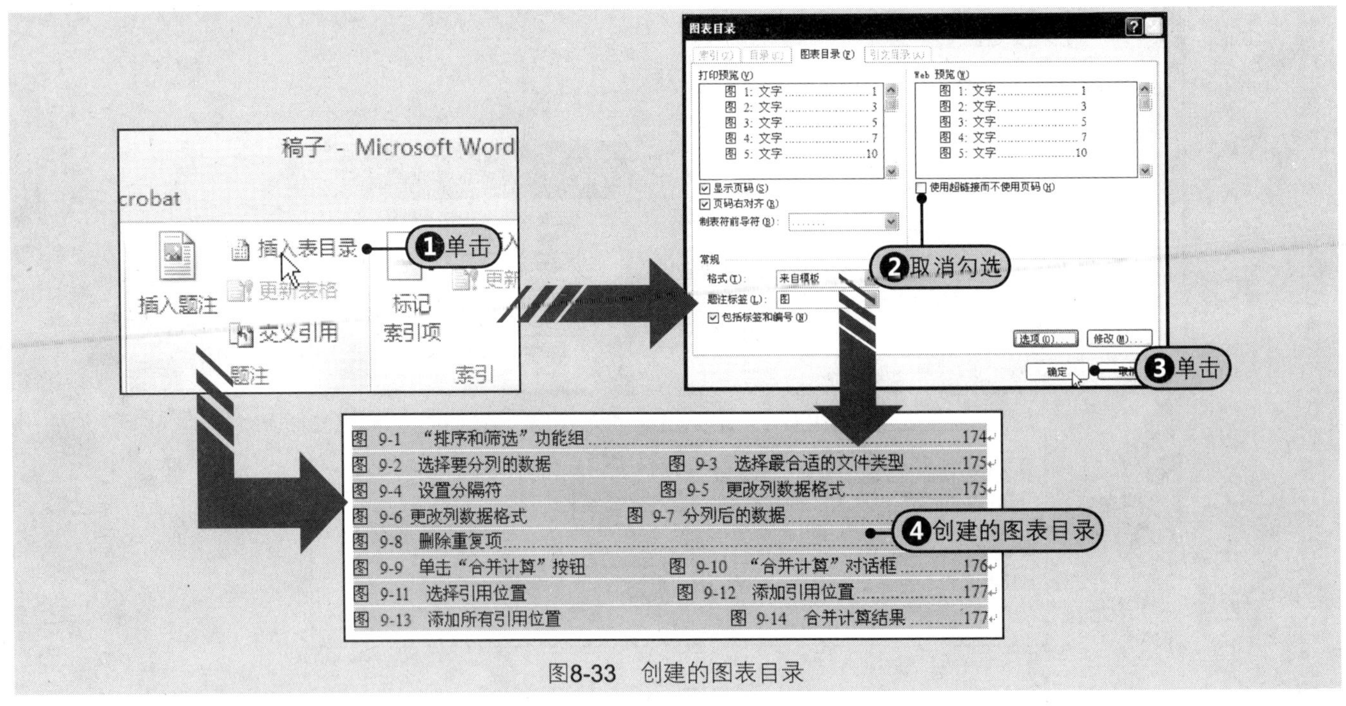

图8-33 创建的图表目录

8.4.3 制作索引

在建立索引前，首先要标记索引项，然后根据标记出的索引项来为文档创建索引。打开附书光盘\实例文件\第8章\原始文件\关于电池的研究.docx文档。

1 步骤 Step❶选择要标记为索引的内容，Step❷在“索引”组中单击“标记索引项”按钮，如图8-34所示。

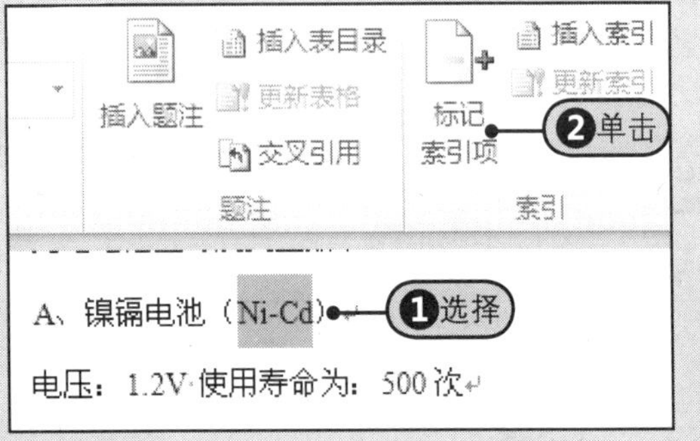

图8-34 选择要标记为索引的文本

2 步骤 在打开的“标记索引项”对话框中，在“主索引项”文本框中会自动显示选择的内容，Step❸单击“标记”按钮，如图8-35所示。

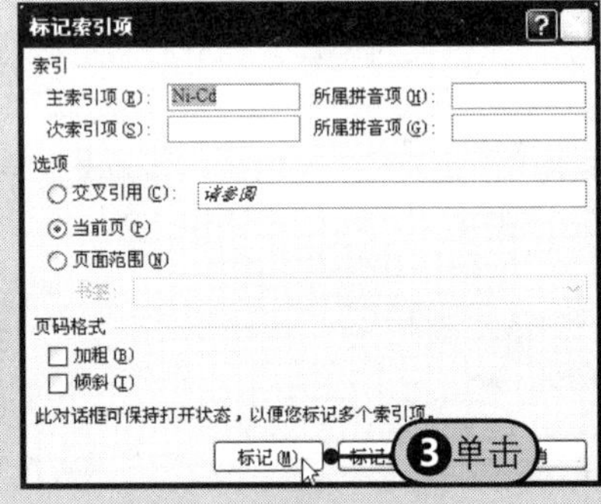

图8-35 单击“标记”按钮

3 步骤 标记为索引后，Step❹系统会自动在选择的文本后插入一个XE域，如图8-36所示。

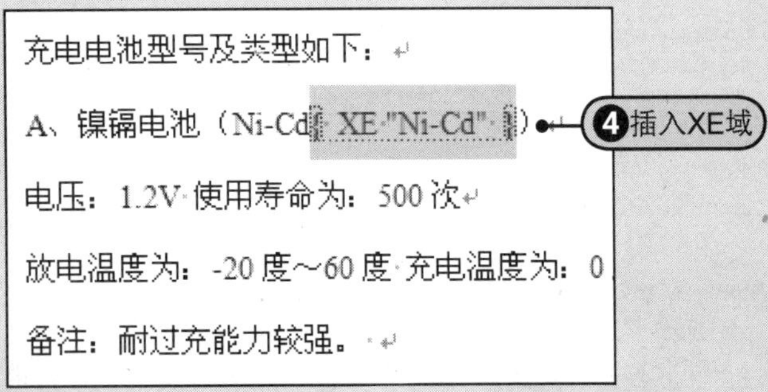

充电电池型号及类型如下：

A、镍镉电池（Ni-Cd{ XE "Ni-Cd" }）❹插入XE域

电压：1.2V 使用寿命为：500 次

放电温度为：-20 度～60 度 充电温度为：0

备注：耐过充能力较强。

图8-36 自动插入XE域

4 步骤 重复以上步骤，标记出文档中所有需要创建为索引的文本，Step❺然后单击“索引”组中的“插入索引”按钮，如图8-37所示。

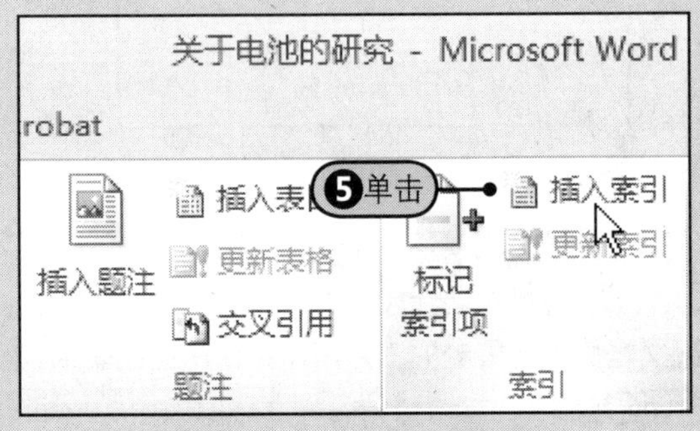

图8-37 单击“插入索引”按钮

5 步骤 Step6 在“索引”对话框中勾选“页码右对齐”复选框，如图8-38所示。

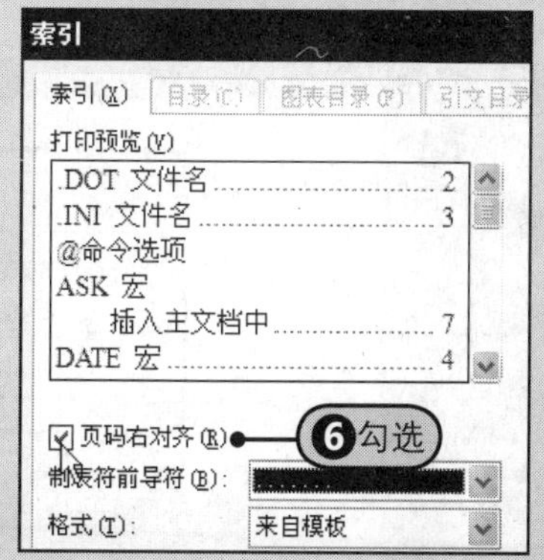

图8-38　勾选“页码右对齐”复选框

6 步骤 Step7 设置“栏数”为1，Step8 选择“排序依据”为“拼音”，如图8-39所示。

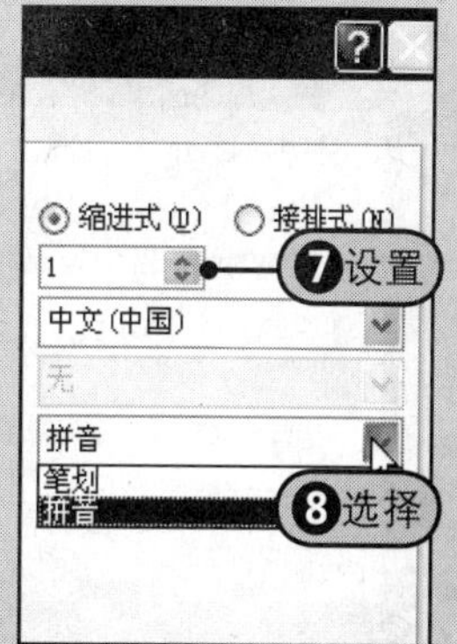

图8-39　选择排序依据

7 步骤 Step9 单击“确定”按钮，创建的索引如图8-40所示。

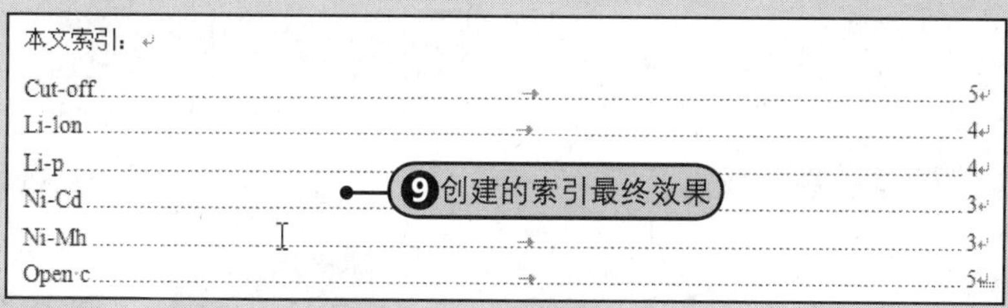

图8-40　插入到文档中的索引

8.5 制作邮件

在现代商业社会，邮件已成为企业或者个人之间联系沟通的一种常见方式。Word 2010集合了中文信封的创建、制作标题、合并邮件、直接选择联系人等与邮件相关的功能，现分别介绍如下。

8.5.1 使用向导创建中文信封

当企业需要批量发送信函时，可以使用Word很方便地创建属于自己的中文信封，具体操作方法如下所示。

1 步骤 Step1 在“邮件”选项卡中的“创建”组中单击“中文信封”按钮，启动信封制作向导，单击“下一步”按钮，如图8-41所示。

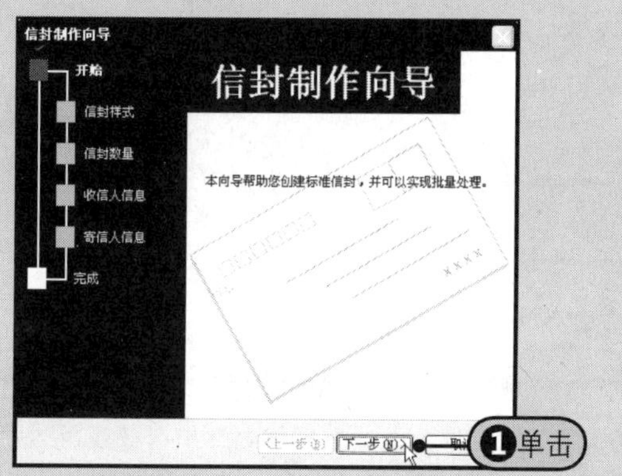

图8-41　启动信封制作向导

2 步骤 Step2 从“信封样式”下拉列表中选择适当的样式，Step3 单击“下一步”按钮，如图8-42所示。

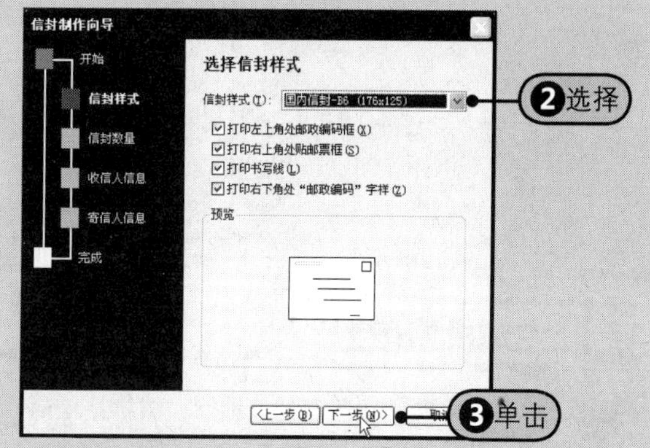

图8-42　选择信封样式

3 步骤 Step 4 选中“键入收信人信息，生成单个信封”单选按钮，Step 5 单击“下一步”按钮，如图8-43所示。

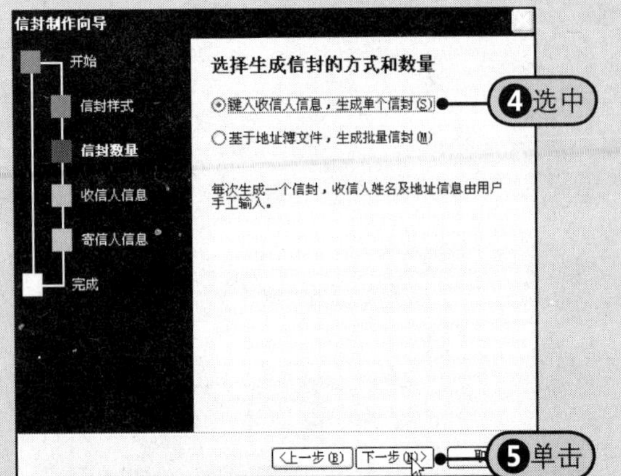

图8-43 选择生成信封的方式和数量

4 步骤 Step 6 在“输入收信人信息”面板中输入收信人的姓名、称谓、单位、地址和邮编，Step 7 然后单击“下一步”按钮，如图8-44所示。

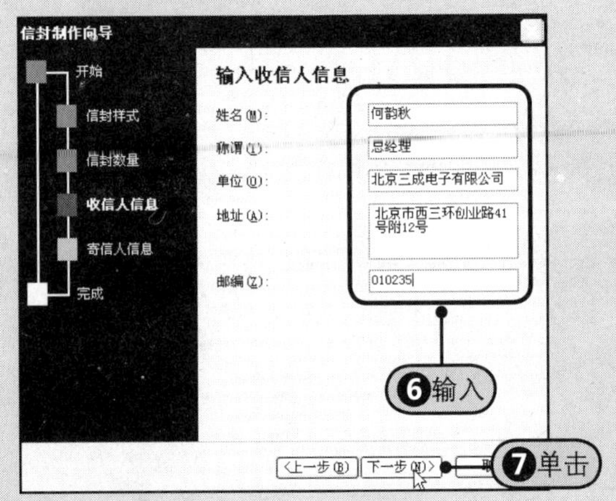

图8-44 输入收件人信息

5 步骤 Step 8 在“输入寄信人信息”面板中输入寄信人的信息，Step 9 然后单击“下一步”按钮，如图8-45所示。

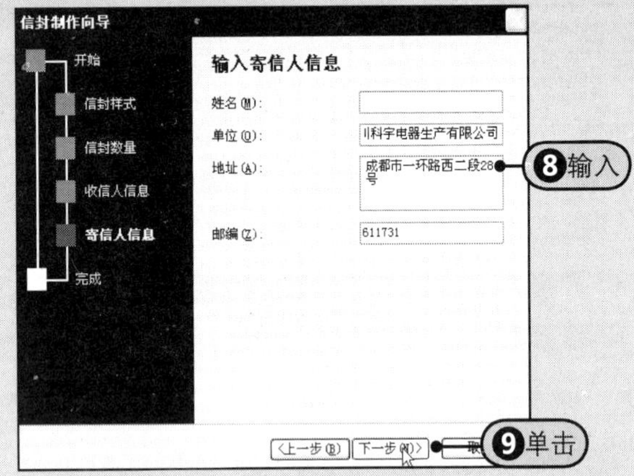

图8-45 输入寄信人信息

6 步骤 Step 10 单击“完成”按钮，如图8-46所示。

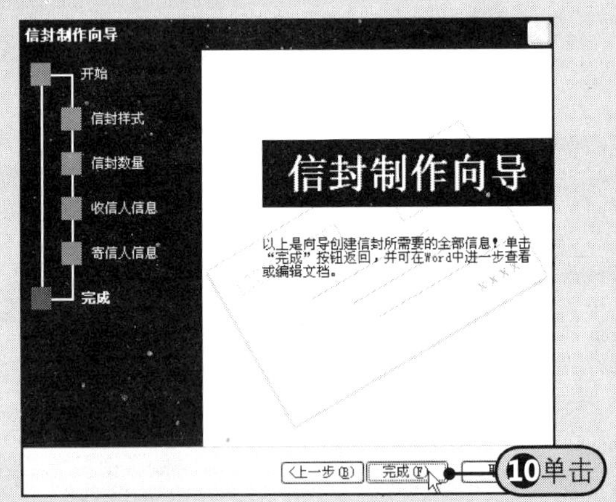

图8-46 完成信封制作

7 步骤 Step 11 向导创建的中文信封效果，如图8-47所示。

图8-47 生成的信封效果

提示

生成批量信封

如果要基于已有的地址簿生成批量信封，可以选中“基于地址簿文件，生成批量信封”单选按钮，然后按向导提示进行操作。

8.5.2 直接在文档中创建信封

用户还可以直接在文档中创建信封，使用该方法，Word会自动在文档首页前插入一个信封。创建步骤如下所示。

1 步骤 在“邮件”选项卡中的“创建”组中单击“信封”按钮，打开“信封和标签”对话框。Step1 在“收信人地址”列表框中输入地址，Step2 在“寄信人地址”列表框中输入寄信人地址，Step3 单击“选项”按钮，如图8-48所示。

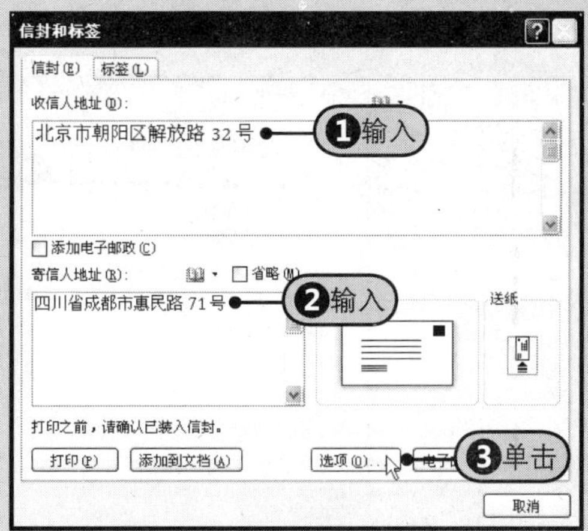

图8-48　输入收信人和寄信人地址

2 步骤 Step4 在“信封选项”对话框中单击“字体”按钮，如图8-49所示。

图8-49　单击“字体”按钮

3 步骤 Step5 在“字形”列表框中单击“加粗”按钮，Step6 单击“下画线线型”的下三角按钮，Step7 从展开的下拉列表中选择“单实线”样式，如图8-50所示。

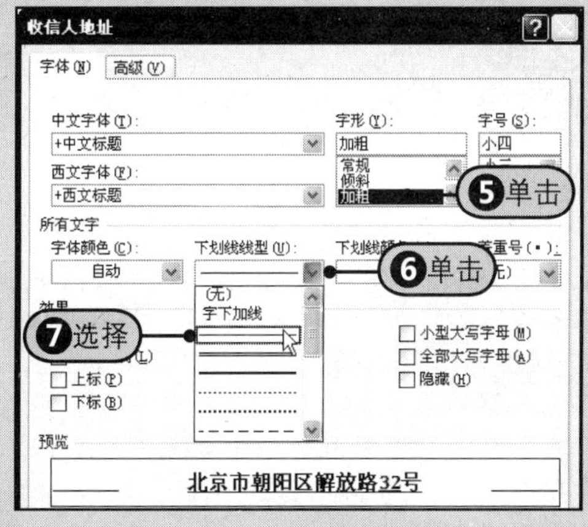

图8-50　设置收信人地址的字体格式

4 步骤 Step8 返回“信封和标签”对话框中，单击“添加到文档”按钮，如图8-51所示。

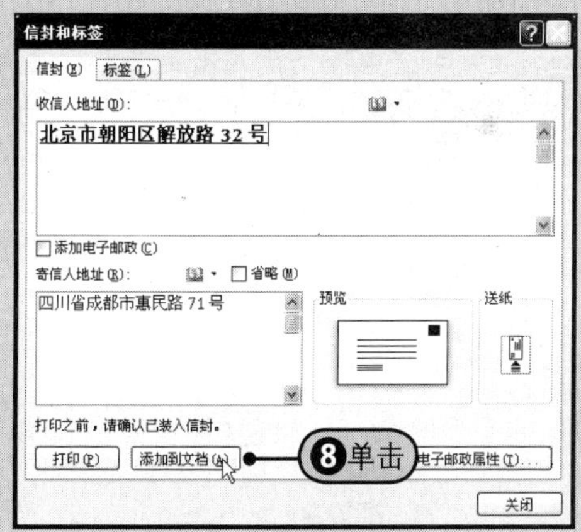

图8-51　单击“添加到文档”按钮

5 步骤 Step9 随后系统会在文档最前面插入一个信封，如图8-52所示。

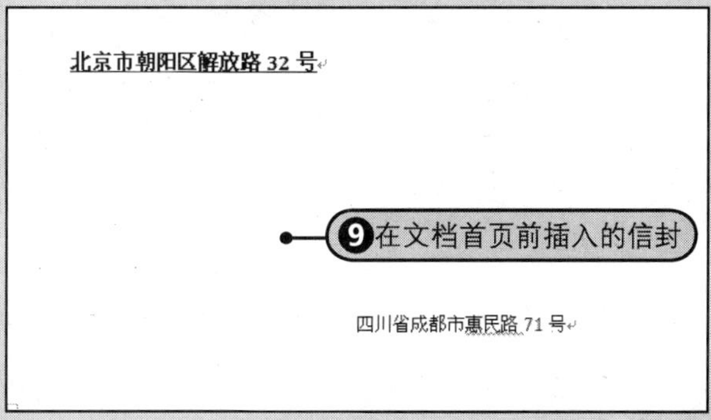

图8-52　在文档首页前插入的信封

8.5.3 使用分步向导完成邮件合并

使用邮件合并功能可以按照向导提示进行邮件合并，常用来生成批量的文档或信函。打开附书光盘\实例文件\第8章\原始文件\邀请信函.docx文档。

步骤1 Step 1 在“邮件”选项卡中的“开始邮件合并”组中单击“开始邮件合并”按钮，Step 2 从展开的下拉列表中选择“邮件合并分步向导”命令，如图8-53所示。

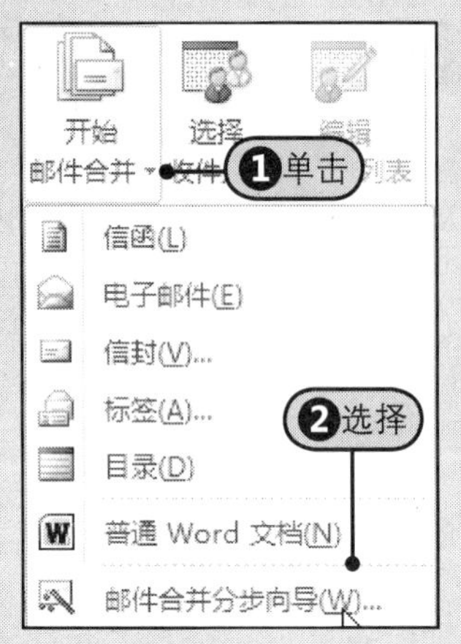

图8-53 选择“邮件合并分步向导”命令

步骤2 Step 3 在“邮件合并”任务窗格中选中“信函”单选按钮，Step 4 单击“下一步：正在启动文档”链接，如图8-54所示。

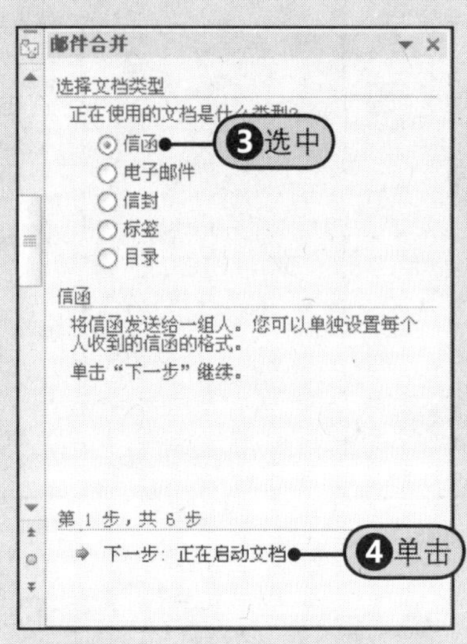

8-54 单击“下一步”链接

步骤3 Step 5 选中“使用当前文档”单选按钮，Step 6 单击“下一步：选取收件人”链接，如图8-55所示。

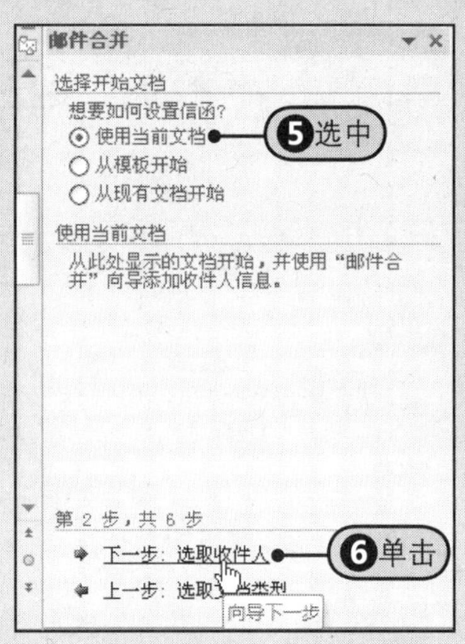

图8-55 单击“下一步”链接

步骤4 Step 7 单击选中“使用现有列表”单选按钮，Step 8 单击“浏览”链接，如图8-56所示。

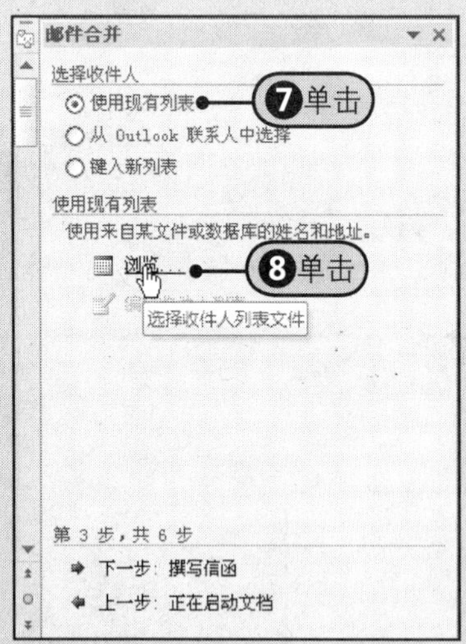

图8-56 单击“浏览”链接

步骤5 Step 9 在打开的“选择数据源”对话框中选择数据源，如“我的通讯录”，然后单击“打开”按钮，如图8-57所示。

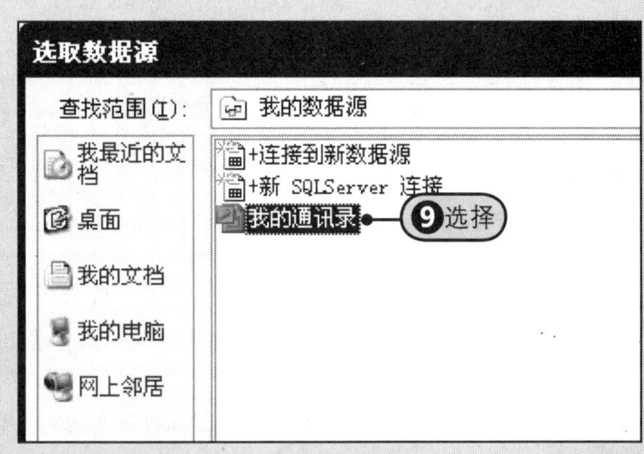

图8-57 选择数据源

提示

新建收件人列表

如果收件人列表还没有建立，可以在“邮件合并”窗格中单击选中“键入新列表”单选按钮，然后在“新建收件人列表”对话框中输入收件人信息。

6 步骤 Step10 随后将打开“邮件合并收件人”对话框，在列表中勾选要发送邮件的联系人，Step11 然后单击“确定”按钮，如图8-58所示。

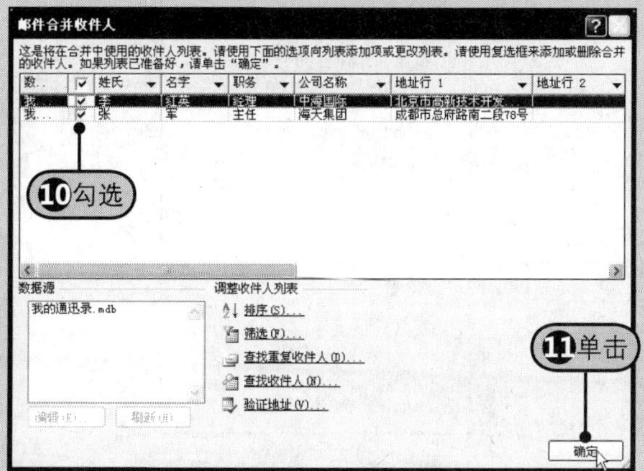

图8-58 “邮件合并收件人”对话框

7 步骤 Step12 在“邮件合并”窗格中单击“下一步:撰写信函”链接，如图8-59所示。

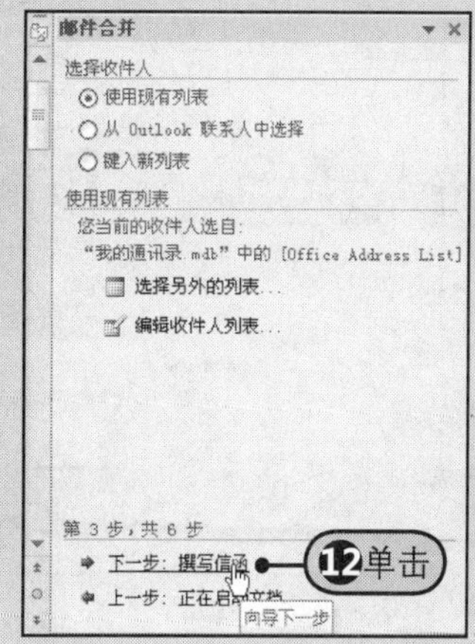

图8-59 单击“下一步”链接

8 步骤 Step13 在“邮件合并”窗格中单击“其他项目”链接，如图8-60所示。

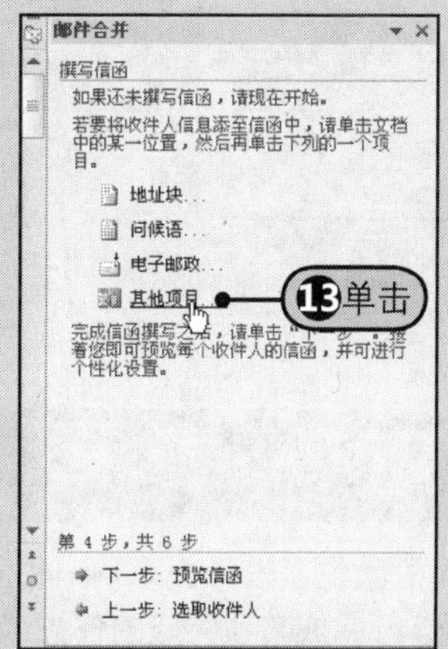

图8-60 单击“其他项目”链接

9 步骤 将光标插入点置于文档中需要插入域的位置，Step14 在打开的“插入合并域”对话框中的“域”列表中选择“姓氏”，Step15 单击“插入”按钮，然后再选择“名字”域，单击“插入”按钮，如图8-61所示。

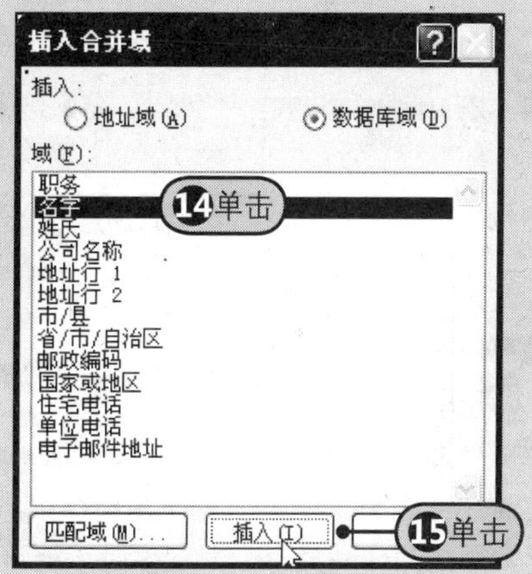

图8-61 “插入合并域”对话框

10 步骤 Step16 插入到文档中的合并域，如图8-62所示。

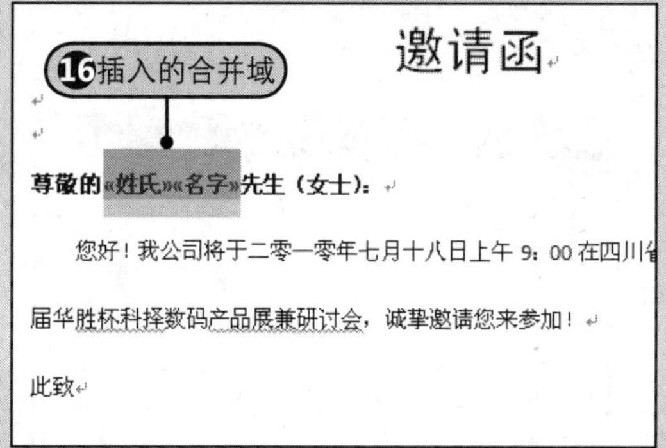

图8-62 插入的合并域

11 步骤 Step17 在“邮件合并”窗格中单击“下一步:预览信函”链接，如图8-63所示。

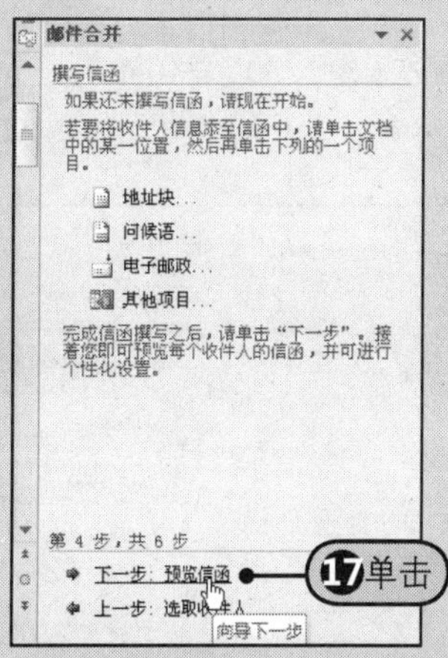

图8-63 单击“下一步”链接

12 步骤 Step18 单击“下一步:完成合并”链接，如图8-64所示。

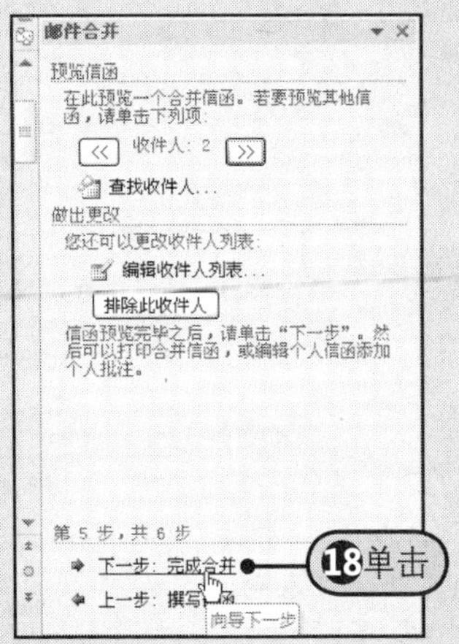

图8-64　单击“下一步”链接

13 步骤 Step19 单击“邮件合并”窗格右上角的“关闭”按钮关闭该窗格，如图8-65所示。

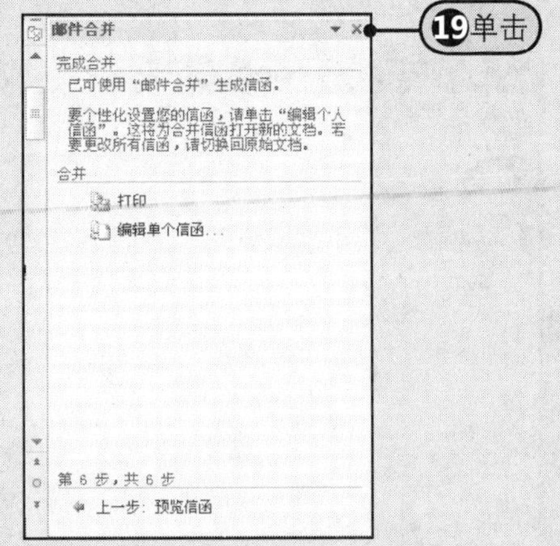

图8-65　完成邮件合并

14 步骤 Step20 插入合并域后的邀请函，如图8-66所示。

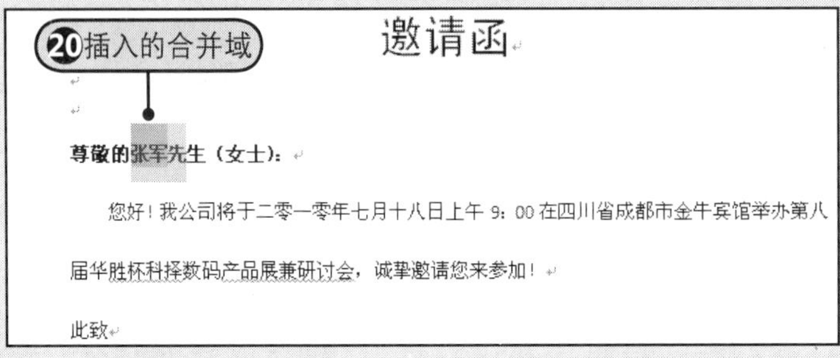

图8-66　完成邮件合并后的信函

8.6 宏的简单应用

宏是软件设计者为了让人们在使用软件进行工作时，避免一再地重复相同的动作而设计出来的一种工具。它采用简单的语法，把常用的动作写成宏，当工作时，就可以直接利用事先编好的宏自动运行完成某项特定的任务。

8.6.1 录制宏

用户可以通过录制宏的方法来简单地创建自己的宏，打开附书光盘\实例文件\第8章\原始文件\水调歌头.docx文档。

1 步骤 Step1 在“视图”选项卡中的“宏”组中单击“宏”按钮，Step2 从展开的下拉列表中选择“录制宏”命令，如图8-67所示。

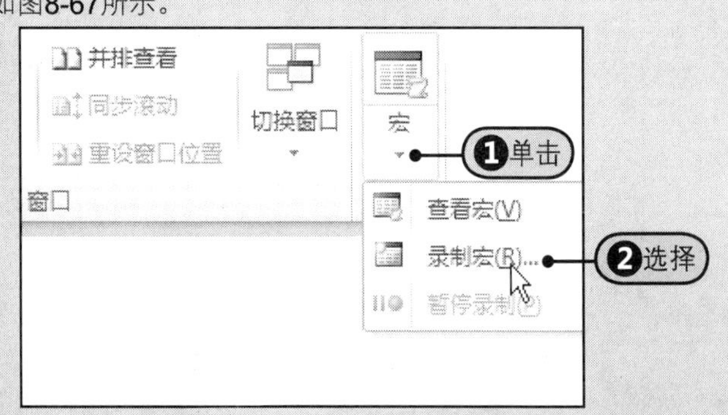

图8-67　单击“录制宏”按钮

2 步骤 Step3 在“录制宏”对话框中单击“键盘”按钮，如图8-68所示。

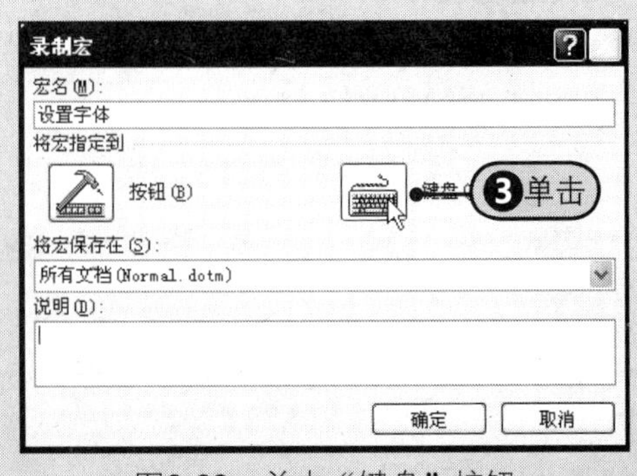

图8-68　单击“键盘”按钮

3 步骤 Step 4 在“自定义键盘”对话框中按下需要设置的快捷键，Step 5 单击“指定”按钮，Step 6 然后再单击“关闭”按钮，如图8-69所示。

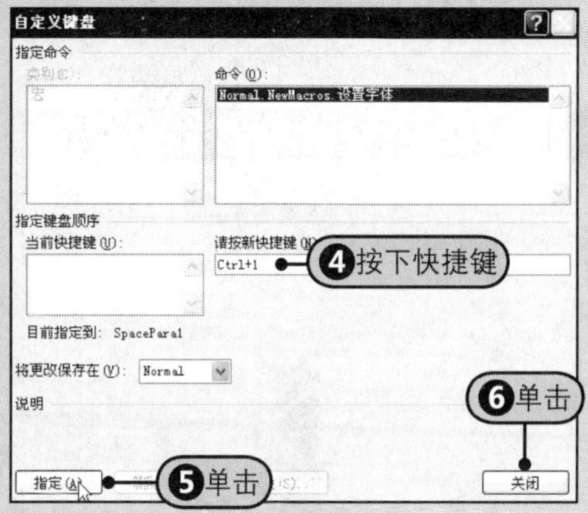

图8-69 设置快捷键

4 步骤 开始宏的具体操作。Step 7 在“开始”选项卡中的“编辑”组中单击“选择”按钮，Step 8 从展开的下拉列表中选择“全选”命令，如图8-70所示。

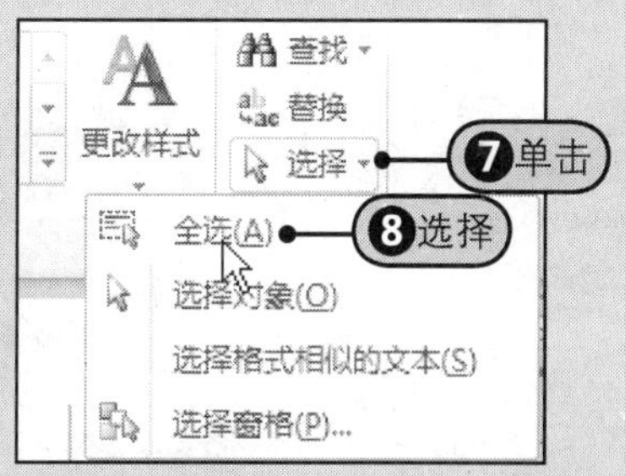

图8-70 宏操作步骤之全选文档

5 步骤 Step 9 在“字体”组中单击“字体”的下三角按钮，Step 10 从展开的下拉列表中选择“华文行楷”，如图8-71所示，随后整篇文档的字体被更改为“华文行楷”。

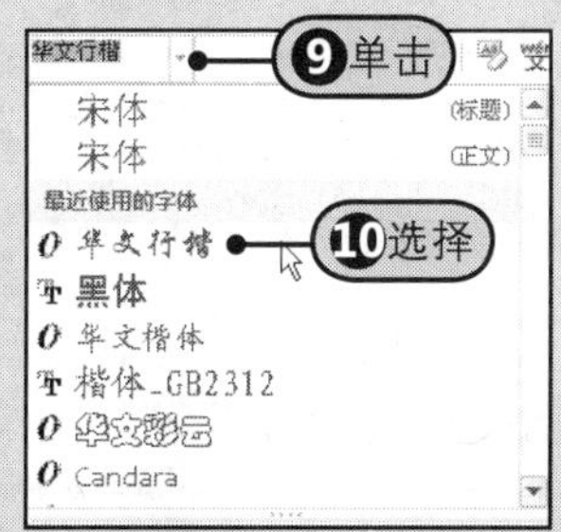

图8-71 宏操作步骤之选择字体

6 步骤 Step 11 再次单击“宏”按钮，Step 12 从展开的下拉列表中选择“停止录制”命令，如图8-72所示。

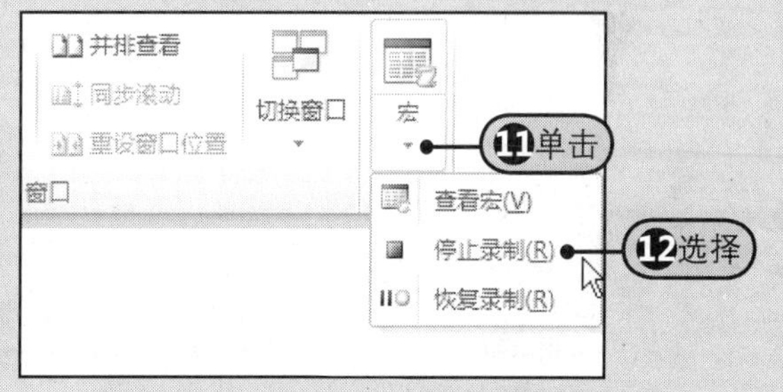

图8-72 选择“停止录制”命令

8.6.2 查看宏

要查看已经录制好的宏，Step 1 单击“宏”按钮，Step 2 然后选择“查看宏”命令，在“宏”对话框中选择宏名，Step 3 单击“编辑”按钮，Step 4 会在VB窗口中显示宏代码，如图8-73所示。

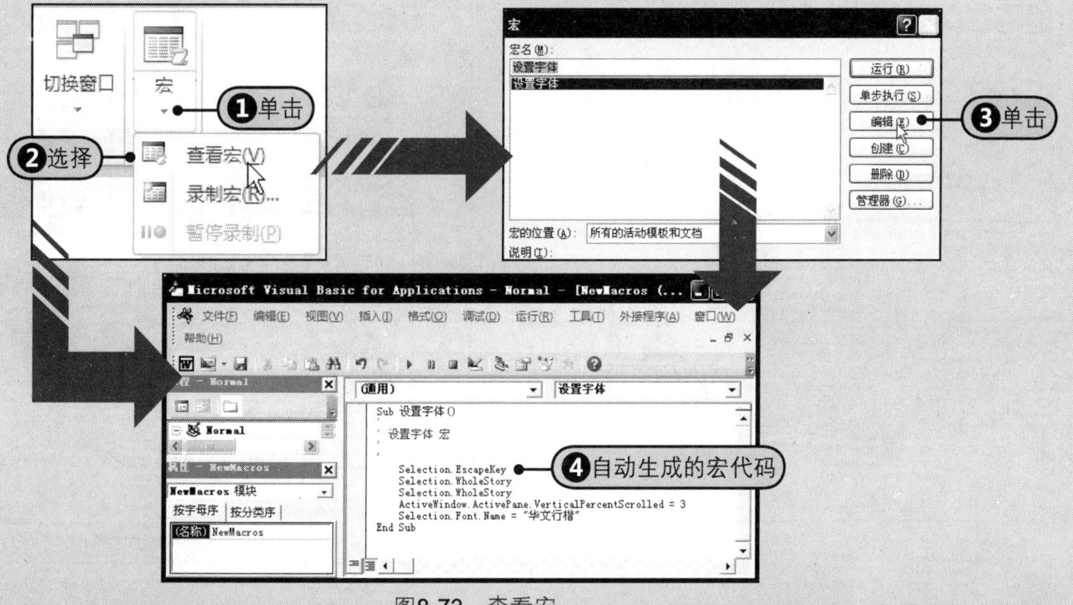

图8-73 查看宏

8.6.3 执行宏

录制好宏以后，如果需要执行宏所包括的操作步骤，直接执行宏即可。

Step1 在“开发工具”选项卡中的“代码”组中单击“宏”按钮，Step2 然后在打开的“宏”对话框中的“宏名”列表框中选择要执行的宏名，如“设置字体”，Step3 单击“运行”按钮，Step4 然后文档会根据录制的宏执行所有的操作，设置字体后的文档效果，如图8-74所示。

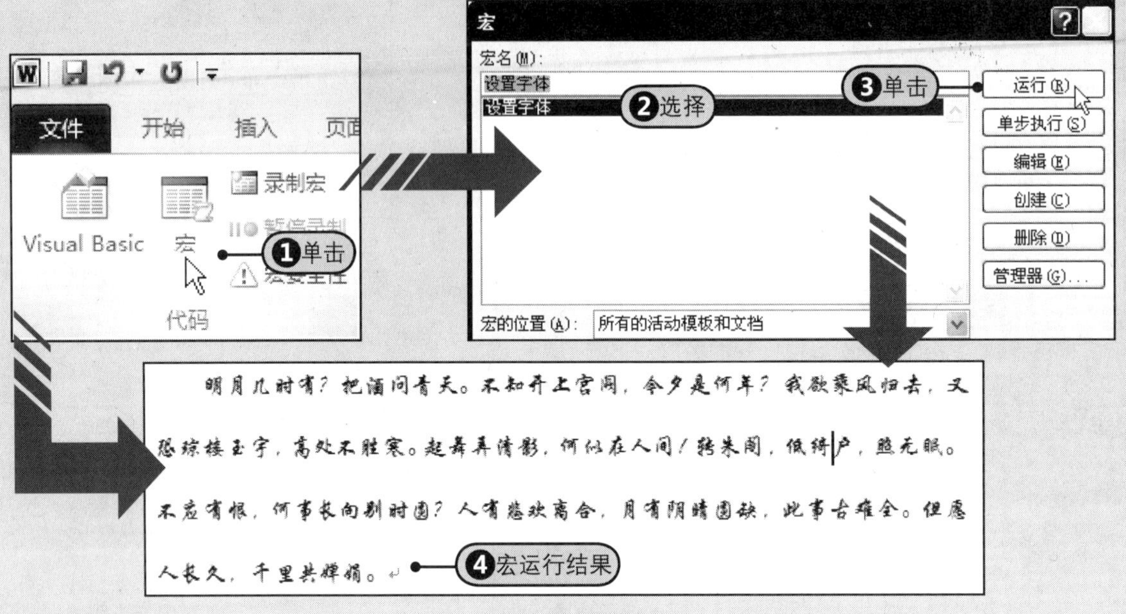

图8-74 执行宏

8.7 融会贯通 录制一个提取文档目录的宏

本章主要介绍了文档自动化处理的一些功能，例如为文档中的表格或者图片插入题注，在文档中插入超链接、应用脚注尾注、创建自动目录、邮件合并及宏的录制。接下来，通过录制一个宏为实例文件创建自动目录，打开附书光盘\实例文件\第8章\原始文件\公开招标书.docx文档。

步骤1 单击“录制宏”选项。

Step1 在“视图”选项卡中的“宏”组中单击“宏”的下三角按钮。

Step2 从展开的下拉列表中选择“录制宏”命令。

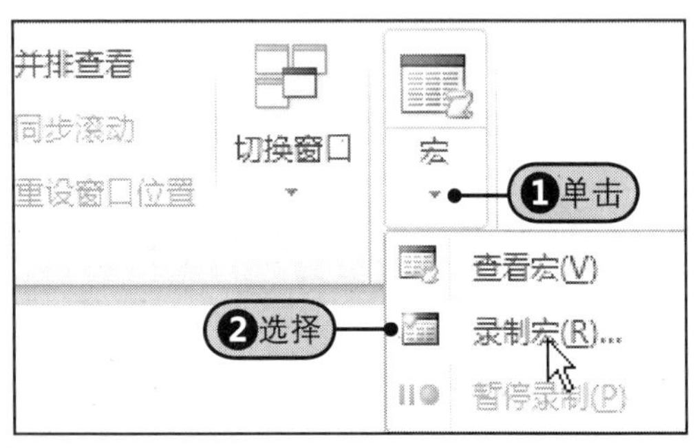

步骤2 “录制宏”对话框。

Step1 在“宏对话框”中的“宏名”框中输入“自动提取目录”。

Step2 在“说明”框中输入说明文字。

Step3 单击“确定”按钮。

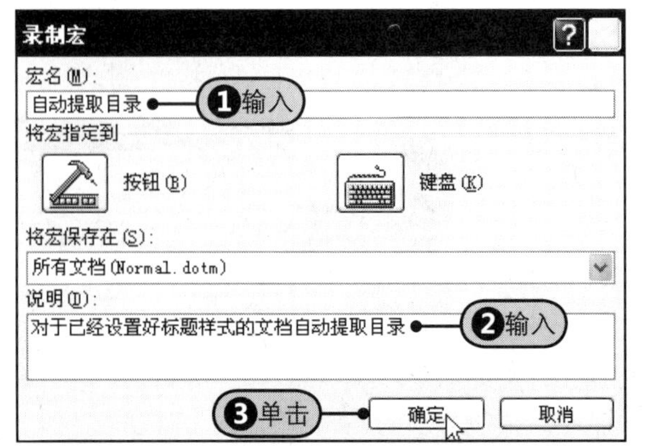

（续上）

3 步骤 选择目录样式。

Step1 在“目录”组中单击“目录”的下三角按钮。

Step2 从展开的下拉列表中选择“自动目录1”命令。

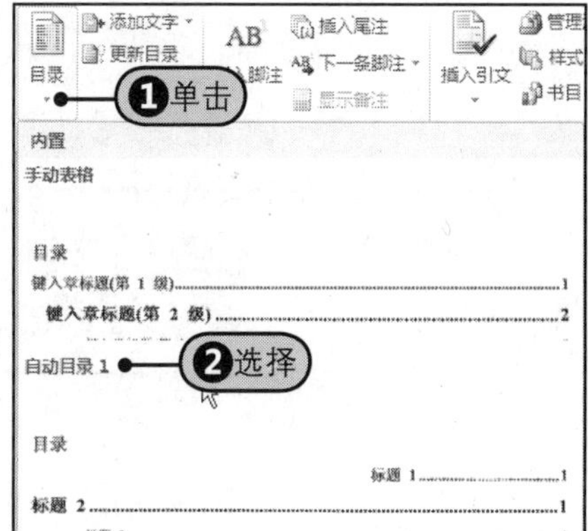

4 步骤 单击“停止录制”选项。

Step1 在“宏”组中单击“宏”的下三角按钮。

Step2 从下拉列表中选择“停止录制”命令。

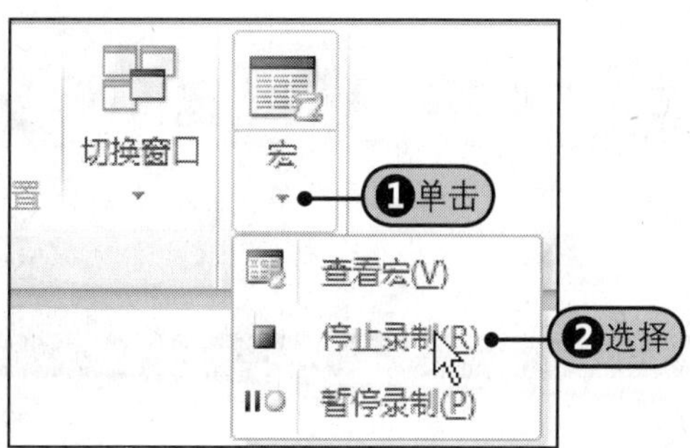

5 步骤 生成的目录效果。

此宏的操作结果，会自动根据文档中所应用的标题样式，生成目录效果如下图所示。

6 步骤 选择“查看宏”命令。

Step1 在“宏”组中单击“宏”的下三角按钮。

Step2 从展开的下拉列表中选择“查看宏”命令。

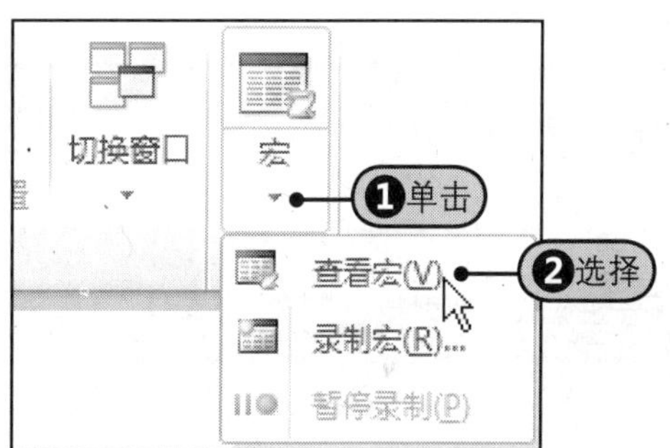

提示 应用标题格式前的准备

执行前，先为文档中的标题应用标题格式。

7 步骤 选择“宏”选项。

Step1 在“宏”对话框中单击“宏名”列表框中的宏。

Step2 单击“编辑”按钮。

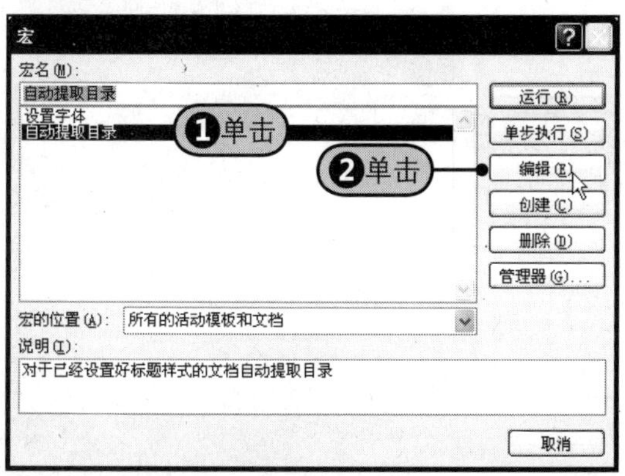

8 步骤 在VB窗口中查看宏代码。

随后，系统会打开Microsoft Visual Basic for Applications窗口，并在该窗口中显示宏代码。

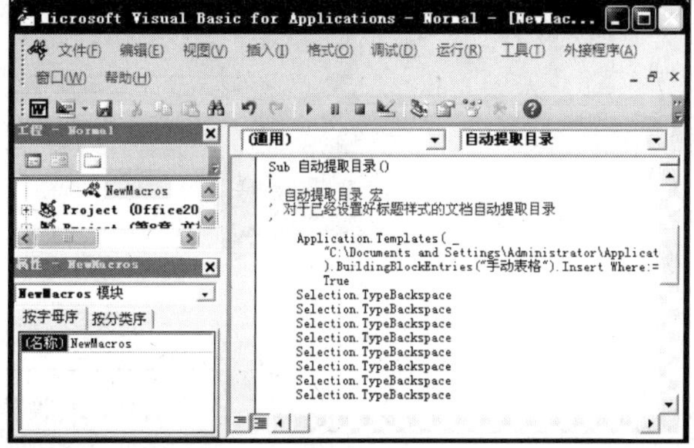

8.8 专家支招

在使用Word编辑文档时，掌握前面所介绍的文档自动化处理功能，可以极大地提高用户的工作效率，把用户从一些手工重复劳动中解放出来。下面补充介绍与自动化文档处理相关的3个技巧。

招术一 设置输入网络地址时自动转为超链接格式

打开“Word选项”对话框，Step1单击“校对”标签，Step2取消勾选“忽略Internet和文件地址”复选框，Step3单击“确定”按钮。当在文档中输入网络地址后，Step4会自动理正为超链接，如图8-75所示。

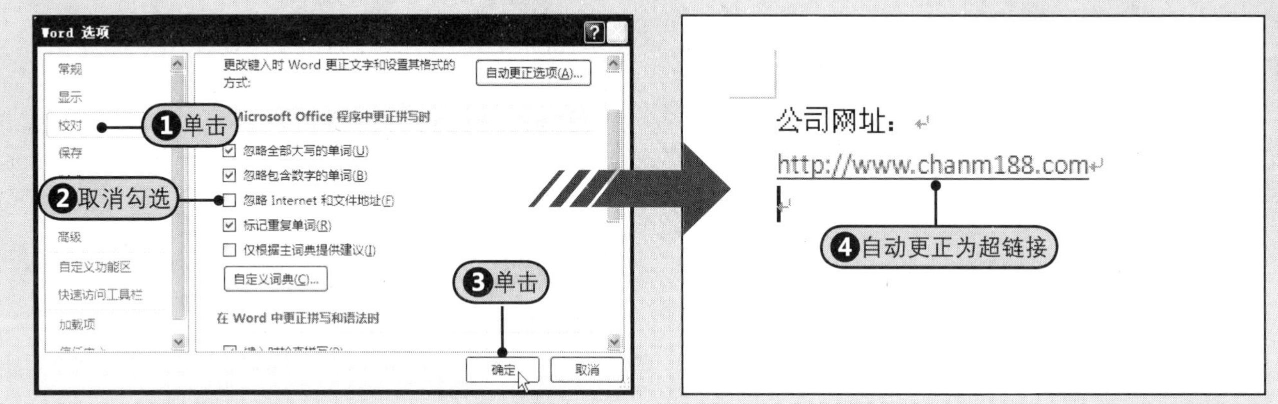

图8-75 自动更正为超链接

招术二 设置为表格或图片插入的题注中包含章节号

在“引用”选项卡中的“题注”组中单击“插入题注”按钮，打开“题注”对话框，Step1从“标签”下拉列表中选择“图”，Step2单击“编号”按钮，打开“题注编号”对话框。Step3勾选“包含章节号”复选框，Step4单击“确定”按钮，Step5插入到文档中图片下方的题注会包含文档的章节号，如图8-76所示。

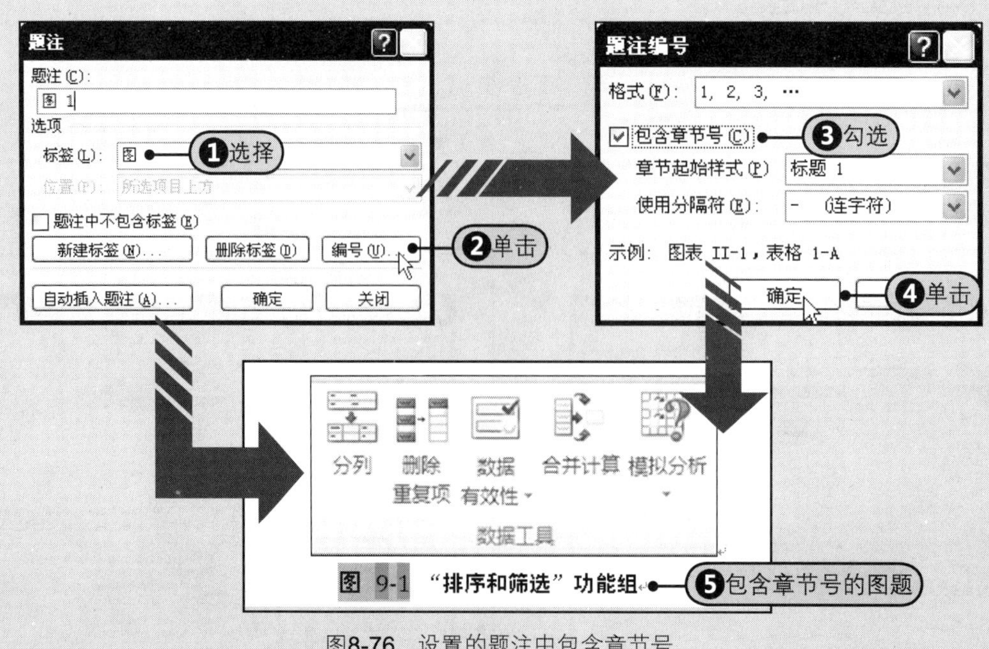

图8-76 设置的题注中包含章节号

招术三 自定义脚注或尾注的编号格式

在Word中，用户可以自定义脚注或尾注的编号格式，可以直接从系统提示的“编号格式”下拉列表中选择，还可以选择特定的符号标识脚注或尾注。

打开“脚注和尾注”对话框，Step1选中“脚注”单选按钮，Step2单击“编号格式”右侧的下三角按钮，Step3从下拉列表中选择a，b，c，…样式，如图8-77所示，Step4更改脚注编号格式后，如图8-78所示。

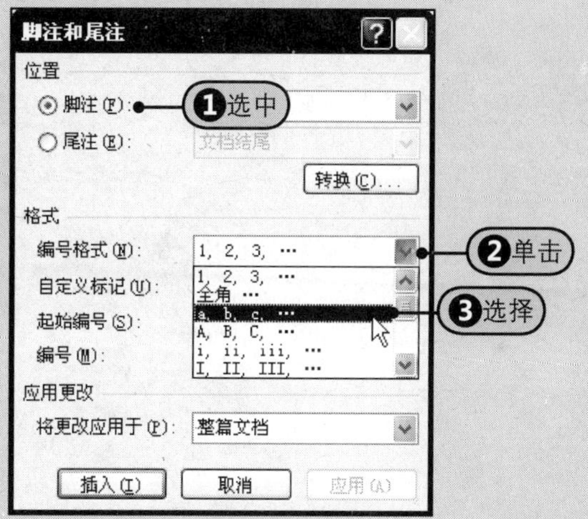

图8-77 选择编号格式

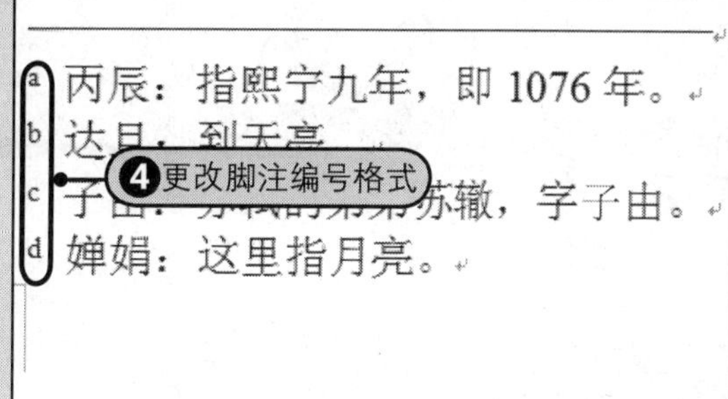

图8-78 更改编号格式后的效果

读书笔记

Part 2 Word篇

Chapter 09

文档的审阅与安全设置

无论是检查自己的文档，还是审阅别人的文档，使用Word中的“文档审阅”功能可以快速、准确地检查出文档中的一些输入错误，还可以准确地统计出文档的页数、字数等信息。此外，在审阅其他用户的文档时，可以使用批注和修订功能，既可以充分显示审阅者的意见，又不会改变作者原来的意图，非常适合多人共同审阅同一个文档。本章除了介绍文档的审阅，还将介绍文档的安全设置、如何保护文档等内容。

9.1 校对文档内容

文档校对是文档创建完以后不可缺少的一项工作，可以避免用户在文档创建过程中的一些录入错误和习惯性错误。此外，用户在校对文档的过程中，还可以通过“信息检索”来查阅某个语汇、通过使用“同义词库”查找某个英文词汇的同义词，以及统计文档的页数、行数和字数等信息。在Word 2010中，与文档校对相关的命令是在“审阅”选项卡中的“校对”组中，如图9-1所示。

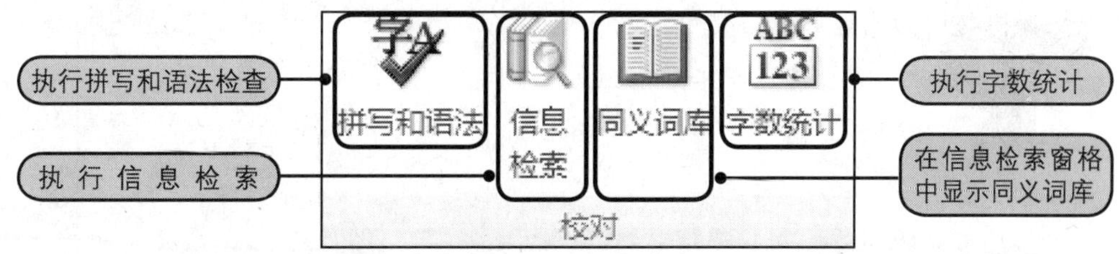

图9-1 “校对”组

9.1.1 检查文档的拼写和语法

本节介绍文档的拼写和语法检查，打开附书光盘\实例文件\第9章\原始文件\小型创业项目评估报告.docx文档。

Step1 在“校对”组中单击“拼写和语法”按钮，打开“拼写和语法：中文（中国）”对话框，系统会自动检查到最近的一处错误，在对话框中显示当前检查到的错误类型为易错词，并给出了建议，如果用户确定系统给出的建议，Step2 请直接单击“更改”按钮，随后Word会自动更改文档中对应的此处错误，并继续向后检查。对于一些输入的语法错误或特殊用法，如地址“丰富路”，系统会认为是“输入错误或特殊用法”，并突出显示为“绿色”；如果用户确认此为特殊用法，不需要修改，Step3 可以单击“忽略一次”按钮忽略检查到的这一次特殊地址，并继续向下检查。随后会在对话框中显示检查的下一个错误，如“税费政策”，如果用户确定此为特殊用法，并没有错误，Step4 可以单击“全部忽略”按钮忽略文档中所有的关于“税费政策”的错误检查，并继续向下进行拼写和语法检查。当检查到文档的末尾，屏幕上会显示“拼写和语法检查已完成”对话框，Step5 单击“确定”按钮，如图9-2所示。

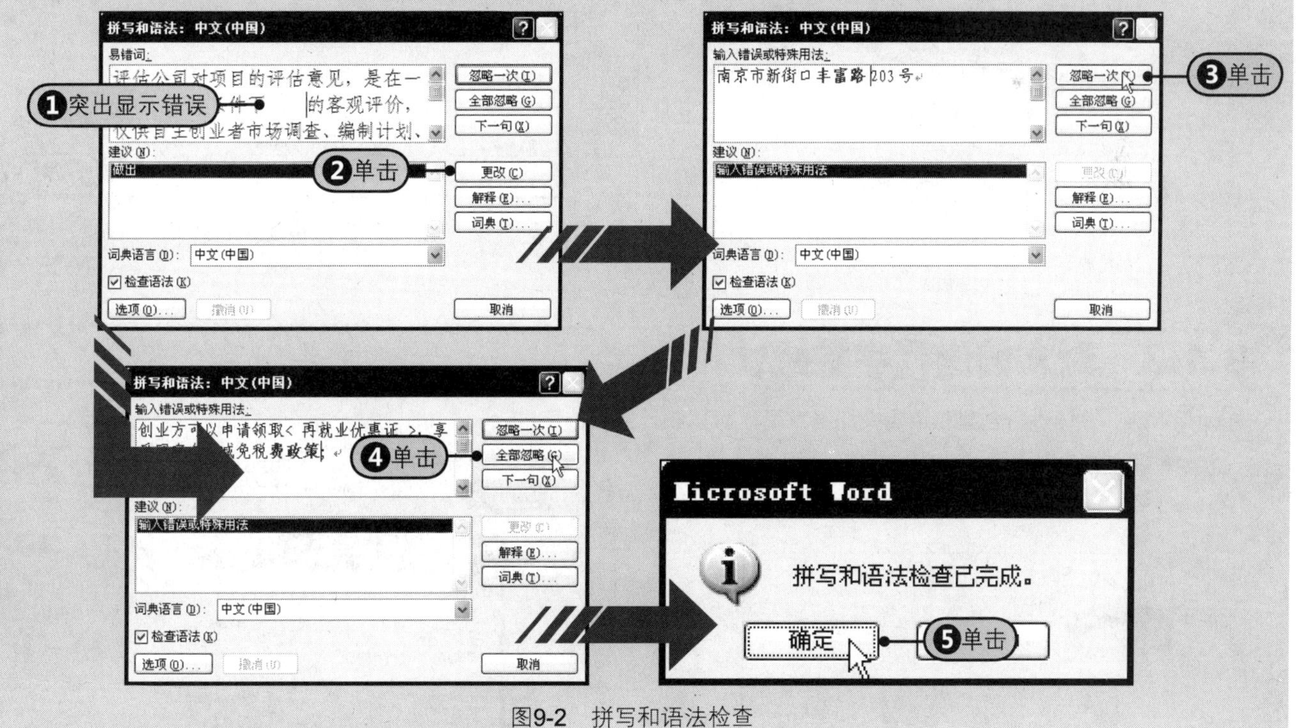

图9-2 拼写和语法检查

9.1.2 使用信息检索功能

使用Microsoft Office，用户可以快速参考联机信息和计算机上的信息而不必脱离Office程序，可以很容易地将定义、股市报价和其他信息检索出来并插入到自己的文档中，以及利用自定义设置满足不同的信息检索需求。

1 步骤 Step1 在文档中选择要进行信息检索的词汇，如“客户资源”，如图9-3所示。

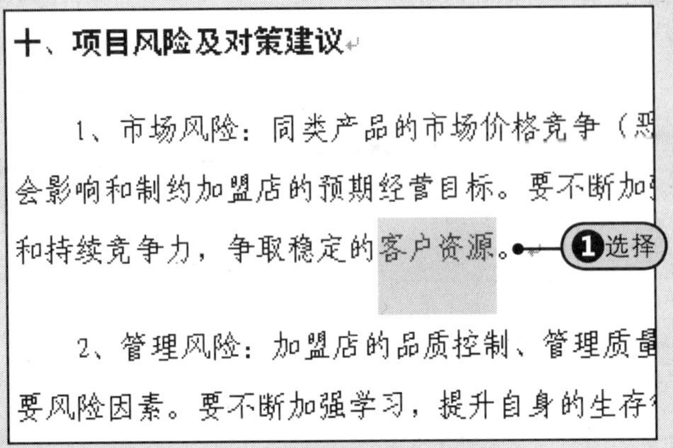

十、项目风险及对策建议

1、市场风险：同类产品的市场价格竞争（恶
会影响和制约加盟店的预期经营目标。要不断加
和持续竞争力，争取稳定的客户资源。
1选择

2、管理风险：加盟店的品质控制、管理质量
要风险因素。要不断加强学习，提升自身的生存

图9-3 选择要信息检索的词汇

2 步骤 Step2 在“信息检索”窗格中单击相应的下三角按钮，Step3 从展开的下拉列表中单击“翻译”选项，如图9-4所示。

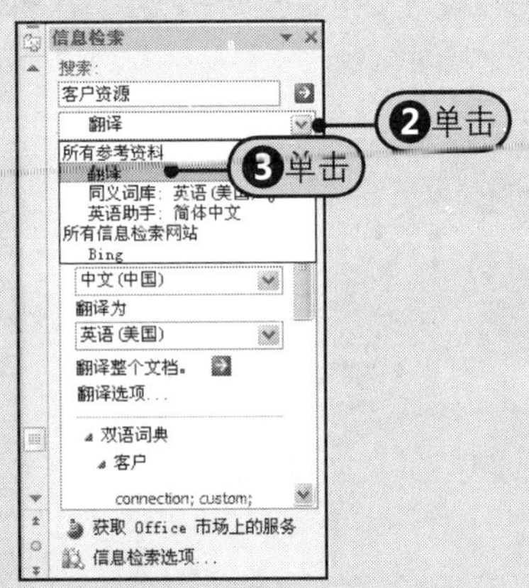

图9-4 单击“翻译”选项

3 步骤 Step4 随后“信息检索”窗格中会显示所搜索到的有关“客户资源”的英文信息，Step5 单击“信息检索选项”链接，如图9-5所示。

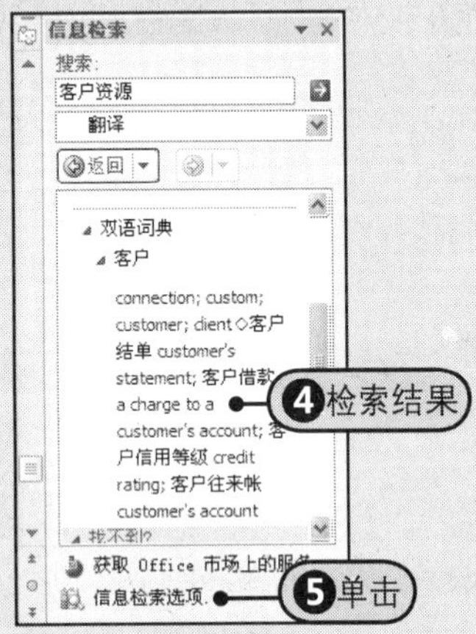

图9-5 单击“信息检索选项”链接

4 步骤 Step6 打开“信息检索选项”对话框，在“服务”框中勾选需要的参考资料及信息检索网站，Step7 然后单击“确定”按钮，如图9-6所示。

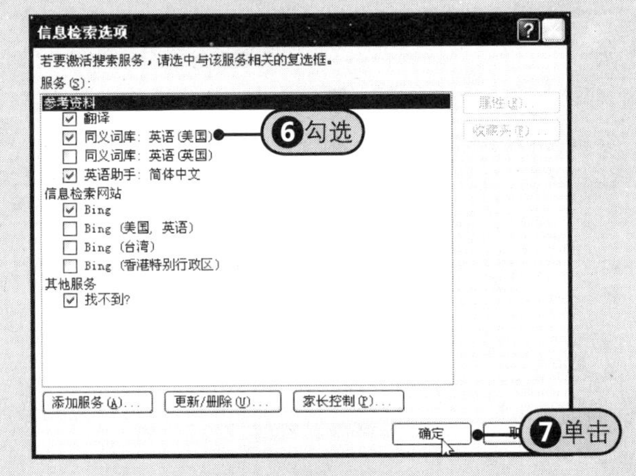

图9-6 信息检索选项设置

9.1.3 对文档进行字数统计

在使用Word 2010进行创建和编辑文档结束后，可以统计文档的字数。

Step1 在“审阅”选项卡中的“校对”组中单击“字数统计”按钮，如图9-7所示。打开“字数统计”对话框后，该对话框中会显示该文档的页数、字数、字符数等内容，如图9-8所示。最后，Step2 单击“关闭”按钮即可。

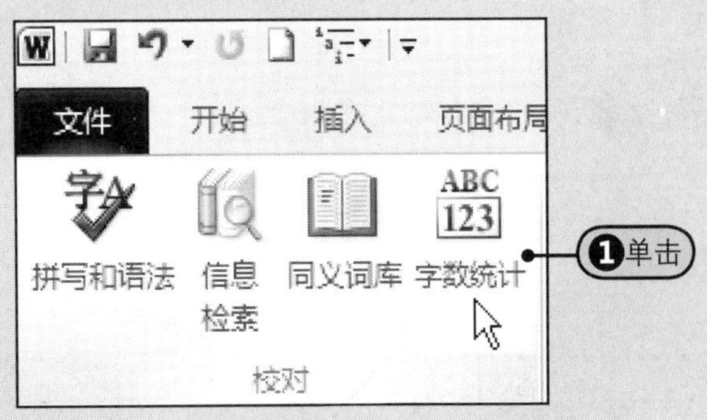

图9-7 单击“字数统计”按钮

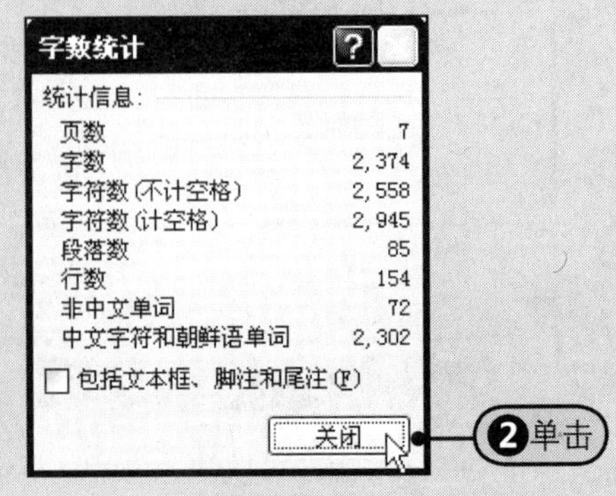

图9-8 字数统计结果

9.2 文档的语言操作

在Word 2010中，用户可以通过Word自带的一些语言功能，即使你不懂日文或者英文，仍然可以将中文文档翻译为日文或英文轻松完成文档的翻译工作。与文档翻译相关的命令是在“审阅”选项卡中的“语言”组中，如图9-9所示。

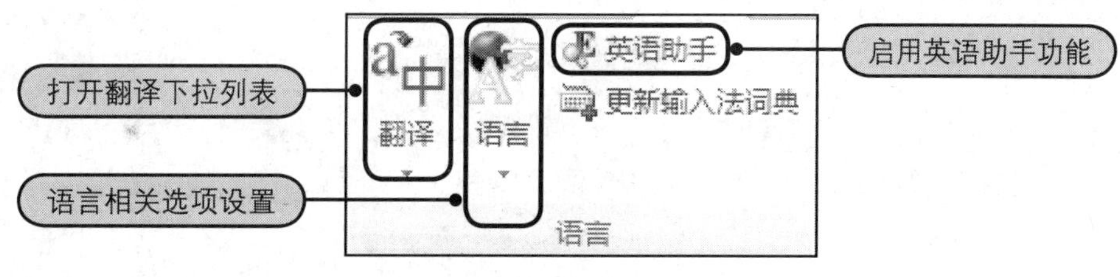

图9-9 “语言”组

9.2.1 将当前文档转换为日文

使用Word 2010自带的翻译功能将整个文档翻译为日文，打开附书光盘\实例文件\第9章\原始文件\小型创业项目评估报告.docx文档。其具体操作步骤如下。

1 步骤 Step 1 在“审阅”选项卡中的“语言”组中单击“翻译”按钮，Step 2 从展开的下拉列表中选择“选择语言转换”命令，如图9-10所示。

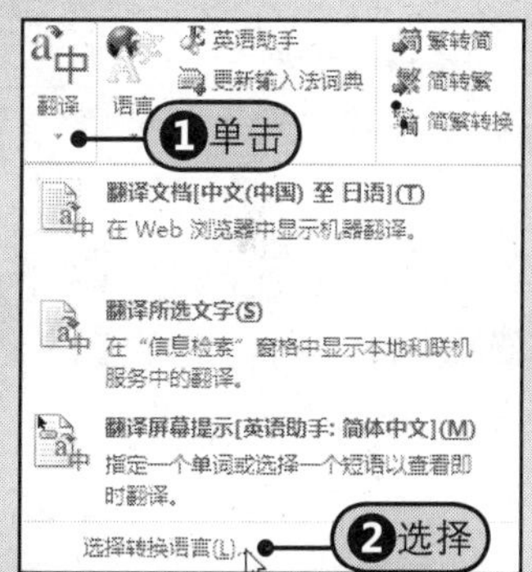

图9-10 选择“选择转换语言”命令

2 步骤 Step 3 在打开的“翻译语言选项”对话框中的“到”下拉列表中选择“日语”，Step 4 单击“确定”按钮，如图9-11所示。

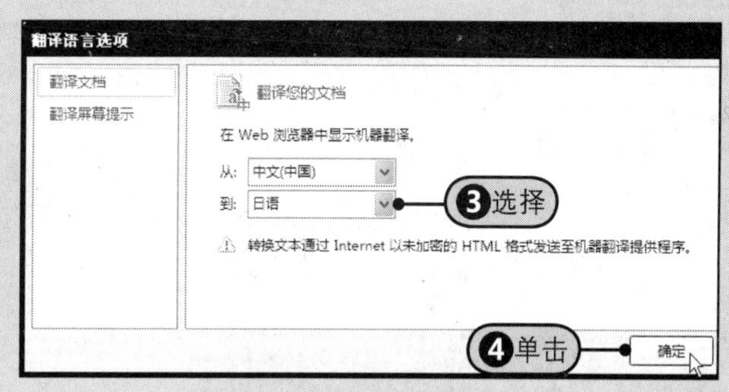

图9-11 “翻译语言选项”设置

3 步骤 Step 5 在弹出的“翻译整个文档”对话框中阅读完提示内容后，单击“发送”按钮，如图9-12所示。

图9-12 “翻译整个文档”提示对话框

4 步骤 Step 6 确定计算机已接入互联网，则系统会自动打开“在线翻译”网页，并在左边显示发送的中文文档，右半部分显示对应的日语翻译，如图9-13所示。

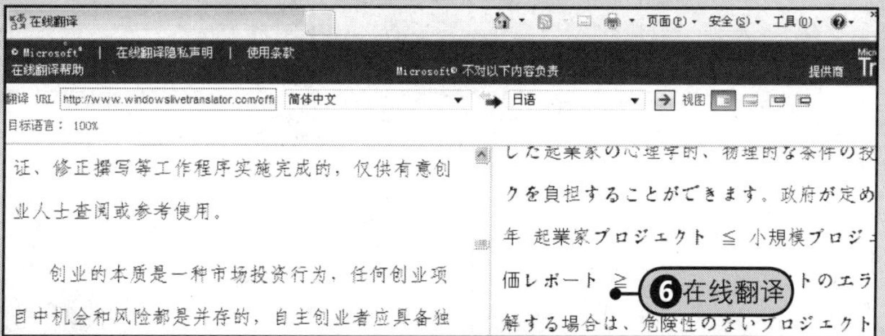

图9-13 在线翻译中文为日语

将文档翻译为英文

使用上面介绍的方法，也可以将整篇文档在线翻译为英文，用户只需要在“在线翻译”网页中右侧的下拉列表中选择“英语”即可。

9.2.2 使用英语助手将中文翻译为英文

使用英文助手将中文翻译为英文。Step1选择文档中需要翻译的句子，Step2在“语言”组中单击“英语助手”按钮，如图9-14所示。Step3打开“信息检索”窗格，设置检索范围为“所有参考资料”，Step4翻译结果如图9-15所示。

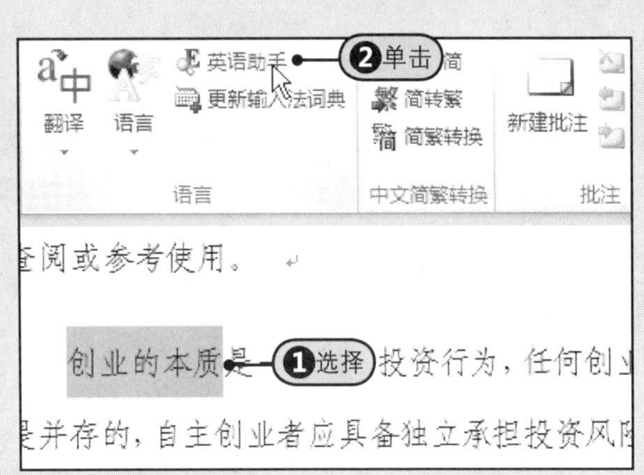

图9-14　单击“英语助手”按钮

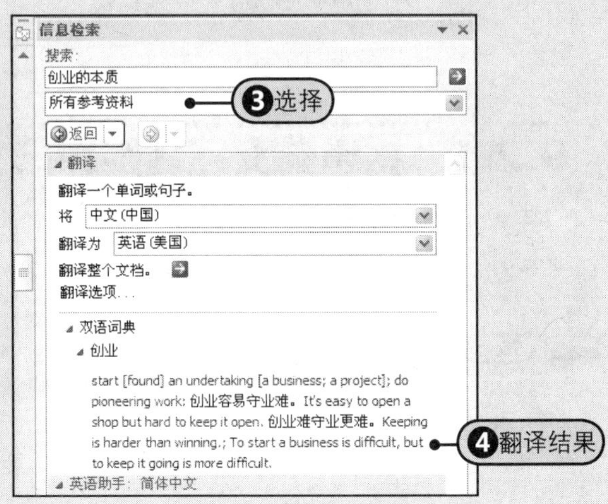

图9-15　“信息检索”对话框

9.3 批注的应用

批注是指作者或其他审阅者为文档添加的注释或批注。批注通常由批注标记、连线及批注框组成。

9.3.1 为文档添加批注

当审阅文档时，如果想要提出自己的建议，但又不希望更改作者的原文，可以在文档中添加批注。

光标移到要添加批注的位置，Step1在“批注”组中单击“新建批注”按钮，Step2会在光标位置处插入一个批注标记、连线和批注框，Step3在批注框中输入内容，如图9-16所示。

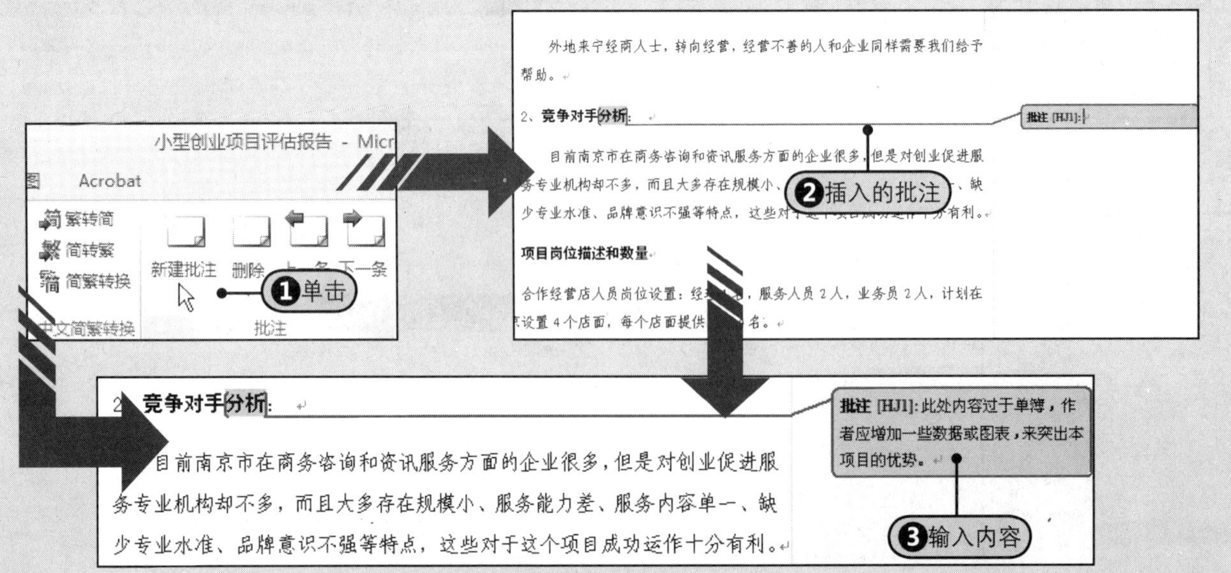

图9-16　插入批注

9.3.2 查看批注

当文档中有多个批注时，可以通过“上一条”（或“下一条”）命令在批注之间移动查看批注。

如果要查看下一条批注，Step❶请在“审阅”选项卡的“批注”组中单击“下一条”按钮，如图9-17所示。Step❷当单击“下一条”按钮后，Word会定位到下一个批注上，如图9-18所示。

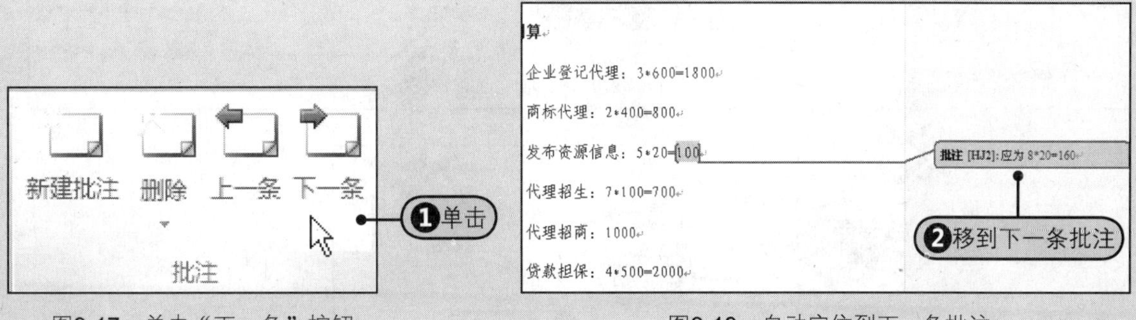

图9-17 单击“下一条”按钮

图9-18 自动定位到下一条批注

9.3.3 删除批注

当不再需要某项批注时，可以将其从文档中删除。删除批注的方法有两种，一种是单击“批注”功能组中的命令按钮，另一种是使用快捷菜单。

❶ 使用功能区中的命令删除

将光标定位到需要删除的批注上，Step❶在“批注”组中单击“删除”的下三角按钮，Step❷从展开的下拉列表中选择“删除”命令，如图9-19所示。

❷ 使用快捷菜单删除

Step❶直接右击需要删除的批注，Step❷从弹出的快捷菜单中选择“删除批注”命令，如图9-20所示。

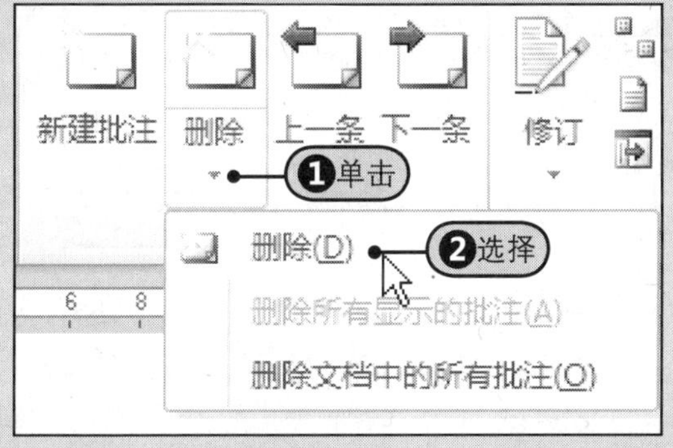

图9-19 选择“删除”命令

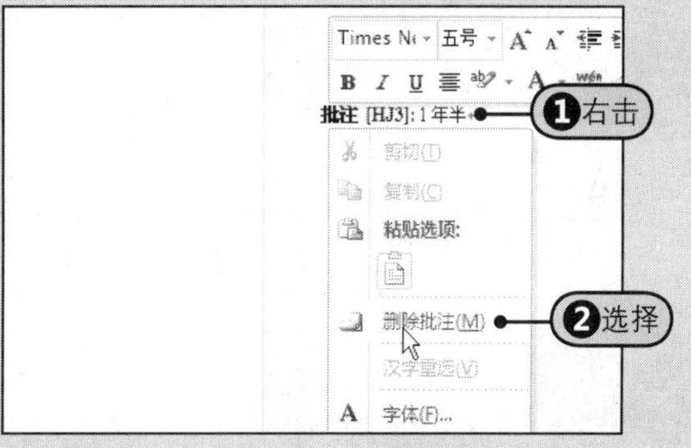

图9-20 选择“删除批注”命令

9.4 修订的应用

当用户要审阅别人的文档时，可以进入修订状态下直接在文档中做出修改，并且不会对作者的原文档进行实质性的删减。文档的作者也会通过修订内容明白审阅者的意思。打开附书光盘\实例文件\第9章\原始文件\小型企业项目评估报告.docx文档。

9.4.1 修订状态的进入与取消

对文档进行修订，首先要进入修订状态。只有在修订状态下，用户对文档所做的任何更改，才会以修订方式做出标记。

Step❶在“审阅”选项卡中的“修订”组中单击“修订”的下三角按钮，Step❷从展开的下拉列表中选择“修订”命令，Step❸此时对文档进行插入和删除等操作，会在修改行的最左侧插入批注标记，并用红色字体加删除线或者红色字体加下画线的方式表示删除和插入的内容。Step❹当结束修订时，需要再次单击“修订”的下三角按钮，Step❺从下拉列表中选择“修订”命令退出修订状态，如图9-21所示。

最终: 显...
显示标记
修订
审阅窗格
接受
拒绝
❶单击
修订(G)
❷单击进入
修订选项(O)...
更改用户名(U)...
《小型创业项目评估报告》是在结合南京市1118创业项目工程实际需要并考虑小型创业项目特点的基础上，通过信息收集、市场调查、数据整理、分析论证、修正撰写等工作程序实施完成的，可以供有意创业人士查阅或参考使用。
❸对文档进行修订
创业的本质是一种市场投资行为，任何创业项目中机会和风险都是并存的，自主创业者应具备独立承担投资风险的心理素质和物质条件。如果把1118创业项目工程《小型创业项目评估报告》中所涉及
❹单击
❺单击退出

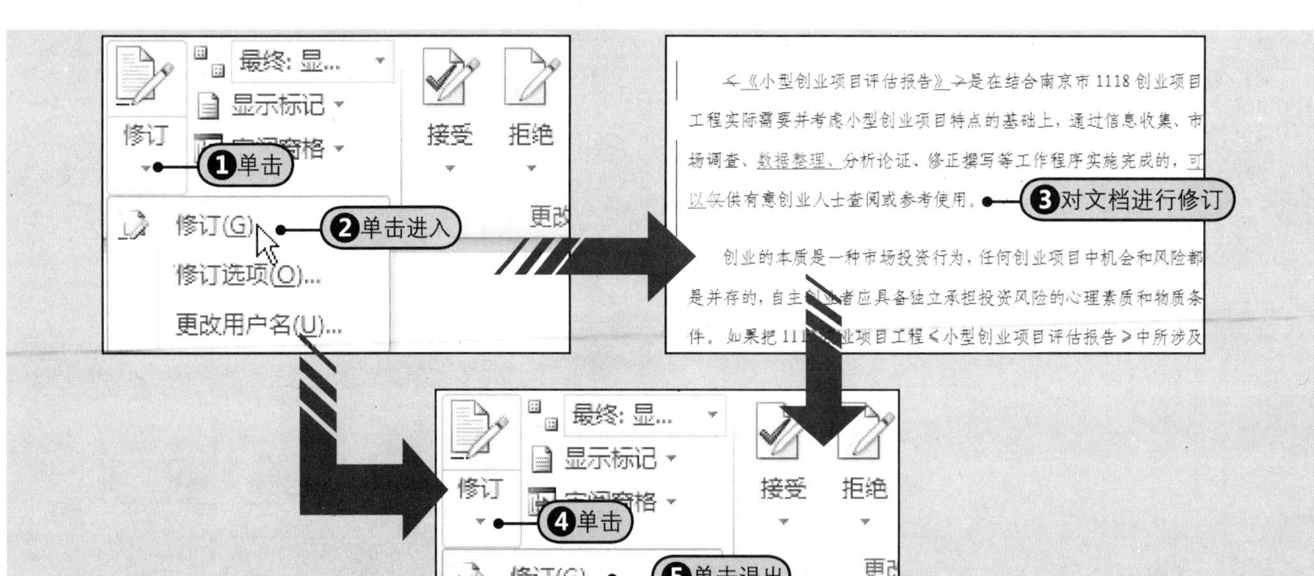

图9-21　进入与退出修订状态

9.4.2　设置修订的显示状态和标记内容

对文档进行修订以后，还可以在不同的标记状态下查看文档，具体操作如下所示。

❶ 显示文档的最终状态

Step❶在“修订”组中单击“显示以供审阅”右侧的下三角按钮，Step❷从展开的下拉列表中选择“最终状态”命令，如图9-22所示，Step❸文档将显示为接受修订后的最终状态，如图9-23所示。

最终: 显...
❶单击
修订
最终: 显示标记
最终状态
❷选择
原始: 显示标记
原始状态

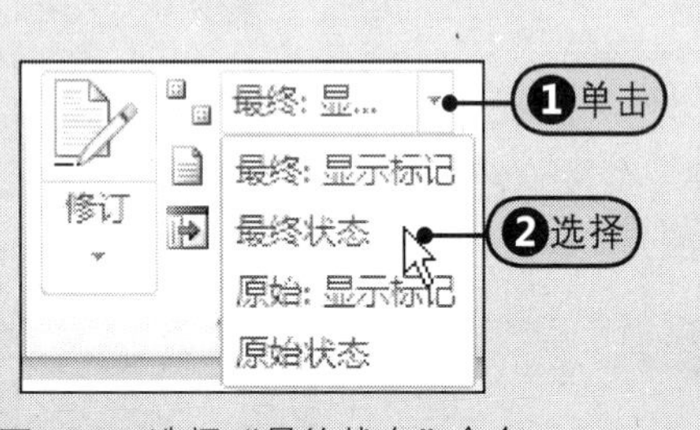

图9-22　选择“最终状态”命令

《小型创业项目评估报告》是在结合南京市1118创业项目工程实际需要并考虑小型创业项目特点的基础上，通过信息收集、市场调查、数据整理、分析论证、修正撰写等工作程序实施完成的，可以供有意创业人士查阅或参考使用。
❸显示最终状态的文档
创业的本质是一种市场投资行为，任何创业项目中机会和风险都是并存的，自主创业者应具备独立承担投资风险的心理素质和物质条

图9-23　最终状态下的效果

❷ 显示原始标记状态

“原始:显示标记”状态是指在显示文档的原始状态时，也显示修订的标记。在某些情况下，与“最终:显示标记”的显示效果一致。

Step❶在“修订”组中单击“显示以供审阅”下三角按钮，Step❷从展开的下拉列表中选择“原始:显示标记”命令，如图9-24所示，Step❸文档将显示出带原始标记的效果，如图9-25所示。

原始: 显...
❶单击
修订
最终: 显示标记
最终状态
原始: 显示标记
❷选择
原始状态

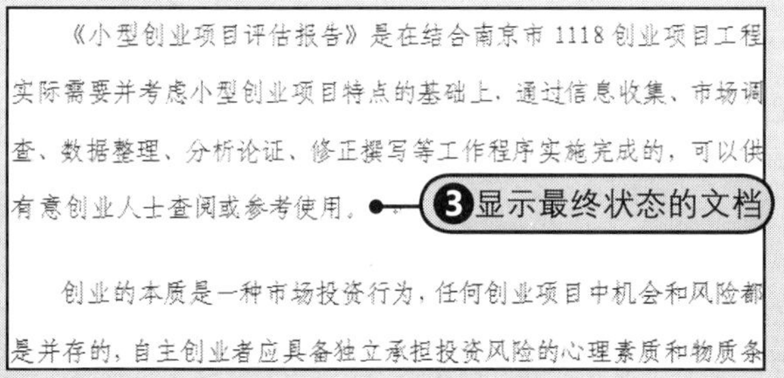

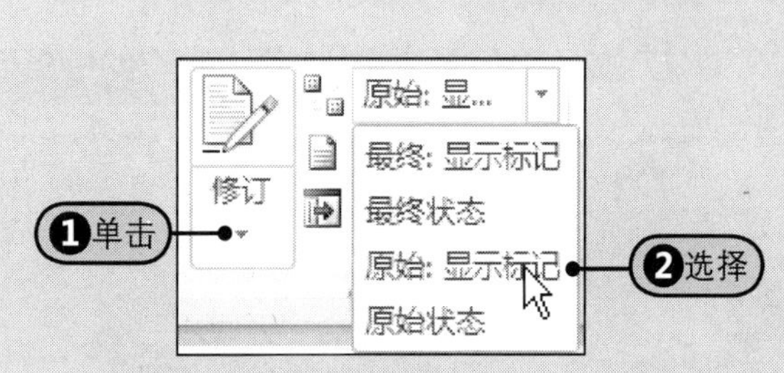

图9-24　选择“原始:显示标记”命令

《小型创业项目评估报告》是在结合南京市1118创业项目工程实际需要并考虑小型创业项目特点的基础上，通过信息收集、市场调查、数据整理、分析论证、修正撰写等工作程序实施完成的，可以供有意创业人士查阅或参考使用。
❸显示原始标记状态下的文档
创业的本质是一种市场投资行为，任何创业项目中机会和风险都是并存的，自主创业者应具备独立承担投资风险的心理素质和物质条

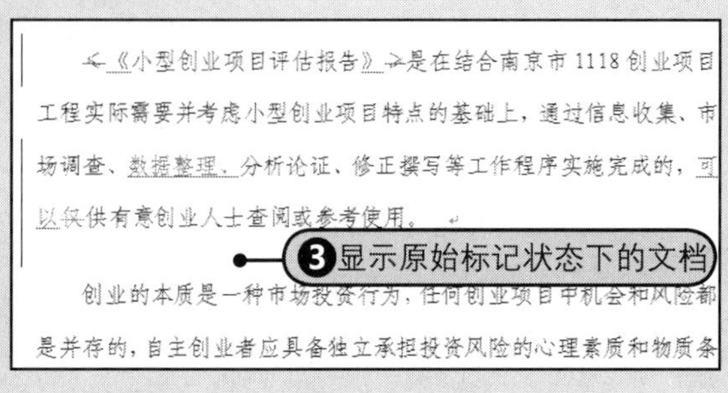

图9-25　显示原始标记状态下的效果

❸ 显示原始状态

“原始状态”是指显示未修订前的文档。

Step❶在“修订”组中单击“显示以供审阅”下三角按钮，Step❷从展开的下拉列表中选择“原始状态”命令，如图9-26所示，Step❸此时文档显示未修订前的原始文档，如图9-27所示。

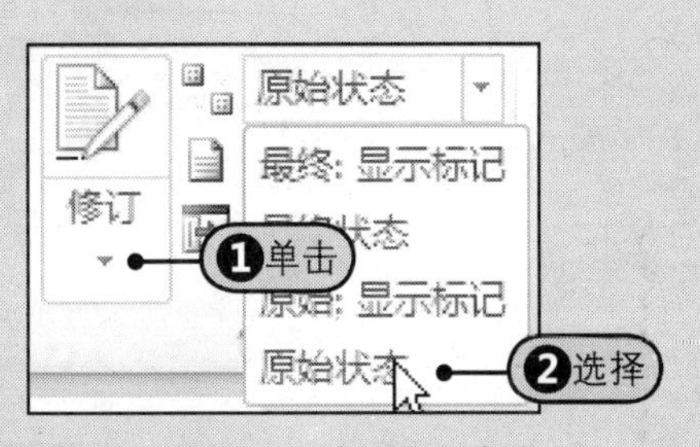

图9-26 选择“原始状态”命令

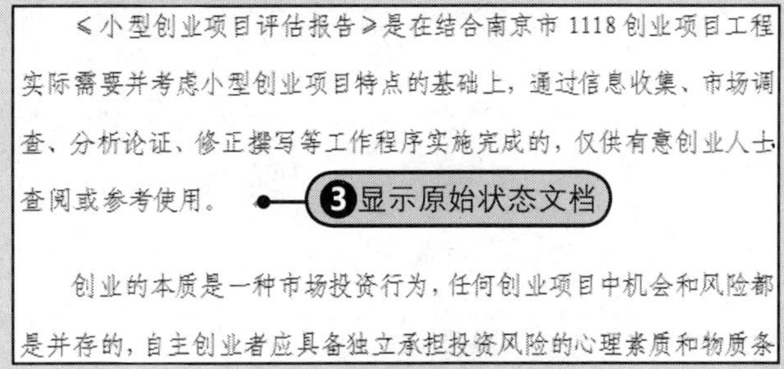

《小型创业项目评估报告》是在结合南京市 1118 创业项目工程实际需要并考虑小型创业项目特点的基础上，通过信息收集、市场调查、分析论证、修正撰写等工作程序实施完成的，仅供有意创业人士查阅或参考使用。 ❸显示原始状态文档

创业的本质是一种市场投资行为，任何创业项目中机会和风险都是并存的，自主创业者应具备独立承担投资风险的心理素质和物质条

图9-27 原始状态下的效果

❹ 设置显示标记选项

用户可以在文档中自定义显示标记的类型。要选择是否在文档中显示“批注”、“插入和删除”、“设置格式”等选项，只要单击“显示标记”下三角按钮，勾选（或取消勾选）对应的复选项即可决定显示（或隐藏）对应的标记选项。

还可以用批注框的方式显示修订。Step❶单击“显示标记”下三角按钮，Step❷从展开的下拉列表中指向“批注框”选项，Step❸从下级下拉列表中选择“在批注框中显示修订”命令，如图9-28所示，Step❹在批注框中显示修订后的效果，如图9-29所示。

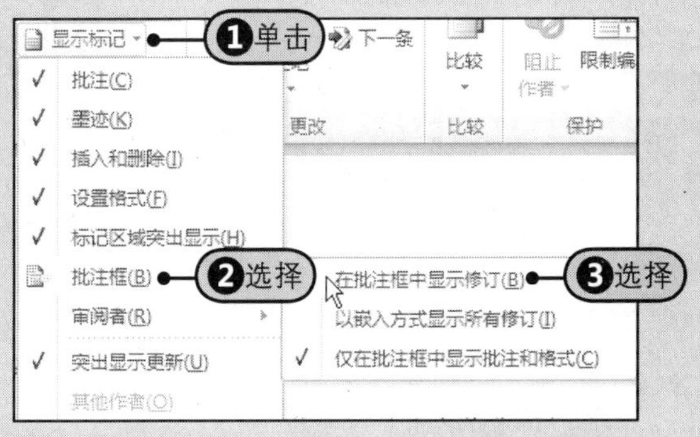

图9-28 选择“在批注框中显示修订”命令

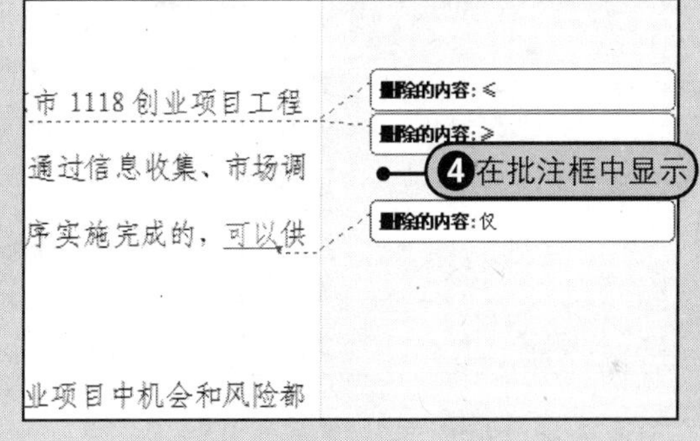

图9-29 在批注框中显示修订

9.4.3 通过审阅窗格查看修订内容

Word 2010中有垂直审阅窗格和水平审阅窗格，因此用户可以在审阅窗格中查看前面修订的文档。

❶ 在垂直审阅窗格中显示修订

Step❶在“审阅”选项卡中的“修订”组中单击“审阅窗格”下三角按钮，Step❷从展开的下拉列表中选择“垂直审阅窗格”命令，如图9-30所示，Step❸在垂直审阅窗格中显示修订内容的效果，如图9-31所示。

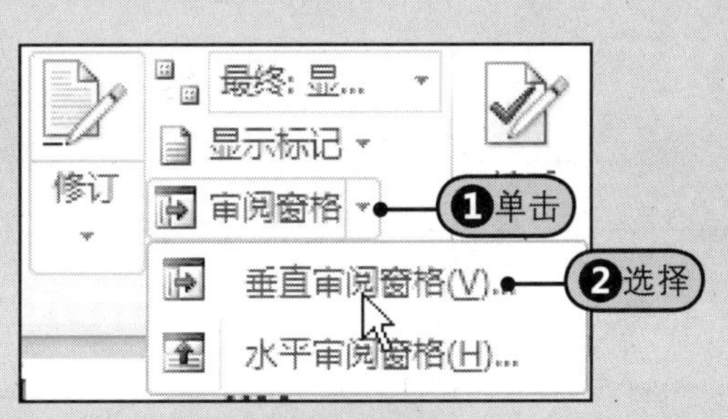

图9-30 选择“垂直审阅窗格”命令

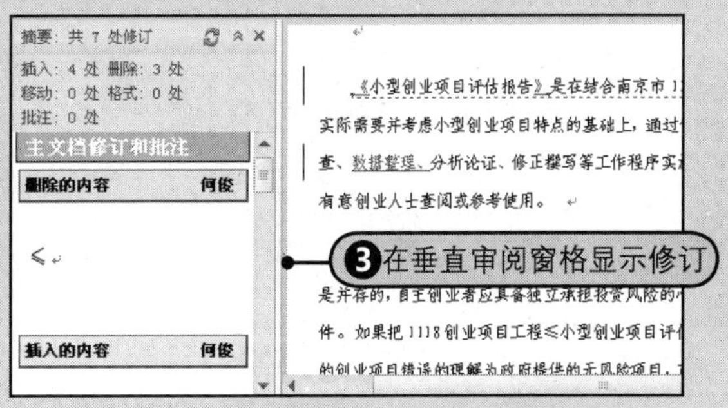

图9-31 在垂直审阅窗格中显示修订

❷ 在水平审阅窗格中显示修订

Step❶在“审阅”选项卡中的“修订”组中单击“审阅窗格”下三角按钮，Step❷从展开的下拉列表中选择“水平审

阅窗格”命令，如图9-32所示，Step3 在水平审阅窗格中显示修订内容的效果，如图9-33所示。

图9-32　选择“水平审阅窗格”命令

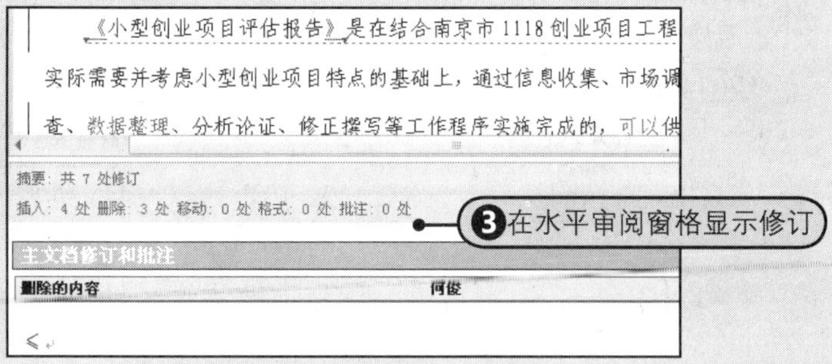

图9-33　在水平审阅窗格中显示修订

9.4.4　接受与拒绝修订

对于审阅者做出的修订，作者查看后可以选择接受或拒绝修订，可以一条一条地接受，也可以一次性接受文档中所有的修订。对于不符合作者需要的修订，作者可以拒绝。

1　接受修订

Step1 在“审阅”选项卡中的“更改”组中单击“接受”下三角按钮，Step2 从展开的下拉列表中选择“接受并移到下一条”命令，如图9-34所示。Step3 对于已接受的修订，文档中会显示修订后的状态，并且删除该修订标记，然后自动移到下一条修订，如图9-35所示。

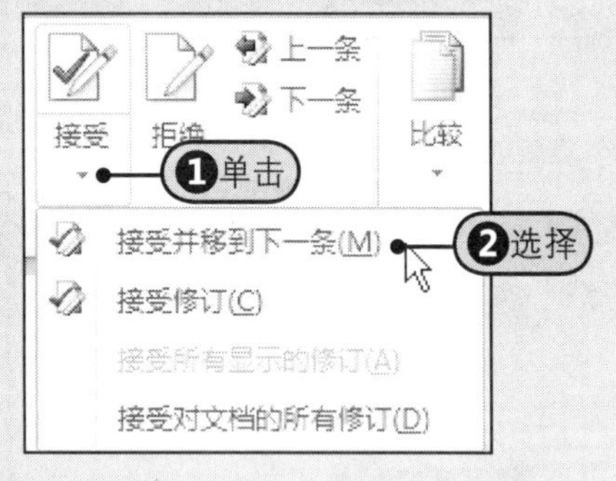

图9-34　选择“接受并移到下一条”命令

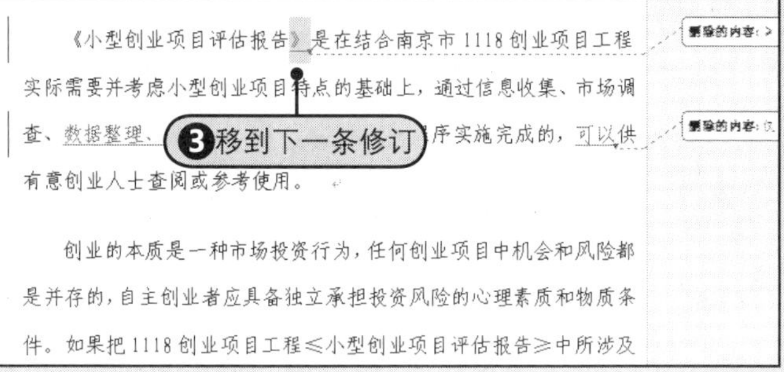

图9-35　移到下一条修订

2　拒绝修订

如果不接受审阅者的修订，可以拒绝修订。

Step1 在“更改”组中单击“拒绝”下三角按钮，Step2 从展开的下拉列表中选择“拒绝修订”命令，如图9-36所示。Step3 拒绝修订后，文档会删除当前修订以还原文档，如图9-37所示。

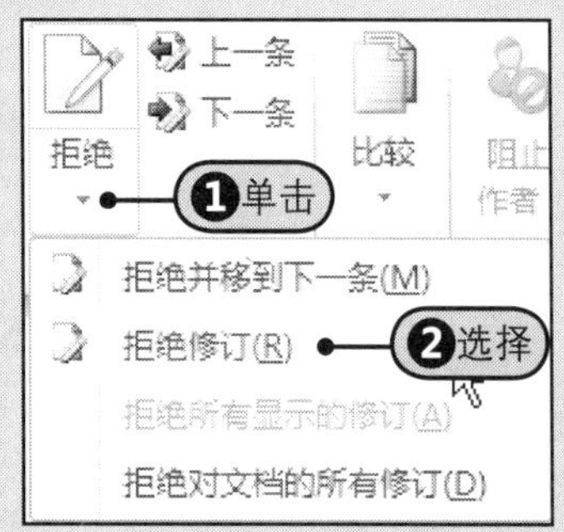

图9-36　选择“拒绝修订”选项

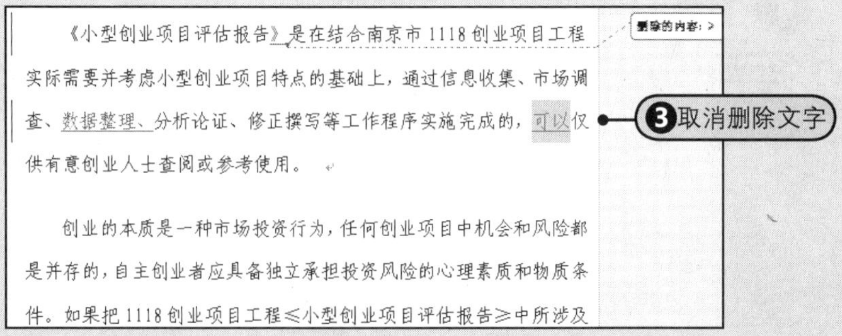

图9-37　拒绝删除“仅”文字

提示　接受或拒绝对文档的所有修订

如果要接受审阅者对文档所做的所有修订，可以在“更改”组中单击“接受”下三角按钮，从展开的下拉列表中选择“接受对文档的所有修订”命令；如果要快速还原文档，可以在“更改”组中单击“拒绝”下三角按钮，从展开的下拉列表中选择“拒绝对文档的所有修订”命令。

9.5 保护文档

数据通常都会涉及公司的机密，一不小心就有可能会给公司造成意想不到的损失，因此，数据的安全性也非常重要。在Word 2010中，可以通过设置只读、为文档加密、为文档设置限制编辑和访问人员等措施来保护文档。

9.5.1 设置文档为只读

“只读”是文档的一个属性。当文档被赋予“只读”属性后，用户只能查看文档，不能对文档进行修改。为文档设置只读属性的方法比较简单，只需几步操作即可实现。

打开要设置属性文件所在的文件夹，Step1右击文件图标，Step2从展开的快捷菜单中选择“属性”命令，打开“小型创业项目评估报告 属性”对话框，Step3在“属性”区域内勾选“只读”复选框，Step4然后单击“应用”按钮，Step5随后文档的标题栏中会显示“［只读］”来标识当前文档为只读属性，如图9-38所示。

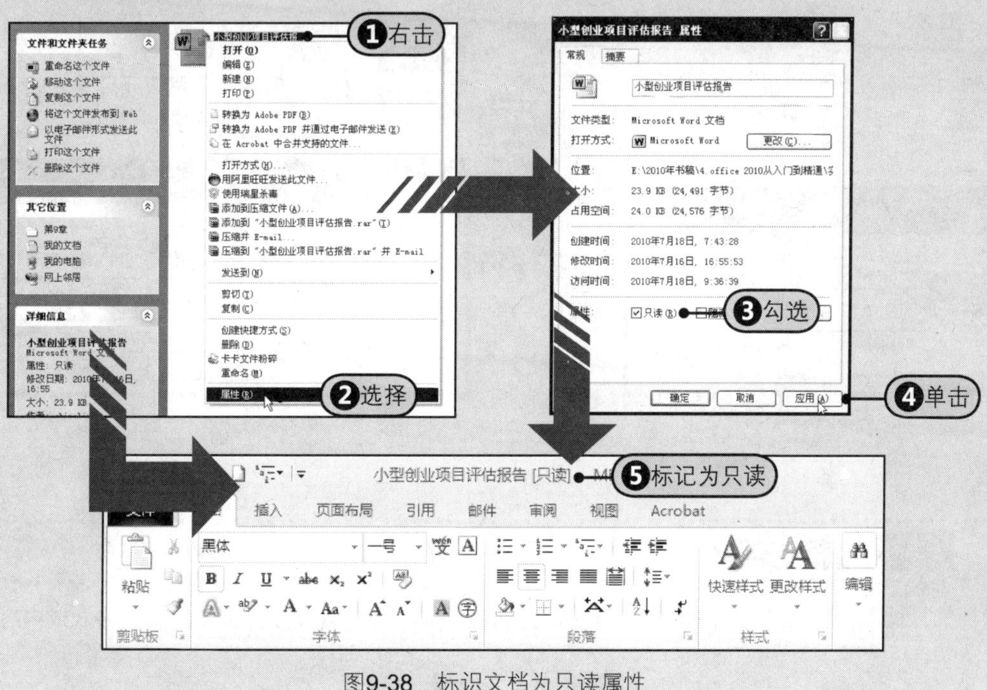

图9-38 标识文档为只读属性

9.5.2 对文档进行加密

如果不希望文档轻易被别人查看，可以对文档进行加密。为文档设置密码后，当每次试图打开文档时，系统都会提示输入密码。如果输入的密码不正确，就不能打开文档。

步骤1 单击“文件”按钮，Step1在“信息”选项面板中单击“保护文档”的下三角按钮，Step2从展开的下拉列表中选择“用密码进行加密”命令，如图9-39所示。

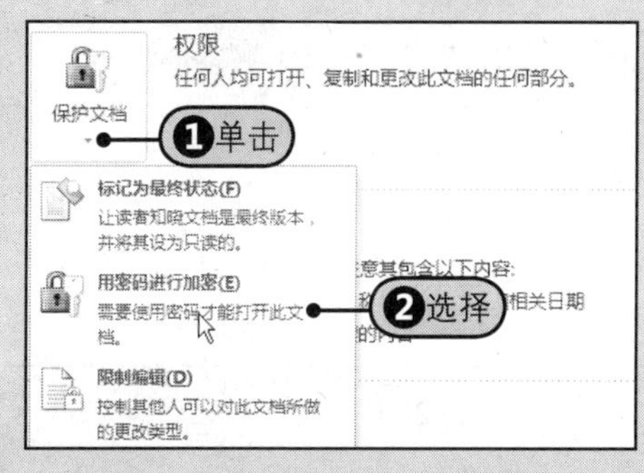

图9-39 选择“用密码进行加密”命令

步骤2 Step3在“密码”框中输入密码123456，Step4单击“确定”按钮，如图9-40所示。

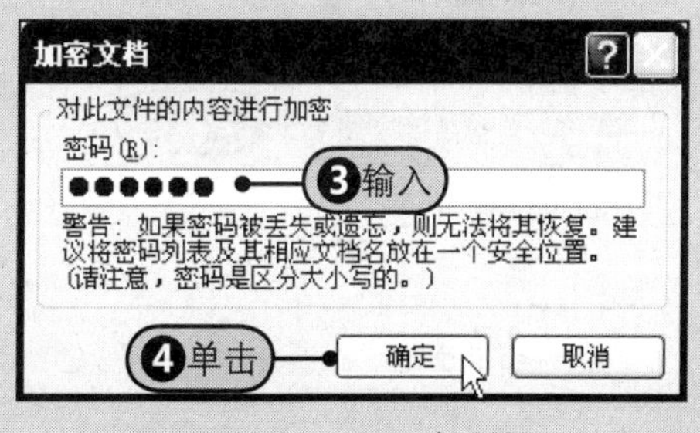

图9-40 设置密码

3 步骤 Step 5 重新输入密码，Step 6 单击“确定”按钮，如图9-41所示。

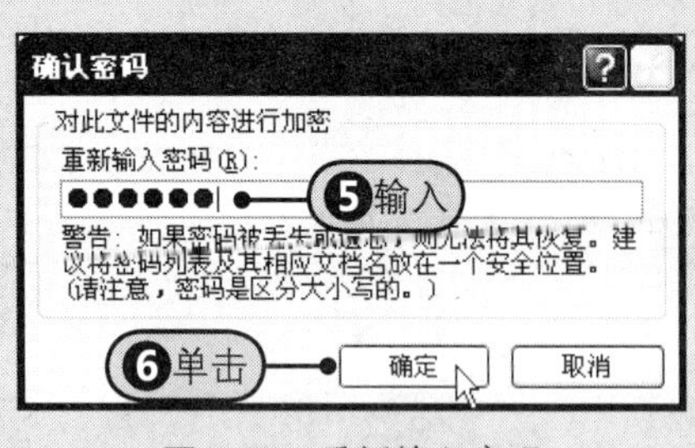

图9-41 重新输入密码

4 步骤 Step 7 设置密码后，“保护文档”按钮旁会显示此文档需要密码才能打开，如图9-42所示。

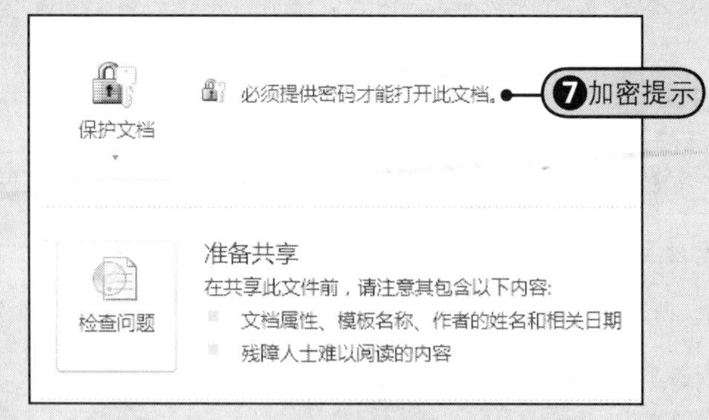

图9-42 在“信息”面板中显示权限

5 步骤 Step 8 当试图打开文档时，屏幕上会弹出“密码”对话框，提示用户输入密码，如图9-43所示。

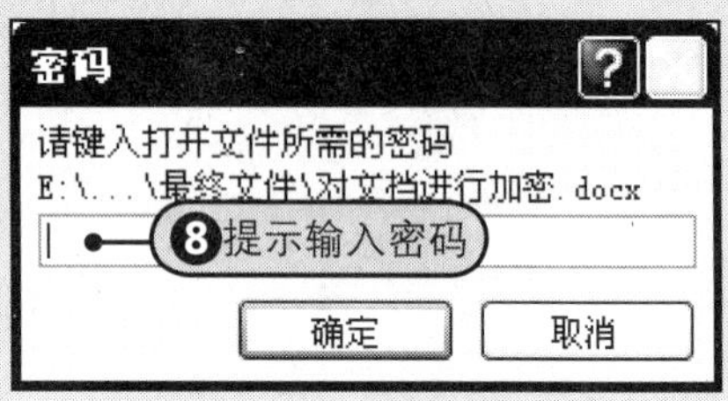

图9-43 试图打开时要求输入密码

6 步骤 Step 9 如果输入的密码不正确，屏幕上会弹出如图9-44所示的对话框，并拒绝打开文档。

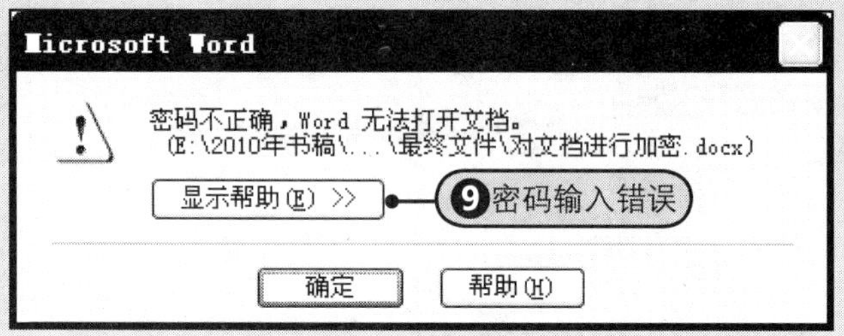

图9-44 密码输入错误

9.5.3 限制文档编辑

除了设置文档的只读属性、为文档加密以外，还可以为文档设置限制编辑及允许用户编辑的格式或内容。

1 步骤 Step 1 在“文件”下拉菜单的“信息”选项面板中单击“保护文档”的下三角按钮，Step 2 从展开的下拉列表中选择“限制编辑”命令，如图9-45所示。

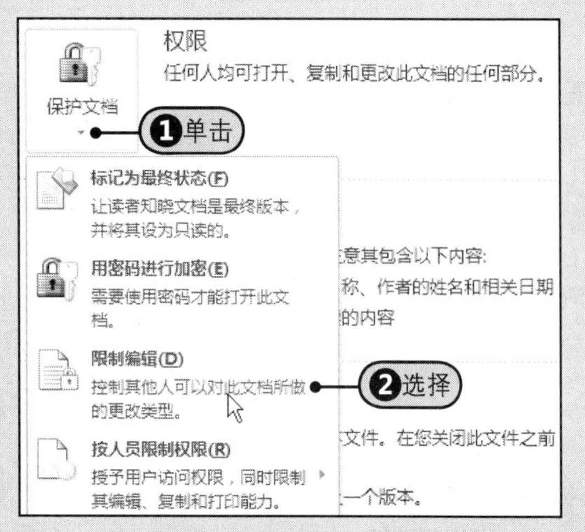

图9-45 选择“限制编辑”命令

2 步骤 Step 3 在打开的“限制格式和编辑”窗格中勾选“限制对选定的样式设置格式”复选框，Step 4 然后单击“设置”链接，如图9-46所示。

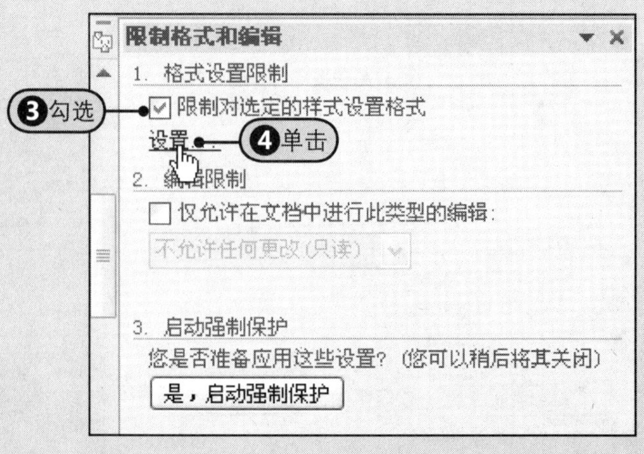

图9-46 单击“设置”链接

3 步骤 Step5 在“格式设置限制”对话框中设置允许使用的样式和格式，例如，可以在“当前允许使用的样式”列表框中勾选或取消勾选样式，在“格式”区域中勾选“阻止主题或方案切换”复选框，设置好允许使用的样式和格式后，Step6 单击“确定”按钮，如图9-47所示。

图9-47 设置格式限制

4 步骤 在“限制格式和编辑”任务窗格中，Step7 勾选“仅允许在文档中进行此类型的编辑”复选框，Step8 单击该复选框下面列表的下三角按钮，Step9 从展开的下拉列表中选择“修订”选项，如图9-48所示。该设置将允许用户对当前文档使用修订功能。

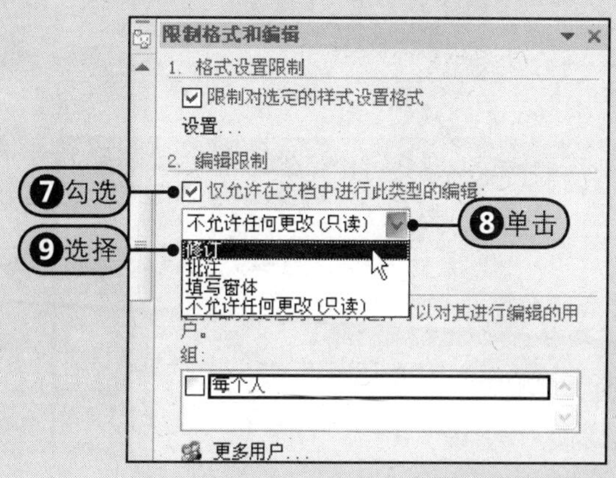

图9-48 设置允许的编辑

9.6 融会贯通 检查文档语法对有歧义的内容进行批注

本章主要介绍了文档的审阅与安全设置，包括检查文档的拼写和语法、使用信息检索功能、对文档进行字数统计、将文档翻译为中文或英文及在文档中插入批注和修订等内容。下面将结合本章知识，对文档进行拼写语法检查及审阅修订。打开附书光盘\实例文件\第9章\原始文件\电子档案的保存与维护.docx文档。

1 步骤 单击“拼写和语法”按钮。

在“审阅”选项卡中的“校对”组中单击“拼写和语法”按钮。

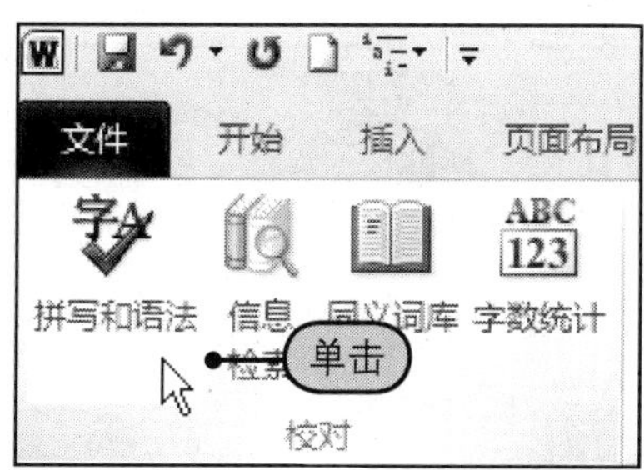

2 步骤 更改易错词。

Step1 “拼写和语法：中文（中国）”对话框中会用红色的字体突出显示检查到的错误。

Step2 如果确认系统的建议，请直接单击“更改”按钮。

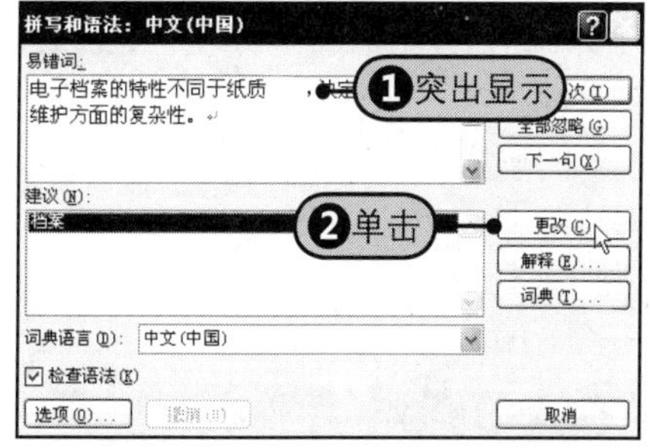

3 步骤 忽略数量词错误。

Step1 拼写和语法检查会继续向下进行，当检查到有问题时，再次在“拼写和语法：中文（中国）”对话框中突出显示。

Step2 如果要忽略检查到的错误，可以单击“忽略一次”按钮，忽略本次数量词错误。

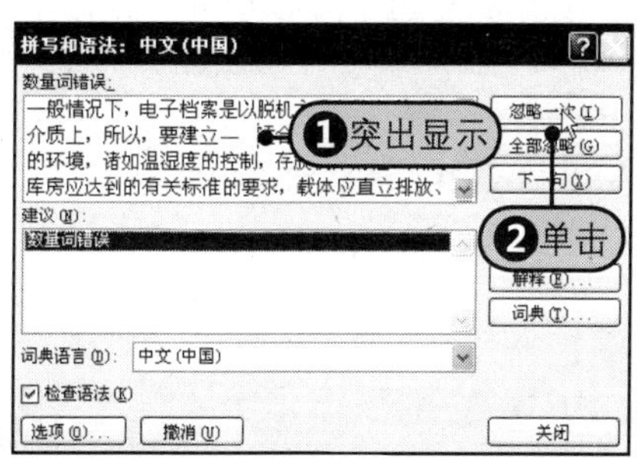

（续上）

4 步骤 再次查到易错词。

Step 1 拼写和语法检查会继续向下进行，再次检查到易错词“挡案”。

Step 2 单击“更改”按钮，直接更改错误。

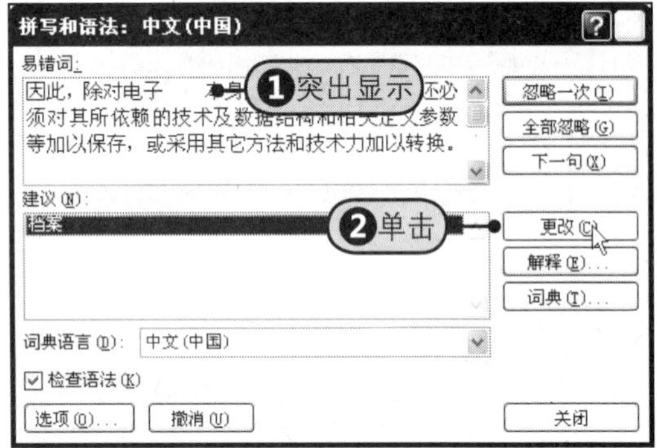

5 步骤 检查到输入错误或特殊用法。

Step 1 当检查到“输入错误或特殊用法”时，系统会以绿色的文字突出显示在“拼写和语法：中文（中国）”对话框。

Step 2 如果确定该用法为特殊用法，单击“全部忽略”按钮，忽略所有相同的用法。

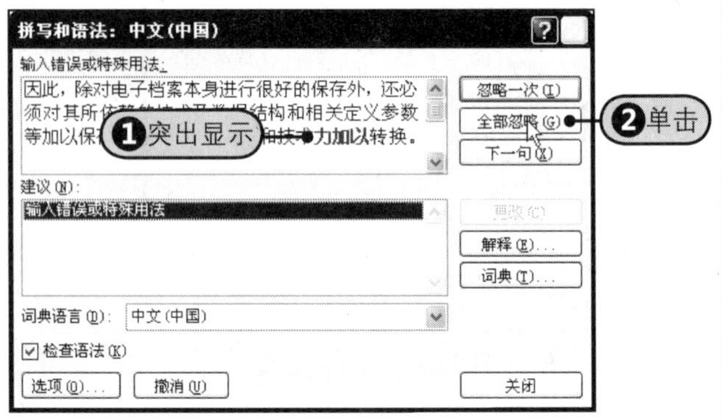

6 步骤 检查到重复错误。

“拼写和语法：中文（中国）”对话框检查到重复错误，重复输入了助词“的”。

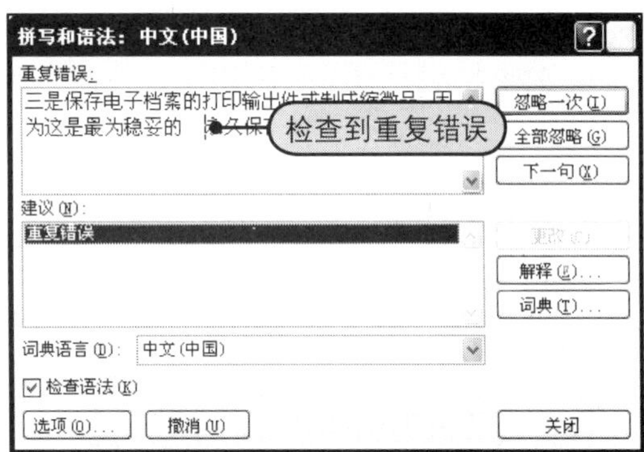

7 步骤 单击“更改”按钮。

Step 1 手动删除重复词“的”。

Step 2 单击“更改”按钮。

8 步骤 忽略特殊用法。

“拼写和语法：中文（中国）”对话框再次检查到特殊用法，继续单击“忽略一次”按钮。

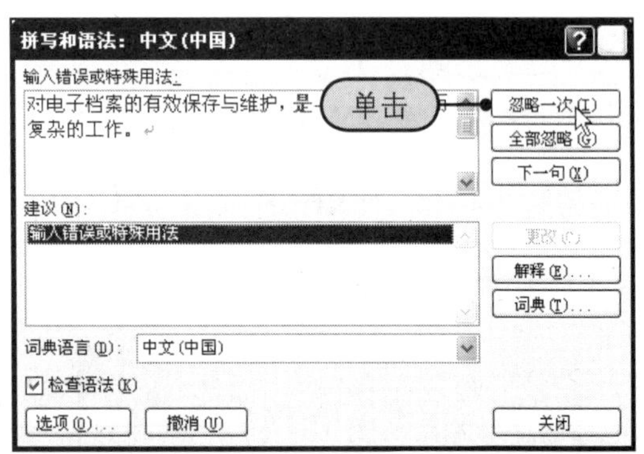

9 步骤 单击“确定”按钮。

当检查到文档的末尾，屏幕上会弹出对话框提示“拼写和语法检查已完成”，单击“确定”按钮即可。

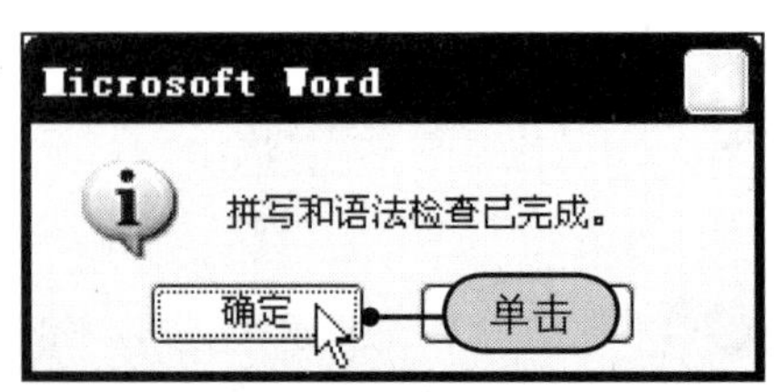

（续上）

10 步骤 插入批注。

Step❶选择之前忽略的特殊用法对应的段落。

Step❷在“批注”组中单击“新建批注”按钮。

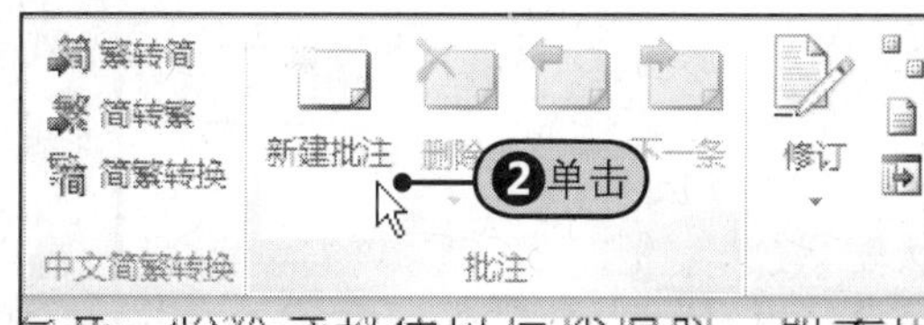

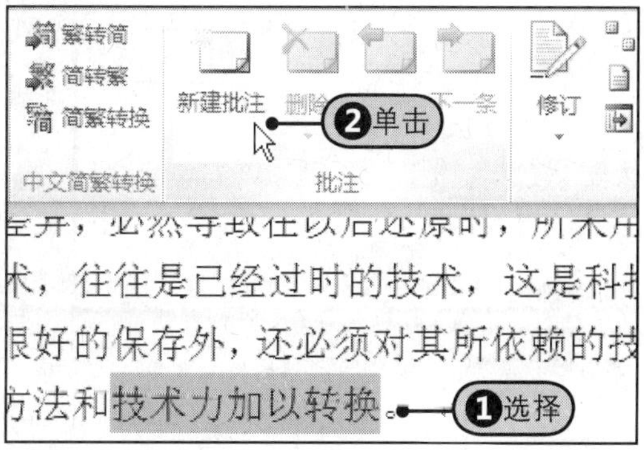

11 步骤 输入批注内容。

系统会为选定的文字新建一个批注，在批注框中输入批注的内容。

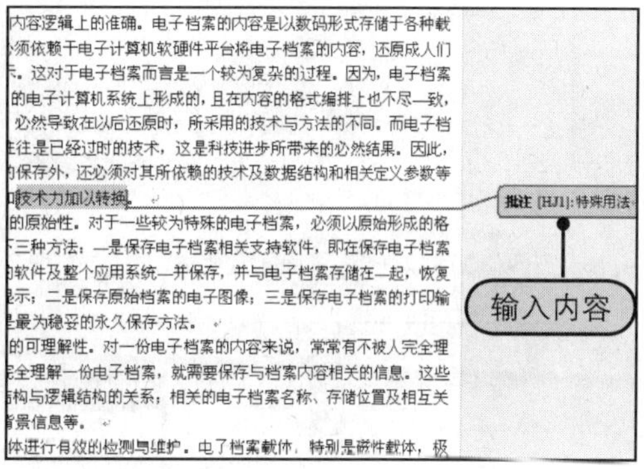

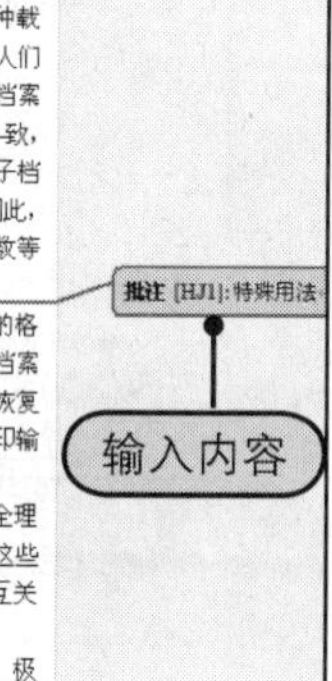

12 步骤 选择“修订”命令。

Step❶在“修订”组中单击“修订”的下三角按钮。

Step❷从展开下拉列表中选择“修订”命令。

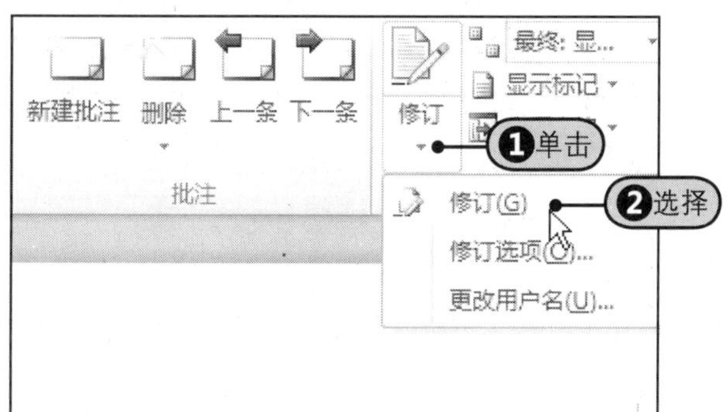

13 步骤 修订标题格式。

Step❶为文档标题应用内置样式“标题”。

Step❷设置文档的第一段落首行缩进。

此时，Word 2010会以修订方式显示以上所做的更改。

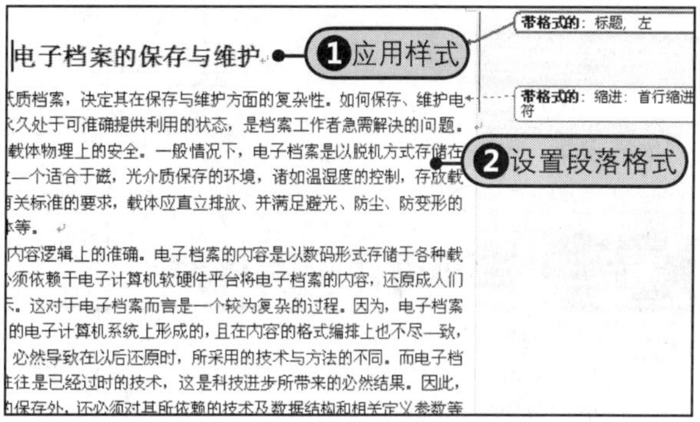

9.7 专家支招

使用文档的拼写和语法，可以帮助用户在文档创建的过程中或在完成文档创建后进行自我审阅，以避免一些常见的易错词、输入错误、重复录入等初级错误出现。除了前面介绍的相关知识外，本节将有针对性地补充三点，帮助用户更好地掌握本部分知识。

招术一 在“Word选项”对话框中设置拼写和语法检查规则

Step❶单击“文件”按钮，Step❷从展开的下拉菜单中选择“选项”命令，打开“Word选项”对话框。Step❸单击“校对”标签，在“在Word中更正拼写和语法时”区域内勾选所需要拼写和语法检查选项，Step❹然后单击“设置”按钮，打开“语法设置”对话框。Step❺在该对话框中，用户可以设置“写作风格”和“分类词典”等选项，设置好以后，Step❻单击“确定”按钮，如图9-49所示。

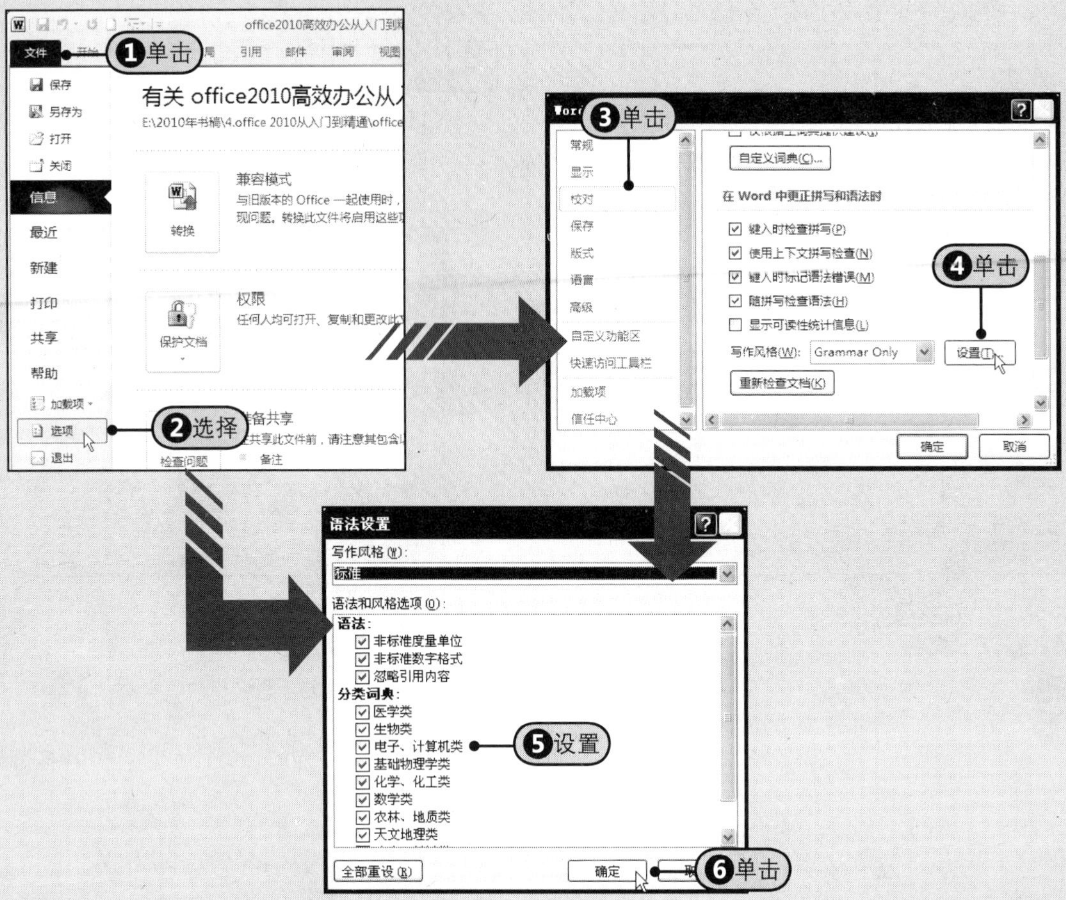

图9-49　自定义拼写和语法检查规则及分类词典

招术二　隐藏批注框的连线

在默认情况下，为文档插入批注时都会包含批注标记、批注框和连线。用户可以通过简单的设置，隐藏批注标记和批注框之间的连线，设置方法如下。

Step1 在“修订”组中单击“修订”按钮，Step2 从下拉列表中选择“修订选项”命令，Step3 取消勾选“显示与文字的连线”复选框，Step4 单击“确定”按钮，取消连线的批注效果，如图9-50所示。

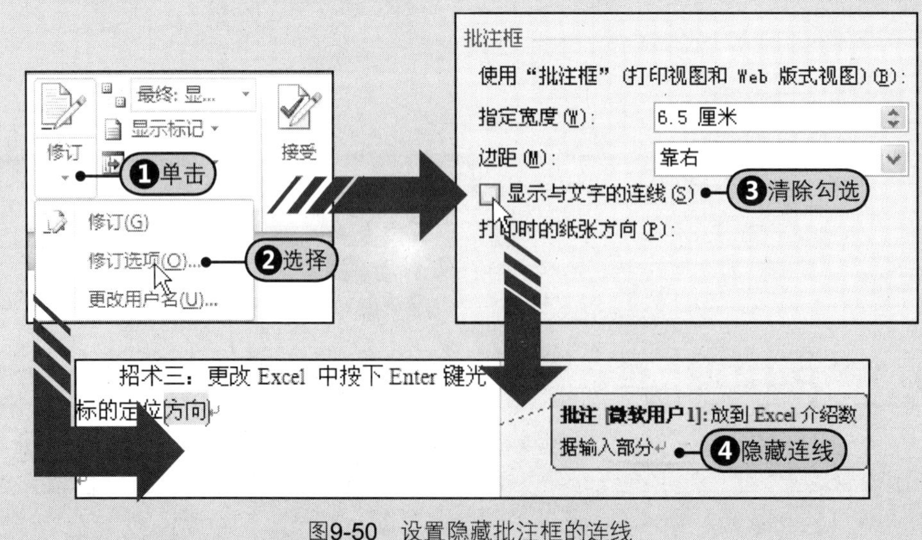

图9-50　设置隐藏批注框的连线

招术三 将简体文字转换为繁体

在某些特殊情况下，需要使用繁体字。但如果直接输入繁体字，一般的输入软件不具备此项功能，即使具备此项功能，直接输入也非常麻烦。在Word 2010文档中，用户可以直接将简体文字转换为繁体，操作方法如下所示。

Step 1 输入并选择要转换的文字，Step 2 单击“中文简繁转换”组中的“简转繁”按钮，Step 3 转换后的效果，如图9-51所示。

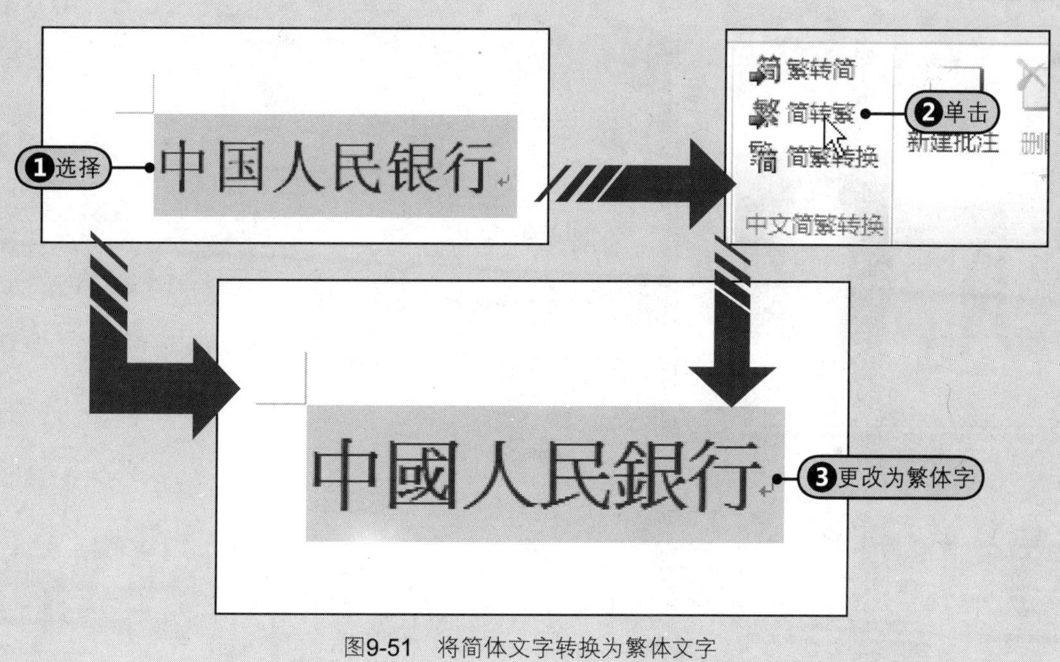

图9-51 将简体文字转换为繁体文字

读书笔记

Part 2 Word篇

Chapter 10

文档页面布局的设置与打印

在完成文档的录入、格式设置后，还需要进一步设置页边距、纸张方向、纸张大小等选项。为了使文档更加美观、专业，还可以为文档设置页面背景、添加页眉和页脚等；在设置好这些之后，本章还将介绍文档的打印操作。

10.1 文档的页面设置

文档的页面设置包括设置文字方向、页边距、纸张方向、纸张大小及分栏等。在Word 2010中，这些相关的命令按钮都放在“页面布局”选项卡中的“页面设置”组中，如图10-1所示。

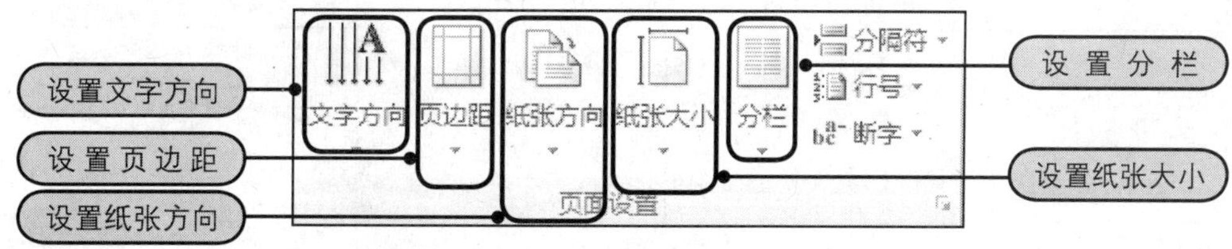

图10-1 “页面设置”组

10.1.1 设置文档的页面边距

页边距是页面四周的空白区域，系统提供了几种预定义的页边距设置，如“普通”、“窄”、“适中”及“宽”等。用户可以直接单击这些页边距，也可以自定义设置页边距。

1 步骤 Step❶在“页面设置”组中单击“页边距”的下三角按钮，Step❷从展开的下拉列表中选择预定义页边距，如“适中”，如图10-2所示。

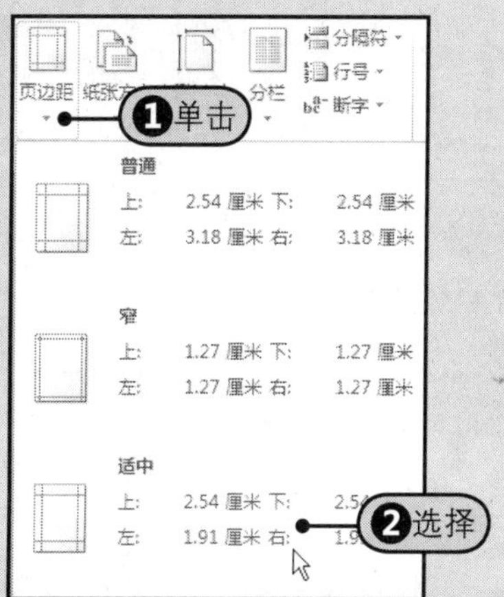

图10-2 选择预定义页边距

2 步骤 Step❸如果觉得对预定义页边距不满意，可以再次单击“页边距”按钮，Step❹从下拉列表中选择“自定义边距”命令，如图10-3所示。

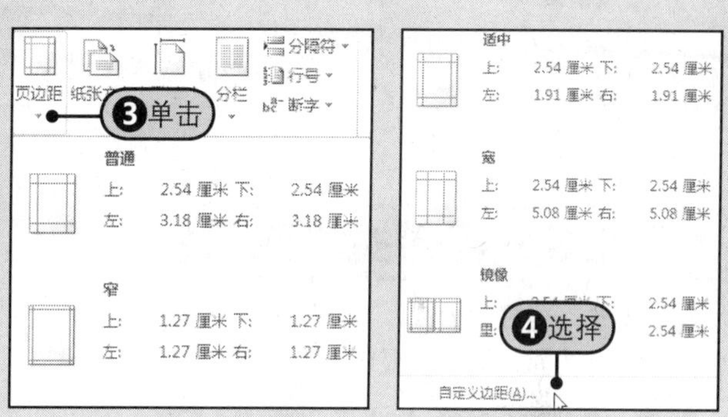

图10-3 选择“自定义边距”命令

3 步骤 Step❺在打开的“页面设置”对话框中，分别设置“上”、“下”、“左”、“右”页边距，Step❻然后单击“确定”按钮，如图10-4所示。

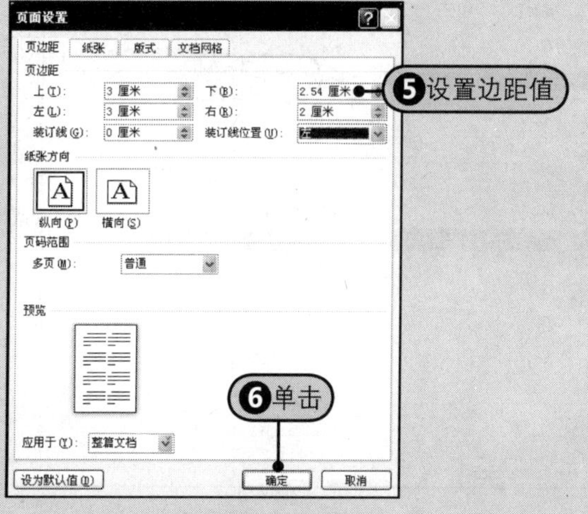

图10-4 自定义设置页边距

4 步骤 Step❼设置页边距效果，如图10-5所示。

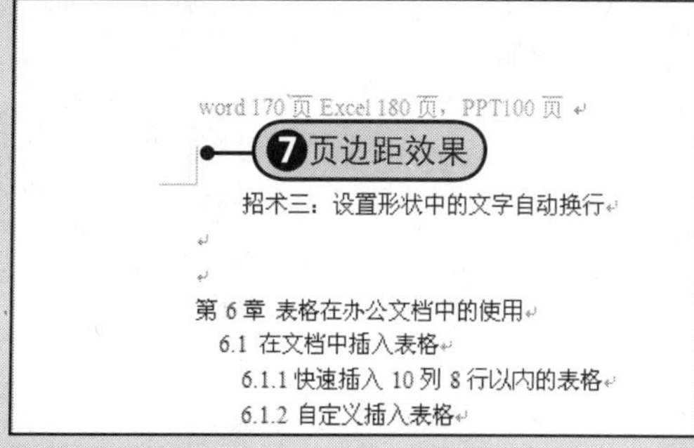

图10-5 设置页边距后的效果

10.1.2 设置文档的文字方向

文档默认的文字方向为水平，用户还可以更改文字的方向，打开附书光盘\实例文件\第10章\原始文件\投标书.docx文档。

Step1 在“页面设置”组中单击“文字方向”的下三角按钮，Step2 从展开的下拉列表中选择“垂直”命令，Step3 设置为垂直后的文档效果，如图10-6所示。

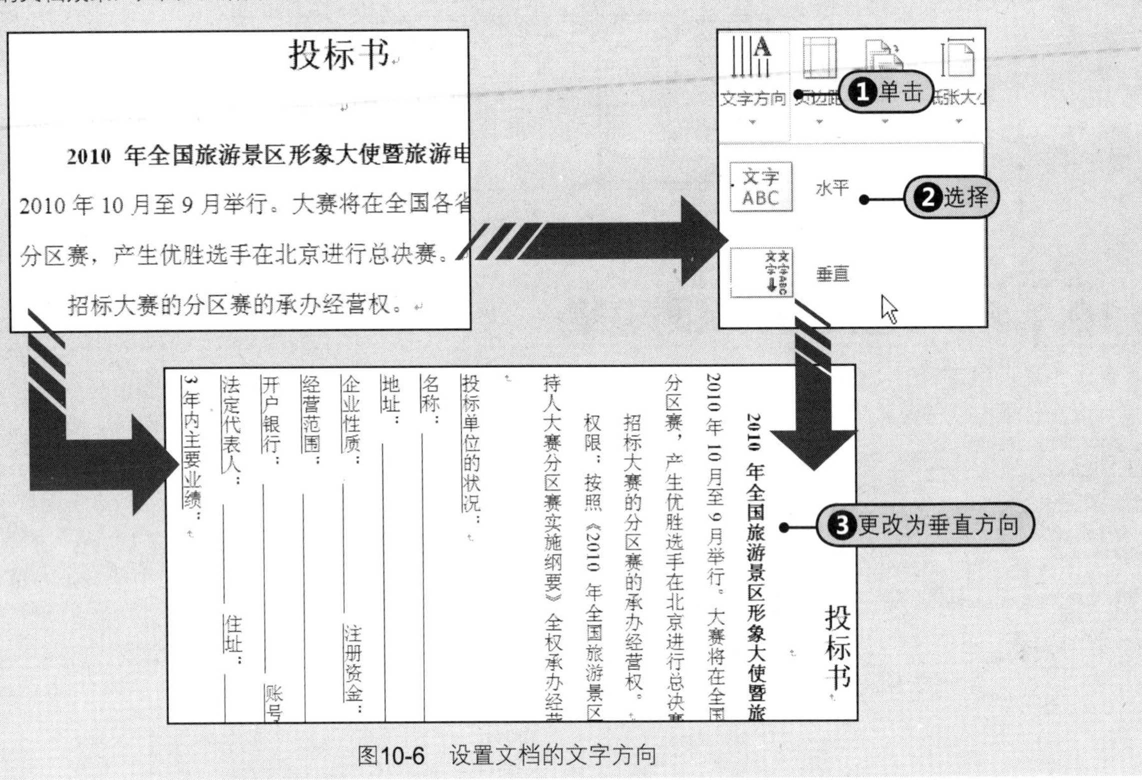

图10-6 设置文档的文字方向

10.1.3 打印纸张的设置

如果要将文档打印出来，首先需要选择适当大小的纸张，以免造成不必要的浪费。默认情况下，一般使用A4纸，但用户也可以自行选择。除了设置纸张的大小外，还需要设置页面方向。

1 设置纸张的大小

设置纸张大小有两种方法，一种是Step1 在“页面设置”组中单击“纸张大小”的下三角按钮，Step2 从展开的下拉列表中选择需要的页面大小，如图10-7所示。另一种是在“纸张大小”下拉列表底部选择“其他页面设置”命令，打开“页面设置”对话框，在“纸张”选项卡中进行设置，如图10-8所示。

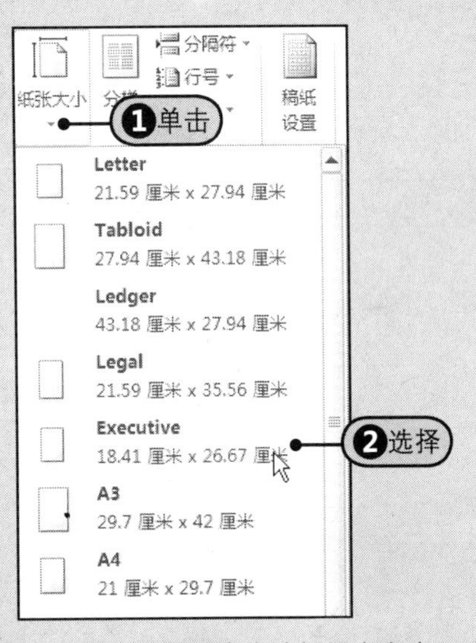

图10-7 直接从下拉列表中选择纸张大小

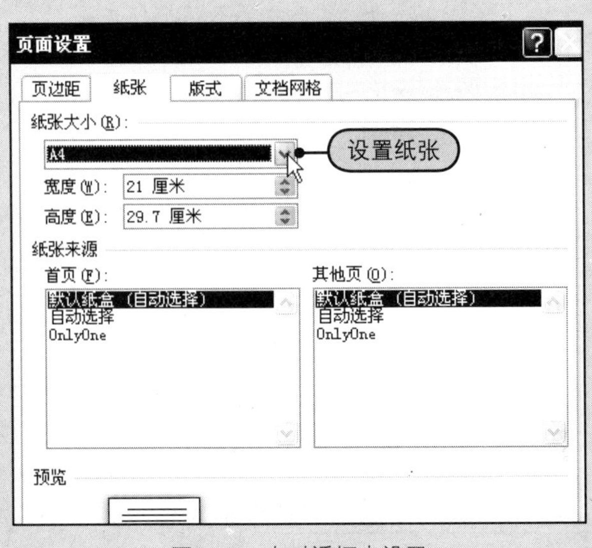

图10-8 在对话框中设置

❷ 设置纸张方向

文档默认的纸张方向为“纵向”，用户也可以将它设置为“横向”。

Step❶在“页面设置”组中单击“纸张方向”的下三角按钮，Step❷从展开的下拉列表中选择“横向”命令，如图10-9所示，Step❸更改为横向后的效果，如图10-10所示。

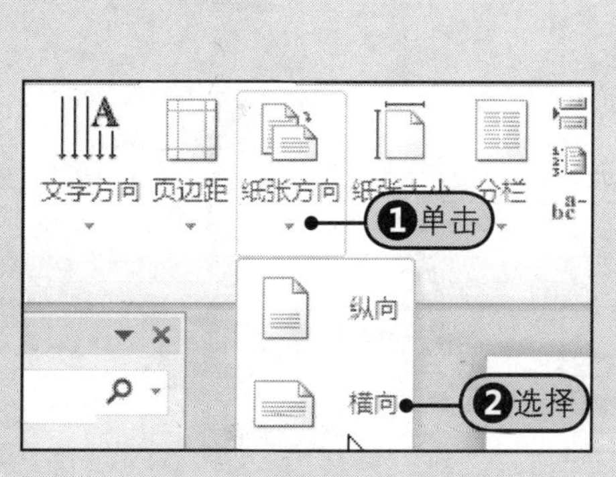

图10-9　选择“横向”命令

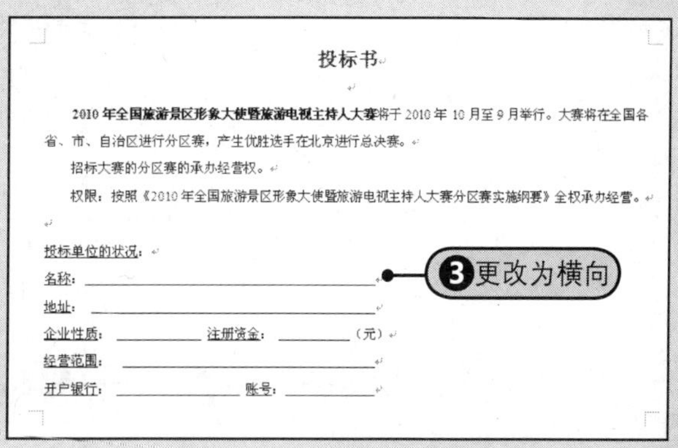

图10-10　设置为横向的页面效果

10.1.4　设置文档的分栏效果

用户还可以将文档分为多栏显示，从而在Word 2010文档中便能制作出杂志效果。

Step❶在“页面设置”组中单击“分栏”的下三角按钮，Step❷从展开的下拉列表中选择“更多分栏”命令，打开“分栏”对话框，Step❸在“预设”区域内单击“两栏”，Step❹设置“间距”值为“4字符”，Step❺勾选“分隔线”复选框，Step❻单击“确定”按钮，Step❼设置分栏后的效果，如图10-11所示。

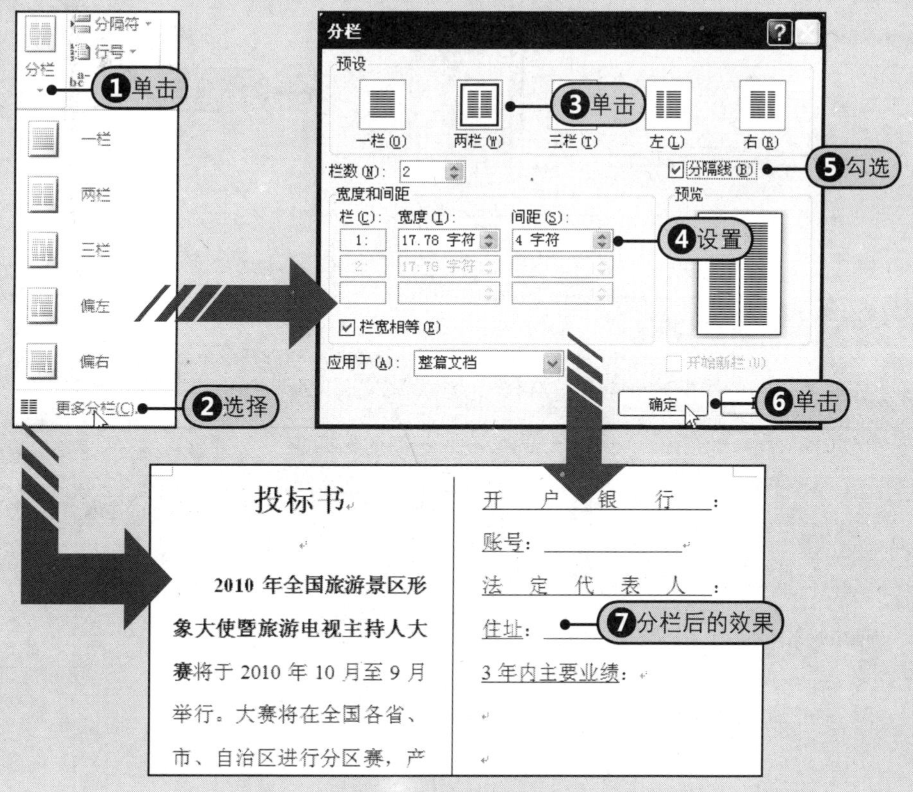

图10-11　设置分栏

10.1.5　分隔符的使用

在文档中手动插入分隔符，可以控制文档的分页情况。

例如，将光标置于要分页的位置，Step❶在“页面设置”组中单击“分隔符”的下三角按钮，Step❷从展开的下拉列表中选择“下一页”命令，Step❸然后文档从该位置起自动分页，如图10-12所示。

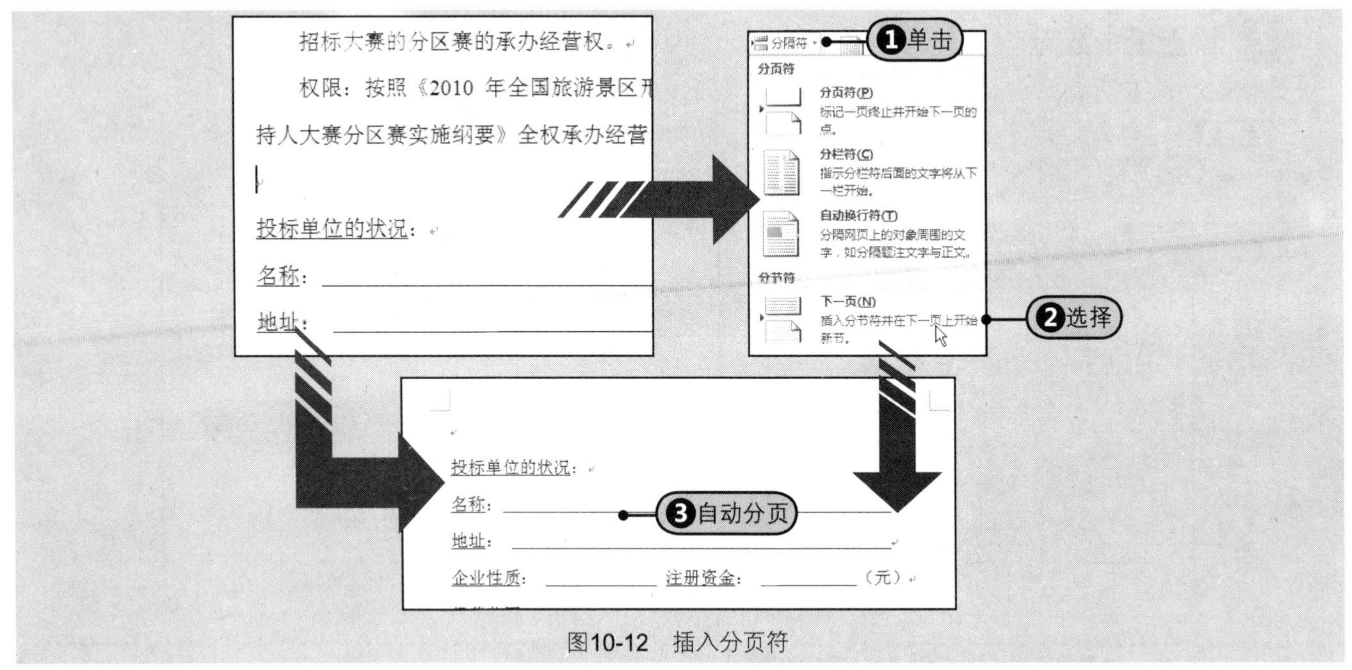

图10-12　插入分页符

10.2 设置文档的页面背景

为了美化文档，还可以为文档设置页面背景、颜色或者水印等效果。在Word 2010中，与文档的页面设置相关的命令按钮是在“页面布局”选项卡的“页面背景”组中的，如图10-13所示。

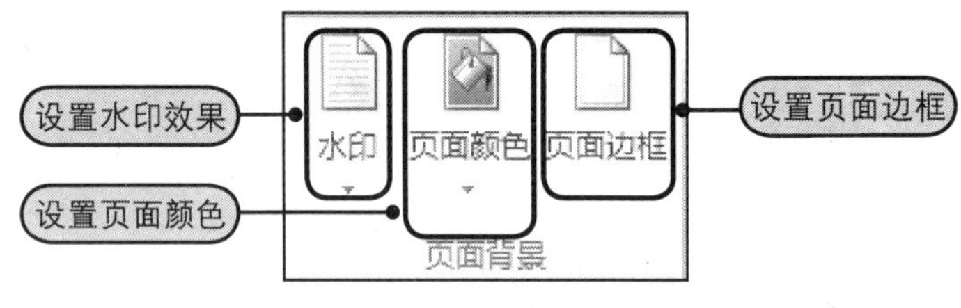

图10-13　“页面背景”组

10.2.1 为文档添加水印

本节为文档添加水印效果，打开附书光盘\实例文件\第10章\原始文件\投标书.docx文档。

步骤1 Step❶在“背景”组中单击“水印”的下三角按钮，Step❷从展开的下拉列表中选择内置的水印样式，可以直接将此水印添加到文档中，如图10-14所示。

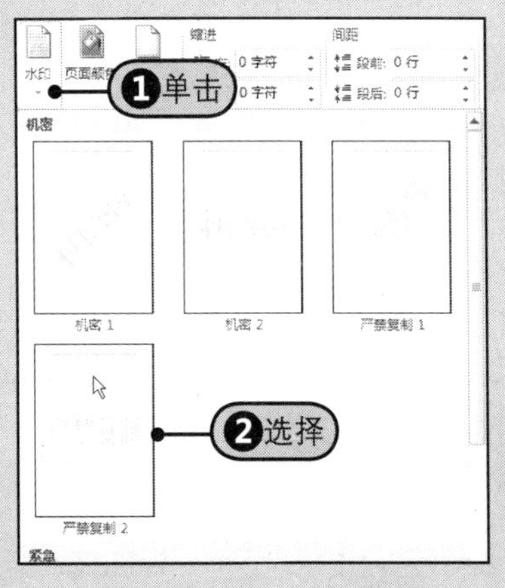

图10-14　选择水印样式

步骤2 Step❸如果要自定义水印，可以在“水印”下拉列表中选择“自定义水印”命令，如图10-15所示。

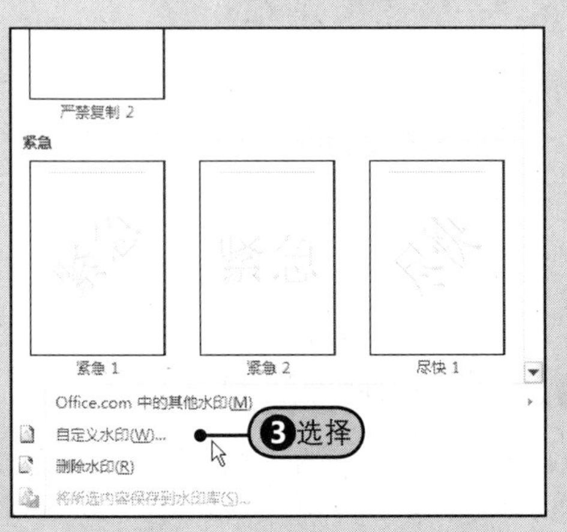

图10-15　选择“自定义水印”命令

步骤3 Step4 在“水印”对话框中选中“文字水印”单选按钮，Step5 在“文字”框中输入“机密勿泄”，Step6 从“颜色”下拉列表中选择“绿色”，Step7 单击“确定”按钮，如图10-16所示。

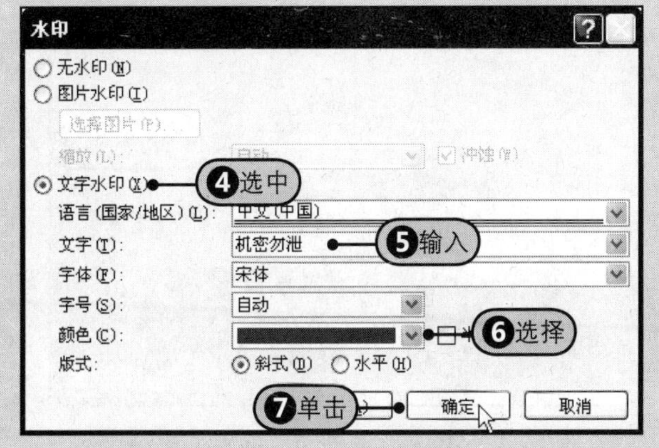

图10-16 “水印”对话框

步骤4 Step8 插入到文档中的自定义水印效果，如图10-17所示。

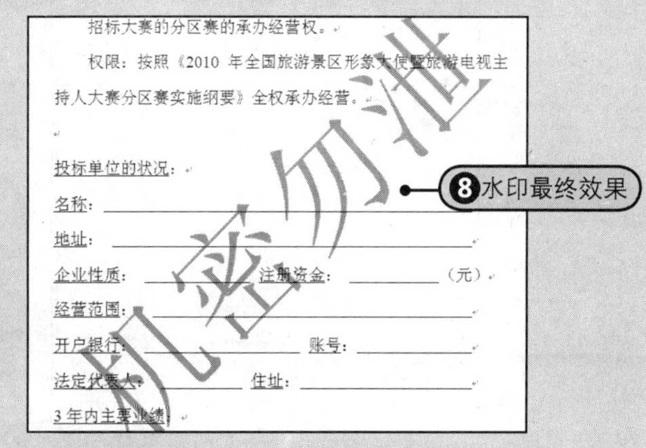

图10-17 自定义水印效果

提示 为文档设置图片水印

除了可以设置文字水印外，还可以为文档设置图片水印。用户只需要在“水印”对话框中选中“图片水印”单选按钮，然后单击“选择图片”按钮，弹出“选择图片”对话框，选择需要作为水印的图片即可。

10.2.2 为文档页面填充颜色渐变效果

本节介绍为文档页面设置不同的纯色或渐变填充效果。再次打开附书光盘\实例文件\第10章\原始文件\投标书.docx文档，为文档页面填充渐变效果的方法如下。

步骤1 Step1 在“背景”组中单击“页面颜色”的下三角按钮，Step2 从展开的下拉列表中选择“填充效果”命令，如图10-18所示。

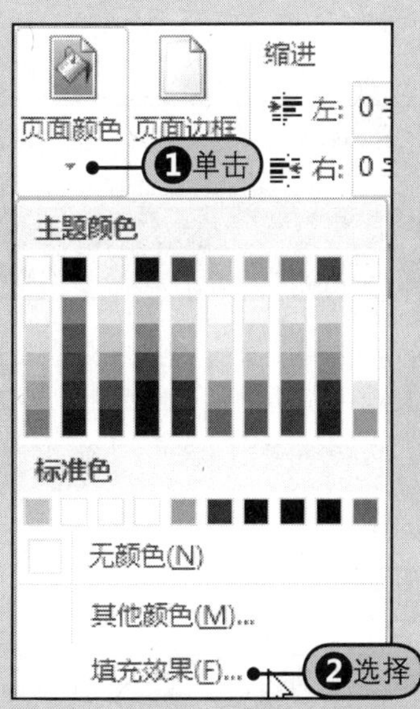

图10-18 选择“填充效果”命令

步骤2 Step3 在“填充效果”对话框中选中“预设”单选按钮，Step4 单击“预设颜色”右侧的下三角按钮，Step5 从下拉列表中选择“雨后初晴”命令，如图10-19所示。

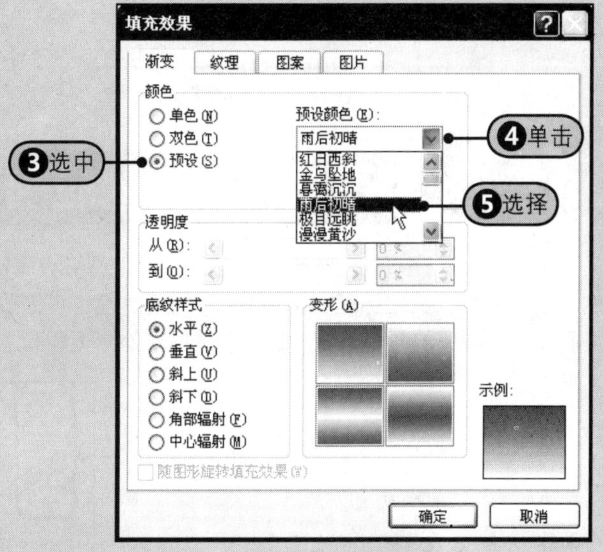

图10-19 选择“填充效果”

3 步骤 Step6 在“底纹样式”区域内选中“水平”单选按钮，Step7 单击右上角的变形效果，Step8 然后单击“确定”按钮，如图10-20所示。

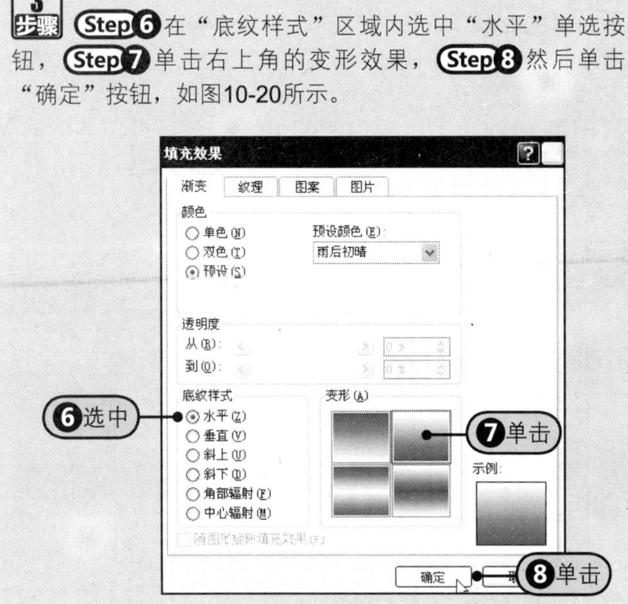

图10-20 选择填充样式

4 步骤 Step9 为文档设置水平渐变填充效果后的文档，如图10-21所示。

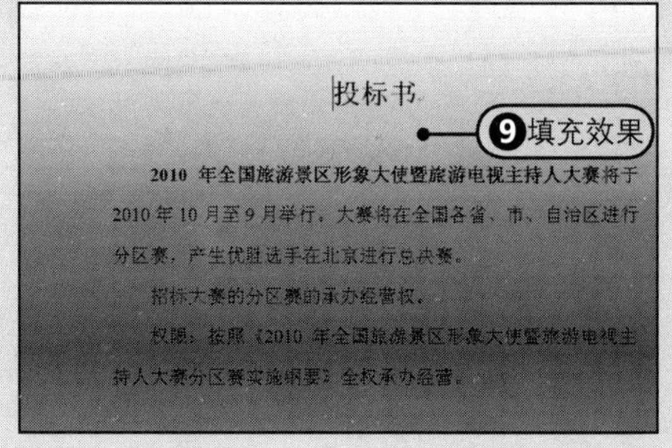

图10-21 文档页面填充效果

10.2.3 为文档添加页面边框

用户还可以为文档页面添加边框，一般在“背景”组中单击“页面边框”按钮后弹出的“边框和底纹”对话框中完成操作。

Step1 在“页面边框”选项卡中的“设置”区域内单击“阴影”按钮，Step2 单击“确定”按钮，如图10-22所示。Step3 设置页面边框后的效果，如图10-23所示。

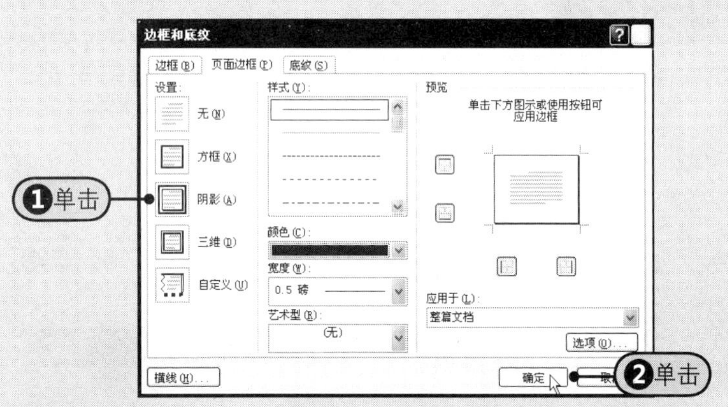

图10-22 设置页面边框

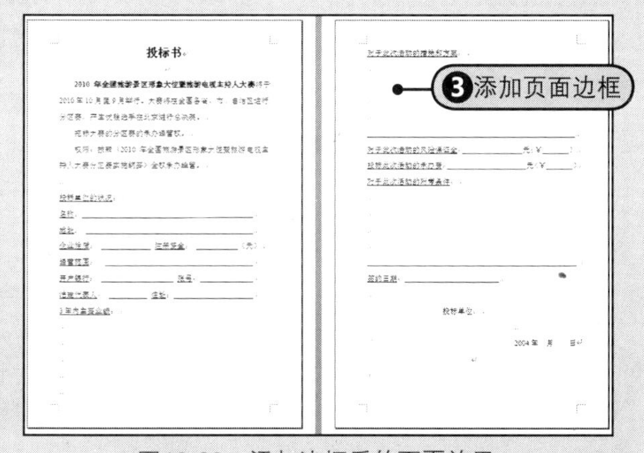

图10-23 添加边框后的页面效果

10.3 页眉和页脚的应用

页眉和页脚是分布在文档每个页面中页边距顶部和底部的区域。用户可以在页眉和页脚中插入文本或图形，如页码、日期、公司徽标、文档标题、文件名、作者信息等，这些信息通常都打印在文档中每页的顶部或底部。在Word 2010中，与页眉和页脚相关的命令是在“插入”选项卡的“页眉和页脚”组中的，如图10-24所示。

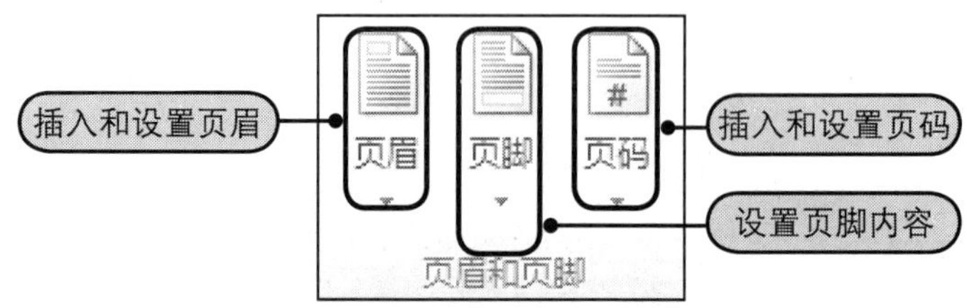

图10-24 “页眉和页脚”组

10.3.1 快速插入页眉和页脚

在Word 2010中，系统会将常用的页眉页脚格式封装为预定义样式。用户可以直接从“页眉”或“页脚”下拉列表中选择需要的页眉或页脚样式，然后在文档中的页眉和页脚视图中修改具体的文字即可。再次打开附书光盘\实例文件\第10章\原始文件\投标书.docx文档。

Step1 在“插入”选项卡中的“页眉和页脚”组中单击“页眉”的下三角按钮，Step2 从展开的下拉列表中选择适当的内置样式，Step3 当插入预定义页眉样式后，单击“［键入文字］”，Step4 输入实际文字内容，然后关闭页眉和页脚视图，如图10-25所示。

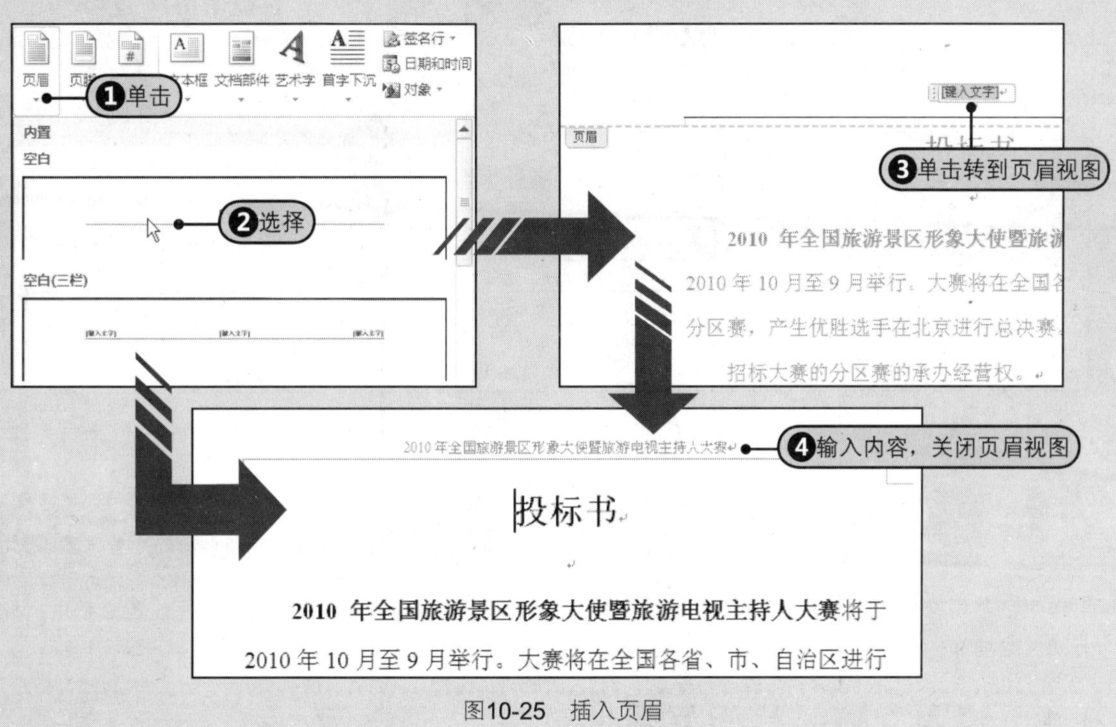

图10-25 插入页眉

10.3.2 为文档添加页码

在创建长文档时，为了更好地管理文档，可以为文档添加页码。

Step1 在“页眉和页脚”组中单击“页码”的下三角按钮，Step2 从展开的下拉列表中选择页码需要插入的位置，如“页面底端”，Step3 然后在下级列表中选择一种样式，如图10-26所示。Step4 自动插入到文档底端的页码效果，如图10-27所示。

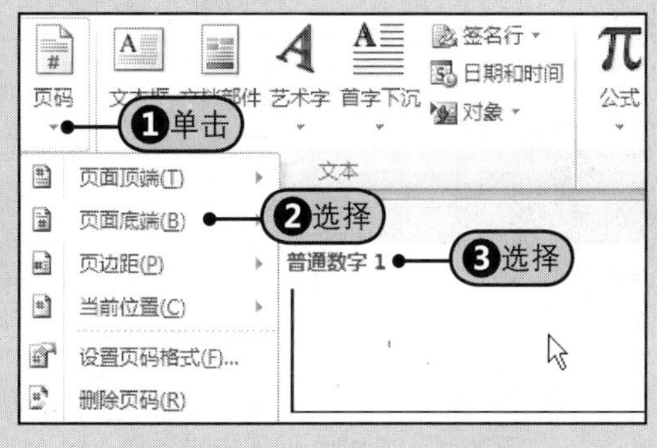

图10-26 选择页码样式

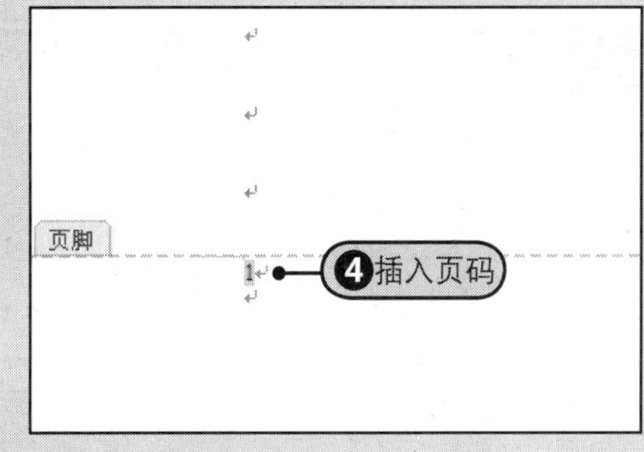

图10-27 自动插入的页码

10.3.3 在页眉中添加剪贴画或图片

用户可以在页眉中插入剪贴画或者图片，通常人们习惯将公司LOGO图标等图片插入在页眉区域。

Step1 切换到页眉和页脚视图，在“页眉和页脚工具-设计”选项卡中的“插入”组中单击“剪贴画”按钮，打开“剪贴画”任务窗格，Step2 单击“搜索”按钮，Step3 在剪贴画列表中单击需要插入的剪贴画，然后适当调整剪贴画的格式和位置，Step4 插入到页眉区域的剪贴画效果，如图10-28所示。

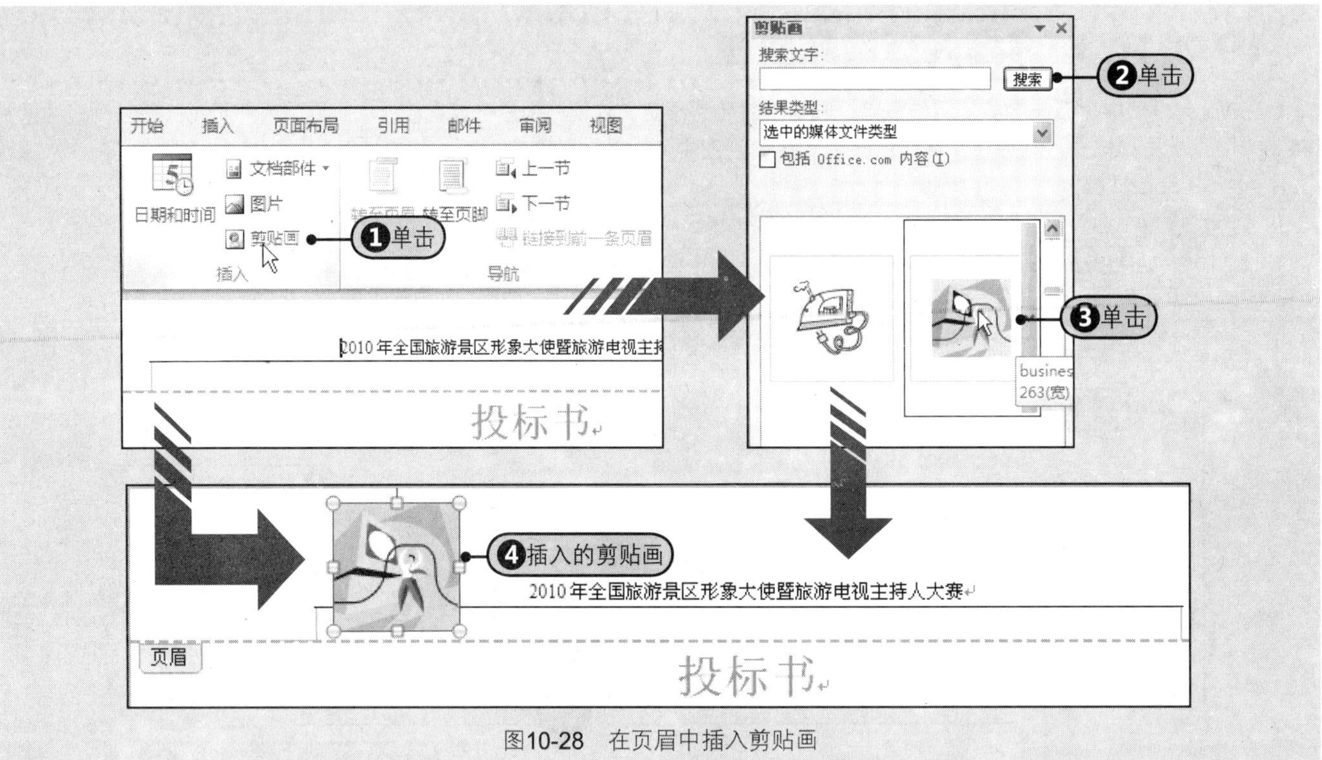

图10-28　在页眉中插入剪贴画

10.4 打印文档

在实际工作中创建好文档之后，有时还需要将文档打印出来归档保存。文档的打印操作包括设置文档的打印范围、手动双面打印方式及取消文档的打印等。

10.4.1 设置文档的打印范围

用户可以根据需要设置文档的打印范围，如打印所有页、打印当前页或者打印指定范围的页面。

❶ 打印所有页面或当前页面

Step❶在“打印”选项面板中单击“设置”区域内“打印所有页”的下三角按钮，Step❷从展开的下拉列表中选择“打印所有页”命令，可以打印当前文档的所有页面，如图10-29所示。Step❸如果只需要打印当前页面，则从该下拉列表中选择“打印当前页面”命令，如图10-30所示。

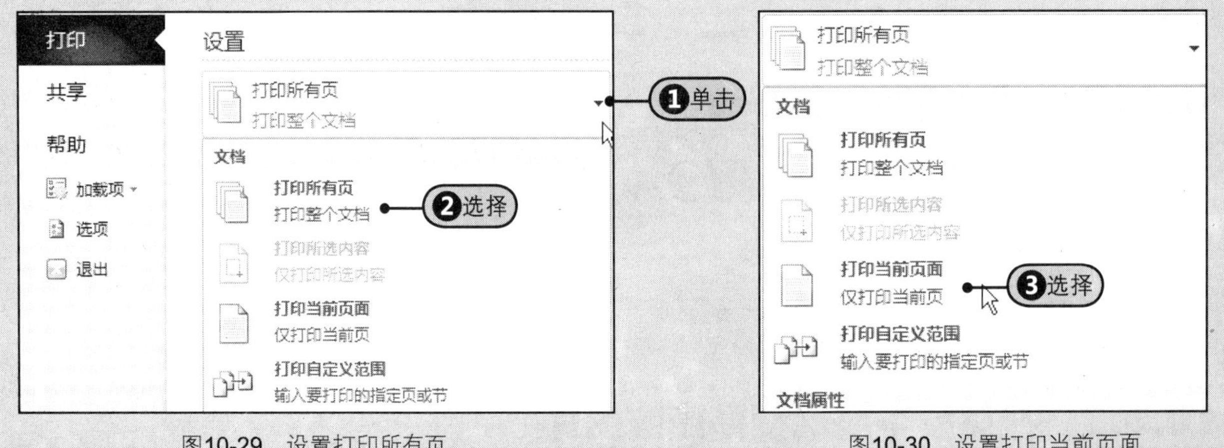

图10-29　设置打印所有页　　图10-30　设置打印当前页面

❷ 打印自定义范围

自定义打印范围，可以Step❶单击“设置”区域的下三角按钮，Step❷从展开的下拉列表中选择“打印自定义范围”命令，如图10-31所示。Step❸然后在“页数”框中输入要打印的页或节，如图10-32所示。

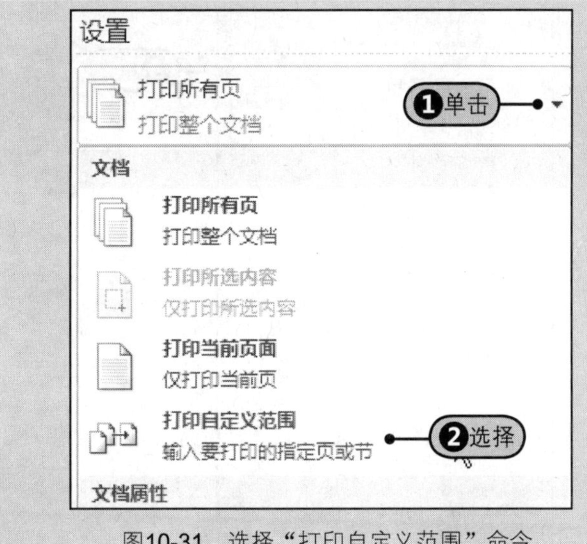

图10-31 选择“打印自定义范围”命令

图10-32 输入要打印的页数

10.4.2 设置手动双面打印方式

如果打印机不支持自动双面打印，就只能打印出现在纸张一面上的所有页面，然后在系统提示时将纸叠翻过来，再重新装入打印机。在Word 2010中，设置手动双面打印的方法如下所示。

Step1 单击“文件”按钮，Step2 从展开的下拉列表中选择“打印”命令，如图10-33所示。Step3 在“设置”区域内单击“单面打印”选项右侧的下三角按钮，Step4 从下拉列表中选择“手动双面打印”命令，如图10-34所示。

图10-33 选择“打印”命令

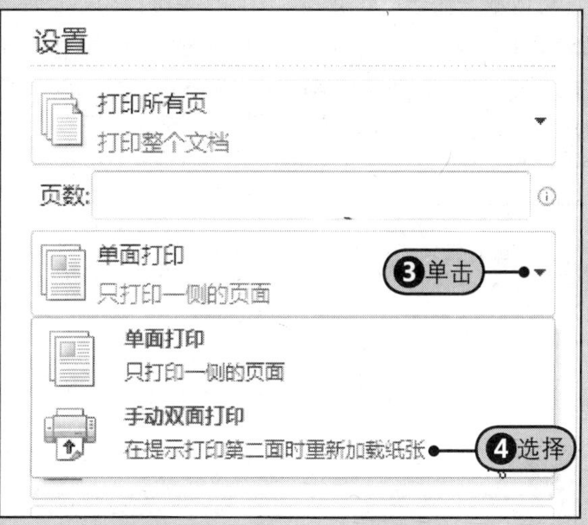

图10-34 选择“手动双面打印”命令

提示

自动双面打印

如果用户安装的打印机支持自动双面打印，则可以按照打印机手册中的说明来创建双面副本，实现文档的自动双面打印。如果打印机不支持自动双面打印，则可以用上面介绍的手动双面打印方式来打印文档。

10.4.3 设置只打印奇数页或偶数页

实现手动双面打印，除了上面的方法，还可以通过第一次只打印完奇数页或偶数页后，按顺序翻转纸张，再打印另一面。

Step1 在“打印”选项面板中的“设置”区域内单击“打印所有页”的下三角按钮，Step2 从展开的下拉列表中选择“仅打印奇数页”命令，如图10-35所示，待所有的奇数页打印完以后，按顺序翻转纸张并为打印机装好纸张。Step3 再次在“打印”选项面板中的“设置”区域内单击最上面的下三角按钮，Step4 从展开的下拉列表中选择“仅打印偶数页”命令，如图10-36所示。

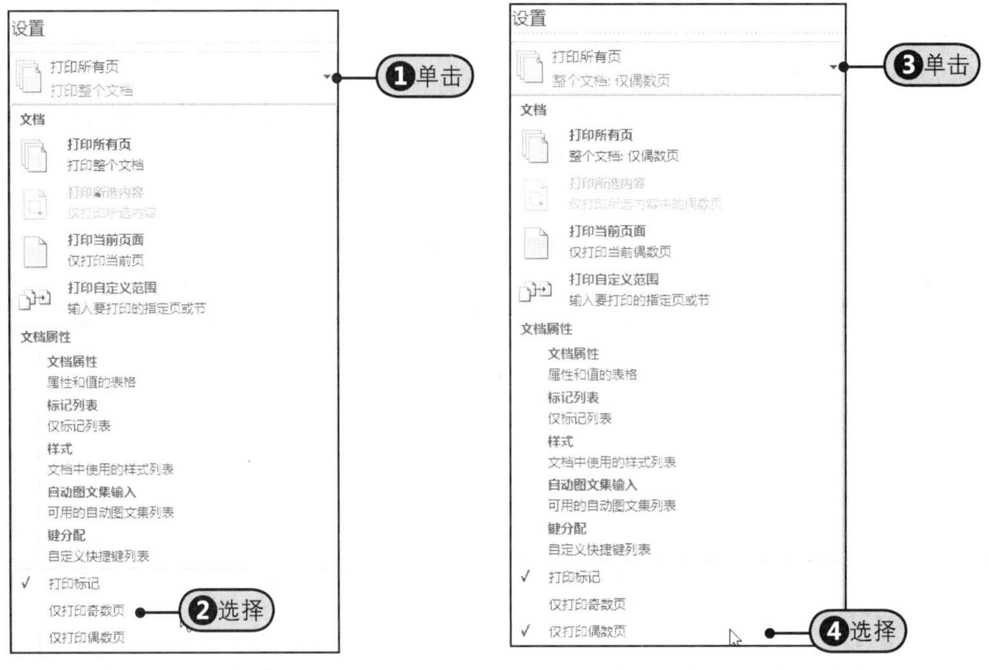

图10-35　选择“仅打印奇数页”命令　　图10-36　选择“仅打印偶数页”命令

10.4.4　设置缩放打印

用户还可以根据需要设置缩放打印，使每版打印多页或者是将文档缩放打印至指定的纸张大小。

如果要设置每版打印4页，Step❶只要单击“设置”区域内最下方的下三角按钮，Step❷从展开的下拉列表中选择“每版打印4页”命令即可，如图10-37所示。如果要将当前文档缩放至指定的页面大小，Step❸可以单击“设置”区域内最下方的下三角按钮，Step❹从展开的下拉列表中指向“缩放至纸张大小”命令，Step❺从下级下拉列表中选择需要指定的纸张大小，如图10-38所示。

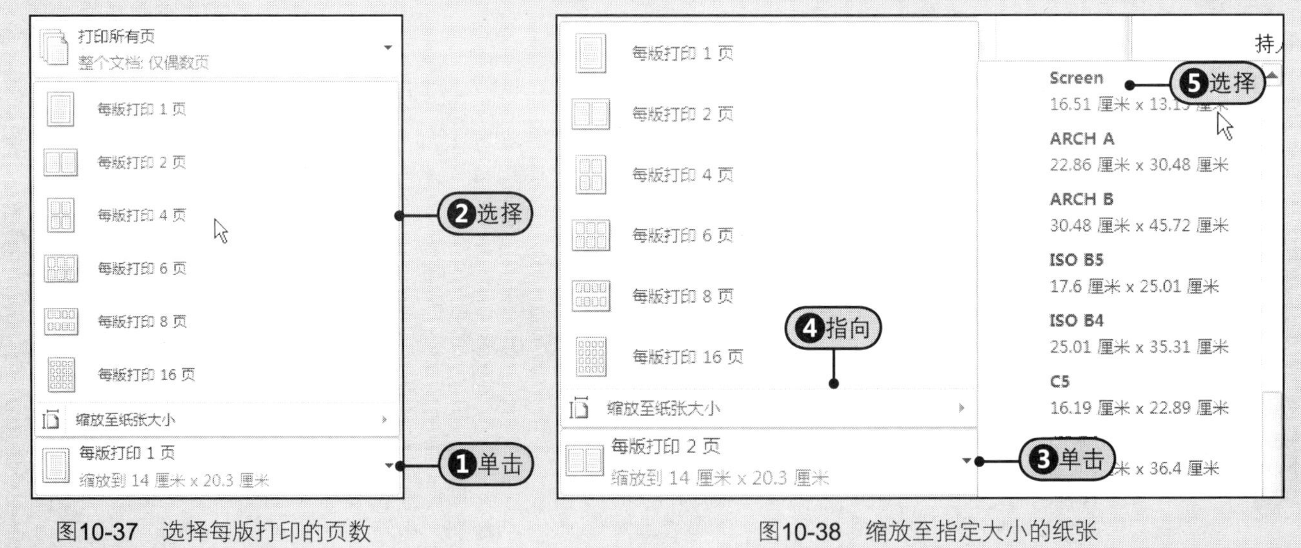

图10-37　选择每版打印的页数　　图10-38　缩放至指定大小的纸张

10.5 融会贯通　在文档中第6页开始插入页眉

本章主要介绍了如何设置文档的页边距、文字方向、打印纸张等页面选项，然后介绍了如何为页面添加水印、填充、页面边框等页面背景效果，最后还介绍了页眉和页脚的设置及文档的打印操作。页眉和页脚的设置是本章的一个重点，接下来通过一个实例来进一步加深读者印象。打开附书光盘\实例文件\第10章\原始文件\公司章程.docx文档。

（续上）

1 步骤 插入页码。

Step1 在“页眉和页脚”组中单击“页码”下三角按钮。

Step2 指向“插入”选项卡的“页面底端”命令。

Step3 从下级下拉列表中选择“普通数字1”样式。

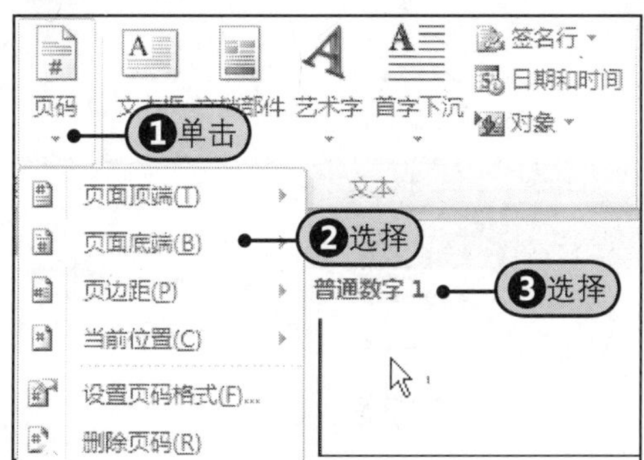

2 步骤 将光标移至第5页末尾。

将光标移至第5页的末尾，如下图所示。

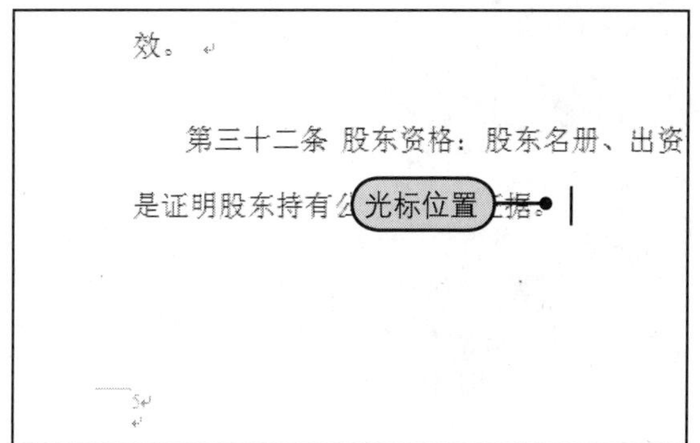

3 步骤 插入分节符。

Step1 在“页面布局”选项卡中的“页面设置”组中单击“分隔符”下三角按钮。

Step2 从下拉列表中选择“分节符”区域的“下一页”分节符。

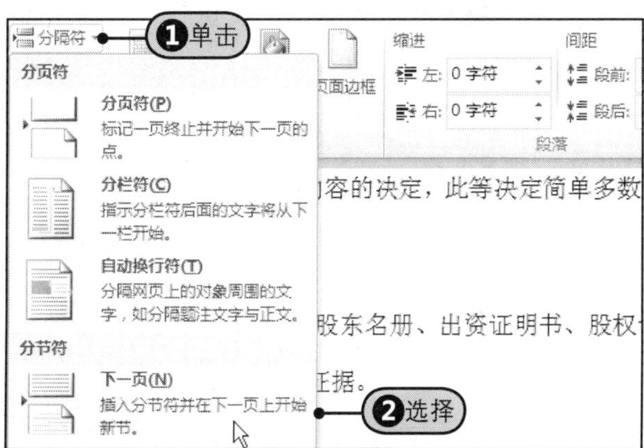

4 步骤 取消与页眉的链接。

在“页眉和页脚工具—设计”选项卡中的“导航”组中单击“链接到前一条页眉”按钮，取消该按钮的选定状态。

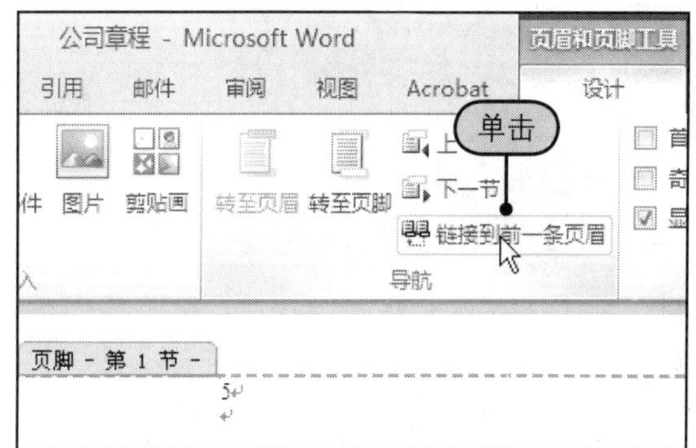

5 步骤 在第6页页眉中输入内容。

在第6页的页眉区域中输入具体的内容，如“***公司章程 2010版”。

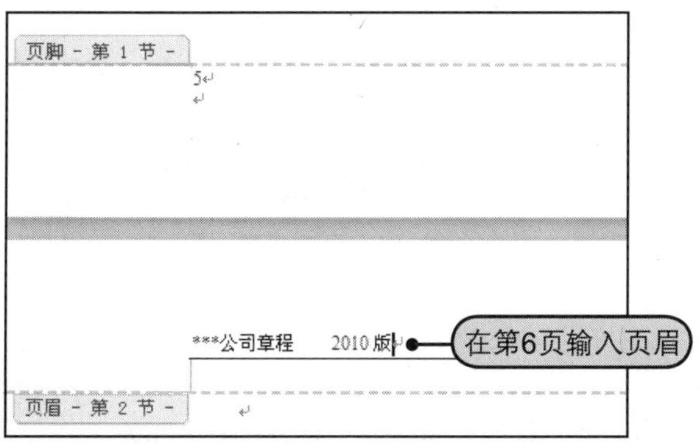

6 步骤 第6页之前没有页眉。

关闭页眉和页脚视图，向前滚动文档，会发现第6页之前的页没有页眉；从第6页开始，后面的页开始显示上一步中输入的页眉。

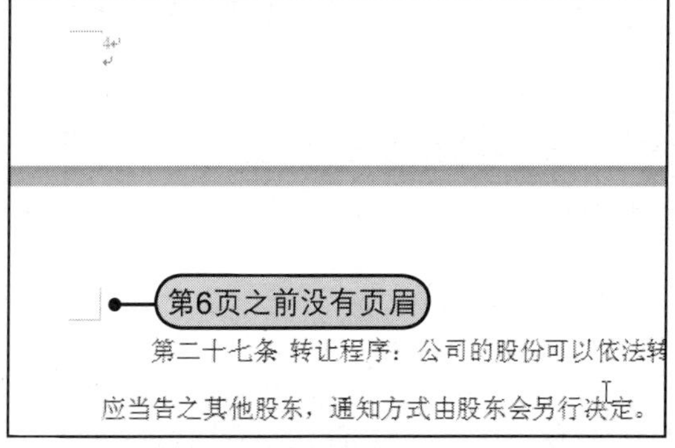

10.6 专家支招

文档的页面布局设置通常是在完成文档创建后进行的。通过对文档进行页面设置可以使文档整体效果更加专业、规范、美观，从而为文档的打印做好准备。除了本章前面介绍到的内容，这里再做三点补充，分别是如何在文档中显示行号、如何只为文档的首页添加页面边框及怎样在Word 2010文档中设置方格样式的稿纸效果。

招术一 设置显示文档的行号

在一些特殊情况下，需要显示文档页面中的行序号。

Step1 在“页面布局”选项卡中的“页面设置”组中单击“行号”下三角按钮，Step2 从展开的下拉列表中选择“连续”命令，Step3 添加行号后的文档，如图10-39所示。

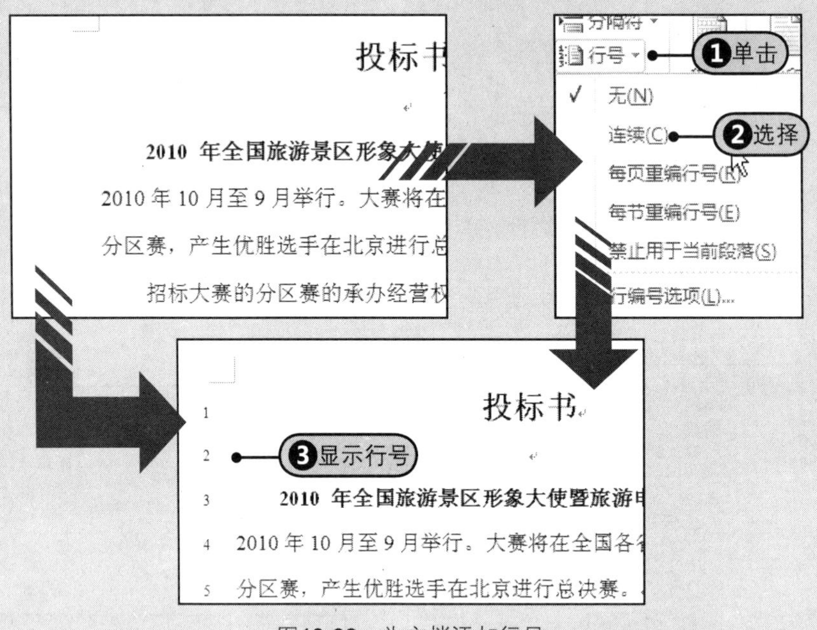

图10-39 为文档添加行号

招术二 只为文档首页添加页面边框

用户还可以只为指定的页面，如首页、除首页以外的页面或指定的节添加页面边框。现以只为首页添加页面边框为例进行介绍，操作方法如下。

Step1 打开“边框和底纹”对话框，在“设置”区域内单击“方框”按钮，Step2 单击“应用于”下三角按钮，Step3 从展开的下拉列表中选择“本节—仅首页”选项，如图10-40所示。Step4 单击“确定”按钮，返回文档，只为文档的首页添加页面边框，如图10-41所示。

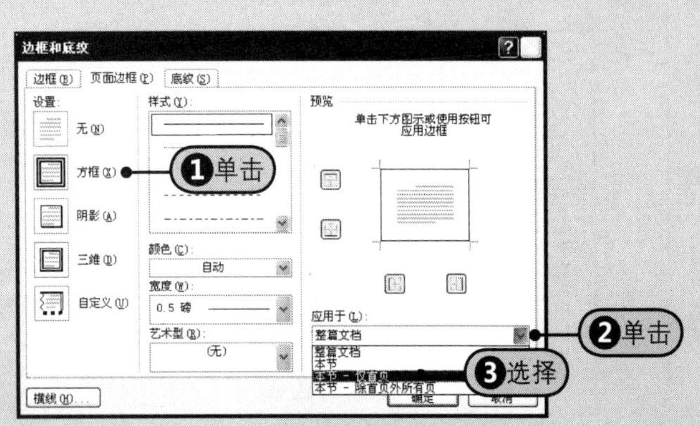

图10-40 选择应用范围

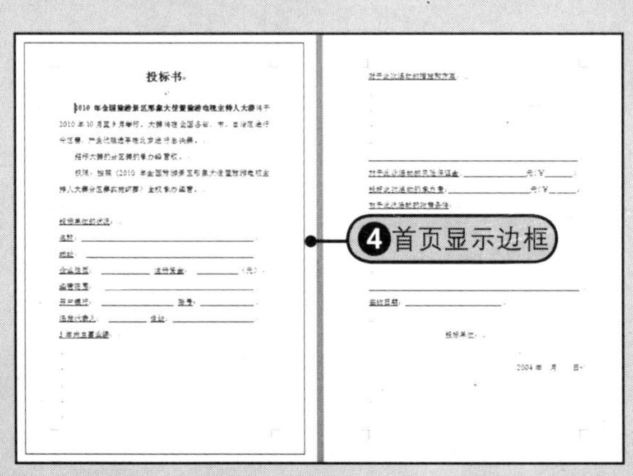

图10-41 只为文档首页添加页面边框

招术三 在Word中设置方格稿纸

用户可以在Word 2010文档中设置方格稿纸效果，设置方法如下。

Step1 在“页面布局”选项卡中的“稿纸”组中单击“稿纸设置”按钮，Step2 在“稿纸设置”对话框中的“格式”下拉列表中选择“方格式稿纸”选项，Step3 单击“横向”按钮，Step4 设置后的方格样式稿纸效果，如图10-42所示。

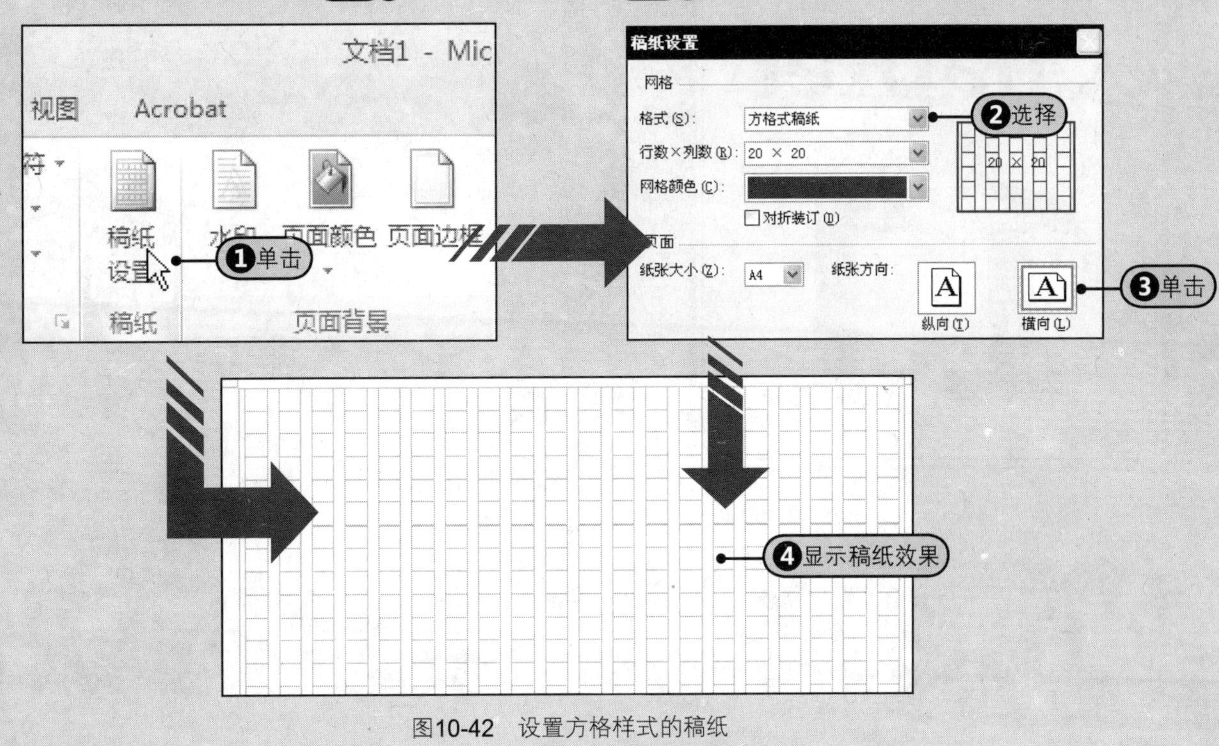

图10-42 设置方格样式的稿纸

读书笔记

Part 3 Excel篇

Chapter 11

初识办公数据分析软件 Excel 2010

Excel 2010是Microsoft Office 2010软件中的另一个非常重要的组件，是一款集数据输入、加工、分析等一体的软件。由于Excel 2010具有数据分析功能强大且简单易学的特点，因此深受全世界用户的青睐，被广泛应用于行政、人事、销售、统计、财务等方面。本章首先来了解Excel 2010的基础知识，认识工作簿、工作表、单元格，以及掌握它们的基础操作，为后面深入学习打下坚实的基础。

11.1 认识工作簿、工作表与单元格

每次Excel 2010程序生成的单个文件就是一个单独的工作簿，一个工作簿可以包含许多Excel工作表，在默认情况下新建的工作簿包含3张工作表；工作表不能单独存在，必须存在于某个工作簿中，是由行列交叉的许多个单元格组成的一张表；而单元格是指工作表中一个具体的格子，可以在其中输入数据，是数据编辑的最小单元。

其实工作簿、工作表与单元格的关系，用户可以这样形象地加以理解，工作簿就好像一本账簿，而工作表就是其中的一页账页，单元格就是账页中的那个格式。

在Excel 2010中，默认的工作簿是扩展名为.xlsx的文件，如图11-1所示就是一个工作簿的文件图标，而图11-2所示就是该工作簿中的一个工作表“2010年5月”，工作表中包含许多个单元格，四周显示方框的则是活动单元格。

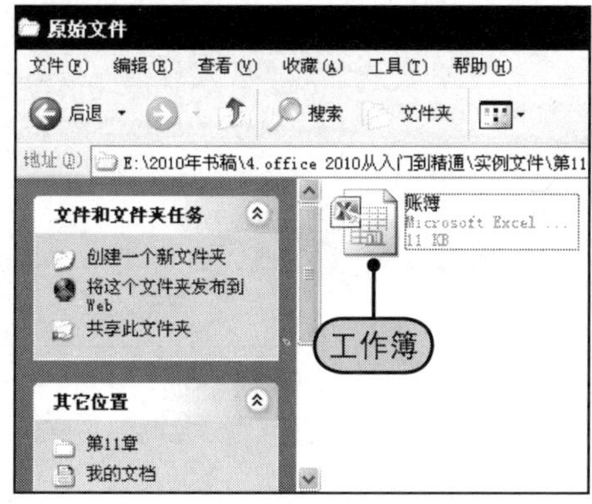

图11-1 Excel工作簿文件

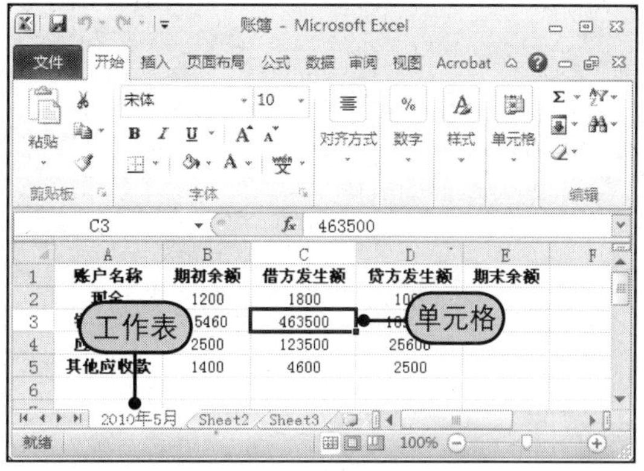

图11-2 Excel工作表和单元格

11.2 工作簿的基本操作

通过上一节的简单介绍，了解了什么是工作簿，接下来学习工作簿的基本操作。Excel 2010中最基本的操作包括工作簿的新建、保存、关闭和打开等，而每一种操作通常也有不同的实现方法，这里主要介绍常用的操作方法。

11.2.1 新建与保存工作簿

要学习Excel 2010，首先需要学习工作簿的新建操作。通常情况下，用户启动Excel 2010程序后就会创建一个新工作簿；在完成工作簿的创建以后，如果希望下次能接着对该工作簿进行操作，还需要保存该工作簿。

1 新建工作簿

通过“开始”菜单启动程序新建工作簿。

Step1 单击Windows窗口左下角的“开始”按钮，Step2 从弹出的下拉菜单中选择“程序”，Step3 然后选择Microsoft Office，Step4 最后选择Microsoft Excel 2010，如图11-3所示。

此外，还可以双击屏幕上的Microsoft Excel 2010快捷方式图标来启动Excel 2010，创建一个新工作簿，如图11-4所示。

图11-3 通过“开始”菜单新建工作簿

图11-4 双击快捷方式创建工作簿

提示

使用“文件”菜单新建工作簿

如果已经启动Excel 2010程序的情况下需要新建工作簿，可以在Excel 2010程序窗口单击“文件”按钮，然后从展开的下拉菜单中选择“新建”命令，在“新建”选项面板中选择所需要模板可创建基于该模板的新工作簿。

❷ 保存工作簿

当完成工作表的编辑后，直接单击“快速访问工具栏”中的“保存”按钮，即可完成保存操作，如图11-5所示。还可以在Excel 2010窗口中Step❶单击“文件”菜单，Step❷从弹出的下拉菜单中选择“保存”命令，如图11-6所示。

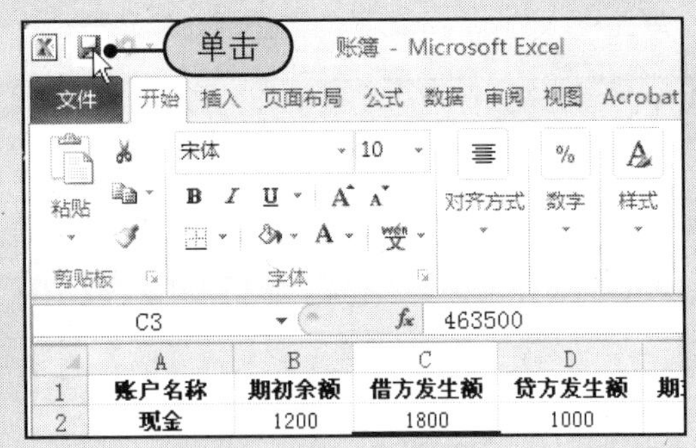

图11-5　单击“保存”按钮

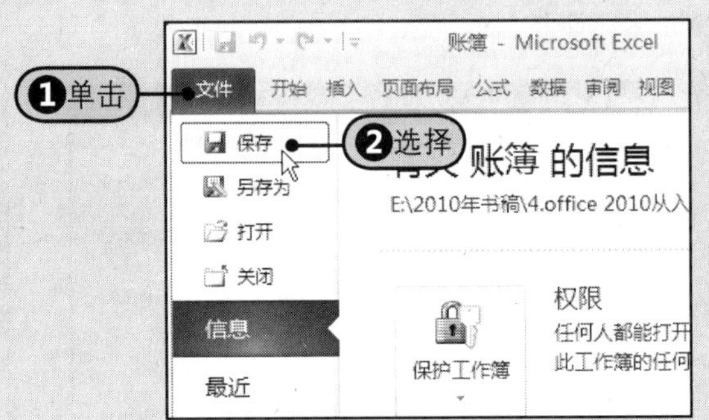

图11-6　选择“保存”命令

❸ 另存为工作簿

当完成对工作簿的编辑后，如果又不希望影响原来的工作簿，可以另存为工作簿。

Step❶在Excel 2010工作簿窗口单击“文件”按钮，Step❷然后从弹出的下拉菜单中选择“另存为”命令，Step❸在弹出的“另存为”对话框中的“文件名”框中输入工作簿的新名称，如“明细分类账账簿”，然后单击“保存”按钮，返回Excel工作簿窗口，Step❹在标题栏中会显示新的工作簿名称“明细分类账账簿-Microsoft Excel”，如图11-7所示。

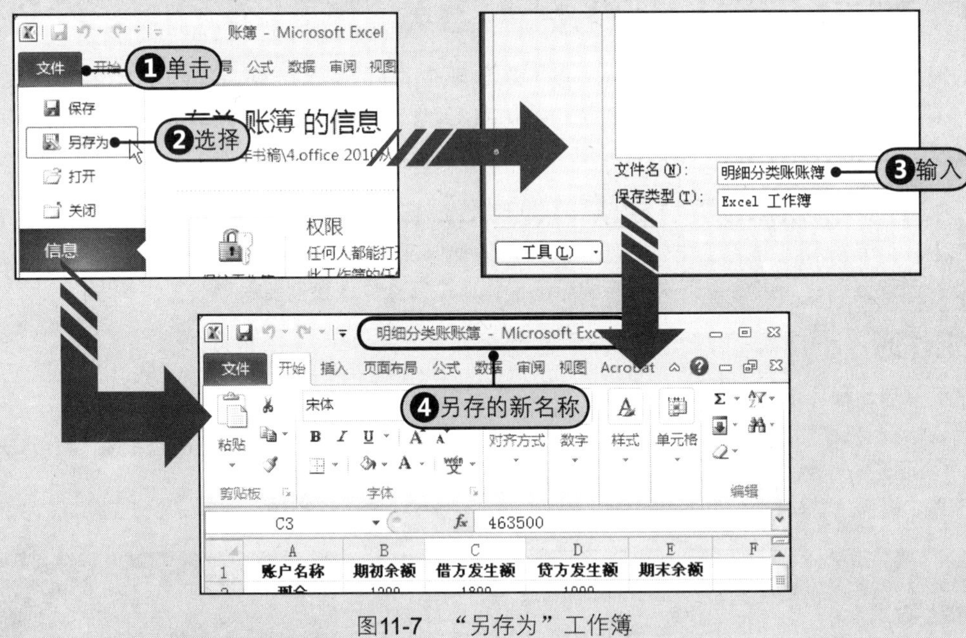

图11-7　“另存为”工作簿

11.2.2　打开与关闭工作簿

掌握了Excel 2010工作簿的新建与保存操作后，接下来学习工作簿的打开与关闭操作。

❶ 打开工作簿

在启动了Excel 2010程序的情况下，要打开当前计算机中的某个工作簿，可以这样操作：Step❶在Excel 2010工作窗口中单击“文件”按钮，Step❷从弹出的下拉菜单中选择“打开”命令，Step❸在弹出的“打开”对话框中双击需要打开的工作簿文件，Step❹随后屏幕上会显示打开的工作簿，如图11-8所示。

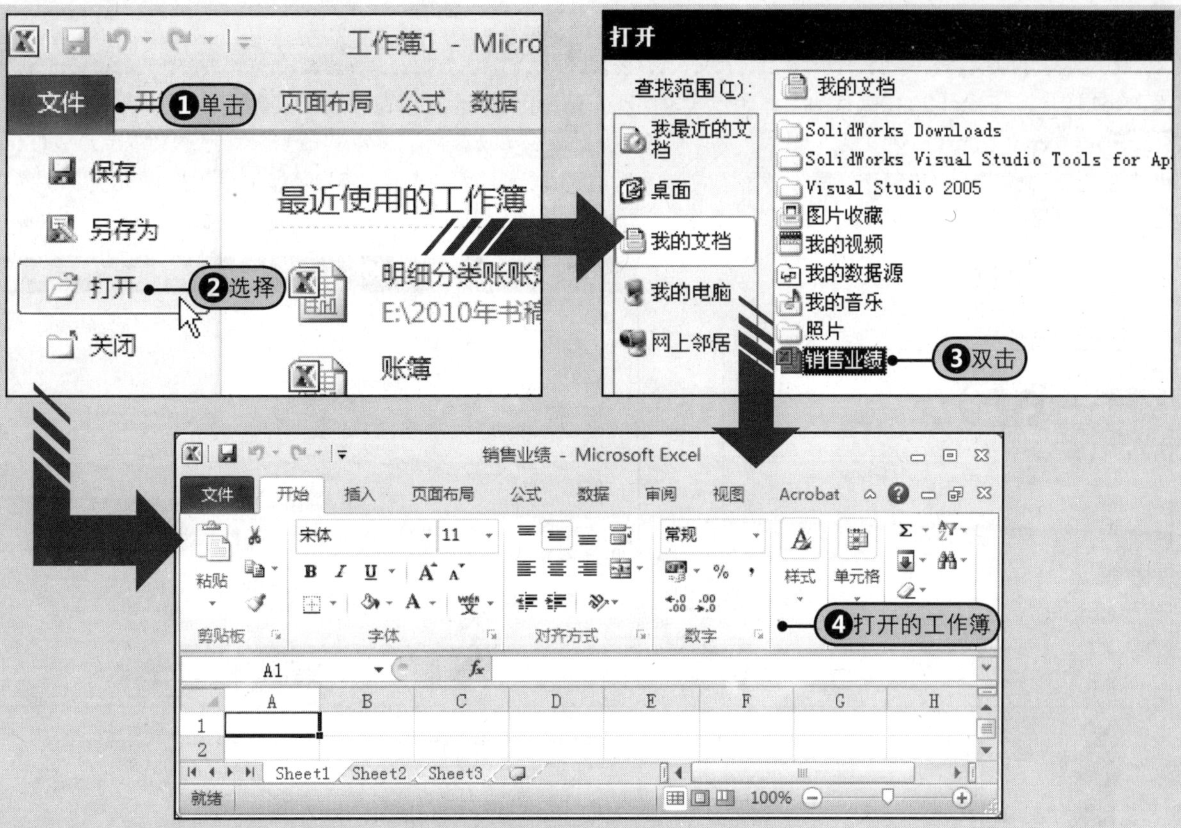

图11-8 打开工作簿

提示 直接双击工作簿图标打开

用户还可以打开工作簿所在的文件夹，直接双击工作簿的图标打开该工作簿。

② 关闭工作簿

在结束工作簿的编辑和保存后，可以关闭工作簿。方法是直接单击工作簿窗口右上角的“关闭”按钮，如图11-9所示；或使用“文件”菜单来关闭，Step❶在Excel 2010工作簿操作窗口中单击“文件”按钮，Step❷从弹出的下拉菜单中选择最底部的“退出”命令，如图11-10所示。

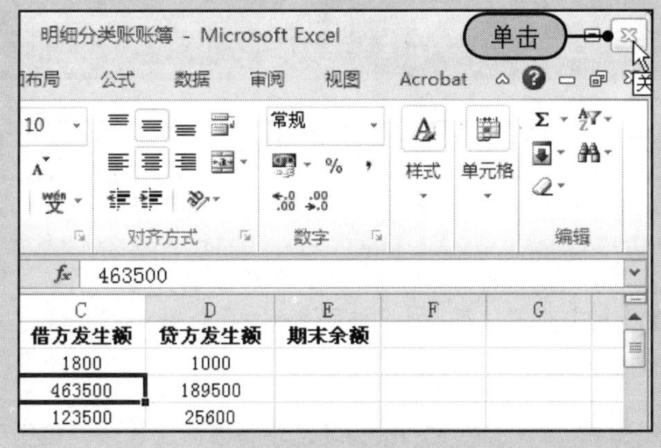

图11-9 单击“关闭”按钮

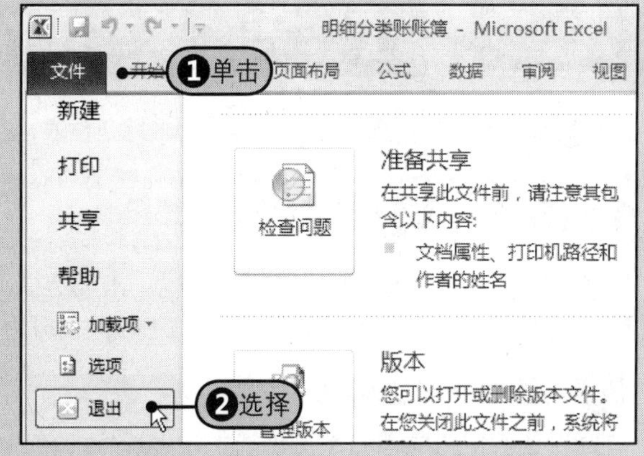

图11-10 使用“退出”命令关闭工作簿

提示 只关闭工作簿而不退出Excel程序

如果用户只想关闭当前工作簿操作窗口，而不想退出Excel 2010程序，则可以单击的“关闭”按钮下方的“关闭窗口”按钮。

11.2.3 设置工作簿的默认工作表个数

前面已经提到过，Excel 2010默认的工作簿包含3个工作表，但用户也可以自己设置该数量。

Step1 在Excel 2010工作窗口，单击“文件”按钮，Step2 从弹出的下拉菜单中选择“选项”命令，Step3 在“Excel选项”对话框中的“新建工作簿时”区域内的“包含工作表数”框中输入“5”，Step4 然后单击“确定”按钮。Step5 新建工作簿时，工作表的默认个数就变为5个，如图11-11所示。

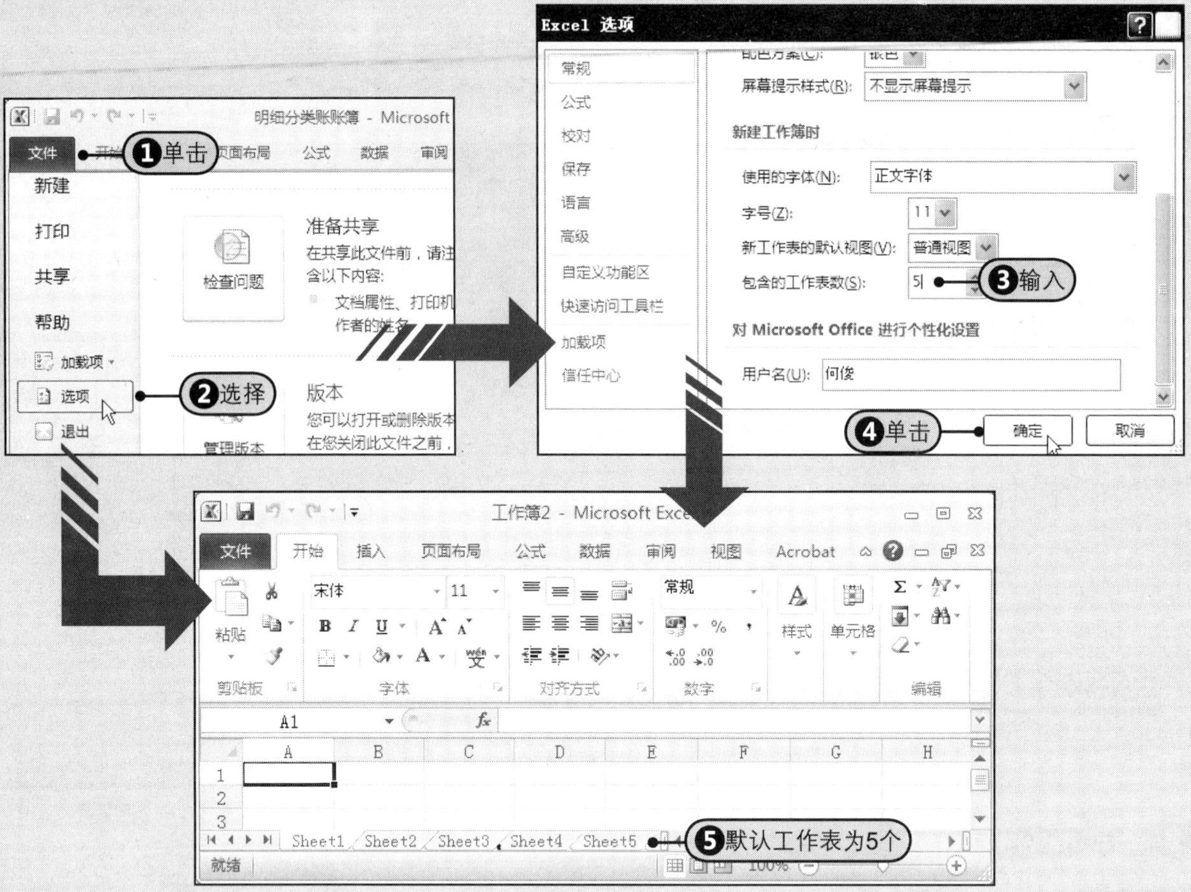

图11-11 设置工作簿默认工作表个数

11.3 工作表的基本操作

工作表基本操作包括选择工作表、插入与删除工作表、更改工作表标签与颜色、移动复制工作表、隐藏与显示工作表等内容。

11.3.1 选择工作表

工作表的选择操作是最基础的操作，因为只有先选择工作表，然后才能进行更改名称、在工作表之间切换等操作。工作表的选择可以分为选择一个工作表和选择多个工作表，打开附书光盘\实例文件\第11章\原始文件\明细分类账账簿.xlsx工作簿。

1 选择一个工作表

用鼠标单击工作簿中需要选择的工作表标签，如“2010年5月”，该工作表即成为活动工作表，工作表标签显示为“白色”，如图11-12所示。此时，任何操作都只能在该当前工作表里，而不会影响到其他的工作表。

2 选择多个工作表

如果需要同时选择多个工作表，可按住键盘上的Ctrl键，然后用鼠标单击要选择的工作表标签，被选定的多个工作表（标签均显示为“白色”）同成为当前编辑窗口，同时，Excel 2010工作簿窗口的标题栏中显示工作簿名称后会自动增加“[工作组]”字样，如图11-13所示。

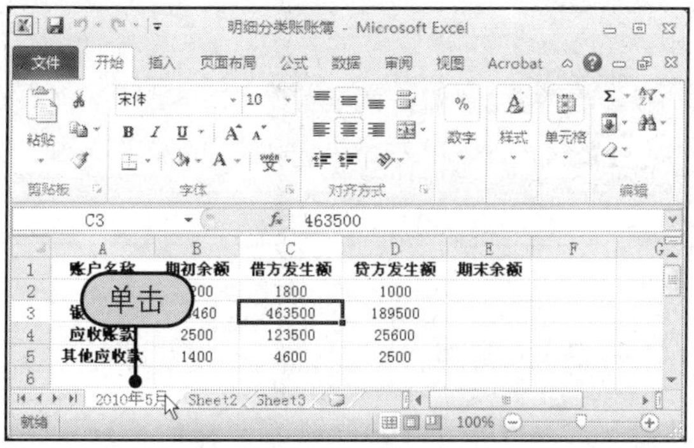

图11-12 选择单个工作表

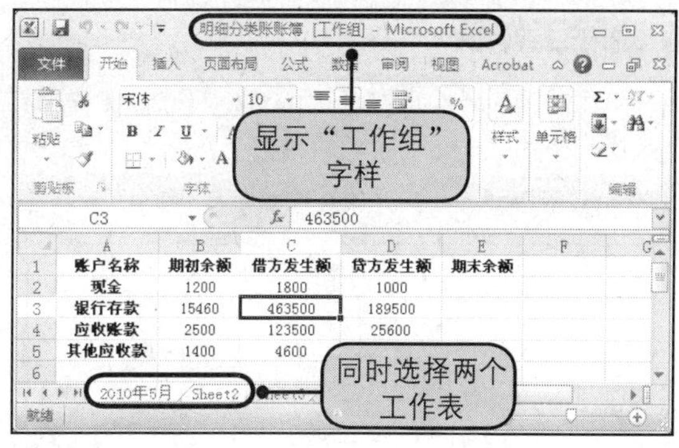

图11-13 选择多个工作表

提示

选择多个相邻的工作表

如果选择的是多个相邻的工作表，只需按住Shift键，再用鼠标单击工作表标签即可。如果选择的多个工作不是不相邻，则需要先按住Ctrl键，再使用鼠标单击工作表标签。

11.3.2 插入与删除工作表

前面介绍了设置工作簿默认的工作表个数的方法，但并不是说一个工作簿只能包含默认数量的工作表。用户可以根据需要，在工作簿中插入与删除工作表。

❶ 插入工作表

在工作簿窗口直接单击工作表标签右侧的“插入工作表”按钮 即可，系统会自动在最右侧插入新的工作表，并且自动以Sheet×命名。此外，还可以使用“插入”对话框来插入工作表，具体操作如下所示。

Step❶在Excel 2010工作簿窗口右击工作表标签，确定要插入的新工作表的位置，Step❷从弹出的快捷菜单中选择“插入”命令，Step❸在“插入”对话框中的“常用”选项卡中选择“工作表”，Step❹然后单击“确定”按钮。Step❺返回Excel工作簿窗口，系统会自动在当前工作簿中新插入一个工作表，并以Sheet1为工作表标签，如图11-14所示。

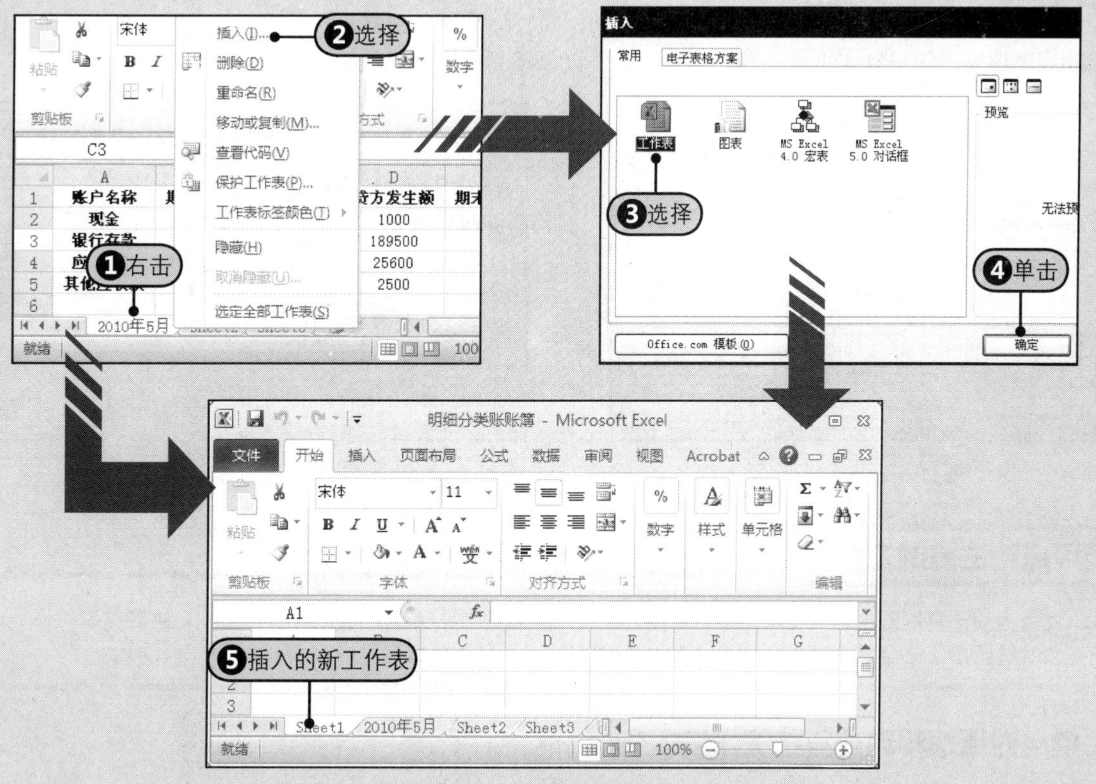

图11-14 插入工作表

2 删除工作表

当不需要工作簿中某个工作表时，可以将它从工作簿中删除。假如要删除之前插入的空工作表Sheet1，只要Step1在“开始”选项卡中的“单元格”组中单击“删除”的下三角按钮，Step2从展开的下拉列表中选择“删除工作表”命令，如图11-15所示。Step3删除工作表Sheet1后，如图11-16所示。

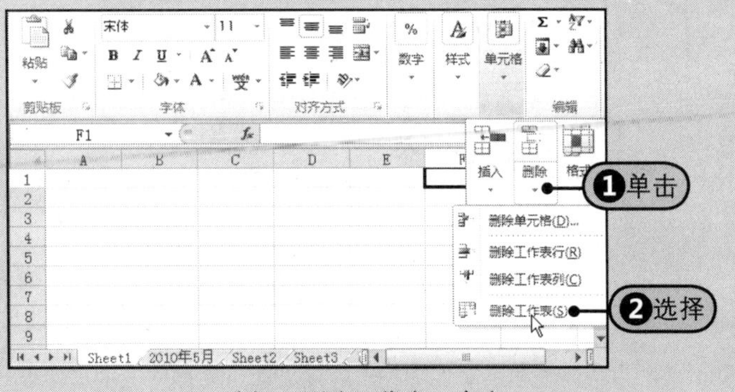

图11-15 选择“删除工作表”命令

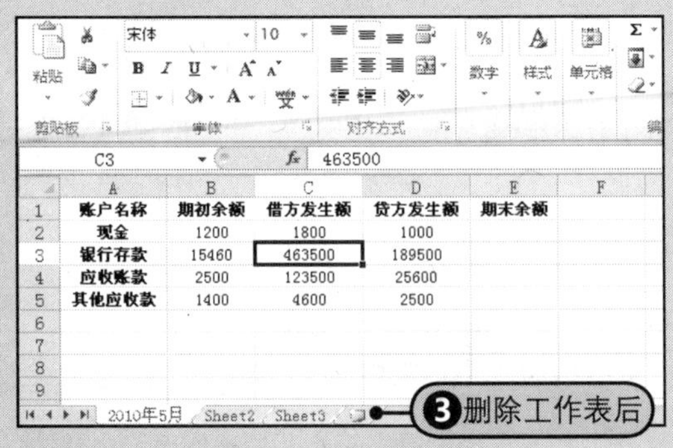

图11-16 已删除工作表

提示 删除有数据的工作表

要删除的工作表中含有数据，执行“删除”操作后，Excel 2010会弹出提示对话框，提示用户确认是否删除，如果确认删除，单击“确定”按钮即可。在删除工作表时，用户需要谨慎，因为工作表一旦被删除，就再也无法恢复，即删除工作表操作不能被撤销。

11.3.3 移动和复制工作表

在工作簿内可以任意移动工作表，调整工作表的次序。甚至可以在不同的工作簿之间进行移动，将一个工作簿中的工作表移至另一个工作簿中。如果要将一个工作表移至另一个工作簿中，但又不希望改变原来的工作表，可以复制工作表。移动工作表和复制工作表的方法有些类似。最为常见的有两种方法，拖动法和对话框法。

1 使用拖动法移动或复制工作表

在需要移动的工作表标签上按住鼠标左键并横向拖动，同时标签的左端显示一个黑色三角形，当拖动时黑色三角形的位置即可移动所需位置，如图11-17所示。释放鼠标，工作表被移到指定位置，如图11-18所示。

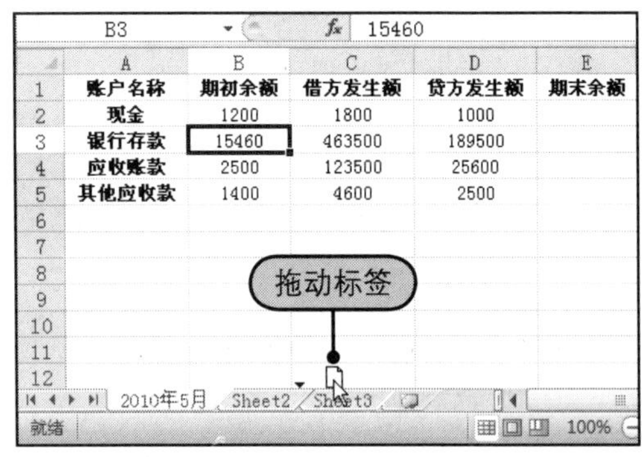

图11-17 拖动工作表

图11-18 移到后的效果

提示 使用拖动法复制工作表

使用拖动法复制工作表的方法和使用拖动法移动工作表的方法类似。唯一的区别是，如果要复制工作表，用户在拖动时需要按住键盘上的Ctrl键，Excel 2010会创建一个和原工作表完全一致的副本工作表。

2 使用对话框移动或复制工作表

除了使用鼠标直接拖动实现工作表的移动外，还可以使用对话框来移动或复制工作表。

Step1 右击需要移动的工作表标签，Step2 从弹出的快捷菜单中选择“移动或复制”命令，Step3 在“移动或复制工作表”对话框中的“下列选定工作表之前”列表框中选择适当的工作表，如“（移至最后）”。Step4 如果是复制工作表，可勾选“建立副本”复选框，Step5 单击“确定”按钮，Step6 Excel 2010会在指定的位置创建一个工作表副本“2010年5月（2）”，如图11-19所示。如果只是移动工作表，则取消勾选“建立副本”复选框即可。

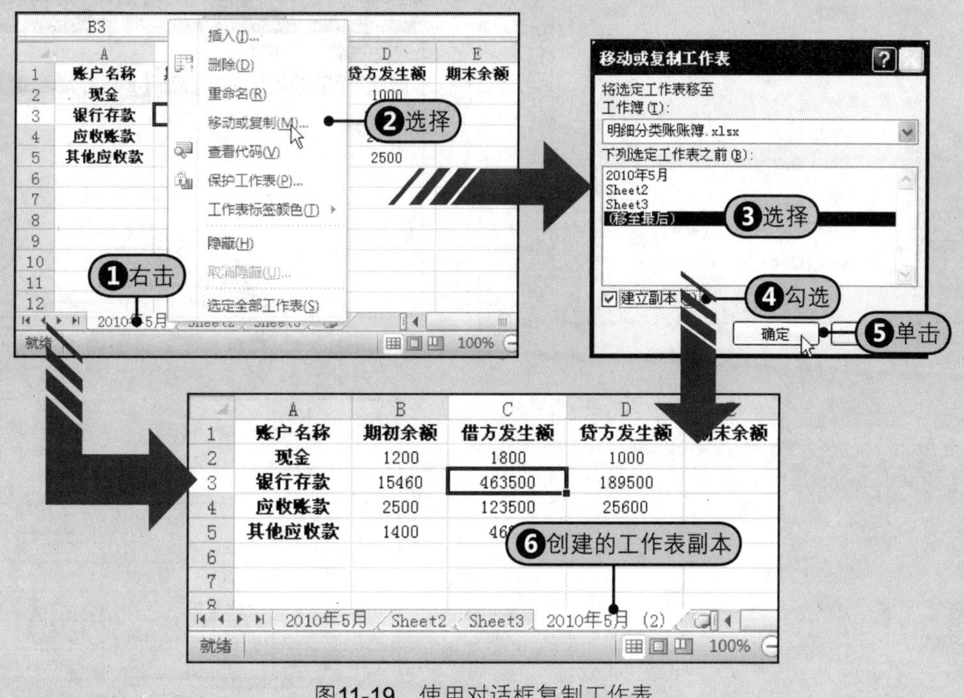

图11-19 使用对话框复制工作表

> **提示**
>
> **在工作簿之间移动和复制工作表**
>
> 如果要在工作簿之间移动或复制工作表，则需要先将目标工作簿和原工作簿都打开，然后直接拖动工作表到目标工作簿中指定的位置即可。也可以使用“移动或复制工作表”对话框来实现，在“移动或复制工作表”对话框中的“工作簿”下拉列表中先选择目标工作簿，然后再选择工作表即可。

11.3.4 隐藏与显示工作表

在Excel 2010中，还可以根据需要隐藏与显示工作表。如果不希望其他用户看到某个工作表，可以暂时将它隐藏起来；当自己需要查看或编辑时，再通过取消隐藏恢复显示工作表。打开附书光盘\实例文件\第11章\原始文件\销售业绩统计.xlsx工作簿。

1 步骤 Step1 右击需要隐藏的工作表标签，如“销售员业绩统计”，Step2 从弹出的快捷菜单中选择“隐藏”命令，如图11-20所示。

图11-20 选择“隐藏”命令

2 步骤 Step3 隐藏“销售员业绩统计”工作表后，工作簿窗口如图11-21所示。

年度	地区	产品	销售额（万元）
2008年	东部	液晶电视	15
2008年	东部	空调	20
2008年	东部	洗衣机	18
2008年	东部	冰箱	30
2008年	西部	液晶电视	19
2008年	西部	空调	60
2008年	西部	洗衣机	35
2008年	西部	冰箱	40
2008年	南部	液晶电视	26

销售地区业绩统计 Sheet3 ③工作表被隐藏

图11-21 隐藏工作表后

3 步骤 Step 4 右击当前工作簿中的任意工作表标签，Step 5 从弹出的快捷菜单中选择“取消隐藏”命令，如图11-22所示。

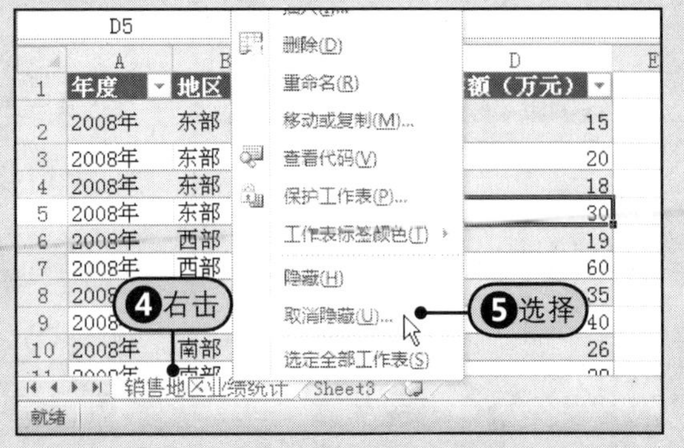

图11-22　选择“取消隐藏”命令

4 步骤 Step 6 在弹出的“取消隐藏”对话框中选择“销售员业绩统计”工作表，Step 7 单击“确定”按钮，如图11-23所示。

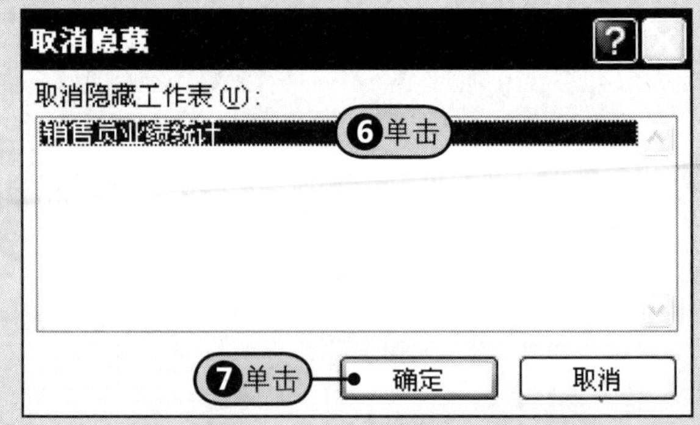

图11-23　“取消隐藏”对话框

5 步骤 Step 8 返回工作簿中，此时可以看到“销售员业绩统计”工作表又恢复显示了，如图11-24所示。

	A	B	C	D	E
1	2010年销售业绩统计表				
3	销售员	1月	2月	3月	4月
4	王红	9800	12500	5600	8500
5	李小红	10000	13200	8900	13500
6	张少芳	9500	7500	8900	10020
7	罗琴	8200	7800	9800	6520
8	钟永红	9300	7800	9800	12500

销售员业绩统计　8恢复显示

图11-24　显示被隐藏的工作表

提示

使用“格式”下拉列表中的命令隐藏与显示工作表

要使当前工作表成为隐藏的工作表，在“开始”选项卡中的“单元格”组中单击“格式”的下三角按钮，从展开的下拉列表中选择“隐藏和取消隐藏”命令，在下级列表中选择“隐藏工作表”命令隐藏工作表。当要取消隐藏时，在该下级列表中选择“取消隐藏工作表”命令即可显示被隐藏的工作表。

11.3.5　更改工作表标签的名称和颜色

Excel 2010默认的工作表标签为Sheet1、Sheet2、…，用户可以将工作表标签的名称更改为更加直观的名称；默认的工作表标签为白色，用户还可以根据自己的喜好将工作表标签设置为其他的颜色。

1 重命名工作表标签

Step 1 双击需要更改名称的工作表标签，使其处于选中状态，如图11-25所示。Step 2 直接输入新的工作表名称，如图11-26所示。

	A	B	C	D	E
1	账户名称	期初余额	借方发生额	贷方发生额	期末余额
2	现金	1200	1800	1000	
3	银行存款	15460	463500	189500	
4	应收账款	2500	123500	25600	
5	其他应收款	1400	4600	2500	

2010年5月　Sheet2　2010年5月 (2)　1双击

图11-25　选择工作表标签名称

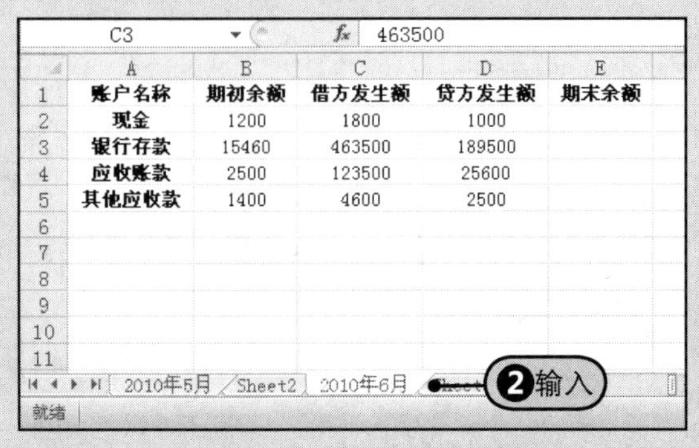

	A	B	C	D	E
1	账户名称	期初余额	借方发生额	贷方发生额	期末余额
2	现金	1200	1800	1000	
3	银行存款	15460	463500	189500	
4	应收账款	2500	123500	25600	
5	其他应收款	1400	4600	2500	

图11-26　输入新名称

2 更改工作表标签颜色

Step1 右击需要更改标签颜色的工作表，Step2 从弹出的快捷菜单中选择“工作表标签颜色”命令，Step3 从下级列表中的“标准色”区域内单击“红色”，如图11-27所示。Step4 颜色更改后的活动工作表标签，如图11-28所示。Step5 单击切换到其他的工作表，原工作表标签整个显示为“红色”，如图11-29所示。

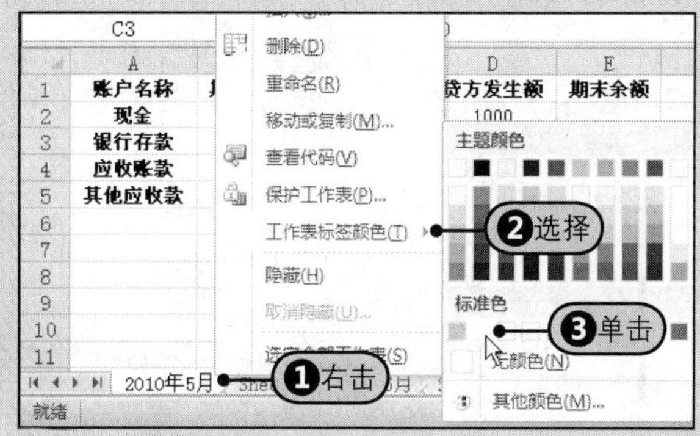

图11-27　更改标签颜色

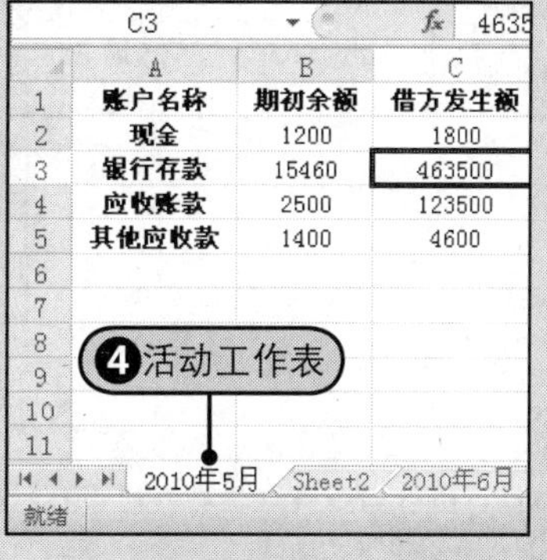

图11-28　当前工作表时

图11-29　非当前工作表状态

11.4 工作表中单元格的基础操作

单元格是工作表的最小组成单位，也是Excel 2010整体操作的最小单位。每个工作表中的每个行列交叉处就构成一个单元格，每个单元格都由它的行号和列标来标识。单元格的基本操作主要包括单元格的选择、插入与删除单元格、调整单元格的大小、隐藏与显示单元格等。

11.4.1 选择单元格

单元格指针指向的单元格为当前单元格，也可以称为活动单元格。当用户要对某个单元格进行操作时，必须要先使其成为当前单元格，即先要选择该单元格，才能进行其他的操作。活动单元格可以是一个单元格，也可以是多个单元格。打开附书光盘\实例文件\第11章\原始文件\明细分类账账簿.xlsx工作簿。

1 选择单元格

选择单个单元格的方法非常简单，用户只需要单击该单元格，它便会成为活动单元格，四周显示一个黑色的边框，如图11-30所示。

2 选择行或列

用户还可以选择一行或一列单元格，将鼠标指针指向行号或列号，单击鼠标即可选择整行或整列，单击行号“4”，将选择该行所有单元格，如图11-31所示。

图11-30　选择一个单元格

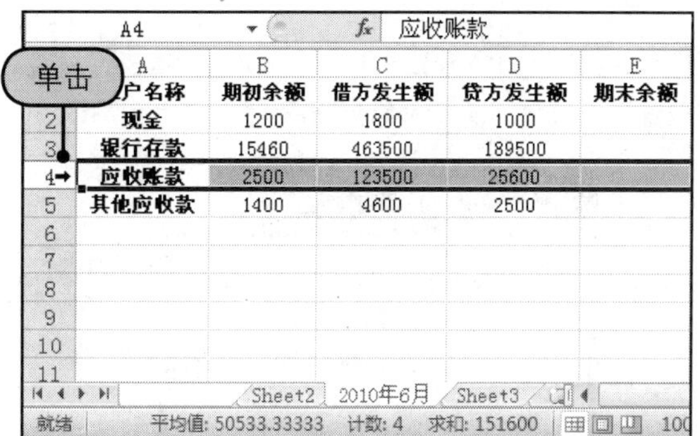

图11-31　选择一整行

3 选择单元格区域

单击要选择的单元格区域左上角的单元格，按住鼠标左键拖动选中整个区域，如图11-32所示。如果要选择多个不连续的单元格区域，按住Ctrl键的同时，拖动鼠标选择其余的单元格区域 。

4 选择整个工作表

单击工作表行标签和列标签交叉处的“全选”按钮，可以选中整个工作表中的所有单元格，如图11-33所示。

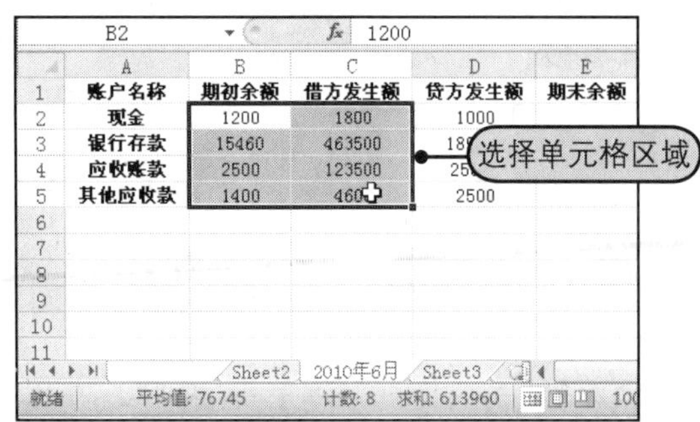

	A	B	C	D	E
1	账户名称	期初余额	借方发生额	贷方发生额	期末余额
2	现金	1200	1800	1000	
3	银行存款	15460	463500	18	
4	应收账款	2500	123500	25	
5	其他应收款	1400	4600	2500	

图11-32 选择单元格区域

	A	B	C	D	E
1	账户名称	期初余额	借方发生额	贷方发生额	期末余额
2	现金	1200	1800	1000	
3	银行存款	15460	463500	189500	
4	应收账款	2500	123500	25600	
5	其他应收款	1400	4600	2500	

图11-33 选择整个工作表

11.4.2 插入与删除单元格

用户可以根据需要在任何位置插入与删除单元格，以调整自己的表格。插入与删除操作不仅可以用于单元格，还可以用于插入与删除行列。打开附书光盘\实例文件\第11章\原始文件\销售业绩统计.xlsx工作簿。

1 插入单元格

特别是对于已经编辑好数据的表格，有时需要在其中插入一个新单元格，操作方法如下所示。

1 步骤 Step1 选择要插入位置的目标单元格，如A5，如图11-34所示。

	A	B	C	D	E
1	2010年销售业绩统计表				
3	销售员	1月	2月	3月	4月
4	王红	9800	12500	5600	8500
5	李小红	10		8900	13500
6	张少芳	9500	7500	8900	10020
7	罗琴	8200	7800	9800	6520
8	钟永红	9300	7800	9800	12500

图11-34 选择要插入单元格的位置

2 步骤 Step2 在“单元格”组中单击“插入”按钮右侧的下三角按钮，Step3 在弹出的下拉列表中选择“插入单元格”命令，如图11-35所示。

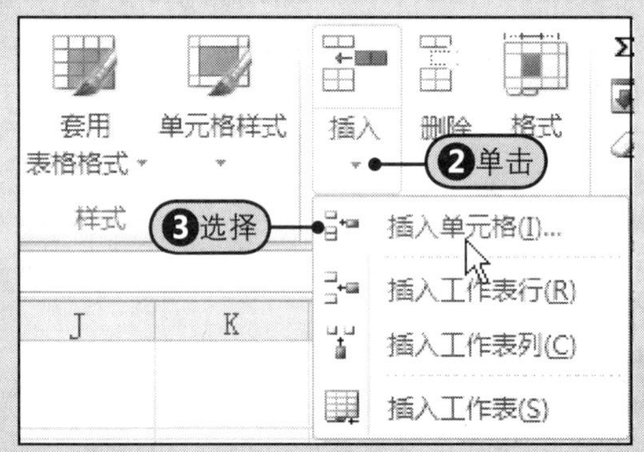

图11-35 选择“插入单元格”命令

3 步骤 Step4 在“插入”对话框中选中“活动单元格下移”单选按钮，Step5 然后单击“确定”按钮，如图11-36所示。

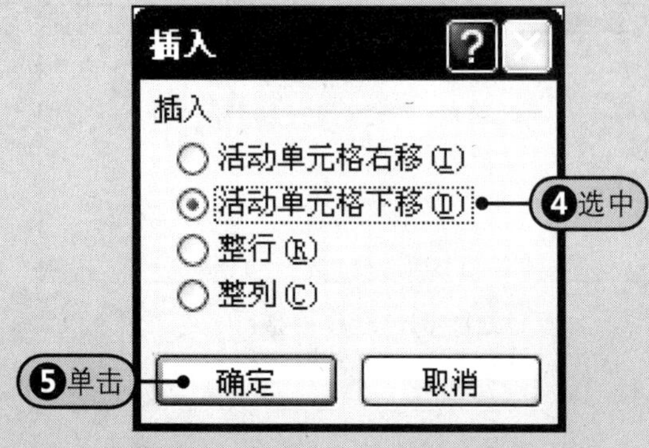

图11-36 “插入”对话框

4 步骤 Step6 经过该操作后，原来的“A5”单元格向下移动了一个单元格，现在该位置插入了一个新的空单元格，如图11-37所示。

	A	B	C	D	E
1	2010年销售业绩统计表				
3	销售员	1月	2月	3月	4月
4	王红	9800	12500	5600	8500
5		10			13500
6	李小红	9500	7500	8900	10020
7	张少芳	8200	7800	9800	6520
8	罗琴	9300	7800	9800	12500

图11-37 插入的新单元格

❷ 删除单元格

当用户不需要表格中的某个单元格时，可以将它从工作表中删除，删除单元格后，用户可以设置上方单元格上移或右侧单元格左移。

1 步骤 选择要删除的单元格，如A5，Step❶在“单元格”组中单击“删除”按钮右侧的下三角按钮，Step❷在弹出的下拉列表中选择“删除单元格”命令，如图11-38所示。

2 步骤 Step❸在“删除”对话框中选中“下方单元格上移”单选按钮，Step❹然后单击“确定”按钮，如图11-39所示。

3 步骤 Step❺经过该操作后，原来的A5单元格被删除，下方的单元格上移，如图11-40所示。

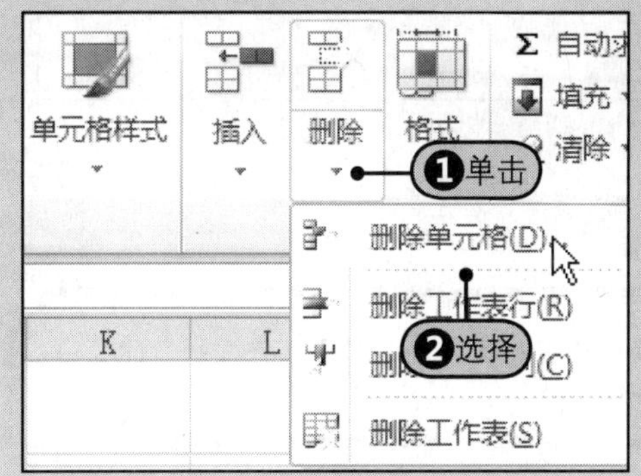

图11-38 选择“删除单元格”命令

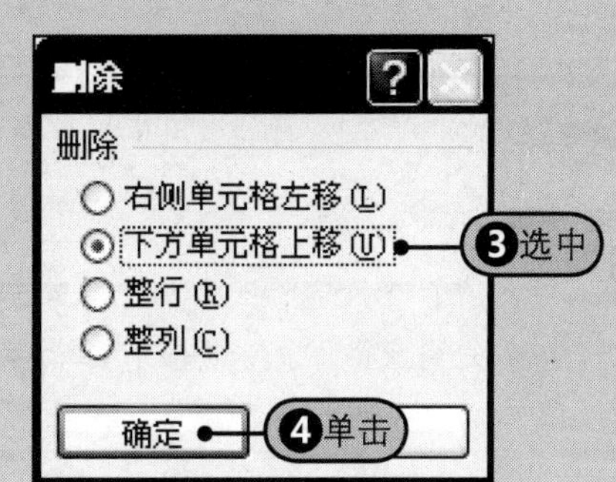

图11-39 “删除”对话框

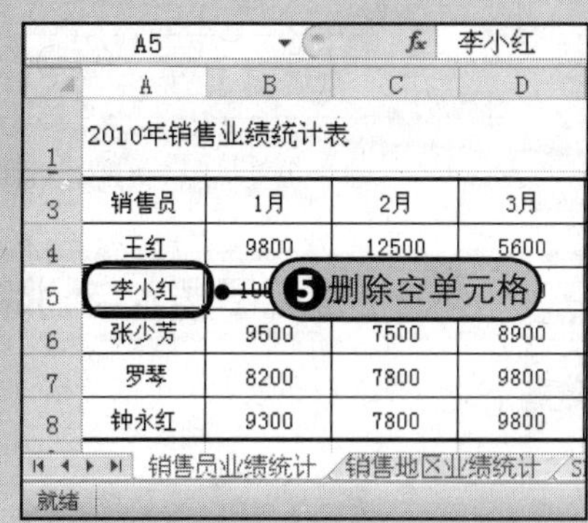

图11-40 删除单元格后的效果

提示 使用对话框插入与删除行列

也可以使用上面插入的方法来插入与删除行列，只需要在“插入”对话框或“删除”对话框中选中“整行”（或“整列”）单选按钮即可。

❸ 使用功能区中的命令插入与删除行

除了可以使用“插入”（或“删除”）对话框插入（或删除）行，还可以直接使用功能区中的命令选项来完成行的插入与删除操作，具体操作步骤如下所示。

1 步骤 Step❶单击要删除的行的行标号，如“行5”，如图11-41所示。

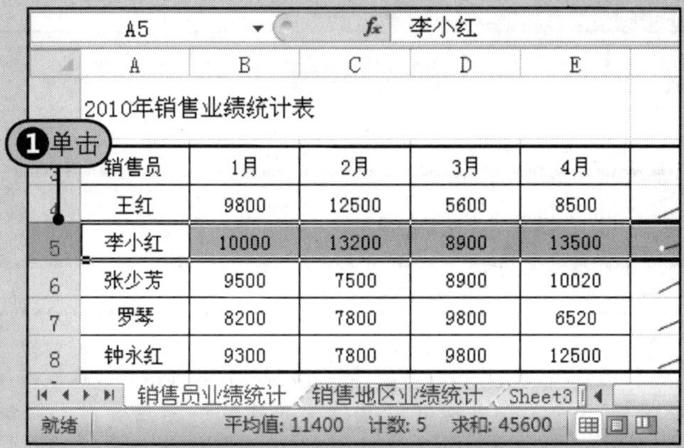

图11-41 选择要插入位置的行

2 步骤 Step❷在“单元格”组中单击“插入”的下三角按钮，Step❸从展开的下拉列表中选择“插入工作表行”命令，如图11-42所示。

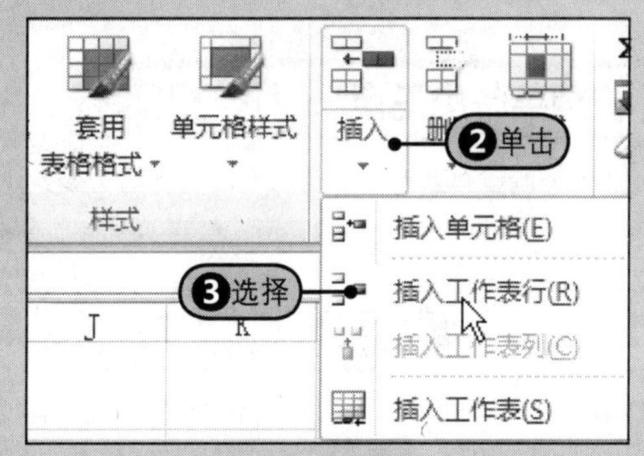

图11-42 选择“插入工作表行”命令

3 步骤 Step 4 此时Excel 2010会在所选行的位置插入一空行，并自动下移原来的行，如图11-43所示。

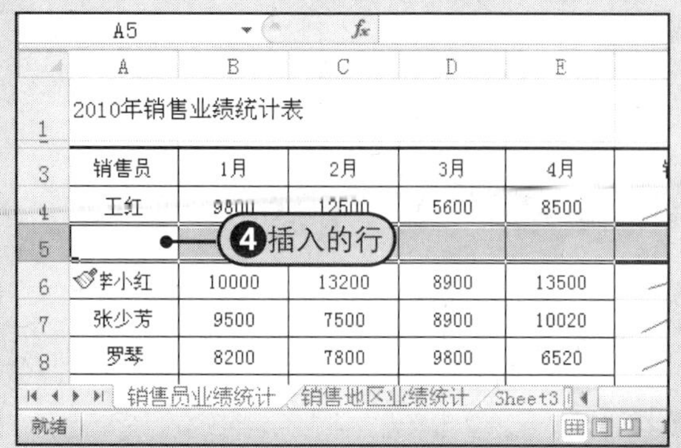

图11-43　插入的新行

4 步骤 如果要删除该行，Step 5 在“单元格”组中单击“删除”的下三角按钮，Step 6 从展开的下拉列表中选择“删除工作表行”命令，如图11-44所示。

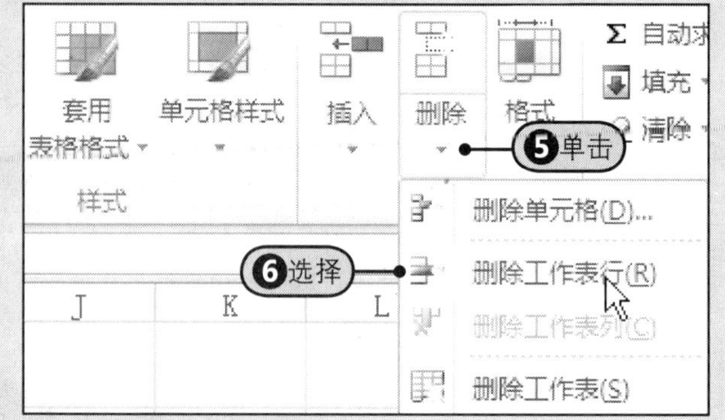

图11-44　选择“删除工作表行”命令

提示　该法也适用于插入与删除列

插入与删除列也可以使用该方法，只是需要将每个步骤中的选择行更改为选择列，将“插入工作表行”命令更改为“插入工作表列”命令即可。

4 使用快捷键菜单插入与删除列

除了前面介绍的这两种插入与删除的方法，还有一种方法，即使用快捷菜单来插入与删除行列，现介绍如下。

Step 1 右击要插入的列标签，如“列C”，Step 2 从弹出的快捷菜单中选择“插入”命令，随后系统会在选定列的左侧插入一空列，如图11-45所示。如果要删除刚插入的新列，Step 3 再次右击该列，Step 4 从弹出的快捷菜单中选择“删除”命令，如图11-46所示。

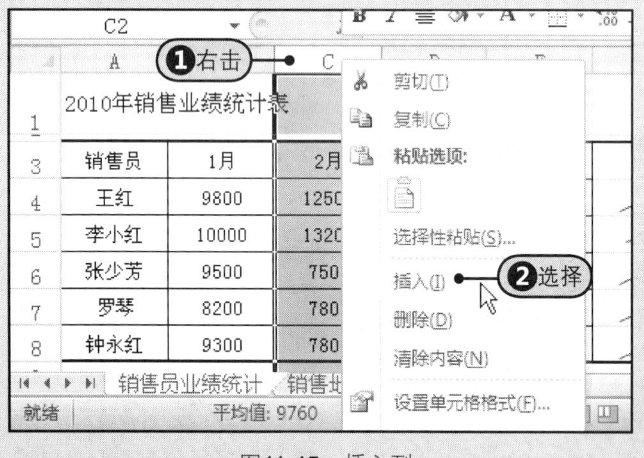

图11-45　插入列

图11-46　删除列

提示　快捷菜单也适用于插入与删除行

插入与删除行也可以使用该方法，只需要将右键单击列标签更改为右键单击行标签即可。

11.4.3 调整单元格的行高与列宽

工作表中的每一个单元格是由行列交叉构成的。调整单元格的大小，实际上也就是调整单元格的行高与列宽。通常，设置单元格行高与列宽有以下几种方法。

❶ 使用对话框精确设置行高与列宽

当需要调整表格中的行高或列宽为某一固定值时，推荐使用对话框进行精确设置，操作方法如下。

1 步骤 Step❶单击行标签，选择需要调整行高的行，如图11-47所示。

A3 fx 销售员

❶单击

	A	B	C	D	E
1	2010年销售业绩统计表				
3	销售员	1月	2月	3月	4月
4	王红	9800	12500	5600	8500
5	李小红	10000	13200	8900	13500
6	张少芳	9500	7500	8900	10020
7	罗琴	8200	7800	9800	6520
8	钟永红	9300	7800	9800	12500

销售员业绩统计 销售地区业绩统计 Sheet3

就绪 计数: 6

图11-47 选择行

2 步骤 Step❷在“单元格”组中单击“格式”按钮，Step❸从弹出的下拉列表中选择“行高”命令，如图11-48所示。

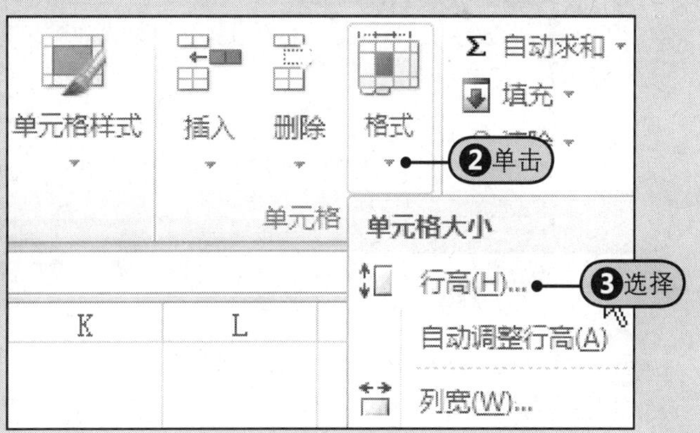

图11-48 选择“行高”命令

3 步骤 Step❹在“行高”对话框中的“行高”框中输入行高值，如“25”，Step❺然后单击“确定”按钮，如图11-49所示。

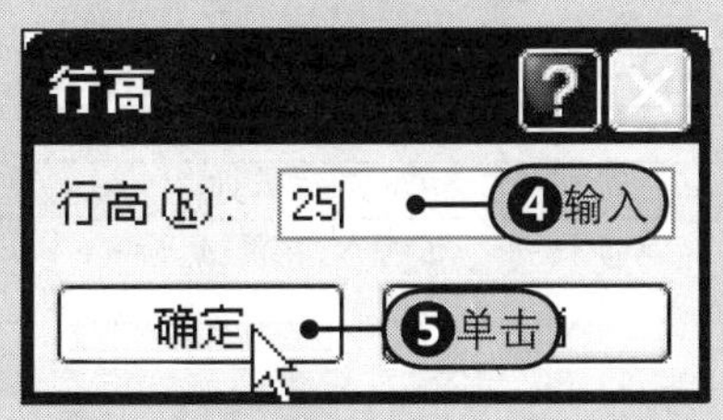

图11-49 输入行高

4 步骤 Step❻更改行高后的效果，如图11-50所示。

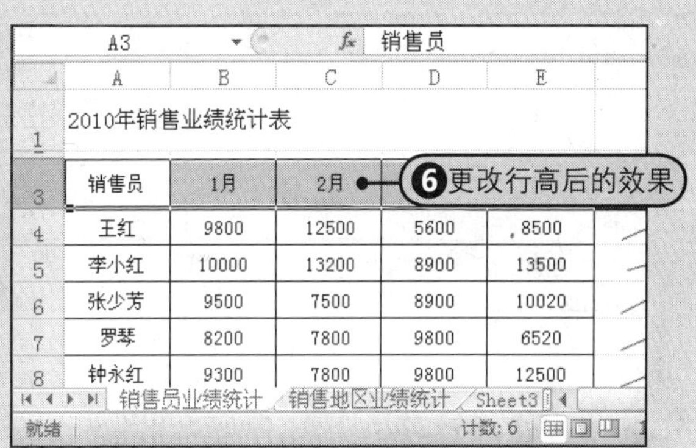

图11-50 更改行高后的效果

5 步骤 Step❼选择要设置列宽的列标签，如“列A”，如图11-51所示。

A2 fx 2010年销售业绩统计表

❼单击

	A	B	C	D	E
1	2010年销售业绩统计表				
3	销售员	1月	2月	3月	4月
4	王红	9800	12500	5600	8500
5	李小红	10000	13200	8900	13500
6	张少芳	9500	7500	8900	10020
7	罗琴	8200	7800	9800	6520
8	钟永红	9300	7800	9800	12500

销售员业绩统计 销售地区业绩统计 Sheet3

就绪 计数: 7

图11-51 选择列

6 步骤 Step❽在“单元格”组中单击“格式”的下三角按钮，Step❾从展开的下拉列表中选择“列宽”命令，如图11-52所示。

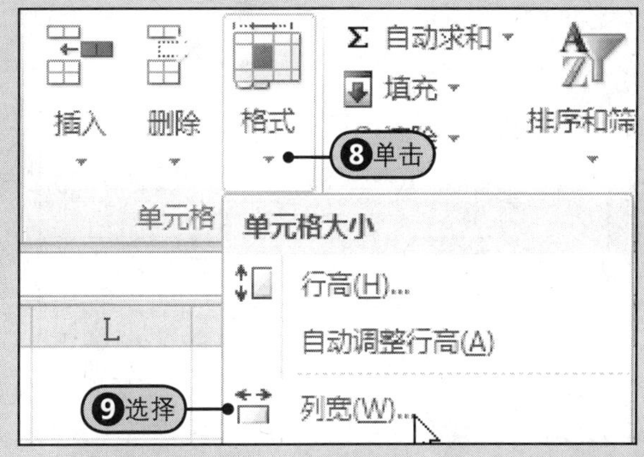

图11-52 选择“列宽”命令

7 步骤 Step10在“列宽”对话框中的“列宽”框中输入列宽值，如“15”，Step11单击“确定”按钮，如图11-53所示。

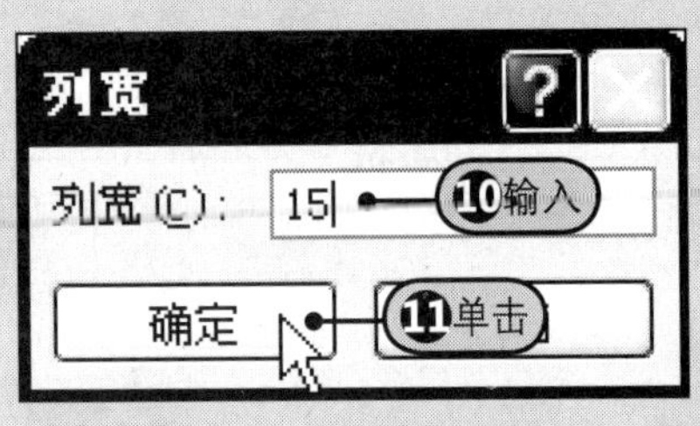

图11-53　输入列宽

8 步骤 Step12更改列宽后的效果，如图11-54所示。

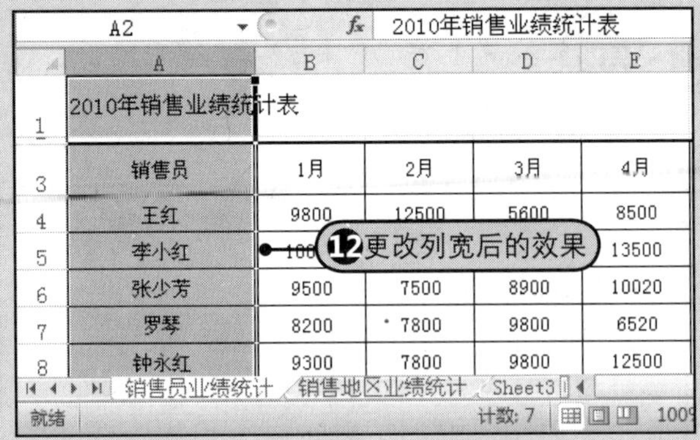

图11-54　更改列宽后的效果

2 用鼠标拖动调整行高与列宽

还可以直接拖动鼠标调整行高与列宽。鼠标指针指向需要调整行的行标签右端，当指针变为✛时，向右拖动鼠标，可以增加列宽，如图11-55所示。同样，也可以使用拖动法来调整行高，鼠标指针指向行标签下方，当指针变为✛时，向下拖动鼠标，可以增加行高，如图11-56所示。

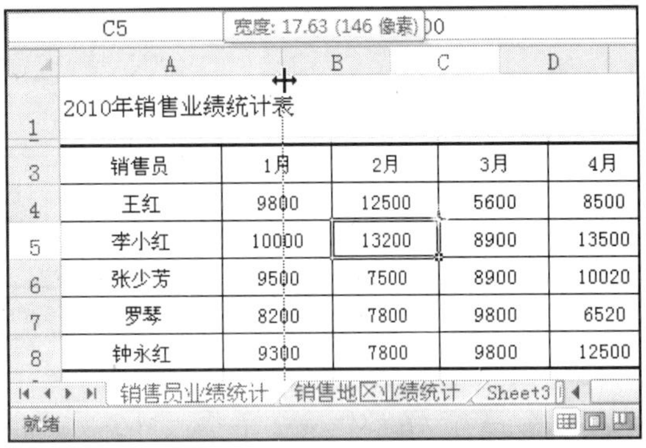

图11-55　拖动法调整列宽

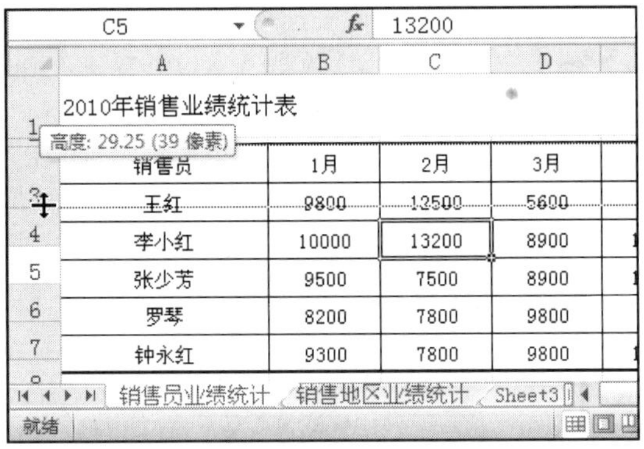

图11-56　拖动法调整行高

3 根据内容自动调整行高与列宽

自动调整，是指Excel 2010系统根据当前工作表中用户已输入的数据，自动调整行高或列宽来容纳单元格中的数据。

1 步骤 Step1选择需要调整的单元格区域，如图11-57所示。

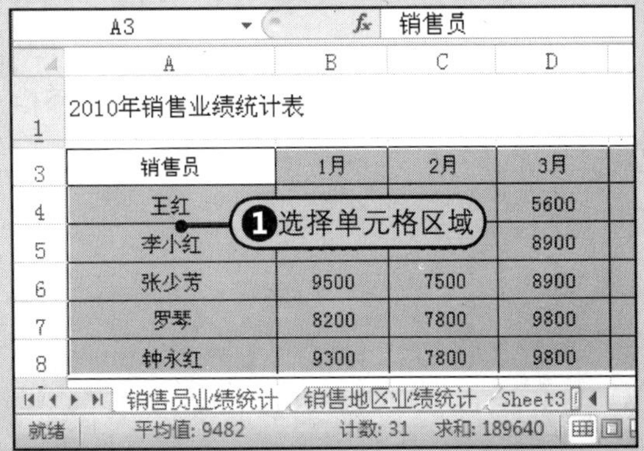

图11-57　选择需要调整的单元格区域

2 步骤 Step2在“单元格”组中单击“格式”的下三角按钮，Step3从展开的下拉列表中选择“自动调整行高”命令，如图11-58所示。

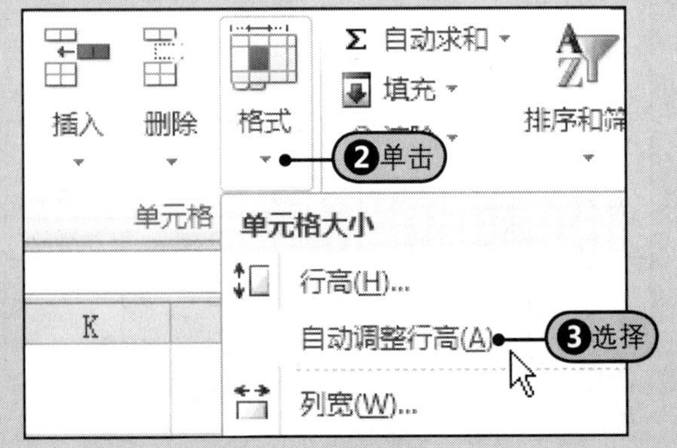

图11-58　选择“自动调整行高”命令

3 步骤 Step 4 再次单击“格式”的下三角按钮，Step 5 从展开的下拉列表中选择“自动调整列宽”命令，如图11-59所示。

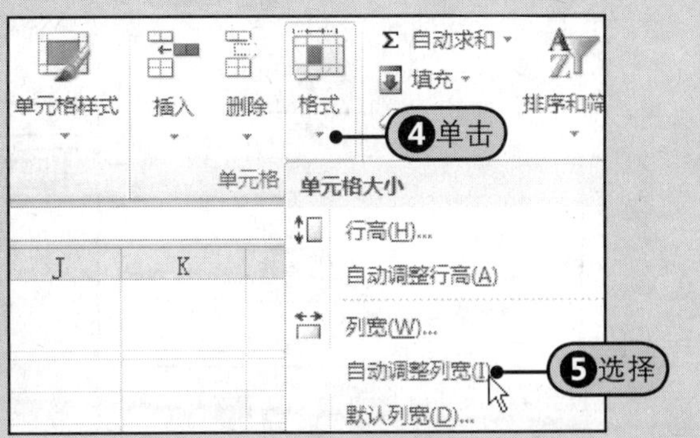

图11-59 选择“自动调整列宽”命令

4 步骤 Step 6 自动调整行高和列宽后的表格效果，如图11-60所示。

A3 | fx 销售员

销售员	1月	2月	3月	4月	销售业绩趋势图
王红	9800	12500	5600	8500	
李小红	10000	13200	8900	13500	
张少芳	9500	7500	8900	1002	
罗琴	8200	7800	9800	6520	
钟永红	9300	7800	9800	12500	

2010年销售业绩统计表 ⑥自动调整列宽

销售员业绩统计 / 销售地区业绩统计 / Sheet3 — 就绪 平均值: 9482 计数: 31 求和: 189640

图11-60 自动调整行高列宽后的表格效果

11.4.4 隐藏与显示行和列

有时希望某些行或列中的数据暂时不显示，可以将这些行和列隐藏起来。具体操作方法如下。

1 步骤 Step 1 选定需要隐藏的行，如图11-61所示。

A6 | fx 张少芳

2010年销售业绩统计表

销售员	1月	2月	3月	4月
王红	9800	12500	5600	8500
李小红	10000	13200	8900	13500
张少芳	9500	7500	8900	10020
罗琴	8200	7800	9800	6520
钟永红	9300	7800	9800	12500

①选择

销售员业绩统计 / 销售地区业绩统计 / Sheet3 — 就绪 平均值: 8980 计数: 5 求和: 35920

图11-61 选择行

2 步骤 Step 2 在“单元格”组中单击“格式”按钮，Step 3 从弹出的下拉列表中的“可见性”区域中选择“隐藏和取消隐藏”命令，Step 4 然后从下级下列列表中选择“隐藏行”命令，如图11-62所示。

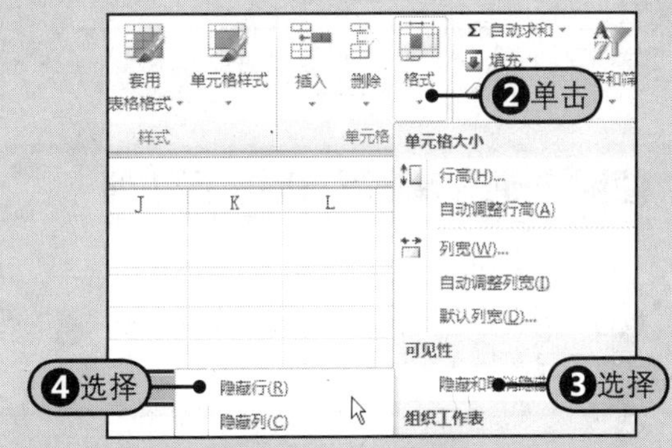

图11-62 选择“隐藏行”命令

3 步骤 Step 5 选定需要隐藏的列，如“列C”，如图11-63所示。

C2 | fx

2010年销售业绩统计表 ⑤单击

销售员	1月	2月	3月	4月
王红	9800	12500	5600	8500
李小红	10000	13200	8900	13500
罗琴	8200	7800	9800	6520
钟永红	9300	7800	9800	12500

销售员业绩统计 / 销售地区业绩统计 / Sheet3 — 就绪 平均值: 9760 计数: 6 求和: 48800

图11-63 选择列

4 步骤 Step 6 在“单元格”组中单击“格式”按钮，Step 7 从弹出的下拉列表中的“可见性”区域中选择“隐藏和取消隐藏”命令，Step 8 然后从下级下拉列表中选择“隐藏列”命令，如图11-64所示。

图11-64 选择“隐藏列”命令

5 步骤 Step 9 隐藏行列后的表格，如图11-65所示。

图11-65　隐藏行列后的表格

6 步骤 Step 10 在“格式”下拉列表中选择“隐藏和取消隐藏”命令，Step 11 从下级下拉列表中选择“取消隐藏行”命令，如图11-66所示。

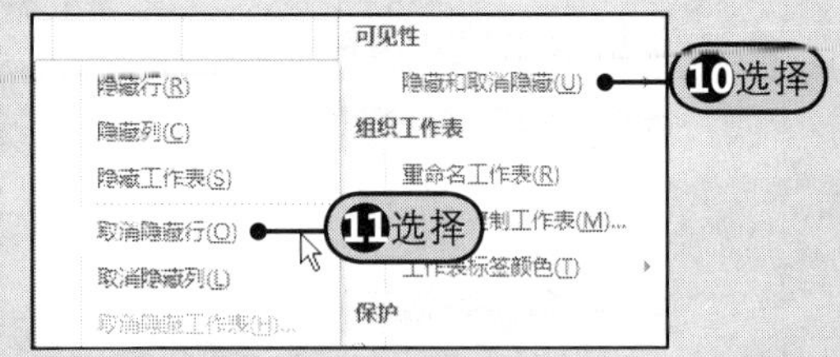

图11-66　选择“取消隐藏行”命令

7 步骤 Step 12 再次在“格式”下拉列表中选择“隐藏和取消隐藏”命令，Step 13 从下级下拉列表中选择“取消隐藏列”命令，如图11-67所示。

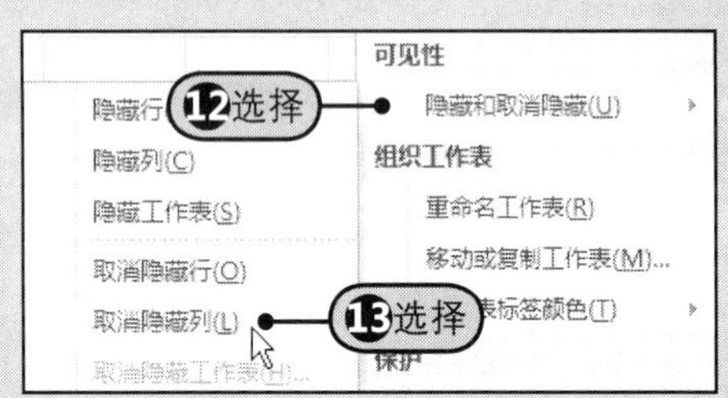

图11-67　选择“取消隐藏列”命令

8 步骤 Step 14 取消隐藏行和取消隐藏列后，表格又显示为最初的效果，如图11-68所示。

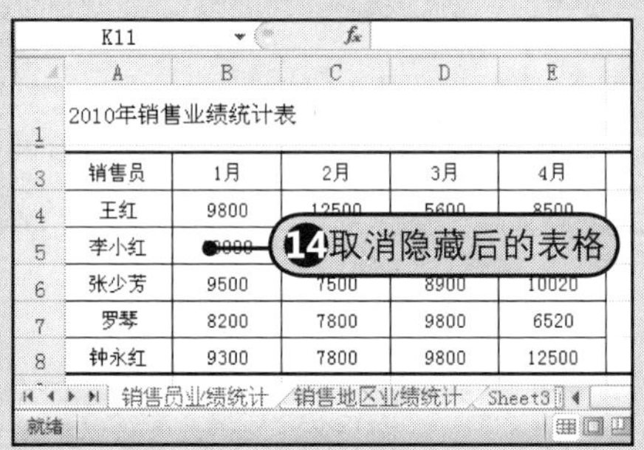

图11-68　显示被隐藏的行列

提示

使用快捷菜单隐藏与显示行和列

选定需要隐藏的行和列，在工作表中右击，从弹出的快捷菜单中选择“隐藏行”（或“隐藏列”）命令可以隐藏行（或列）。同样，当工作表中存在被隐藏的行（或列）时，右击选择“取消隐藏行”（或“取消隐藏列”）命令也可显示行（或列）。

11.4.5　合并与拆分单元格

在Excel 2010中，可以将两个单元格区域合并为一个单元格区域。通常，合并单元格的方式有3种：合并单元格、合并后居中和跨越合并。

1 合并单元格

Step 1 选择需要合并的单元格区域，Step 2 在“对齐方式”组中单击 按钮中的下三角按钮，Step 3 从弹出的下拉列表中选择“合并单元格”命令，如图11-69所示。Step 4 合并单元格后，原单元格区域A1:E1合成为一个单元格A1，如图11-70所示。

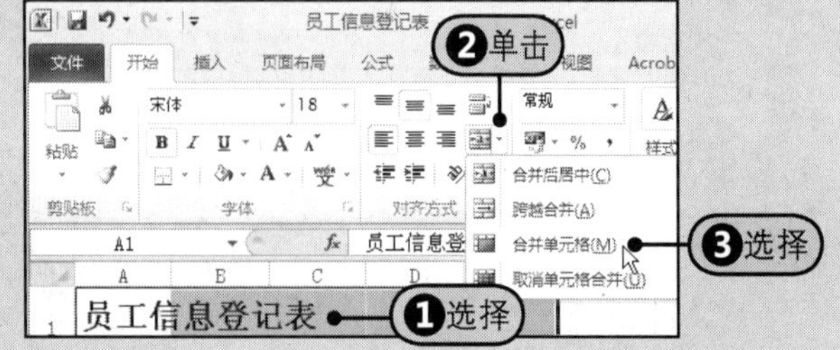

图11-69　选择“合并单元格”命令

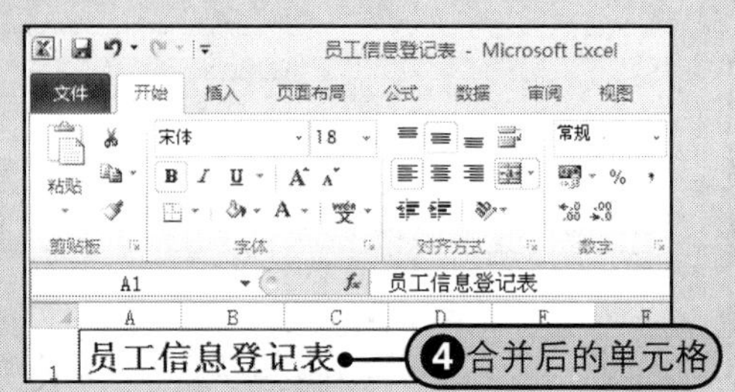

图11-70　合并单元格后的效果

❷ 合并后居中

Step❶选择需要合并的单元格区域，如单元格区域A1:E1，Step❷在“对齐方式”组中单击按钮中的下三角按钮，Step❸从弹出的下拉列表中选择“合并后居中”命令，如图11-71所示。Step❹合并单元格后，原单元格区域A1:E1合成为一个单元格A1，同时单元格中的内容会自动居中显示，如图11-72所示。

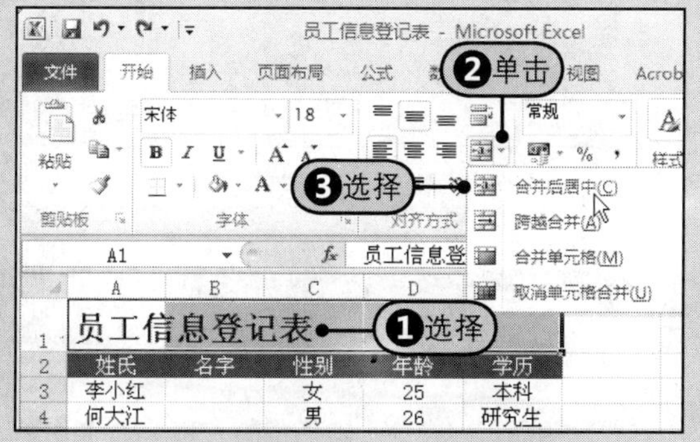

图11-71　选择“合并后居中”命令

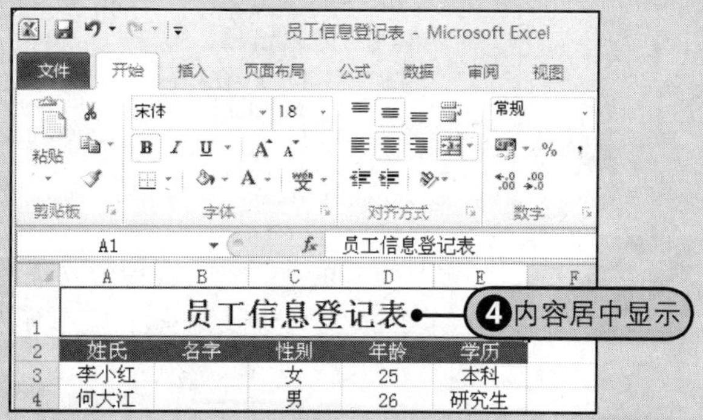

图11-72　合并后居中的效果

提示　合并单元格时只保留左上角的数据

当需要合并的单元格区域有多重数据时，执行“合并单元格”命令后，屏幕上会弹出一个提示对话框，提示用户“选定单元格区域包含多重数据，合并到一个单元格只能保留左上角单元格中的数据”，单击“确定”按钮后，系统会自动保留左上角单元格中的数据，其余的数据被清除。

❸ 跨越居中

如果要对某多列中的多行单元格居中，可以使用跨越居中来实现。具体操作方法如下。

Step❶选择需要合并的单元格区域A4:B6，Step❷在“对齐方式”组中单击按钮中的下三角按钮，Step❸从弹出的下拉列表中选择“跨越居中”命令，如图11-73所示。Step❹合并单元格后，原单元格区域合成为单元格A4、A5和A6，如图11-74所示。

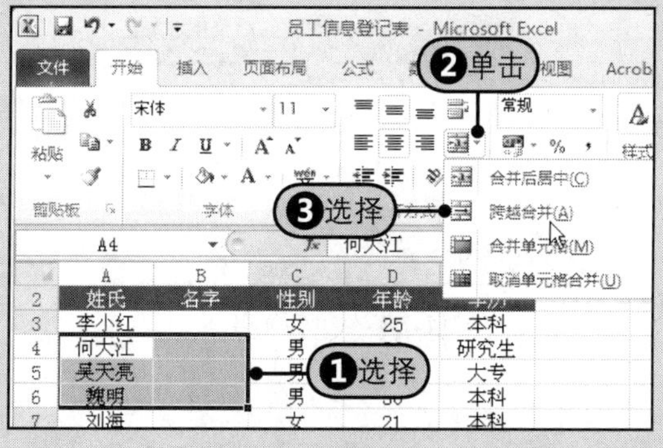

图11-73　选择“跨越合并”命令

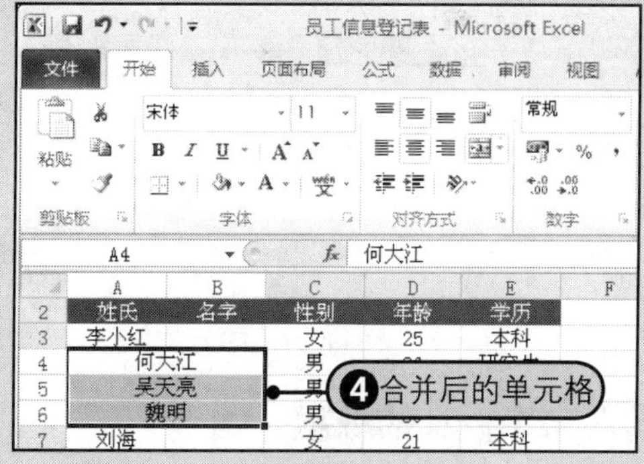

图11-74　跨越合并后的效果

提示　跨越合并只对多列有效

当需要合并一个有很多行的表格中的某两列或多列单元格时，跨越合并非常有效，只要执行一次“跨越合并”命令即可完成所有的合并。而如果用“合并单元格”命令，有多少行就需要执行多少次该命令才能完成。但需要注意的是，跨越合并只对多列有效，对合并多行中的数据无效。

❹ 取消合并单元格

无论是采用何种合并单元格的方式，取消合并单元格的方法是一致的。具体操作如下。

Step❶选择需要取消合并的单元格或单元格区域，Step❷在“对齐方式”组中单击按钮的下三角按钮，Step❸从弹出的下拉列表中选择“取消单元格合并”命令，如图11-75所示。Step❹取消合并单元格后，单元格又变为合并以前的效果，如图11-76所示。

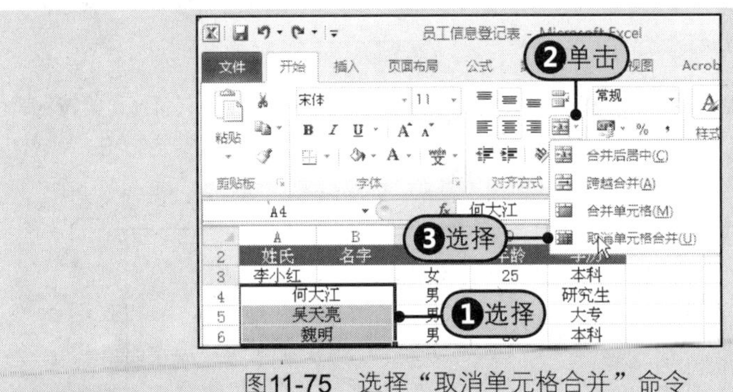

图11-75 选择“取消单元格合并”命令

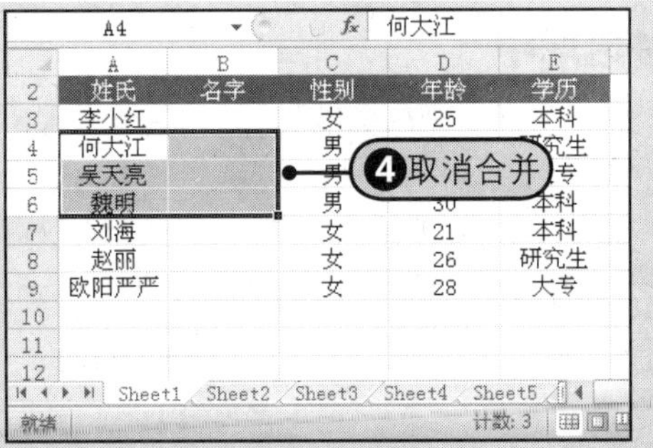

图11-76 取消合并后的效果

11.5 在单元格中输入与编辑数据

单元格是工作表的最小组成单位，也可以被看成是数据的最小容器，用户可以在这个容器中输入和编辑多种类型的数据。

11.5.1 在单元格中输入基本数据

在Excel 2010单元格中输入的数据基本类型有文本、数字、日期和时间等。在默认的情况下，单元格中的文本自动靠左对齐，数字、日期和时间类型的数据自动靠右对齐。

❶ 输入普通文本

鼠标选择要输入内容的单元格，然后直接输入所需要的文本内容即可。输入完后，按Enter键后，单元格中的内容会自动靠左对齐，如图11-77所示。

❷ 输入数字

选择要输入数字的单元格，在单元格中输入实际需要的数字，按Enter键后，单元格中的数字会自动靠右对齐，如图11-78所示。

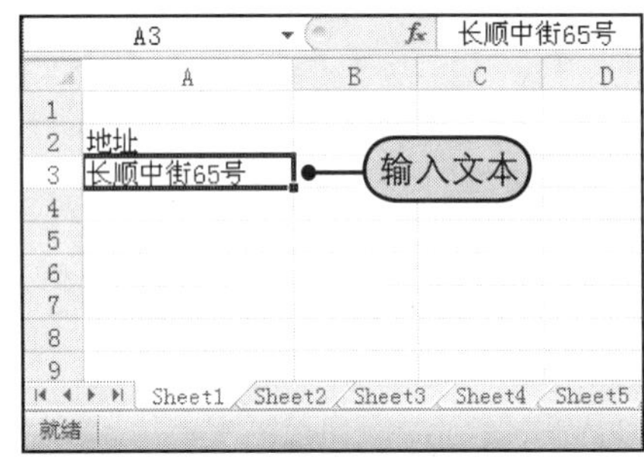

图11-77 输入文本

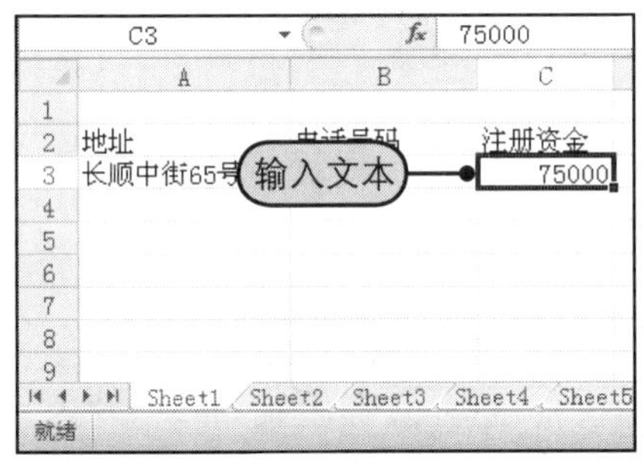

图11-78 输入数字

❸ 输入文本格式的数字

在实际工作中，数字类型的数据通常可以直接参考运算。但是有一类数据是全部由数字组成的，不需要参与运算，例如身份证号码、电话号码等，可以将这类数据保存为文本格式的数字。

在输入具体的数据前，先在单元格中输入一个单撇号（’），然后再输入具体的数字，如图11-79所示。按Enter键确认后，单元格的左上角会显示一个绿色的小三角，并且此时单元格中的数字会自动靠左对齐，如图11-80所示。

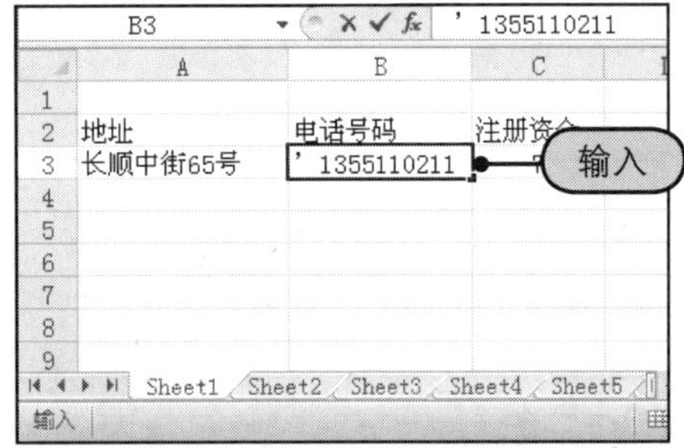

图11-79 输入文本格式的数字

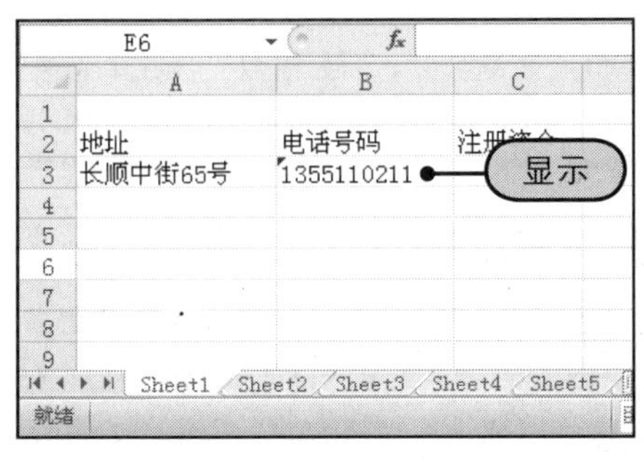

图11-80 显示文本格式的数字

4 输入分数

如果要在单元格中将数据显示为分数，则需要在输入的时候先输入一个数字“0”，然后输入一个空格，再输入实际的分数，如图11-81所示。按Enter键后，单元格中显示分数为1/4，如图11-82所示。

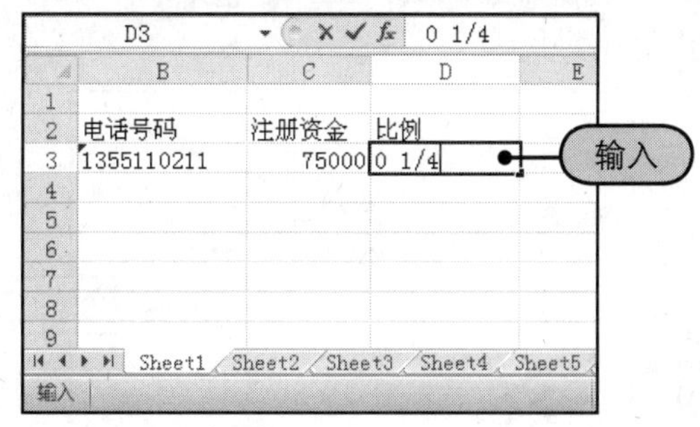

图11-81 输入分数

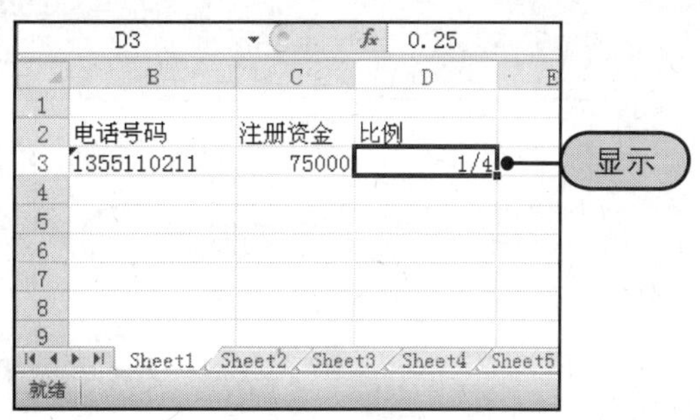

图11-82 显示分数

5 输入日期和时间

在单元格中输入日期，默认的中文日期格式为“年/月/日”，输入时可以使用斜线（/）或者短横线（-）间隔年、月、日，如图11-83所示，但确认后Excel都显示为短横线分隔格式。如果要输入时间，可以在日期后面输入一个空格，然后输入时、分、秒，三者之间使用冒号（:）分隔，如图11-84所示。

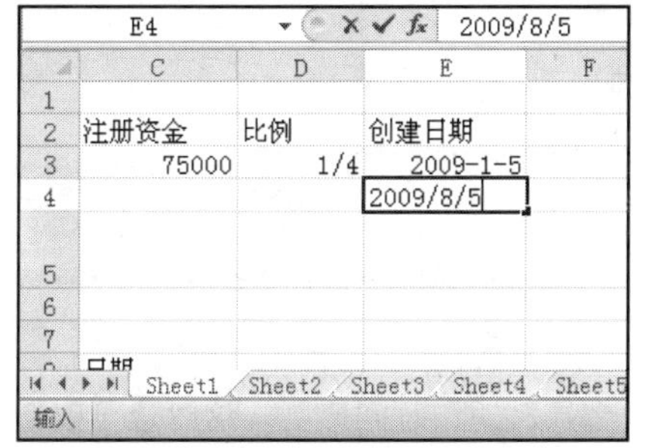

图11-83 输入日期

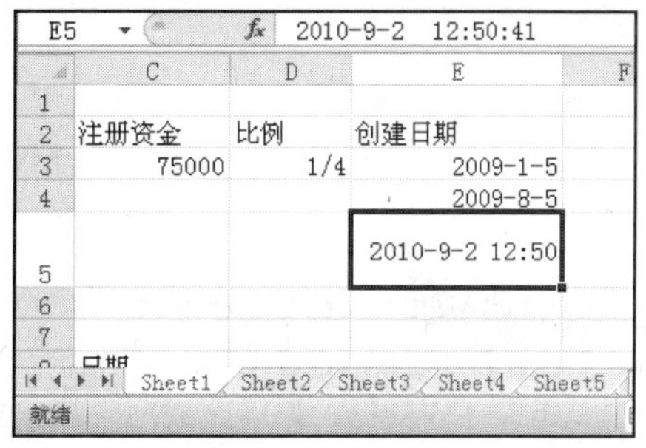

图11-84 输入时间

6 输入特殊符号

对于一般的符号，如果键盘上有的，可以直接使用键盘输入；但是对于不能直接用键盘输入的符号，则需要使用“符号”对话框来完成。

Step1选择要插入符号的单元格，在“插入”选项卡中的“符号”组中单击“符号”按钮，打开“符号”对话框，Step2选择需要插入的符号，Step3然后单击“插入”按钮，Step4插入到单元格中的符号，如图11-85所示。

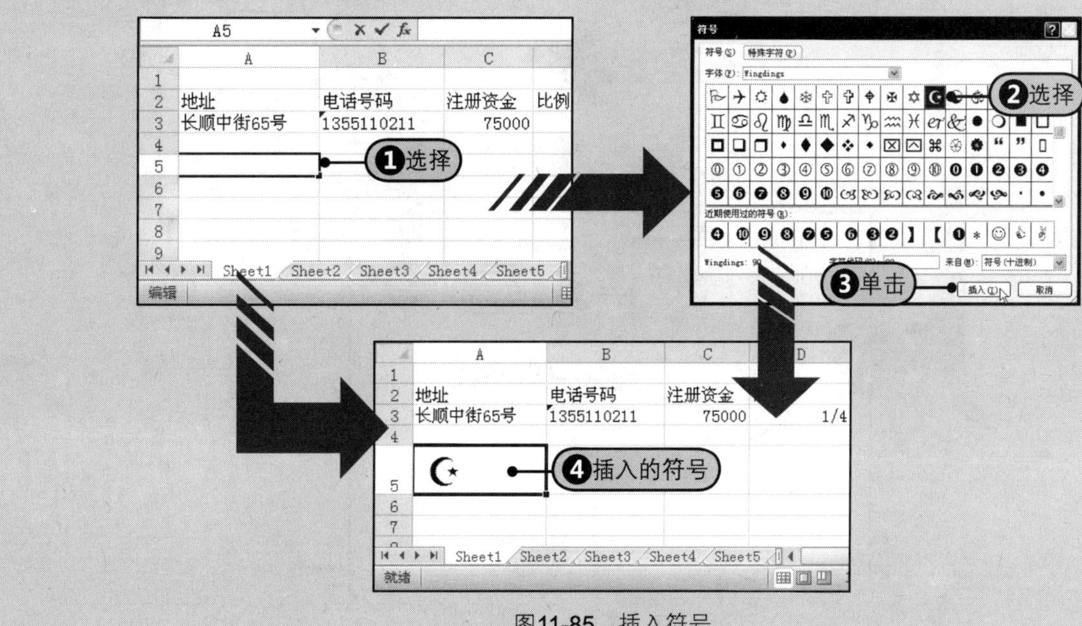

图11-85 插入符号

11.5.2 快速填充相同数据

使用Excel中的填充功能可以快速为单元格区域填充相同的数据，操作方法如下所示。

Step❶在要填充的单元格区域的左上角输入数据，Step❷拖动单元格右下角的填充柄，Step❸释放鼠标后，输入的数据会被填充到选定的单元格区域，如图11-86所示。

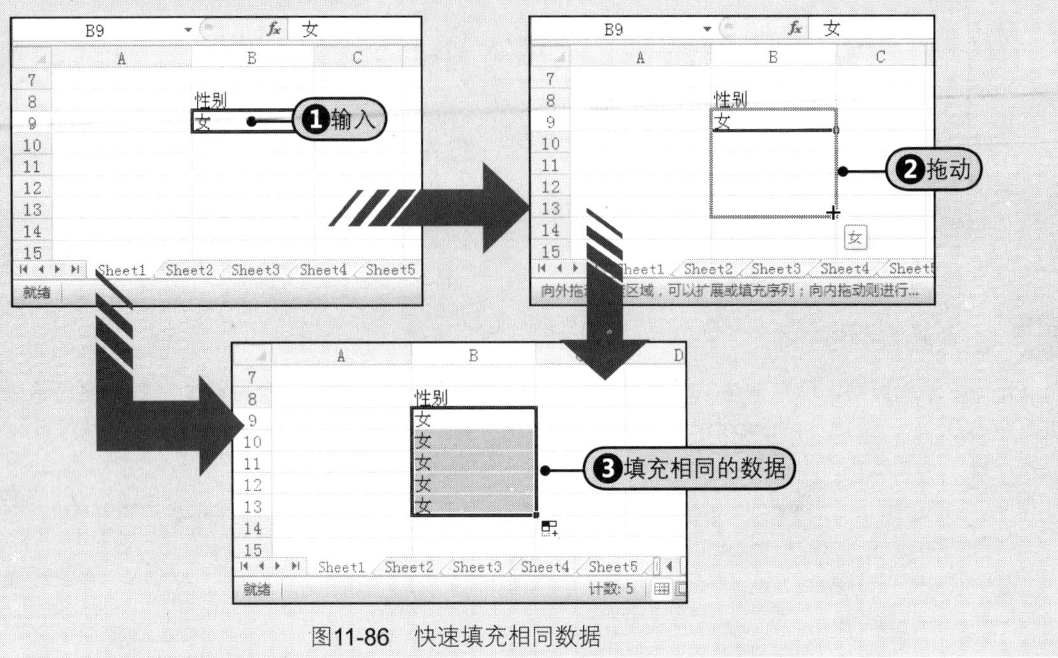

图11-86 快速填充相同数据

11.5.3 快速填充序列数据

有时，需要生成一组有序的数据，如等比数列、等差数列，或者是日期和时间序列，这时也可以使用填充功能自动填充序列。

Step❶在单元格C9中输入序列的起始数据，如“星期一”，Step❷向下拖动单元格C9的填充柄，Step❸Excel 2010会自动按序列填充，并在填充的最后一个单元格下方显示“自动填充选项”按钮，Step❹单击该按钮，会显示出自动填充选项列表，用户还可以按照天数、工作日填充等，如图11-87所示。

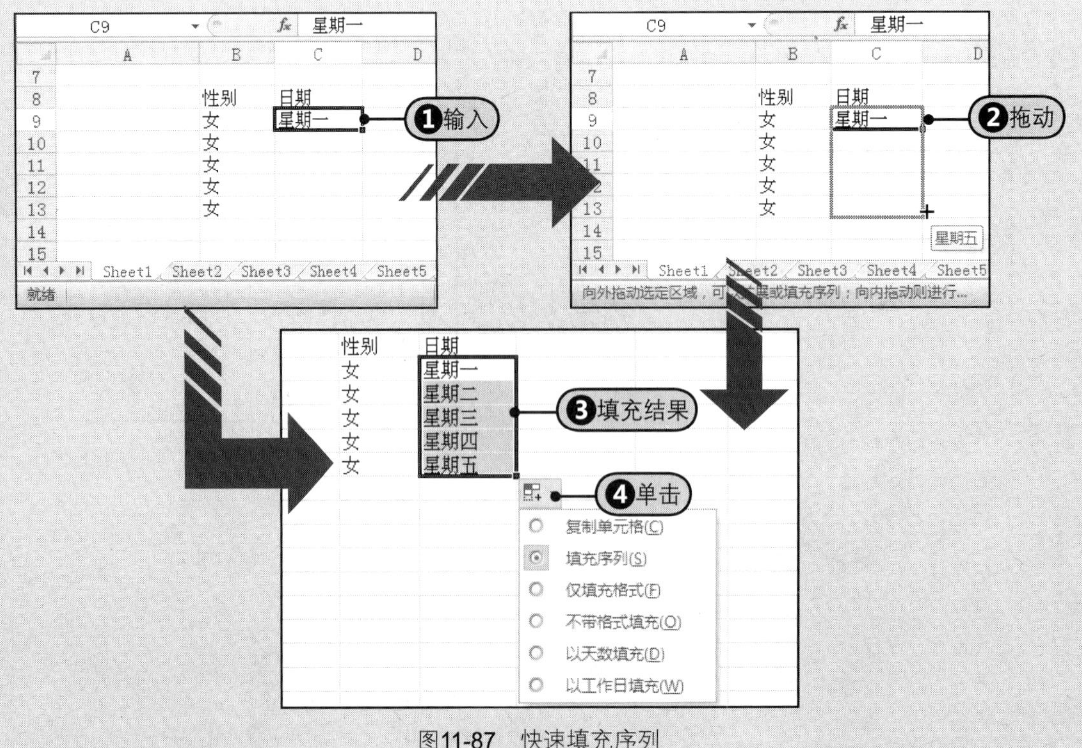

图11-87 快速填充序列

提示 使用功能区中的“填充”命令完成填充

除了可以拖动单元格右下角的填充手柄完成数据的填充外，还可以单击“开始”选项卡中的“编辑”组中的“填充”下三角按钮，从展开的下拉列表中选择对应的命令来完成相同数据或序列数据的填充。

11.5.4 自定义填充序列

如果用户经常需要用到某一组特定位置的数据，虽然这些数据并没有等差或等比等规律，但用户可以将它们定义成自定义序列，然后通过拖动鼠标来完成该自定义序列的填充。

步骤1 Step1 在Excel 2010窗口中单击“文件”按钮，Step2 从展开的下拉菜单中选择“选项”命令，如图11-88所示。

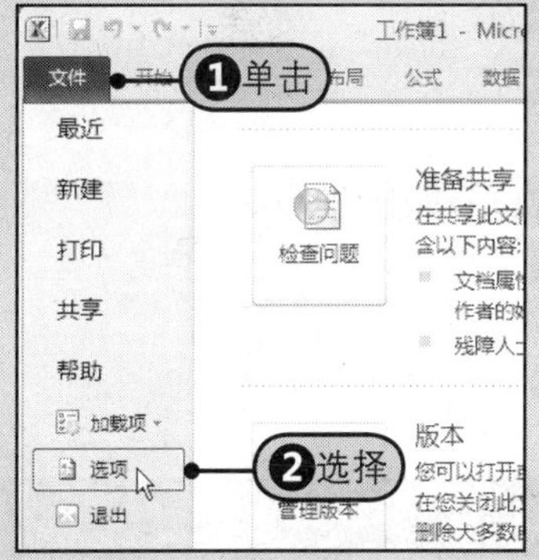

图11-88 选择“选项”命令

步骤2 在“Excel选项”对话框中，Step3 单击“高级”标签，Step4 在展开的选项卡中单击“编辑自定义列表”按钮，如图11-89所示。

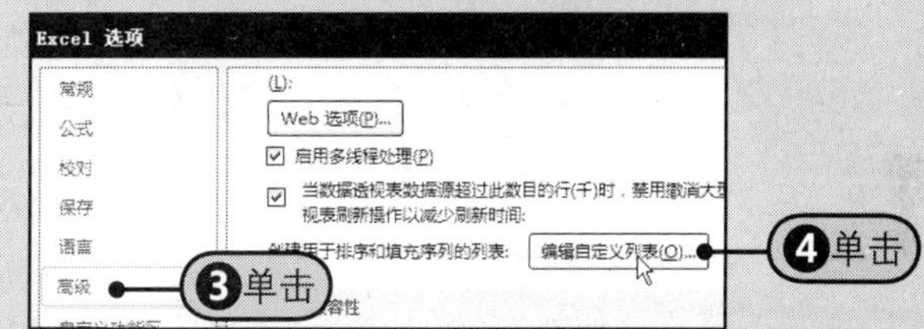

图11-89 单击“编辑自定义列表”按钮

步骤3 Step5 在“自定义序列”对话框中的“输入序列”框中输入序列包含的内容，输入完一项后，按Enter键再输入下一序列项，如图11-90所示。

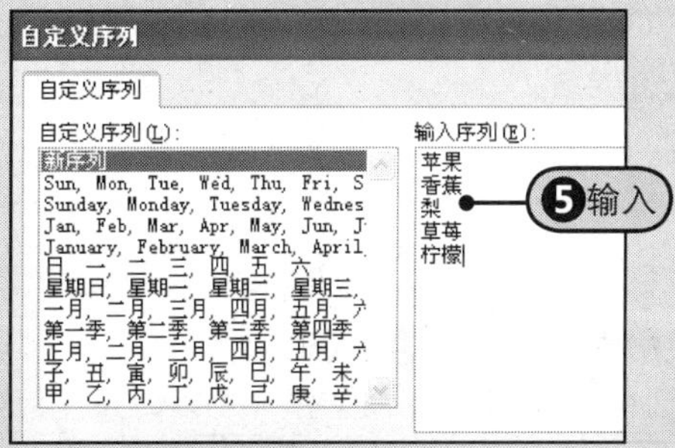

图11-90 输入序列

步骤4 Step6 输入完所有序列项后，单击“添加”按钮，如图11-91所示。

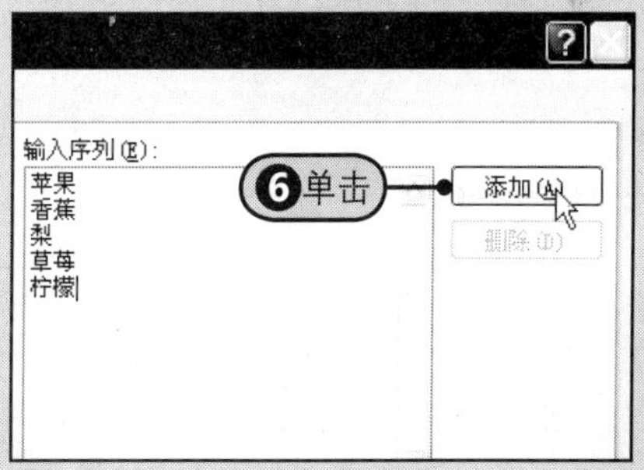

图11-91 单击“添加”按钮

步骤5 Step7 此时，输入的序列会被添加到“自定义序列”列表底部，如图11-92所示。

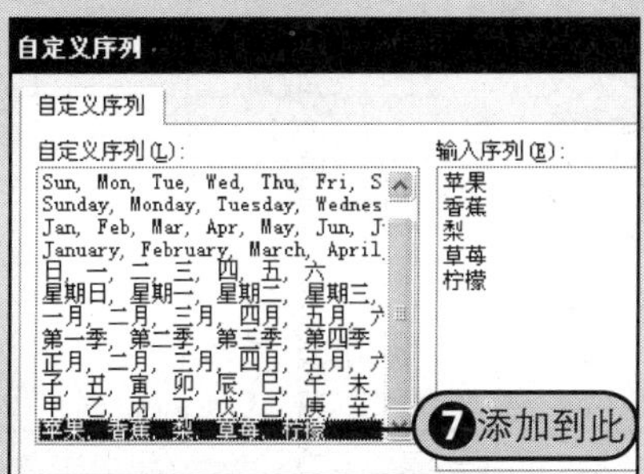

图11-92 添加到“自定义序列”列表

步骤6 Step8 在单元格D9中输入序列的起始项为“苹果”，向下拖动单元格D9的填充柄，即会自动填充序列，如图11-93所示。

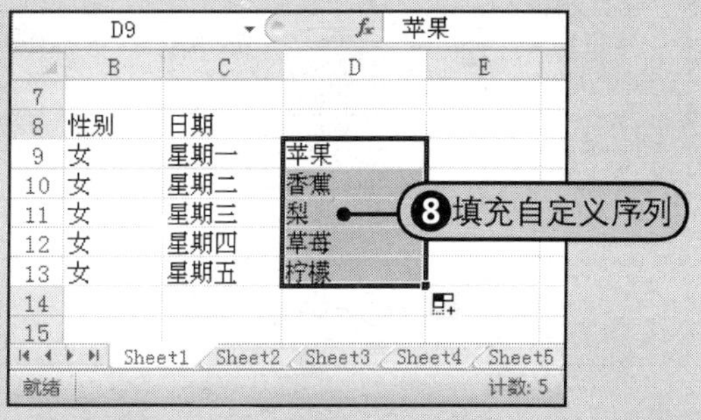

图11-93 使用自定义序列填充

直接填充自定义序列

对于已经添加到“自定义序列”列表中的序列，如“正月、二月、三月、四月、五月、六月”等序列，当输入序列的起始值并拖动填充柄后，Excel 2010会自动按照序列设置的顺序进行填充。

11.6 融会贯通 输入销售记录表内容

本章主要介绍了Excel 2010的一些基础操作，如工作簿的新建与保存、打开与关闭，工作表的选择、插入、删除、移动、复制、隐藏、显示等操作，还有单元格的基础操作，包括选择单元格、插入与删除单元格、调整单元格行高列宽等，最后介绍了在单元格中输入与编辑数据。下面通过在销售记录表中输入数据，进一步巩固本章的知识。打开附书光盘\实例文件\第11章\原始文件\销售记录表.xlsx工作簿。

步骤1 选择“打开”命令。

Step1 在Excel 2010窗口中单击“文件”按钮。

Step2 从展开的菜单列表中选择“打开”命令。

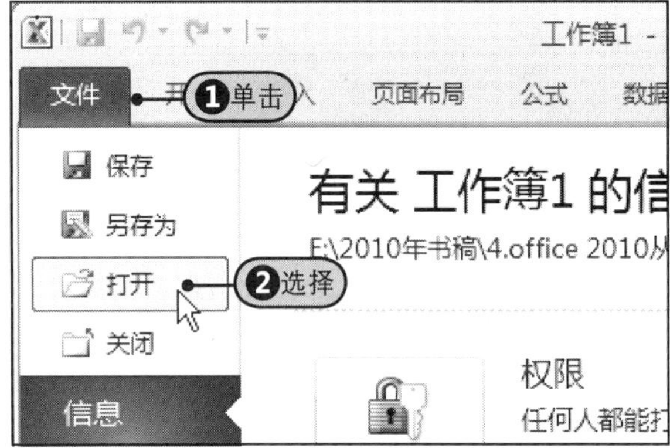

步骤2 双击要打开的文件图标。

Step1 在“打开”对话框中使用“查找范围”定位到文件所在的文件夹。

Step2 双击要打开的文件图标。

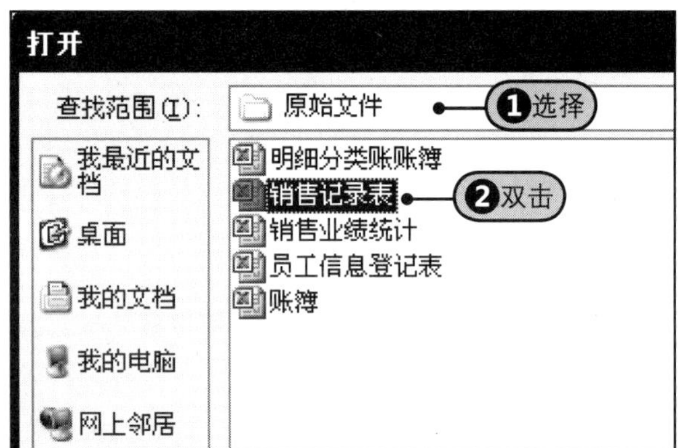

步骤3 输入日期。

在单元格A3中输入日期“2007-7-5”。

步骤4 使用序列填充日期。

拖动单元格A3右下角的填充手柄，至单元格A8，Excel 2010会自动填充日期。

A3 fx 2010-7-5

	A	B	C	D	E
1	每周销售记录表				
2	日期	产品名称	单价	数量	销售员
3	2010-7-5				
4	2010-7-6				
5	2010-7-7				
6	2010-7-8				
7	2010-7-9				
8	2010-7-10				
9					

使用序列填充

Sheet1 Sheet2 Sheet3 Sheet4 Sheet5

就绪 平均值: 2010-7-7 计数: 6 求和: 2563-2-11

（续上）

5 步骤 输入文本类型数据。

在表格中的“产品名称”列中输入产品名称，文本数据会自动左对齐。

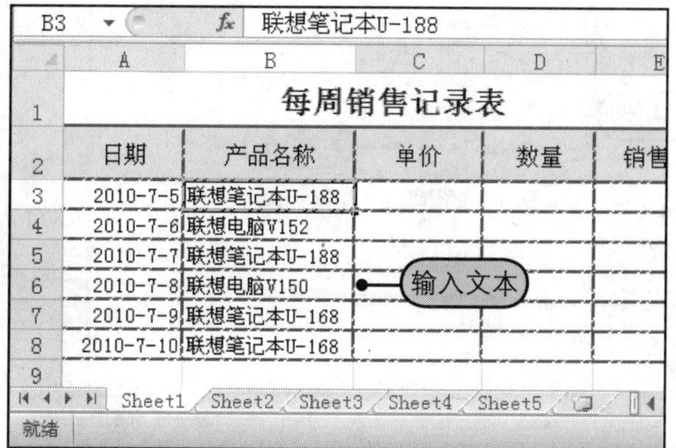

6 步骤 输入数字类型数据。

输入“单价”和“数量”，数字类型的数据会自动靠单元格右侧对齐。

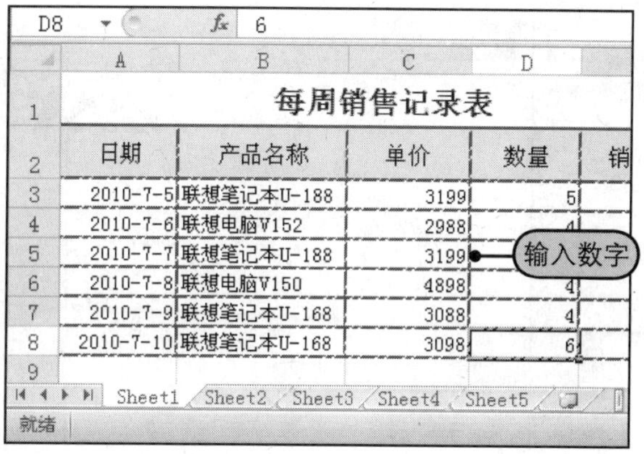

输入数字

7 步骤 选择单元格区域。

选择单元格区域E3:E8。

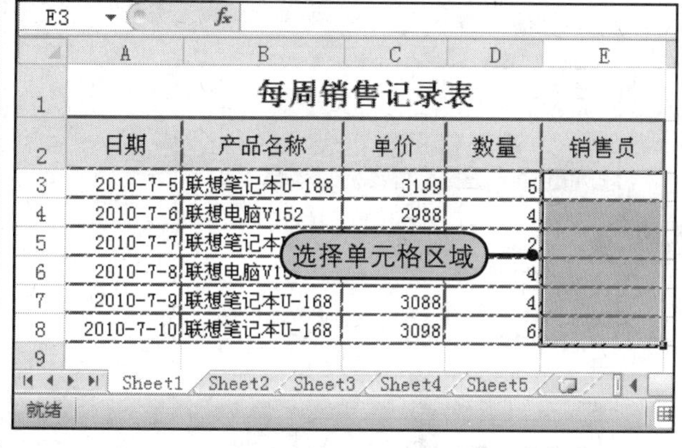

8 步骤 输入相同数据。

输入销售员，如“李小红”，然后按下快捷键Ctrl+Enter可输入相同数据。

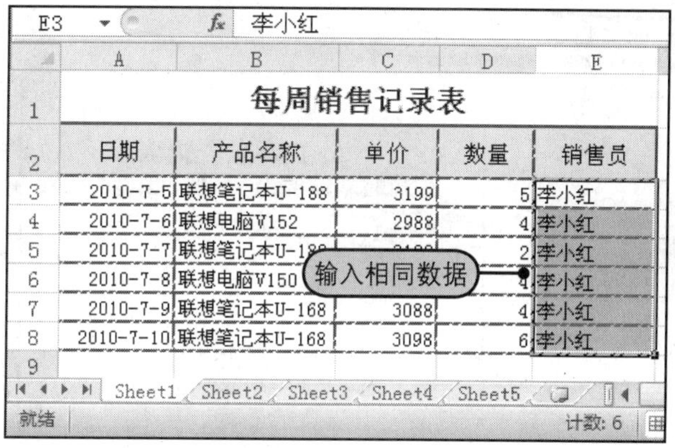

输入相同数据

11.7 专家支招

基础操作是熟练应用Excel 2010软件的第一步，本章主要向读者介绍了工作簿、工作表、单元格的基础操作，以及数据的输入与编辑等基础操作。在掌握了前面介绍的知识后，接下来补充三点技巧以帮助用户更好地掌握Excel 2010的操作基础。

招术一 更改Enter键的移动方向

用户在单元格中输入和编辑数据时，可以能通过按Enter键来移动单元格。在默认的情况下， Enter键的移动方向为向下移动。用户也可以根据自己的编辑习惯，更改Enter键的移动方向，操作方法如下所示。

Step1单击“文件”按钮，Step2从弹出的下拉菜单中选择“选项”命令，如图11-94所示。Step3在打开的“Excel选项”对话框中单击“高级”标签，Step4在“编辑选项”区域内勾选“按Enter键后移动所选内容”复选框，Step5单击“方向”的下三角按钮，Step6从展开的下拉列表中选择“向右”命令，Step7然后单击“确定”按钮，即可更改Enter键的移动方向为向右移动，如图11-95所示。

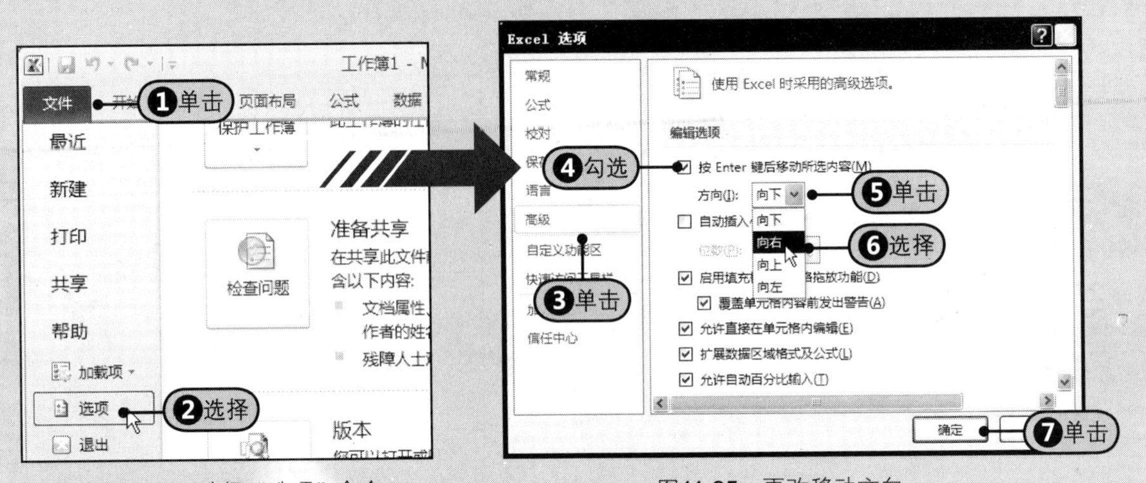

图11-94 选择“选项”命令

图11-95 更改移动方向

招术二 快速将单元格调整到合适宽度

设置单元格的行高与列宽，前面介绍了好几种方法，如果要快速将单元格宽度调整到最适合的宽度，还可以直接双击列标签。例如，图11-96所示为没有调整宽度以前的表格，双击列标签，Excel 2010会自动根据单元格内容将列宽调整到最佳宽度，如图11-97所示。

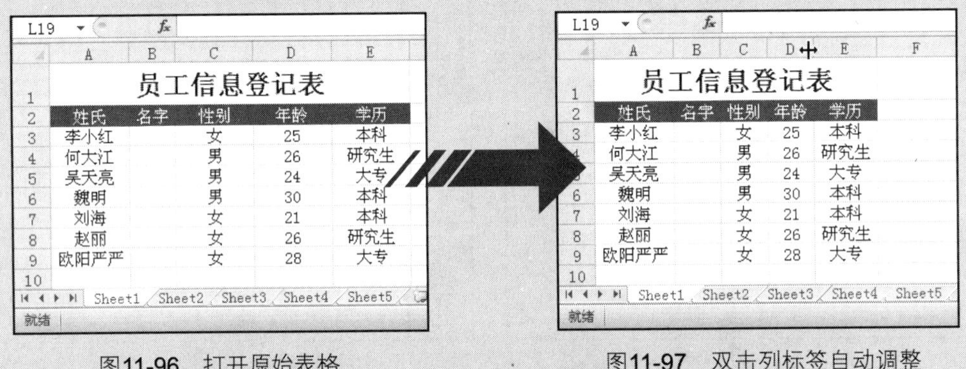

图11-96 打开原始表格

图11-97 双击列标签自动调整

招术三 在多个工作表的相同单元格区域中输入相同数据

在多个工作表的相同区域中输入相同的数据，只要按住Ctrl键，单击需要输入数据的工作表。

Step1此时工作簿标签后会显示“［工作组］”字样，Step2再选择单元格区域，如A1:B3，如图11-98所示，Step3输入数据，按下Ctrl+Enter快捷键，即可输入相同内容，如图11-99所示。

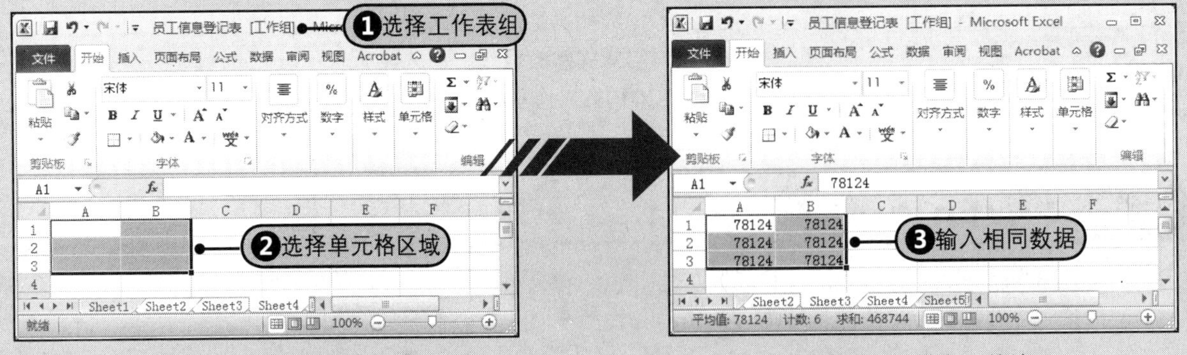

图11-98 选择重排窗口的方式

图11-99 并排窗口的效果

Part 3 Excel篇

Chapter 12

数据的格式规范设置

数据的格式规范化设置是创建专业表格必不可缺的步骤，规范专业的格式不仅可以突出清晰的数据，而且还可以起到美化和规范整个表格的作用，极大地提高表格的整体效果及可读性。通常，数据的格式规范设置主要包括字体格式的设置、单元格对齐方式的设置、表格中数字格式的设置、表格边框的格式设置、表格填充背景的设置等几个方面的内容。本章将详细介绍如何在Excel进行数据格式的规范设置，帮助用户创建专业化的表格。

12.1 设置表格中的字体格式

在单元格中输入数据时，都是以默认的字体格式显示的，用户可以根据需要设置表格的字体格式。在Excel 2010中，与设置字体格式相关的命令按钮是放置在“开始”选项卡的“字体”组中的，如图12-1所示。

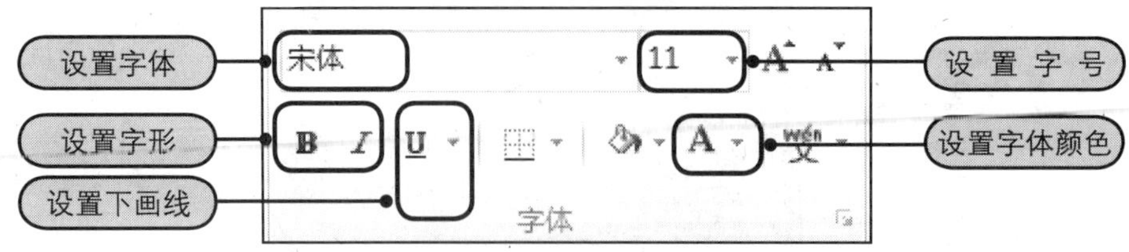

图12-1 “开始”选项卡中的“字体”组

12.1.1 设置字体、字号和字形

在Excel 2010中，系统提供了丰富的字体和字号，用户可以根据需要直接从“字体”和“字号”下拉列表中选择，还可以设置加粗或倾斜格式。打开附书光盘\实例文件\第12章\原始文件\销售日报表.xlsx工作簿。

❶ 设置字体

Step❶选择单元格A1，Step❷在“开始”选项卡中的“字体”组中单击“字体”右侧的下三角按钮，Step❸在展开的下拉列表中选择所需的字体，如“黑体”选项，Step❹此时可以看到单元格A1中应用了相应的字体，如图12-2所示。

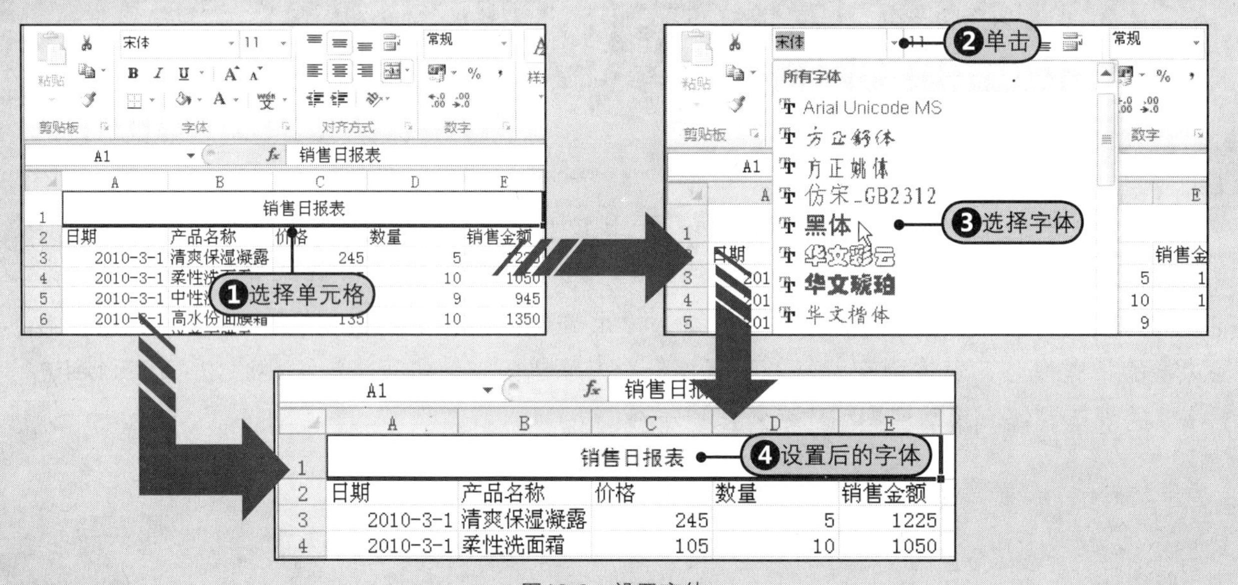

图12-2 设置字体

❷ 设置字号

Step❶选择单元格A1，Step❷在“开始”选项卡中的“字体”组中单击“字号”右侧的下三角按钮，Step❸在展开的下拉列表中选择所需的字号，如“20”，如图12-3所示。Step❹更改字号后的单元格内容，如图12-4所示。

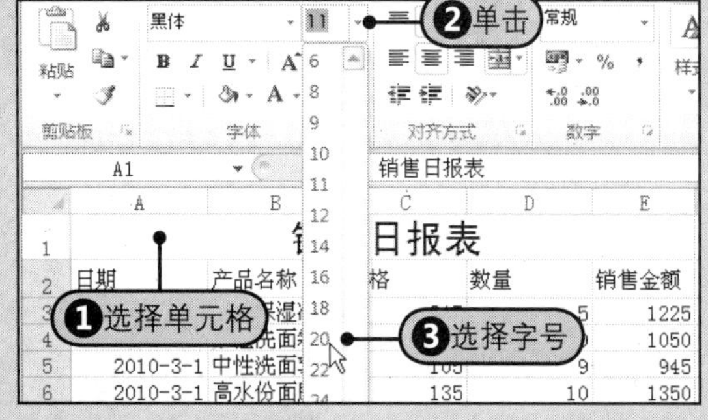

图12-3 选择字号

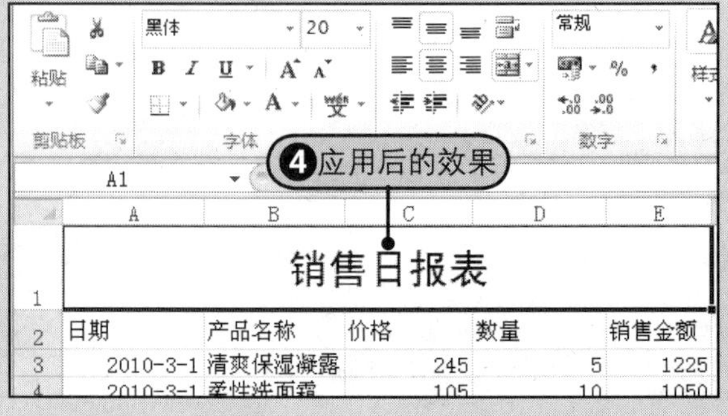

图12-4 更改字号后的效果

❸ 设置字形

Step1选择要设置字形的单元格或单元格区域，如A2:E2，Step2在“开始”选项卡中的“字体”组中单击“加粗”按钮，如图12-5所示。Step3设置了加粗格式后的单元格数据效果，如图12-6所示。

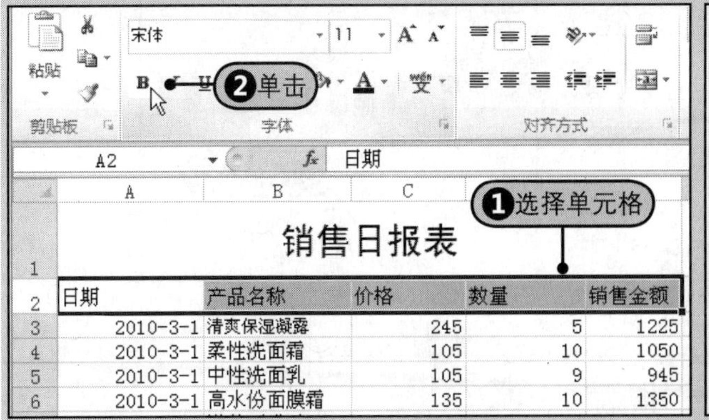

图12-5 单击“加粗”按钮

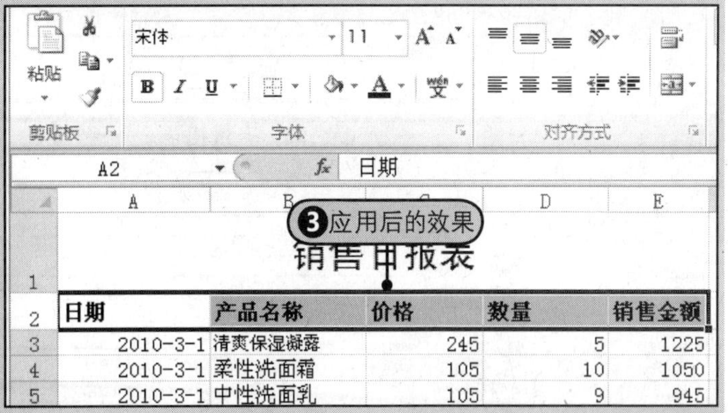

图12-6 设置加粗后的效果

12.1.2 添加会计专用下画线

用户还可以为单元格中的字体添加会计专用的下画线效果。

Step1选择要设置下画线格式的单元格，Step2单击“字体”组中的对话框启动器，Step3在打开的“设置单元格格式”对话框中单击“下画线”右侧的下三角按钮，Step4从展开的下拉列表中选择“会计用双下画线”，Step5添加会计专用双下画线的效果，如图12-7所示。

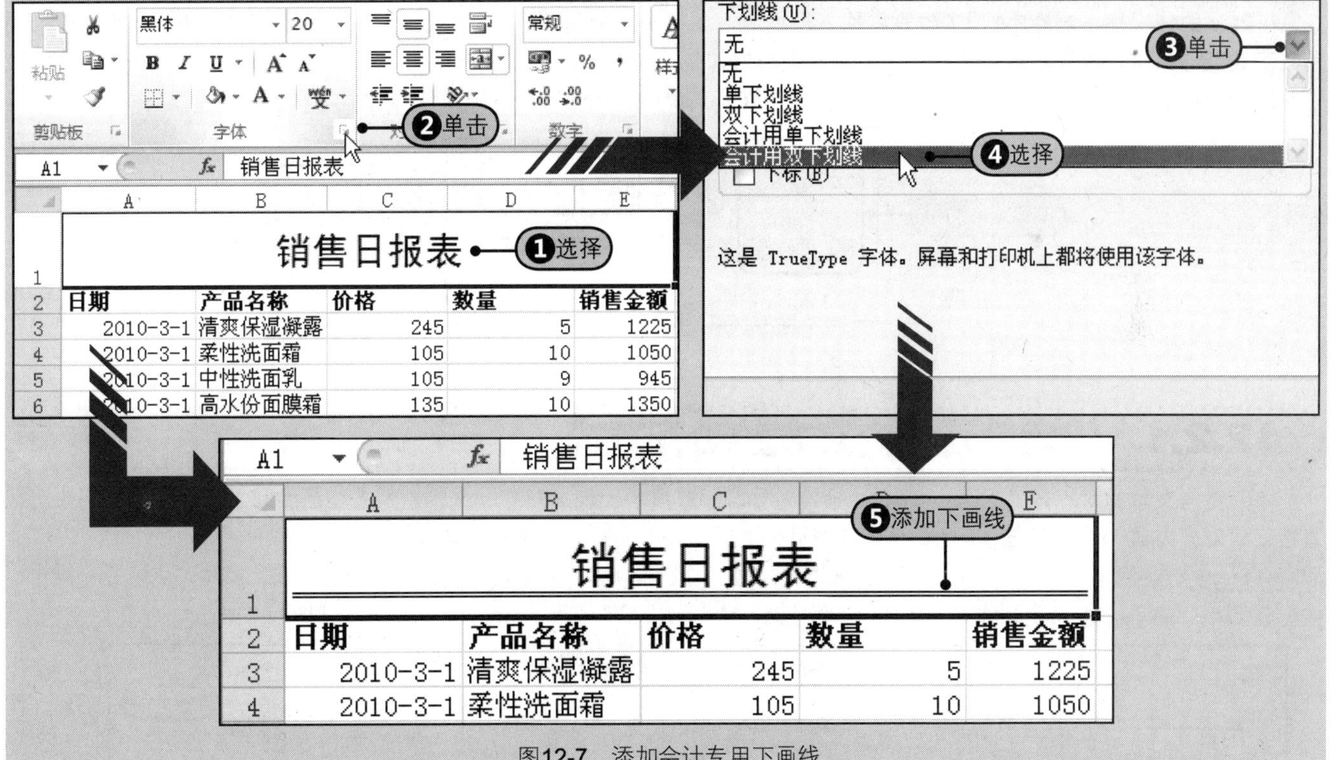

图12-7 添加会计专用下画线

12.1.3 设置字体颜色

Excel默认的字体颜色为“黑色”，用户也可以自己设置字体颜色。

Step1选择单元格A1，Step2在“开始”选项卡中的“字体”组中单击“字体”右侧的下三角按钮，Step3在展开的下拉列表中选择所需的字体，如“黑体”选项，Step4此时可以看到单元格A1中应用了相应的字体，如图12-8所示。

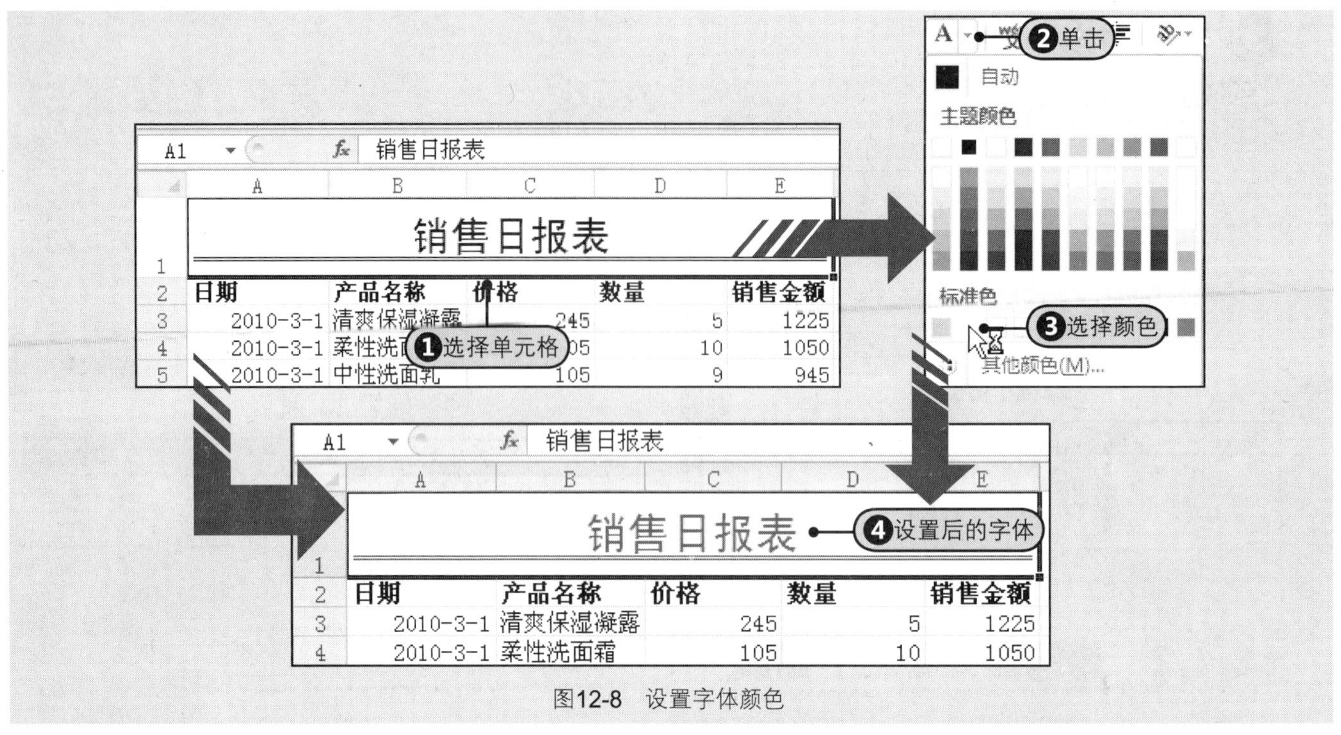

图12-8　设置字体颜色

12.2 设置表格对齐格式

在默认的情况下，当在Excel工作表中输入数据时，如果输入的是文本类型的数据，系统会自动左对齐；如果输入的是数字类型的数据，系统会自动右对齐。为了使表格更加整洁和统一，用户可以根据需要自己设置单元格的对齐方式。在"开始"选项卡中的"对齐方式"组中包含了设置对齐方式相关的命令按钮，如图12-9所示。

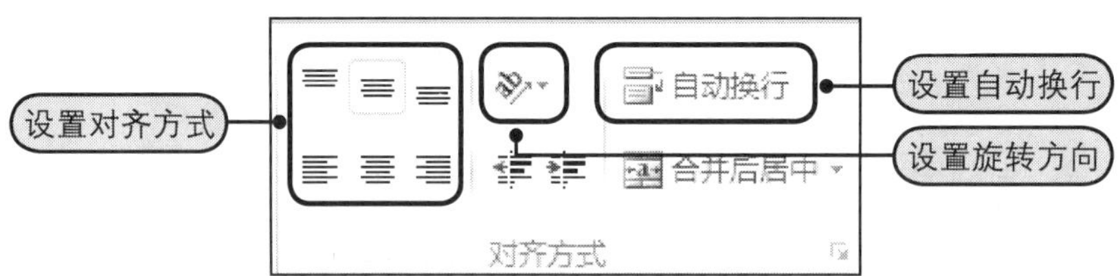

图12-9　"开始"选项卡中的"对齐方式"组

12.2.1 设置单元格内文本的对齐方式

单元格内文本的对齐方式常见的有6种：顶端对齐、垂直居中、底端对齐、文本左对齐、居中和文本右对齐，用户可以直接在"对齐方式"组中单击对应的命令按钮即可将选择的文本设置为该种对齐方式。

Step❶选择要设置对齐方式的单元格或单元格区域，如图12-10所示。Step❷在"开始"选项卡中的"对齐方式"组中单击"居中"按钮，Step❸此时可以看到工作表中选定的单元格区域应用了相应的对齐方式，如图12-11所示。

	A	B	C	D	E
1	销售日报表				
2	日期	产品名称	价格	数量	销售金额
3	2010-3-1	清爽保湿凝露	245	5	1225
4	2010-3-1	柔性洗面霜	105	10	1050
5	2010-3-1	中性洗面乳	105	9	945
6	2010-3-1	高水份面膜霜	[illegible]	[illegible]	1350
7	2010-3-1	滋养面膜霜	[illegible]	[illegible]	[illegible]
8	2010-3-1	舒活眼膜霜	198	12	2376
9	2010-3-1	抗皱精华素	318	3	954
10	2010-3-1	水份平衡乳液	135	9	1215
11	2010-3-1	盈白粉底乳	210	5	1050
12	2010-3-1	馨情淡香水	235	8	1880
13	本日销售业绩合计:			79	13125

❶选择单元格区域

图12-10　选择单元格区域

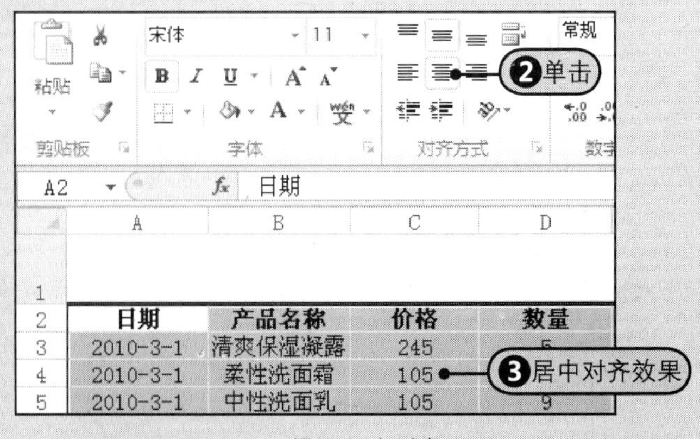

图12-11　设置居中对齐

12.2.2 设置单元格内文本的方向

在Excel 2010中，可以设置单元格内的文本或数据按某种方式旋转到任意角度。在“对齐方式”组中可以使用“方向”按钮设置文字的旋转方向，“方向”下拉列表中的选项有“逆时针角度”、“顺时针角度”、“竖排文字”、“向上旋转文字”、“向下旋转方字”及“设置单元格对齐方式”几个选项。

Step 1 选择要旋转文字的单元格，如单元格D2，Step 2 在“对齐方式”组中单击“方向”的下三角按钮，Step 3 从展开的下拉列表中选择“竖排文字”命令，如图12-12所示，Step 4 设置旋转后的效果，如图12-13所示。

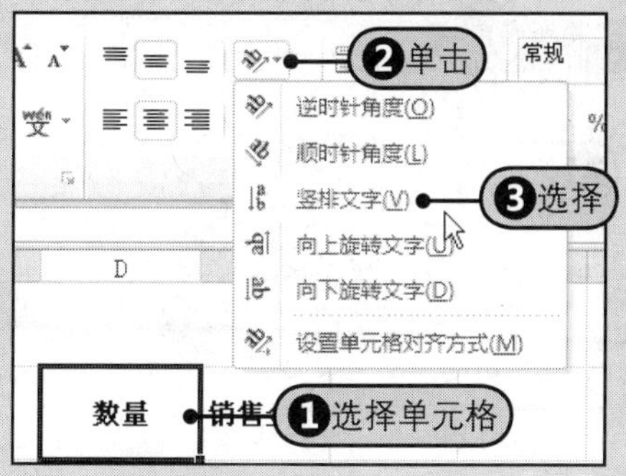

图12-12 设置旋转方向

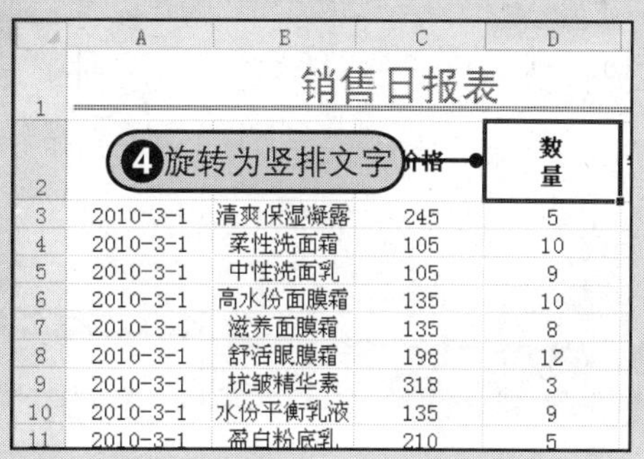

图12-13 将文字方向更改为竖排文本

提示 在“设置单元格格式”对话框中设置文本

在“对齐方式”组中单击对话框启动器，打开“设置单元格格式”对话框，在“对齐”选项卡中的“方向”区域也可以设置单元格的文本方向。用户可以直接在调节框中输入角度值，或者是通过单击微调按钮设置角度值，也可以直接拖动“文本”来更改方向，如果要设置竖直方向，直接单击“方向”文字下方的竖直文本框，如图12-14所示。

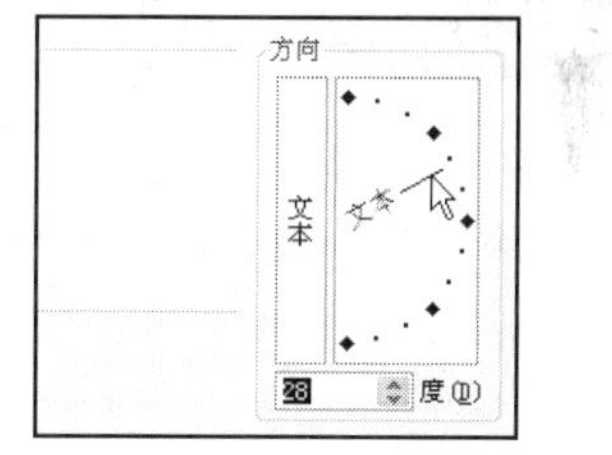

图12-14 在对话框中设置文本方向

12.2.3 设置文本控制选项

表格文本控制选项是用来设置文本特殊对齐格式的几个选项，例如，设置单元格内文本自动换行及设置缩小字体填充等。

1 设置自动换行

当单元格中的内容较长不能完全显示，又不能改变列宽的时候，可以设置单元格内容自动换行，通过多行显示以完全显示所有的内容。

Step 1 选择需要设置自动换行的单元格A13，Step 2 在“对齐方式”组中单击“自动换行”按钮，如图12-15所示。Step 3 随后该单元格中的内容会自动显示为两排，如图12-16所示。

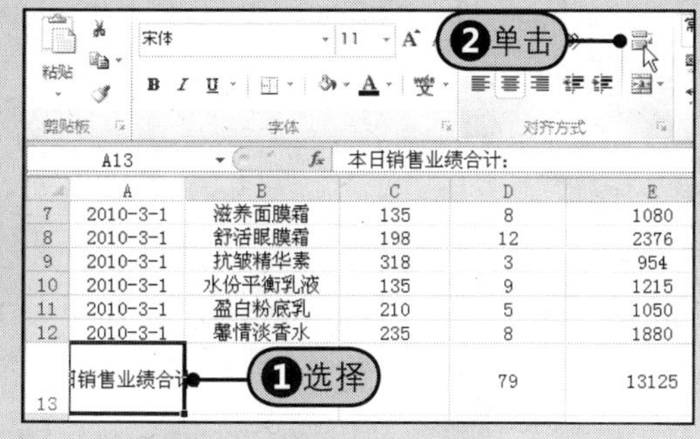

图12-15 单击“自动换行”按钮

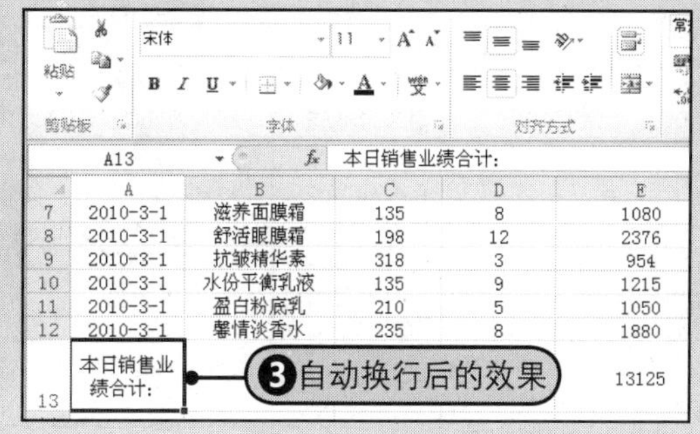

图12-16 设置自动换行后的效果

2 缩小字体填充

如果不希望更改单元格大小，在单元格内容超出单元格宽度几个字符的情况下，还可以通过设置缩小字体填充来在单元格内完全显示内容。

Step❶选择要设置的单元格，如单元格A13，Step❷在“对齐方式”组中单击对话框启动器，Step❸在“设置单元格格式”对话框中的“文本控制”区域内勾选“缩小字体填充”复选框，确定后返回工作表中，Step❹可以看到单元格的文本会自动缩小字体以适应单元格大小，如图12-17所示。

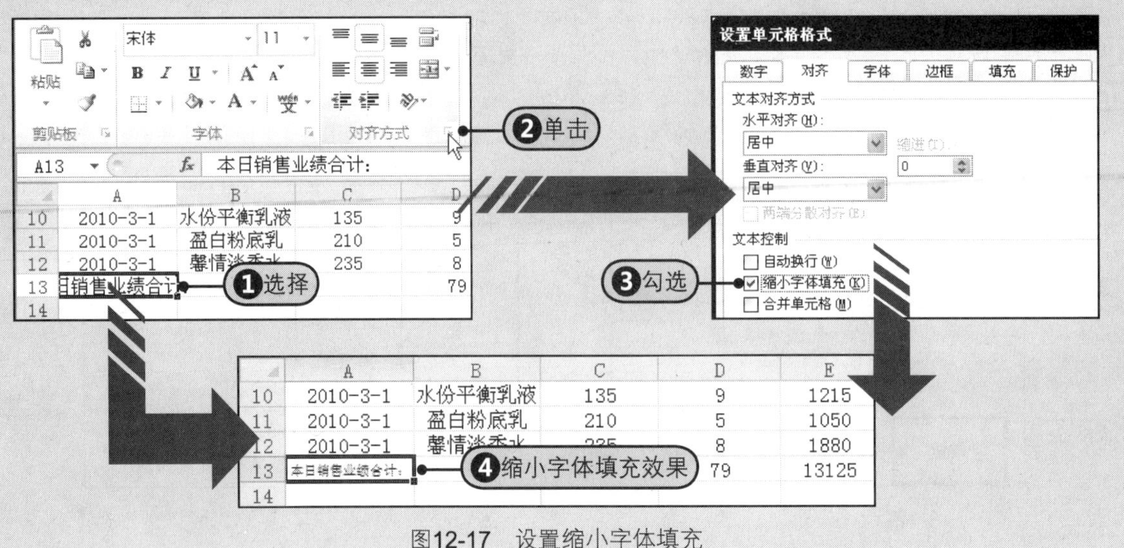

图12-17　设置缩小字体填充

12.3 设置表格的数字格式

对于Excel工作表中的数字、日期、货币等数据类型，可以根据需要为它们设置多种格式。用来设置数字格式的命令是集中在“开始”选项卡的“数字”功能组中的，如图12-18所示。本节仍以“销售日报表”为例，介绍设置表格的数字格式。

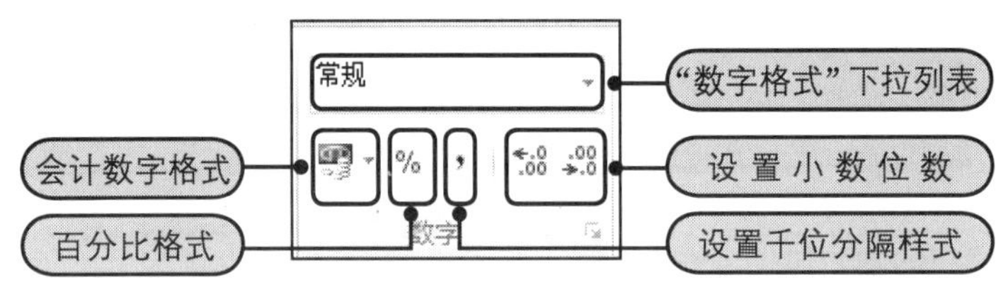

图12-18　“数字”功能组

12.3.1 设置日期数据格式

日期是Excel中常见的数据类型之一，Excel用日期格式的数据提供了多种可供选择的格式。

Step❶选择需要设置格式的日期数据所在的单元格区域，Step❷在“开始”选项卡中的“数字”功能组中单击“数字格式”右侧的下三角按钮，Step❸从弹出的下拉列表中选择“长日期”选项，Step❹设置格式后的单元格效果，如图12-19所示。

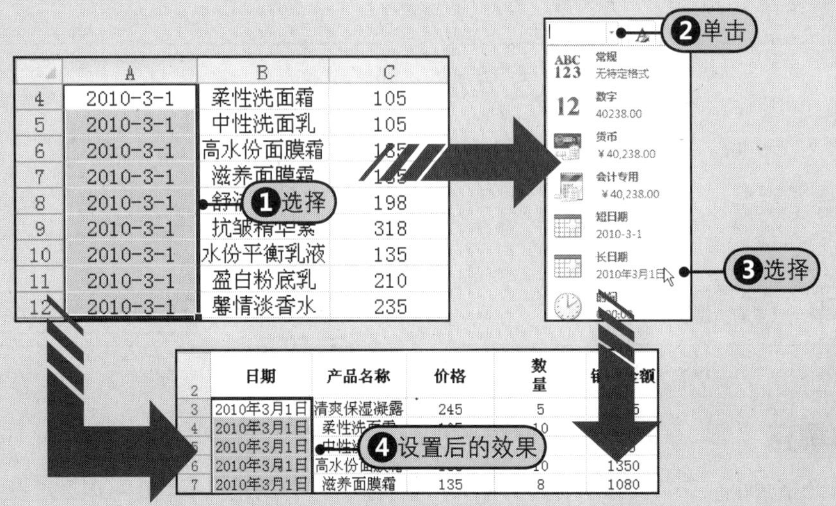

图12-19　设置日期格式

提示

设置更多的日期格式

如果功能区中的“数据格式”下拉列表中的日期格式不能满足用户的需求，还可以打开“设置单元格格式”对话框，在“分类”区域内选择“日期”，在“类型”下拉列表中选择适当的日期格式，如图12-20所示。

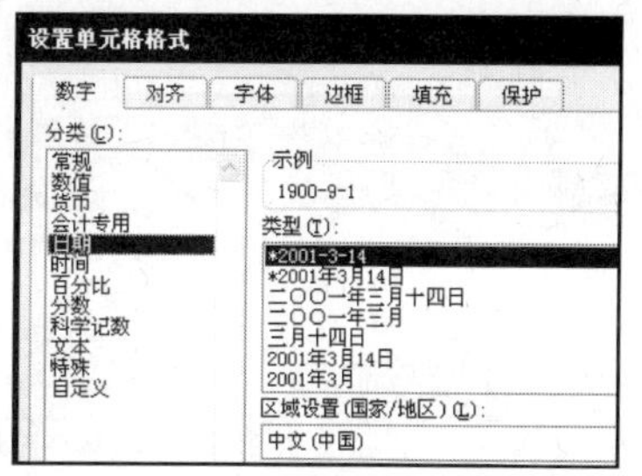

图12-20　设置日期格式

12.3.2　设置会计专用格式

Excel常被应用于会计和财务办公中，对于一些涉及金额的数据，用户可以将它们设置为会计专用的格式，具体操作方法如下。

Step1 选择要设置为会计专用格式的单元格或单元格区域，如单元格C3:C12，Step2 单击“数字格式”右侧的下三角按钮，Step3 从弹出的下拉列表中选择“会计专用”命令，Step4 设置为会计专用格式后的效果，如图12-21所示。

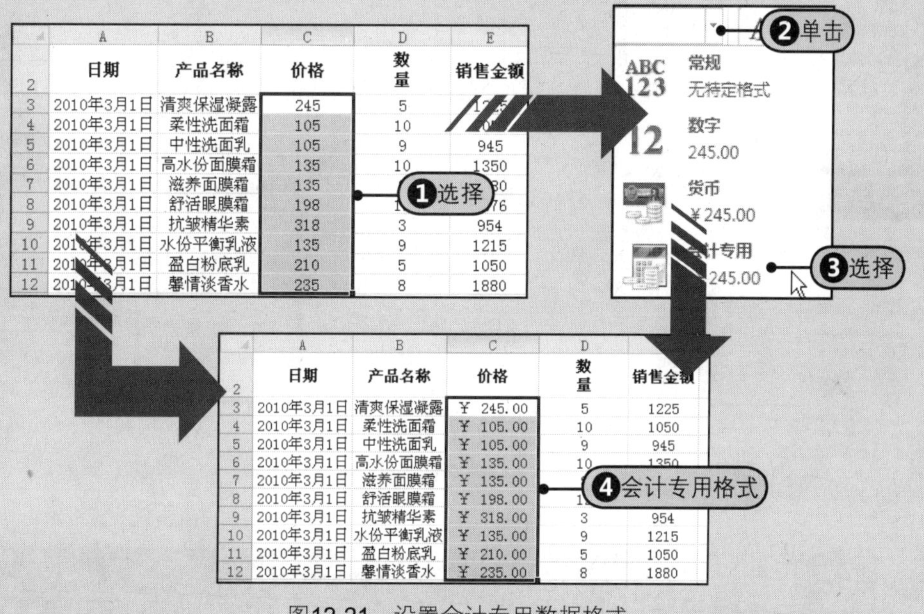

图12-21　设置会计专用数据格式

提示

快速更改货币符号

如果要将价格的货币符号“￥”更改为“€”，Step1 先选择单元格区域，Step2 在“数字格式”组中单击“会计数据格式”右侧的下三角按钮，Step3 从弹出的下拉列表中选择“€Euro(€123)”，如图12-22所示，Step4 更改后的效果，如图12-23所示。

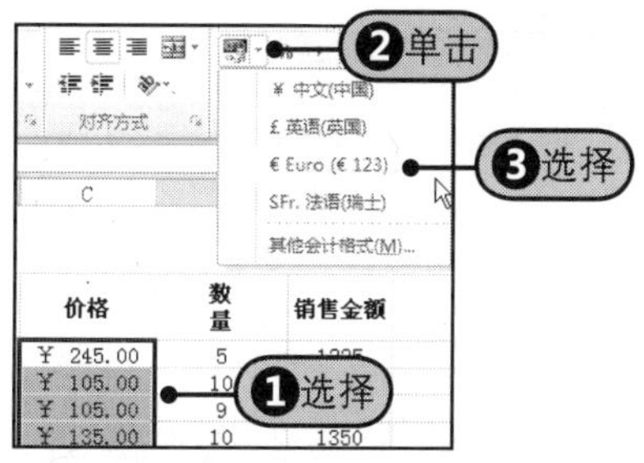

图12-22　快速更改货币符号

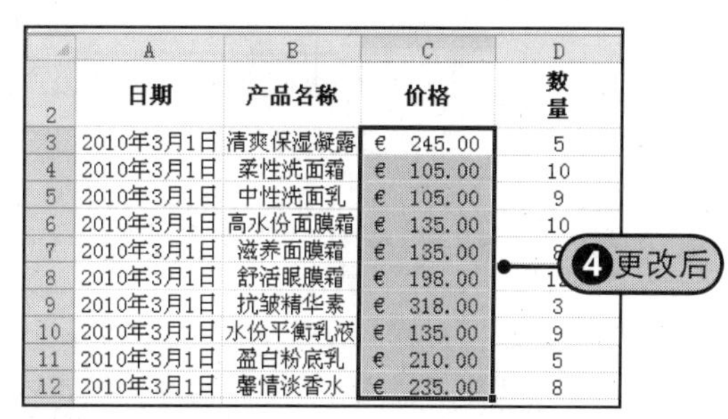

图12-23　更改后的效果

12.3.3 设置数据为百分比格式

在实际工作中，特别是在处理与数据计算相关的工作时，通常需要根据用户需求来设置小数位数。

步骤1 Step1 在单元格F2中输入表格列标题为“占总销售额的百分比”，在单元格F3中输入公式“=E3/$E$13”，Step2 按Enter键后，拖动单元格F3右下角的填充柄到单元格F12，得到如图12-24所示的数据。

步骤2 选择要更改小数位数的单元格区域，在打开的“设置单元格格式”对话框的“数字”选项卡中单击Step3 单击“百分比”，Step4 输入“小数位数”值，Step5 查看应用百分比格式的效果，如图12-24所示。

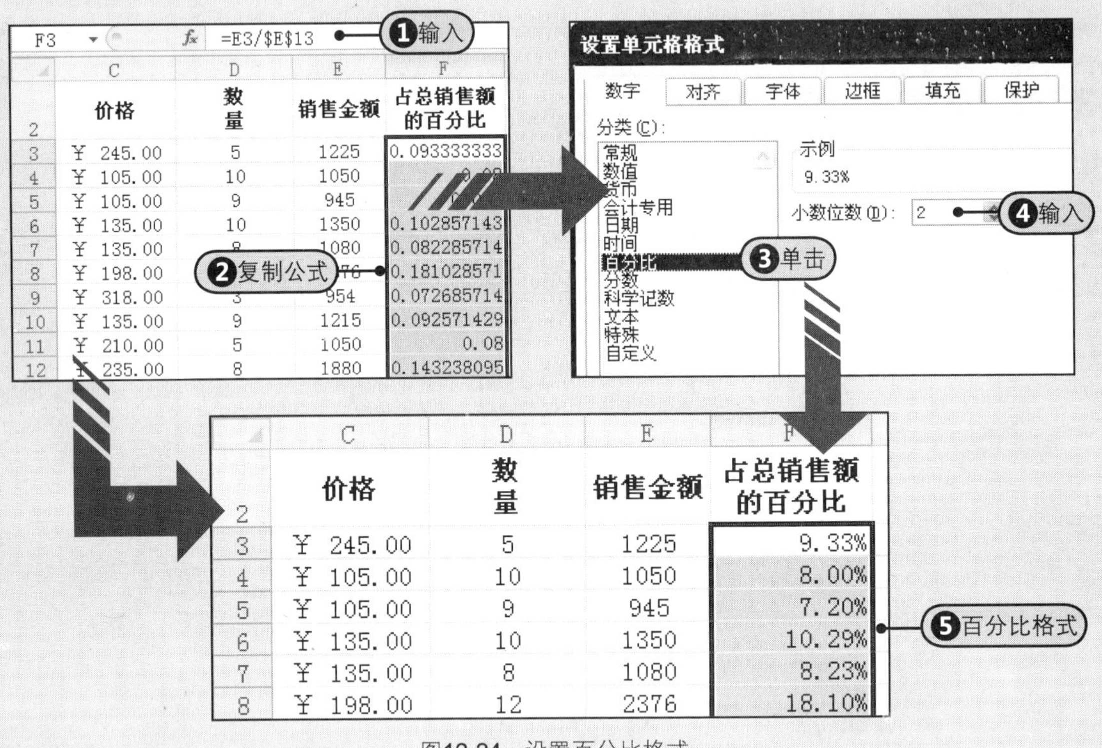

图12-24 设置百分比格式

12.4 设置表格的边框

为工作表中的单元格或单元格区域设置边框和底纹，可以从视觉上起到一种强调或区分的作用。在Excel 2010中，设置边框和底纹的命令按钮是集中在“开始”选项卡的“字体”功能组中的，如图12-25所示。

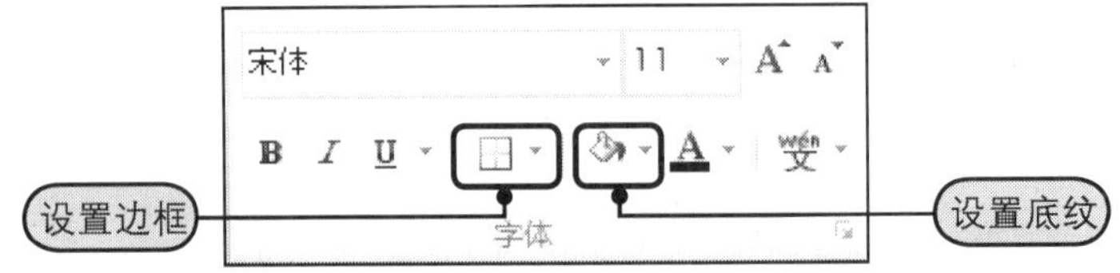

图12-25 “字体”组中的“边框”和“底纹”按钮

12.4.1 为表格添加所有边框

虽然Excel使用网格线来区分行列和单元格，但是在预览或打印工作表时网格线并不会打印出来，因此，通常情况下还需要为表格设置边框。以“销售日报表”为例，为表格设置所有边框的方法如下所示。

Step1 选择要设置边框的表格区域，Step2 在“字体”组中单击“边框”右侧的下三角按钮，Step3 从展开的下拉列表中选择“所有框线”命令，Step4 Excel会为表格设置默认的表格框线，如图12-26所示。

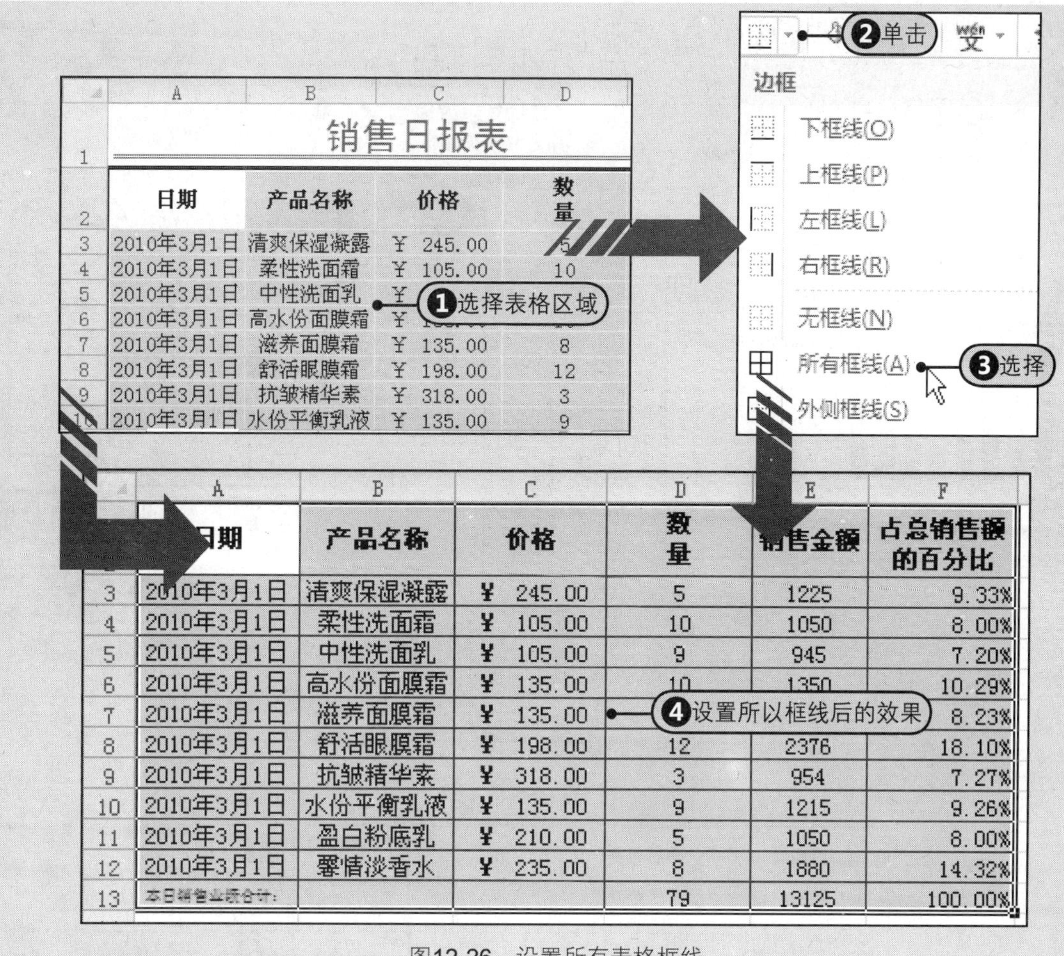

	A	B	C	D	E	F
2	日期	产品名称	价格	数量	销售金额	占总销售额的百分比
3	2010年3月1日	清爽保湿凝露	¥ 245.00	5	1225	9.33%
4	2010年3月1日	柔性洗面霜	¥ 105.00	10	1050	8.00%
5	2010年3月1日	中性洗面乳	¥ 105.00	9	945	7.20%
6	2010年3月1日	高水份面膜霜	¥ 135.00	10	1350	10.29%
7	2010年3月1日	滋养面膜霜	¥ 135.00			8.23%
8	2010年3月1日	舒活眼膜霜	¥ 198.00	12	2376	18.10%
9	2010年3月1日	抗皱精华素	¥ 318.00	3	954	7.27%
10	2010年3月1日	水份平衡乳液	¥ 135.00	9	1215	9.26%
11	2010年3月1日	盈白粉底乳	¥ 210.00	5	1050	8.00%
12	2010年3月1日	馨情淡香水	¥ 235.00	8	1880	14.32%
13	本日销售业绩合计：			79	13125	100.00%

图12-26 设置所有表格框线

12.4.2 为表格添加不同颜色和类型的边框

用户还可以为表格设置不同颜色和不同类型的边框，例如设置表格外边框为黑色的粗匣线边框，而表格内部为红色的点画线边框，具体操作步骤如下所示。

步骤1 Step❶选择表格所在的单元格区域，如图12-27所示。

	A	B	C	D
1	销售日报表			
2	日期	产品名称	价格	数量
3	2010年3月1日	清爽保湿凝露	¥245.00	5
4	2010年3月1日	柔性洗面霜	¥105.00	10
5	2010年3月1日	中性洗面乳	¥105.00	9
6	2010年3月1日	高水份面膜霜	¥1[illegible]	
7	2010年3月1日	滋养面膜霜	¥135.00	8
8	2010年3月1日	舒活眼膜霜	¥198.00	12
9	2010年3月1日	抗皱精华素	¥318.00	3
10	2010年3月1日	水份平衡乳液	¥135.00	9

❶选择表格区域

图12-27 选择表格区域

步骤2 Step❷打开“设置单元格格式”对话框，在“样式”框中单击“粗匣线”，Step❸在“预置”区域内单击“外边框”按钮，如图12-28所示。

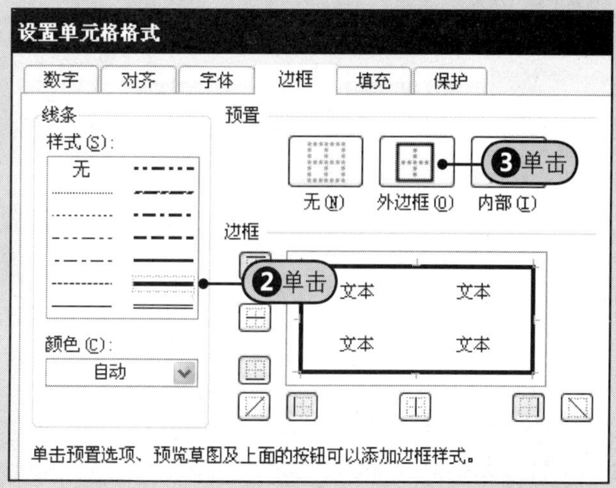

图12-28 设置外边框

3 步骤 Step 4 在“设置单元格格式”对话框中单击“颜色”右侧的下三角按钮，Step 5 从展开的下拉列表中单击“红色”，如图12-29所示。

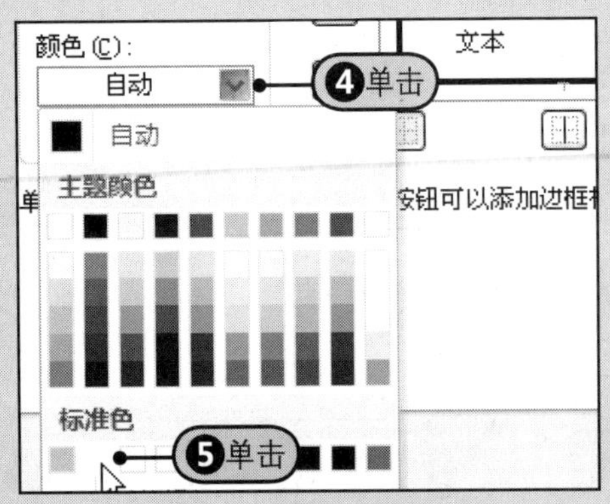

图12-29 选择边框颜色

4 步骤 Step 6 在“样式”列表中单击“点画线”，Step 7 然后在“预置”区域内单击“内部”按钮，如图12-30所示。

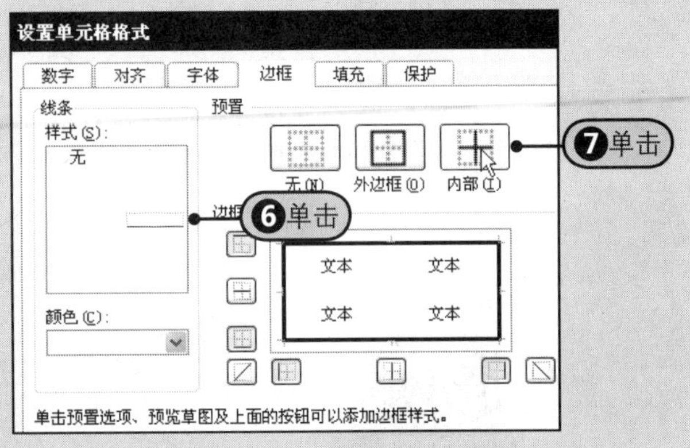

图12-30 单击“内部”按钮

5 步骤 Step 8 确定后，返回工作表中，设置好边框后的表格效果，如图12-31所示。

	A	B	C	D	E
1	销售日报表				
2	日期	产品名称	价格	数量	销售金额
3	2010年3月1日	清爽保湿凝露	￥245.00	5	1225
4	2010年3月1日	柔性洗面霜	￥105.00	10	1050
5	2010年3月1日	中性洗面乳	￥105.00	9	[illegible]
6	2010年3月1日	高水份面膜霜	￥135.00	10	[illegible]
7	2010年3月1日	滋养面膜霜	￥135.00	8	1080
8	2010年3月1日	舒活眼膜霜	￥198.00	12	2376

8表格最终效果

图12-31 设置边框格式后的效果

12.4.3 制作带斜线表头的表格

使用过Word的用户都知道，在Word中可以快速创建带斜线表头的表格；在Excel中，使用边框功能也可以制作带斜线表头的表格。打开附书光盘\实例文件\第12章\原始文件\企业培训课程表.xlsx工作簿，制作斜线表头的具体操作步骤如下所示。

1 步骤 Step 1 选择要绘制斜线表头的单元格，如单元格A2，Step 2 在“字体”组中单击对话框启动器，如图12-32所示。

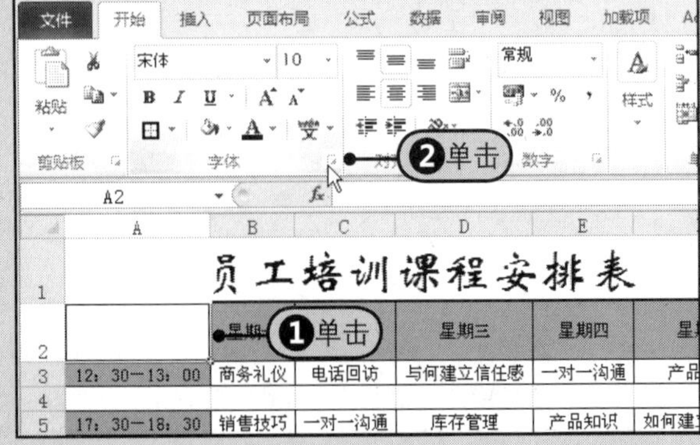

图12-32 选择斜线表头绘制的单元格

2 步骤 Step 3 在“设置单元格格式”对话框中单击“边框”标签，Step 4 在“预置”区域内单击“斜线”按钮，Step 5 最后单击“确定”按钮，如图12-33所示。

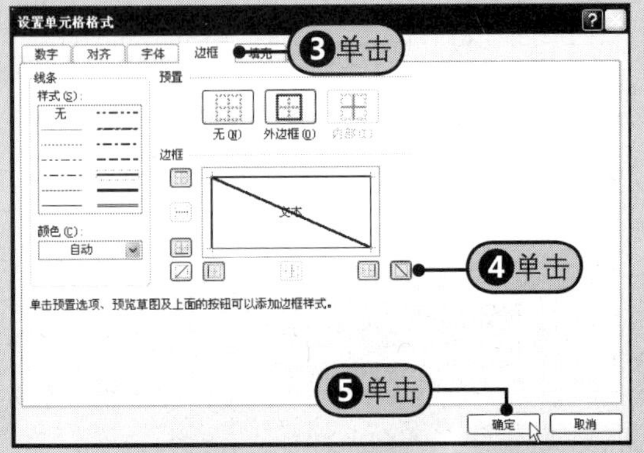

图12-33 设置边框

3 步骤 Step6 返回工作表中，单元格A2中被插入一条斜线，如图12-34所示。

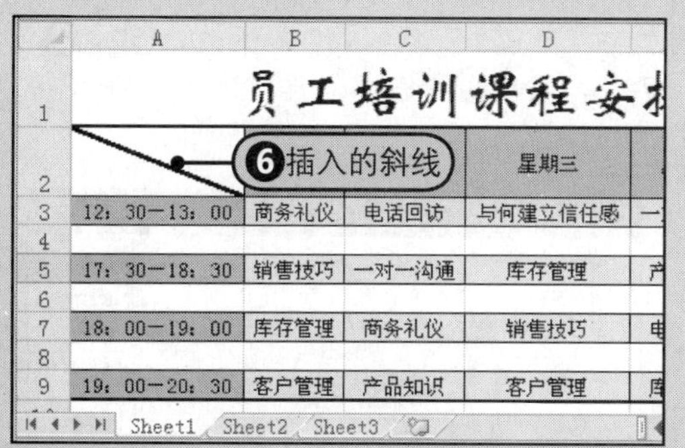

图12-34 绘制斜线

4 步骤 Step7 选择单元格A2，Step8 在编辑栏中输入表头文字，先输入表格列项目，如“星期”，然后按Alt + Enter组合键后，再输入“时间”，如图12-35所示。

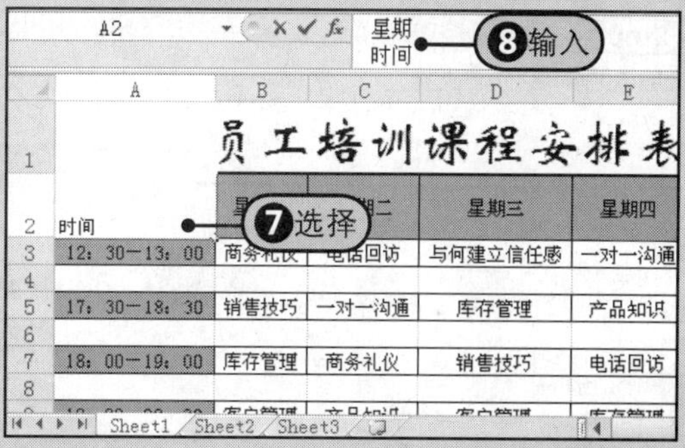

图12-35 输入表头文字

5 步骤 Step9 得到的表头最终效果，如图12-36所示。

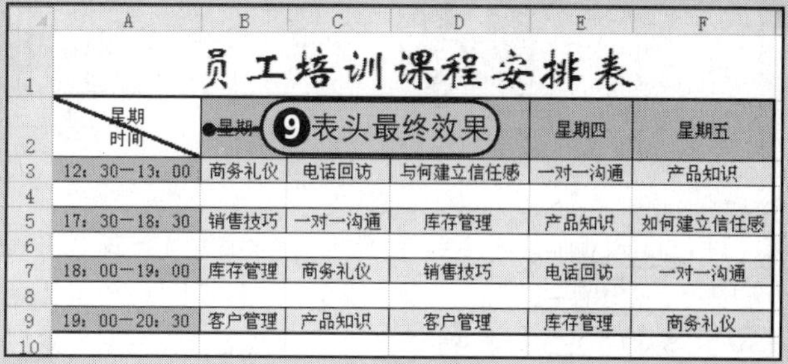

星期 时间	星期…			星期四	星期五
12：30—13：00	商务礼仪	电话回访	与何建立信任感	一对一沟通	产品知识
17：30—18：30	销售技巧	一对一沟通	库存管理	产品知识	如何建立信任感
18：00—19：00	库存管理	商务礼仪	销售技巧	电话回访	一对一沟通
19：00—20：30	客户管理	产品知识	客户管理	库存管理	商务礼仪

员工培训课程安排表 9表头最终效果

图12-36 斜线表头最终效果

12.5 设置表格的背景填充效果

表格的背景填充效果，也可以称为表格的底纹效果，即是指用不同的颜色或者纹理效果、图片等作为表格的背景。打开附书光盘\实例文件\第12章\原始文件\销售日报表1.xlsx工作簿。

12.5.1 设置表格的纯色填充效果

为表格标题行设置纯色的填充效果，可以将表格标题行与表格内容从视觉上区分开。

Step1 选择要设置填充效果的标题行，Step2 在“字体”组中单击“填充颜色”右侧的下三角按钮，Step3 从展开的下拉列表中单击“浅蓝”，Step4 设置填充后的效果，如图12-37所示。

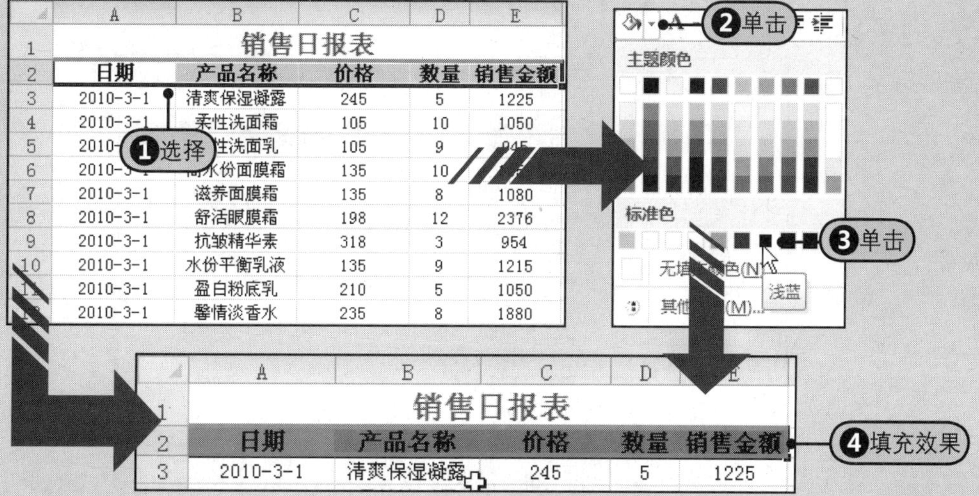

图12-37 设置纯色填充效果

12.5.2 设置表格的渐变填充效果

此外，还可以为表格设置渐变填充效果，具体操作步骤如下所示。

1 步骤 Step1 选择要设置填充效果的单元格区域，如单元格A3:E12，如图12-38所示。

	A	B	C	D	E
1	销售日报表				
2	日期	产品名称	价格	数量	销售金额
3	2010-3-1	清爽保湿凝露	245	5	1225
4	2010-3-1	柔性洗面霜	105	10	1050
5	2010-3-1	中性洗面乳	105	9	945
6	2010-3-1	高水份面膜霜	135	10	1350
7	2010-3-1	滋养面膜霜	[illegible]	[illegible]	[illegible]
8	2010-3-1	舒活眼膜霜	[illegible]	[illegible]	[illegible]
9	2010-3-1	抗皱精华素	318	3	954
10	2010-3-1	水份平衡乳液	135	9	1215
11	2010-3-1	盈白粉底乳	210	5	1050
12	2010-3-1	馨情淡香水	235	8	1880
13	本日销售业绩合计:			79	13125

①选择表格区域

图12-38 选择单元格区域

2 步骤 打开“设置单元格格式”对话框，Step2 单击“填充”标签，Step3 单击“填充效果”按钮，如图12-39所示。

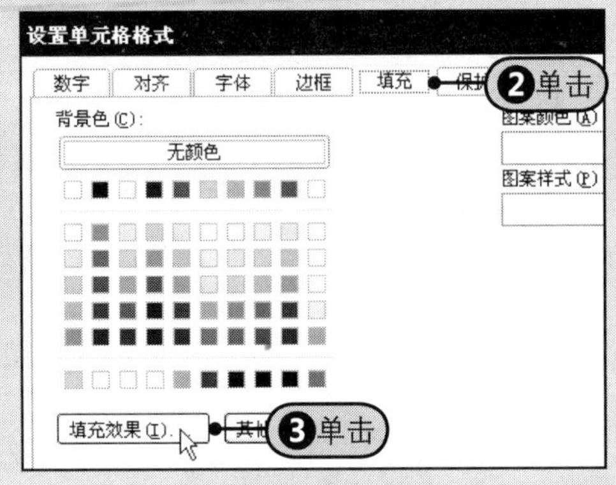

图12-39 单击“填充效果”按钮

3 步骤 Step4 在“填充效果”对话框中选中“双色”单选按钮，Step5 单击“颜色2”右侧的下三角按钮，Step6 从展开的下拉列表中选择“深蓝，文字2，淡色80%”，如图12-40所示。

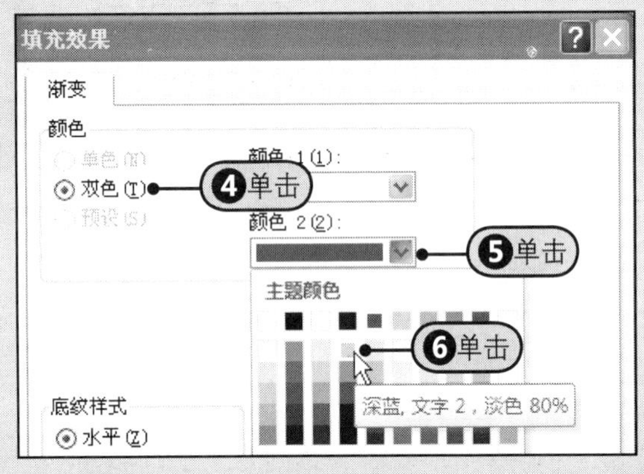

图12-40 设置颜色

4 步骤 Step7 在“底纹样式”区域内选中“中心辐射”单选按钮，Step8 然后单击“确定”按钮，如图12-41所示。

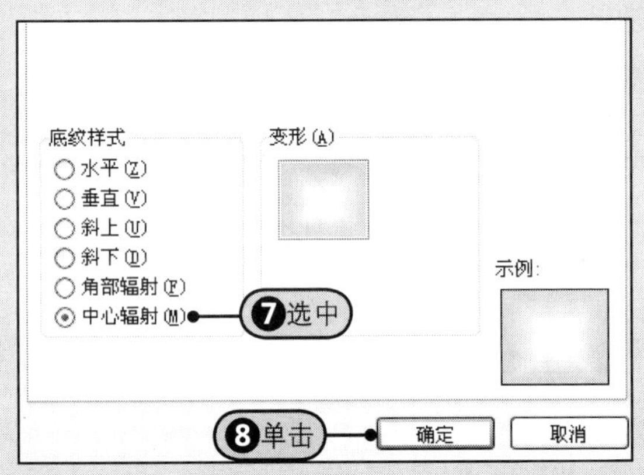

图12-41 选择底纹样式

5 步骤 Step9 应用渐变填充后的表格效果，如图12-42所示。

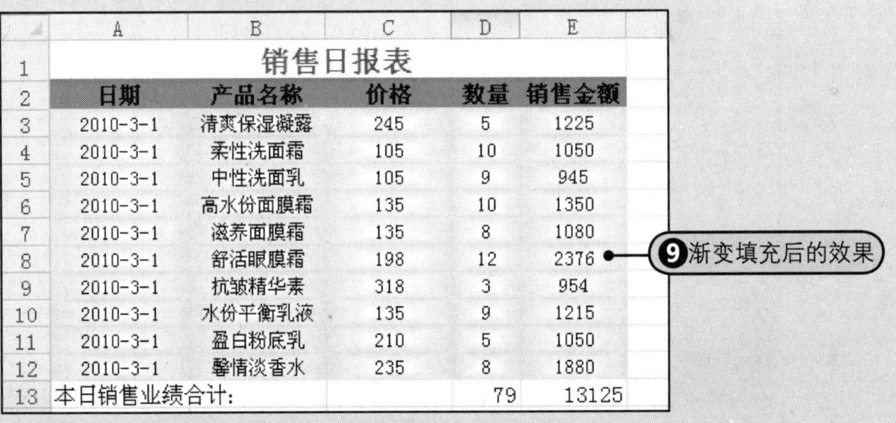

	A	B	C	D	E
1	销售日报表				
2	日期	产品名称	价格	数量	销售金额
3	2010-3-1	清爽保湿凝露	245	5	1225
4	2010-3-1	柔性洗面霜	105	10	1050
5	2010-3-1	中性洗面乳	105	9	945
6	2010-3-1	高水份面膜霜	135	10	1350
7	2010-3-1	滋养面膜霜	135	8	1080
8	2010-3-1	舒活眼膜霜	198	12	2376
9	2010-3-1	抗皱精华素	318	3	954
10	2010-3-1	水份平衡乳液	135	9	1215
11	2010-3-1	盈白粉底乳	210	5	1050
12	2010-3-1	馨情淡香水	235	8	1880
13	本日销售业绩合计:			79	13125

图12-42 设置渐变填充后的表格效果

12.5.3 设置表格的图案填充效果

除了使用纯色填充和渐变填充外，还可以使用图案来填充表格。再次打开附书光盘\实例文件\第12章\原始文件\销售日报表1.xlsx工作簿。

1 步骤 Step❶ 选择要设置填充的表格区域，如单元格A2:E13，如图12-43所示。

	A	B	C	D	E
2	日期	产品名称	价格	数量	销售金额
3	2010-3-1	清爽保湿凝露	245	5	1225
4	2010-3-1	柔性洗面霜	105	10	1050
5	2010-3-1	中性洗面乳	105	9	945
6	2010-3-1	高水份面膜霜	13[illegible]	[illegible]	1350
7	2010-3-1	滋养面膜霜	[illegible]	[illegible]	1080
8	2010-3-1	舒活眼膜霜	198	12	2376
9	2010-3-1	抗皱精华素	318	3	954
10	2010-3-1	水份平衡乳液	135	9	1215
11	2010-3-1	盈白粉底乳	210	5	1050
12	2010-3-1	馨情淡香水	235	8	1880
13	本日销售业绩合计:			79	13125

❶选择表格区域

图12-43　选择表格区域

2 步骤 Step❷ 打开“设置单元格格式”对话框，在“填充”选项卡中单击“图案颜色”右侧的下三角按钮，Step❸ 从展开的下拉列表中单击“黄色”，如图12-44所示。

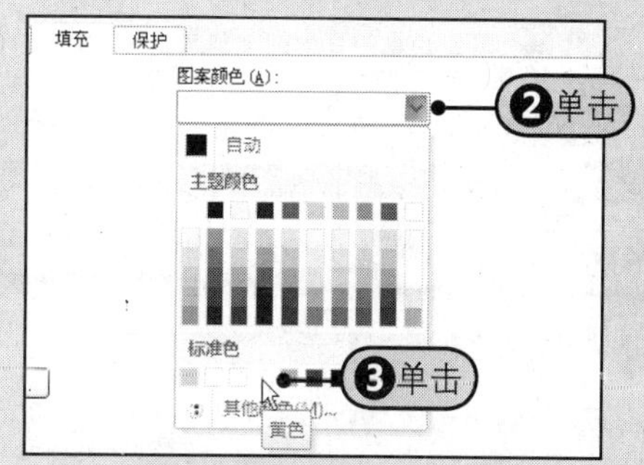

图12-44　选择图案颜色

3 步骤 Step❹ 单击“图案样式”右侧的下三角按钮，Step❺ 从展开的下拉列表中选择一种图案样式，如图12-45所示。

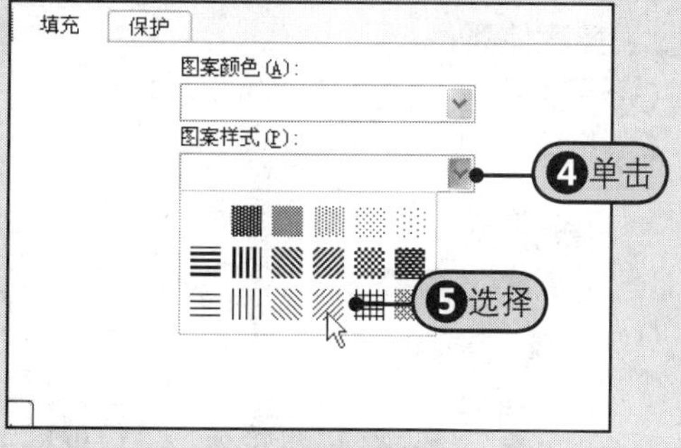

图12-45　选择图案颜色

4 步骤 Step❻ 设置好图案填充后的表格效果，如图12-46所示。

	A	B	C	D	E
2	日期	产品名称	价格	数量	销售金额
3	2010-3-1	清爽保湿凝露	245	5	1225
4	2010-3-1	柔性洗面霜	105	10	1050
5	2010-3-1	中性洗面乳	105	9	945
6	2010-3-1	高水份面膜霜	135	10	1350
7	2010-3-1	滋养面膜霜	135	[illegible]	[illegible]
8	2010-3-1	舒活眼膜霜	198	12	2376
9	2010-3-1	抗皱精华素	318	3	954
10	2010-3-1	水份平衡乳液	135	9	1215
11	2010-3-1	盈白粉底乳	210	5	1050
12	2010-3-1	馨情淡香水	235	8	1880
13	本日销售业绩合计:			79	13125

❻图案填充效果

图12-46　设置图案填充后的效果

提示

删除图案填充效果

如果要删除表格的图案填充效果，可以先选择表格所在的单元格区域，打开“设置单元格格式”对话框，Step❶ 在“图案颜色”下拉列表中选择“自动”命令，如图12-47所示。Step❷ 在“图案样式”下拉列表中选择左上角的“实心”图案，如图12-48所示。确定后，返回工作表中，即可删除表格区域的图案填充效果。

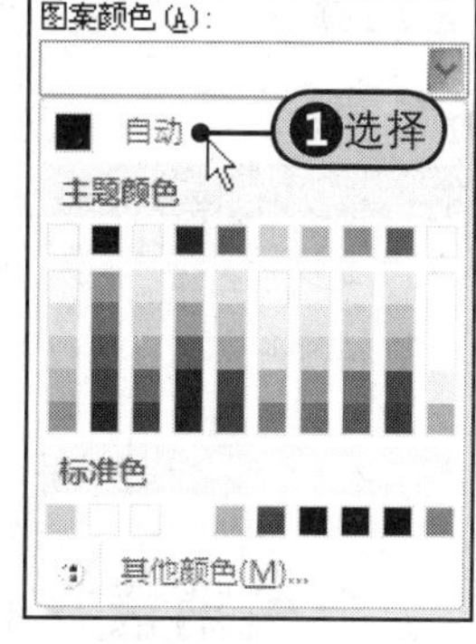

图12-47　清除图案颜色

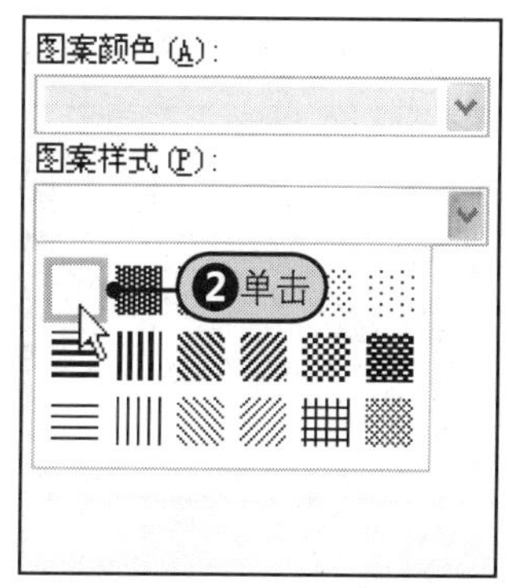

图12-48　清除图案样式

12.6 融会贯通 设置“产品销售统计表”格式

本章主要介绍了Excel中数据的格式设置等相关知识，内容包括字体设置、单元格及内容对齐设置、数据格式设置，以及表格的边框和背景设置等。接下来，本节通过一个表格设置格式实例来进一步加深读者对本章知识的掌握程度。打开附书光盘\实例文件\第12章\原始文件\产品销售统计表.xlsx工作簿。

1 步骤 单击对话框启动器。

Step 1 选择单元格A1。

Step 2 在“字体”组中单击对话框启动器。

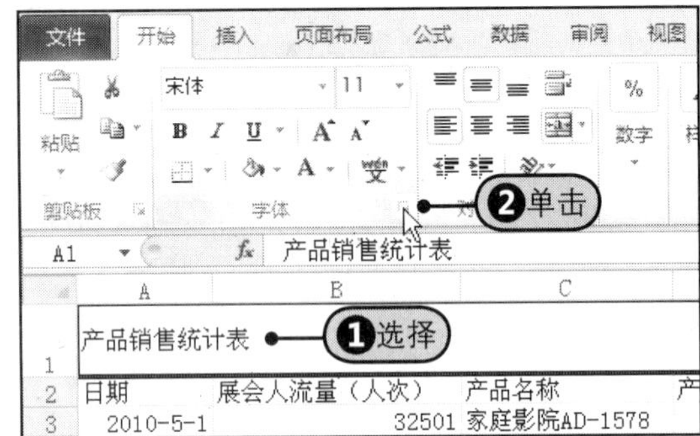

2 步骤 选择字体。

从“字体”下拉列表中选择“黑体”。

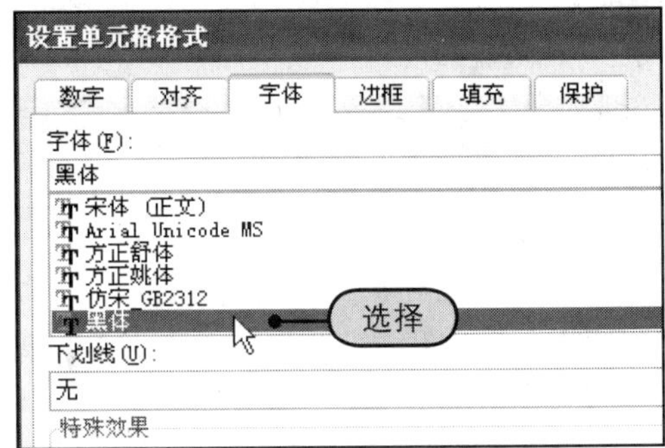

3 步骤 设置字形、字号。

Step 1 在“字形”列表框中单击“加粗”。

Step 2 在“字号”列表框中单击“20”。

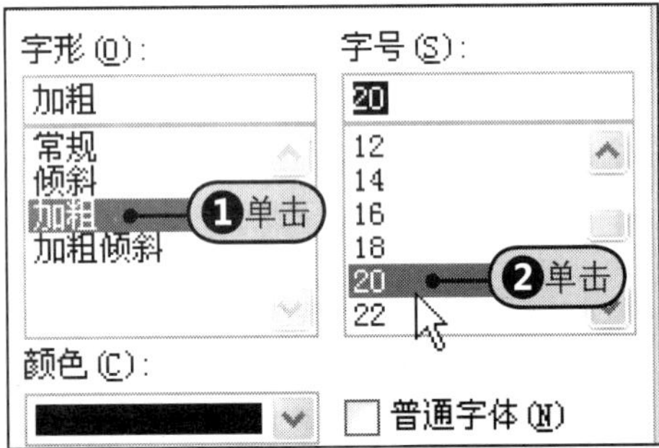

4 步骤 设置字体颜色。

Step 1 单击“颜色”右侧的下三角按钮。

Step 2 从下拉列表中单击“蓝色”。

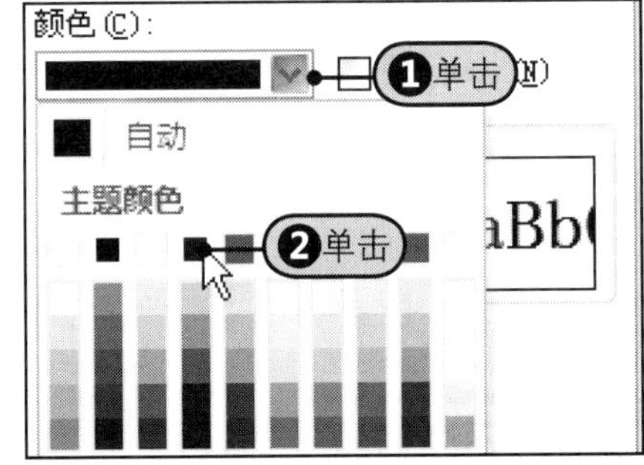

5 步骤 选择表格区域。

选择表格区域内单元格A2:E8。

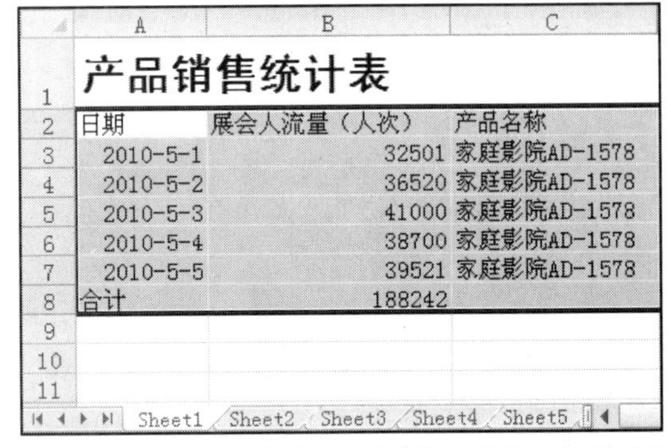

6 步骤 设置字号。

Step 1 在“字体”组中单击“字号”右侧的下三角按钮。

Step 2 从下拉列表中单击“10”。

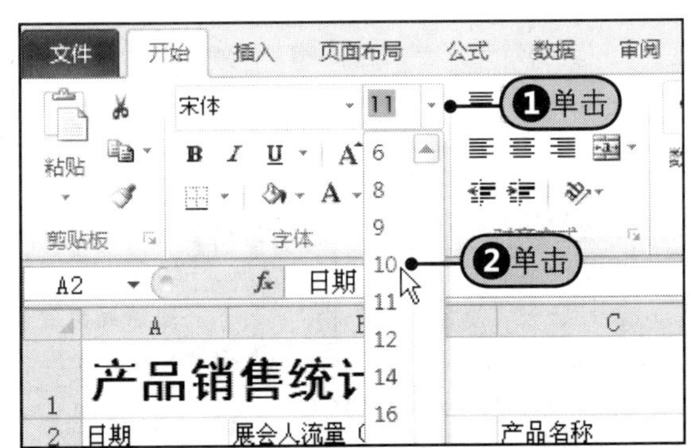

（续上）

7 步骤 设置对齐方式。

Step 1 选择单元格区域A1:E8。

Step 2 在“对齐方式”组中单击“居中”按钮。

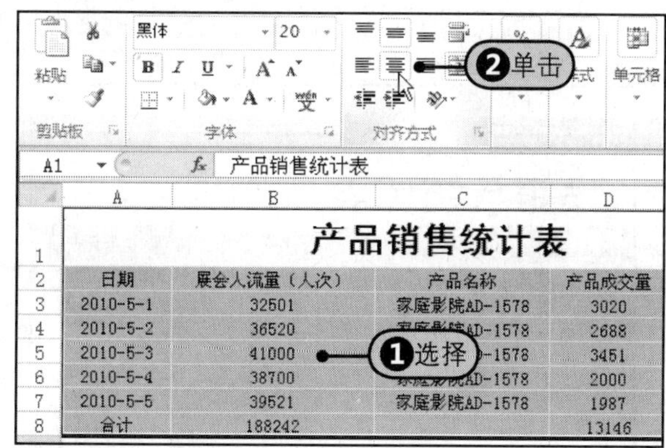

8 步骤 设置表格外边框。

Step 1 在“颜色”下拉列表中选择“蓝色”。

Step 2 在“样式”列表框中单击“粗匣线”。

Step 3 在“预置”区域中单击“外边框”按钮。

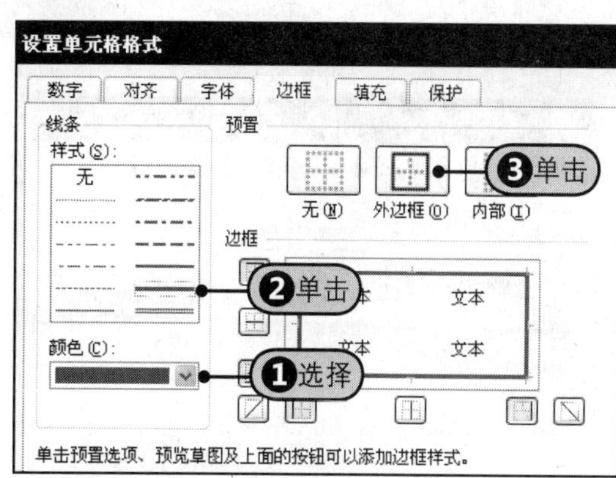

9 步骤 设置表格内部边框。

Step 1 在“样式”列表框中单击“点画线”。

Step 2 在“预置”区域内单击“内部”按钮。

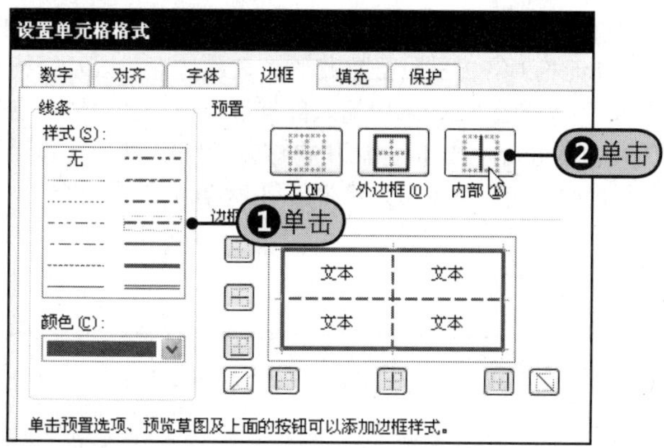

10 步骤 设置加粗格式。

Step 1 选择标题所在区域单元格A2:E2。

Step 2 在“字体”组中单击“加粗”按钮。

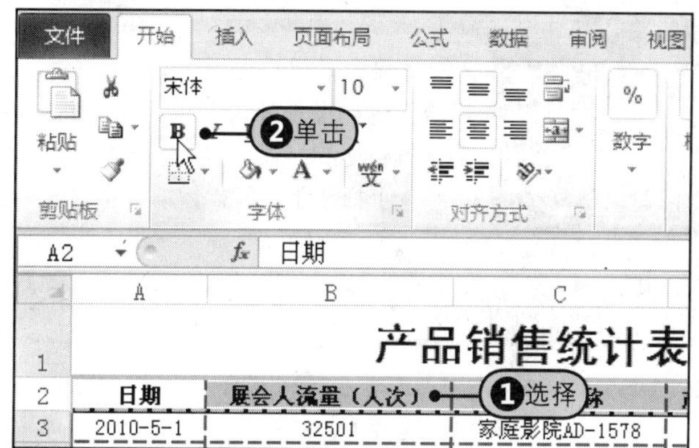

11 步骤 设置标题行背景填充。

Step 1 单击“背景颜色”右侧的下三角按钮。

Step 2 从下拉列表中单击“蓝色”。

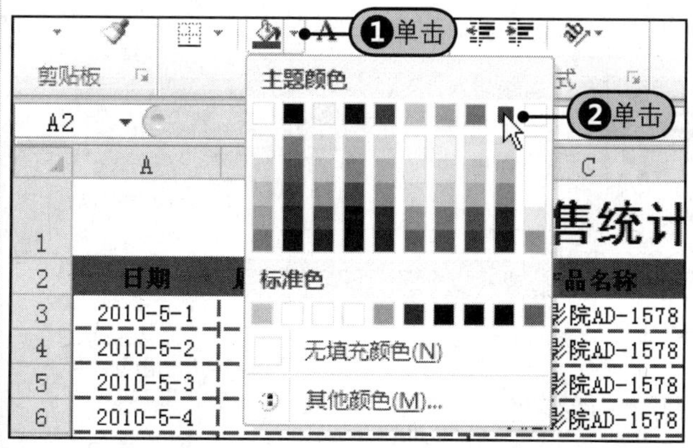

12 步骤 选择金额栏。

选择单元格区域E3:E8。

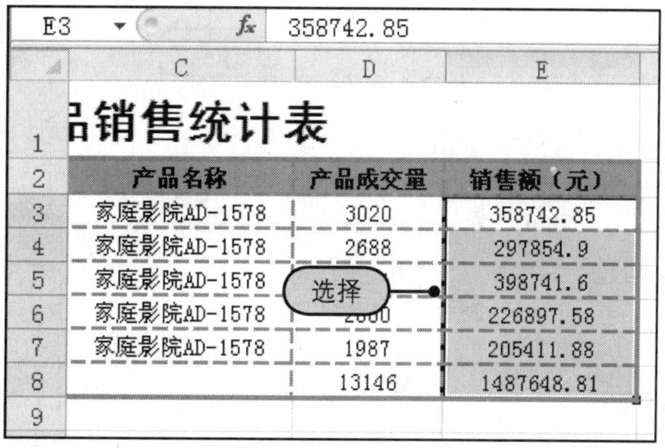

（续上）

13 步骤 **设置货币格式。**

Step❶在“设置单元格格式”对话框中的“分类”列表框中单击“货币”。

Step❷设置“小数位数”为“2”。

Step❸从“货币符号（国家/地区）”下拉列表中选择人民币符号“￥”。

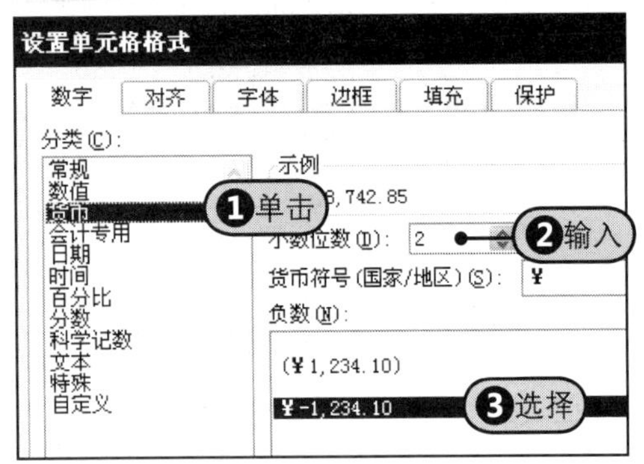

14 步骤 **显示货币格式的数据。**

随后，销售额一列的数据将会显示为货币格式。

	C	D	E
1	品销售统计表		
2	产品名称	产品成交量	销售额（元）
3	家庭影院AD-1578	3020	￥358,742.85
4	家庭影院AD-1578	2688	￥297,854.90
5	家庭影院A		￥398,741.60
6	家庭影院AD-1578	2000	￥226,897.58
7	家庭影院AD-1578	1987	￥205,411.88
8		13146	￥1,487,648.81

12.7 专家支招

本章学习了在Excel工作表中对字体格式、单元格对齐方式、数字格式、表格边框，以及表格背景效果进行设置等内容。通过本章的学习，读者可以掌握在Excel中输入数据后，根据数据的特点规范设置数据的格式。接下来再对与本部分相关的内容进行一些技巧方面的补充，例如，如何在单元格中输入上标和下标，如何取消工作表中显示的网格线，如何避免单元格中出现“#####”等内容。

招术一 如何在单元格中输入上标和下标

使用Excel编辑中学生数学考试试卷，可能经常会遇到上标和下标的输入问题。实际上，在Excel 2010中输入上标和下标并不是什么难事，操作方法如下。

Step❶选择单元格中要作为上标的数据，如单元格B3中的数据“2”，Step❷在“字体”组中单击对话框启动器，Step❸在“设置单元格格式”对话框中的“特殊效果”区域内勾选“上标”复选框，Step❹确定后，返回工作表中选择要作为下标的数据，Step❺再次打开“设置单元格格式”对话框，在“特殊效果”区域内勾选“下标”复选框，Step❻最后得到的上、下标效果，如图12-49所示。

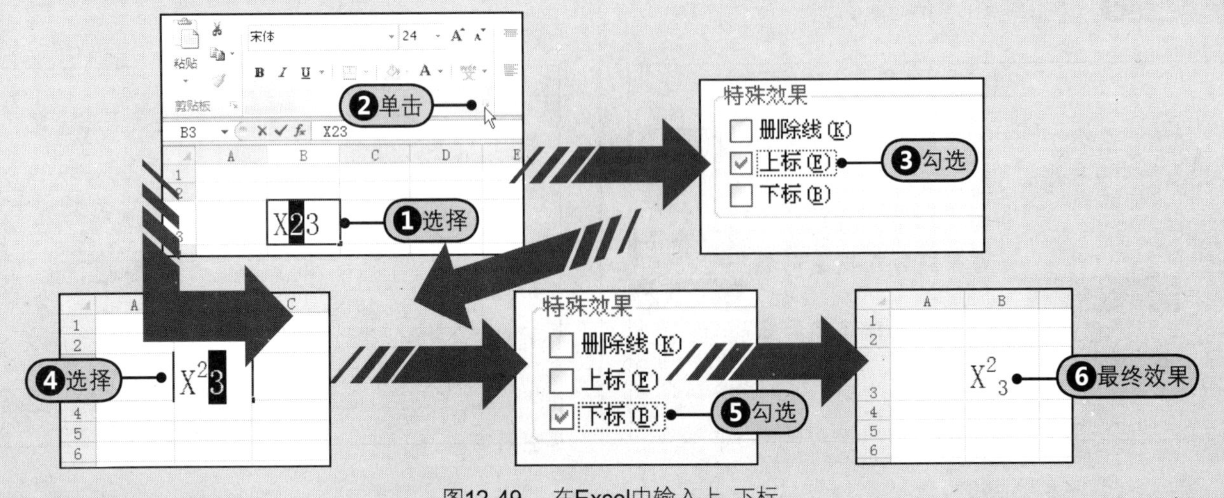

图12-49 在Excel中输入上、下标

招术二 取消工作表中网格线的显示

在默认的情况下，工作表中都会显示网格线，但用户也可以设置显示或隐藏工作表的网格线。

Step 1 打开工作簿，在“视图”选项卡中的“显示”组中取消勾选“网格线”复选框，Step 2 隐藏网格线后的工作表效果，如图12-50所示。

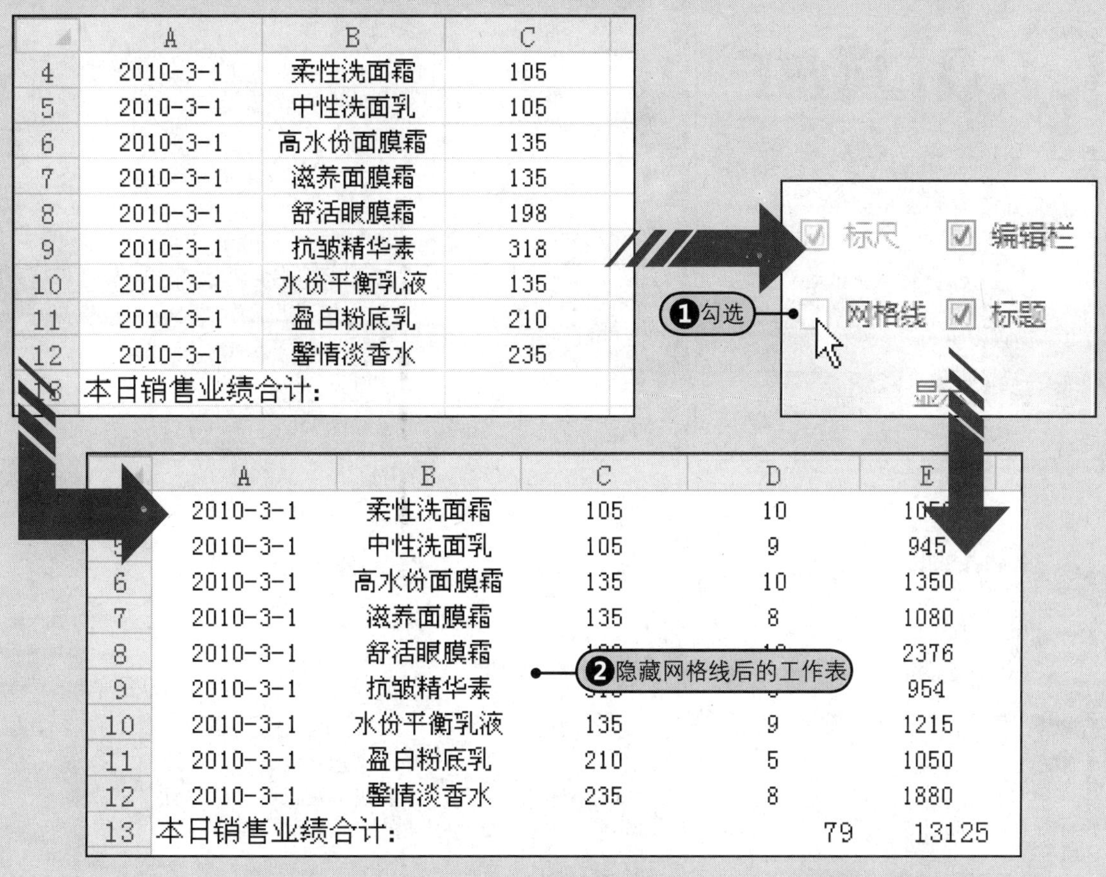

图12-50　隐藏工作表中的网格线

招术三 如何避免单元格中出现“####”

在Excel中输入日期、数值等数据类型时，如果单元格的列宽不足于显示数据，单元格中会将数据显示为“#####”，如图12-51所示。用户只需要增加列宽，单元格中会重新显示数据，如图12-52所示。

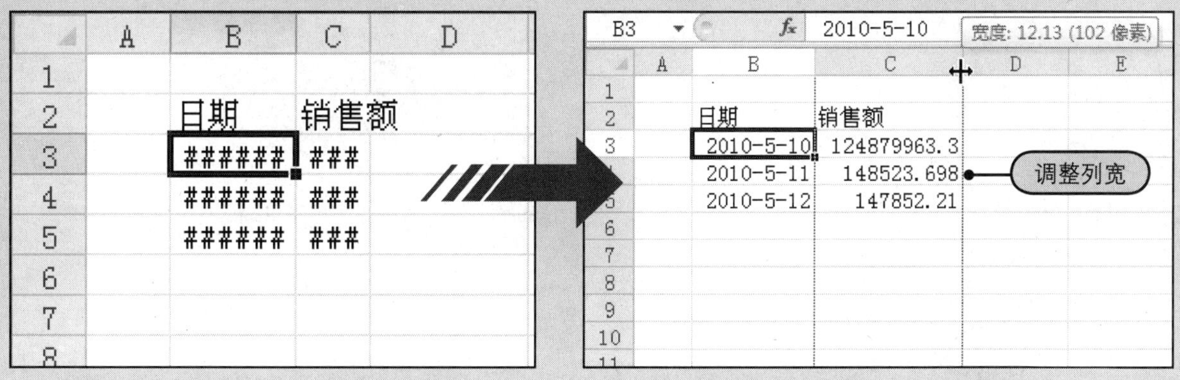

图12-51　当列宽不足时显示“####”

图12-52　调整列宽

Part 3 Excel篇

Chapter 13

美丽与智慧并存——工作表的美化与保护

在电子商务高速发展的现代职场中，如果仅仅学会表格的制作，是很难在激烈的人才竞争中立于不败之地的。所以要想适应需求，不仅要学会使用Excel表格来表达和展示数据，而且还需要运用一些美学观点来美化表格达到让观看者在一种非常愉悦的气氛中完成表格阅读的目的。此外，商务数据常会涉及公司机密，所以工作表的保护也非常重要。那么，本章将要教会读者如何来美化和保护工作表，从而使美丽与智慧并存。

13.1 图片与表格的融合

如果表格中仅仅是一些文字、数字，阅读起来难免会给人一种枯燥乏味、死气沉沉的感觉。因此，根据表格所表达的主题内容，可以适当地将一些美丽的图片融合到表格中去，从而给人一种活泼、美好的感觉，也可以缓解现代职场压力，使阅读者放松心情。

13.1.1 为表格插入图片

要使图片与表格融合起来，展现给领导或老板一份不同的报表，首先需要学会如何将图片插入到表格中。打开附书光盘\实例文件\第13章\原始文件\每周备忘录.xlsx工作簿。

1 步骤 Step1 切换到工作表Sheet1中，将光标定位于备忘录表格的任意单元格中，如图13-1所示。

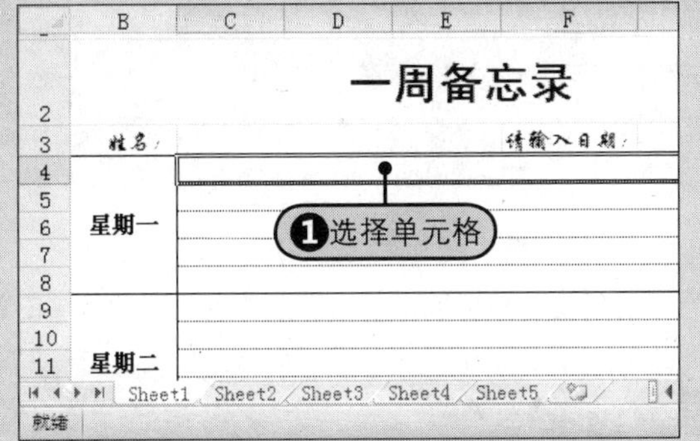

图13-1 打开的备忘录表格

2 步骤 Step2 在“插入”选项卡中的“插图”组中单击“图片”按钮，如图13-2所示。

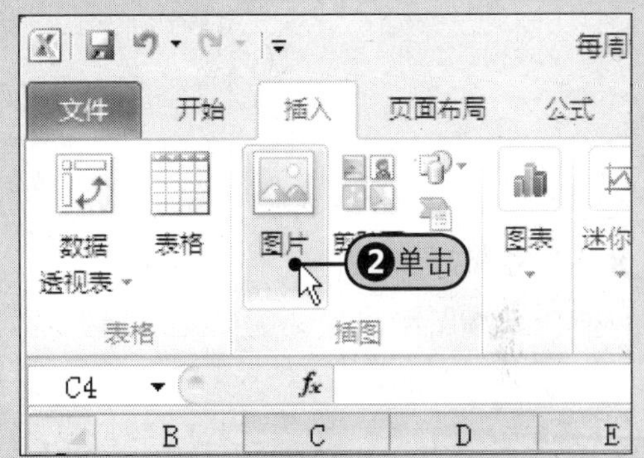

图13-2 单击“图片”按钮

3 步骤 随后，打开“插入图片”对话框，Step3 在“查找范围”下拉列表中选择附书光盘\实例文件\第13章\原始文件，Step4 双击要插入的图片，如图13-3所示。

图13-3 双击要插入的图片

4 步骤 Step5 插入到表格中的图片，如图13-4所示。

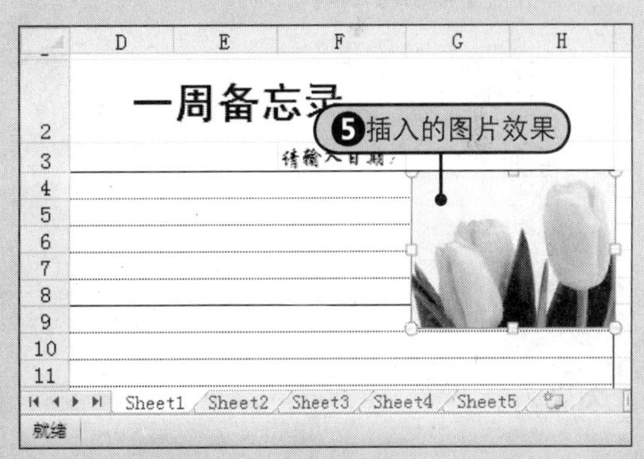

图13-4 插入图片后的效果

13.1.2 设置图片格式

在Excel 2010中，不需要借助于其他专业的图片编辑软件，直接就可以设置图片的亮度、对比度、颜色、艺术效果等专业的格式。

❶ 更正图片亮度和对比度

在Excel 2010中，更正图片的亮度和对比度的方法：Step1 选择插入到工作表中的图片，Step2 在“图片工具-格式”选项卡中的“调整”组中单击“更正”的下三角按钮，Step3 从展开的下拉列表中的“亮度和对比度”区域中单击“亮度+20%，对比度-40%”，Step4 更改亮度和对比度后的图片效果，如图13-5所示。

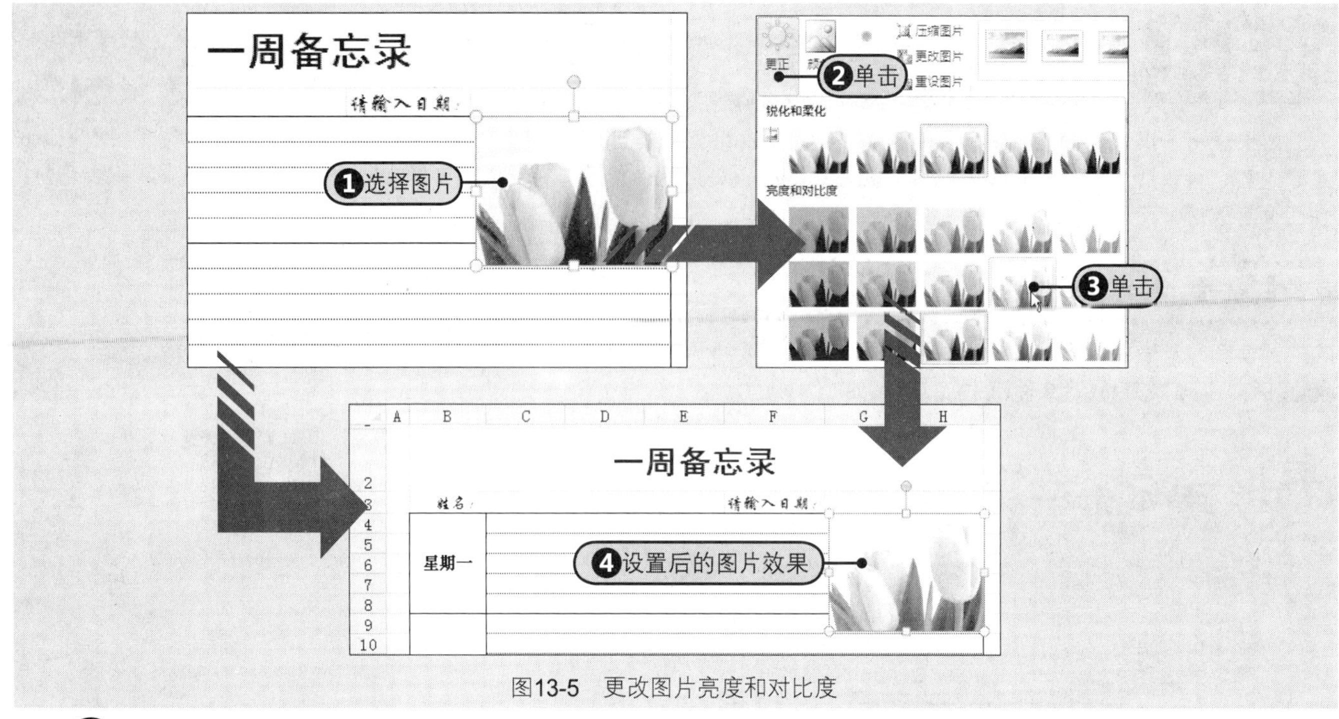

图13-5　更改图片亮度和对比度

2 调整图片颜色

用户还可以调整图片的颜色，主要包括调整图片的饱和度、色温、重新着色等选项，从而使图片拥有完全不同的效果。

1 步骤 Step 1 选择工作表中的图片，如图13-6所示。

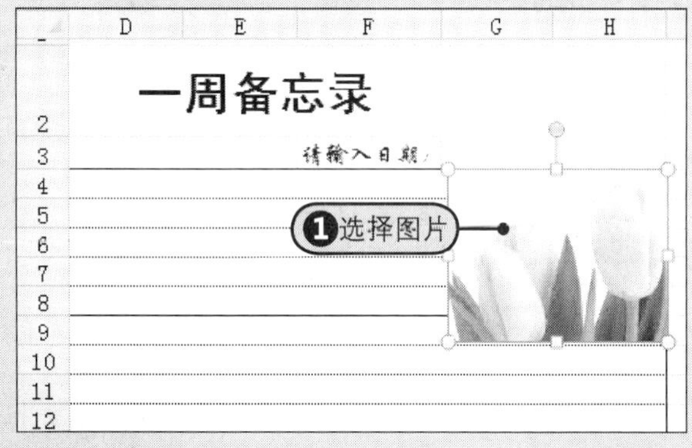

图13-6　选择图片

2 步骤 Step 2 在“图片工具-格式”选项卡中的“调整”组中单击“颜色”的下三角按钮，Step 3 从展开的下拉列表中的“颜色饱和度”区域中单击“饱和度：400%”，如图13-7所示。

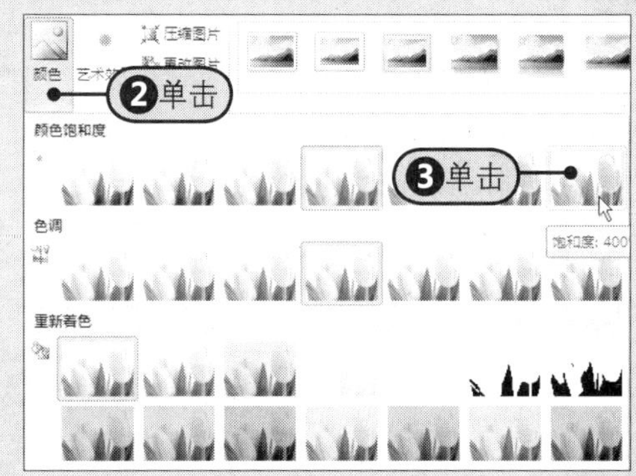

图13-7　更改饱和度

3 步骤 Step 4 更改颜色饱和度后的图片效果，如图13-8所示。

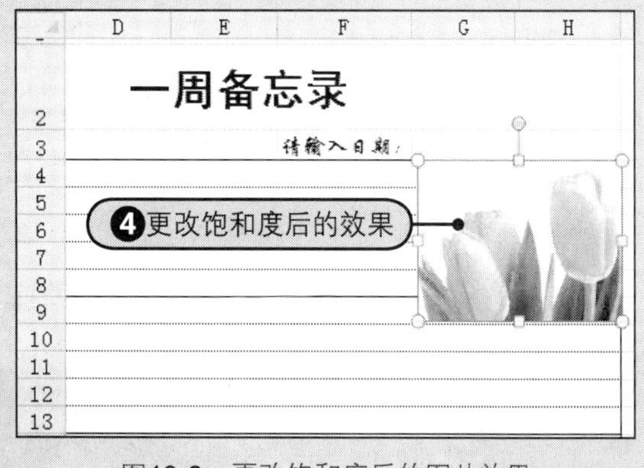

图13-8　更改饱和度后的图片效果

4 步骤 Step 5 再次单击“颜色”的下三角按钮，Step 6 从展开的下拉列表中的“色调”区域中单击“色温:8800K”，如图13-9所示。

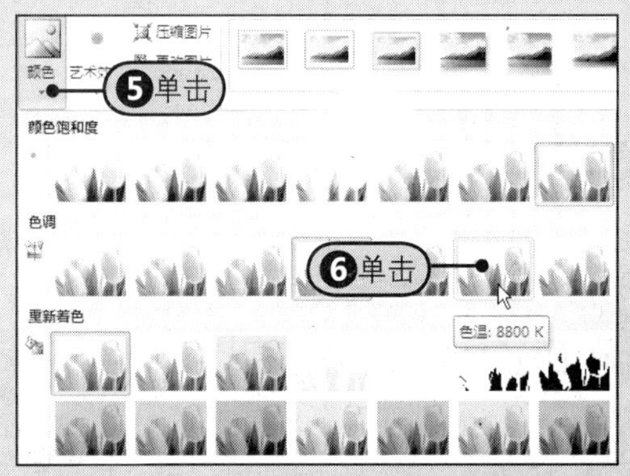

图13-9　更改色温

5 步骤 Step 7 更改色温后的图片效果，如图13-10所示。

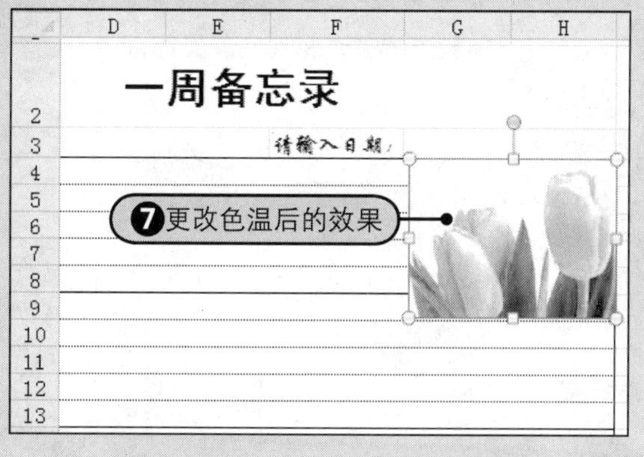

图13-10 调整色温后的图片效果

6 步骤 Step 8 在“颜色”下拉列表中的“重新着色”区域中单击“灰度”，如图13-11所示。

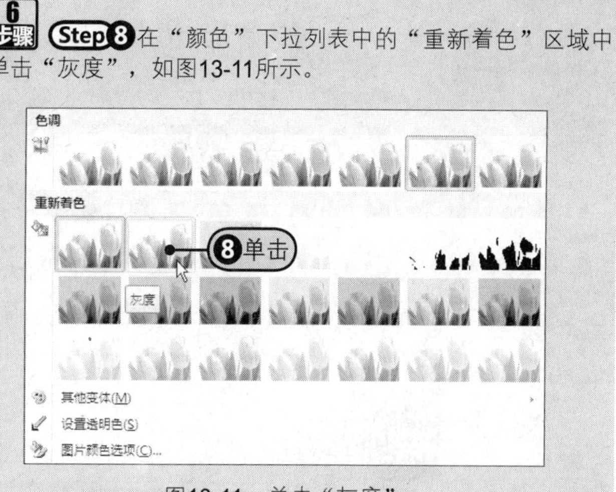

图13-11 单击“灰度”

提示

取消对图片的重新着色

在对图片重新着色后，如果撤销对图片重新着色，可以单击“颜色”的下三角按钮，从展开的下拉列表中单击“重新着色”区域左上角的“不重新着色”，如图13-12所示。

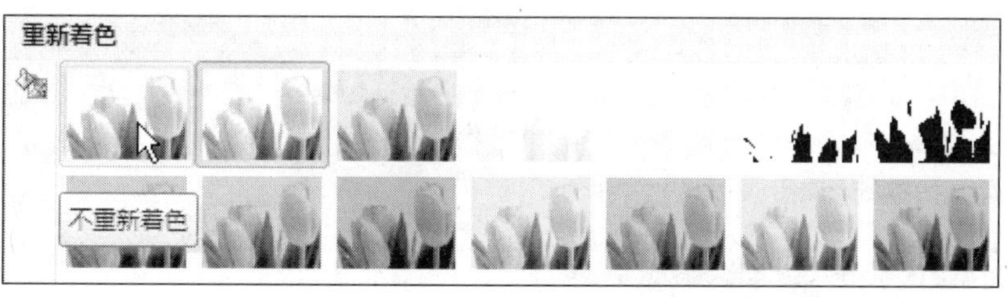

图13-12 取消重新着色

7 步骤 Step 9 灰度模式下的图片效果，如图13-13所示。

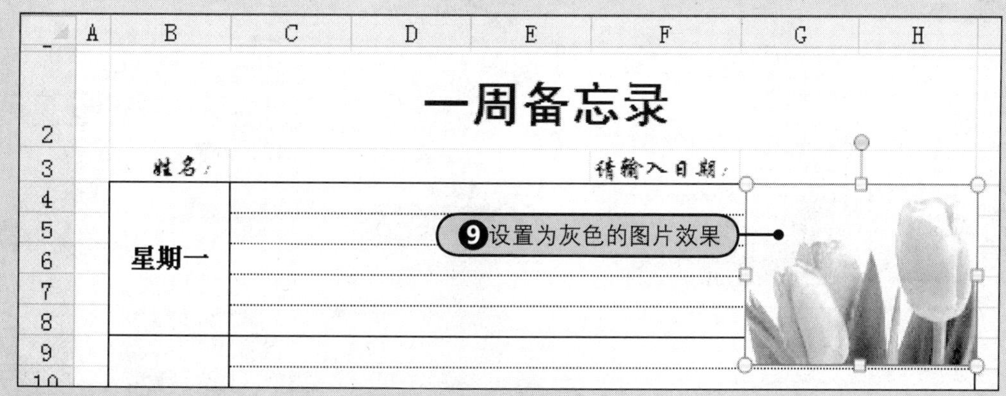

图13-13 灰度模式下的图片效果

3 更改图片艺术效果

用户还可以为图片设置铅笔灰度、铅笔素描、胶片颗粒、纹理、马赛克气泡等效果。

Step 1 选择要设置的图片，Step 2 在“调整”组中单击“艺术效果”的下三角按钮，Step 3 从展开的下拉列表中单击“纹理化”，Step 4 设置纹理化艺术效果后的图片，如图13-14所示。

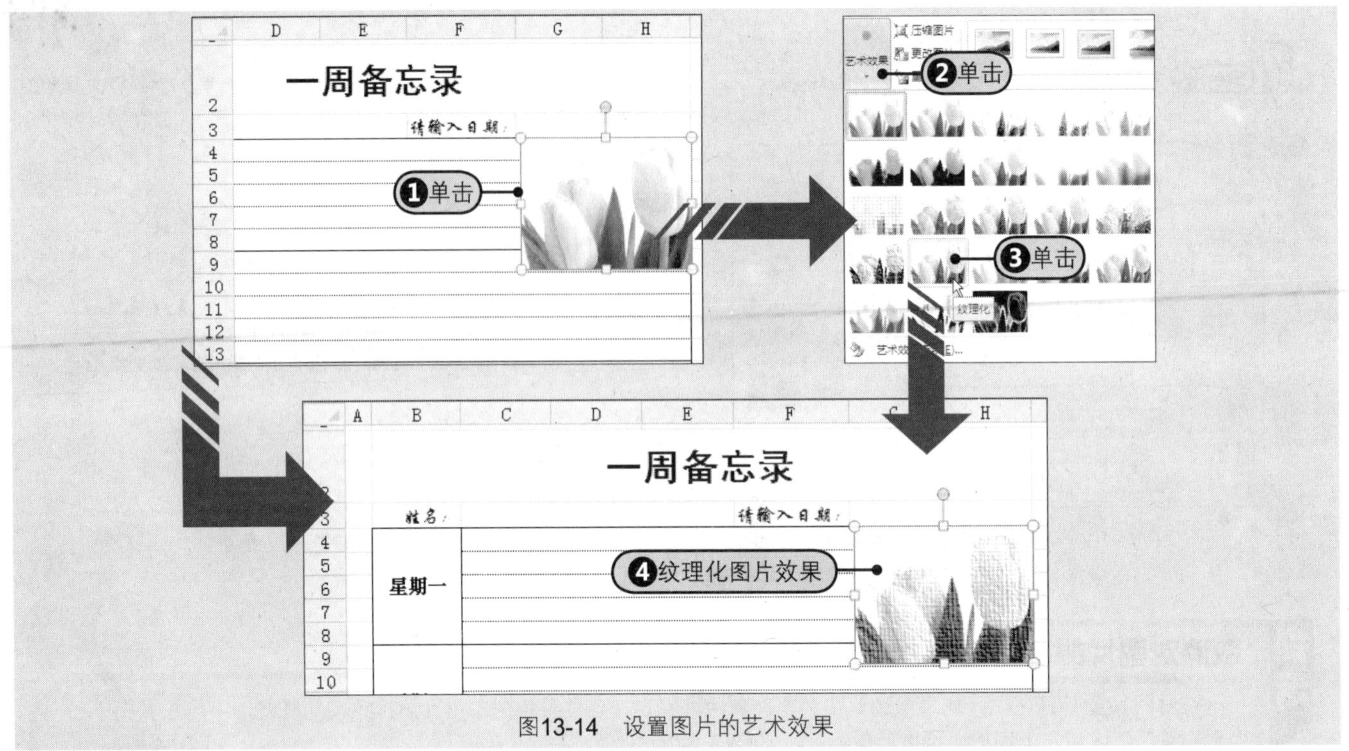

图13-14 设置图片的艺术效果

13.2 一键为单元格应用多种格式

在Excel 2010中，系统提供了丰富的内置样式，用户只需要一键操作，便可以为单元格应用专业的格式，从而节省更多的时间花在表格的创建及数据的分析上。

13.2.1 应用内置单元格样式

Excel中将经常需要用到的单元格样式设置为内置样式，用户只需要从“单元格样式”下拉列表中单击即可快速为自己的单元格应用该种样式。接着上一节对“一周备忘录”工作表的操作，本节将为该表格中的单元格应用内置样式。

Step❶选择内容为“星期一”的单元格B4，Step❷在“开始”选项卡中的“样式”组中单击“单元格样式”的下三角按钮，Step❸在展开的下拉列表中的“主题单元格样式”区域中单击“20%-强调文字颜色1”，Step❹应用内置单元格样式后的效果，如图13-15所示。

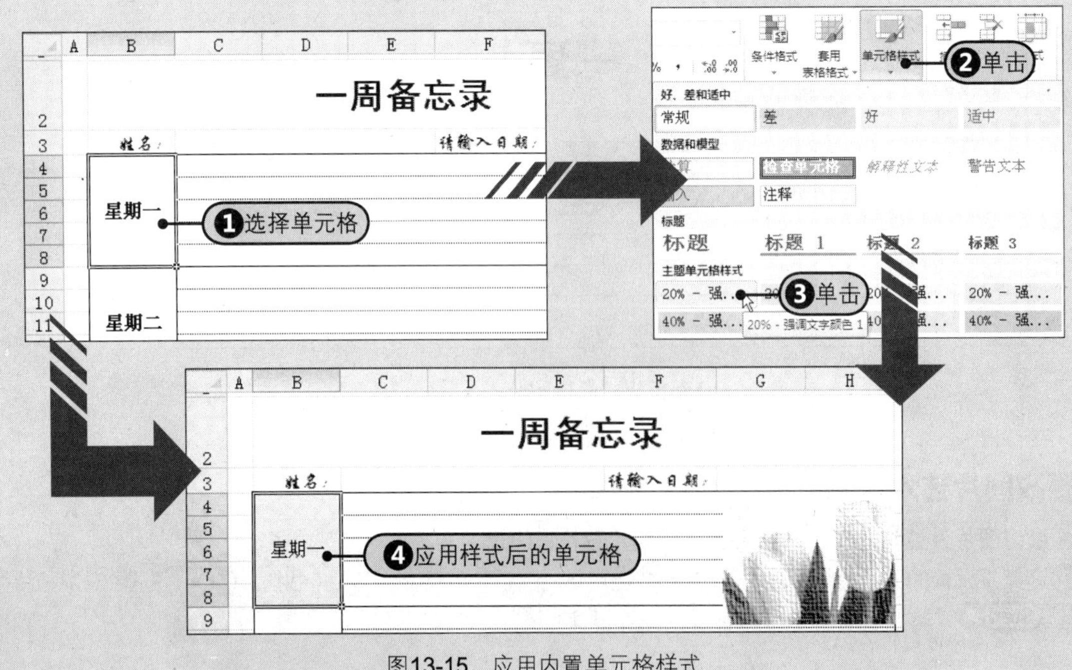

图13-15 应用内置单元格样式

13.2.2 修改内置单元格样式

即使是已经为单元格应用了某种内置样式，用户仍可以对内置样式进行修改，而且当修改内置样式后，已应用的单元格样式会自动修改。

1 步骤 Step1选择单元格B2，如图13-16所示。

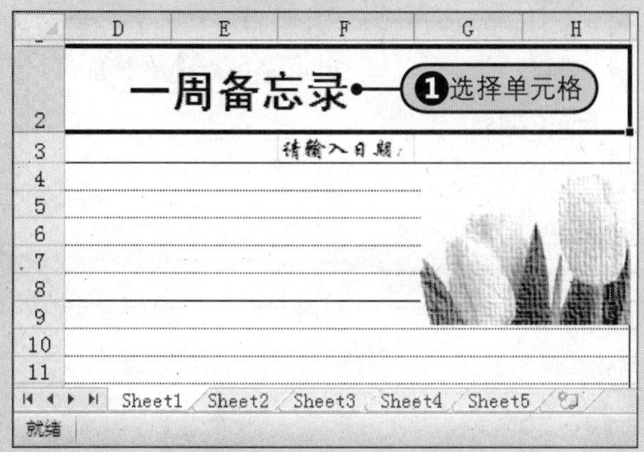

图13-16 选择单元格

2 步骤 Step2单击“单元格样式”按钮，Step3在下拉列表中单击“标题1”，如图13-17所示。

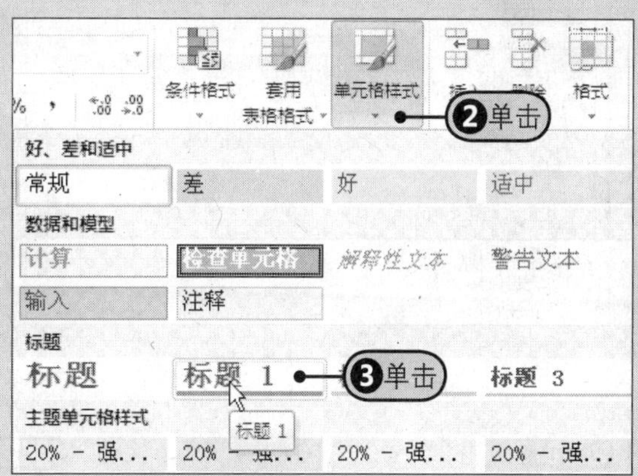

图13-17 应用样式“标题1”

3 步骤 Step4应用内置单元格格式“标题1”后的单元格效果，如图13-18所示。

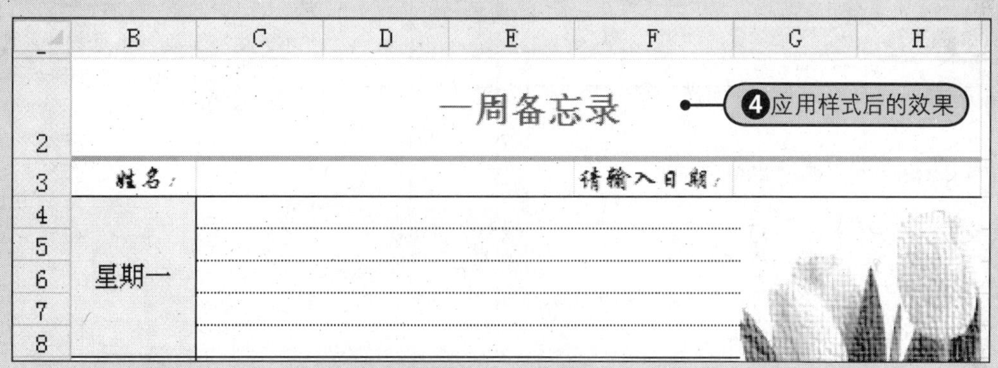

图13-18 应用内置样式“标题1”后的效果

4 步骤 再次打开“单元格样式”下拉列表，Step5右击“标题1”样式，Step6从展开的快捷菜单中选择“修改”命令，如图13-19所示。

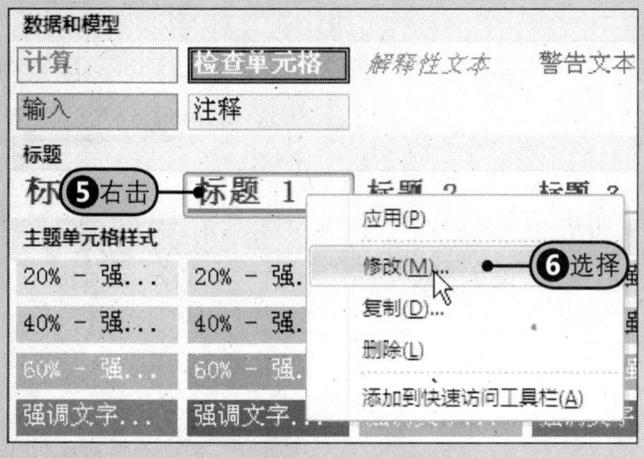

图13-19 选择“修改”命令

5 步骤 随后打开“样式”对话框，Step7单击“格式”按钮，如图13-20所示。

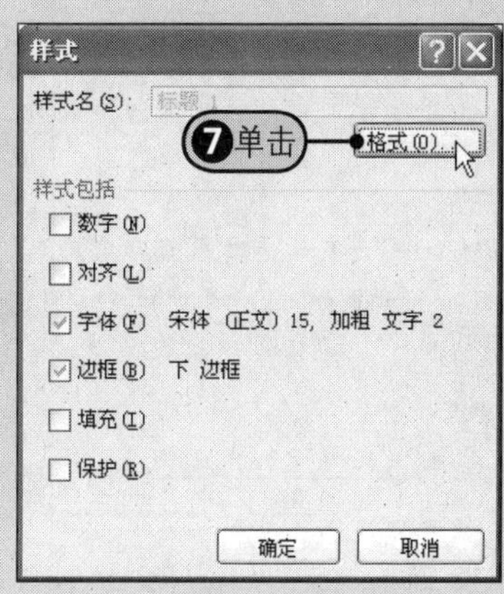

图13-20 单击“格式”按钮

6 步骤 Step8 在“设置单元格格式”对话框中单击“字体”标签，Step9 从“字体”列表框中选择“华文楷体”，如图13-21所示。

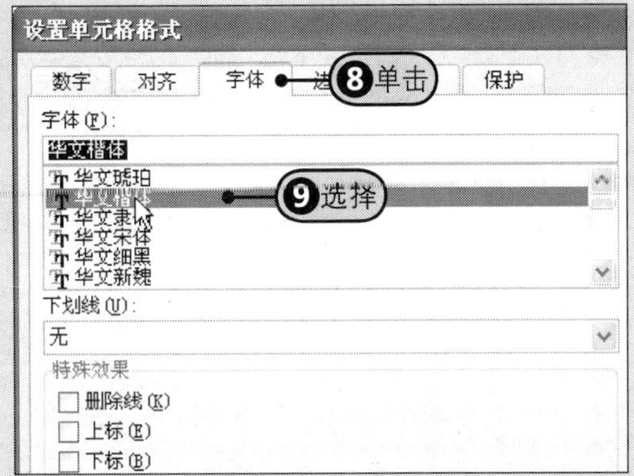

图13-21　更改字体

7 步骤 Step10 在“字号”列表框中选择“22”号字体，如图13-22所示。

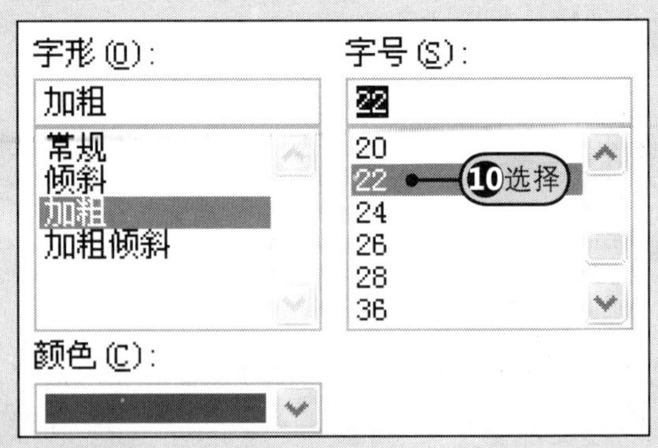

图13-22　更改字号

8 步骤 Step11 单击“下画线”右侧的下三角按钮，Step12 从展开的下拉列表中选择“双下画线”，如图13-23所示。

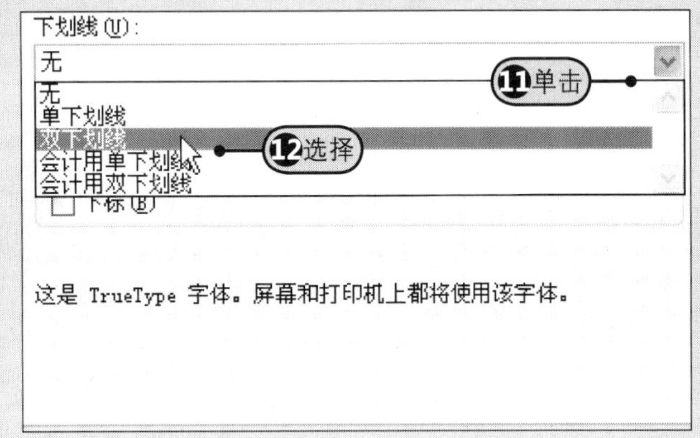

图13-23　设置下画线

9 步骤 Step13 单击“边框”标签，Step14 在“预置”区域内单击“无”按钮，如图13-24所示。

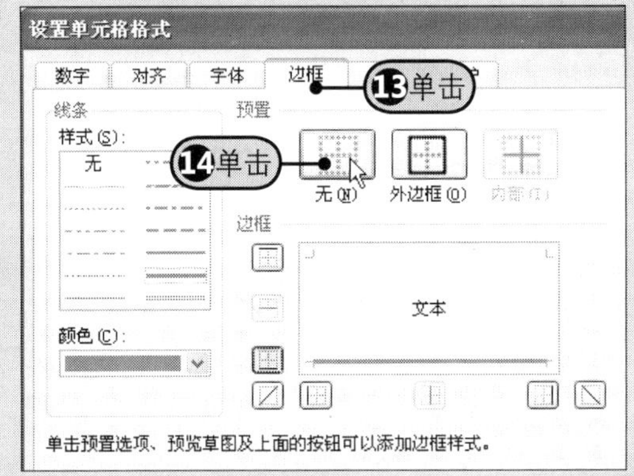

图13-24　取消边框

10 步骤 返回“格式”对话框，Step15 单击“确定”按钮，如图13-25所示。

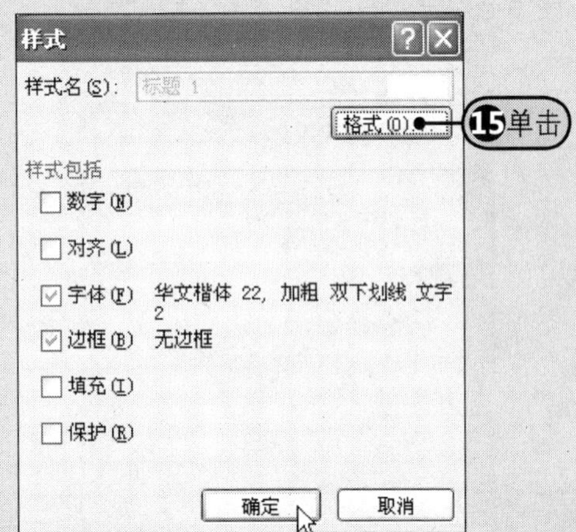

图13-25　单击“确定”按钮

11 步骤 Step16 更改内置样式“标题1”后，已应用“标题1”样式的单元格B2会自动更改为修改后的样式，如图13-26所示。

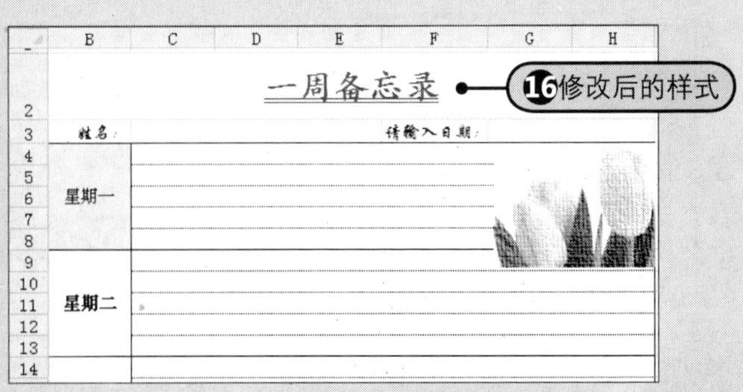

图13-26　更改样式后的效果

13.2.3 新建单元格样式

除了可以使用系统内置的单元格样式外，Excel 2010还支持用户自定义单元格样式，操作方法如下所示。

1 步骤 Step❶在“单元格样式”下拉列表中选择“新建单元格样式”命令，如图13-27所示。

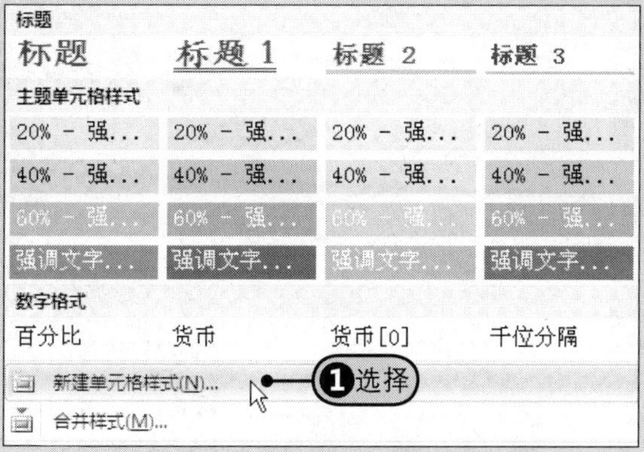

图13-27 选择“新建单元格样式”命令

2 步骤 Step❷在打开的“样式”对话框中的“样式名”框中输入“自定义标题”，Step❸在“包括样式（例子）”区域内勾选“字体”和“填充”复选框，Step❹然后单击“格式”按钮，如图13-28所示。

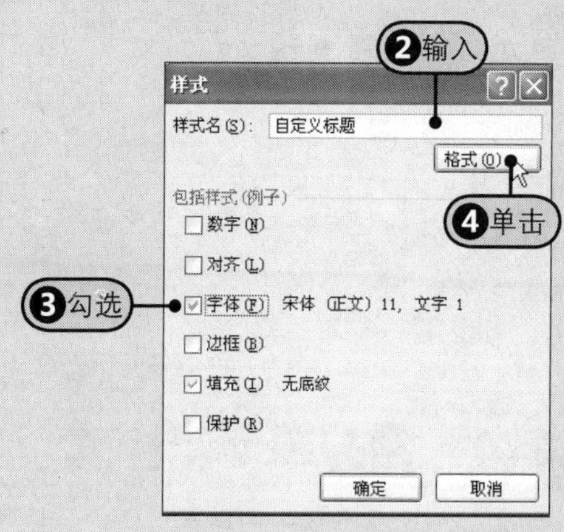

图13-28 单击“格式”按钮

3 步骤 Step❺在打开的“设置单元格格式”对话框中单击“字体”标签，Step❻从“字体”列表框中选择“黑体”，如图13-29所示。

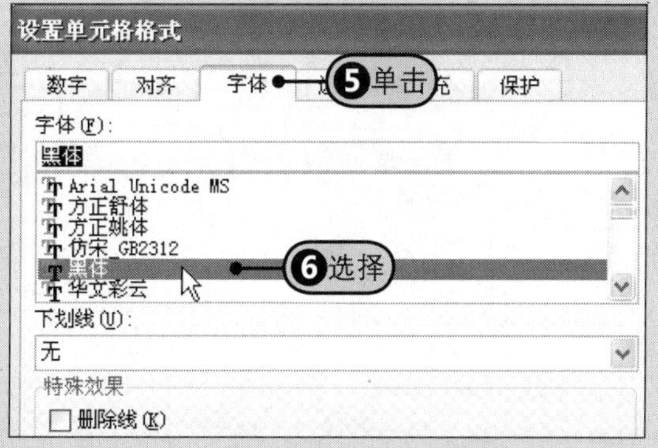

图13-29 选择“黑体”

4 步骤 Step❼在“字形”列表框中单击“加粗”选项，Step❽在“字号”列表中单击“20”，如图13-30所示。

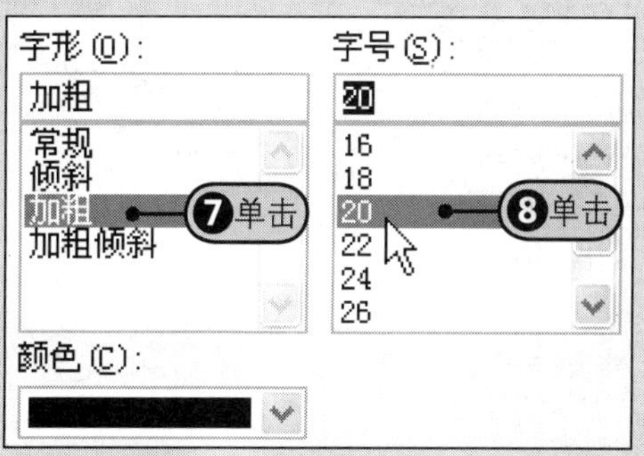

图13-30 设置字形和字号

5 步骤 Step❾在“设置单元格格式”对话框中单击“填充”标签，Step❿在“背景色”区域内单击“灰色”，如图13-31所示。

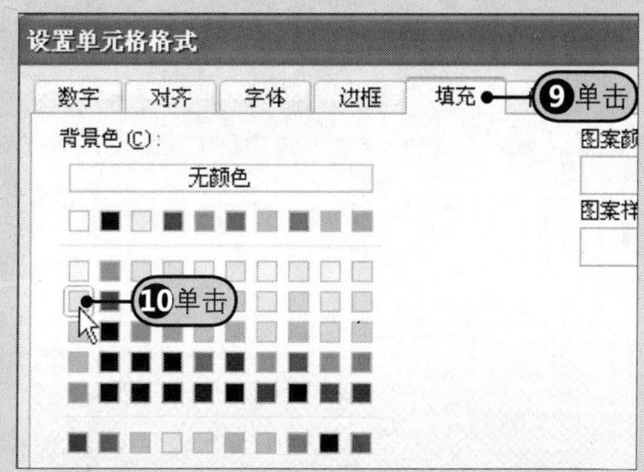

图13-31 设置背景色

6 步骤 返回“样式”对话框，Step⓫单击“确定”按钮，如图13-32所示。

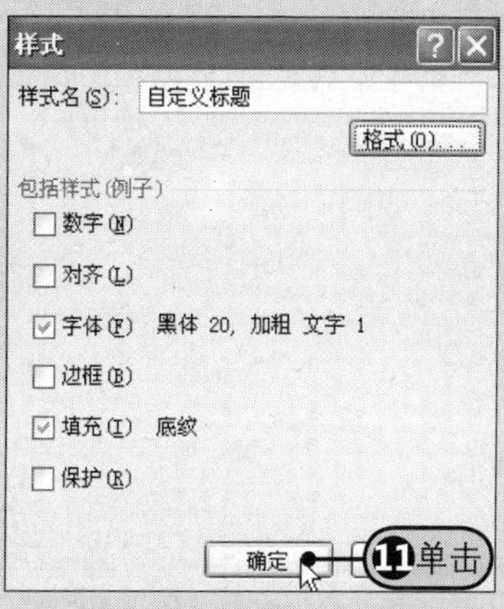

图13-32 单击“确定”按钮

7 步骤 选择标题所在单元格B2，Step12单击“单元格样式”按钮，此时下拉列表的顶部“自定义”区域内会显示新建的“自定义标题”样式，Step13单击即可为选定的单元格应用该样式，如图13-33所示。

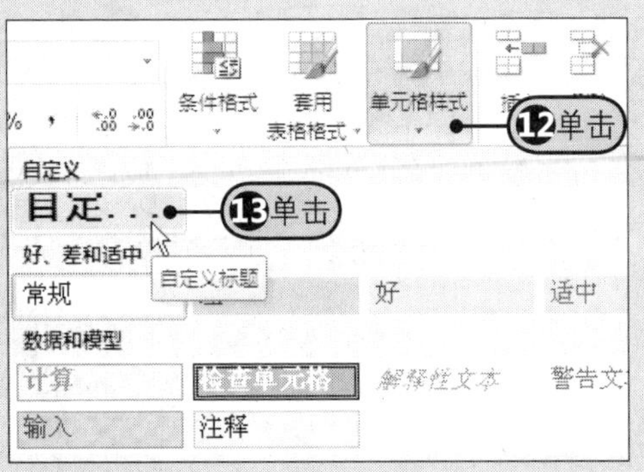

图13-33 单击“自定义标题”样式

8 步骤 Step14应用“自定义标题”样式后的单元格效果，如图13-34所示。

图13-34 应用自定义的标题样式

13.2.4 合并单元格样式

用户还可以将一个工作簿中的自定义样式合并到另一个工作簿中，相当于将一种自定义单元格样式复制到另一个工作簿中。打开附书光盘\实例文件\第13章\原始文件\自定义标题样式.xlsx工作簿。

1 步骤 Step1选择当前工作簿中的标题所在的单元格，如图13-35所示。

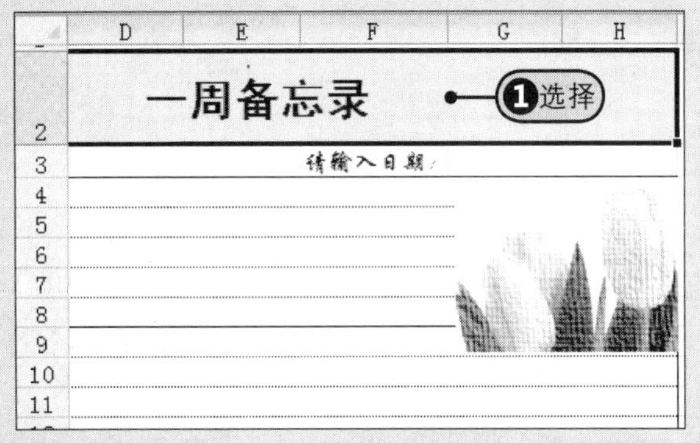

图13-35 选择标题所在单元格

2 步骤 Step2在“单元格样式”下拉列表中选择“合并样式”命令，如图13-36所示。

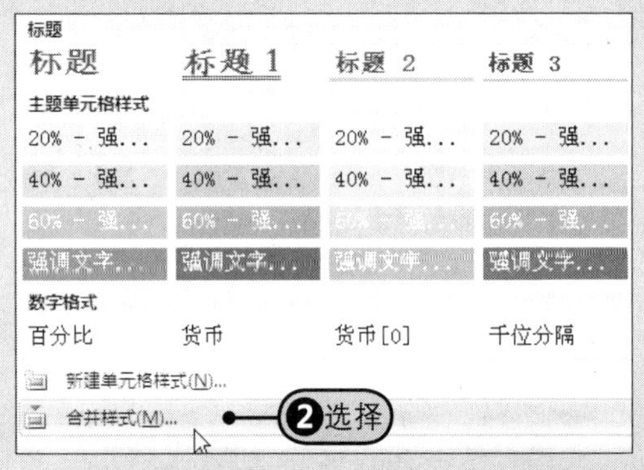

图13-36 选择“合并样式”命令

3 步骤 在打开的“合并样式”对话框中，Step3单击“自定义标题样式”工作簿名称，Step4单击“确定”按钮，如图13-37所示。

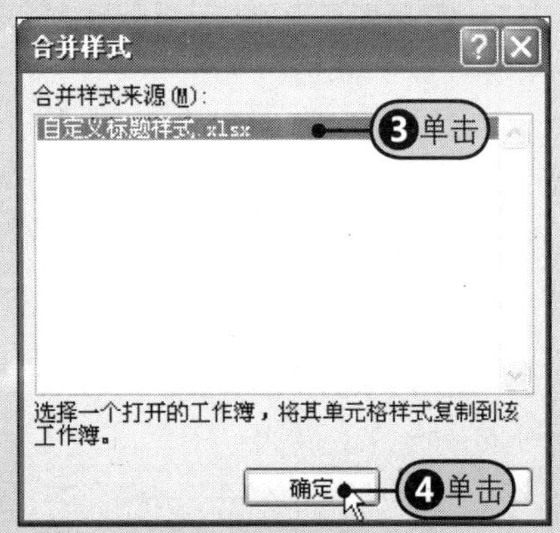

图13-37 单击“确定”按钮

4 步骤 随后系统弹出提示对话框，提示用户是否合并相同名称的样式，Step5单击“是”按钮，如图13-38所示。

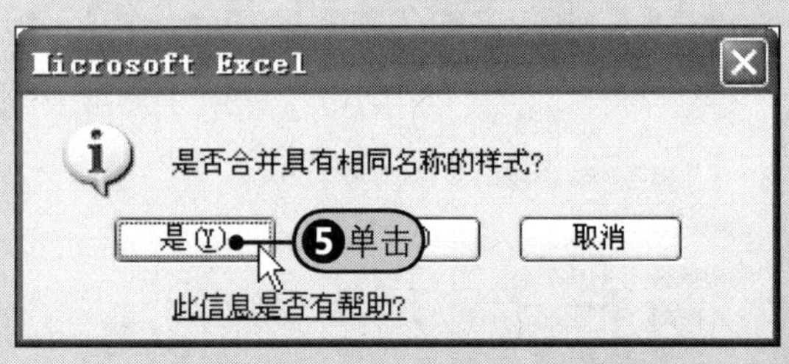

图13-38 单击“是”按钮

5 步骤 Step❻在“一周备忘录”工作簿中再次单击“单元格样式”的下三角按钮，Step❼展开的下拉列表中的“自定义”区域内会显示合并后的“自定义标题”样式，如图13-39所示。

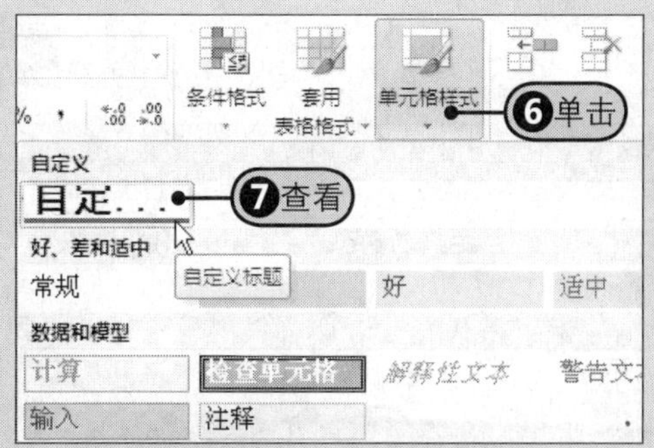

图13-39 查看合并后的样式

6 步骤 Step❽此时应用“自定义标题”样式的单元格也会自动更新，如图13-40所示。

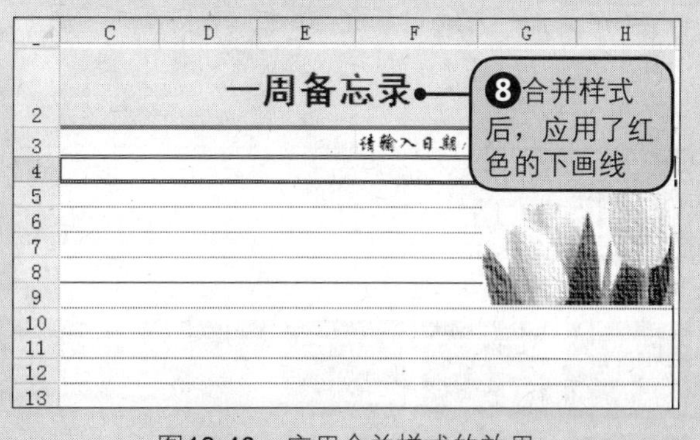

图13-40 应用合并样式的效果

13.3 一键为表格应用多种格式

上节中介绍了通过一键为单元格应用多种格式，本节学习通过一键为表格应用多种格式。同应用单元格格式类似，本部分内容主要包括应用内置表样式、修改内置表样式及新建表样式。打开附书光盘\实例文件\第13章\原始文件\超市营业额统计周报表.xlsx工作簿。

13.3.1 应用内置表样式

Excel为用户提供了丰富的内置表格样式，当完成表格的创建后，只需简单的几次单击操作，即可为表格应用专业的格式。

Step❶选择要应用内置表样式的表格区域，如单元格区域A3:F11，Step❷在“样式”组中单击“套用表格格式”的下三角按钮，Step❸从展开的下拉列表中单击“表样式中等深浅3”，Step❹在弹出的“套用表格式”对话框中勾选“表包含标题”复选框，Step❺然后单击“确定”按钮，Step❻应用内置表样式后的表格效果，如图13-41所示。

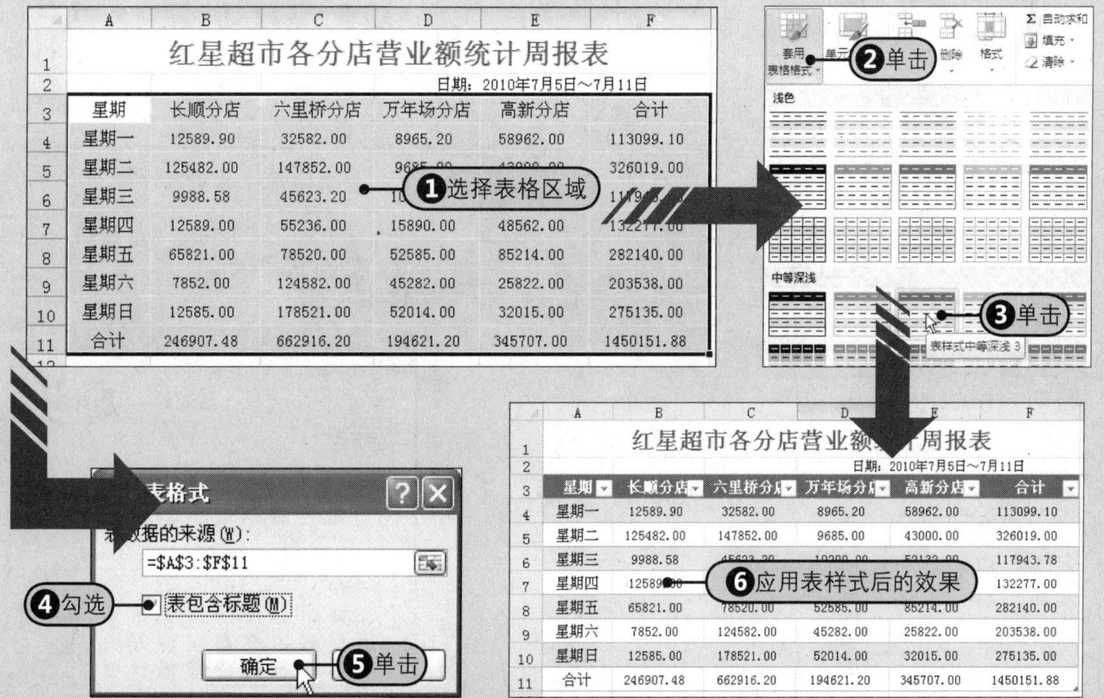

星期	长顺分店	六里桥分店	万年场分店	高新分店	合计
星期一	12589.90	32582.00	8965.20	58962.00	113099.10
星期二	125482.00	147852.00	9685.00	43000.00	326019.00
星期三	9988.58	45623.20	10289.00	52132.00	117943.78
星期四	12589.00	55236.00	15890.00	48562.00	132277.00
星期五	65821.00	78520.00	52585.00	85214.00	282140.00
星期六	7852.00	124582.00	45282.00	25822.00	203538.00
星期日	12585.00	178521.00	52014.00	32015.00	275135.00
合计	246907.48	662916.20	194621.20	345707.00	1450151.88

图13-41 应用内置表样式

13.3.2 自定义表样式

同自定义单元格样式相类似，用户也可以自定义表格样式，具体操作步骤如下所示。

步骤1 Step1在“套用表格格式”下拉列表中选择“新建表样式”命令，如图13-42所示。

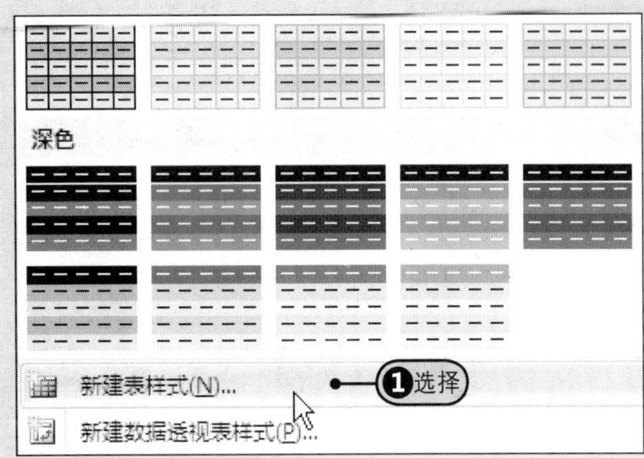

图13-42 选择“新建表样式”命令

步骤2 Step2在“新建表快速样式”对话框中的“名称”框中输入“自定义表样式”，Step3在“表元素”列表框中单击“标题行”，Step4然后单击“格式”按钮，如图13-43所示。

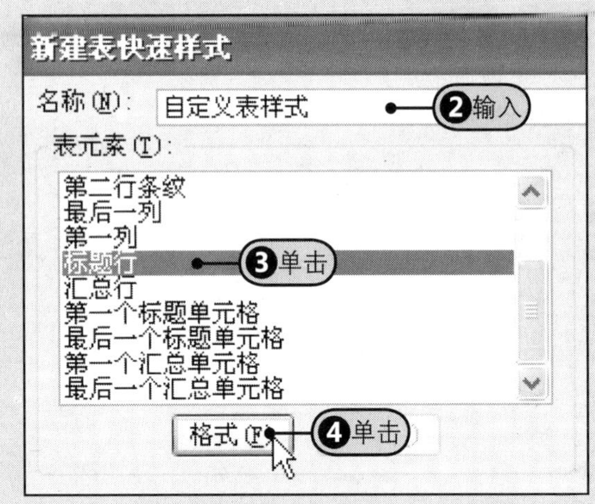

图13-43 设置表样式名称

步骤3 Step5在打开的“设置单元格格式”对话框中的“字形”列表框中单击“加粗”，Step6单击“颜色”右侧的下三角按钮，Step7从展开的下拉列表中单击“白色”，如图13-44所示。

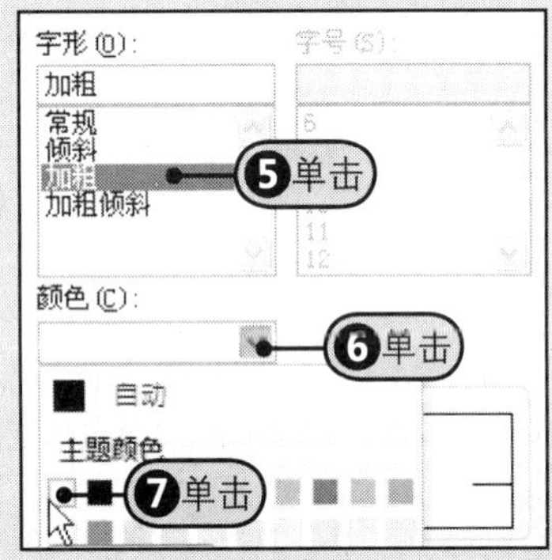

图13-44 设置字体颜色

步骤4 Step8单击“填充”标签，Step9在“背景色”区域内单击“黑色”，如图13-45所示。

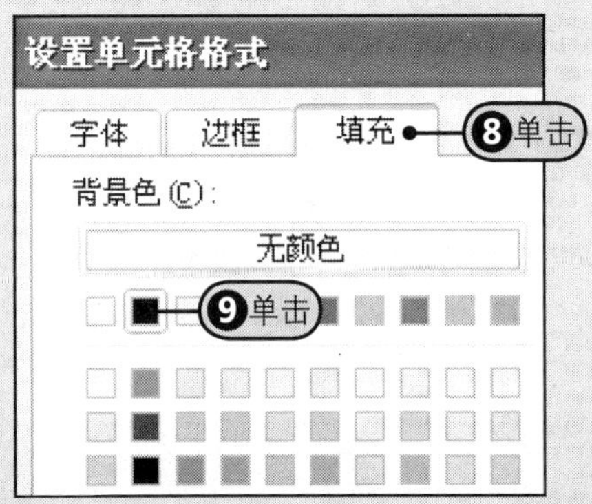

图13-45 设置背景色

步骤5 返回“新建表快速样式”对话框中，Step10在“表元素”列表中单击“最后一列”，Step11然后单击“格式”按钮，如图13-46所示。

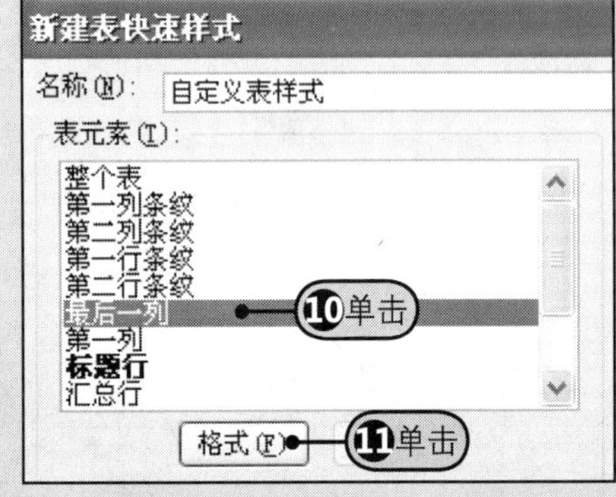

图13-46 单击“格式”按钮

步骤6 再次打开“设置单元格格式”对话框，Step12单击“填充”标签，Step13然后在“背景色”区域内单击“灰色”，如图13-47所示。

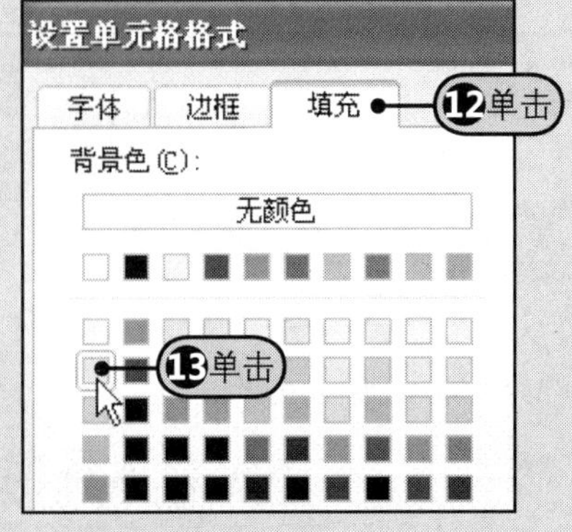

图13-47 设置汇总行背景色

7 步骤 返回“新建表快速样式”对话框，此时“预览”区域会显示设置了“标题行”和“汇总行”的预览效果，同时“表元素”区域中的“标题行”和“汇总行”会自动显示为加粗格式，**Step14** 单击“确定”按钮，如图13-48所示。

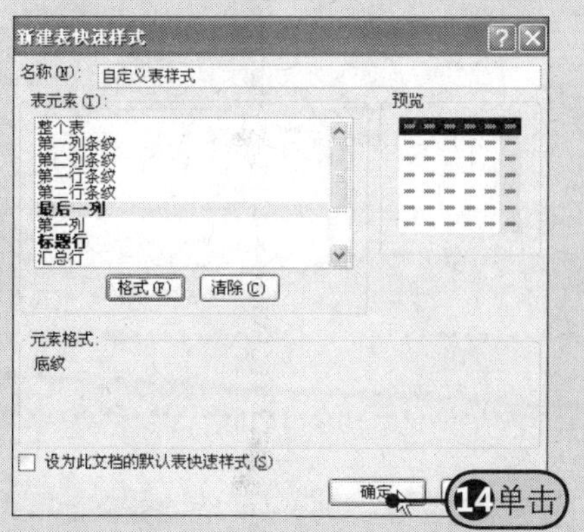

图13-48　单击“确定”按钮

8 步骤 **Step15** 再次单击“套用表格格式”的下三角按钮，在展开的下拉列表中的“自定义”区域内会显示自定义的表格样式，如图13-49所示。

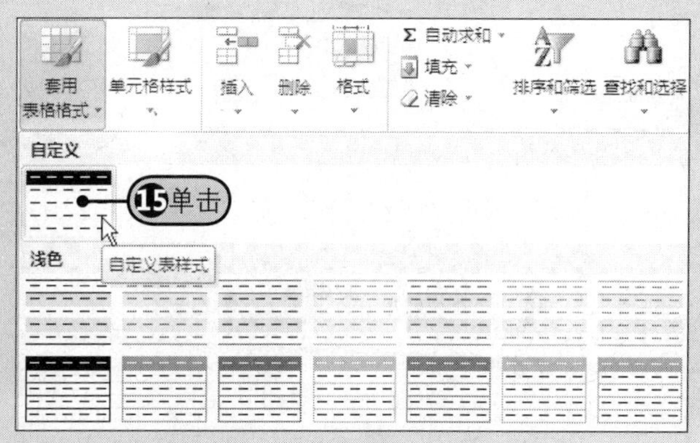

图13-49　显示自定义表格样式

13.3.3　为表格应用自定义表样式及选项设置

上一节中自定义了表格样式，接下来介绍如何应用自定义表样式，以及设置表格样式选项。再次打开附书光盘\实例文件\第13章\原始文件\超市营业额统计周报表.xlsx工作簿。

1 步骤 **Step1** 选择要应用自定义表格样式的表格区域，如单元格A3:F11，如图13-50所示。

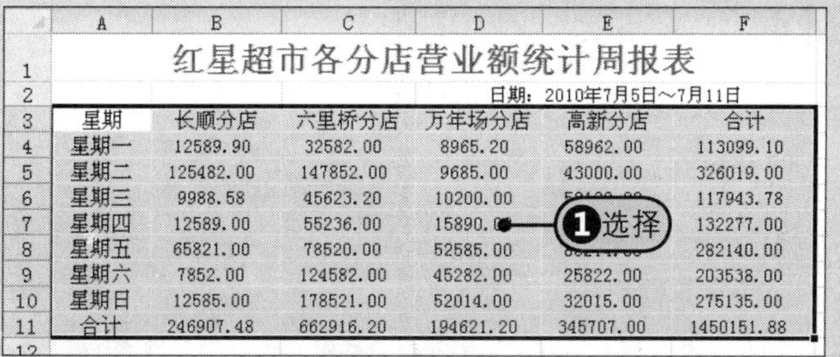

红星超市各分店营业额统计周报表

日期：2010年7月5日～7月11日

星期	长顺分店	六里桥分店	万年场分店	高新分店	合计
星期一	12589.90	32582.00	8965.20	58962.00	113099.10
星期二	125482.00	147852.00	9685.00	43000.00	326019.00
星期三	9988.58	45623.20	10200.00	[illegible]	117943.78
星期四	12589.00	55236.00	15890.[illegible]	[illegible]	132277.00
星期五	65821.00	78520.00	52585.00	[illegible]	282140.00
星期六	7852.00	124582.00	45282.00	25822.00	203538.00
星期日	12585.00	178521.00	52014.00	32015.00	275135.00
合计	246907.48	662916.20	194621.20	345707.00	1450151.88

图13-50　选择表格区域

2 步骤 **Step2** 在“样式”组中单击“套用表格格式”的下三角按钮，**Step3** 从展开的下拉列表中单击“自定义表样式”，如图13-51所示。

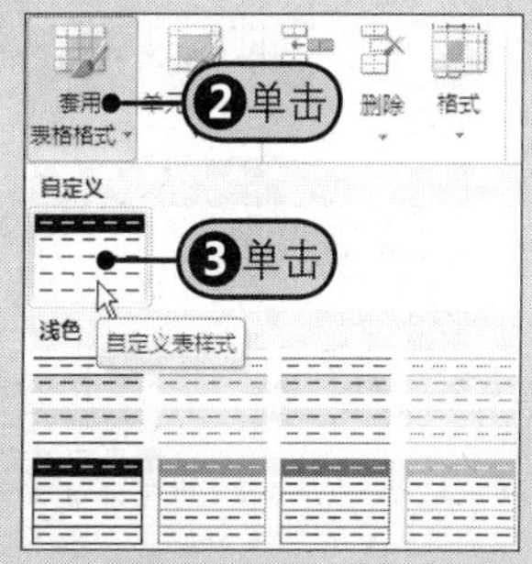

图13-51　单击“自定义表样式”

3 步骤 随后打开“套用表格式”对话框，**Step4** 勾选“表包含标题”复选框，**Step5** 单击“确定”按钮，如图13-52所示。

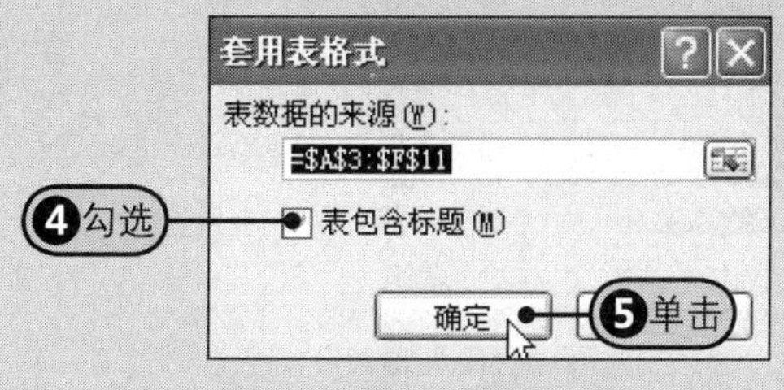

图13-52　“套用表格式”对话框

4 步骤 **Step6** 应用自定义样式后的表格效果，如图13-53所示。

红星超市各分店营业额统计周报表

日期：2010年7月5日～7月11日

星期	长顺分店	六里桥分	万年场分	高新分店	合计
星期一	12589.90	32582.00	8965.20	58962.00	113099.10
星期二	125482.00	147852.00	9685.00	43000.00	326019.00
星期三	9988.58	45623.20	10200.00	52132.00	117943.78
星期四	12589.00	5523[illegible]	[illegible]	[illegible]	132277.00
星期五	65821.00	7852[illegible]	[illegible]	[illegible]	282140.00
星期六	7852.00	124582.00	45282.00	25822.00	203538.00
星期日	12585.00	178521.00	52014.00	32015.00	275135.00
合计	246907.48	662916.20	194621.20	345707.00	1450151.88

6应用样式后的效果

图13-53　应用表样式后的效果

5 步骤 Step 7 在“表格工具-设计”选项卡中的“表格样式选项”组中勾选“最后一列”复选框，如图13-54所示。

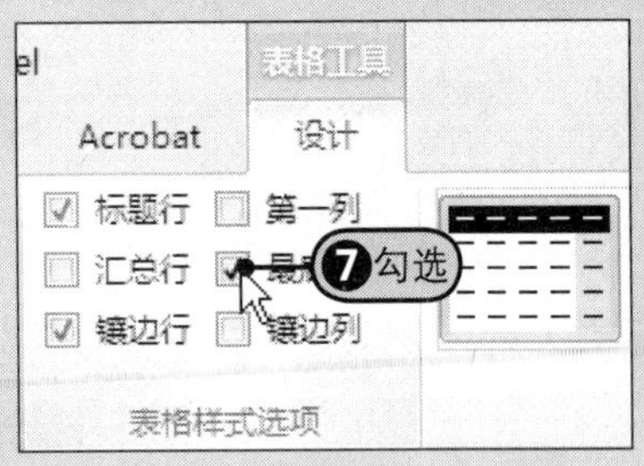

图13-54 勾选“最后一列”复选框

6 步骤 Step 8 应用“最后一列”样式选项后的表格效果，如图13-55所示。

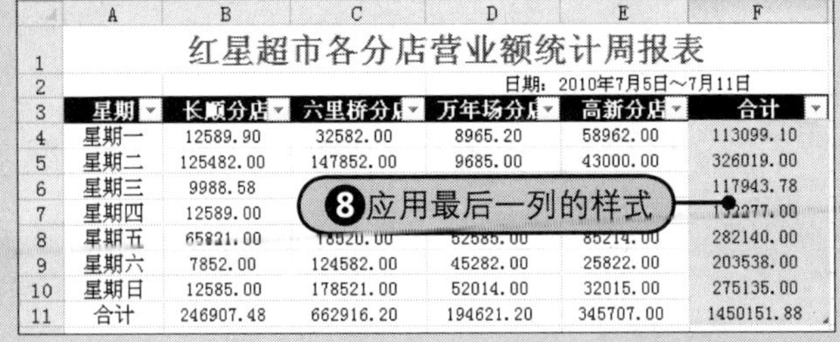

	A	B	C	D	E	F
1	红星超市各分店营业额统计周报表					
2				日期：2010年7月5日～7月11日		
3	星期	长顺分店	六里桥分店	万年场分店	高新分店	合计
4	星期一	12589.90	32582.00	8965.20	58962.00	113099.10
5	星期二	125482.00	147852.00	9685.00	43000.00	326019.00
6	星期三	9988.58	[illegible]	[illegible]	[illegible]	117943.78
7	星期四	12589.00	[illegible]	[illegible]	[illegible]	[illegible]
8	星期五	65821.00	[illegible]	[illegible]	[illegible]	282140.00
9	星期六	7852.00	124582.00	45282.00	25822.00	203538.00
10	星期日	12585.00	178521.00	52014.00	32015.00	275135.00
11	合计	246907.48	662916.20	194621.20	345707.00	1450151.88

图13-55 设置表格样式选项后的效果

13.3.4 修改自定义样式

对于已经定义好的自定义样式，用户还可以对该样式进行修改。

Step 1 在“样式”组中单击“套用表格格式”的下三角按钮，Step 2 从展开的下拉列表中右击自定义的格式，Step 3 从弹出的快捷菜单中选择“修改”命令，然后打开“修改表快速样式”对话框，Step 4 在“表元素”列表框中选择要修改的表元素，Step 5 单击“格式”按钮，Step 6 打开“设置单元格格式”对话框进行修改，如图13-56所示。

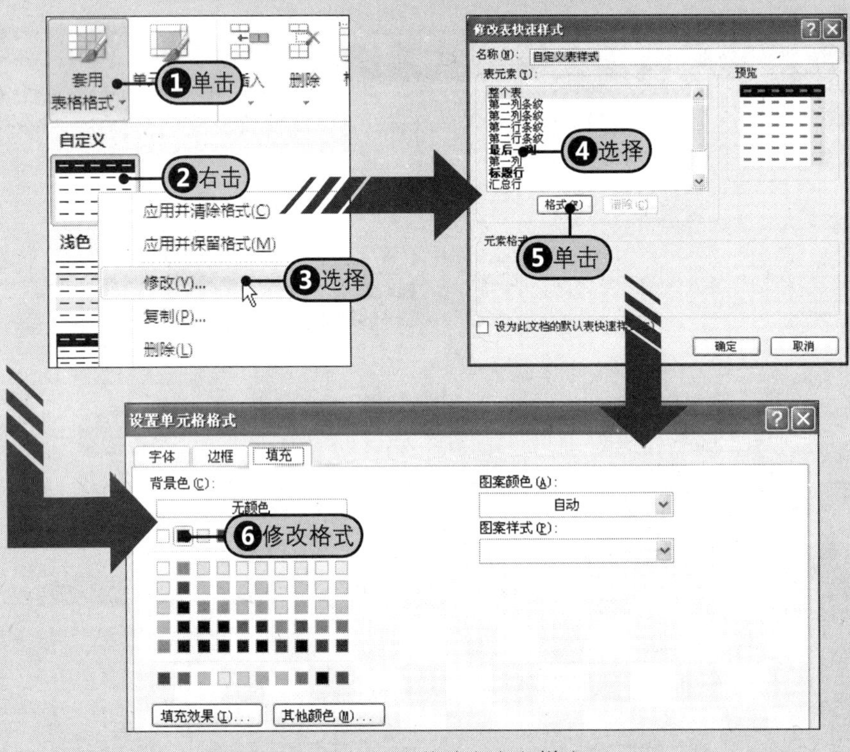

图13-56 修改自定义样式

提示

内置表样式不能被修改与删除

与单元格内置样式不同的是，Excel的内置表格样式既不能被修改，也不能被删除。你试着右击内置表样式，会发现“修改”和“删除”命令显示为灰色，如图13-57所示。

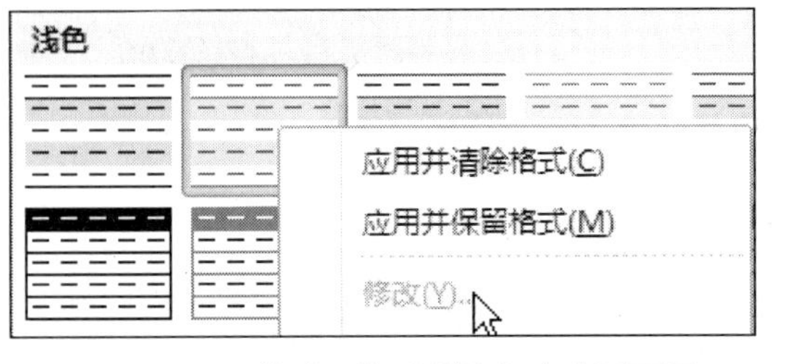

图13-57 “修改”和“删除”命令不可用

13.4 美丽的衬托——为工作表添加背景

就像为计算机桌面设置背景一样，也可以为工作表设置一个优美的背景图片来美化自己的工作表。打开附书光盘\实例文件\第13章\原始文件\超市营业额统计周报表.xlsx工作簿。

Step 1 在“页面布局”选项卡中的“页面设置”组中单击“背景”按钮，Step 2 在打开的“工作表背景”对话框中双击要作为背景的图片文件，Step 3 插入到工作表中的背景效果，如图13-58所示。

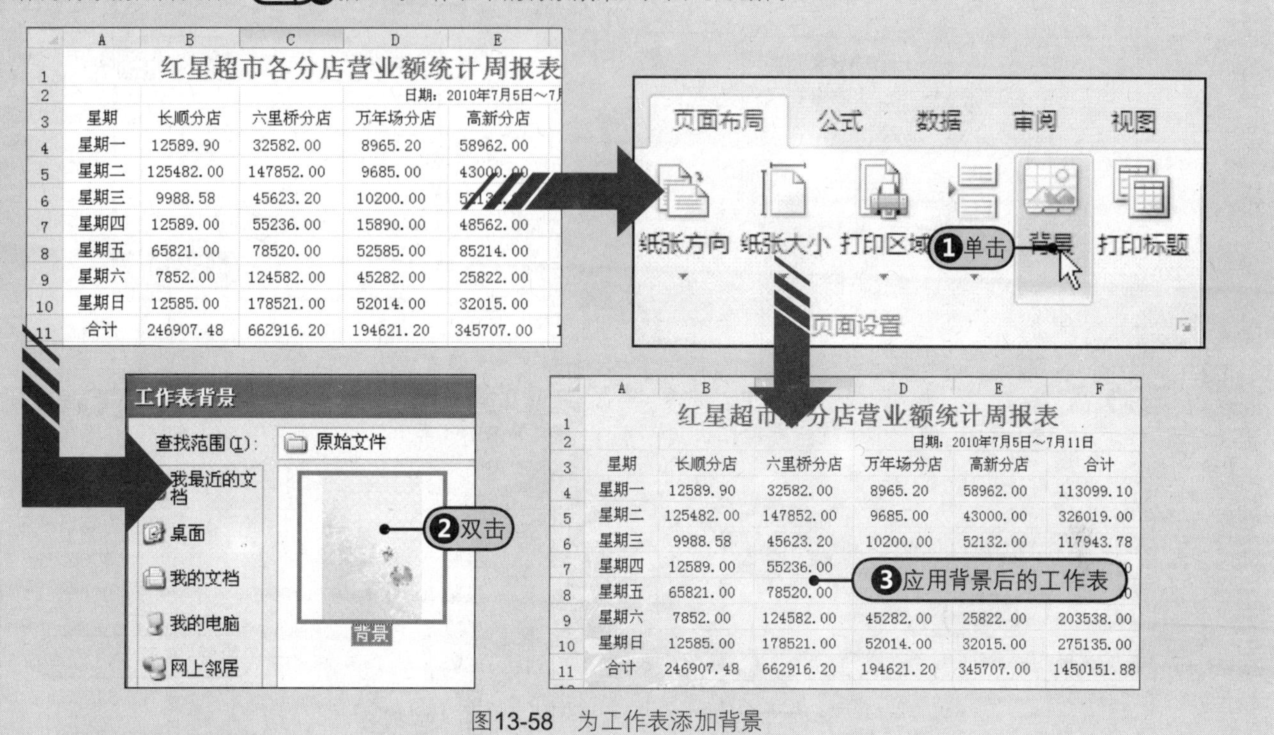

图13-58 为工作表添加背景

提示 删除工作表背景

如果要取消工作表背景，非常简单。当为工作表添加背景后，“页面设置”组中的“背景”按钮会自动更改为“删除背景”按钮，直接单击该按钮即可。

13.5 设置工作簿与工作表的安全性

在普遍使用电子文档的现代商业社会，文档的安全性一直是现代商业中的一个热门话题，如何使自己企业的文档更加安全一直也是相关企业领导最为关注的问题。在Excel 2010中，用户可以采用多种方式保护自己的文档，从而既方便文档的传阅，又不会担心文件的安全性。与工作簿和工作表安全设置相关的命令是集中在“审阅”选项卡的“更改”组中的，如图13-59所示。

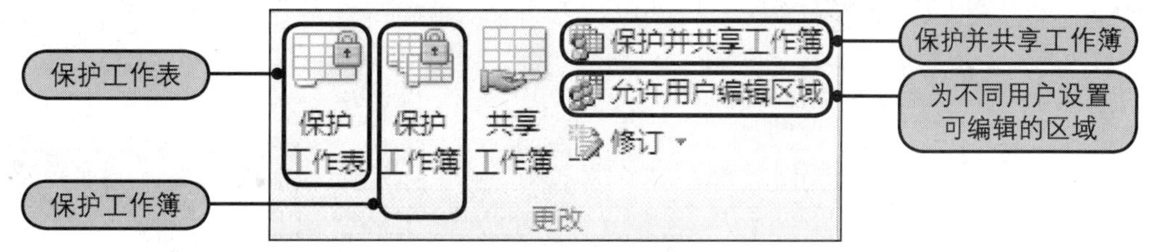

图13-59 “更改”组

13.5.1 保护工作簿

通过“保护工作簿”命令设置工作簿保护密码，可以防止没有操作权限的用户对工作簿结构进行修改。例如，保护工作簿后，普通用户将不能在工作簿中插入与删除工作表。打开附书光盘\实例文件\第13章\原始文件\超市营业额统计周报表.xlsx工作簿。

❶ 使用功能区中的按钮保护工作簿

用户可以使用功能区中的“保护工作簿”按钮来保护工作簿，具体操作步骤如下。

1 步骤 Step❶在“审阅”选项卡中的“更改”组中单击“保护工作簿”按钮，如图13-60所示。

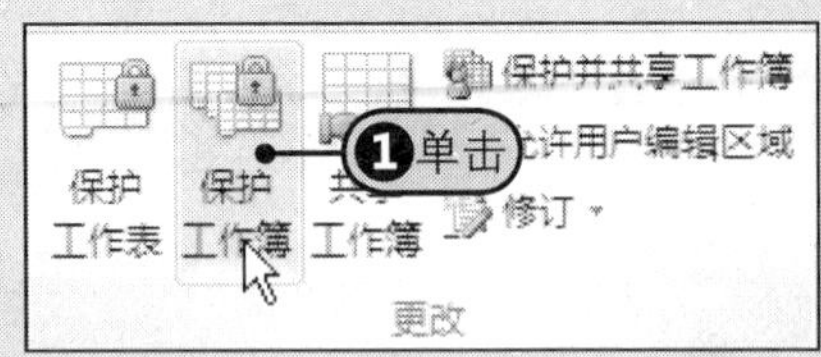

图13-60　单击“保护工作簿”按钮

2 步骤 Step❷在打开的“保护结构和窗口”对话框中勾选“结构”复选框，Step❸在“密码”框中输入密码，如“123”，Step❹然后单击“确定”按钮，如图13-61所示。

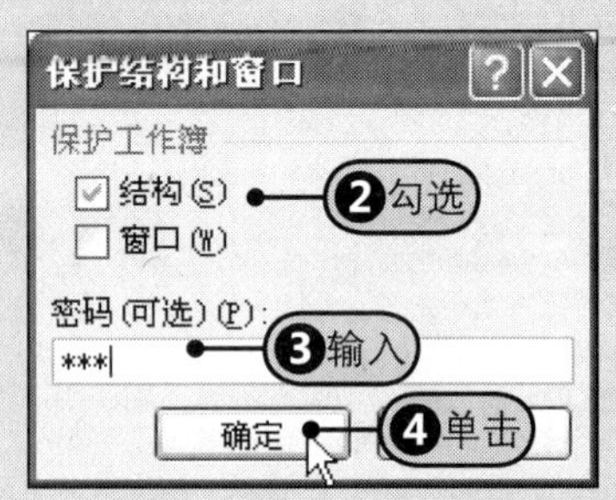

图13-61　设置保护密码

3 步骤 Step❺在弹出的“确认密码”对话框中再次输入密码，如“123”，Step❻然后单击“确定”按钮，如图13-62所示。

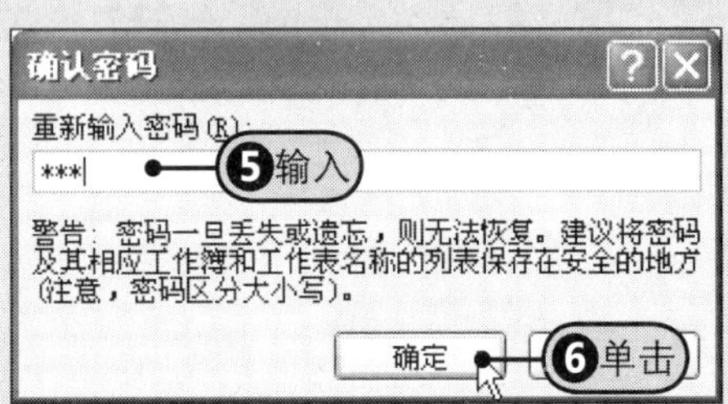

图13-62　再次确认密码

4 步骤 Step❼右击工作表标签Sheet1，Step❽此时弹出的快捷菜单中“插入”、“删除”、“重命名”等命令都显示为不可用的灰色，如图13-63所示。

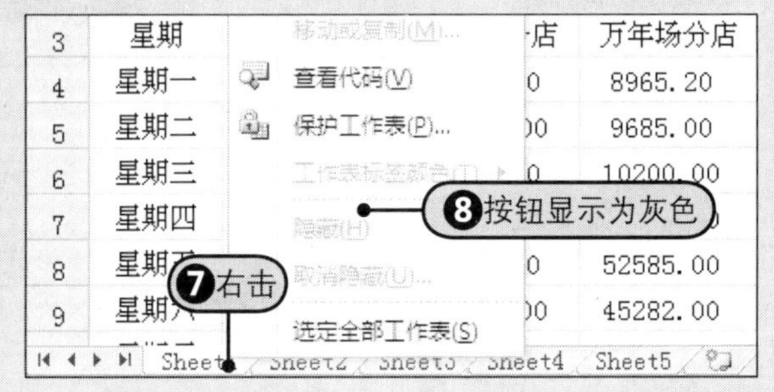

图13-63　保护后的工作簿

❷ 使用“保护工作簿”下拉列表保护工作簿结构

用户还可以在“开始”菜单中的“信息”选项面板中设置保护工作簿结构。

Step❶在“信息”面板中单击“保护工作簿”的下三角按钮，Step❷从展开的下拉列表中选择“保护工作簿结构”命令，如图13-64所示。随后屏幕上弹出“保护结构和窗口”对话框，Step❸参照前面介绍进行密码设置即可，如图13-65所示。

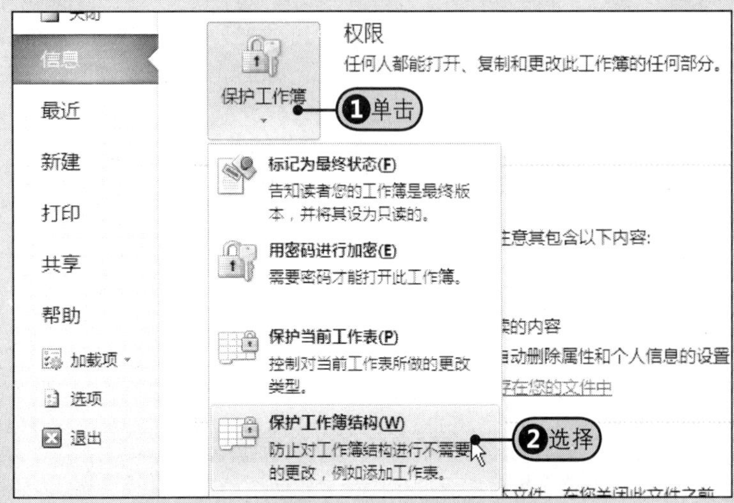

图13-64　选择“保护工作簿结构”命令

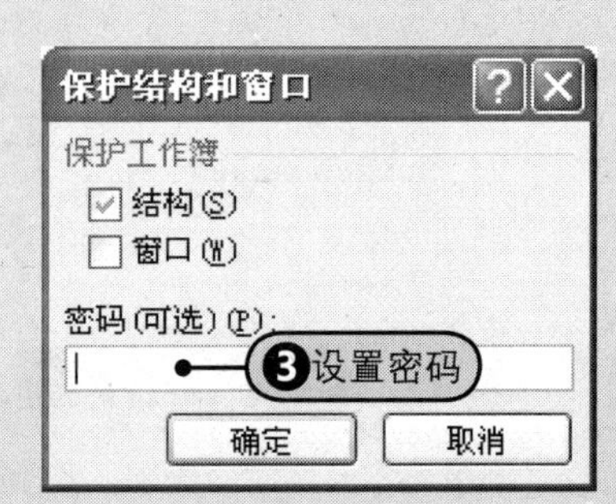

图13-65　“保护结构和窗口”对话框

13.5.2 撤销工作簿保护

如果用户想自己对工作簿中的工作表进行插入、删除或重命名操作时，需要先撤销工作簿的保护，然后才能进行上述的操作。

Step1在“更改”组中单击“保护工作簿”按钮，随后弹出“撤销工作簿保护”对话框，Step2在“密码”框中输入密码，Step3然后单击“确定”按钮，如果输入的密码不正确，屏幕上会弹出对话框提示用户，如图13-66所示；如果输入的密码正确，会直接撤销对工作簿的保护，用户便可以对工作表进行任何操作。

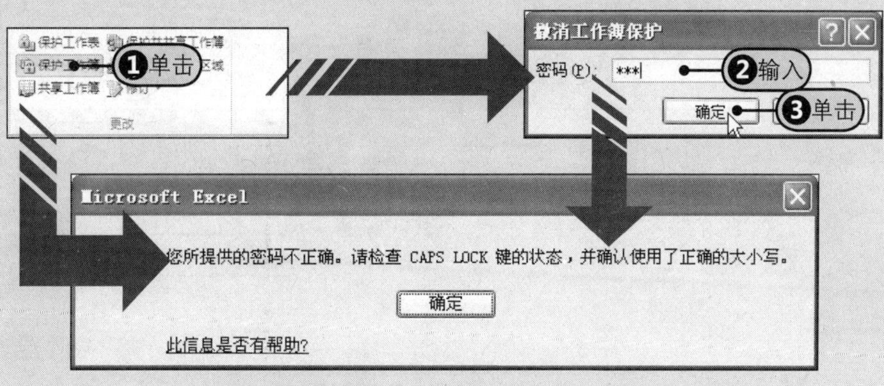

图13-66 撤销保护工作簿

13.5.3 保护与撤销保护工作表

用户还可以设置保护工作簿中的某个工作表，防止别人对该工作表中的数据进行编辑与修改，但却不影响用户对该工作簿内其他工作表中的数据进行编辑。

❶ 保护工作表

首先来看看如何保护工作表，具体操作步骤如下所示。

1 步骤 Step1在“更改”组中单击“保护工作表”按钮，如图13-67所示。

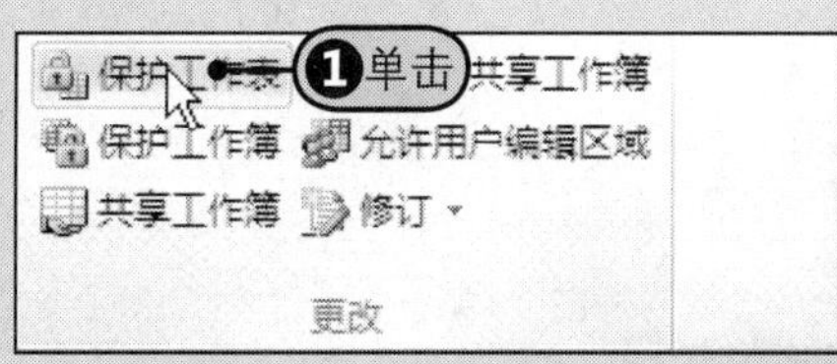

图13-67 单击“保护工作表”按钮

2 步骤 Step2在弹出的“保护工作表”对话框中勾选“保护工作表及锁定的单元格内容”复选框，Step3在“取消工作表保护时使用的密码”框中输入密码“123”，Step4然后单击“确定”按钮，如图13-68所示。

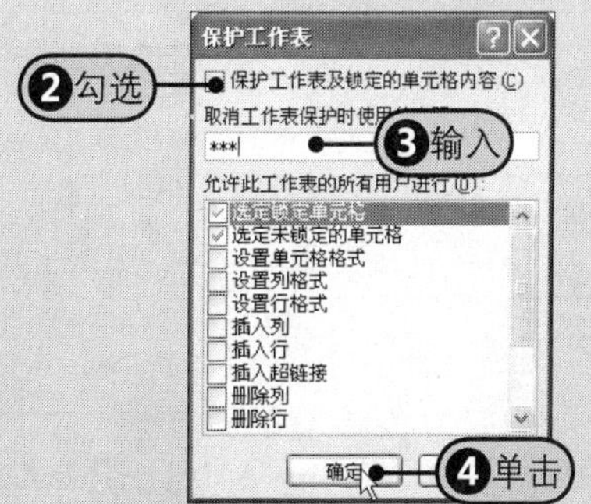

图13-68 输入工作表保护密码

3 步骤 Step5随后弹出“确认密码”对话框，在“重新输入密码”框中再次输入密码，Step6然后单击“确定”按钮，如图13-69所示。

图13-69 再次输入密码

4 步骤 Step7对工作表保护后，可以发现，功能区中的许多命令按钮都显示为不可用的灰色状态，如图13-70所示。

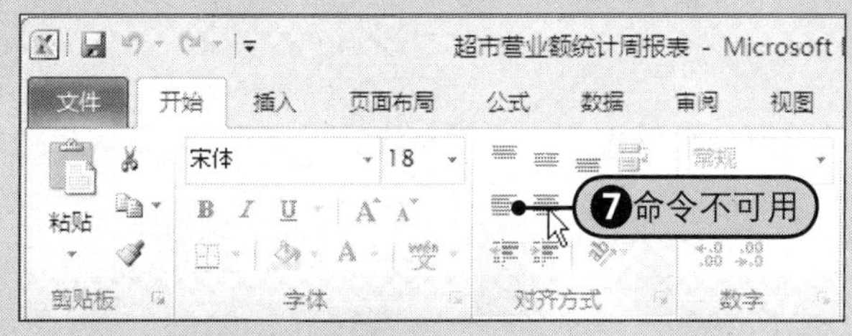

图13-70 功能区中的按钮不可用

2 撤销工作表的保护

如果要对已经保护的工作表进行编辑，需要先撤销工作表的操作。撤销工作表的保护，方法也非常简单。

Step1在“更改”组中单击“撤销工作表保护”按钮，Step2在“撤销工作表保护”对话框中输入密码，Step3单击“确定”按钮。撤销保护后，Step4功能区中的按钮恢复为可用状态，如图13-71所示。

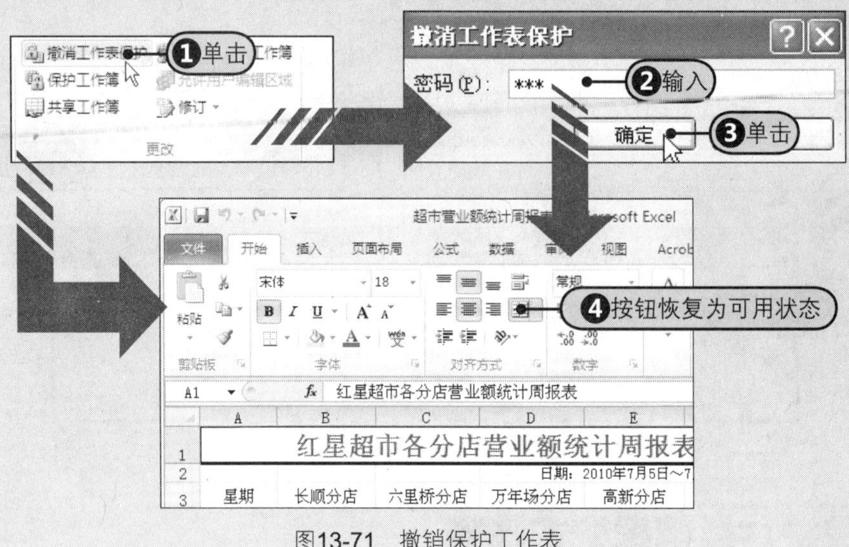

图13-71 撤销保护工作表

13.5.4 设置工作表的编辑区域

用户可以通过设置“允许用户编辑区域”来授予不同用户不同的操作范围。例如，在“超市营业额统计周报表”工作簿中，可以为不同分店的操作员设置不同的区域密码，防止误录入和编辑。

1 步骤 Step1在“更改”组中单击“允许用户编辑区域”按钮，如图13-72所示。

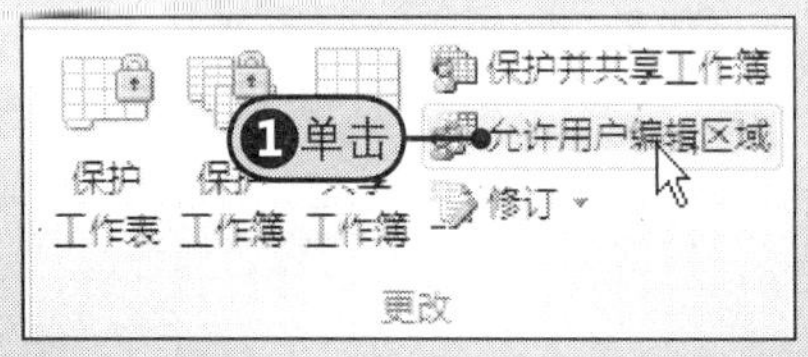

图13-72 单击“允许用户编辑区域”按钮

2 步骤 随后打开“允许用户编辑区域”对话框，Step2单击“新建”按钮，如图13-73所示。

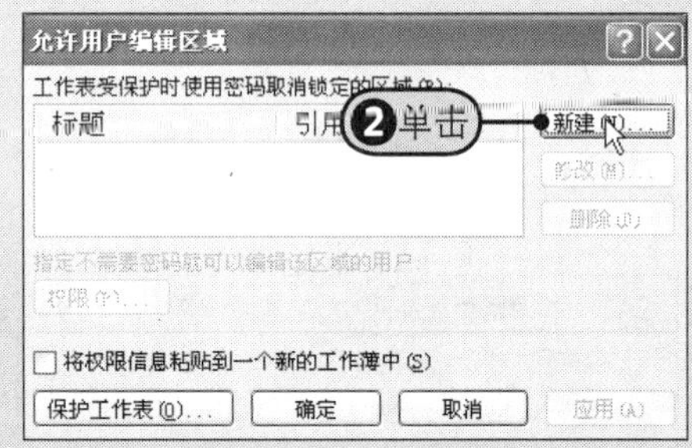

图13-73 单击“新建”按钮

3 步骤 Step3在“新区域”对话框的“标题”框中为即将要指定的区域设置一个标题，Step4单击“引用单元格”按钮选择一个单元格区域，如B4:B10，Step5在“区域密码”框中输入密码，如cs，Step6单击“确定”按钮，如图13-74所示。

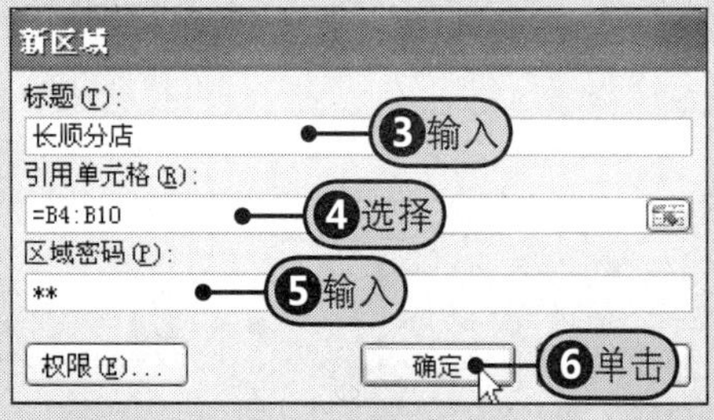

图13-74 设置新区域

4 步骤 Step7在“确认密码”对话框的“重新输入密码”框中再次输入密码“cs”，Step8然后单击“确定”按钮，如图13-75所示。

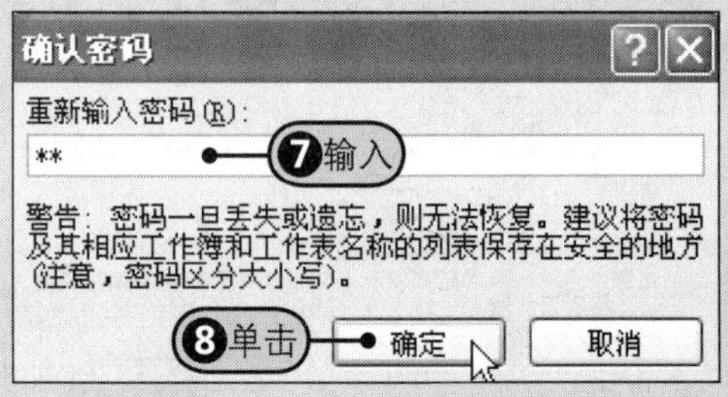

图13-75 设置区域编辑密码

5 步骤 返回“允许用户编辑区域”对话框，Step 9 单击“保护工作表”按钮，如图13-76所示。

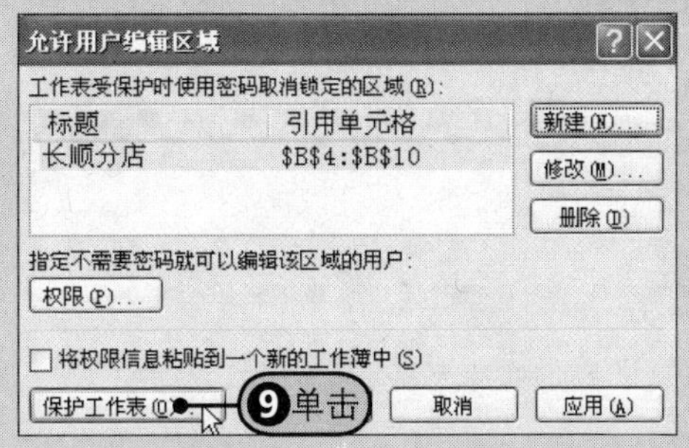

图13-76 单击“保护工作表”按钮

6 步骤 Step 10 在“保护工作表”对话框中输入工作表保护密码，Step 11 单击“确定”按钮，如图13-77所示。

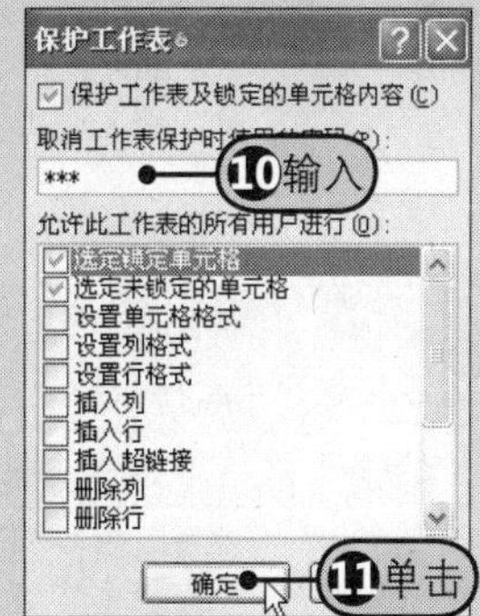

图13-77 设置工作表保护密码

7 步骤 Step 12 在“重新输入密码”对话框中再次输入工作表保护密码，Step 13 然后单击“确定”按钮，如图13-78所示。

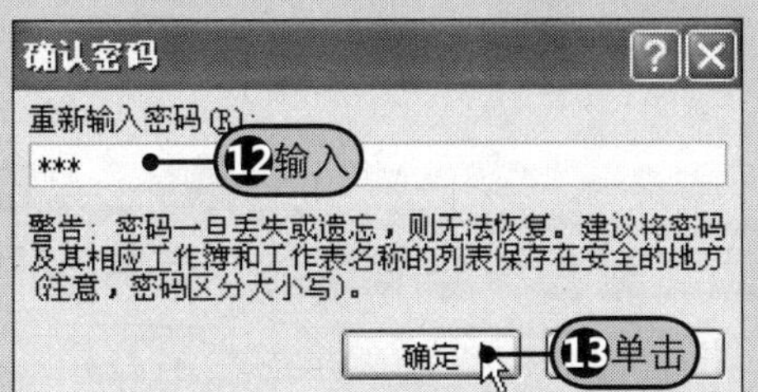

图13-78 再次输入密码

8 步骤 当试图对已保护工作表中的“长顺分店”所在的单元格区域B4:B10进行编辑时，屏幕上会弹出“取消锁定区域”对话框，如图13-79所示。Step 14 输入之前设置的区域密码，即可取消锁定该区域，即使在工作表处于保护状态下也可继续编辑。

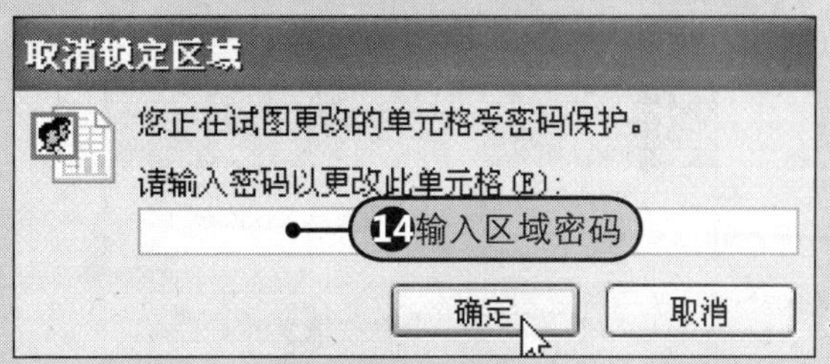

图13-79 “取消锁定区域”对话框

13.6 融会贯通 美化并加密保护“会议日程安排”

本章主要介绍了在Excel中插入图片、设置图片的格式、单元格样式和表格样式的应用、工作表背景的设置，以及工作簿与工作表安全性设置等内容。通过这些内容的学习，用户可以使用图片、单元格样式、表格样式来快速美化自己的工作簿。接下来，本节将通过美化“会议日程”工作表进一步加深对本章知识的应用。打开附书光盘\实例文件\第13章\原始文件\会议日程安排.xlsx工作簿。

1 步骤 选择单元格。

选择单元格标题所在单元格A1。

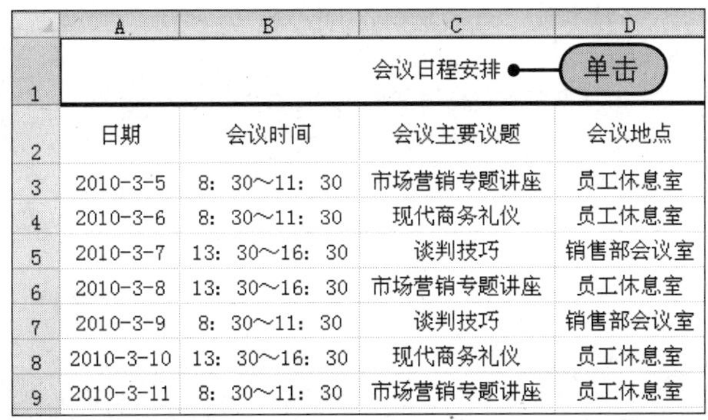

	A	B	C	D
1			会议日程安排	
2	日期	会议时间	会议主要议题	会议地点
3	2010-3-5	8：30～11：30	市场营销专题讲座	员工休息室
4	2010-3-6	8：30～11：30	现代商务礼仪	员工休息室
5	2010-3-7	13：30～16：30	谈判技巧	销售部会议室
6	2010-3-8	13：30～16：30	市场营销专题讲座	员工休息室
7	2010-3-9	8：30～11：30	谈判技巧	销售部会议室
8	2010-3-10	13：30～16：30	现代商务礼仪	员工休息室
9	2010-3-11	8：30～11：30	市场营销专题讲座	员工休息室

2 步骤 选择单元格样式。

Step 1 单击“单元格样式”的下三角按钮。

Step 2 从下拉列表中单击“标题1”样式。

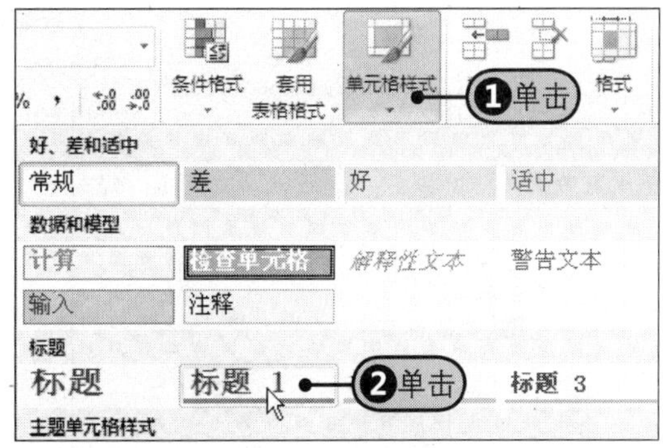

（续上）

3 步骤 选择表格区域。

选择表格所在的单元格区域A2:D9。

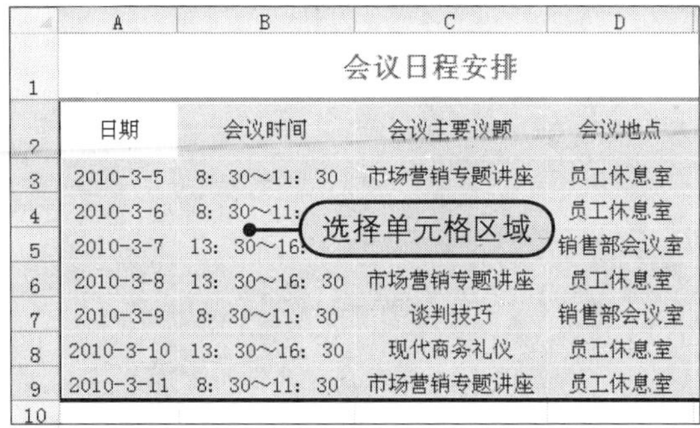

	A	B	C	D
1	会议日程安排			
2	日期	会议时间	会议主要议题	会议地点
3	2010-3-5	8：30～11：30	市场营销专题讲座	员工休息室
4	2010-3-6	8：30～11:		员工休息室
5	2010-3-7	13：30～16:		销售部会议室
6	2010-3-8	13：30～16：30	市场营销专题讲座	员工休息室
7	2010-3-9	8：30～11：30	谈判技巧	销售部会议室
8	2010-3-10	13：30～16：30	现代商务礼仪	员工休息室
9	2010-3-11	8：30～11：30	市场营销专题讲座	员工休息室
10				

4 步骤 选择内置表样式。

Step1 单击“套用表格格式”的下三角按钮。

Step2 单击“表格样式中等深浅6”样式。

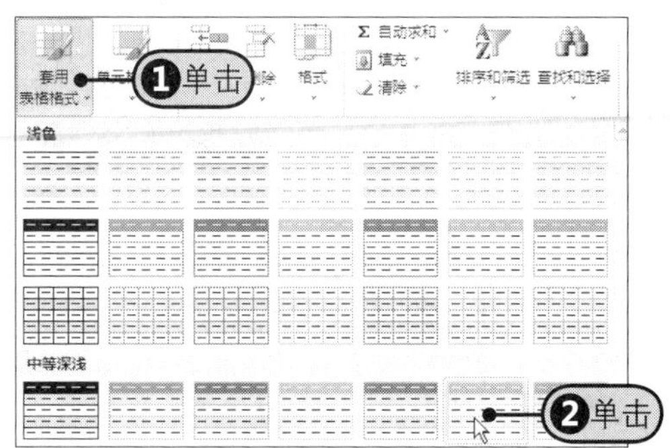

5 步骤 “套用表格式”对话框。

Step1 在打开的“套用表格式”对话框中勾选“表包含标题”复选框。

Step2 单击“确定”按钮。

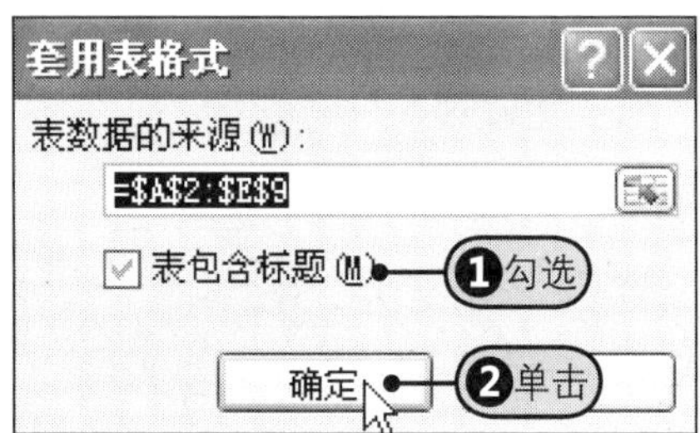

6 步骤 应用表样式后的效果。

应用表样式后的表格效果，如下图所示。

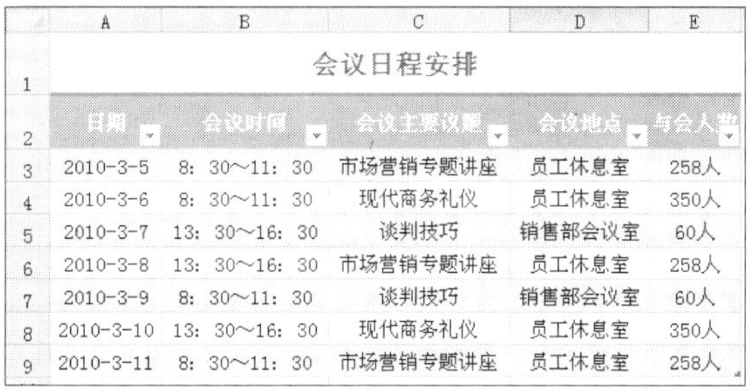

	A	B	C	D	E
1	会议日程安排				
2	日期	会议时间	会议主要议题	会议地点	与会人数
3	2010-3-5	8：30～11：30	市场营销专题讲座	员工休息室	258人
4	2010-3-6	8：30～11：30	现代商务礼仪	员工休息室	350人
5	2010-3-7	13：30～16：30	谈判技巧	销售部会议室	60人
6	2010-3-8	13：30～16：30	市场营销专题讲座	员工休息室	258人
7	2010-3-9	8：30～11：30	谈判技巧	销售部会议室	60人
8	2010-3-10	13：30～16：30	现代商务礼仪	员工休息室	350人
9	2010-3-11	8：30～11：30	市场营销专题讲座	员工休息室	258人

7 步骤 设置表格样式选项。

在“表格样式选项”组中取消勾选“镶边行”复选框。

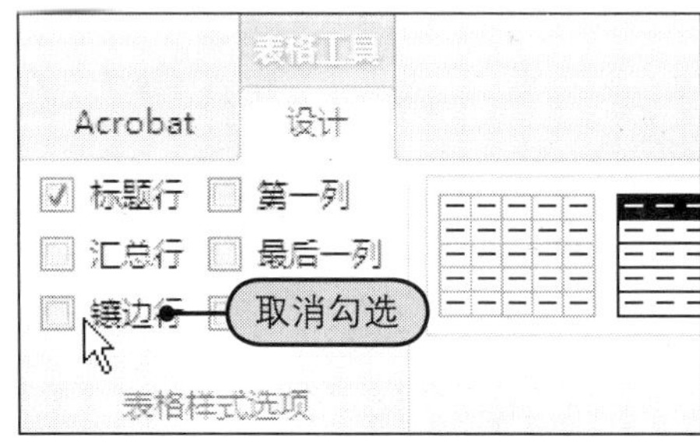

8 步骤 取消应用“镶边行”样式。

取消应用“镶边行”样式后的表格，如下图所示。

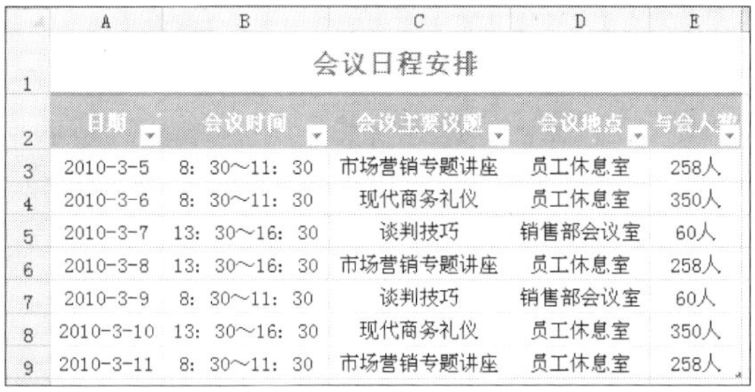

	A	B	C	D	E
1	会议日程安排				
2	日期	会议时间	会议主要议题	会议地点	与会人数
3	2010-3-5	8：30～11：30	市场营销专题讲座	员工休息室	258人
4	2010-3-6	8：30～11：30	现代商务礼仪	员工休息室	350人
5	2010-3-7	13：30～16：30	谈判技巧	销售部会议室	60人
6	2010-3-8	13：30～16：30	市场营销专题讲座	员工休息室	258人
7	2010-3-9	8：30～11：30	谈判技巧	销售部会议室	60人
8	2010-3-10	13：30～16：30	现代商务礼仪	员工休息室	350人
9	2010-3-11	8：30～11：30	市场营销专题讲座	员工休息室	258人

9 步骤 单击“背景”按钮。

在“页面设置”组中单击“背景”按钮。

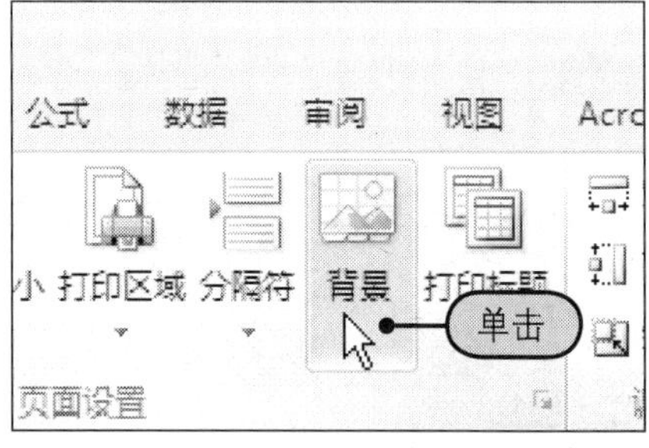

10 步骤 选择背景图片。

Step1 在“查找范围”下拉列表中选择目标文件夹。

Step2 双击要作为背景插入的图片。

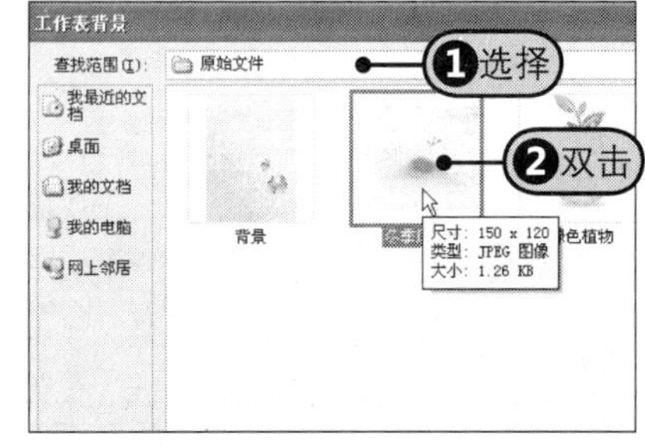

（续上）

11 步骤 应用背景后的工作表效果。

应用背景后的工作表效果，如右图所示。

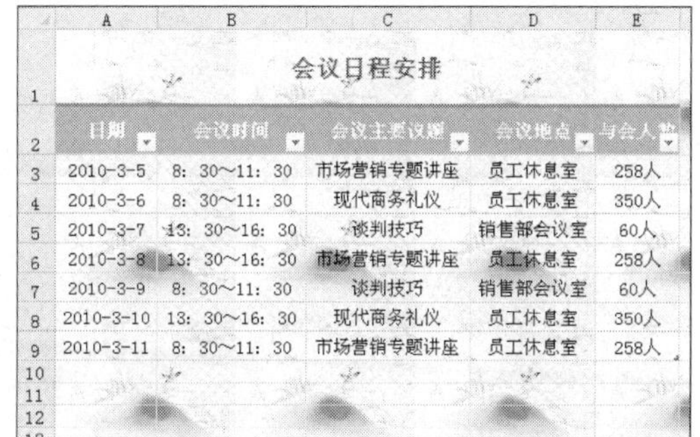

会议日程安排

日期	会议时间	会议主要议题	会议地点	与会人数
2010-3-5	8：30~11：30	市场营销专题讲座	员工休息室	258人
2010-3-6	8：30~11：30	现代商务礼仪	员工休息室	350人
2010-3-7	13：30~16：30	谈判技巧	销售部会议室	60人
2010-3-8	13：30~16：30	市场营销专题讲座	员工休息室	258人
2010-3-9	8：30~11：30	谈判技巧	销售部会议室	60人
2010-3-10	13：30~16：30	现代商务礼仪	员工休息室	350人
2010-3-11	8：30~11：30	市场营销专题讲座	员工休息室	258人

12 步骤 单击“保护工作簿”按钮。

在“审阅”选项卡中的“更改”组中单击“保护工作簿”按钮。

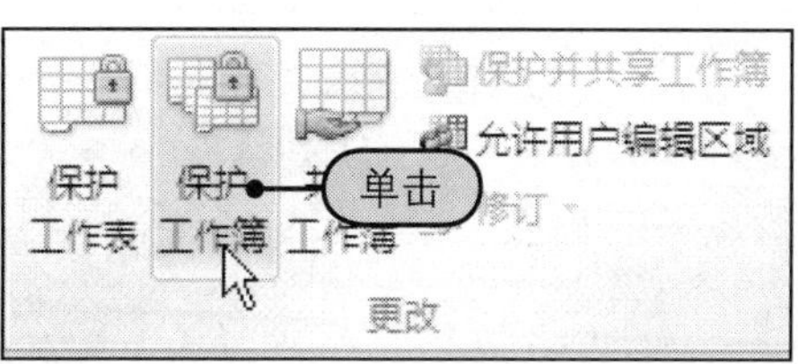

13 步骤 设置工作簿保护密码。

Step 1 在“保护工作簿”区域内勾选“结构”复选框。

Step 2 在“密码”框中输入密码“123456”。

Step 3 单击“确定”按钮。

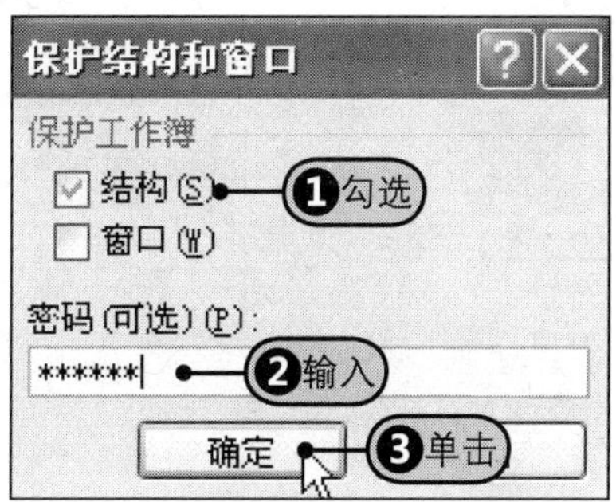

14 步骤 重新输入密码。

Step 1 在“重新输入密码”框中再次输入密码。

Step 2 单击“确定”按钮。

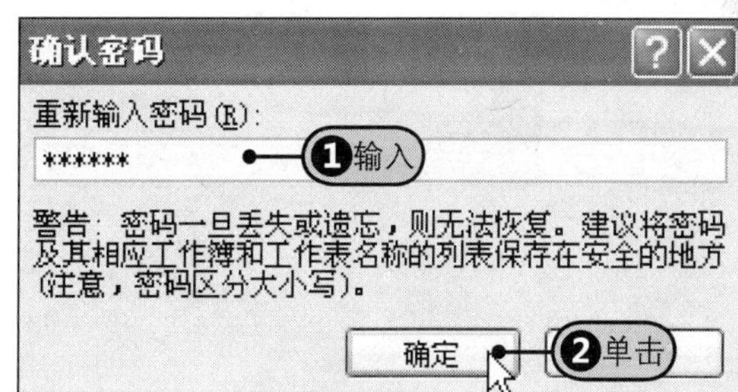

15 步骤 单击“保护工作表”按钮。

在“更改”组中单击“保护工作表”按钮。

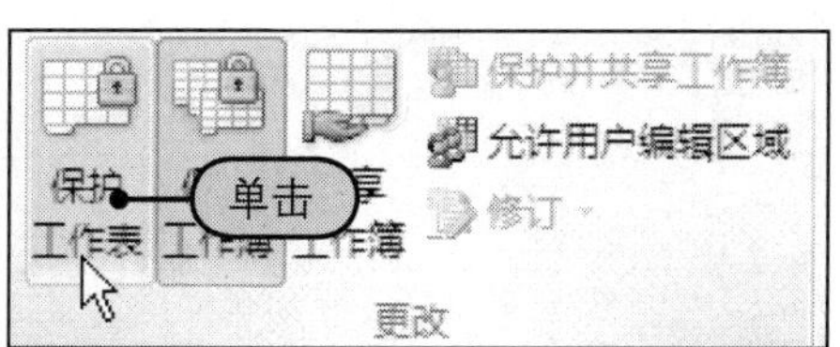

16 步骤 设置工作表保护密码。

Step 1 在“取消工作表保护时使用的密码”框中输入密码，如abc。

Step 2 单击“确定”按钮。

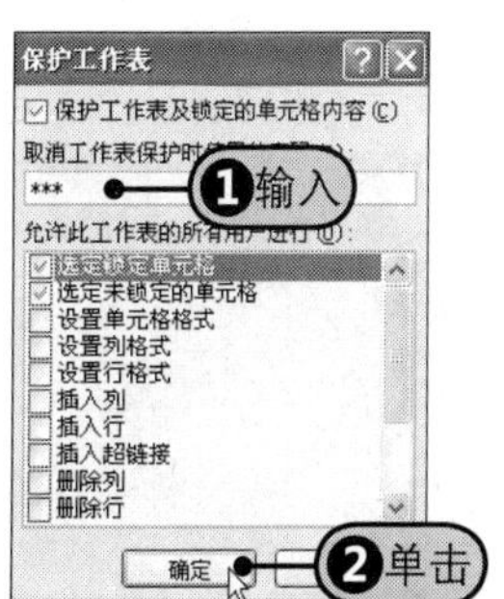

17 步骤 重新输入密码。

Step 1 在“重新输入密码”框中再次输入密码。

Step 2 单击“确定”按钮。

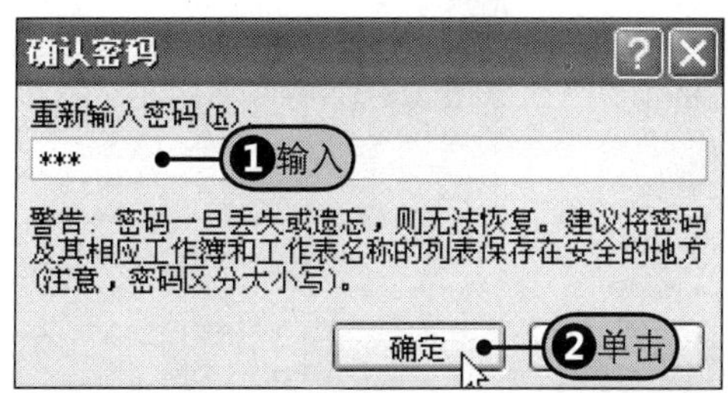

13.7 专家支招

在掌握了前面所介绍的在表格中插入与编辑图片、应用单元格样式和表格样式、设置工作表背景、设置工作簿与工作表的安全性以后，接下来本节再补充与这部分内容相关的三点，例如如何将应用样式的单元格恢复为默认格式等。

招术一 如何将应用了样式的单元格恢复为默认格式

对于已经使用了样式的单元格，如果要将它快速恢复为默认格式，可以这样操作。

Step1 选择单元格区域，Step2 在“样式”组中单击“单元格样式”按钮，Step3 在展开的下拉列表中的“好、差和适中”区域内选择“常规”命令，Step4 设置常规样式的单元格会显示为默认的格式，如图13-80所示。

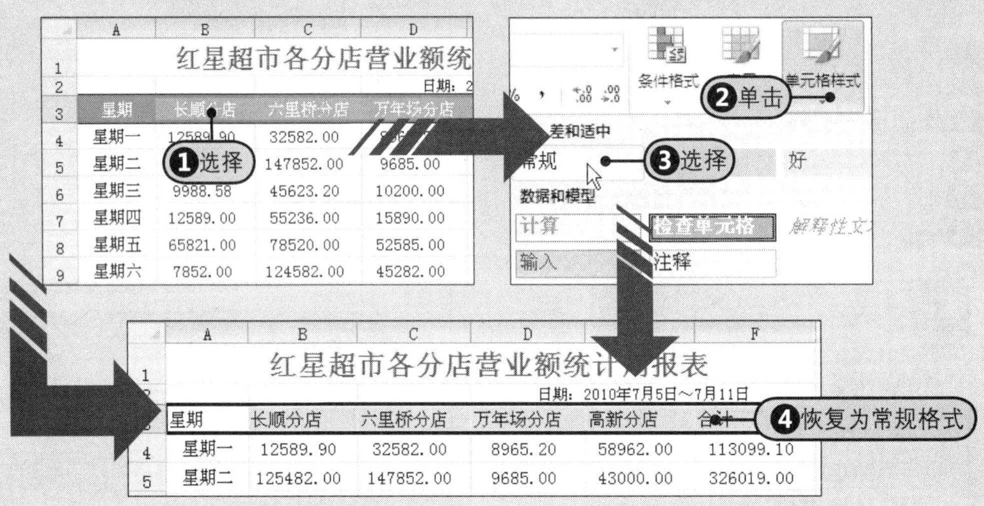

图13-80　恢复单元格为默认格式

招术二 清除对表格应用的内置表样式

在为表格应用了表样式后，可以使用“清除”命令来清除表样式。

Step1 选择应用了样式的表格区域，Step2 在“单元格样式”下拉列表中选择“清除”命令，Step3 清除样式后的工作表，如图13-81所示。

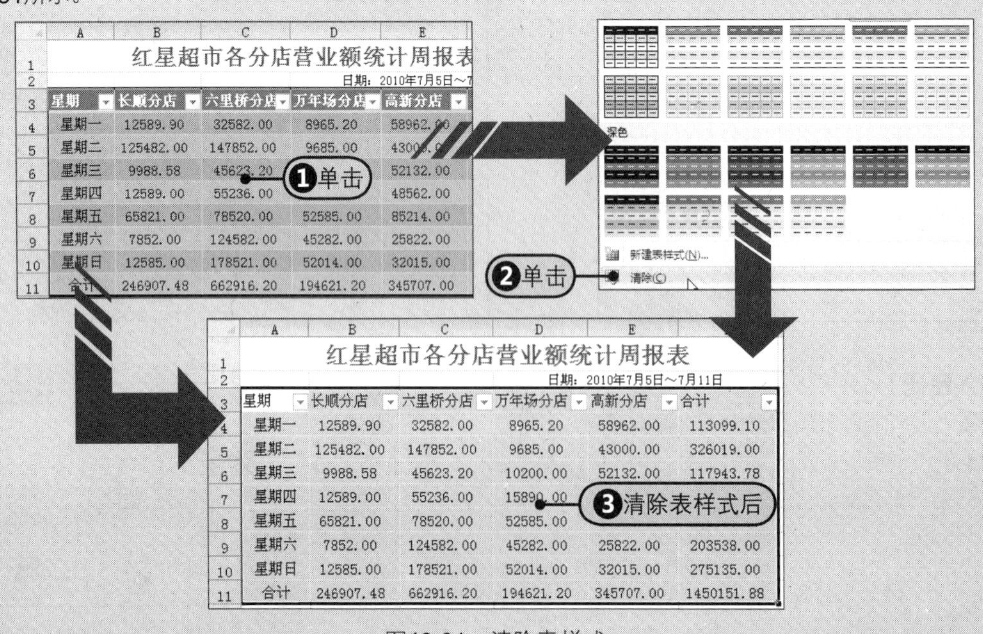

图13-81　清除表样式

招术三 如何共享工作簿

在实际工作中，经常需要允许多个用户编辑同一个工作簿，这时最简单的方法就是将工作簿设置为共享。

共享工作簿的操作方法：Step1在“审阅”选项卡的“更改”组中单击“共享工作簿”按钮，打开“共享工作簿”对话框，Step2勾选“允许多用户同时编辑，同时允许工作簿合并”复选框，Step3单击“确定”按钮，弹出提示对话框后，单击“确定”按钮，Step4此时工作簿的标题栏后会显示“［共享］”标识，如图13-82所示。

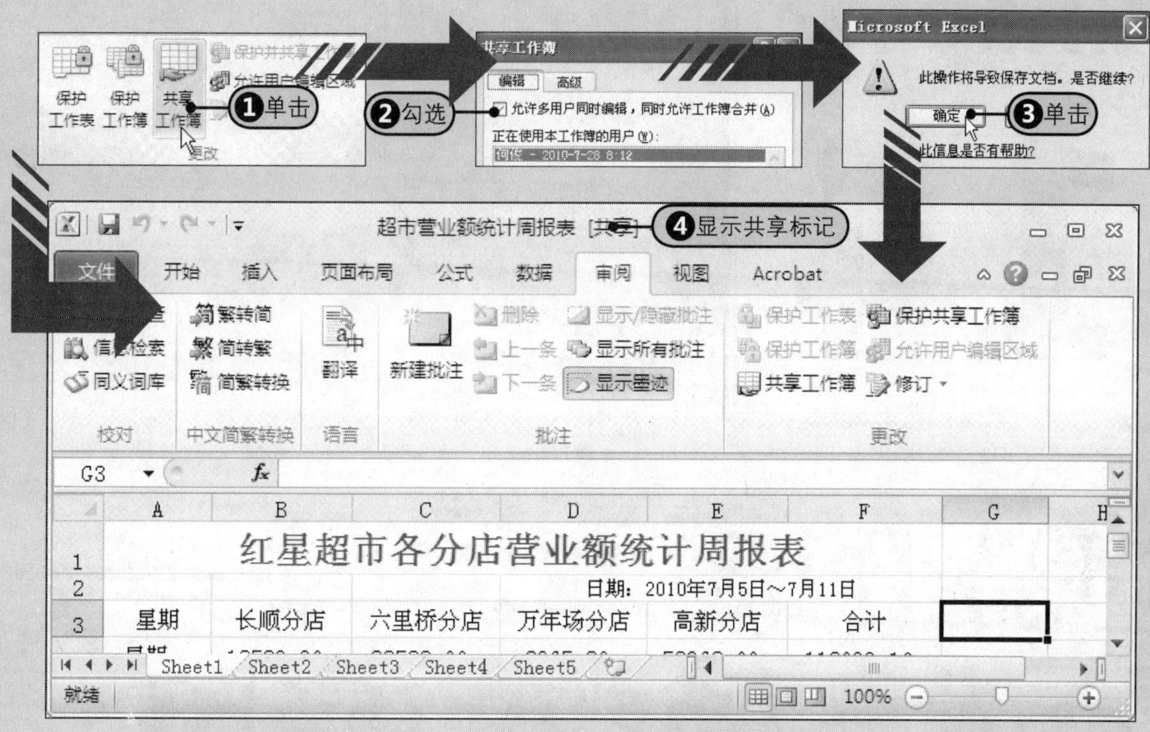

图13-82 共享工作簿

读书笔记

Part 3 Excel篇

Chapter 14

数据的高效运算——公式与函数的应用

公式和函数均是Excel中两个重要功能。公式是在工作表中对数据进行分析和计算的等式，能对单元格中的数据进行逻辑和算术运算；函数是Excel的预定义内置公式，熟练掌握公式和函数可以大大提高工作效率。本章将从认识公式入手，介绍公式的组成和常见错误的处理，接下来介绍Excel中多种单元格的引用方式，然后介绍公式和函数的基础应用，最后介绍Excel中常见函数的应用。

14.1 认识公式

本节介绍公式与函数的一些基本知识，如公式的组成、公式中的运算符及优先级，只有掌握了这些基本知识，才能为以后进一步学习公式和函数的应用打下良好基础。打开附书光盘\实例文件\第14章\原始文件\超市营业额统计周报表.xlsx工作簿。

14.1.1 公式的组成

公式是对工作表中数据进行计算和操作的等式，一般以等号（=）开始。通常，一个公式中的元素有：运算符、单元格引用、值或常量、工作表函数与参数，以及括号。

例如，Step1 在单元格F4中输入“=”，Step2 然后输入函数名称SUM，再输入左括号“（”，并选择参数所在的单元格区域B4:E4，最后输入右括号“）”，Step3 按Enter键后，单元格F4中将显示公式运算结果，如图14-1所示。

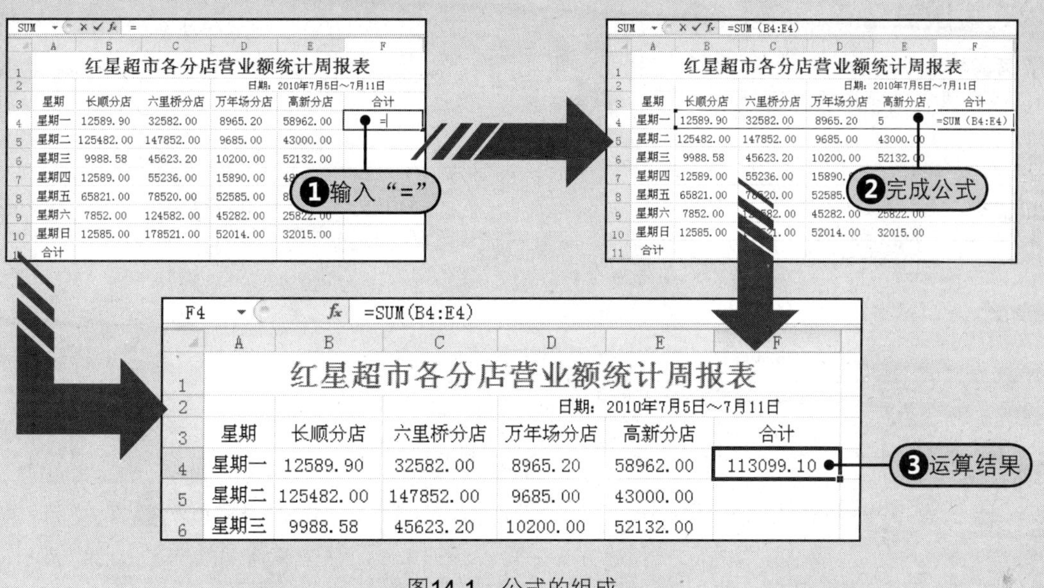

图14-1　公式的组成

14.1.2 使用公式时常见错误及解决方法

在Excel 2010中使用公式时，系统提供了一些错误检查规则，用户可以根据实际情况自行设置这些检查规则。在工作表中，当出现错误时，单元格中会返回特定的错误值，以帮助用户及时、准确地找到错误的类型，然后可以对公式进行错误检查。

❶ 设置公式错误检查规则及错误值的含义

在应用公式和函数的时候，Excel 2010能够用一定的规则来检查它们中出现的错误。用户可以根据实际情况设置Excel错误检查规则。

Step1 在Excel 2010窗口中单击“文件”按钮，Step2 从展开的下拉菜单中选择“选项”命令，如图14-2所示。Step3 在弹出的“Excel选项”对话框中单击“公式”标签，在“错误检查规则”区域中用户可以根据自己的需要选择规则，如图14-3所示。

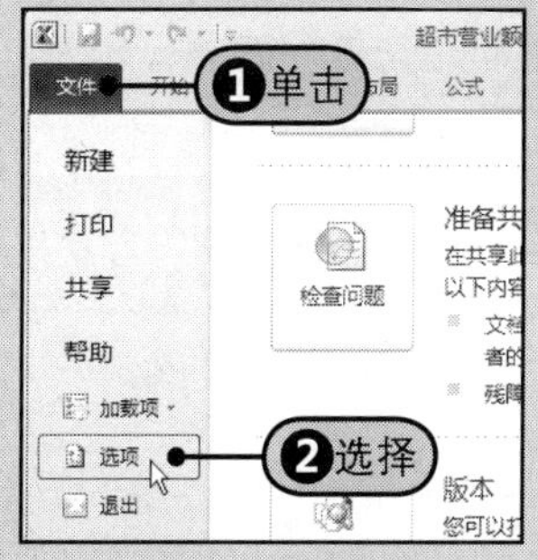

图14-2　选择“选项”命令

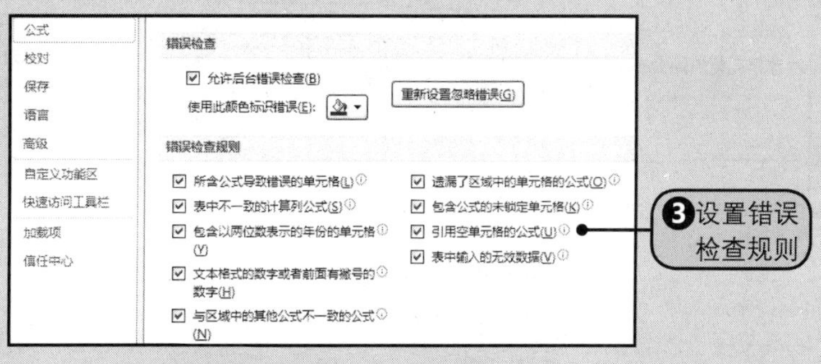

图14-3　设置错误检查规则

在使用公式和函数运算时，有时会发现并不能得出正确的运算结果，相反会返回一个特殊的符号，这个符号就是错误值。下面表14-1中列出了包含公式的单元格可能出现的各类错误值及其含义。

表14-1　Excel 2010错误值及其含义

错　误　值	原 因 说 明
####	该列宽不够，或者包含一个无效的时间或日期
#DIV/0!	该公式使用了0作为除数，或者公式中使用了一个空单元格
#N/A	公式中引用的数据对函数或公式不可用
#NAME?	公式中引用了Excel不能辨认的文本或名称
#NULL!	公式中引用了一种不允许出现相交但却交叉了的两个区域
#NUM!	公式中引用了无效的数字值
#REF!	公式中引用了一个无效的单元格
#VALUE!	函数中使用的变量或参数类型错误

❷ 公式错误检查

当启用了错误检查规则后，公式会出现错误提示，即单元格左上角会显示一个绿色的小三角标志。此时，用户可以使用Excel中的错误检查来迅速地找到错误并改正。

1 步骤 Step❶在单元格B13中输入了公式“=B12/COUNT(B4:B10)”，按Enter键后，此时单元格B13的左上角会显示一个绿色的小三角标记，说明该公式中包含错误。选择单元格B13时，屏幕上会显示一个错误检查标记，如图14-4所示。

B13　=B12/COUNT(B4:B10)　❶输入公式

	A	B	C	D	E	F
2					日期：2010年7月5日～7月11日	
3	星期	长顺分店	六里桥分店	万年场分店	高新分店	合计
4	星期一	12589.90	32582.00	8965.20	58962.00	113099.10
5	星期二	125482.00	147852.00	9685.00	43000.00	326019.00
6	星期三	9988.58	45623.20	10200.00	52132.00	117943.78
7	星期四	12589.00	55236.00	15890.00	48562.00	132277.00
8	星期五	65821.00	78520.00	52585.00	85214.00	282140.00
9	星期六	7852.00	124582.00	45282.00	25822.00	203538.00
10	星期日	12585.00	178521.00	52014.00	32015.00	275135.00
11	合计	246907.48	662916.20	194621.20	345707.00	1450151.88
13	平	0				

图14-4　输入公式

2 步骤 Step❷单击“公式审核”组中“错误检查”的下三角按钮，Step❸从展开的下拉列表中选择“错误检查”命令，如图14-5所示。

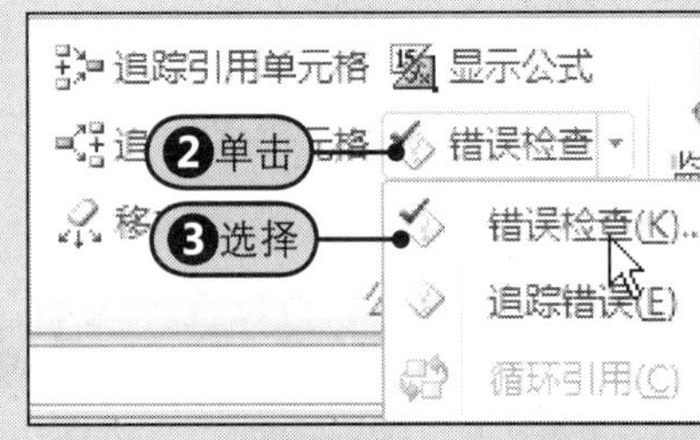

图14-5　选择“错误检查”命令

3 步骤 Step❹在弹出的“错误检查”对话框中单击“跟踪空单元格”按钮，如图14-6所示。

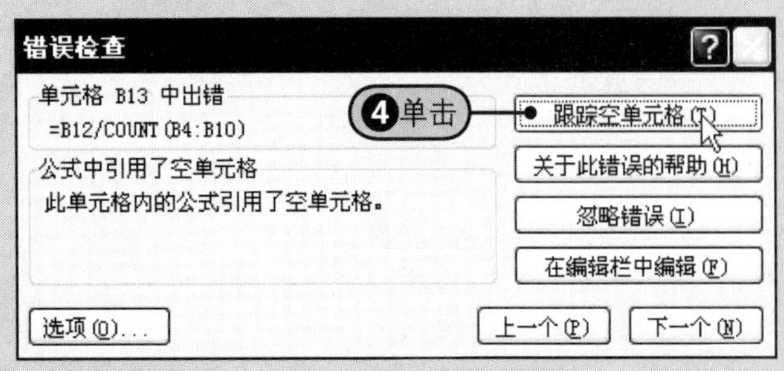

图14-6　“错误检查”对话框

4 步骤 Step❺此时工作表中会显示一条红色的箭头，跟踪到公式中所包含的空单元格，如图14-7所示。

B13　=B12/COUNT(B4:B10)

	A	B	C	D	E	F
3	星期	长顺分店	六里桥分店	万年场分店	高新分店	合
4	星期一	12589.90	32582.00	8965.20	58962.00	11309
5	星期二	125482.00	147852.00	9685.00	43000.00	32601
6	星期三	9988.58	45623.20	10200.00	52132.00	11794
7	星期四	12589.00	55236.00	15890.00	48562.00	13227
8	星期五	65821.00	78520.00	52585.00	85214.00	28214
9	星期六	7852.00	124582.00	45282.00	25822.00	20353
10	星期日	12585.00	178521.00	52014.00	32015.00	27513
11	合计	246907.48	662916.20	194621.20	345707.00	145015
13	平均	0				

❺跟踪空单元格

图14-7　跟踪空单元格

5 步骤 Step 6 在“错误检查”对话框中单击“在编辑栏中编辑”按钮，如图14-8所示。

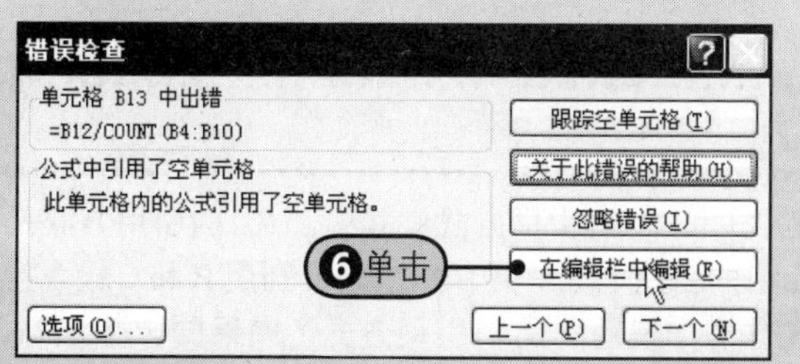

图14-8 单击“在编辑栏中编辑”按钮

6 步骤 Step 7 在编辑栏中将单元格中的公式更改为“=B11/COUNT(B4:B10)”，如图14-9所示。

图14-9 编辑公式

提示 检查工作表中其他单元格的公式错误

当修改某一处公式错误后，还可以在“错误检查”对话框中单击“上一个”（或“下一个”）按钮来检查工作表中其余的公式运算错误。

3 公式求值

使用“公式求值”可以查看公式的单步运算情况，特别是在检查复杂公式的运算错误时，该方法非常有效。

例如，要对单元格B13中的公式进行求值运算。

Step 1 选择单元格B13，Step 2 在“公式审核”组中单击“公式求值”按钮，Step 3 在弹出的“公式求值”对话框中单击“求值”按钮，代入单元格B13的值，再次单击“求值”按钮，计算表达式“COUNT(B4:B10)”的值，直到计算出所有表达式的值，求得整个公式运算的最终结果，如图14-10所示。

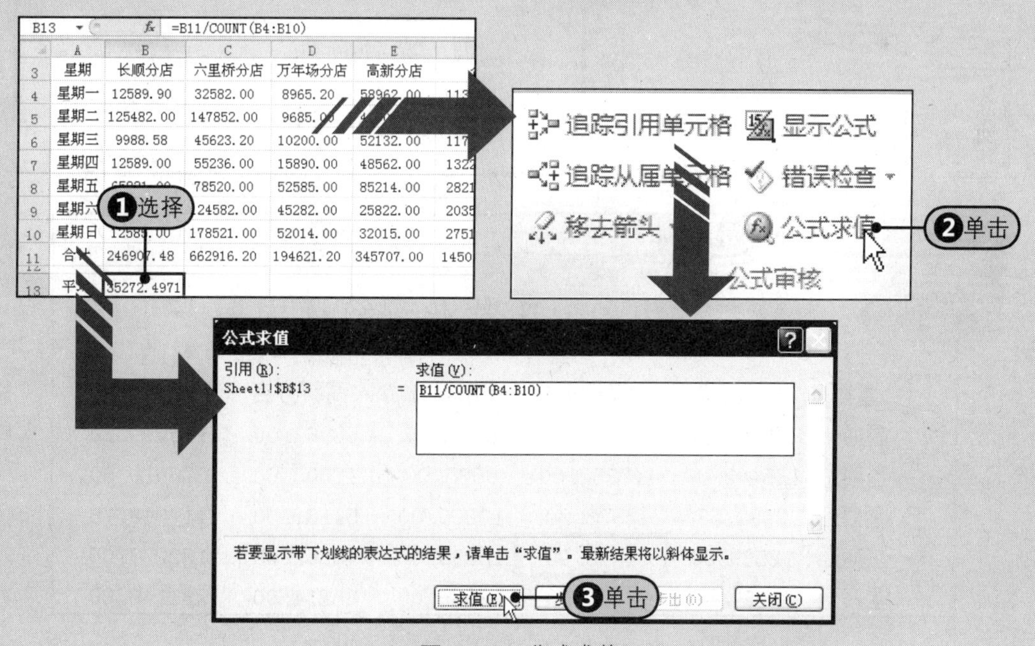

图14-10 公式求值

提示 当前求值的表达式

在“公式求值”对话框中，“求值”框中带下画线的表达式表示当前需要求值的表达式，单击“求值”按钮即可对该表达式进行求值，求值的最新结果将以斜体显示。用户只需要根据“求值”框中的显示，单击“求值”按钮，即可求得表达式的最终结果。

14.2 单元格的引用方式

单元格地址通常是由该单元格位置行号和列号组合所得到的该单元格在工作表中的地址，如C3、A5等。在Excel 2010中，根据地址划分，公式中单元格的引用方式有4种：相对引用、绝对引用、混合引用及三维引用；根据样式划分，引用可以分为A1引用样式和R1C1引用样式。

14.2.1 A1和R1C1引用的切换

关于Excel 2010中的引用方式，根据样式，可以分为A1引用方式和R1C1引用方式。其中，A1的引用方式是用大写字母代表列标签，数字序号代表行号，由列标和行号共同构成单元格的引用地址；而R1C1是分别用R和C代表行和列标签，然后行列均要用数字来代表行号或列号。在默认的情况下，工作表中使用的是A1引用方式，如果要切换为R1C1引用方式，操作方法如下。

Step1 在Excel窗口中单击“文件”按钮，Step2 从展开的下拉菜单中选择“选项”命令，Step3 在“Excel选项”对话框中单击“公式”标签，Step4 勾选“R1C1引用样式”复选框，Step5 单击“确定”按钮。Step6 返回工作表中，此时选中单元格A2时，可以看到名称框中显示的单元格引用地址为R2C2，如图14-11所示。

提示　恢复A1引用方式

如果要恢复为A1引用方式，只需再次打开“Excel选项”对话框，清除勾选“R1C1”复选框即可。

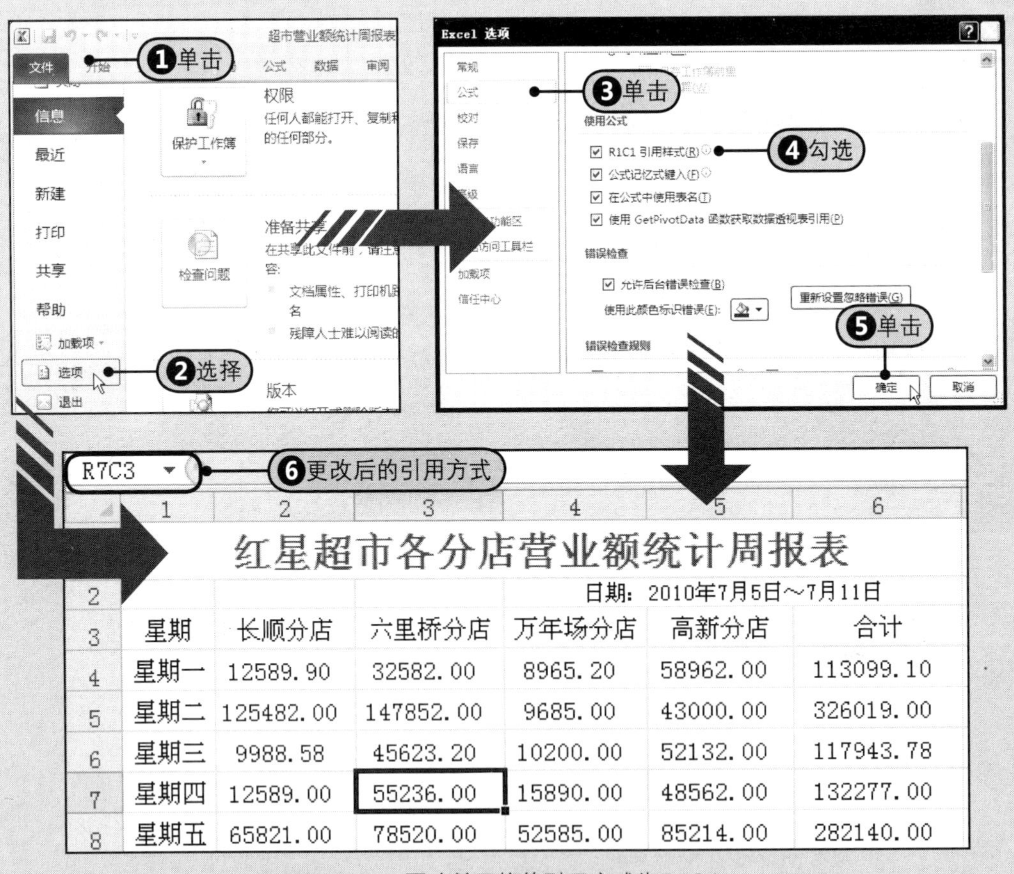

图14-11　更改单元格的引用方式为R1C1

14.2.2 相对引用单元格

在默认的方式下输入公式时，除非用户特别指明，Excel一般是以相对引用地址来引用单元格的位置。例如，在单元格B11中输入公式“＝B4+B5+B6+B7+B8+B9+B10”，如图14-12所示，该公式中对单元格采用了相对引用的方式。当用填充柄向右复制公式至单元格D11时，公式中引用的单元格地址会发生相应的变化，如图14-13所示。

B11 fx =B4+B5+B6+B7+B8+B9+B10

	A	B	C	D	E	F
1		红星超市各分店营业额				
2				日期：		7月11日
3	星期	长顺分店	六里桥分店	万年场分店	高新分店	合计
4	星期一	12589.90	32582.00	8965.20	58962.00	113099.10
5	星期二	125482.00	147852.00	9685.00	43000.00	326019.00
6	星期三	9988.58	45623.20	10200.00	52132.00	117943.78
7	星期四	12589.00	55236.00	15890.00	48562.00	132277.00
8	星期五	65821.00	78520.00	52585.00	85214.00	282140.00
9	星期六	7852.00	124582.00	45282.00	25822.00	203538.00
10	星期日	12585.00	178521.00	52014.00	32015.00	275135.00
11	合计	246907.48				

图14-12 相对引用单元格

图14-13 复制公式时引用单元格自动更新

14.2.3 绝对引用单元格

在单元格列或行标志前加一美元符号，如$A$3，即表示绝对引用单元格A3。包含绝对引用单元格的公式，无论将其复制到什么位置，总是引用特定的单元格。例如，在单元格B11中输入公式“=$B$4+$B$5+$B$6+$B$7+$B$8+$B$9+$B$10”，如图14-14所示。当使用填充柄向右复制公式时，公式中引用的单元格地址不会发生任何变化，它总是引用特定的单元格区域B4:B10，如图14-15所示。

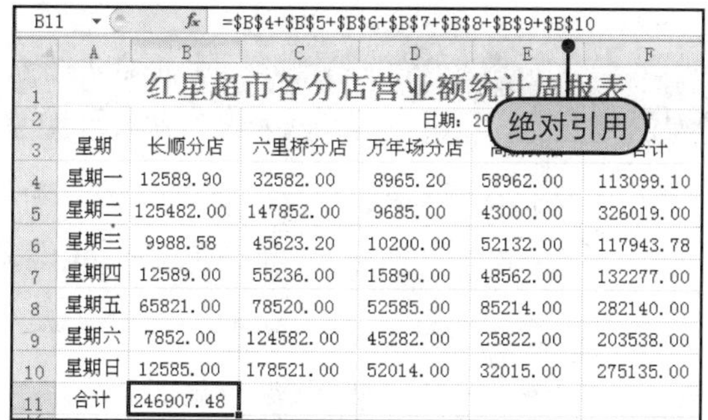

B11 fx =$B$4+$B$5+$B$6+$B$7+$B$8+$B$9+$B$10

	A	B	C	D	E	F
1		红星超市各分店营业额统计周报表				
2				日期：20		
3	星期	长顺分店	六里桥分店	万年场分店		合计
4	星期一	12589.90	32582.00	8965.20	58962.00	113099.10
5	星期二	125482.00	147852.00	9685.00	43000.00	326019.00
6	星期三	9988.58	45623.20	10200.00	52132.00	117943.78
7	星期四	12589.00	55236.00	15890.00	48562.00	132277.00
8	星期五	65821.00	78520.00	52585.00	85214.00	282140.00
9	星期六	7852.00	124582.00	45282.00	25822.00	203538.00
10	星期日	12585.00	178521.00	52014.00	32015.00	275135.00
11	合计	246907.48				

图14-14 绝对引用单元格

D11 fx =$B$4+$B$5+$B$6+$B$7+$B$8+$B$9+$B$10

	A	B	C	D	E	F
1		红星超市各分店营业额统计周报表				
2					日期：2010年7月5日～7月11日	
3	星期	长顺分店	六里桥分店	万年场分店	高新分店	合计
4	星期一	12589.90	32582.00	8965.20	58962.00	113099.10
5	星期二	125482.00	147852.00	9685.00	43000.00	326019.00
6	星期三	9988.58	45623.20	10200.00	52132.00	117943.78
7	星期四	12589.00	55236.00	15890.00	48562.00	132277.00
8	星期五	65821.00	78520.00	52585.00	85214.00	282140.00
9	星期六	7852.00	124582.00	45282.00	25822.00	203538.00
10	星期日	12585.00	178521.00	52014.00	3201	
11	合计	246907.48	246907.48	246907.48		

图14-15 复制公式时不发生变化

14.2.4 混合引用单元格

混合地址引用是指在一个单元格地址引用中，对行采用相对引用，对列采用绝对引用，如A$5，也可以是对行采用绝对引用，对列采用相对引用，如$A5。假如，在单元格B11中输入公式“=$B4+B$5+$B6+$B7+$B8+$B9+$B10”，其中除单元格B5采用列相对引用、行绝对引用外，其余单元格采用列绝对引用、行相对引用，如图14-16所示。由于是在同行复制公式，复制后的公式只有列的引用会发生变化，但绝对引用的列则不会发生变化，如图14-17所示，单元格D11中公式的参数只有第二个参数“B$5”更改为“D$5”，其余参数则没有发生变化。

B11 fx =$B4+B$5+$B6+$B7+$B8+$B9+$B10

	A	B	C	D	E	F
1		红星超市各分店营业额统计周报表				
2						7月11日
3	星期	长顺分店	六里桥分店	万年场分		合计
4	星期一	12589.90	32582.00	8965.20	58962.00	113099.10
5	星期二	125482.00	147852.00	9685.00	43000.00	326019.00
6	星期三	9988.58	45623.20	10200.00	52132.00	117943.78
7	星期四	12589.00	55236.00	15890.00	48562.00	132277.00
8	星期五	65821.00	78520.00	52585.00	85214.00	282140.00
9	星期六	7852.00	124582.00	45282.00	25822.00	203538.00
10	星期日	12585.00	178521.00	52014.00	32015.00	275135.00
11	合计	246907.48				

图14-16 混合引用单元格

D11 fx =$B4+D$5+$B6+$B7+$B8+$B9+$B10

	A	B	C	D	E	F
1		红星超市各分店营业额统计周报表				
2						
3	星期	长顺分店	六里桥分店			
4	星期一	12589.90	32582.00			
5	星期二	125482.00	147852.00	9685.00	43000.00	326019.00
6	星期三	9988.58	45623.20	10200.00	52132.00	117943.78
7	星期四	12589.00	55236.00	15890.00	48562.00	132277.00
8	星期五	65821.00	78520.00	52585.00	85214.00	282140.00
9	星期六	7852.00	124582.00	45282.00	25822.00	203538.00
10	星期日	12585.00	178521.00	52014.00	32015.00	275135.00
11	合计	246907.48	269277.48	131110.48		

图14-17 复制公式时部分发生变化

14.2.5 三维引用单元格

三维引用是指引用其他工作表中的单元格。三维引用的一般格式：工作表名！单元格地址，其中“工作表名”后的“！”是系统自动加上的。例如，在工作表Sheet2中的单元格C4中输入公式起始符号“=”，然后单击工作表标签“各店营业额统计”，接着单击要引用的单元格F4，Excel会自动在单元格C4中显示公式“=各店营业额统计!F4”，如图14-18所示。按Enter键后，向下复制公式至单元格C10，得到如图14-19所示的结果。

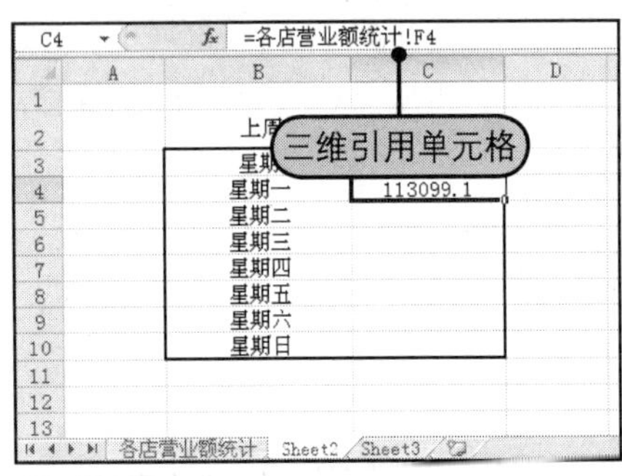

图14-18　三维引用单元格

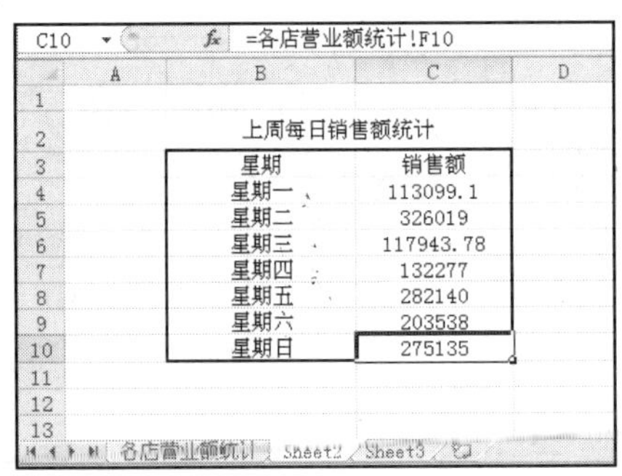

图14-19　复制公式

提示

三维引用工作表名称需注意

当要在某个单元格中引用其他工作表中的数据时，被引用的工作表名称又包含空格，则在使用三维引用时，如果是直接单击的工作表标签，系统会自动为工作表标签添加单引号；如果用户采用手动的方式输入工作表标签的引用，需手动输入单引号。例如，工作表标签为“3月 营业额”，则引用该工作表中的单元格A5时，正确的引用格式：='3月 营业额'！A5。

14.3 函数的基础应用

函数是公式中一个非常重要的组成部分，也可以这样理解，Excel 2010中的函数是一些预定义的公式，可以通过引入到工作表中进行简单或复杂的运算。使用函数可以大大简化公式，并能实现一些一般公式无法实现的计算。典型的函数可以有一个或多个参数，并能够返回一个计算结果。函数的一般结构：

函数名(参数1,参数2,…)

函数名是函数的名称，每一个函数都有自己唯一的函数名称。函数中的参数可以是数字、文本、逻辑值、表达式、引用、数组，甚至是其他的函数。对于使用参数的多少，需要根据具体的函数进行分析。

14.3.1 在公式中使用函数

Excel 2010中的公式，除了一些简单的加、减运算外，大部分的运算都需要使用函数来完成。在工作表中输入函数有两种较为常见的方法，一种是直接手工输入，另外一种是通过“插入函数”对话框输入。前者适用于对函数较为熟悉的用户，后者适用于初学者和不熟悉函数的用户。

1 步骤 Step1 选择要插入函数的单元格，如单元格F4，Step2 在“公式”选项卡中的“函数库”组中单击“插入函数”按钮，如图14-20所示。

图14-20　单击“插入函数”按钮

2 步骤 Step3 在“选择函数”列表框中选择需要插入的函数，Step4 单击“确定”按钮，如图14-21所示。

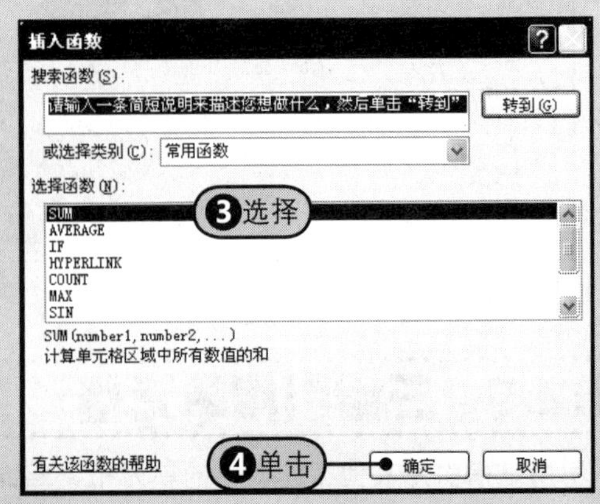

图14-21　选择函数

3 步骤 Step 5 在弹出的“函数参数”对话框中根据提示设置函数的参数，Step 6 设置好后，单击“确定”按钮，如图14-22所示。

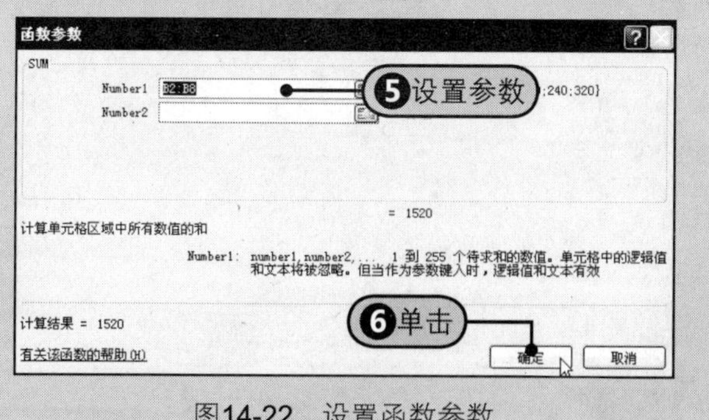

图14-22　设置函数参数

4 步骤 Step 7 返回工作表中，单元格F4中将显示公式运算的结果，如图14-23所示。

图14-23　函数运算结果

14.3.2 函数种类和参数类型

Excel 2010中的函数共有11类，分别是数据库函数、日期与时间函数、工程函数、财务函数、信息函数、逻辑函数、查询和引用函数、数学和三角函数、统计函数、文本函数，以及用户自定义函数。

各类别的函数的功能及常见函数如表14-2所示。

表14-2　Excel 2010中的函数类型

类别名称	功　能	常见函数
数据库函数	当需要分析数据清单中的数值是否符合特定的条件时，可以使用数据库工作表函数	DCOUNT、DAVERAGE、DMAX
日期与时间函数	通过日期与时间函数，可以在公式中分析和处理日期与时间值	DATE、DAY、MONTH
工程函数	主要用于工程分析，如对复数进行处理、在不同的数值系统间进行转换等	BESSELI、DELTA
财务函数	用于进行一般的财务计算，如确定贷款的支付额、投资未来值等	PV、NPV、PMT
信息函数	使用该类函数确定存储在单元格中数据的类型	ISERR、INFO
逻辑函数	用于进行真假判断，或者进行复合检验	IF、AND、NOT、OR
查询和引用函数	当需要在数据清单或表格中查找特定的数值，或者需要查找某一单元格的引用时使用	VLOOKUP、INDEX、MATCH
数学和三角函数	用于进行数学和三角运算	ABS、EXP、SIN、ASIN
统计函数	用于对数据区域进行统计分析	COUNT、MAX
文本函数	通过此类函数可在公式中处理字符串	CHAR、CODE
用户自定义函数	如果要在公式或计算中使用特别复杂的计算，而工作表函数又无法满足需要，则需要创建用户自定义函数	

在函数名称后括号中的内容就是函数的参数。通常函数的结果取决于参数的使用方法。作为函数参数的数据，可以是名称、单元格地址的引用、文本或字符串、表达式、数值、其他的函数等。

14.3.3 在公式中使用名称

前面提到，名称也可以作为函数的参数，那么，名称到底是什么呢？在Excel中怎样定义和应用名称呢？名称是工作簿中某些项目的标识符，用户在工作过程中可以为单元格、常量、图表、公式或工作表建立一个名称。如果某个项目被定义了一个名称，就可以在公式或函数中通过该名称来引用它。在Excel 2010中，与定义名称相关的命令是集合在“公式”选项卡的“定义的名称”组中的，如图14-24所示。

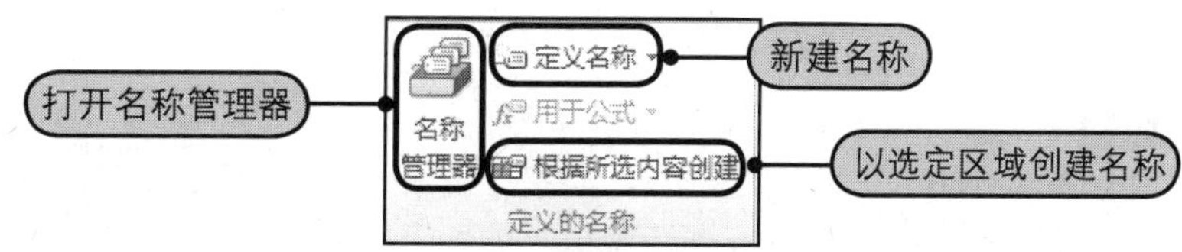

图14-24　“公式”选项卡中的“定义的名称”功能组

❶ 定义名称

Step❶选择要定义为名称的单元格区域，如单元格B4:B10，Step❷在“公式”选项卡中的“定义的名称”组中单击“定义名称”的下三角按钮，Step❸从展开的下拉列表中选择“定义名称”命令，接着打开“新建名称”对话框，Step❹在“名称”框中输入名称，如changshun，Step❺单击“确定”按钮。返回工作表中，Step❻当再次选择单元格区域B4:B10时，名称框中会显示已定义的名称，如图14-25所示。

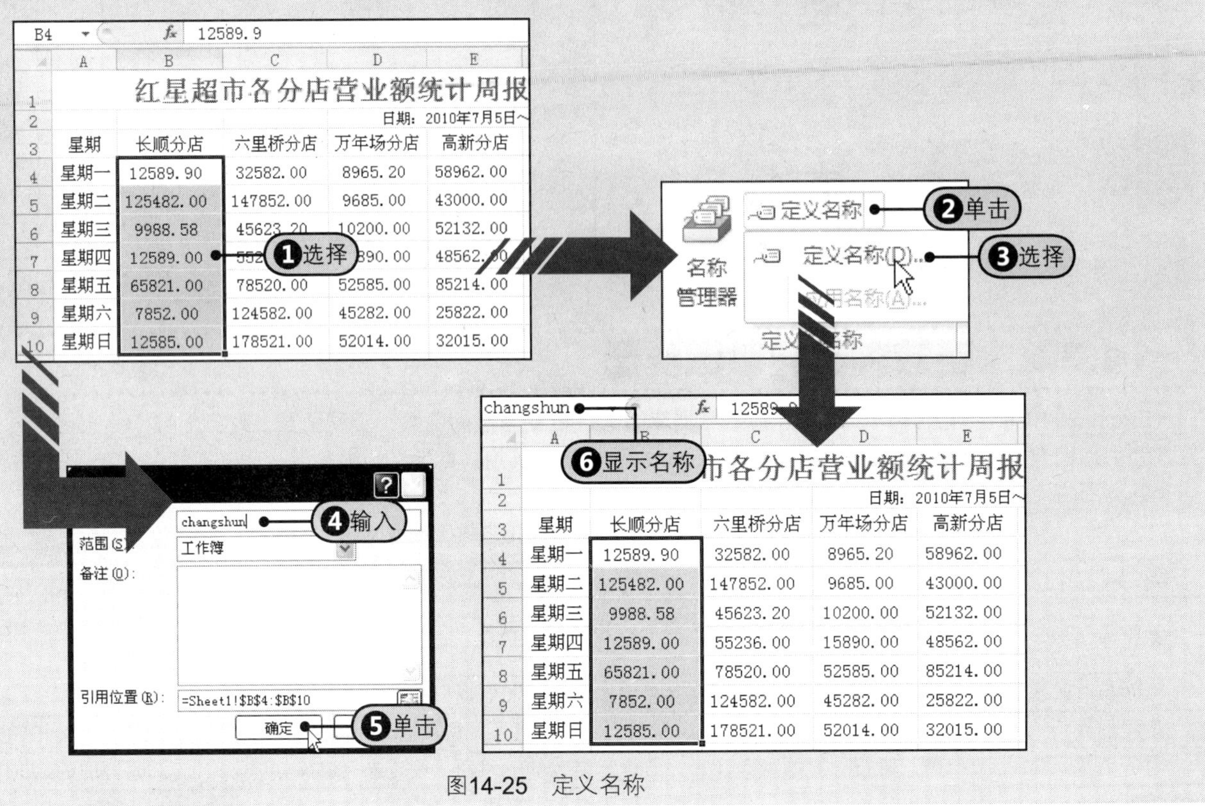

图14-25　定义名称

❷ 在公式中使用名称

在工作表中为单元格区域定义了名称后，可以在公式运算中直接使用名称，请按照前面介绍的方法分别将单元格区域C4:C10定义为名称llq，单元格区域D4:D10定义为名称wyc，单元格区域E4:E10定义为名称gaoxin。接下来，在公式中使用以上已定义的名称。

Step❶在单元格F4中输入公式起始符号“=”，Step❷在“公式”选项卡中的“定义的名称”组中单击“用于公式”的下三角按钮，Step❸从展开的下拉列表中单击要粘贴的名称，然后输入运算符，Step❹再次粘贴其他的名称，从而完成整个公式，如图14-26所示。

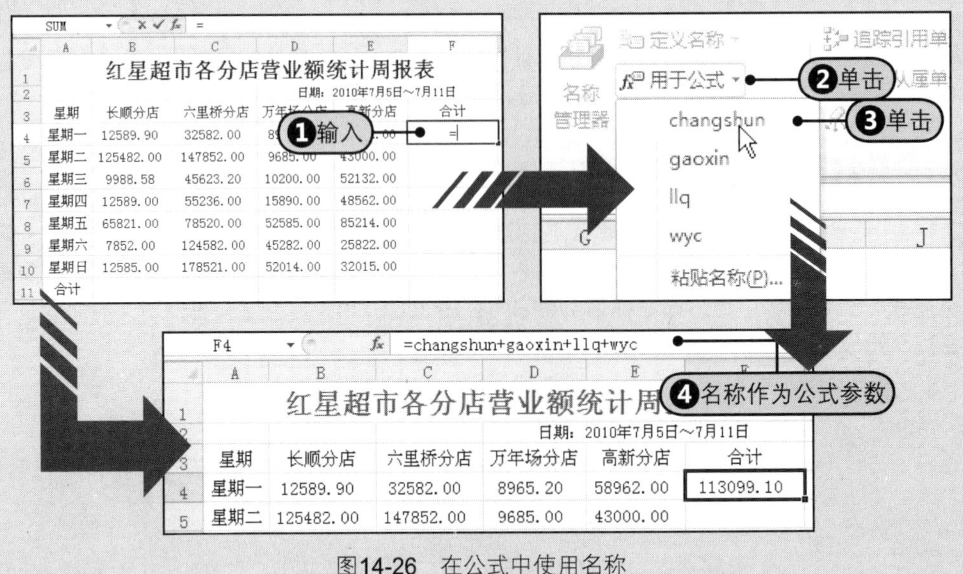

图14-26　在公式中使用名称

③ 使用“名称管理器”管理名称

当在工作簿中创建了大量的名称后，可以使用“名称管理器”来管理名称。通过“名称管理器”可以查看和修改名称的数值、引用位置、名称范围，以及删除名称。

步骤1 在“定义的名称”组中单击“名称管理器”按钮，打开“名称管理器”对话框，Step1 选择要编辑的名称，如llq，Step2 单击“编辑”按钮，如图14-27所示。

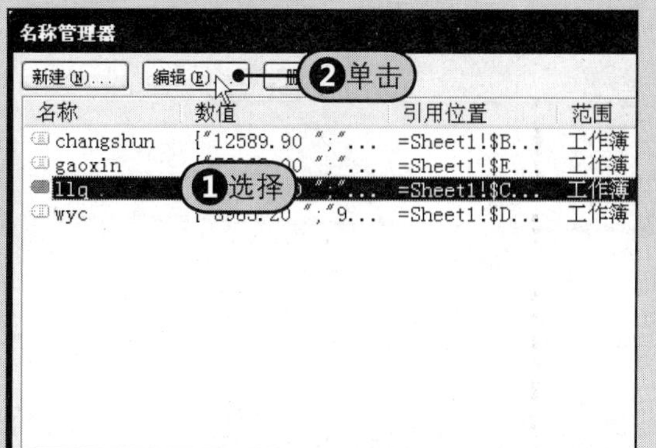

图14-27 选择名称

步骤2 Step3 在弹出的“编辑名称”对话框中，可以在“名称”框中输入新的名称，也可以更改名称的引用位置，Step4 更改好以后单击“确定”按钮，如图14-28所示。

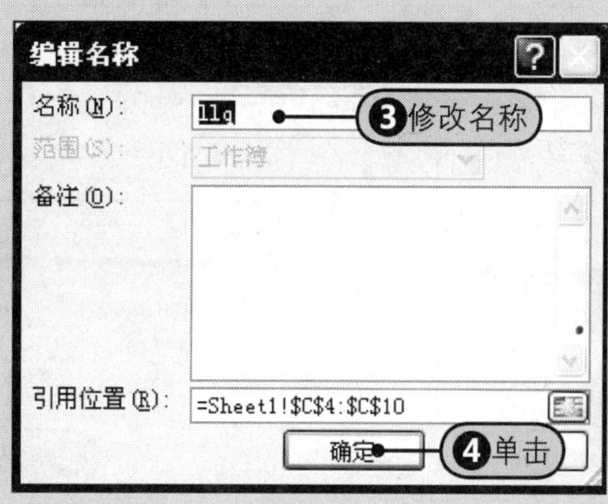

图14-28 “编辑名称”对话框

步骤3 Step5 在“名称管理器”对话框中选择要删除的某个名称，Step6 单击“删除”按钮，如图14-29所示。

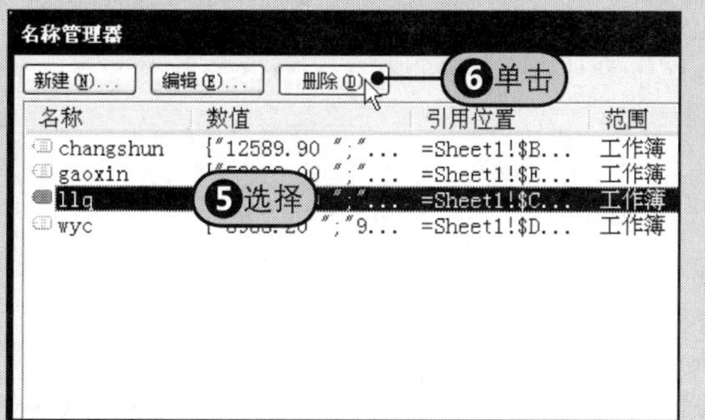

图14-29 单击“删除”按钮

步骤4 Step7 随后弹出删除提示对话框，单击“确定”按钮删除该名称，如图14-30所示。

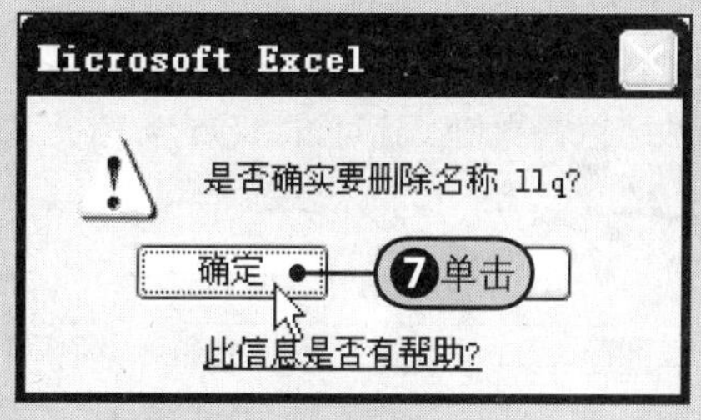

图14-30 删除提示对话框

14.4 常见函数的使用

在掌握了公式的组成、单元格的引用方式、在公式中插入函数、名称的定义及应用等基础知识后，接下来本节通过对Excel中常见函数的介绍，帮助读者在最短的时间内学会，并能应用于实际工作中。

14.4.1 MAX、MIN函数的使用

如果已知一组数据，要找出这组数据中的最大值和最小值，可以使用MAX和MIN函数。函数MAX()的功能是计算所有数值数据的最大值，函数MIN()的功能是计算所有数值数据的最小值，它们的表达式：

MAX/MIN(number1,number2,…)

其中，参数number1、number2是可选的，个数在1~30之间，表示待计算的数值。

打开附书光盘\实例文件\第14章\原始文件\数据表.xlsx工作簿，接下来使用MAX和MIN函数来计算已输入数据的最大值和最小值。

Step1 在单元格E2中输入公式“=MAX(B2:B12)”，如图14-31所示，Step2 按Enter键后，计算出的最大值为3231，如图14-32所示。

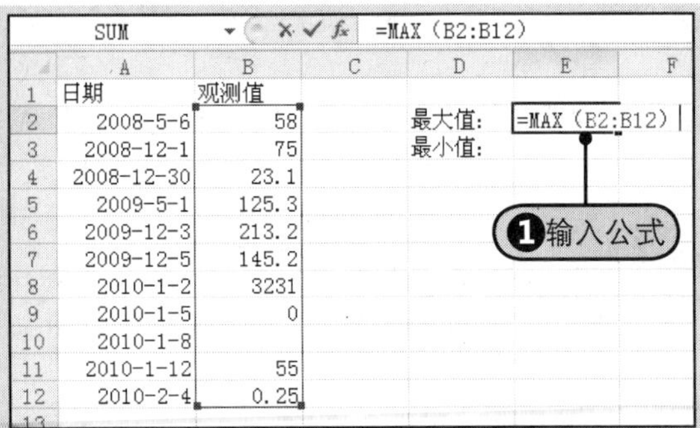

图14-31　输入MAX公式

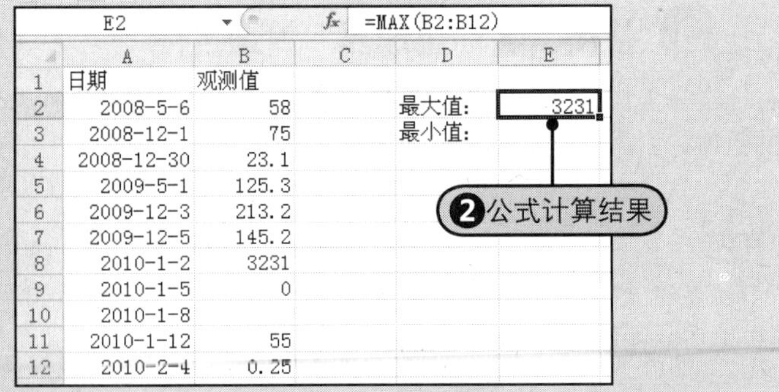

图14-32　计算出最大值

接下来计算最小值，Step❶在单元格E3中输入公式“=MIN(B2:B12)”，如图14-33所示，Step❷按Enter键后，计算出的最小值为0，如图14-34所示。

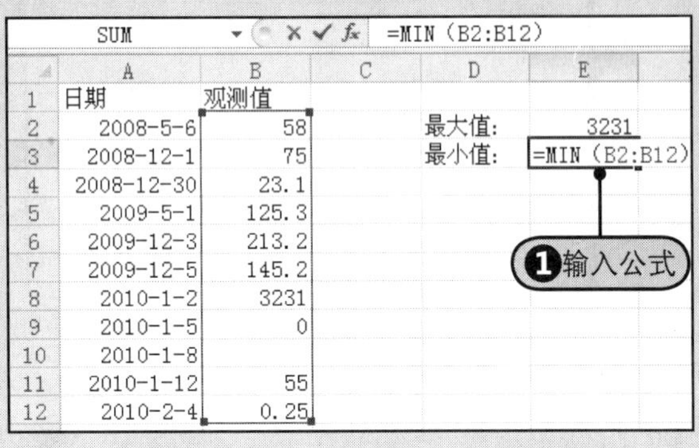

图14-33　输入MIN公式

图14-34　计算出最小值

14.4.2　AVERAGE函数的使用

AVERAGE函数的作用是计算一组数据的算术平均值，它的语法表达式：

AVERAGE(Number1,Number2,Number3,…)

其中参数可以是数值，还可以是包含数值的名称、数组或引用，个数是在1～255之间。

Step❶在单元格E4中输入公式“=AVERAGE(B2:B12)”，如图14-35所示，Step❷按Enter键后，计算出来的平均值为392. 605，如图14-36所示。

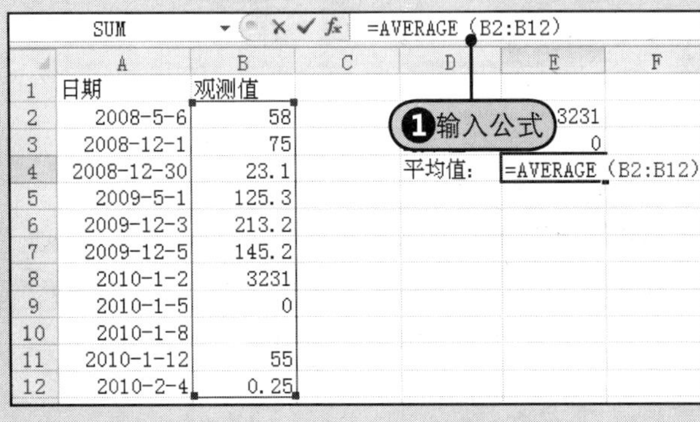

图14-35　输入AVERAGE公式

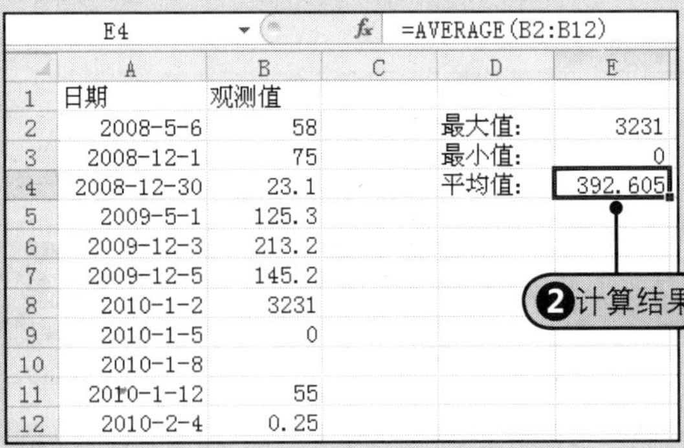

图14-36　公式计算结果

14.4.3　COUNT/COUNTA函数的使用

函数COUNT()的功能是统计参数列表中含有数值数据的单元格个数，它的语法表达式：

COUNT(value1, value2, …)

其中参数个数是可选的，个数在1～30之间，代表要统计的值。

在Excel中，与函数COUNT()类似的还有COUNTA()，它的语法表达式及参数完全与函数COUNT()类似，唯一的区别是：函数COUNTA()统计的是非空值的单元格个数，COUNT()统计的是数值数据的单元格个数。打开附书光盘\实例文件\第14章\原始文件\数据表2.xlsx工作簿。

在单元格D2中输入公式“=COUNT(A1:A8)”，按Enter键后，统计出单元格区域A1:A8中的数值个数为5，如图14-37所示。

在单元格D3中输入公式“=COUNTA(A1:A8)”，按Enter后，统计出单元格区域A1:A8中的数值个数为7，如图14-38所示。

D2 =COUNT(A1:A8)

	A	B	C	D
1	47			
2	88.2		数值个数:	5
3	Excel 2010		非空个数:	
4				
5	58			
6	12389			
7	FALSE			
8	0.25896			
9				

图14-37 输入公式统计数值个数

D3 =COUNTA(A1:A8)

	A	B	C	D	E
1	47				
2	88.2		数值个数:	5	
3	Excel 2010		非空个数:	7	
4					
5	58				
6	12389				
7	FALSE				
8	0.25896				
9					

图14-38 输入公式统计非空值个数

提示

统计单元格区域中空单元格的个数

与COUNT和COUNTA相类似，还有一个专门用于统计单元格区域中空单元格个数的函数COUNTBLANK，它的语法结构与COUNT函数相类似。例如，要统计上例中的单元格区域A1:A8中空单元格的个数，可以在单元格D4中输入公式“=COUNTBLANK(A1:A8)”，统计结果为1，如图14-39所示。

D4 =COUNTBLANK(A1:A8)

	A	B	C	D	E
1	47				
2	88.2		数值个数:	5	
3	Excel 2010		非空个数:	7	
4			空单元格个数:	1	

图14-39 统计空单元格的个数

14.4.4 YEAR/MONTH/DAY函数的使用

在Excel 2010中，可以使用函数YEAR()、MONTH()、DAY()分别返回一个日期数据对应的年份、月份和日期。

函数YEAR()的功能是计算日期所代表的相应的年份，MONTH()的功能是计算日期所代表的相应的月份，DAY()的功能是计算日期所代表的天数。它们的表达式如下：

YEAR/ MONTH / DAY (serial_number)

其中都只有一个参数serial_number，表示将要计算的日期。

为了更好地说明YEAR、MONTH、DAY函数的使用，可以在工作表中输入几个日期，接下来分别使用这3个函数来提取日期中的年份、月份和天数。具体操作方法如下所示。

1 步骤 Step 1 在单元格C3中输入公式“=YEAR(B3)”，按Enter键后，Step 2 拖动单元格C3右下角的填充柄向下复制公式至单元格C6，如图14-40所示。

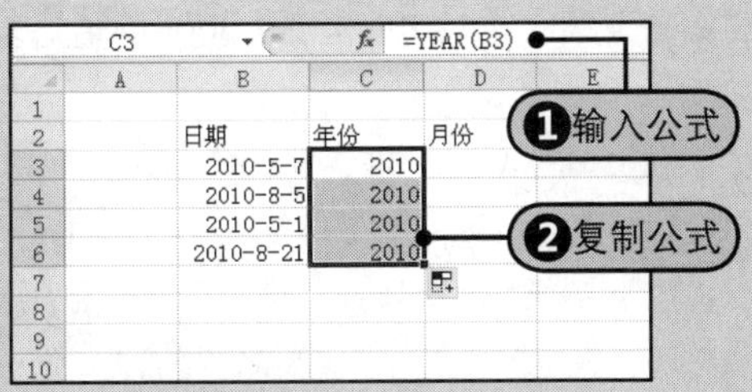

图14-40 计算年份

2 步骤 Step 3 在单元格D3中输入公式“=MONTH(B3)”，按Enter键后，Step 4 拖动单元格D3右下角的填充柄向下复制公式至单元格D6，如图14-41所示。

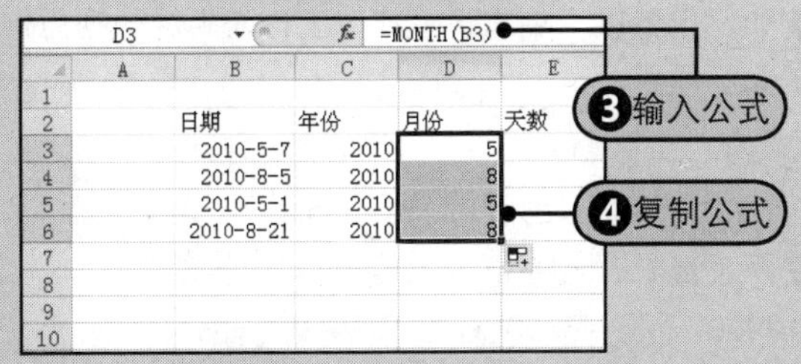

图14-41 计算月份

3 步骤 Step 5 在单元格E3中输入公式“=DAY(B3)”，按Enter键后，Step 6 拖动单元格E3右下角的填充柄向下复制公式至单元格E6，如图14-42所示。

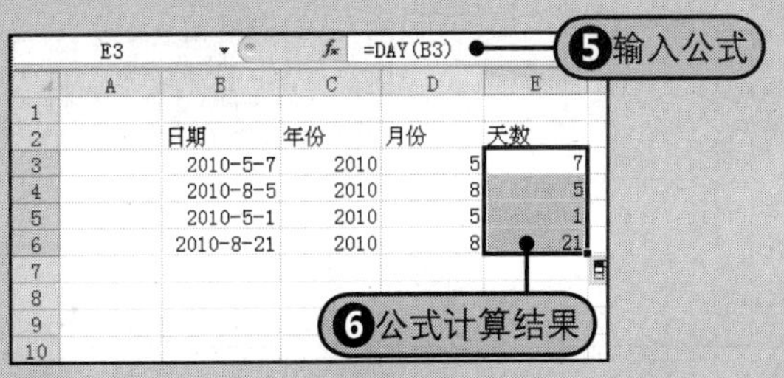

图14-42 计算天数

14.4.5 IF函数的使用

函数IF()的功能是执行真假判断，根据逻辑计算的真假值，返回不同结果。它的语法表达式：

IF(logical_test,value_if_true,value_if_false)

其中共有3个参数，logical_test为判断条件，条件为真，返回value_if_true的值；为假，返回value_if_false的值。

假设某企业根据销售员的业绩来计算销售员的奖金基数，将奖金基数等级分为A、B、C、D几个等级，划分标准：销售业绩大于等于10000，奖金基数级别为A；5000～10000的，业绩奖金基数级别为B；3000～5000，奖金基数级别为C；1500～3000，奖金基数级别为D；1500以下的，奖金基数级别为E。在Excel中，可以使用IF函数根据销售员的业绩来计算其应亨受的奖金级别，继而计算出每月每个销售员的奖金。打开附书光盘\实例文件\第14章\原始文件\销售员业绩.xlsx工作簿。

Step❶在单元格中输入公式“=IF(A2>=10000,"A",IF(A2>=5000,"B",IF(A2>=3000,"C",IF(A2>=1500,"D","E"))))”，按Enter键后，公式计算结果如图14-43所示。Step❷拖动单元格B2右下角的填充手柄向下复制公式，得到如图14-44所示的结果。

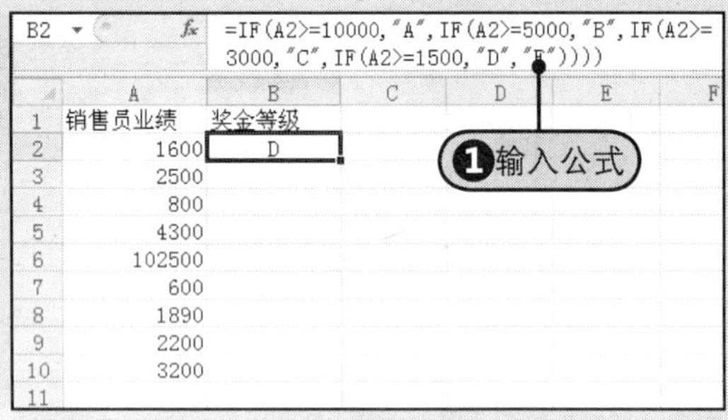

图14-43 输入公式

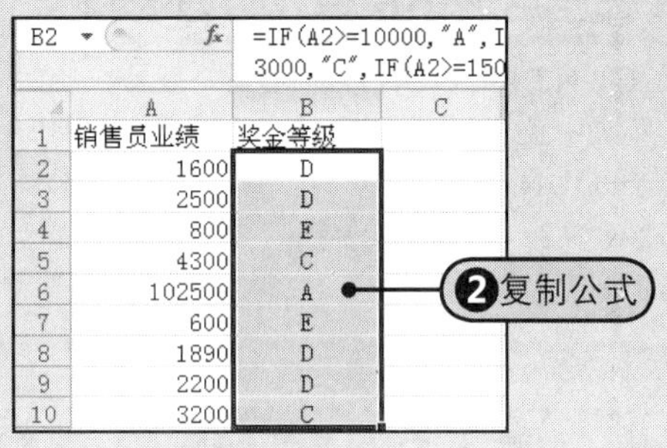

图14-44 复制公式

提示 IF函数嵌套应用，实现多重选择

IF函数可以进行嵌套，从而实现多种情况的选择。对value_if_true和value_if_false也可以进行嵌套，例如上例是对value_if_false进行3重嵌套，IF函数最多可允许嵌套7层，实现复杂的条件判断。

14.4.6 COUNTIF函数的使用

函数COUNTIF()的功能是统计区域中满足给定条件的单元格个数，它的语法表达式：

COUNTIF(range,criteria)

其中有两个参数，range表示需要计算其中满足条件的单元格数目的单元格区域；criteria表示确定哪些单元格将被计算在内的条件，其形式可以为数字、表达式或文本。

例如，仍然以“销售员业绩”工作表中的数据为例，要分别统计出销售业绩大于10000和小于3000的销售员数量，操作方法如下所示。

1 步骤 Step❶在单元格C2和D2中输入“销售业绩”和“统计数量”，在单元格C3和C4中输入要统计的条件“>10000”和“<3000”，如图14-45所示。

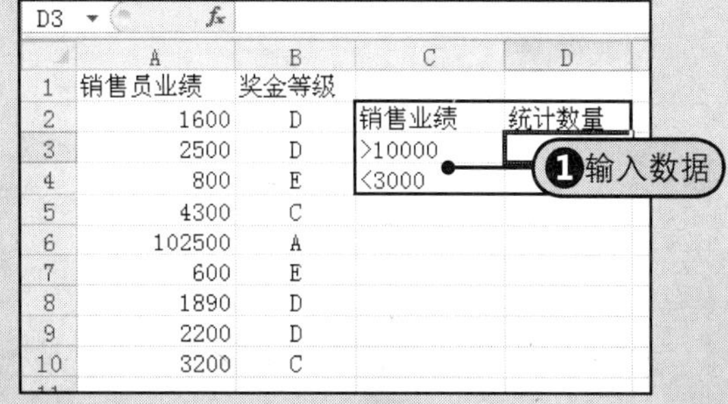

图14-45 输入条件

2 步骤 Step❷在单元格D3中输入公式“=COUNTIF(A2:A10，C3)”，按Enter键后，计算出结果为1，如图14-46所示。

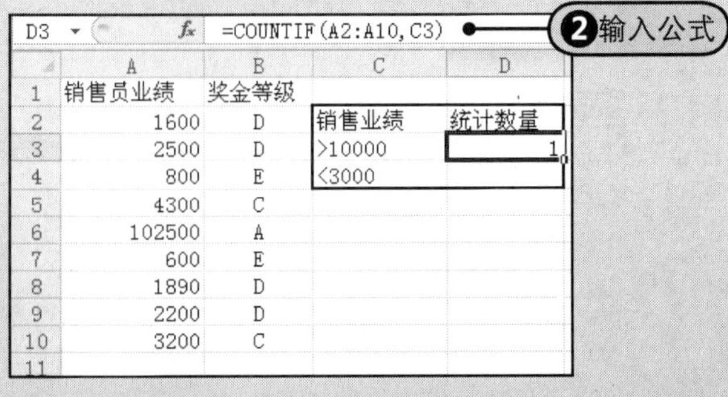

图14-46 输入大于10000的公式

3 步骤 Step 3 在单元格D4中输入公式“=COUNTIF(A2:A10，C4)”，按Enter键后，计算出结果为6，如图14-47所示。

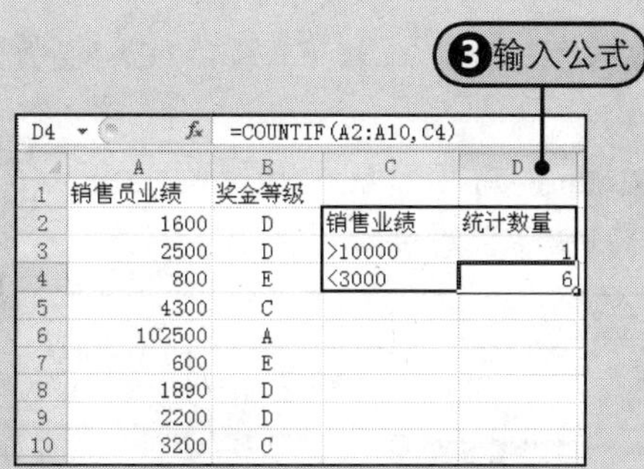

	A	B	C	D
1	销售员业绩	奖金等级		
2	1600	D	销售业绩	统计数量
3	2500	D	>10000	1
4	800	E	<3000	6
5	4300	C		
6	102500	A		
7	600	E		
8	1890	D		
9	2200	D		
10	3200	C		

图14-47　输入小于3000的公式

4 步骤 Step 4 如果没有将条件表达式输入在单元格中，也可以直接在公式中使用条件表达式作为参数，例如，在单元格D5中输入公式“=COUNTIF(A2:A10,"<3000")”，按Enter键后，同样可以统计出销售业绩小于3000的单元格个数，如图14-48所示。

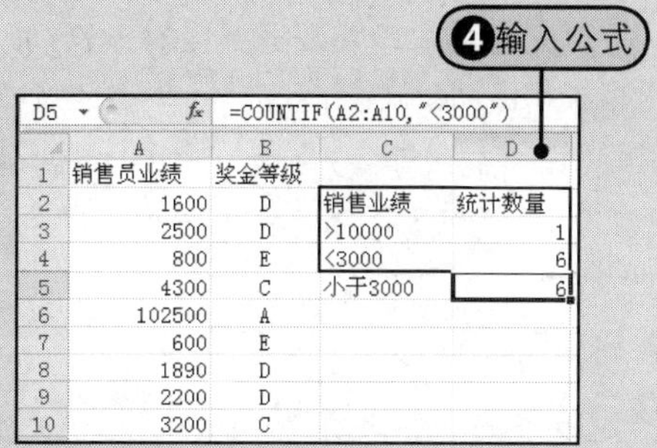

	A	B	C	D
1	销售员业绩	奖金等级		
2	1600	D	销售业绩	统计数量
3	2500	D	>10000	1
4	800	E	<3000	6
5	4300	C	小于3000	6
6	102500	A		
7	600	E		
8	1890	D		
9	2200	D		
10	3200	C		

图14-48　直接输入小于3000的公式

14.4.7　SUMIF函数的使用

函数SUMIF( )的功能是根据指定条件对若干单元格求和，它的语法表达式如下：

SUMIF(range,criteria,sum_range)

其中有3个参数，range代表用于条件判断的单元格区域；criteria代表确定哪些单元格将被相加求和的条件，其形式可以为数字、表达式或文本；sum_range代表需要求和的实际单元格，如果省略参数sum_range，则对rang区域求和。

条件求和函数SUMIF在实际工作中经常会被用到，例如，当需要对表格中的数据按销售员计算销售业绩时，就可以使用SUMIF函数轻松搞定。

1 步骤 Step 1 在工作表中的最左侧插入一列“销售员”，并输入销售员姓名，如图14-49所示。

	A	B	C	D
1	销售员	销售员业绩	奖金等级	
2	张三	1600	D	销售业
3	李小	2500	D	>1000
4	罗娟	800	E	<3000
5	张三			
6	李小	102500	A	
7	罗娟	600	E	
8	张三	1890	D	
9	李小	2200	D	
10	罗娟	3200	C	

①插入列输入数据

图14-49　插入“销售员”列

2 步骤 Step 2 在单元格区域A12:B16中创建如图14-50所示的统计表格。

	A	B	C
7	罗娟	600	E
8	张三	1890	D
9	李小	2200	D
10	罗娟	3200	C
11			
12	按销售员统计业绩		
13	销售员	累计业绩	
14	张三		
15	李小		
16	罗娟		
17			

②创建表格

图14-50　创建统计表格

3 步骤 Step 3 在单元格B14中输入公式“=SUMIF($A$2:$A$10,A14,$B$2:$B$10)”，按Enter键后，公式计算结果如图14-51所示。

B14　=SUMIF($A$2:$A$10,A14,$B$2:$B$10)

	A	B	C	D	E
7	罗娟	600	E		
8	张三	1890	D		
9	李小	2200	D		
10	罗娟	3200	C		
11					
12	按销售员统计业绩				
13	销售员	累计业绩			
14	张三	7790			
15	李小				
16	罗娟				
17					

③输入公式

图14-51　输入SUMIF公式

4 步骤 Step 4 拖动单元格B14右下角的填充柄，向下复制公式至单元格B16，得到如图14-52所示的数据。

B14　=SUMIF($A$2:$A$10,A14,

	A	B	C	D
7	罗娟	600	E	
8	张三	1890	D	
9	李小	2200	D	
10	罗娟	3200	C	
11				
12	按销售员统计业绩			
13	销售员	累计业绩		
14	张三	7790		
15	李小	107200		
16	罗娟	4600		

④复制公式

图14-52　复制公式

14.4.8 TEXT函数的使用

TEXT函数为Excel中文本类函数中的一个，它的主要功能是将数值转换为按指定数字格式表示的。语法表达式：

TEXT(value,format_text)

其中有两个参数，value为数值，计算结果为数字值的公式，或者对包含数字值的单元格的引用；format_text为“单元格格式”对话框中“数字”选项卡的“分类”框中的文本形式的数字格式。

例如，在单元格A2中输入数据“1234.567”，在单元格A3中输入数据“65874”，接下来使用TEXT函数分别将它们转换为货币格式和日期格式。

Step 1 在单元格B5中输入公式“=TEXT(A2,"￥0.00")”，**Step 2** 按Enter键后，转换结果如图14-53所示。**Step 3** 在单元格B6中输入公式“=TEXT(A3,"dd-mm-yyyy")”，**Step 4** 按Enter键后，转换结果如图14-54所示。

B5 =TEXT(A2,"￥0.00")

	A	B	C
1			
2	1234.567		
3	65874		
4			
5		￥1234.57	
6			
7			
8			

❶输入 ❷结果

图14-53 使用TEXT函数转为货币格式

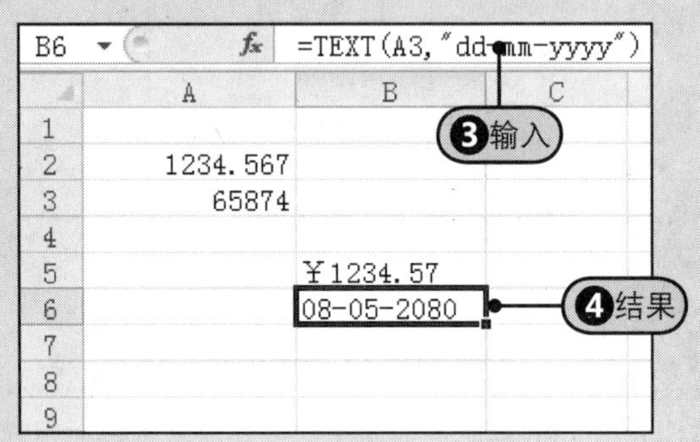
B6 =TEXT(A3,"dd-mm-yyyy")

	A	B	C
1			
2	1234.567		
3	65874		
4			
5		￥1234.57	
6		08-05-2080	
7			
8			
9			

图14-54 使用TEXT函数转为日期格式

14.4.9 PV/FV函数的使用

函数FV的功能是在固定利率及等额分期付款的条件基础上计算一项投资的未来值，通常用于计算投资项目的回收资金。FV函数的语法表达式：FV(rate,nper,pmt,pv,type)，该函数的功能基于固定利率及等额分期付款方式，返回某项投资的未来值。

函数PV的功能是返回投资的现值，现值为一系列未来付款的当前值的累积和。语法表达式：PV(rate,nper,pmt,fv,type)，它同FV函数类似，一共也有5个参数。其中，rate为各期利率；nper为总投资期，即该项投资的付款期总数；pmt为各期所应支付的金额，其数值在整个年金期间保持不变，通常pmt包括本金和利息，但不包括其他费用及税款；pv为现值，即从该项投资开始计算时已经入账的款项，或一系列未来付款的当前值的累积和，也称为本金，如果省略pv，则假设其值为0；type取值为数字0或1，用以指定各期的付款时间是在期初还是期末，如果省略 type，则假设其值为0。

现举例说明函数PV和FV的使用。假如需要为某个项目筹资，将10万元存入某个账户中，年利率为5.62%，并在以后的36个月中每个月存入1500到这个账户中，现要计算三年后该账户的存款额，操作方法如下。

Step 1 新建一个工作簿，根据上面的叙述在工作表中输入已知的数据，如图14-55所示，**Step 2** 在单元格C4中输入公式“=FV(B2/12,D2,-C2,-A2)”，按Enter键后，计算出3年后的存款总额为176988.10元，如图14-56所示。

提示 关于函数FV的参数

对于函数FV的参数，如果忽略参数pmt，则必须包括pv参数；如果省略参数pv，则假设其值为0，并且必须包括pmt参数，计算结果表示没有存入第一笔资金的计算结果。

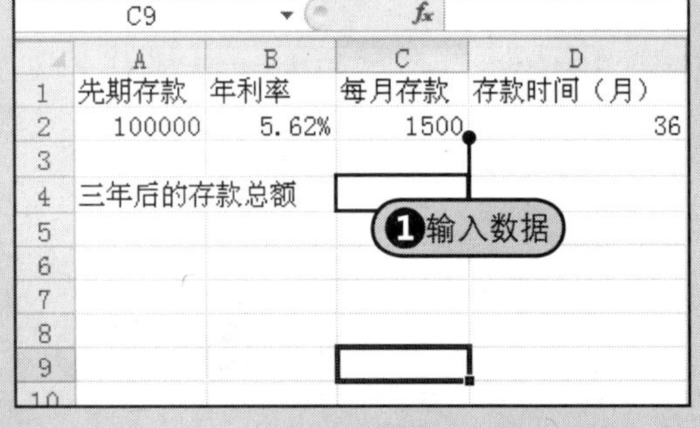
C9

	A	B	C	D
1	先期存款	年利率	每月存款	存款时间（月）
2	100000	5.62%	1500	36
3				
4	三年后的存款总额			
5				
6				
7				
8				
9				

图14-55 输入已知数据

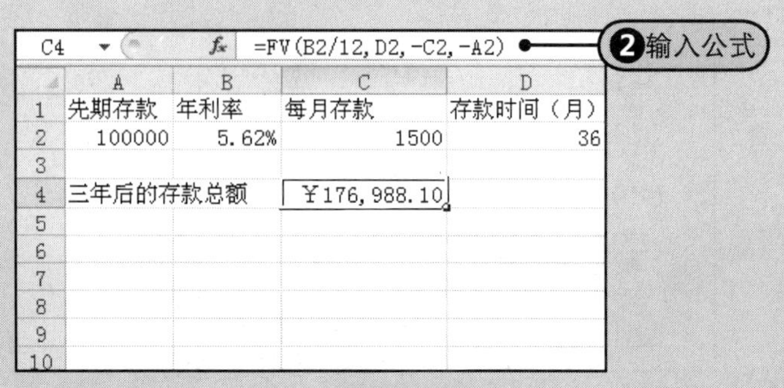
C4 =FV(B2/12,D2,-C2,-A2)

	A	B	C	D
1	先期存款	年利率	每月存款	存款时间（月）
2	100000	5.62%	1500	36
3				
4	三年后的存款总额		￥176,988.10	
5				
6				
7				
8				
9				
10				

图14-56 输入公式计算投资额

而PV函数的功能是返回某项投资的现值。假设某人想进行投资需要贷款，他每月能承受的还款额为3000元，贷款利率为6%，贷款年限为10年，要计算该人能承受的最多贷款额，即投资的现值，可使用PV函数。

根据已知条件在工作表中输入已知的数据，如图14-57所示，Step1 在单元格D8中输入公式“=PV(B8/12,C8,-A8,0,0)”，Step2 按Enter键后，公式计算结果如图14-58所示。

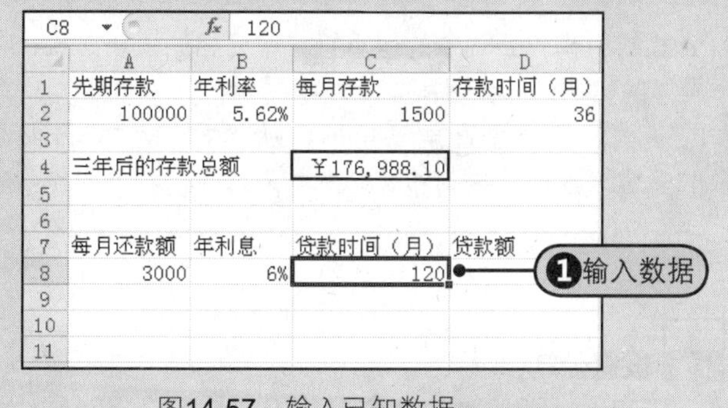

图14-57 输入已知数据

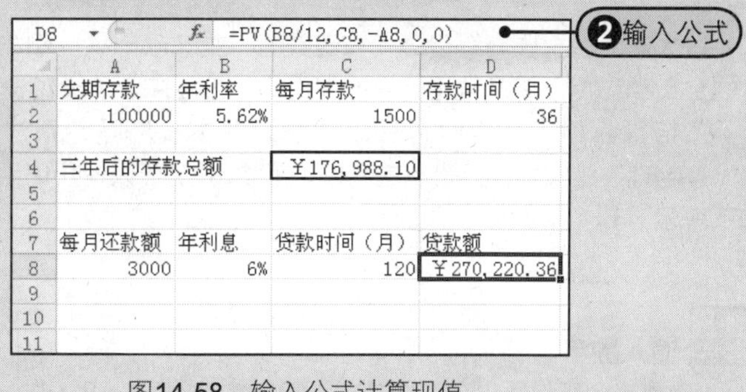

图14-58 输入公式计算现值

14.4.10 VLOOKUP函数的使用

VLOOKUP函数的功能是在表格或数值数组的首列查找指定的数值，并由此返回表格或数组当前行中指定列处的位置，语法表达式：VLOOKUP(lookup_value,table_array,col_index_num,range_lookup)

其中一共有4个参数，lookup_value表示需要在数组第一列中查找的数值；table_array表示需要在其中查找数据的数据表；col_index表示table_array中待返回的匹配值的序列号；range_lookup用于指明函数查找时是精确匹配，还是近似匹配。

提示　VLOOKUP函数中的range_lookup参数的取值意义

参数range_lookup的值为TRUE或省略，则函数VLOOKUP将返回近似匹配值，如果找不到精确匹配值，则返回小于lookup_value的最大数值；如果该函数值为FALSE，则函数VLOOKUP将查找精确匹配值，如果找不到，则返回错误值#N/A！

打开附书光盘\实例文件\第14章\原始文件\员工资料.xlsx工作簿，在工作表Sheet1中，已输入了编号、姓名、电话、年龄、地址等资料，现需要根据用户输入的员工姓名，查找员工的地址。

Step1 在单元格C11中输入要查找员工的姓名，如“吴红”，Step2 在单元格C12中输入查找公式“=VLOOKUP(C11,C2:F6,4)”，Step3 按Enter键后，单元格中显示地址为“天宇街189-112号”，如图14-59所示。

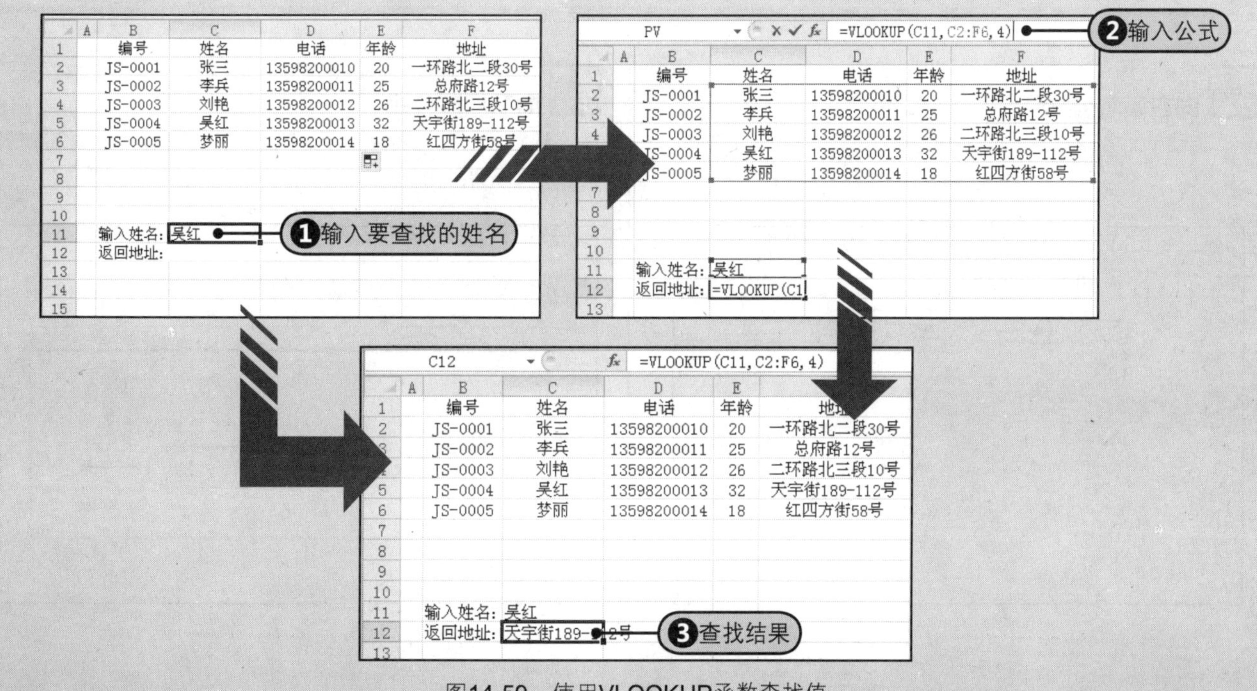

图14-59 使用VLOOKUP函数查找值

14.5 融会贯通 快速制作九九乘法表

在本章中，主要介绍了公式和函数的一些基础知识。例如，公式的组成、公式中的运算符、单元格的引用方式、名称的定义和应用，以及常见函数的应用等。接下来，将通过一个具体的实例进一步巩固本章所学的知识。

还记得我们上小学时背诵的“九九乘法表”吗？乘法表的形状就像一个直角三角形，从“1×1=1”开始至“9×9=81”结束。实际上，在Excel 2010中，可以使用IF函数的多重嵌套来快速制作一个九九乘法表，具体操作步骤如下所示。

步骤1 输入数字。

新建一个工作簿，在单元格A2:A10中输入数字1～9，在单元格B1:J1中输入数字1～9。

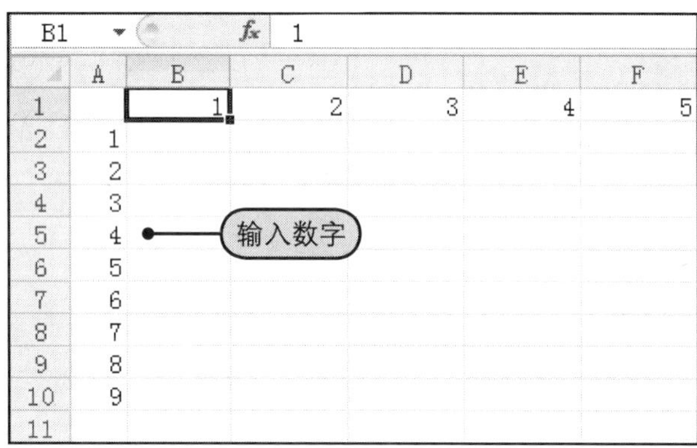

步骤2 设置公式。

在单元格B2中输入公式“=IF(B$1<=$A2, B$1&"x"&$A2&"="&B$1*$A2, "")”，按Enter键后，单元格中显示“1×1=1”。

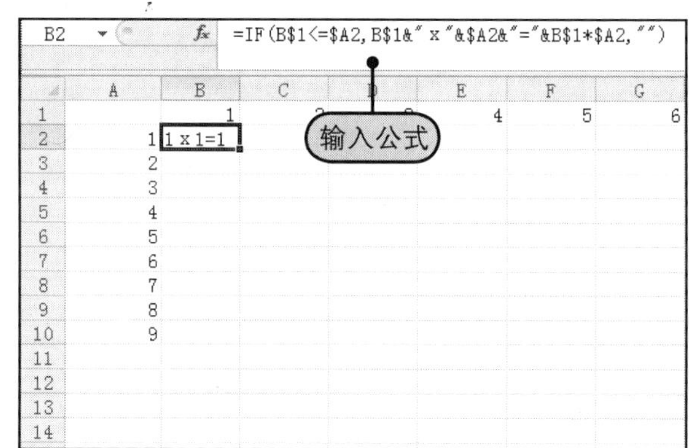

提示 公式中的符号&

在步骤的公式中，符号&是Excel中的一种运算符，称为文本连接运算符，它的作用是将多个字符串或表达式连接起来。

步骤3 向右复制公式。

拖动单元格B2右下角的填充柄向右复制公式至单元格J2。

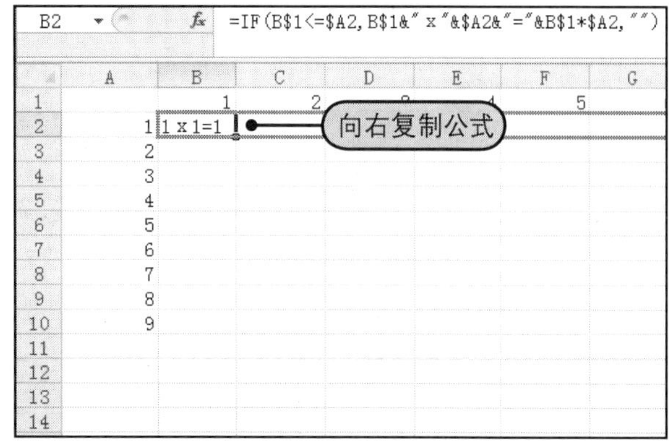

步骤4 向下复制公式。

释放鼠标后，拖动单元格J2右下角的填充柄向下复制公式至单元格J10。

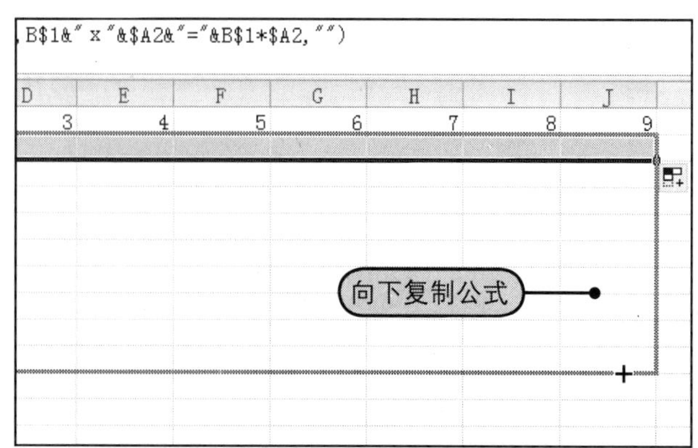

（续上）

5 步骤 显示九九乘法表最终效果。

复制公式后，得到的九九乘法表最终效果，如下图所示。

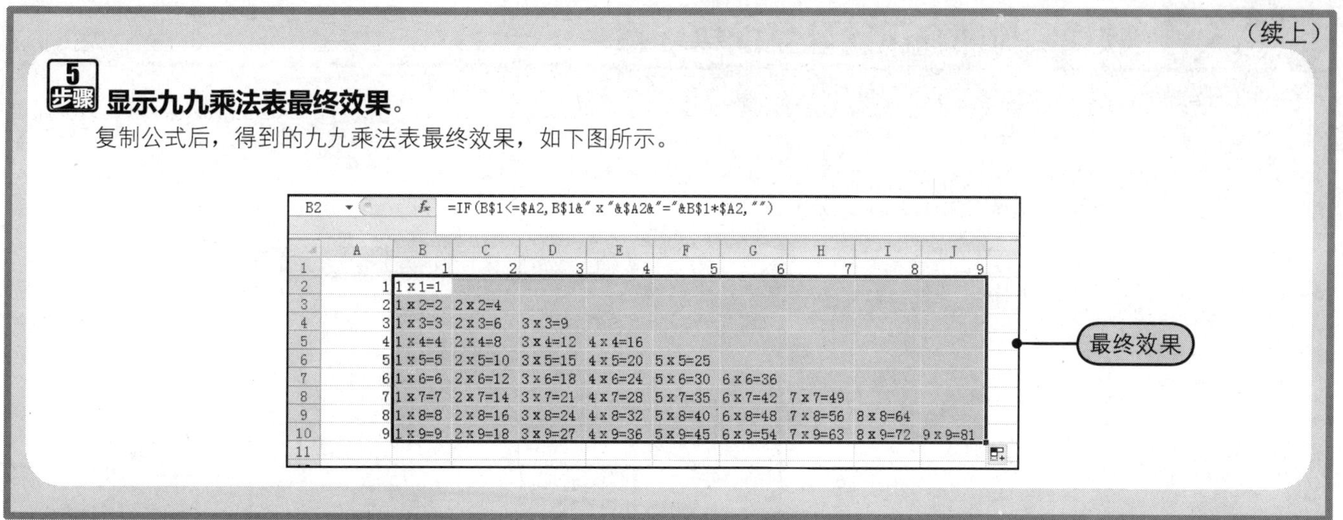

14.6 专家支招

公式和函数是Excel数据处理与分析中非常重要的功能。通过使用公式和函数，可以完成对一些数据的计算和进一步提炼数据等工作。本章主要介绍了认识公式的组成、常见公式和函数运算的错误及解决方法、单元格的引用方式、函数的基础知识及常见的Excel函数的应用。当然，有关公式和函数的知识非常多，仅仅凭这十几页内容是很难完全了解的，读者在掌握本部分知识后，要学会举一反三，通过借助于Office提供的帮助文档掌握其他函数的应用。本节将有针对性地再补充三点技巧，分别介绍如下。

招术一 隐藏单元格中的公式

有的时候，我们不希望别的用户看到数据的计算方法，即单元格中的公式。这时，可以设置隐藏公式，设置方法如下。

Step1 选择要隐藏公式的单元格或单元格区域，如单元格B2，Step2 打开“设置单元格格式”对话框，单击“保护”标签，Step3 勾选“隐藏”复选框，Step4 在“审阅”选项卡中的“更改”组中单击“保护工作表”按钮，打开“保护工作表”对话框，单击“确定”按钮，Step5 返回工作表中，此时选择单元格B2时，编辑栏中将不再显示公式，如图14-60所示。

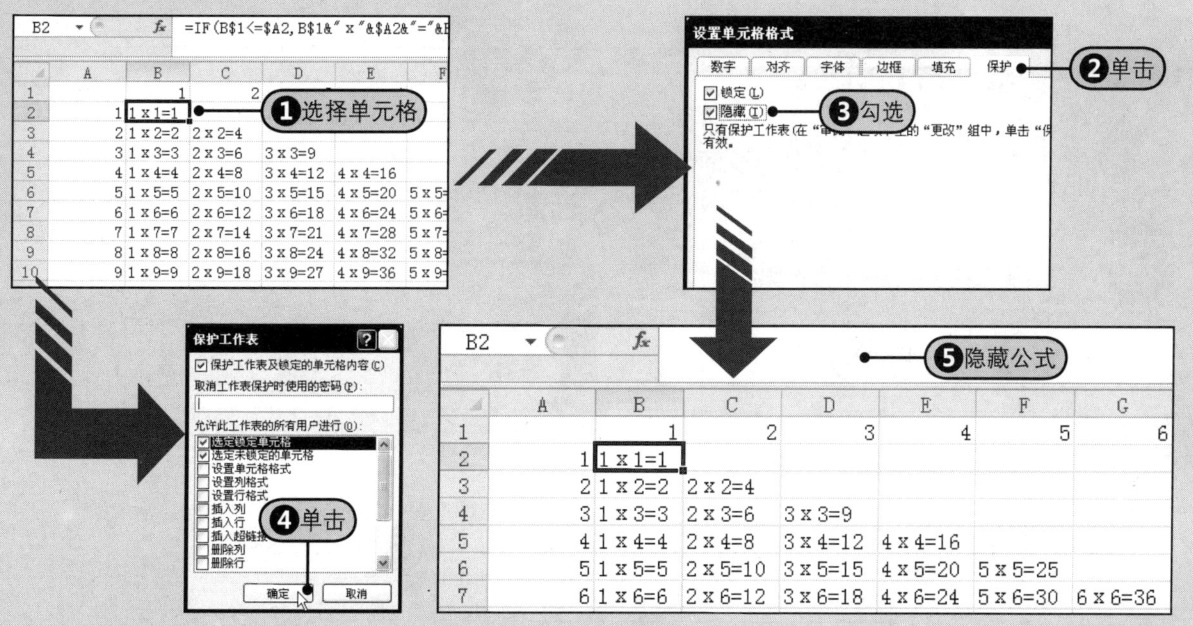

图14-60 隐藏公式

招术二 快速定位所有包含公式的单元格

在Excel 2010中，可以快速定位所有包含公式的单元格。

Step1 在“开始”选项卡中的“编辑”组中单击“查找和选择”的下三角按钮，Step2 从展开的下拉列表中选择“定位条件”命令，Step3 在“定位条件”对话框中选中“公式”单选按钮，Step4 单击“确定”按钮，Step5 返回工作表中，含有公式的单元格都会被选中，如图14-61所示。

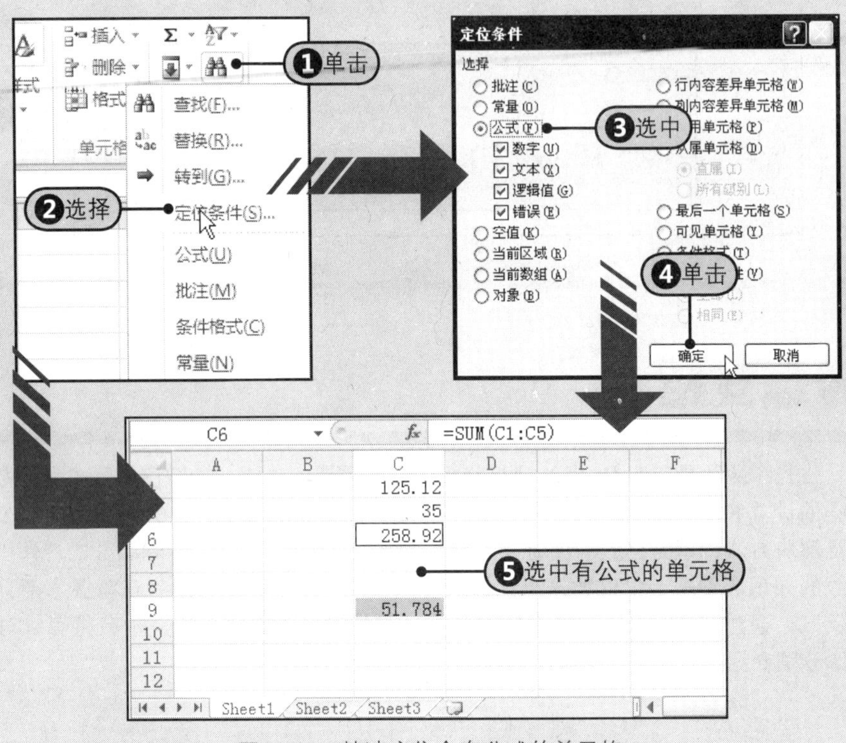

图14-61 快速定位含有公式的单元格

招术三 使用公式记忆功能快速输入公式

使用公式记忆功能，可以帮助用户快速而准确地输入公式。

Step1 单击“文件”按钮，Step2 选择“选项”命令，Step3 在“Excel选项”对话框中单击“公式”标签，Step4 在“使用公式”区域勾选“公式记忆式键入”复选框，Step5 单击“确定”按钮。Step6 当输入函数时，系统会自动给出与输入字母相匹配的函数名称，如图14-62所示。

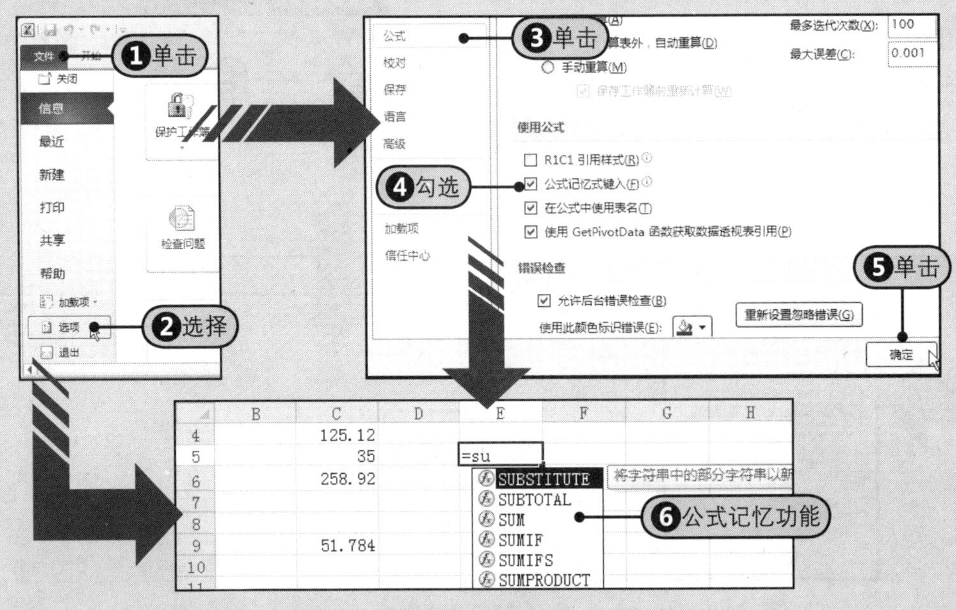

图14-62 使用公式记忆功能快速输入公式

Part 3 Excel篇

Chapter 15

商务数据的分析与处理

无论是在什么行业都离不开数据的分析与处理，通过对商务数据进行分析与处理，可以进一步反映企业的销售、生产、经营、财务等业务活动的状况。实际上，对于工作中的一般数据的分析与处理，也无需专门的数据分析软件，只需要使用Office中的Excel就可以实现，从而得出令领导满意的分析结果。本章着重介绍Excel 2010中的数据分析与处理方法，例如使用条件格式分析数据、数据的排序、筛选与分类汇总等。

15.1 让单元格数据的对比一目了然

在Excel 2010中，可以使用条件格式来分析单元格数据，让单元格数据的对比一目了然。自Excel 2007以来，条件格式的功能得到了极大的增强，数据的比较规则也变得多样化。

15.1.1 突出显示单元格规则

使用突出显示单元格规则，可以快速查找单元格区域中某个符合特定规则的单元格，并以特殊的格式突出显示该单元格。通常，可以作为突出显示单元格规则的有“大于”、“小于”、“介于”、“等于”、“发生日期”、“文本包含”及“重复值”，用户可以根据要设置的单元格区域的数据类型，选择最适合的规则。

打开光盘\实例文件\第15章\原始文件\股票数据.xlsx工作簿，假设现需要突出显示工作表中成交量在6500000以上的单元格，具体操作步骤如下所示。

1 步骤 Step❶选择单元格区域B2:B12，如图15-1所示。

	A	B	C	D
1	日期	成交量	开盘价	最高
2	2010-1-8	6,868,075	17.07	17.78
3	2010-1-9	6,415,693	17.61	18.15
4	2010-1-10	6,144,053	18.17	18.35
5	2010-1-11	5,302,493	18.31	18.40
6	2010-1-12	5,369,122	[illegible]	18.46
7	2010-1-15	6,487,330	[illegible]	18.00
8	2010-1-16	6,186,485	18.21	18.88
9	2010-1-17	7,489,850	16.98	17.83
10	2010-1-18	7,679,882	17.52	17.90
11	2010-1-19	8,564,278	17.78	18.50
12	2010-1-22	10,541,235	19.16	19.51

❶选择

图15-1 选择单元格区域

2 步骤 Step❷在“开始”选项卡中单击“条件格式”的下三角按钮，Step❸从展开的下拉列表中选择“突出显示单元格规则”命令，Step❹在下级列表中选择“大于”命令，如图15-2所示。

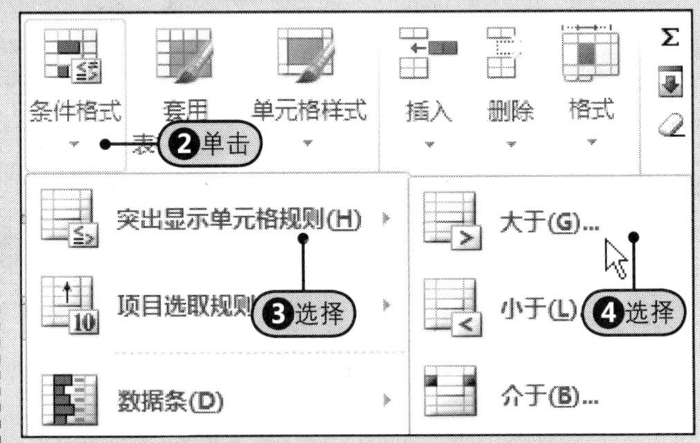

图15-2 选择突出显示单元格规则

3 步骤 Step❺在打开的“大于”对话框的文本框中输入要设置的分界值，如“6500000”，Step❻然后从“设置为”下拉列表中选择要设置为的格式，Step❼然后单击“确定”按钮，如图15-3所示。

图15-3 设置规则

4 步骤 Step❽返回工作表中，此时，成交量值大于设置的6500000的单元格会按选择的格式突出显示，如图15-4所示。

	A	B	C	D	E
1	日期	成交量	开盘价	最高	最低
2	2010-1-8	6,868,075	17.07	17.78	16.92
3	2010-1-9	6,415,693	17.61	18.15	17.17
4	2010-1-10	6,144,053	18.17	18.35	17.82
5	2010-1-11	5,302,493	18.31	18.40	18.00
6	2010-1-12	5,369,122	18.41	18.46	17.85
7	2010-1-15	6,487,330	17.38	18.00	17.17
8	2010-1-16	6,186,485	18.21	18.88	17.83
9	2010-1-17	7,489,850	16.98	17.83	16.51
10	2010-1-18	7,679,882	[illegible]	[illegible]	[illegible]
11	2010-1-19	8,564,278	[illegible]	[illegible]	[illegible]
12	2010-1-22	10,541,235	19.16	19.51	18.32

❽突出显示单元格

图15-4 突出显示结果

15.1.2 项目选取规则

用户还可以使用条件格式中的"项目选取规则"来选择满足某个条件的单元格或单元格区域。通常，可以作为项目选择规则的选项有"值最大的10项"、"值最大的10%项"、"值最小的10项"、"值最小的10%项"、"高于平均值"和"低于平均值"等。

例如，要选择"股票数据"表格中"开盘价"值最小的3个数据所在的单元格，可以按如下步骤操作。

1 步骤 Step1 选择"开盘价"数据所在的单元格区域C2:C12，如图15-5所示。

	A	B	C	D
1	日期	成交量	开盘价	最高
2	2010-1-8	6,868,075	17.07	17.78
3	2010-1-9	6,415,693	17.61	18.15
4	2010-1-10	6,144,053	18.17	18.35
5	2010-1-11	5,302,493	18.31	18.40
6	2010-1-12	5,369,122	18.41	[illegible]
7	2010-1-15	6,487,330	17.38	[illegible]
8	2010-1-16	6,186,485	18.21	18.88
9	2010-1-17	7,489,850	16.98	17.83
10	2010-1-18	7,679,882	17.52	17.90
11	2010-1-19	8,564,278	17.78	18.50
12	2010-1-22	10,541,235	19.16	19.51

❶选择

图15-5 选择单元格区域

2 步骤 Step2 在"样式"组中单击"条件格式"的下三角按钮，Step3 从展开的下拉列表中选择"项目选取规则"选项，Step4 从展开的下拉列表中单击"值最小的10项"，如图15-6所示。

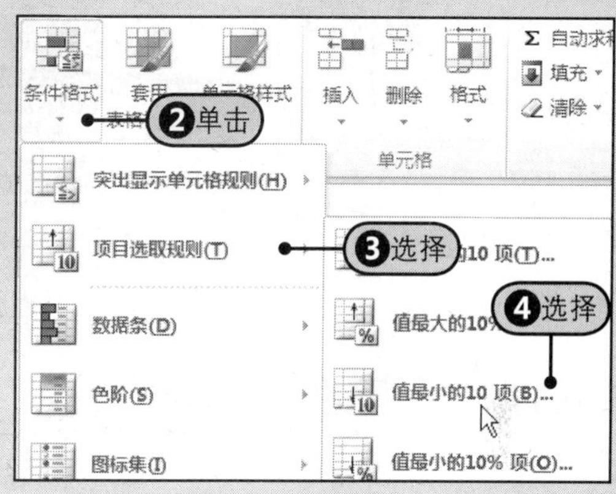

图15-6 单击项目选取规则

3 步骤 Step5 在弹出的"10个最小的项"对话框中，在"调节框"中输入项数个数为"3"，Step6 然后单击"设置为"右侧的下三角按钮，Step7 从下拉列表中选择"绿填充色深绿色文本"命令，如图15-7所示。

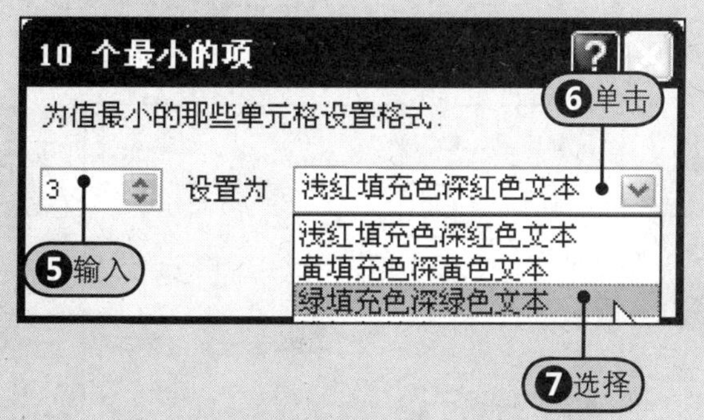

图15-7 设置最小的项数及格式

4 步骤 Step8 返回工作表中，设置项目选取规则后的工作表效果如图15-8所示，可以看到，使用浅绿色填充深绿色文本格式选择了"开盘价"最低的3个数据。

	A	B	C	D	E
1	日期	成交量	开盘价	最高	最低
2	2010-1-8	6,868,075	17.07	17.78	16.92
3	2010-1-9	6,415,693	17.61	[illegible]	[illegible]
4	2010-1-10	6,144,053	18.17	[illegible]	[illegible]
5	2010-1-11	5,302,493	18.31	18.40	18.00
6	2010-1-12	5,369,122	18.41	18.46	17.85
7	2010-1-15	6,487,330	17.38	[illegible]	17.17
8	2010-1-16	6,186,485	18.21	18.88	17.83
9	2010-1-17	7,489,850	16.98	17.83	16.51
10	2010-1-18	7,679,882	17.52	17.90	17.18
11	2010-1-19	8,564,278	17.78	18.50	17.17
12	2010-1-22	10,541,235	19.16	19.51	18.32

❽选择最小的3项

图15-8 使用"项目选取规则"后的效果

15.1.3 使用数据条表示数据

数据条可以帮助用户查看某个单元格相对于其他单元格的值，数据条的长度代表单元格中数据的值。数据条越长，代表值越高；反之，数据条越短，代表值越低。当在观察大量数据中的较高值和较低值，数据条显得特别有效。

例如，在"股票数据"表格中，还可以使用数据条来分析成交量，从而使阅读者一眼就能看出成交量的最高值和最低值，具体操作方法如下所示。

Step1 选择数据所在的单元格区域B2:B12，Step2 单击"条件格式"的下三角按钮，Step3 从展开的下拉列表中选择"数据条"命令，Step4 从下级列表中的"渐变填充"选项中选择"蓝色渐变填充"，Step5 为数据区域应用"数据条"后的效果，如图15-9所示。

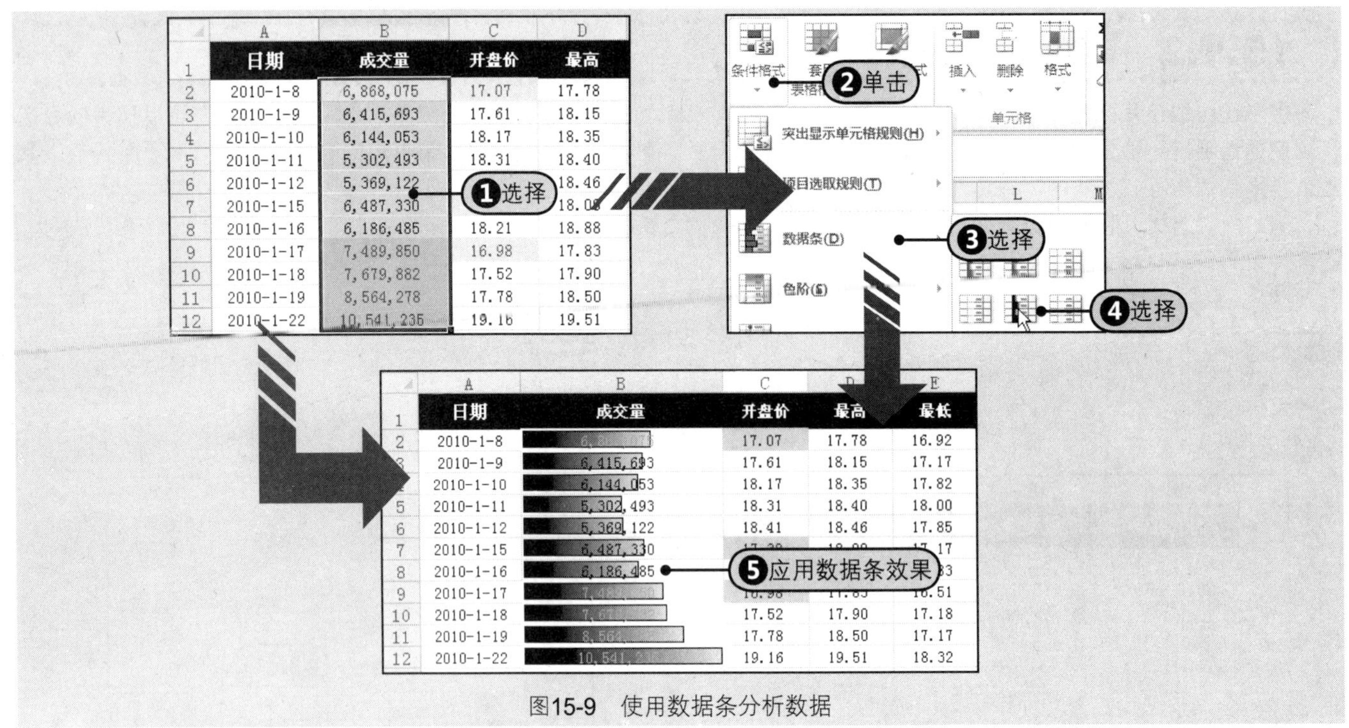

图15-9 使用数据条分析数据

15.1.4 使用色阶分析数据

色阶就是指用不同的颜色刻度来分析单元格中的数据。颜色刻度作为一种直观的提示，可以帮助用户了解数据分布和数据变化。Excel 2010中常见的颜色刻度有双色刻度和三色刻度。

双色刻度使用两种颜色的深浅程度来帮助用户比较某个区域的单元格，通常颜色的深浅表示值的高低。三色颜色刻度用3种颜色的深浅程度来帮助用户比较某个区域的单元格，颜色的深浅表示值的高、中、低。如在绿色和红色的双色刻度中，可以指定较高值单元格的颜色更绿，而较低值单元格的颜色更红。在绿、黄和红的三色刻度中，可以指定较高值单元格的颜色为绿色，中间值单元格的颜色为黄色，而较低值单元格颜色为红色。

假设，要使用色阶来分析“股票数据”工作表中的“最高”值。

具体操作方法：Step❶选择数据所在的单元格区域D2:D12，Step❷在“样式”组中单击“条件格式”的下三角按钮，Step❸从展开的下拉列表中选择“色阶”命令，Step❹从下级下拉列表中选择一种颜色刻度，Step❺使用色阶后的单元格区域如图15-10所示，可以看到，Excel使用绿色标识值最高的数据，而用红色标识值最低的数据。

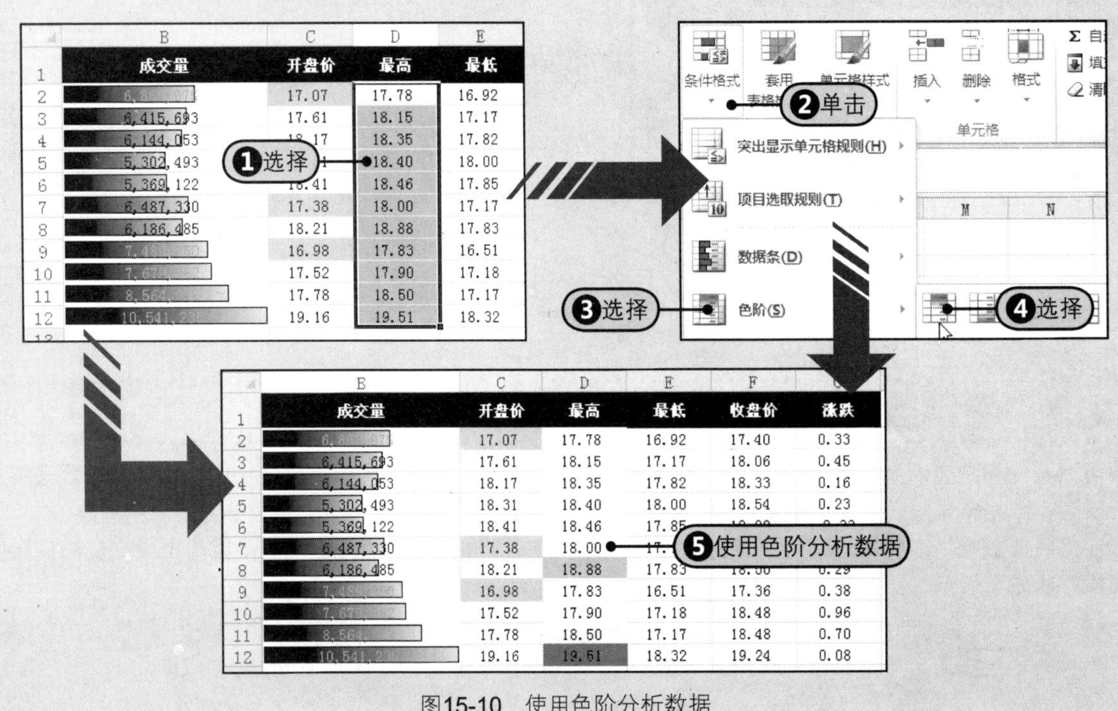

图15-10 使用色阶分析数据

15.1.5 使用图标集分析数据

在Excel 2010中，可以使用图标集对数据进行注释，还可以按阈值将数据分为3~5个类别，每个图标代表一个值的范围。

例如，在三向箭头图标集中，绿色的上箭头代表较高值，黄色的横向箭头代表中间值，红色的下箭头代表较低值；而在灰色的三向箭头图标集中，箭头向上代表较高值，箭头向右代表中间值，箭头向下代表较低值。

用户除了可以直接使用系统提供的内置样式图标集外，还可以创建自己的图标集组合。例如，一个绿色的“象征性”对号、一个黄色的“交通信号灯”和一个红色的“旗帜”。

接下来，仍然以“股票数据”工作表中的“最低”值为例，使用图标集来分析该列数据。

Step1 选择数据所在的单元格区域E2:E12，Step2 在“样式”组中单击“条件格式”的下三角按钮，Step3 从展开的下拉列表中选择“图标集”命令，Step4 从下级下拉列表中的“方向”组选择灰色的三向箭头图标集样式，Step5 使用该图标集分析后的数据如图15-11所示，可以看到，箭头向上的代表数值较高的数值，箭头向右的代表中间值，而箭头向下则代表较低的数值。

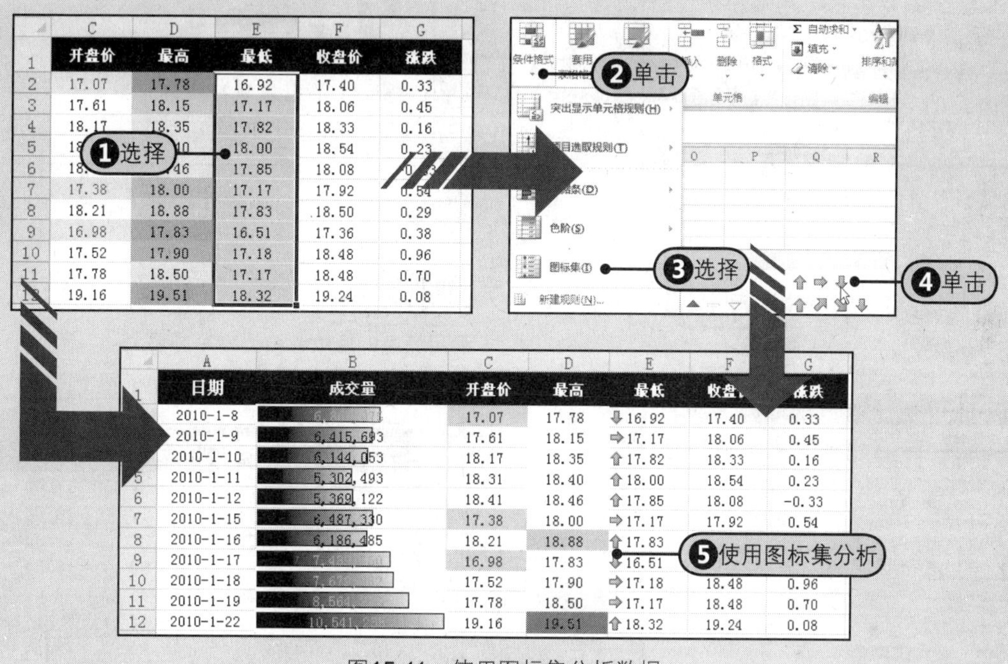

图15-11 使用图标集分析数据

15.1.6 自定义条件格式规则

除了直接使用前面的规则项目来分析单元格数据外，Excel还支持用户自定义规则来分析单元格中的数据。接下来，本节以突出显示“股票数据”中的“收盘价”列中的重复数据为例，介绍如何自定义条件格式规则。

1 步骤 Step1 选择单元格区域F2:F12，如图15-12所示。

	C	D	E	F	G
1	开盘价	最高	最低	收盘价	涨跌
2	17.07	17.78	⇩16.92	17.40	0.33
3	17.61	18.15	⇨17.17	18.06	0.45
4	18.17	18.35	⇧17.82	18.33	0.16
5	18.31	18.40	[illegible]	18.54	0.23
6	18.41	[illegible]	[illegible]	18.08	-0.33
7	17.38	18.00	[illegible]	17.92	0.54
8	18.21	18.88	⇧17.83	18.50	0.29
9	16.98	17.83	⇩16.51	17.36	0.38
10	17.52	17.90	⇨17.18	18.48	0.96
11	17.78	18.50	⇨17.17	18.48	0.70
12	19.16	19.51	⇧18.32	19.24	0.08

①选择

图15-12 选择单元格区域

2 步骤 Step2 在“开始”选项卡中单击“条件格式”的下三角按钮，Step3 从展开的下拉列表中选择“新建规则”命令，如图15-13所示。

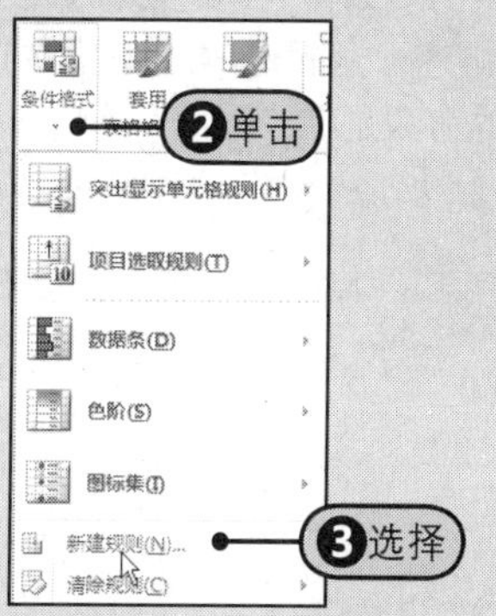

图15-13 选择“新建规则”命令

3 步骤 Step4 在“新建格式规则”对话框中的“选择规则类型”组中单击“仅对唯一值或重复值设置格式”，Step5 从“选定范围中的数值”下拉列表中选择“重复”，Step6 然后单击“格式”按钮，如图15-14所示。

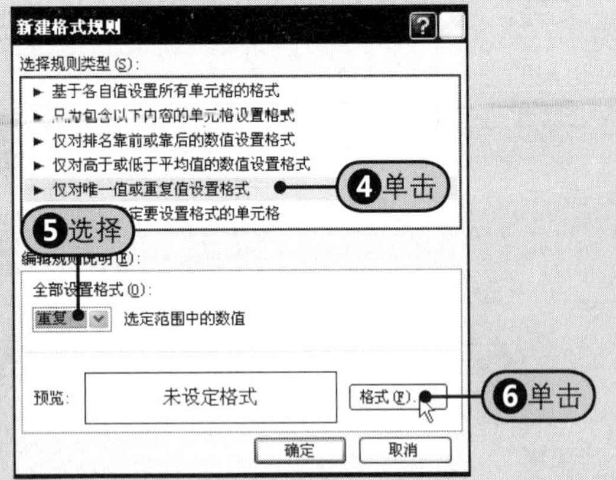

图15-14 设置规则

4 步骤 Step7 在“设置单元格格式”对话框中单击“填充”标签，Step8 在“背景色”区域内单击灰色，如图15-15所示。

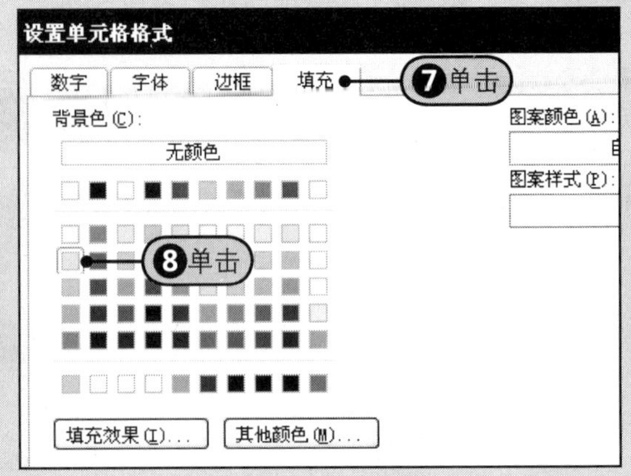

图15-15 设置格式

5 步骤 返回“新建格式规则”对话框，Step9 单击“确定”按钮，如图15-16所示。

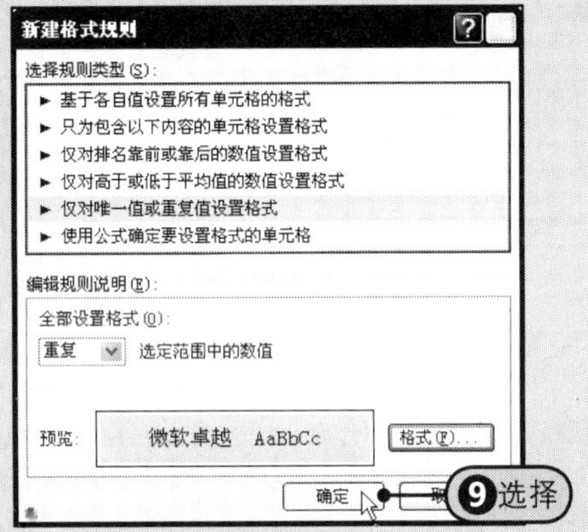

图15-16 单击“确定”按钮

6 步骤 Step10 返回工作表中，此时“收盘价”列中的重复值会用灰色的底纹突出显示，如图15-17所示。

	C	D	E	F	G
1	开盘价	最高	最低	收盘价	涨跌
2	17.07	17.78	⇩16.92	17.40	0.33
3	17.61	18.15	⇨17.17	18.06	0.45
4	18.17	18.35	⇧17.82	18.33	0.16
5	18.31	18.40	⇧18.00	18.54	0.23
6	18.41	18.46	⇧17.85	[illegible]	-0.33
7	17.38	18.00	⇨17.17	[illegible]	0.54
8	18.21	18.88	⇧17.83	18.50	0.29
9	16.98	17.83	⇩16.51	17.36	0.38
10	17.52	17.90	⇨17.18	18.48	0.96
11	17.78	18.50	⇨17.17	18.48	0.70
12	19.16	19.51	⇧18.32	19.24	0.08

10突出显示

图15-17 用灰色底纹突出显示重复数据

15.2 数据的自动化排序

将数据按一定的规则排列，通常称为数据的排序操作，Excel中常见的排序规则有：数字从最小的负数到最大的正数；按字母先后顺序排序；逻辑值FALSE排在TURE之前；全部错误值的优先值相同；空格始终排在最后等。在Excel 2010中，与排序相关的命令是在“数据”选项卡的“排序和筛选”组中的，如图15-18所示。

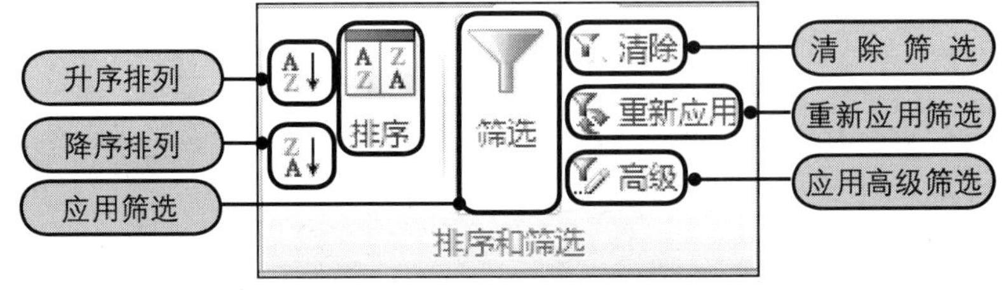

图15-18 “排序和筛选”功能组

15.2.1 简单的升序与降序排序

简单的排序就是指在排序的时候，只设置单一的排序条件，将工作表中的数据按照指定的某一种数据类型进行重新排序。打开附书光盘\实例文件\第15章\原始文件\费用统计表.xlsx工作簿，简单排序的具体操作步骤如下。

1 升序排序

假设要对“交通费用”按升序排序，Step1选择“交通费用”列的任意单元格，Step2在“数据”选项卡中的“排序和筛选”组中单击“升序”按钮，Step3排序后的数据，如图15-19所示。

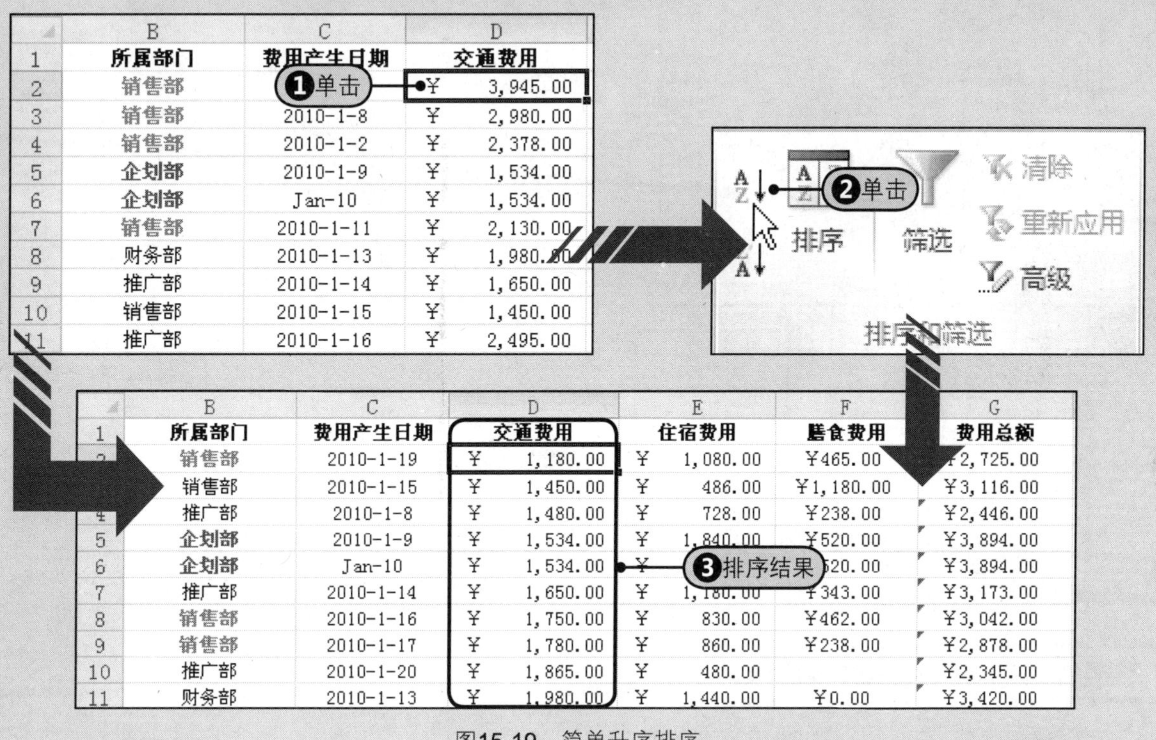

图15-19 简单升序排序

2 降序排序

同样地，如果要对住宿费用按降序排序，Step1选择列E中任意单元格，如单元格E8，Step2在“数据”选项卡中的“排序和筛选”组中单击“降序”按钮，Step3按降序排序后的数据，如图15-20所示。

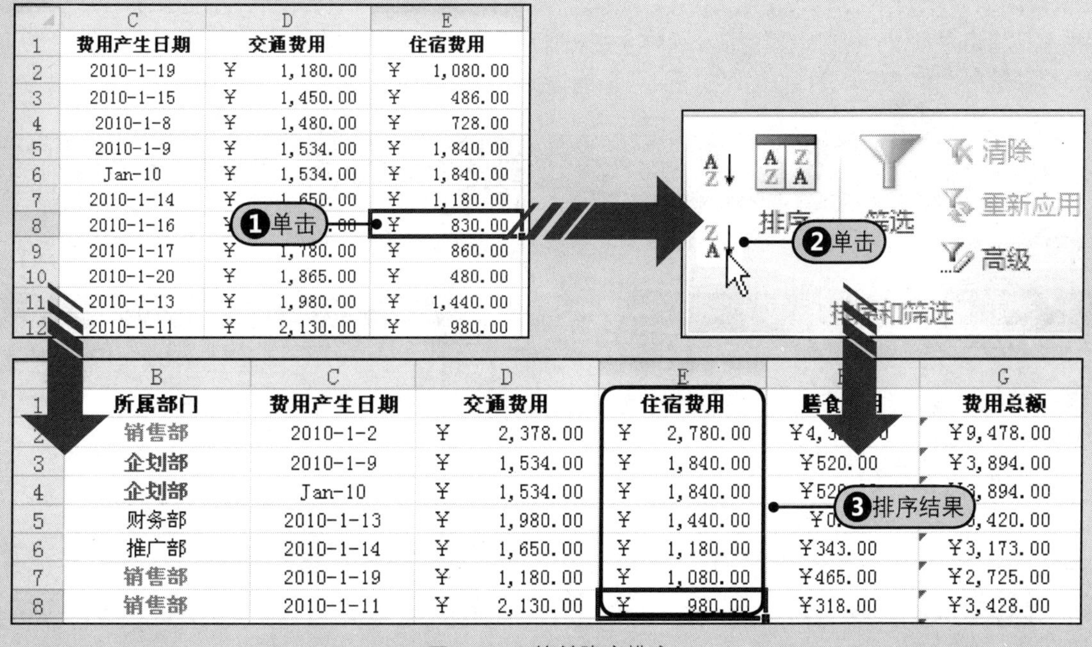

图15-20 简单降序排序

15.2.2 单条件排序

除了可以使用简单的升序和降序排列，用户还可以自己设置排序的条件，如设置一个条件称为单条件排序，操作方法如下。

Step1 在“排序和筛选”组中单击“排序”按钮，Step2 在打开的“排序”对话框中设置“主要关键字”为“所属部门”，从“排序依据”下拉列表中选择“数值”，在“次序”下拉列表中选择“降序”，Step3 单击“确定”按钮，Step4 按“所属部门”排序后的表格，如图15-21所示。

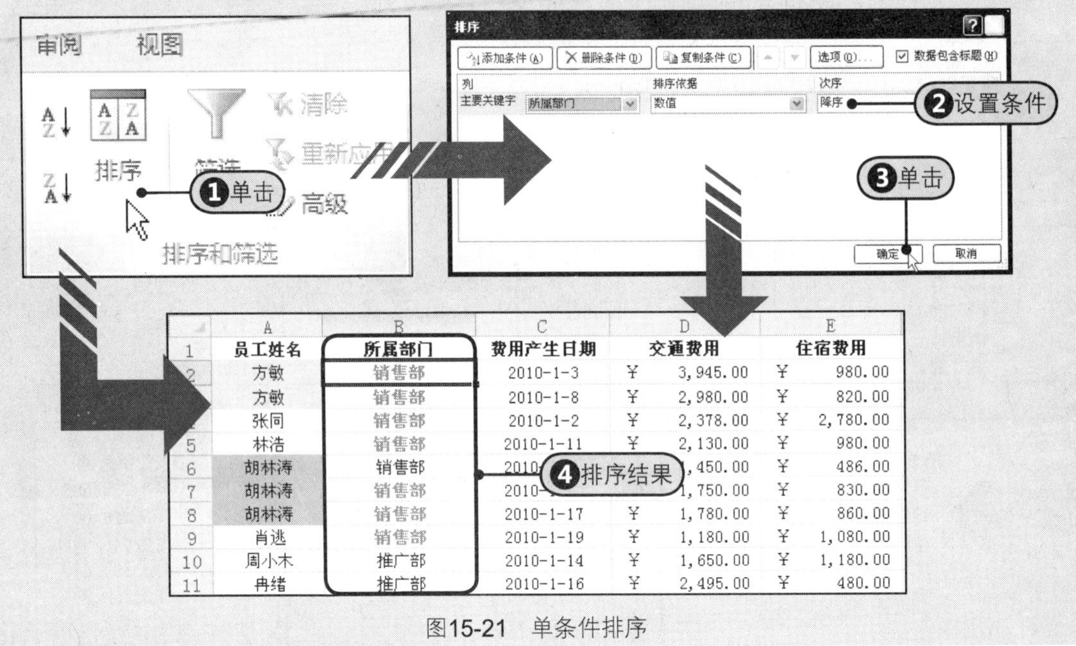

	A	B	C	D	E
1	员工姓名	所属部门	费用产生日期	交通费用	住宿费用
2	方敏	销售部	2010-1-3	￥ 3,945.00	￥ 980.00
3	方敏	销售部	2010-1-8	￥ 2,980.00	￥ 820.00
4	张同	销售部	2010-1-2	￥ 2,378.00	￥ 2,780.00
5	林浩	销售部	2010-1-11	￥ 2,130.00	￥ 980.00
6	胡林涛	销售部	2010	,450.00	￥ 486.00
7	胡林涛	销售部	2010-	1,750.00	￥ 830.00
8	胡林涛	销售部	2010-1-17	￥ 1,780.00	￥ 860.00
9	肖逃	销售部	2010-1-19	￥ 1,180.00	￥ 1,080.00
10	周小木	推广部	2010-1-14	￥ 1,650.00	￥ 1,180.00
11	冉绪	推广部	2010-1-16	￥ 2,495.00	￥ 480.00

图15-21 单条件排序

提示

单条件排序允许用户选择排序依据

单条件排序和上一节中介绍的简单升序和降序排序不同的是，单条件排序，用户可以自己设置排序的依据，而简单的升序和降序排序是按系统默认的排序依据进行排序。在Excel 2010中，可以作为排序依据的有“数值”、“单元格颜色”、“字体颜色”和“单元格图标”等。

15.2.3 多条件排序

多条件排序是指用户可以同时对设置的多个关键字进行排序。例如，要对“费用统计表”中的数据按“所属部门”升序排列、按“交通费用”和“住宿费用”降序排序，具体操作步骤如下所示。

1 步骤 打开“排序”对话框，Step1 设置“主要关键字”为“所属部门”、“排序依据”为“数值”、“次序”为“升序”，Step2 然后单击“添加条件”按钮，如图15-22所示。

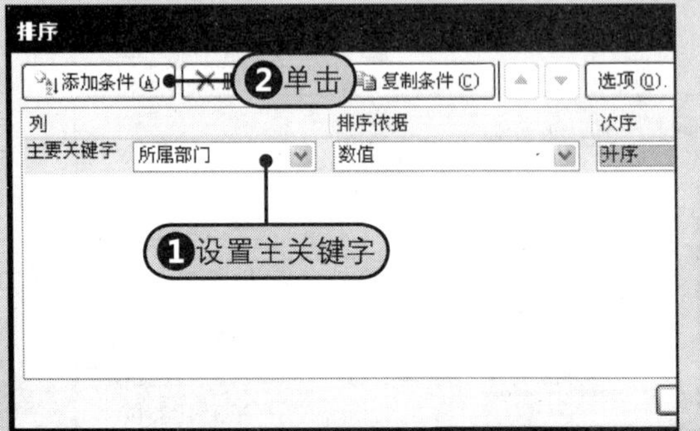

图15-22 设置主关键字

2 步骤 Step3 单击“次要关键字”右侧的下三角按钮，Step4 从展开的下拉列表中选择“交通费用”选项，如图15-23所示。

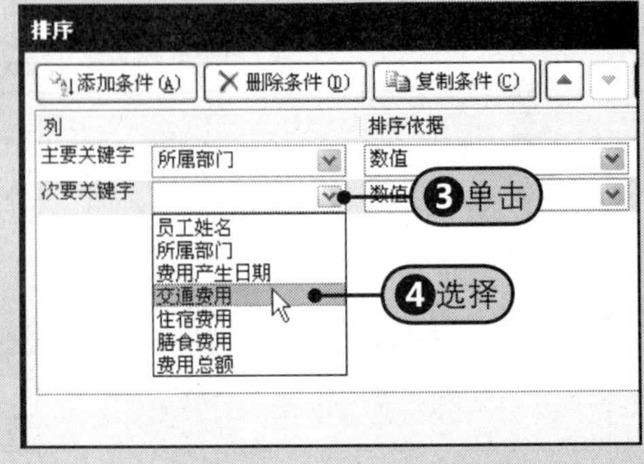

图15-23 选择字段

3 步骤 Step 5 单击“排序依据”的下三角按钮，Step 6 从展开的下拉列表中选择“数值”选项，如图15-24所示。

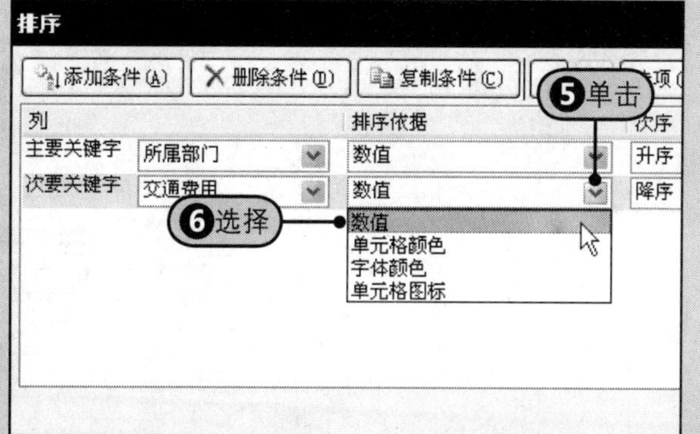

图15-24 选择排序依据

5 步骤 Step 9 再次在“排序”对话框中单击“添加条件”按钮，如图15-26所示。

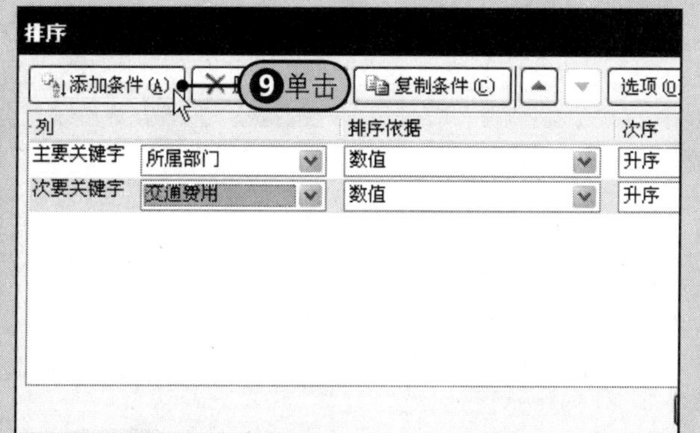

图15-26 单击“添加条件”按钮

4 步骤 Step 7 单击“次序”的下三角按钮，Step 8 从下拉列表中选择“降序”，如图15-25所示。

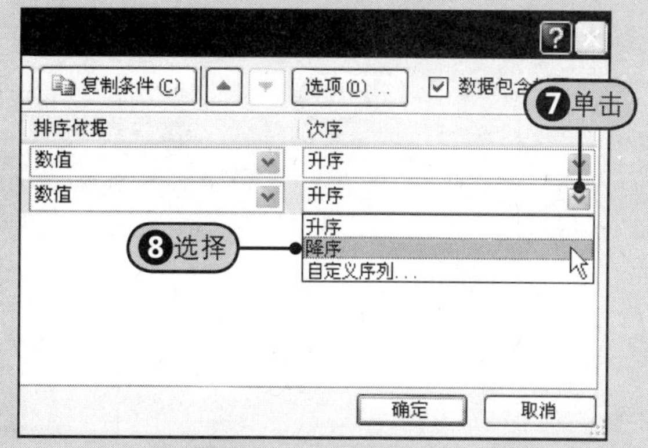

图15-25 选择排序次序

6 步骤 Step 10 从“次要关键字”下拉列表中选择“住宿费用”，“排序依据”下拉列表中选择“数值”，“次序”下拉列表中选择“降序”，如图15-27所示。

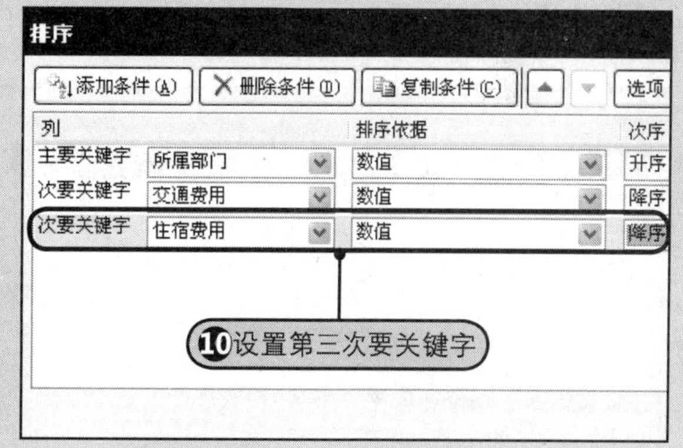

图15-27 设置第三次要关键字

7 步骤 Step 11 按多关键字排序后的数据表，如图15-28所示。

	A	B	C	D	E	F	G
1	员工姓名	所属部门	费用产生日期	交通费用	住宿费用	膳食费用	费用总额
2	鲁一恋	财务部	2010-1-13	¥ 1,980.00	¥ 1,440.00	¥0.00	¥3,420.00
3	高琪	企划部	2010-1-9	¥ 1,534.00	¥ 1,840.00	¥520.00	¥3,894.00
4	李学学	企划部	Jan-10	¥ 1,534.00	¥ 1,840.00	¥520.00	¥3,894.00
5	冉绪	推广部	2010-1-16	¥ 2,495.00	¥ 480.00	¥76.00	¥3,051.00
6	黄依依	推广部	2010-1-19	¥ 2,230.00	¥ [illegible]	[illegible]110.00	¥2,586.00
7	黄依依	推广部	2010-1-20	¥ 1,865.00	¥ [illegible]	[illegible]	¥2,345.00
8	周小木	推广部	2010-1-14	¥ 1,650.00	¥ 1,180.00	¥343.00	¥3,173.00
9	李洪林	推广部	2010-1-8	¥ 1,480.00	¥ 728.00	¥238.00	¥2,446.00
10	方敏	销售部	2010-1-3	¥ 3,945.00	¥ 980.00	¥318.00	¥5,243.00
11	方敏	销售部	2010-1-8	¥ 2,980.00	¥ 820.00	¥512.00	¥4,312.00
12	张同	销售部	2010-1-2	¥ 2,378.00	¥ 2,780.00	¥4,320.00	¥9,478.00

11排序结果

图15-28 多关键字排序结果

15.2.4 自定义排序

除了可以按普通的排序规则进行排序外，用户还可以自定义排序。自定义排序，实际上是让用户先编辑一个自定义列表，然后在设置排序次序时，选择“自定义序列”选项，再选择要用来排序的自定义列表。具体操作步骤如下所示。

1 步骤 Step1 单击“文件”按钮，Step2 从展开的下拉菜单中选择“选项”命令，如图15-29所示。

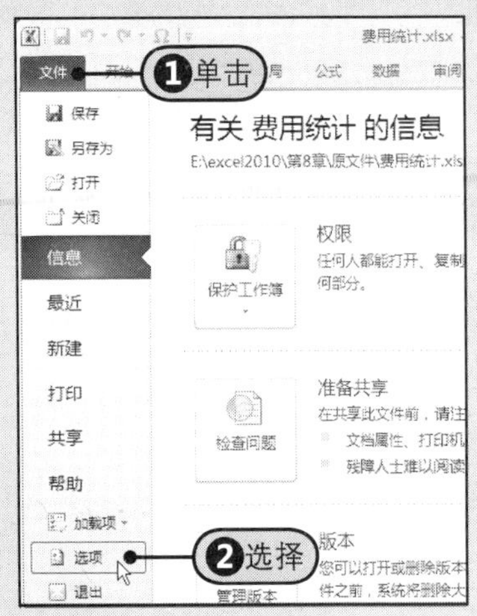

图15-29　选择“Excel选项”命令

2 步骤 Step3 在“Excel选项”对话框中单击“高级”标签，Step4 单击“编辑自定义列表”按钮，如图15-30所示。

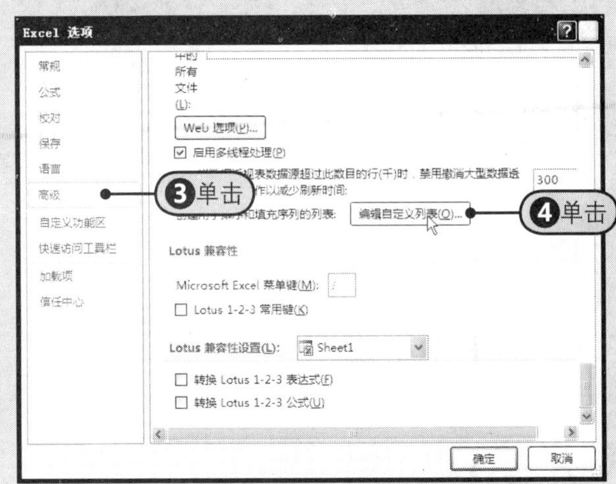

图15-30　单击“编辑自定义列表”按钮

3 步骤 Step5 在“自定义序列”对话框中的“输入序列”框中输入序列，Step6 单击“添加”按钮，Step7 然后单击“确定”按钮，如图15-31所示。

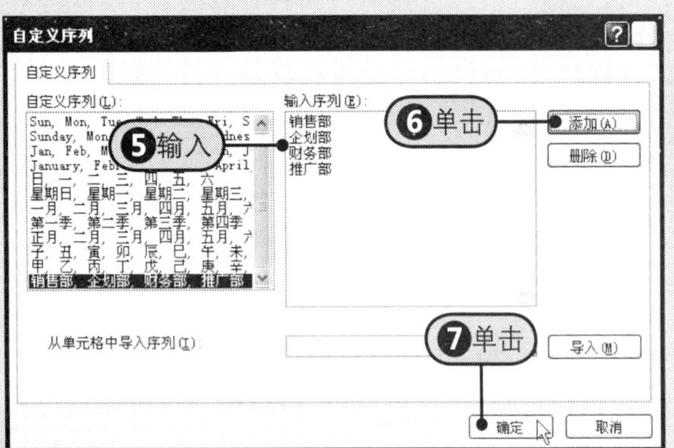

图15-31　自定义序列

4 步骤 Step8 返回“Excel选项”对话框，单击“确定”按钮，如图15-32所示。

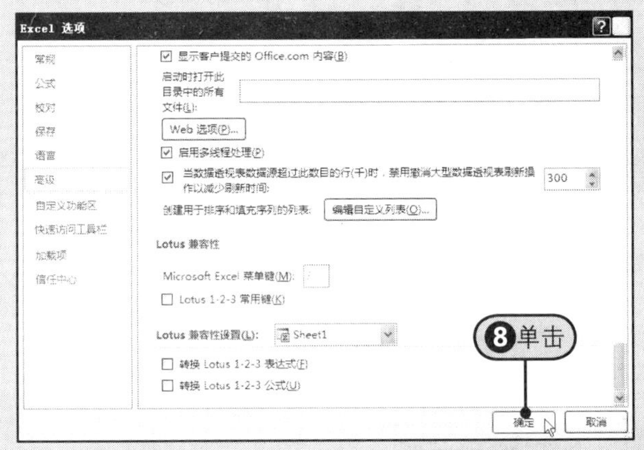

图15-32　单击“确定”按钮

5 步骤 Step9 在Excel窗口中单击“排序”按钮，如图15-33所示。

图15-33　单击“排序”按钮

6 步骤 Step10 在弹出的“排序”对话框中，从“主要关键字”下拉列表中选择“所属部门”，Step11 从“次序”下拉列表中选择“自定义序列”，Step12 单击“确定”按钮，如图15-34所示。

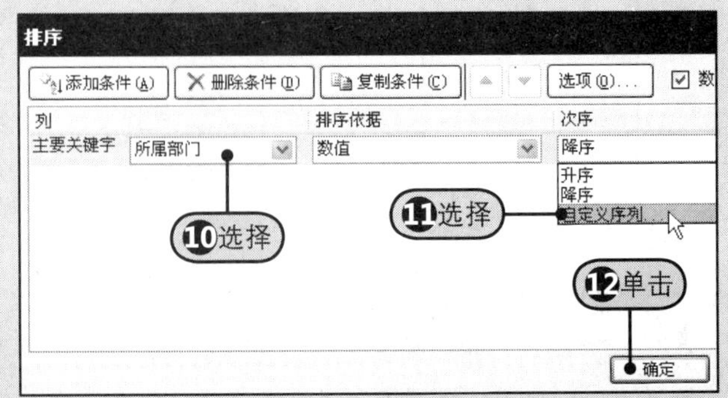

图15-34　选择排序方式

7 步骤 Step13 在“自定义序列”对话框中选择之前定义的序列，Step14 然后单击“确定”按钮，如图15-35所示。

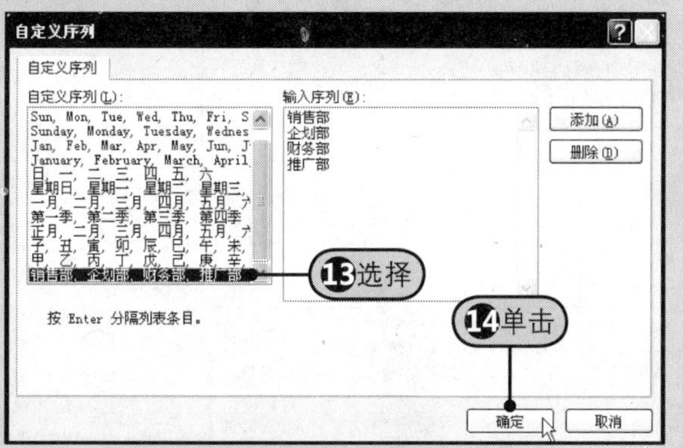

图15-35 选择序列

8 步骤 返回“排序”对话框，Step15 单击“确定”按钮，如图15-36所示。

图15-36 单击“确定”按钮

提示 在排序时自定义序列

如果没有定义序列，用户也可以在排序时才自定义序列。只要在“排序”对话框中选择“自定义序列”，打开“自定义序列”对话框，在“输入序列”列表框中添加即可。

9 步骤 Step16 返回工作表中，按自定义序列排序后的表格效果，如图15-37所示。

	A	B	C	D	E	F
1	员工姓名	所属部门	费用产生日期	交通费用	住宿费用	膳食费用
2	方敏	销售部	2010-1-3	¥ 3,945.00	¥ 980.00	¥318.00
3	方敏	销售部	2010-1-8	¥ 2,980.00	¥ 820.00	¥512.00
4	张同	销售部	2010-1-2	¥ 2,378.00	¥ 2,780.00	¥4,320.00
5	林浩	销售部	2010-1-11	¥ 2,130.00	¥ 980.00	¥318.00
6	胡林涛	销售部	2010-1-15	¥ 1,450.00	¥ 486.00	¥1,180.00
7	胡林涛	销售部	2010-1-16	¥ 1,750.00	¥ 830.00	¥462.00
8	胡林涛	销售部	2010-1-17	¥ 1,780.00	¥ 860.00	¥238.00
9	肖逃	销售部	2010-[illegible]	[illegible] 1,180.00	¥ 1,080.00	¥465.00
10	高琪	企划部	201[illegible]	1,534.00	¥ 1,840.00	¥520.00
11	李学学	企划部	Jan-10	¥ 1,534.00	¥ 1,840.00	¥520.00
12	鲁一恋	财务部	2010-1-13	¥ 1,980.00	¥ 1,440.00	¥0.00
13	周小木	推广部	2010-1-14	¥ 1,650.00	¥ 1,180.00	¥343.00
14	冉绪	推广部	2010-1-16	¥ 2,495.00	¥ 480.00	¥76.00

16排序结果

图15-37 排序结果

15.3 数据的分门别类——筛选的应用

Excel 2010工作表不仅可以容纳数量较多的超大表格，而且还可以将表格中的数据进行分门别类，让用户只查看当前需要的数据。于是这就需要使用Excel 2010中的另一个数据分析功能——数据的筛选。该数据筛选功能可以在工作表中有选择性地显示出满足条件的数据，对于不满足条件的数据，工作表会自动将其隐藏。Excel 2010的数据筛选功能包括：手动筛选数据、根据条件筛选，以及高级筛选等多种方式。

15.3.1 手动筛选数据

手动筛选是指用户根据需要筛选的内容来手动进行筛选，例如，在某列数据中指定筛选出某个值。打开附书光盘\实例文件\第15章\原始文件\楼盘分布情况.xlsx工作簿，接下来以该工作簿为例，介绍手动筛选数据的方法。

Step1 选择要筛选的列的列标题所在的单元格区域，Step2 在“排序和筛选”组中单击“筛选”按钮，随后选择的单元格中会显示筛选按钮，Step3 单击“级别”单元格内的筛选按钮，Step4 从展开的筛选列表中取消勾选“乙”复选框，Step5 此时表格中会只显示“级别”为“甲”的记录，如图15-38所示。

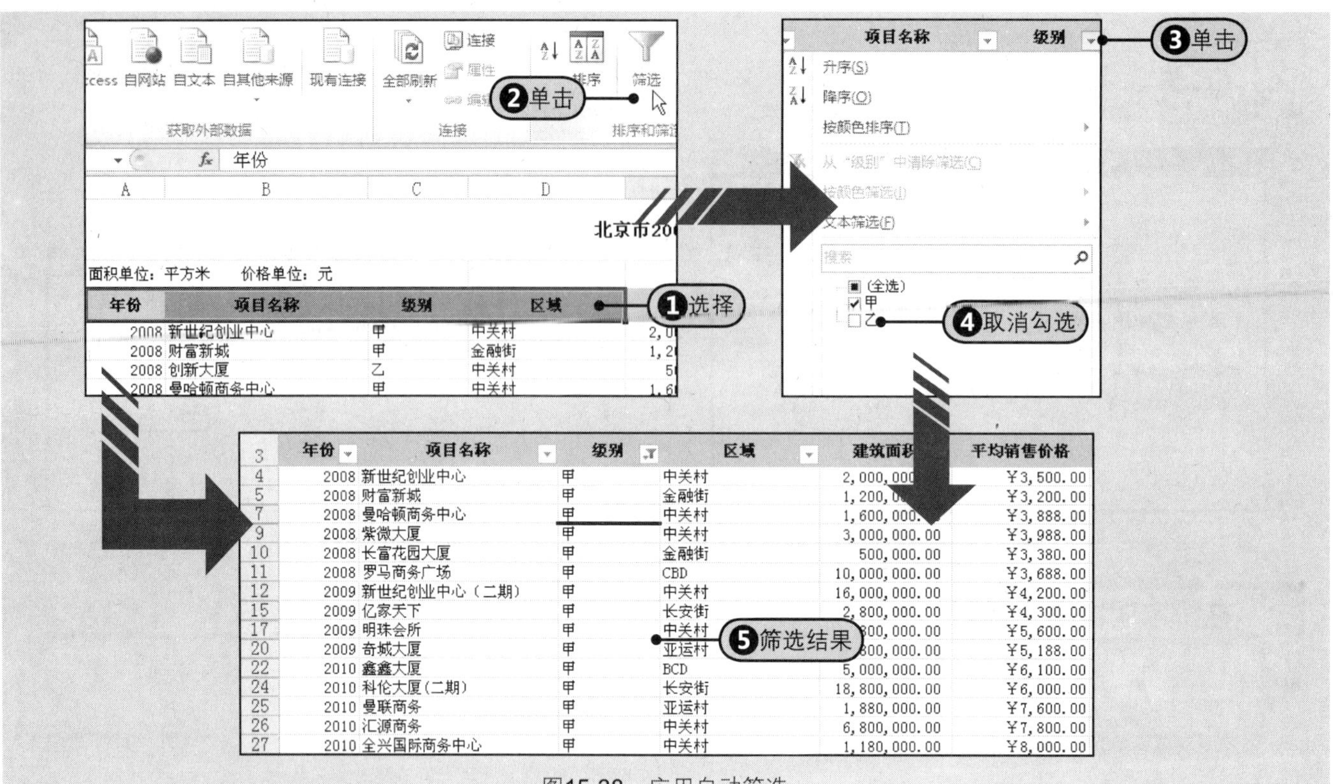

图15-38　应用自动筛选

15.3.2　根据条件筛选数据

用户在筛选数据的时候，需要根据设置的多个条件进行筛选，这些条件可以通过“自定义自动筛选方式”对话框进行设置，从而得到更为精确的筛选结果。常见的自定义筛选方式有：筛选文本、筛选数字、筛选日期或时间、筛选最大或最小数字、筛选平均数以上或以下的数字、筛选空值或非空值，以及按单元格或字体颜色进行筛选。

❶ 筛选文本

步骤1 以“楼盘分布情况”工作表为例，Step❶选择整个标题行所在的单元格区域，Step❷在“排序和筛选”组中单击“筛选”按钮，如图15-39所示。

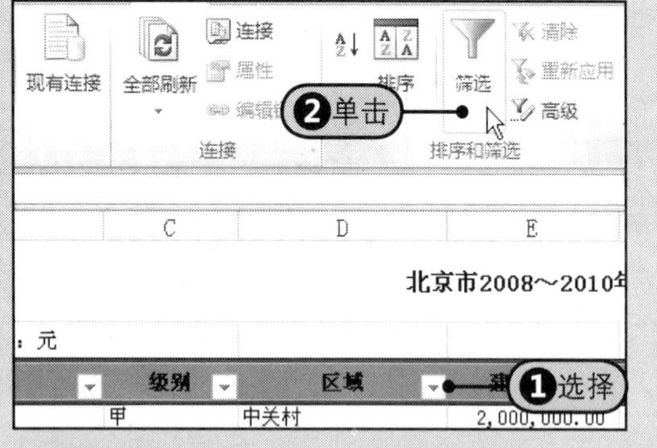

图15-39　单击“筛选”按钮

步骤2 Step❸单击“项目名称”筛选按钮，Step❹从展开的下拉列表中选择“文本筛选”，弹出下级列表，Step❺选择文本筛选方式，如“开头是”，如图15-40所示。

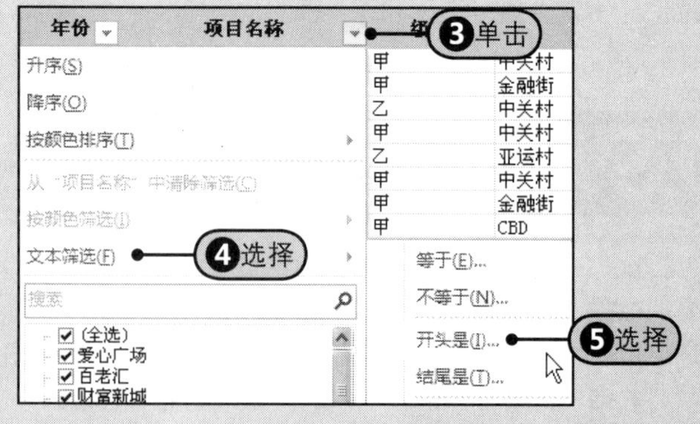

图15-40　选择文本筛选方式

提示　文本值的自定义筛选方式

对于文本值，通常的自定义筛选方式有：“等于”、“不等于”、“开头是”、“结尾是”、“包含”和“不包含”。用户在“文本筛选”下级下拉列表中无论选择任何一个命令都将打开“自定义自动筛选方式”对话框，根据实际需要设置筛选条件。

3 步骤 Step 6 在弹出的“自定义自动筛选方式”对话框中的“开头是”右侧的文本框中输入“长”，Step 7 接下来设置另一个条件，选中“或”单选按钮，在下方左侧的下拉列表中选择“开头是”，在右侧的文本框中输入“财”，Step 8 最后单击“确定”按钮，如图15-41所示。

4 步骤 Step 9 返回工作表中，所有项目名称开头为“长”或“财”的记录会被筛选出来，如图15-42所示。

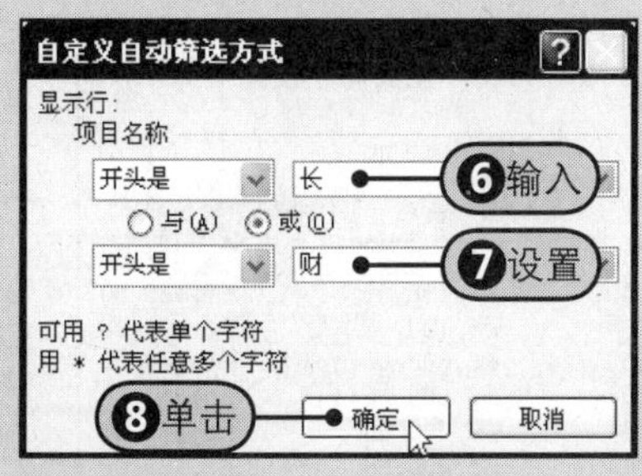

图15-41　自定义筛选方式

	A	B	C	D	E
1					北京市2008～2010
2	面积单位：平方米	价格单位：元			
3	年份	项目名称	级别	区域	建筑面积
5	2008	财富新城	甲	金融街	1,200,000.00
10	2008	长富花园大厦	甲	金融街	500,000.00
19	2009	长城大厦	乙		6,800,000.00
23	2010	财富新城（二期）	乙	金融街	3,600,000.00

9筛选结果

图15-42　筛选结果

2 筛选前N个最大值

对于数值型数据，除了可以使用类似文本的筛选方式外，还可以直接筛选出前面N个最大值。

例如，在前面的“楼盘分布情况”工作簿中，假如要筛选出“建筑面积”前5个最大值，Step 1 单击“建筑面积”筛选按钮，Step 2 从展开的下拉列表中选择“数字筛选”命令，Step 3 从下级下拉列表中选择“10个最大的值”命令。Step 4 在弹出的“自动筛选前10个”对话框中将个数更改为“5”，Step 5 单击“确定”按钮，Step 6 筛选结果如图15-43所示。

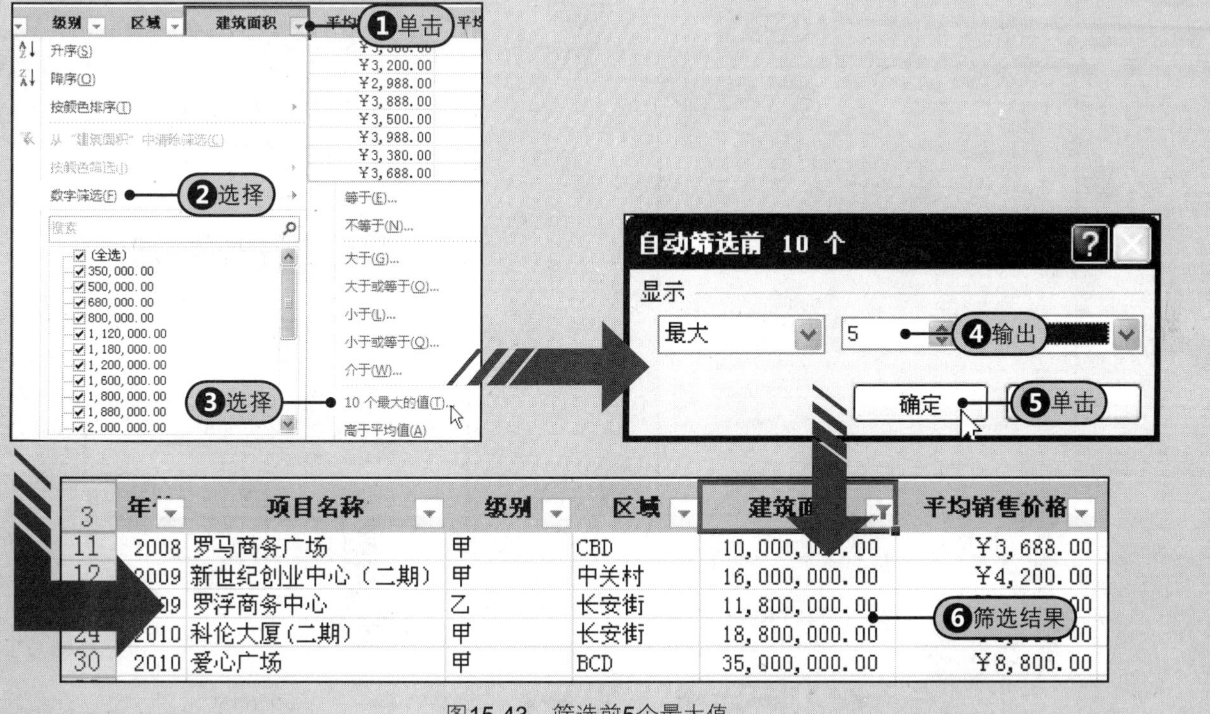

图15-43　筛选前5个最大值

提示

数字筛选方式解析

“等于”用于筛选与某个数值相等的数据；“不等于”用来筛选除某个数值以外的数据；“大于”用来筛选比某个值大的数据；“大于或等于”用来筛选与某个值相同或比该值大的数据；“小于或等于”用来筛选比某个值小或与该值相同的数据；“介于”用来筛选介于某两个数值之间的数据；“10个最大的值”用于筛选出*n*个最大值或最小值，*n*值由用户根据需要确定，在“自动筛选前10个”对话框中单击中间的调节按钮确定个数；“高于平均值”用来筛选出比平均值高的数据；“低于平均值”则用于筛选出比平均值低的数据。

3 筛选高于或低于平均值的数据

如果要筛选出“平均销售价格”高于平均值的数据，Step1请在工作表中单击“平均销售价格”筛选按钮，Step2从展开的筛选下拉列表中选择单击“数字筛选”命令，Step3从下级下拉列表中选择“高于平均值”命令，如图15-44所示。Step4此时工作表中会自动显示“平均销售价格”高于平均值的数据，如图15-45所示。同样，如果要筛选低于平均值的数据，只须在“数字筛选”的下级下拉列表中选择“低于平均值”命令即可。

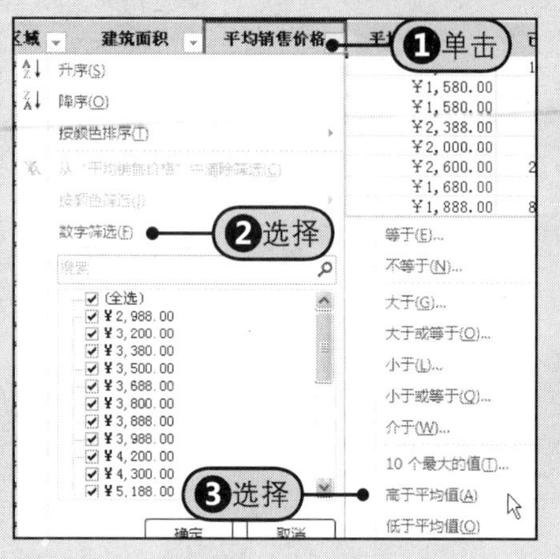

图15-44 设置筛选条件

	D	E	F	G
1	北京市2008～2010年主要写字楼盘分布情况			
2				
3	区域	建筑面积	平均销售价格	平均租赁价格
17	中关村	1,800,000.00	¥5,600.00	¥4,388.00
21	亚运村	1,120,000.00	¥5,488.00	¥5,188.00
22	BCD	5,000,000.00	¥6,100.00	¥6,200.00
23	金融街	3,600,000.00	¥6,300.00	¥5,800.00
24	长安街	18,800,000.00	¥6,000.00	¥5,200.00
25	亚运村	1,880,000.00	¥7,600.00	¥6,500.00
26	中关村	6,800,000.00	¥7,800.00	¥6,800.00
27	中关村	1,180,000.00	¥8,000.00	
28	亚运村	350,000.00	¥7,688.00	
29	长安街	2,800,000.00	¥8,100.00	¥7,200.00
30	BCD	35,000,000.00	¥8,800.00	¥7,800.00
31	金融街	800,000.00	¥8,000.00	¥6,988.00

4筛选结果

图15-45 筛选结果

4 筛选空或非空值

有时需要筛选出表格中的空值或非空值。方法：Step1单击需要筛选列的下三角按钮，如“已出售面积”筛选按钮，Step2从展开的筛选下拉列表中选择“数字筛选”命令，Step3接着选择“自定义筛选”命令，Step4在弹出的“自定义自动筛选方式”对话框中选择“等于”，Step5然后单击“确定”按钮，Step6筛选结果如图15-46所示。

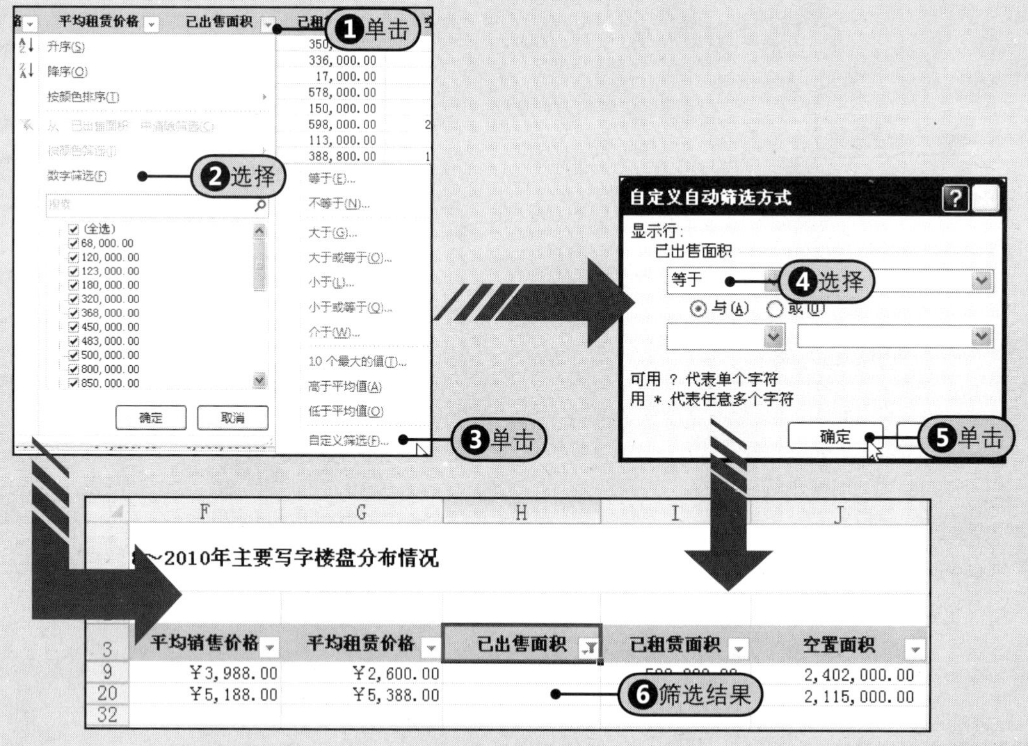

图15-46 筛选空值

提示

更多的条件筛选

在Excel 2010中，除了前面介绍的这几种条件筛选外，用户还可以根据日期、单元格的颜色、字体颜色等格式设置条件筛选。

15.3.3 使用高级筛选

如果要执行复杂的条件，那么就使用高级筛选。高级筛选要求在工作表中无数据的地方指定一个区域用于存放筛选条件，这个区域就是条件区域。高级筛选的具体操作步骤如下。

1 步骤 Step❶在数据之前插入几个空行，在单元格“F3:G3”中输入条件，如图15-47所示。

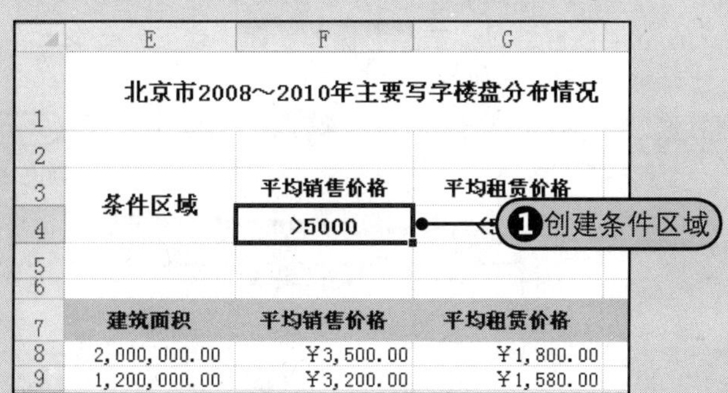

图15-47 建立条件区域

2 步骤 Step❷在“排序和筛选”功能组中单击“高级”按钮，如图15-48所示。

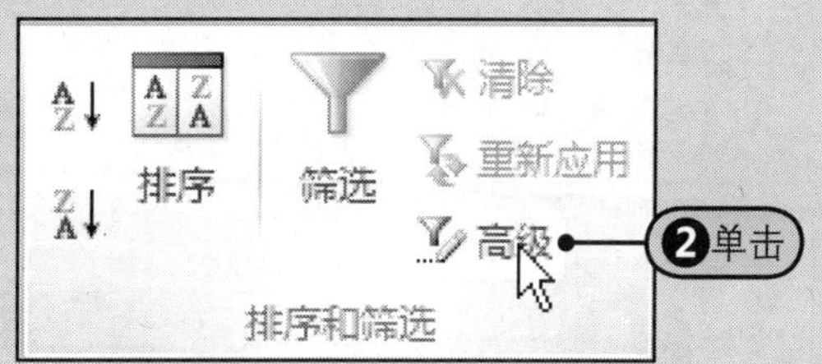

图15-48 单击“高级”按钮

3 步骤 Step❸在“高级筛选”对话框中系统会自动设置“列表区域”为单元格区域“A7:J35”，Step❹单击“条件区域”右侧的单元格引用按钮，如图15-49所示。

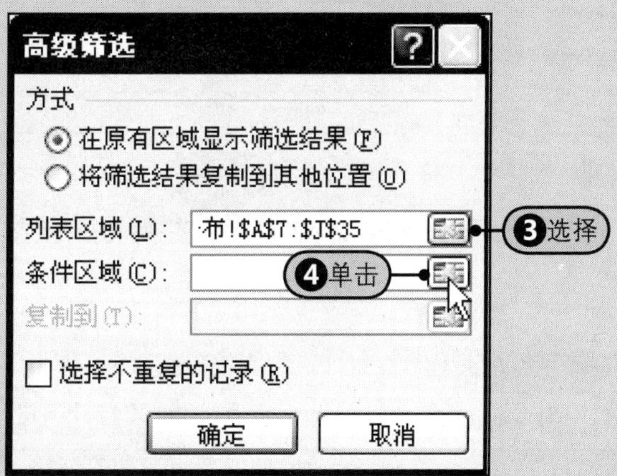

图15-49 选择列表区域

4 步骤 Step❺选择条件区域“F3:G4”，如图15-50所示。

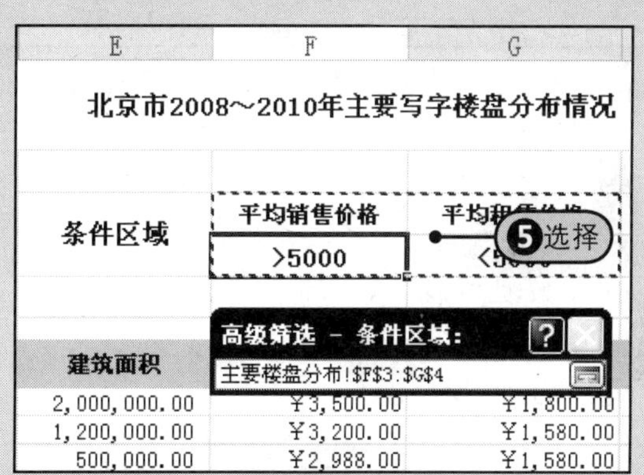

图15-50 选择条件区域

5 步骤 Step❻返回“高级筛选”对话框中，单击“确定”按钮，如图15-51所示。

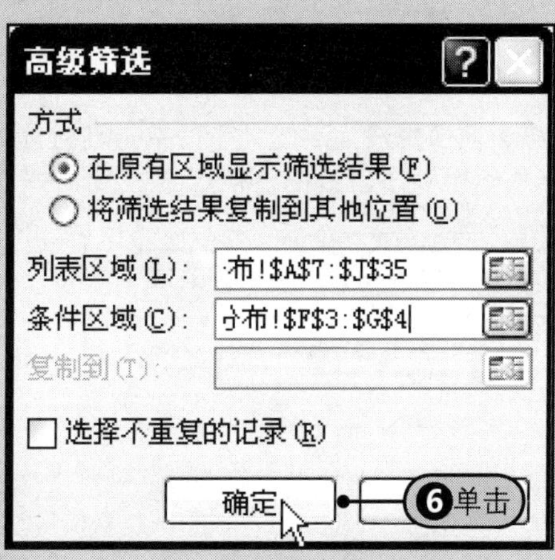

图15-51 单击“确定”按钮

6 步骤 Step❼随后将筛选出“平均销售价格”大于5000，同时“平均租赁价格”小于5000的记录，如图15-52所示。

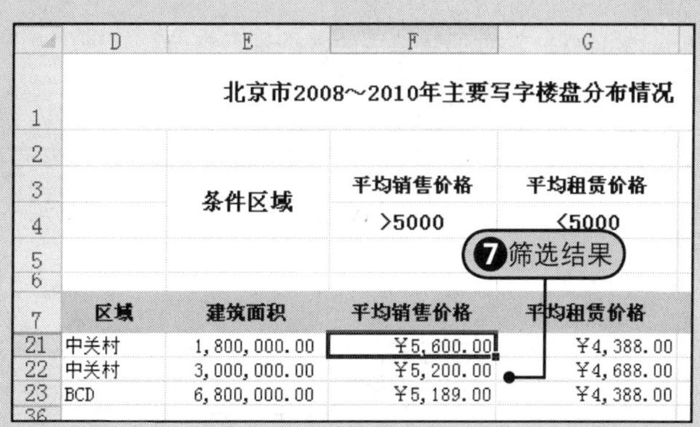

图15-52 筛选结果

在其他位置显示筛选结果

如果要在其他位置显示筛选结果，只要在“高级筛选”对话框中的“方式”区域内选中“将筛选结果复制到其他位置”单选按钮，然后单击“复制到”框右侧的单元格引用按钮选择要显示的位置即可。

15.3.4 利用“搜索”功能直接搜索数据

在Excel 2010中，增加了更加人性化的“搜索”功能。特别是对于处理数据量庞大的表格，用户需要从庞大的数据中筛选出某个单独的项目时，可以直接利用“搜索”功能快速而又直接地搜索到目标数据。例如，在“楼盘分布情况”工作簿中要快速查找“项目名称”为“明珠会所”的记录，使用“搜索”功能搜索方法如下。

Step1 选择标题行所在的单元格区域，Step2 在“排序和筛选”组中单击“筛选”按钮为表格应用自动筛选，Step3 单击“项目名称”筛选按钮，此时展开的筛选下拉列表中会显示一个“搜索”文本框。Step4 在“搜索”文本框中输入要搜索的内容，如“明珠”，此时列表中会显示与输入内容相匹配的项，单击“确定”按钮，Step5 搜索结果如图15-53所示。

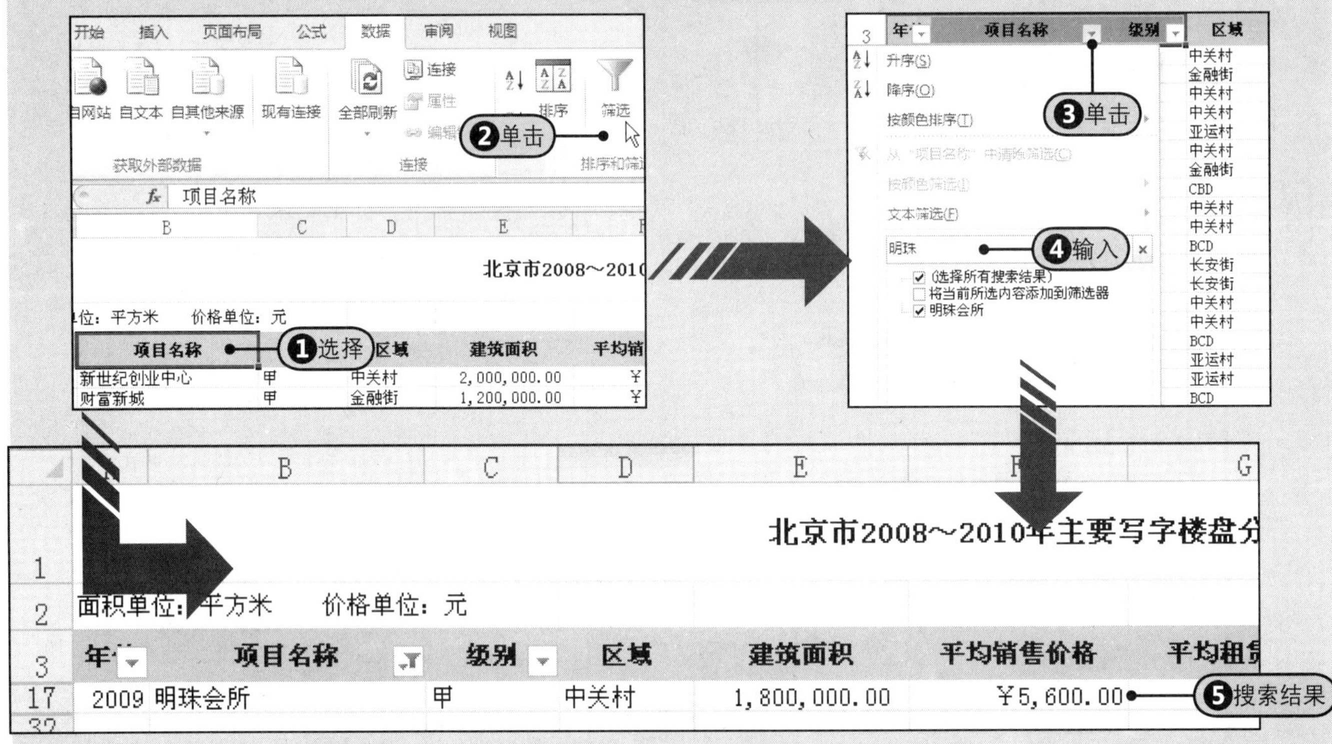

图15-53 利用搜索功能直接搜索数据

15.4 数据整合——分类汇总的应用

分类汇总是对数据清单中的数据进行整合、管理的重要工具，可以快速地按用户指定的列中的数据进行分类汇总。在Excel 2010中，与分类相关汇总的命令是在“数据”选项卡的“分级显示”组中的，如图15-54所示。

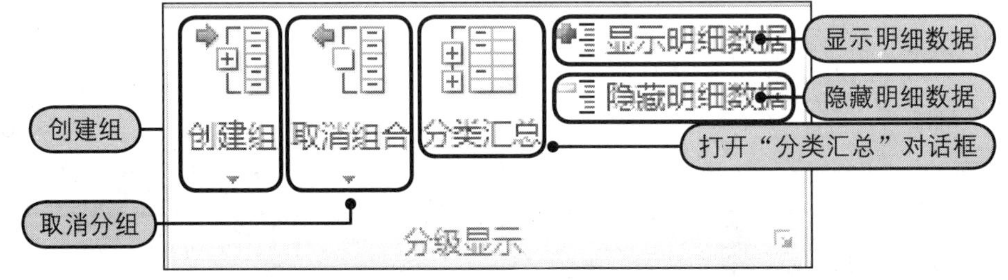

图15-54 “数据”选项卡中的“分级显示”组

15.4.1 创建单个分类汇总

单个的分类汇总又称为简单分类汇总，即只对表格中的某一个字段按指定的汇总方式进行汇总。打开附书光盘\实例文件\第15章\原始文件\地区销售额统计.xlsx工作簿。

Step1 按照前面介绍的方法对“地区”字段按“升序”或“降序”排序，Step2 单击“分类汇总”按钮，打开“分类汇总”对话框，从“分类字段”下拉列表中选择“地区”，Step3 在“选定汇总项”列表框中勾选“销售额（万）”，Step4 最后单击“确定”按钮，Step5 分类汇总后的数据，如图15-55所示。

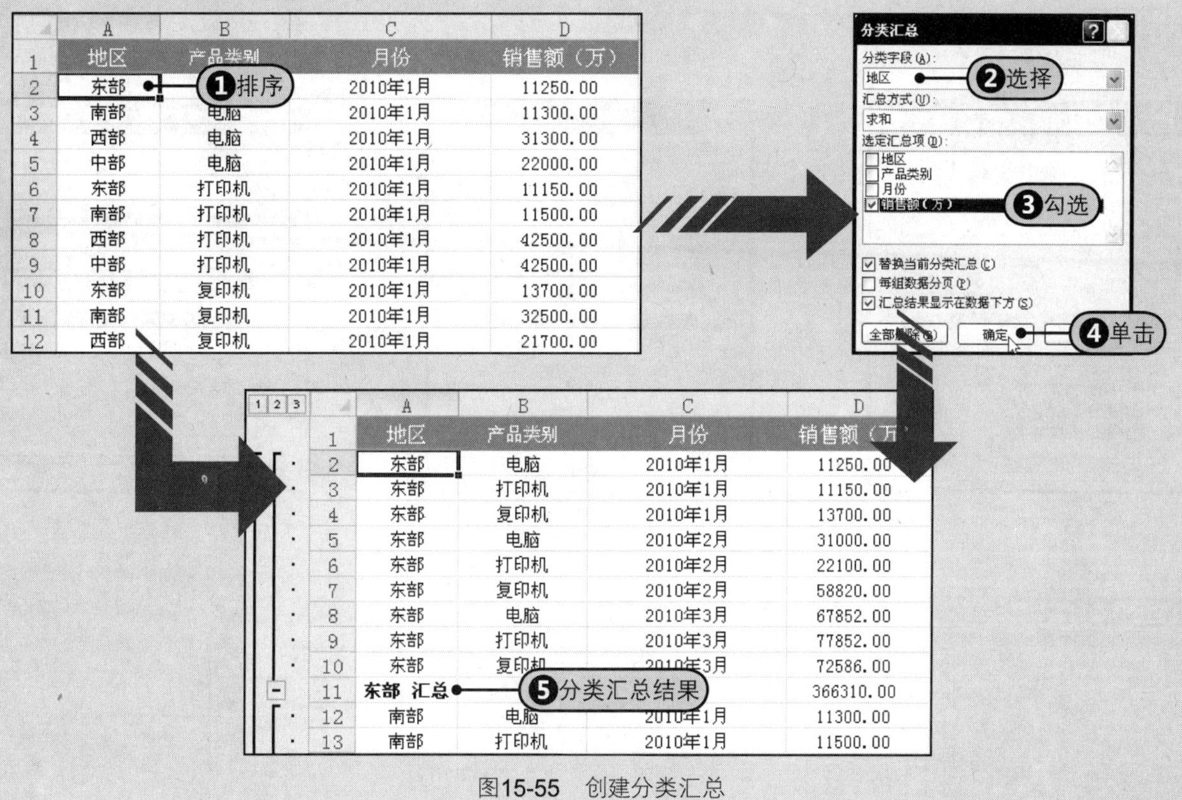

图15-55 创建分类汇总

15.4.2 创建多个分类汇总

在Excel 2010中，还可以创建多个分类汇总，通常称为嵌套分类汇总，是指使用多个条件进行多层分类汇总。嵌套分类汇总，既可以是对不同汇总项的汇总，也可以是对相同汇总项不同汇总方式的汇总。

仍然以“地区销售额统计”工作表为例，多个分类汇总的创建方法如下。

1 步骤 Step1 单击“排序”按钮，打开“排序”对话框，设置“主要关键字”为“地区”，升序排序，设置“次要关键字”为“产品类别”，升序排序，如图15-56所示。

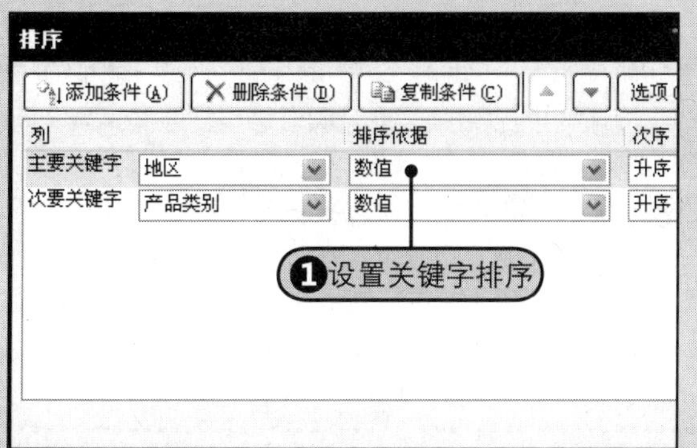

图15-56 设置排序

2 步骤 Step2 排序后的表格如图15-57所示，排序结果为首先按“地区”升序排列，然后按“产品类别”升序排列。

	A	B	C	D
1	地区	产品类别	月份	销售额（万）
2	东部	打印机	2010年1月	11150.00
3	东部	打印机	2010年2月	22100.00
4	东部	打印机	2010年3月	77852.00
5	东部	电脑	2010年2月	31000.00
6	东部	电脑	2010年1月	11250.00
7	东部	电脑	2010年3月	67852.00
8	东部	复印机	[illegible]	[illegible]
9	东部	复印机	2010年2月	58820.00
10	东部	复印机	2010年3月	72586.00
11	南部	打印机	2010年1月	11500.00
12	南部	打印机	2010年2月	12100.00
13	南部	打印机	2010年3月	36478.00
14	南部	电脑	2010年1月	11300.00

❷排序后的表格

图15-57 排序结果

3 步骤 **Step3** 单击“分类汇总”按钮，打开“分类汇总”对话框，设置一级分类汇总的“分类字段”为“地区”、“汇总方式”为“求和”、“选定汇总项”为“销售额（万）”，然后单击“确定”按钮，如图15-58所示。

4 步骤 **Step4** 再次打开“分类汇总”对话框，设置二级汇总的“分类字段”为“地区”、“汇总方式”为“平均值”、“选定汇总项”为“销售额（万）”，取消勾选“替换当前分类汇总”复选框，然后单击“确定”按钮。

5 步骤 **Step5** 再次打开“分类汇总”对话框，设置三级汇总的“分类字段”为“产品类别”、“汇总方式”为“求和”、“选定汇总项”为“销售额（万）”，取消勾选“替换当前分类汇总”复选框，最后单击“确定”按钮，如图15-60所示。

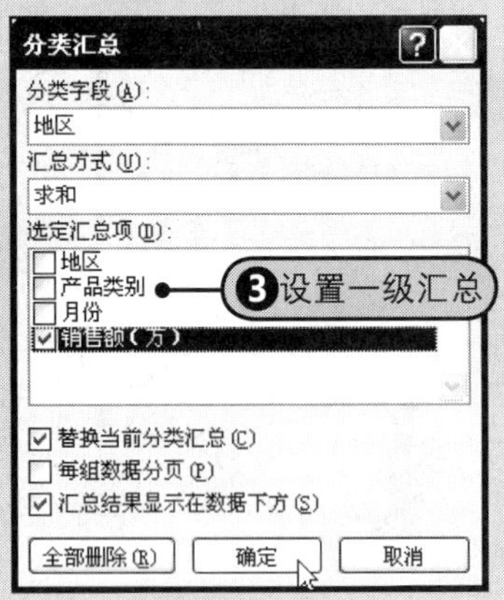

图15-58 设置一级分类汇总

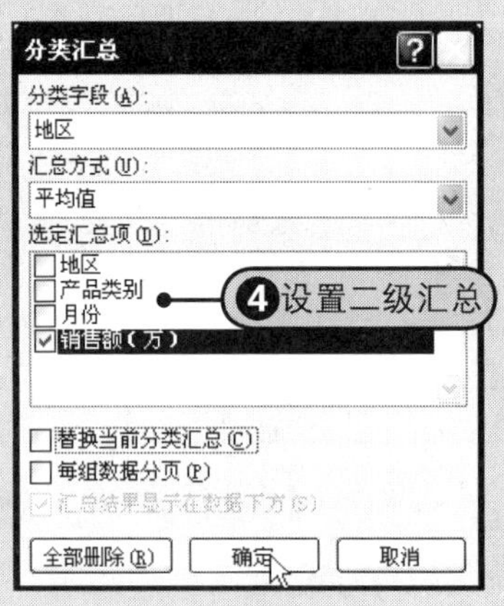

图15-59 设置二级分类汇总

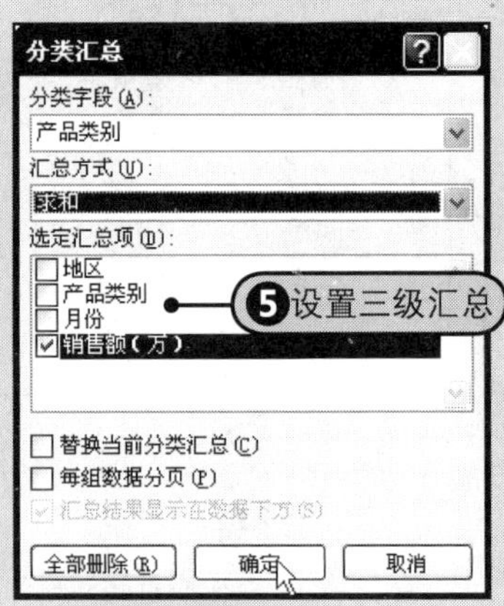

图15-60 设置三级分类汇总

6 步骤 **Step6** 分类汇总结果，如图15-61所示。

	A	B	C	D
1	地区	产品类别	月份	销售额（万）
2	东部	打印机	2010年1月	11150.00
3	东部	打印机	2010年2月	22100.00
4	东部	打印机	2010年3月	77852.00
5		打印机 汇总		111102.00
6	东部	电脑	2010年2月	31000.00
7	东部	电脑	2010年1月	11250.00
8	东部	电脑	2010年3月	67852.00
9		电脑 汇总		110102.00
10	东部	复印机	2010年1月	13700.00
11	东部	复印机	2010年2月	58820.00
12	东部	复印机	2010年3月	72586.00
13		复印机 汇总		[illegible]00
14	东部 平均值			40701.11
15	东部 汇总			366310.00
16	南部	打印机	2010年1月	11500.00
17	南部	打印机	2010年2月	12100.00

6多级分类汇总效果

图15-61 多级分类汇总效果

提示

创建嵌套分类汇总的注意事项

（1）在创建嵌套分类汇总时，一定要在清除“分类汇总”对话框中的“替换当前分类汇总”复选框的选中标记；否则，新创建的分类汇总会替换工作表中已有的分类汇总。

（2）分类汇总的方式除了常见的“求见”以外，还有“最大值”、“最小值”、“平均”、“计数”、“乘积”等，用户可以根据实际需要进行选择。

15.4.3 分级显示汇总数据

对数据清单进行分类汇总后，Excel 2010会自动按汇总时的分类对数据清单进行分级显示，并且在数据清单的行号左侧出现了一些层次分级显示按钮[-]和[+]，分级显示汇总结果有两种方法，具体介绍如下。

❶ 使用数字分级显示按钮

用户可以直接单击工作表列标签左侧的数字分级显示按钮1 2 3来设置显示的级别，例如，单击数字“3”，只显示三级分类汇总，如图15-62所示。单击分级显示按钮⊟，使它变为⊞按钮即可将明细数据隐藏，从而只显示分类汇总数据，如图15-63所示。

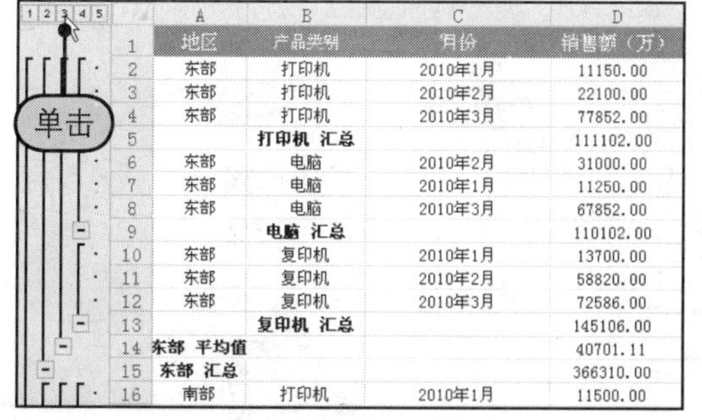

图15-62 显示三级分类汇总

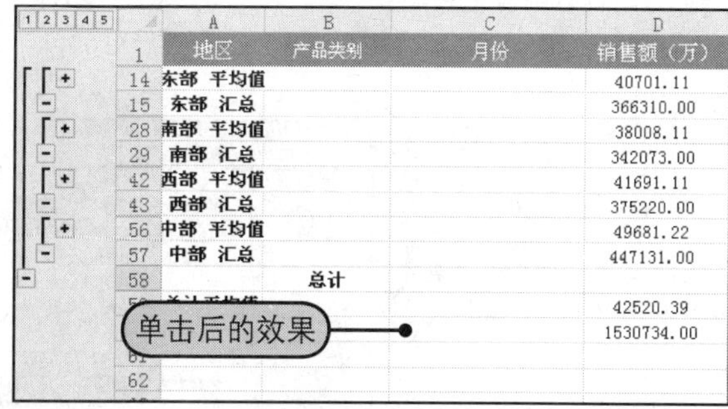

图15-63 隐藏明细数据1

❷ 通过“隐藏明细数据”按钮显示汇总信息

用户还可以通过隐藏明细数据来达到只显示分类汇总信息的目的。Step❶单击“全选”按钮，选择工作表，Step❷在“分级显示”组中单击“隐藏明细数据”按钮，Step❸隐藏明细数据后，工作表中只显示分类汇总行，如图15-64所示。

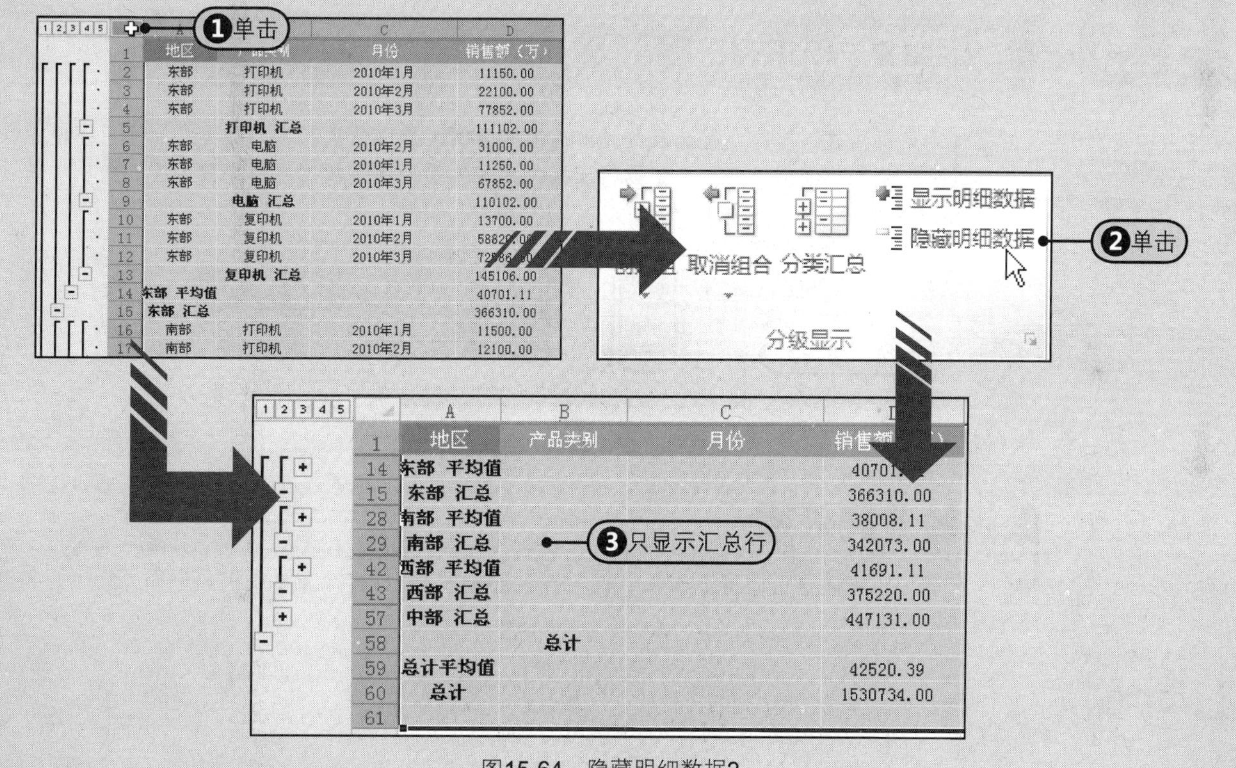

图15-64 隐藏明细数据2

提示 显示全部数据行

要显示所有的数据，可以在数字分级显示按钮中单击最大的数字，或者单击“分级显示”组中的“显示明细数据”按钮。

15.4.4 删除分类汇总

当不需要已经存在的分类汇总结果时，可以将它从工作表中删除。

Step❶选择分类汇总行所在的单元格，Step❷在“分级显示”组中单击“分类汇总”按钮，在弹出的“分类汇总”对话框中单击“全部删除”按钮，Step❸删除分类汇总后的工作表，如图15-65所示。

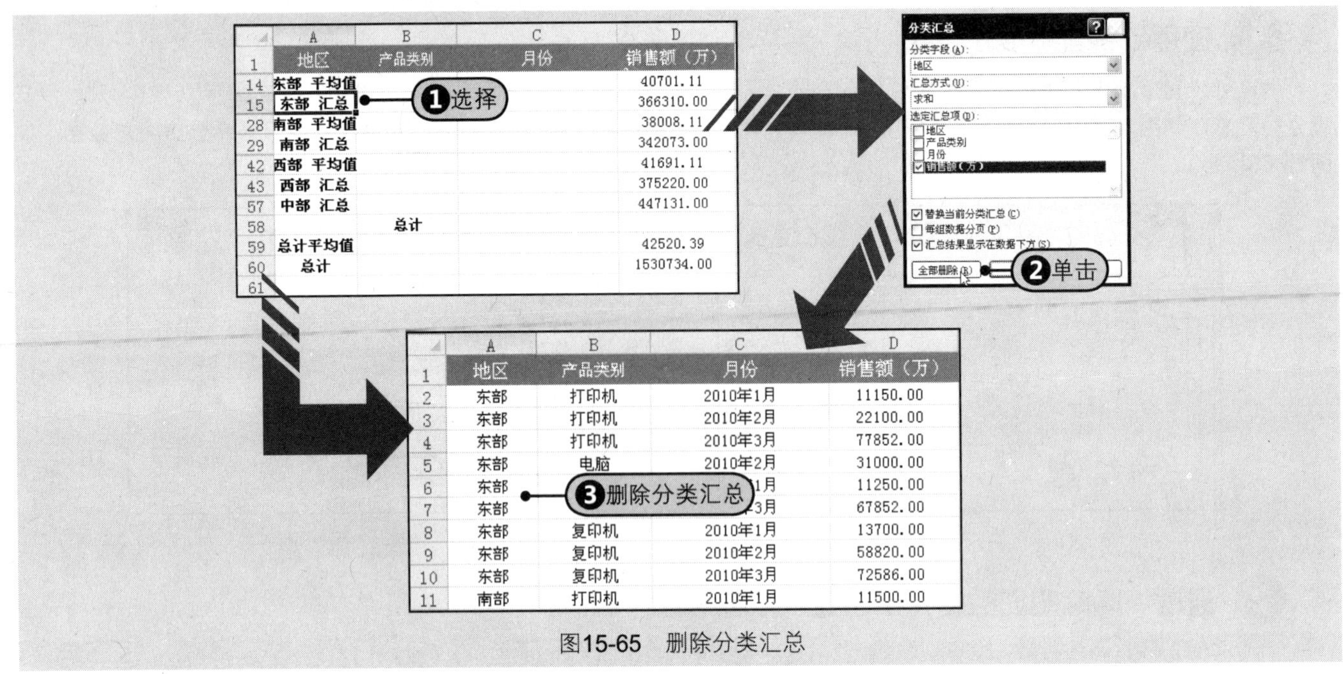

图15-65 删除分类汇总

15.5 数据工具的应用

在Excel 2010中，除了使用条件格式、排序、筛选及分类汇总这些分析工具来分析和整理数据外，还可以使用数据工具来完成对数据的一些特殊处理。例如，使用“分列”工具将表格分为多列等。这些数据工具是集中在“数据”选项卡的“数据工具”组中的，如图15-66所示。

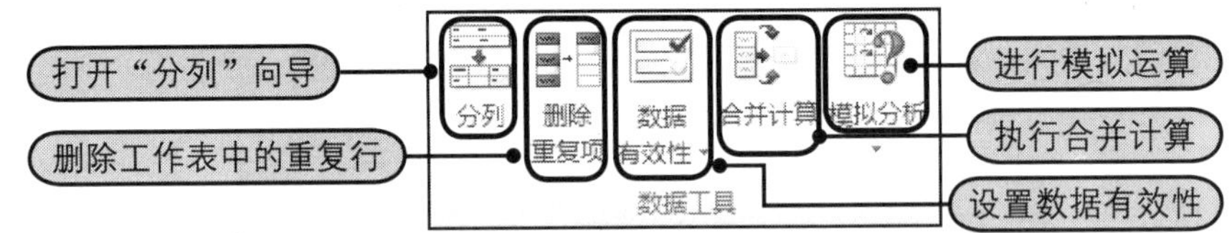

图15-66 “数据工具”组

15.5.1 数据的分列处理

使用Excel 2010中的“分列”文本向导可以将工作表中的一个单元格内容分成多个单独的列。例如，将“姓名”分列为“姓”和“名”，操作方法如下所示。

步骤1 Step❶新建一个工作簿，在工作表中输入姓名，然后选择已输入姓名的单元格区域A1:A4，如图15-67所示。

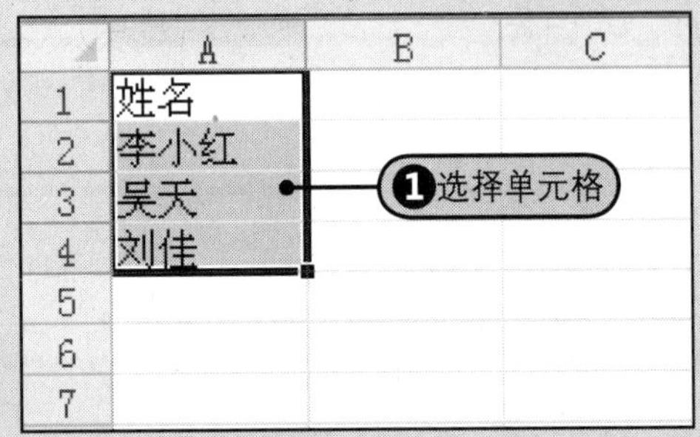

图15-67 输入姓名

步骤2 在“数据”选项卡的“数据工具”组中单击“分列”按钮，打开“文本分列向导-第1步，共3步”对话框，Step❷在“请选择最合适的文件类型”区域内选中“固定宽度”单选按钮，Step❸然后单击“下一步”按钮，如图15-68所示。

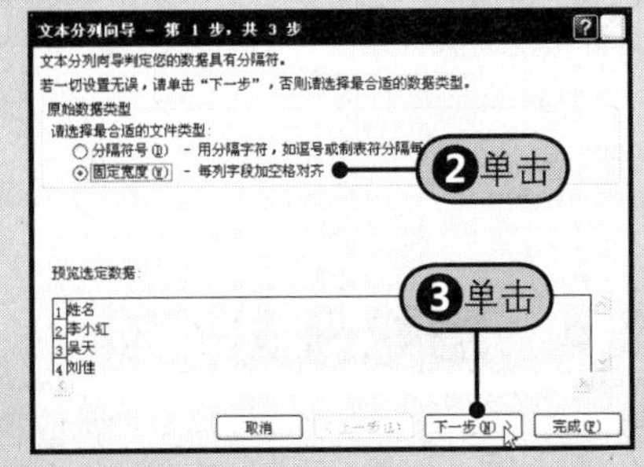

图15-68 选择数据区域

3 步骤 Step4在“文本分列向导-第2步，共3步”对话框中设置分列线的位置，如在第一个汉字右侧，Step5然后单击“下一步”按钮，如图15-69所示。

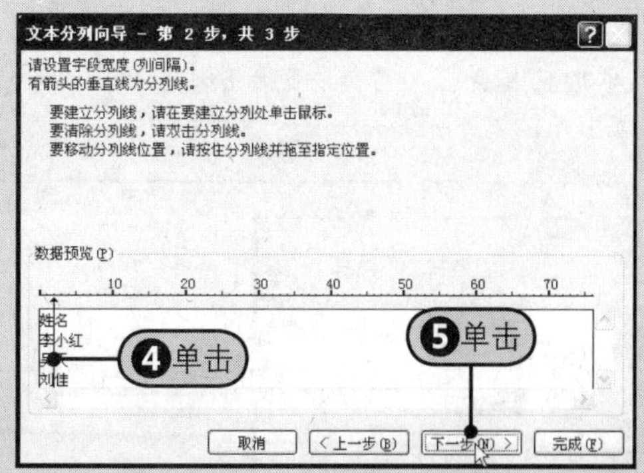

图15-69 设置分列线位置

4 步骤 Step6进入“文本分列向导-第3步，共3步”对话框，可以在该对话框中设置列数据的格式，默认的格式为“常规”格式，如图15-70所示。

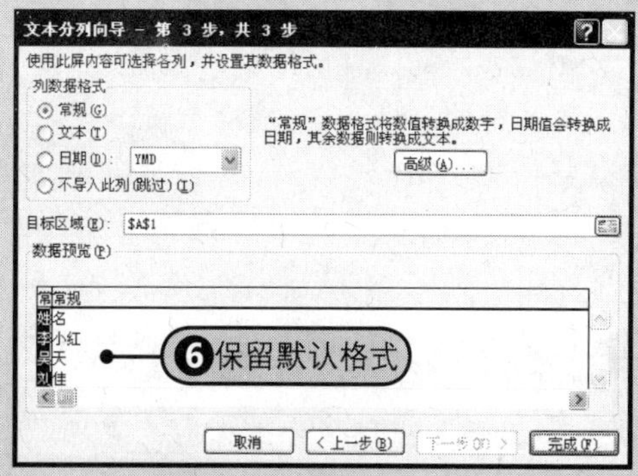

图15-70 设置第一列数据格式

5 步骤 Step7在“数据预览”区域内选中第二列数据，Step8在“列数据格式”区域内选中“文本”单选按钮，Step9单击“完成”按钮，如图15-71所示。

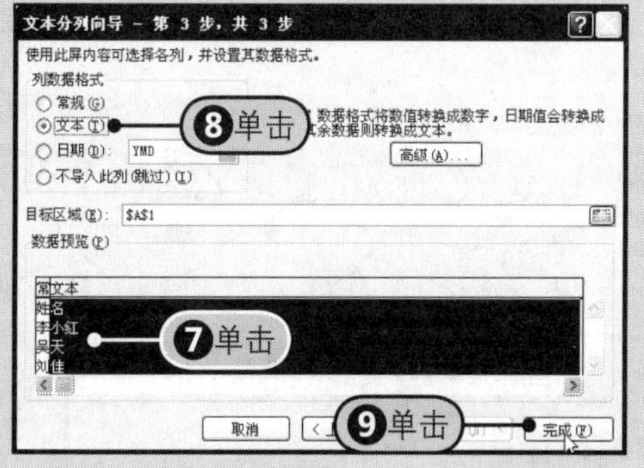

图15-71 设置第二列数据格式

6 步骤 Step10分列后的数据如图15-72所示，可以看到，已将“姓名”列分为单独的“姓”和“名”列。

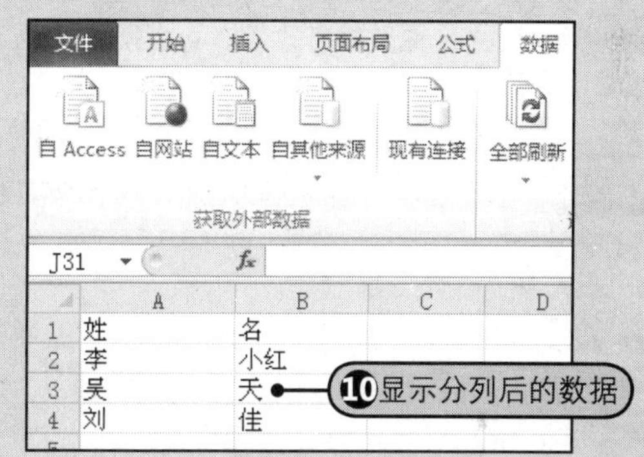

图15-72 分列后的数据

15.5.2 删除表格中的重复项

当想要删除表格中的重复数据时，可以使用Excel 2010中的数据工具“删除重复项”快速删除工作表中所有的重复项，只保留唯一值。删除重复项的操作方法如下所示。

1 步骤 Step1新建一个工作簿，在工作表中输入并选中一组包含重复值的数据，如图15-73所示。

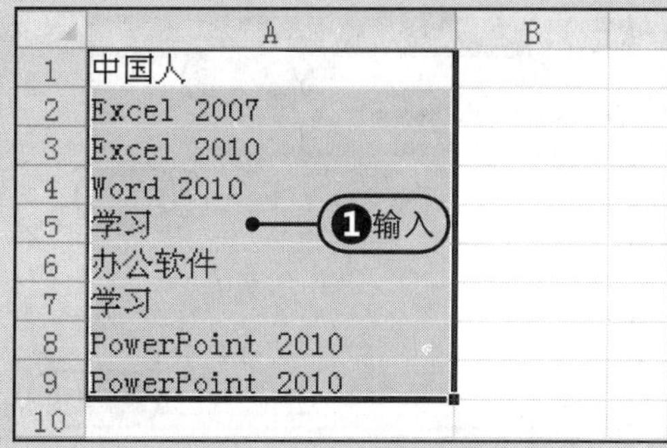

	A	B
1	中国人	
2	Excel 2007	
3	Excel 2010	
4	Word 2010	
5	学习	
6	办公软件	
7	学习	
8	PowerPoint 2010	
9	PowerPoint 2010	
10		

图15-73 输入内容

2 步骤 Step2单击“数据工具”组中“删除重复项”按钮，在弹出的“删除重复项”对话框中的“列”区域内勾选要删除重复项的列，如“列A”，Step3单击“确定”按钮，如图15-74所示。

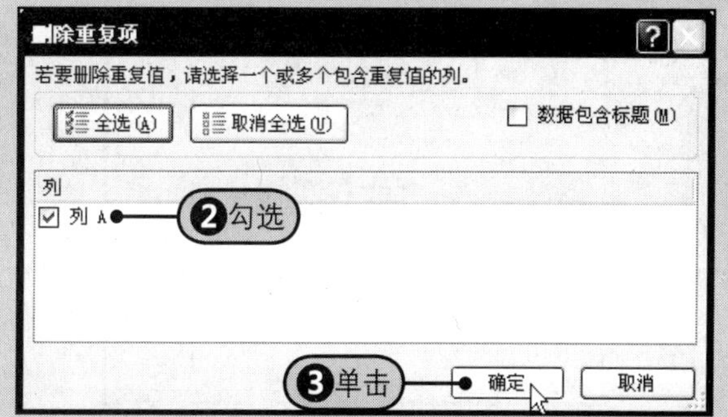

图15-74 “删除重复项”对话框

提示　设置包含标题选项

如果表格中包含标题，只要删除重复项时在“删除重复项”对话框中勾选“数据包含标题”复选框，此后Excel在判断是否存在重复数据时就会先忽略表格标题。

3 步骤 Step4 随后屏幕上弹出提示对话框，提示重复值的个数，以及删除重复值后唯一值的个数，如图15-75所示。

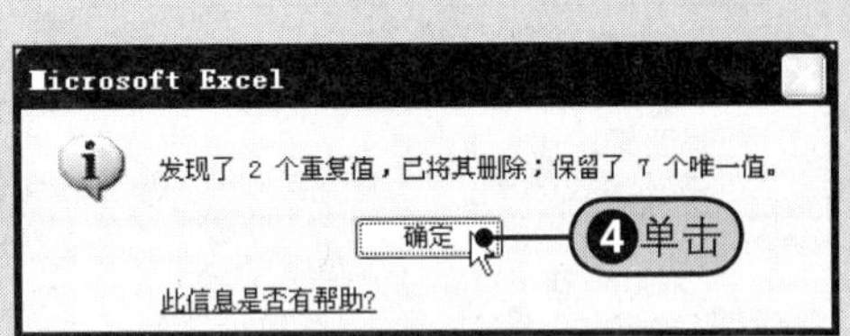

图15-75　删除重复值提示

4 步骤 Step5 删除重复数据后的表格中只保留唯一值，如图15-76所示。

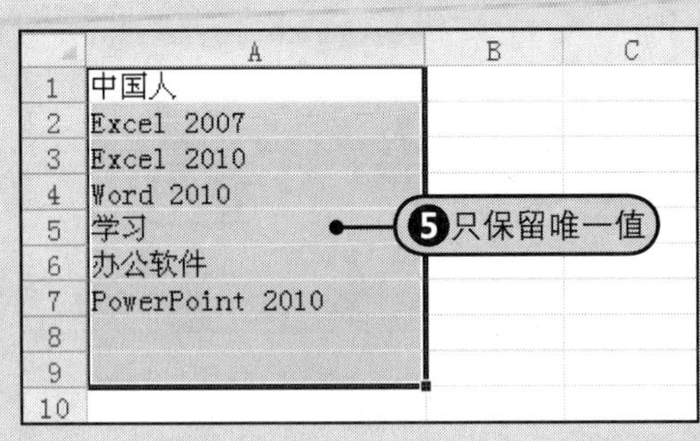

图15-76　删除重复项后的表格

15.5.3　设置数据有效性

通过为单元格设置数据有效性，可以防止在单元格中输入无效的数据。例如，可以设置只允许输入某个范围内的整数或者指定的文本长度等规则。

1 步骤 选择要设置数据有效性的单元格区域，Step1 单击“数据有效性”下三角按钮，Step2 从展开的下拉列表中选择“数据有效性”命令，如图15-77所示。

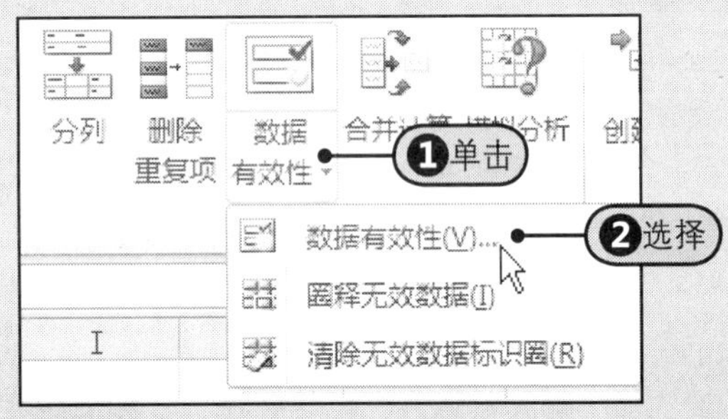

图15-77　选择“数据有效性”命令

2 步骤 在“数据有效性”对话框中，Step3 设置“有效性条件”：“整数”、“介于”、“最小值”为“1”、“最大值”为“99”，如图15-78所示。

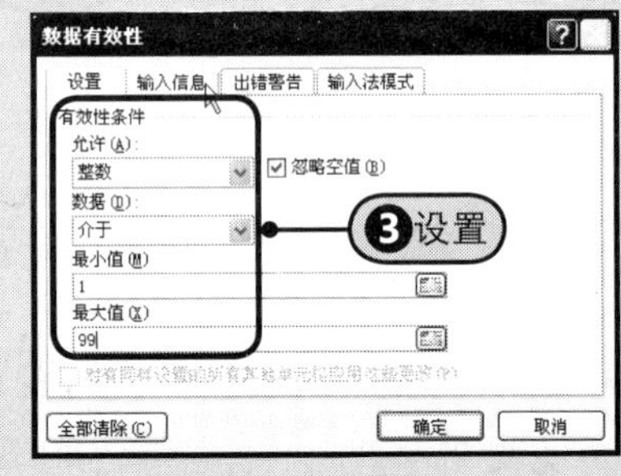

图15-78　设置有效性条件

3 步骤 Step4 单击“输入信息”标签，Step5 在“标题”框中输入“请输入1～99的整数：”，Step6 在“输入信息”文本框中输入“输入的数据必须在1～99以内。”，如图15-79所示。

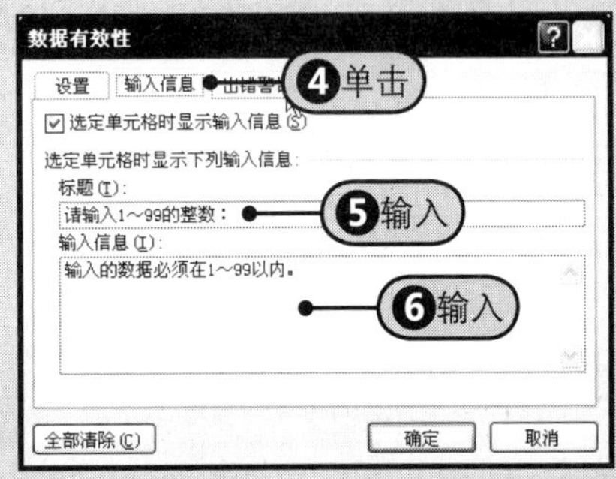

图15-79　设置输入信息

4 步骤 Step7 单击“出错警告”标签，Step8 在“标题”文本框中输入“无效数据！”，Step9 然后单击“确定”按钮，如图15-80所示。

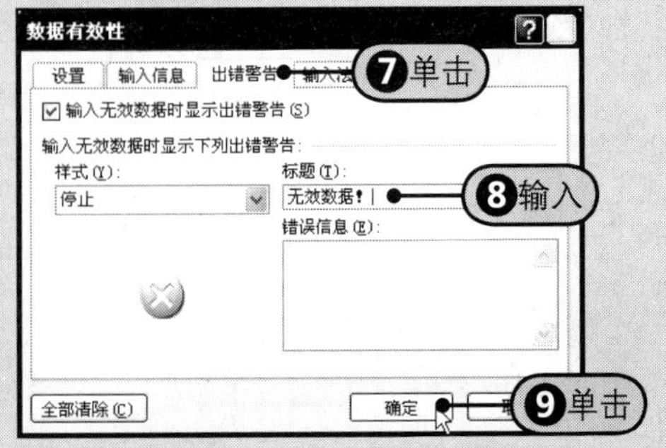

图15-80　设置出错警告

步骤5 Step10 当选定设置了数据有效性的单元格时，屏幕上会显示步骤3中设置的提示信息，如图15-81所示。

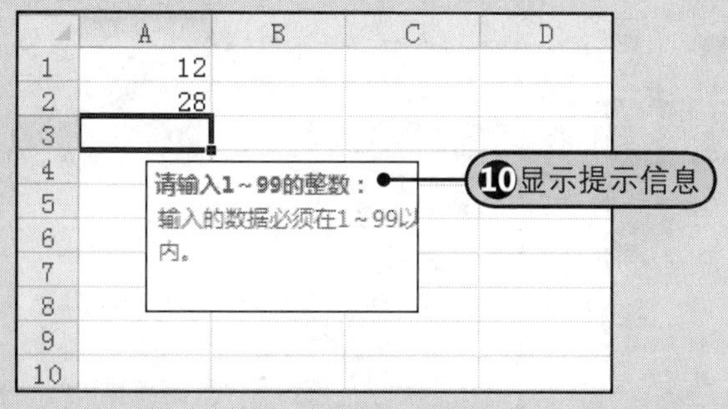

图15-81　显示输入的提示信息

步骤6 Step11 当在单元格中输入的数不是1～99之间的整数时，屏幕上会弹出“无效数据！”对话框，提示用户输入的数据非法，如图15-82所示。

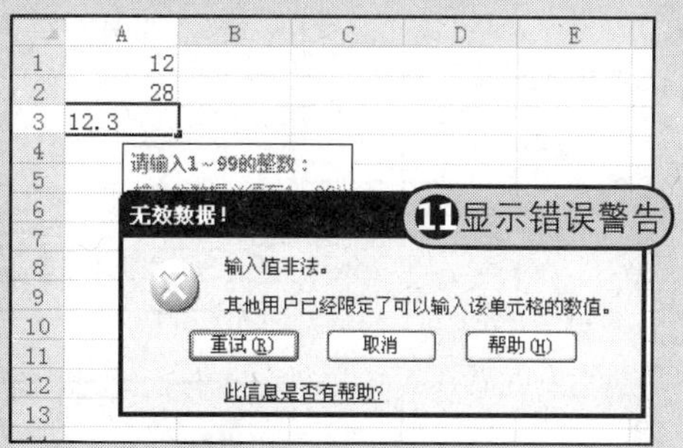

图15-82　输入无效数据弹出警告对话框

15.5.4　对数据进行合并计算

合并计算是指将多个数据区域的内容合并到一个区域。在合并时，系统会自动将标签相同的数据项进行合并，因此，即使各个区域中标签的位置不同，也可以完成合并计算。打开附书光盘\实例文件\第15章\原始文件\合并计算示例.xlsx工作簿。

步骤1 Step1 选择要合并到的区域，如单元格C10:D14，如图15-83所示。

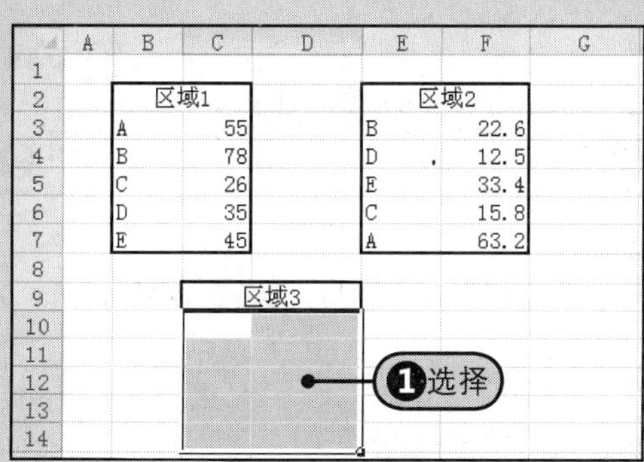

图15-83　选择数据区域

步骤2 Step2 单击“数据工具”组中“合并计算”按钮，在“合并计算”对话框中的“标签位置”区域内勾选“最左列”复选框，Step3 单击“引用位置”按钮，如图15-84所示。

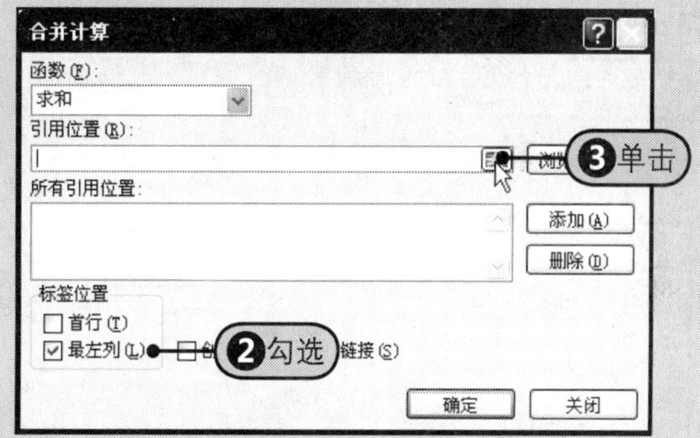

图15-84　“合并计算”对话框

步骤3 Step4 选择工作表区域B3:C7，Step5 然后单击“添加”按钮，如图15-85所示。

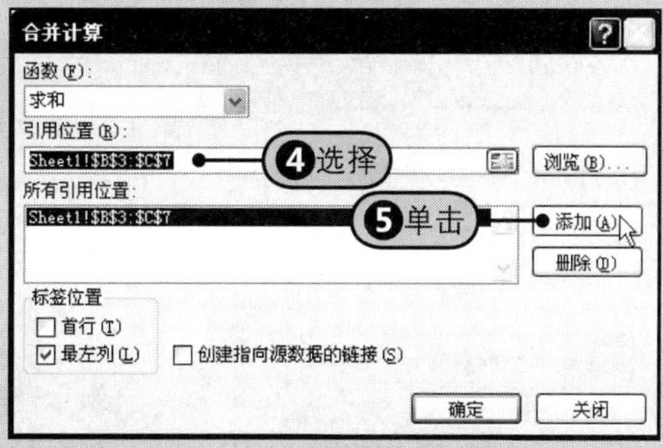

图15-85　添加引用位置1

步骤4 再次单击“引用位置”按钮，Step6 选择单元格区域E3:F7，单击“添加”按钮，Step7 最后单击“确定”按钮，如图15-86所示。

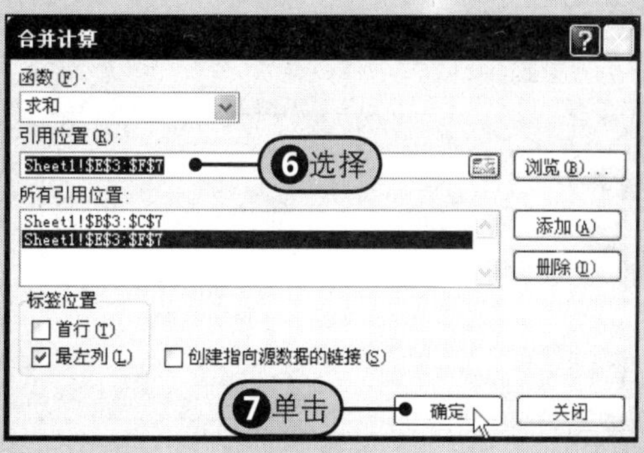

图15-86　添加引用位置2

5 步骤 合并计算结果如图15-87所示。

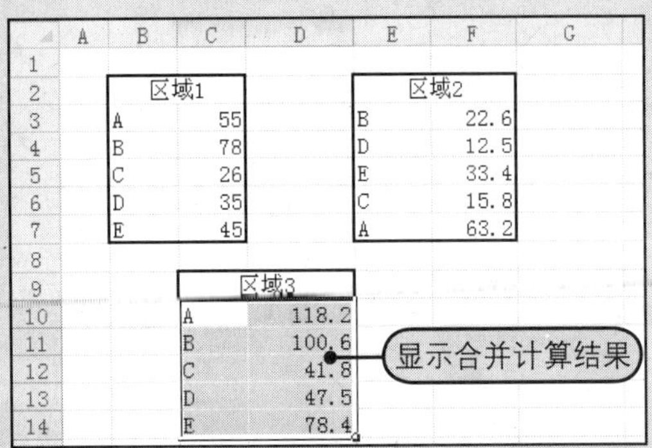

图15-87　合并计算结果

> **提示　横向区域的合并**
>
> 如果要合并的区域是横向的（即标题栏中区域的最上方），只要在“合并计算”对话框的“标签位置”区域内勾选“首行”复选框即可。

15.6 迷你图的使用

为了让用户方便呈现关键信息，Excel 2010中加入了一种全新的图表制作工具——迷你图。迷你图是指适用于单元格的微型图表，以单元格为绘图区域，简单、便捷地为用户绘制出简明的数据小图表，方便地把数据以小图形式呈现在用户面前。打开附书光盘\实例文件\第15章\原始文件\产品上半年销售额统计.xlsx工作簿。

15.6.1 创建迷你图

在Excel 2010中，用户可以根据几个最需要呈现的关键数据，在单元格中创建迷你图。迷你图的类型通常包括3种：折线类型的迷你图、柱形图类型的迷你图及盈亏迷你图，用户可以根据表现数据的需要选择最适合的迷你图类型。

1 步骤 Step❶打开工作簿窗口中，在“插入”选项卡中的“迷你图”组中单击“折线图”按钮，如图15-88所示。

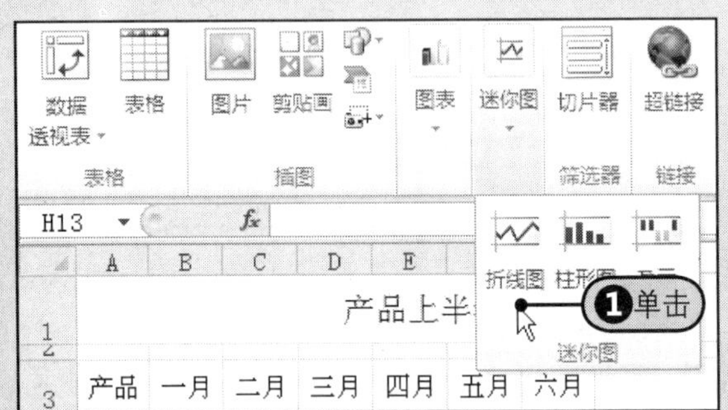

图15-88　选择“折线图”迷你图

2 步骤 在打开的“创建迷你图”对话框中，Step❷单击“数据范围”框右侧的单元格引用按钮，选择单元格B4:G4，Step❸将“位置范围”选择为单元格H4，Step❹然后单击“确定”按钮，如图15-89所示。

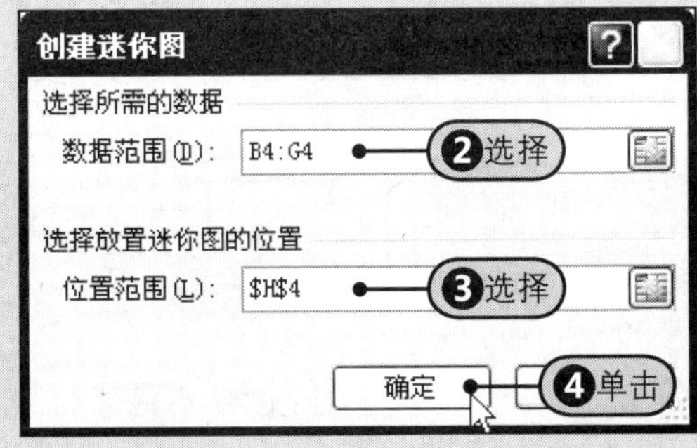

图15-89　“创建迷你图”对话框

3 步骤 Step❺在单元格H4中创建的迷你图效果，如图15-90所示。

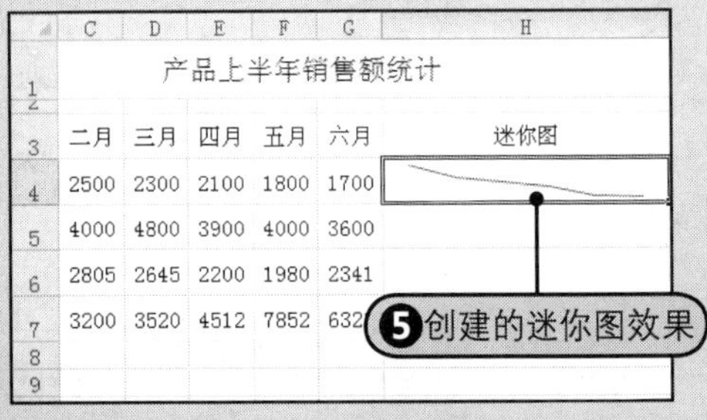

图15-90　迷你图最终效果

4 步骤 Step❻向下拖动单元格H4右下角的填充柄至单元格H7，就像复制公式一样，迷你图会自动被复制，如图15-91所示。

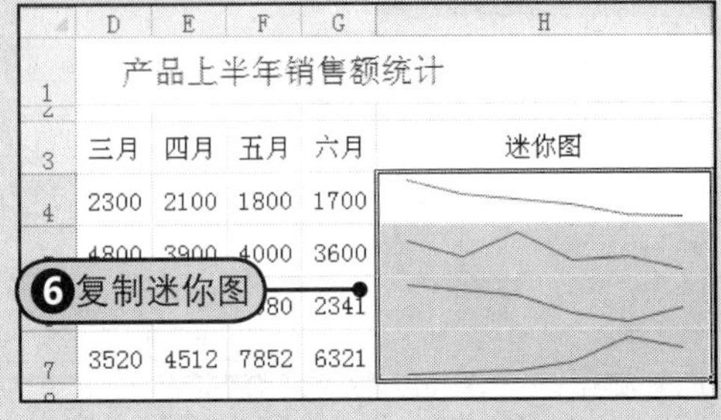

图15-91　拖动填充柄填充迷你图

15.6.2 更改迷你图类型

15.6.1中介绍了迷你图一共有3种类型。当用户创建好迷你图以后，也可以轻松更改迷你图的图表类型。具体操作方法如下。

Step1 选择已创建的迷你图，Step2 在“迷你图工具-设计”选项卡中的“类型”组中单击“转换为柱形迷你图”按钮，Step3 Excel 2010会将选择的迷你图组更改为柱形迷你图组，如图15-92所示。

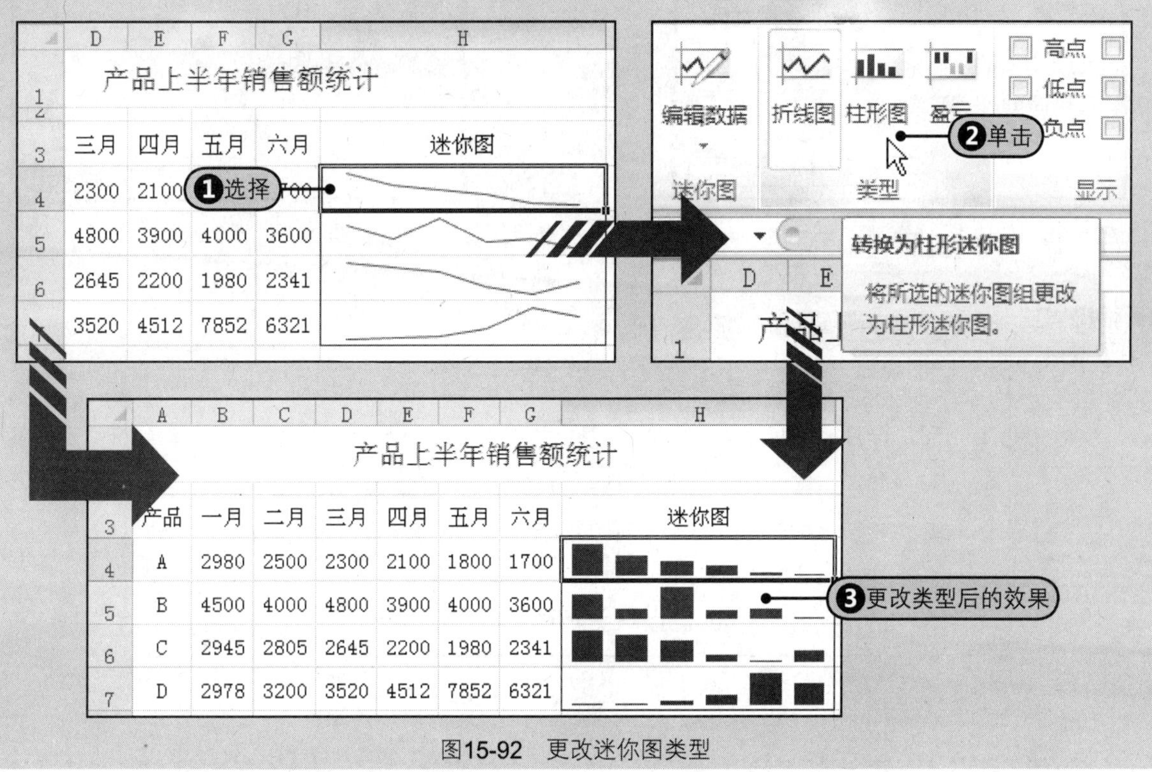

图15-92 更改迷你图类型

15.6.3 更改迷你图数据范围

对于已经创建好的迷你图，如果数据区域发生了变化，只需要适当更改迷你图的数据区域即可，而不需要重新创建迷你图。若想将当月（七月）的数据与上半年其他各月的数据进行比较，可以直接将该组数据添加到工作表中，然后更改迷你图的数据范围即可。

1 步骤 Step1 在G列右侧插入一列，输入当月各产品的销售额，如图15-93所示。

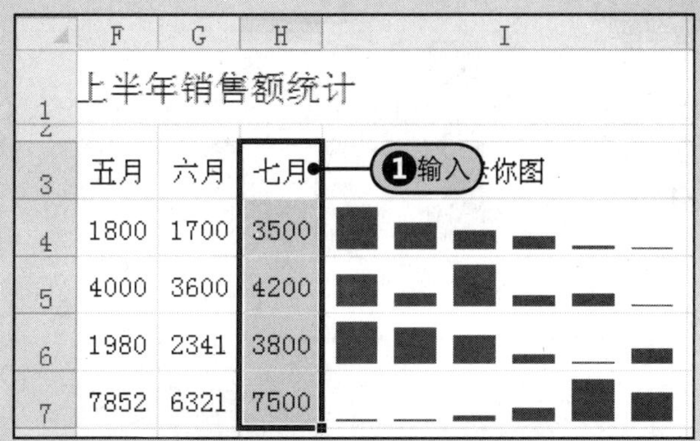

图15-93 在表格中添加数据

2 步骤 选择迷你图组，Step2 在“迷你图工具-设计”选项卡中的“迷你图”组中单击“编辑数据”下三角按钮，Step3 从下拉列表中选择“编辑组位置和数据”命令，如图15-94所示。

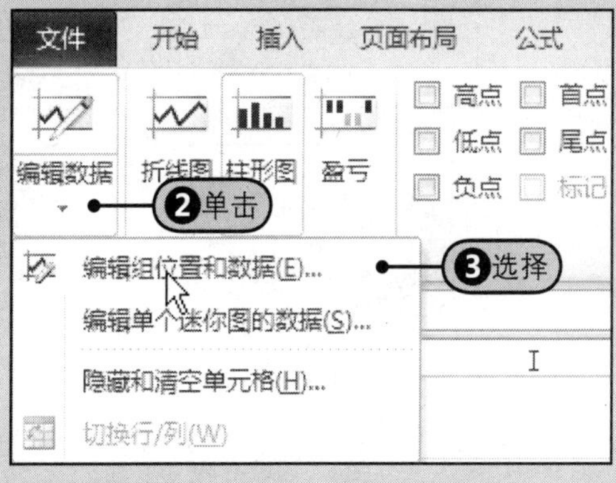

图15-94 选择“编辑组位置和数据”命令

3 步骤 随后打开“编辑迷你图”对话框，Step 4 单击“数据范围”框右侧的单元格引用按钮，如图15-95所示。

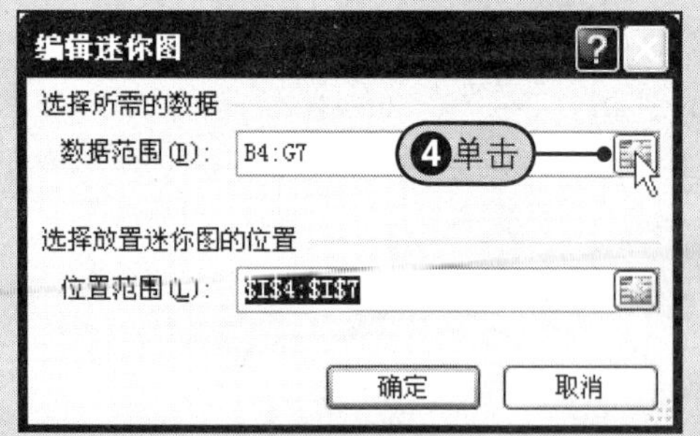

图15-95 单击“数据范围”单元格引用按钮

4 步骤 选择新的数据范围B4:H7，Step 5 然后单击“确定”按钮，如图15-96所示。

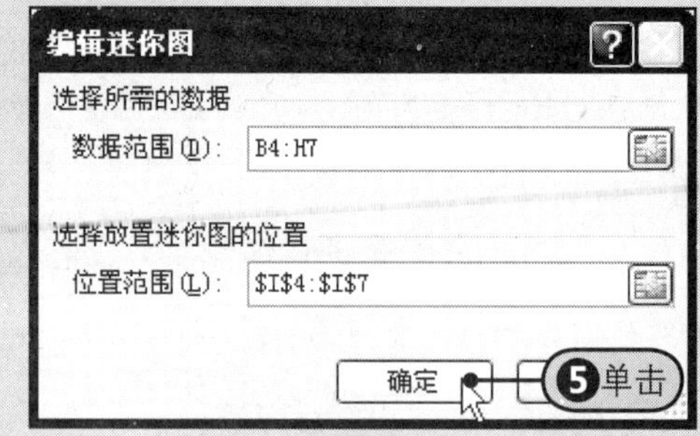

图15-96 单击“确定”按钮

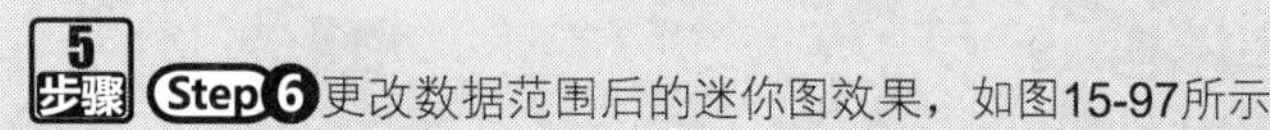

5 步骤 Step 6 更改数据范围后的迷你图效果，如图15-97所示。

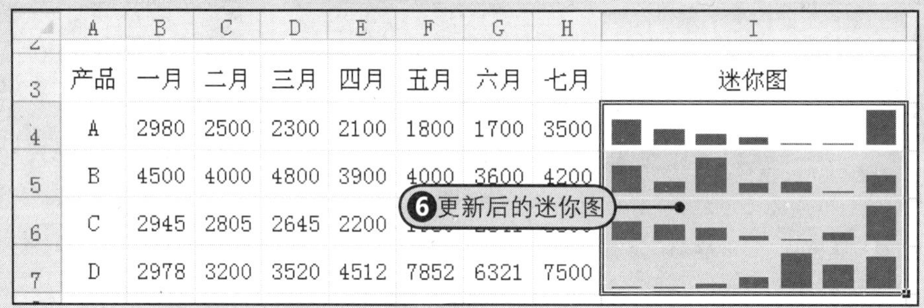

产品	一月	二月	三月	四月	五月	六月	七月	迷你图
A	2980	2500	2300	2100	1800	1700	3500	
B	4500	4000	4800	3900	4000	3600	4200	
C	2945	2805	2645	2200	[illegible]	[illegible]	[illegible]	
D	2978	3200	3520	4512	7852	6321	7500	

图15-97 更改数据范围后的迷你图效果

15.6.4 显示迷你图数据点

在默认情况下，创建的折线迷你图并没有显示数据标记。用户可以在“迷你图工具-设计”选项卡中的“显示”组中设置显示迷你图的数据标记。显示的数据标记有：数据的最高点、数据的最低点、数据的首点、数据的尾点、所有值为负数的负点，以及所有的数据标记。

Step 1 选定迷你图，Step 2 在“迷你图工具—设计”选项卡中的“显示”组中勾选“标记”复选框，Step 3 在折线迷你图中显示数据标记后的图表，如图15-98所示。

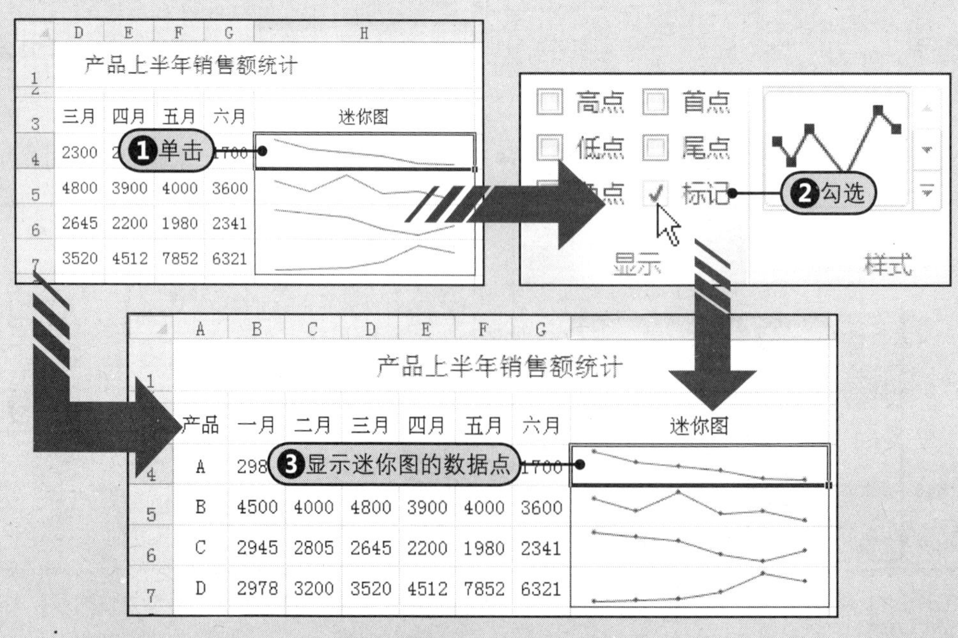

产品	一月	二月	三月	四月	五月	六月	迷你图
A	298					1700	
B	4500	4000	4800	3900	4000	3600	
C	2945	2805	2645	2200	1980	2341	
D	2978	3200	3520	4512	7852	6321	

图15-98 设置显示迷你图的数据点

15.6.5 美化迷你图

创建好迷你图以后，还可以通过设置样式来美化迷你图，具体操作步骤如下所示。

1 步骤 选择迷你图，Step 1 在“迷你图工具—设计”选项卡的“样式”组中单击“其他”按钮，从样式库中选择一种迷你图样式，如图15-99所示。

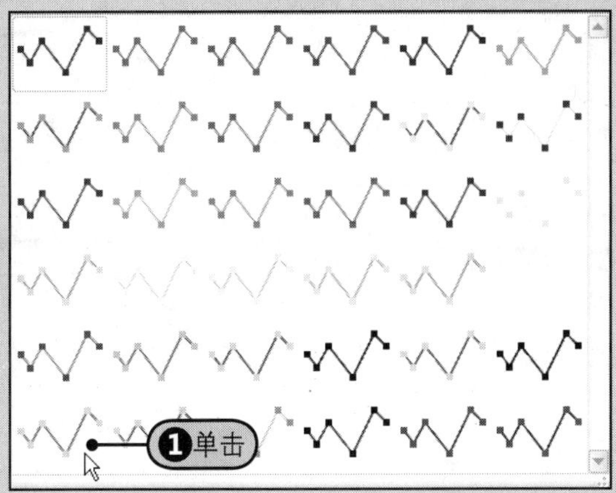

图15-99 选择迷你图样式

2 步骤 Step 2 单击“迷你图颜色”下三角按钮，Step 3 从展开的下拉列表中指向“粗细”命令，Step 4 从下级下拉列表中单击“1.5磅”选项，如图15-100所示。

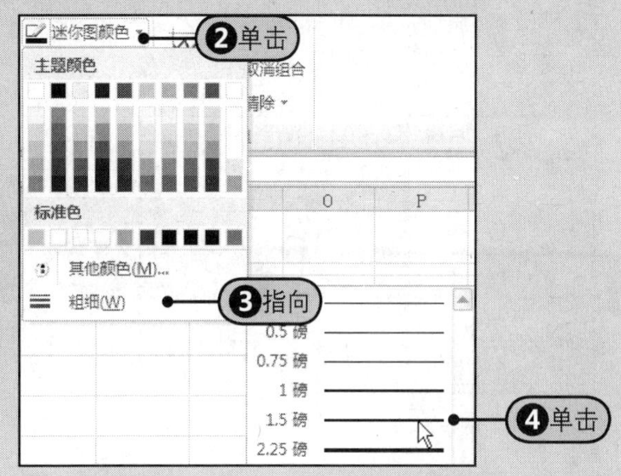

图15-100 更改线条粗细

3 步骤 Step 5 再次单击“标记颜色”右侧的下三角按钮，Step 6 从展开的下拉列表中指向“高点”命令，Step 7 从下级下拉列表中单击“绿色”按钮，如图15-101所示。

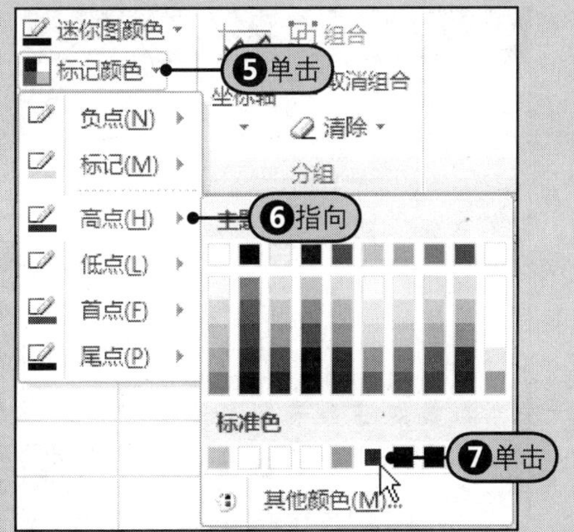

图15-101 设置高点颜色

4 步骤 Step 8 设置迷你图样式后的迷你图效果，如图15-102所示。

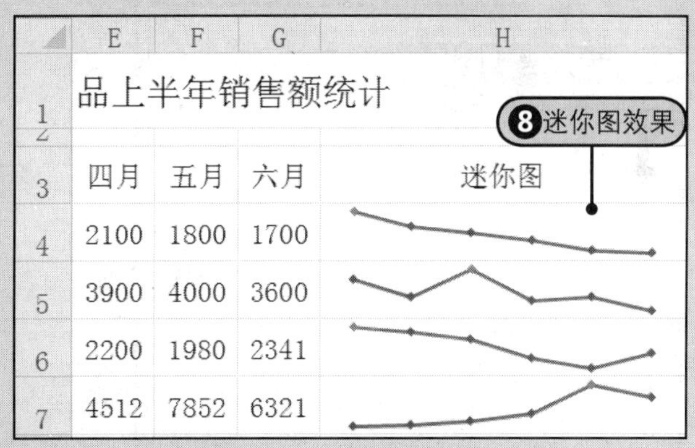

图15-102 更改颜色后的迷你图

15.7 融会贯通 分析“一周气温监测表”

本章主要介绍了使用Excel 2010中的一些数据分析工具对商务数据进行分析，接下来通过一个实例进一步巩固前面的知识点。打开附书光盘\实例文件\第15章\原始文件\一周气温监测表.xlsx工作簿。

（续上）

1 步骤 选择单元格区域。

选择单元格区域C4:G8。

一周气温监测表

时间 \ 日期	8月2日	8月3日	8月4日	8月5日	8月6日
8:00	28℃	30℃	31℃	27.5℃	31.2℃
12:00	31.5℃	29.8℃	31.8℃	31.5℃	33.4℃
14:30	32℃	30.2℃	[illegible]	[illegible]	[illegible]1℃
17:00	31.2℃	30.5℃	33.3℃	31.8℃	33.8℃
21:00	31℃	30.1℃	32℃	30℃	31.3℃

2 步骤 选择“新建规则”命令。

Step❶在“开始”选项卡的“样式”组中单击“条件格式”按钮。

Step❷从展开的下拉列表中选择“新建规则”命令。

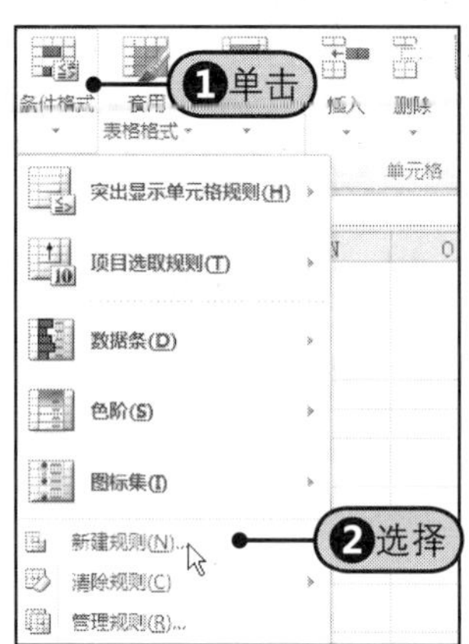

3 步骤 设置公式。

Step❶在“选择规则类型”列表中单击“使用公式确定要设置格式的单元格”选项。

Step❷输入公式。

Step❸单击“格式”按钮。

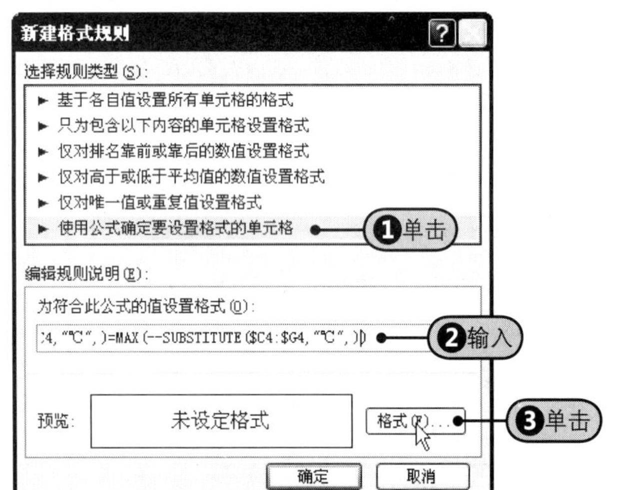

4 步骤 设置背景格式。

Step❶在“设置单元格格式”对话框中单击“填充”标签。

Step❷在“背景色”区域内单击“紫色”按钮。

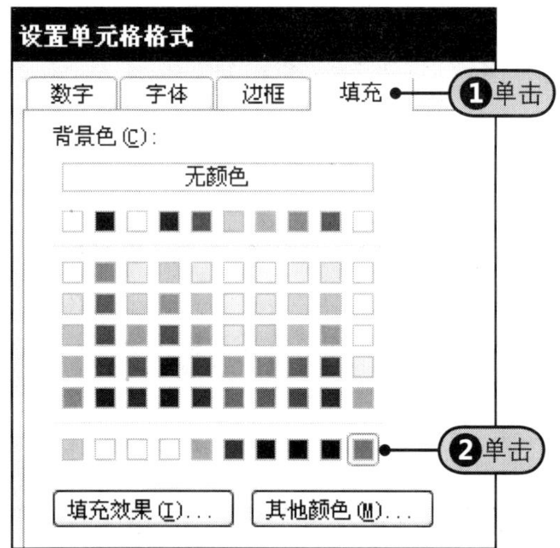

提示 在条件格式中设置公式

步骤3中在“新建格式规则”对话框中输入的公式为“=--SUBSTITUTE(C4,"℃",)=MAX(--SUBSTITUTE($C4:$G4,"℃",))”，该公式的作用是找到单元格区域C4:G4中最大值所在的单元格。SUBSTITUTE函数前面的两个减号连用的作用有两个方面，一是“负负得正”，取出SUBSTITUTE函数的结果值；二是更改数据的类型，SUBSTITUTE函数结果本来为文本类型，通过连用减号更改为数值类型，然后使用MAX函数计算出最大值。

（续上）

5 步骤 设置字体颜色。

在“字体”选项卡中的“颜色”下拉列表中选择“白色”，将字体设置为“白色”。

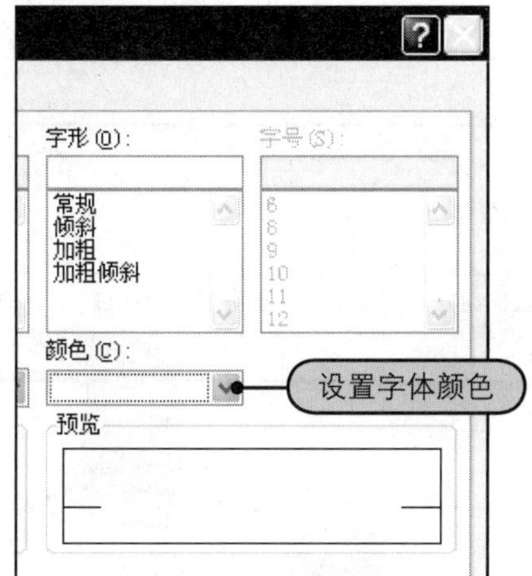

6 步骤 单击“确定”按钮。

返回到“编辑格式规则”对话框中，单击“确定”按钮。

7 步骤 查看条件格式应用效果。

返回工作表，应用条件格式后的效果，如下图所示。

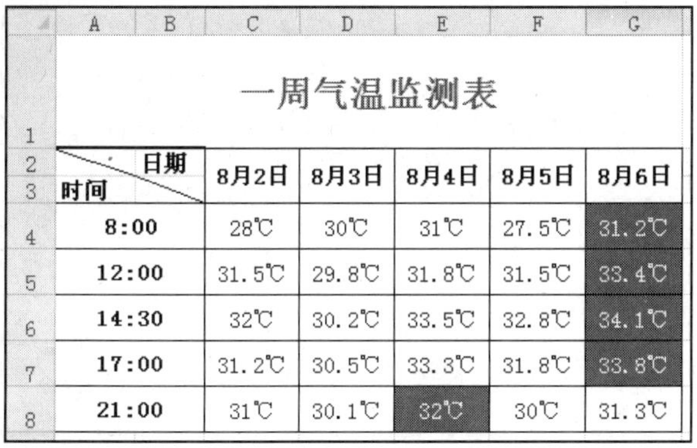

	A	B	C	D	E	F	G
1	一周气温监测表						
2–3	日期 / 时间		8月2日	8月3日	8月4日	8月5日	8月6日
4	8:00		28℃	30℃	31℃	27.5℃	31.2℃
5	12:00		31.5℃	29.8℃	31.8℃	31.5℃	33.4℃
6	14:30		32℃	30.2℃	33.5℃	32.8℃	34.1℃
7	17:00		31.2℃	30.5℃	33.3℃	31.8℃	33.8℃
8	21:00		31℃	30.1℃	32℃	30℃	31.3℃

8 步骤 设置公式。

在单元格C10中输入公式“=--SUBSTITUTE(C4,"℃",)”。

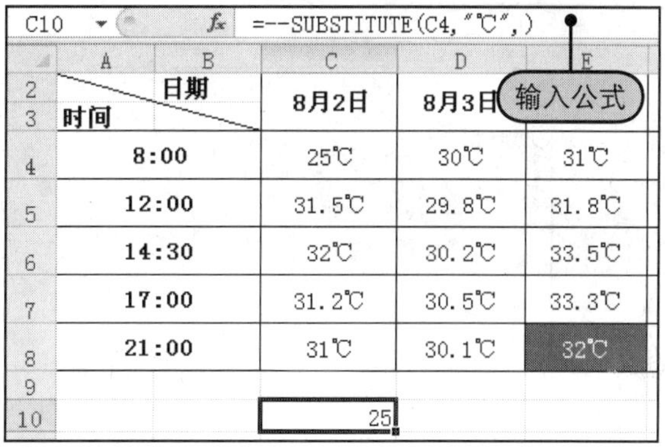

C10 fx =--SUBSTITUTE(C4,"℃",)

输入公式

	A	B	C	D	E
2–3	日期 / 时间		8月2日	8月3日	
4	8:00		25℃	30℃	31℃
5	12:00		31.5℃	29.8℃	31.8℃
6	14:30		32℃	30.2℃	33.5℃
7	17:00		31.2℃	30.5℃	33.3℃
8	21:00		31℃	30.1℃	32℃
9					
10			25		

9 步骤 复制公式。

向右拖动单元格C10填充柄至单元格G10，然后向下拖动至单元格G14。

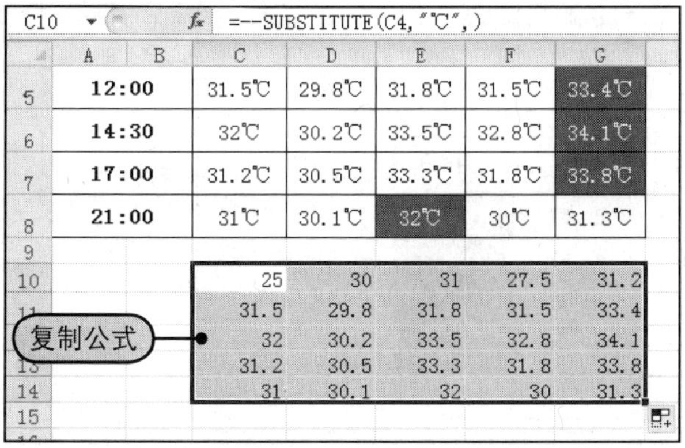

C10 fx =--SUBSTITUTE(C4,"℃",)

	A	B	C	D	E	F	G
5	12:00		31.5℃	29.8℃	31.8℃	31.5℃	33.4℃
6	14:30		32℃	30.2℃	33.5℃	32.8℃	34.1℃
7	17:00		31.2℃	30.5℃	33.3℃	31.8℃	33.8℃
8	21:00		31℃	30.1℃	32℃	30℃	31.3℃
9							
10			25	30	31	27.5	31.2
11			31.5	29.8	31.8	31.5	33.4
12			32	30.2	33.5	32.8	34.1
13			31.2	30.5	33.3	31.8	33.8
14			31	30.1	32	30	31.3
15							

复制公式

10 步骤 选择迷你图类型。

在“插入”选项卡中的“迷你图”组中单击“折线图”子类型。

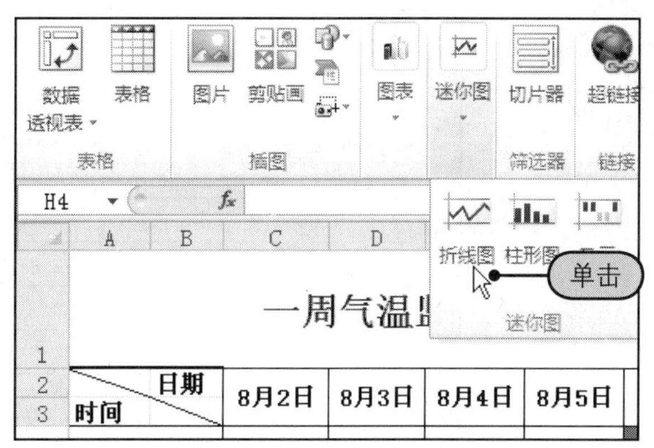

（续上）

11 步骤 **设置迷你图数据范围。**

Step❶在“创建迷你图”对话框中设置“数据范围”为C10:G14。

Step❷设置“位置范围”为单元格H4:H8。

Step❸单击“确定”按钮。

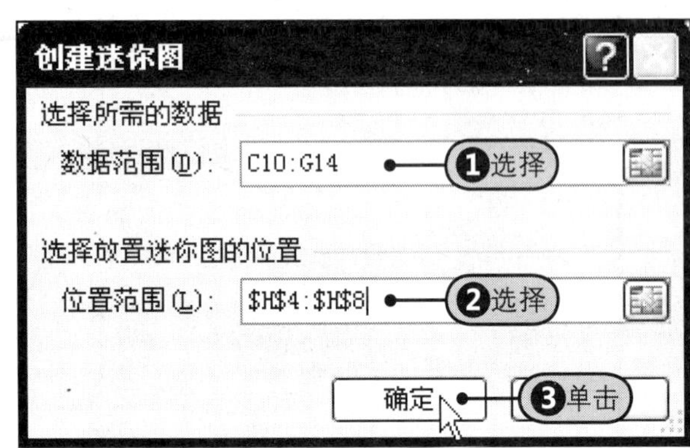

12 步骤 **查看创建的迷你图效果。**

创建的迷你图效果如下图所示。

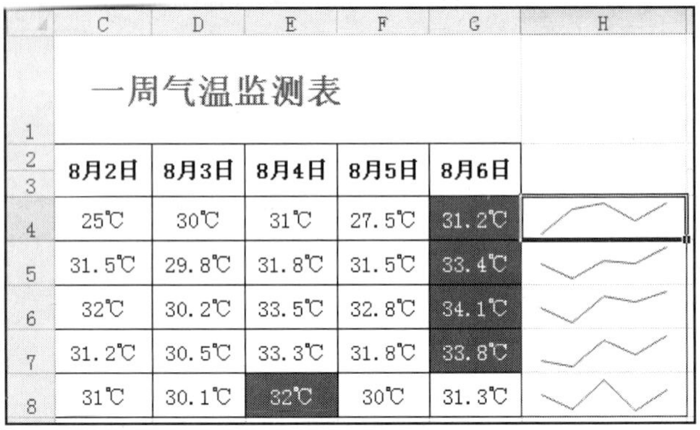

	C	D	E	F	G	H
1	一周气温监测表					
2 3	8月2日	8月3日	8月4日	8月5日	8月6日	
4	25℃	30℃	31℃	27.5℃	31.2℃	
5	31.5℃	29.8℃	31.8℃	31.5℃	33.4℃	
6	32℃	30.2℃	33.5℃	32.8℃	34.1℃	
7	31.2℃	30.5℃	33.3℃	31.8℃	33.8℃	
8	31℃	30.1℃	32℃	30℃	31.3℃	

13 步骤 **设置迷你图显示属性。**

在“迷你图工具-设计”组中勾选“高点”和“低点”复选框。

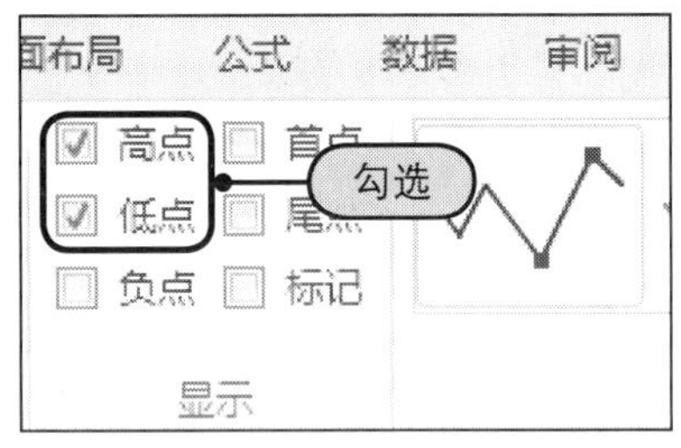

14 步骤 **更改迷你图样式。**

在迷你图样式库中选择一种适当的样式。

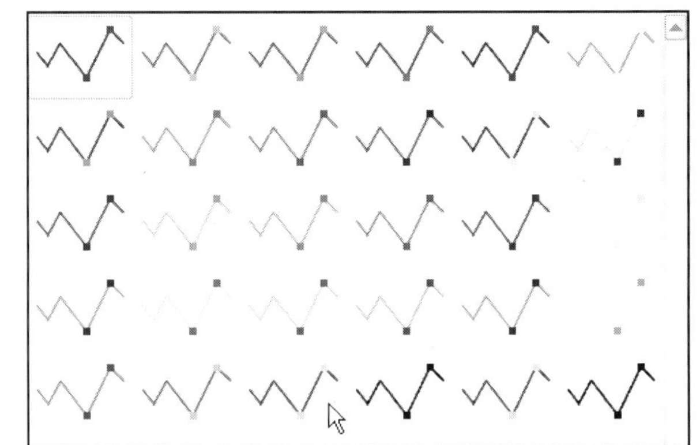

15 步骤 **查看表格最终效果。**

创建好迷你图后的表格最终效果如下图所示。

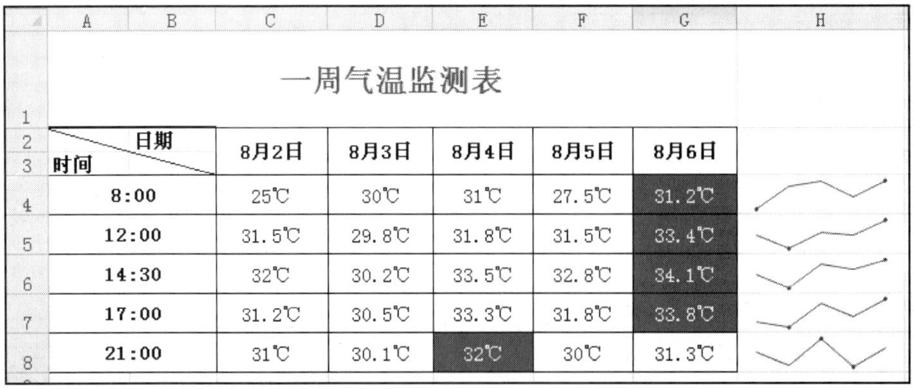

	A	B	C	D	E	F	G	H
1	一周气温监测表							
2 3	日期 时间		8月2日	8月3日	8月4日	8月5日	8月6日	
4	8:00		25℃	30℃	31℃	27.5℃	31.2℃	
5	12:00		31.5℃	29.8℃	31.8℃	31.5℃	33.4℃	
6	14:30		32℃	30.2℃	33.5℃	32.8℃	34.1℃	
7	17:00		31.2℃	30.5℃	33.3℃	31.8℃	33.8℃	
8	21:00		31℃	30.1℃	32℃	30℃	31.3℃	

15.8 专家支招

除了本章前面介绍的内容，在数据的排序、筛选和分类汇总中，还有一些技巧，比如如何设置表格数据按行排序、如何快速筛选不重复数据及设置分组显示明细数据的方向等。

招术一 设置表格数据按行排序

在默认的情况下，数据的排序是按列进行的，但是有时也需要对同一行中的数据进行排序，这一操作是可以实现的。

Step 1 在“排序和筛选”组中单击“排序”按钮，Step 2 在“排序”对话框中单击“选项”按钮，Step 3 在“排序选项”对话框中选中“按行排序”单选按钮，Step 4 单击“确定”按钮。Step 5 返回“排序”对话框，设置“主要关键字”为“行5”、“排序依据”为“数值”，Step 6 单击“确定”按钮，Step 7 排序结果如图15-103所示。

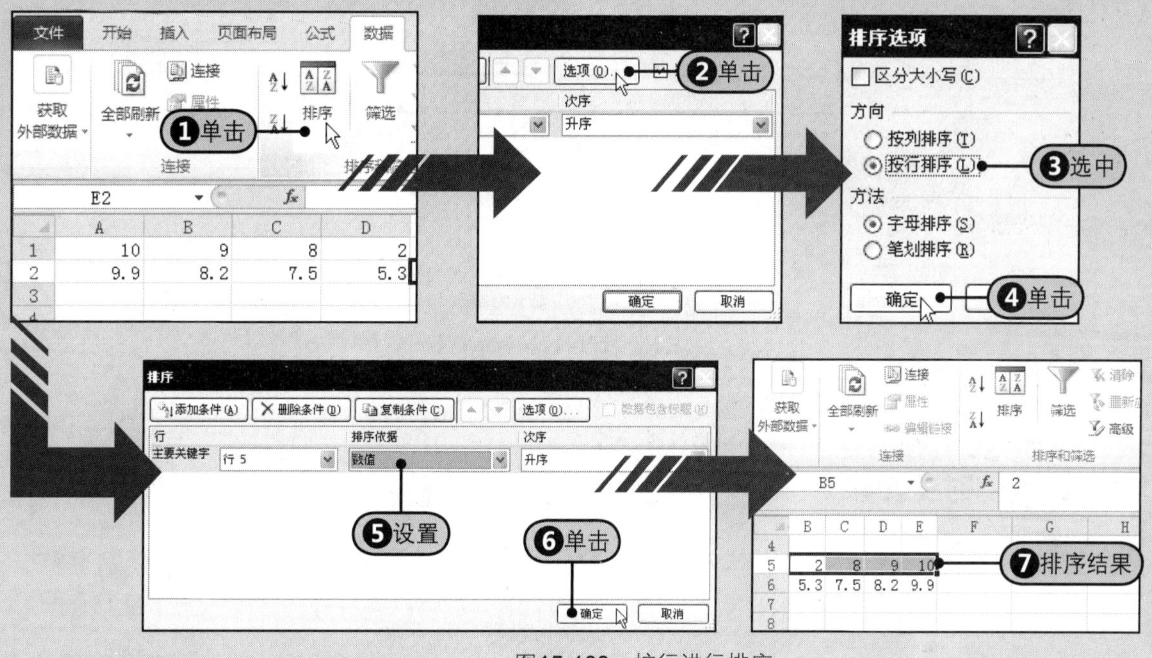

图15-103 按行进行排序

招术二 快速筛选不重复数据

如果要筛选不重复数据，Step 1 单击“高级”按钮，Step 2 在“高级筛选”对话框中勾选“选择不重复的记录”复选框，Step 3 单击“确定”按钮，Step 4 筛选结果如图15-104所示。

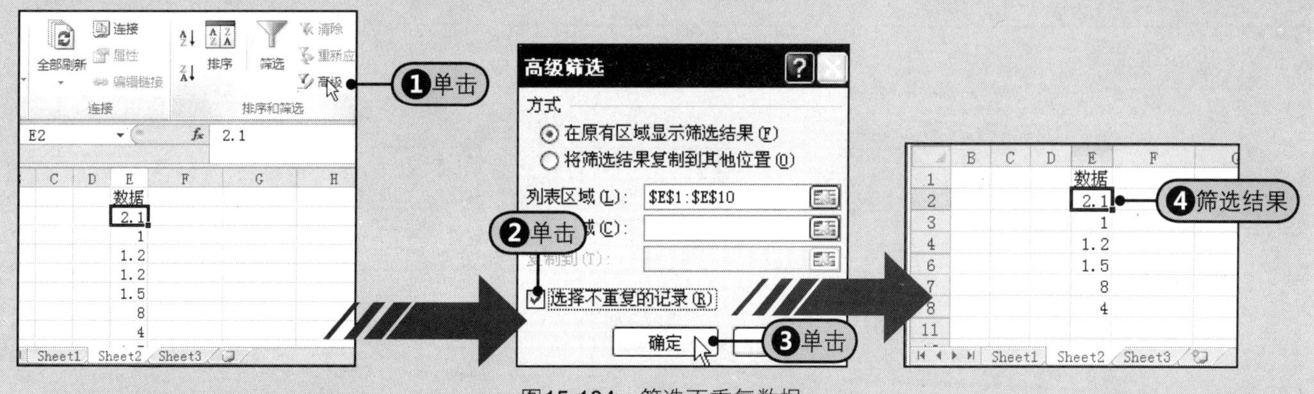

图15-104 筛选不重复数据

招术三 为单元格设置下拉列表

通过设置数据有效性，还可以为单元格设置下拉列表。

Step1 选择要设置下拉列表的单元格或单元格区域，单击“数据工具”组中“数据有效性”按钮，打开“数据有效性”对话框，Step2 从“允许”下拉列表中选择“序列”选项，Step3 在“来源”框中输入序列值“行政部，销售部，财务部，生产部”，Step4 然后单击“确定”按钮，Step5 返回工作表中，选择单元格时会出现一个下三角按钮（又称下拉箭头），单击可显示下拉列表，如图15-105所示。

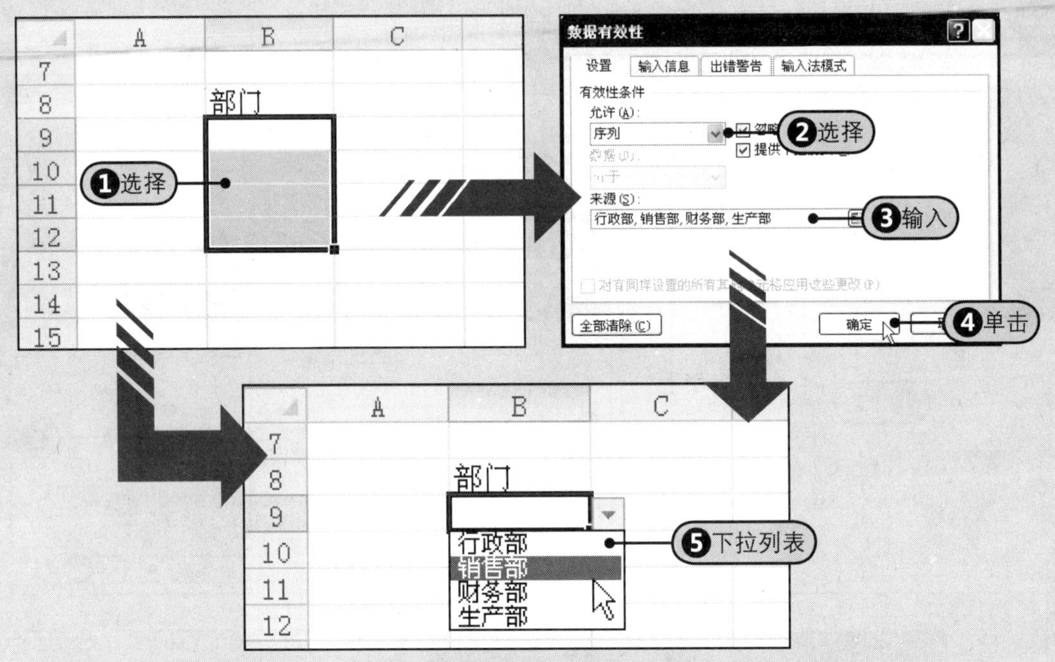

图15-105 为单元格设置下拉列表

提示 输入序列值时注意事项

在数据有效性中输入序列的项目时，各个项目之间使用半角状态下的逗号分隔（,）；否则，将得不到正确的下拉列表。

读书笔记

Part 3 Excel篇

Chapter 16

数据的直观表现——图表的应用

“图表永远比数据更具有说服力”——这是一个不争的事实，如果想要你的报告更能说服别人，那么在数据的基础上添加图表是最佳的选择。在实际工作中，仅有表格形式的数据清单是不足以说明一些数据的，需要更直观一些的其他体现数据的形式。数据以图表形式显示，不仅具有很好的视觉效果，而且可方便用户查看数据的差异、图案和预测趋势。图表是Excel 2010中不可缺少的数据分析工具，具体直观、简洁、明了的特点，因此也深受广大Excel用户的青睐。

16.1 不同图表类型的应用范围

为满足用户对数据处理的不同需要，Excel 2010提供了11种图表类型，而每一种图表类型又可分为几个子图表类型，在这里有多种二维和三维图表类型可供用户选择，其中常见的图表类型有柱形图、折线图、饼图、条形图、面积图、XY 散点图等。接下来介绍Excel 2010中的图表类型及应用范围。

❶ 柱形图

排列在工作表的列或行中的数据可以绘制到柱形图中。柱形图用于显示一段时间内的数据变化或显示各项之间的比较情况。在柱形图中，通常沿水平轴组织类别，而沿垂直轴组织数值。柱形图示例如图16-1所示。

❷ 折线图

排列在工作表的列或行中的数据可以绘制到折线图中。折线图可以显示随时间（根据常用比例设置）而变化的连续数据，因此非常适用于显示在相等时间间隔下数据的趋势。在折线图中，类别数据沿水平轴均匀分布，所有值数据沿垂直轴均匀分布。折线图示例如图16-2所示。

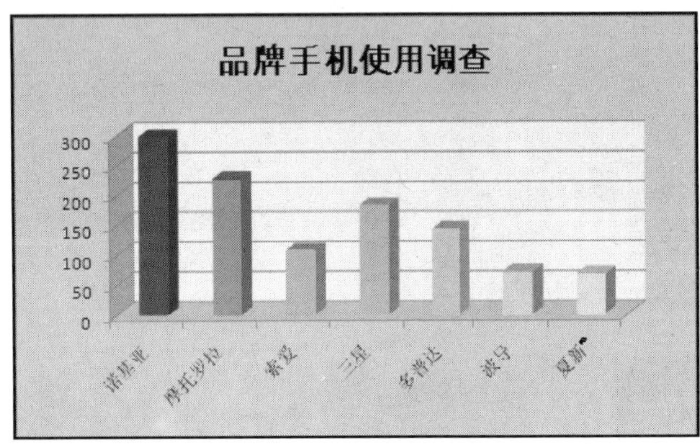

图16-1 柱形图

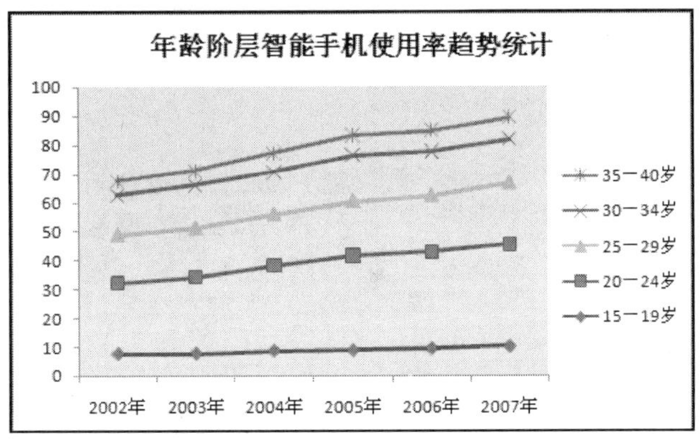

图16-2 折线图

❸ 饼图

仅排列在工作表的一列或一行中的数据可以绘制到饼图中。饼图可以显示一个数据系列中各项的大小与各项总和的比例，还可以显示出整个饼图的百分比，如图16-3所示。

❹ 条形图

排列在工作表的列或行中的数据可以绘制到条形图中。条形图显示各个项目之间的比较情况，它和柱形图有些类似，如图16-4所示。

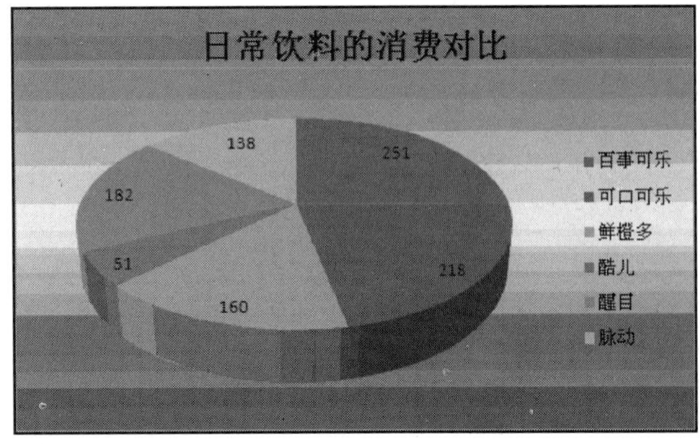

图16-3 饼图

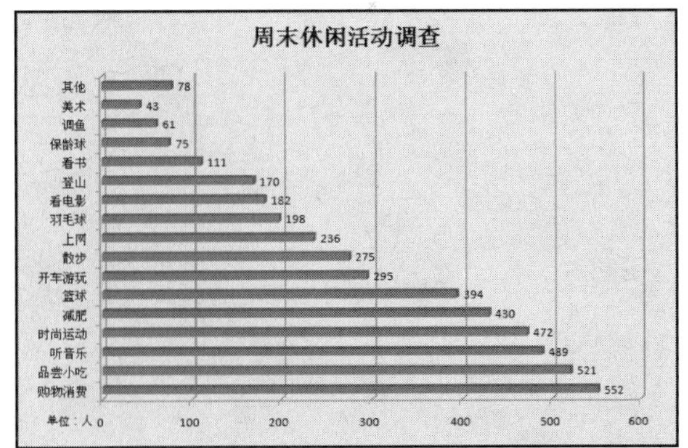

图16-4 条形图

❺ 面积图

排列在工作表的列或行中的数据可以绘制到面积图中。面积图强调数量随时间而变化的程度，易引起人们对总值趋势的注意。面积图的示例如图16-5所示。

6 XY散点图

排列在工作表的列或行中的数据可以绘制到XY散点图中。散点图显示若干数据系列中各数值之间的关系或者将两组数绘制为XY坐标的一个系列，如图16-6所示。

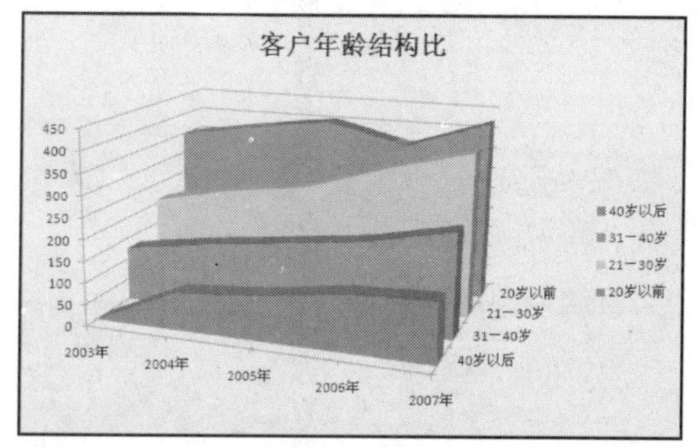

图16-5 面积图

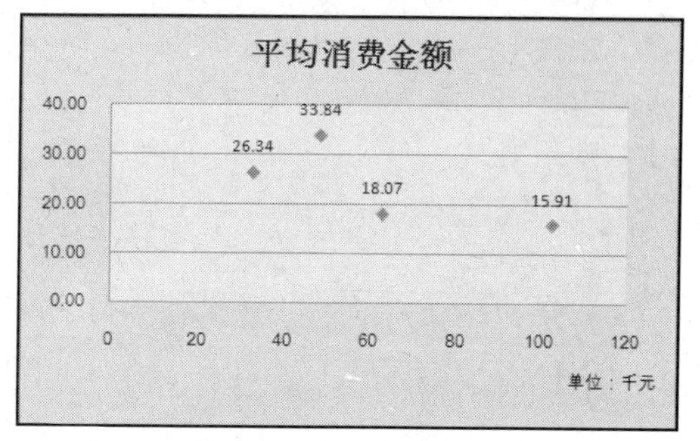

图16-6 XY散点图

7 股价图

以特定顺序排列在工作表的列或行中的数据可以绘制到股价图中。顾名思义，股价图经常用来显示股价的波动。然而，这种图表也可用于科学数据中，例如，可以使用股价图来显示每天或每年温度的波动。用户必须按正确的顺序组织数据才能创建股价图，如图16-7所示，

8 曲面图

排列在工作表的列或行中的数据可以绘制到曲面图中。如果用户要找到两组数据之间的最佳组合，可以使用曲面图。就像在地形图中一样，颜色和图案表示具有相同数值范围的区域，如图16-8所示。

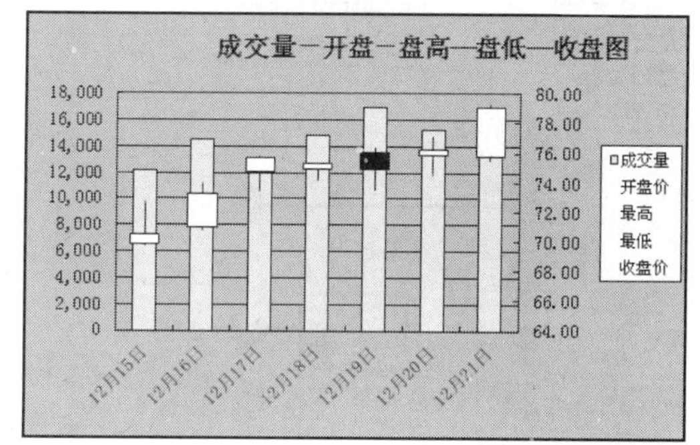

图16-7 股价图

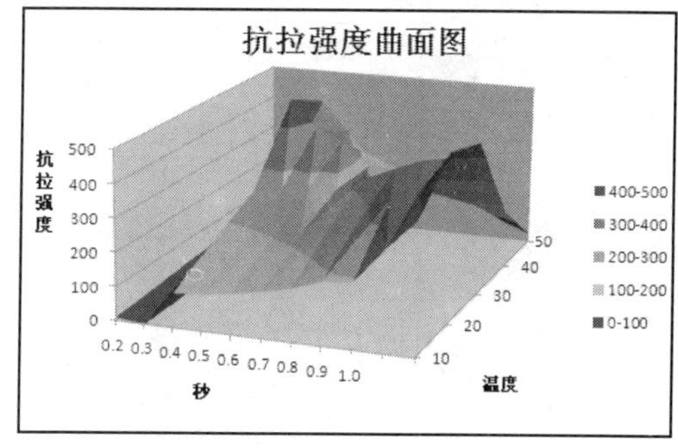

图16-8 曲面图

9 圆环图

仅排列在工作表的列或行中的数据可以绘制到圆环图中。像饼图一样，圆环图显示各个部分与整体之间的关系，但是它可以包含多个圆环，因此包含多个数据系列，如图16-9所示。

10 气泡图

排列在工作表列中的数据：例如，第一列中列出X值，在相邻列中列出相应的Y值和气泡大小的值，然后绘制在气泡图中，如图16-10所示。

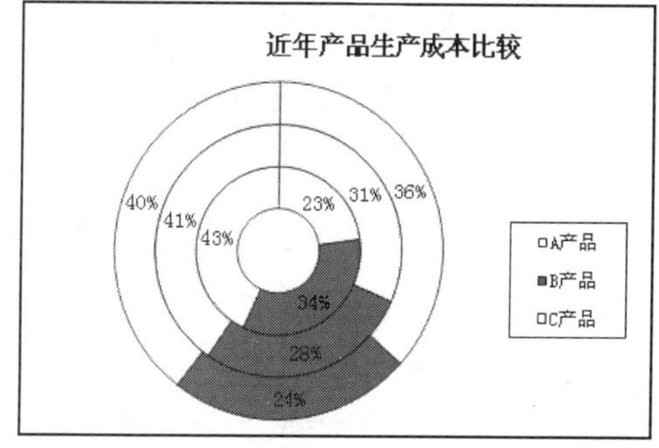

图16-9 圆环图

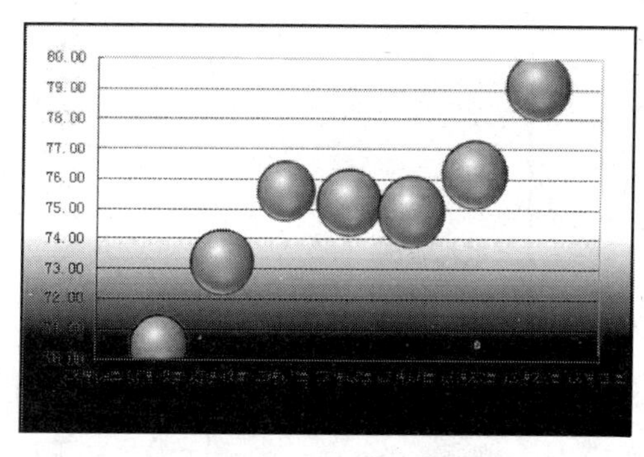

图16-10 气泡图

⓫ 雷达图

排列在工作表的列或行中的数据可以绘制到雷达图中，雷达图比较若干数据系列的聚合值。例如，图16-11所示为非填充雷达图，图16-12所示为设置填充效果后的雷达图。

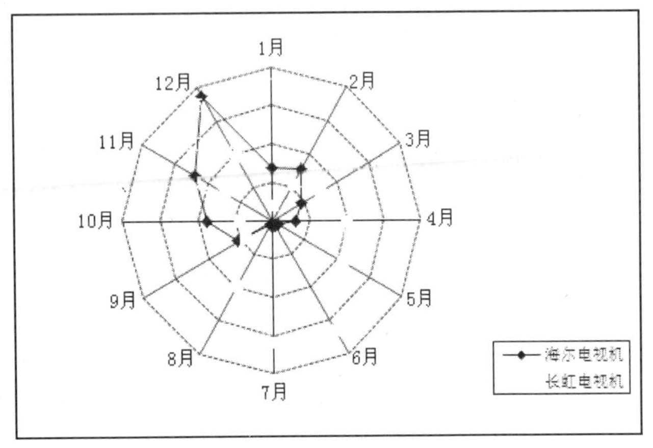

图16-11 雷达图

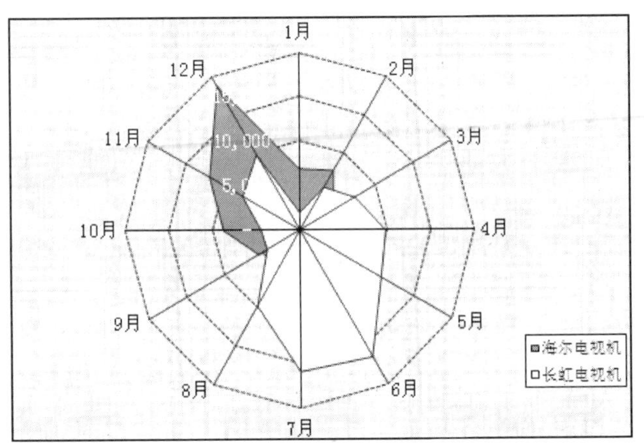

图16-12 填充雷达图

16.2 图表的组成部分

了解了不同的图表类型及应用范围，接下来学习图表的组成部分，掌握构成图表的对象有哪些及它们的名称分别是什么。通常一个完整的图表由图表标题、图表区、绘图区、背景墙、数据系列、坐标轴、图例和基底组成，如图16-13所示。

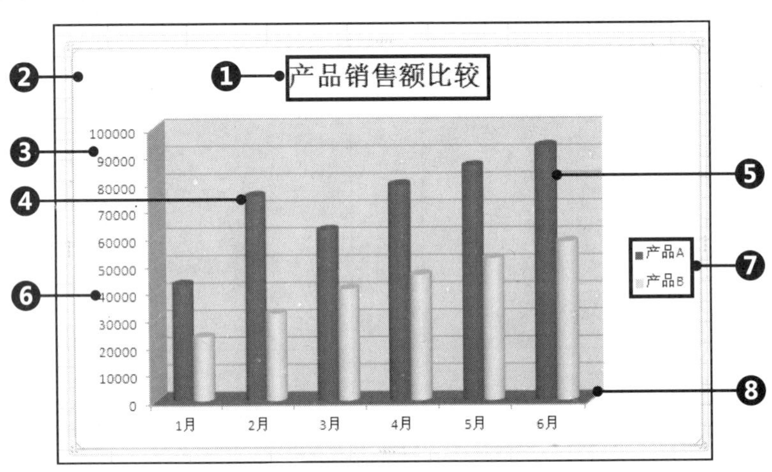

图16-13 图表组成解析

关于图表各个组成部分的名称及说明，如表16-1所示。

表16-1 图表组成部分说明

序　号	名　称	说　明
❶	图表标题	用来直观表示图表内容的名称，用户可设置是否显示及显示位置
❷	图表区	图表边框以内的区域，所有的图表元素都在该区域内
❸	绘图区	绘制图表的具体区域，不包括图表标题、图例等标签的绘图区域
❹	背景墙	用来显示数据系列的背景区域，通常只有三维图表中才存在
❺	数据系列	图表中对应的柱形或饼图，没有数据系列的图表就不成为图表
❻	坐标轴	用于显示分类或数值的坐标，包括横坐标和纵坐标
❼	图例	用来区分不同数据系列的标识
❽	基底	数据系列下方的区域，只有三维图表中才存在

16.3 创建图表

了解了图表的基本组成部分，接下来就向读者介绍如何创建Excel图表。用户可以直接根据现有的数据来创建图表，还可以将图表创建为模板。

16.3.1 根据数据创建图表

创建好数据表，然后根据数据创建图表，是用户在日常工作中经常使用的图表创建方式。根据数据创建图表的方法如下。

Step1 在工作表中输入数据，Step2 在“插入”选项卡中的“图表”组中单击“饼图”右侧的下三角按钮，Step3 从展开的下拉列表中单击“三维饼图”子类型，Step4 生成的默认效果的图表，如图16-14所示。

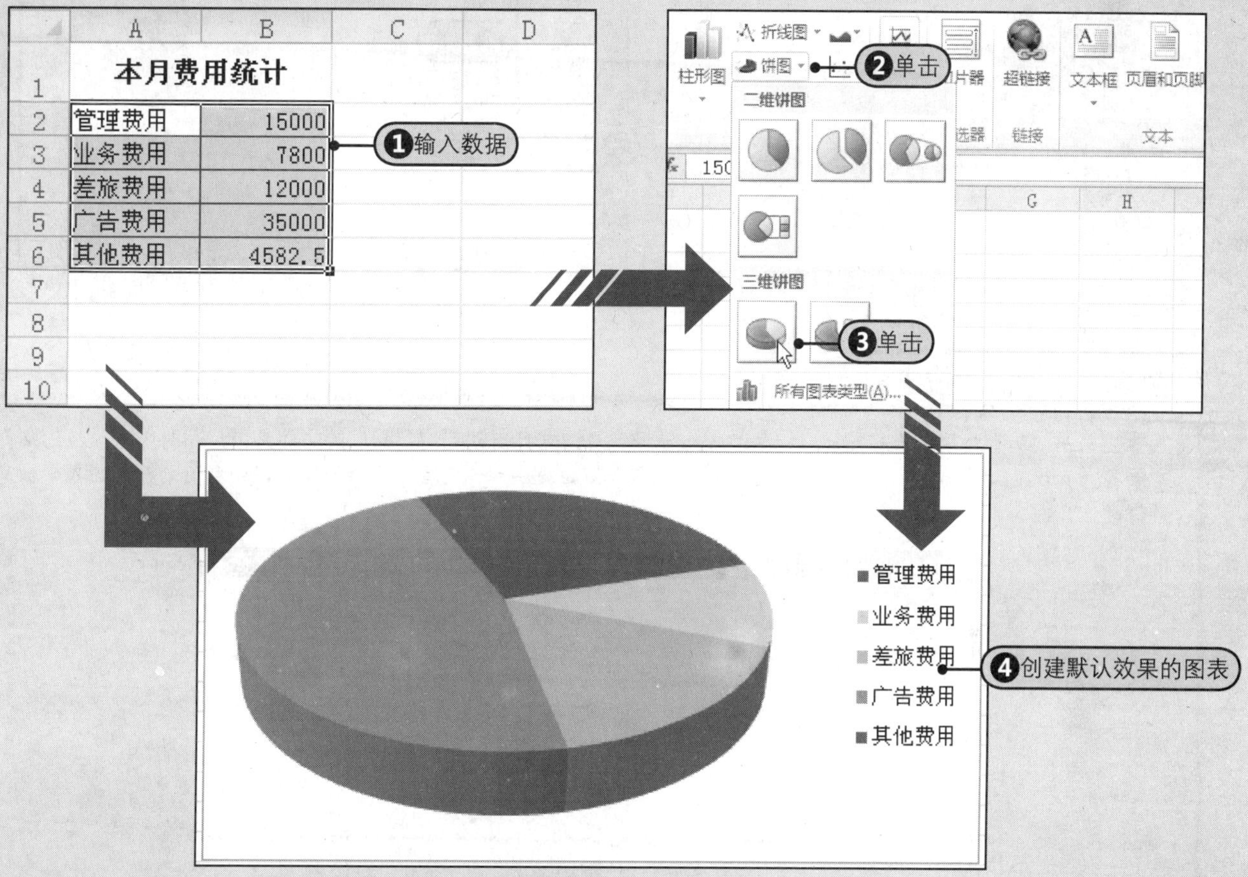

图16-14 根据数据创建图表

提示

在“插入图表”对话框中选择图表类型

用户也可以在“图表”组中单击对话框启动器，打开“插入图表”对话框，然后在该对话框中选择所需的图表类型。

16.3.2 创建图表模板

当用户创建好一个图表并完成格式设置后，如果希望以后创建的新图表默认都按现在图表的格式，则可以将该图表另存为模板。

Step1 在工作表中完成对创建图表的格式设置，Step2 在“图表工具-设计”选项卡中的“类型”组中单击“另存为模板”按钮，接着弹出的“保存图表模板”对话框，Step3 在“文件名”框中输入图表模板的名称，如“渐变填充图表”，单击“保存”按钮将按图表保存为模板。Step4 在“类型”组中单击“更改图表类型”按钮，打开“更改图表类型”对话框，单击“模板”标签，此时会显示保存的图表模板，如图16-15所示。

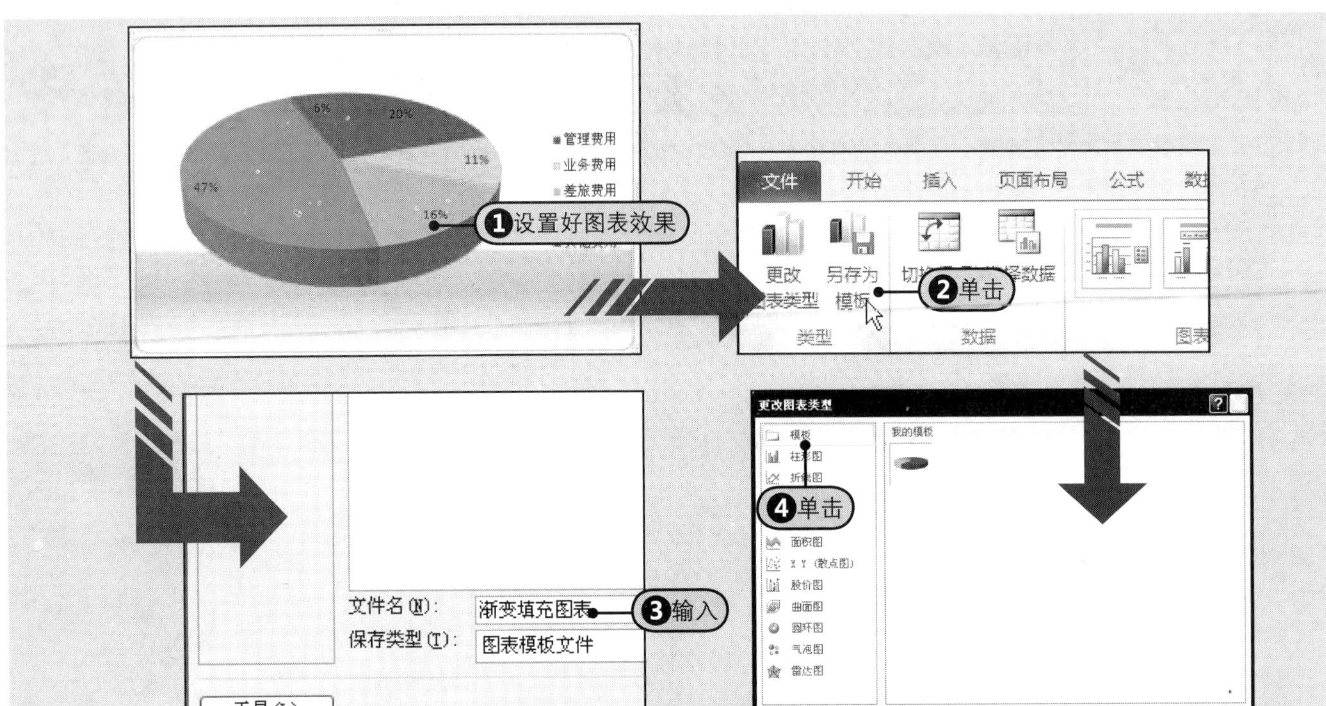

图16-15　将图表保存为模板

提示

图表模板存储的位置和后缀名

当单击“另存为模板”按钮后，“保存图表模板”对话框会自动定位到默认的文件夹中，同时图表模板的文件扩展名为.crtx，如图16-16示。用户可以在“插入图表”对话框中单击“管理模板”按钮，则会自动打开图表模板文件保存的文件夹。

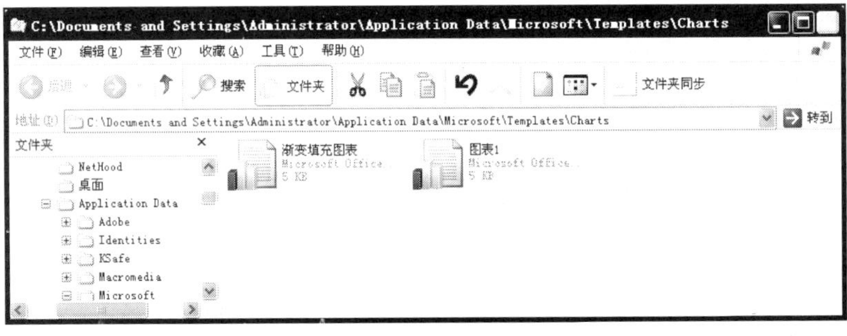

图16-16　模板图表文件

16.4 让图表更专业

在创建好了图表以后，用户还可以对图表进行一系列操作，例如更改图表类型、添加和删除图表的数据区域、更改图表布局及调整图表的大小和位置等操作。

16.4.1 更改图表类型

对于已经创建好的图表，用户也可以轻松地更改它的图表类型。打开附书光盘\实例文件\第16章\原始文件\销量比较图表.xlsx工作簿。

Step❶选定图表，在“图表工具-设计”选项卡中的“类型”组中单击“更改图表类型”按钮，打开“更改图表类型”对话框，Step❷在该对话框中单击“折线图”标签，Step❸选择“带数据标识的折线图”，Step❹然后单击“确定”按钮，更改类型后的图表效果，如图16-17所示。

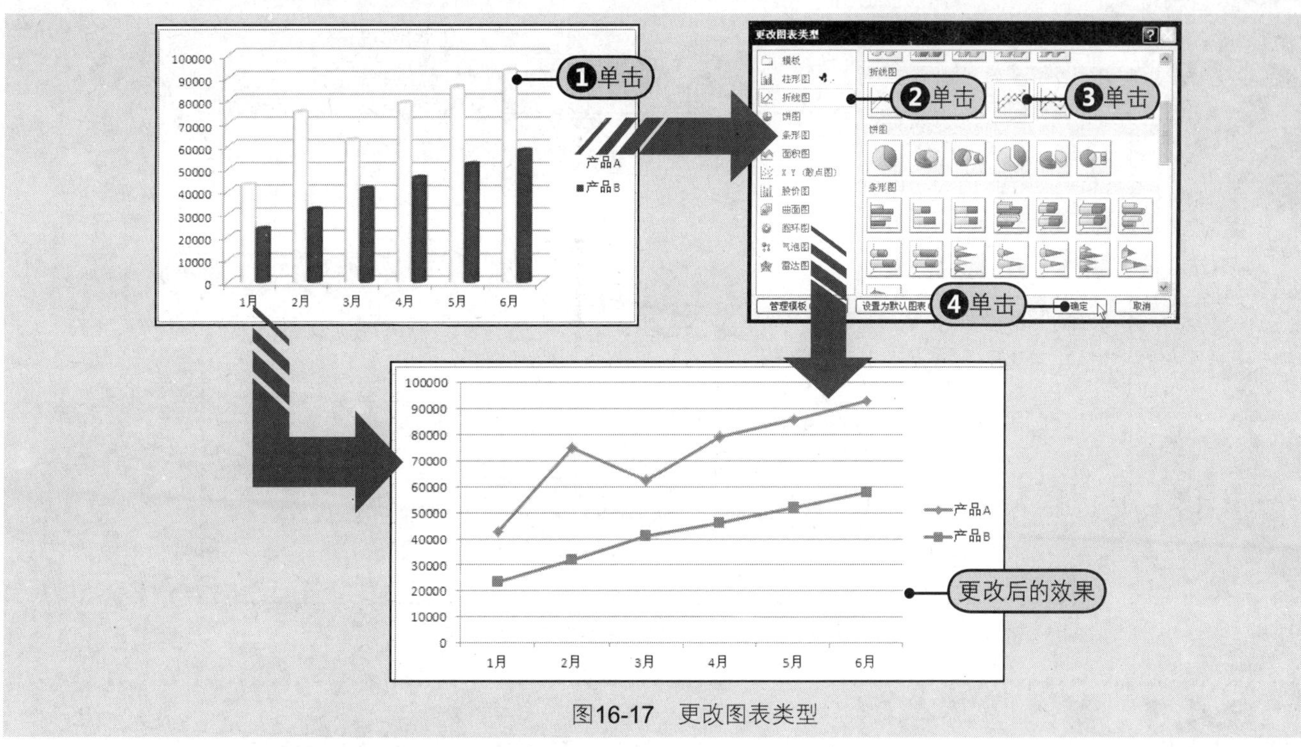

图16-17 更改图表类型

16.4.2 更改图表的数据区域

对于已经创建好的图表，用户还可以添加或删除图表中的数据来满足用户分析的需求。本节仍然以“销量比较图表”为例，添加或删除图表中数据的具体操作步骤如下所示。

步骤1 Step1 在数据表中输入本月新统计出来的销量数据，如图16-18所示。

	A	B	C	D
1	产品销量比较			
2	月份	产品A	产品B	
3	1月	42810	23500	
4	2月	75000	32000	
5	3月	62500	41000	
6	4月	79000	46000	
7	5月	86000	52000	
8	6月	93200	58000	
9	7月	125000	76000	

❶输入数据

图16-18 增加表格数据

步骤2 Step2 在“图表工具-设计”选项卡中的“数据”组中单击“选择数据”按钮，如图16-19所示。

图16-19 单击“选择数据”按钮

步骤3 Step3 在“选择数据源”对话框中的“图表数据区域”框中输入新数据区域的单元格引用地址，如“=Sheet1!$A$2:$C$9”，如图16-20所示。也可以单击“图表数据区域”右侧的单元格引用按钮直接选择新的数据区域。

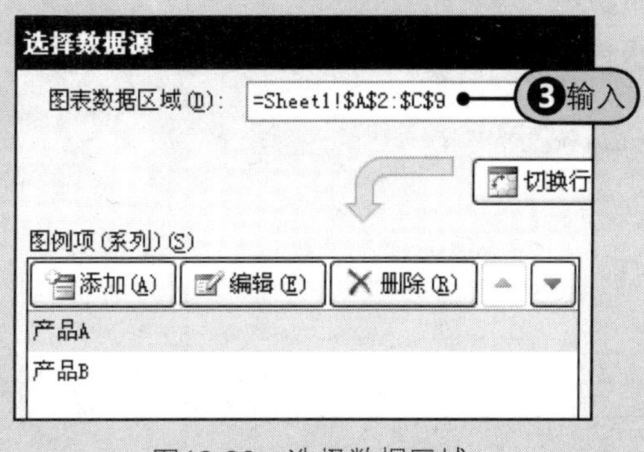

图16-20 选择数据区域

步骤4 Step4 单击“确定”按钮，如图16-21所示。

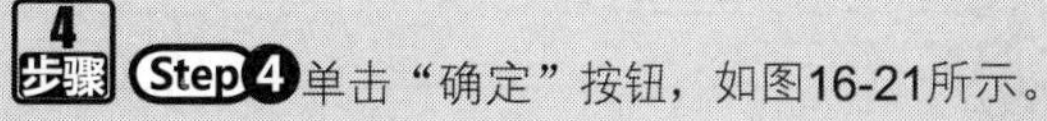

水平(分类)轴标签(C)
编辑(T)
1月
2月
3月
4月
5月
❹单击
确定
取消

图16-21 单击“确定”按钮

5 步骤 Step 5 更改图表数据区域后效果如图16-22所示，从图中可以得知，7月两种产品的销售额增长趋势都非常显著。

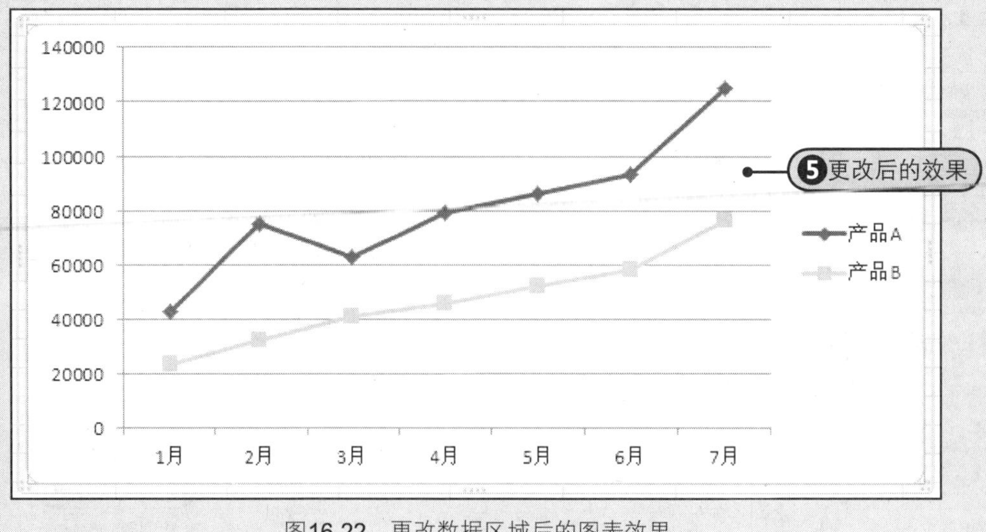

图16-22　更改数据区域后的图表效果

16.4.3 更改图表布局

图表布局是指图表及组成元素，如图表标题、图例、坐标轴、数据系列等的显示方式。在Excel 2010中，在默认方式下创建的图表都按系统默认的布局样式，但用户可以根据实际需要更改图表布局。

Step 1 选择图表，在Excel窗口中显示出“图表工具 设计”选项卡，在 “布局”组中单击“其他”按钮显示整个列表框，Step 2 从列表框中选择适当的布局样式，Step 3 此时可以看到更改图表布局后的效果，如图16-23所示。

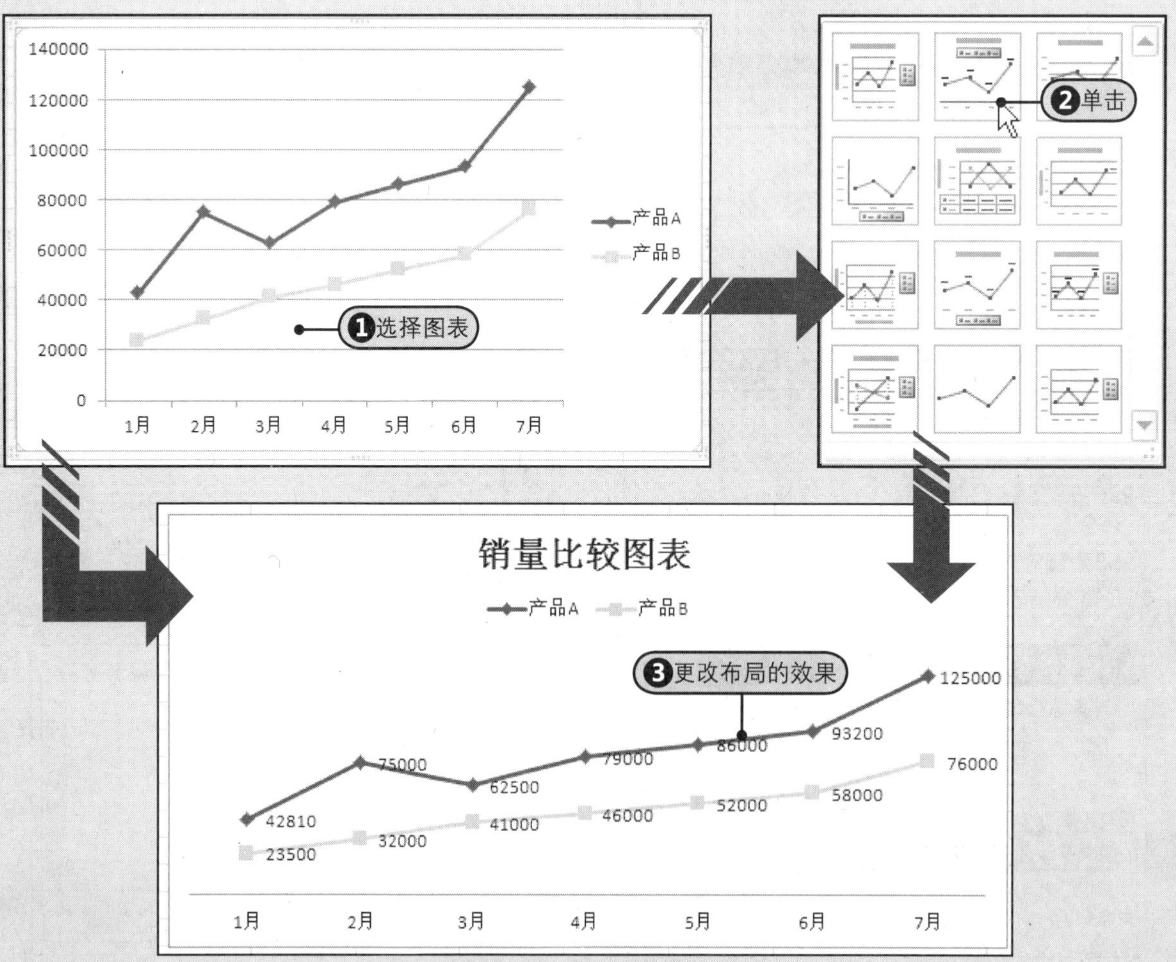

图16-23　更改图表布局

提示

注意区分“图表布局”组和“图表工具-布局”选项卡

“图表布局”组是位于“图表工具-设计”选项卡中的功能组，它主要用来设置图表的整体布局，比如图表标题、图例是否显示及显示位置等。Excel 2010系统一共提供了10种内置的布局样式，用户可以选择适当的样式应用于自己的图表。而“图表工具-布局”选项卡包括了多个功能组，主要用于用户手动编辑图表的各个元素。

16.4.4 调整图表的大小与位置

在Excel 2010中，调整图表的大小与位置有两种方法，一种是直接使用鼠标拖动，另一种是使用功能组调整。现分别介绍如下。

1 鼠标拖动法

鼠标指针指向图表的任意一个角上，当鼠标指针变为↘形状时，按下鼠标左键，向内拖动可缩小图表，向外拖动则可增大图表，如图16-24所示。

鼠标指针指向图表中，当指针变为✥时，按下鼠标左键，拖动图表到了新的位置后，释放鼠标左键即可移动图表，如图16-25所示。

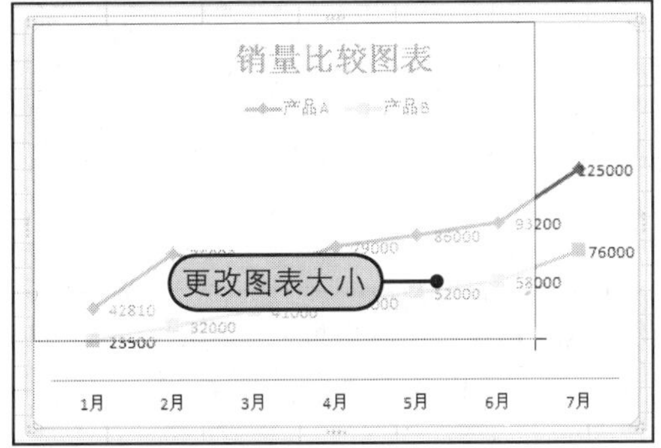

图16-24 更改图表大小

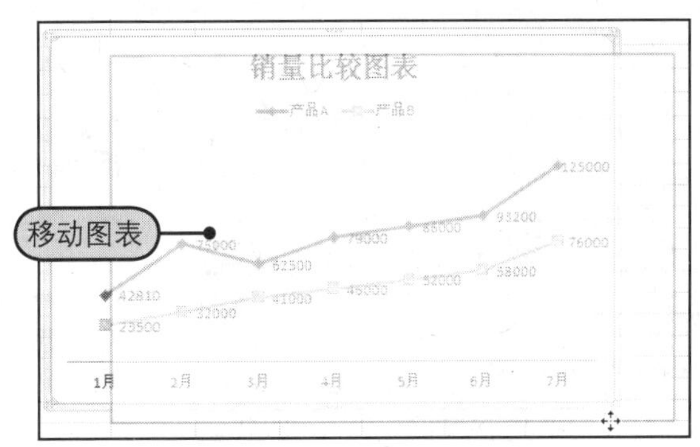

图16-25 移动图表位置

2 使用功能区更改图表大小

在Excel 2010中，选中图表，显出“图表工具-格式”选项卡，“大小”功能组位于该选项卡中，如图16-26所示。用户可以直接在“高度”和“宽度”调节框右侧单击调节按钮设置图表的高宽和宽度，也可直接输入相应的度量值。

在“大小”组中单击对话框启动器，打开“设置图表区格式”对话框并自动定位在“大小”选项卡中，如图16-27所示，用户也可以在此对话框中设置图表的大小。

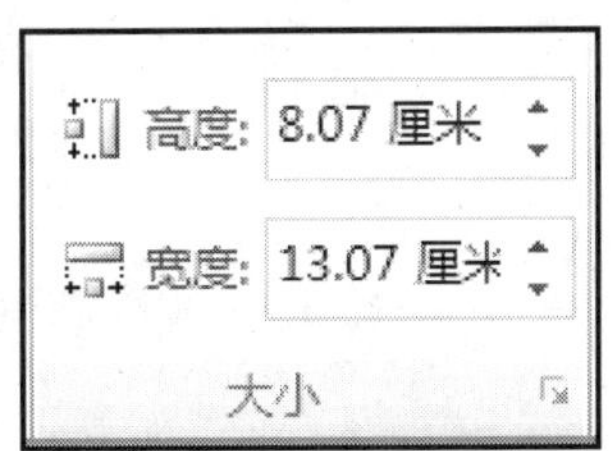

图16-26 “大小”功能组

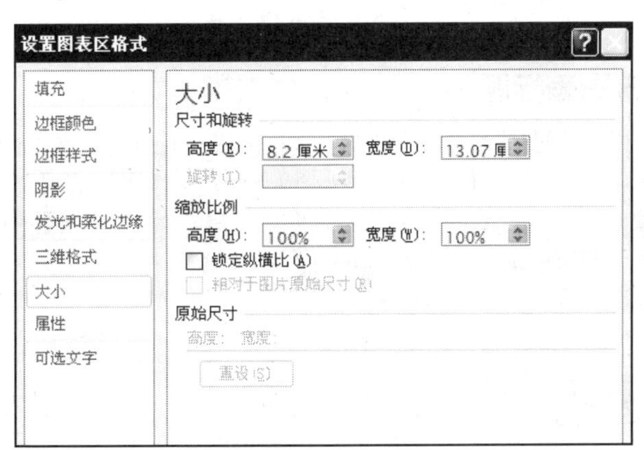

图16-27 在对话框中设置图表大小

3 使用功能区移动图表位置

选择要移动位置的图表，Step1在“图表工具-设计”选项卡中的“位置”组中单击“移动图表”按钮，在弹出的“移动图表”对话框中，Step2选中“新工作表”单选按钮，保留默认的名称Chart1，Step3单击“确定”按钮，Step4图表被移动一个新工作表中，如图16-28所示。

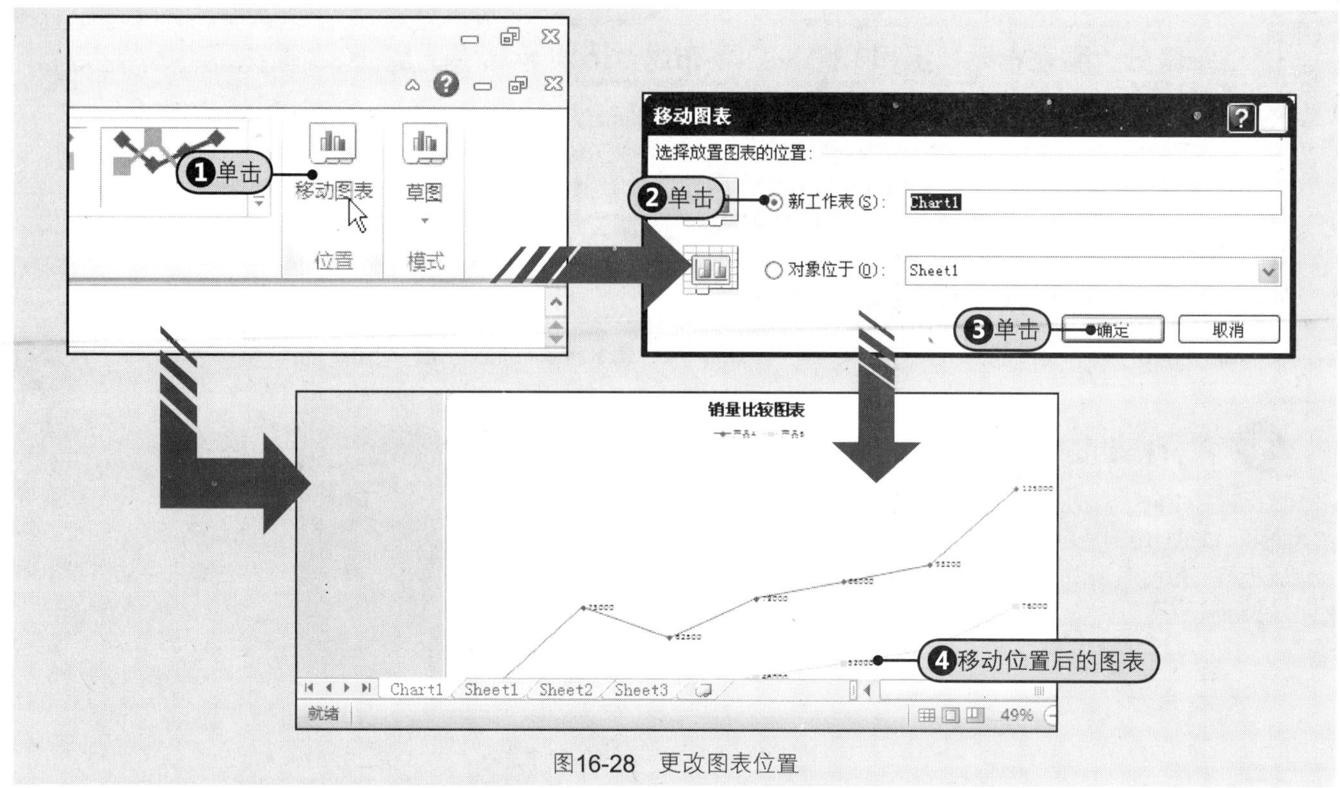

图16-28　更改图表位置

16.4.5　为图表添加标签

图表标签通常包括图表标题、坐标轴标题、图例、数据标签及模拟运算表等。用户可以设置是否在图表中显示这些标签，以及设置它们的格式。在Excel 2010中，设置标签的命令按钮位于“图表工具-格式”选项卡中的“标签”组中，如图16-29所示。打开附书光盘\实例文件\第16章\原始文件\销量比较图表.xlsx工作簿。

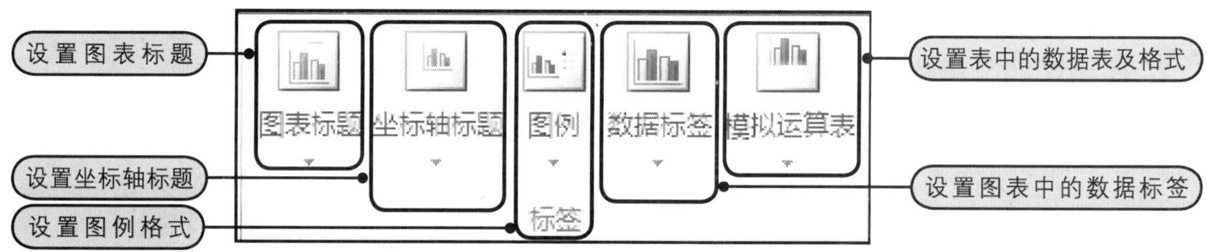

图16-29　“图表工具-格式”选项卡中的“标签”组

❶ 设置图表标题

图表标题相当于给图表起的一个名称，为图表设置标题可以增加图表的可读性，方便用户操作和编辑图表。

步骤1 Step❶在“图表工具-格式”选项卡中的“标签”组中单击“图表标题”的下三角按钮，Step❷从展开的下拉列表中选择“图表上方”命令，如图16-30所示。

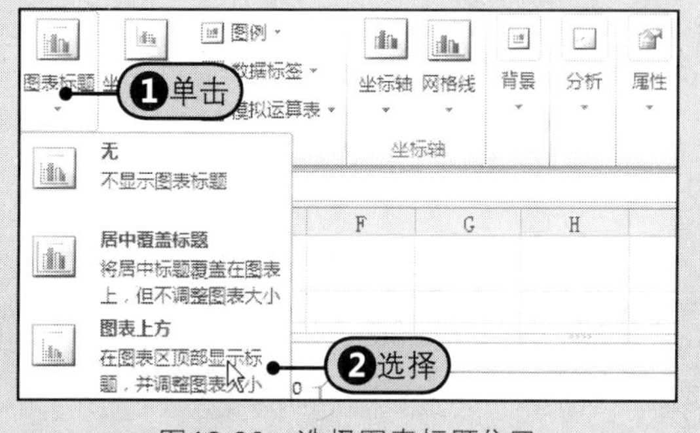

图16-30　选择图表标题位置

步骤2 随后，图表上方被插入一个图表标题，Step❸单击输入实际标题文字，如图16-31所示。

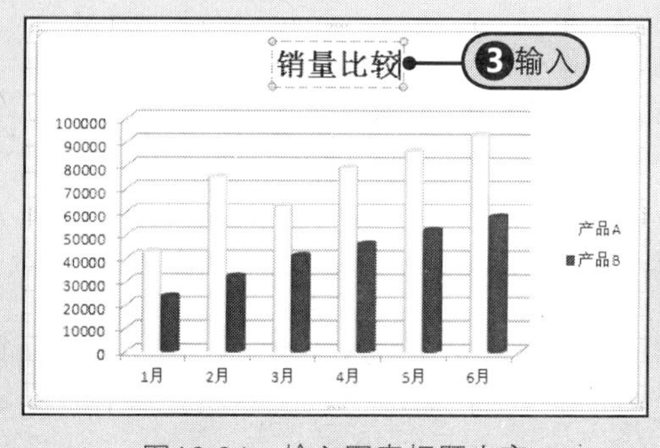

图16-31　输入图表标题内容

3 步骤 Step 4 再次单击“标签”组中的“图表标题”的下三角按钮，Step 5 从展开的下拉列表框中选择“其他标题选项”命令，如图16-32所示。

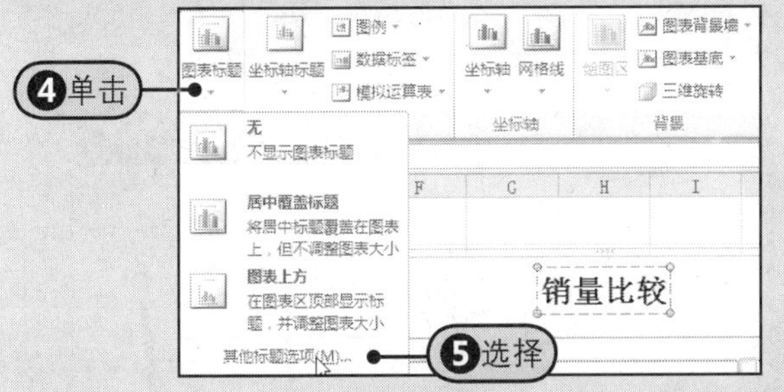

图16-32 选择“其他标题选项”命令

4 步骤 在“设置图表标题格式”对话框中的“填充”区域内，Step 6 选中“纯色填充”单选按钮，如图16-33所示。

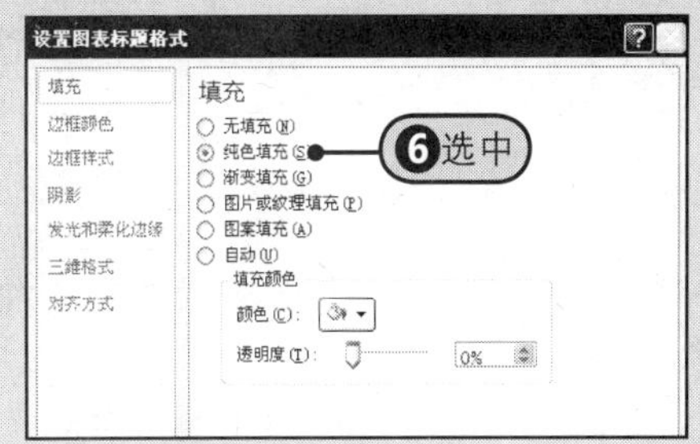

图16-33 设置填充效果

5 步骤 Step 7 在“填充颜色”区域内单击“颜色”的下三角按钮，Step 8 从展开的下拉列表中单击“橙色”，如图16-34所示。

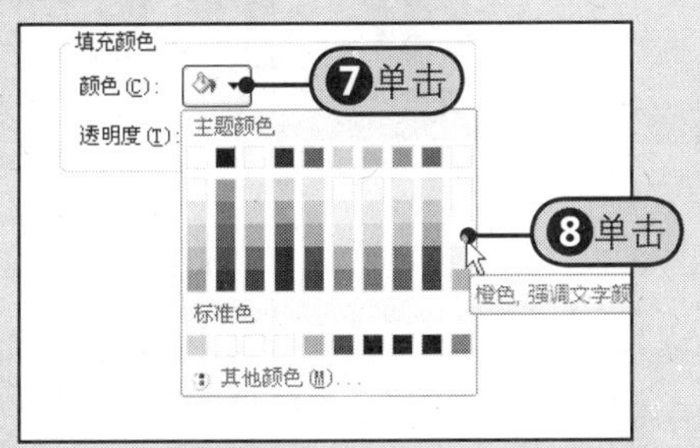

图16-34 选择填充颜色

6 步骤 Step 9 设置填充后的图表效果，如图16-35所示。

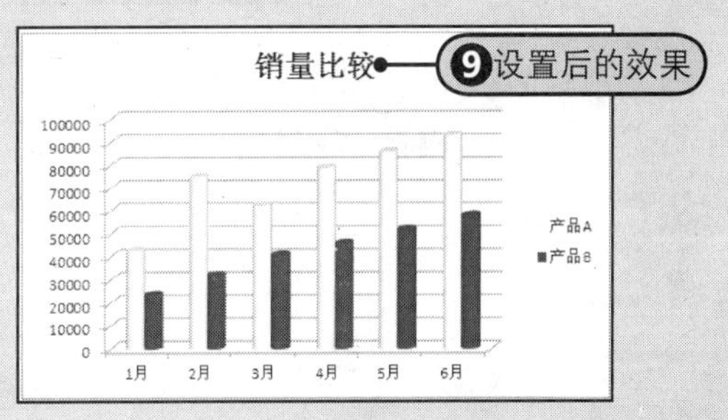

图16-35 设置填充效果后的标题效果

2 设置坐标轴标题

在本例的图表中，没有显示坐标轴标题。但在实际工作中，有时也需要显示坐标轴标题。

操作方法：Step 1 在“标签”组中单击“坐标轴标题”的下三角按钮，从展开的下拉列表中指向“主要横坐标轴标题”，Step 2 从下级下拉列表中选择“坐标轴下方标题”命令，Step 3 再次单击“坐标轴标签”的下三角按钮，指向“主要纵坐标轴标题”，Step 4 从下级下拉列表框中选择“竖排标题”命令。返回图表中，Step 5 可以看到，分别添加了横坐标轴和纵坐标轴标题占位符，单击即可输入实际坐标轴标题，如图16-36所示。

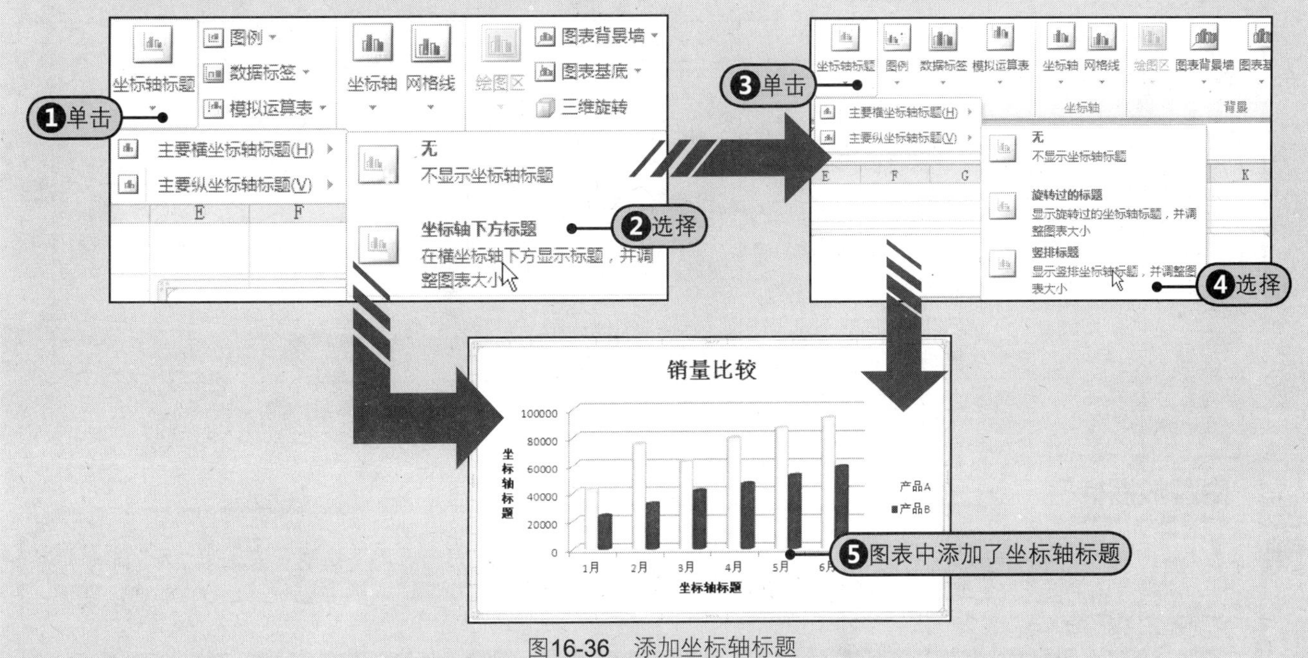

图16-36 添加坐标轴标题

❸ 设置图例

用户可以设置是否在图表中显示图例、图例的显示位置及图例选项、填充、边框颜色等格式。

Step❶选择设置图例的图表，在“标签”组中单击“图例”的下三角按钮，从展开的下拉列表中选择底部的“其他图例选项”命令，打开“设置图例格式”对话框。Step❷单击“填充”标签，Step❸在“填充”区域内选中“纯色填充”单击按钮，Step❹保留默认的预设颜色，单击“关闭”按钮。Step❺返回工作表中，设置图例填充格式后的效果，如图16-37所示。

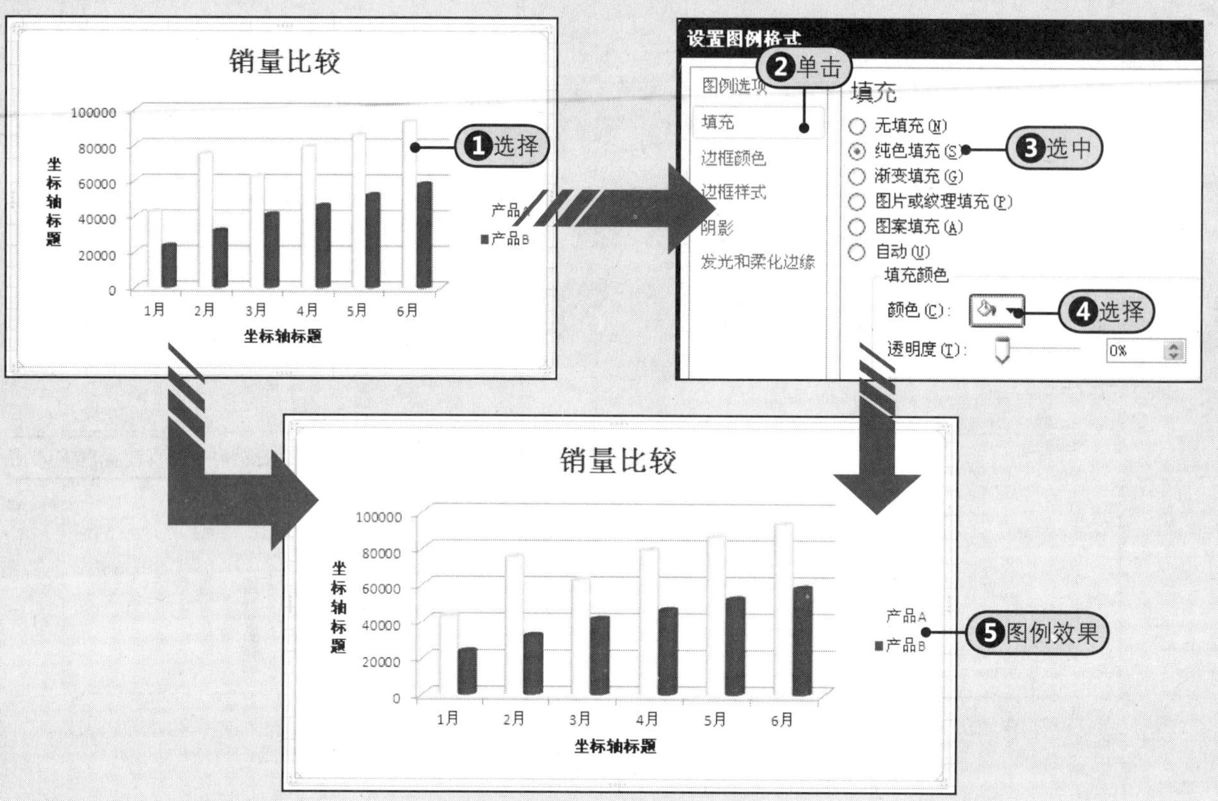

图16-37　设置图例格式

❹ 显示和隐藏数据标签

选择工作表中的图表显示图表功能区，Step❶在“图表工具-格式”选项卡中的“标签”组中单击“数据标签”的下三角按钮，Step❷从展开的下拉列表中选择“显示”命令，如图16-38所示。Step❸图表中的数据系列会显示数据标签，如图16-39所示。

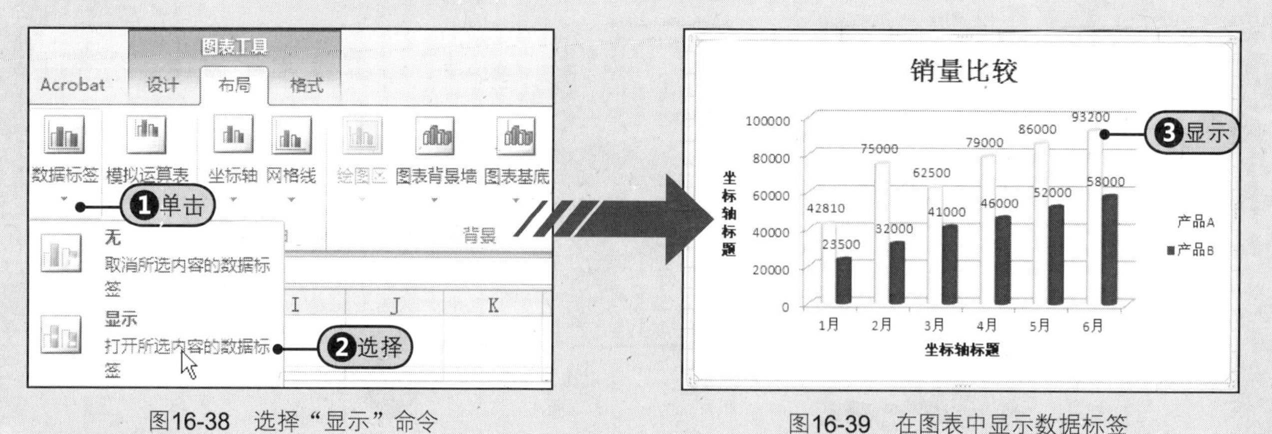

图16-38　选择“显示”命令　　图16-39　在图表中显示数据标签

提示　隐藏数据标签

如果需要隐藏数据标签，只要再次单击“数据标签”的下三角按钮，从展开的下拉列表中选择“无”命令即可。如果要设置更多关于数据标签的格式，可以在“数据标签”下拉列表中选择“其他数据标签选项”命令，打开“设置数据标签格式”对话框进行设置。

5 在图表中显示数据表

在Excel 2010中，图表中显示的数据表称为模拟运算表，用户可以设置是否在图表中显示模拟运算表。

Step1 在“标签”组中单击“模拟运算表”的下三角按钮，Step2 从展开的下拉列表中选择“显示模拟运算表”命令，如图16-40所示。Step3 随后，会在图表下方显示图表的源数据表，但不显示图例项标识，如图16-41所示。

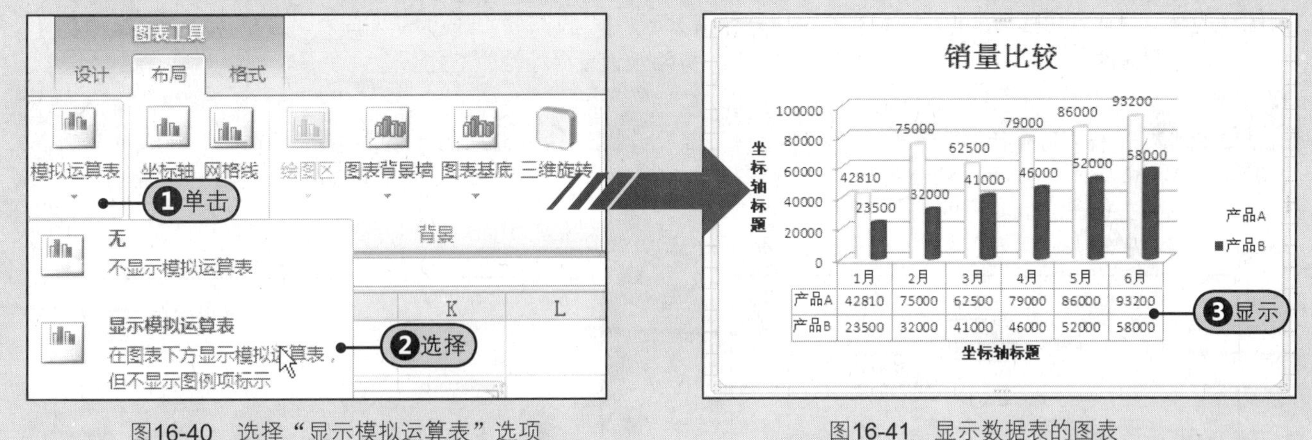

图16-40 选择“显示模拟运算表”选项

图16-41 显示数据表的图表

16.4.6 应用内置图表样式

为图表应用内置样式是快速使创建的图表拥有专业外观的最为快捷的方法。本节以“销售比较图表”为例，介绍为图表应用样式的操作方法。

Step1 选择工作表中的图表，在“图表工具-格式”选项卡中的“图表样式”组中单击“其他”按钮显示整个“图表样式”列表框，Step2 在“图表样式”列表框中选择一种图表样式，Step3 随即工作表中的图表会应用该样式，如图16-42所示。

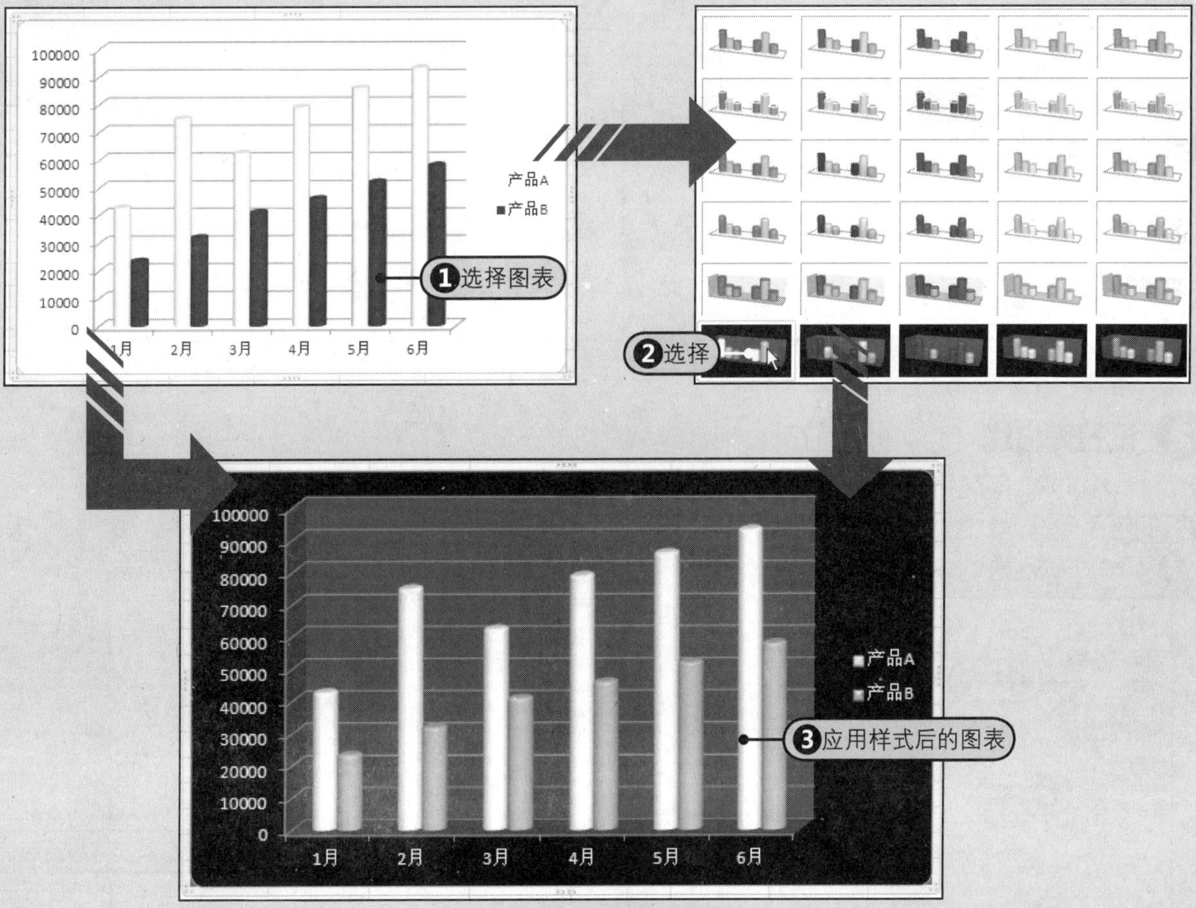

图16-42 更改图表样式

16.4.7 设置坐标轴和网格线

一张专业的图表还包括坐标轴和网格线，根据图表的需要设置最恰当的坐标轴和网格线，可以为自己的图表加分。

❶ 设置坐标轴

图表的坐标轴通常包括横坐标轴和纵坐标轴。一般情况下，横坐标轴的方向为从左向右，纵坐标轴会根据图表的数据表中的值创建默认的刻度值，但是用户也可以根据需要，灵活地设置坐标轴的格式。

步骤1 Step1 在“图表工具-布局”选项卡中的“坐标轴”组中单击“坐标轴”的下三角按钮，Step2 从展开的下拉列表中选择“主要横坐标轴”命令，Step3 从展开的下级下拉列表中选择“显示从右向左坐标轴”命令，如图16-43所示。

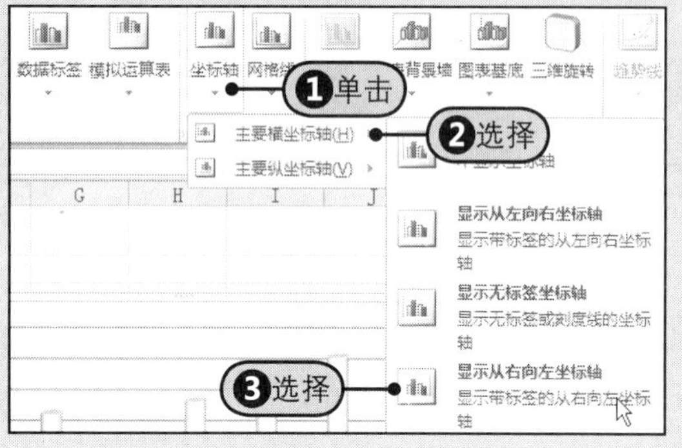

图16-43 设置横坐标轴

步骤2 Step4 更改横坐标轴方向后的效果，如图16-44所示。

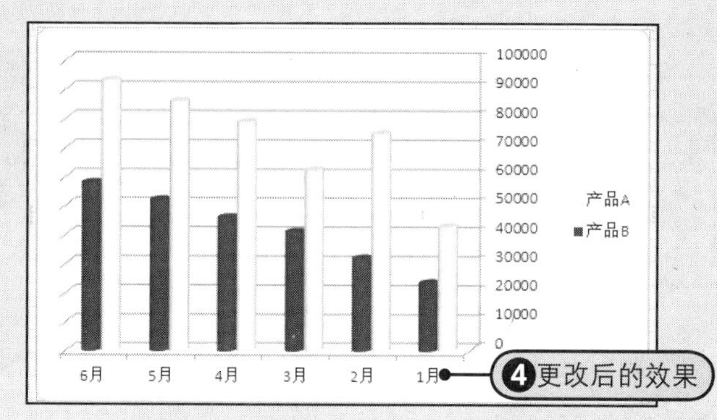

图16-44 更改横坐标轴方向后的效果

步骤3 Step5 再次单击“坐标轴”的下三角按钮，Step6 从展开的下拉列表中选择“主要纵坐标轴”命令，Step7 从下级下拉列表中选择“显示千单位坐标轴”命令，如图16-45所示，Step8 设置显示千单位坐标轴的图表效果，如图16-46所示。

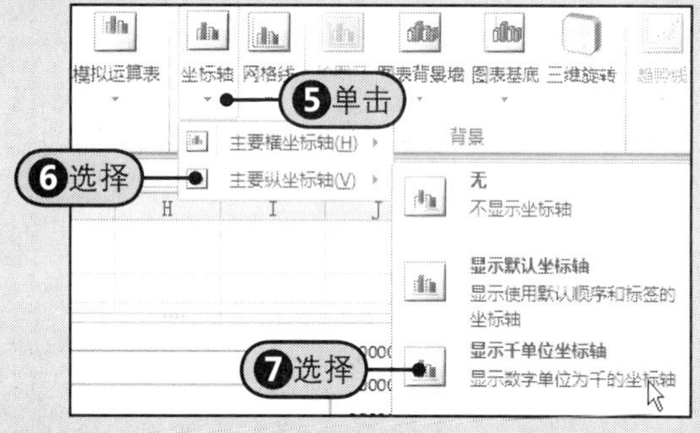

图16-45 设置纵坐标轴

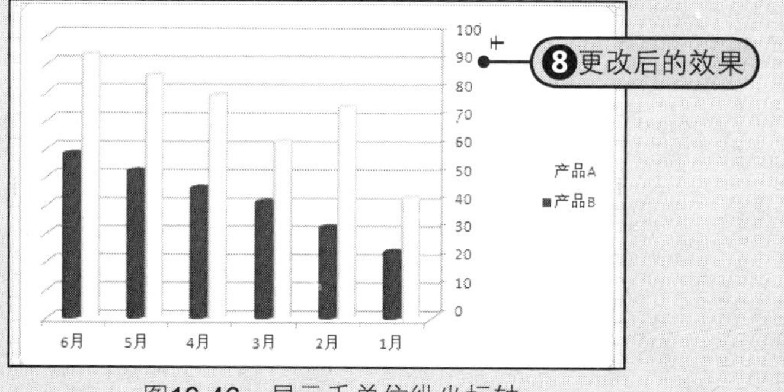

图16-46 显示千单位纵坐标轴

❷ 设置网格线

除了坐标轴以外，用户还可以设置是否在图表中显示网格线。

Step1 在“坐标轴”组中单击“网格线”的下三角按钮，Step2 从展开的下拉列表中选择“主要横网格线”命令，Step3 从下级下拉列表中选择“无”命令，如图16-47所示，Step4 隐藏横网格线后的图表，如图16-48所示。

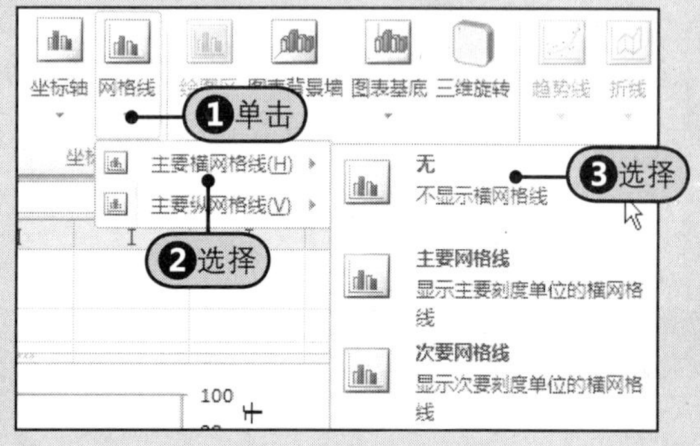

图16-47 选择“无”命令

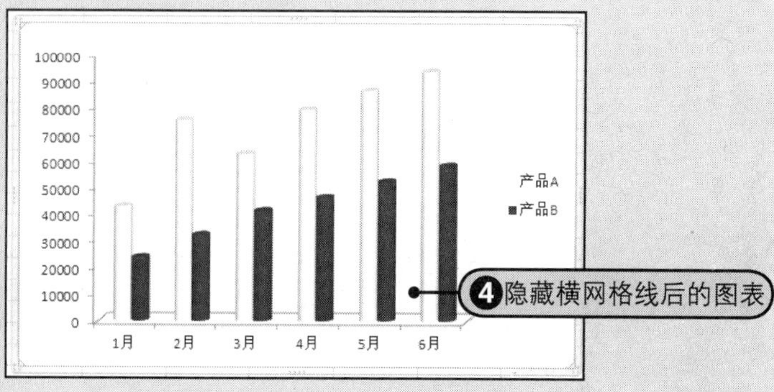

图16-48 隐藏横网格线后的图表

16.5 让办公图表具有艺术气质——美化图表

在创建好了图表后，为了使图表更加美观，还可以通过美化绘图区与图表区、设置背景墙与基底、使用形状样式美化数据系列及设置艺术字样式美化图表标签，让用户的办公图表也具有艺术气质。打开附书光盘\实例文件\第16章\原始文件\各部门费用比较图表.xlsx工作簿。

16.5.1 美化绘图区

绘图区是指坐标轴、网格线及数据系列组成的一个图表区域，用户可以通过设置绘图区的填充效果、边框颜色、边框样式等来美化绘图区。

Step1 右击“各部门费用比较图表”中的绘图区，Step2 从弹出的快捷菜单中选择“设置绘图区格式”命令，Step3 在“设置绘图区格式”对话框中选中“纯色填充”单选按钮，Step4 从“颜色”下拉列表中选择“灰色”，Step5 设置绘图区格式后的图表效果，如图16-49所示。

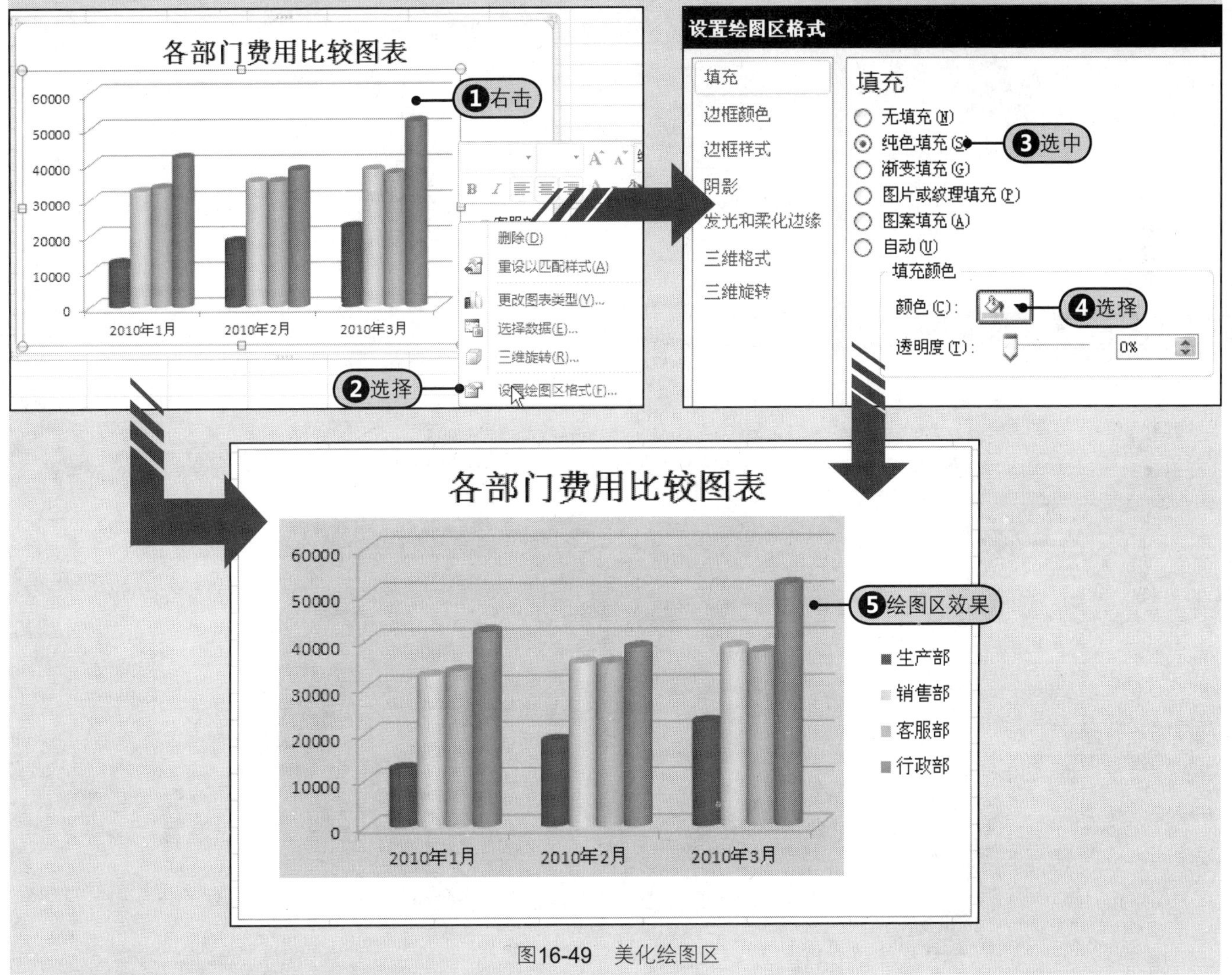

图16-49 美化绘图区

16.5.2 美化图表区

同样地，还可以设置图表区格式来美化图表区。

Step1 右击图表区，从弹出的快捷菜单中选择“设置图表区格式”命令，打开“设置图表区格式”对话框，选中“渐变填充”单选按钮，Step2 单击“预设颜色”的下三角按钮，Step3 从展开的下拉列表中单击“茵茵绿原”，Step4 设置图表区格式后的图表效果，如图16-50所示。

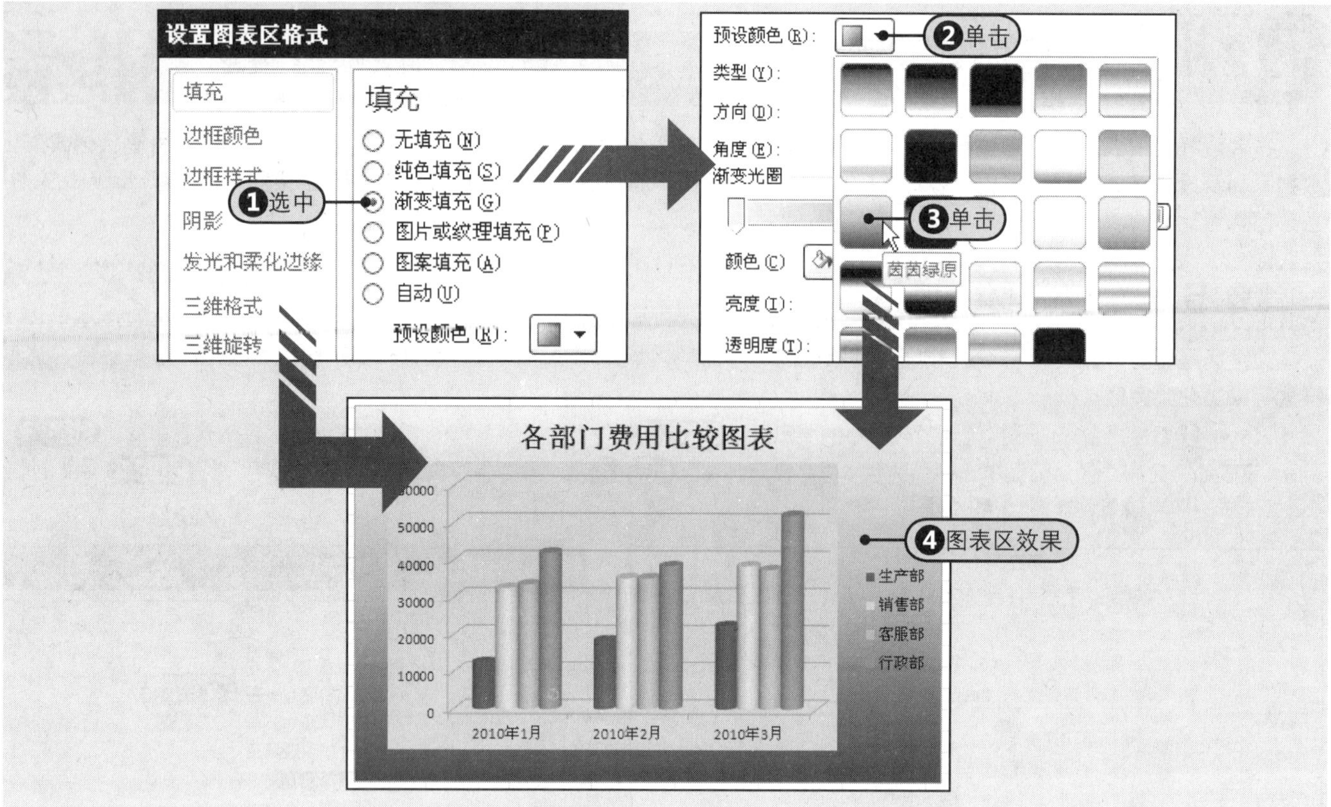

图16-50　美化图表区

16.5.3　为图表设置背景墙

选择图表的背景墙，Step❶在“图表工具-格式”选项卡中的“背景”组中单击“图表背景墙”的下三角按钮，Step❷从展开的下拉列表中选择“其他背景墙选项”命令，打开“设置背景墙格式”对话框，Step❸在“填充”选项卡中选中“纯色填充”单选按钮，Step❹单击“颜色”的下三角按钮，Step❺从下拉列表框中选择“橙色”，Step❻设置背景墙背景后的效果，如图16-51所示。

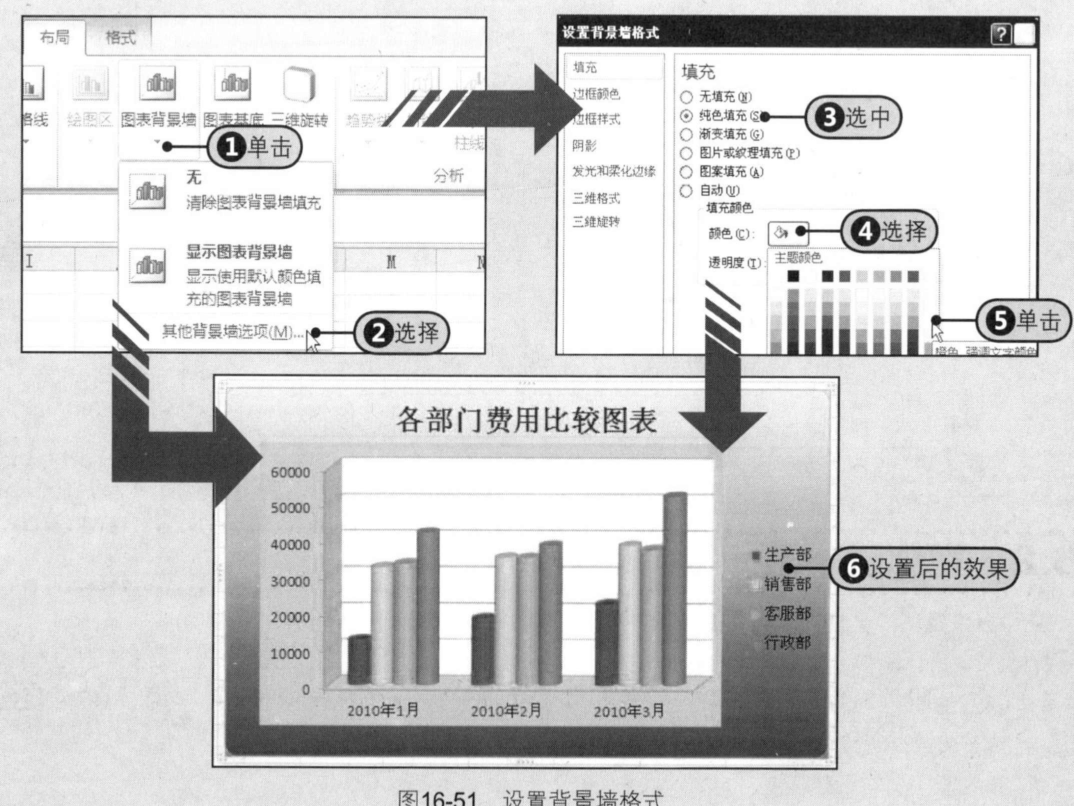

图16-51　设置背景墙格式

16.5.4 设置图表基底

基底格式设置的方法与设置背景墙的方法类似。

Step1 在“图表工具-格式”选项卡中的“背景”组中单击“图表基底”的下三角按钮，Step2 从展开的下拉列表中选择“其他基底选项”命令，Step3 在“设置基底格式”对话框选中“纯色填充”单选按钮，Step4 从“颜色”下拉列表中选择“黑色”，Step5 设置图表基底格式后的效果，如图16-52所示。

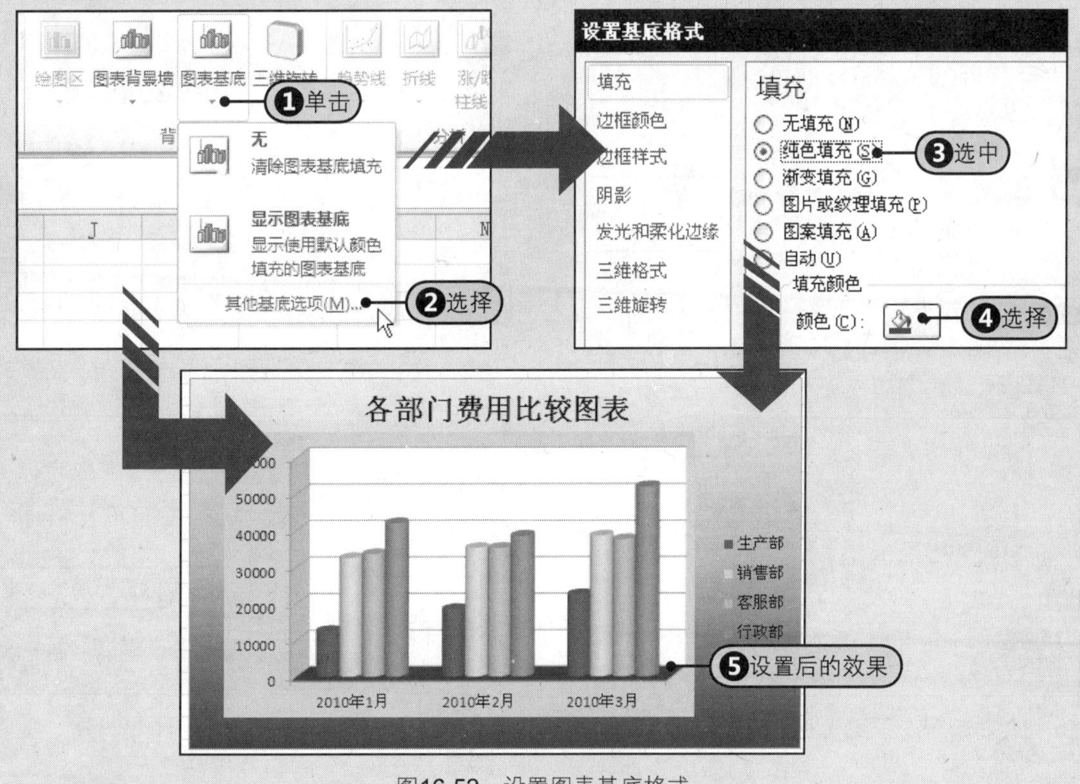

图16-52 设置图表基底格式

提示 设置基底格式

如果要隐藏图表中的基底，可以在“图表基底”下拉列表中选择“无”命令；如果要设置默认格式的基底，可以从“图表基底”下拉列表中选择“其他基底选项”命令。

16.5.5 设置形状样式美化数据系列

数据系列是构成图表不可缺少的重要元素，一个图表至少有一个数据系列，如果没有数据系列，就无法反映任何问题，也就失去了图表本身的意义。设置数据系列的方法也非常简单，具体操作如下所示。

步骤1 Step1 在图表中选择需要设置格式的数据系列，如选择“行政部”数据系列，如图16-53所示。

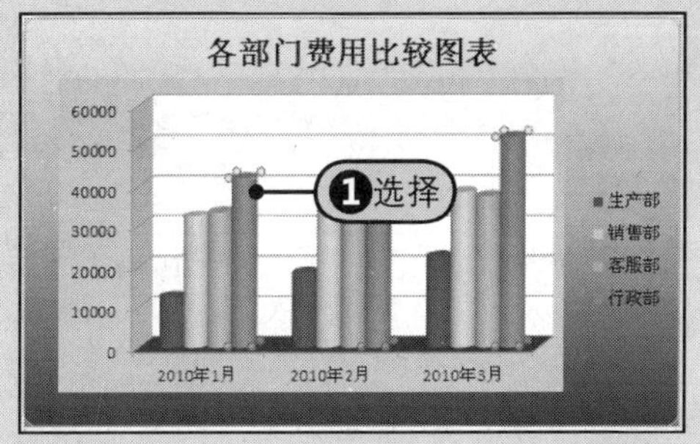

图16-53 选择数据系列

步骤2 Step2 在“图表工具-格式”选项卡中的“形状样式”组中单击“其他”按钮，Step3 从展开的形状样式列表中单击“细微效果-紫色，强调颜色4”样式，如图16-54所示。

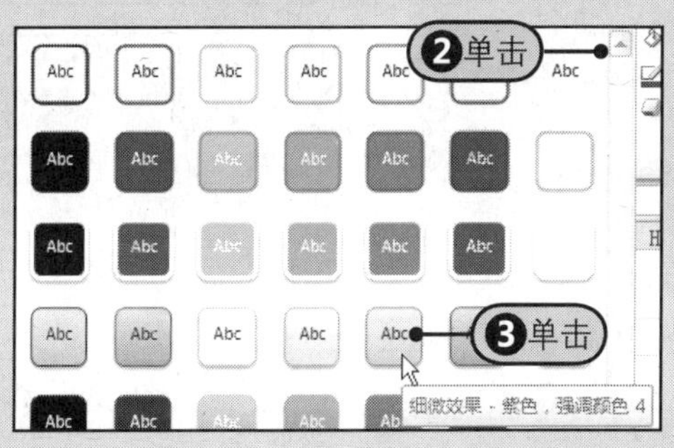

图16-54 选择形状样式

3 步骤 设置形状样式后的“行政部”数据系列效果，如图16-55所示。Step4 然后选中“生产部”数据系列。

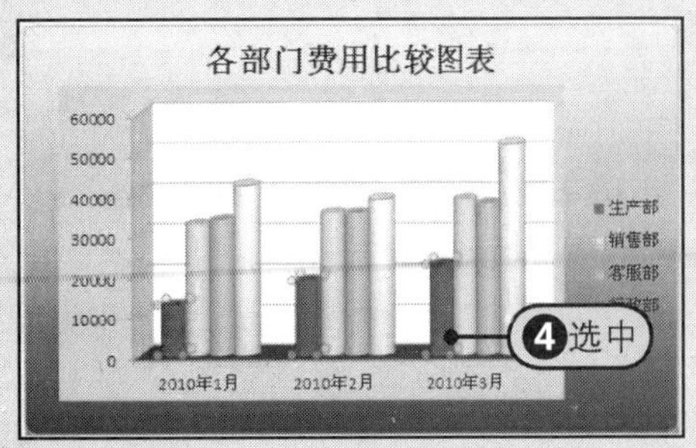

图16-55　选择数据系列

4 步骤 Step5 在“形状样式”组中单击“形状填充”的下三角按钮，Step6 从展开的下拉列表中的“标准色”区域内单击“黄色”，如图16-56所示。

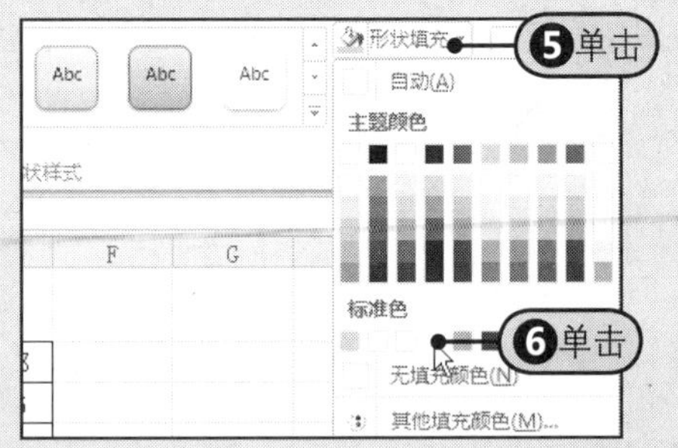

图16-56　设置形状填充颜色

5 步骤 Step7 然后选中“销售部”数据系列，再次单击“形状填充”的下三角按钮，Step8 从展开的下拉列表中的“标准色”区域内单击“红色”，如图16-57所示。

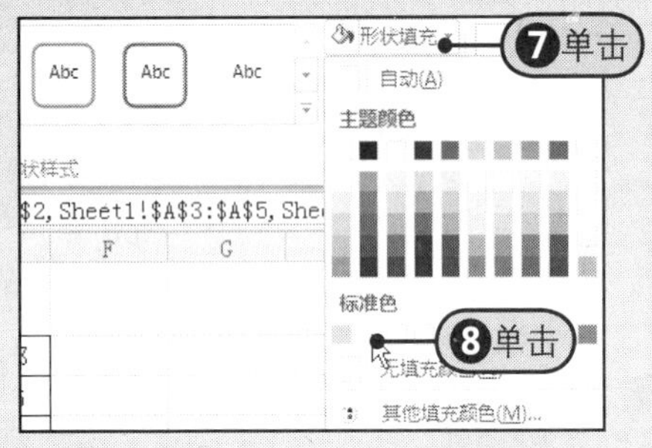

图16-57　设置形状填充颜色

6 步骤 Step9 为数据系列设置形状样式后的图表最终效果，如图16-58所示。

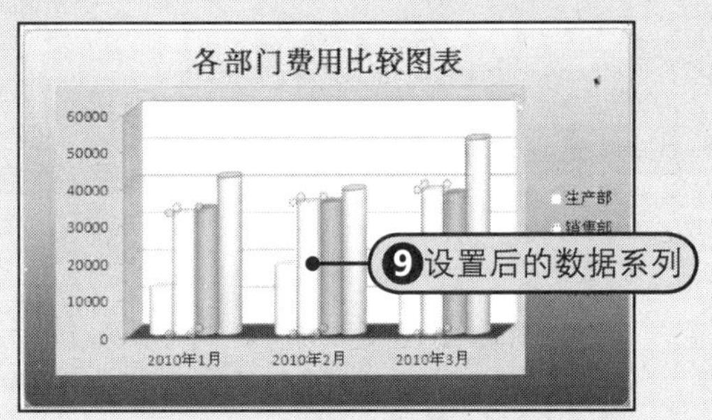

图16-58　图表最终效果

16.5.6　设置艺术字样式美化图表标签

此外，还可以使用“图表工具-格式”选项卡中的艺术字样式来美化图表标签，如果希望一次设置图表中所有的标签，选定图表即可；如果指定设置图表中的某个标签，则需要先选定该标签。

Step1 选中图表，在“图表工具-格式”选项卡中的“艺术字样式”组中单击“其他”按钮，Step2 从“应用于所选文字”列表框中单击“渐变填充，橙色，强调文字颜色6”样式，Step3 为图表标签设置艺术字样式后的图表效果，如图16-59所示。

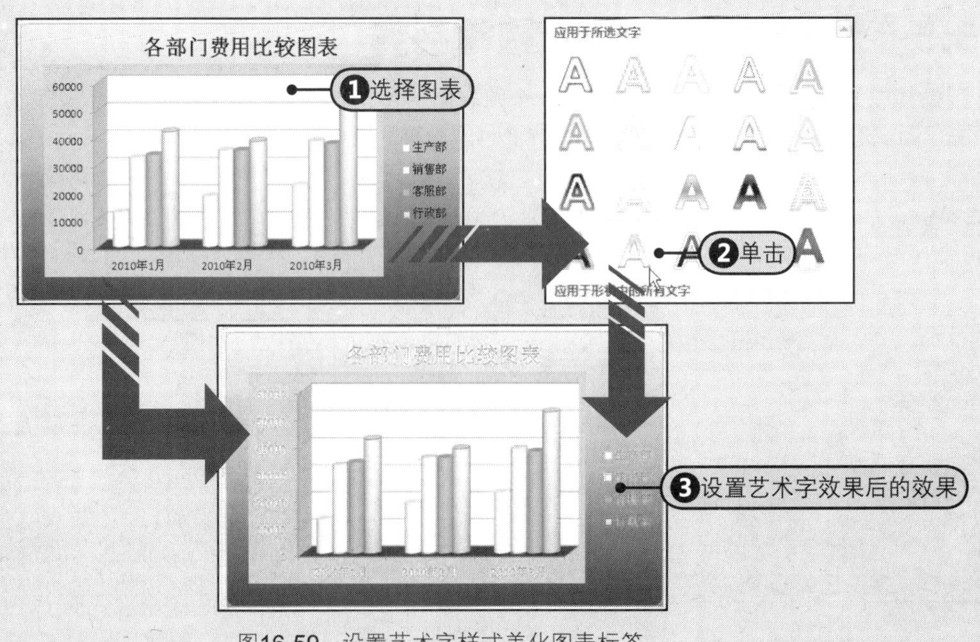

图16-59　设置艺术字样式美化图表标签

16.6 分析图表数据

用户还可以为图表添加趋势线、折线、误差线等来分析图表。但需要注意的是，通常可用于趋势分析的图表类型有折线图、柱形图等。在Excel 2010中，与图表分析相关的命令是集中在“图表工具-布局”选项卡的“分析”组中的，如图16-60所示。打开附书光盘\第16章\最终文件\管理费用图表.xlsx工作簿。

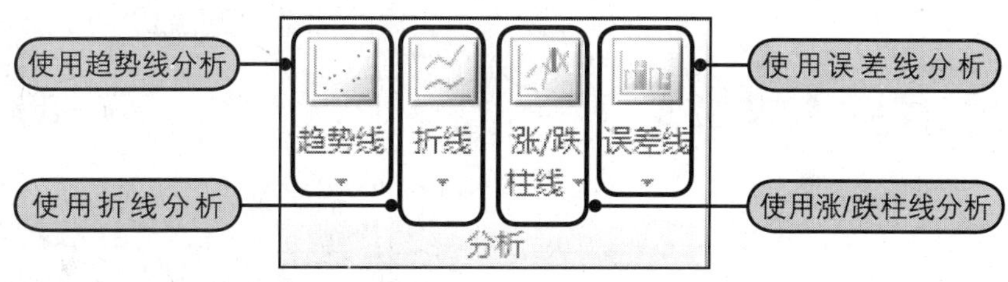

图16-60 “分析”组

16.6.1 趋势线的添加与设置

用户可以为图表添加趋势线来分析数据在若干个周期后的趋势走向等。趋势线的添加与设置的具体步骤如下所示。

1 步骤 Step1 选中工作表中已创建的折线图，如图16-61所示。

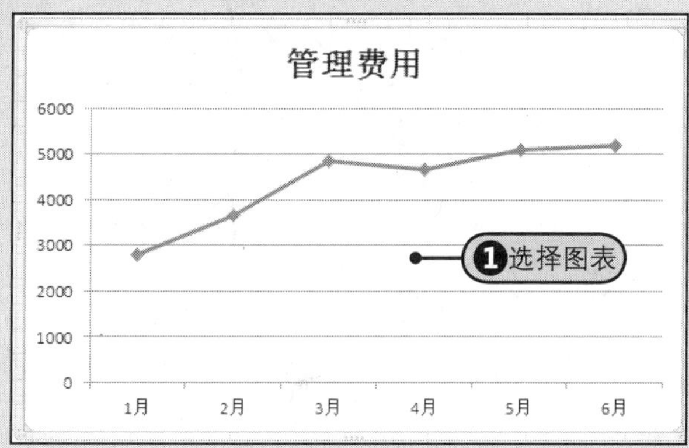

图16-61 选择折线图

2 步骤 Step2 在“分析”组中单击“趋势线”的下三角按钮，Step3 从展开的下拉列表中选择“线性趋势线”命令，如图16-62所示。

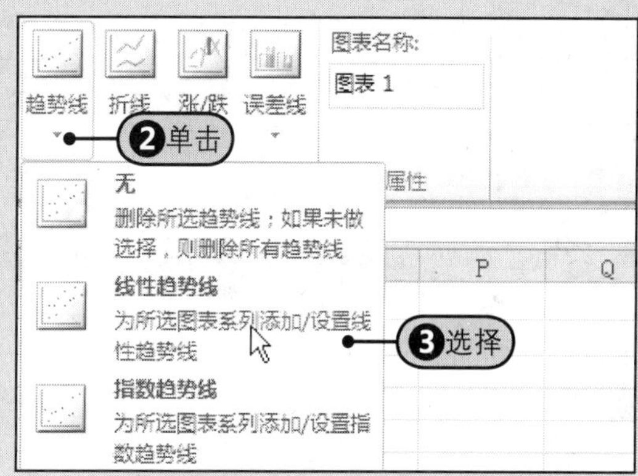

图16-62 选择“线性趋势线”命令

3 步骤 Step4 为图表添加的默认趋势线效果，如图16-63所示。

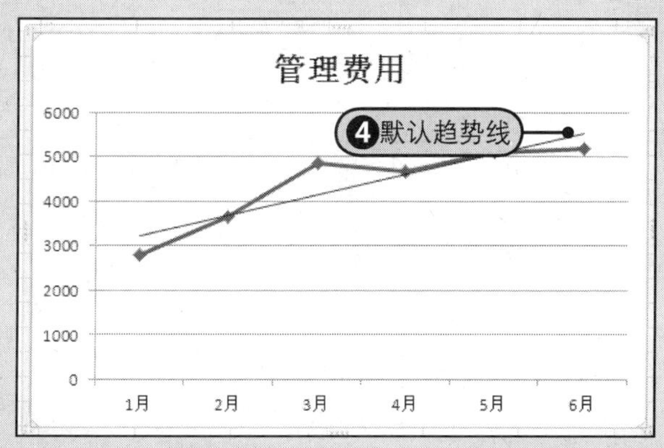

图16-63 添加默认的线性趋势线

4 步骤 Step5 再次单击“趋势线”的下三角按钮，Step6 从展开的下拉列表中选择“其他趋势线选项”命令，如图16-64所示。

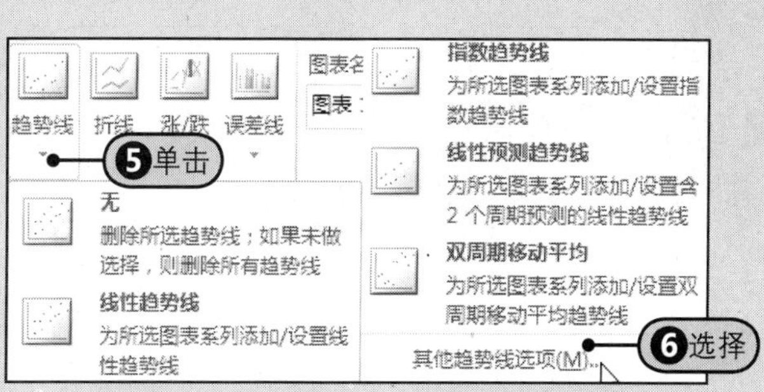

图16-64 选择“其他趋势线选项”命令

5 步骤 Step7在“设置趋势线格式”对话框中“趋势预测”区域内的“前推”框中输入周期数为“2”，如图16-65所示。

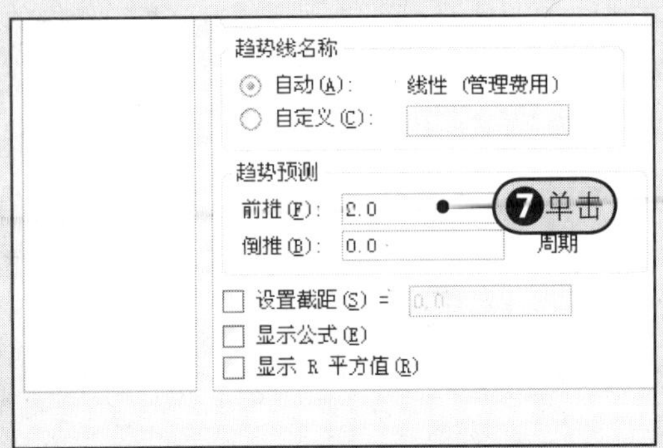

图16-65 设置趋势预测周期

6 步骤 Step8在“设置趋势线格式”对话框中单击“线条颜色”标签，Step9单击“颜色”的下三角按钮，Step10从展开的下拉列表中单击“红色”，如图16-66所示。

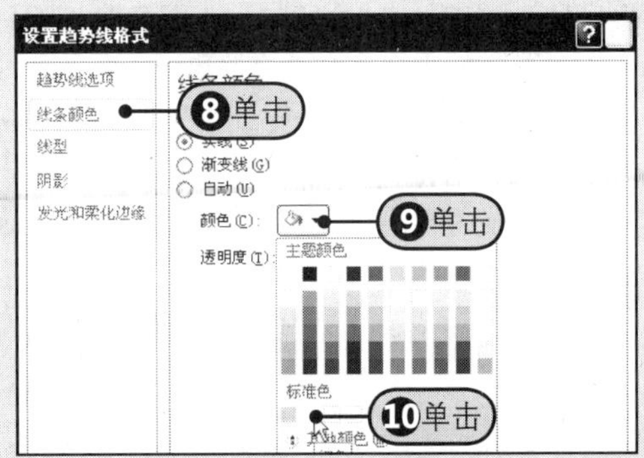

图16-66 设置趋势线颜色

7 步骤 Step11设置趋势线格式后的图表最终效果，如图16-67所示。

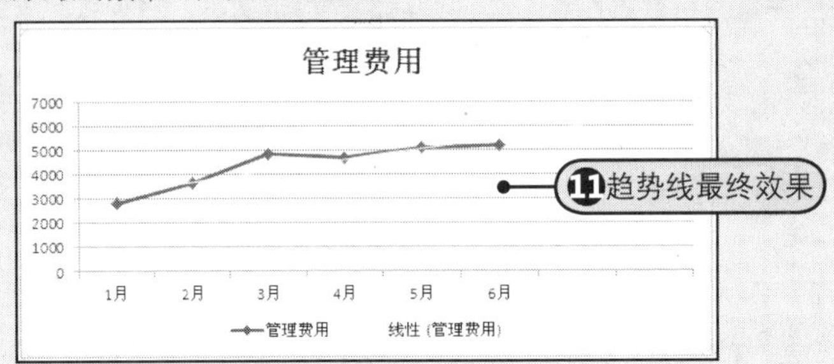

图16-67 图表最终效果

16.6.2 折线的添加与设置

为图表添加“垂直线”或者“高低点连线”，只要再次打开“管理费用图表”工作簿。

Step1选中“管理费用”图表，Step2在“分析”组中单击“折线”的下三角按钮，Step3从展开的下拉列表中选择“垂直线”命令，Step4添加垂直线后的折线图，如图16-68所示。

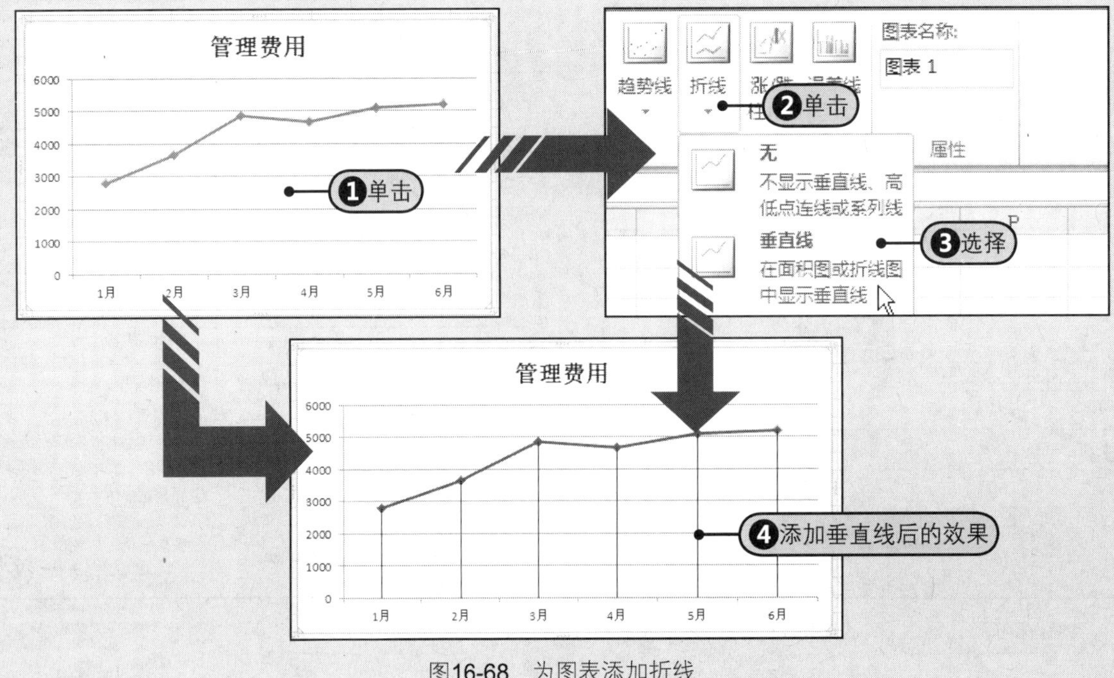

图16-68 为图表添加折线

16.6.3 误差线的添加与设置

用户还可以为图表设置误差线，常见的误差线有标准误差误差线、百分比误差线及标准偏差误差线等。

Step❶在“分析”组中单击“误差线”的下三角按钮，Step❷从展开的下拉列表中选择“标准误差误差线”命令，如图16-69所示。Step❸添加标准误差误差线后的图表效果，如图16-70所示。

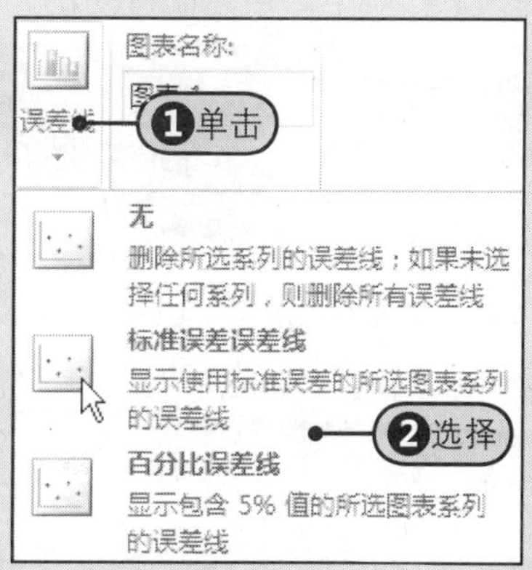

图16-69 选择“标准误差误差线”选项

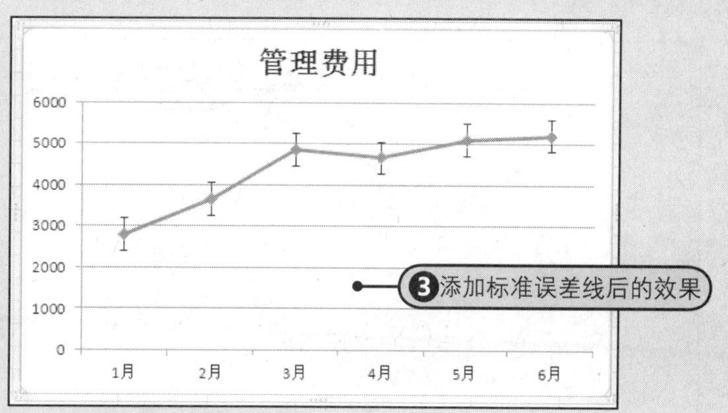

图16-70 添加标准误差线后的效果

16.7 融会贯通 为“手机市场占有分配表”添加图表

本章详细介绍了Excel 2010中的不同图表类型的应用范围、图表的组成部分、图表的创建方法、编辑图表数据、设置图表格式、美化图表及预测和分析图表等知识。接下来，本节通过一个具体实例的练习，进一步加深读者对Excel 2010中图表相关知识的掌握。打开附书光盘\实例文件\第16章\原始文件\手机市场占有分配表.xlsx工作簿。

1 步骤 选择数据区域。

选择单元格区域A3:B6。

	A	B	C
1	手机市场占有分配表		
2	地区	销售额	
3	中部	154260	
4	西部	325610	选择
5	南部	385410	
6	中部	568950	
7	合计	1434230	
8			

2 步骤 选择图表类型。

Step❶在“插入”选项卡的“图表”组中单击“饼图”的下三角按钮。

Step❷单击“三维饼图”类型。

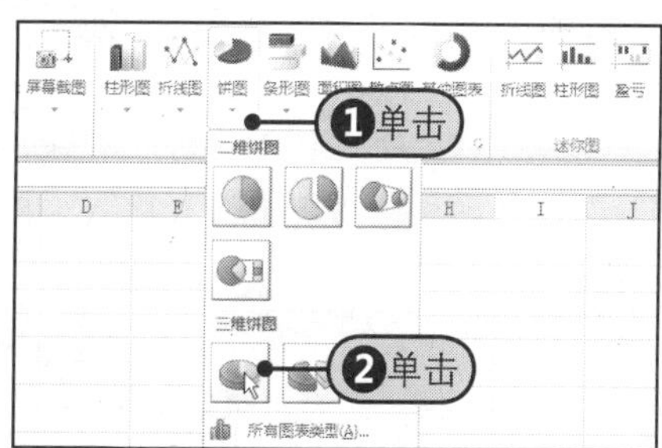

3 步骤 默认的图表。

Excel 2010创建的默认的图表如下所示。

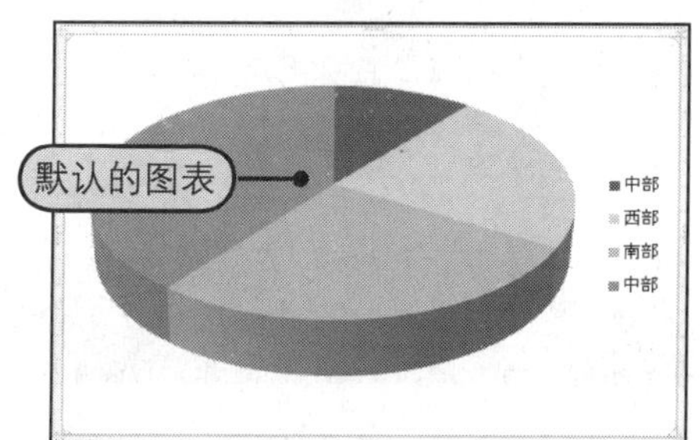

4 步骤 更改图表布局。

在“图表工具-设计”选项卡中的“布局”组中选择图表布局样式。

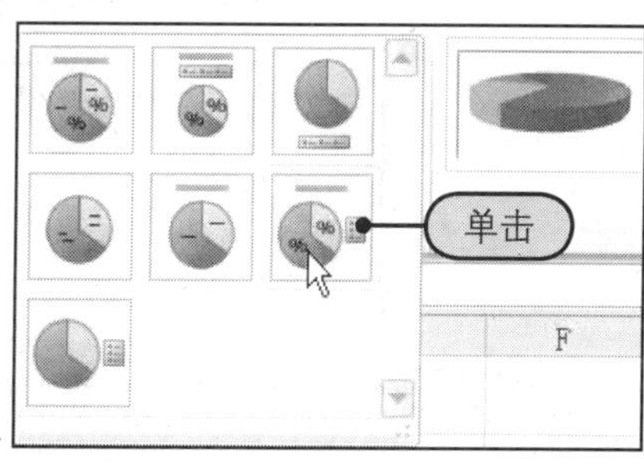

（续上）

5 步骤 **输入图表标题。**

单击更改布局后的图表标题占位符，输入图表标题“手机市场占有分析”。

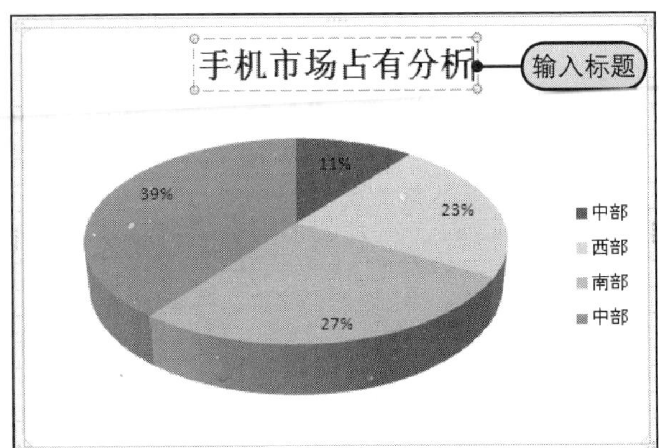

6 步骤 **选择“设置图表区格式”命令。**

Step❶右击图表区。

Step❷从快捷菜单中选择“设置图表区域格式”命令。

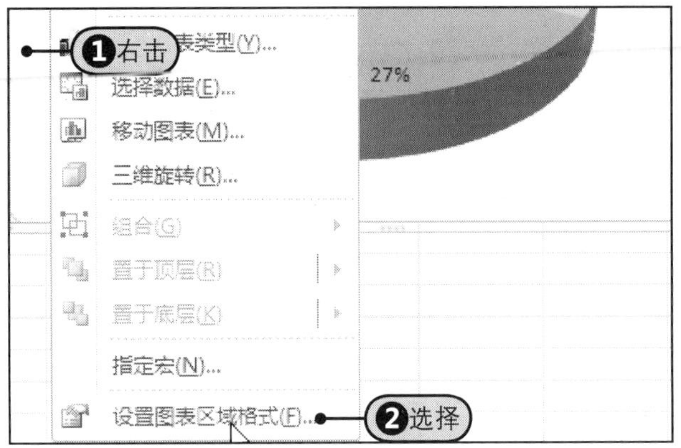

7 步骤 **设置填充选项。**

在“设置图表区格式”对话框中选中“渐变填充”单选按钮。

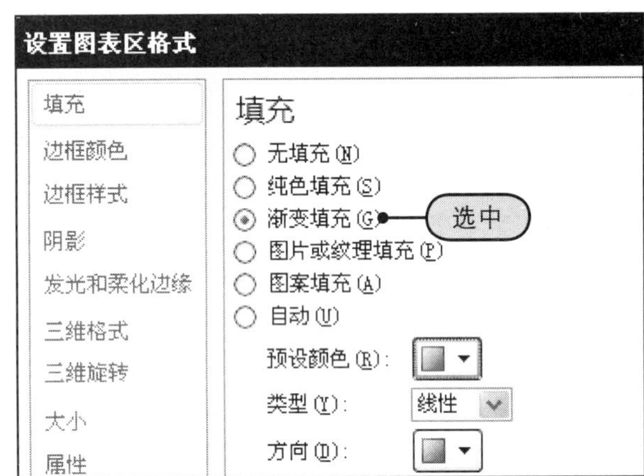

8 步骤 **选择预设颜色。**

Step❶单击“预设颜色”右侧的下三角按钮。

Step❷从下拉列表中单击“彩虹出岫Ⅱ”。

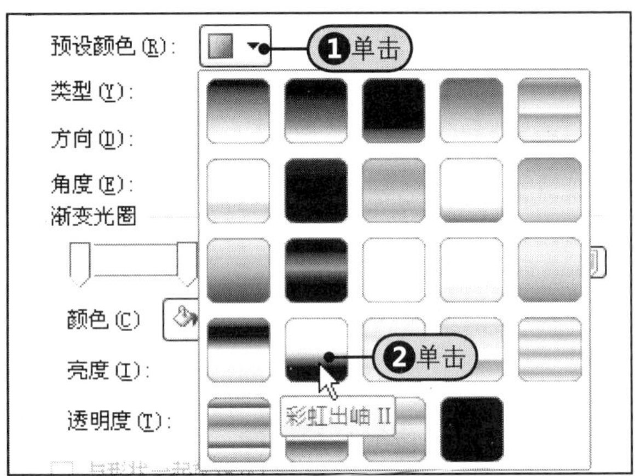

9 步骤 **设置艺术字效果。**

选中图表中的数据标签，在“图表工具—格式”的“艺术字样式”列表中选择一种艺术字效果。

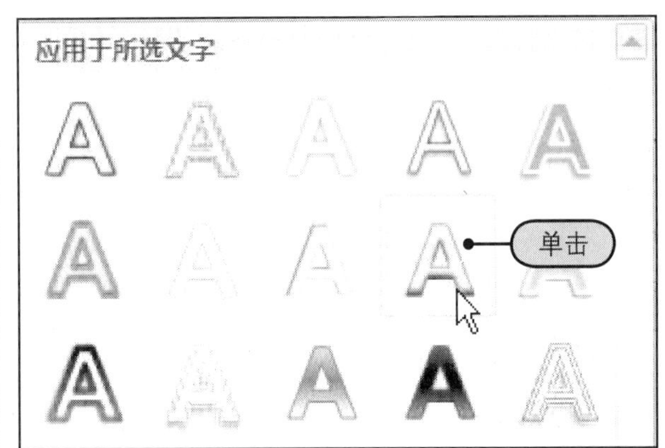

10 步骤 **图表最终效果。**

得到的图表最终效果如下图所示。

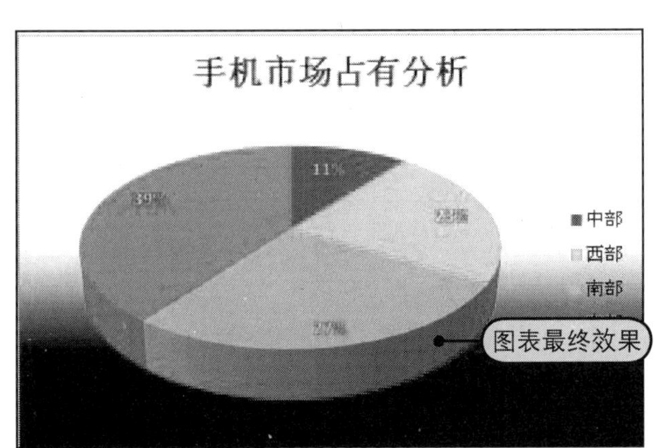

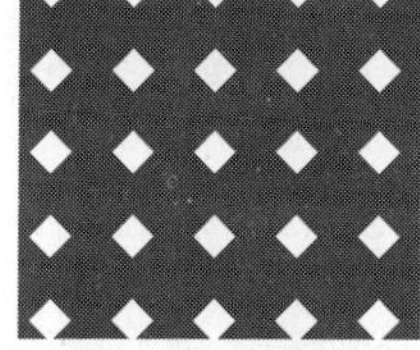

16.8 专家支招

Excel 2010的图表功能非常强大，可以帮助用户解决许多实际工作中遇到的数据分析问题。除了掌握本章前面介绍的关于图表创建和编辑及格式设置的基本方法外，结合实际需要，还应掌握一些图表相关的技巧，比如：如何在一个图表中显示两种图表类型、如何在图表中快速切换行列，以及如何将图表设置为圆角矩形的格式。

招术一 在一个图表中显示两种图表类型

有时需要在一个图表中显示不同的两种图表类型，即创建复合图表。常见的有线柱图，例如，在柱形图中显示某公司1～3月各部分的办公费用比较，而使用一个折线来反映该公司各月整体办公费用的变化趋势，要求将柱图和折线显示在同一个图表中，可以进行如下操作。

选择数据并创建一个二级柱形图，Step1 右击需要更改图表类型的数据系列，Step2 从弹出的快捷菜单中选择“更改系列的图表类型”命令，Step3 在“更改图表类型”对话框中单击“折线图”标签，Step4 单击“数据点折线图”子类型，Step5 右击更改后的折线图，从快捷菜单中选择“设置数据系列格式”命令，打开“设置数据系列格式”对话框，选中“次坐标轴”单选按钮，Step6 此时图表中会自动增加一个坐标轴，并将折线绘制于该坐标轴中，如图16-71所示。

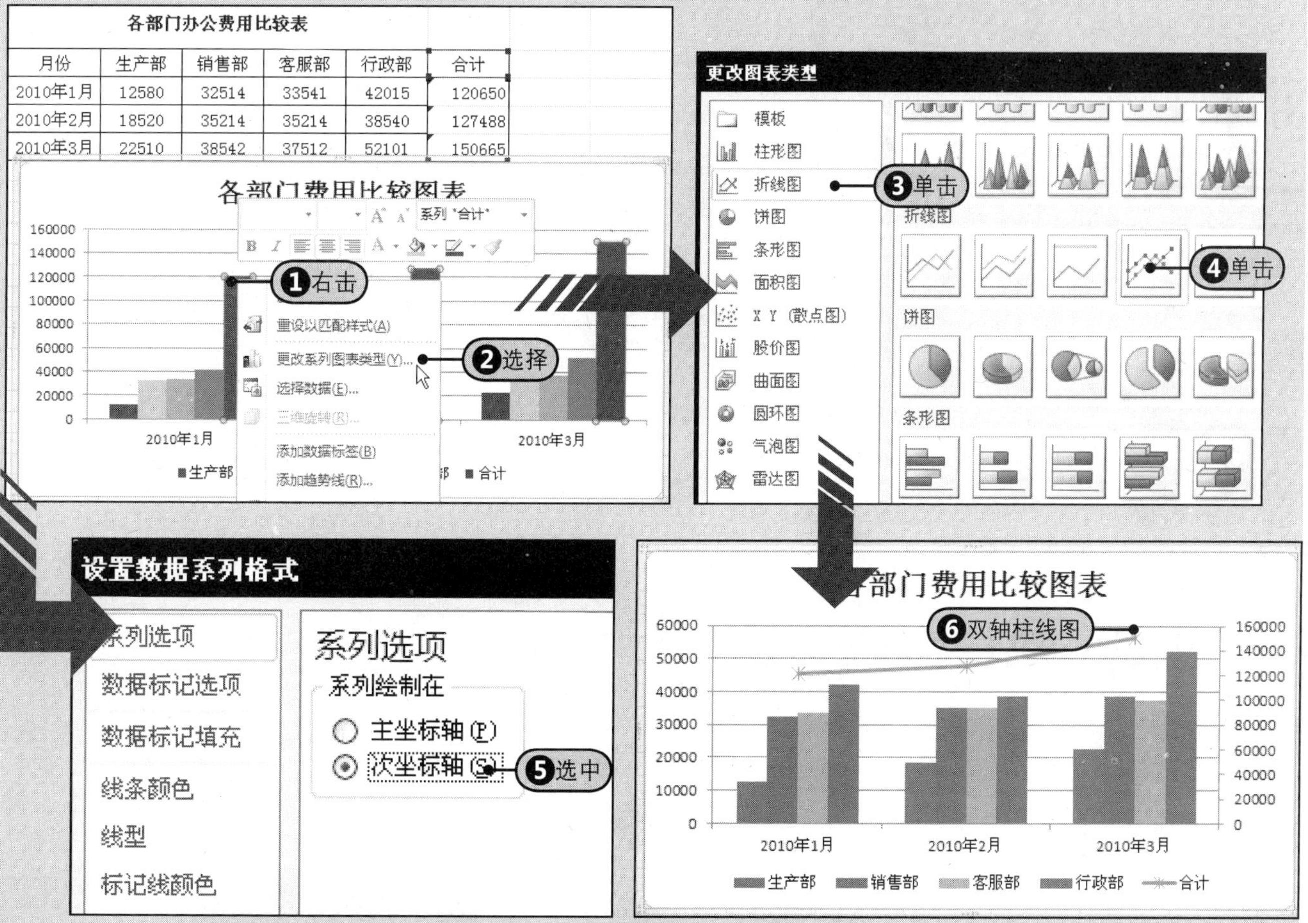
各部门办公费用比较表
月份 生产部 销售部 客服部 行政部 合计
2010年1月 12580 32514 33541 42015 120650
2010年2月 18520 35214 35214 38540 127488
2010年3月 22510 38542 37512 52101 150665
各部门费用比较图表
1右击
重设以匹配样式(A)
更改系列图表类型(Y)...
选择数据(E)...
三维旋转(R)...
添加数据标签(B)
添加趋势线(R)...
2选择
更改图表类型
模板
柱形图
折线图
饼图
条形图
面积图
X Y (散点图)
股价图
曲面图
圆环图
气泡图
雷达图
3单击
4单击
设置数据系列格式
系列选项
数据标记选项
数据标记填充
线条颜色
线型
标记线颜色
系列绘制在
主坐标轴(P)
次坐标轴(S)
5选中
6双轴柱线图
2010年1月
2010年2月
2010年3月
生产部
销售部
客服部
行政部
合计

图16-71 在一个图表中显示两种图表类型

招术二 在图表中快速切换行与列

Excel 2010中的图表可以有不同的组织形式，特别是对于数据系列和图例都存在多个的时候，通过切换行列可以切换图表的表现形式，反映不同的问题。例如，已知1～6月各月产品A、B、C的销量，同样是柱形图，既可以每个月标准比较，也可以同类产品为标准比较。但用户只需要简单的一步操作，即在“图表工具—设计”选项卡中的“数据”组中单击“切换行/列”按钮，就可实现两种不同比较方式的转换，如图16-72所示。

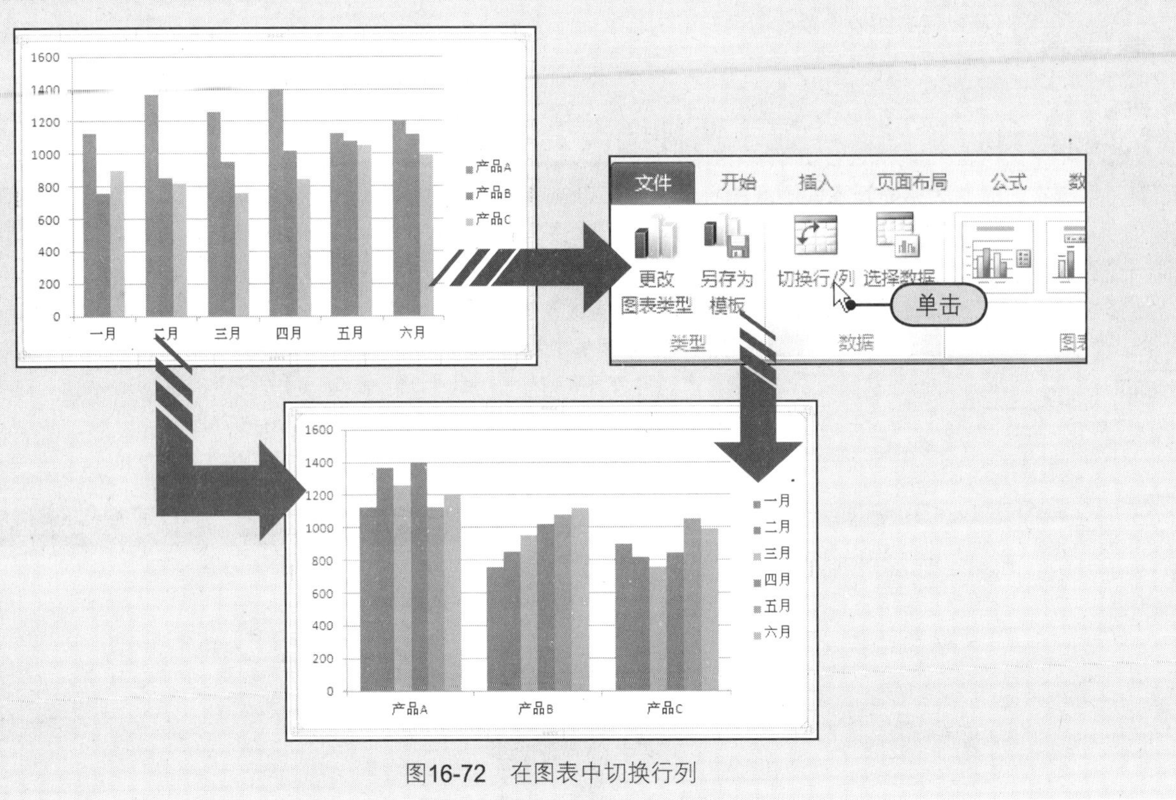

图16-72 在图表中切换行列

招术三 设置图表外观为圆角矩形

在Excel 2010中可以设置图表区域的4个角为圆角样式，设置方法如下所示。选中图表，打开“设置图表区格式”对话框。

Step1 单击“边框样式”标签，Step2 勾选“圆角”复选框，Step3 设置圆角矩形后的图表效果，如图16-73所示。

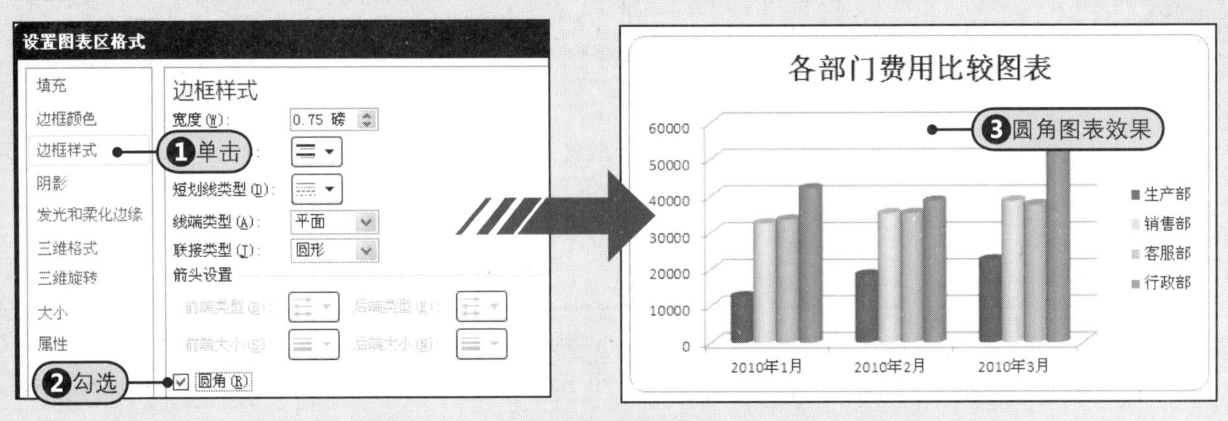

图16-73 设置圆角矩形图表区

Part 3 Excel篇

Chapter 17

数据随心动——数据透视表和数据透视图的应用

数据透视表和数据透视图是Excel 2010较厉害的“利器”，能够让庞大而略显凌乱的数据表瞬间变得有条理起来。其中，数据透视表是一种对大量数据进行快速汇总和建立交叉列表的交互式表格，它不仅可以转换行和列以显示源数据的不同汇总结果，也可以显示不同页面以筛选数据，还可以根据用户的需要显示数据区域中的明细数据；数据透视图是另一种数据表现形式，与数据透视表不同的地方在于它允许选择适当的图表及多种颜色来描述数据的特性。

17.1 什么是数据透视表

数据透视表是用来从Excel数据列表、关系数据库文件或OLAP多维数据集的特殊字段中总结信息的分析工具。它是一种交互式报表，可以快速分类汇总、比较大量的数据，并且可以随时选择其中页、行和列中的不同元素，以快速查看源数据的不同统计结果，同时还可以方便地显示或打印出感兴趣区域的明细数据。

数据透视表有机地综合了数据排序、筛选和分类汇总等常用数据分析方法的优点，可以方便地调整分类汇总的方式，灵活地以多种不同方式展示数据的特征。一张“数据透视表”仅靠鼠标移动字段位置，即可变换出各种类型的报表。同时，数据透视表也是解决Excel 2010公式计算速度瓶颈的手段之一。因此，该工具是最常用、功能最全的Excel数据分析工具。

用来创建数据透视表的源数据区域可以是工作表中的数据清单，也可以通过外部数据导入。使用数据透视表有几个优点：

1. 能完全并面向结果化地按用户设计的格式来完成数据透视表建立；
2. 当原始数据更新后，只需要单击“更新数据”按钮，数据透视表就会自动更新数据；
3. 当用户对创建的数据透视表不满意时，可以方便地修改数据透视表。

常见的数据透视表可以包含页字段、行标签、数据标签、数据区域、汇总行及总计行等，如图17-1所示。

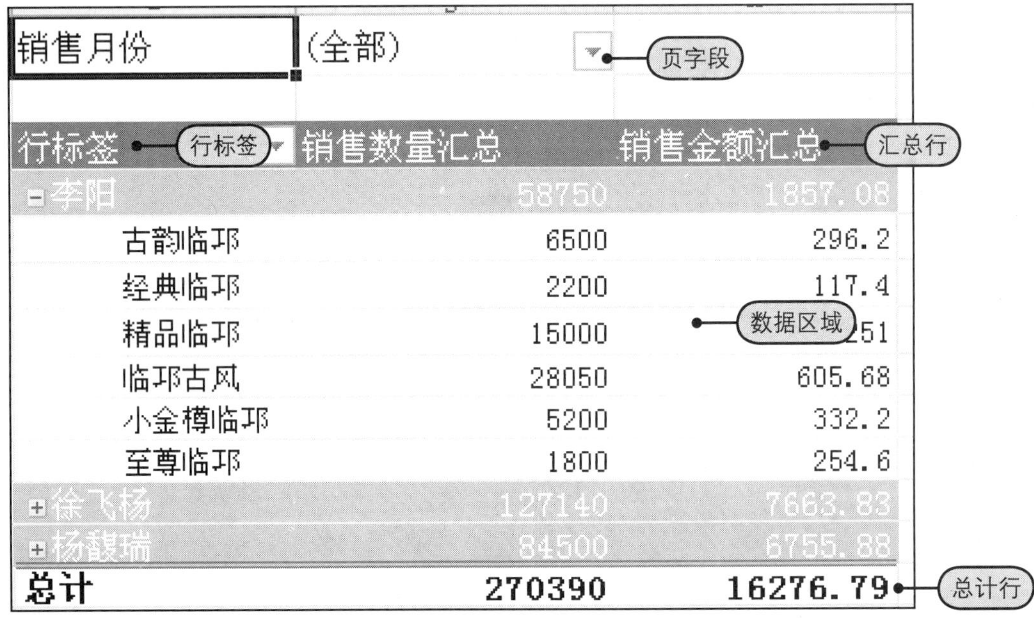

图17-1　数据透视表示例

但并不是说所有的数据透视图都包含这些元素，用户在创建数据透视表的时候，可以根据需要为数据透视表添加页字段、行标签、列标签及汇总项等。

17.2 创建数据透视表

创建数据透视表最常见的方法是根据现在工作表中的数据直接创建，其创建的过程包括选择数据透视表的数据源、为数据透视表添加字段进行布局设置等内容。

17.2.1　选择数据透视表的数据源

选择数据源是创建数据透视表中的第一步，因此在开始创建数据透视表以前，用户应先确定已经创建好数据透视表的数据表。打开附书光盘\实例文件\第17章\原始文件\生产产量统计表.xlsx工作簿。

1 步骤 Step❶在“插入”选项卡中的“表格”组中单击“数据透视表”的下三角按钮，Step❷从展开的下拉列表框中选择“数据透视表”命令，如图17-2所示。

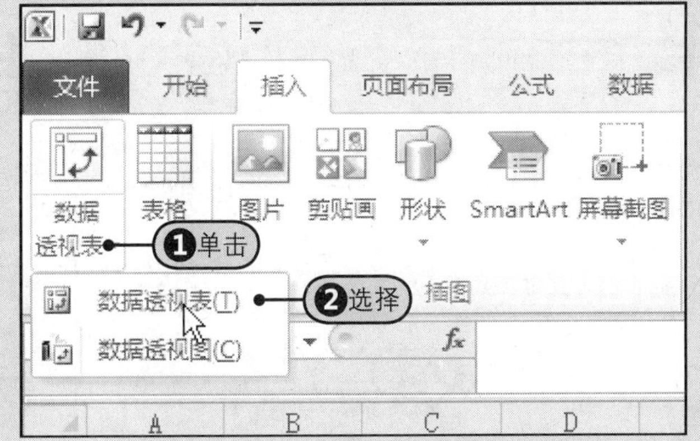

图17-2 选择“数据透视表”命令

2 步骤 在“创建数据透视表”对话框中Step❸选中“选择一个表或区域”单选按钮，Step❹单击“表/区域”框右侧的单元格引用按钮，如图17-3所示。

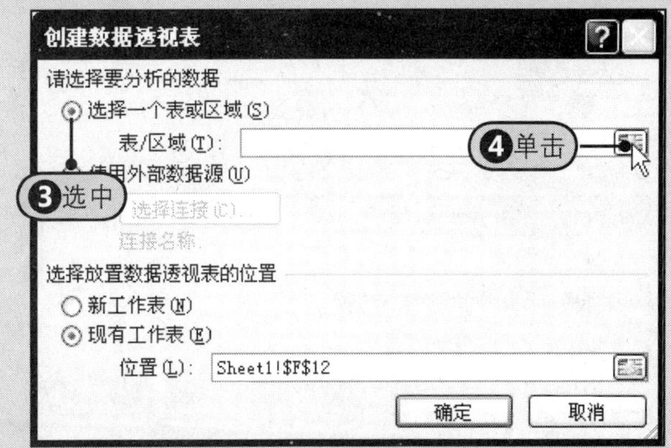

图17-3 选择数据区域和位置区域

3 步骤 Step❺此时“创建数据透视表”对话框会折叠显示，拖动鼠标选择单元格区域A1:D37，如图17-4所示。

	A	B	C	D	E
1	月份	班组	❺选择	产量（件）	
2	2010年1月	一班组	A	1500	
3	2010年1月	一班组	B	3200	
4	2010年1月	一班组	C	4100	
5	2010年1月	一班组	D	1900	
6	创建数据透视表				
7					
8	Sheet1!$A$1:$D$37				
9				2800	
10	2010年1月	三班组	A	1300	
11	2010年1月	三班组	B	1200	
12	2010年1月	三班组	C	1700	
13	2010年1月	三班组	D	1500	
14	2010年2月	一班组	A	2200	

图17-4 选择数据区域

4 步骤 返回“创建数据透视表”对话框，Step❻在“选择放置数据透视表的位置”区域内选中“现有工作表”单选按钮，Step❼单击“位置”框右侧的单元格引用按钮，选择单元格F3，Step❽然后单击“确定”按钮，如图17-5所示。

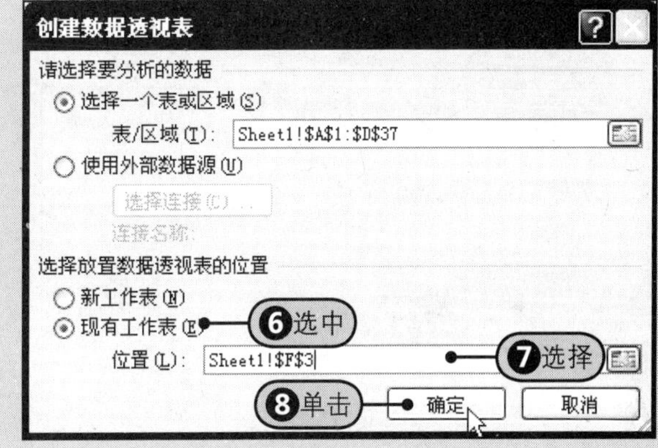

图17-5 设置透视表位置

5 步骤 Step❾随后，Excel 2010会在指定的位置创建一个数据透视表模板，并自动在工作簿窗口中右侧显示“数据透视表字段列表”窗格，如图17-6所示。

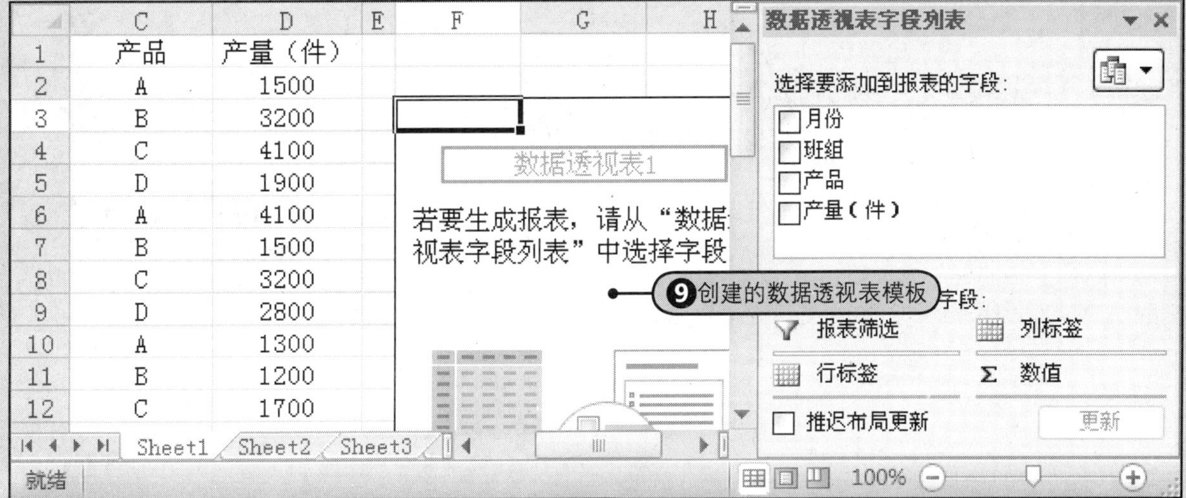

图17-6 创建的数据透视表模板

17.2.2 为数据透视表添加字段

接下来就可以向数据透视表模板添加字段了，只有在数据透视表中添加字段，数据透视表才有实际意义。

1 步骤 Step❶在“选择要添加到报表的字段”窗格中右击要添加的字段，如“月份”，Step❷然后从快捷菜单中选择“添加到报表筛选”命令，如图17-7所示。

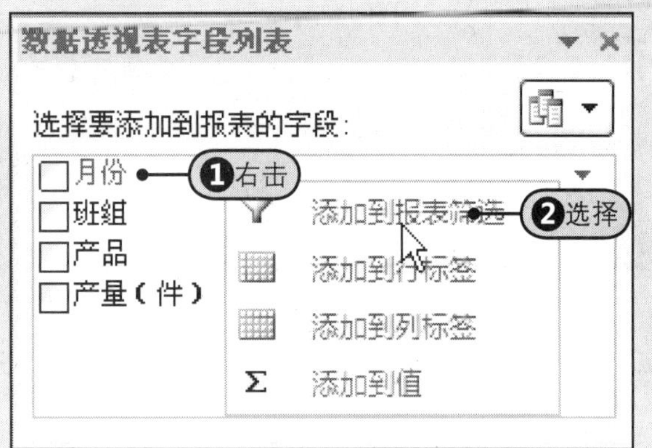

图17-7 添加字段到“报表筛选”区域

2 步骤 Step❸再次右击“班组”字段，Step❹从弹出的快捷菜单中选择“添加到行标签”命令，如图17-8所示。

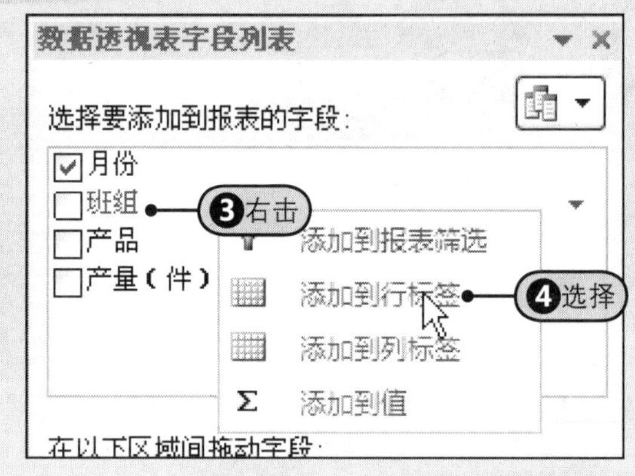

图17-8 添加字段到“行标签”区域

3 步骤 Step❺右击“产品”字段，Step❻从弹出的快捷菜单中选择“添加到列标签”命令，如图17-9所示。

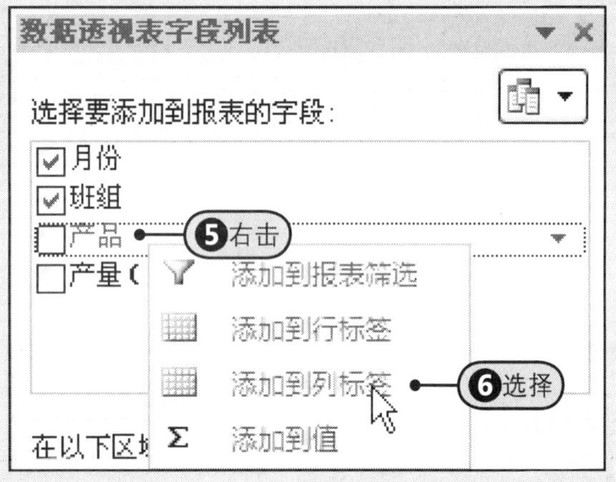

图17-9 添加字段到“列标签”区域

4 步骤 Step❼右击“产量（件）”字段，Step❽从弹出的快捷菜单中选择“添加到值”命令，如图17-10所示。

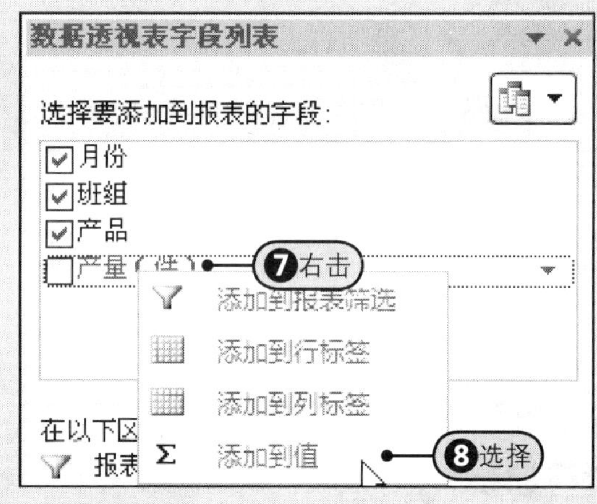

图17-10 添加字段到“值”区域

5 步骤 Step❾得到的数据透视表效果，如图17-11所示。

月份	(全部)				
求和项:产量（件）	列标签				
行标签	A	B	C	D	总计
二班组	10900	5600	9135	8532	34167
三班组	4452	4507	6098	6200	21257
一班组	6752	9412	13020	6000	35184
总计	**22104**	**19519**	**28253**	**20732**	**90608**

❾得到的效果

图17-11 添加字段后的数据透视表

17.2.3 删除字段

用户还可以从数据透视表中删除字段，重新更改数据透视表的效果。假如，现只需要统计出每个月各班组所有产品的生产总量，可以将前面创建数据透视表中“列标签”的“产品”字段删除。

Step1在“列标签”区域内单击“产品”的下三角按钮，Step2从展开的下拉列表中选择“删除字段”命令，如图17-12所示。Step3删除字段后的数据透视表效果，如图17-13所示。

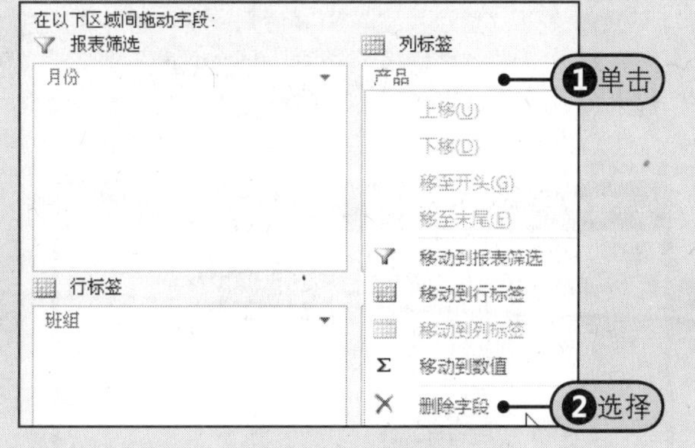

图17-12 选择“删除字段”命令

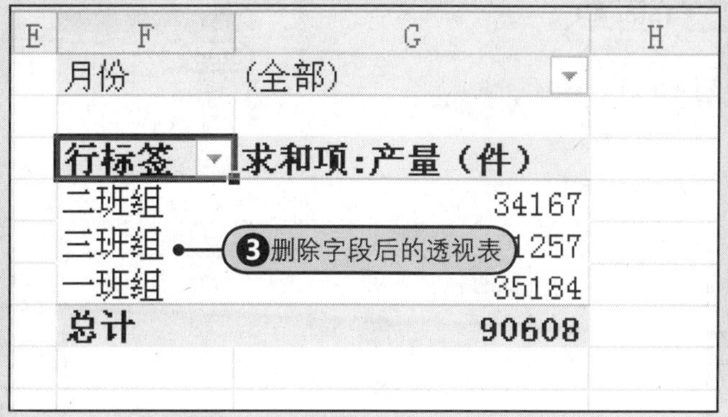

图17-13 删除列标签字段的透视表

提示 拖动法添加字段和删除字段

使用拖动法来添加与删除字段：当要添加字段时，直接将字段拖动到要添加的区域即可；如果要删除字段，直接将字段拖出数据透视表区域即可。

17.3 设置和编辑数据透视表

创建了数据透视表后，用户还可以随意更改数据透视表中的字段布局，以不同的方式汇总数据，起到从不同角度对数据进行分析的作用。打开附书光盘\实例文件\第17章\原始文件\生产产量分析数据透视表.xlsx工作簿。

17.3.1 值字段设置

除了可以添加、删除和移动字段外，还可以对字段进行设置，比如更改字段的名称、更改值汇总方式及数字格式和值显示方式等。

1 更改值字段名称

Step1单击要设置的字段中的下三角按钮，如“求和项:产量（件）”字段，Step2从展开的下拉列表中选择“值字段设置”命令，如图17-14所示，随后打开“值字段设置”对话框，Step3在“自定义名称”框中输入“求和:产量”，Step4然后单击“确定”按钮，如图17-15所示。

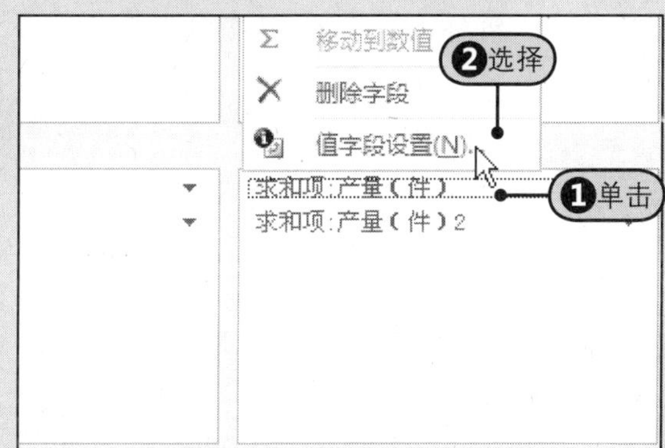

图17-14 选择“值字段设置”命令

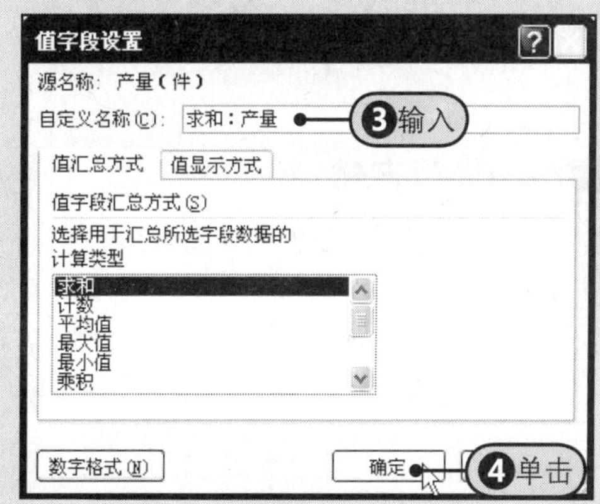

图17-15 更改字段名称

② 更改值字段汇总方式和数字格式

在数据透视表中，常见的值汇总方式有：求和、计数及计算最大值、最小值、平均值等，用户可以根据自己的需要设置值的汇总方式。例如，接下来需要将原始文件数据透视表中的“求和项:产量（件）”更改为“平均值”，并将数字格式设置为两位小数，操作方法如下所示。

步骤1 Step❶在“数据透视表字段列表”窗格中单击“求和项:产量（件）2”字段中的下三角按钮，Step❷从展开的下拉列表中选择“值字段设置”命令，如图17-16所示。

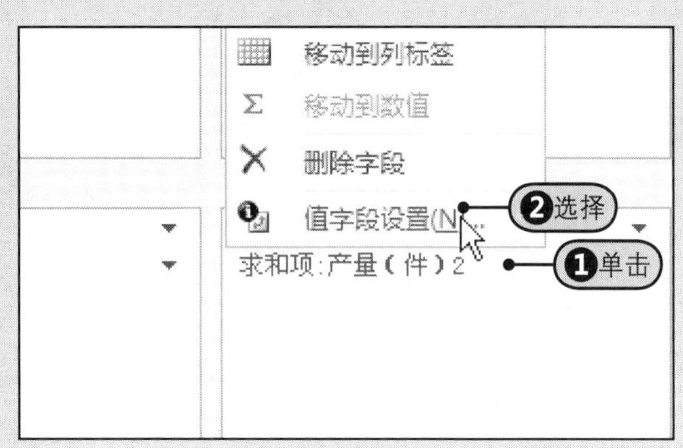

图17-16　选择“值字段设置”命令

步骤2 Step❸在“值字段设置”对话框中的“值字段汇总方式”列表框中单击“平均值”选项，Step❹在“自定义名称”框中输入“产量平均值”，Step❺然后单击“数字格式”按钮，如图17-17所示。

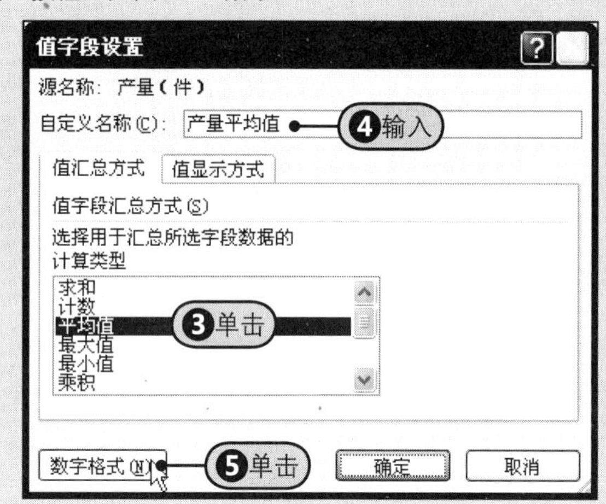

图17-17　更改值字段汇总方式

步骤3 Step❻在“设置单元格格式”对话框中单击“数值”标签，Step❼设置“小数位数”为“2”，如图17-18所示。

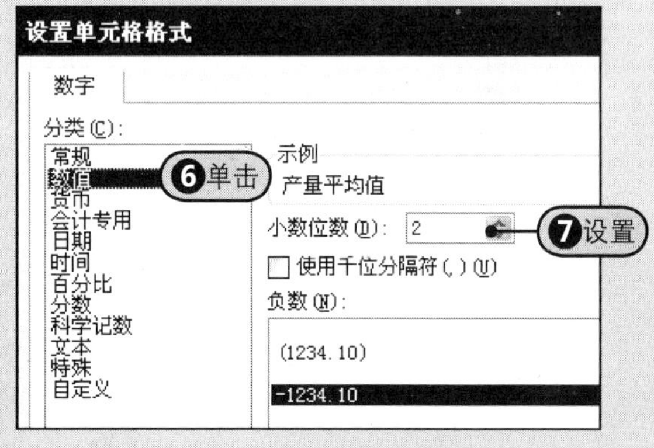

图17-18　设置数字格式

步骤4 Step❽设置后的数据透视表，如图17-19所示。

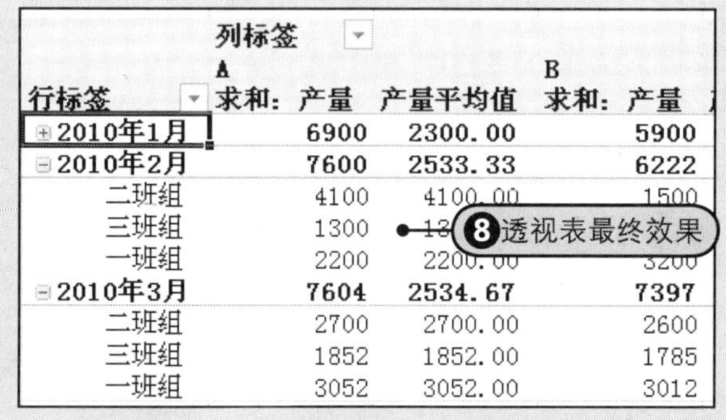

	列标签		
	A		B
行标签	求和：产量	产量平均值	求和：产量
⊞2010年1月	6900	2300.00	5900
⊟2010年2月	7600	2533.33	6222
二班组	4100	4100.00	1500
三班组	1300	[illegible]	[illegible]
一班组	2200	2200.00	3200
⊟2010年3月	7604	2534.67	7397
二班组	2700	2700.00	2600
三班组	1852	1852.00	1785
一班组	3052	3052.00	3012

图17-19　更改值字段设置后的透视表效果

③ 更改值显示方式

可以将数据透视表中值的显示方式更改为百分比显示方式。

Step❶在“数据透视表字段列表”中单击需要设置的字段下三角按钮，如“求和:产量”字段，Step❷从下拉列表中选择“值字段设置”命令，Step❸在“值字段设置”对话框中单击“值显示方式”标签，Step❹从“值显示方式”下拉列表中单击“列汇总的百分比”选项，Step❺单击“确定”按钮，Step❻最后得到的数据透视表，如图17-20所示。

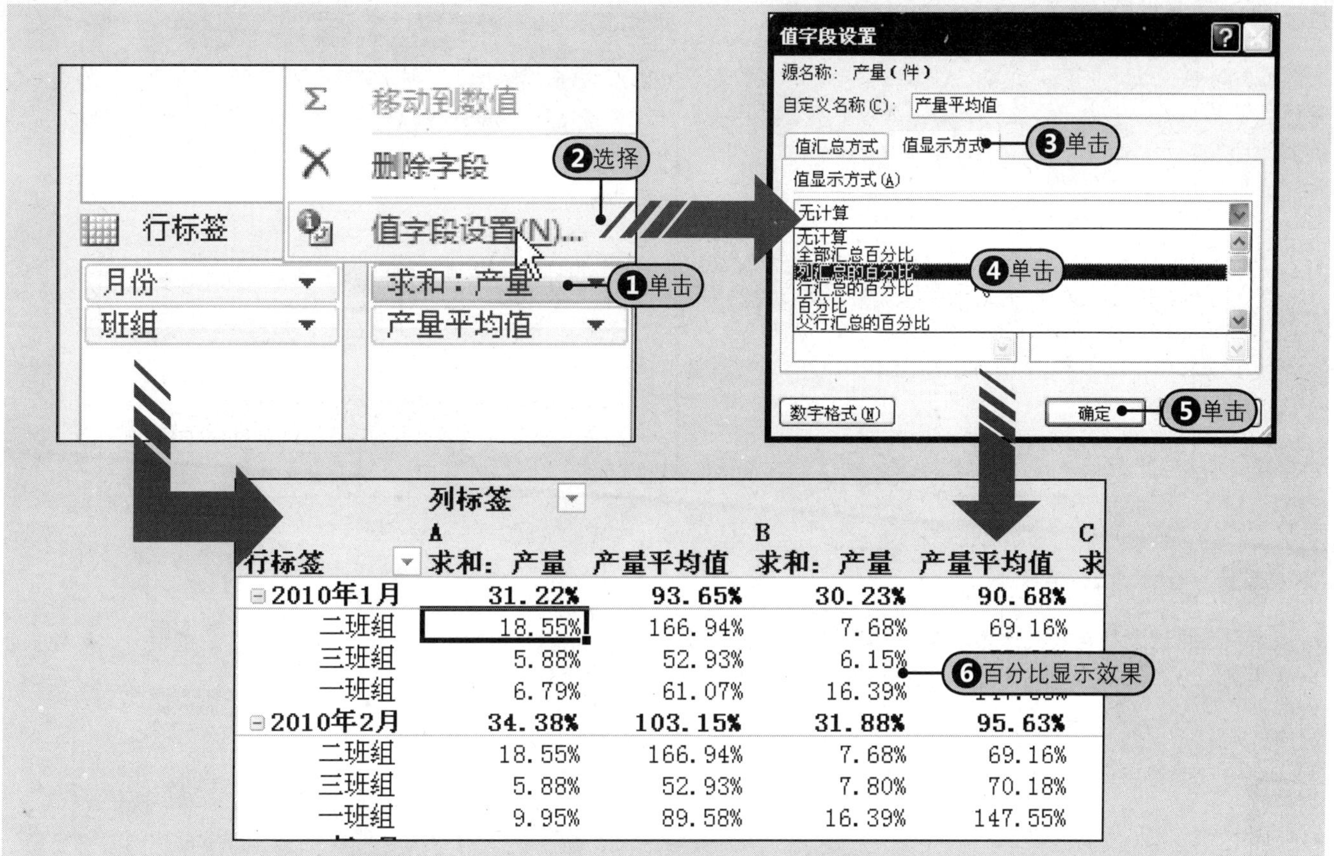

移动到数值
删除字段
②选择
行标签
值字段设置(N)...
月份
班组
求和：产量
①单击
产量平均值
值字段设置
源名称：产量(件)
自定义名称(C)：产量平均值
值汇总方式
值显示方式
③单击
值显示方式(A)
无计算
无计算
全部汇总百分比
列汇总的百分比
④单击
行汇总的百分比
百分比
父行汇总的百分比
数字格式(N)
确定
⑤单击
列标签
A
B
C
行标签
求和：产量
产量平均值
求和：产量
产量平均值
求
⊟2010年1月
31.22%
93.65%
30.23%
90.68%
二班组
18.55%
166.94%
7.68%
69.16%
三班组
5.88%
52.93%
6.15%
一班组
6.79%
61.07%
16.39%
⑥百分比显示效果
⊟2010年2月
34.38%
103.15%
31.88%
95.63%
二班组
18.55%
166.94%
7.68%
69.16%
三班组
5.88%
52.93%
7.80%
70.18%
一班组
9.95%
89.58%
16.39%
147.55%
图17-20 更改值字段的显示方式

提示

“字段设置”与“值字段设置”

对于被添加到报表“值”区域的字段，称为值字段；而其他3个区域的字段，称为“字段”。因此，当对它们进行字段设置时，对话框会分别显示为“值字段设置”和“字段设置”。通常，字段设置除了可以更改字段的名称外，还可以设置字段的分类汇总和筛选、布局和打印等选项；而对于值字段，还可以设置值的汇总方式和显示方式。同时，还可以设置它们的数字格式。

17.3.2 设置数据透视表计算方式

在Excel 2010中，除了使用前面的“值字段设置”对话框进行设置外，还可以直接通过“数据透视表工具-选项”选项卡的“计算”组中的命令按钮来快速设置数据透视表的计算方式。“计算”组中的命令按钮，如图17-21所示。

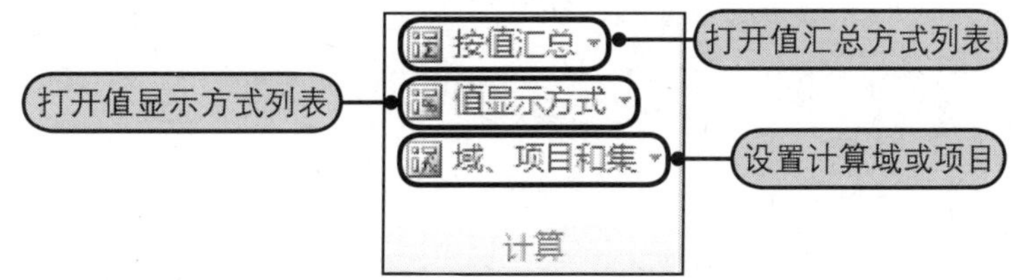

按值汇总
打开值汇总方式列表
打开值显示方式列表
值显示方式
域、项目和集
设置计算域或项目
计算
图17-21 “计算”功能组

❶ 按值汇总

按值汇总是指对数据透视表中的数值字段的计算方式，常见的值汇总方式有：求和、计数、平均值、最大值、最小值、乘积等计算方式，系统默认的为“求和”。

Step1 在“数据透视表工具-选项”选项卡中的“计算”组中单击“按值汇总”的下三角按钮，从展开的下拉列表中选择适当的汇总方式，Step2 如果下拉列表中没有显示需要的汇总方式，请选择“其他选项”命令，如图17-22所示。Step3 打开“值字段设置”对话框，可以在“值字段汇总方式”列表框中选择更多的汇总方式，如图17-23所示。

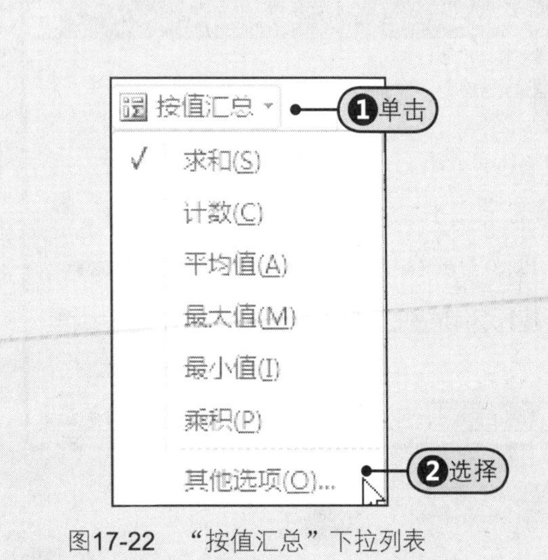

图17-22 “按值汇总”下拉列表

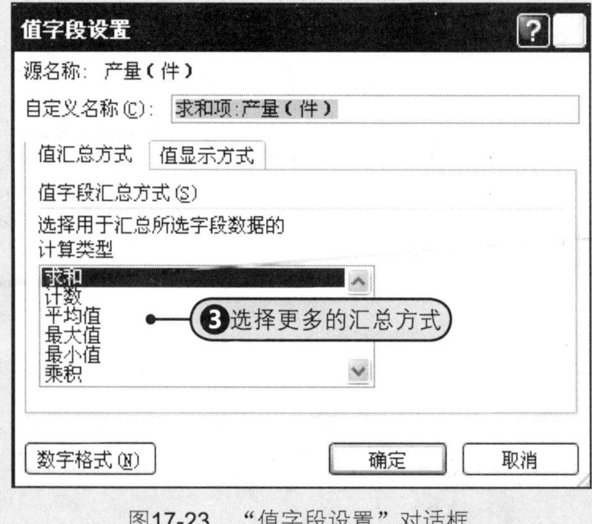

图17-23 “值字段设置”对话框

❷ 值显示方式

用户还可以创建自定义计算，以显示与数据透视表中的其他行、列之间的关系。下面以“父级汇总的百分比”值显示方式为例，介绍设置值显示方式的方法。

1 步骤 Step❶选择数据透视表中任意单元格，如图17-24所示。

行标签	列标签 求和项:产量（件）	求和项:产量（件）2
2010年1月	6900	6900
二班组	4100	4100
三班组	1300	1300
一班组	1500	1500
2010年2月	7600	7600
二班组	4100	4100
三班组	1300	1300
一班组	2200	2200
2010年3月	7604	7604
二班组	2700	2700
三班组	1852	1852
一班组	3052	3052
总计	22104	22104

❶单击

图17-24 选择数据透视表中任意单元格

2 步骤 Step❷在“计算”组中单击“值显示方式”的下三角按钮，Step❸从展开的下拉列表中选择“父级汇总的百分比”命令，如图17-25所示。

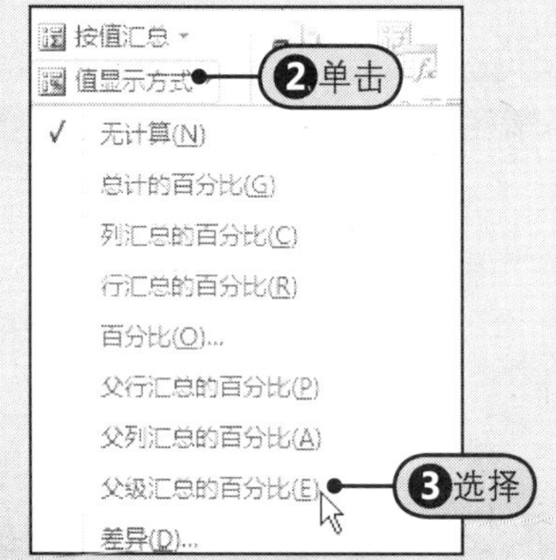

图17-25 选择值显示方式

3 步骤 在弹出的“值显示方式（求和项:产量（件））”对话框中，Step❹从“基本字段”下拉列表中选择“月份”字段，Step❺单击“确定”按钮，如图17-26所示。

图17-26 设置基本字段

4 步骤 Step❻更改值汇总方式后的数据透视表效果，如图17-27所示。此时，数据透视表中以“月份”字段为父级基本字段，各月所有班组的总产量为100%，显示各班组所占的百分比。

行标签	列标签 求和项:产量（件）	求和项:
2010年1月	100.00%	
	59.42%	
	18.84%	
一班组	21.74%	
2010年2月	100.00%	
二班组	53.95%	
三班组	17.11%	
一班组	28.95%	
2010年3月	100.00%	
二班组	35.51%	
三班组	24.36%	
一班组	40.14%	
总计		

❻百分比效果

图17-27 更改值汇总方式后的效果

❸ 域、项目和集

使用“域、项目和集”功能，用户可以自己使用Excel 2010中的公式在数据透视表中创建计算字段和计算项，体现数据透视表的计算更加灵活的特点。打开附书光盘\实例文件\第17章\原始文件\数据透视表1.xlsx工作簿。已知如果单个组生产产量超过3万件时，单位生产成本为55.8元；如果低于3万件时，生产成本为72.3元，现需要在该数据透视表中增加生产成本计算列，操作方法如下所示。

1 步骤 Step❶选择数据透视表中任意单元格，显示数据透视表功能区如图17-28所示。

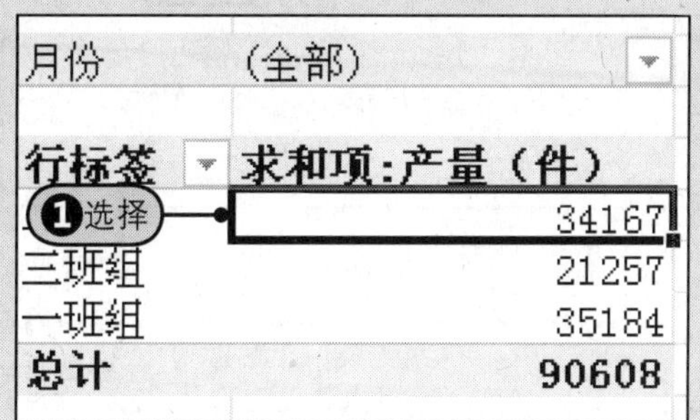

图17-28　选择数据透视表

2 步骤 Step❷在“计算”组中单击“域、项目和集”的下三角按钮，Step❸从展开的下拉列表中选择“计算字段”命令，如图17-29所示。

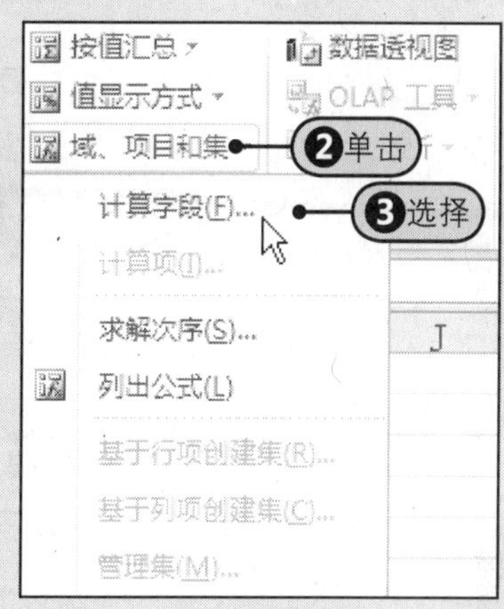

图17-29　选择“计算字段”命令

3 步骤 Step❹在“插入计算字段”对话框中的“名称”框中输入“生产成本”，Step❺在“公式”框中输入公式“=IF('产量(件)'>30000,'产量(件)'*55.8,'产量(件)'*72.3)”，然后单击“添加”按钮，如图17-30所示。

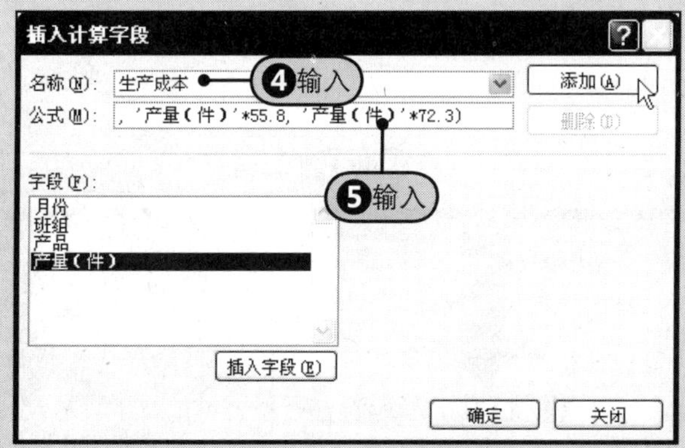

图17-30　设置公式

4 步骤 此时，“字段”列表中会新增“生产成本”字段，Step❻然后单击“确定”按钮，如图17-31所示。

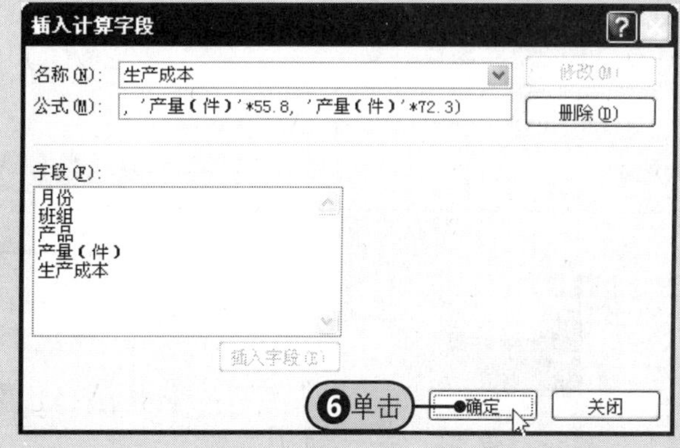

图17-31　单击“确定”按钮

5 步骤 Step❼添加计算字段“生产成本”后的数据透视表效果，如图17-32所示。

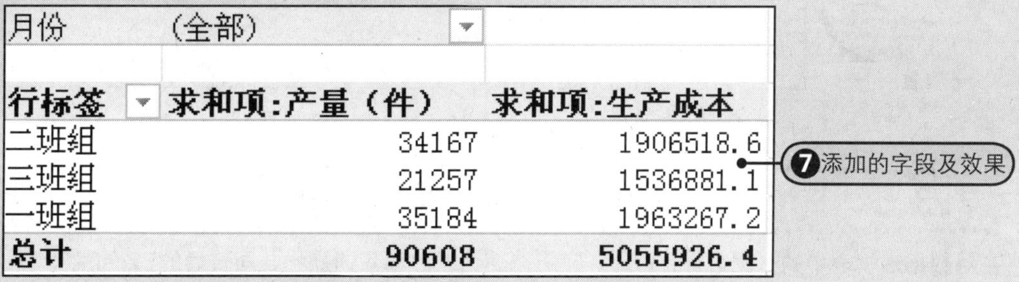

月份	(全部)	
行标签	求和项:产量（件）	求和项:生产成本
二班组	34167	1906518.6
三班组	21257	1536881.1
一班组	35184	1963267.2
总计	90608	5055926.4

❼添加的字段及效果

图17-32　添加计算字段后的数据透视表

17.3.3 选择数据透视表

Step❶在“数据透视表工具-选项”选项卡中的“操作”组中单击“选择”的下三角按钮，Step❷从展开的下拉列表中选择“整个数据透视表”命令，如图17-33所示。Step❸再次单击“选择”的下三角按钮，Step❹从弹出的下拉列表中可以选择“值”（或“标签”），如图17-34所示。

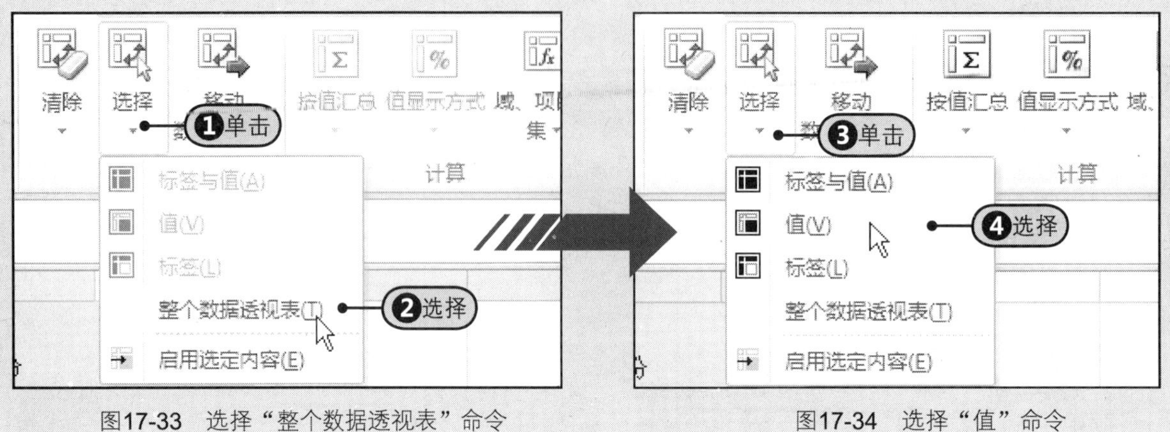

图17-33 选择“整个数据透视表”命令

图17-34 选择“值”命令

17.3.4 移动数据透视表

对于已经创建好的数据透视表，有时可能还需要将它移动到其他位置。Step❶在“数据透视表工具-选项”选项卡中的“操作”组中单击“移动数据透视表”按钮，Step❷在“移动数据透视表”对话框中选中“新工作表”单选按钮，Step❸单击“确定”按钮，Step❹系统会自动在当前工作簿中插入一个新工作表，并在该工作表中显示数据透视表，如图17-35所示。

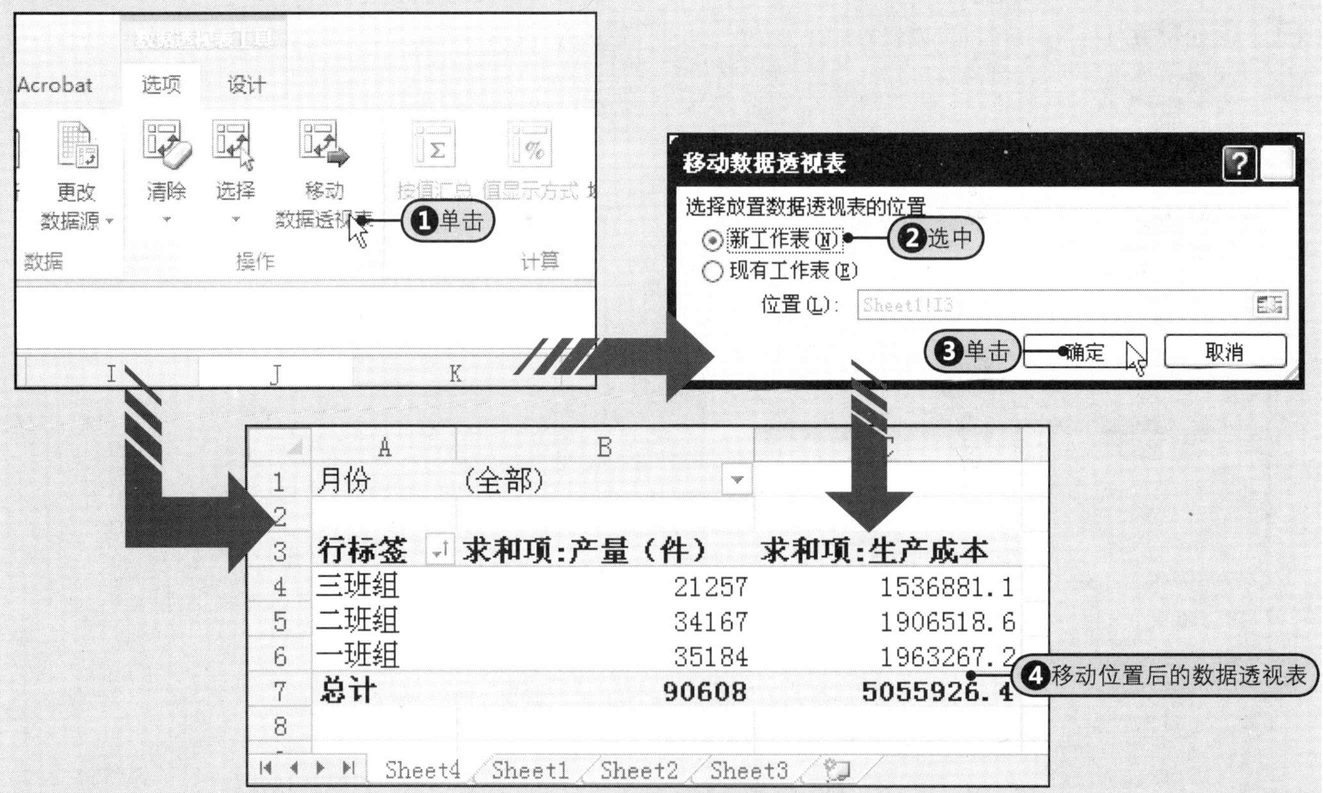

Acrobat 选项 设计
更改数据源 清除 选择 移动数据透视表 按值汇总 值显示方式
数据 操作 计算
❶单击

移动数据透视表
选择放置数据透视表的位置
新工作表(N) ❷选中
现有工作表(E)
位置(L): Sheet1!I3
❸单击 确定 取消

	A	B	C
1	月份	(全部)	
2			
3	行标签	求和项:产量（件）	求和项:生产成本
4	三班组	21257	1536881.1
5	二班组	34167	1906518.6
6	一班组	35184	1963267.2
7	总计	90608	5055926.4
8			

Sheet4 Sheet1 Sheet2 Sheet3

❹移动位置后的数据透视表

图17-35 移动数据透视表

17.3.5 对数据透视表进行排序与筛选

在对数据透视表中的数据进行分析时，还可以使用排序和筛选操作。同普通的Excel 2010表格一样，对于数据透视表中的数据，仍然可以使用排序和筛选功能来重新排列数据，具体介绍如下。

❶ 对数据透视表进行排序

Step❶在“数据透视表工具—选项”选项卡中的“排序和筛选”组中单击“排序”按钮，Step❷在弹出的“按值排序”对话框中的“排序选项”区域内选中“升序”单选按钮，Step❸在“排序方向”区域内选中“从上到下”单选按钮，Step❹单击“确定”按钮，Step❺排序后的数据透视表，如图17-36所示。

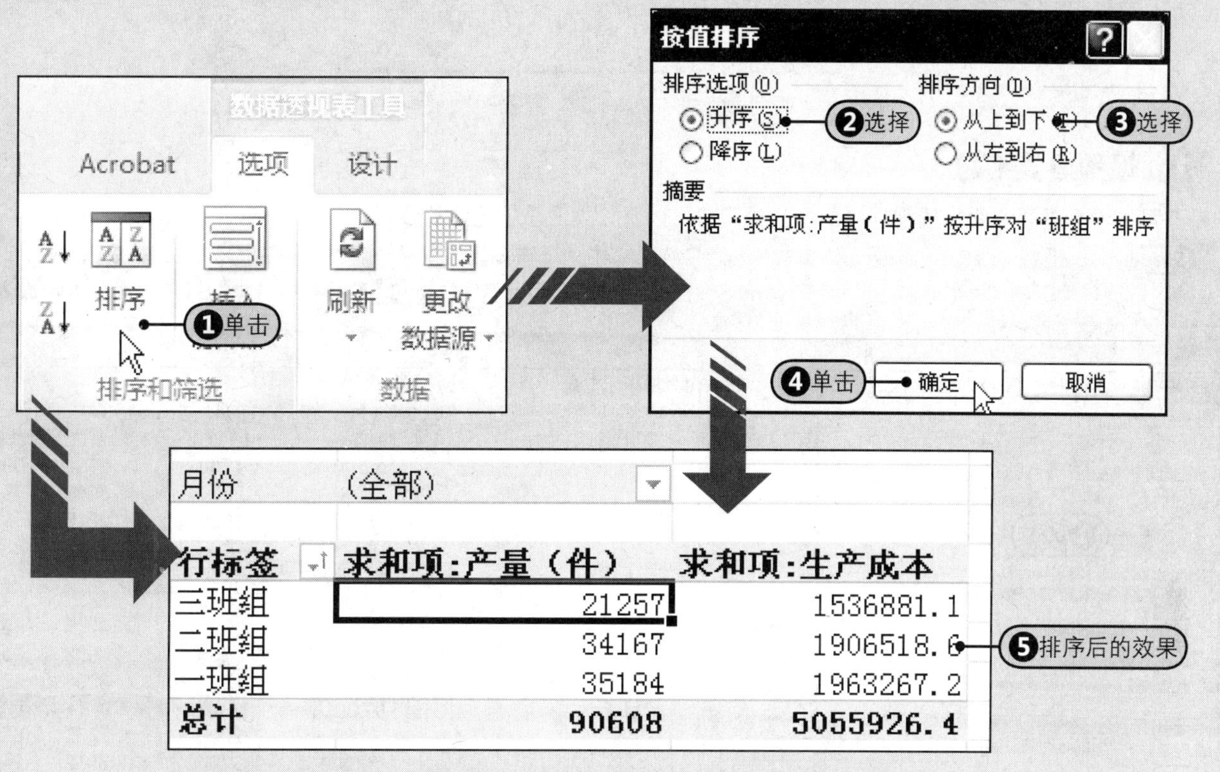

图17-36 对数据透视表进行排序

❷ 对数据透视表应用筛选

用户可以直接使用数据透视表中的“报表筛选”字段进行筛选，Step❶单击“月份”字段中的筛选按钮，Step❷从弹出的筛选列表中选择要显示的月份，如“2010年2月”，Step❸然后单击“确定”按钮，如图17-37所示。Step❹随后数据透视表中只显示筛选结果为2月份的数据，如图17-38所示。

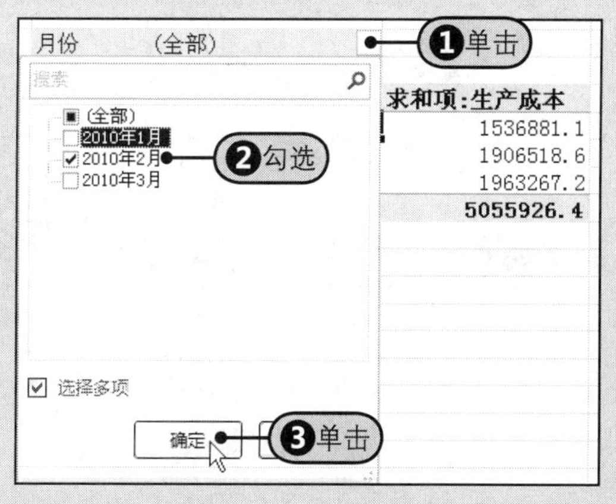

图17-37 设置筛选

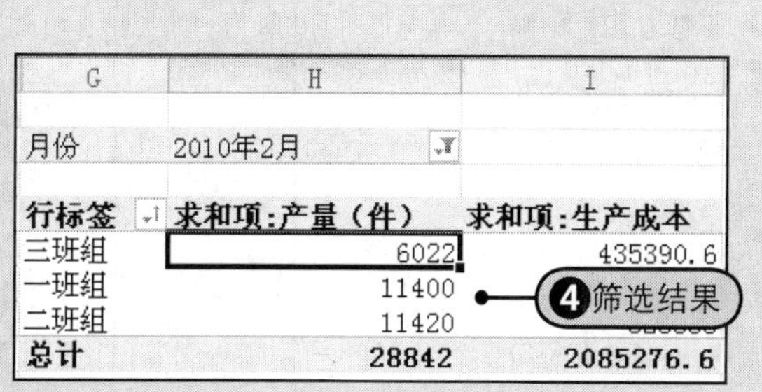

图17-38 筛选结果

17.4 更改数据透视表布局

用户可以更改数据透视表的布局，比如，更改分类汇总显示的位置、总计功能是否启用及报表布局样式。图 17-39 所示为“数据透视表工具 - 设计”选项卡中的“布局”功能组。打开附书光盘 \ 实例文件 \ 第 17 章 \ 原始文件 \ 数据透视表 2.xlsx 工作簿。

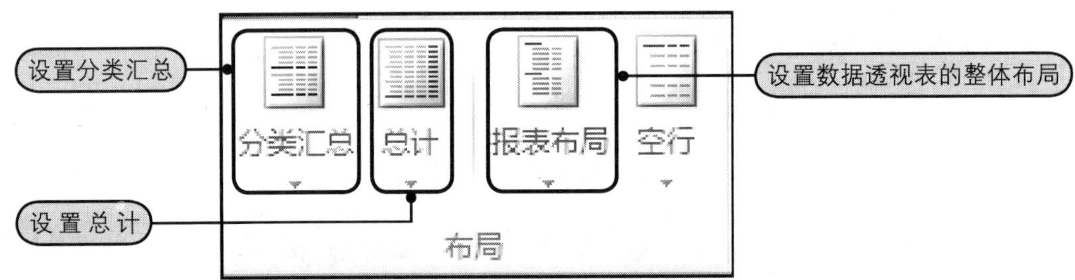

图17-39 “数据透视表工具-设计”选项卡中的“布局”功能组

❶ 设置分类汇总

用户可以设置是否在数据透视表中显示分类汇总，以及分类汇总项显示的位置。

Step1 在工作簿中的“数据透视表工具—设计”选项卡中的“布局”组中单击“分类汇总”的下三角按钮，Step2 从展开的下拉列表中选择“在组的顶部显示所有分类汇总”，如图17-40所示，Step3 随后会在数据透视表的顶部显示每个分类汇总行，如图17-41所示。

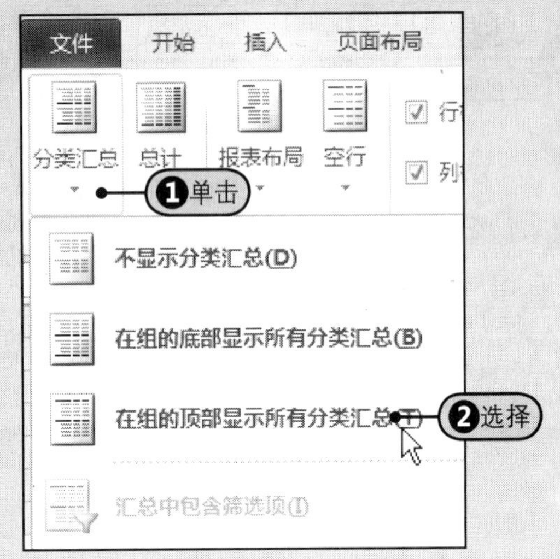

图17-40 设置分类汇总显示位置

求和项:产量（件） 行标签	列标签 2010年1月	2010年2月	2010年3月	总计
⊟二班组	11600	11420	11147	34167
A	4100	4100	2700	10900
B	1500	1500	2600	5600
C	3200	3020	2915	9135
D	2800	2800	2932	8532
⊟三班组	5700	[illegible]	[illegible]	[illegible]7
A	1300	1300	1852	4452
B	1200	1522	1785	4507
C	1700	1700	2698	6098
D	1500	1500	3200	6200
⊟一班组	10700	11400	13084	35184
A	1500	2200	3052	6752
B	3200	3200	3012	9412
C	4100	4100	4820	13020
D	1900	1900	2200	6000
总计	28000	28842	33766	90608

❸在顶端显示分类汇总行

图17-41 在数据透视表顶端显示分类汇总行

用户也可以设置不显示分类汇总数据，Step1 再次单击“分类汇总”的下三角按钮，Step2 从展开的下拉列表中选择“不显示分类汇总”命令，如图17-42所示。Step3 得到的数据透视表将不显示分类汇总数据，如图17-43所示。

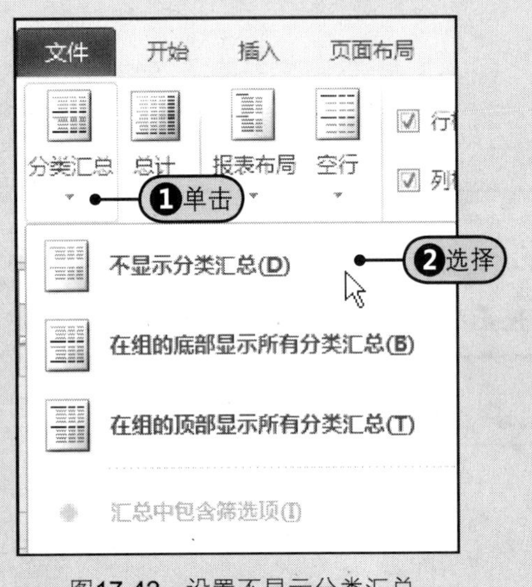

图17-42 设置不显示分类汇总

求和项:产量（件） 行标签	列标签 2010年1月	2010年2月	2010年3月	总计
⊟二班组				
A	4100	4100	2700	10900
B	1500	1500	2600	5600
C	3200	3020	2915	9135
D	2800	2800	2932	8532
⊟三班组				
A	1300	1300	1852	4452
B	1200	1522	1785	4507
C	1700	1700	2698	6098
D	1500	1500	3200	6200
⊟一班组				
A	1500	2200	3052	6752
B	3200	3200	3012	9412
C	4100	4100	4820	13020
D	1900	1900	2200	6000
总计	28000	28842	33766	90608

❸不显示分类汇总行

图17-43 不显示分类汇总数据

❷ 设置总计

在数据透视表中，用户还可以设置是否启用行或列总计。Step1 单击“总计”的下三角按钮，Step2 从展开的下拉列表中选择“对行和列启用”命令，如图17-44所示。Step3 随后返回数据透视表中，数据透视表会显示总计行和总计列，如图17-45所示。

提示

不显示总计行

如果用户不希望显示总计行和总计列，请单击“总计”下三角按钮，从展开的下拉列表中单击“对行和列禁用”选项即可。

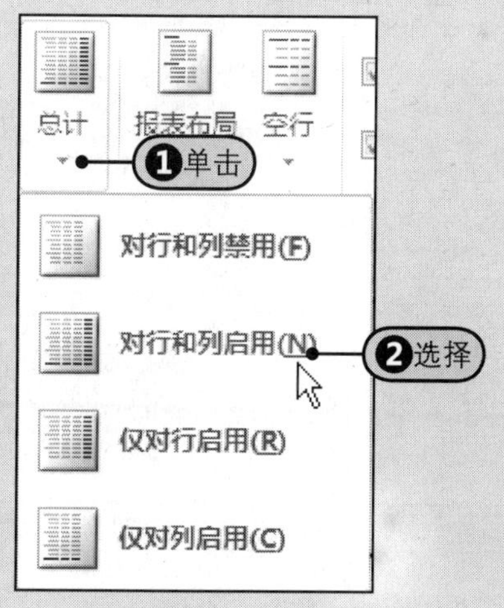

图17-44 启用对行和列总计功能

求和项:产量（件）	列标签			
行标签	2010年1月	2010年2月	2010年3月	总计
⊟二班组				
A	4100	4100	2700	10900
B	1500	1500	2600	5600
C	3200	3020	2915	9135
D	2800	2800	2932	8532
⊟三班组				
A	1300	[illegible]	1852	4452
B	1200	1522	1785	4507
C	1700	1700	2698	6098
D	1500	1500	3200	6200
⊟一班组				
A	1500	2200	3052	6752
B	3200	3200	3012	9412
C	4100	4100	4820	13020
D	1900	1900	2200	6000
总计	28000	28842	33766	90608

③显示总计行和列

图17-45 显示行和列总计

❸ 设置报表布局

报表布局是指数据透视表的整体布局效果。Step❶在“布局”组中单击“报表布局”的下三角按钮，Step❷从展开的下拉列表中选择“以表格形式显示”命令，如图17-46所示。Step❸以表格形式显示的数据透视表效果，如图17-47所示。

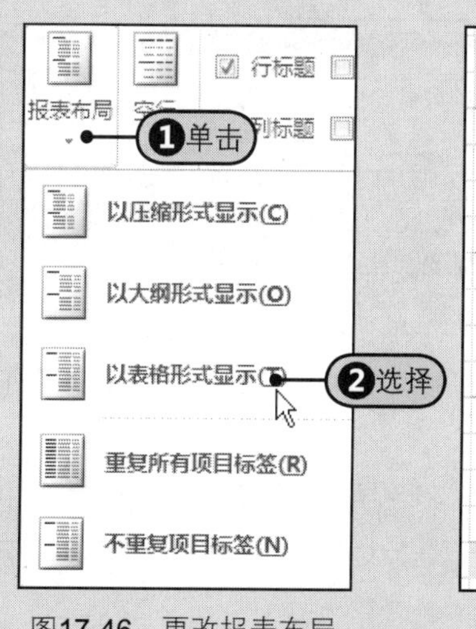

图17-46 更改报表布局

求和项:产量（件）		月份			
班组	产品	2010年1月	2010年2月	2010年3月	总计
⊟二班组	A	4100	4100	2700	10900
	B	1500	1500	2600	5600
	C	3200	3020	2915	9135
	D	2800	2800	2932	8532
⊟三班组	A	1300	1300	1852	4452
	B	1200	1522	1785	4507
	C	[illegible]	[illegible]	2698	6098
	D	1500	1500	3200	6200
⊟一班组	A	1500	2200	3052	6752
	B	3200	3200	3012	9412
	C	4100	4100	4820	13020
	D	1900	1900	2200	6000
总计		28000	28842	33766	90608

③表格形式的布局

图17-47 以表格形式显示的数据透视表

提示

在项目后插入或删除空行

在“布局”组中单击“空行”的下三角按钮，从展开的下拉列表中选择“在每个项目后插入空行”命令，可以在每个项目后插入一个空行；选择“删除每个项目后的空行”命令，则可以将已有的空行删除。

17.5 美化数据透视表

为了使数据透视表拥有更加专业的外观，给读者一个更好的视觉美感，可以使用内置样式来快速美化数据透视表。该功能既不会花费用户太多的精力，又可以在最短的时间内制作出专业的透视表外观。如果内置样式不能满足用户需求，Excel 2010还支持用户自定义数据透视表样式。

17.5.1 应用数据透视表样式

和表格应用样式一样，也可以为数据透视表应用样式。Step❶选择数据透视表，Step❷在“数据透视表工具-设计”选项卡中的“数据透视表样式”功能组中单击“其他”按钮，显示整个数据透视表样式列表框，从中选择适当的样式，Step❸应用样式后的数据透视表，如图17-48所示。

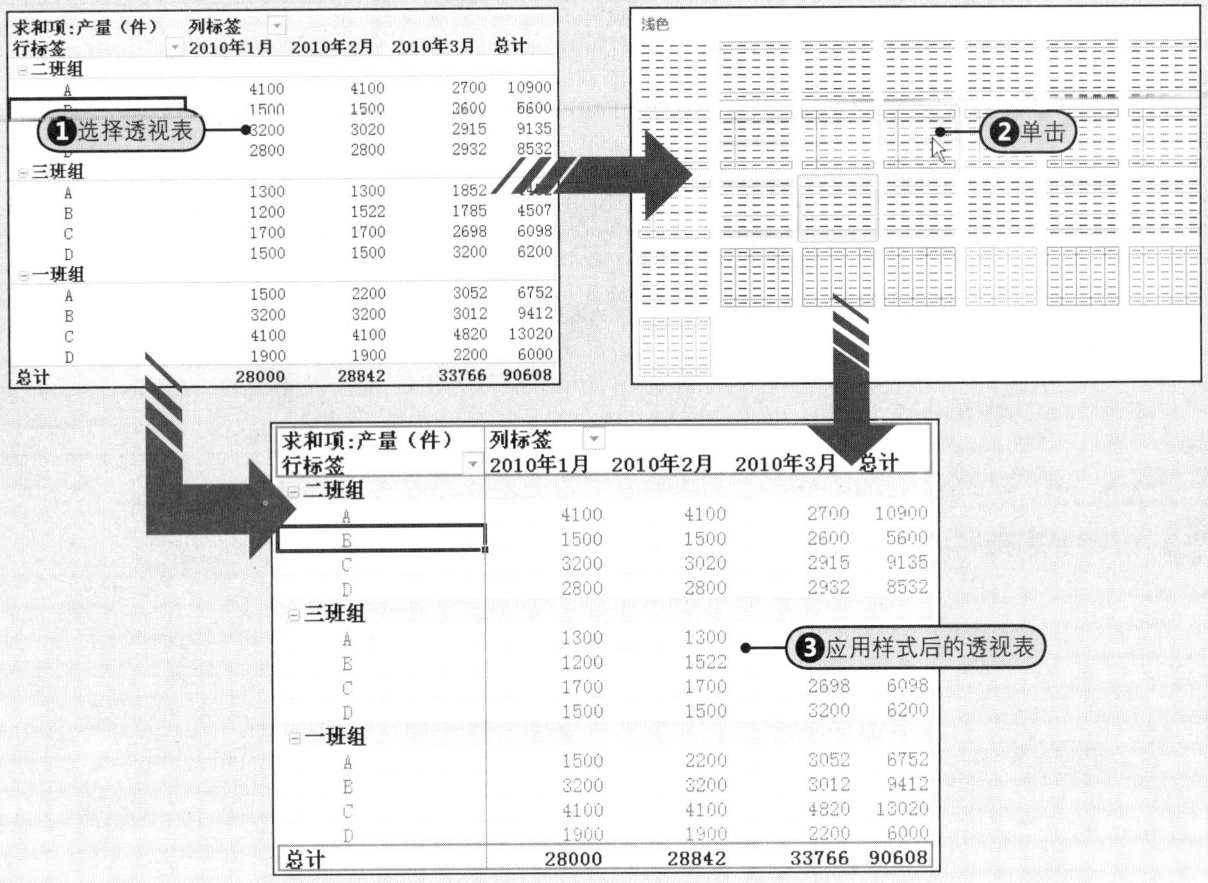

求和项:产量（件）	列标签			
行标签	2010年1月	2010年2月	2010年3月	总计
二班组				
A	4100	4100	2700	10900
B	1500	1500	2600	5600
C	3200	3020	2915	9135
D	2800	2800	2932	8532
三班组				
A	1300	1300	1852	4452
B	1200	1522	1785	4507
C	1700	1700	2698	6098
D	1500	1500	3200	6200
一班组				
A	1500	2200	3052	6752
B	3200	3200	3012	9412
C	4100	4100	4820	13020
D	1900	1900	2200	6000
总计	28000	28842	33766	90608

❶选择透视表

浅色

❷单击

❸应用样式后的透视表

图17-48 为数据透视表应用样式

17.5.2 新建数据透视表样式

如果系统内置的数据透视表样式不能满足需求，用户可以新建数据透视表样式，为数据透视表中的元素定义不同的格式。打开附书光盘\实例文件\第17章\原始文件\数据透视表3.xlsx工作簿。

步骤1 Step❶在“数据透视表样式”下拉列表中选择“新建数据透视表样式”命令，如图17-49所示。

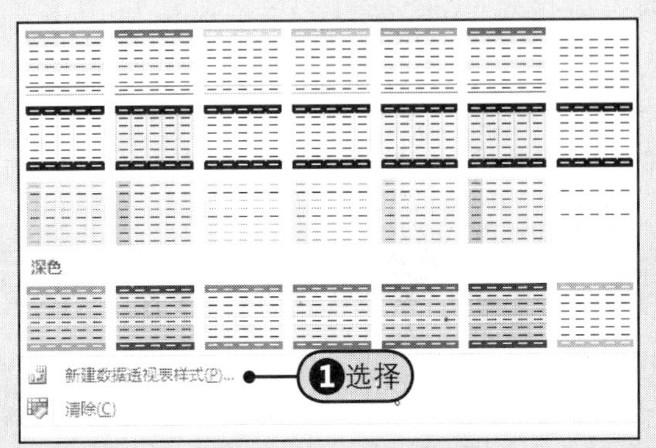

图17-49 选择“新建数据透视表样式”命令

步骤2 在打开的“新建数据透视表快速样式”对话框中，Step❷在“表元素”列表框中选中要设置格式的表元素，如“报表筛选标签”，Step❸然后单击“格式”按钮，如图17-50所示。

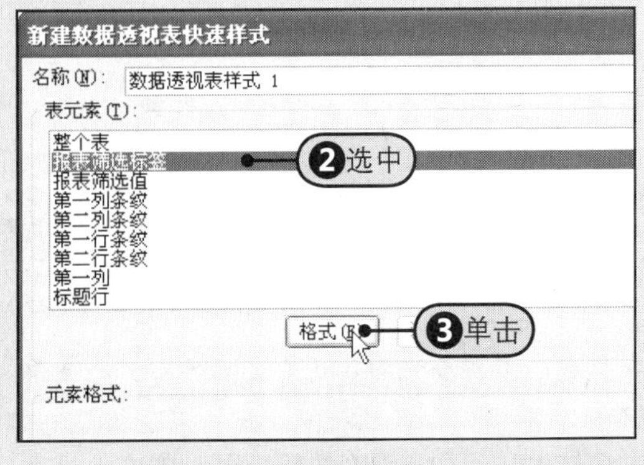

图17-50 单击“格式”按钮

3 步骤 Step4 在打开的“设置单元格格式”对话框中单击“填充”标签，Step5 然后在“背景色”区域内单击“黄色”按钮，如图17-51所示。

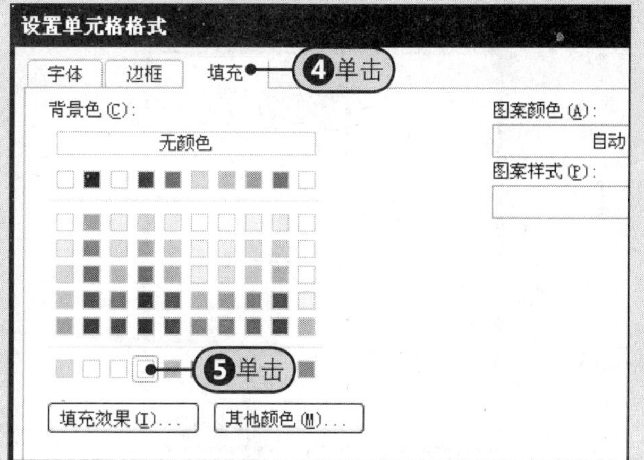

图17-51 设置填充效果

4 步骤 返回“新建数据透视表快速样式”对话框，Step6 在“表元素”列表框中选择“整个表”选项，Step7 然后单击“格式”按钮，如图17-52所示。

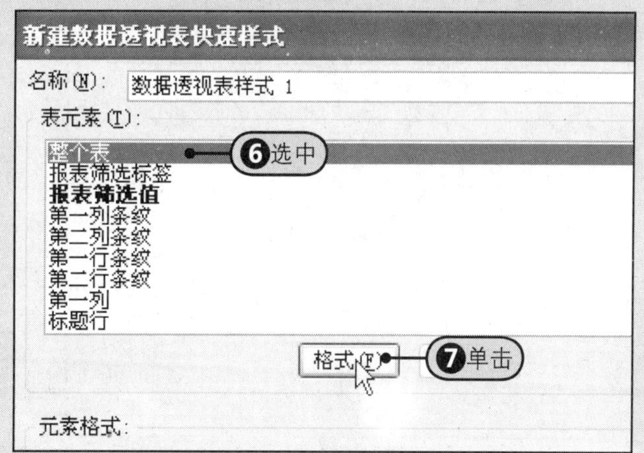

图17-52 选择表元素

5 步骤 Step8 在“设置单元格格式”对话框中，单击“边框”标签，Step9 然后设置外边框为绿色的粗匣框线，如图17-53所示。

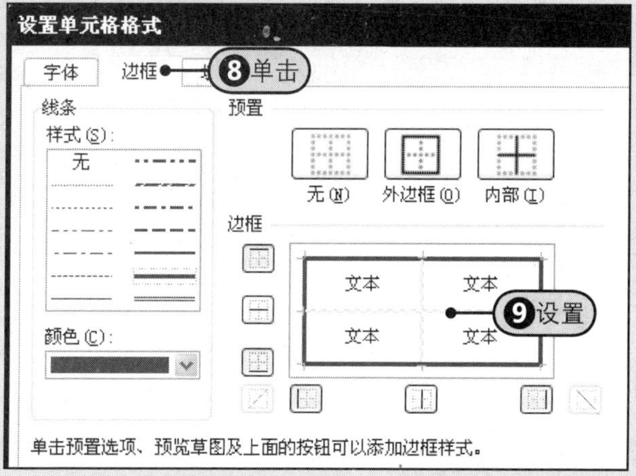

图17-53 设置边框格式

6 步骤 用类似的方法设置“总计”填充颜色为“黑色”、字体颜色为“白色”，Step10 得到的数据透视表效果，如图17-54所示。

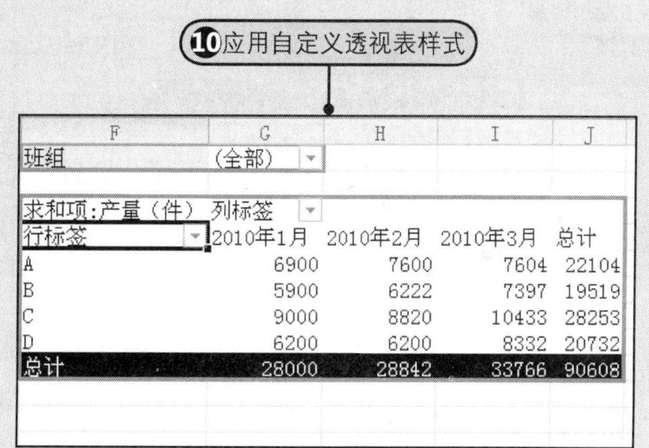

求和项:产量（件）	列标签			
行标签	2010年1月	2010年2月	2010年3月	总计
A	6900	7600	7604	22104
B	5900	6222	7397	19519
C	9000	8820	10433	28253
D	6200	6200	8332	20732
总计	28000	28842	33766	90608

图17-54 应用自定义透视表样式

17.6 切片器在数据透视表中的使用

切片器是Excel 2010中的新增功能，它是易于使用的筛选组件，其中包含一组按钮，使用户能够快速地筛选数据透视表中的数据，而无须打开下拉列表查找要筛选的项目。与传统的使用报表页字段筛选数据不同的是，使用切片器进行筛选，除了可以快速筛选数据以外，还可以指示当前的筛选状态，从而便于用户轻松、准确地了解已筛选的数据透视表中显示的内容。

17.6.1 在数据透视表中插入切片器

在现有数据透视表中插入切片器的方法非常简单，具体操作步骤如下页所示，再次打开附书光盘\实例文件\第17章\原始文件\数据透视表3.xlsx工作簿。

1 步骤 Step 1 在“数据透视表工具—选项”选项卡的“排序和筛选”组中单击“插入切片器”下三角按钮，Step 2 从展开的下拉列表中选择“插入切片器”命令，如图17-55所示。

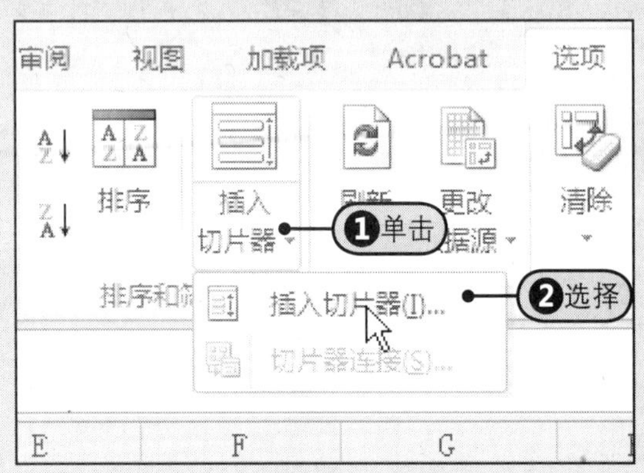

图17-55 选择“插入切片器”命令

2 步骤 随后打开“插入切片器”对话框，Step 3 勾选“班组”复选框，Step 4 单击“确定”按钮，如图17-56所示。

图17-56 选择字段

3 步骤 Step 5 插入的切片器默认效果，如图17-57所示。

图17-57 插入的切片器

4 步骤 Step 6 在“切片器工具”选项卡中的“按钮”组中设置“列”参数值为3，如图17-58所示。

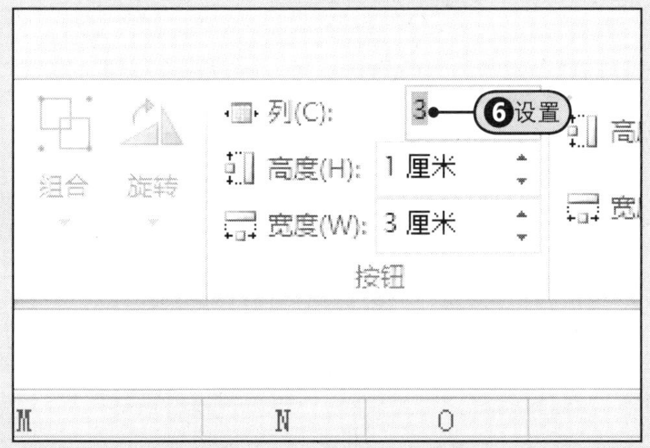

图17-58 设置切片器按钮列数

5 步骤 Step 7 指向切片器边框，当鼠标指针变为双向箭头状时，拖动鼠标更改切片器大小，如图17-59所示。

图17-59 调整切片器大小

6 步骤 Step 8 删除数据透视表中的报表筛选字段，将切片器移至报表筛选字段的位置，得到如图17-60所示的效果。

图17-60 切片器最终效果

提示

“切片器”与旧版本中“页字段”的区别

从功能上来看，两者都可以实现对数据透视表中的数据进行筛选。但是切片器可以轻松链接多个透视表并同步集中控制，实现动态可视化交互式演示；而页字段只能是针对固定的一个数据透视表，如果要实现链接多个数据透视表，需借助于窗体组合框与函数结合，另外还需录制宏来实现，相当麻烦。就位置而言，切片器是显示在工作表中的浮动窗口，可任意移动位置；而页字段是内置于单元格中的；还有一个重要的区别是切片器支持多选，而Excel 2007以前的版本中的页字段只能支持单选。

17.6.2 为切片器应用样式

当为数据透视表添加了切片器后，Excel 2010中会显示“切片器工具一选项”选项卡。Step1在“切片器工具-选项”选项卡中的“切片器样式”组中选择适当的样式，如图17-61所示，Step2应用该样式后的切片器效果，如图17-62所示。

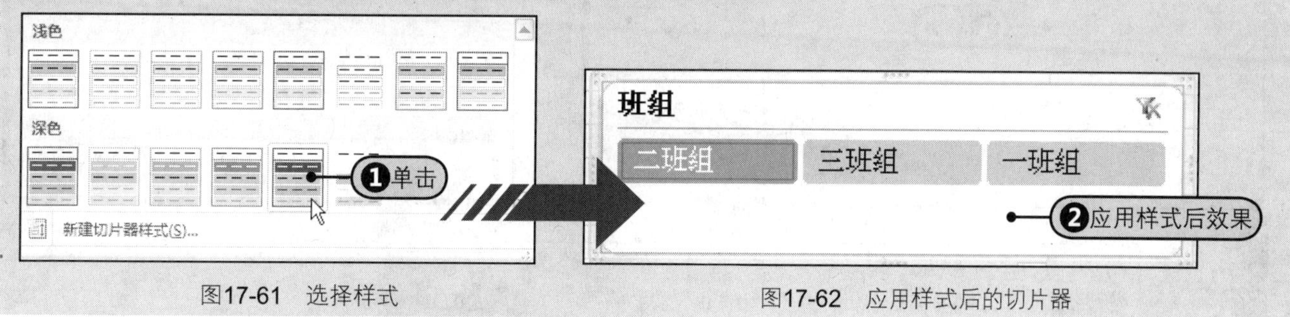

图17-61 选择样式

图17-62 应用样式后的切片器

17.6.3 使用切片器筛选数据

在数据透视表中添加了切片器后，用户可以直接使用切片器来筛选数据，而且用来筛选的多个项目以按钮形式显示在切片器中，比使用报表筛选更加直观。

例如，在数据透视表的切片器中单击“一班组”按钮，数据透视表中将显示一班组的汇总信息，如图17-63所示，单击其他按钮可以显示其他班组的数据。如果要显示全部数据，则单击切片器中的“清除筛选器”按钮，当全部数据显示后，切片器中所有的按钮都显示为选择状态，如图17-64所示。

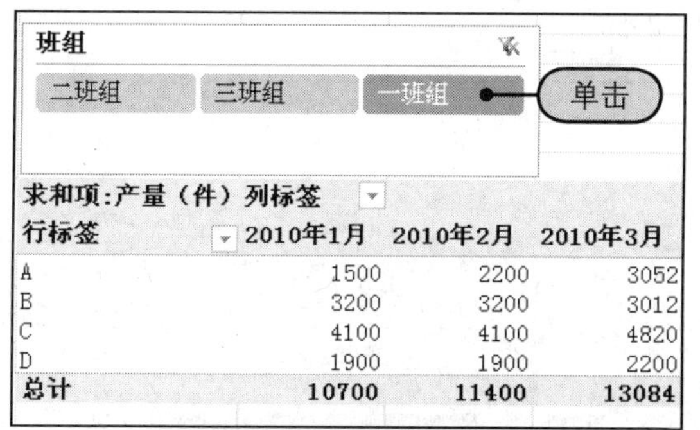

求和项:产量（件） 列标签			
行标签	2010年1月	2010年2月	2010年3月
A	1500	2200	3052
B	3200	3200	3012
C	4100	4100	4820
D	1900	1900	2200
总计	10700	11400	13084

图17-63 使用切片器筛选数据

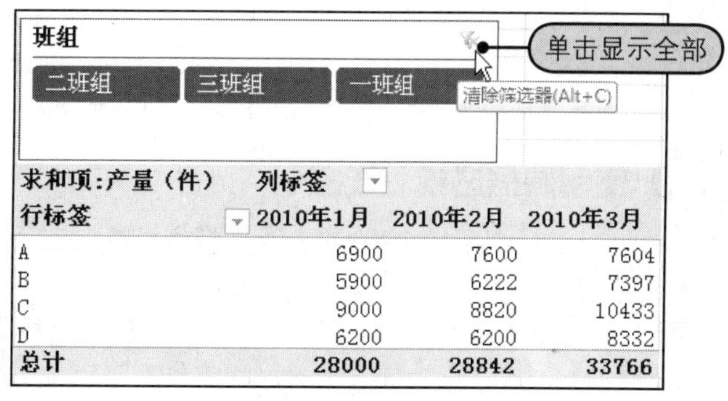

求和项:产量（件） 列标签			
行标签	2010年1月	2010年2月	2010年3月
A	6900	7600	7604
B	5900	6222	7397
C	9000	8820	10433
D	6200	6200	8332
总计	28000	28842	33766

图17-64 显示全部数据

17.6.4 选择连接到数据透视表的切片器

在工作表中用前面学过的方法再次创建一个数据透视表。将“月份”字段添加到“行标签”区域，将“产量”字段添加两次到“数值”区域，汇总方式为“求和”及“平均值”，得到的数据透视表效果如图17-65所示。

行标签	求和项:产量	平均值项:产量
2010年1月	28000	2333.33333
2010年2月	28842	2403.5
2010年3月	33766	2813.83333
总计	**90608**	**2516.8889**

图17-65 创建一个新的数据透视表

接下来设置切片器连接，使切片器能同步控制这两个数据透视表，即当在切片器中选择不同的班组时，两个数据透视表中的数组都只显示当前选择班组的数据。实现该效果有两种方法，一是插入切片器连接，另一种是使用数据透视表连接，现分别介绍如下。

1 插入切片器连接

Step1 在“排序和筛选”组中单击“插入切片器”下三角按钮，Step2 从展开的下拉列表中选择“切片器连接”命令，Step3 在“切片器连接（数据透视表2）”对话框中勾选需要连接的切片器，Step4 单击“确定”按钮。Step5 返回工作表中，当在切片器中单击“三班组”按钮时，可以看到，两个数据透视表中都只显示三班组的数据，如图17-66所示。

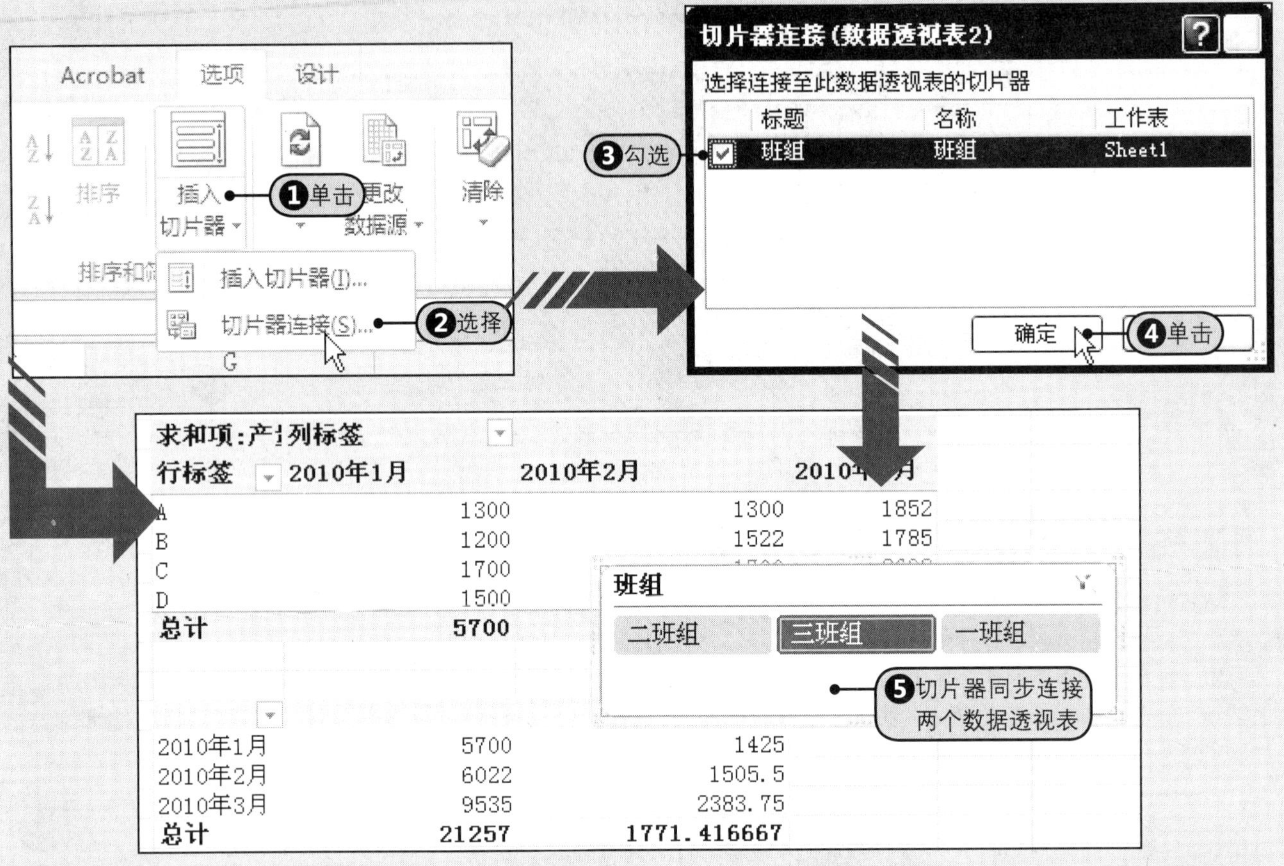

图17-66 使用切片器同步连接多个数据透视表

2 使用数据透视表连接

用户还可以使用数据透视表连接。Step1 选中切片器，在“切片器工具—选项”选项卡中的“切片器”组中单击“数据透视表连接”按钮，如图17-67所示，Step2 随后打开“数据透视表连接（班组）”对话框，在该对话框中勾选需要连接的数据透视表，Step3 然后单击“确定”按钮即可，如图17-68所示。

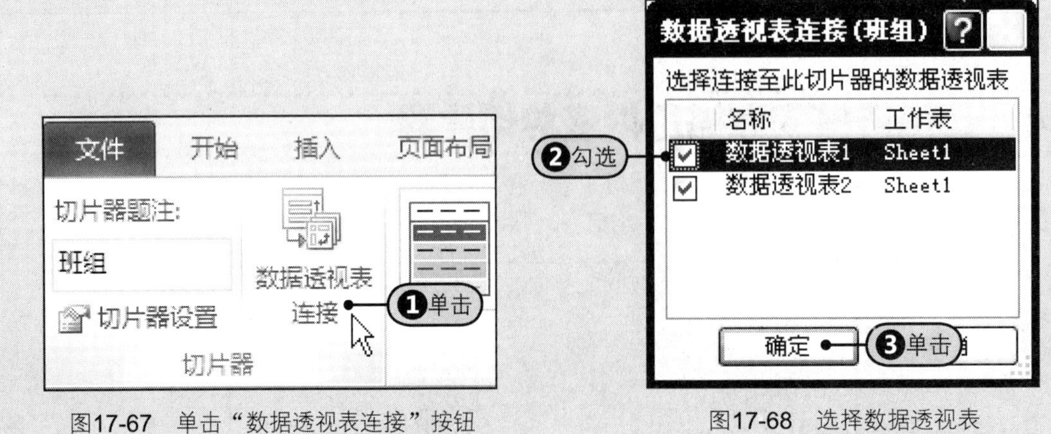

图17-67 单击“数据透视表连接”按钮

图17-68 选择数据透视表

17.7 创建和编辑数据透视图

数据透视图是另一种数据表现形式。与数据透视表不同的地方在于，它可以选择适当的图形、多种色彩来描述数据的特性，能够更加形象化地体现出数据情况。用户可以直接根据数据表创建数据透视图，也可以根据已经创建好的数据透视表来创建数据透视图。

17.7.1 根据数据透视表创建数据透视图

根据数据透视表创建数据透视图的方法非常简单。Step❶在“数据透视表工具-选项”选项卡中的“工具”组中单击“数据透视图”按钮，Step❷在“插入图表”对话框中单击“柱形图”标签，Step❸双击“三维柱形图”，Step❹得到的数据透视图效果如图17-69所示。

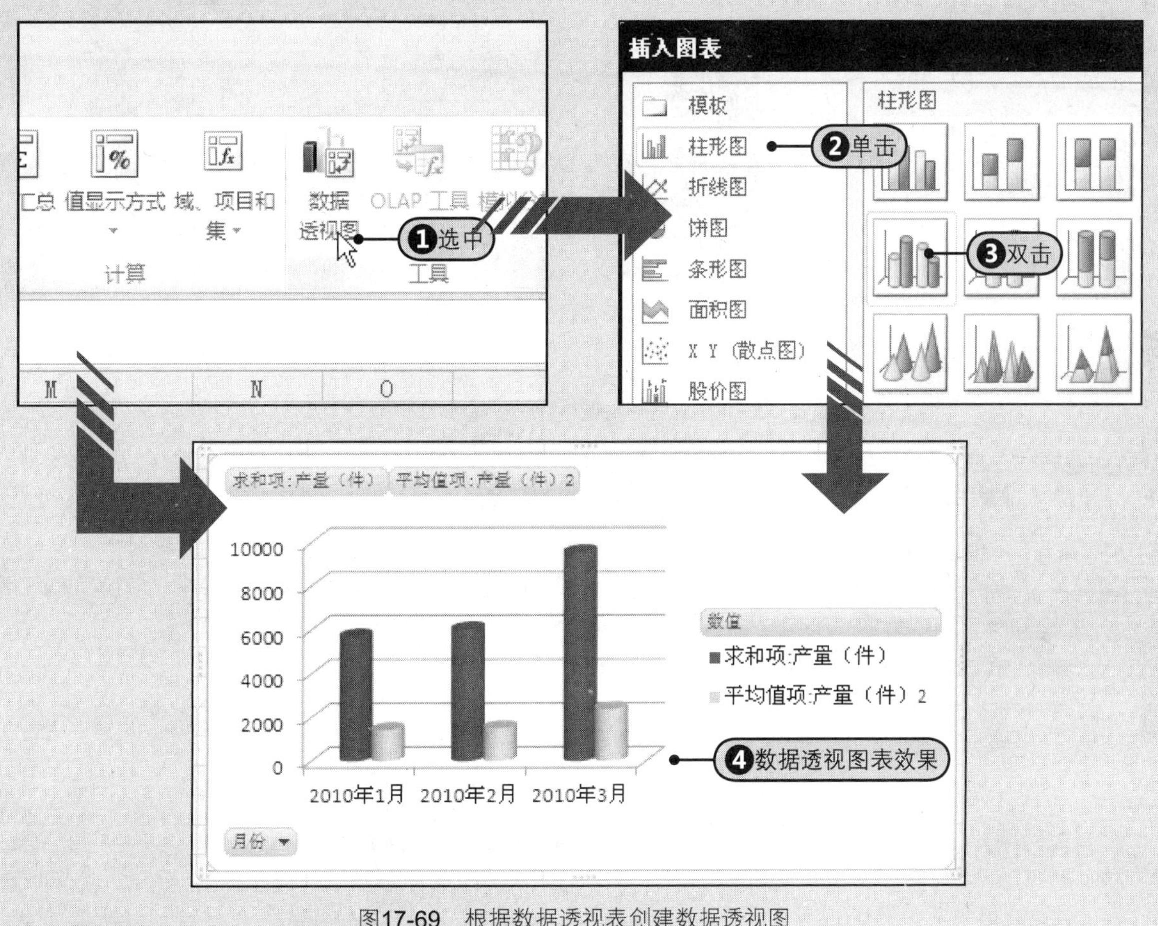

图17-69 根据数据透视表创建数据透视图

提示

根据数据区域创建数据透视图

用户还可以直接根据表格中的数据直接创建数据透视图，只需要在“插入”选项卡中的“表格”组中单击“数据透视表”的下三角按钮，从展开的下拉列表中选择“数据透视图”命令，然后按向导提示，Excel在创建数据透视表的同时会同时创建数据透视图。

17.7.2 使用字段按钮在数据透视图中筛选

在创建数据透视图时，Excel 2010会自动在数据透视表中显示字段按钮，用户可以通过字段按钮直接在数据透视图中对数据进行筛选。

Step❶单击数据透视图中的“月份”字段的下三角按钮，Step❷从展开的筛选下拉列表中勾选“2010年3月”复选框，Step❸然后单击“确定”按钮，Step❹随后数据透视图中只显示2010年3月的产量和及产量平均值，如图17-70所示。

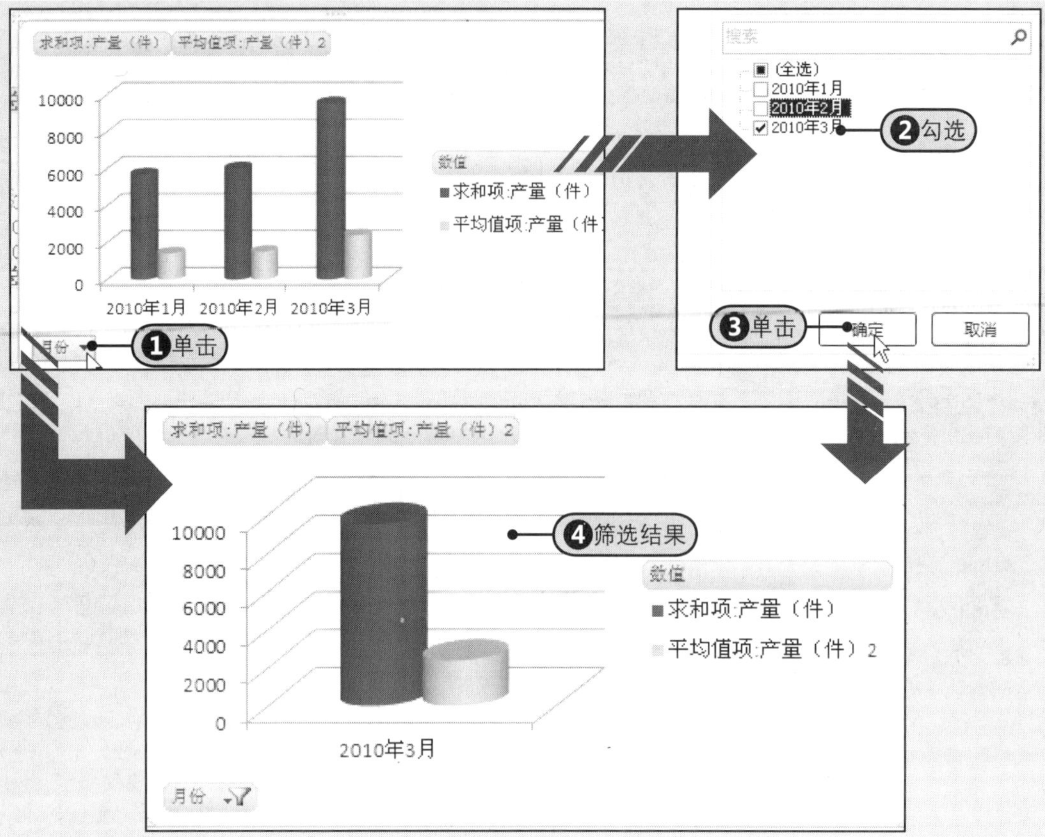

图17-70　使用字段按钮在数据透视图中筛选

17.7.3　隐藏数据透视图中的字段按钮

在默认的情况下，创建的数据透视图中会显示字段按钮，用户可以隐藏这些按钮。

Step❶在“数据透视图工具-设计”选项卡中的“显示/隐藏”组中单击“字段按钮”的下三角按钮，Step❷从下拉列表中选择“全部隐藏”命令，如图17-71所示。Step❸隐藏字段按钮后的数据透视图，如图17-72所示。

图17-71　选择“全部隐藏”命令

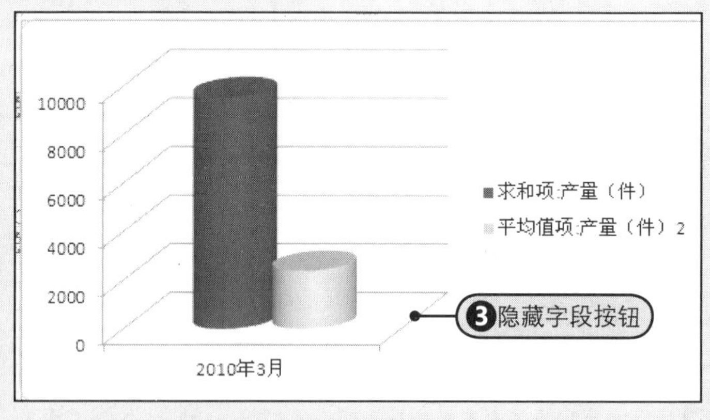

图17-72　隐藏字段按钮后的图表

17.8　融会贯通　制作“季度销售报表”的数据透视图

数据透视表是Excel中非常重要的一项功能，也可以说是Excel应用的精髓之一。它可以用来解决实际工作中的许多问题，并且因为具有操作简便，布局灵活多变，可以动态地进行数据的分类、汇总及计算等特点，深受用户的喜爱。本章详细介绍了Excel 2010中的数据透视表及数据透视图的创建与编辑，接下来通过一个具体的实例来对前面的知识加深印象。读者打开附书光盘\实例文件\第17章\原始文件\季度销售报表.xlsx工作簿。

（续上）

步骤1 选择“数据透视图”命令。

Step❶单击“数据透视表”按钮。

Step❷在展开的列表中选择“数据透视图”命令。

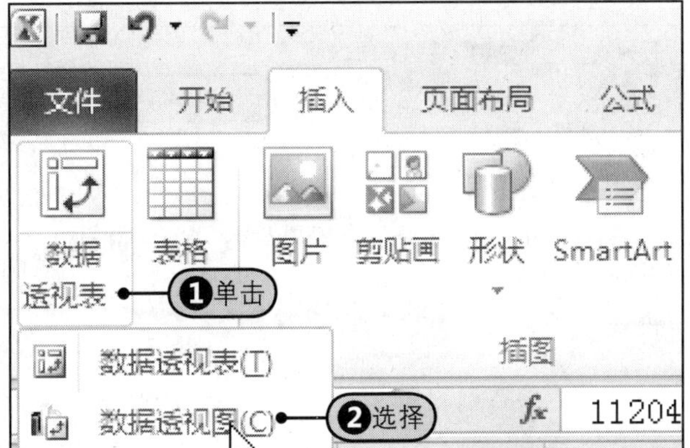

步骤2 选择数据区域和位置。

Step❶选择“表/区域”为A1:D52。

Step❷选择“位置”为单元格F4。

Step❸单击“确定”按钮。

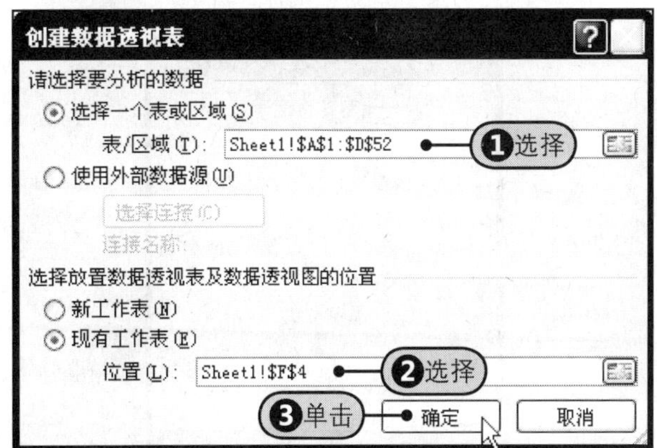

步骤3 自动创建数据透视表和数据透视图模板。

系统会自动在工作表中创建数据透视表和数据透视图模板。

步骤4 添加字段。

在“数据透视表字段列表”中将“销售部门”添加到“轴字段（分类）”区域，将“销售业绩”字段添加到“数值”区域，得到如下图所示的数据透视表和数据透视图。

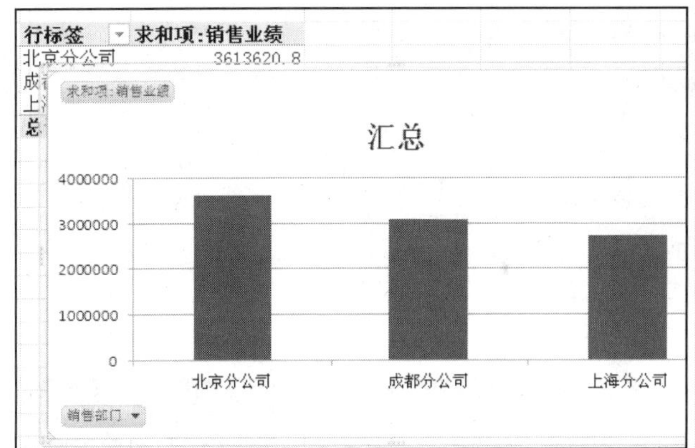

步骤5 更改数据透视表标题。

在数据透视图中单击标题占位符，将数据透视图标题更改为“销售业绩分析”。

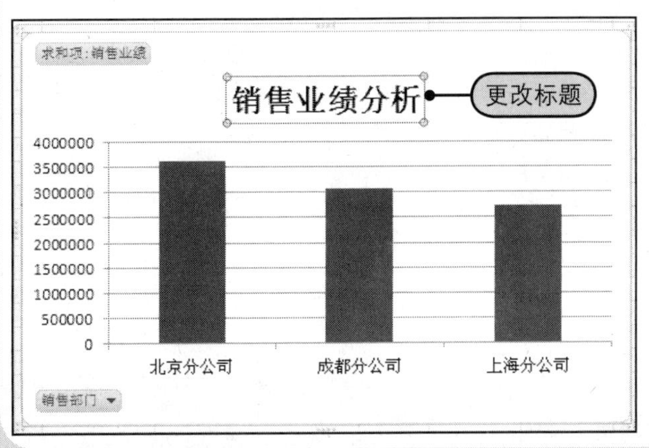

步骤6 选择“插入切片器”命令。

Step❶在“数据透视图工具-分析”选项卡中的“数据”组中单击“插入切片器”的下三角按钮。

Step❷从展开的下拉列表中选择“插入切片器”命令。

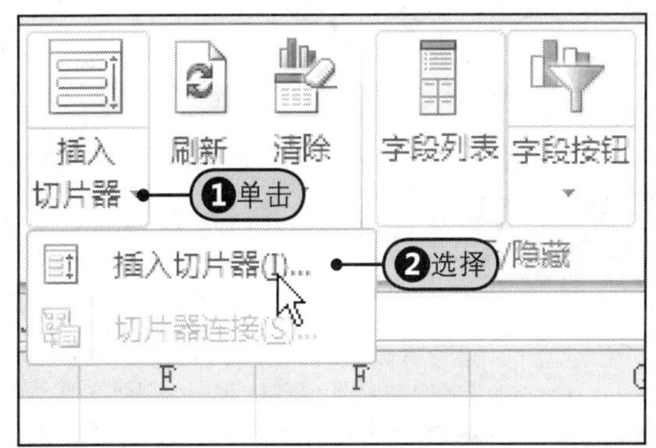

（续上）

7 步骤 选择切片器字段。

Step❶在“插入切片器”对话框中勾选“月份”复选框。

Step❷单击“确定”按钮。

8 步骤 切片器效果。

设置切片器中的按钮“列”数为3列，并将切片器大小和位置调整到最适合的状态。

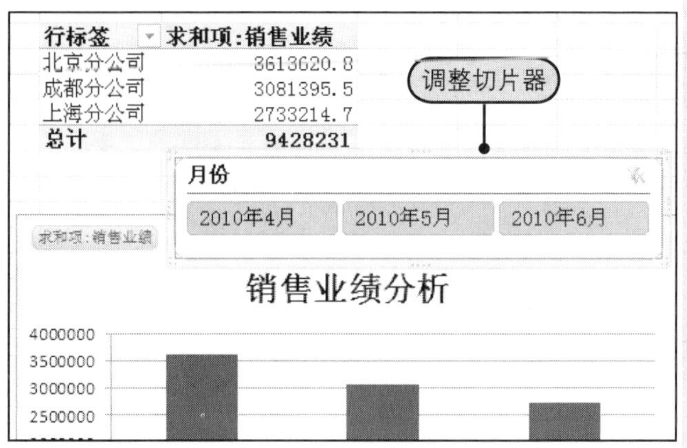

9 步骤 为数据透视图应用样式。

在“数据透视图工具—设计”选项卡中的“图表样式”组中选择最恰当的图表样式。

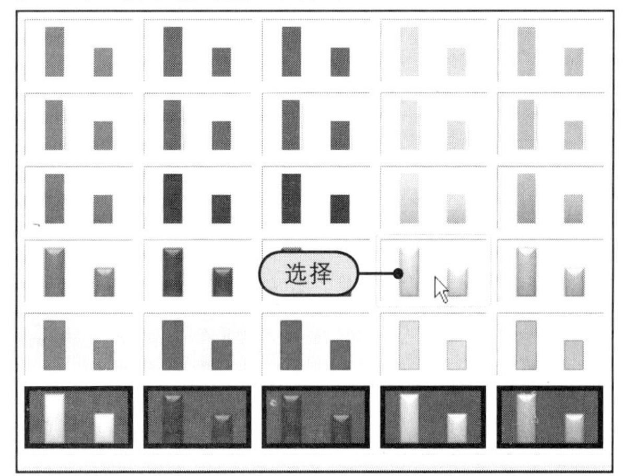

10 步骤 数据透视图最终效果。

设置图表样式后的数据透视图最终效果，如下所示。

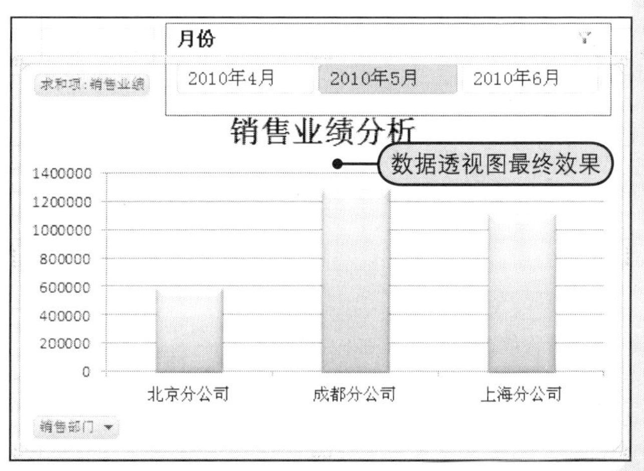

17.9 专家支招

数据透视表是Excel 2010中数据分析与处理的应用精髓之一。其功能非常强大，在数据处理中应用它，很多复杂的问题只需要简单的几步操作就可以实现。除了前面介绍的相关内容以外，本节再适当进行三点补充，以便于用户进一步掌握Excel 2010中的数据透视表。

招术一 快速更新数据透视表

对于已经创建好的数据透视表，如果源数据区域发生了改变，如何快速更新数据透视表中的数据呢？例如，单元格B4:B5中原来输入的内容是“四川”，在核对数据时，发现正确的值应是“重庆”。

此时，Step❶需要将单元格B4和单元格B5的内容更改为“重庆”，Step❷在“数据”组中单击“刷新”的下三角按钮，Step❸从展开的下拉列表中选择“全部刷新”命令，Step❹得到的数据透视表如图17-73所示。

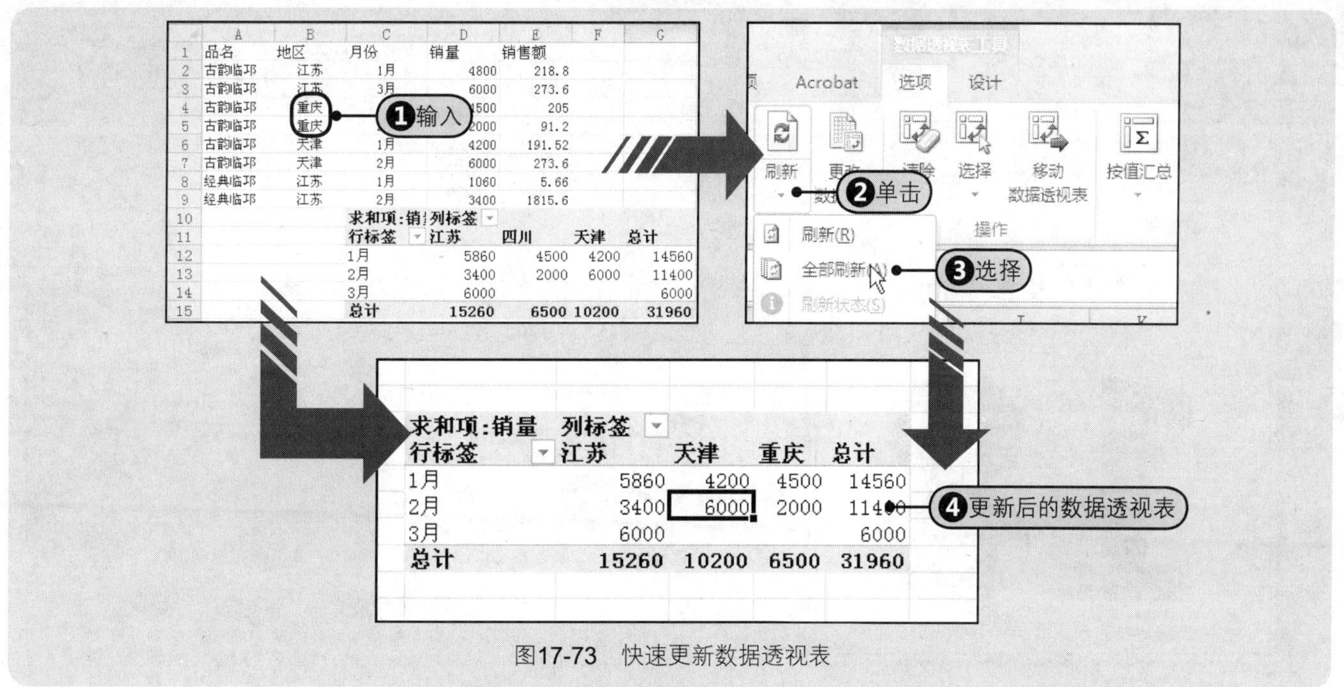

图17-73　快速更新数据透视表

招术二 快速删除数据透视表

如果想要删除数据透视表，Step❶可以在“数据透视表工具-选项”选项卡中的“操作”组中单击“清除”的下三角按钮，Step❷从展开的下拉列表中选择“全部清除”命令，Step❸数据透视表中的数据被删除，恢复显示为数据透视表默认模板，如图17-74所示。

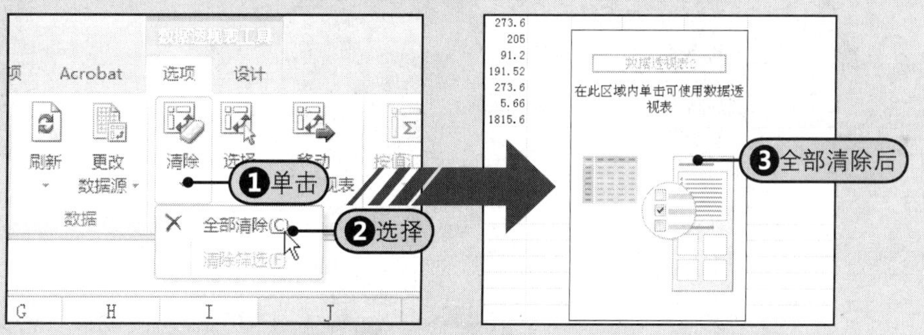

图17-74　清除数据透视表

招术三 如何对切片器中的按钮进行排序

用户还可以对切片器中的按钮进行排序，Step❶在“切片器工具-选项”选项卡中的“切片器”组中单击“切片器设置”按钮，如图17-75所示。Step❷在打开的“切片器设置”对话框中的“项目排序和筛选”区域内选择排序方式，如图17-76所示。

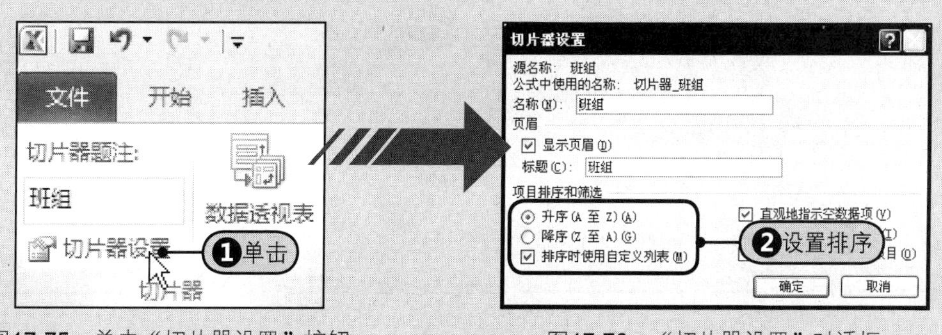

图17-75　单击“切片器设置”按钮　　图17-76　“切片器设置”对话框

Part 3 Excel篇

Chapter 18

页面布局与打印工作表

要制作一份完美的报表，用户还需要考虑到报表所在页面的整体布局是否美观、整洁，这就需要涉及设置页面布局。现代商务社会，虽然越来越多的企业提倡无纸化办公，但在很多时候还是需要将创建的电子表格打印出来。对于要打印的文件，可以选择打印文档的全部内容，也可以选择部分内容打印；根据表格的行列情况，可以设置最适当的纸张方向、页边距等打印选项；在打印之前还可以使用打印预览。总之，使用Excel 2010强大的打印功能可以帮助读者打印出漂亮的文件。本章将向读者介绍如何来进行页面布局和打印Excel 2010表格数据。

18.1 让工作表首尾相顾——页眉和页脚的应用

页眉和页脚通常用来显示工作表的附加信息，例如插入时间、日期、页码、单位名称等。其中，页眉位于页面的顶部，页脚位于页面的底部。页眉和页脚在编辑状态下是不可见的，用户如果要查看页眉和页脚设置，可以通过“打印预览”功能查看。使用页眉和页脚可以使打印文件更便于管理。

18.1.1 手动设置页眉和页脚内容

用户可以根据文档创建的需要，在工作表中手动添加页眉和页脚。打开附书光盘\实例文件\第18章\原始文件\季度销售报表.xlsx工作簿，手动添加页眉页脚的操作步骤如下所示。

1 步骤 Step❶在“插入”选项卡中的“文本”组中单击“页眉和页脚”按钮，如图18-1所示。

2 步骤 随后工作表会切换至页眉和页脚编辑视图，显示出“页眉和页脚工具 - 设计”选项卡，并自动在工作表的顶部显示一个方框标识页眉所在区域，Step❷用户可以直接在方框中输入页眉内容，例如“2010 年第 2 季度销售业绩报表”，如图 18-2 所示。

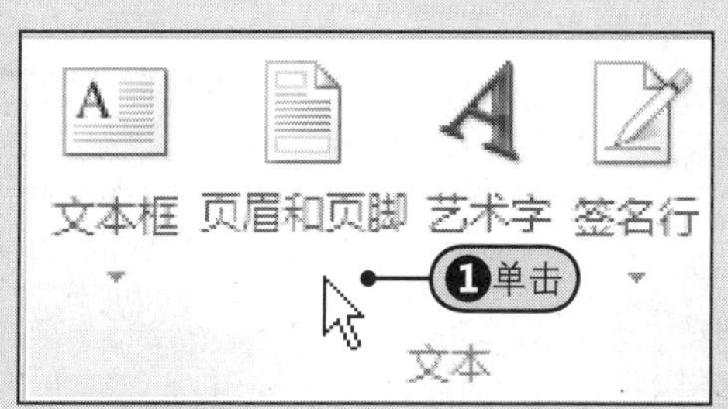

图18-1 单击“页眉和页脚”按钮

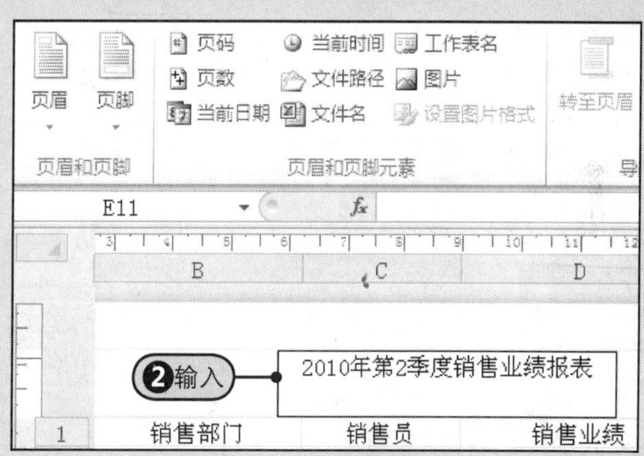

图18-2 输入页眉的内容

3 步骤 Step❸输入好页眉后，在“页眉和页脚工具”选项卡中的“导航”组中单击“转至页脚”按钮，如图18-3所示。

图18-3 单击“转至页脚”按钮

4 步骤 Step❹Excel 2010会自动切换至工作表底端并显示一个页脚方框，在方框中输入页脚的内容，如“编辑：hj”，如图18-4所示。

	B	C	D
45	上海分公司	何宇佳	￥112,045.20
46	上海分公司	刘思宇	￥789,562.30
47	成都分公司	赵明红	￥85,123.60
48	成都分公司	林艳	￥85,921.20
49	成都分公司	吴军	￥95,632.10
50	成都分公司	张学红	￥112,045.20
51	成都分公司	纪敏佳	￥78,541.20
52	成都分公司	罗成	￥69,521.20
53			
54			

编辑：hj ❹输入

图18-4 输入页脚内容

18.1.2 快速插入预定义页眉和页脚

用户还可以直接在预定义的页眉和页脚样式列表中选择适当的样式，将其快速插入到工作表的页眉或页脚区域。

步骤1 在“插入”选项卡中的“文本”组中单击“页眉和页脚”按钮，可显示出“页眉和页脚工具”选项卡。Step❶在“页眉和页脚”组中单击“页眉”的下三角按钮，Step❷从展开的下拉列表中选择一种页眉样式，如图18-5所示，Step❸然后该样式会被插入到当前工作表的页眉区域，如图18-6所示。

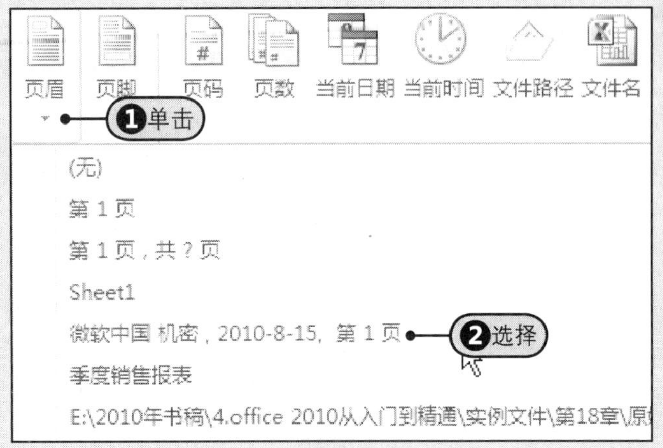

图18-5 选择页眉样式

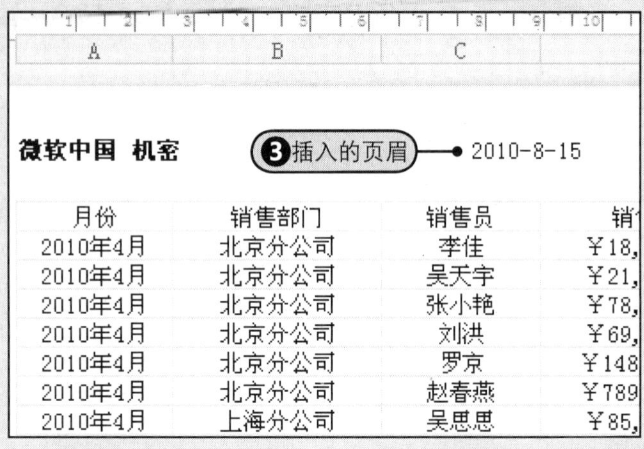

图18-6 插入页眉

步骤2 Step❹单击“页脚”的下三角按钮，Step❺从展开的下拉列表中选择“第1共，共？页”，如图18-7所示，Step❻该样式的页脚会自动插入到工作表底部，如图18-8所示。

图18-7 选择页脚样式

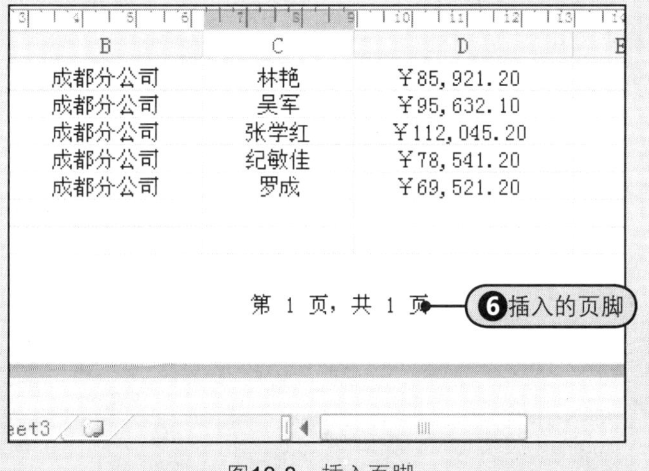

图18-8 插入页脚

18.1.3 快速为页眉和页脚添加元素

在切换至页眉页脚视图后，用户还可以通过功能区快速为页眉和页脚添加元素。添加到页眉和页脚区域的元素包括：页码、页数、当前日期、当前时间、文件路径、文件名、工作表名及图片等，如图18-9所示。

图18-9 “页眉和页脚元素”组

接下来，以将图片插入到页眉中为例，介绍向页眉和页脚添加元素的方法。再次打开“季度销售报表”工作簿，具体操作步骤如下所示。

1 步骤 Step❶在“插入”选项卡中的“文本”组中单击“页眉和页脚”按钮，如图18-10所示。

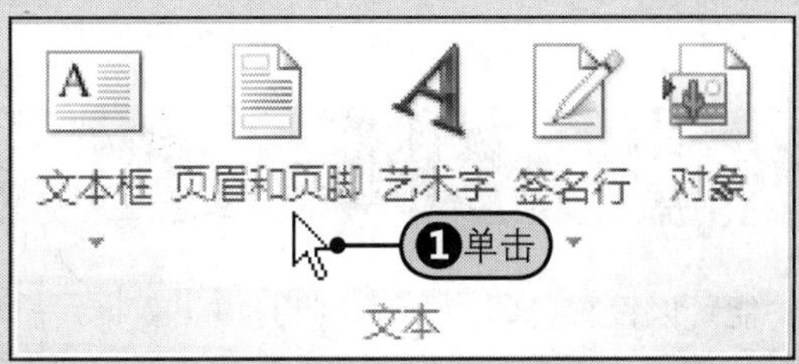

图18-10 单击“页眉和页脚”按钮

2 步骤 Step❷在“页眉和页脚元素”组中单击“文件名”按钮，如图18-11所示。

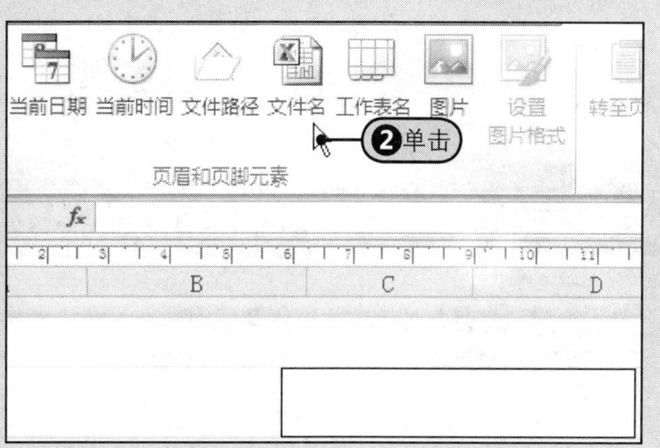

图18-11 单击“文件名”按钮

3 步骤 Step❸在“页眉和页脚元素”组中单击“图片”按钮，如图18-12所示。

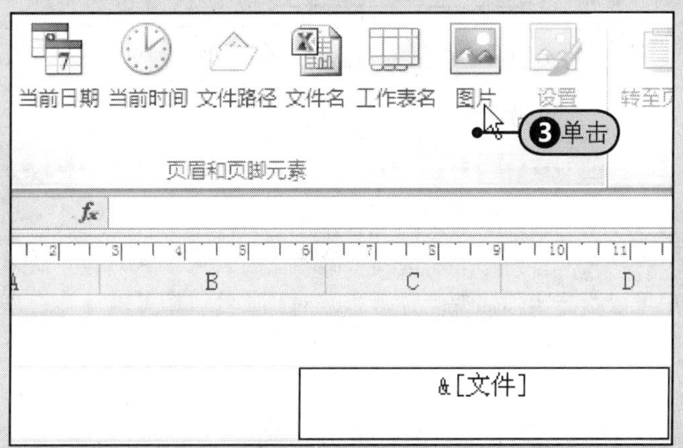

图18-12 单击“图片”按钮

4 步骤 随后打开“插入图片”对话框，在“查找范围”下拉列表中选择附书光盘\实例文件\第18章\原始文件路径，Step❹双击要插入到页眉中的图片，如图18-13所示。

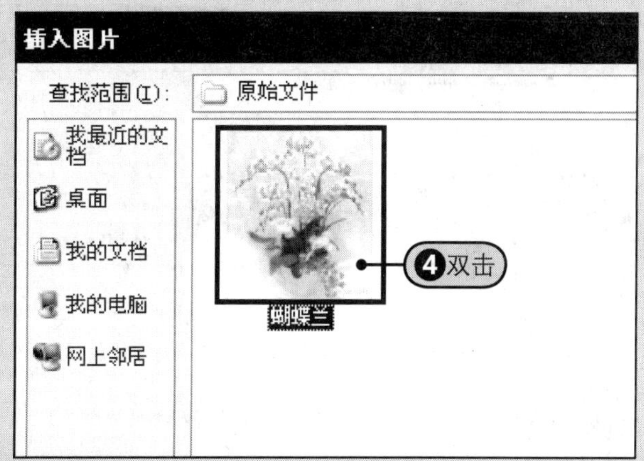

图18-13 选择插入的图片

5 步骤 Step❺单击“设置图片格式”按钮，如图18-14所示。

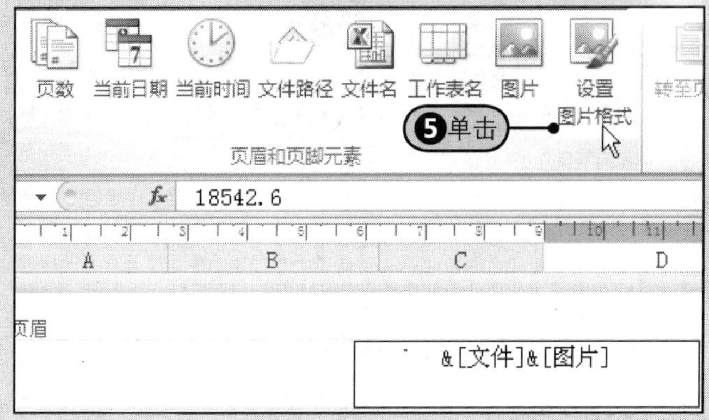

图18-14 单击“设置图片格式”按钮

6 步骤 Step❻在“设置图片格式”对话框中，将“比例”选项组中的“高度”设置为“30%”，如图18-15所示。

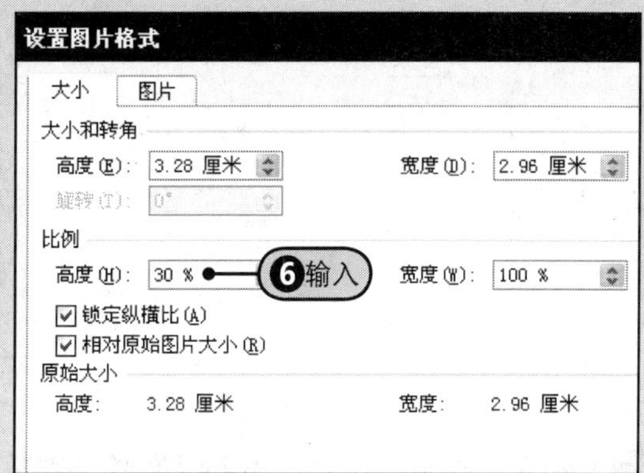

图18-15 更改图片大小

步骤7 Step7 得到的页眉最终效果，如图18-16所示。

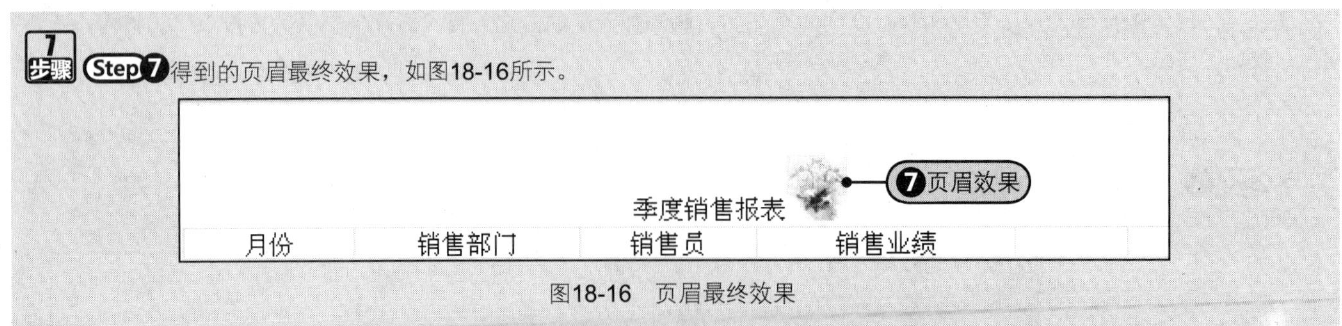

图18-16　页眉最终效果

18.2 表格纸张的规范化——页面设置

“页面设置”是打印文件之前很重要的操作。通过“页面设置”功能可以设置打印的页面、选择输出数据到打印机、打印机中的打印格式及文件格式等。在Excel 2010中，“页面设置”按钮位于“页面布局”选项卡的“页面设置”组中，如图18-17所示。

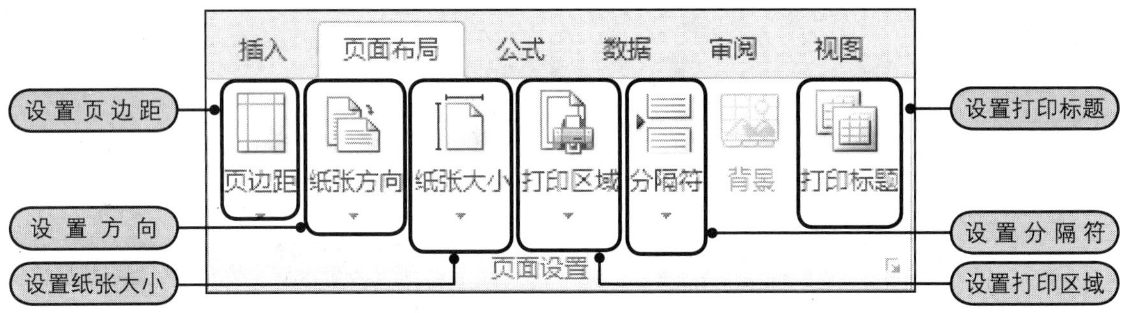

图18-17　“页面布局”选项卡中的“页面设置”功能组

18.2.1 设置纸张方向

在实际工作中，多数文件都是按照默认的“纵向”方向打印的。在“页面布局”选项卡的“页面设置”组中的“纸张方向”下拉列表中，提供了“纵向”和“横向”两个命令，用户可以根据实际需要选择纸张方向。此外，还可以打开“页面设置”对话框，在该对话框中完成纸张方向的设置。

1 直接在功能区中更改纸张方向

Step1 在“页面设置”组中单击“纸张方向”的下三角按钮，Step2 从展开的下拉列表中选择“横向”命令，如图18-18所示。随后打印方向更改为横向，Step3 此时工作表区域已被框线分割为多个横向页面，如图18-19所示。

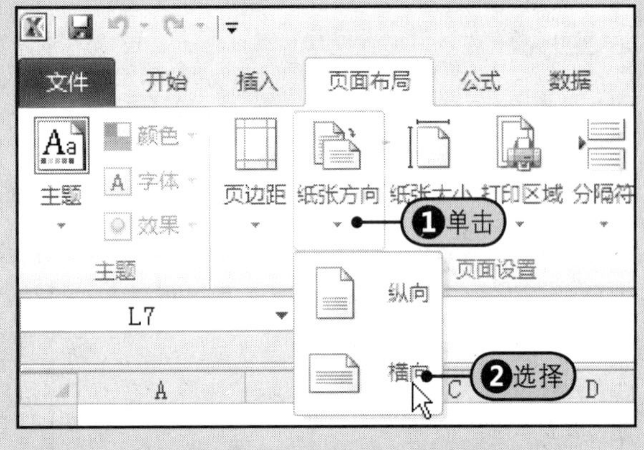

图18-18　选择“横向”命令

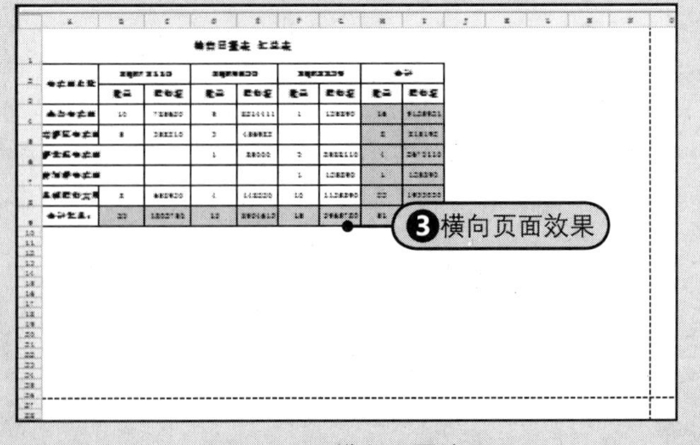

图18-19　横向页面效果

2 使用“页面设置”对话框设置方向

Step1 在“页面设置”组中单击对话框启动器，如图18-20所示，即可弹出“页面设置”对话框。Step2 在“页面”

选项卡中的“方向”区域中选中“横向”单选按钮，如图18-21所示，然后单击“确定”按钮，即可将纸张方向更改为横向。

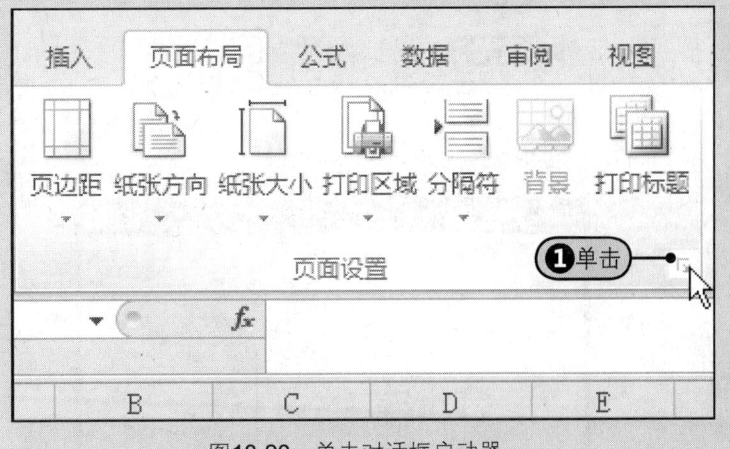

图18-20　单击对话框启动器

图18-21　设置纸张方向

提示

纸张方向选用技巧

横向打印可以容纳更多的列，因此在表格列比较多（通俗地说，也就是在表格比较宽）的情况下，选择“横向”打印就比较好；反之，使用“纵向”打印更为适合。

18.2.2　设置纸张大小

在实际工作中，打印纸的规格也有很多种，用户可以根据电子表格的实际大小选择最适合的纸张。同样，设置纸张大小也有两种方法，即使用功能区设置和使用对话框设置。打开附书光盘\实例文件\第18章\原始文件\销售日报表.xlsx工作簿。

Step❶在“页面设置”组中单击“纸张大小”的下三角按钮，**Step❷**从展开的下拉列表中选择适当的纸张型号，如Executive，每种纸型名称下面将精确显示了纸张的尺寸，如图18-22所示。**Step❸**更改后的工作表效果，如图18-23所示。

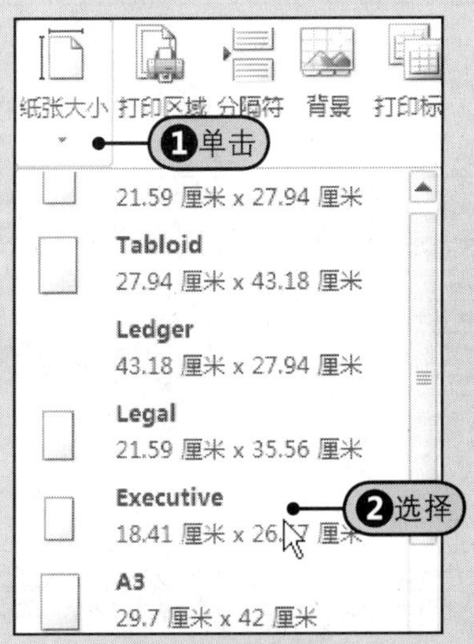

图18-22　从下拉列表中选择纸型

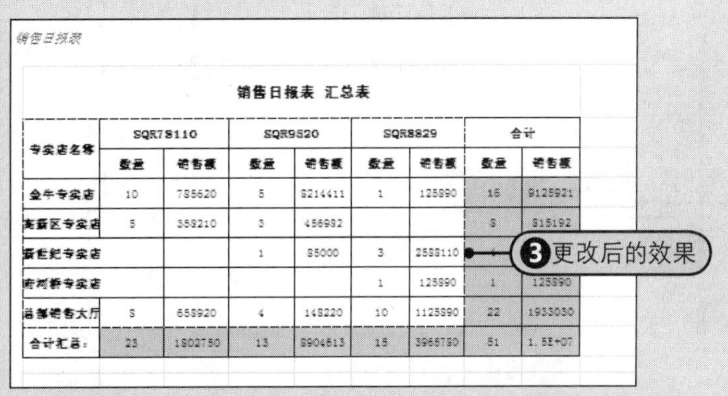

销售日报表 汇总表

专卖店名称	SQR78110		SQR9520		SQR8829		合计	
	数量	销售额	数量	销售额	数量	销售额	数量	销售额
金牛专卖店	10	785620	5	8214411	1	125890	16	9125921
高新区专卖店	5	358210	3	456982			8	815192
新世纪专卖店			1	85000	3	2588110		
府河桥专卖店					1	125890	1	125890
总部销售大厅	8	658920	4	148220	10	1125890	22	1933030
合计汇总:	23	1802750	13	8904613	15	3965780	51	1.5E+07

图18-23　更改后的效果

18.2.3　设置页边距

页边距，即页面边框距离打印内容的距离，用户可以根据文档的装订需求、视觉美观效果等设置适当的页边距。在Excel 2010中，既可以直接在“页面设置”组中的“页边距”下拉列表框中选择适当的页边距，也可以自定义页边距。具体操作方法如下。

1 步骤 Step❶在“页面设置”组中单击“页边距” 的下三角按钮，Step❷从展开的下拉列表中选择预定义的页边距，如图18-24所示。

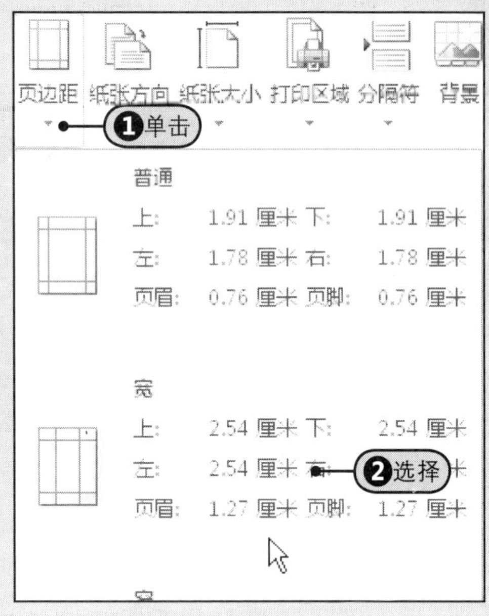

图18-24　选择适当的页边距

2 步骤 如果“页边距”下拉列表中的预定义不能满足用户的需要，可以选择“自定义选项”命令，打开“页面设置”对话框。Step❸用户可以在“上”、“下”、“左”和“右”4个方向上更改页边距值，当试图更改某一个方向的值时，中间的预览区域内会显示一条直线标识此时的页边距，如图18-25所示。

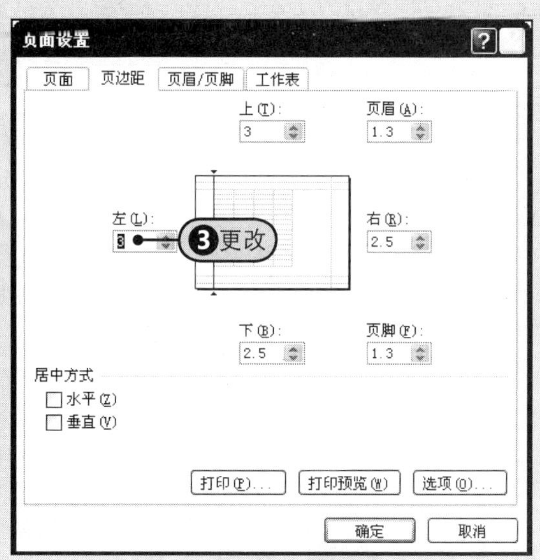

图18-25　自定义页边距

3 步骤 Step❹在“居中方式”区域中勾选“水平”复选框和“垂直”复选框，Step❺单击“打印预览”按钮，如图18-26所示。

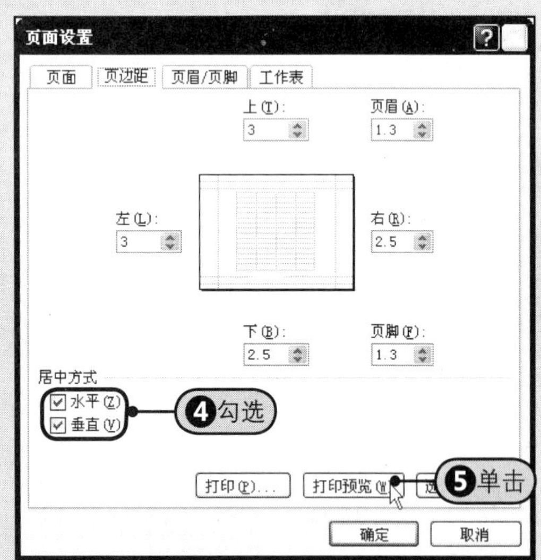

图18-26　设置居中方式

4 步骤 Step❻此时表格的打印预览效果，如图18-27所示。

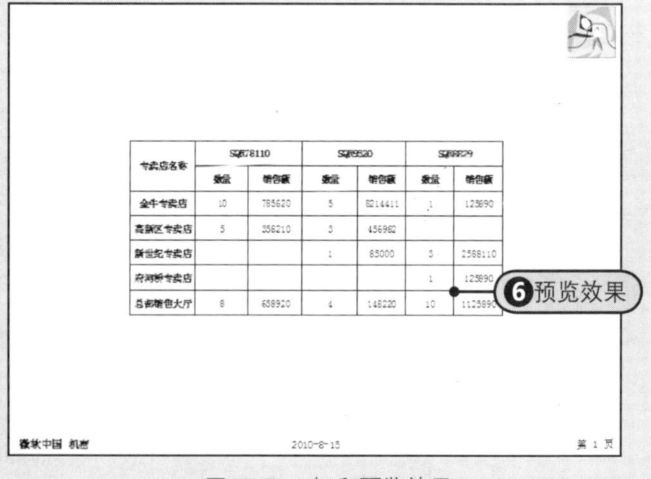

专卖店名称	SQB78110		SQR9520		SQR8829	
	数量	销售额	数量	销售额	数量	销售额
金牛专卖店	10	785620	5	8214411	1	125890
高新区专卖店	5	358210	3	456982		
新世纪专卖店			1	85000	3	2588110
府河桥专卖店					1	125890
总部销售大厅	8	658920	4	148220	10	1125890

图18-27　打印预览效果

提示　关于“页边距”下拉列表

在“页边距”下拉列表中为用户提供了系统预定义的3种页边距，分别是“普通”、“宽”和“窄”，同时系统会在该下拉列表的顶部保留用户最近一次自定义的页边距设置，底部会显示“自定义页边距”选项，单击该项，可以在“页面设置”对话框中重新定义页边距。

18.2.4 设置打印区域和顺序

在学习了设置纸张方向、纸张大小和页边距以后，接下来学习设置打印区域和顺序。在一张工作表中，有时只需要打印某一部分，而不是整个工作表，此时就需要设置打印区域。通常，设置打印区域有两种方法，即使用功能区中的按钮设置和在“页面设置”对话框中设置。

❶ 使用功能区设置打印区域

Step❶选择要打印的单元格区域，Step❷在“页面设置”组中单击“打印区域”的下三角按钮，Step❸从展开的下拉列表中选择“设置打印区域”命令，Step❹此时打印预览的效果，如图18-28所示。

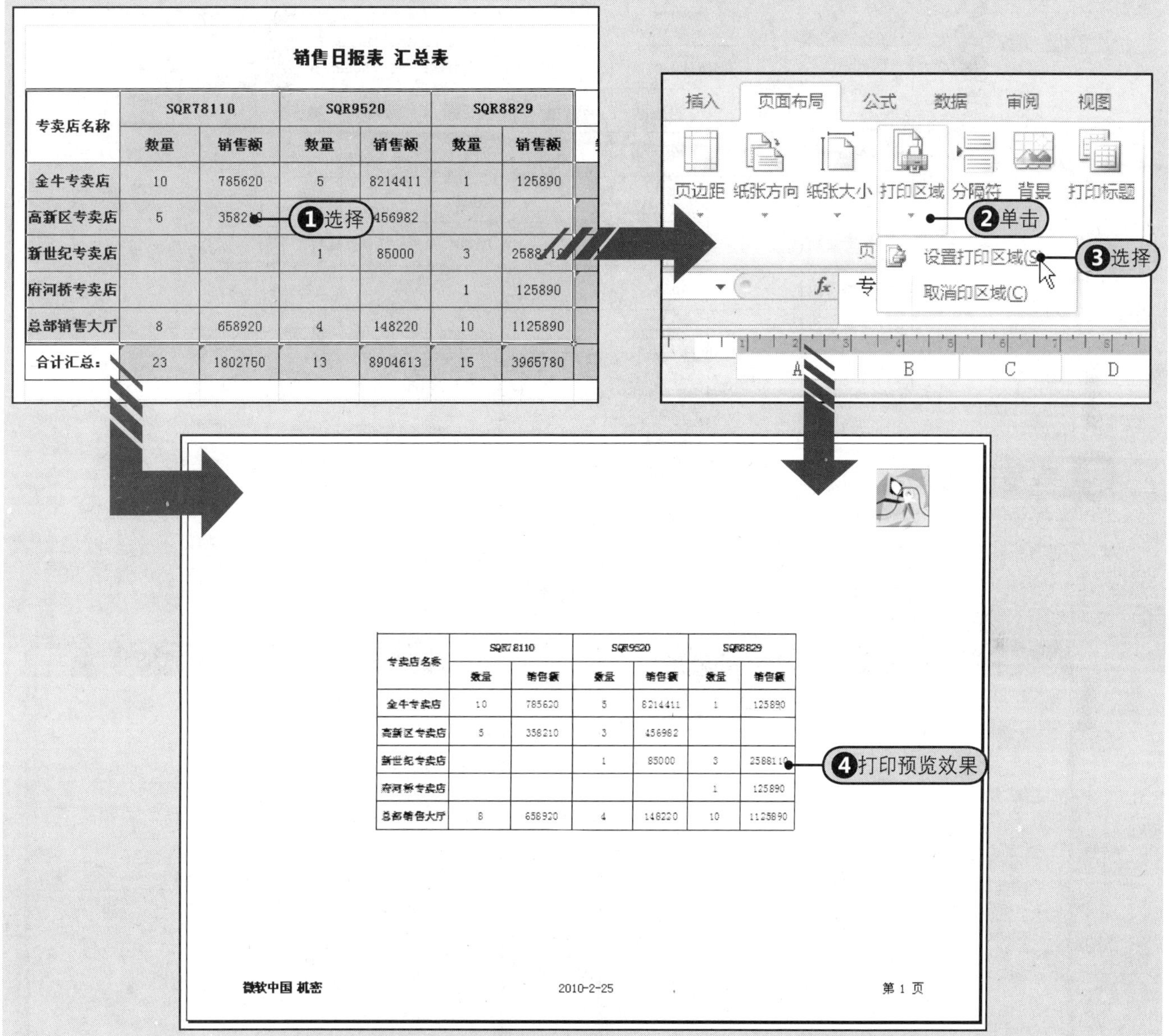

专卖店名称	SQR78110		SQR9520		SQR8829	
	数量	销售额	数量	销售额	数量	销售额
金牛专卖店	10	785620	5	8214411	1	125890
高新区专卖店	5	358210	3	456982		
新世纪专卖店			1	85000	3	2588110
府河桥专卖店					1	125890
总部销售大厅	8	658920	4	148220	10	1125890

微软中国 机密　2010-2-25　第 1 页

图18-28 设置打印区域

❷ 使用对话框设置打印区域

打开“页面设置”对话框，Step❶单击“工作表”标签，Step❷单击“打印区域”右侧的单元格引用按钮后，在其工作表中选择要打印的区域，如A2:E9，Step❸选定区域的打印预览效果，如图18-29所示。

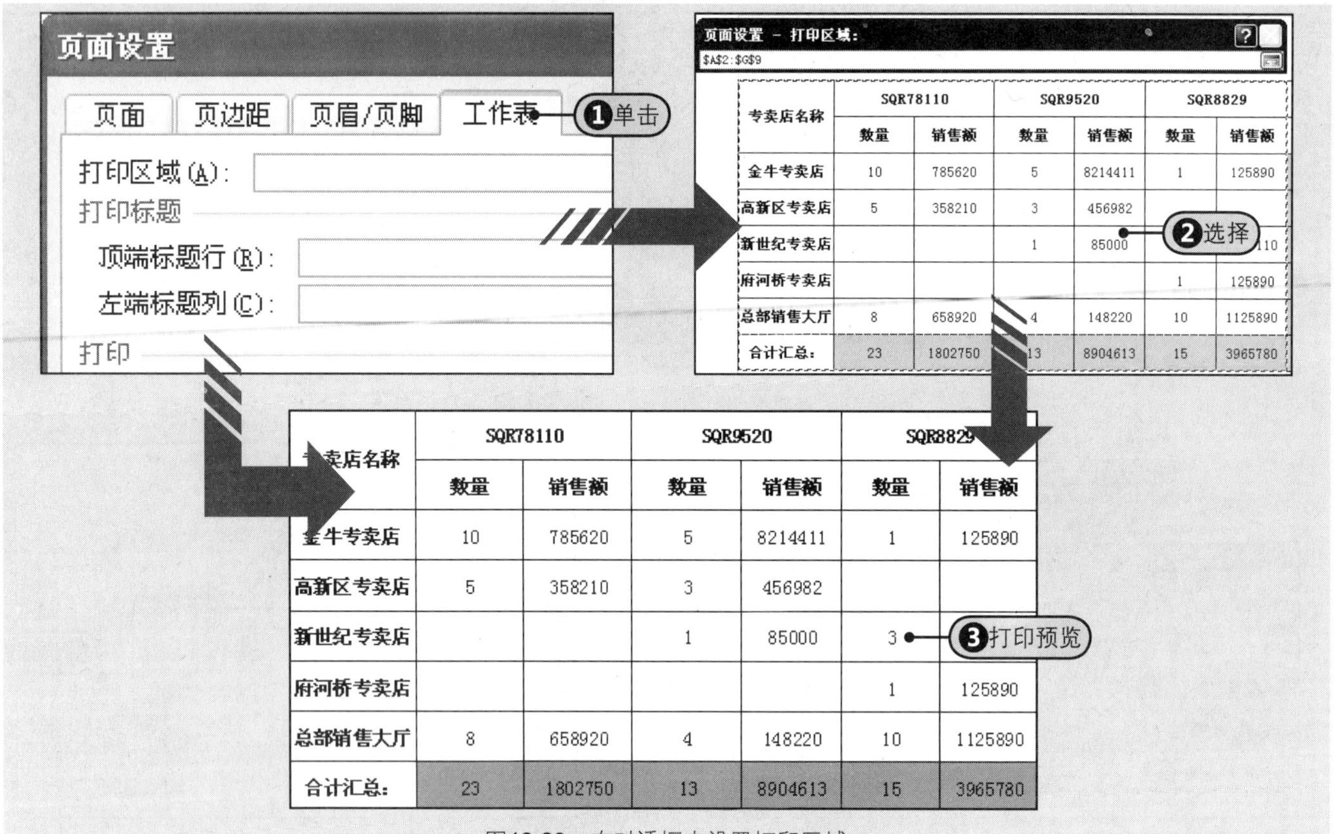

页面设置

页面 页边距 页眉/页脚 工作表 ❶单击

打印区域(A):

打印标题

顶端标题行(R):

左端标题列(C):

打印

页面设置 - 打印区域:

$A$2:$G$9

❷选择

专卖店名称	SQR78110		SQR9520		SQR8829	
	数量	销售额	数量	销售额	数量	销售额
金牛专卖店	10	785620	5	8214411	1	125890
高新区专卖店	5	358210	3	456982		
新世纪专卖店			1	85000	3	
府河桥专卖店					1	125890
总部销售大厅	8	658920	4	148220	10	1125890
合计汇总:	23	1802750	13	8904613	15	3965780

❸打印预览

图18-29 在对话框中设置打印区域

3 设置打印顺序

用户还可以自行设置打印文档时，是先打印列，还是先打印行。打开“页面设置”对话框。

Step❶单击“工作表”标签，在“打印顺序”区域内Step❷选中“先列后行”单选按钮，Step❸单击“确定”按钮，如图18-30所示。Step❹如果选中“先行后列”单选按钮，Step❺然后单击“确定”按钮，如图18-31所示，则打印顺序更改为先打印行后打印列。

图18-30 “先列后行”顺序

图18-31 “先行后列”顺序

18.2.5 设置打印标题

在打印Excel电子表格时，经常会遇到这样的情况，一个表格无法在一页中完全打印出来，转至后面打印的几页又没有显示表格标题和列名称，可读性很差。在Excel 2010中，用户通过设置打印标题，可以解决这一问题。打开附书光盘\实例文件\第18章\原始文件\季度销售报表.xlsx工作簿。

步骤1 **Step 1** 在“页面设置”组中单击“打印标题”按钮，如图18-32所示。

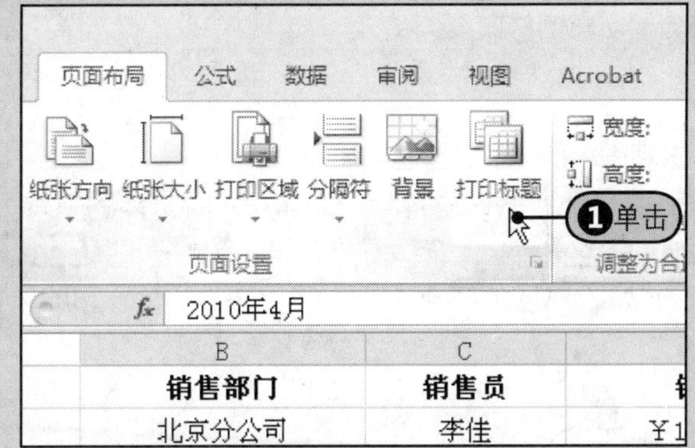

图18-32 单击“打印标题”按钮

步骤2 **Step 2** 单击“顶端标题行”右侧的单元格引用按钮，如图18-33所示。

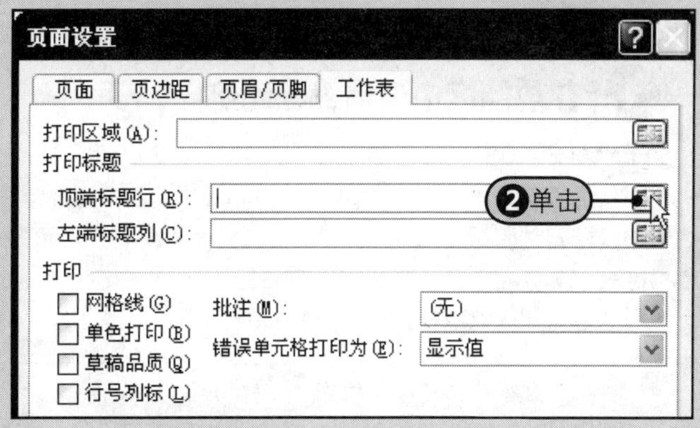

图18-33 设置顶端标题行

步骤3 此时“页面设置”对话框被折叠显示为“页面设置-顶端标题行：”，**Step 3** 选择希望在每页重复出现的行，如“行1”，如图18-34所示。

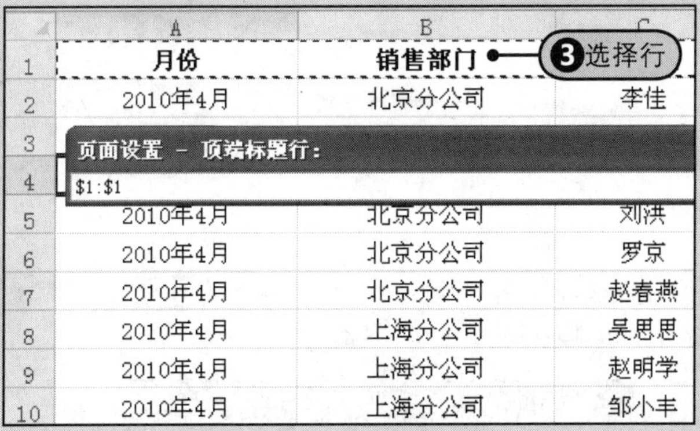

	A	B	C
1	月份	销售部门	
2	2010年4月	北京分公司	李佳
3	页面设置 － 顶端标题行：		
4	$1:$1		
5	2010年4月	北京分公司	刘洪
6	2010年4月	北京分公司	罗京
7	2010年4月	北京分公司	赵春燕
8	2010年4月	上海分公司	吴思思
9	2010年4月	上海分公司	赵明学
10	2010年4月	上海分公司	邹小丰

❸选择行

图18-34 选择顶端标题行

步骤4 返回“页面设置”对话框，此时“顶端标题行”框中会显示对所选择的“行1”的引用“$1:$1”，**Step 4** 单击“打印预览”按钮，如图18-35所示。

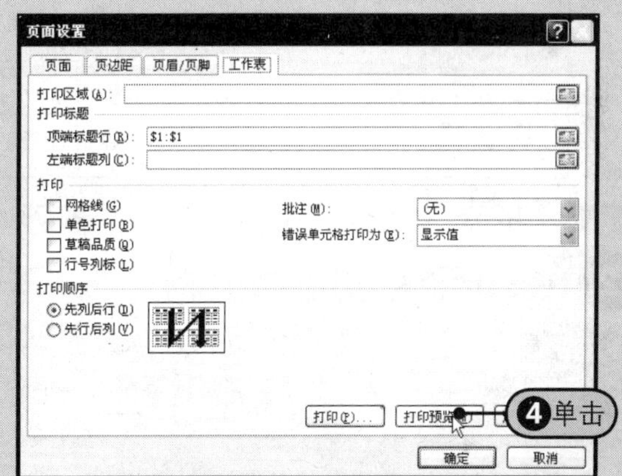

图18-35 单击“打印预览”按钮

步骤5 **Step 5** 打印预览时，后续页的预览效果，如图18-36所示。

月份	销售部门	销售员	销售业绩
2010年6月	北京分公司	赵春燕	￥789,562.30
2010年6月	上海分公司	吴思思	￥85,123.60
2010年6月	上海分公司	赵明学	￥85,921.20
2010年6月	上海分公司	邹小丰	￥95,632.10
2010年6月	上海分公司	何宇佳	￥112,045.20
2010年6月	上海分公司	刘思宇	￥789,562.30
2010年6月	成都分公司	赵明红	￥85,123.60
2010年6月	成都分公司	林艳	￥85,921.20
2010年6月	成都分公司	吴军	￥95,632.10
2010年6月	成都分公司	张学红	￥112,045.20
2010年6月	成都分公司	纪敏佳	￥78,541.20
2010年6月	成都分公司	罗成	￥69,521.20

❺重复打印标题行

图18-36 预览效果

18.2.6 设置缩放比例打印

用户还可以将文档调整为合适的大小进行打印。当文档内容较少时，如果希望打印出来的页面效果比较饱满，可以放大比例打印；相反，当文档内容超过一页而希望打印到一页时，可以缩小比例打印。

❶ 在功能区中设置缩放比例

在Excel 2010中，设置缩放比例打印的命令位于“页面布局”选项卡中的“调整为合适大小”组中。

当页面宽度超出预定的页数时，Step❶从“调整为合适大小”组中单击“宽度”右侧的下三角按钮，Step❷从下拉列表中选择希望的页数，如图18-37所示。当页面高度超出预定的页数时，Step❸单击“高度”右侧的下三角按钮，Step❹从下拉列表中选择希望的页数，如图18-38所示。用户还可以直接设置缩放比例，Step❺在“调整为合适大小”组内单击“缩放比例”调节按钮来设置比例，如图18-39所示。

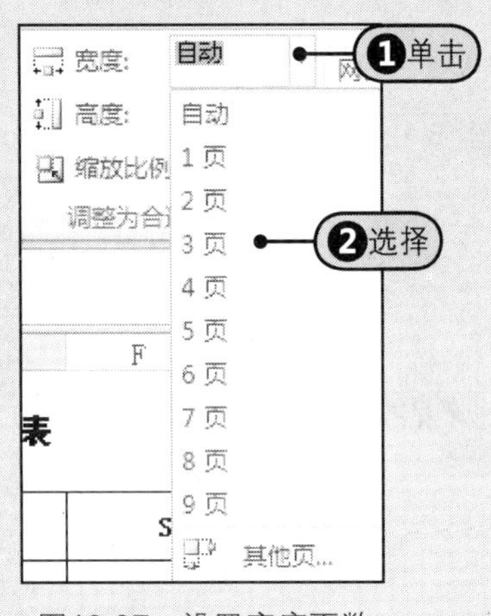

图18-37 设置宽度页数

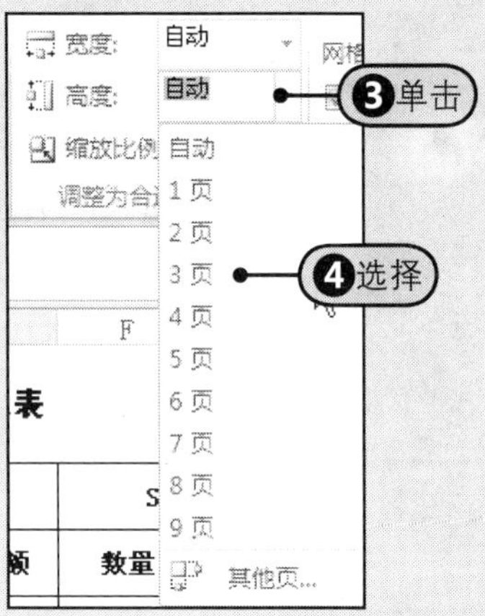

图18-38 设置高度页数

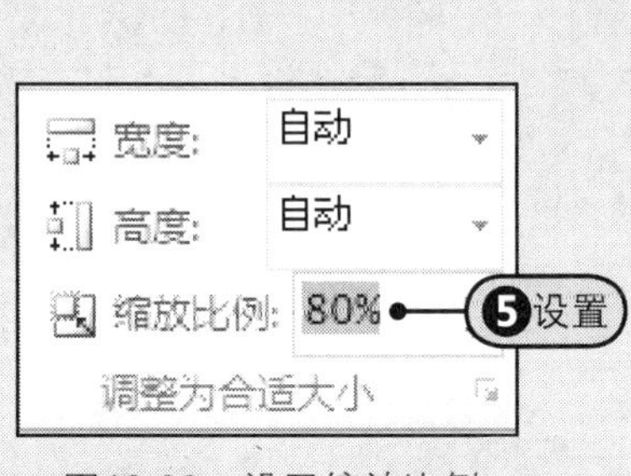

图18-39 设置缩放比例

❷ 在对话框中设置缩放比例

Step❶在“调整为合适大小”组中单击对话框启动器，如图18-40所示，打开“页面设置”对话框。Step❷在“缩放”区域内，可以设置缩放比例，也可以将页面调整为指定的页宽和页高，如图18-41所示。

图18-40 单击对话框启动器

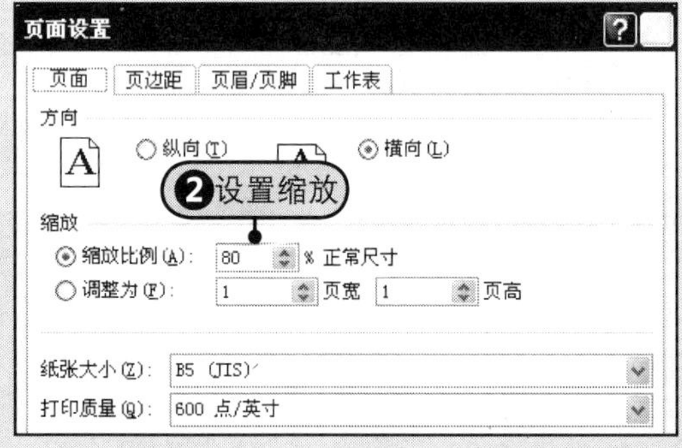

图18-41 设置缩放比例

18.3 商务报表的纸质化——打印

在设置好报表的页面设置以后，接下来就可以开始打印报表了。在打印的操作过程中，通常包括设置打印的范围及打印份数等。

18.3.1 设置打印份数

Step❶在“页面布局”选项卡中的“页面设置”组中单击对话框启动器按钮，Step❷在打开的“页面设置”对话框中单击“打印”按钮，Step❸随后在“打印”选项面板上显示“打印”选项，在“份数”框中输入要打印的份数即可，如图18-42所示。

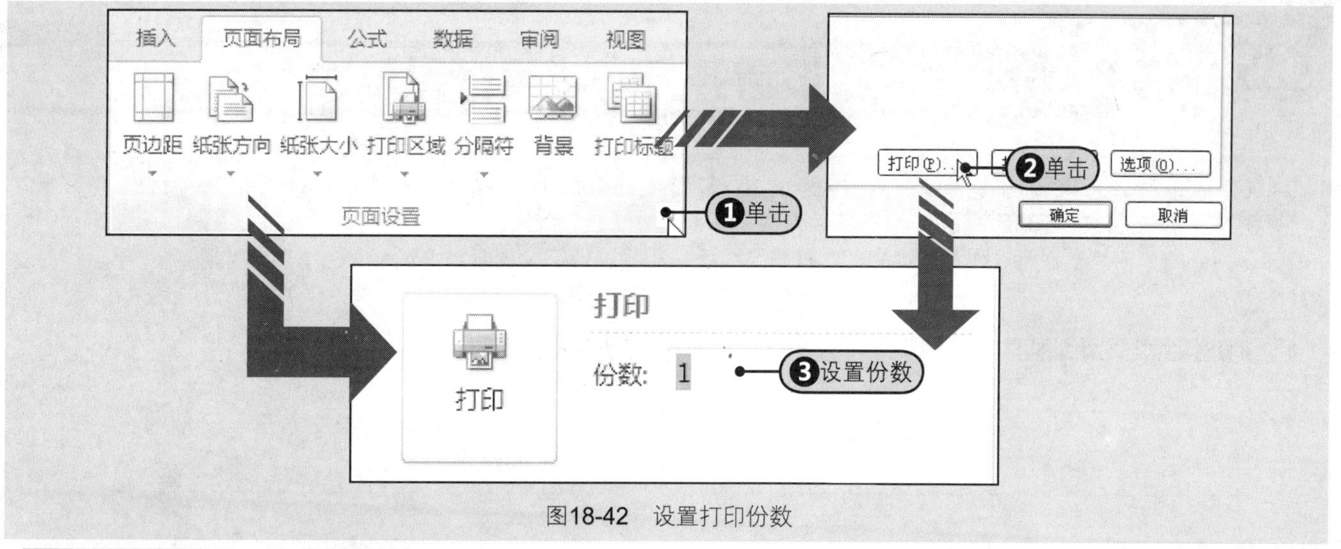

图18-42　设置打印份数

提示

通过“文件”菜单设置

用户还可以直接单击“文件”按钮，从展开的下拉菜单中选择“打印”命令，在“打印”选项面板中的“份数”区域输入要打印的份数。

18.3.2　设置工作簿的打印范围

用户可以设置工作簿的打印范围，可以选择只打印活动工作表，也可以选择打印整个工作簿，还可以指定需要打印的页数。

Step❶在“文件”下拉菜单中的“打印”选项面板的“设置”区域内，单击“打印活动工作表”右侧的下三角按钮，Step❷从下拉列表中选择要打印的范围，如“打印活动工作表”，如图18-42所示。Step❸也可以直接指定要打印的页数，在“打印活动工作表”的下方设置打印页数，如“页数1至页数2”，如图18-44所示。

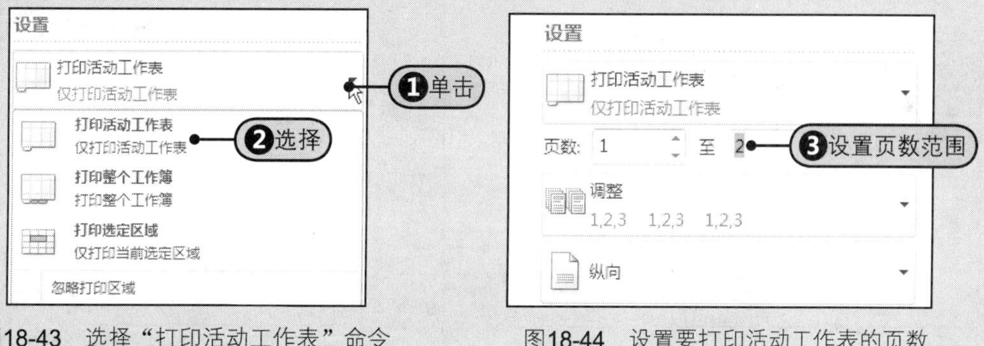

图18-43　选择“打印活动工作表”命令　　　图18-44　设置要打印活动工作表的页数

18.3.3　打印与取消打印

设置好打印份数与打印的页数范围后，接下来就可以开始打印了。

Step❶在“文件”下拉菜单中的“打印”选项面板中单击“打印”按钮，如图18-45所示。随后弹出“打印”对话框，如果要取消打印操作，Step❷可以单击“取消”按钮，如图18-46所示。

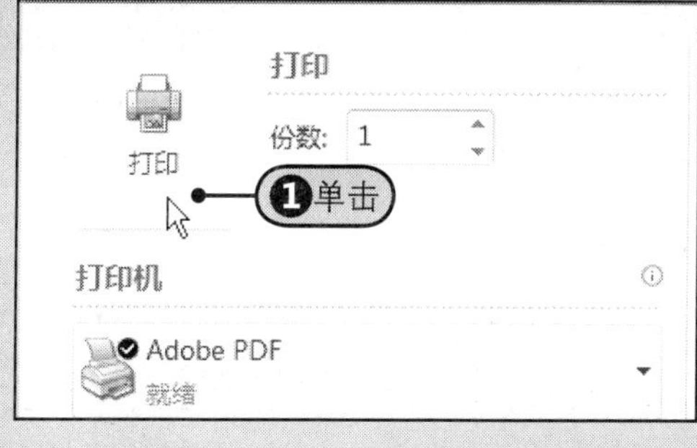

图18-45　单击“打印”按钮

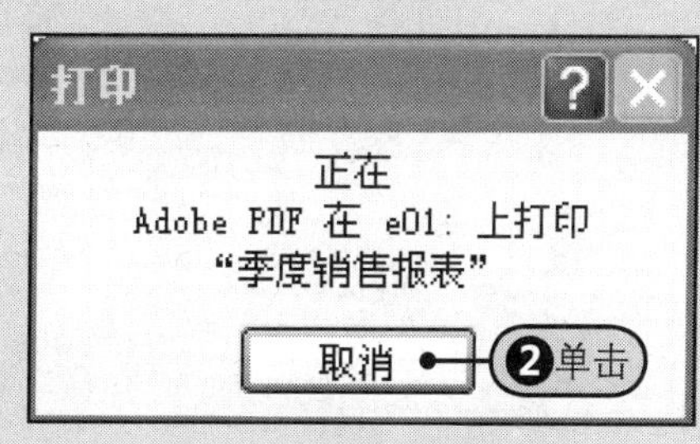

图18-46　“打印”对话框

18.4 融会贯通 设置并打印“目标图示”

本章主要介绍了如何为工作表设置页眉页脚 、纸张方向、纸张大小、页边距及打印的区域和顺序等内容。接下来，打开附书光盘\实例文件\第18章\原始文件\目标图示.xlsx工作簿，本节以该工作簿中的“目标图示”为例，运用本章所学的知识，介绍如何为工作簿设置页眉页脚、选择需要的纸张，并进行打印预览。

步骤1 切换至页眉页脚视图。

在“插入”选项卡中的“文本”组中单击“页眉和页脚”按钮进入页眉页脚视图，此时在页眉区域会自动插入一个方框。

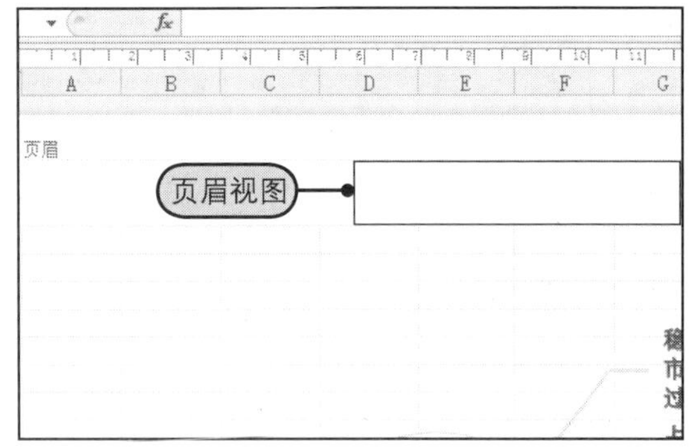

步骤2 输入页眉。

在方框内输入页眉的内容，如“企业近期市场战略目标”。

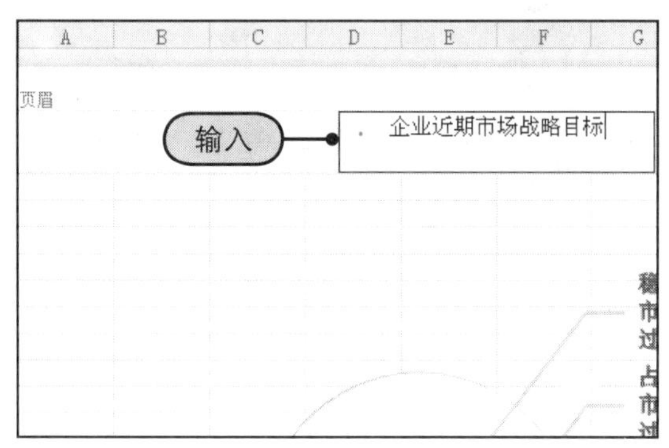

步骤3 单击“转至页脚”按钮。

在“页眉和页脚工具-设计”选项卡中的“导航”组中单击“转至页脚”按钮。

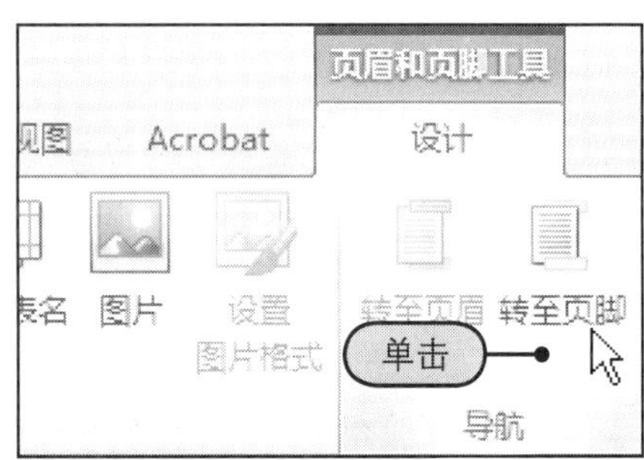

步骤4 输入页脚。

在页脚区域内输入页脚“远航集团市场部 2010年5月”。

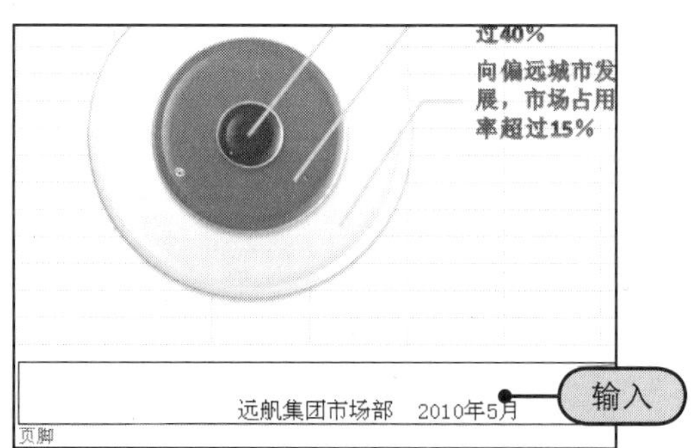

步骤5 更改纸张大小。

Step❶ 单击“纸张大小”的下三角按钮。

Step❷ 从下拉列表中选择Screen。

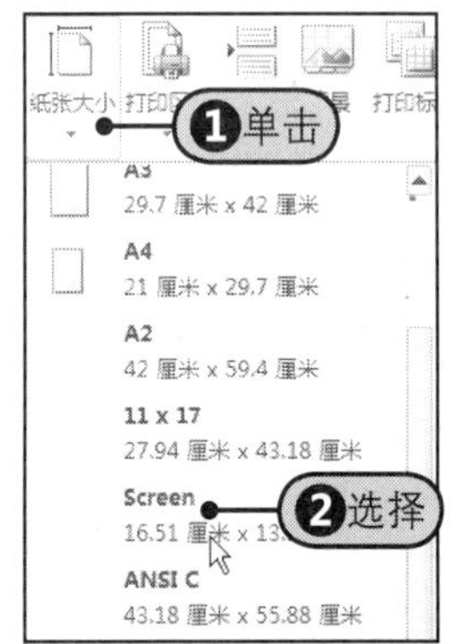

步骤6 选择“打印”命令。

Step❶ 单击“文件”按钮。

Step❷ 在下拉菜单中选择“打印”命令。

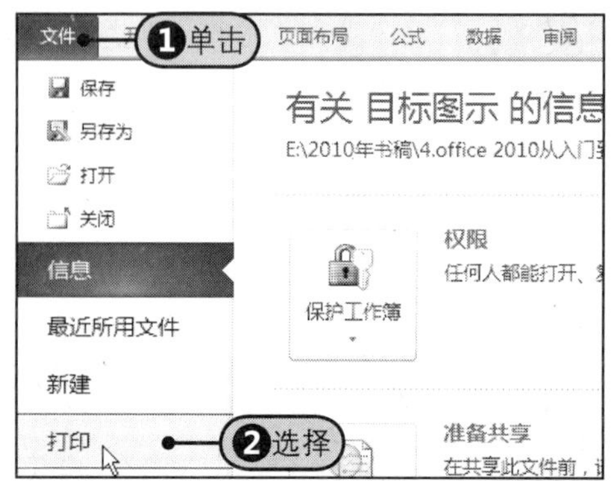

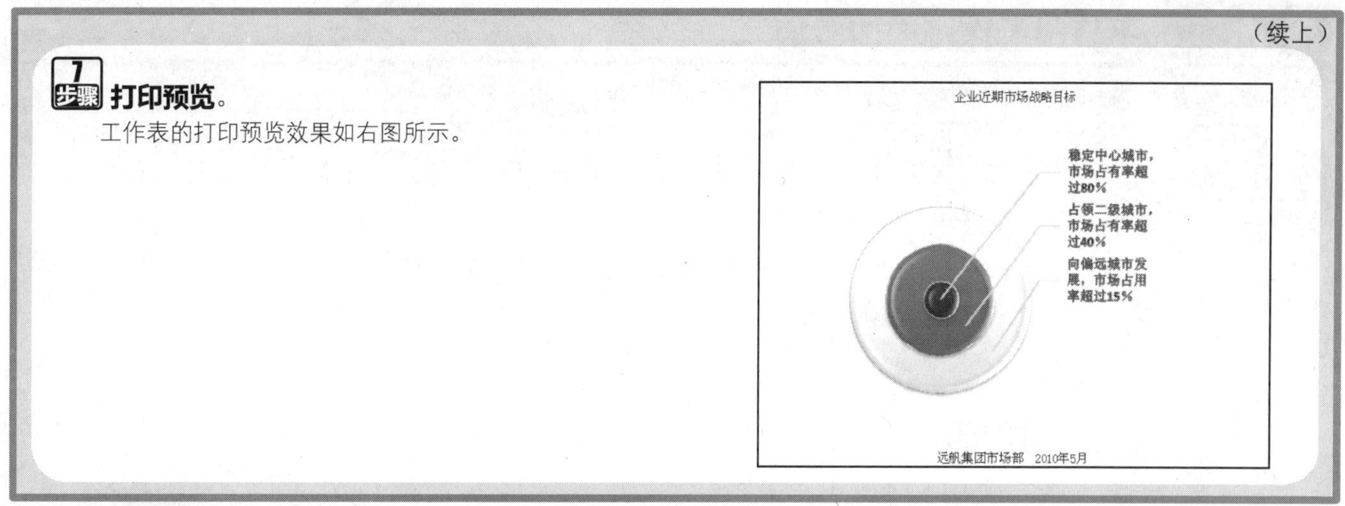

18.5 专家支招

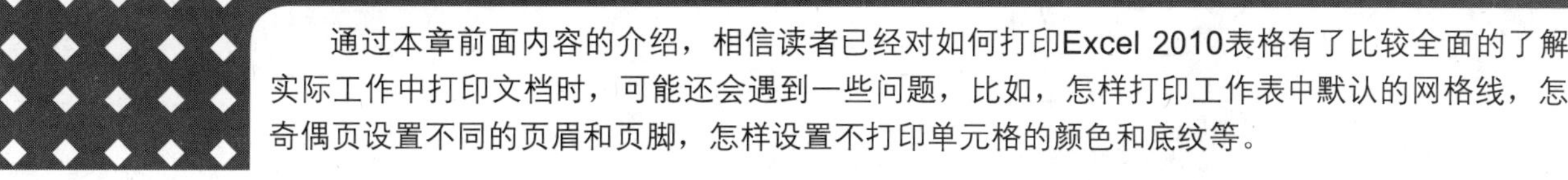

通过本章前面内容的介绍，相信读者已经对如何打印Excel 2010表格有了比较全面的了解。在实际工作中打印文档时，可能还会遇到一些问题，比如，怎样打印工作表中默认的网格线，怎样为奇偶页设置不同的页眉和页脚，怎样设置不打印单元格的颜色和底纹等。

招术一 如何打印工作表中默认的网格线

Excel 2010工作表中的网格线，在默认情况下是不会打印出来的。但如果用户需要打印网格线，可以这样操作：Step1 在“页面布局”选项卡中的“工作表选项”组的“网格线”区域内勾选“打印”复选框，Step2 单击“工作表选项”组的对话框启动器，Step3 在“页面设置”对话框中单击“打印预览”按钮，Step4 此时打印的表格会包括网格线，如图18-47所示。

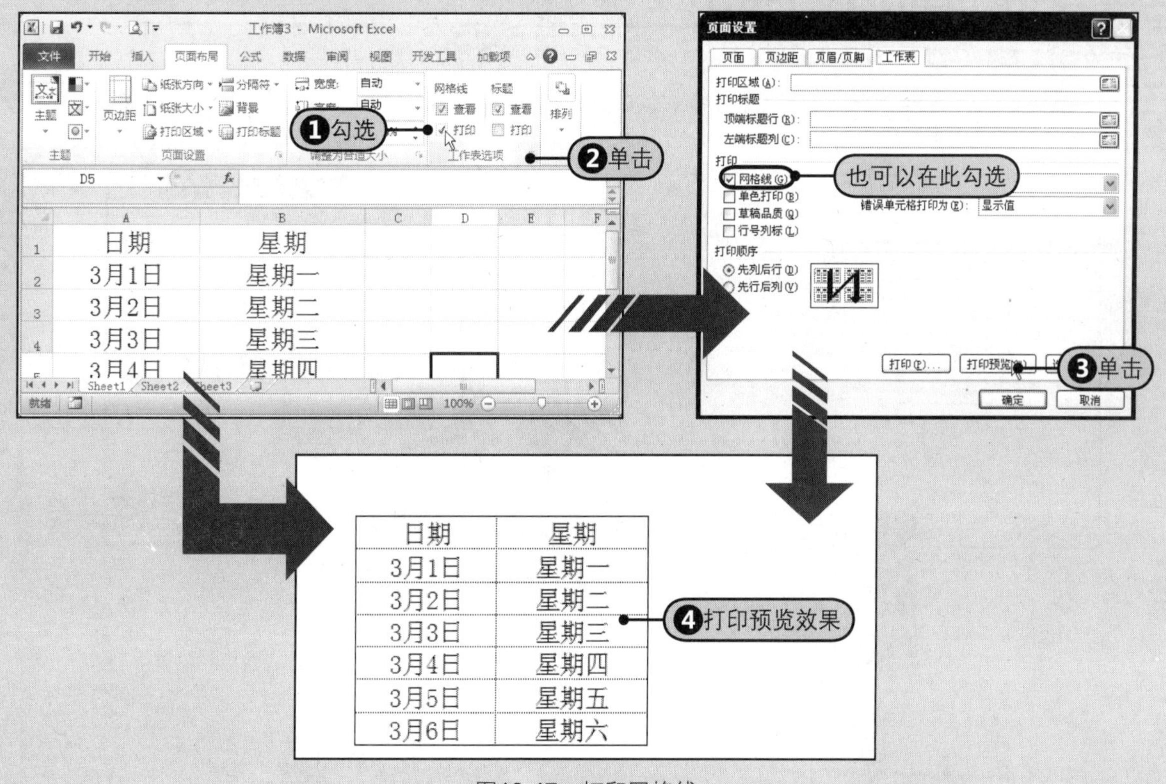

日期	星期
3月1日	星期一
3月2日	星期二
3月3日	星期三
3月4日	星期四
3月5日	星期五
3月6日	星期六

图18-47 打印网格线

招术二 不打印工作表中的零值

当工作表中存在零值时，用户可以设置不打印零值，而将零值单元格打印为空白。

Step1 单击“文件”按钮，Step2 从下拉菜单中选择“选项”命令，Step3 在“Excel选项”对话框单击“高级”标签，Step4 清除“在具有零值的单元格中显示零”复选框中的标记，Step5 单击“确定”按钮。在常规视图的打印视图中，Step6 此时零值单元格都将显示为空白，如图18-48所示。

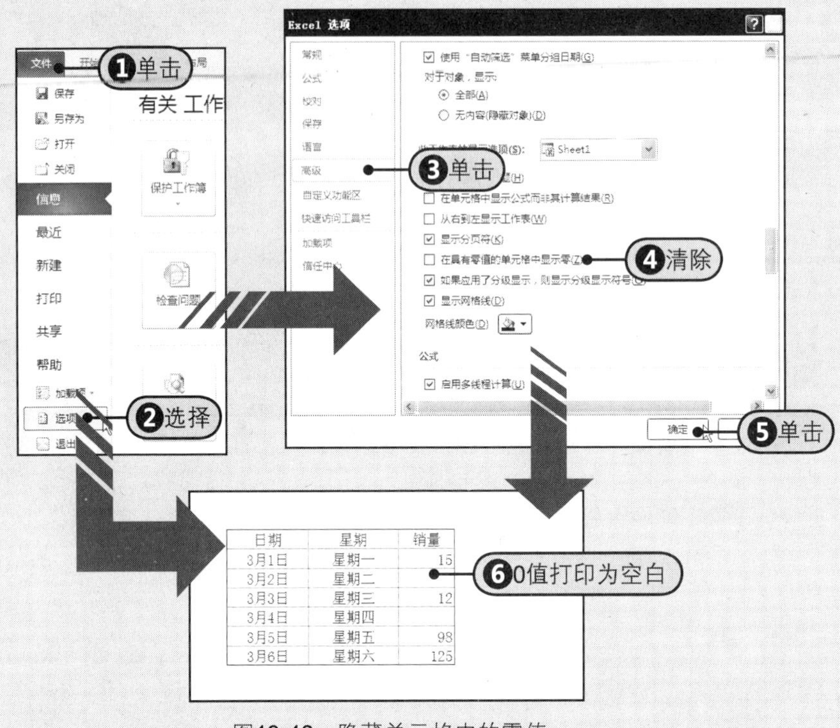

图18-48 隐藏单元格中的零值

招术三 不打印单元格颜色和底纹

对于应用了单元格底纹和颜色的单元格，在打印的时候可以设置不打印颜色和底纹。

Step1 单击“工作表选项”组中的对话框启动器，Step2 在“打印”区域内勾选“单色打印”复选框，Step3 单击“打印预览”按钮，Step4 得到的预览效果如图18-49所示。

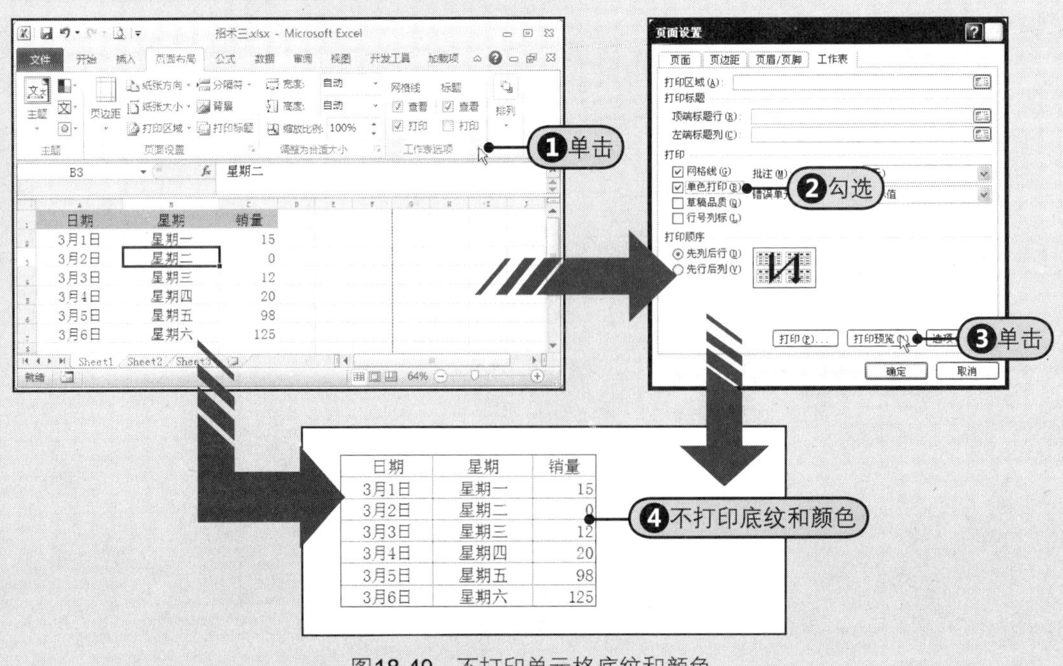

图18-49 不打印单元格底纹和颜色

Part 3 Excel篇

Chapter 19

链接的应用与自动化办公

本章将向用户介绍利用窗体控件快速地执行某些特定的功能，并且利用宏指定到插入的控件中使用，从而能够更高效地完成办公。在Excel 2010中提供了许多包含通用信息字段的窗体，可以满足多数用户的需求。对于编程熟悉的用户，就可以开始设计自己的窗体。

19.1 一键打开关联内容——超链接的应用

超链接是指一个创建于文档中的链接。当用户单击它时，超链接可指向另外一个相关联的页面或文件。链接目标，通常可以是另外一个文档、一个网页，但也可以是一幅图片、一个电子邮件地址或一个程序。

19.1.1 插入文件链接

在Excel中，可以为单元格创建超链接，可以链接到某个已经存在的文件，也可以链接到暂时还未创建的新文件。打开附书光盘\实例文件\第19章\原始文件\目录清单.xlsx工作簿。

❶ 创建已有文件的超链接

用户可以为工作表中的某个单元格创建指向已有某个文件的超链接。

Step❶选择要创建超链接的单元格，如单元格A6；Step❷在“插入”选项卡中的“链接”组中单击“超链接”按钮，Step❸在“插入超链接”对话框中选择需要链接到的文件，如当前文件夹中的“2010年7月销售统计报表”，Step❹单击“确定”按钮，Step❺添加超链接的单元格文本会显示为蓝色字体、带下画线格式，如图19-1所示。

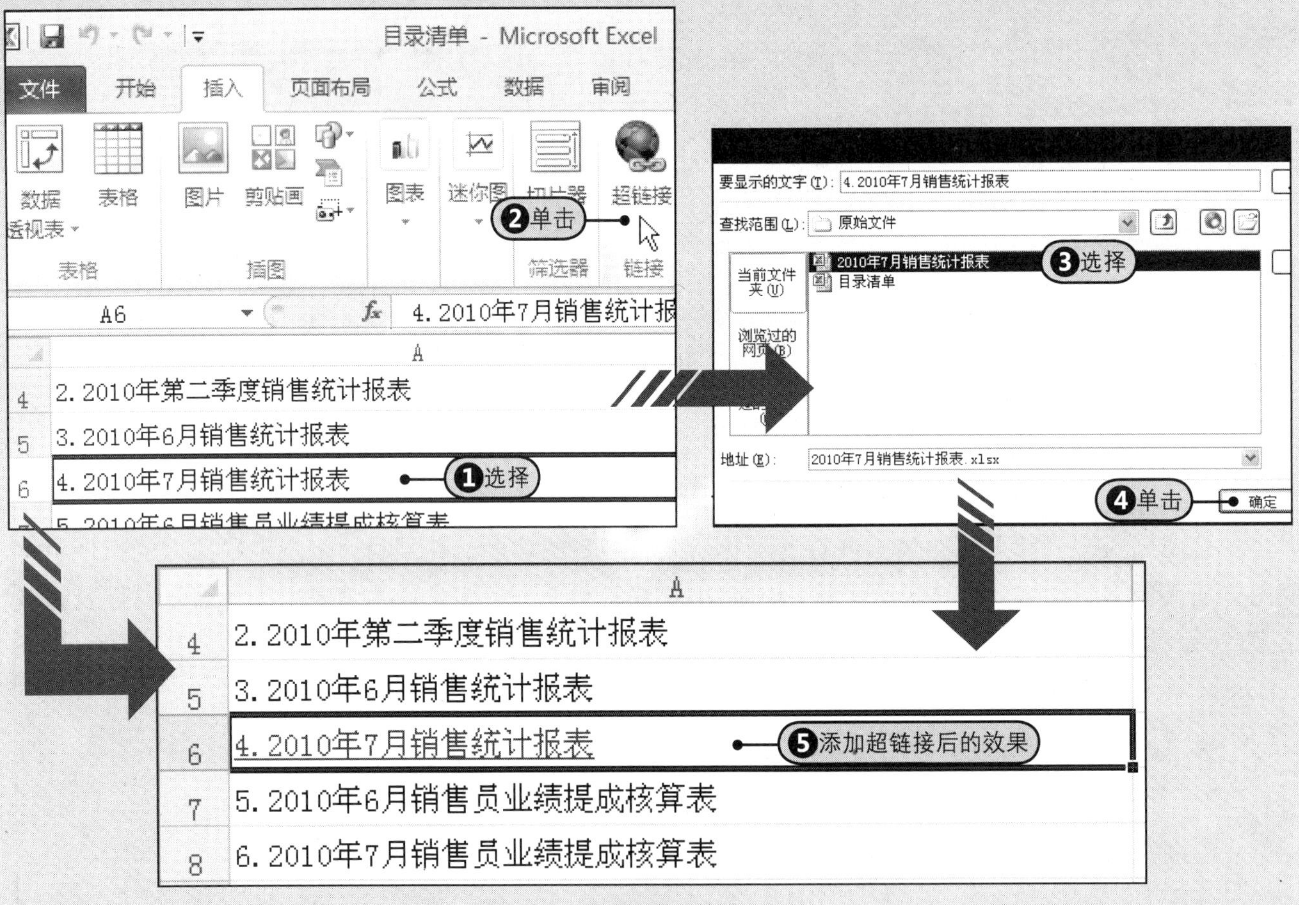

图19-1　添加超链接到已有文件

❷ 插入链接到新建文档的超链接

Step❶选择单元格A8，Step❷在“链接”组中单击“超链接”按钮，Step❸在“插入超链接”对话框中的“链接到”区域内单击“新建文档”，Step❹在“新建文档名称”框中输入文档的名称，Step❺在“何时编辑”区域内选中“以后再编辑新文档”单选按钮，Step❻单击“确定”按钮，Step❼Excel 2010会在指定的文件夹中创建一个指定名称的工作簿文件，如图19-2所示。此时，该工作簿为空工作簿。

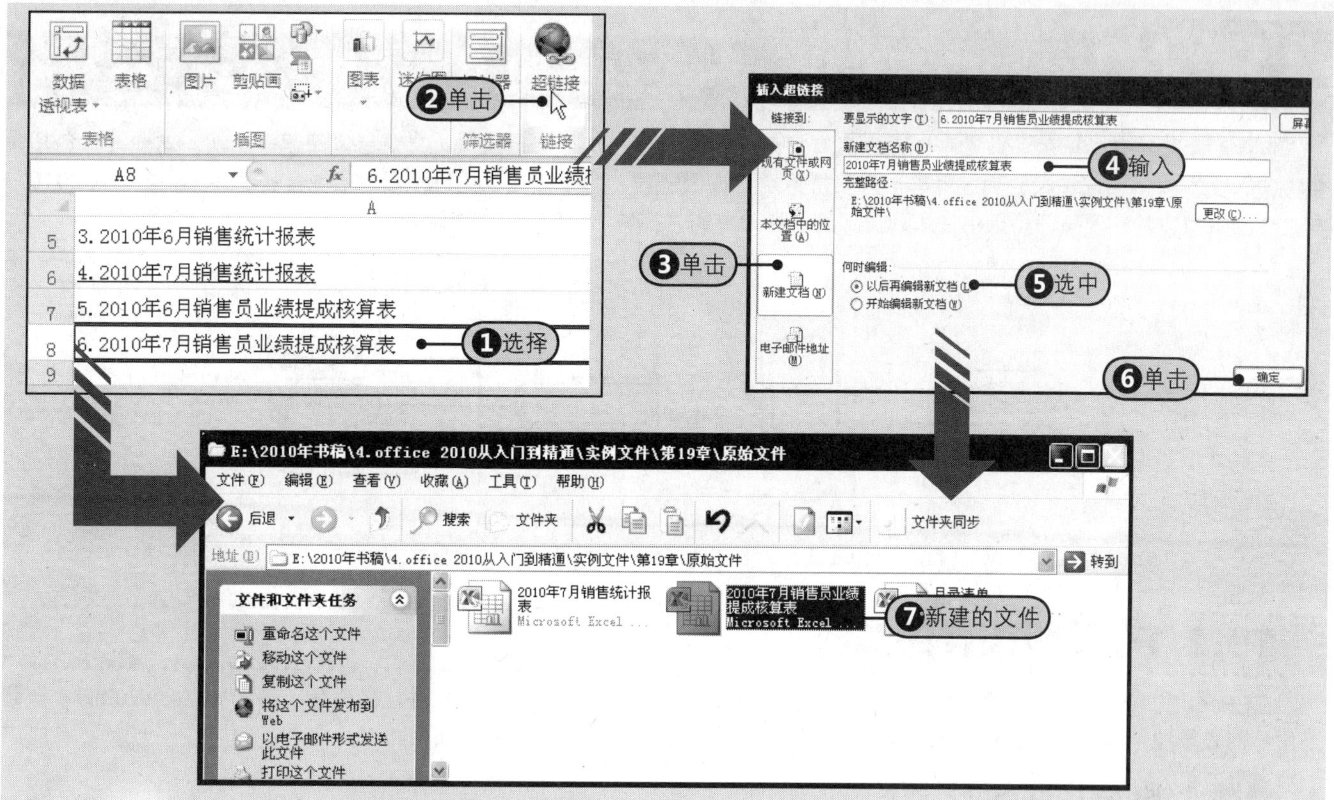

图19-2 创建一个指向新建文档的超链接

19.1.2 插入网页超链接

用户还可以创建链接到网页、邮件地址的超链接。

Step❶在单元格中输入文本，Step❷单击“超链接”按钮，Step❸在“插入超链接”对话框中单击“现有文件或网页”，Step❹在“地址”栏中输入网页地址，Step❺单击“确定”按钮，Step❻单击单元格B3中的文字，Step❼会打开链接到的网页，如图19-3所示。

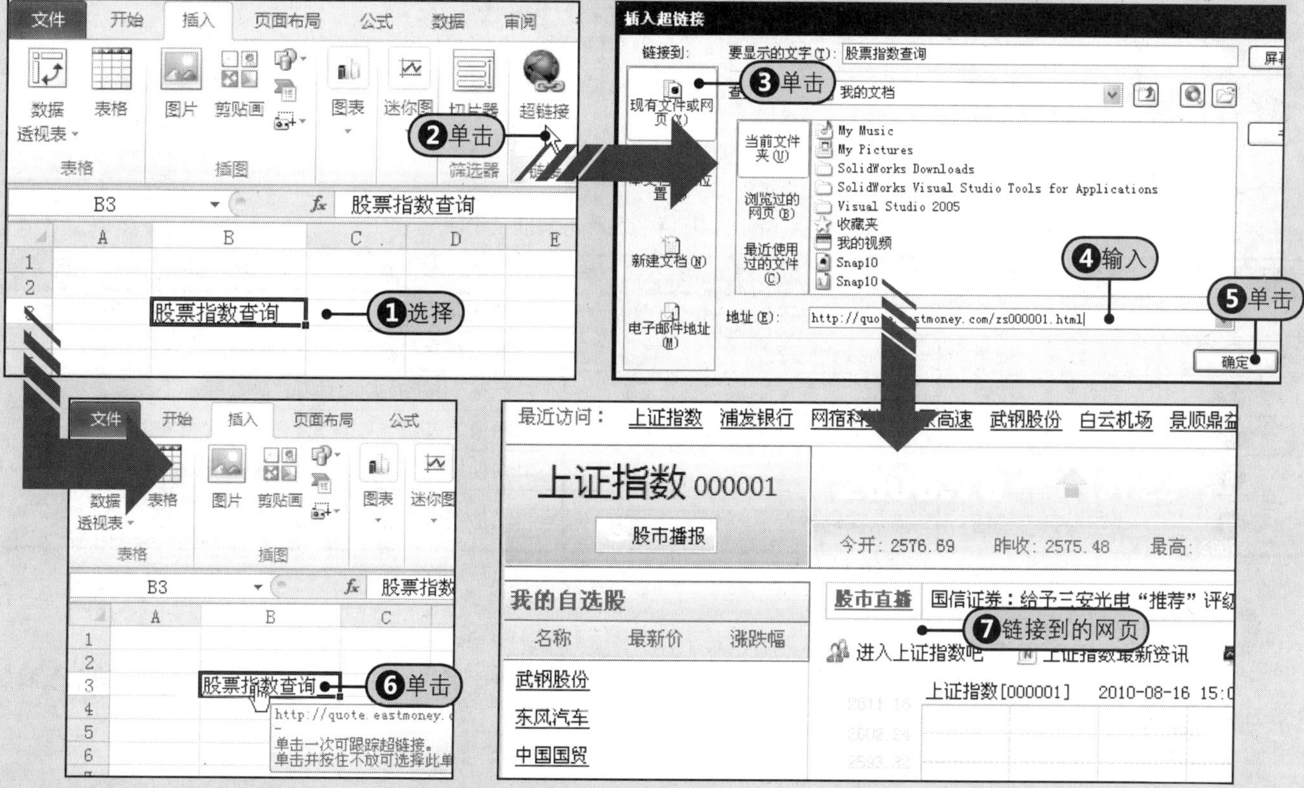

图19-3 链接到的网页

19.2 命令的图像化——控件的应用

控件即添加在窗体上的一些图形对象，具有显示或输入数据、执行特定操作、方便窗体阅读等功能。这些控件包括命令按钮、文本框、单选按钮、列表框等，主要是为用户提供选项、命令按钮、执行预置的宏或一些脚本的。Excel 2010中与控件相关操作的命令按钮是集中在“开发工具”选项卡的“控件”组中的，如图19-4所示。

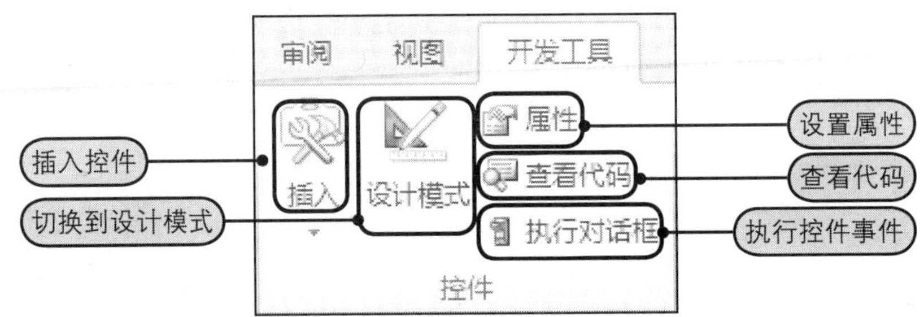

图19-4 “开发工具”选项卡中的“控件”组

19.2.1 认识控件的类型

在Excel 2010中有两种类型的控件：Active控件和表单控件。其中，Active控件比较常用，多与VBA和Web脚本一起工作；而表单控件与早期的Excel 5.0版本以后的版本兼容，能在XLM宏工作表中使用。

❶ ActiveX控件类型及属性

ActiveX控件为用户提供选项、宏或脚本，所以通常ActiveX控件为复选框、按钮等类型的，可以在VBA中为控件编写宏，也可以在Microsoft脚本编辑器中编写脚本。

常见的ActiveX控件包括按钮、组合框、复选框、数值调节按钮、列表框、单选按钮、分组框及标签等，如图19-5所示。

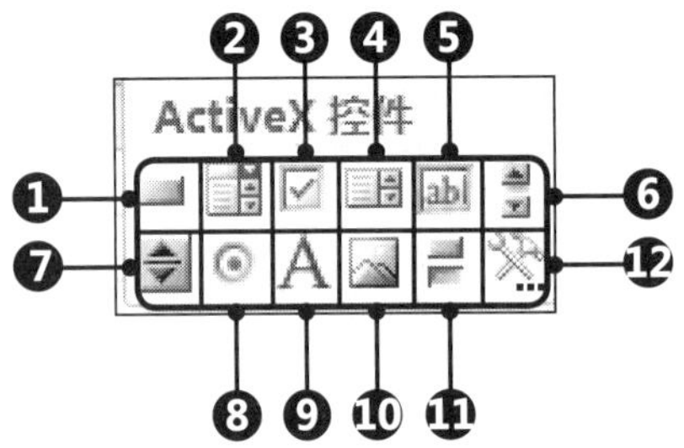

图19-5 Exce l2010中的ActiveX控件

ActiveX控件中按钮的名称、功能及说明，如表19-1所示。

表19-1 ActiveX控件的名称、功能及说明

编　号	名　称	功能及说明	编　号	名　称	功能及说明
❶	“命令按钮”按钮	插入命令按钮控件	❼	“数值调节按钮”按钮	插入数值调节按钮控件
❷	“组合框”按钮	插入组合框控件	❽	“单选按钮”按钮	插入单选按钮控件
❸	“复选框”按钮	插入复选框控件	❾	“标签”按钮	插入标签控件
❹	“列表框”按钮	插入列表框控件	❿	“图像”按钮	插入图像控件
❺	“文本框”按钮	插入文本框控件	⓫	“切换按钮”按钮	插入切换按钮控件
❻	“滚动条”按钮	插入滚动条控件	⓬	“其他控件”按钮	插入此计算机提供的控件组中的控件

❷ 表单控件类型及属性

“表单控件”也就是“窗体”控件工具栏，它允许用户控制程序图形界面上的对象，如文本框、复选框、滚动条和命令按钮等，具有显示或输入数据、执行特定操作、方便窗体阅读等功能。

常见的表单控件有按钮、组合框、复选框、数值调节按钮及列表框等，如图19-6所示。

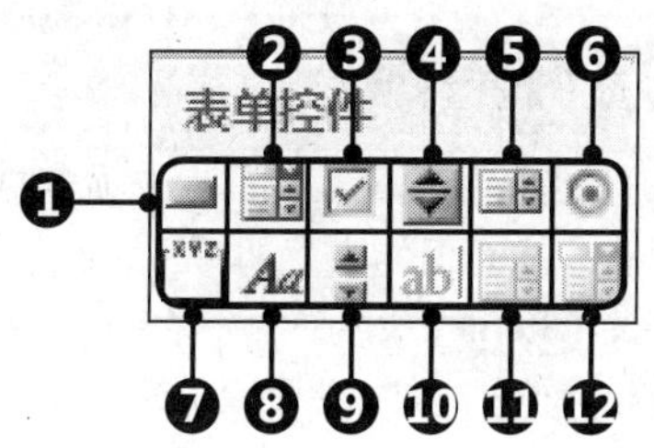

图19-6 表单控件按钮

为了让用户详细掌握表单控件中各个按钮的名称和功能，现分别列于表19-2中。

表19-2 表单控件按钮名称及功能说明

编 号	名 称	功能及说明
❶	“按钮”按钮	提供单击事件，执行特定的宏
❷	“组合框”按钮	为一个下拉列表框，选中的选项将出现在文本框中
❸	“复选框”按钮	打开或关闭选项，可同时选中多个复选框
❹	“数值调节按钮”按钮	通过单击上、下箭头增大或减小数值
❺	“列表框”按钮	显示项目列表
❻	“单选按钮”按钮	选项组合框中的一组选项，每次只可选择一个
❼	“分组框”按钮	与分组相关的控件
❽	“标签”按钮	为控件、窗体或工作表提供文字
❾	“滚动条”按钮	单击滚动箭头，可滚动通过一定的区域
❿	“文本域”按钮	在Excel 2010中不可用，该控件为可编辑的窗体控件
⓫	“组合列表编辑框”按钮	在Excel 2010中不可用，该控件为可编辑的窗体控件
⓬	“组合下拉编辑框”按钮	在Excel 2010中不可用，该控件为可编辑的窗体控件

19.2.2 添加“开发工具”选项卡

在默认的情况下，启动Excel 2010程序时，会找不到操作界面上的“开发工具”选项卡，这是因为一般情况下不会使用到该选项卡。用户欲向工作表中插入与添加控件前，需要先在操作界面上显示“开发工具”选项卡。

Step❶在Excel 2010操作窗口内单击“文件”按钮，Step❷从展开的下拉菜单中选择“选项”选项，随后打开“Excel选项”对话框。Step❸单击“自定义功能区”标签，Step❹在“自定义功能区”列表框中勾选“开发工具”复选框，Step❺然后单击“确定”按钮，Step❻返回Excel 2010操作界面，此时在“视图”选项卡的右侧会显示“开发工具”选项卡，如图19-7所示。

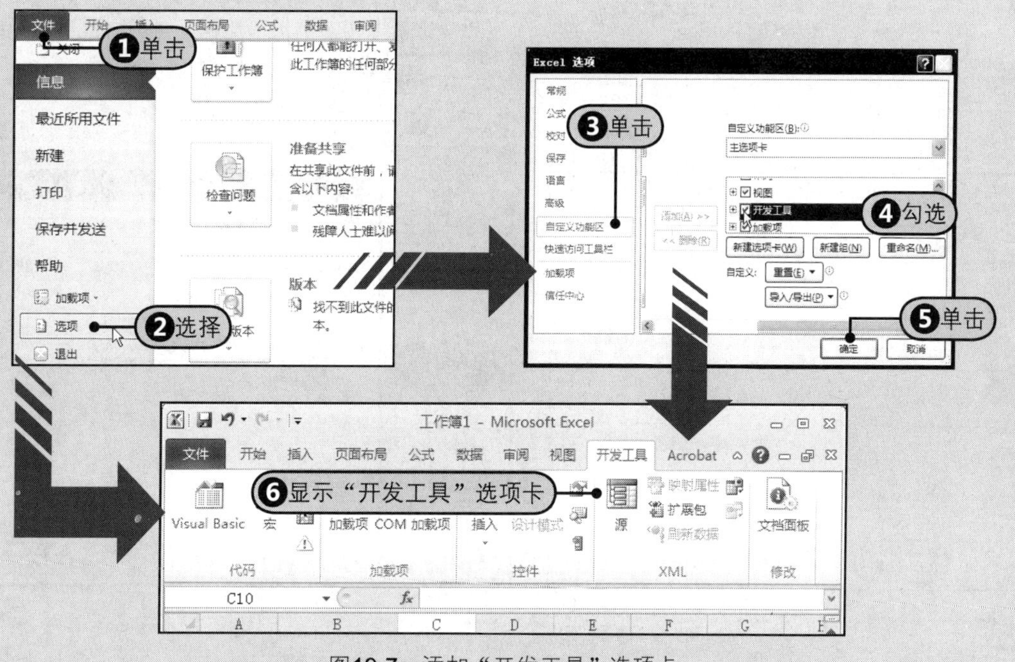

图19-7 添加“开发工具”选项卡

19.2.3 插入ActiveX控件对象

在Excel 2010中添加ActiveX控件非常方便，只需要在“开发工具”选项卡中的“控件”组中单击“插入”的下三角按钮，从展开的下拉列表中选择需要的控件按钮，直接添加到工作表上即可。

Step❶在“控件”组中单击“插入”按钮，Step❷从展开的下拉列表中的“ActiveX控件”区域中单击“按钮”控件，Step❸在工作表中拖动鼠标绘制按钮控件，Step❹释放鼠标，创建的命令按钮如图19-8所示。

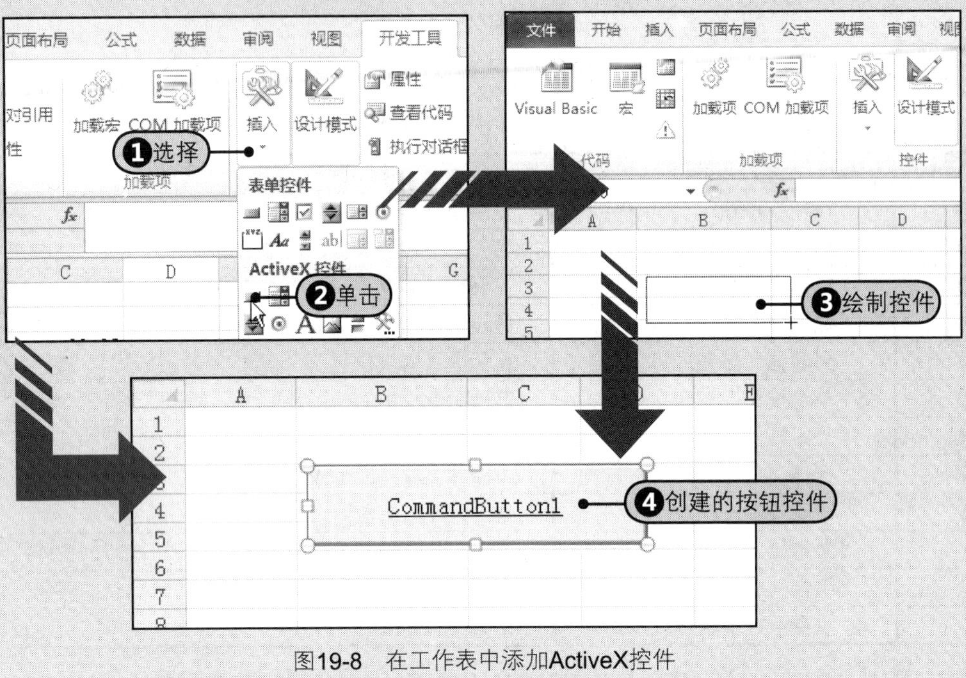

图19-8　在工作表中添加ActiveX控件

19.2.4 对ActiveX控件对象进行编辑

在工作表中绘制好ActiveX控件后，还可以对控件对象进行编辑，例如设置控件的格式及属性等。具体操作方法如下所示。

1 设置控件的格式

步骤1 Step❶选择要设置属性的控件，Step❷在控件上单击鼠标右键，从弹出的快捷菜单中选择“设置控件格式”命令，如图19-9所示。

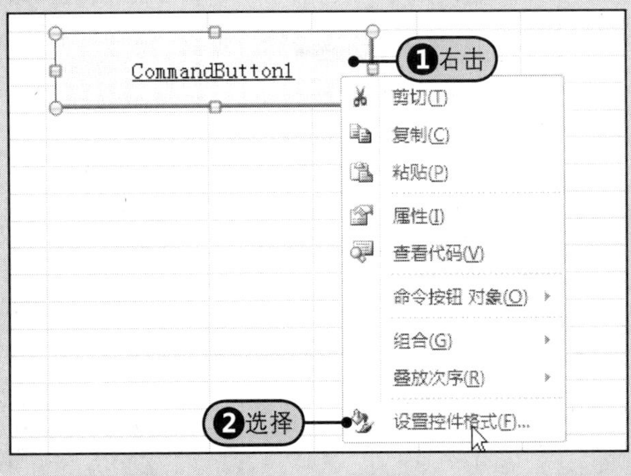

图19-9　选择“设置控件格式”命令

步骤2 Step❸在打开的“设置控件格式”对话框中的“大小”选项卡中，勾选“比例”区域中的“锁定纵横比”复选框，Step❹然后将“高度”值更改为“80%”，如图19-10所示。

图19-10　设置控件大小

3 步骤 Step 5 在“设置控件格式”对话框中单击“保护”标签，Step 6 在“保护”选项卡中勾选“锁定”复选框，如图19-11所示。

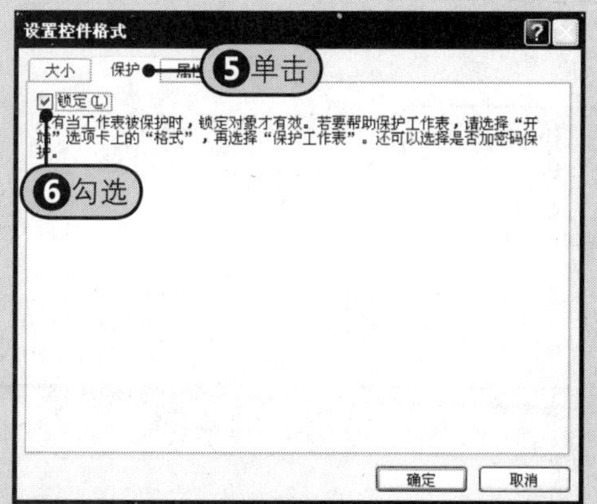

图19-11 设置保护

4 步骤 Step 7 单击“属性”标签，Step 8 在“属性”选项卡中的“对象位置”框中选中“大小固定，位置随单元格而变”单选按钮，Step 9 然后单击“确定”按钮，如图19-12所示。

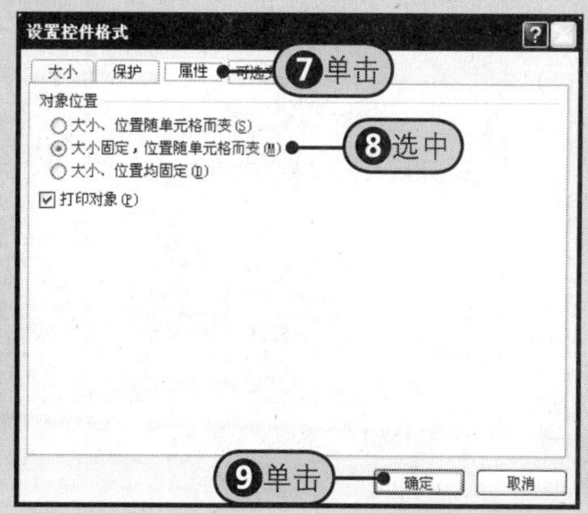

图19-12 设置对象大小和位置

2 设置控件的属性

用户还可以通过设置控件的名称、字体等属性来更改控件的显示外观，具体操作步骤如下所示。

1 步骤 Step 1 在“开发工具”选项卡中的“控件”组中单击“属性”按钮，如图19-13所示。

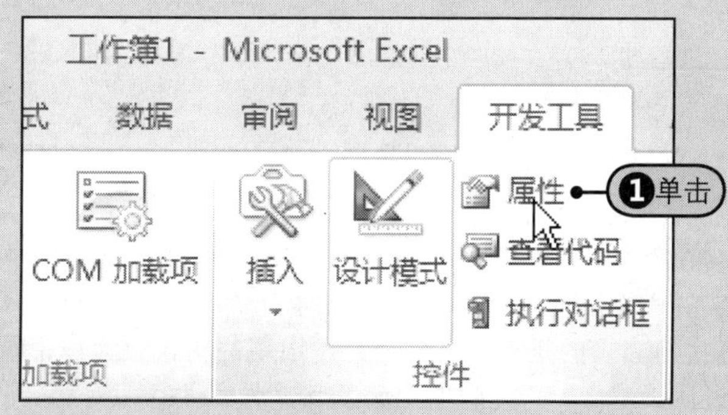

图19-13 单击“属性”按钮

2 步骤 Step 2 在打开的“属性”窗口中单击Caption属性文本框，输入“设置红色字体”，如图19-14所示。

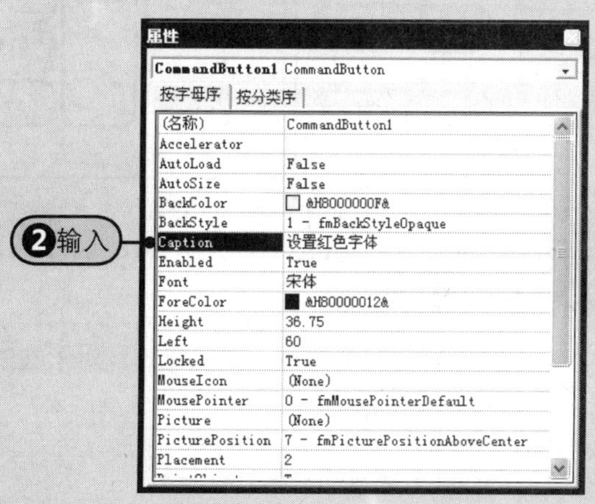

图19-14 设置Caption属性

3 步骤 Step 3 单击Font属性，此时该栏会显示一个按钮，单击该按钮，如图19-15所示。

图19-15 设置Font属性

4 步骤 随后打开“字体”对话框，Step 4 在“字形”列表框中单击“粗体”，Step 5 在“大小”列表框中单击“14”，Step 6 然后单击“确定”按钮，如图19-16所示。

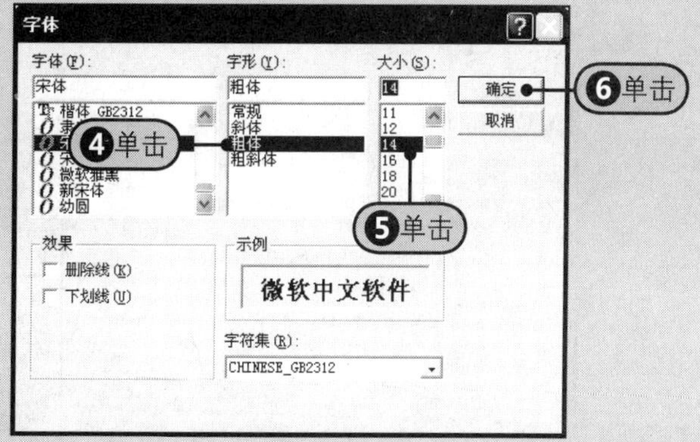

图19-16 设置字体

步骤5 Step 7 单击ForeColor属性右侧的下三角按钮，Step 8 然后选择“红色”，如图19-17所示。

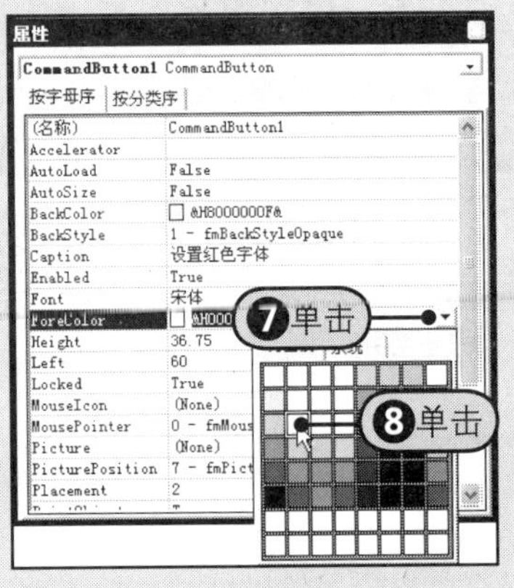

图19-17 设置字体颜色

步骤6 Step 9 返回工作表中，最后得到的控件按钮效果，如图19-18所示。

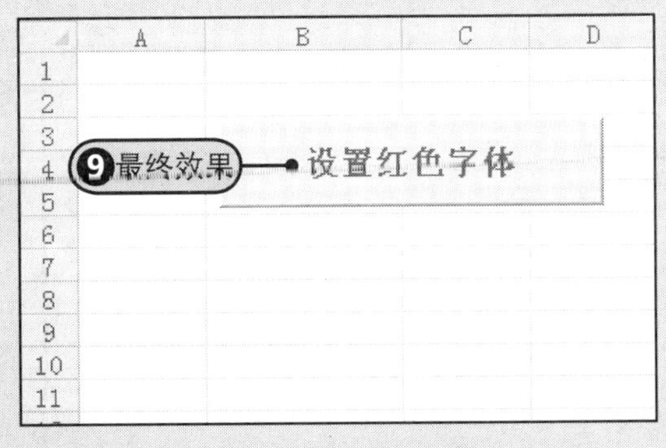

图19-18 按钮最终效果

19.3 办公程序的批量处理功能——宏的应用

所谓创建宏，也就是在Excel中录制宏。录制宏，其实就是录制一个操作过程，然后保存宏，从而使其可以进行重复使用。录制宏需要的专业技术知识并不多，操作也非常简单，即可方便地录制各种类型的宏。

图19-19所示为“开发工具”选项卡中的“代码”组，该组中包含了创建宏的一些相关命令按钮。

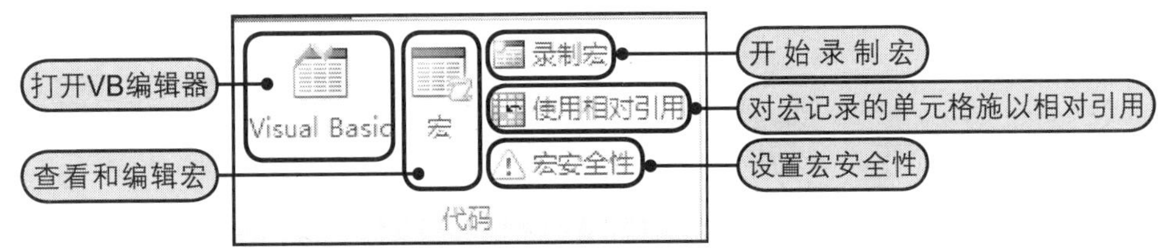

图19-19 “开发工具”选项卡中的“代码”组

19.3.1 录制宏

“宏”就是用户定义好的连续命令和操作。对于在Excel 2010中需要经常重复执行相同的任务，可以全部录制在宏中，就好比用摄像机录制影像一样，而且每次录制的宏均可保存在附属于某个工作簿的新模块中。

在录制宏的过程中应当指定步骤的前后顺序，并尽量保证执行步骤的正确性，因为录制出现的错误也会被记录在宏中，这些错误就好比录制影像的花絮。接下来，用一个实例来说明录制宏。打开附书光盘\实例文件\第19章\原始文件\商品销售统计.xlsx工作簿。

步骤1 Step 1 在“开发工具”选项卡中的“代码”组中单击“录制宏”按钮，如图19-20所示。

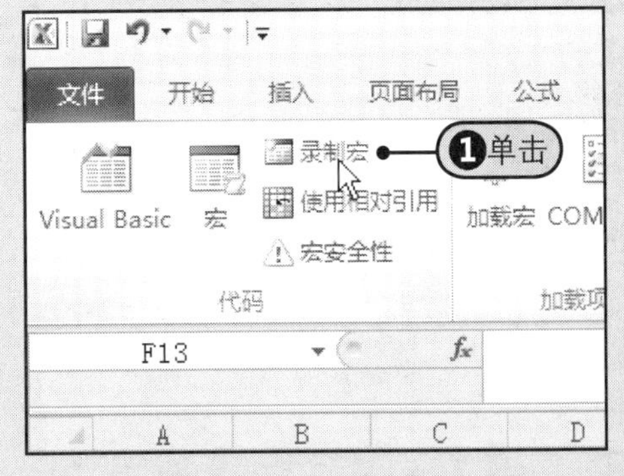

图19-20 单击“录制宏”按钮

步骤2 随后打开“录制新宏”对话框，Step 2 在“宏名”框中输入“销量最小值”，Step 3 在“说明”框中输入“突出显示销量最低的值。”，Step 4 单击“确定”按钮，如图19-21所示。

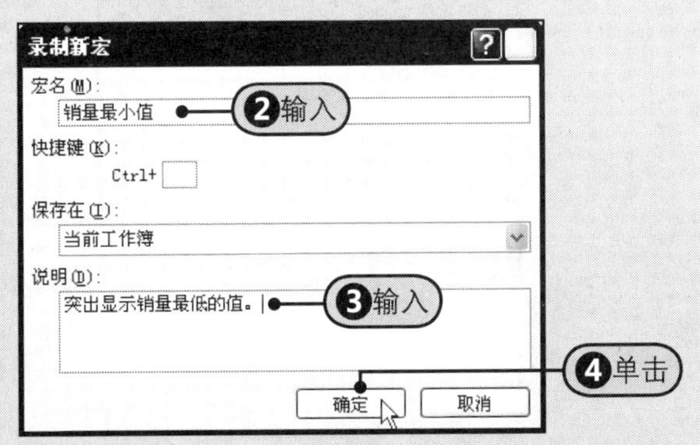

图19-21 “录制新宏”对话框

3 步骤 Step 5 在“开始”选项卡中的“样式”组中单击“条件格式”的下三角按钮，Step 6 从展开的下拉列表中选择“项目选取规则”命令，Step 7 从下级下拉列表中选择“值最小的10项”，如图19-22所示。

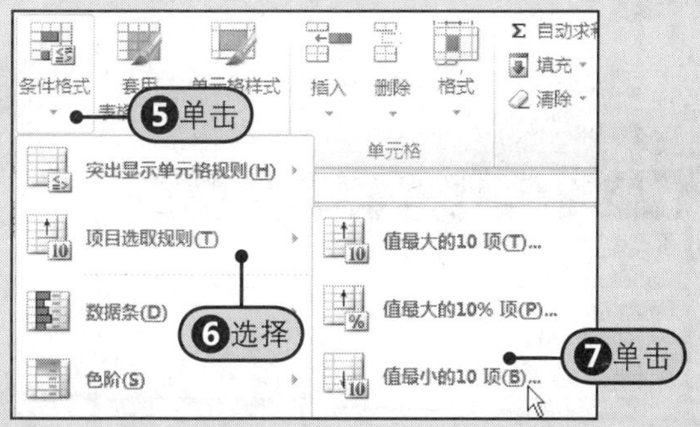

图19-22 选择条件设置规则

4 步骤 在弹出的“10个最小的项”对话框中 Step 8 单击“调节框”设置值为“1”，Step 9 从“设置为”下拉列表中选择“绿填充色深绿色文本”，如图19-23所示。

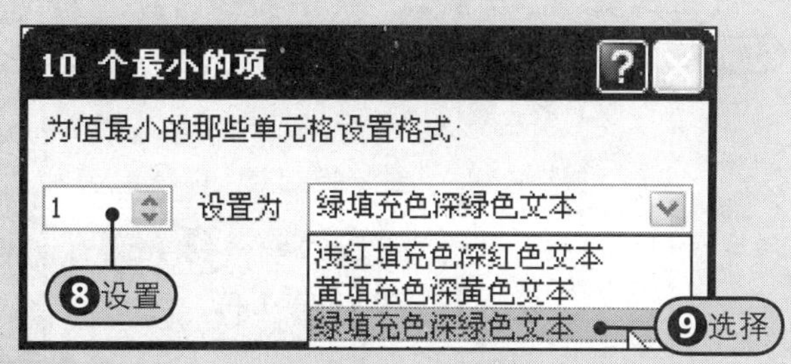

图19-23 “10个最小的项”对话框

5 步骤 Step 10 在“开发工具”选项卡中的“代码”组中单击“停止录制”按钮，如图19-24所示。

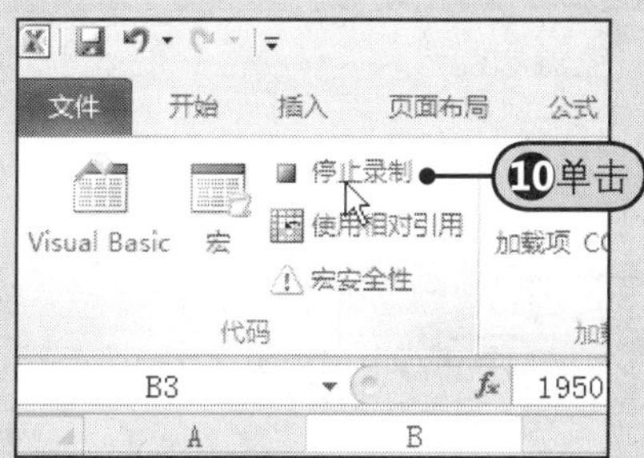

图19-24 单击“停止录制”按钮

6 步骤 Step 11 此时表格中会突出显示销量最小的单元格，如图19-25所示。

	A	B	C
1	2010年商品销售统计		
2	季度	销量	销售金额
3	第一季度	1950	
4	第二季度	2650	¥ 485,260.00
5	第三季度	3800	¥ 784,520.00
6	第四季度	2900	¥ 369,850.00
7	合计:	11300	¥ 1,798,550.00

11突出显示最小值

图19-25 突出显示最小值

19.3.2 查看宏代码

录制好宏后，可以在Visual Basic窗口中查看宏。

Step 1 在“代码”组中单击“宏”按钮，Step 2 在“宏”对话框中选择“销量最小值”，Step 3 单击“编辑”按钮，Step 4 系统会打开Visual Basic窗口并显示该宏的代码，如图19-26所示。

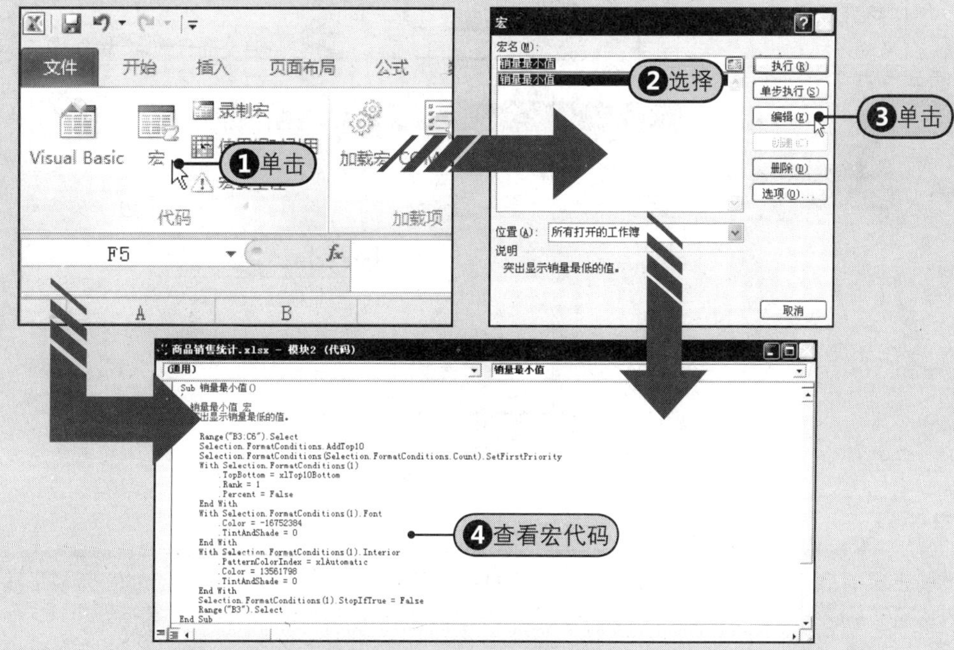

图19-26 查看宏代码

19.3.3 保存宏

宏的保存也就是保存录制的宏。在前面介绍的“录制新宏”对话框中已有保存的选项，而对于带有宏的工作簿，Excel 2010中不是将其保存为.xslx格式的文件，而是保存为.xlsm格式的文件。

1 保存工作簿宏

Step1 单击“录制宏”按钮，如图19-27所示。Step2 在“录制新宏”对话框中单击“保存在”右侧的下三角按钮，Step3 从下拉列表中选择宏保存的位置，如“当前工作簿”，如图19-28所示。

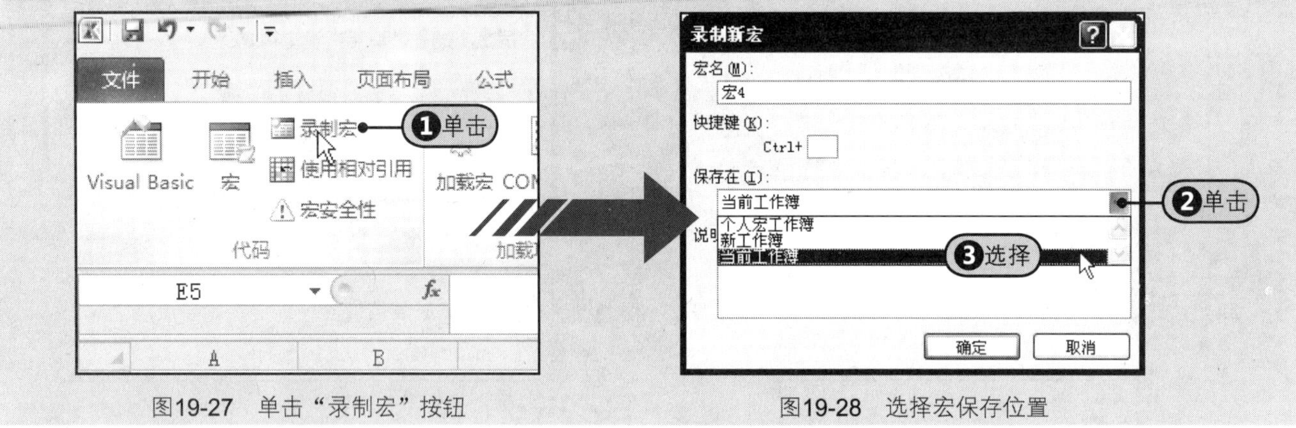

图19-27 单击“录制宏”按钮　　图19-28 选择宏保存位置

2 保存带宏的工作簿

在录制了宏以后，必须要将工作簿保存为启用宏的工作簿格式，而不能保存为普通的.xlsx格式。

Step1 单击“文件”按钮，Step2 在下拉菜单中“另存为”命令，Step3 在“另存为”对话框中的“文件名”框中输入名称，从“保存类型”下拉列表中选择“Excel启用宏的工作簿（*.xlsm）”，Step4 然后单击“保存”按钮。Step5 打开保存位置的文件夹，可以看到该格式的文件图标与常规的工作簿文件图标不一样，如图19-29所示。

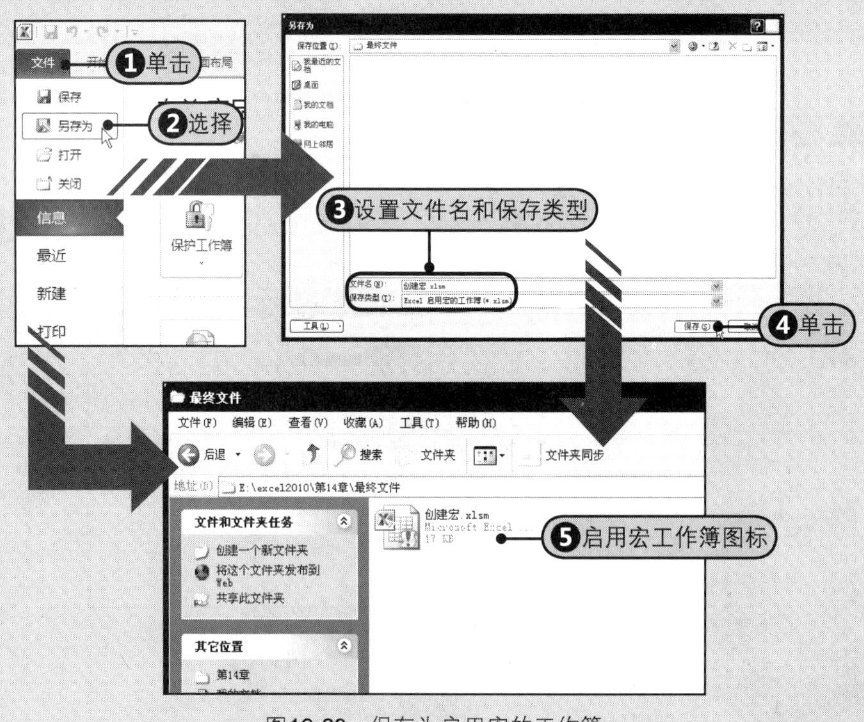

图19-29 保存为启用宏的工作簿

提示　保存错误

当试图将带宏的工作簿文件保存为.xlsx工作簿格式时，屏幕上会弹出如图19-30所示的提示对话框，提示用户“无法在未启用宏的工作簿中保存以下功能：……”，单击“否”按钮，可重新返回“另存为”对话框中选择保存类型。

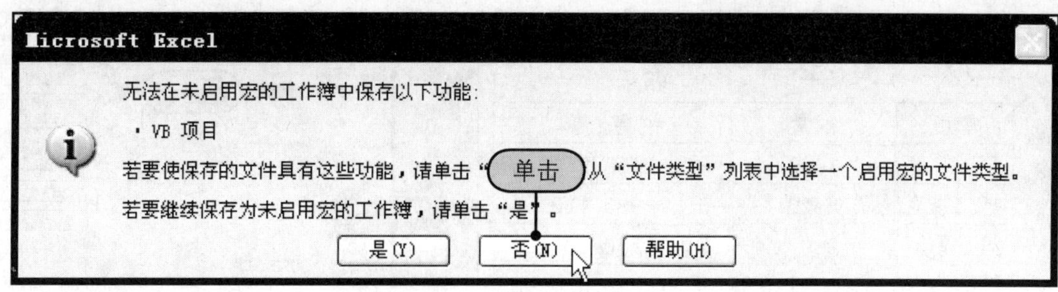

图19-30　保存错误提示

19.3.4　删除宏

当不再需要某个已经录制的宏时，可以将它删除。删除宏的操作非常简单，只需几个步骤就可以搞定。

Step❶在“开发工具”选项卡中的“代码”组中单击“宏”按钮，Step❷在“宏”对话框中选择要删除的宏名，如“宏4”，Step❸单击“删除”按钮，随后屏幕上弹出提示是否删除宏的对话框，Step❹单击“是”按钮，可删除选择的宏，如图19-31所示。如果不想删除宏，可直接单击“否”按钮。

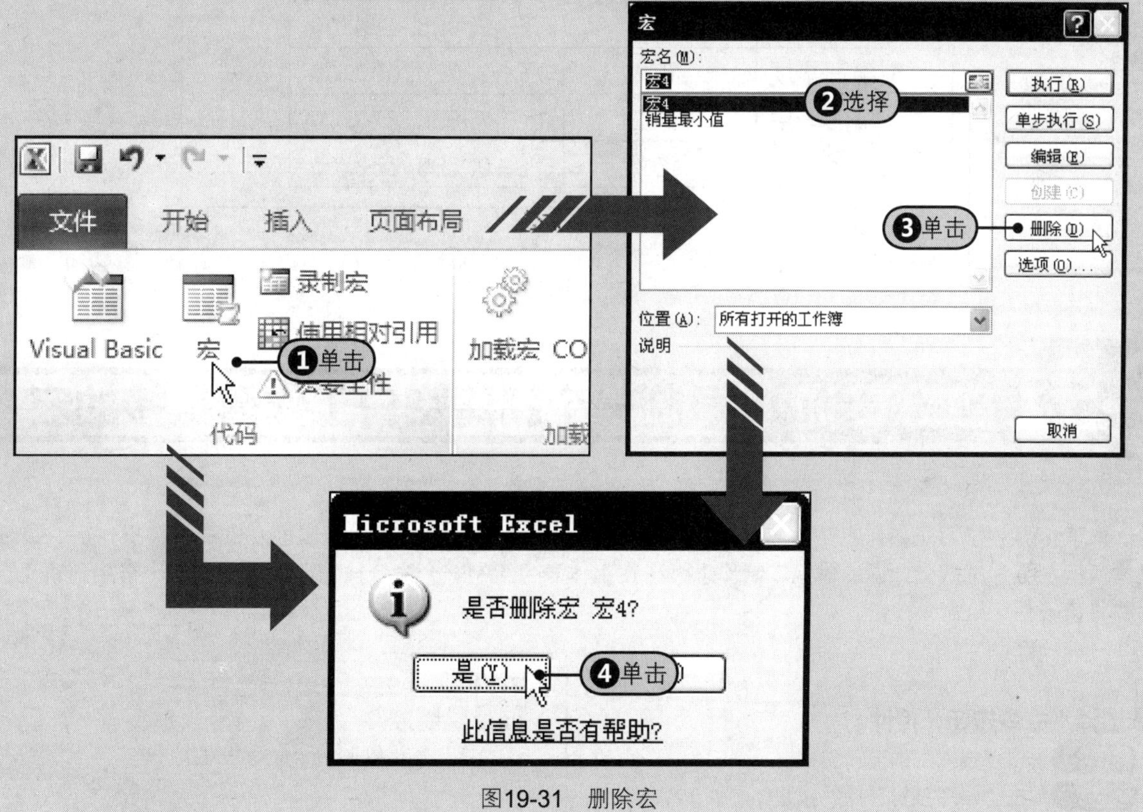

图19-31　删除宏

19.3.5　执行宏

通常，如果用户录制的宏不经常使用，那么可以利用“宏”对话框运行宏，这种方法是比较常用的方法；利用键盘中快捷键的方式，在Excel 2010中启动宏非常方便（除了在创建宏的时候需指定快捷键以外）；用户还可以将录制了宏的添加到快速访问工具栏按钮上，从而让用户更方便地使用宏。执行宏的具体操作步骤如下。

在“商品销售统计”工作簿中单击“二分店”工作表标签，Step❶选择单元格区域B3:B6，在“开发工具”选项卡中的“代码”组中单击“宏”按钮，Step❷在“宏”对话框中选择要删除的宏名，如“销量最小值”，Step❸单击“执行”按钮，Step❹随后，选择的单元格区域中将会突出显示销量最小值，如图19-32所示。

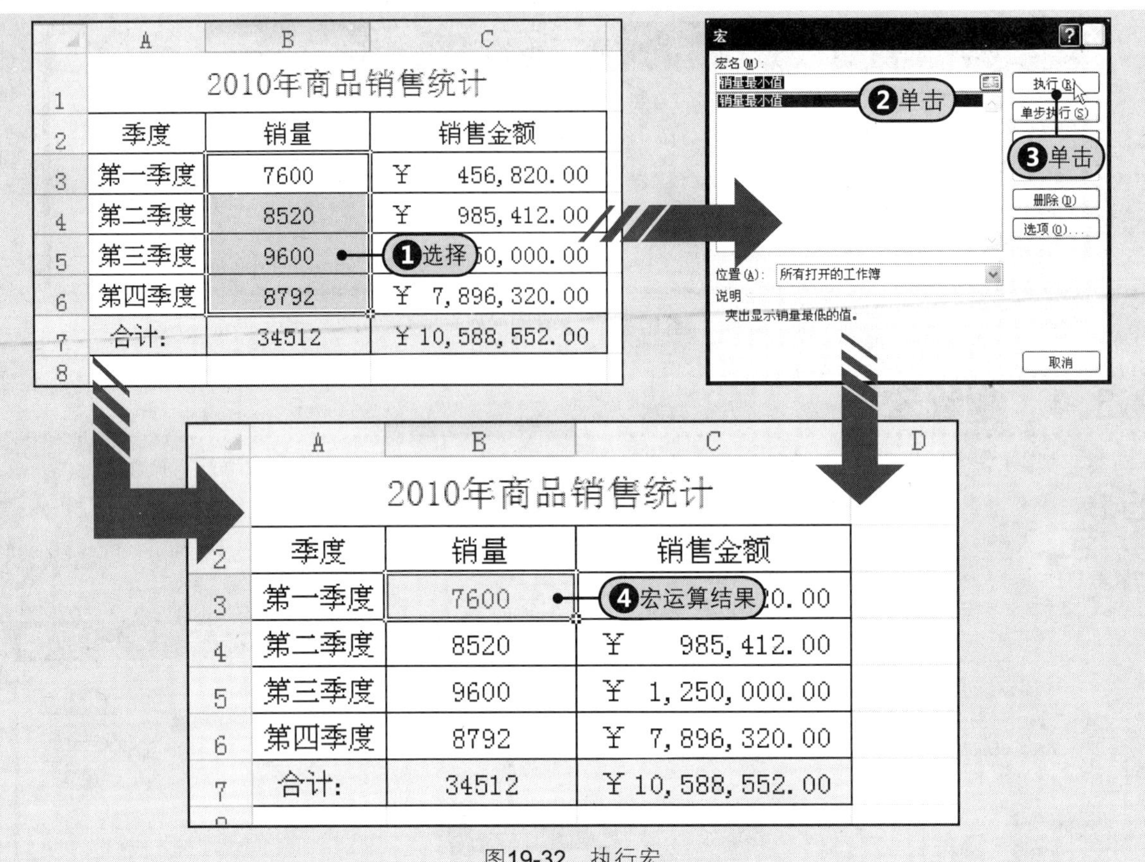

图19-32 执行宏

19.4 融会贯通 录制一个新建空白工作簿链接的宏

在认识了控件并学习了如何在工作表中插入ActiveX控件、设置控件的格式和属性及宏的相关操作后，接下来通过一个具体实例加强对本部分知识的掌握。制作思路：在工作表中绘制一个命令按钮，然后录制一个链接到新建空工作簿的宏，并将该宏指定给命令按钮。

1 步骤 选择“命令按钮”控件。

Step 1 单击“插入”的下三角按钮。

Step 2 单击“命令按钮”控件按钮。

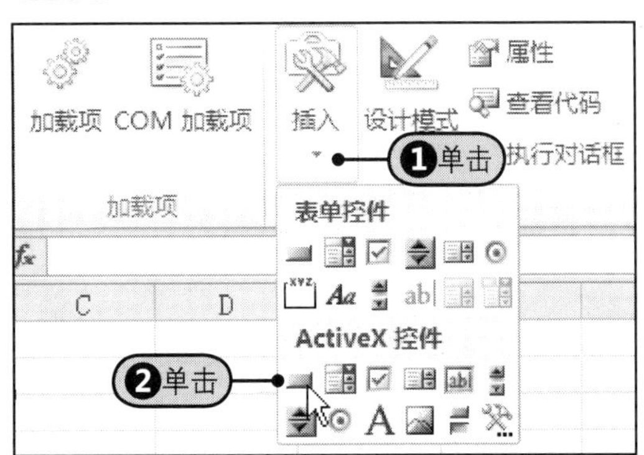

2 步骤 绘制控件。

拖动鼠标绘制一个命令按钮。

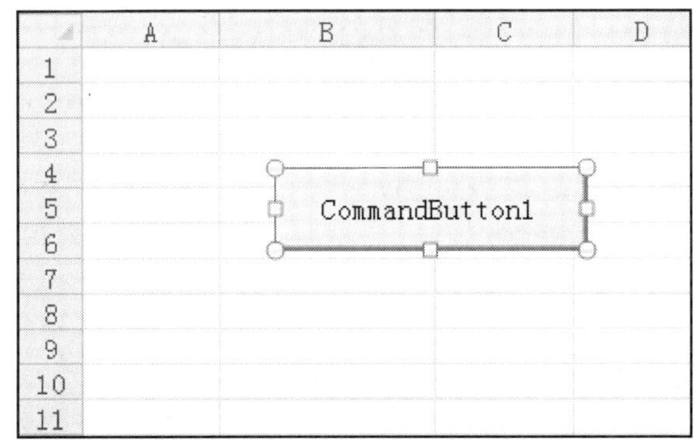

（续上）

3 步骤 选择“属性”命令。

Step1 右击命令按钮控件。

Step2 从展开的快捷菜单中选择“属性”命令。

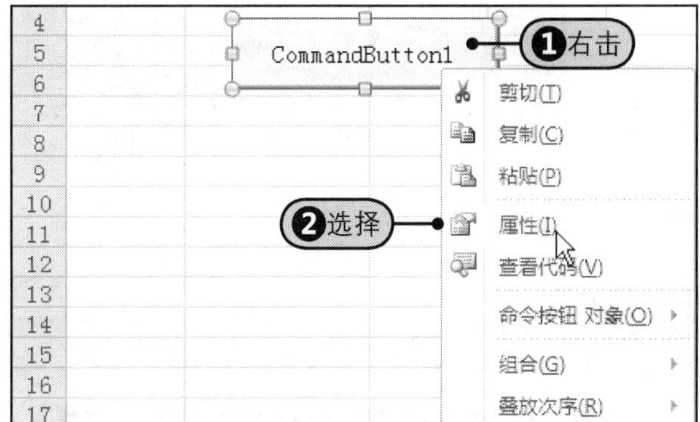

4 步骤 更改Caption属性。

将Caption属性更改为“新建空工作簿”。

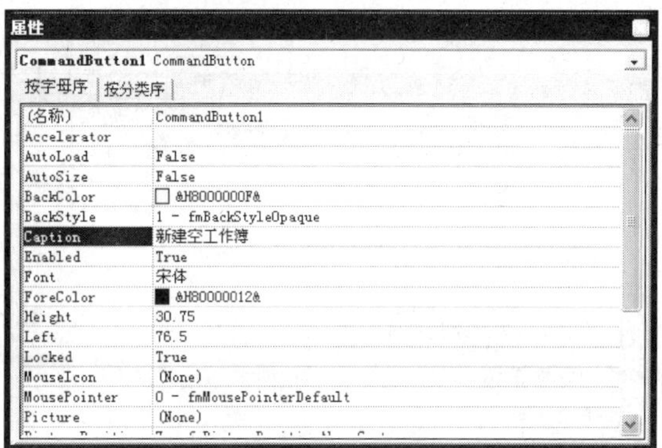

5 步骤 单击“录制宏”按钮。

Step1 在单元格B3中输入文字。

Step2 在“代码”组中单击“录制宏”按钮。

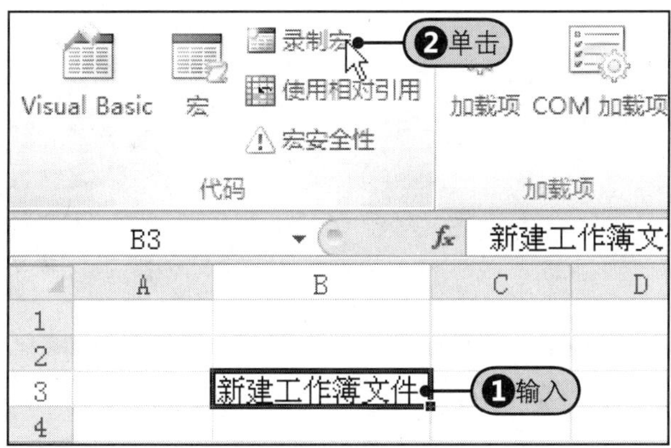

6 步骤 输入宏名。

Step1 在“宏名”框中输入“新建空工作簿链接”。

Step2 单击“确定”按钮。

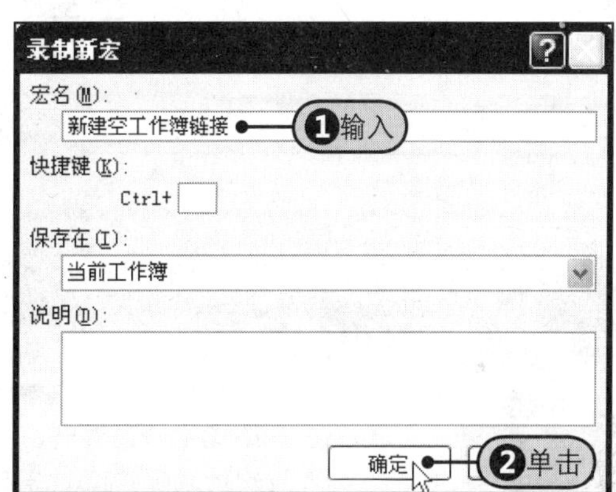

7 步骤 单击“超链接”按钮。

在“插入”选项卡中的“链接”组中单击“超链接”按钮。

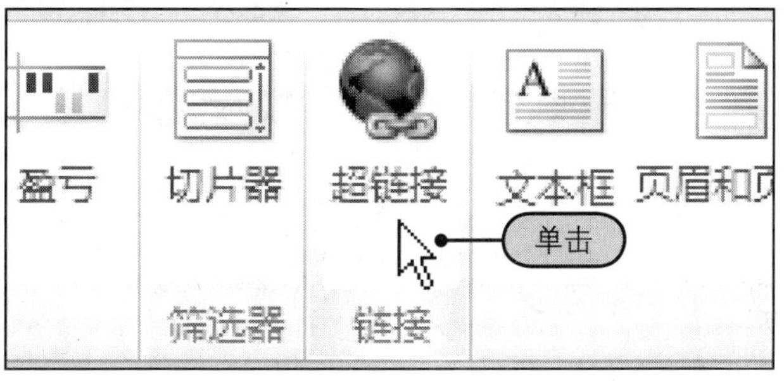

8 步骤 创建单选按钮并修改名称。

Step1 在“插入超链接”对话框中单击“新建文档”按钮。

Step2 在“新建文档名称”框中输入“新工作簿”。

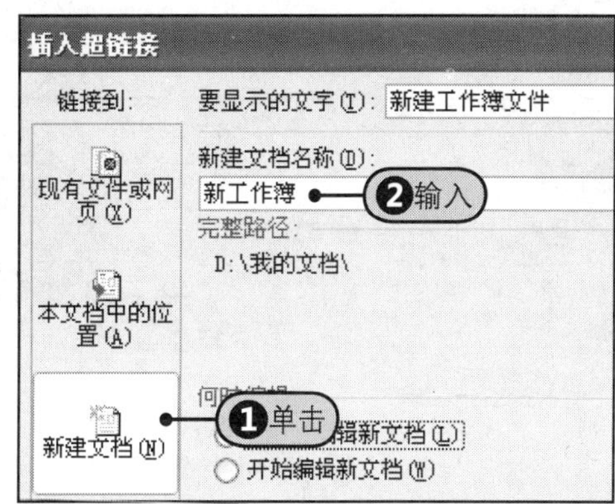

（续上）

9步骤 添加超链接后的文本。

添加超链接后，文本显示为蓝色字体，指向文本时，屏幕上会显示跟踪超链接的提示。

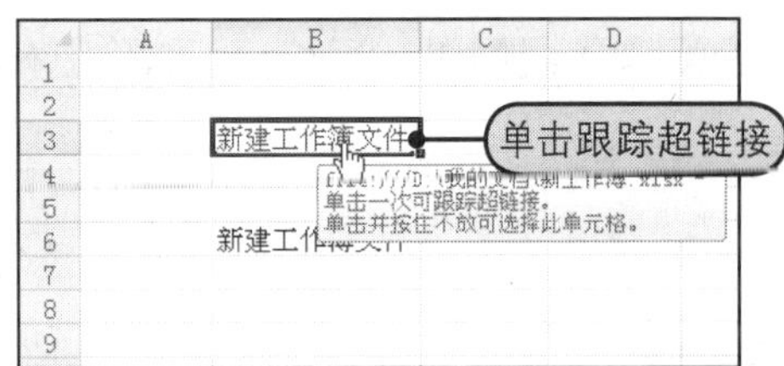

10步骤 单击“停止录制”按钮。

在“代码”组中单击“停止录制”按钮。

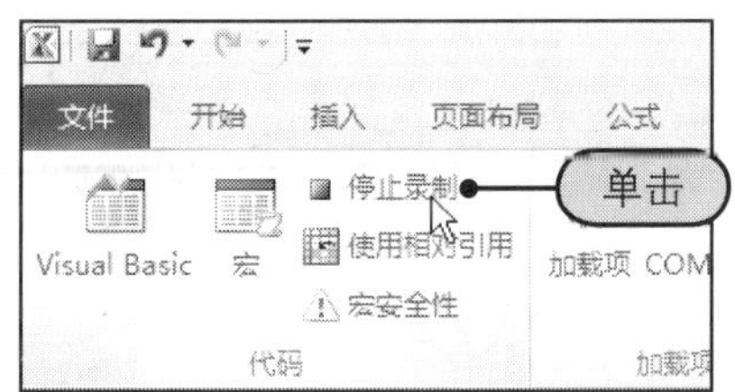

11步骤 选择“查看代码”命令。

Step 1 右击“新建空工作簿”按钮。

Step 2 在快捷菜单中选择“查看代码”命令。

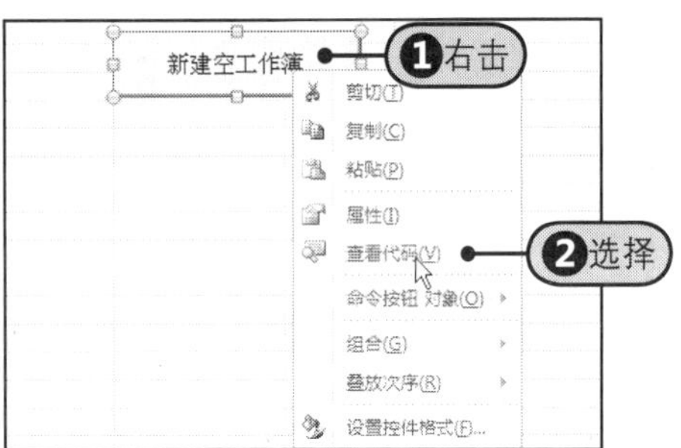

12步骤 输入代码。

输入代码“Call 新建空工作簿链接”调用宏。

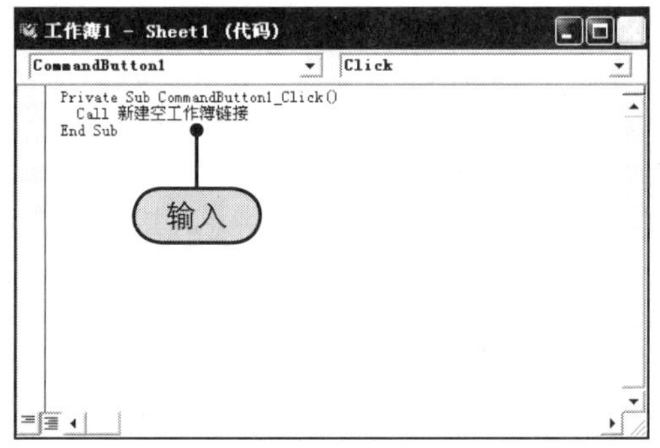

19.5 专家支招

在Excel 2010中，通过宏、控件和VBA可以完成一些比较复杂的高级功能。本章主要介绍了超链接、控件及宏的基础知识，接下来再做三点补充。

招术一 为什么在执行宏时提示宏被禁用

为什么在打开启用宏的工作簿试图执行宏时总是弹出一个提示对话框，提示宏被禁用？这是因为当前Excel 2010中设置了较高的宏安全级别，只需更改一下安全级别即可。

Step 1 在“代码”组中单击“宏安全性”按钮，如图19-33所示。Step 2 选中“启用所有宏”单选按钮，Step 3 单击“确定”按钮，如图19-34所示。

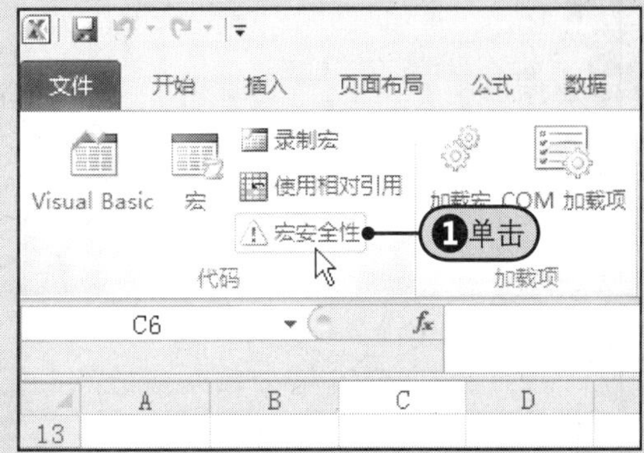

图19-33 单击“宏安全性”按钮

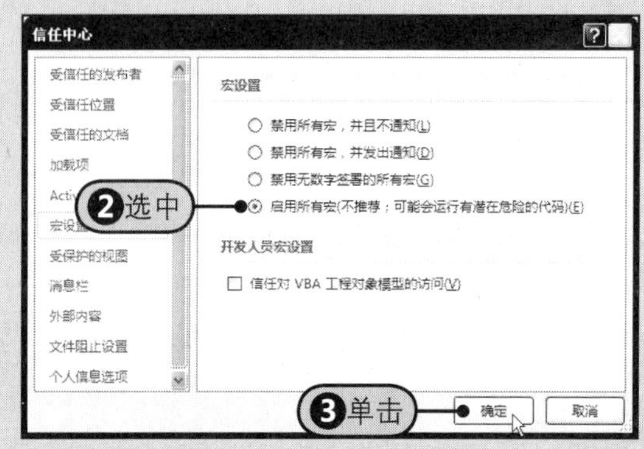

图19-34 设置宏安全性

招术二 如何添加日历控件

在工作表中插入日历控件，可以直接从下拉列表中选择日期，而避免了手动输入日期。

操作方法：Step❶单击“插入”的下三角按钮，Step❷从下拉列表中单击“其他控件”按钮，Step❸在“其他控件”对话框中选择日期控件，Step❹单击“确定”按钮。在工作表中拖动鼠标绘制日期控件，Step❺单击控件中的下三角按钮，如图19-35所示，可以直接从日历控件中选择日期。

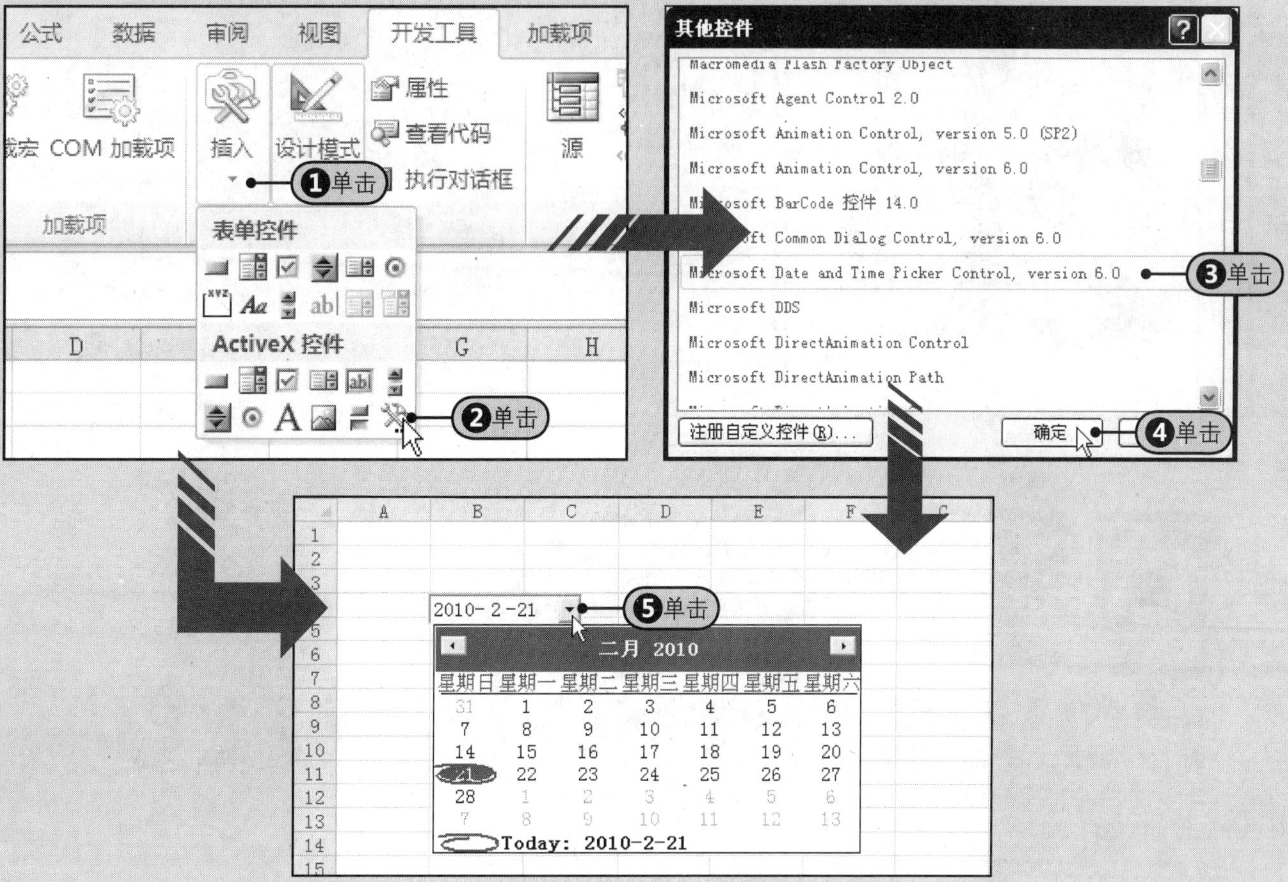

图19-35 添加日历控件

招术三 如何删除超链接

当不需要超链接时，可以将链接删除。

Step❶选择超链接文本所在的单元格，Step❷单击“超链接”按钮，Step❸在“编辑超链接”对话框中单击“删除链接”按钮，如图19-36所示。

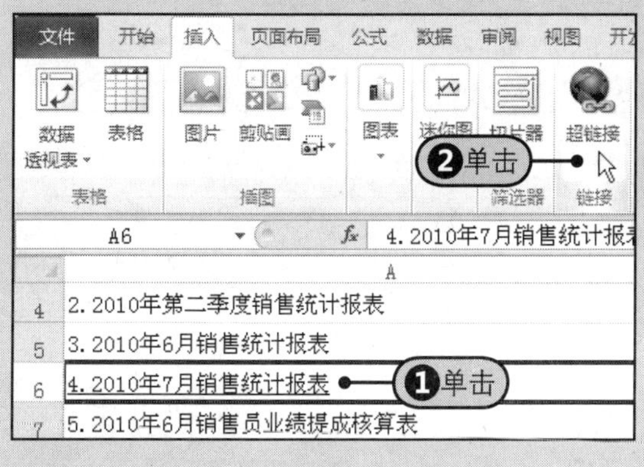

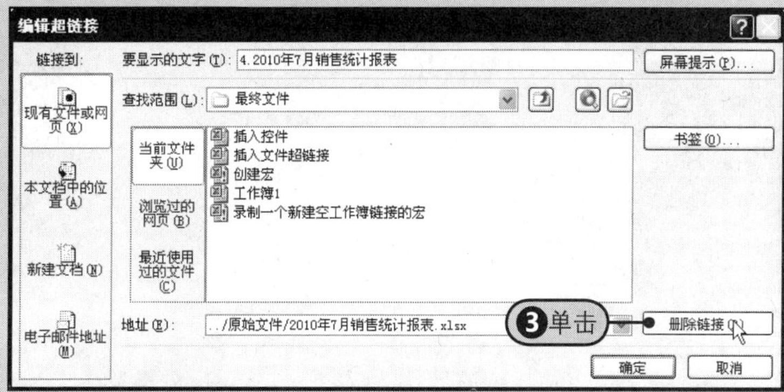

图19-36 删除超链接

Part 4 PowerPoint篇

Chapter 20

商务演示交流软件 PowerPoint 2010

PowerPoint 2010的演示文稿俗称“幻灯片”，该软件是Microsoft Office 2010中专门制作演示文稿的软件。使用它可以轻松制作出包括文字、图片、声音、影片、表格及图表的动态演示文稿；其制作完成的演示文稿可以在电脑和投影仪上演示，还可以打印出来便于学习和应用。由于制作完成的文稿还具有演示生动、便于携带等特点，因此被广泛应用于商务演示、教育培训、公益宣传、日常休闲及互联网等各个领域。在本章中，将进入PowerPoint 2010的精彩世界。

20.1 新建演示文稿

启动一个PowerPoint 2010程序后，就会创建一个单独的演示文稿文件。在默认情况下,它包含一张带“标题幻灯片”版式的空白幻灯片，我们通过对空白幻灯片编辑来完成演示文稿的制作。本节主要介绍演示文稿的新建及在演示文稿中新建幻灯片等知识。

20.1.1 启动PowerPoint 2010新建空白演示文稿

通常，启动PowerPoint 2010来新建演示文稿的方法有两种，一种是通过Windows“开始”菜单中的“程序”列表启动Microsoft PowerPoint 2010程序时新建一个演示文稿；另一种是通过双击程序桌面快捷方式新建。两种方法分别介绍如下。

1 通过“开始”菜单启动程序新建演示文稿

Step1 单击Windows窗口左下角的“开始”按钮，Step2 从弹出的下拉菜单中选择“程序”，Step3 然后选择Microsoft Office，Step4 最后选择Microsoft PowerPoint 2010，如图20-1所示。

2 通过快捷方式创建演示文稿

双击电脑桌面上的PowerPoint 2010快捷方式图标来创建一个新的演示文稿，如图20-2所示。

图20-1 通过“开始”菜单创建演示文稿

图20-2 通过双击快捷方式图标创建演示文稿

20.1.2 使用“文件”菜单新建空白演示文稿

在已经启动PowerPoint 2010程序的情况下，可以通过Step1 单击“文件”按钮，Step2 然后从展开的下拉菜单中选择“新建”命令，Step3 在“新建”选项面板中双击“空白演示文稿”，即可创建一个新的演示文稿文件，如图20-3所示。Step4 新建的演示文稿界面，如图20-4所示。

图20-3 通过“文件”菜单新建演示文稿

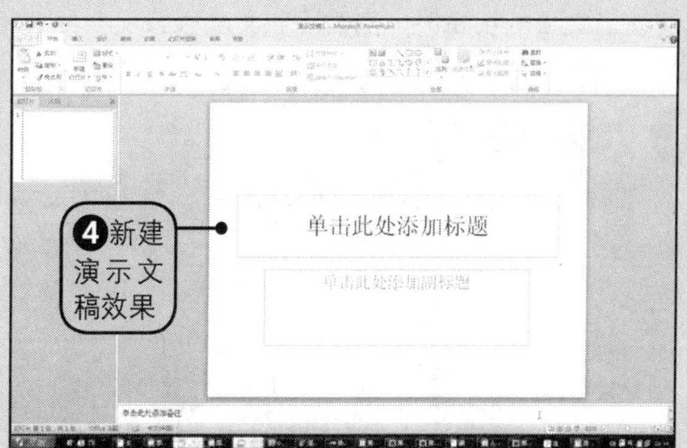

图20-4 新建演示文稿效果

提示 通过“文件”菜单创建演示文稿的另一方法

在已经启动PowerPoint 2010程序的情况下，通过“文件”菜单创建演示文稿时还可以在进行前两步操作后，单击“空白演示文稿，再单击右栏处的“新建”按钮来完成操作。

20.1.3 根据模板新建演示文稿

在PowerPoint 2010系统中有内置的10种样本模板，这些样本模板中有制作演示文稿的各种资源，用户可以使用这些模板来快速创建美观的演示文稿。

其创建的方法：Step1通过在PowerPoint 2010程序窗格内单击“文件”按钮，Step2然后从展开的下拉菜单中选择“新建”命令，Step3在“新建”选项面板中单击“样本模板”，Step4在弹出的样本模板列表中双击选定的模板按钮，即可创建一个模板演示文稿文件，如图20-5所示。

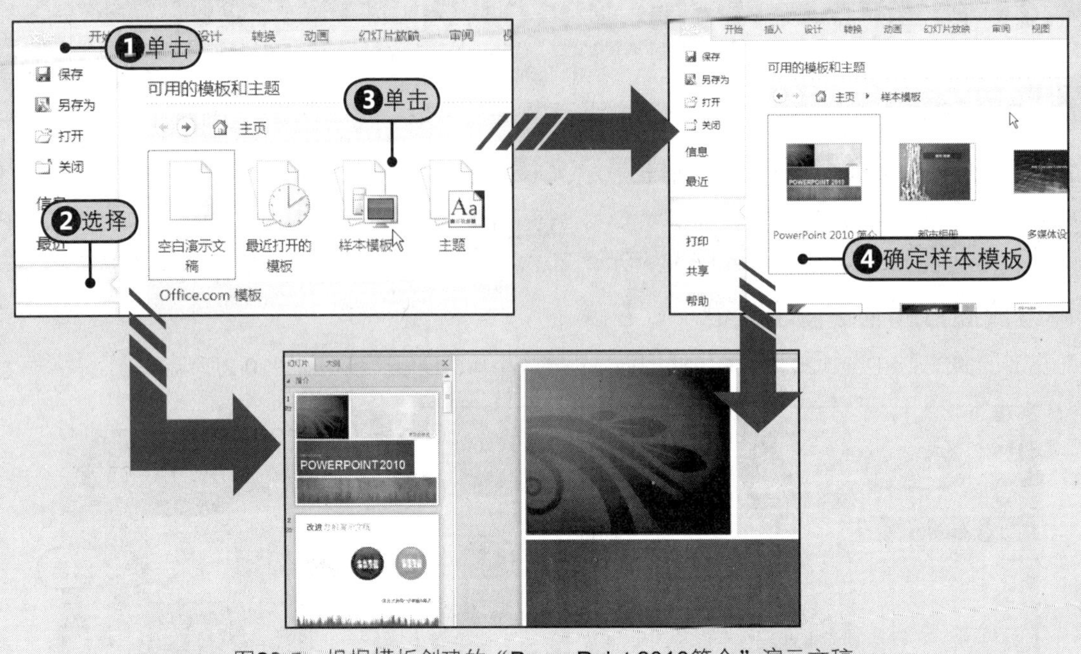

图20-5 根据模板创建的“PowerPoint 2010简介”演示文稿

> **提示 PowerPoint 2010中的10种内置模板**
>
> 在PowerPoint 2010系统中，内置的样本模板有: PowerPoint 2010简介、都市相册、多媒体设计、古典型相册、宽屏演示文稿、培训、现代型相册、项目状态报告、小测试短片和宣传手册。

20.2 演示文稿的保存、打开与关闭

在制作演示文稿时，常常会使用到保存、打开或者关闭演示文稿的操作指令，例如，当由于某些原因需要暂停编辑或者当完成演示文稿的编辑时，则需要将文稿进行保存并关闭；如要启动某个演示文稿，则需要将其打开。在本节中，我们就来了解这方面的知识。

1 保存演示文稿

当需要中断或已完成演示文稿的编辑后，直接单击“快速访问工具栏”中的“保存”按钮，即可完成保存操作，如图20-6所示。还可以在PowerPoint窗口中Step1单击“文件”按钮，Step2从弹出的下拉菜单中选择“保存”命令，如图20-7所示。

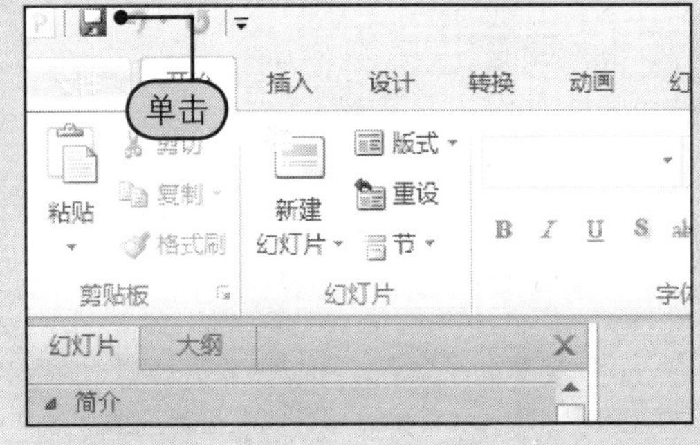

图20-6 单击“保存”按钮

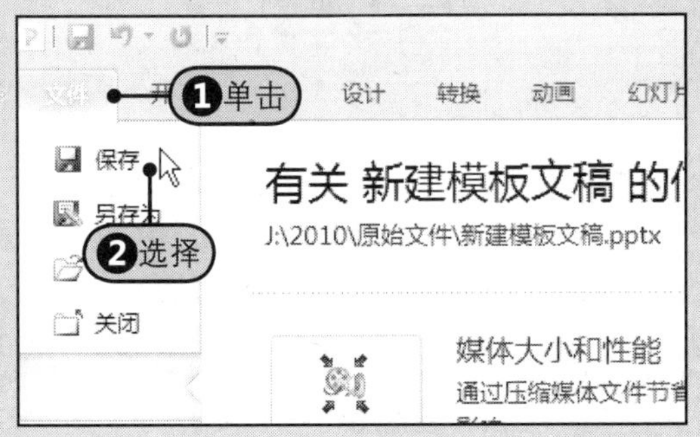

图20-7 选择“保存”选项

2 另存为演示文稿

当保存演示文稿时又不希望影响原来的演示文稿，或者想将其保存为其他类型文件的情况下，可以选择另存为演示文稿。

Step1 在PowerPoint 2010窗口中单击“文件”按钮，Step2 然后从弹出的下拉菜单中选择“另存为”命令，Step3 在打开的“另存为”对话框中的“文件名”框中输入演示文稿的新名称，如“幻灯片简介”，Step4 然后在“保存类型”框中选择保存类型，单击“保存”按钮，返回PowerPoint2010窗口。Step5 在标题栏中会显示新的演示文稿名称“幻灯片简介.pptx-Microsoft PowerPoint”，如图20-8所示。

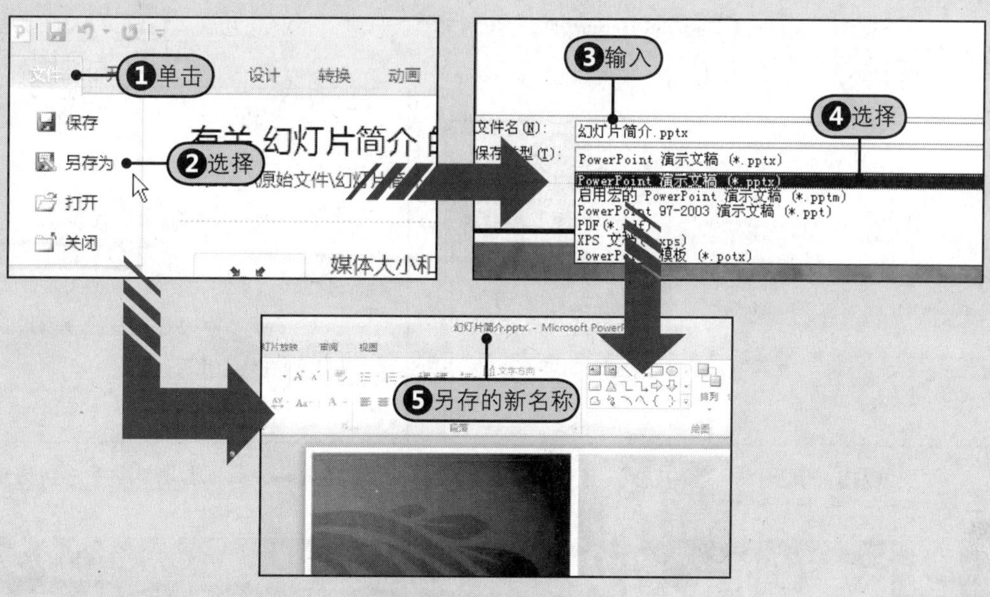

图20-8 另存为演示文稿

提示 PowerPoint 2010中文件的保存类型

在PowerPoint 2010中共包含6种保存类型，分别是：PowerPoint演示文稿（*.pptx）、PowerPoint 启用宏的演示文稿（*.pptm）、PowerPoint 97-2003 演示文稿（*.ppt）、PDF 文档格式（*.pdf）、XPS 文档格式（*.xps）和PowerPoint 模板（*.potx）。

3 打开演示文稿

在启动了PowerPoint 2010应用程序的情况下，要打开当前计算机中的某个演示文稿，可以在PowerPoint 2010工作窗口中，Step1 单击“文件”按钮，Step2 从弹出的下拉菜单中选择“打开”命令，Step3 在打开的“打开”对话框中双击需要的演示文稿文件，Step4 随后屏幕上会显示打开的演示文稿，如图20-9所示。

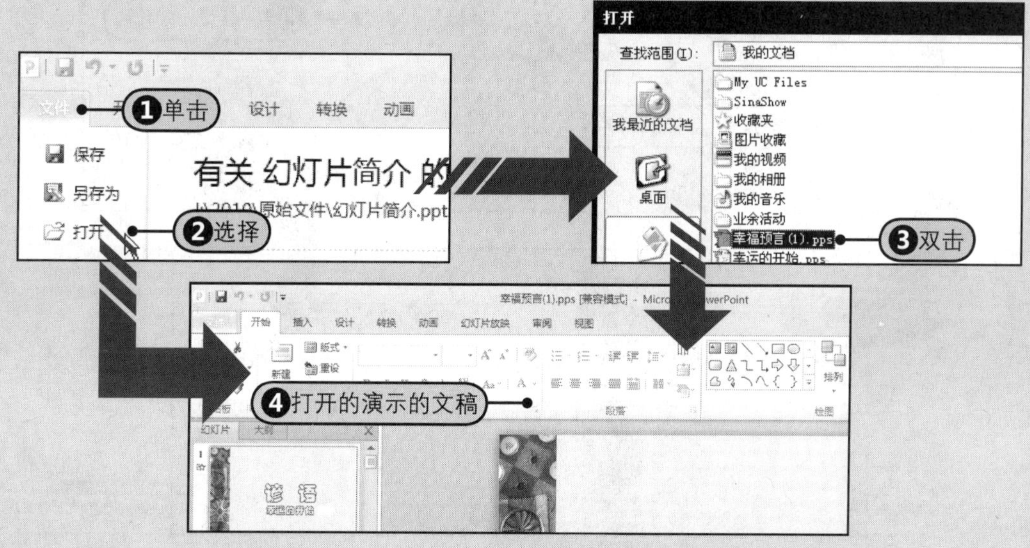

图20-9 打开演示文稿

提示 直接双击演示文稿图标打开文件

用户还可以切换到演示文稿所在的文件夹，直接双击文件夹中的文件图标打开该演示文稿。

4 关闭演示文稿

在结束演示文稿的编辑和保存演示文稿以后，可以直接单击演示文稿窗口右上角的“关闭”按钮，如图20-10所示。

也可以使用“文件”菜单来关闭，Step 1 在PowerPoint操作窗口中单击“文件”按钮，Step 2 从展开的下拉菜单中选择最底部的“退出”命令，如图20-11所示。

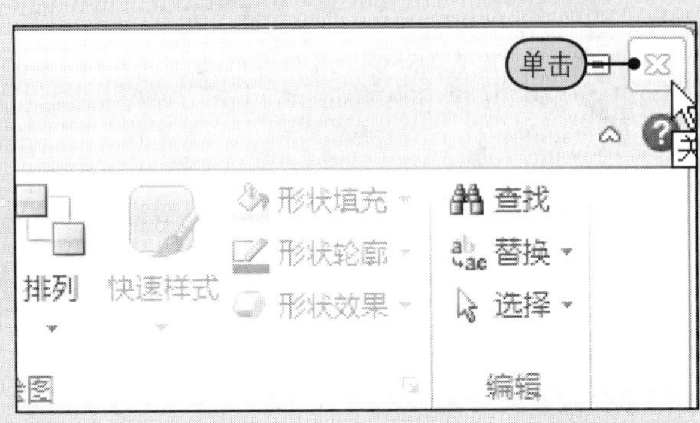

图20-10 单击“关闭”按钮关闭文件

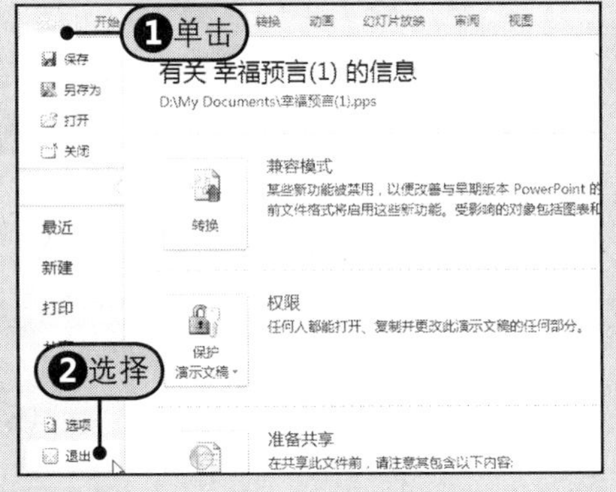

图20-11 使用“退出”命令关闭文件

20.3 简单编辑幻灯片

在以上的章节中我们了解了演示文稿的新建、保存、打开及关闭等基础知识。从本节开始，将学习编辑幻灯片的知识。我们知道，一个完整的演示文稿是由若干张幻灯片组成的，而在每一张幻灯片中又由无数的占位符构成，通过在占位符中输入相应的内容，如文本、图片、SmartArt 图形、屏幕快照、图表、表格、媒体、剪贴画、影片、声音等对象便能够丰富和完善幻灯片。下面我们就来介绍幻灯片的选择、插入、更改版式、移动和复制，以及幻灯片的删除等内容。

20.3.1 选择幻灯片

在编辑幻灯片时，若要在众多的幻灯片中快速找到并选择目标幻灯片，Step 1 可以通过浏览“幻灯片”选项卡的缩略图来查找目标幻灯片；Step 2 如幻灯片不在当前视图窗口，则通过拉动垂直滚动条来继续查找；Step 3 如要选择第11张幻灯片“这个来自荷兰的谚语会带来幸运”，单击该幻灯片，Step 4 随后屏幕上会显示出选择的演示文稿，如图20-12所示。

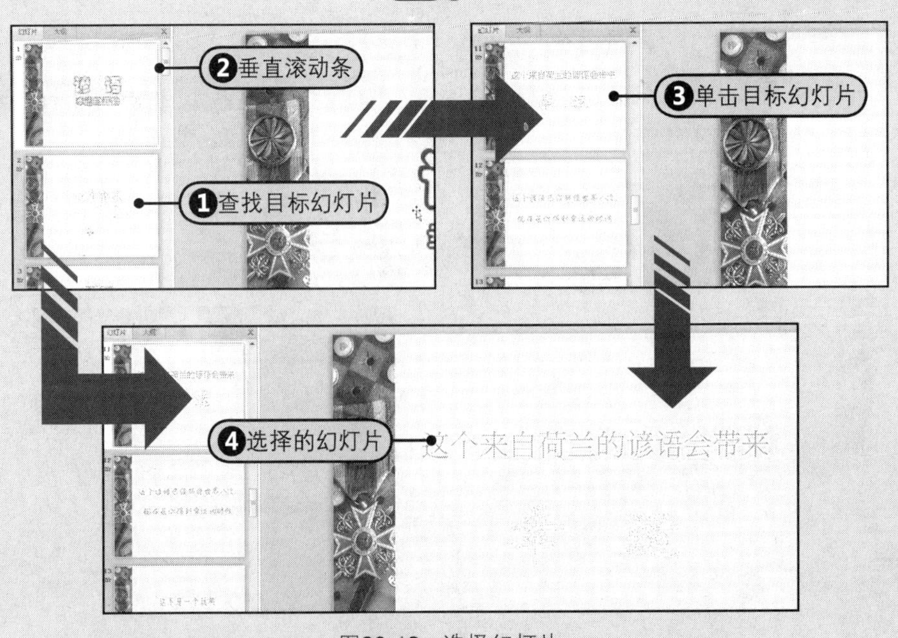

图20-12 选择幻灯片

提示

通过"大纲"选项卡选择幻灯片

在"大纲"选项卡下只显示每张幻灯片的文字部分，用户通过在大纲选项卡下找到目标幻灯片中的文字内容，再单击该处，也可完成选择。

20.3.2 在文稿中插入空白幻灯片

在启动PowerPoint 2010程序后会创建一个默认的幻灯片，但往往因设计需要会在演示文稿中添加幻灯片，通常情况下可通过以下途径来插入幻灯片。打开附书光盘、实例文件\第20章\原始文件\某公司新员工培训.pptx演示文稿。

1 单击功能区中的按钮插入幻灯片

Step1 在"幻灯片"选项卡的缩略图窗格中确认要插入幻灯片的位置后，Step2 然后单击"开始"选项卡下"幻灯片"组中的"新建幻灯片"按钮，Step3 屏幕显示出在当前幻灯片处插入一张默认样式的幻灯片，如图20-13所示。

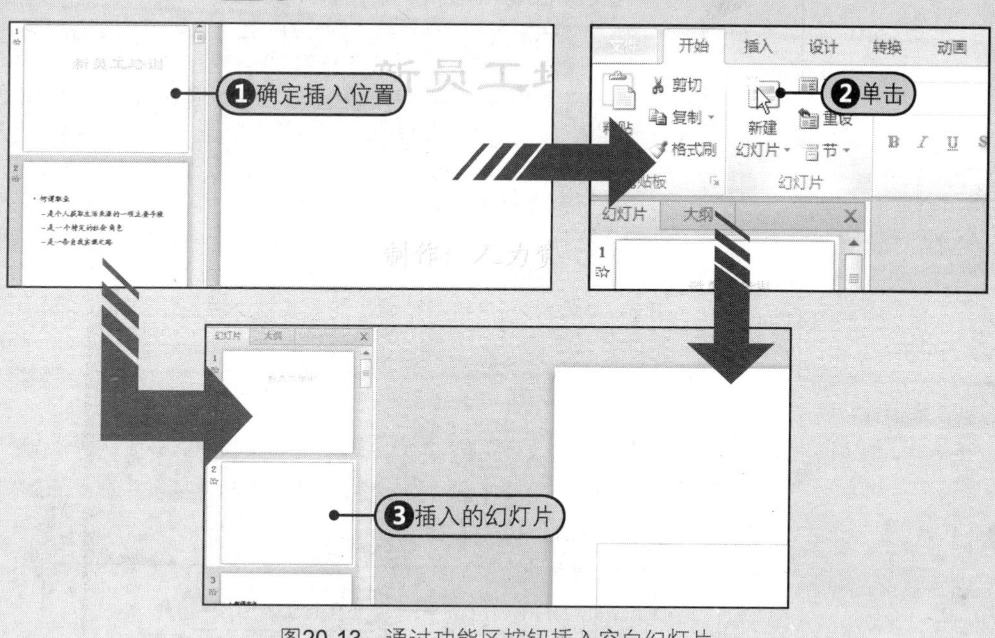

图20-13 通过功能区按钮插入空白幻灯片

2 通过快捷菜单插入幻灯片

Step1 在"幻灯片"选项卡的缩略图窗格中确定要插入幻灯片的位置后，Step2 单击鼠标右键，从快捷菜单中选择"新建幻灯片"，Step3 屏幕显示出在当前幻灯片处插入一张默认样式的幻灯片，如图20-14所示。

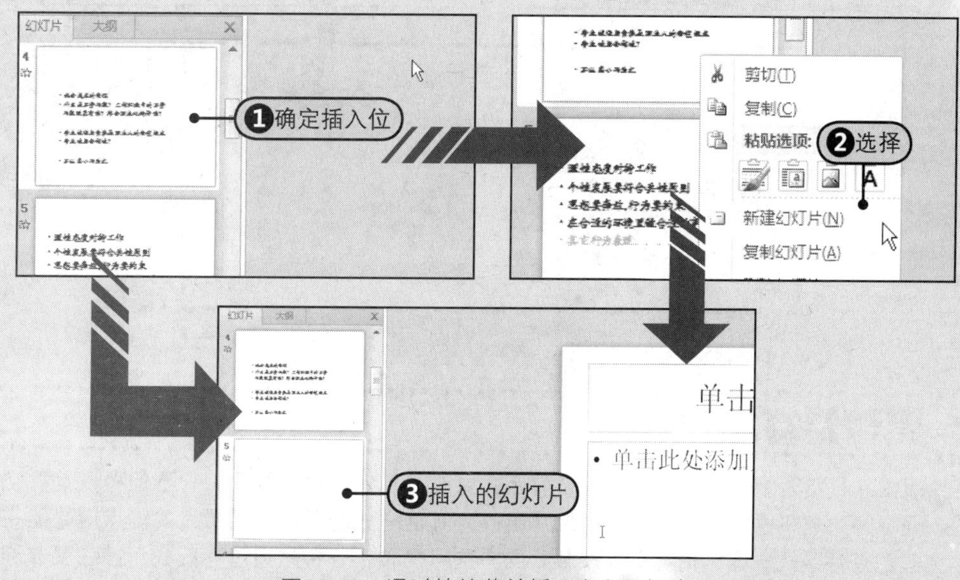

图20-14 通过快捷菜单插入空白幻灯片

提示　关闭所有幻灯片时创建第一张幻灯片

在PowerPoint中，当所有幻灯片全部关闭时，直接单击幻灯片编辑窗格来创建首张幻灯片。

20.3.3 在文稿中插入不同版式的幻灯片

幻灯片版式是指在幻灯片上所显示的全部内容的格式设置、位置和占位符等。在制作PowerPoint幻灯片时，可根据制作内容的需要来创建不同版式的幻灯片，从而使演示文稿更加生动、美观。

在PowerPoint 2010程序中，默认的设计版式有11种，如图20-15所示。

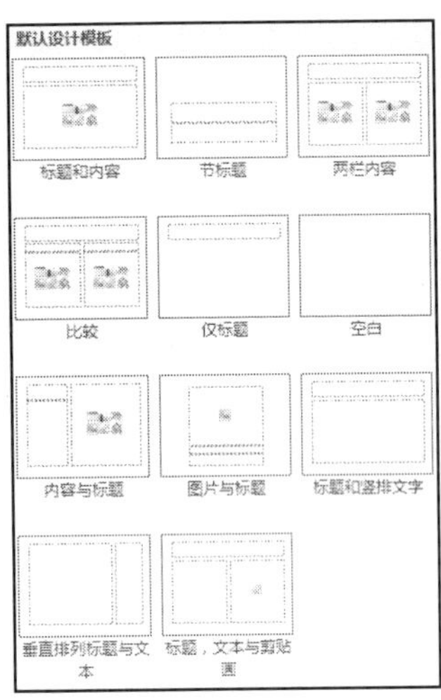

图20-15　默认的设计版式

提示　PowerPoint 2010的11种内置版式

在PowerPoint 2010内置的11种版式中，每种版式均显示了将在其中添加文本或图形等各种对象占位符的位置。例如，标题和内容：此版式一般用于第一张幻灯片，包含正标题和副标题；节标题：一般在小节时使用；两栏内容：将内容分两栏显示，可以是文本，也可以是图片、表格等内容；比较：包含标题、文本和内容，且文本和内容分两栏显示；仅标题：只有标题一栏；空白：此版式不含任何占位符；内容与标题：包含标题栏和内容栏的版式；图片与标题：版式中包含标题和图片；标题和竖排文字：此版式中的标题为横排，正文中文字为竖排文字；垂直排列标题与文本：此版式的标题和正文处文字均为竖排方式；标题、文本与剪贴画：此版式中不但包含标题、文本，而且可插入剪贴画。

要在演示文稿中插入不同版式的幻灯片，操作方法：Step 1 在“幻灯片”选项卡窗格中确认要插入幻灯片的位置，Step 2 单击“开始”选项卡下“新建幻灯片”组的下三角形按钮，Step 3 然后单击下拉列表中需要的版式，如“两栏内容”，Step 4 屏幕即会显示出所选版式的幻灯片，如图20-16所示。

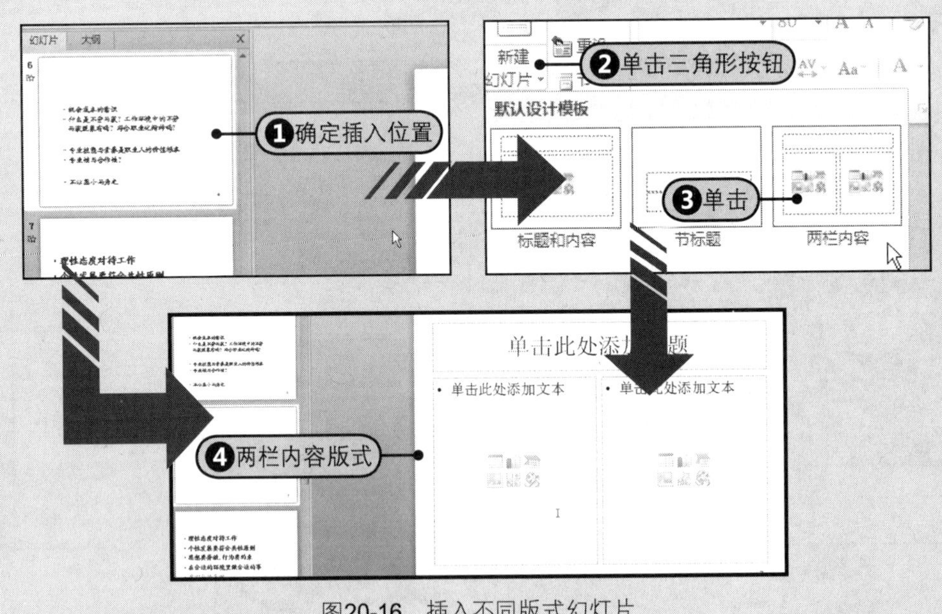

图20-16　插入不同版式幻灯片

20.3.4 更改幻灯片版式

所谓更改幻灯片版式，是指因编辑的需要，需将当前版式更改为其他样式的版式。它不但可以是将空白幻灯片更改为其他版式的幻灯片，而且还可以将已经编辑好后的幻灯片更改为其他样式的版式。其最大的优点就是能在保留版面内容不删除的情况下直接更改幻灯片版式。通常情况下更改版式的方法有两种，一种是通过“版式”按钮更改幻灯片版式，另一种是通过在缩略图窗格中右击来完成。现将两种方法的具体操作介绍如下。

❶ 通过"版式"按钮更改幻灯片版式

打开附书光盘\实例文件\第20章\原始文件\更改幻灯片版式.pptx演示文稿，如我们将第三张幻灯片版式从"标题和内容"更改为"标题和竖排文字"版式，用"版式"按钮来更改的操作方式：

Step❶选择要更改版式的原幻灯片，Step❷单击"开始"选项卡下"幻灯片"组中的"版式"按钮，Step❸在弹出的下拉列表中选择"标题和竖排文字"版式，Step❹屏幕显示出更改后的幻灯片。可以看到，更改后的幻灯片中，文本部分的文字由原来的横排变为以竖排方式从右至左显示，如图20-17所示。

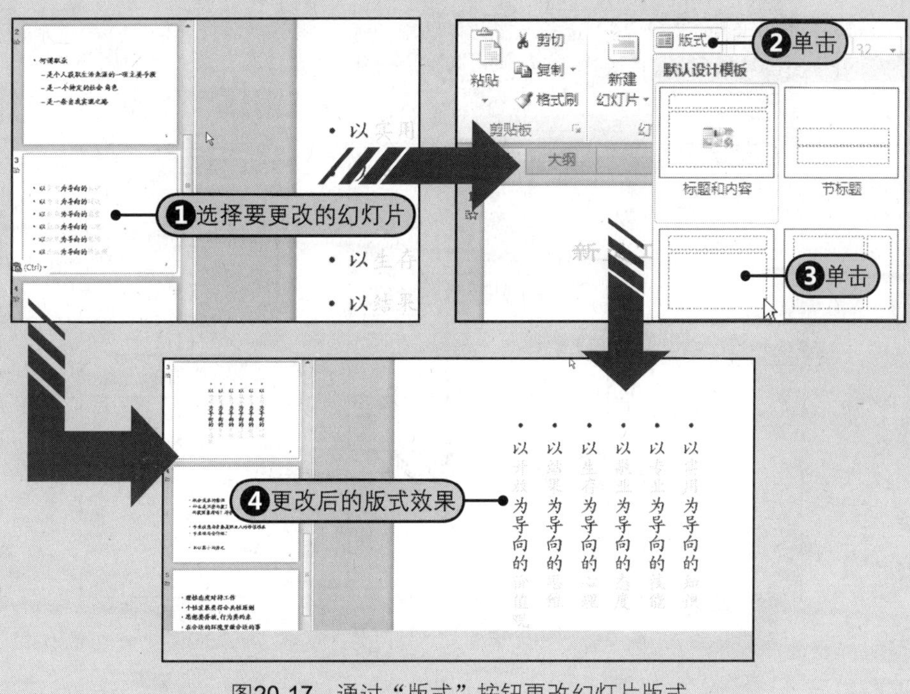

图20-17 通过"版式"按钮更改幻灯片版式

❷ 通过在缩略图窗格中右击更改幻灯片版式

打开附书光盘\实例文件\第20章\原始文件\更改幻灯片版式.pptx演示文稿。以上面已经更改为"标题和竖排文字"的幻灯片为例，现在我们用右击缩略图窗格的方法，将其版式更改为"垂直排列标题与文本"版式。

其具体操作方法：Step❶在缩略图窗格中选择要更改版式的原幻灯片，Step❷在该幻灯片处单击右键，将鼠标移至"版式"命令，Step❸在弹出的列表中选择"垂直排列标题与文本"版式，Step❹屏幕显示出更改后的幻灯片。可以看到，更改后的幻灯片中，标题和文本部分的文字均以竖排方式从右至左排列显示，如图20-18所示。

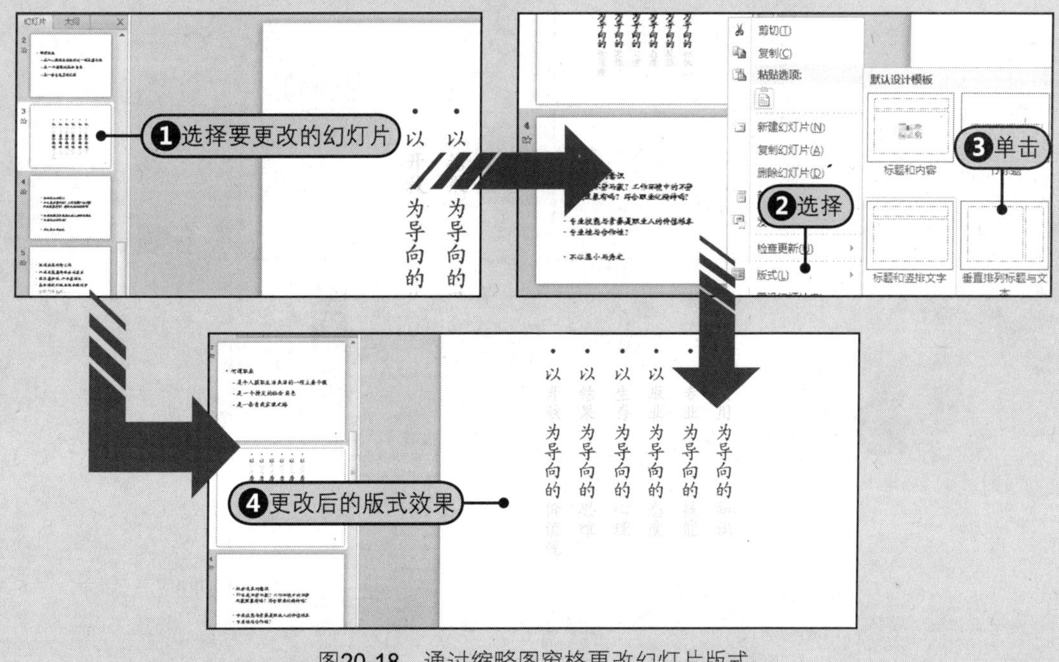

图20-18 通过缩略图窗格更改幻灯片版式

20.3.5 移动与复制幻灯片

在制作演示文稿时，如果因制作需要更改幻灯片的顺序，可以将其直接移动到指定位置，如果需要将某一张幻灯片进行重复使用时，就可以通过“复制幻灯片”指令来完成。在本节中，我们就来了解如何移动和复制幻灯片。打开附书光盘\实例文件\第20章\原始文件\更改幻灯片版式.pptx演示文稿。

1 移动幻灯片

Step1 在包含“大纲”选项卡和“幻灯片”选项卡的缩略图窗格中，单击“幻灯片”选项卡并选择要移动的幻灯片缩略图，Step2 然后按鼠标左键并拖动鼠标到目标位置，Step3 到达目标位置后松开鼠标，屏幕显示幻灯片移动后的位置，如图20-19所示。

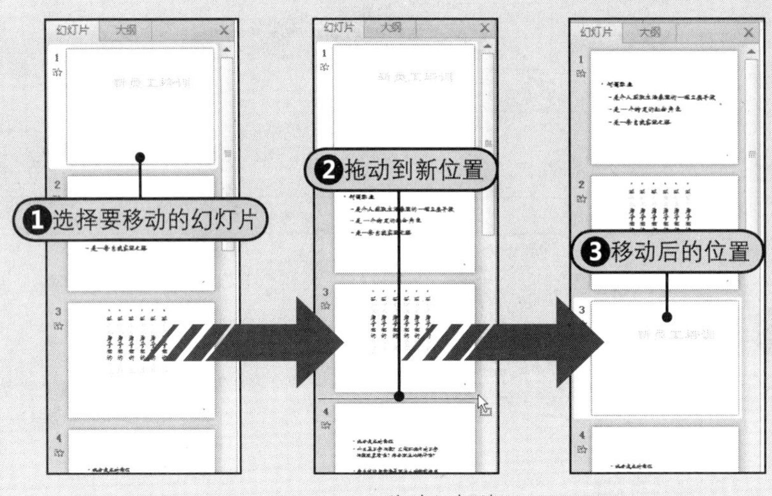

图20-19 移动幻灯片

2 复制幻灯片

“复制幻灯片”指令不但可以在当前演示文稿中复制，而且还可以将其复制到其他PowerPoint演示文稿当中，两者操作的方法相同。打开附书光盘\实例文件\第20章\原始文件\移动某公司新员工培训.pptx演示文稿，将第二张幻灯片“职业化塑造”复制到第六张幻灯片“讨论小结”上面。

其操作方法：Step1 在包含“大纲”选项卡和“幻灯片”选项卡的缩略图窗格中，单击“幻灯片”选项卡。在“幻灯片”选项卡上，选择要复制的幻灯片，单击右键，在弹出的快捷菜单中选择“复制”命令，Step2 再将鼠标移至目标的位置，单击右键，单击“粘贴选项”下的“保留源格式”，Step3 即可在新的位置上显示复制的幻灯片，如图20-20所示。

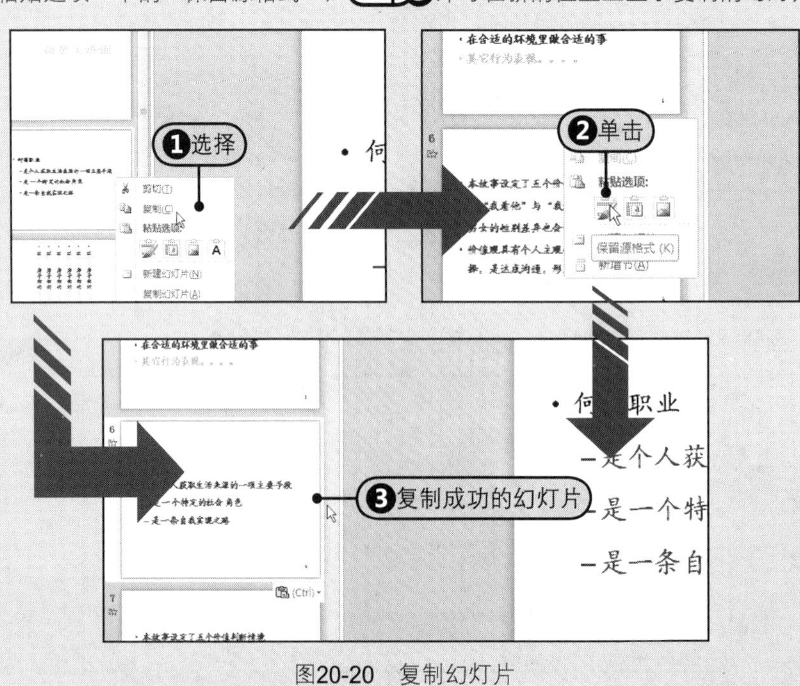

图20-20 复制幻灯片

提示　用“复制幻灯片”按钮复制

在PowerPoint 2010中，如果只在当前演示文稿中复制幻灯片，还可以通过单击“复制幻灯片”按钮来完成复制。用此按钮完成复制后，在要复制的幻灯片下方即可看到复制成功的幻灯片。如要将其放到目标位置上，则按“移动幻灯片”指令来完成。

20.3.6 删除幻灯片

在制作幻灯片时，当需要将不用的或是多余的幻灯片删除时，用户可以选择单张删除，还可以同时删除多张幻灯片。

❶ 删除单张幻灯片

若要从演示文稿中单张删除幻灯片，执行的操作：在“视图”选项卡上的“演示文稿视图”组中单击“普通”按钮，在包含“大纲”和“幻灯片”选项卡的左侧缩略图窗格中单击“幻灯片”选项卡，右键单击要删除的幻灯片，然后选择“删除幻灯片”命令，如图20-21所示。

❷ 删除多张幻灯片

若要选择并删除多张连续的幻灯片，可以单击要删除的第一张幻灯片，在按住 Shift键的同时单击要删除的最后一张幻灯片，松开鼠标，右键单击选择的任意幻灯片，然后选择“删除幻灯片”命令，如图20-22所示。

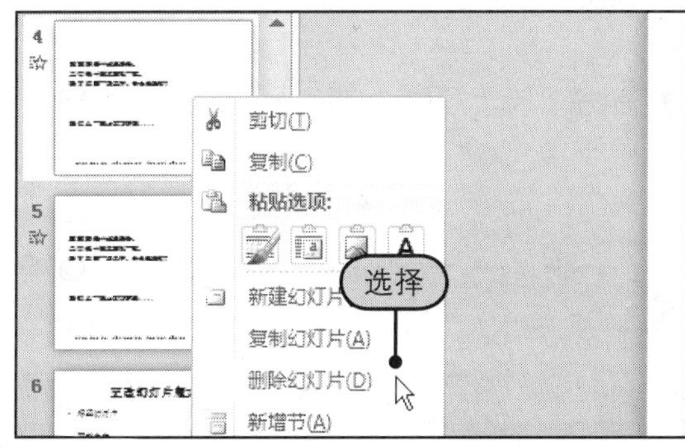

图20-21　删除单张幻灯片

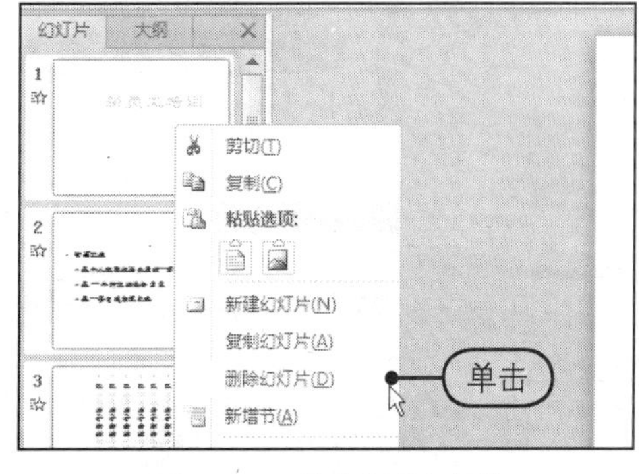

图20-22　删除多张幻灯片

提示　删除多张不连续的幻灯片

若要删除多张不连续的幻灯片，可以在按住 Ctrl 的同时单击要删除的每张幻灯片，松开鼠标，右键单击选择的任意幻灯片，然后选择“删除幻灯片”命令。

20.4 在幻灯片中输入内容

通过以上章节的学习，我们已经了解了PowerPoint 2010演示文稿的创建、幻灯片的插入、版式的更改，以及移动、复制和删除的操作。在本节中，我们将来了解关于幻灯片输入内容方面的操作，包括如何直接在幻灯片中输入文本、如何在大纲视图中输入文本及从其他文件中导入内容的方法和作用。

20.4.1 直接在幻灯片中输入文本内容

当根据制作PowerPoint演示文稿的需要选定版式后，即可在幻灯片中输入内容了。当演示文稿处于“幻灯片”状态时，在幻灯片的编辑窗口中，我们可以看到幻灯片是由占位符构成的，可以通过对占位符直接编辑来完善幻灯片的制作。在本节中，我们来了解如何直接在幻灯片中输入文本内容，以及输入的文本内容在幻灯片中所处的位置与效果，从而让用户以最直观的视觉方式来编辑处理演示文稿。

例如，在“标题和内容”版式幻灯片中，包含标题和副标题两个占位符，我们要在相应占位符中依次输入文本内容“新员工培训”和“制作：人力资源部”。

其具体操作步骤：Step❶选择要输入文本内容的幻灯片并单击要输入文本的占位符，Step❷然后直接输入文本内容“新员工培训”，Step❸再单击另一个占位符，输入文本内容“制作：人力资源部”，屏幕即可显示最终的文本位置及效果，如图20-23所示。

提示　什么是占位符

占位符是一种带有虚线或阴影线边缘的框，绝大部分幻灯片版式中都有这种框。它是版式中的容器，可容纳如文本（包括正文文本、项目符号列表和标题）、表格、图表、SmartArt 图形、影片、声音、图片及剪贴画等内容。而版式也包含幻灯片的主题，如颜色、字体、背景和效果等。

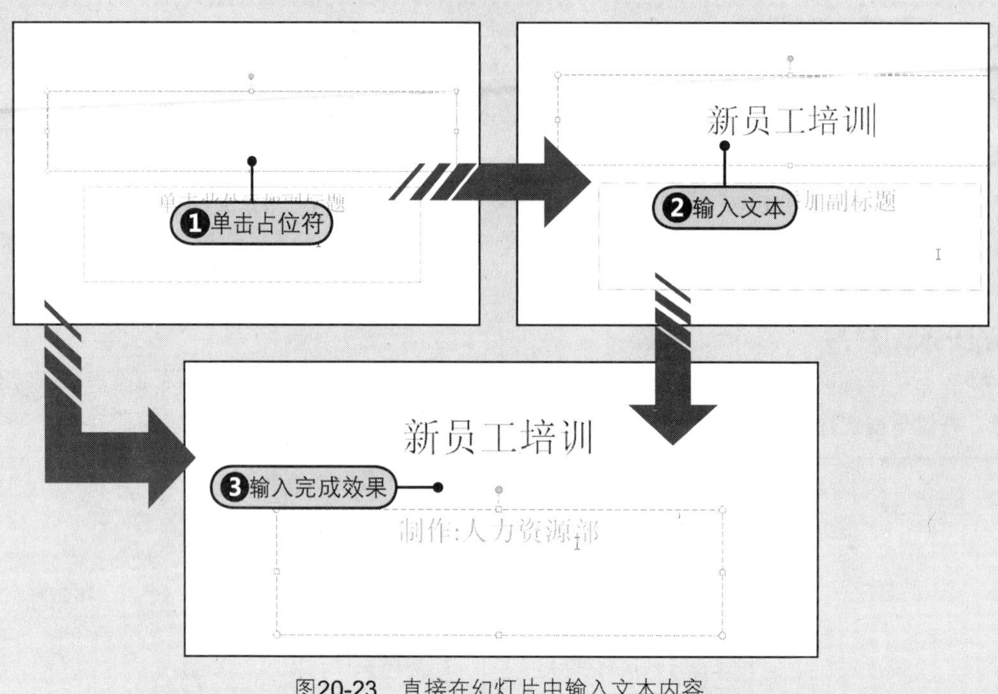

图20-23　直接在幻灯片中输入文本内容

20.4.2　在大纲视图中输入文本内容

大纲视图是指在缩略图窗格中选择“大纲”选项卡，则所有的幻灯片就以文字的形式出现在该窗格中。在大纲视图中输入文本内容，其优点是可快速录入和编辑多张幻灯片的文本内容。

要在大纲视图中输入文本内容，则需要执行以下操作：Step❶在缩略图窗格中，切换到“大纲”选项卡，Step❷在大纲视图中单击要输入文本内容的位置，黄色显示的幻灯片为当前编辑的幻灯片，Step❸多次输入文本内容后的效果将显示在大纲视图中，如图20-24所示。

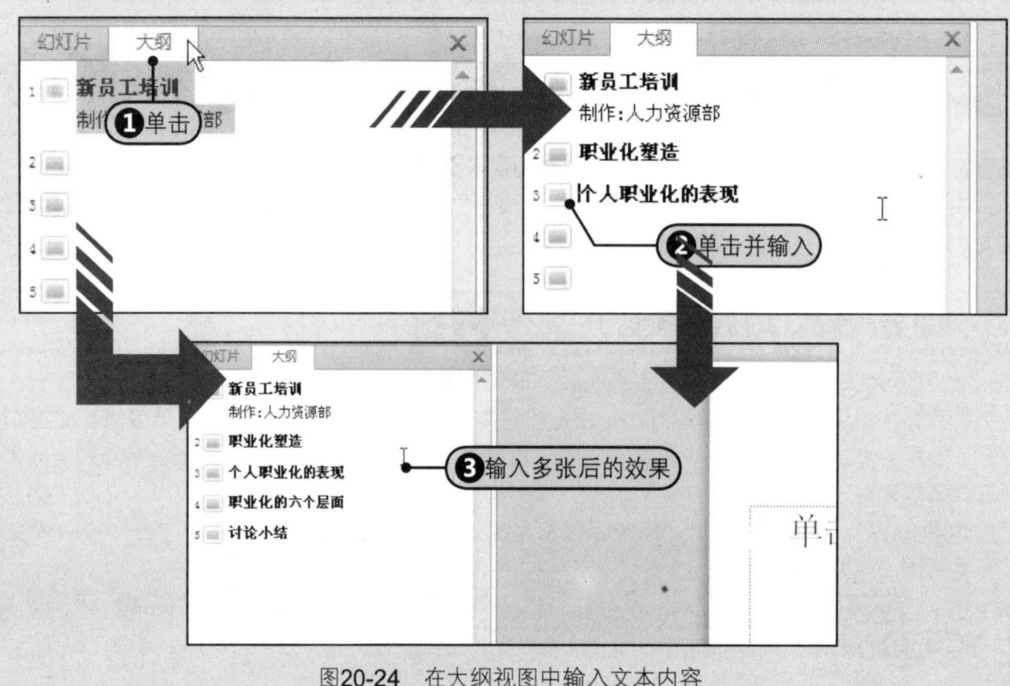

图20-24　在大纲视图中输入文本内容

20.4.3 从其他文件中导入内容

在制作PowerPoint演示文稿时，用户还可以直接导入其他Word文档中已有的内容来大大提高编辑演示文稿的速度。例如，我们要把“培训方案.docx”文档中的文本内容导入到PowerPoint 2010演示文稿中，可通过有以下两种方法来实现。

1 通过“文件”菜单下的“打开”命令导入内容

Step1 选择PowerPoint 2010演示文稿中“文件”下拉菜单中的“打开”命令，Step2 在弹出“打开”对话框中的“文件类型”处选择“所有大纲”，Step3 在电脑中找到 “培训方案.docx”文档，并双击它，Step4 PowerPoint 2010则将该文档转换为演示文稿格式，如图20-25所示。

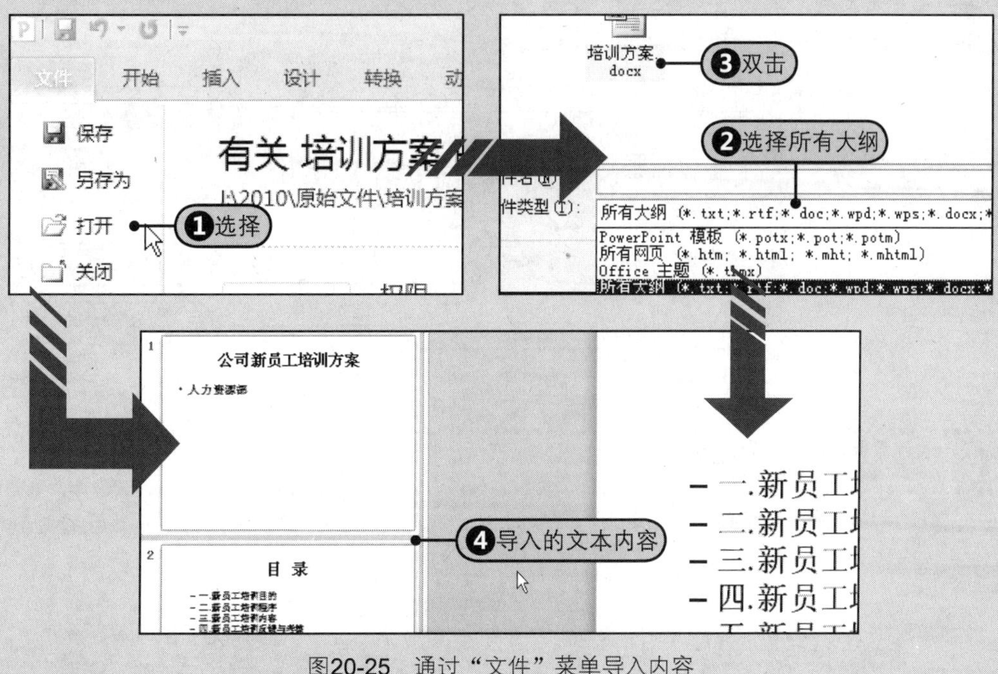

图20-25 通过“文件”菜单导入内容

2 通过“插入”菜单下的“对象”按钮导入内容

Step1 单击PowerPoint 2010演示文稿中“插入”选项卡下的“对象”按钮，Step2 在打开的对话框中勾选“由文件创建”单选按钮，Step3 单击“浏览”按钮，Step4 在电脑中找到 “培训方案.docx”文档并双击，Step5 PowerPoint 2010则将该文档转换为演示文稿格式，如图20-26所示。

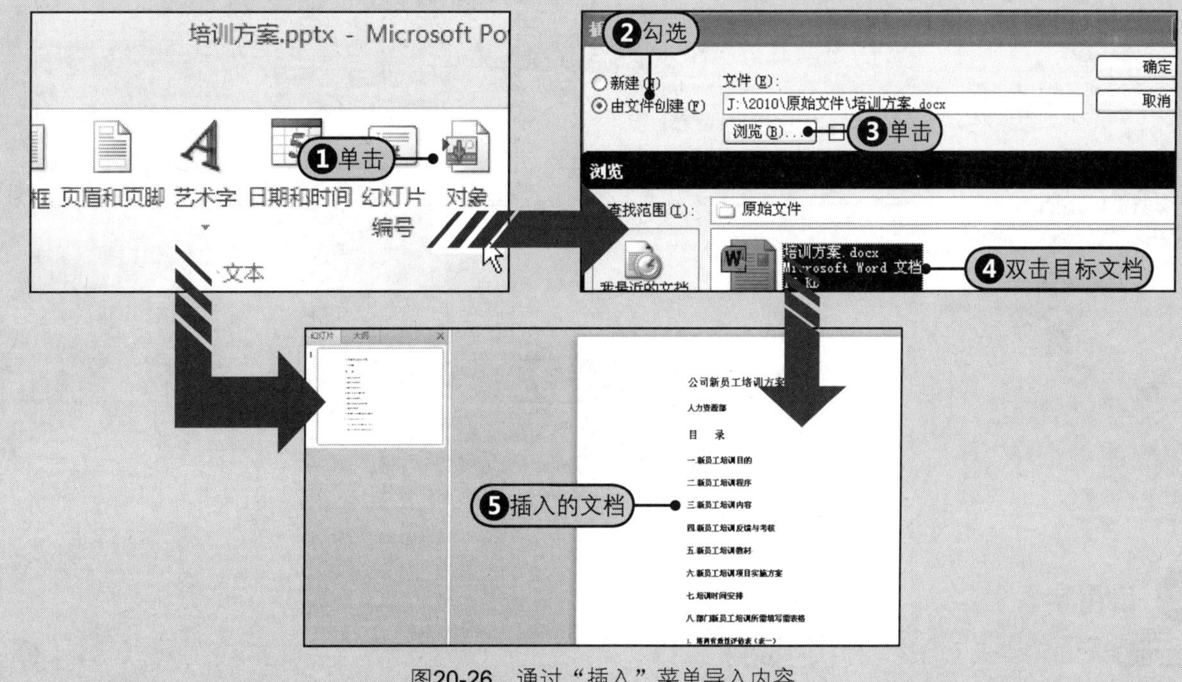

图20-26 通过“插入”菜单导入内容

提示 原始文档层次设置

在导入其他文件内容前，请将原始Word文档按设计需求进行层次设置，这样导入的演示文稿便会按照此前的层次结构进行排列。

20.5 在幻灯片中设置文本内容格式

对于在PowerPoint 2010演示文稿中输入的文本内容，用户可以根据需要对其设置不同的格式，从而达到让文本突出、醒目、美观的效果。设置的格式主要包括设置字体、字号、字形、字体颜色、字间距等。图20-27所示为“开始”选项卡下的“字体”组，在此可以设置演示文稿中文本内容的字体格式。

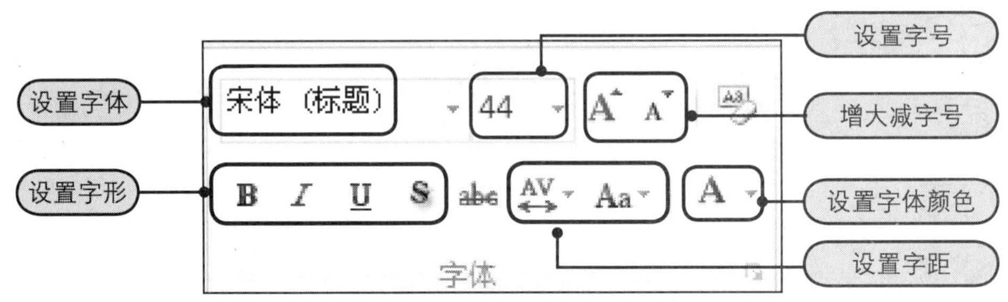

图20-27 “开始”选项卡下的“字体”组

20.5.1 设置字体格式

在PowerPoint 2010中输入的文本默认为“宋体”，有时不能满足制作的需要，用户可以将其设置为其他格式。

1 设置字体

打开附书光盘\实例文件\第20章\实例文件\你是另一个项羽吗.pptx演示文稿，Step❶选择需要设置字体格式的标题文字，Step❷在“开始”选项卡下的“字体”组中单击“字体”的下三角按钮，Step❸在展开的下拉列表中选择所需要的字体，如“华文琥珀”。Step❹此时，可以看到所选择的文本立即应用了相应的字体，如图20-28所示。

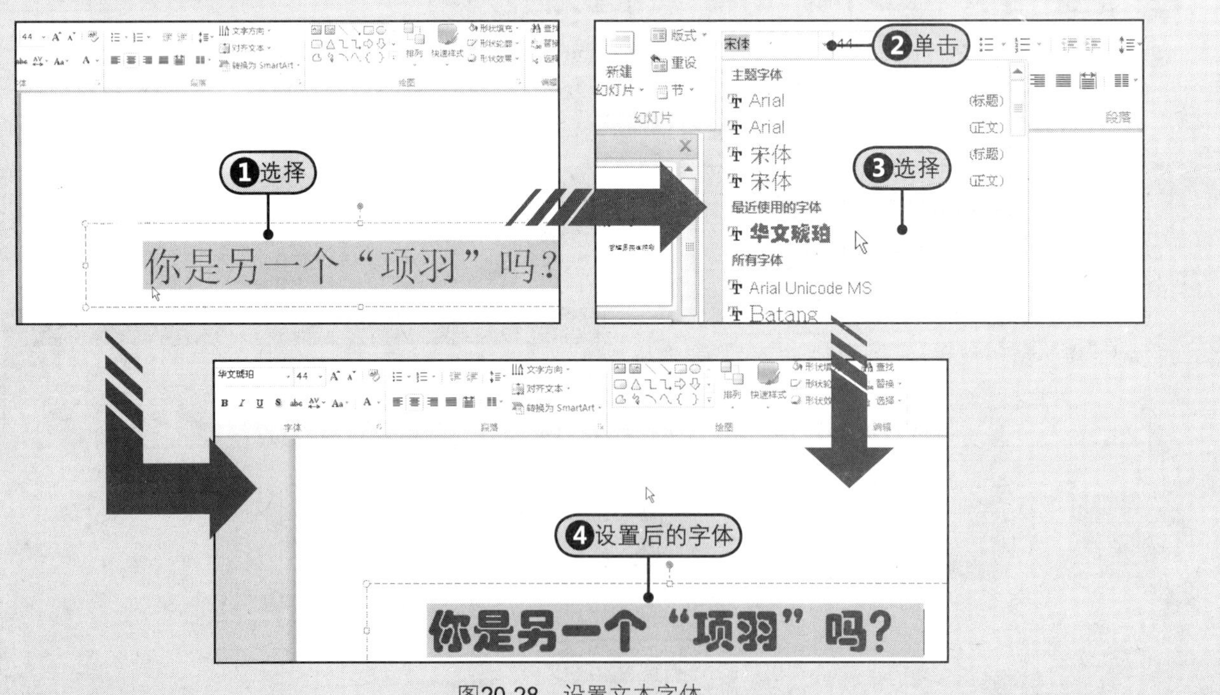

图20-28 设置文本字体

2 设置字号

Step❶选择需要设置字号的文字，Step❷在“开始”选项卡下的“字体”组中单击“字体”的下三角按钮，Step❸

在展开的下拉列表中选择所需要的字号，如“54”。Step4此时，可以看到所选择的文本立即应用了相应的字号，如图20-29所示。

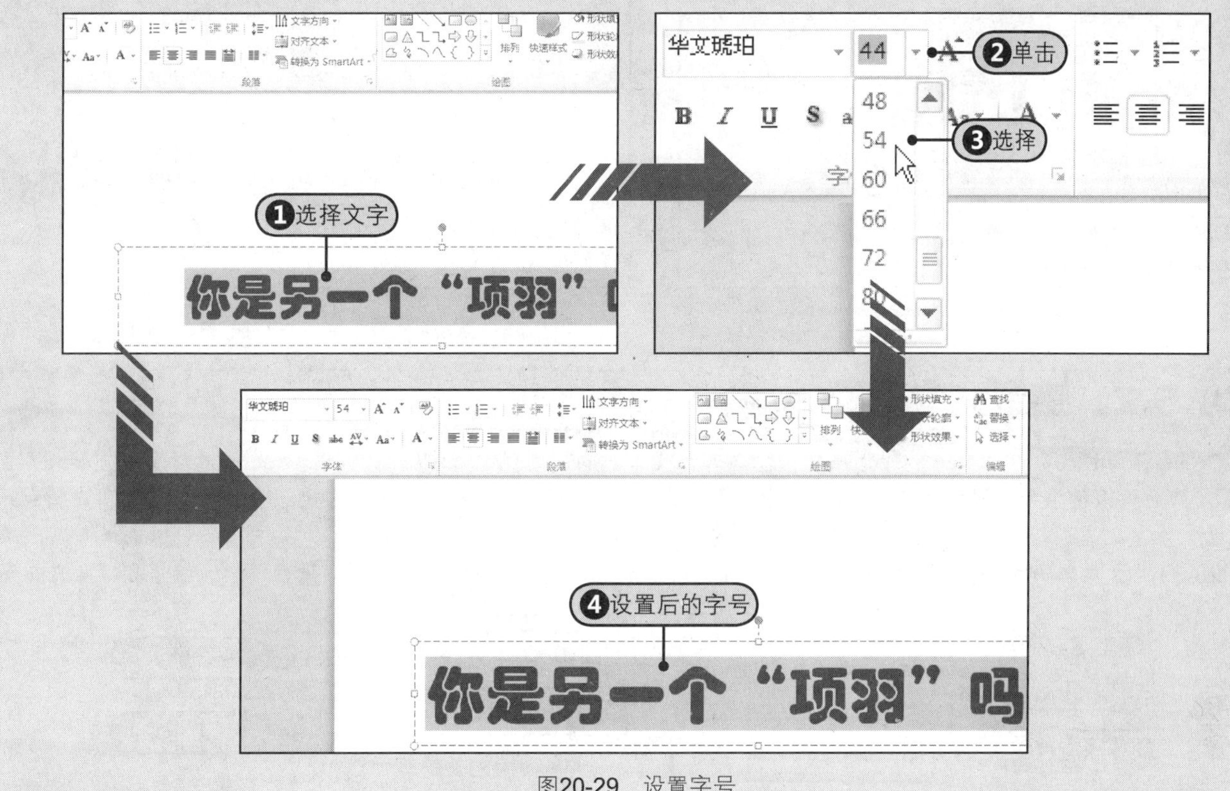

图20-29　设置字号

❸ 设置字形

在“开始”选项卡下的“字体”组中，包括加粗、倾斜、下画线和阴影4种字形格式，用户可以从中选择需要使用的字形。

如要将文本“字形”设置为加粗和倾斜，执行的操作：Step1选择需要设置字号的文字，在“开始”选项卡下的“字体”组中单击“加粗”按钮，Step2再单击“倾斜”按钮。Step3此时，可以看到所选择的文本立即应用了相应的字形，如图20-30所示。

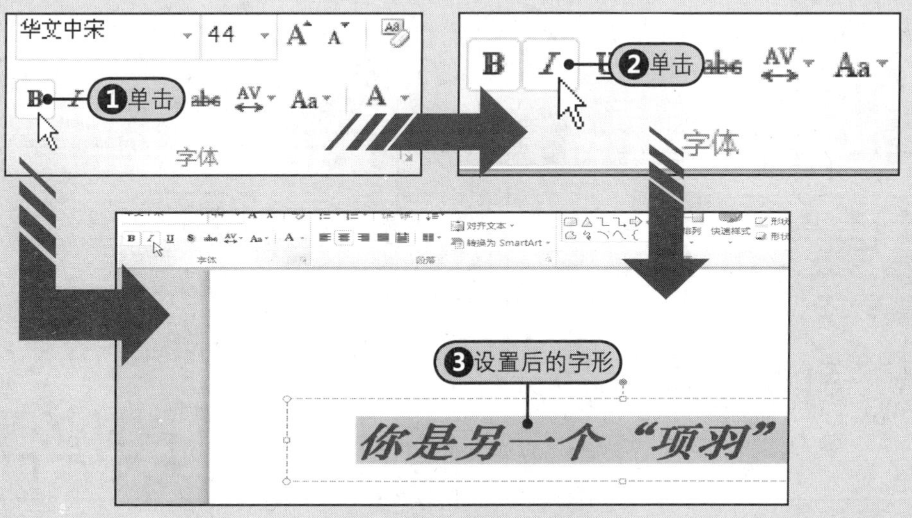

图20-30　设置加粗、倾斜字形

❹ 设置字体颜色

Step1选择需要设置字体颜色的文本，如选择标题文本，在“开始”选项卡下的“字体”组中单击“字体颜色”的下三角按钮，Step2在展开的下拉列表中选择所需要的颜色，如“蓝色”，如图20-31所示。Step3可以看到，选择的文本已经以蓝色显示，如图20-32所示。

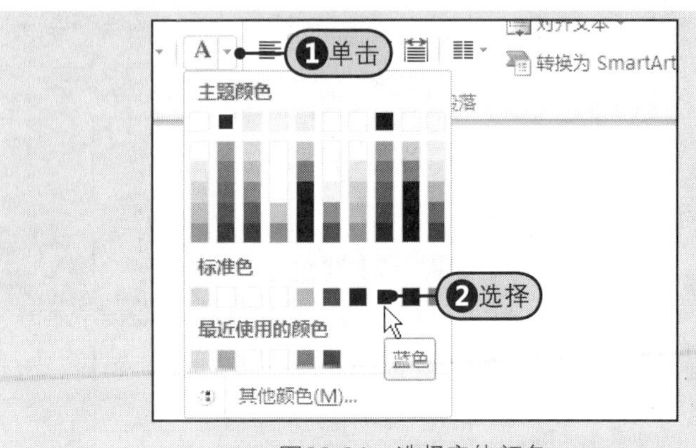

图20-31 选择字体颜色

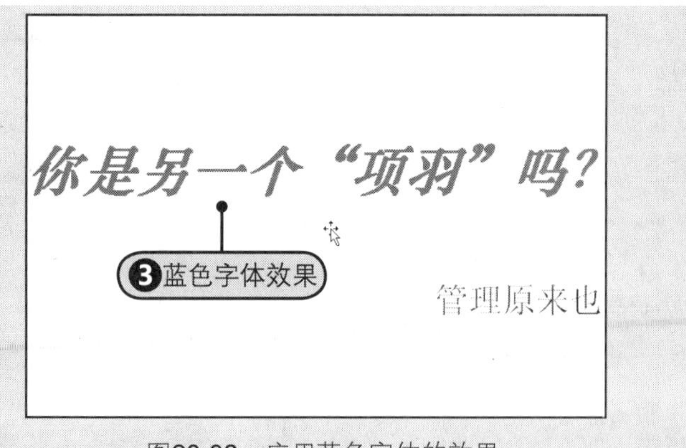

图20-32 应用蓝色字体的效果

20.5.2 设置文本的段落格式

在PowerPoint 2010中，文本的段落格式包含对齐、文字方向、项目符号和编号及行距等，通过对演示文稿段落格式的设置，从而可以使演示文稿更加完美，结构更加清晰。本节将介绍设置文本的对齐方式、项目符号、文字方向和行段间距。

图20-33所示为“开始”选项卡下的“段落”组，在该组中可以设置文本的对齐方式、项目符号、编号和文字方向等。

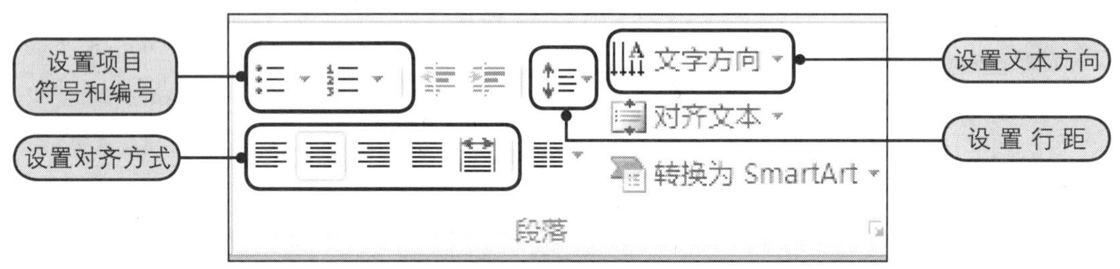

图20-33 “段落”组

1 通过功能区设置对齐方式

在PowerPoint 2010中，所有的对齐方式均是指其在占位符中的对齐位置，包含左对齐、居中、右对齐、两端对齐和分散对齐5种对齐方式，用户可以根据需要选择相应的对齐方式。

打开附书光盘\实例文件\第20章\原始文件\设置段落格式.pptx演示文稿。

具体操作方法：Step1 将光标置于需要设置对齐方式的段落，如选择标题栏为“设置段落格式”，在“开始”选项卡下的“段落”组中默认应用了居中对齐方式，如图20-34所示。Step2 单击“文本左对齐”按钮，Step3 此时，可以看到所选择的段落已经以靠左的方式显示，如图20-35所示。

图20-34 默认的“居中”对齐方式

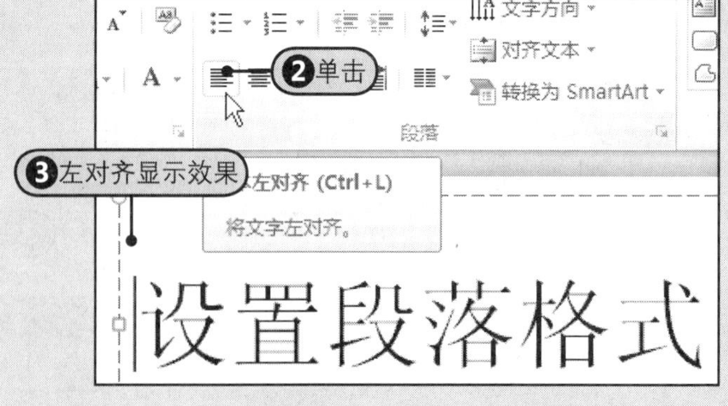

图20-35 “左对齐”对齐方式

2 通过对话框设置对齐方式

Step1 选择需要设置对齐方式的段落，此时段落显示为左对齐，单击右键，从快捷菜单中 “段落”命令，Step2 在打开的“设置段落”对话框的“常规”组中单击“对齐方式”列表框右侧的下三角按钮，Step3 在展开的下拉列表中选择分散对齐方式，Step4 单击右下角的“确定”按钮，Step5 此时，在编辑窗口中显示的就是以“分散对齐”方式的效果，如图20-36所示。

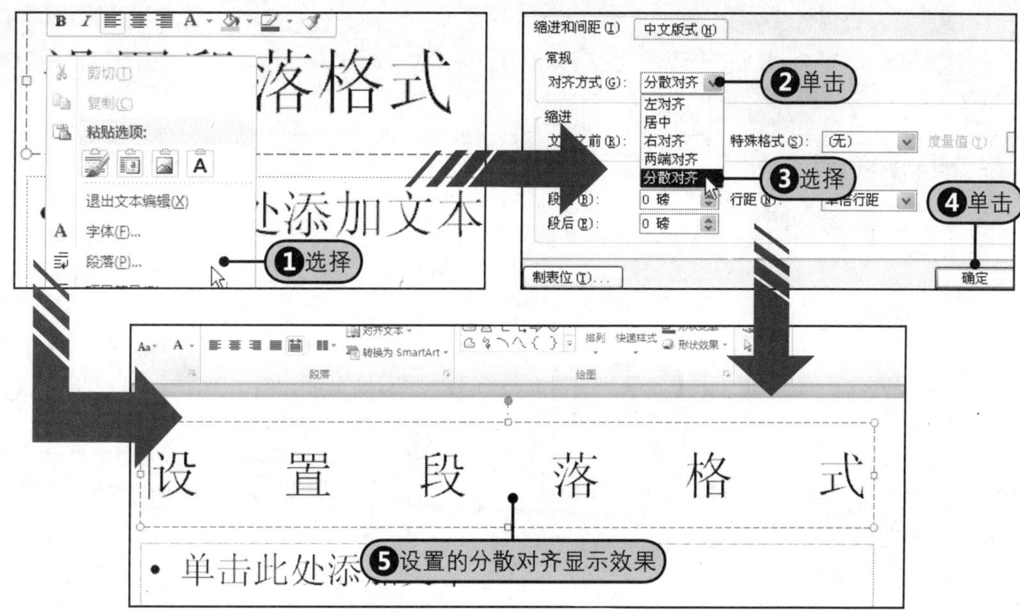

图20-36 通过对话框设置对齐方式

3 设置文字方向

在幻灯片中输入的文本内容，有时默认的文字方向并不适合编辑需要，如果用户希望更改幻灯片中文本内容的方向，那么可以通过“文字方向”功能来实现。在PowerPoint 2010中，将以占位符为单位来更改文字的方向。

打开附书光盘\实例文件\第20章\原始文件\设置段落格式.pptx演示文稿，我们用第三张幻灯片来示范，将原来的横排文字更改为竖排文字。

执行的操作：Step1将光标置入要更改文字方向的占位符中，可以看到其中的内容为横排显示，Step2在“开始”选项卡下的“段落”组中单击“文字方向”按钮，Step3在展开的下拉列表中选择“竖排”命令。此时，Step4所选择占位符中的文字立即以竖排方式显示，效果如图20-37所示。

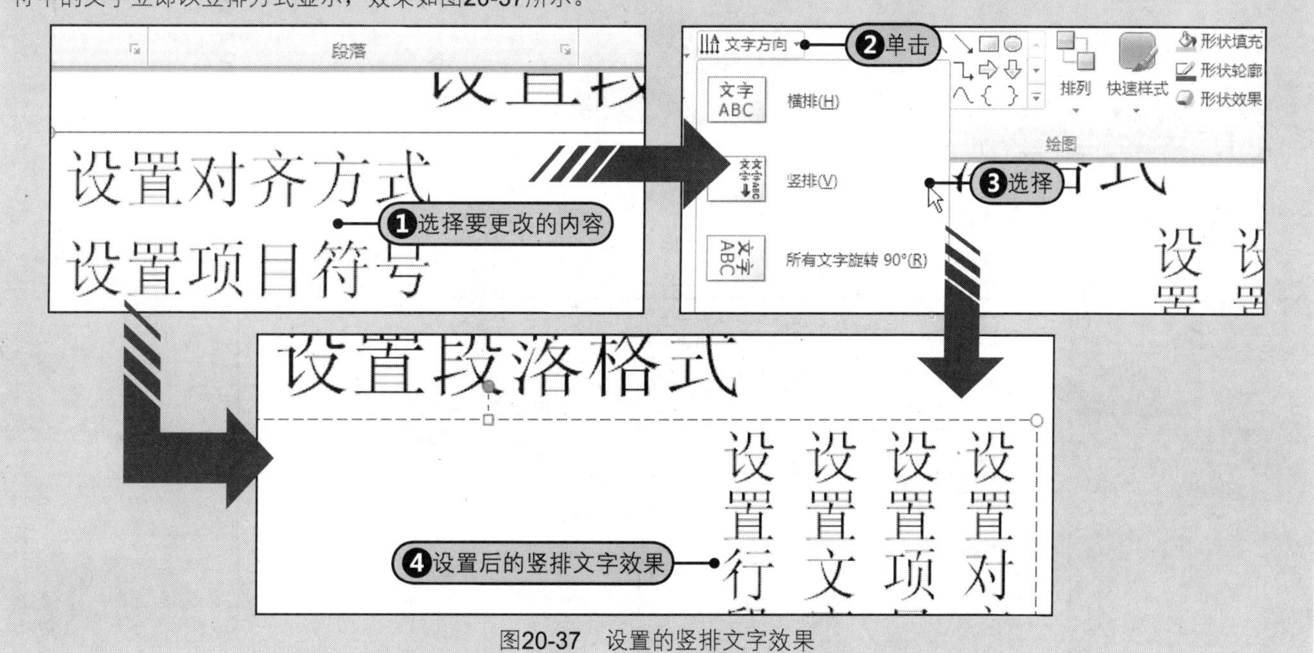

图20-37 设置的竖排文字效果

20.5.3 设置项目符号格式

在制作演示文稿时，通常会使用项目符号来演示大量文本或顺序流程。在本节中，我们将了解项目符号的设置及更改等知识。

1 设置项目符号

打开附书光盘\实例文件\第20章\原始文件\设置段落格式.pptx演示文稿，如要给第四张幻灯片增加项目符号，则执行的操作：Step1将光标置于要设置项目符号行的开始位置，如为“设置对齐方式”文本内容设置项目符号，Step2在“开始”选项卡下的“段落”组中单击“项目符号”按钮，如图20-38所示。Step3屏幕立即在所选行的前方显示出默认的项目符号，效果如图20-39所示。

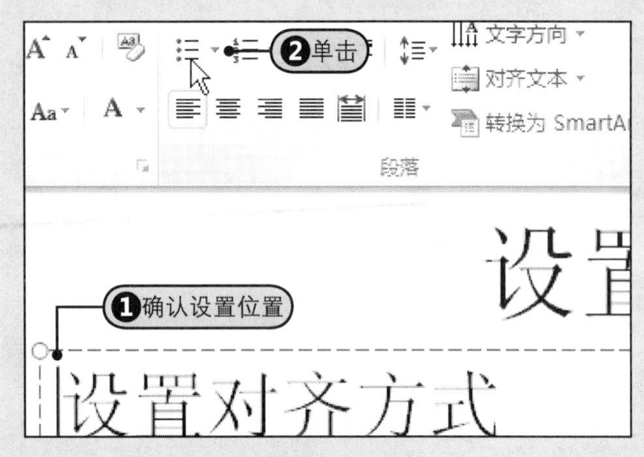

图20-38 设置项目符号

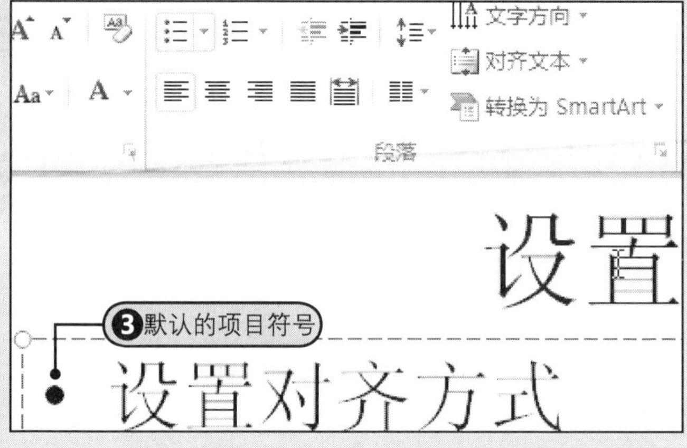

图20-39 默认的项目符号

2 设置其他样式的项目符号

如要设置非默认样式的项目符号，执行的操作：Step1将光标置于要设置项目符号行的开始位置，如为“设置项目符号”文本内容设置非默认的项目符号，Step2在“开始”选项卡下的“段落”组中单击“项目符号”的下三角按钮，Step3在打开的下拉列表中选择相应的项目符号，Step4屏幕立即在所选择行的前方显示出相应的项目符号，效果如图20-40所示。

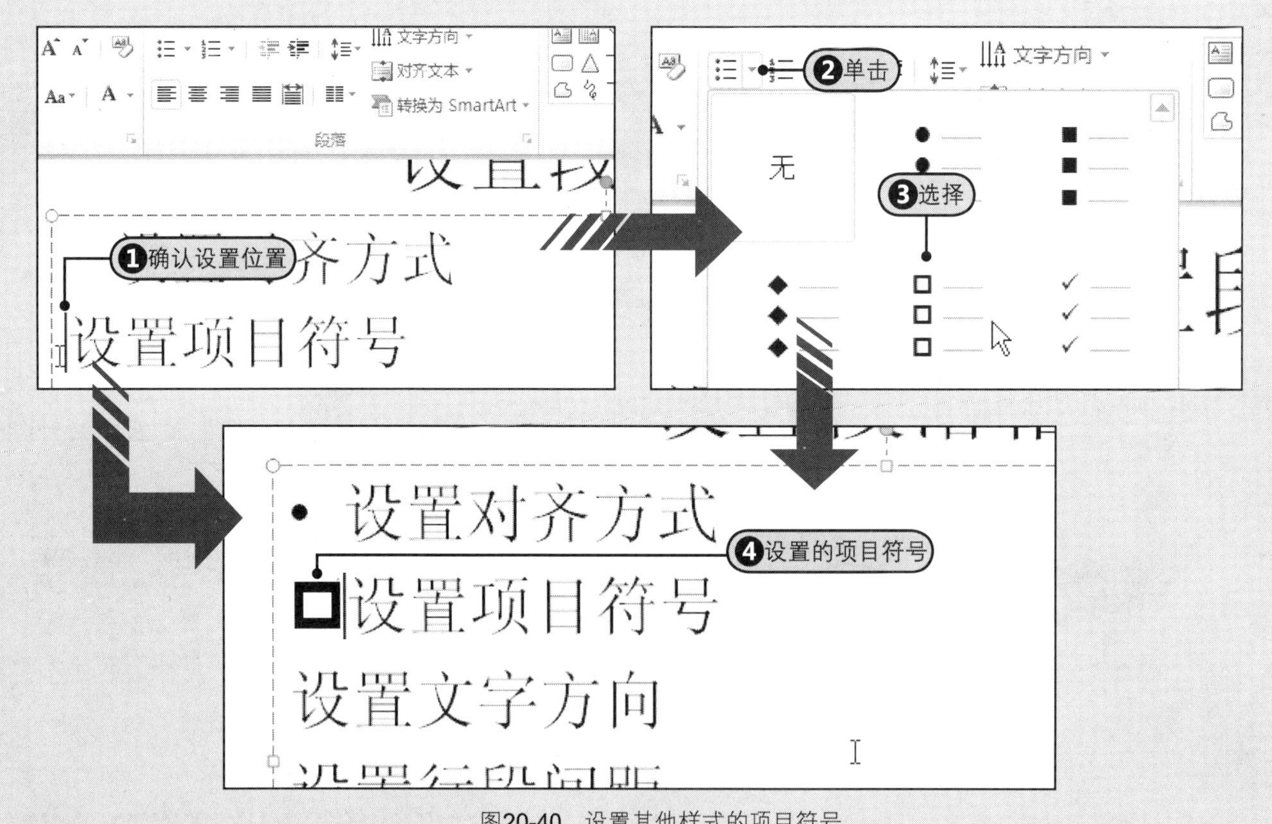

图20-40 设置其他样式的项目符号

3 设置和更改项目符号的颜色

在PowerPoint 2010中，默认的项目符号颜色为“黑色”，如要设置或更改项目符号的颜色，执行的操作：Step1将光标置于要更改项目符号颜色行的开始位置，如将“设置项目符号”文本内容的项目符号由默认色更改为“红色”，Step2在“开始”选项卡下的“段落”组中单击“项目符号”的下三角按钮，Step3在打开的下拉列表中选择“项目符号和编号”命令，Step4在打开的对话框中单击“颜色”按钮，Step5在打开的“颜色”下拉列表中单击“红色”，

Step 6 选好颜色后，单击“确定”按钮，Step 7 屏幕立即显示出该行项目符号的颜色，效果如图20-41所示。

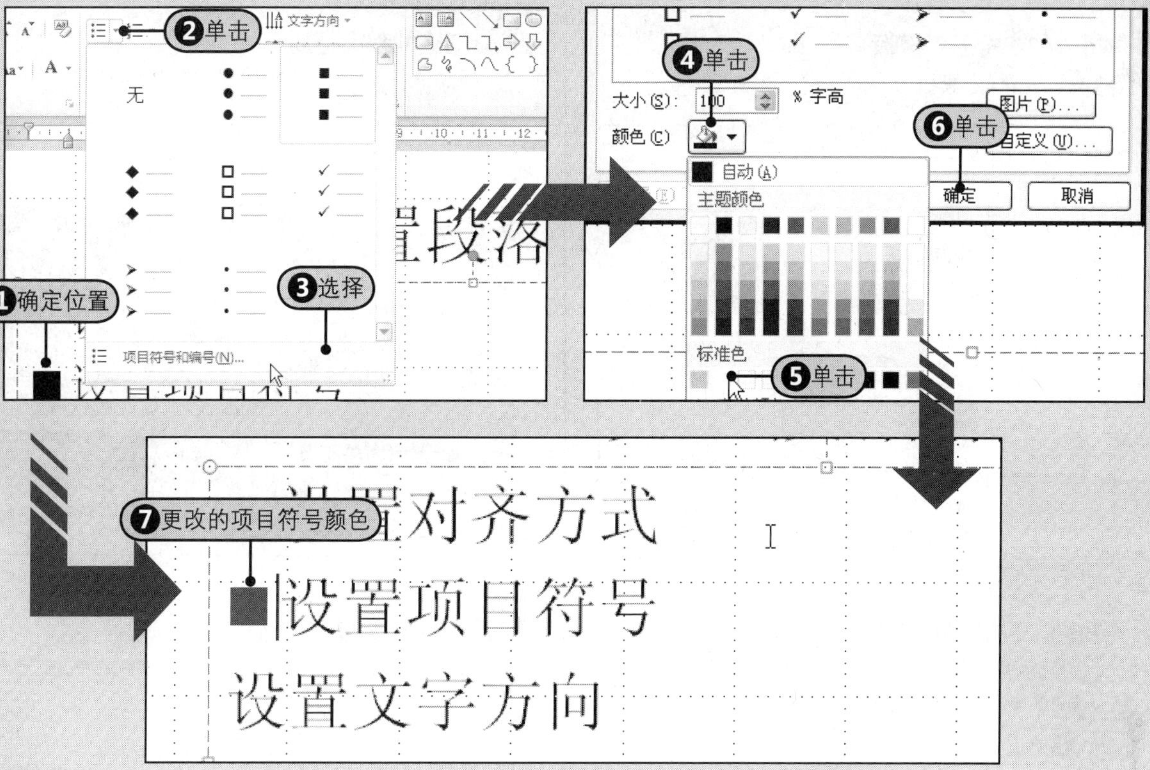

图20-41　设置和更改项目符号颜色

20.6 融会贯通　创建“都市相册”文稿并更改幻灯片版式

在前面的章节中已经介绍了演示文稿的创建、简单的编辑幻灯片，以及对幻灯片内容进行相关设置的知识。为了将前面所学的知识点融会贯通，下面制作一个实例——创建“都市相册”。

步骤1 利用“文件”菜单创建相册。

Step 1 单击“文件”按钮。

Step 2 在下拉菜单中选择“新建”命令。

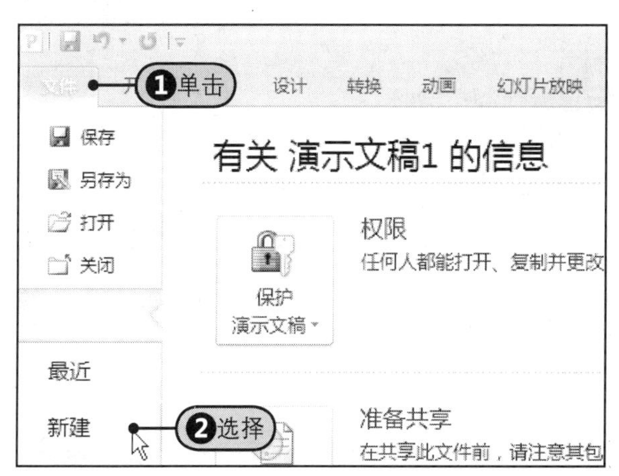

步骤2 选择模板。

双击“新建”组下的“样本模板”。

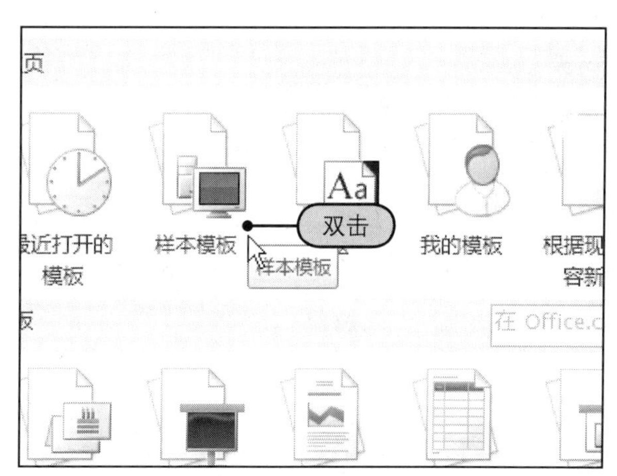

（续上）

3 步骤 选择“都市相册”模板。

Step 1 双击样本模板组下的“都市相册”。

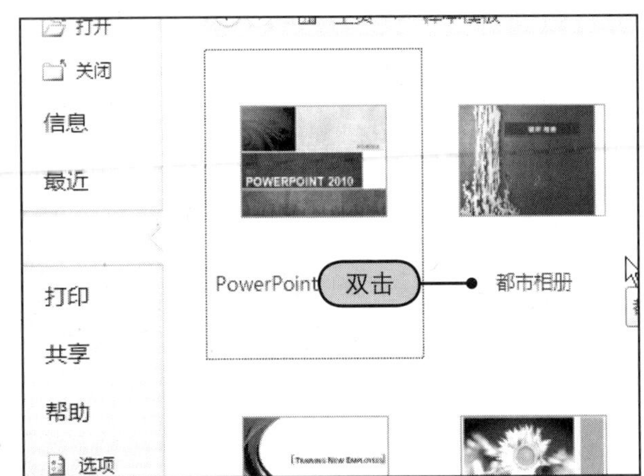

4 步骤 新建的都市相册。

新建的都市相册效果，如下图所示。

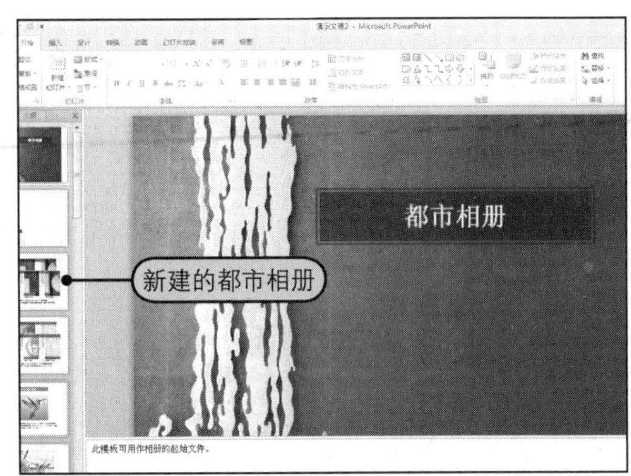

5 步骤 更改为“3-Up快照”版式。

Step 1 单击要更改版式的幻灯片。

Step 2 单击功能组下的“版式”按钮。

Step 3 单击下拉列表中的3-Up快照。

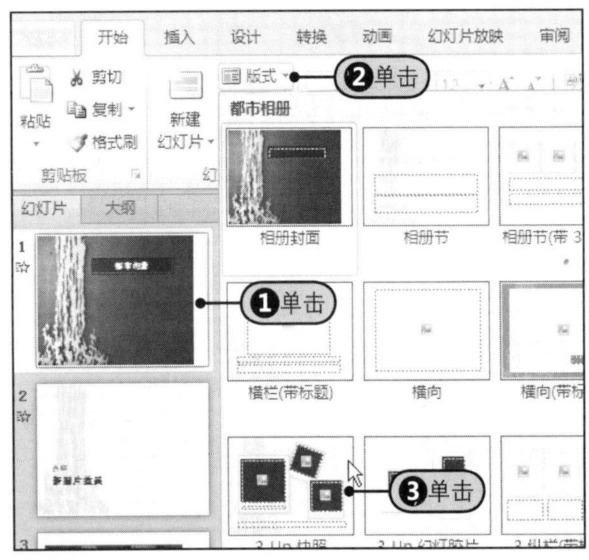

6 步骤 “3-Up快照”版式效果。

更改后的版式效果，如下图所示。

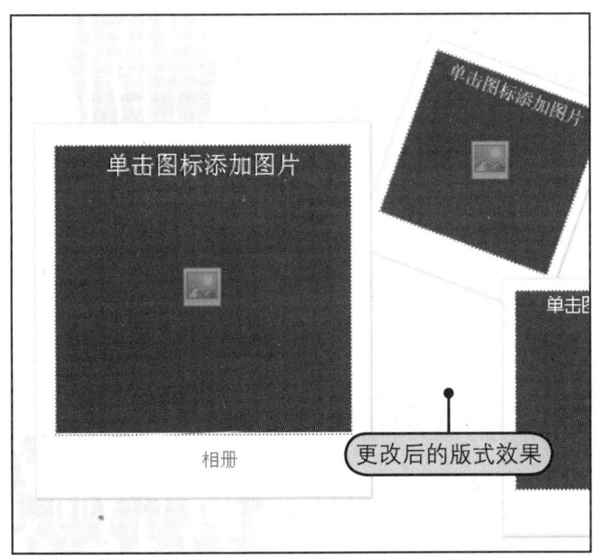

7 步骤 单击“保存”按钮。

Step 1 单击快速访问工具栏的“保存”按钮。

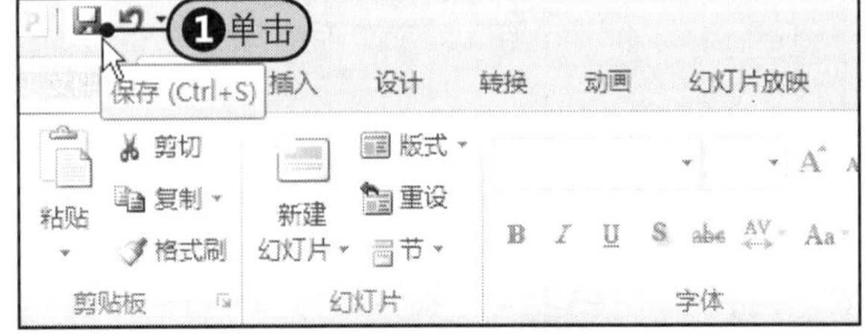

8 步骤 保存都市相册。

Step 2 在文件名框中输入文件名“都市相册”。

Step 3 单击“保存”按钮，即可完成保存。

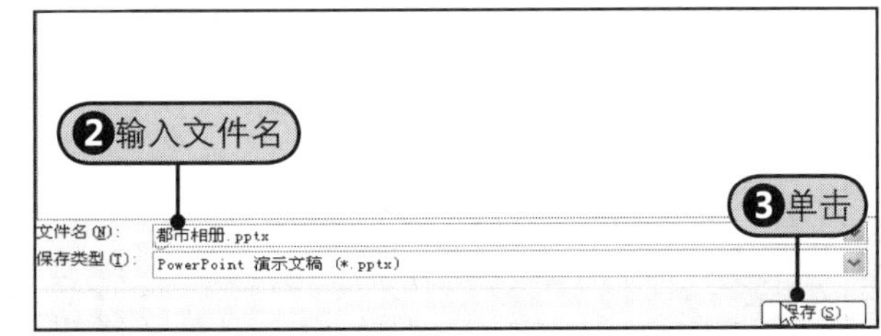

专家支招

为了让用户在PowerPoint 2010中制作出更加专业水准的演示文稿，本节将介绍一些与本章内容相关的制作技巧或疑难问题的解答，以提高用户的操作水平或解决实际操作中遇到问题的能力。例如，快速调整幻灯片比例以适应窗口、更改PowerPoint 2010默认视图、将电脑中的图片制作为项目符号等。

招术一 快速调整幻灯片比例以适应窗口

在制作幻灯片时，有时需要在不是全屏的窗口中操作，但要完全显示整页内容时，用户可通过窗口右下角的“使幻灯片适应当前窗口”按钮来快速调整幻灯片。

其具体操作方法：Step1 当前幻灯片的显示比例为“100%”，但并不能显示全部的内容，Step2 单击自定义状态栏右下角的“使幻灯片适应当前窗口”按钮，Step3 此时，幻灯片即显示为调整到适应当前窗口的状态，如图20-42所示。

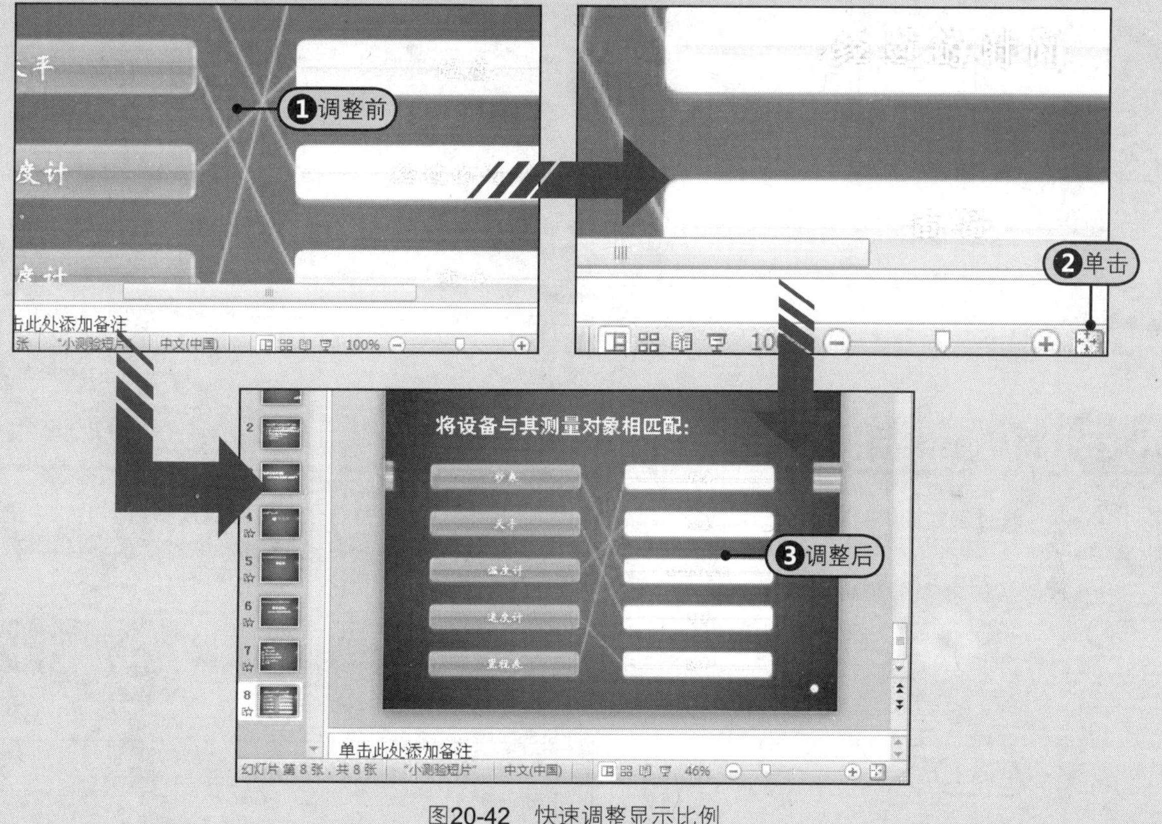

图20-42 快速调整显示比例

招术二 更改PowerPoint 2010 默认视图

在PowerPoint 2010中，默认情况下系统视图为普通视图，其中列有缩略图、备注和幻灯片视图。用户也可以更改视图为其他视图，将默认视图更改为工作所需的视图时，PowerPoint 2010将始终在该视图中打开。但是，用户可以根据需要指定 PowerPoint 2010在打开时显示另一种视图，例如幻灯片浏览视图、幻灯片放映视图、备注页视图及普通视图等，其具体操作如下。

Step1 在PowerPoint 2010中单击“文件”按钮，Step2 选择“文件”下拉菜单下的“选项”命令，Step3 单击弹出的对话框中的“高级”按钮，Step4 单击“显示”区域下的“用此视图打开全部文档”下拉列表中要设置为新默认视图的视图，如“幻灯片浏览”，然后单击“确定”按钮，Step5 将演示文稿关闭后重新打开即可看到程序已将“幻灯片浏览”视图设为了默认视图，如图20-43所示。

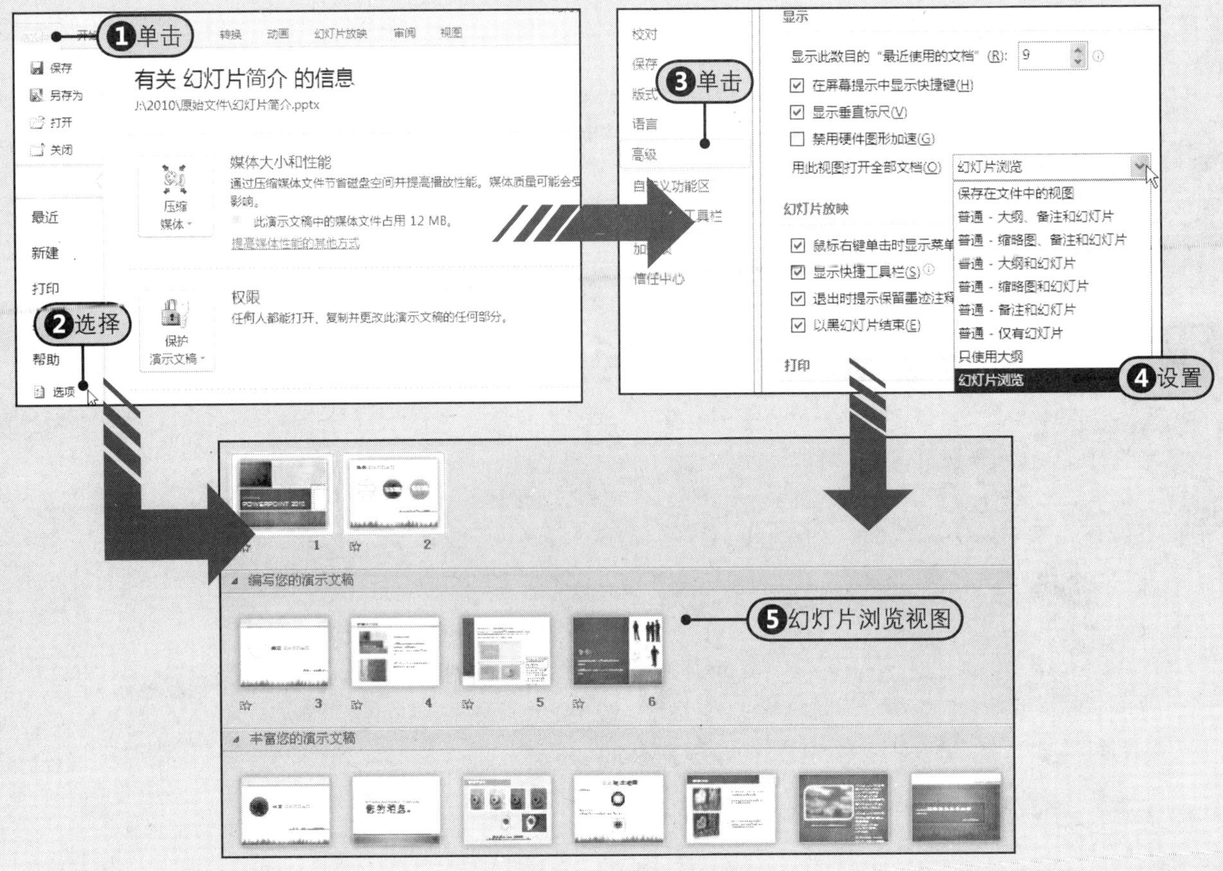

图20-43　更改默认视图

招术三　将电脑中的图片制作为项目符号

在制作幻灯片时经常会使用到项目符号，用户不但可以使用程序内置的项目符号，而且可以将自己电脑中的图片制作为项目符号，将这些符号运用到幻灯片中能使内容更加丰富多彩。接下来，就让我们来制作有个性的项目符号。

打开附书光盘\实例文件\第20章\原始文件\将图片制作为项目符号.pptx演示文稿。

Step 1 在PowerPoint 2010中选择要设置项目符号的行，单击“开始”选项卡下“段落”组中的“项目符号”的下三角按钮，**Step 2** 选择下拉列表中的“项目符号和编号”命令，如图20-44所示。**Step 3** 单击打开的“项目符号”对话框下的“图片”按钮，如图20-45所示。

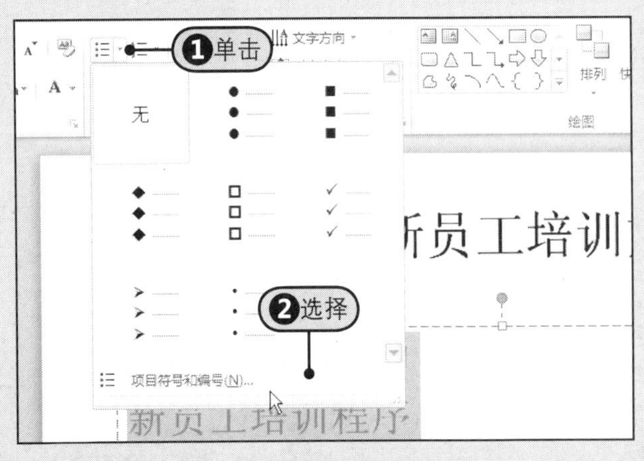

图20-44　选择“项目符号和编号”命令

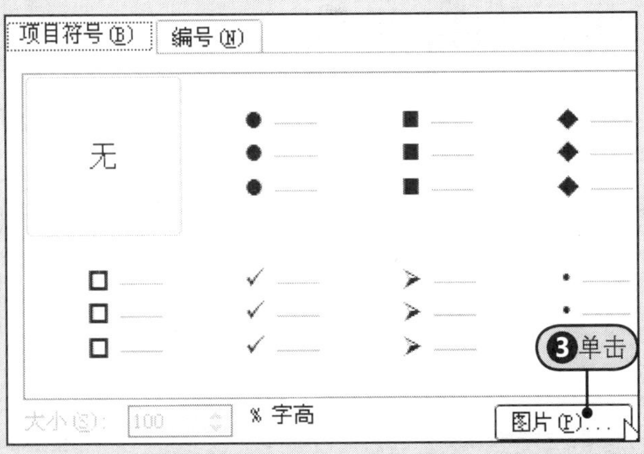

图20-45　单击“图片”按钮

Step 4 在打开的“图片项目符号”对话框中，单击“导入”按钮，**Step 5** 在电脑中找到要设置为项目符号的图片并双击它，**Step 6** 再双击显示在“图片项目符号”对话框中刚刚导入的图片，**Step 7** 此时，返回的屏幕上所选行即显示出以此图片作为项目符号，将图20-46所示。

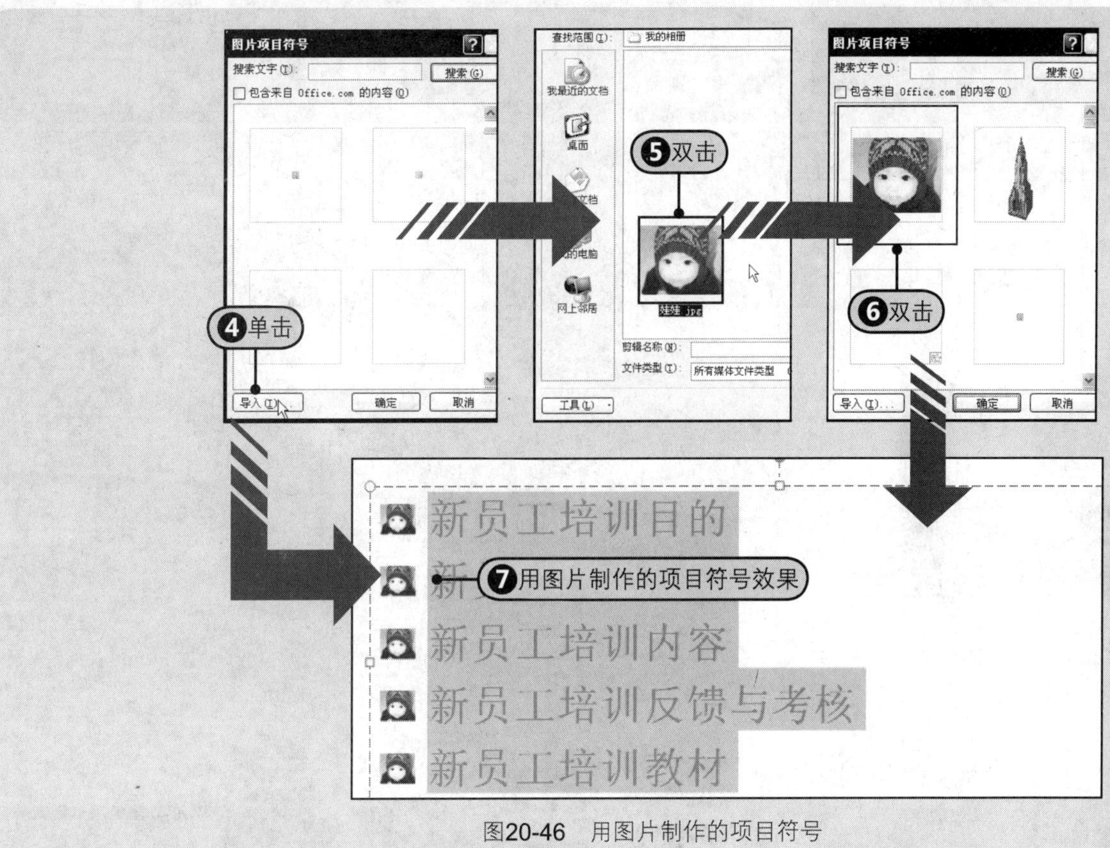

图20-46 用图片制作的项目符号

读书笔记

Part 4 PowerPoint篇

Chapter 21

幻灯片的丰富内涵——为幻灯片添加对象

要使演示文稿美观、生动并且具有说服力，幻灯片中仅仅有文字内容是远远不够的。要使幻灯片可以包含丰富的内涵，可以为幻灯片添加图片、图形、表格、图表、视频、音频等对象，然后使用PowerPoint 2010中自带的工具对插入的这些对象进行适当的编辑，可以使普通的演示文稿变得有声有色！

21.1 办公动态文稿的多元化——图片与图形的应用

本节介绍在幻灯片中添加图片和图形，包括如何在幻灯片中插入图片、剪贴画、屏幕剪辑、图形及设置它们的格式。

21.1.1 让图片阐述美丽

一张具体图片的展示，往往胜过千言万语。在演示文稿中适当地插入一幅图片，会起到意想不到的效果。打开附书光盘\实例文件\第21章\原始文件\昆明之旅.pptx文档。

1 在幻灯片中插入图片

Step1 在“幻灯片”窗格中单击第五张幻灯片，Step2 在“插入”选项卡中的“图像”组中单击“图片”按钮，Step3 在“插入图片”对话框中双击要插入的图片，Step4 插入到幻灯片中的图片，如图21-1所示。

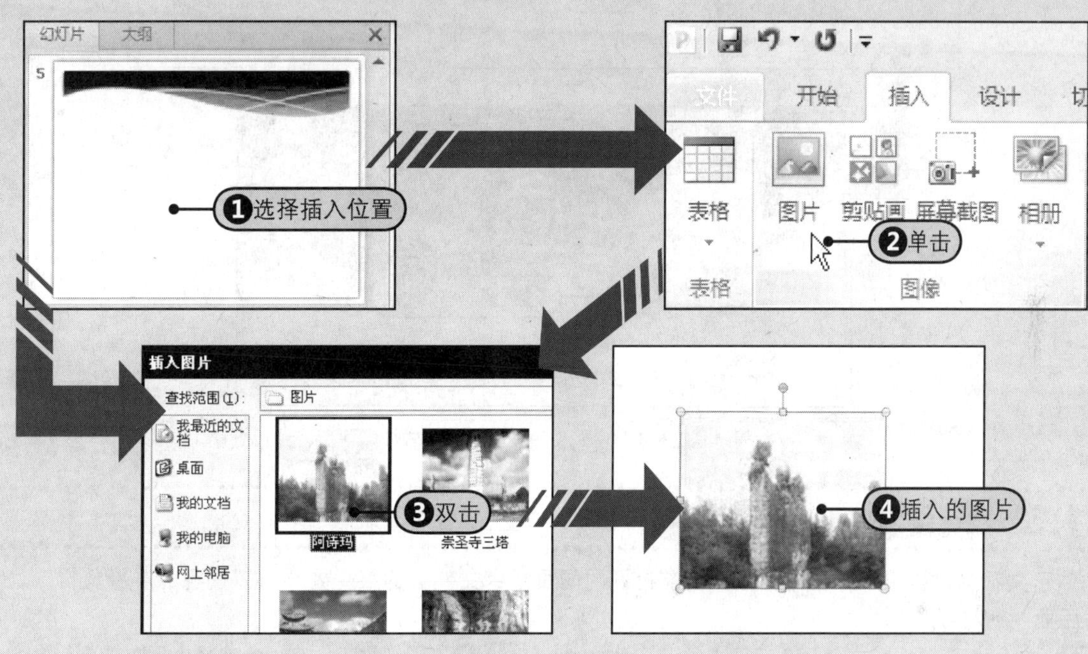

图21-1　插入图片

2 使用样式美化图片

Step1 选择需要设置样式的图片，切换到“图片工具—格式”选项卡，Step2 从“图片样式”下拉列表中选择需要的样式，如图21-2所示，Step3 即可查看到设置样式后的效果。

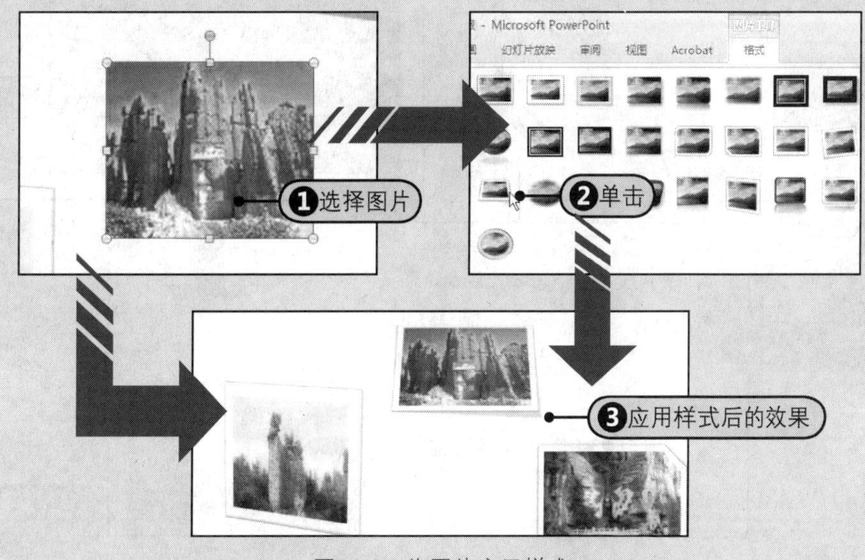

图21-2　为图片应用样式

21.1.2 体验剪贴画的乐趣

在幻灯片中适当的位置插入剪贴画，也会为演示文稿增添些许乐趣。

Step 1 在“图像”组中单击“剪贴画”按钮，Step 2 在打开的“剪贴画”窗格中单击“搜索”按钮，Step 3 然后在列表中双击要插入的剪贴画，Step 4 插入到幻灯片中的效果，如图21-3所示。

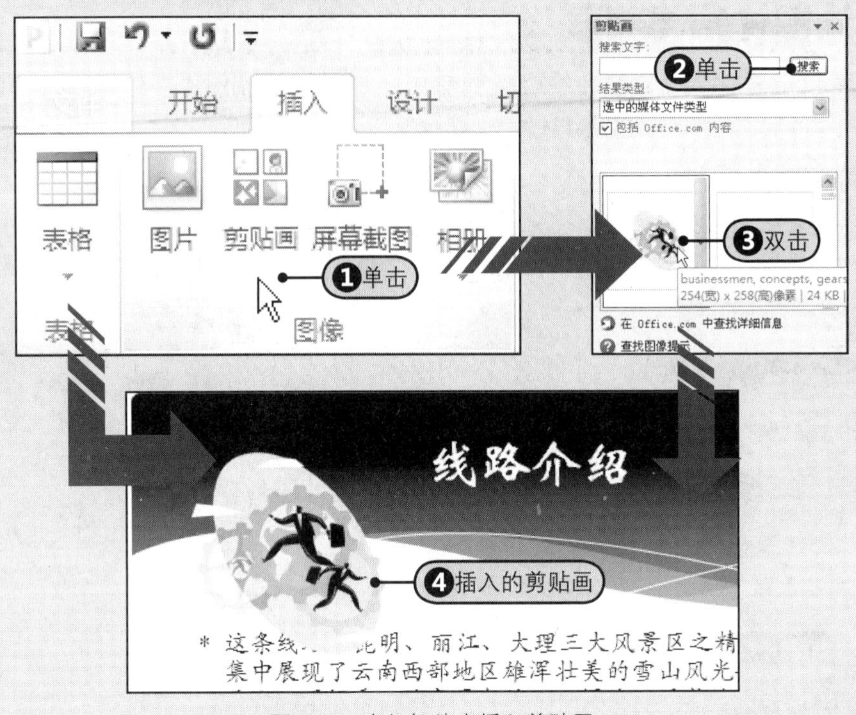

图21-3 在幻灯片中插入剪贴画

21.1.3 快速插入屏幕快照

在创建演示文稿的过程中，如果需要插入当前打开的网页或者文件中的某一处，可以使用“屏幕剪辑”功能快速捕捉成图片，然后插入到幻灯片中。

Step 1 在“插图”组中单击“屏幕截图”的下三角按钮，Step 2 从展开的下拉列表中选择“屏幕剪辑”命令，Step 3 切换到要捕捉的窗口，拖动鼠标选择需要插入到幻灯片中的区域，Step 4 插入后的屏幕剪辑效果，如图21-4所示。

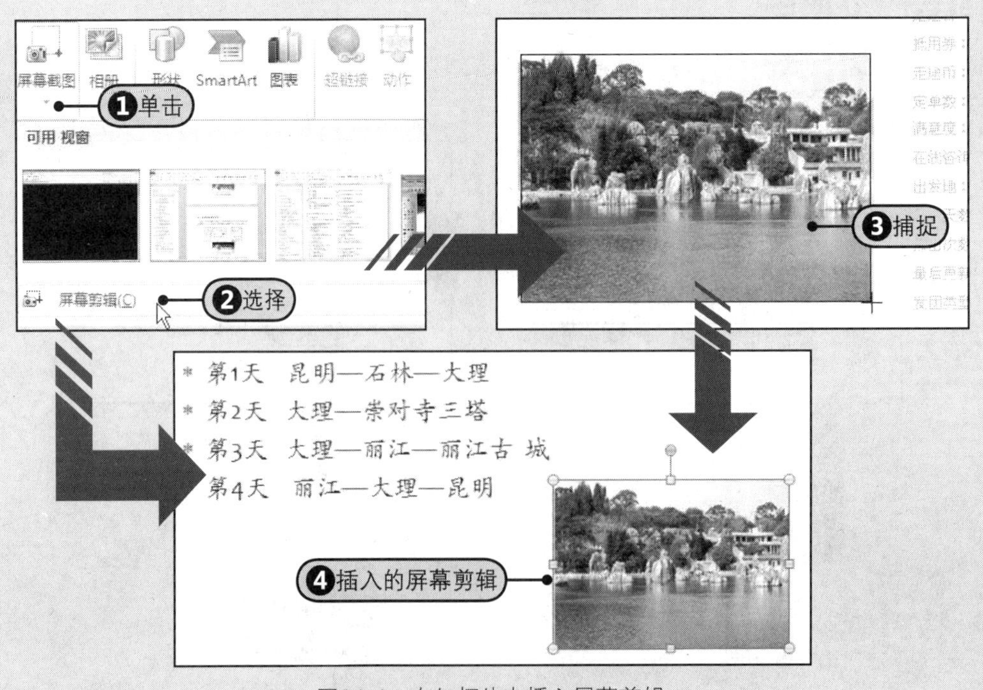

图21-4 在幻灯片中插入屏幕剪辑

21.1.4 让图形表现多元化

通过前面的Word 2010和Excel 2010介绍，相信读者已经领略过Office 2010中丰富的自选图形、SmartArt形状的妙用。由于Office 2010中各个组件都具有一定程度的相通性，这些丰富的自选图形、SmartArt形状同样也可应用于PowerPoint 2010中。

1 插入SmartArt图形

步骤1 Step1 在幻灯片窗格中单击幻灯片4，如图21-5所示。

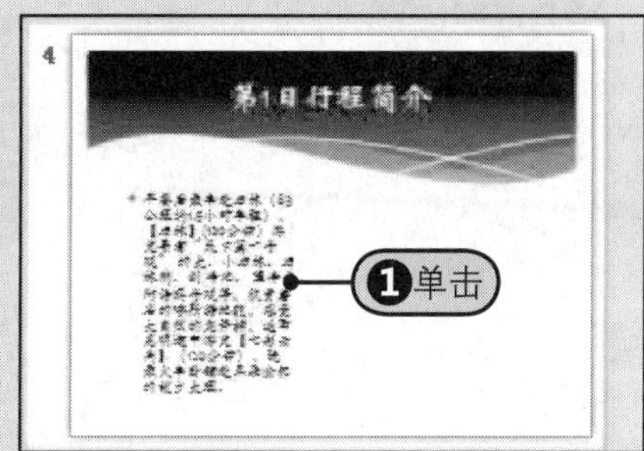

图21-5 选择要插入形状的幻灯片

步骤2 Step2 在“插入”选项卡中的“插图”组中单击SmartArt按钮，如图21-6所示。

图21-6 单击SmartArt按钮

步骤3 Step3 在打开的“选择SmartArt图形”对话框中单击“降序流程”图示，Step4 然后单击“确定”按钮，如图21-7所示。

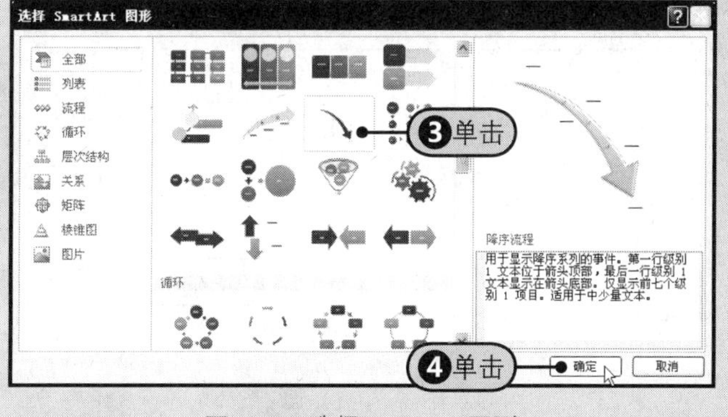

图21-7 选择SmartArt图形

步骤4 Step5 插入到幻灯片中的SmartArt图形效果，如图21-8所示。

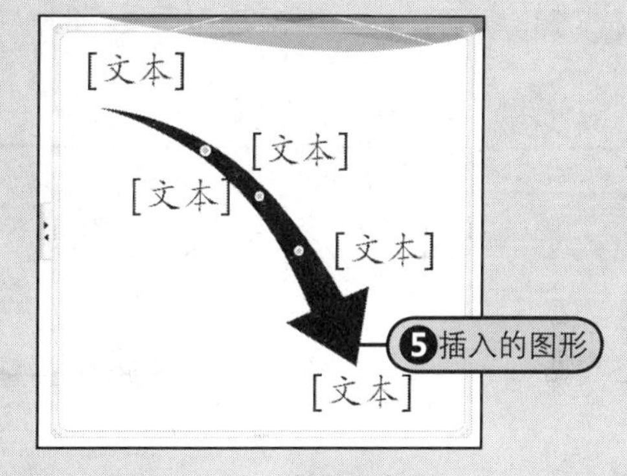

图21-8 插入的图形效果

2 在SmartArt图形中添加文本

创建好SmartArt图形后，接下来就可以在其中输入文字了。您可以直接单击“［文本］”占位符，Step1 然后输入实际的文字内容，如图21-9所示，Step2 也可以在文本窗格中一次输入所有的内容，如图21-10所示。

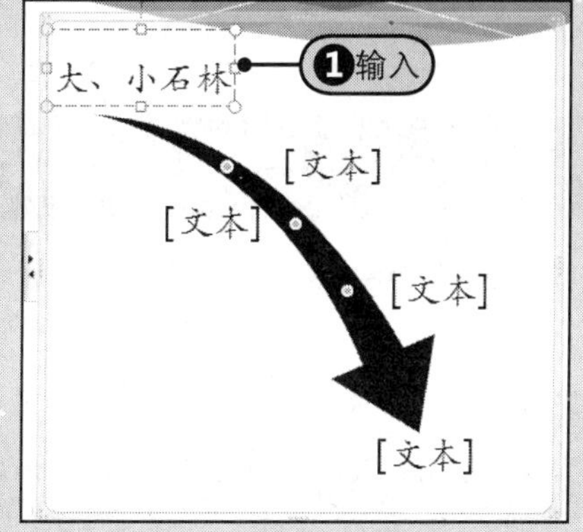

图21-9 选择颜色

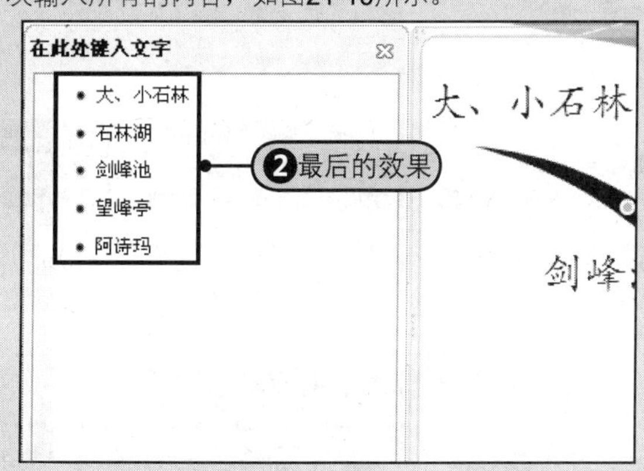

图21-10 设置颜色后的效果

❸ 美化SmartArt图形

用户还可以通过更改颜色、为图形应用样式等方式来进一步美化SmartArt图形，操作步骤如下所示。

1 步骤 Step❶选中SmartArt图形，如图21-11所示。

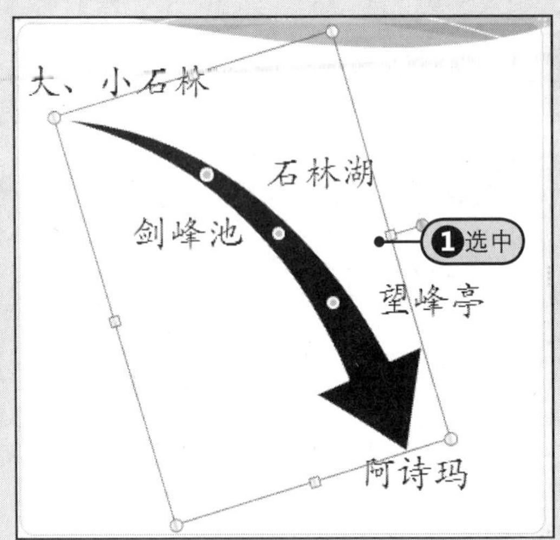

图21-11 选中SmartArt图形

2 步骤 Step❷在“SmartArt工具－设计”选项卡中的“SmartArt样式”组中单击“更改颜色”按钮，Step❸从展开的下拉列表中单击适当的颜色，如图21-12所示。

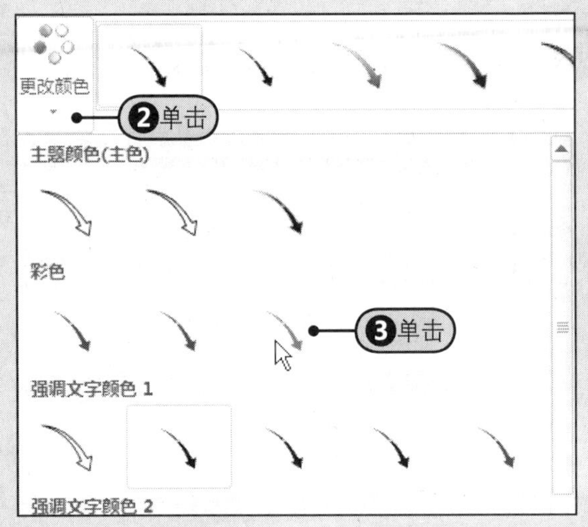

图21-12 更改颜色

3 步骤 Step❹在SmartArt样式库中的“三维”样式中选择一种适当的三维样式，如图21-13所示。

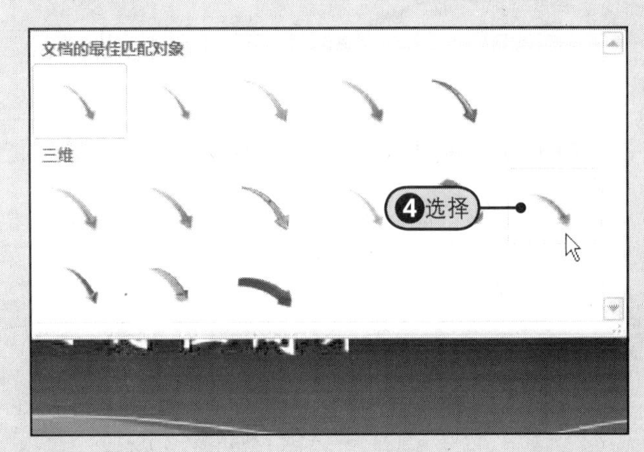

图21-13 选择形状样式

4 步骤 Step❺更改颜色和样式后的SmartArt效果，如图21-14所示。

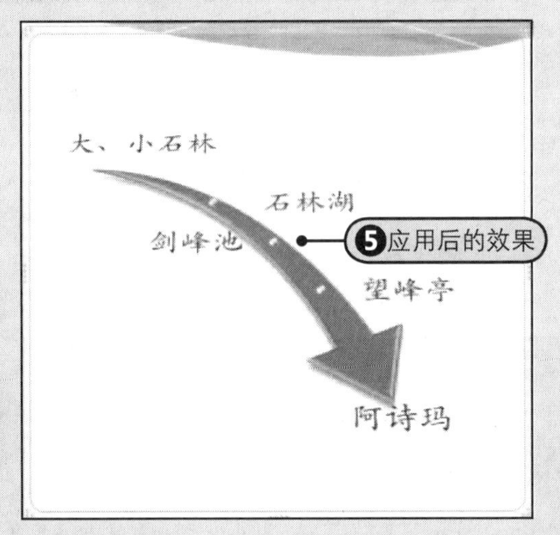

图21-14 SmartArt图形最终效果

21.2 动态文稿中数据的展示——表格与图表的应用

在演示文稿中展示数据，最常用的方式就是表格和图表。接下来，将向读者介绍如何在演示文稿中创建表格与图表。打开附书光盘\实例文件\第21章\原始文件\第一季度销售报告.xlsx工作簿。

21.2.1 在幻灯片中创建表格

Step❶选择要插入表格的幻灯片，Step❷在“插入”选项卡中的“表格”组中单击“表格”下三角按钮，Step❸拖动选择需要的行列数，Step❹插入的表格效果，如图21-15所示。

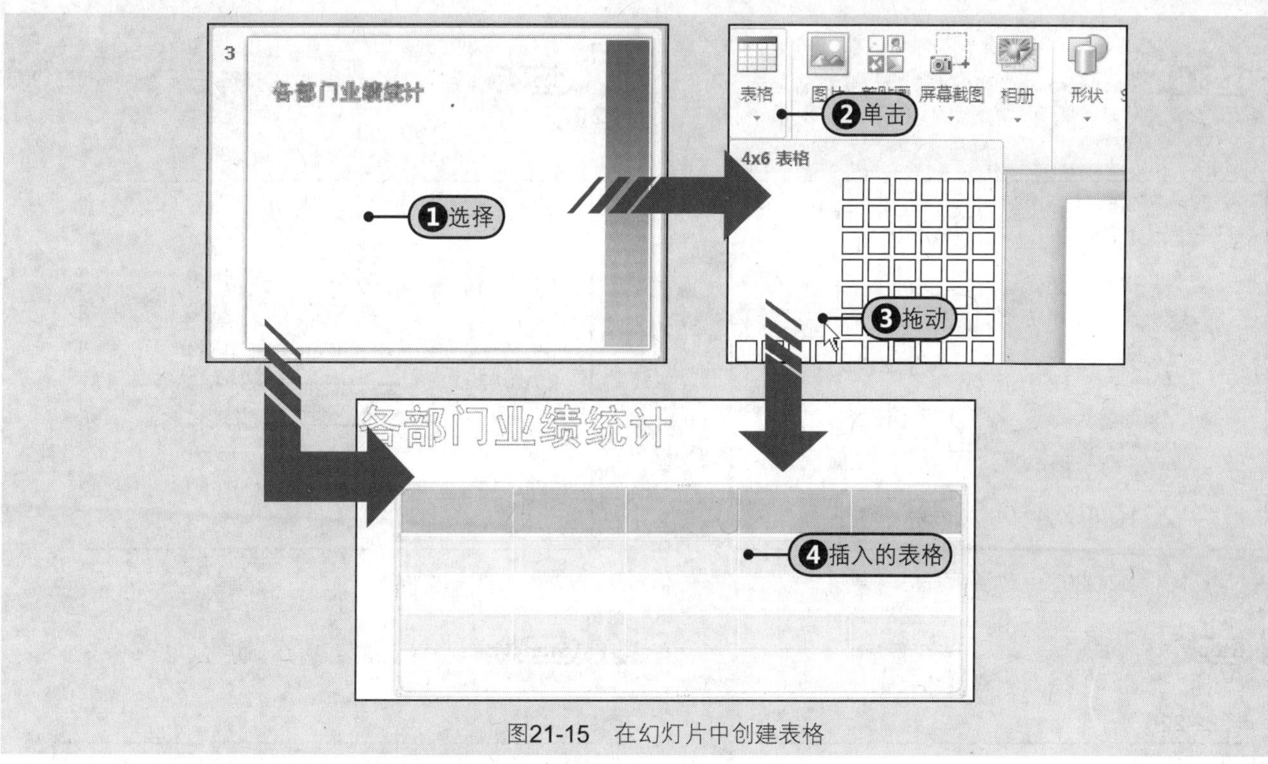

图21-15 在幻灯片中创建表格

21.2.2 在幻灯片中编辑与美化表格

用户还可以直接在幻灯片中编辑表格，例如在表格中输入内容后，设置表格内容的对齐方式、合并单元格、为表格应用样式等。

1 步骤 Step 1 在表格中输入内容，如图21-16所示。

月份	部门	销量	销售额
2010年1月	新世纪	7500	89520.0
2010年1月	万达	6580	72158.0
2010年1月	高新分部	4300	48965.2
2010年2月	新世纪	10120	
2010年2月	万达	7580	
2010年2月	高新分部	8830	98965.2
2010年3月	新世纪	15120	185800.0
2010年3月	万达	7580	82198.0
2010年3月	高新分部	9830	118965.2

①输入内容

图21-16 在表格中输入内容

2 步骤 选中整张表，Step 2 在“表格工具－布局”选项卡中的“对齐方式”组中单击“居中”按钮，如图21-17所示。

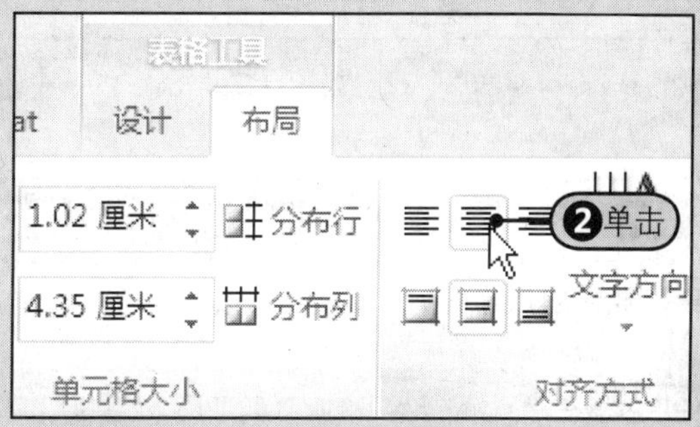

图21-17 单击“居中”按钮

3 步骤 Step 3 选择表格左上角内容相同的3个单元格，如图21-18所示。

各部门业绩统计

月份	部门
2010年1月	新世纪
2010年1月	万达
2010年1月	高新分部
2010年2月	新世纪

③选择

图21-18 选择单元格

4 步骤 Step 4 在“表格工具－布局”选项卡中的“合并”组中单击“合并单元格”按钮，如图21-19所示。

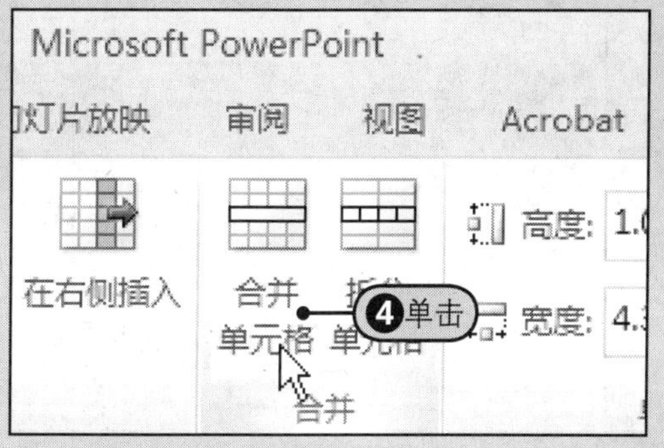

图21-19 单击“合并单元格”按钮

步骤5 Step5 与PowerPoint 2010以前版本不同的是，合并单元格后会保留所有的内容，如图21-20所示，需手动删除重复的内容。

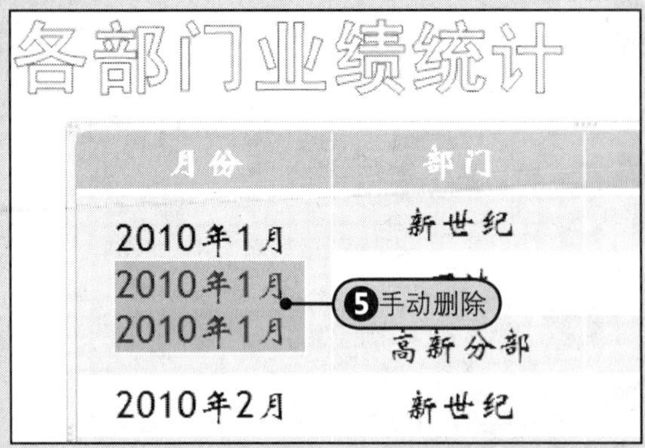

图21-20　手动删除重复内容

步骤6 Step6 完成“月份”单元格合并后的表格效果如图21-21所示。

月份	部门	销量	[illegible]
2010年1月	新世纪	7500	89
	万达	6580	72
	高新分部	4300	48
2010年2月	新世纪	10120	13
	[illegible]	7580	82
	[illegible]	[illegible]30	98
2010年3月	新世纪	15120	18
	万达	7580	82
	高新分部	9830	11

6合并后的单元格

图21-21　合并后的表格

步骤7 Step7 单击“表格工具—设计”选项卡“表格样式”组的“其他”按钮，展开表格样式库，选择一种适当的样式，如图21-22所示。

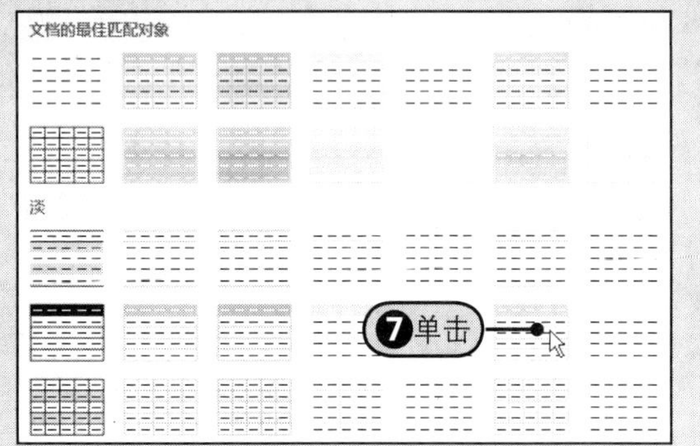

图21-22　选择样式

步骤8 Step8 得到的表格最终效果，如图21-23所示。

月份	部门	销量	销售额
2010年1月	新世纪	7500	89520.0
	万达	6580	72158.0
	高新分部	4300	48965.2
2010年2月	新世纪	101[illegible]	[illegible]
	万达	75[illegible]	[illegible]
	高新分部	8830	98965.2
2010年3月	新世纪	15120	185800.0
	万达	7580	82198.0
	高新分部	9830	118965.2

8表格最终效果

图21-23　表格最终效果

21.2.3　在幻灯片中创建图表

如果需要在幻灯片中创建图表，可以先新建一张最适合插入图表版式的幻灯片，然后在该幻灯片中插入与编辑图表。

步骤1 Step1 在“开始”选项卡的“幻灯片”组中单击“新建幻灯片”下三角按钮，Step2 从展开的下拉列表中单击“比较”版式，如图21-24所示。

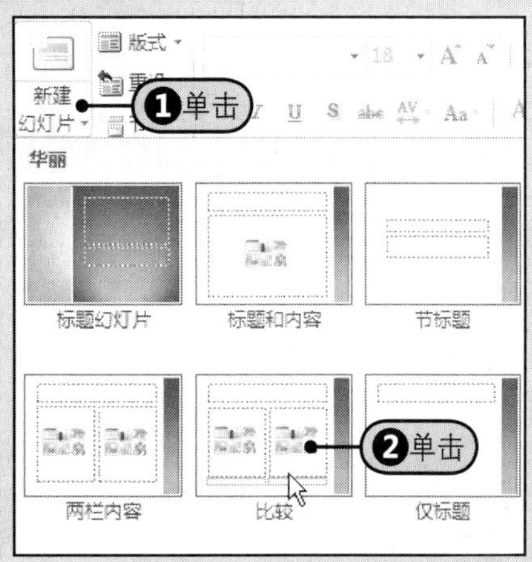

图21-24　新建幻灯片

步骤2 Step3 接着会在当前幻灯片之后新建一页“比较”版式的幻灯片，在其中输入标题“销售业绩比较图表”，如图21-25所示。

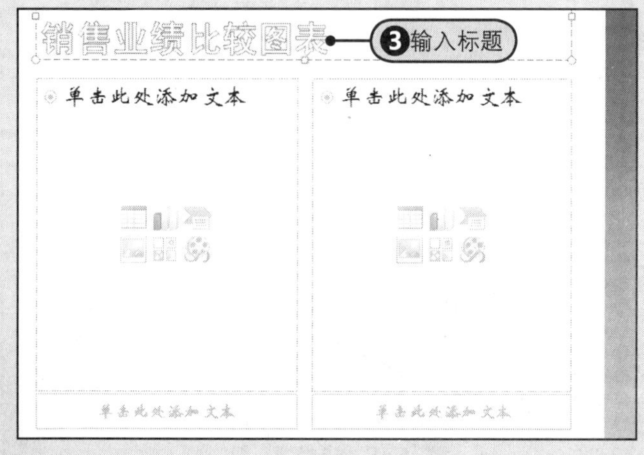

图21-25　输入幻灯片标题

3 步骤 Step 4 在幻灯片中单击“插入图表”按钮，如图21-26所示。

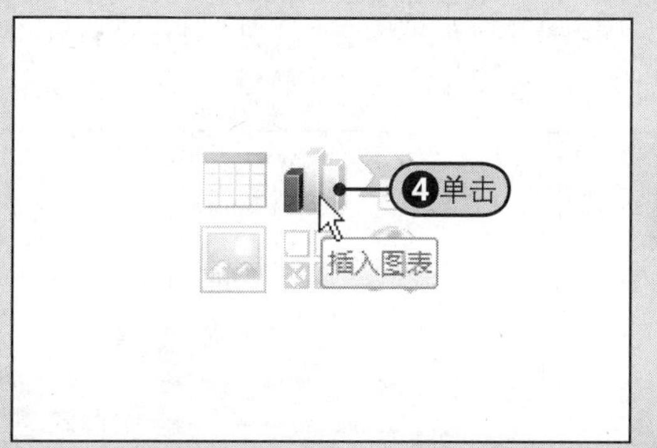

图21-26 单击“插入图表”按钮

4 步骤 Step 5 在“插入图表”对话框中单击“簇状圆柱图”子类型，Step 6 然后单击“确定”按钮，如图21-27所示。

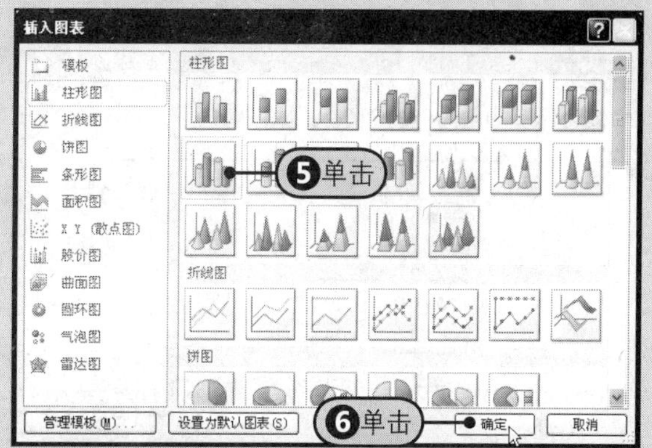

图21-27 选择图表类型

提示 在幻灯片中插入图表

任何版式的幻灯片中都可以插入图表，并不是说只有包含插入图表占位符的幻灯片才能插入图表。除了单击占位符中的“插入图表”按钮外，还可以在“插入”选项卡中的“插图”组中单击“图表”按钮来完成图表的插入。

5 步骤 Step 7 插入到幻灯片占位符中的默认图表，如图21-28所示。

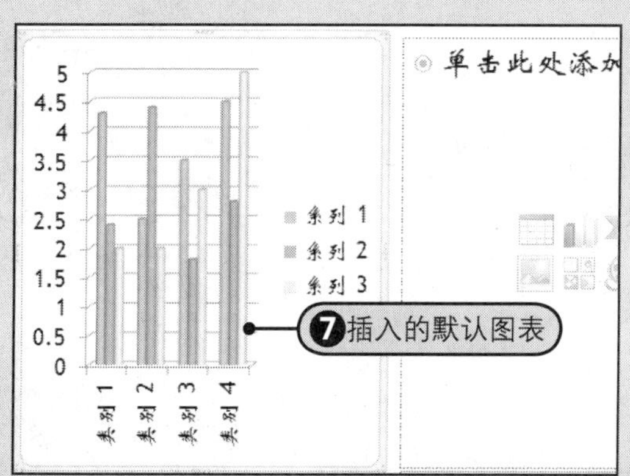

图21-28 插入默认的图表

6 步骤 Step 8 同时屏幕上自动打开一个名为“Microsoft PowerPoint中的图表”工作簿，在该工作簿中显示默认图表的数据区域，如图21-29所示。

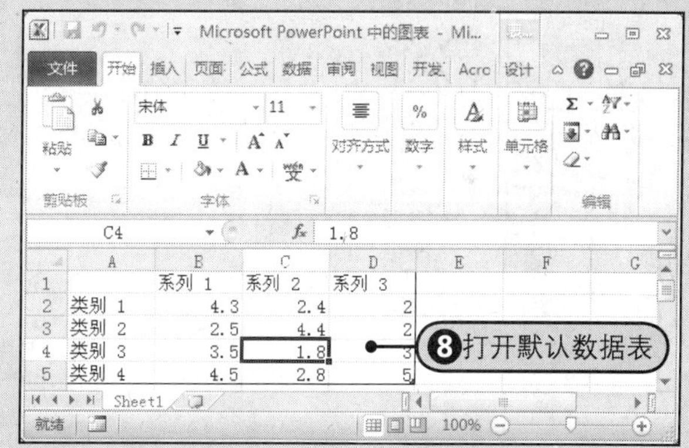

	A	B	C	D
1		系列 1	系列 2	系列 3
2	类别 1	4.3	2.4	2
3	类别 2	2.5	4.4	2
4	类别 3	3.5	1.8	3
5	类别 4	4.5	2.8	5

图21-29 显示默认数据表

7 步骤 Step 9 将工作表中的数据更改为实际需要的数据，如图21-30所示。

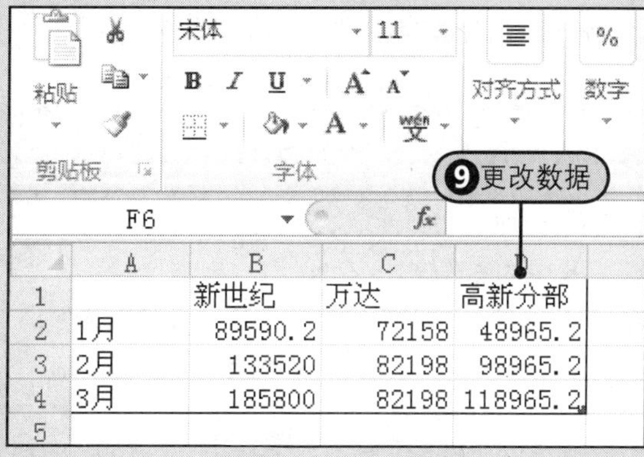

	A	B	C	D
1		新世纪	万达	高新分部
2	1月	89590.2	72158	48965.2
3	2月	133520	82198	98965.2
4	3月	185800	82198	118965.2
5				

图21-30 更改数据

8 步骤 Step 10 得到实际的图表最终效果，如图21-31所示。

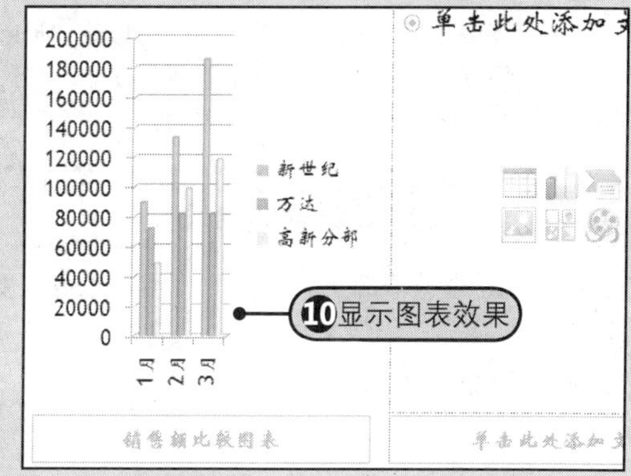

图21-31 销售业绩比较图表

21.2.4 编辑图表数据

对于已经在幻灯片中创建好的图表，用户也可以更改图表的源数据。更改数据的方法与21.2.3小节中创建图表时更改工作簿中数据的方法类似。

Step 1 选定图表，在“图表工具-设计”选项卡中的“数据”组中单击“编辑数据”按钮，Step 2 随后将打开“Microsoft PowerPoint中的图表”工作簿，在工作簿的左上角编辑新的数据，Step 3 更改数据后的图表，如图21-32所示。

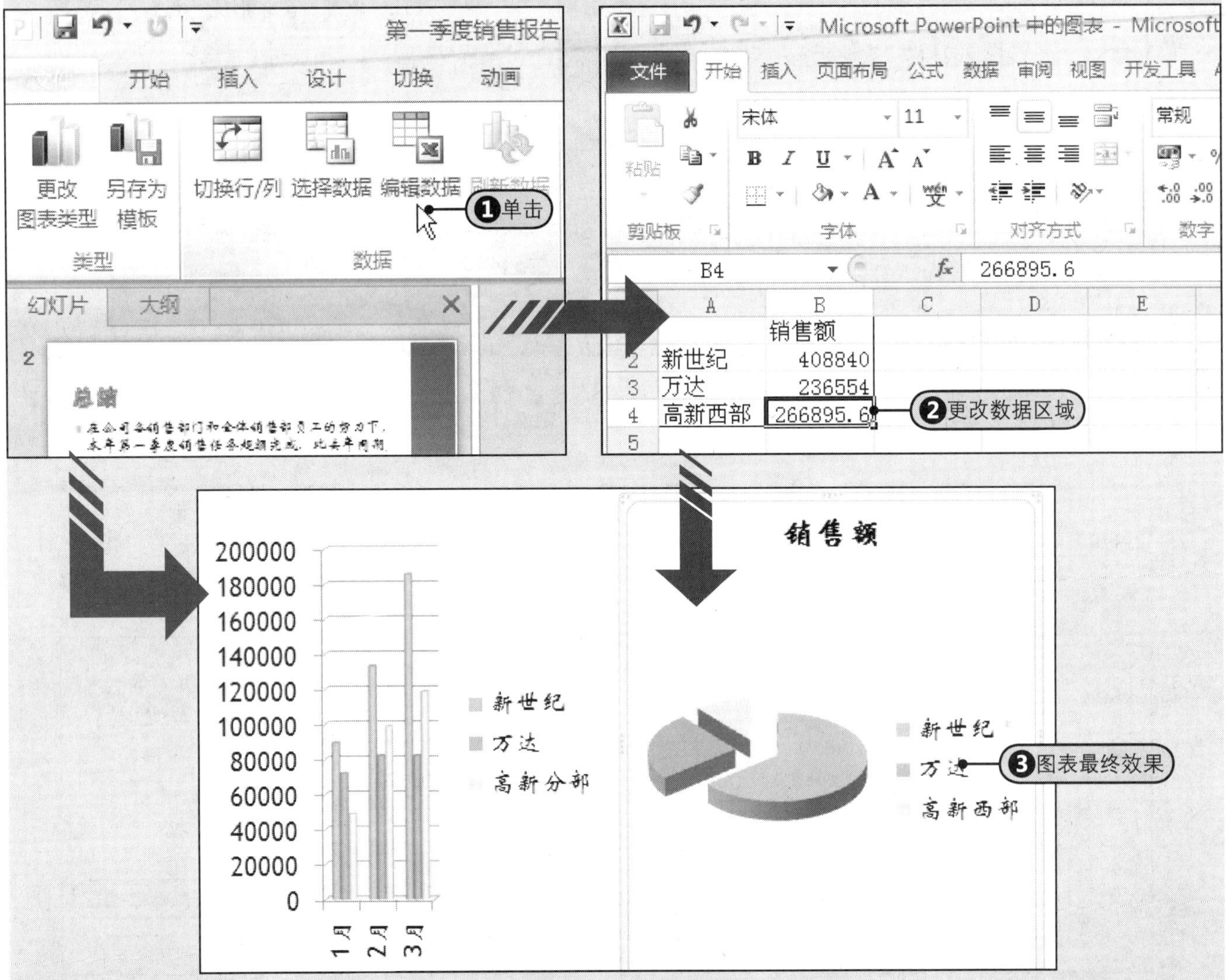

图21-32　更改图表数据区域

提示　扩展图表源数据区域

如果需要扩展图表的数据区域，可以在“Microsoft PowerPoint中的图表”工作簿中指向数据区域右下角的控点，拖动控点可缩小（或扩大）图表的数据区域。

21.2.5 更改图表布局

与直接在Excel 2010中编辑图表类似，用户也可以更改插入到幻灯片中的图表布局。

Step 1 选中幻灯片中的图表，Step 2 在“图表工具-设计”选项卡中的“图表布局”库中选择最恰当的布局样式，Step 3 更改布局后的图表效果，如图21-33所示。

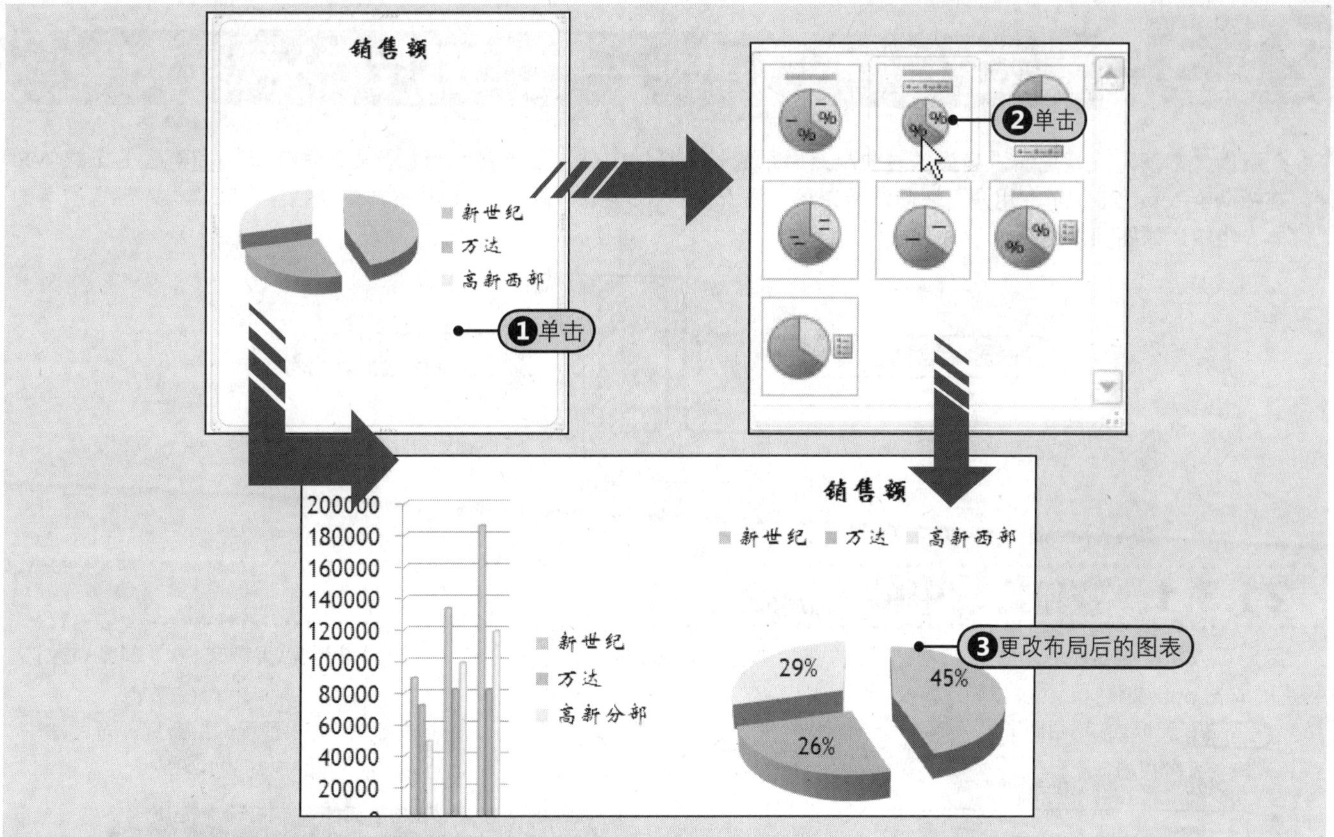

图21-33　更改图表布局

21.2.6　美化幻灯片中的图表

用户还可以使用图表样式来快速美化图表、更改图表的外观。

Step1 选中图表，Step2 在“图表工具-设计”选项卡中的“图表样式”库中选择适当的图表样式，Step3 更改图表样式后的图表效果，如图21-34所示。

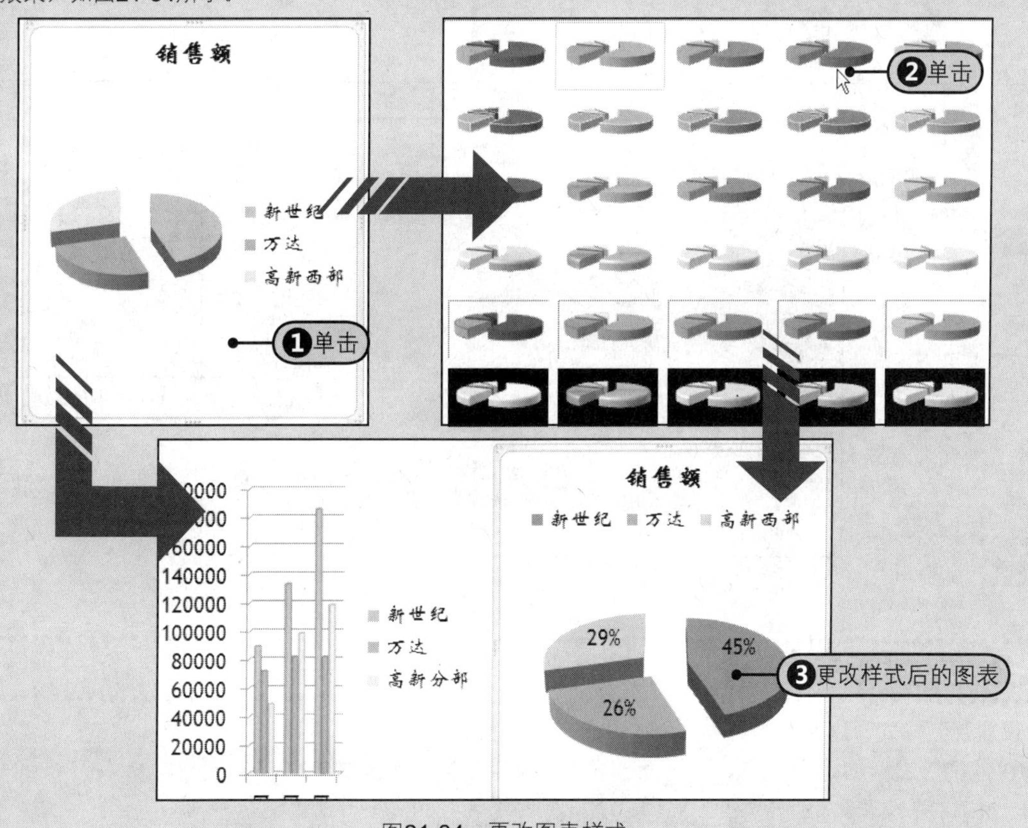

图21-34　更改图表样式

21.3 演示文稿中的多媒体——为幻灯片插入视频文件

众所周知，演示文稿是演讲者演讲时向观众展示的一个辅助文件，它本身也可以算是一种带动画和声音的多媒体文件。在PowerPoint 2010中，用户可以向演示文稿中插入视频和音频文件，与之相关的命令按钮集中在“插入”选项卡的“媒体”组中，如图21-35所示。

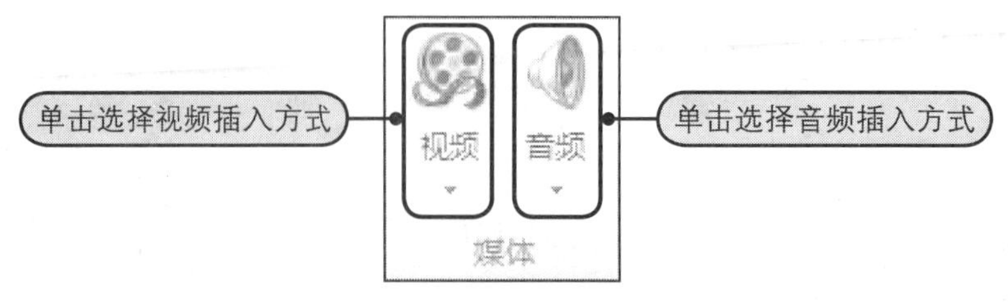

图21-35 “媒体”组

21.3.1 在幻灯片中插入视频

用户可以将文件中的视频、来自网站上的视频、剪贴画视频插入到幻灯片中。打开附书光盘\实例文件\第21章\原始文件\快乐成长.pptx文件。

Step1 在“媒体”组中单击“视频”的下三角按钮，Step2 从展开的下拉列表中选择“文件中的视频”命令，随后打开“插入视频文件”对话框，Step3 双击要插入的视频文件，Step4 该视频会被添加到当前幻灯片中，如图21-36所示。

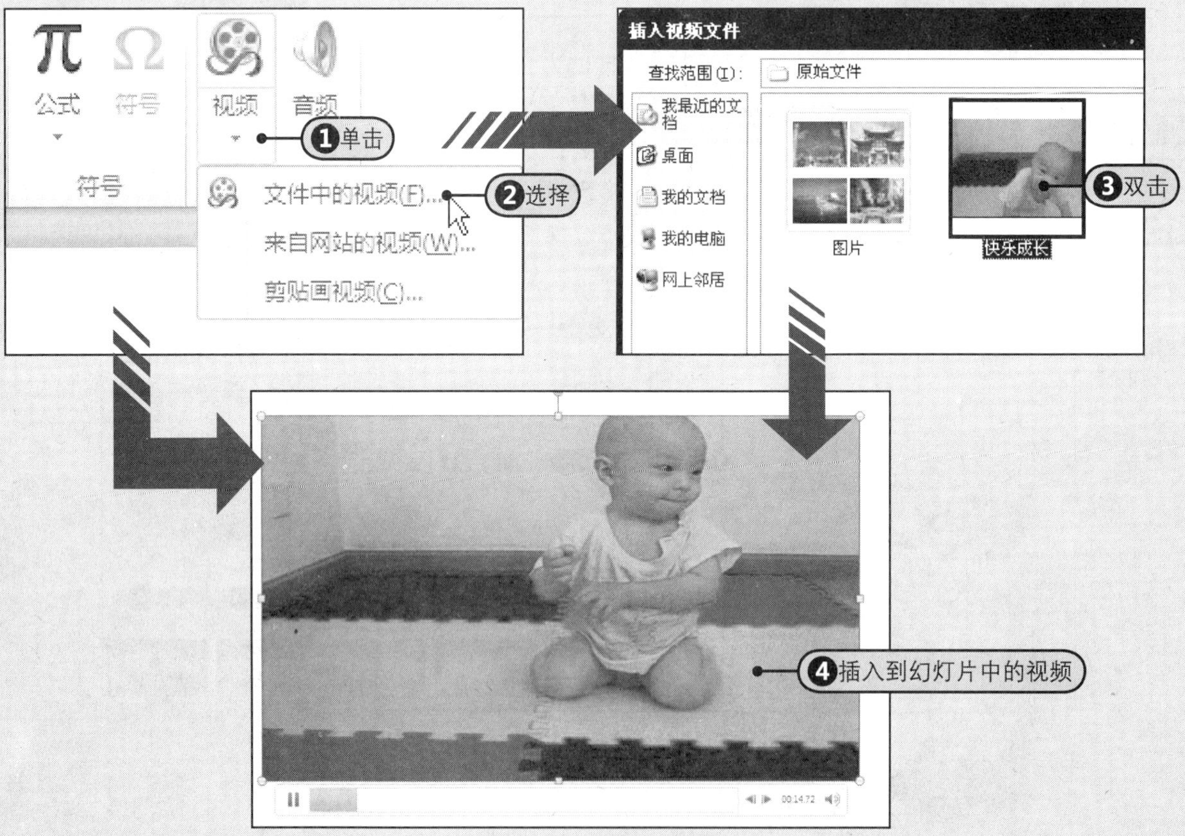

图21-36 在幻灯片中插入视频

21.3.2 视频格式设置

用户可以设置视频样式、边框等格式。

Step1 在“视频工具-格式”选项卡中的“视频样式”列表中选择适当的样式，Step2 单击“视频边框”的下三角按钮，Step3 从展开的下拉菜单中单击“红色”，设置后的视频效果，如图21-37所示。

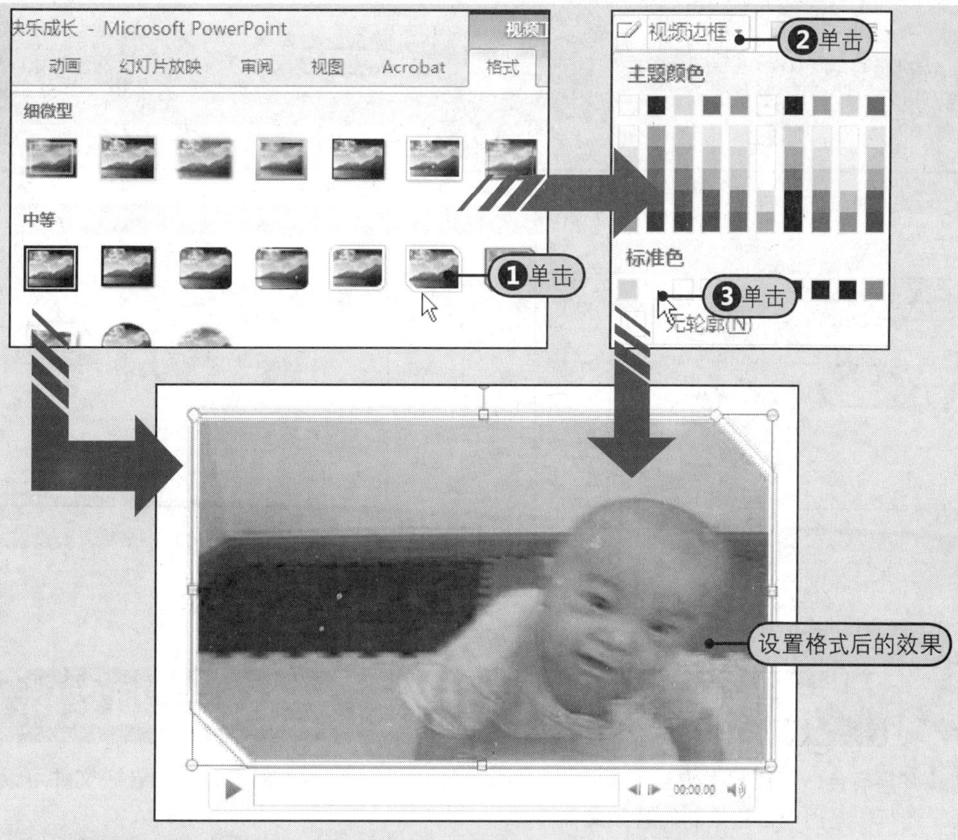

快乐成长 - Microsoft PowerPoint
动画
幻灯片放映
审阅
视图
Acrobat
格式
细微型
中等
❶单击
视频边框
❷单击
主题颜色
标准色
❸单击
无轮廓(N)
设置格式后的效果

图21-37 设置视频格式

21.3.3 视频播放设置

用户可以直接在幻灯片中使用“视频工具”对视频进行剪裁，而无须借助于专业的视频编辑软件，还可以设置视频播放的声音、播放屏幕大小等视频选项。

步骤1 Step❶在“视频工具-播放”选项卡中的“编辑”组中单击“剪裁视频”按钮，如图21-38所示。

快乐成长 - Microsoft Pow
设计
切换
动画
幻灯片放映
淡化持续时间
淡入: 00.00
00.00
剪裁视频
❶单击
音量
编辑

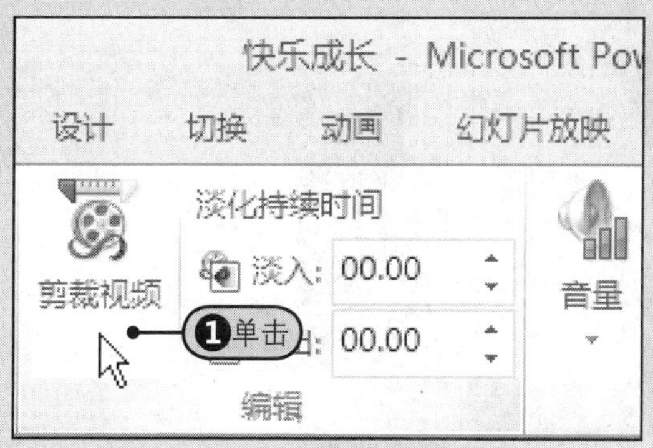

图21-38 单击“剪裁视频”按钮

步骤2 Step❷在“剪裁视频”对话框中可以重新设置视频的“开始时间”和“结束时间”，Step❸设置好以后单击“确定”按钮，如图21-39所示。

剪裁视频
20080809.avi
持续时间: 02:12.199
02:07.455
00:00
开始时间(S)
❷设置
02:12.199
结束时间(E)
❸单击
确定
取消

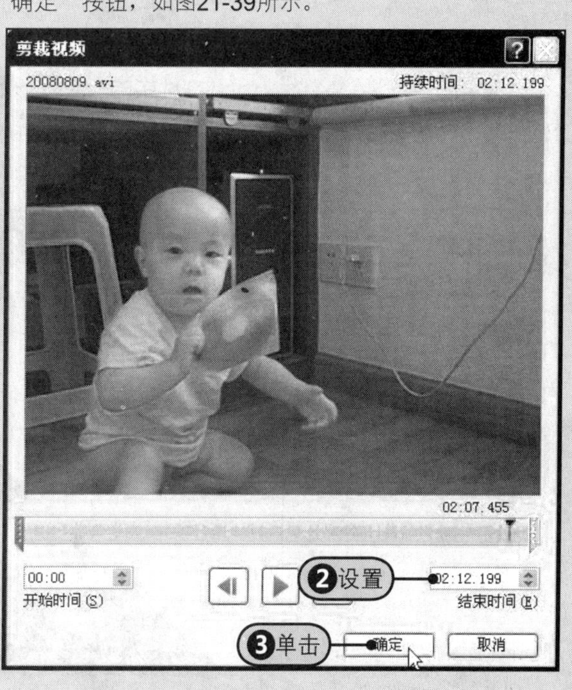

图21-39 “剪裁视频”对话框

3 步骤 Step❹在“视频选项”组中单击“音量”的下三角按钮，Step❺从展开的下拉列表中可以选择“低”、“中”、“高”或“静音”，如图21-40所示。

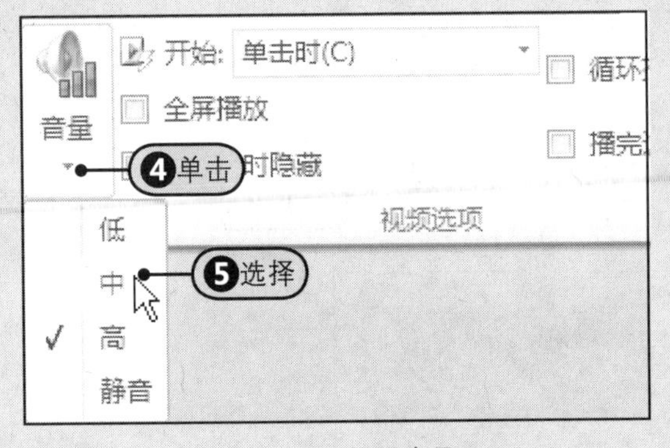

图21-40 设置音量

4 步骤 Step❻用户还可以在“视频选项”组中勾选“全屏播放”和“未播放时隐藏”复选框来设置，如图21-41所示。

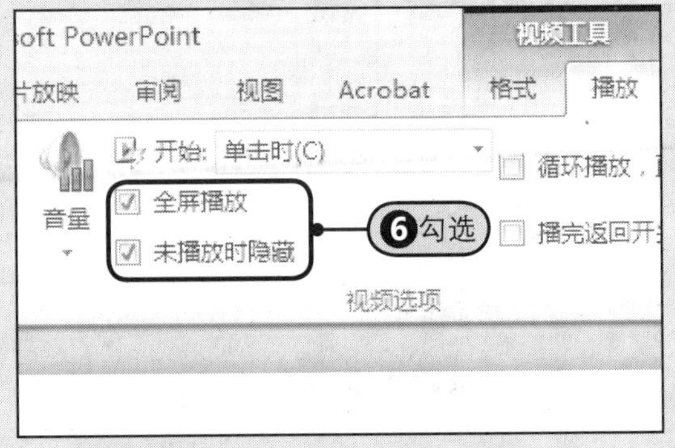

图21-41 视频选项设置

21.4 “声”的体现——为幻灯片插入音频文件

要使演示文稿有声有色，可以根据需要为演示文稿插入音频文件。插入到幻灯片中的音频文件可以是文件中的音频、剪贴画中的音频，还可以是用户自己录制的音频文件。

21.4.1 插入音频到幻灯片中

将音频文件插入到幻灯片中，其操作方法：Step❶在“媒体”组中单击“音频”的下三角按钮，Step❷从展开的下拉列表中选择“文件中的音频”命令，Step❸在“插入音频”对话框中双击要插入的音频文件，Step❹插入到幻灯片中的音频文件如图21-42所示。

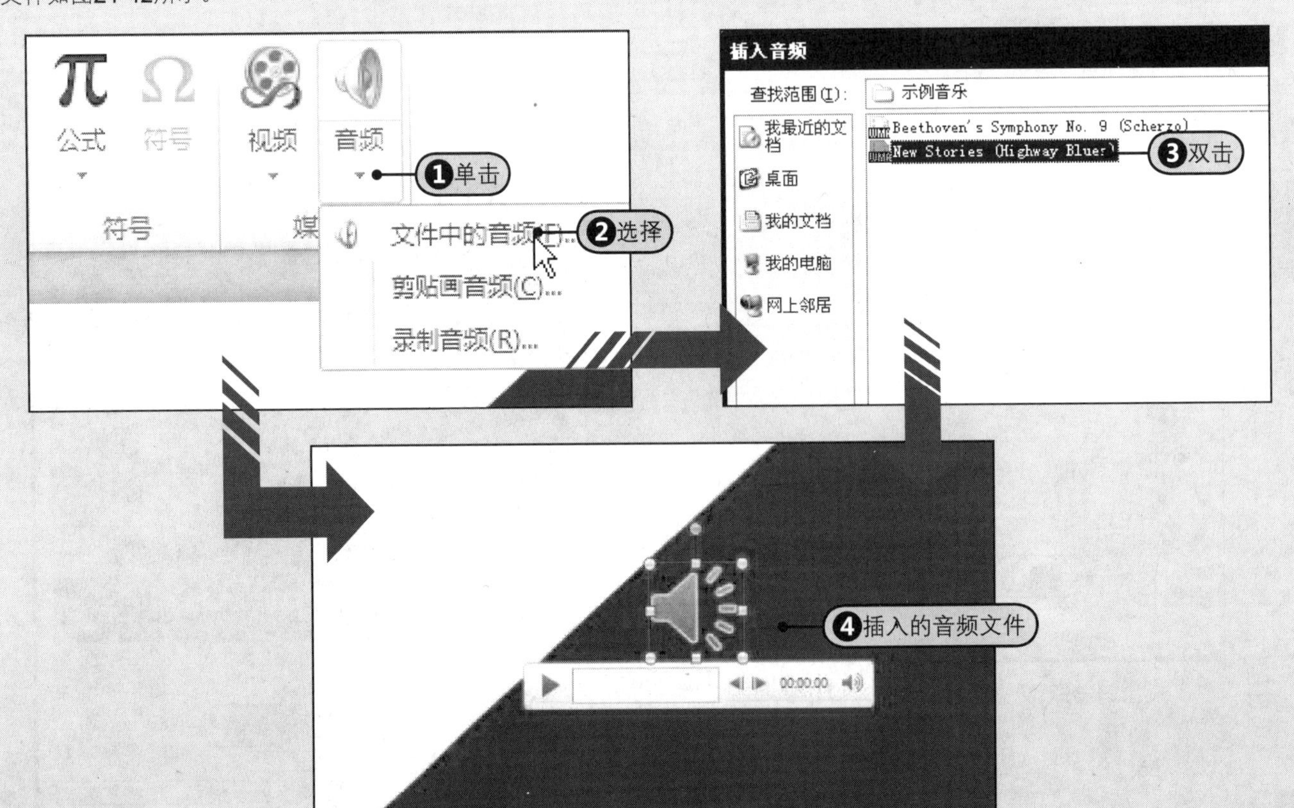

图21-42 插入音频到幻灯片中

21.4.2 音频播放设置

与设置视频播放选项类似，也可以在“音频工具-播放”选项卡中设置音频播放选项及剪裁音频文件。

1 步骤 Step1 在“音频工具-播放”选项卡中的“编辑”组中单击“剪裁音频”按钮，如图21-43所示。

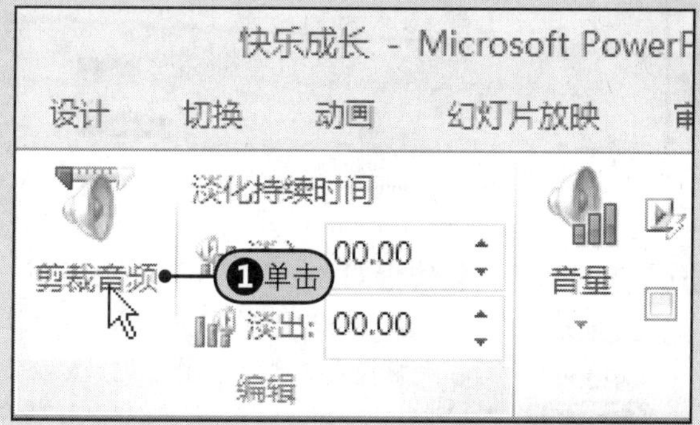

图21-43 单击“剪裁音频”按钮

2 步骤 随后打开“剪裁音频”对话框，如图21-44所示，Step2 用户直接拖动设置音频的开始时间或者结束时间，Step3 设置好后单击“确定”按钮，即可把起止时间之外的音频剪裁掉。

图21-44 “剪裁音频”对话框

3 步骤 Step4 在“音频选项”组中单击“音量”的下三角按钮，Step5 从展开的下拉列表中选择“高”命令显示复选标记，如图21-45所示。

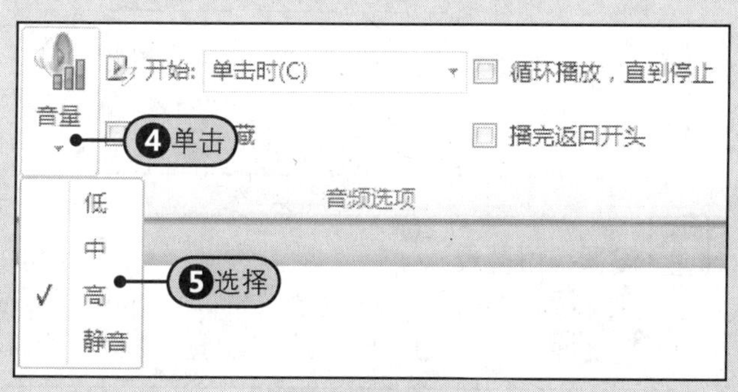

图21-45 设置音量

4 步骤 Step6 设置好以后，可以在“音频工具-播放”选项卡中的“预览”组中单击“播放”按钮进行预览，如图21-46所示。

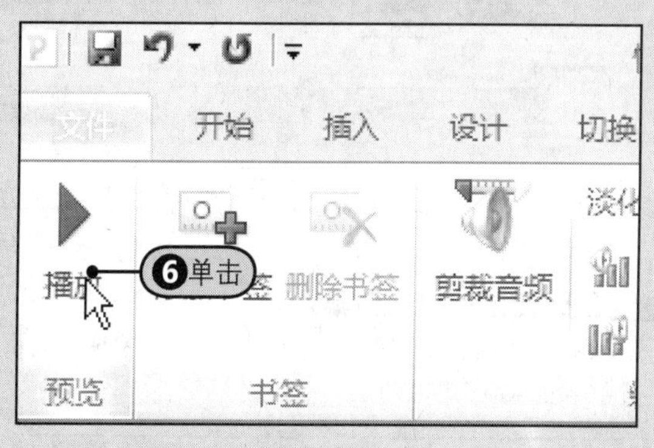

图21-46 单击“播放”按钮

21.5 融会贯通 创建相册

本章主要介绍了为幻灯片添加丰富的内容和对象，包括图片、剪贴画、屏幕截图、表格、图表、视频和音频等，此外还介绍在幻灯片中设置这些对象格式的方法。通过本章的学习，用户可以创建出真正的有声有色的演示文稿。接下来，通过创建一个相册来进一步加学对本章知识的应用。

（续上）

步骤1 选择“新建相册”命令。

Step❶在“图像”组中单击“相册”的下三角按钮。

Step❷从展开的下拉列表中选择“新建相册”命令。

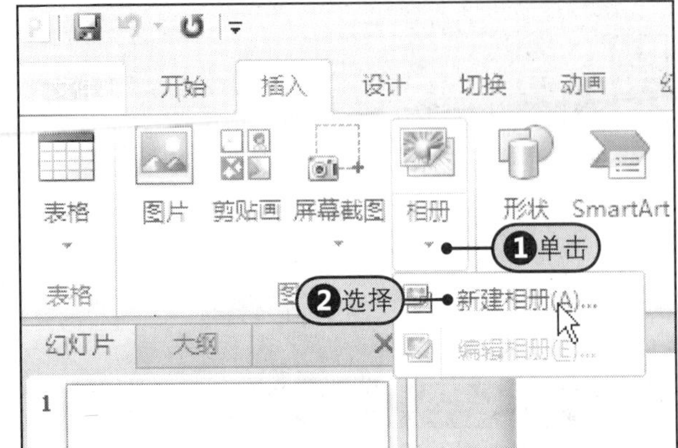

步骤2 设置图片来源。

在打开的“相册”对话框中的“插入图片来自”区域内单击“文件/磁盘”按钮。

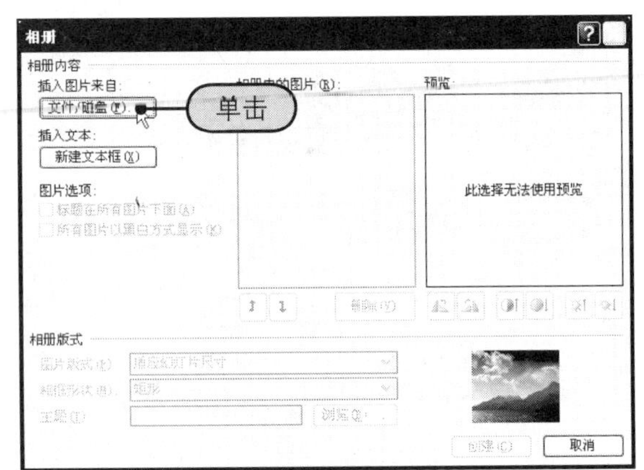

步骤3 选择要插入的图片。

Step❶按住Ctrl键，同时选中要插入的多张图片。

Step❷单击“插入”按钮。

步骤4 预览图片并创建相册。

Step❶单击“相册中的图片”中的任意序号。

Step❷在“预览”区域内会显示选定图片的预览效果。

Step❸单击“创建”按钮。

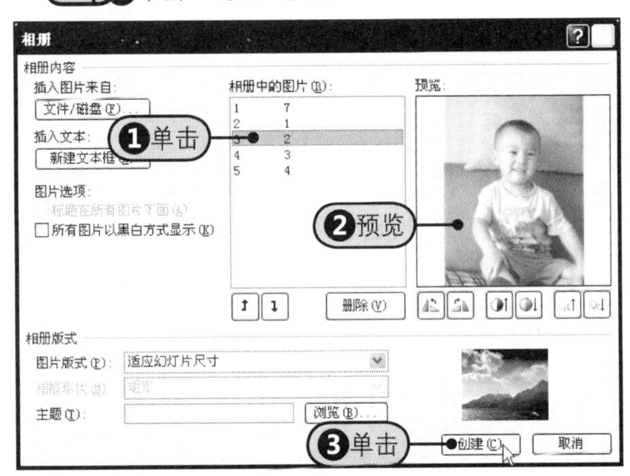

步骤5 创建相册的默认效果。

PowerPoint会自动新建一个演示文稿，并在新演示文稿中按顺序显示所有的图片。

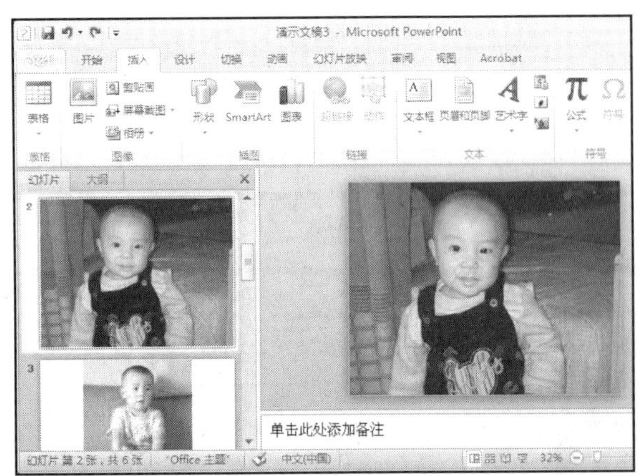

步骤6 设置首页背景。

Step❶在第一张幻灯片空白处右击。

Step❷从弹出的快捷菜单中选择“设置背景格式”命令。

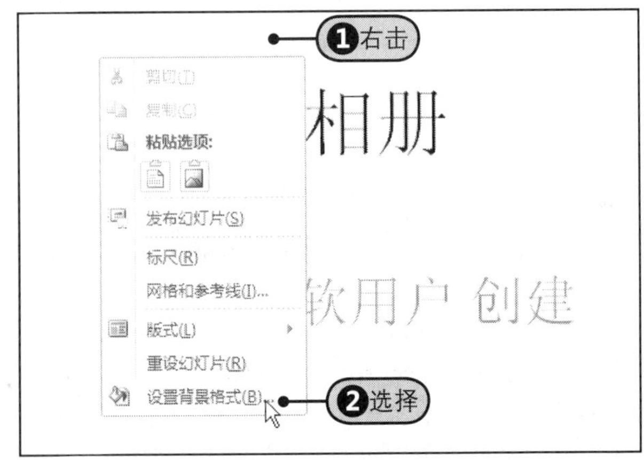

（续上）

7 步骤 单击“文件”按钮。

在“设置背景格式”对话框中单击“文件”按钮。

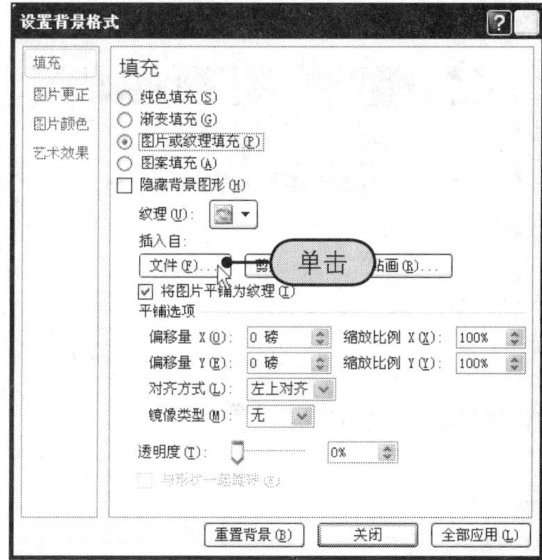

8 步骤 选择背景图片。

在打开的“插入图片”对话框中双击要插入的图片。

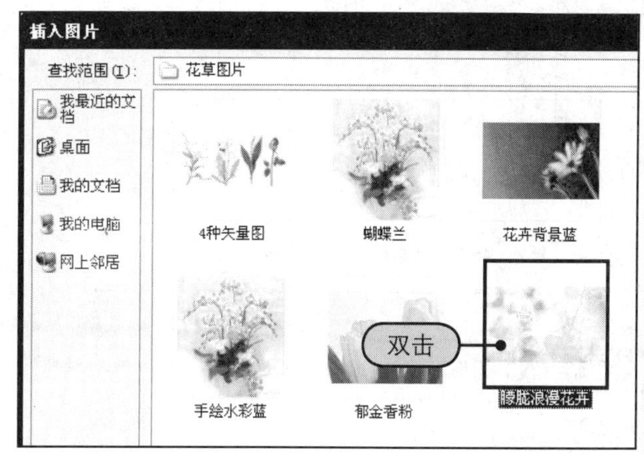

9 步骤 更改标题。

在第一张幻灯片中输入标题“五彩童年”，如下图所示。

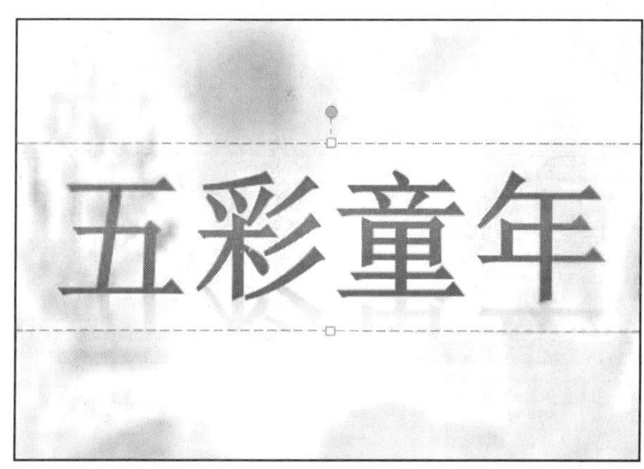

10 步骤 选择图片样式。

选择第二张幻灯片中的图片，从“图片样式”列表中选择适当的样式。

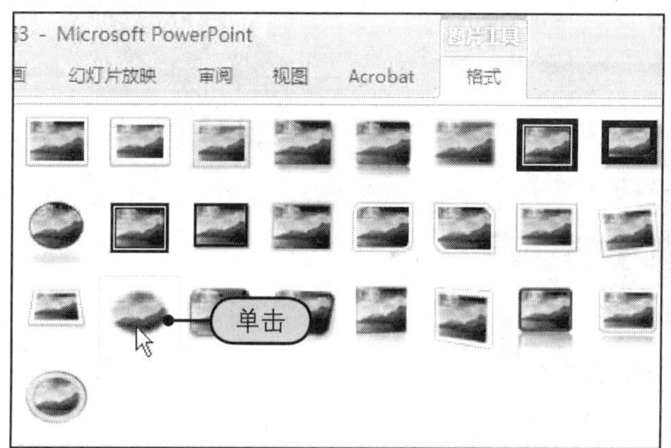

11 步骤 设置样式后的图片效果。

设置样式后的图片效果如下图所示。

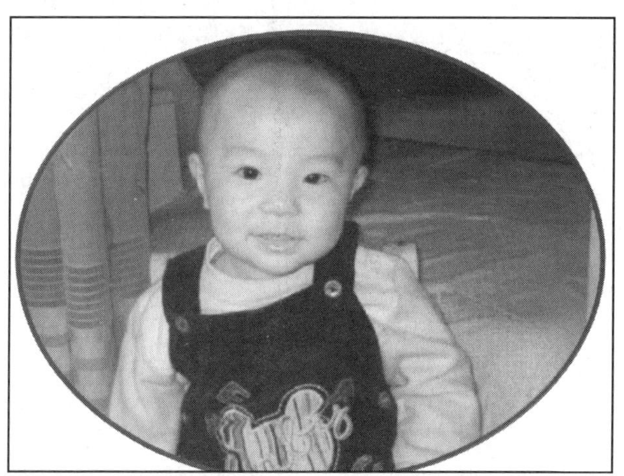

12 步骤 设置样式后的其他图片效果。

使用类似的方法，为其余的图片设置样式。

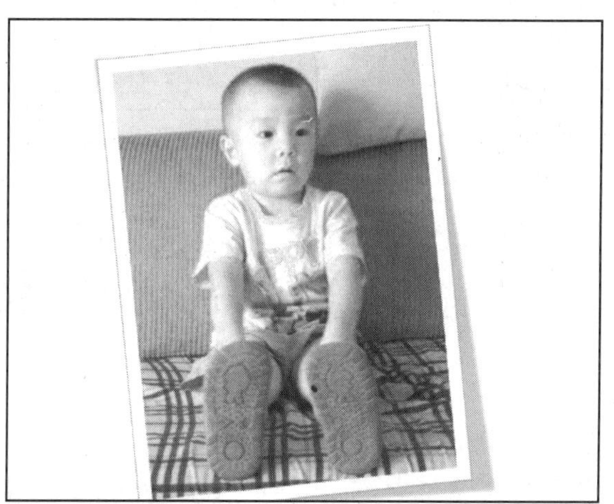

（续上）

13 步骤 插入音频。

Step 1 在“媒体”组中单击“音频”的下三角按钮。

Step 2 从展开的下拉列表中选择“文件中的音频”命令。

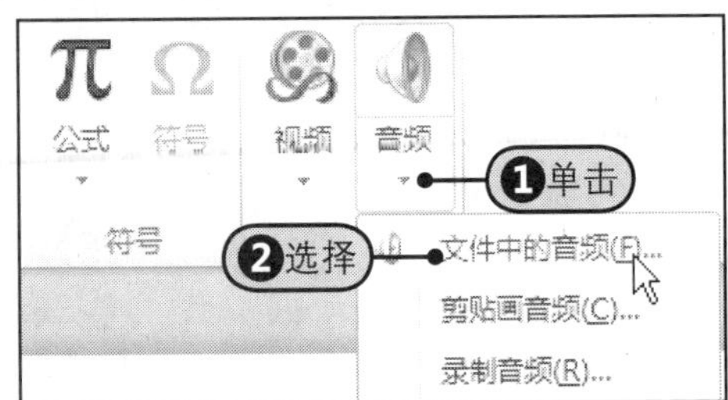

14 步骤 选择音频文件。

在打开的“插入音频”对话框中双击要插入到幻灯片中的音频文件。

15 步骤 插入到幻灯片中。

将插入的音频标识和播放进度控制条拖动到幻灯片左上角的空白区域。

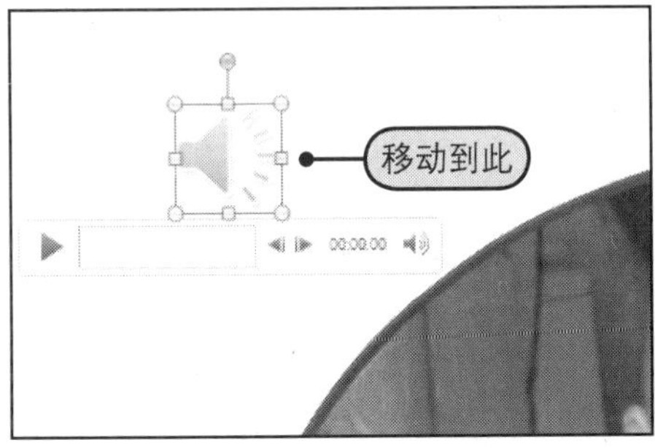

16 步骤 设置音频播放选项。

Step 1 从“开始”下拉列表中选择“跨幻灯片播放”。

Step 2 勾选“放映时隐藏”和“循环播放，直到停止”复选框。

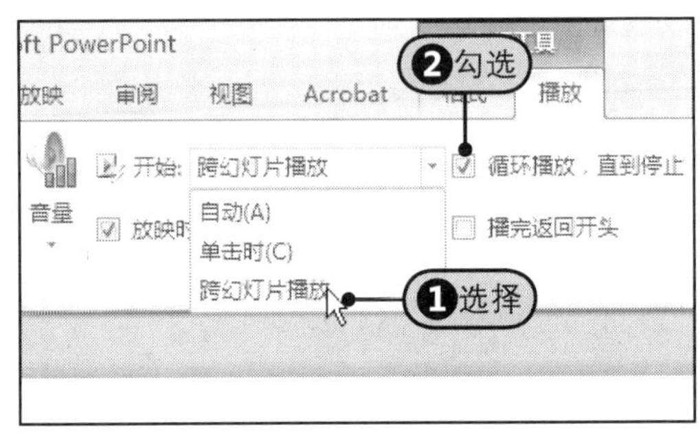

21.6 专家支招

本章主要介绍了如何在幻灯片中添加图片、剪贴画、形状、表格、图表、视频及音频文件，关于这部分知识再做以下三点补充。

招术一 在幻灯片中插入Excel电子表格

用户还可以在幻灯片中插入Excel电子表格。

其操作方法：Step 1 在“表格”组中单击“表格”的下三角按钮，Step 2 从展开的下拉列表中选择“Excel电子表格”命令，Step 3 插入到幻灯片中的Excel电子表格，如图21-47所示。

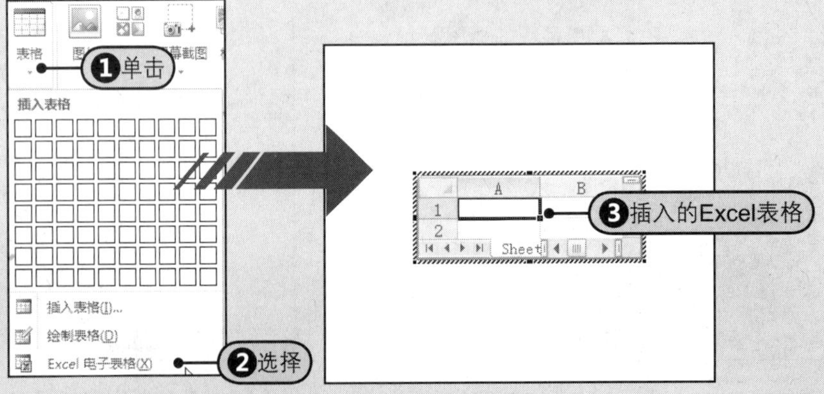

图21-47　在幻灯片中插入Excel表格

招术二 为幻灯片插入动作链接按钮

在播放幻灯片时，如果希望单击某个按钮切换到下一张或指定的幻灯片（该按钮称为动作链接按钮），其操作方法：

Step 1 在“插图”组的“形状”下拉列表中的“动作按钮”区域内单击某种样式的按钮，随后屏幕上会显示“动作设置”对话框，Step 2 选中“超链接到”单选按钮，Step 3 从下拉列表中选择要链接到的幻灯片，Step 4 单击“确定”按钮，Step 5 设置动作链接后的动作按钮，如图21-48所示。

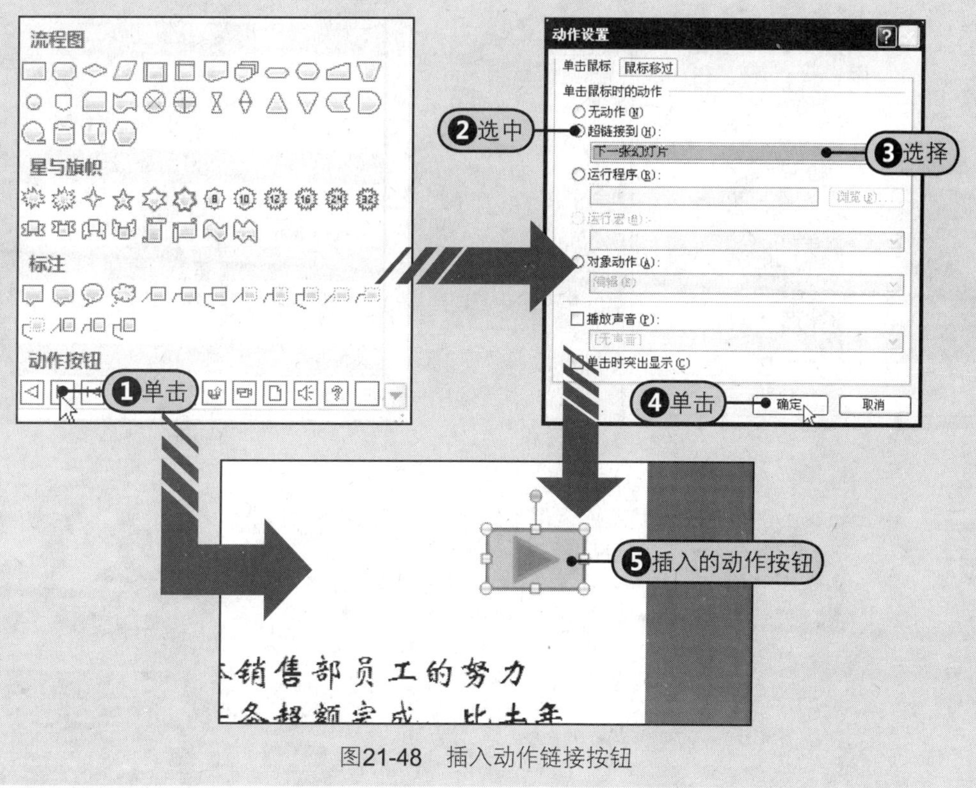

图21-48 插入动作链接按钮

招术三 如何在演示文稿中录制音频

用户可以根据需要在演示文稿中现场录制音频，然后插入到幻灯片中。

Step 1 在“媒体”组中单击“音频”的下三角按钮，Step 2 从展开的下拉列表中选择“录制音频”命令，Step 3 在打开的“录制”对话框中单击“开始”按钮，Step 4 录制完后，单击“停止”按钮，Step 5 然后单击“确定”按钮，Step 6 插入到幻灯片中的音频，如图21-49所示。

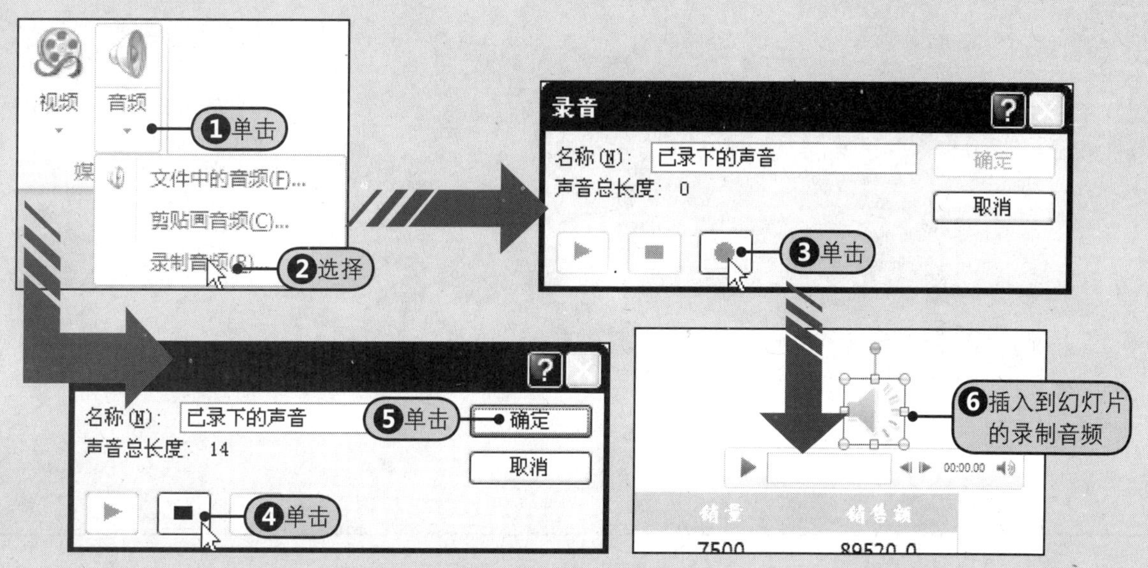

图21-49 插入到幻灯片的录制音频

Part 4 PowerPoint篇

Chapter 22

办公文稿的唯美打造——风格设置

通常，一个演示文稿由多张幻灯片组成。如何让观众感受到这些幻灯片之间的紧密联系和整体效果，而不让观众觉得只是堆在一起的一些幻灯片呢？这就需要对演示文稿进行风格设置。在PowerPoint 2010中，可以通过设置演示文稿的主题、背景、母版和模板来统一整个演示文稿的风格，从而使演示文稿更加专业、协调和美观！

22.1 快速打造精美主题

主题是用来规范演示文稿的风格与整体色调的，主要包括颜色、字体与效果3个部分的内容。打开附书光盘\实例文件\第22章\原始文件\个人职业生涯规划.pptx文稿。

22.1.1 选择幻灯片主题样式

通过为幻灯片选择主题样式，可以快速更改演示文稿的外观，而且不会影响演示文稿的内容；就好像在使用QQ聊天软件一样，可以随时为我们的QQ“换肤”。

Step❶单击幻灯片4，在应用主题之前，幻灯片的标题字体颜色为“红色”，Step❷在“设计”选项卡中的“主题”列表中单击一种主题样式，Step❸应用该主题样式后的幻灯片效果，如图22-1所示。可以看到。幻灯片的背景和标题字体格式均发生了变化。

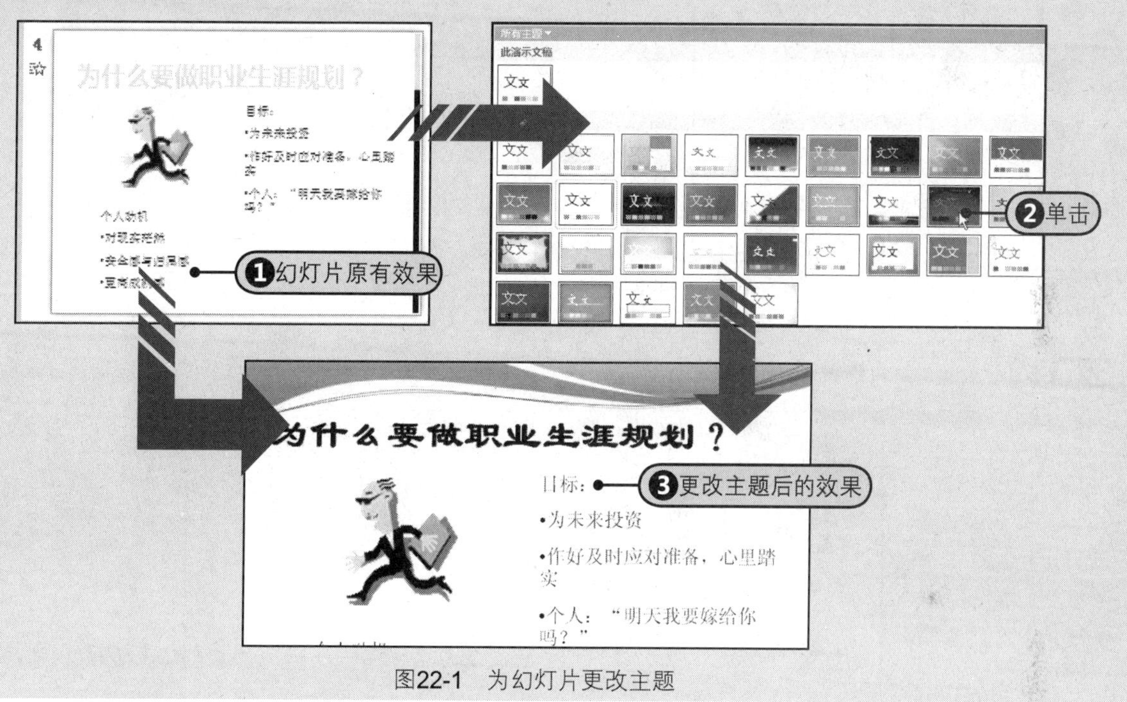

图22-1 为幻灯片更改主题

22.1.2 更改主题的颜色、字体和效果

用户选择了某个主题样式以后，幻灯片中的字体、颜色和效果就会按当前选择的主题默认格式进行应用。如果用户对颜色、字体和效果不满意，还可以单独更改颜色、字体和效果。

1 步骤 Step❶选择要更改颜色、字体和效果的幻灯片，如图22-2所示。

职业生涯规划

• 一、前言
· 动机与目标
· 概念、模式、阶段划分
❶选择图片
• 二、雇员职业生涯规划与管理
· 对象与目标

图22-2 选择要更改的幻灯片

2 步骤 Step❷在“主题”组中单击“颜色”的下三角按钮，Step❸从展开的下拉列表中单击“波形”样式，如图22-3所示。

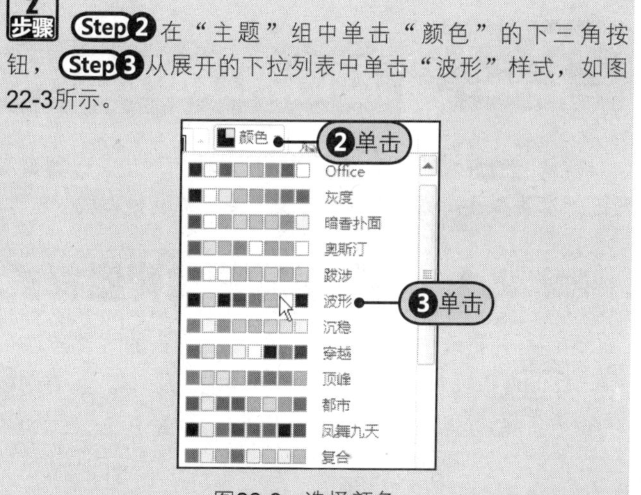

图22-3 选择颜色

3 步骤 Step4 在“主题”组中单击“字体”的下三角按钮，Step5 从展开的下拉列表中单击“波形”样式，如图22-4所示。

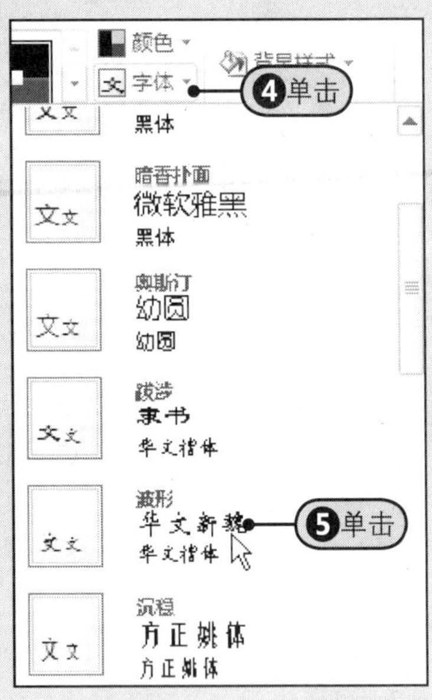

图22-4　更改字体

4 步骤 Step6 单击“效果”的下三角按钮，Step7 从展开的下拉列表中单击“波形”效果，如图22-5所示。

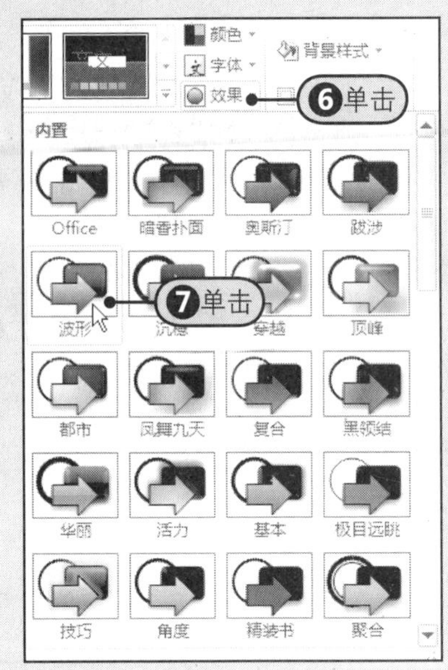

图22-5　更改效果

5 步骤 Step8 更改后的幻灯片效果，如图22-6所示。

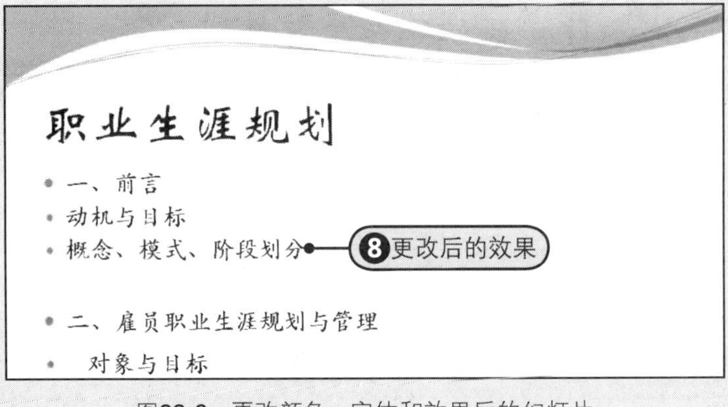

图22-6　更改颜色、字体和效果后的幻灯片

22.2 凹凸雅致的幻灯片背景

通常，幻灯片背景能够起到一种衬托的作用。设置背景的方法有很多，这里介绍最简单的两种方法：一种是使用主题预设的背景样式；另一种是自定义渐变填充背景样式。

22.2.1 使用主题预设背景样式

为幻灯片更改主题，可以应用该主题预设的背景样式。

Step1 选择标题幻灯片，Step2 在“主题”列表中选择一种主题样式，Step3 更改主题后的幻灯片背景也发生了改变，如图22-7所示。

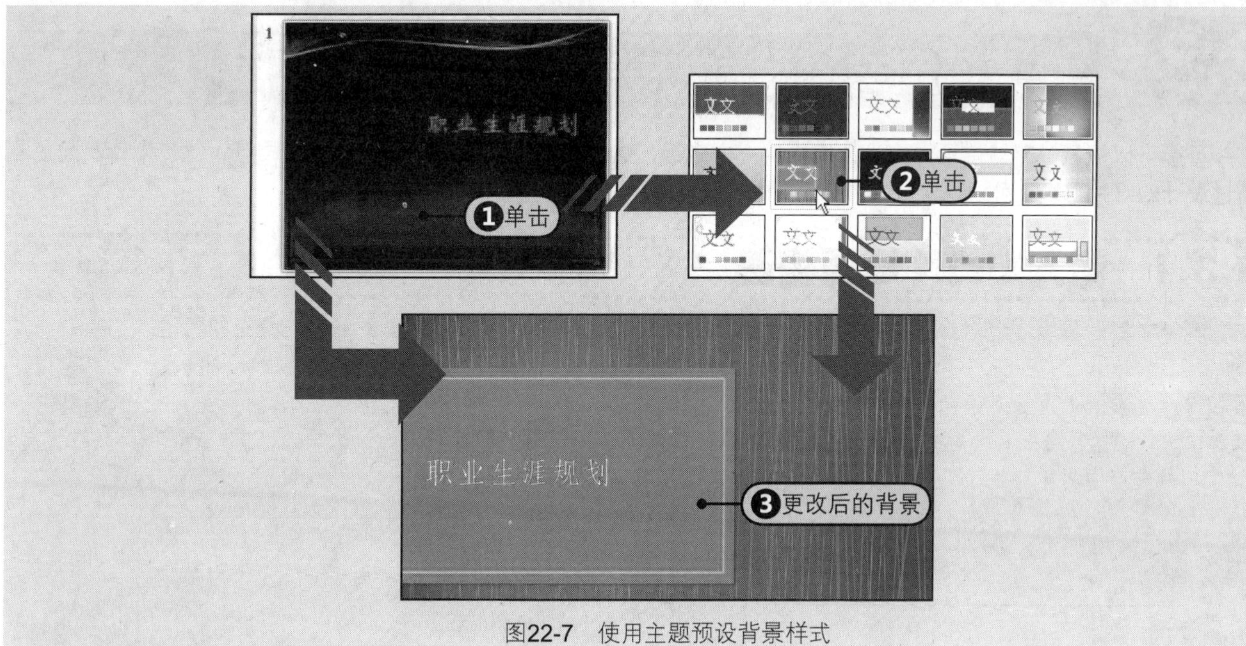

图22-7　使用主题预设背景样式

提示

更改所有幻灯片的背景

在使用主题预设幻灯片背景时，需要注意的是，当为演示文稿更换了另外一个主题以后，该演示文稿中所有幻灯片背景样式都会更改为该主题预定义的背景样式，而不仅仅只是更改当前幻灯片的背景样式。

22.2.2　自定义设置渐变背景样式

如果用户只想更改演示文稿中某一页幻灯片的背景样式，则不能使用上一节中介绍的更改主题方法来实现，这里就可以使用自定义设置渐变背景样式。具体操作方法如下。

Step❶右击需要更改背景的幻灯片，Step❷从弹出的快捷菜单中选择“设置背景格式”命令，Step❸在打开的“设置背景格式”对话框的“填充”选项卡中选中“渐变填充”单选按钮，Step❹单击“预设颜色”的下三角按钮，Step❺从下拉列表中单击“碧海青天”，Step❻更改为该渐变背景后的幻灯片效果，如图22-8所示。

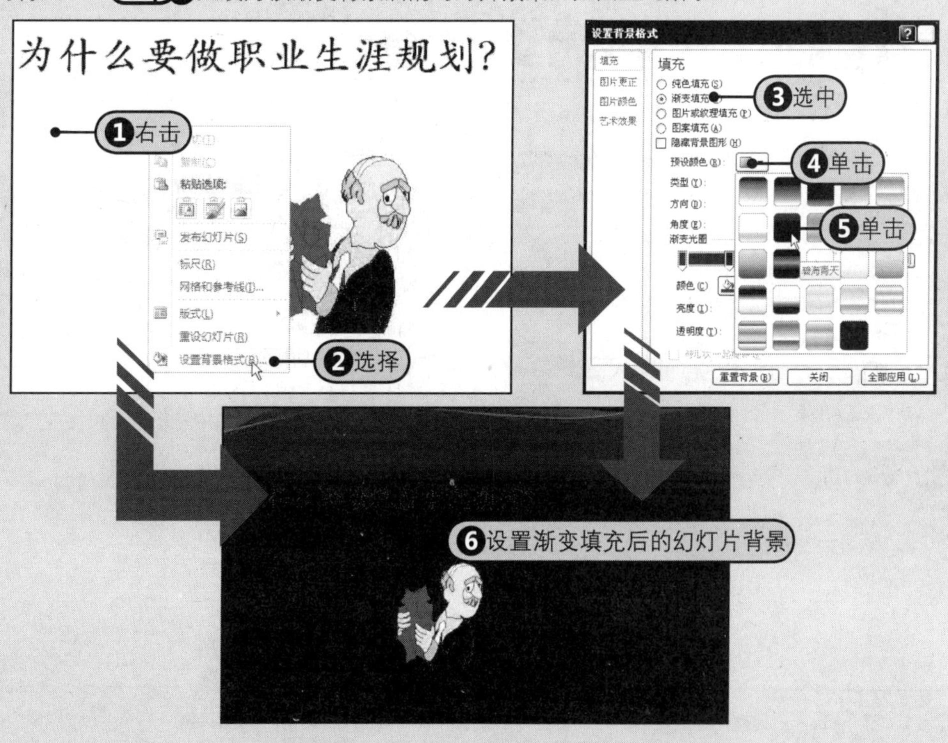

图22-8　自定义设置渐变背景样式

22.3 快速搞定文稿风格——幻灯片母版的应用

幻灯片母版可以被看做存储演示文稿设计模板的一个容器，这些模板信息通常包括字形、占位符、背景设计及配色方案等。通过设计幻灯片母版，可以快速统一整个演示文稿的风格。

22.3.1 进入幻灯片母版视图

要查看演示文稿的母版或者对母版进行编辑，都必须要在母版视图下进行。因此，本节首先介绍如何进入幻灯片母版视图。

Step 1 在“视图”选项卡中的“母版视图”组中单击“幻灯片母版”按钮，如图22-9所示，进入幻灯片母版视图。

Step 2 在母版视图下，显示当前演示文稿中所有版式的幻灯片，但不会显示幻灯片的具体内容，只显示内置的幻灯片版式及占位符，同时功能区中将显示“幻灯片母版”选项卡及命令按钮，如图22-10所示。

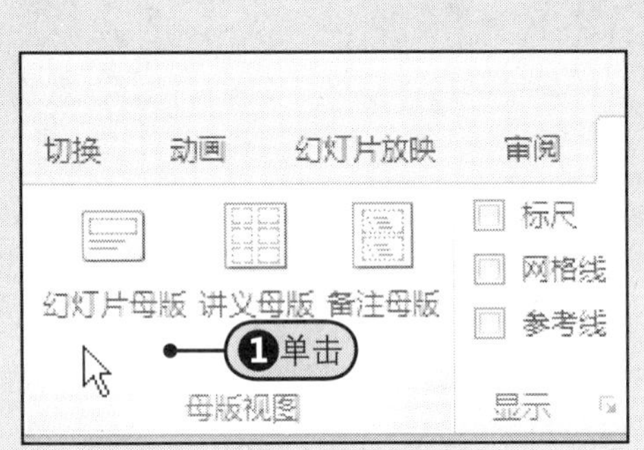

图22-9 单击“幻灯片母版”按钮

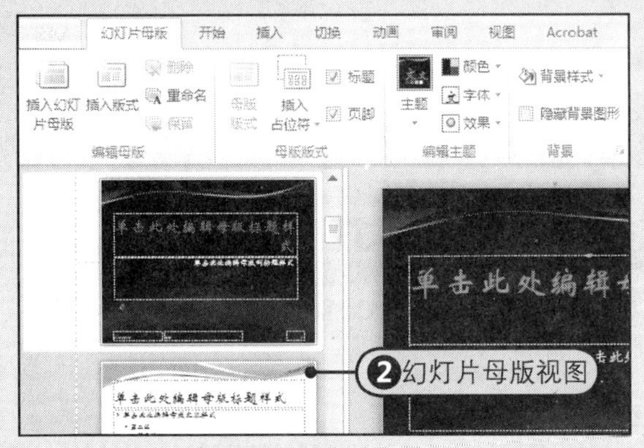

图22-10 幻灯片母版视图

提示

退出幻灯片母版视图

如果要退出幻灯片母版视图，在“幻灯片母版”选项卡中的“关闭”组中单击“关闭母版视图”按钮，即可退出母版视图，返回普通视图。

22.3.2 设置幻灯片中标题与文本的样式

用户还可以通过更改颜色、为图形应用样式等方式来进一步美化SmartArt图形，具体操作步骤如下所示。

1 步骤 Step 1 在母版视图中，选择“标题与内容”版式母版并单击标题占位符，如图22-11所示。

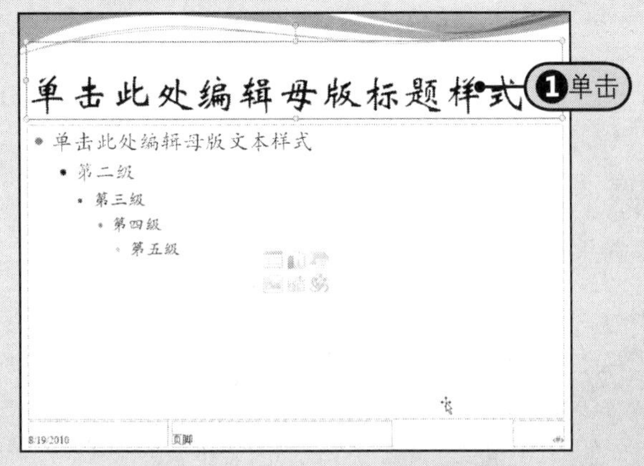

图22-11 选择母版中的标题占位符

2 步骤 Step 2 在“开始”选项卡中的“字体”组中单击“字体”的下三角按钮，Step 3 从展开的字体列表中选择“华文琥珀”，如图22-12所示。

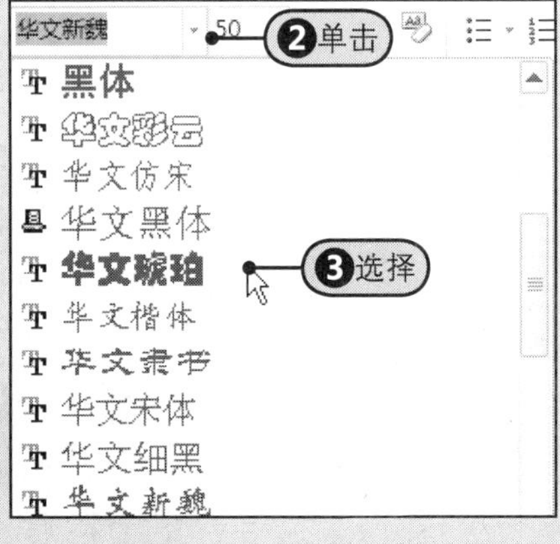

图22-12 选择字体样式

3 步骤 Step 4 选择内容占位符文本，如图22-13所示。

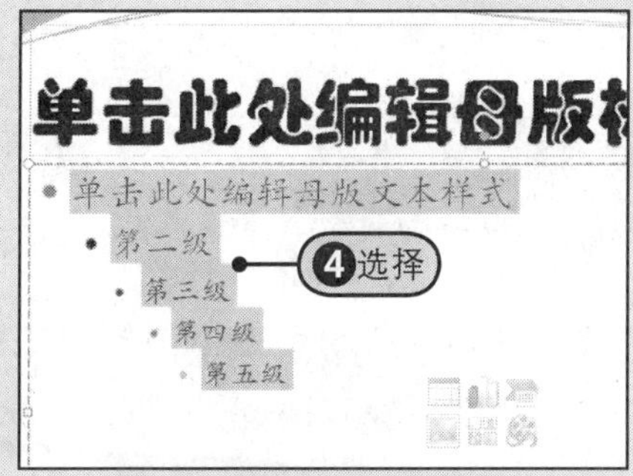

图22-13 选择内容占位符

4 步骤 Step 5 在“开始”选项卡的“段落”组中单击“项目符号”的下三角按钮，Step 6 从展开的下拉列表中选择项目符号的样式，如图22-14所示。

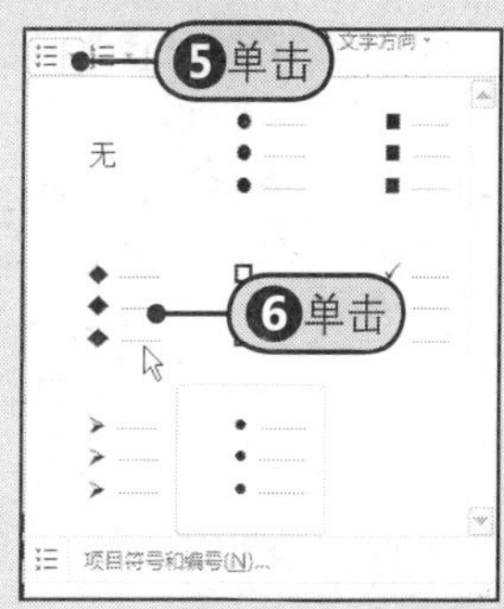

图22-14 选择项目符号样式

5 步骤 Step 7 更改标题字体和项目符号后的幻灯片母版，如图22-15所示。

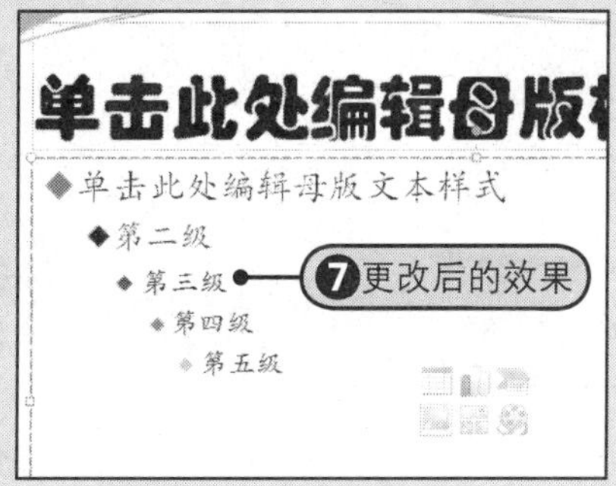

图22-15 更改后的母版样式

6 步骤 Step 8 关闭母版视图，返回普通视图，查看到对应版式下的幻灯片效果，如图22-16所示。

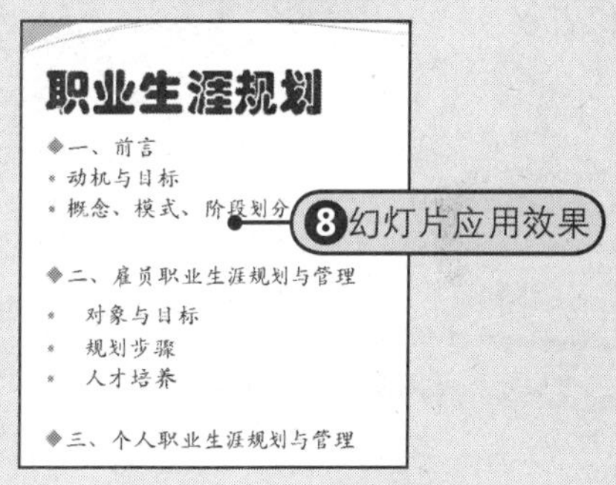

图22-16 更改后的幻灯片效果

22.3.3 在母版幻灯片中插入占位符

如果内置版式不能满足用户的需求，还可以通过在幻灯片中插入占位符等方法来修改幻灯片的版式。

Step 1 在要插入占位符的母版幻灯片中调整要插入占位符的位置，Step 2 在“幻灯片母版”选项卡中的“母版版式”组中单击“插入占位符”的下三角按钮，Step 3 从下拉列表中选择“图片”命令，Step 4 然后拖动鼠标在母版幻灯片中绘制图片占位符，如图22-17所示。

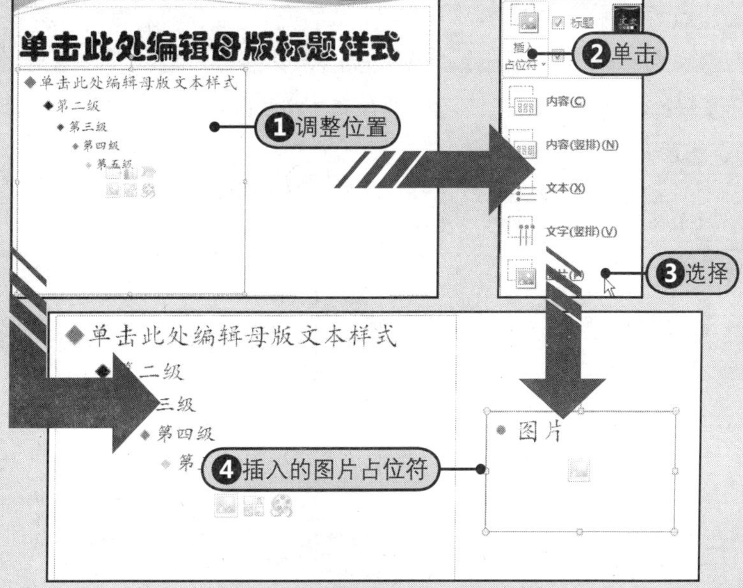

图22-17 在幻灯片中插入占位符

22.3.4 在母版中设置幻灯片背景

用户还可以在母版中设置幻灯片的背景样式。

Step1 在缩略视图窗格中单击要设置背景版式的母版，Step2 在“幻灯片母版”选项卡中的“母版版式”组中单击“背景样式”的下三角按钮，Step3 从展开的下拉列表中选择一种背景样式，Step4 更改背景样式后的母版幻灯片，如图22-18所示。

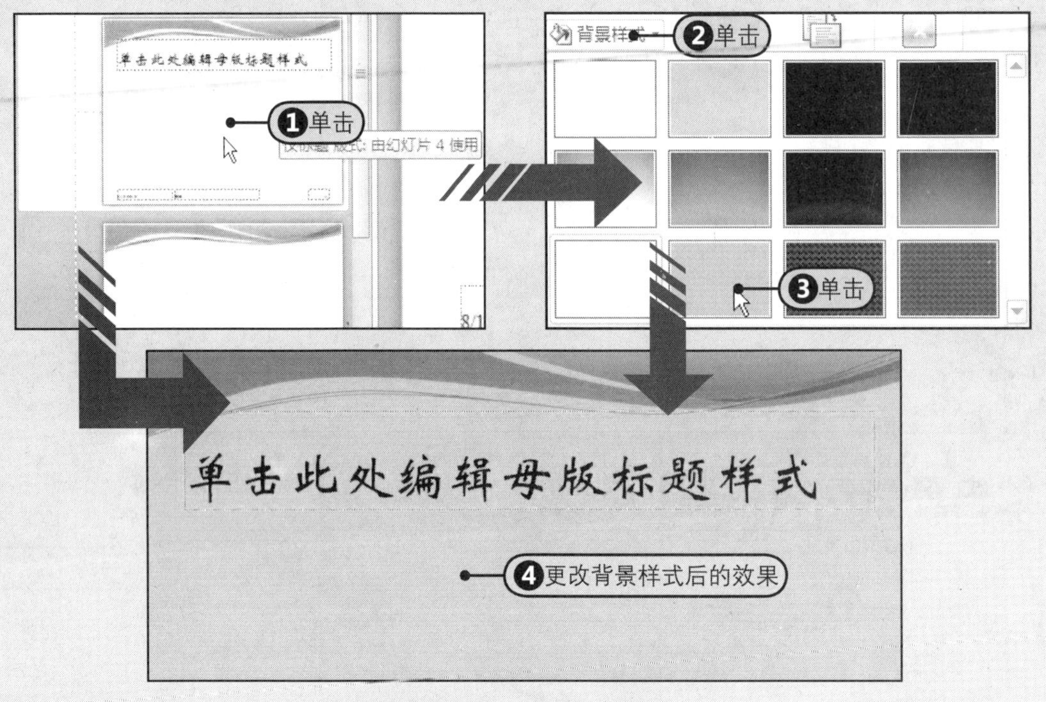

图22-18　设置幻灯片的背景样式

提示

如何查看当前演示文稿中的幻灯片所使用的母版版式

进入母版视图后，通常会发现母版视图中包含了系统内置的各种版式的母版幻灯片，怎样才能知道当前演示文稿所使用的母版呢？在缩略视图窗格中单击母版版式时，屏幕上会弹出一个提示，显示该母版版式的名称及当前演示文稿中哪些幻灯片使用了该版式，如上图中左上角的图片中显示母版版式为“仅标题版式：由幻灯片4使用”。

22.4 将演示文稿创建为模板

在母版视图中设计好演示文稿的格式后，如果以后会经常创建该格式的演示文稿，可以将演示文稿保存为模板。

步骤1 Step1 单击“文件”按钮，Step2 从展开的下拉菜单中选择“另存为”命令，如图22-19所示。

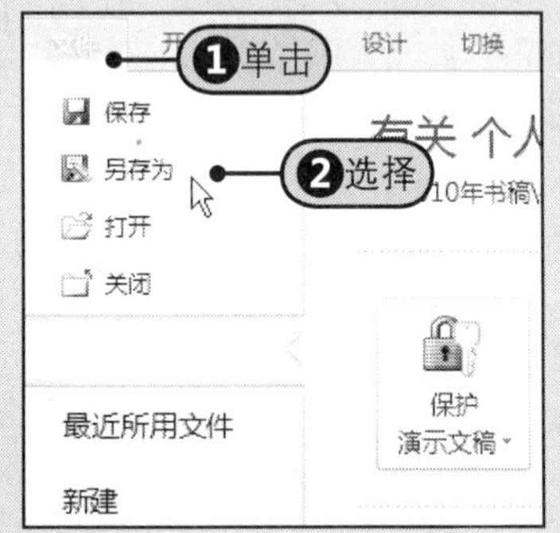

图22-19　选择“另存为”命令

步骤2 Step3 在“另存为”对话框中的“保存类型”下拉列表中选择“PowerPoint模板”，如图22-20所示。

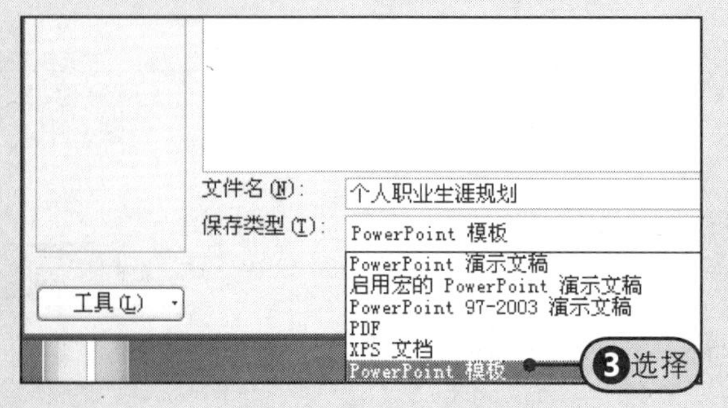

图22-20　选择保存类型

3 步骤 Step 4 再次单击“文件”按钮，Step 5 从展开的下拉菜单中选择“新建”命令，如图22-21所示。

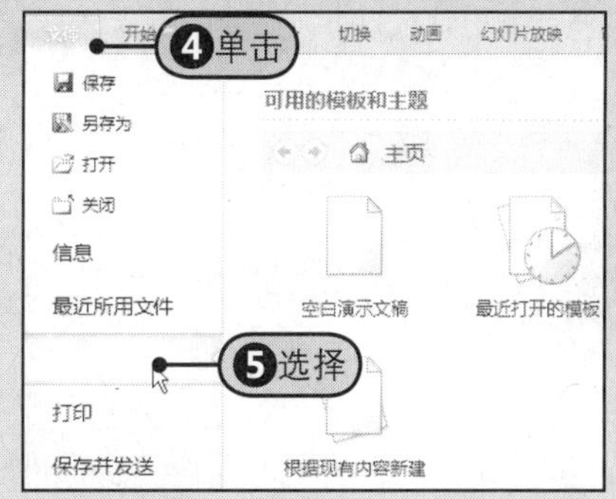

图22-21　选择“新建”命令

4 步骤 Step 6 在“新建”选项面板中单击“我的模板”，如图22-22所示。

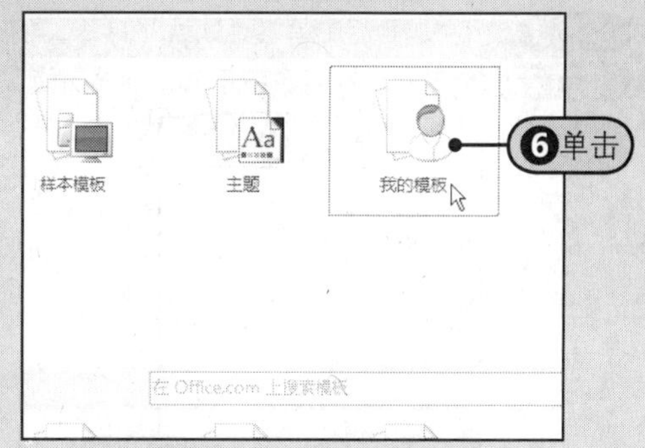

图22-22　单击“我的模板”

5 步骤 Step 7 随后打开“新建演示文稿”对话框，并在该对话框中显示自定义的模板，单击“确定”按钮，如图22-23所示。

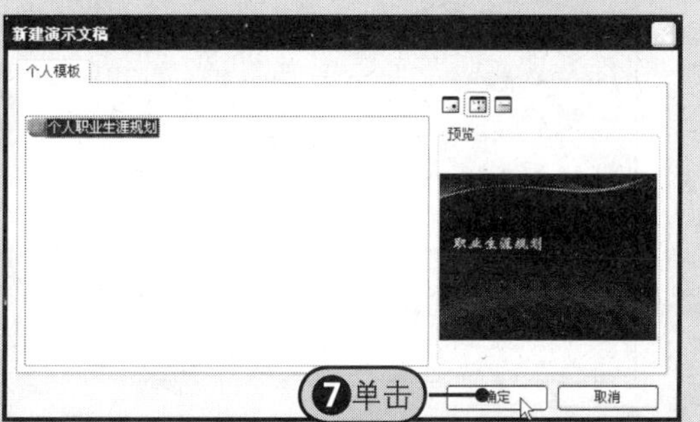

图22-23　“新建演示文稿”对话框

6 步骤 Step 8 系统会自动新建一个“演示文稿1”，内容和格式都与模板演示文稿完全相同，如图22-24所示。

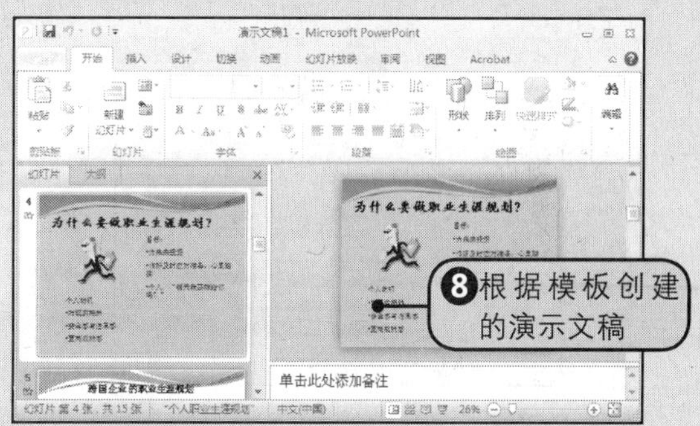

图22-24　根据自定义模板创建的演示文稿

22.5 融会贯通　美化“新产品发布”文稿

本章主要介绍了如何为幻灯片设置主题、颜色、字体和效果，如何更改幻灯片的背景、如何切换到幻灯片母版视图、如何在母版视图中编辑占位符和更改幻灯片背景，以及如何将演示文稿创建为模板。接下来，将通过美化“新产品发布”文稿来进一步巩固本章所学的知识。打开附书光盘\实例文件\第22章\原始文件\新产品发布.pptx文稿。

1 步骤 **选择主题**。

在“设计”选项卡中的“主题”组中单击“其他”按钮显示整个主题列表，然后选择一种适当的主题样式。

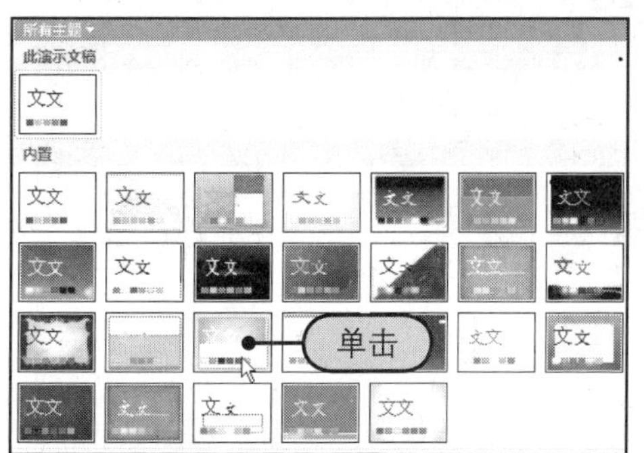

2 步骤 **更改主题后的幻灯片**。

更改主题后的幻灯片效果，如下图所示。

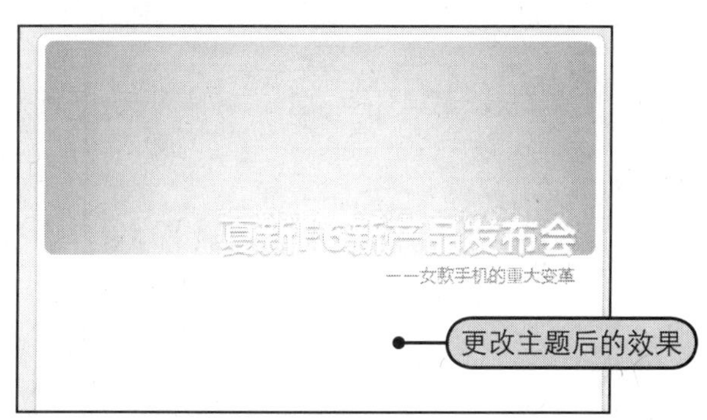

（续上）

3 步骤 更改颜色。

Step 1 在"主题"组中单击"颜色"的下三角按钮。

Step 2 从展开的下拉列表中单击"顶峰"选项。

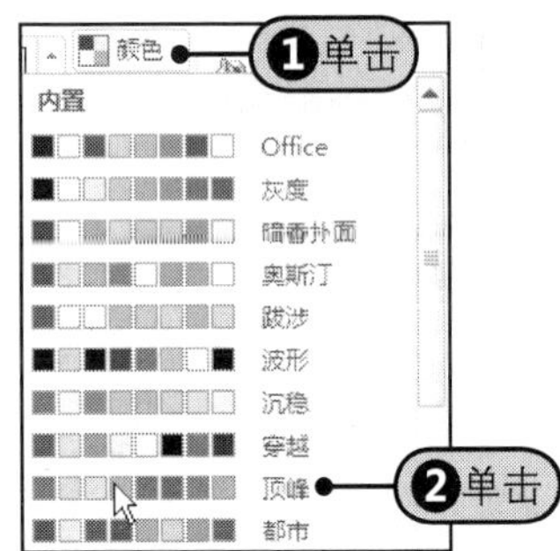

4 步骤 更改颜色后的效果。

更改颜色后的幻灯片效果，如下图所示。

5 步骤 单击"幻灯片母版"按钮。

在"视图"选项卡中单击"幻灯片母版"按钮。

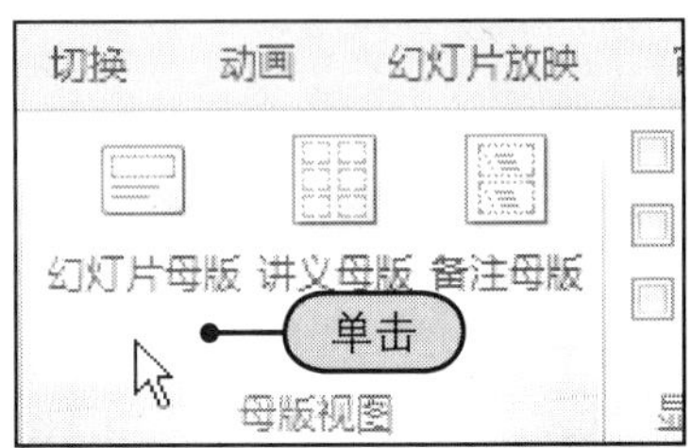

6 步骤 母版视图下的幻灯片。

切换到母版视图下，标题幻灯片版式将会显示标题和副标题占位符，单击标题占位符。

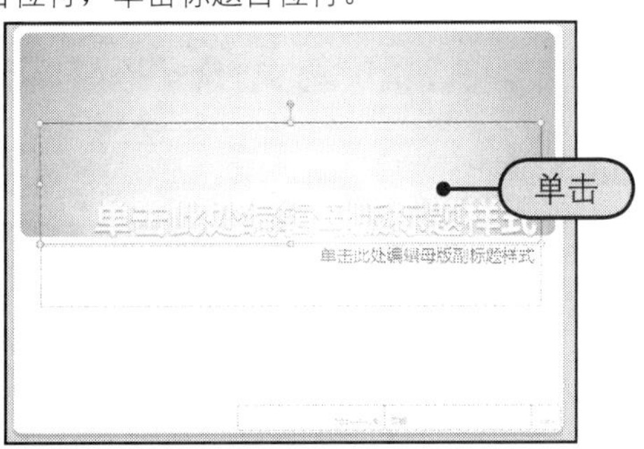

7 步骤 在母版视图下更改字体。

Step 1 在"编辑主题"组中单击"字体"的下三角按钮。

Step 2 从下拉列表中单击"极目远眺"样式。

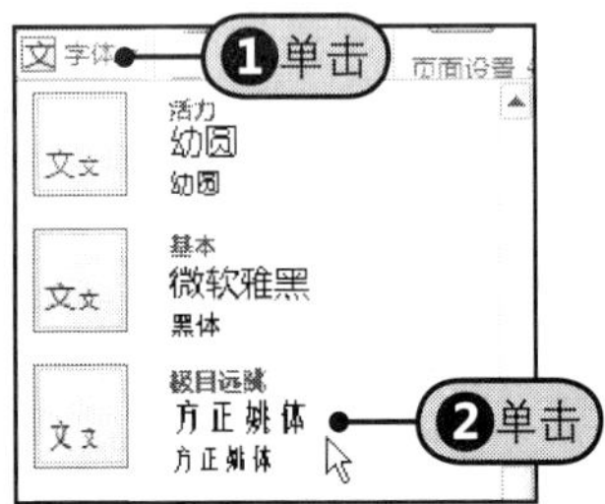

8 步骤 在母版视图下更改颜色。

Step 1 在"编辑主题"组中单击"颜色"的下三角按钮。

Step 2 从下拉列表中单击"波形"样式。

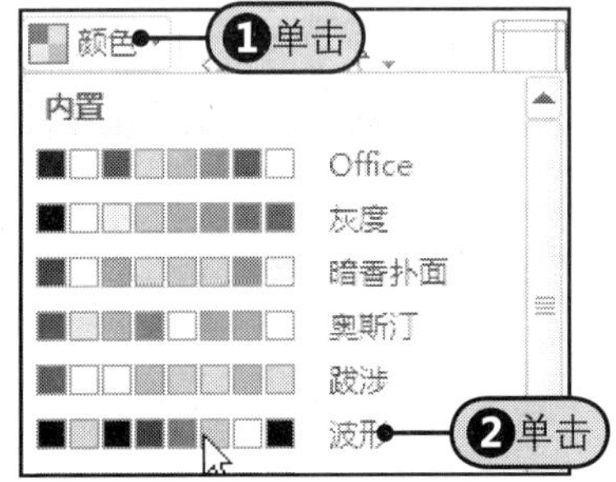

9 步骤 更改后的母版效果。

更改字体和颜色后的幻灯片标题母版，如下图所示。

10 步骤 选择图片样式。

Step 1 右击标题母版中填充为灰色的形状。

Step 2 从快捷菜单中选择"设置形状格式"命令。

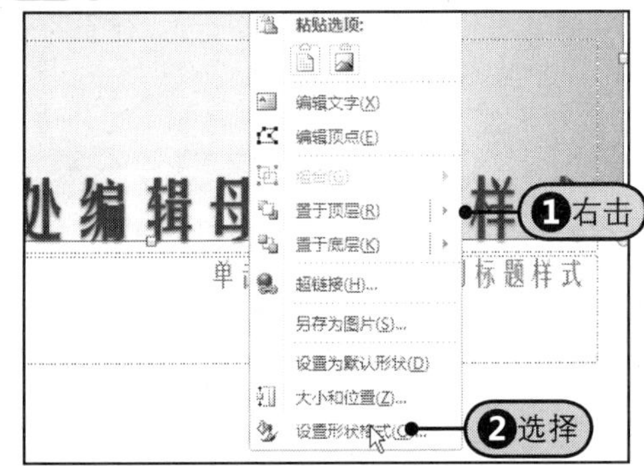

（续上）

11 步骤 设置形状的填充效果。

Step 1 在“设置形状格式”对话框中单击“预设颜色”的下三角按钮。

Step 2 从展开的下拉列表中单击“彩虹出岫Ⅱ”选项。

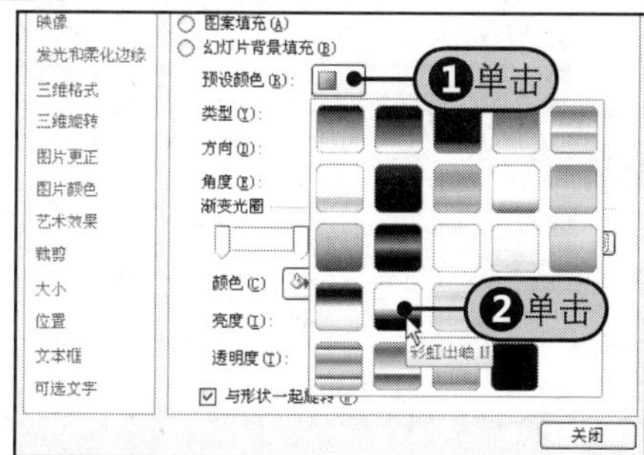

12 步骤 更改后的标题母版效果。

更改后的标题母版效果如下图所示。

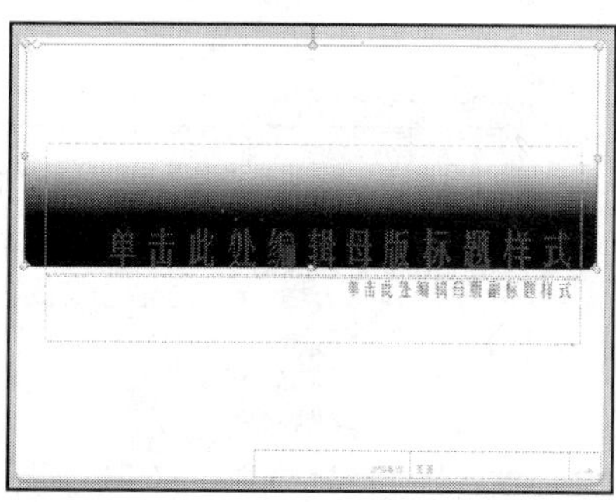

13 步骤 标题幻灯片效果。

返回普通视图，标题幻灯片的最终效果如下图所示。

14 步骤 幻灯片5最终效果。

幻灯片5的效果如下图所示。

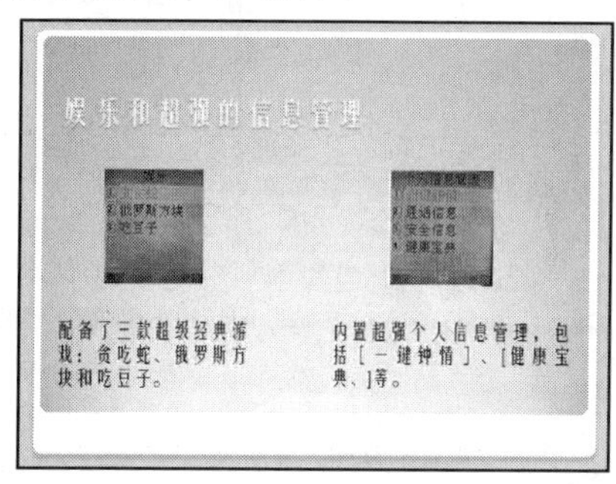

22.6 专家支招

本章所介绍的主题、背景和母版是设计PowerPoint 2010演示文稿时非常重要的内容，用户应好好把握。针对幻灯片母版，本节再补充三点：如何删除演示文稿中没有使用的母版版式；如何隐藏母版视图中的页脚；如何隐藏背景图形。

招术一 如何删除当前演示文稿中没有使用的版式

打开一个演示文稿并切换到母版视图，会发现默认的情况下，母版视图中包括多种版式的幻灯片母版，其中有些母版在当前演示文稿中并未使用，可以将它从当前母版视图中删除。

其具体操作方法：Step 1 在缩略图窗格中单击幻灯片版式，如果没有使用，屏幕上会提示“××版式：任何幻灯片都不使用”，Step 2 右击该版式，Step 3 从弹出的快捷菜单中选择“删除版式”命令，如图22-25所示。

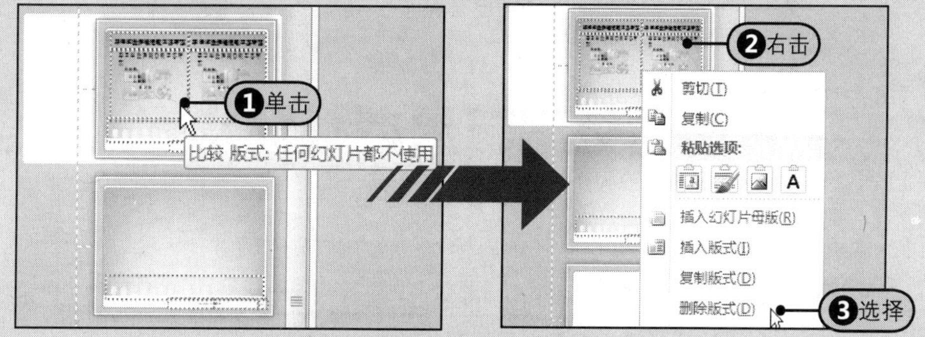

图22-25 删除当前演示文稿中未使用的母版版式

招术二 如何在母版视图中隐藏幻灯片页脚

Step1 切换到母版视图下，发现幻灯片母版底部会显示幻灯片页脚，用户可以隐藏页脚。Step2 在“幻灯片母版”选项卡中的“母版版式”组中取消勾选“页脚”复选框，Step3 幻灯片母版中将不会再显示页脚，如图22-26所示。

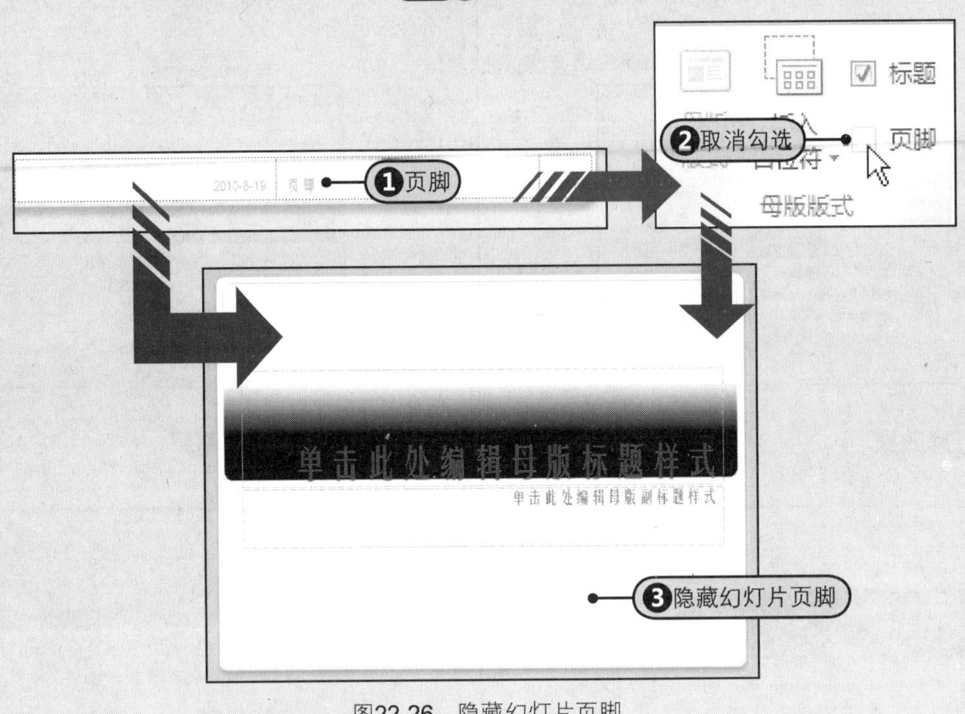

图22-26 隐藏幻灯片页脚

招术三 如何隐藏幻灯片图形背景

要将幻灯片母版中的图形背景隐藏，只要在“幻灯片版式”选项卡中的“背景”组中勾选“隐藏背景图形”复选框即可，隐藏后的效果，如图22-27所示。

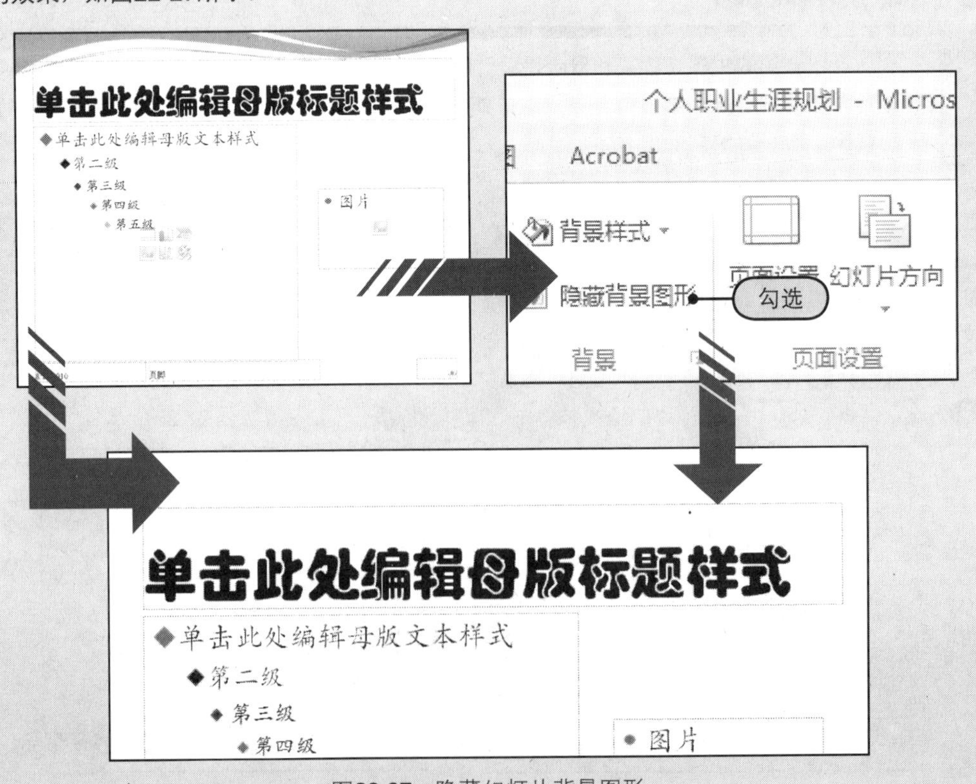

图22-27 隐藏幻灯片背景图形

Part 4 PowerPoint篇

Chapter 23

幻灯片的动态演绎

动画是PowerPoint 2010演示文稿的一大亮点。在制作演示文稿时，适宜的动画可以起到强调、吸引观众注意力等作用；但是，如果动画应用不当，反而会起到画蛇添足的作用。因此，对于初学者来说，除了需要学习各种动画技巧的添加与设置方法外，更重要的是学会如何在商业幻灯片中适当地应用动画效果。

23.1 动态演绎的整体布局——幻灯片转换效果与方式的设置

为了增强演示文稿的放映效果，可以为每一张幻灯片设置切换方式，以丰富幻灯片放映时的过渡效果。打开附书光盘\实例文件\第23章\原始文件\商务研讨会行程安排.pptx文稿。

23.1.1 设置幻灯片的切换效果

在PowerPoint 2010中，系统内置了丰富的幻灯片切换效果，包括“细微型”、“华丽型”和“动态内容”三种类型共30多种转换效果，如图23-1所示。用户根据需要直接单击，即可为幻灯片应用某种切换效果。

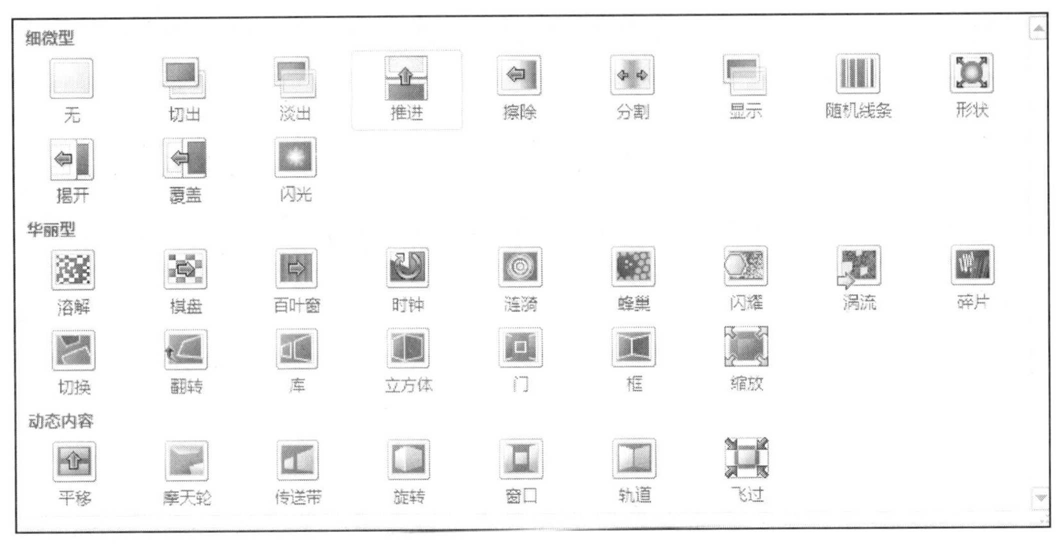

图23-1　PowerPoint 2010内置的切换效果

Step 1 在缩略图窗格中选择幻灯片1，**Step 2** 在“切换”选项卡的“切换到此幻灯片”组中的列表中单击切换效果，如“推进”，**Step 3** 应用该切换效果后，幻灯片从底部推进，如图23-2所示。

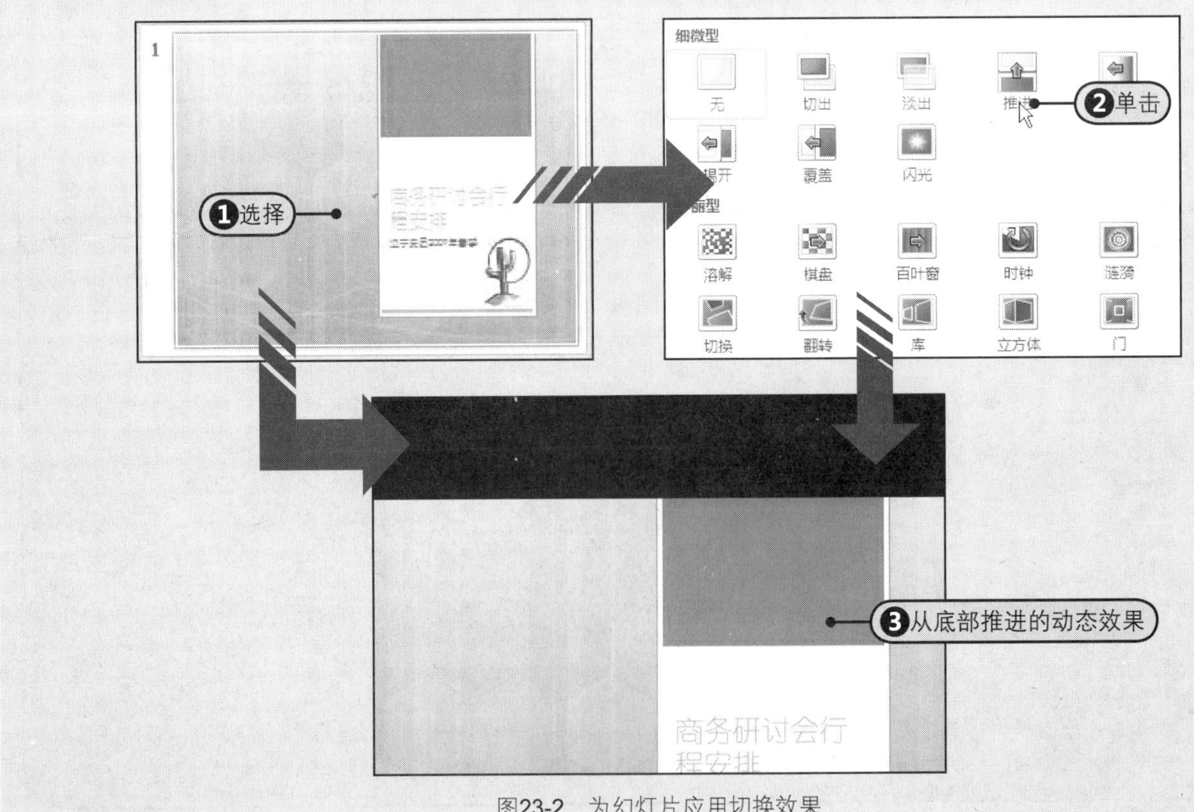

图23-2　为幻灯片应用切换效果

提示 删除幻灯片切换效果

如果要删除幻灯片的切换效果，可以在缩略图窗格中选择幻灯片，然后在“切换”选项卡中展开“切换到此幻灯片”列表，在列表左上角选择“无”命令。

23.1.2 设置转换效果运动的方向

用户还可以为切换效果设置运动的方向。但需要注意的是，根据所选择的不同切换效果，所对应的可设置运动方向也是不同的。例如，在上一节中为幻灯片设置了“推进”效果，该效果一共提供了4种方向设置，分别是“自底部”、“自左侧”、“自右侧”和“自顶部”。

Step 1 在“切换至此幻灯片”组中单击“效果选项”的下三角按钮，Step 2 从展开的下拉列表中选择“自左侧”命令，如图23-3所示，Step 3 随后幻灯片将从左侧推进，如图23-4所示。

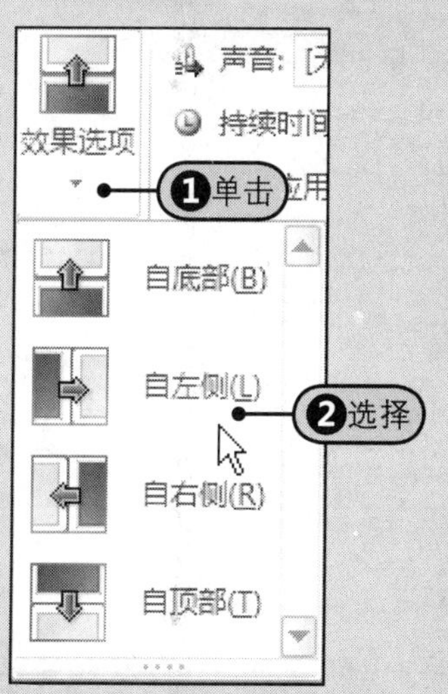

图23-3 设置效果运动的方向

图23-4 从左侧推进

为了说明不同的切换效果对应不同的运动方向效果选项，接下来再看另一种切换效果。

Step 1 在“切换效果”列表中单击“擦除”效果，如图23-5所示，Step 2 然后再单击“效果选项”的下三角按钮，Step 3 可以看到，展开的下拉列表中包含更多的运动方向，如“自右侧”、“自顶部”、“自左侧”、“自底部”、“从右上部”、“从右下部”、“从左上部”和“从左下部”，如图23-6所示。

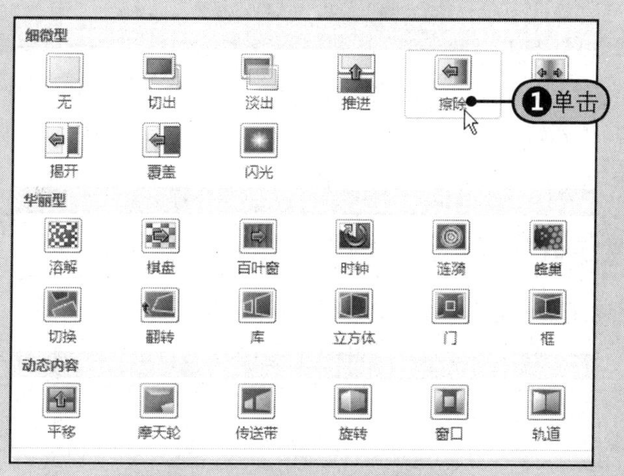

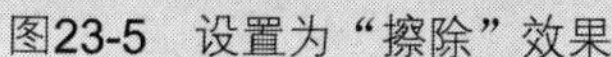

图23-5 设置为“擦除”效果

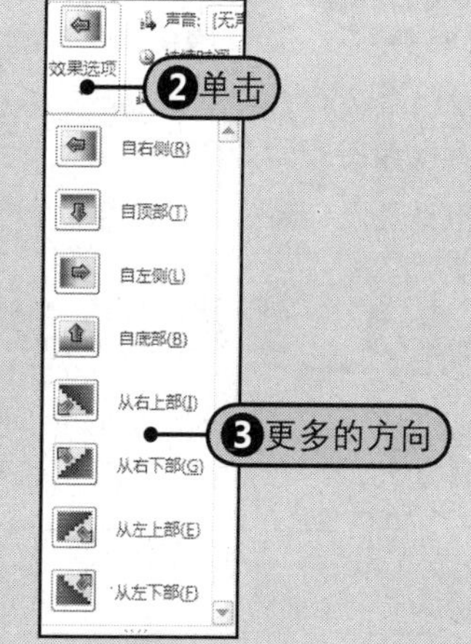

图23-6 对应的运动方向

23.1.3 设置幻灯片切换时的声音

为便于幻灯片切换时添加声音效果，系统内置了多种声音效果，如“爆炸”、“抽气”、“打字机”、“单击”等，用户可以结合幻灯片选择最适当的声音效果。

Step❶在“切换”选项卡中的“计时”组中单击“声音”右侧的下三角按钮，Step❷从展开的下拉列表中选择适当的声音效果，如图23-7所示。Step❸在“计时”组中的“持续时间”框中单击调节按钮，可以设置切换效果持续时间，如图23-8所示。

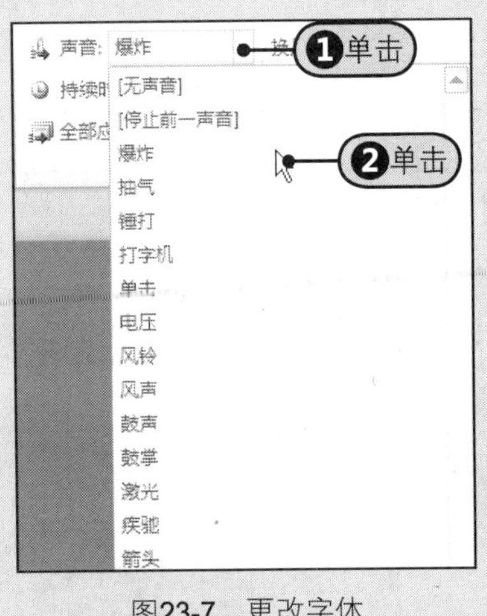

图23-7　更改字体

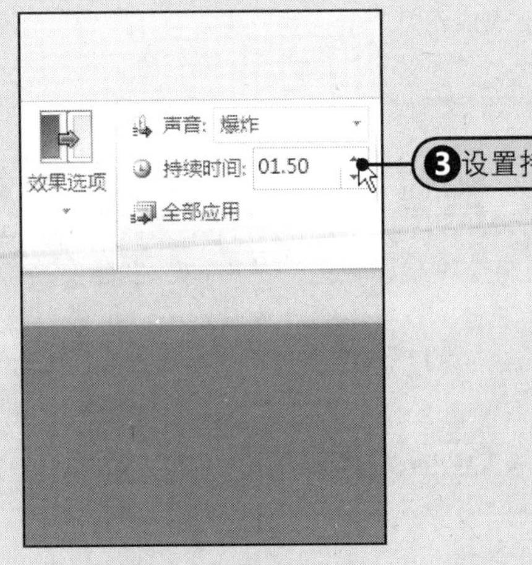

图23-8　更改效果

23.1.4　设置幻灯片的换片方式

用户还可以设置切灯片的换片方式，如果只设置单击鼠标时切换，可以在“计时”组中的“换片方式”中勾选“单击鼠标时”复选框，如图23-9所示。

如果希望在播放演示文稿的时候，幻灯片不需要人为操作自动换片，Step❶可以在“计时”组中勾选“设置自动换片时间”复选框，Step❷然后使用调节按钮将时间值调节到需要的值，如“2”分钟，如图23-10所示。

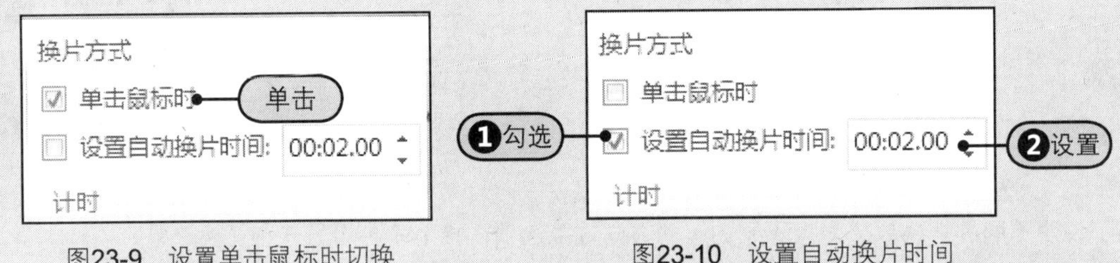

图23-9　设置单击鼠标时切换

图23-10　设置自动换片时间

23.2 细致入微的动画技巧——幻灯片中各对象的动画设置

前面学习了幻灯片整体的动画——幻灯片的切换效果，接下来本节学习如何为幻灯片中的每个对象设置细致的动画效果。以“商务研讨会行程安排”演示文稿中的幻灯片9为例，介绍如何为幻灯片中的各对象设置细致入微的进入动画、强调动画、退出动画及自定义动作路径动画效果。

23.2.1　设置进入动画效果

PowerPoint 2010中的进入动画效果包括许多种样式，如“出现”、“淡出”、“飞入”等，用户可以选择其中的任意一种效果应用到幻灯片的任意对象中。“进入”动画效果列表如图23-11所示。

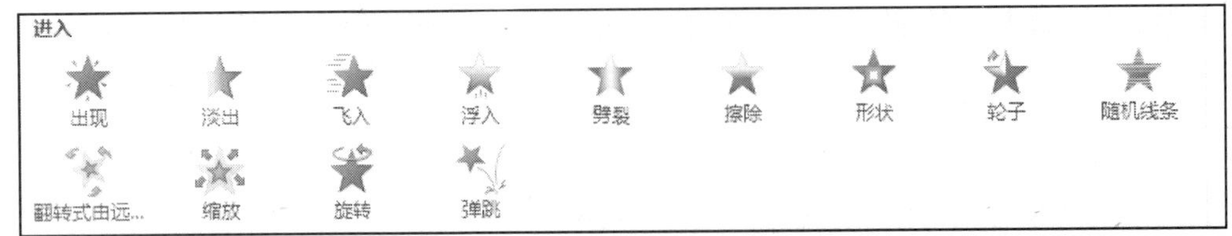

图23-11　“进入”动画效果列表

假如要为幻灯片9的标题设置进入动画效果，可以这样操作。Step❶选中标题，Step❷在“动画”选项卡的“动画”组中的“动画效果”列表中，单击“进入”效果中的“弹跳”，Step❸设置动画后，幻灯片中会显示动画标记符号，如图23-12所示。

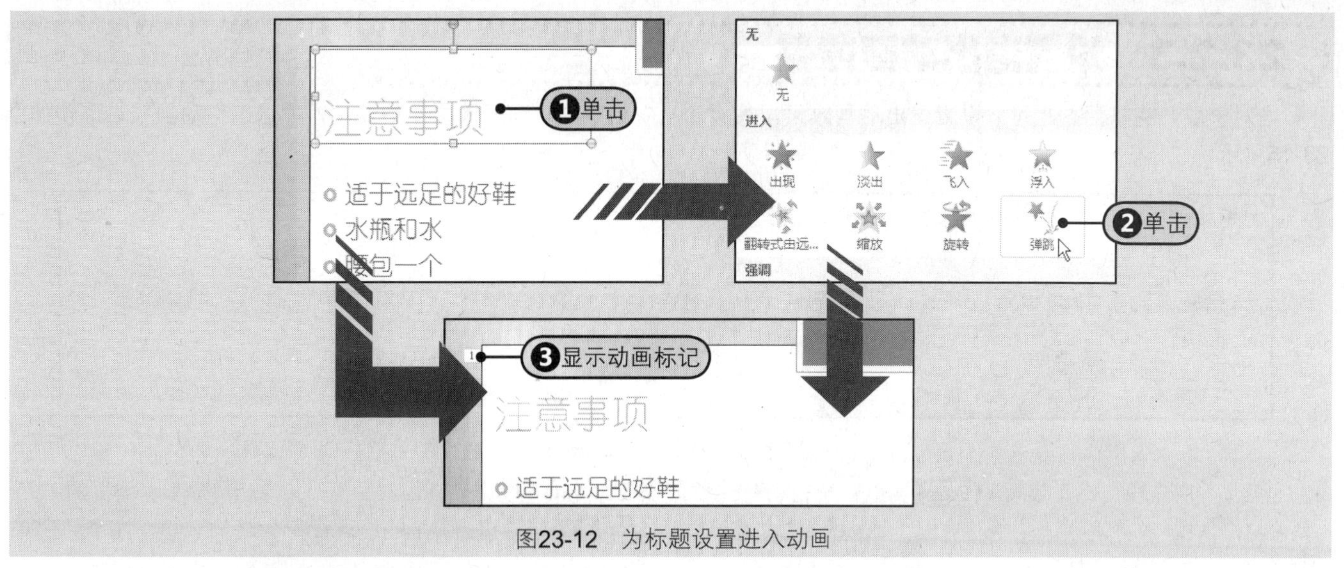

图23-12　为标题设置进入动画

23.2.2　设置强调动画效果

PowerPoint 2010中的强调动画效果也非常丰富，如“脉冲”、“彩色脉冲”、“跷跷板”、“陀螺旋”等，如图23-13所示。当用户需要对幻灯片中的某个对象进行强调时，可以选择使用强调动画效果。

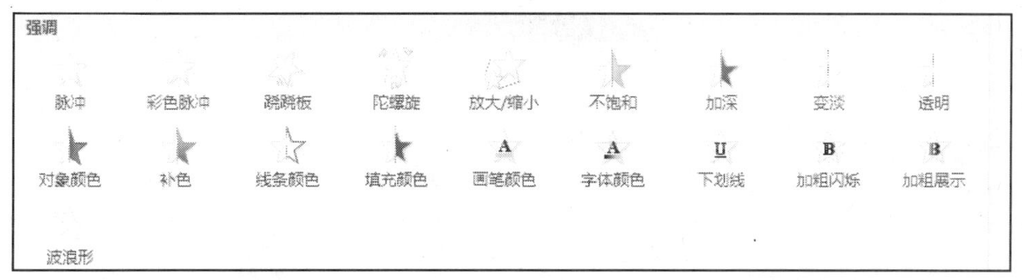

图23-13　“强调”动画效果列表

接下来为“最后一点，但也很重要”文本内容添加强调效果。

其具体操作方法：Step1 选择要添加强调动画效果的段落“最后一点，但也很重要”，Step2 在“高级动画”组中单击“添加动画”的下三角按钮，Step3 从展开的下拉列表中的“强调”区域内单击“陀螺旋”效果，Step4 此时幻灯片中会显示添加的强调动画效果，如图23-14所示。

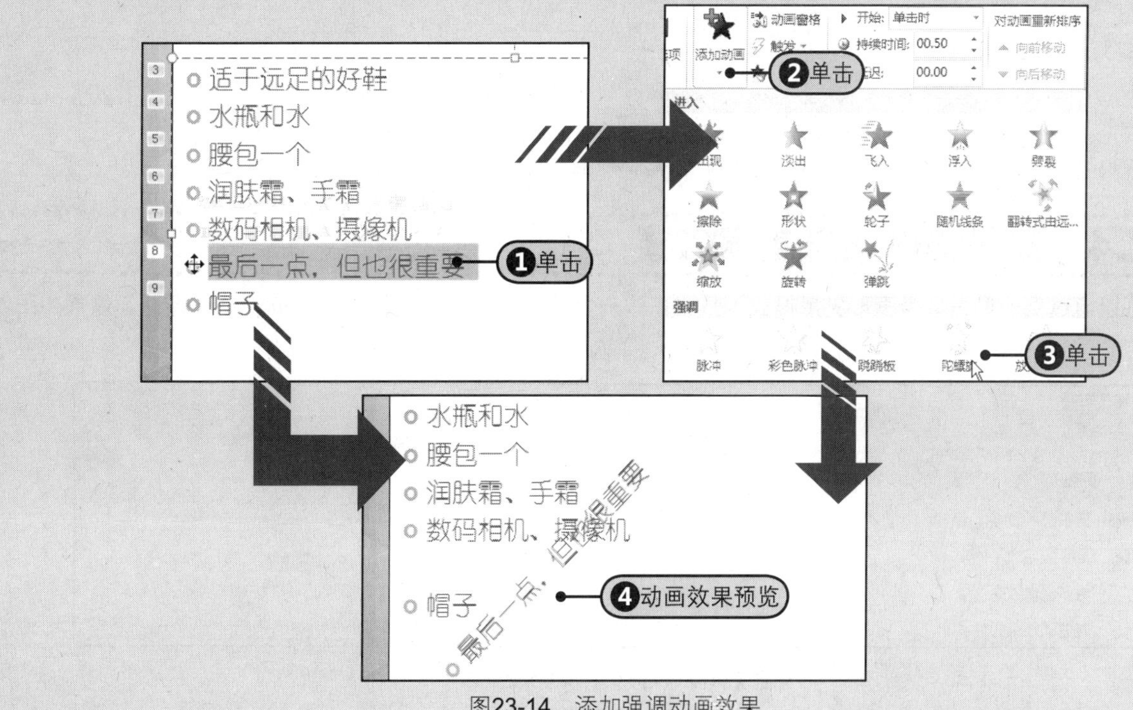

图23-14　添加强调动画效果

23.2.3 设置退出动画效果

当对象展开完毕后，还可以设置退出动画效果。在“动画”组中的“动画效果”列表中，“退出”动画效果选项如图23-15所示。

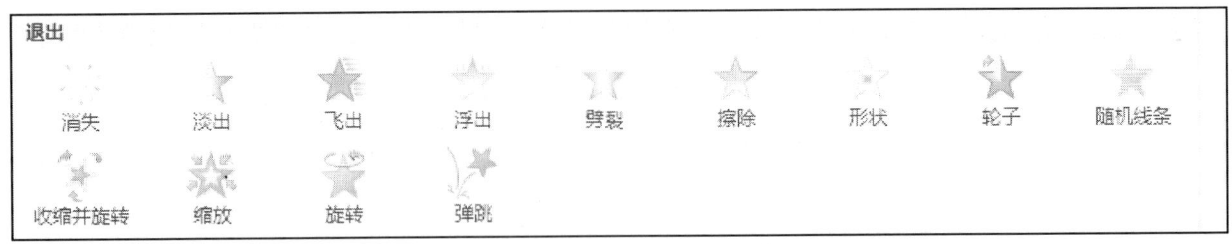

图23-15 “退出”动画效果

要添加“退出”动画效果，Step1选择要设置退出动画的对象，Step2在“高级动画”组中单击“添加动画”的下三角按钮，从展开的下拉列表中的“退出”动画中单击“擦除”，Step3系统会根据添加的动画顺序添加动画序号，如图23-16所示。

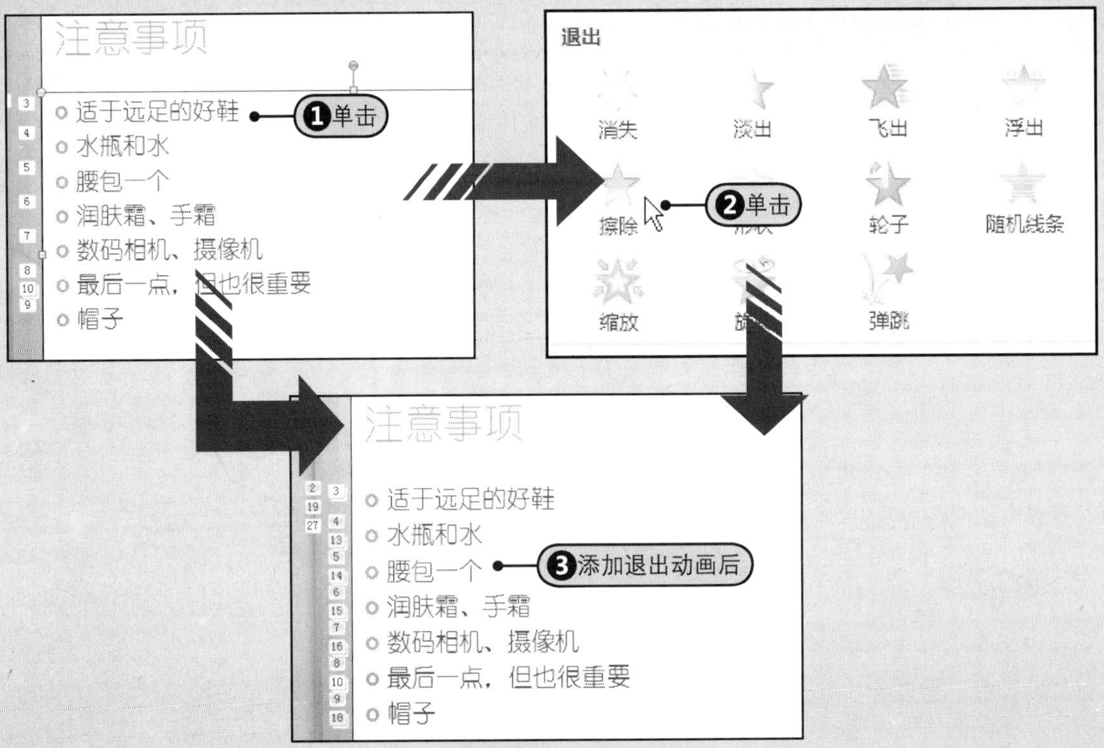

图23-16 添加“退出”动画效果

23.2.4 设置动作路径动画效果

用户还可以通过更改颜色、为图形应用样式等方式来进一步美化SmartArt图形，常见的“动作路径”效果如图23-17所示。

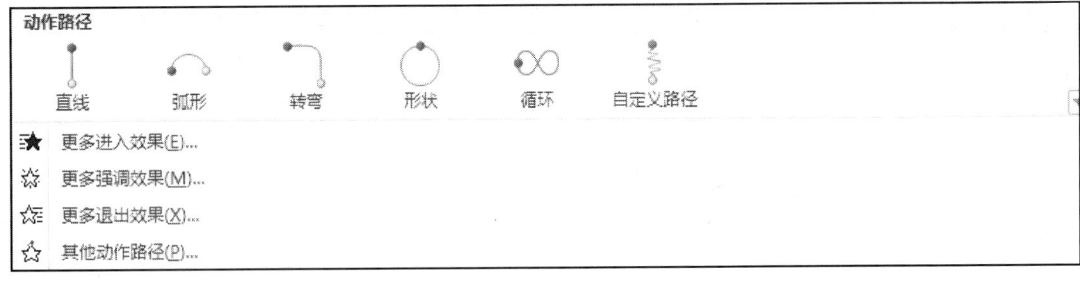

图23-17 常见的“动作路径”

为幻灯片中的对象设置“动作路径”动画的操作步骤如下所示。

步骤1 Step1 将幻灯片9中的图片移至幻灯片右上角以外的区域，并选中该图片，如图23-18所示。

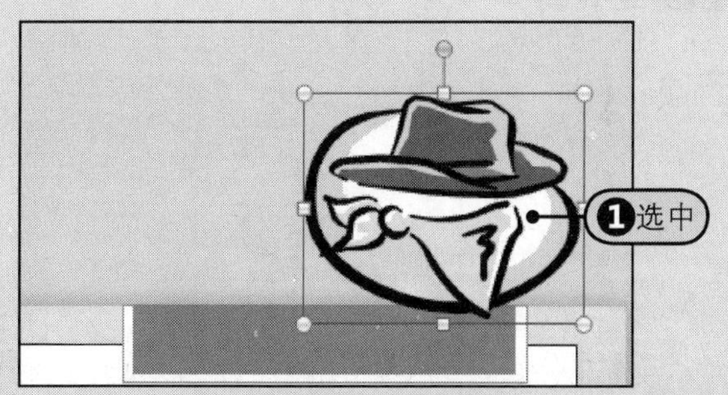

图23-18 选择对象

步骤2 Step2 在“动画”列表中的“动作路径”分组中单击“直线”选项，如图23-19所示。

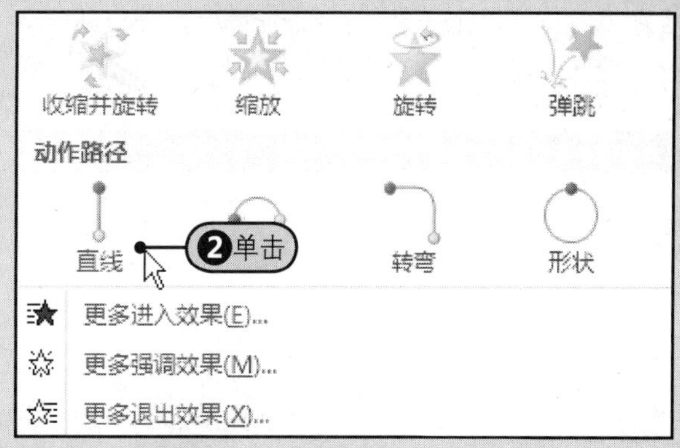

图23-19 选择动作路径方式

步骤3 Step3 添加直线动作路径后的效果，如图23-20所示。

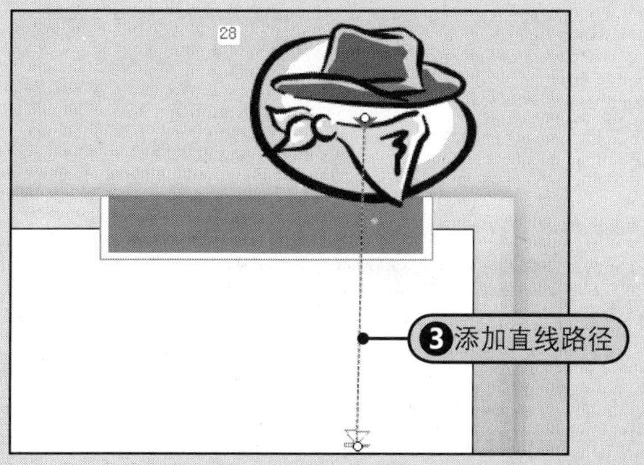

图23-20 添加动作路径

步骤4 Step4 再次打开“动画”列表，在“动作路径”分组中单击“自定义路径”选项，如图23-21所示。

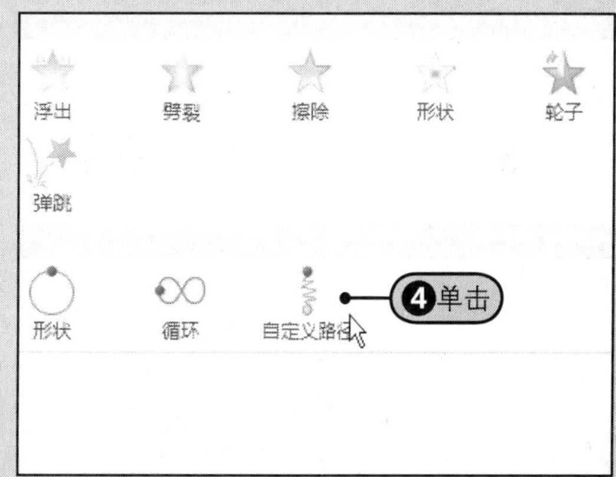

图23-21 单击“自定义路径”选项

步骤5 Step5 拖动鼠标绘制自定义动作路径，如图23-22所示。

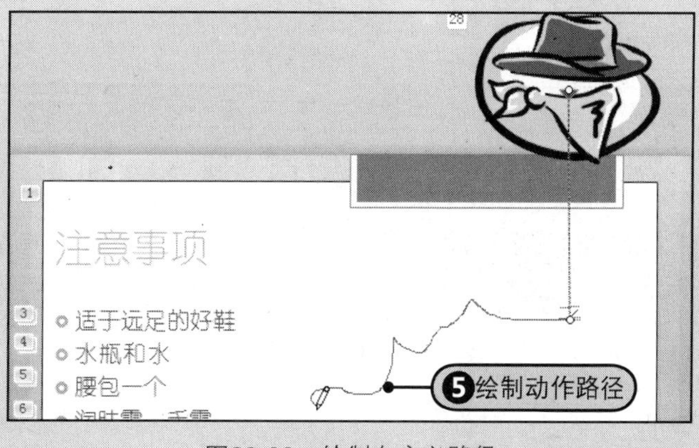

图23-22 绘制自定义路径

23.3 让动画播放随心所欲——编辑动画的效果选项

通过编辑动画效果选项，设置动画的运动方向、动画插入时的声音效果、动画文本的发送方式、多个动画的排序及动画的计时和延迟等效果，可以让动画播放随心所欲。

23.3.1　设置动画的运行效果

用户可以设置动画的运行方向、播放动画时的声音、动画文本的发送等效果。

1 步骤 Step1 在“动画”列表框中单击一种动画效果，如图23-23所示。

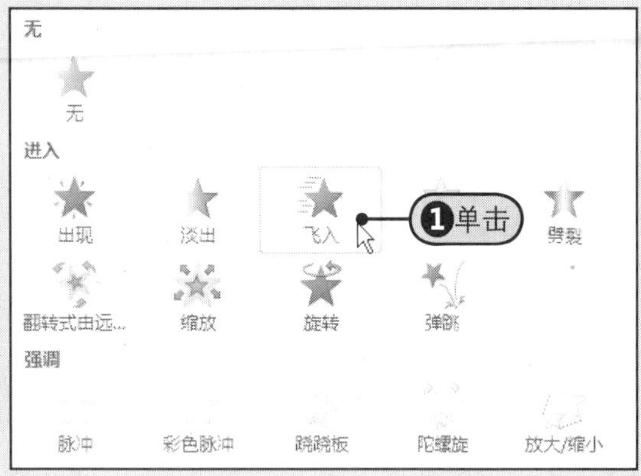

图23-23　选择动画效果

2 步骤 Step2 在“动画”组中单击“效果选项”的下三角按钮，Step3 从展开的下拉列表中可以设置动画的方向，如图23-24所示。

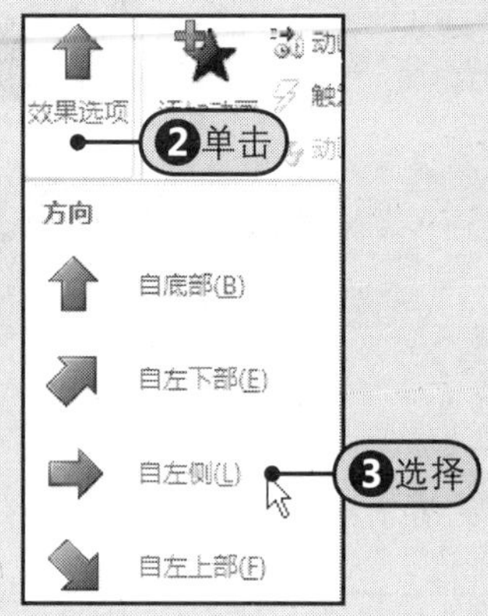

图23-24　选择“效果选项”

3 步骤 Step4 如果要设置更多的效果选项，可以在“动画”组中单击对话框启动器，如图23-25所示。

图23-25　单击对话框启动器

4 步骤 随后打开“飞入”对话框，Step5 在“效果”选项卡中单击“方向”右侧的下三角按钮，Step6 从展开的下拉列表中选择动画的方向，如图23-26所示。

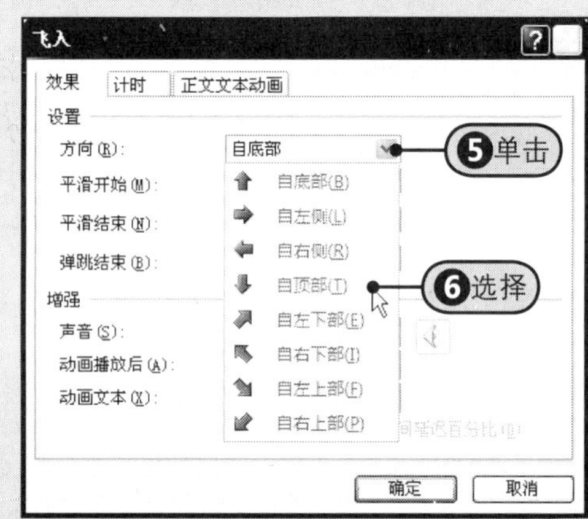

图23-26　选择动画运动方向

5 步骤 Step7 拖动“平滑开始”、“平滑结束”和“弹跳结束”滑块可以设置这些效果的时间，如图23-27所示。

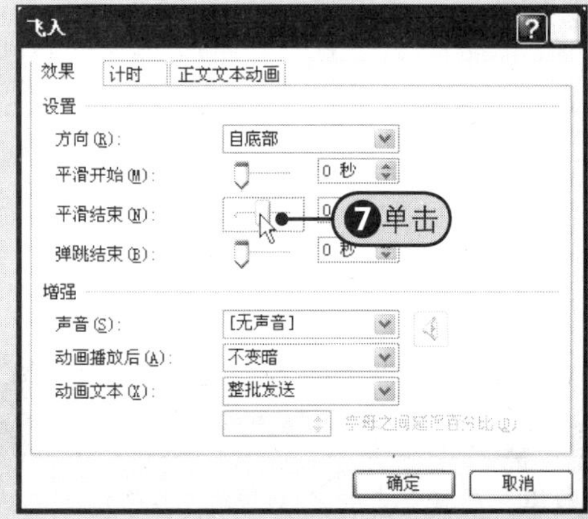

图23-27　设置特殊效果的时间

6 步骤 Step8 单击“声音”右侧的下三角按钮，Step9 从下拉列表中选择动画的声音效果，如图23-28所示。

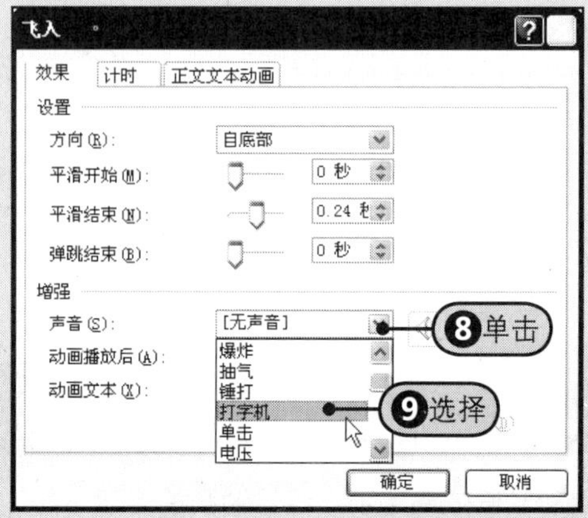

图23-28　设置动画声音效果

7 步骤 Step10单击“动画播放后”右侧的下三角按钮，Step11从展开的下拉列表中选择“播放动画后隐藏”命令，可以在动画结束后隐藏对象，如图23-29所示。

图23-29 设置动画播放后的效果

8 步骤 Step12单击“动画文本”右侧的下三角按钮，Step13从展开的下拉列表中选择动画文本的发送方式，如图23-30所示。

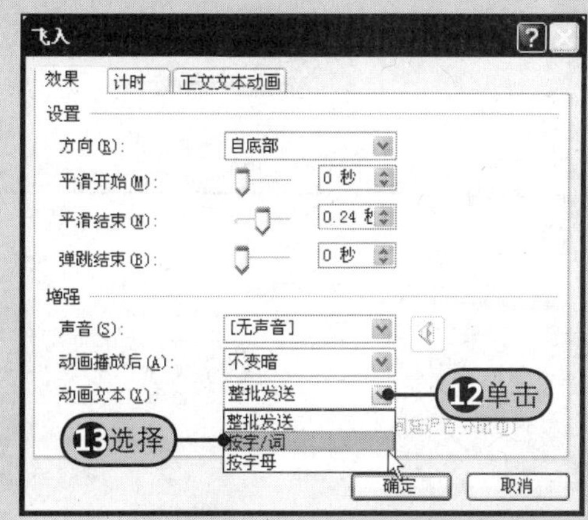

图23-30 设置动画文本的发送方式

23.3.2 对动画效果进行排序

在PowerPoint 2010中，对动画效果进行排序有两种方法，一种是使用功能区域中的命令按钮来移动，另一种是在动画窗格中进行排序。现分别介绍如下。

1 使用功能区中的命令按钮排序

Step1在幻灯片中单击要移动的动画顺序标识，如“29”，Step2在“动画”选项卡中的“计时”组中单击“向前移动”按钮，Step3然后该动画标识会前移一个位置，更改为“28”，如图23-31所示。

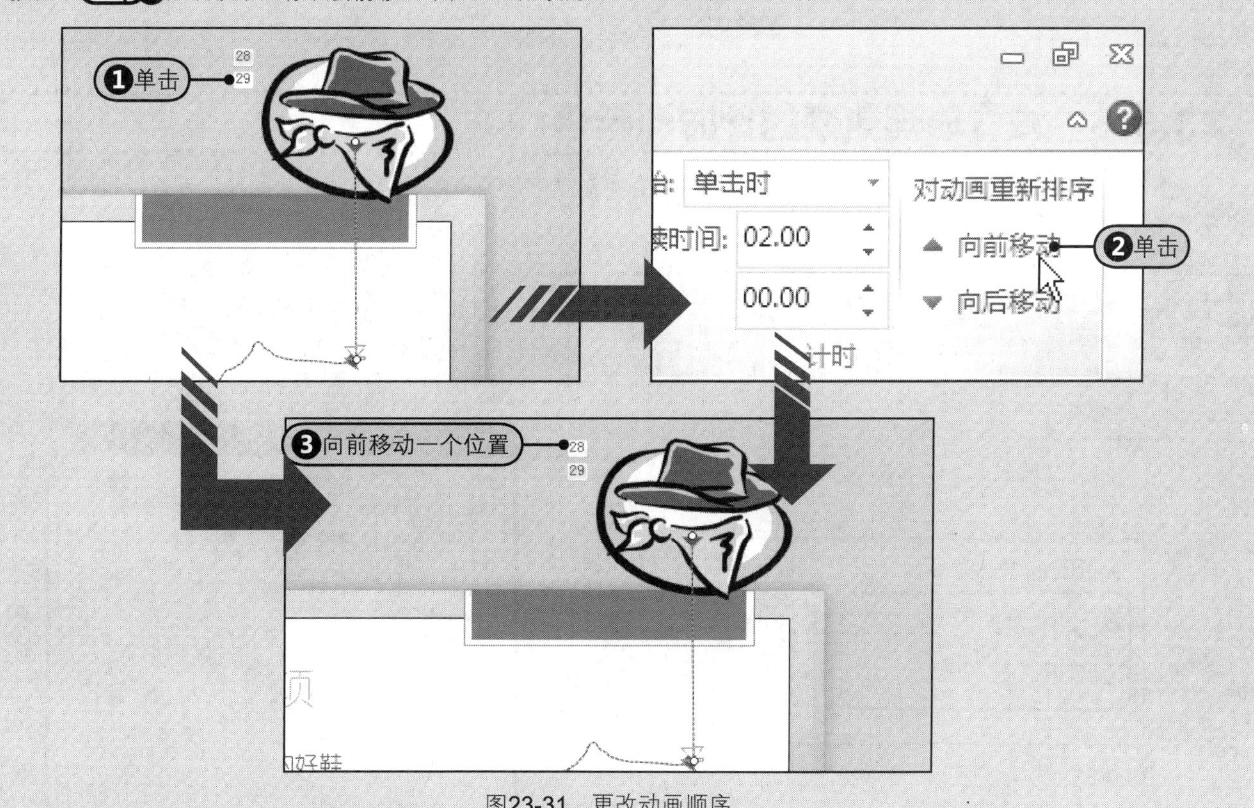

图23-31 更改动画顺序

❷ 在动画窗格中进行排序

Step❶在“高级动画”组中单击“动画窗格”按钮，会在窗口右侧显示出动画窗格，Step❷在动画窗格中选中要调整顺序的动画项，Step❸然后单击动画窗格底部的“上移”（或“下移”）按钮，Step❹选定的项会移到前一个位置处，如图23-32所示。

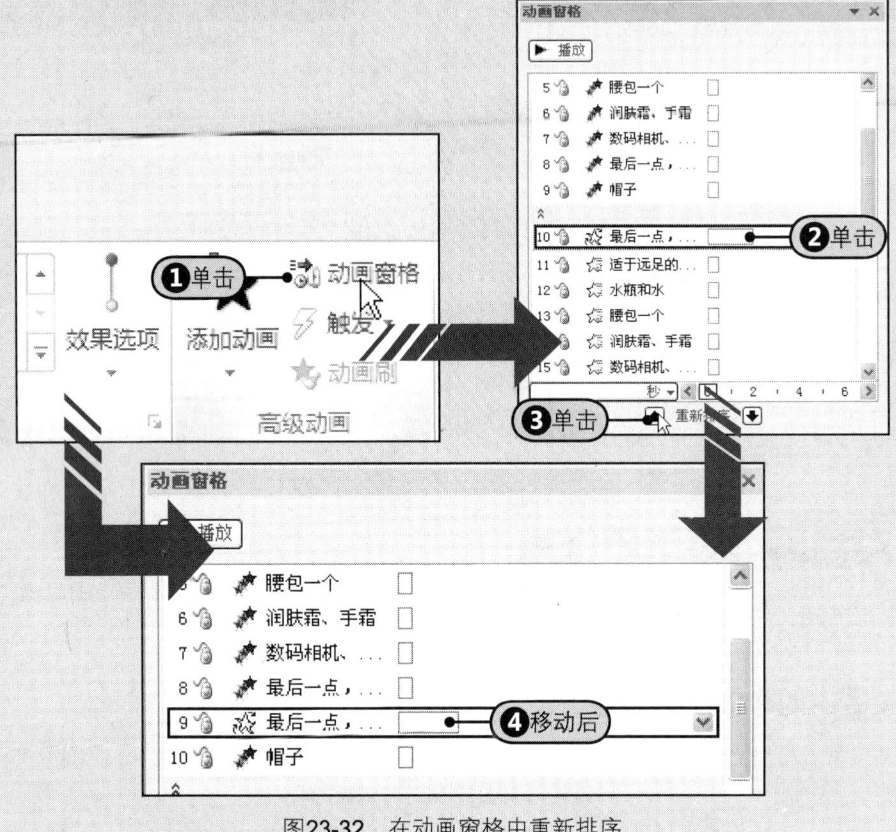

图23-32 在动画窗格中重新排序

23.3.3 设置动画效果的计时和延迟

要设置动画效果的持续时间及延迟等，用户可以直接在“动画”选项卡中的“计时”功能区中设置，也可以在对话框中设置。

步骤1 Step❶直接在“计时”组中的“持续时间”和“延迟”中单击调节按钮，可以设置相应的值，如图23-33所示。

图23-33 在功能区中设置持续时间和延迟

步骤2 也可以在“动画”组中单击对话框启动器，打开相应的对话框，Step❷单击“计时”标签，Step❸在“计时”选项卡中的“延迟”框中输入延迟的秒数，如图23-34所示。

图23-34 在对话框中设置延迟

3 步骤 Step4 单击“期间”的下三角按钮，Step5 从展开的下拉列表中选择适合的期间值，如图23-35所示。

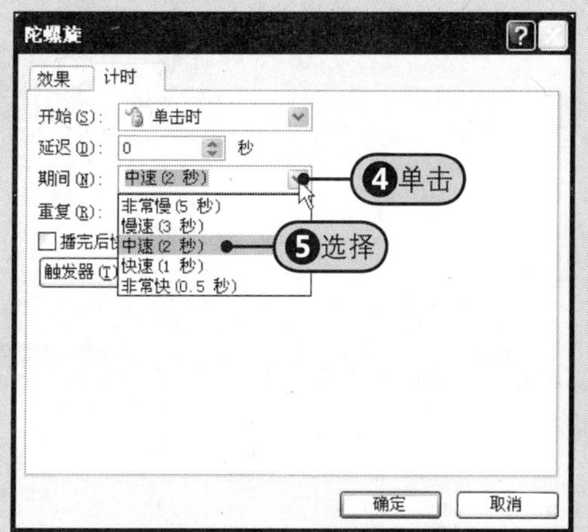

图23-35 设置期间值

4 步骤 还可以设置动画是否重复，Step6 在“计时”选项卡中单击“重复”的下三角按钮，Step7 从展开的下拉列表中选择重复选项，如图23-36所示。

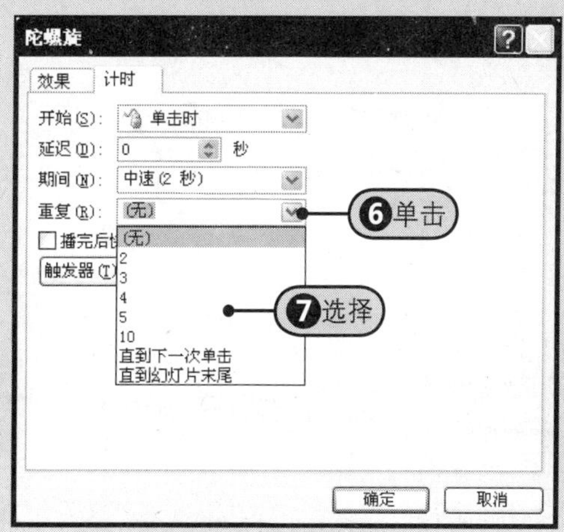

图23-36 设置重复选项

23.4 融会贯通 设置“新产品推广”文稿的动画效果

本章主要介绍了如何为幻灯片设置切换效果及如何为幻灯片中的对象设置丰富多彩的动画效果，打开附书光盘\实例文件\第23章\原始文件\新产品推广.pptx文稿。

1 步骤 选择幻灯片。

在缩略图窗格中单击幻灯片1。

2 步骤 选择切换效果。

在“切换”选项卡中的“切换到此幻灯片”组中单击“时钟”效果。

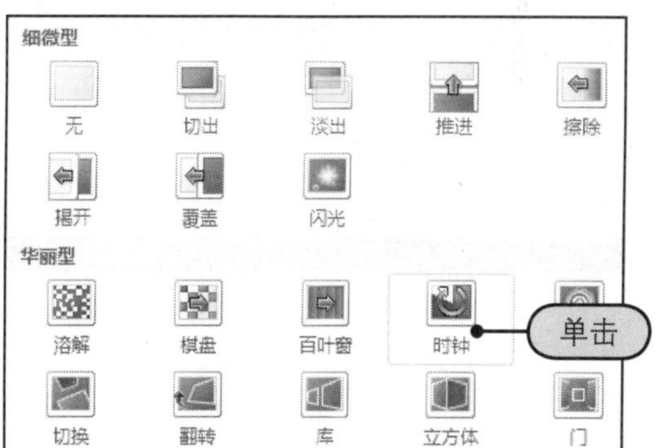

3 步骤 设置幻灯片2的切换效果。

在幻灯片缩略窗格中单击幻灯片2，在“切换”选项卡中的“切换到此幻灯片”组中，展开“切换效果”列表并从“华丽型”分组中单击“翻转”效果，如右图所示。

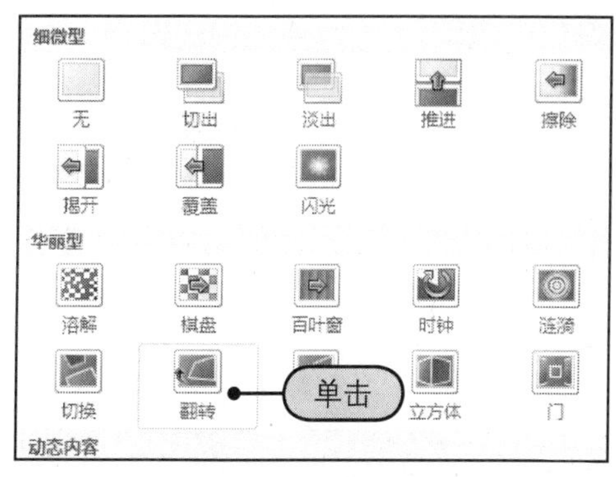

（续上）

4 步骤 选择要设置动画的对象。

在幻灯片3中单击标题文本“辨色识美酒”。

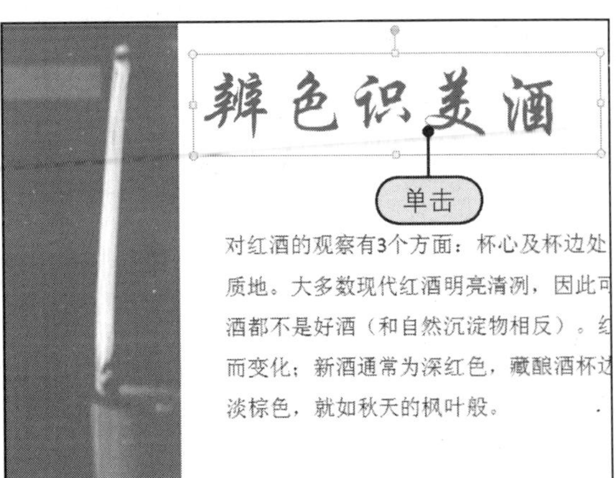

5 步骤 选择进入动画效果。

在“动画”选项卡中的“动画效果”列表中，单击“进入”分组中的“翻转式由远及近”选项。

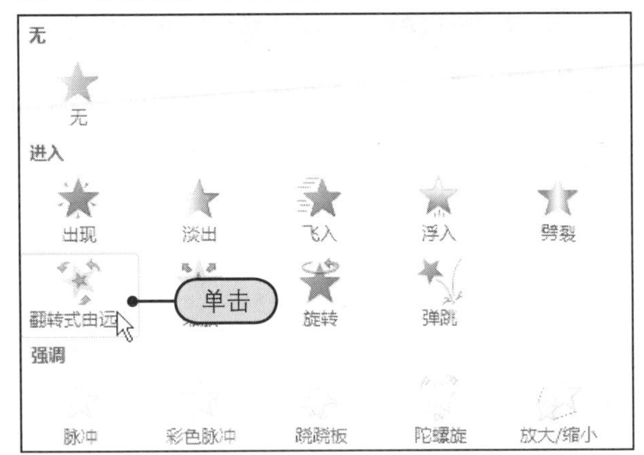

6 步骤 选择图片对象。

单击幻灯片3中的图片对象。

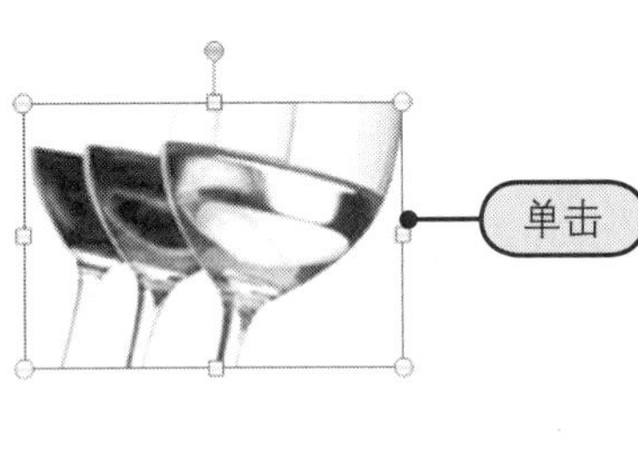

7 步骤 添加进入动画效果。

Step 1 在“高级动画”组中单击“添加动画”的下三角按钮。

Step 2 从展开的下拉列表中单击“形状”选项。

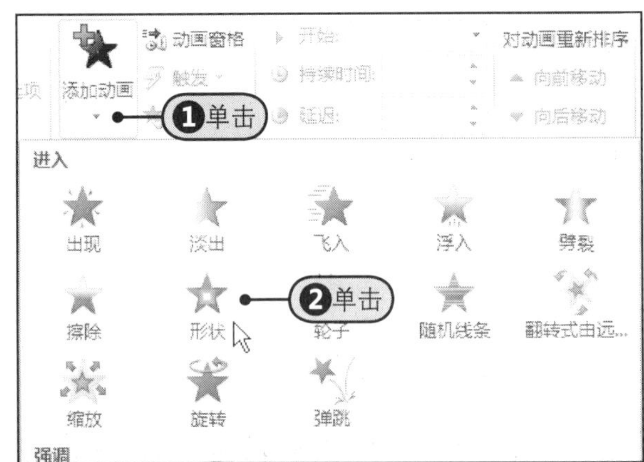

8 步骤 添加强调动画效果。

再次单击“添加动画”的下三角按钮，在下拉列表中的“强调”分组中单击“放大/缩小”选项。

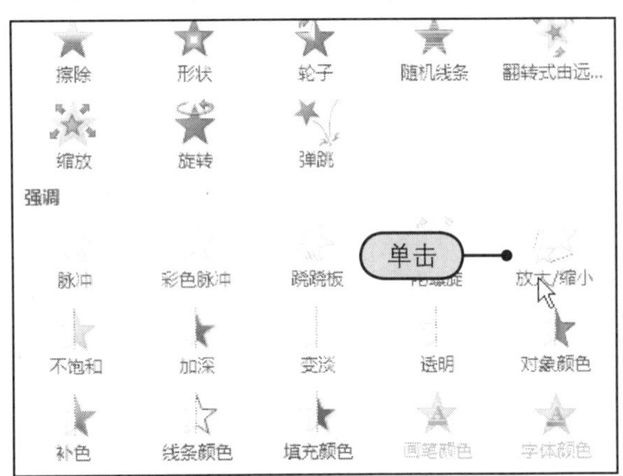

9 步骤 选择幻灯片4。

在幻灯片缩略图窗格中单击幻灯片4。

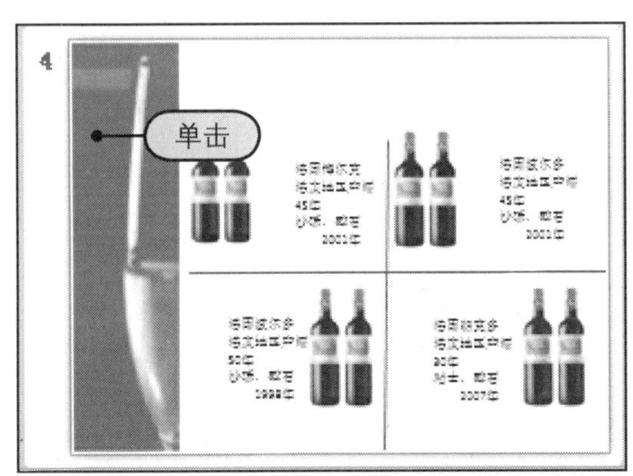

（续上）

10 步骤 **设置切换效果。**

在“切换”选项卡中的“切换到此幻灯片”组中单击“涟漪”效果。

11 步骤 **选择幻灯片4中的图片。**

单击幻灯片4中的图片，如下图所示。

12 步骤 **设置图片进入效果。**

为该图片设置“劈裂”进入效果。

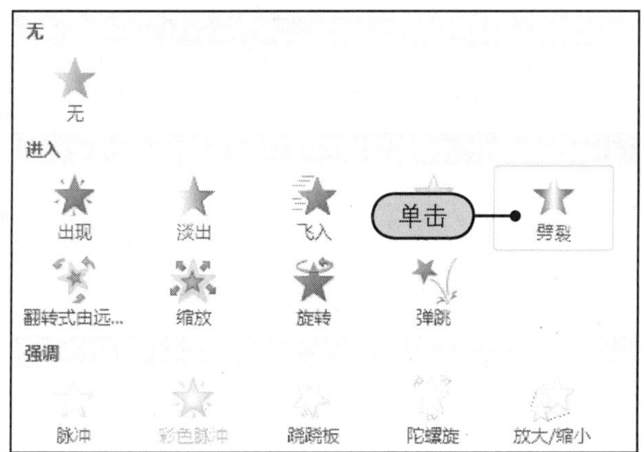

13 步骤 **设置右下角组合对象的动画。**

单击右下角的组合对象，设置进入动画为“浮入”。

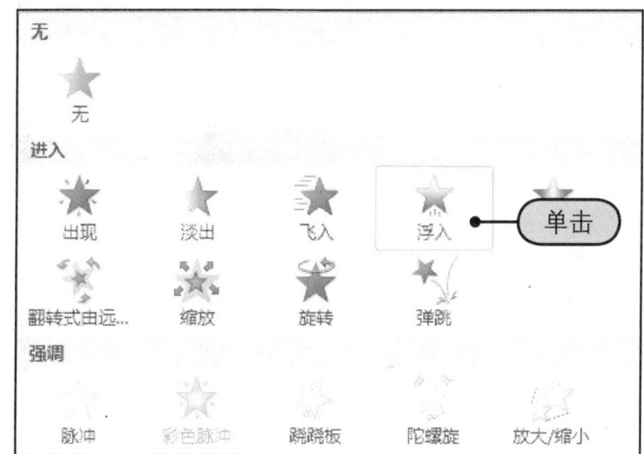

14 步骤 **设置右上和左下对象的动画效果。**

同时选中幻灯片中的右上角和左下角的对象，设置进入动画效果为“形状”。

15 步骤 **动画预览。**

单击“预览”按钮，幻灯片4的预览效果，如下图所示。

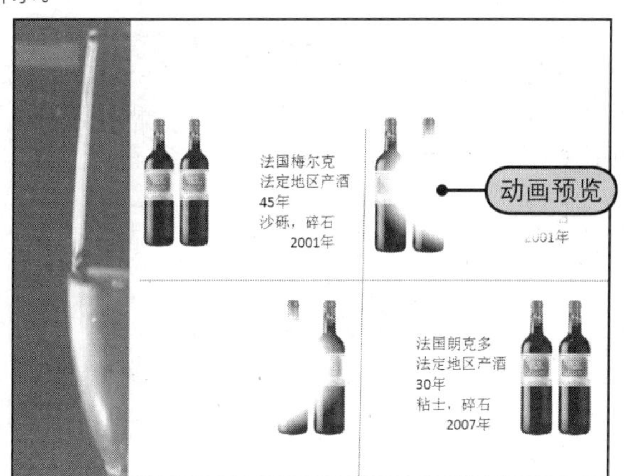

23.5 专家支招

本章主要介绍了如何在幻灯片切换时设置动态的转换效果、如何为幻灯片中的对象设置动画效果，让演示文稿在播放的时候增添一些动感效果。接下来，针对幻灯片的切换和对象的动画设置再补充三点。

招术一 使用动画刷快速设置多个对象的同一动画效果

如果要为幻灯片中的多个对象应用相同的效果，可以使用动画刷来设置。

Step 1 选中已设置动画效果的对象，Step 2 在“高级动画”组中单击“动画刷”按钮，Step 3 然后切换到目标对象所在的幻灯片，单击要应用相同动画效果的对象，此时显示动画预览效果，如图23-37所示。

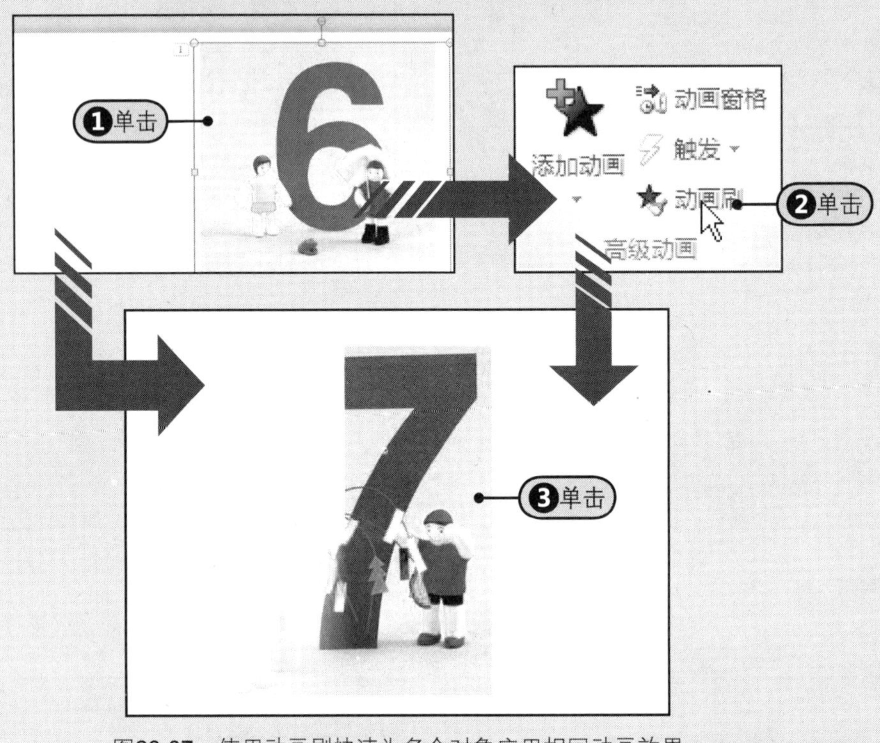

图23-37　使用动画刷快速为多个对象应用相同动画效果

招术二 删除已应用的动画效果

如果想要删除某个已经设置好的动画效果，Step 1 可以在幻灯片中选中该对象，Step 2 在“动画”选项卡中的“动画”组中单击“无”按钮，如图23-38所示。

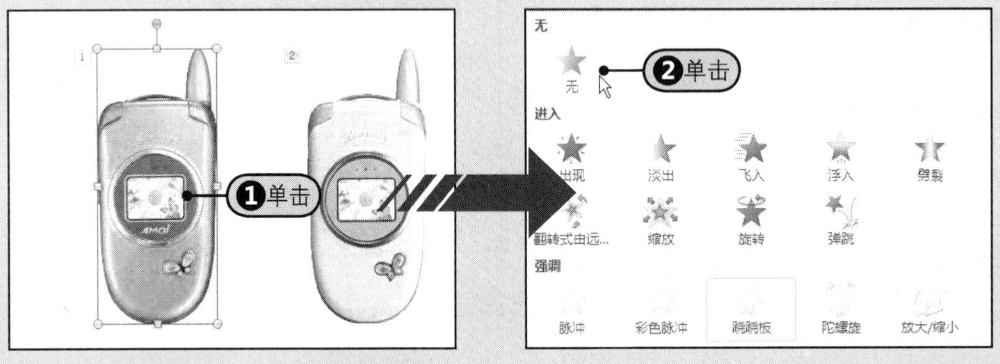

图23-38　删除已应用的动画效果

招术三 在动画窗格中隐藏和显示高级日程表

用户可以设置在动画窗格中隐藏和显示高级日程表。

如果动画窗格没有显示高级日程表，Step1可以右击任意动画效果，Step2从弹出的快捷菜单中选择“显示高级日程表”命令，Step3随后会在动画窗格底部显示高级日程图。如果要隐藏，Step4再次右击动画选项，Step5从弹出的快捷菜单中选择“隐藏高级日程表”命令即可，如图23-39所示。

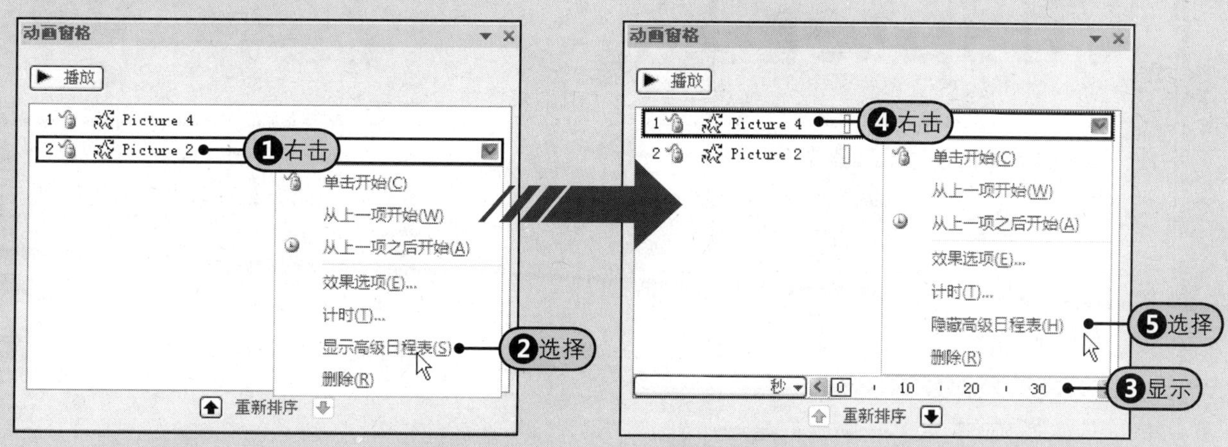

图23-39　设置隐藏和显示高级日程表

读书笔记

Part 4 PowerPoint 篇

Chapter 24

放映与共享演示文稿

在完成演示文稿的创建以后，接下来就该考虑到演示文稿的放映与共享环节了。演示文稿的放映非常简单、方便，并且可以根据放映的不同环境，设置不同的幻灯片放映类型、选项及范围。在正式的演讲前，用户需要设置并练习演示文稿的放映；如果需要，还可以通过电子邮件、广播幻灯片等功能共享演示文稿。本章将着重介绍上述演示文稿的放映与共享的相关知识。

24.1 让文稿动起来的准备工作——演示文稿的放映设置

演示文稿和其他的Office 2010文件有点儿不一样，通常是以多媒体的形式播放给观众观看，以帮助演讲者达到预期的目的。本节介绍演示文稿的放映设置，进而为演示文稿动起来做好准备。打开附书光盘\实例文件\第24章\原始文件\商务研讨会行程安排.pptx文稿。

24.1.1 设置幻灯片放映的类型、选项与范围

在正式放映演示文稿前，需要先设置幻灯片放映的类型、放映选项及幻灯片的放映范围。现分别介绍如下。

1 设置放映类型

PowerPoint 2010演示文稿的放映类型有3种，一种是“演讲者放映”，这种放映模式是全屏幕的；另一种是“观众自行浏览”，这种放映模式默认在窗口中放映；还有一种放映模式为“在展台浏览”，这种放映模式也为全屏幕模式。设置放映方式的方法如下。

Step1 单击“幻灯片放映”标签，Step2 在“设置”组中单击“设置幻灯片放映”按钮，如图24-1所示，随后打开“设置放映方式”对话框，Step3 在“放映类型”框中选中需要的放映方式，如图24-2所示。

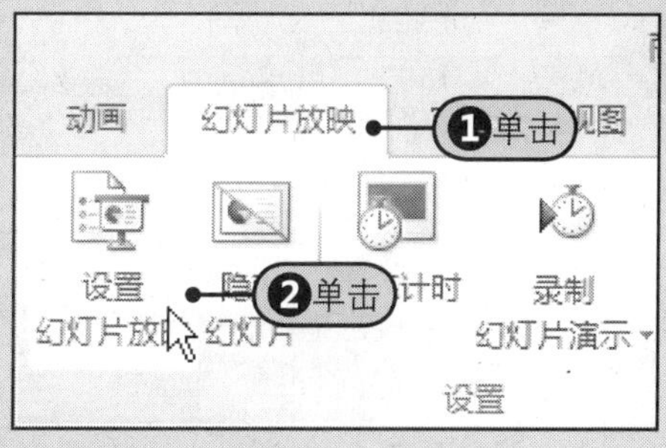

图24-1 单击“设置幻灯片放映”按钮

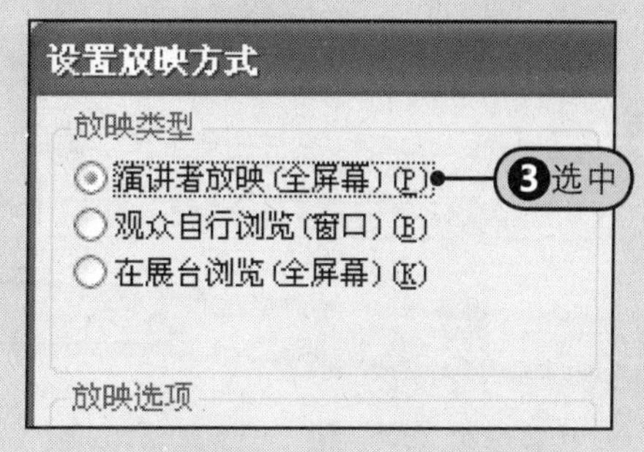

图24-2 选中放映类型

2 设置放映选项

如果用户要设置在放映的过程中循环放映直到用户按Esc键时终止，就需要在“设置放映方式”对话框中的“放映选项”区域中勾选“循环放映，按Esc键终止”复选框；如果要设置放映幻灯片时不加旁白，则需要勾选“放映时不加旁白”复选框；如果幻灯片中设置有动画，但在放映时不需要展示动画，则可以勾选“放映时不加动画”复选框，如图24-3所示。

在幻灯片放映的过程中，用户还可以设置绘图笔和激光等的颜色，Step1 在“放映选项”框中单击“绘图笔颜色”或“激光笔颜色”右侧的下三角按钮，Step2 然后从展开的下拉列表中选择需要的颜色即可，如图24-4所示。

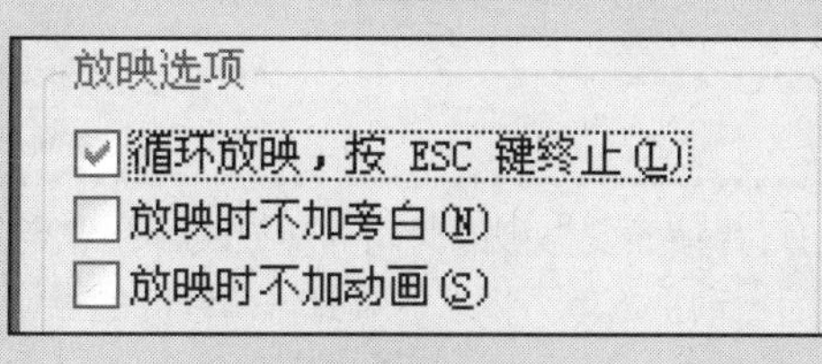

图24-3 勾选放映选项

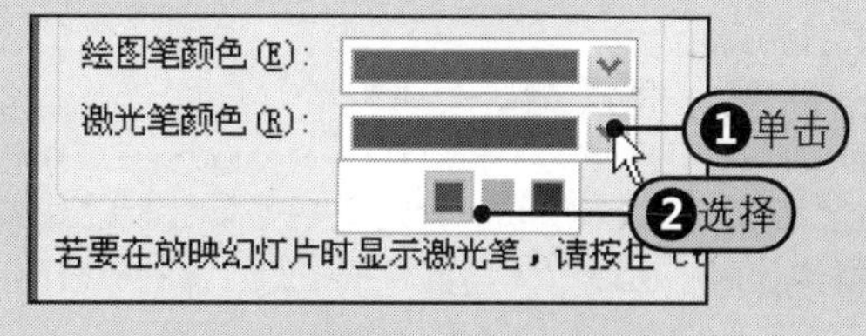

图24-4 设置激光笔颜色

提示 放映幻灯片时显示激光笔

激光笔是用来帮助用户控制幻灯片放映的一种简单终端设置，类似于鼠标、遥控器一类的设备。只要在电脑上插了接收器并将幻灯片投影出来以后，就可以使用激光笔对着投影进行翻页等操作。如果要在放映幻灯片时显示激光笔，需要在按住Ctrl键的同时单击鼠标左键。

3 设置放映范围

用户还可以设置幻灯片的放映范围，如果希望从头至尾播放全部幻灯片，则在“设置放映方式”对话框中的“放映幻灯片”区域中选中“全部”单选按钮即可，如图24-5所示；如果只播放某一个页码范围内的幻灯片，可以选中“从……

到……”单选按钮，然后单击右侧的调节按钮设置页码范围，如图24-6所示。

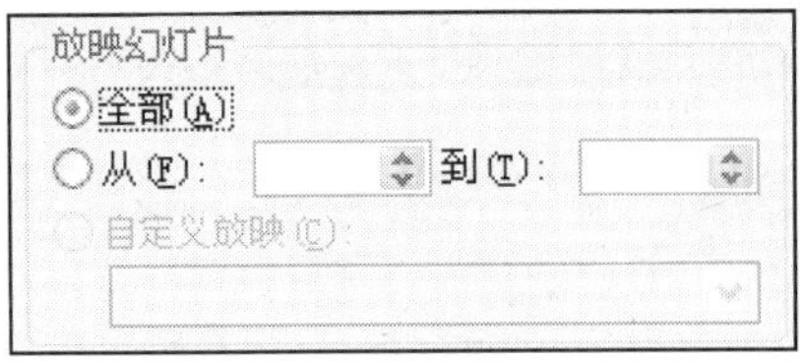

放映幻灯片
全部(A)
从(F): 到(T):
自定义放映(C):

图24-5 播放全部幻灯片

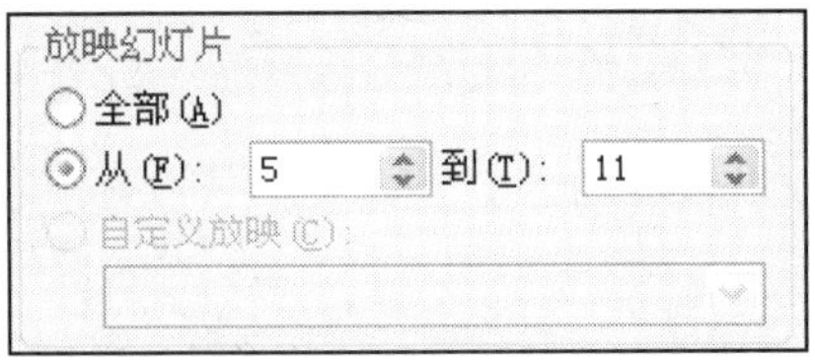

放映幻灯片
全部(A)
从(F): 5 到(T): 11
自定义放映(C):

图24-6 播放指定范围的幻灯片

24.1.2 隐藏不放映的幻灯片

如果在放映过程中希望某些幻灯片不放映，可以将这些幻灯片暂时隐藏。

Step1 在缩略图窗格中单击要隐藏的幻灯片，Step2 单击“隐藏幻灯片”按钮，Step3 被隐藏的幻灯片左上角会显示隐藏标记，如图24-7所示。

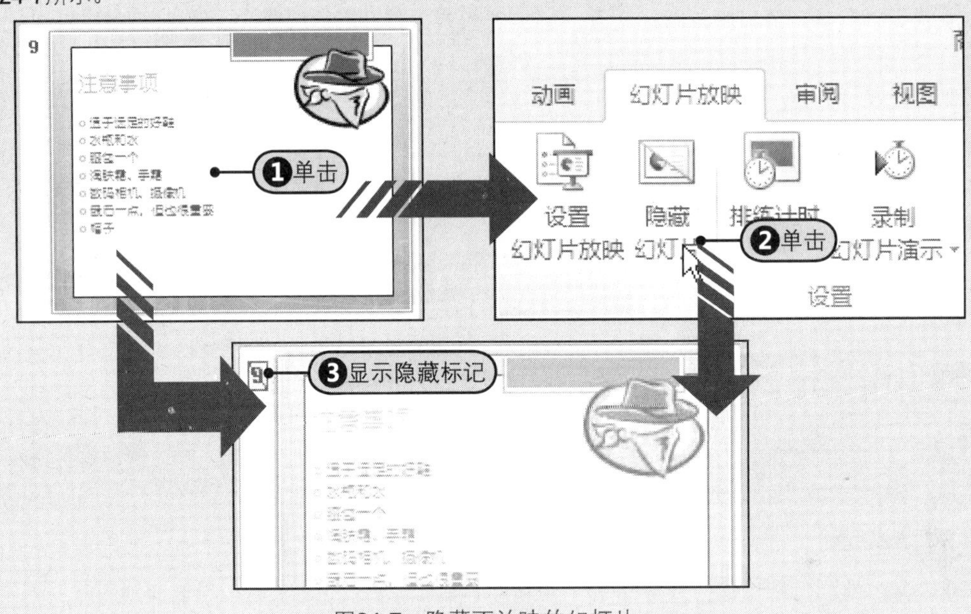

图24-7 隐藏不放映的幻灯片

提示

取消隐藏幻灯片

要取消隐藏幻灯片，只需要在“幻灯片放映”选项卡的“设置”组中单击“隐藏幻灯片”按钮即可。

24.1.3 排练计时

在某些情况下，比如演讲者临时离场等场合就经常需要让幻灯片按照安排好的时间循环放映，就像走马灯一样，这时就需要用到“排练计时”命令事先设置好每张幻灯片的放映时间，然后自动播放就可以了。设置排练计时的操作方法如下所示。

1 步骤 Step1 在“幻灯片放映”选项卡中的“设置”组中单击“排练计时”按钮，如图24-8所示。

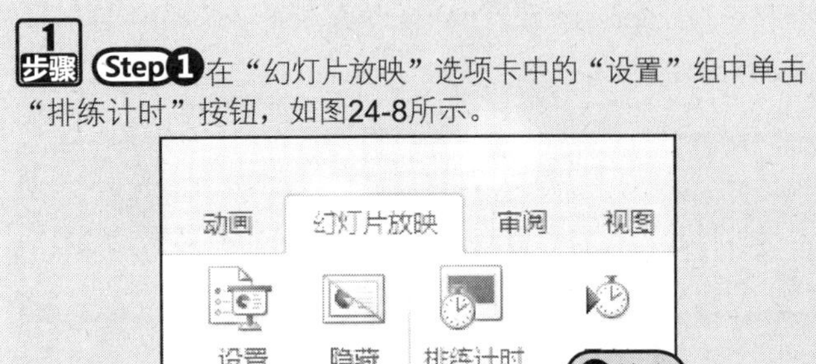

图24-8 单击“排练计时”按钮

2 步骤 Step2 随后进入幻灯片放映视图，同时屏幕上会显示“录制”工具栏，如图24-9所示。

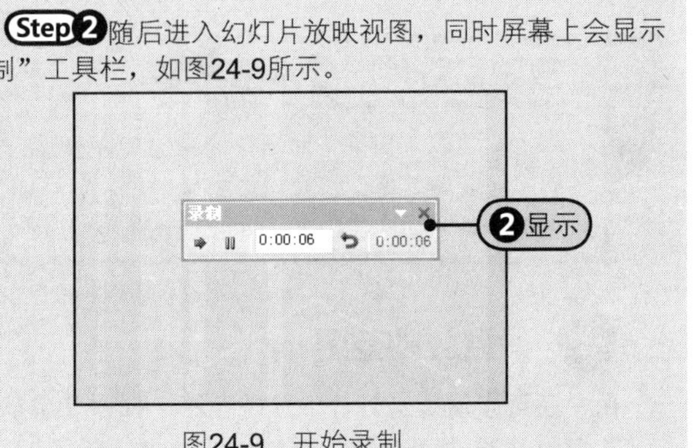

图24-9 开始录制

3 步骤 设置每页幻灯片放映时所需要的时间，到达指定的时间后，Step3单击“录制”工具栏中的“下一项”按钮切换到下一页，如图24-10所示。

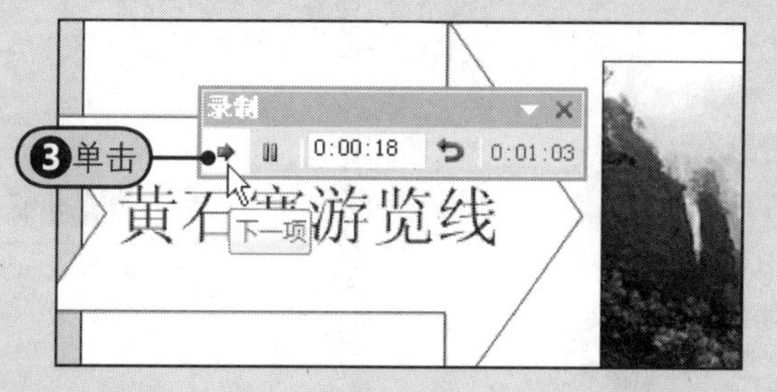

图24-10 设置每页幻灯片的播放时间

4 步骤 Step4到达演示文稿末尾，屏幕上会弹出如图24-11所示的对话框，单击“是”按钮。

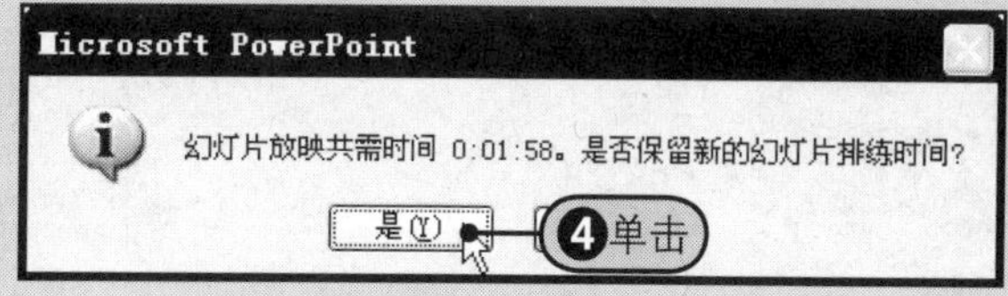

图24-11 提示对话框

Step5随后自动切换到幻灯片浏览视图，在每页幻灯片左下方会显示所需要的播放时间，如图24-12所示。

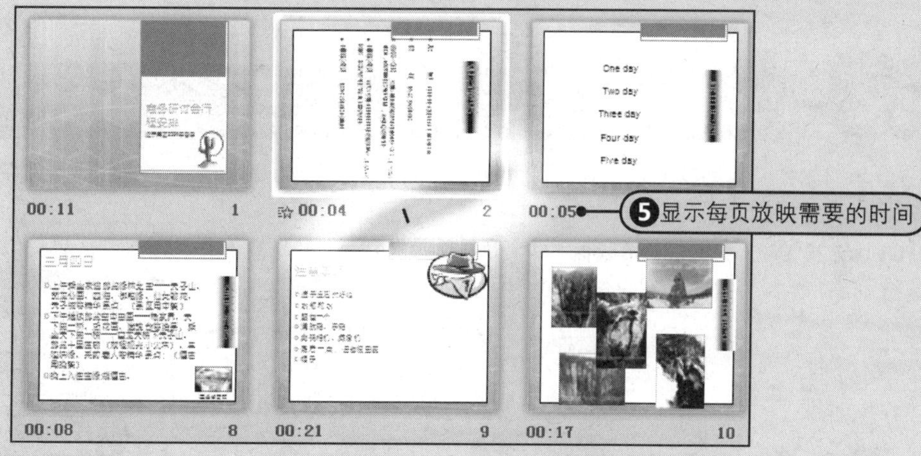

图24-12 浏览视图中显示每张幻灯片的播放时间

24.1.4 录制幻灯片演示

PowerPoint 2010的录制幻灯片演示是一项新功能，该功能可以记录PowerPoint幻灯片的放映时间，同时，允许用户使用鼠标、激光笔麦克风为幻灯片加上注释。也就是制作者对PowerPoint 2010的一切相关注释都可以使用录制幻灯片演示功能记录下来，从而使得幻灯片的互动性能大大提高。而其最实用的地方在于，录好的幻灯片可以脱离讲演者来放映。录制幻灯片演示的方法如下。

1 步骤 Step1在“设置”组中单击“录制幻灯片演示”的下三角按钮，Step2从展开的下拉列表中选择“从头开始录制”命令，如图24-13所示。

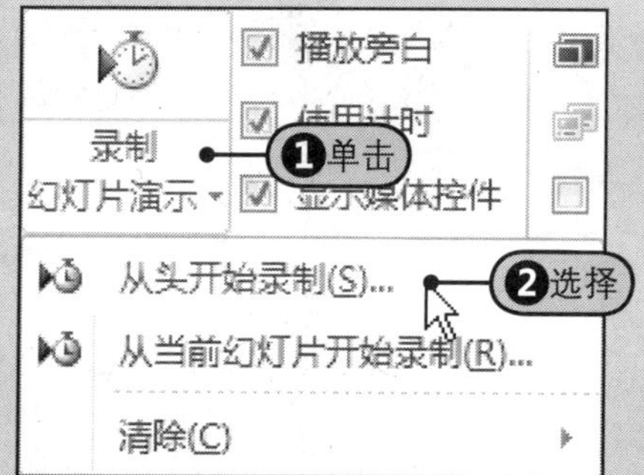

图24-13 单击“录制幻灯片演示”按钮下的命令

2 步骤 Step3在“录制幻灯片演示”对话框中根据需要勾选“幻灯片和动画计时”复选框及“旁白和激光笔”复选框，Step4然后单击“开始录制”按钮，如图24-14所示。

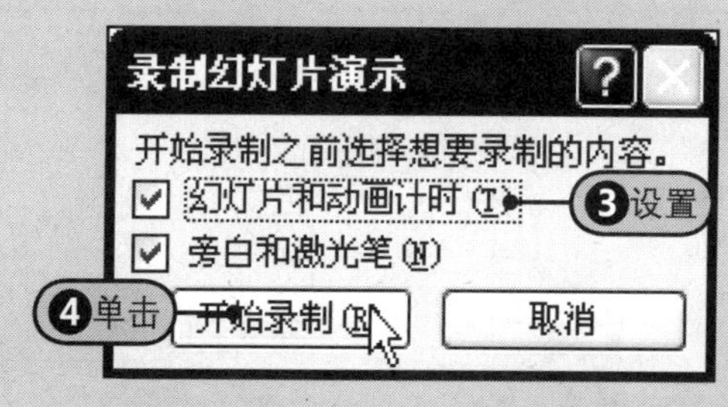

图24-14 “录制幻灯片演示”对话框

步骤3 Step5 进入幻灯片放映录制，屏幕上会显示“录制”工具栏，如图24-15所示。

图24-15 开始录制

步骤4 Step6 当完成幻灯片播放后，会自动切换到幻灯片浏览视图，在幻灯片下方会显示该幻灯片所需的播放时间，如图24-16所示。

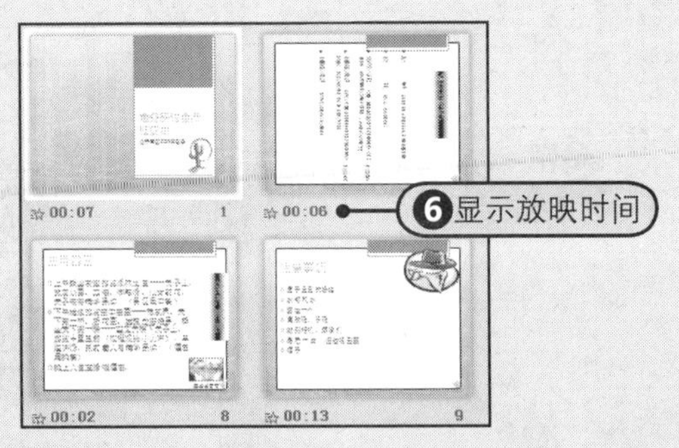

图24-16 设置自动换片时间

24.2 放映幻灯片

上一节中学习了幻灯片放映前的准备工作，如何设置幻灯片放映的类型、选项与范围、排练计时及录制幻灯片演示，接下来学习如何放映幻灯片。

在PowerPoint 2010中，与幻灯片放映相关的命令是在“幻灯片放映”选项卡中的“开始放映幻灯片”组中。该组一共包括4个命令按钮，分别是“从头开始”、“从当前幻灯片开始”、“广播幻灯片”和“自定义幻灯片放映”，如图24-17所示。

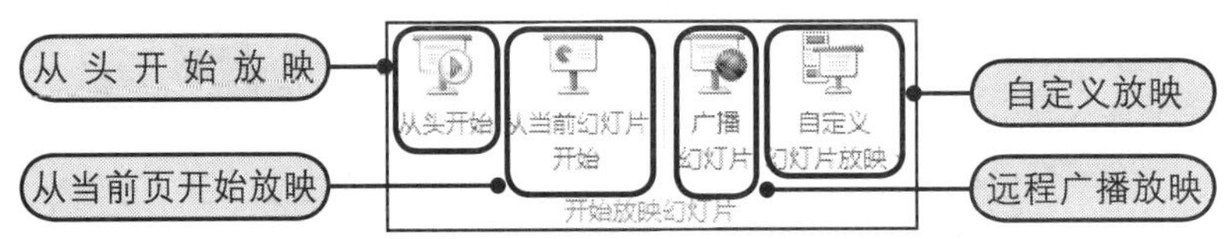

图24-17 “开始放映幻灯片”组

24.2.1 从头放映与从当前开始放映幻灯片

从头开始播放幻灯片是指无论当前幻灯片为哪一页，都从演示文稿的首页开始播放；从当前开始放映则是指从当前选中的幻灯片开始播放。

Step1 选中幻灯片2，Step2 在“开始放映幻灯片”组中单击“从头开始”按钮，会从首页幻灯片开始播放，Step3 如果单击“从当前幻灯片开始”按钮，Step4 则PowerPoint会从当前幻灯片开始播放，如图24-18所示。

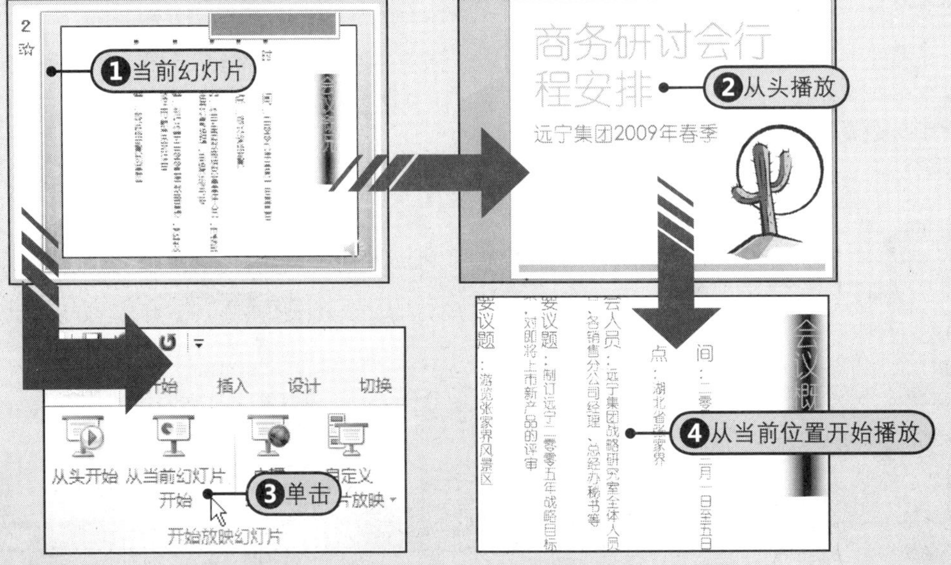

图24-18 从头放映或从当前位置开始放映

24.2.2 自定义放映幻灯片

自定义放映幻灯片是一种更加灵活的放映方式，无论当前演示文稿中有多少幻灯片，用户可以有选择性地设置当前放映的幻灯片。

步骤1 Step1在“开始放映幻灯片”组中单击“自定义幻灯片放映”的下三角按钮，Step2从展开的下拉列表中选择“自定义放映”命令，如图24-19所示。

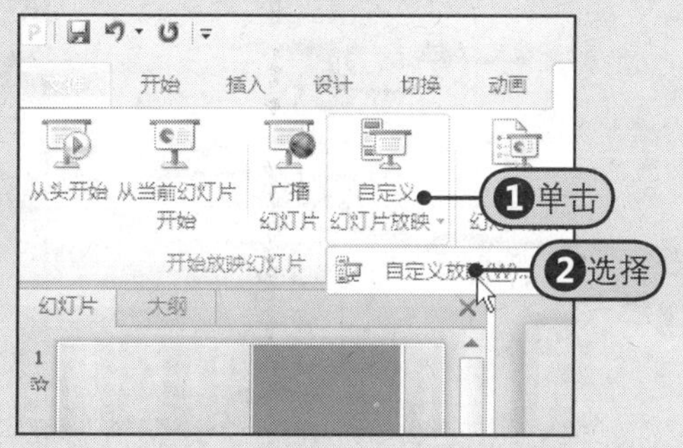

图24-19 选择“自定义放映”命令

步骤2 Step3在打开的“自定义放映”对话框中单击“新建”按钮，如图24-20所示。

图24-20 “自定义放映”对话框

步骤3 打开“定义自定义放映”对话框，Step4在“在演示文稿中的幻灯片”框中选定要放映的幻灯片，Step5然后单击“添加”按钮，将需要放映的所有幻灯片添加到“在自定义放映中的幻灯片”列表框，Step6然后单击“确定”按钮，如图24-21所示。

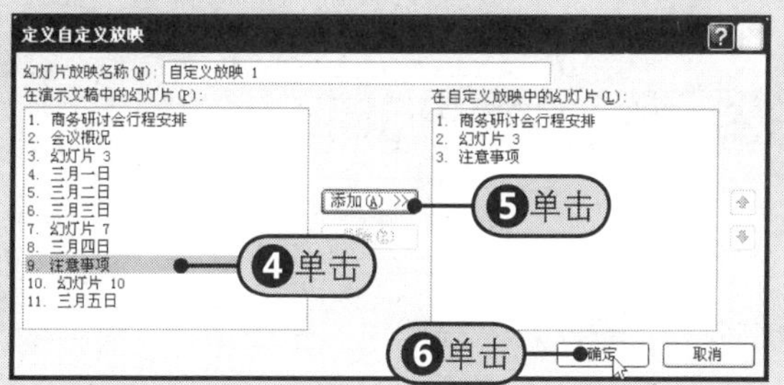

图24-21 添加要放映的幻灯片

步骤4 返回“自定义放映”对话框，Step7单击“放映”按钮，开始放映，此时只会放映添加到“在自定义放映中的幻灯片”列表中的幻灯片，如图24-22所示。

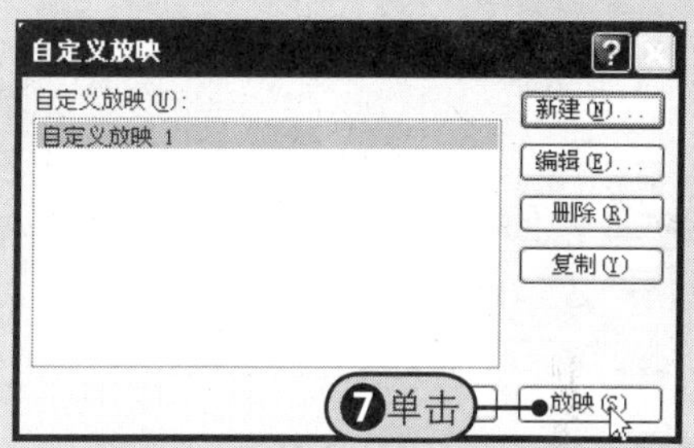

图24-22 单击“放映”按钮

提示 删除自定义放映中的幻灯片

在设置了自定义放映幻灯片后，用户还可以重新对自定义放映进行编辑，只要在“自定义放映”对话框中选中已定义的幻灯片名称，然后单击“编辑”按钮即可；在“定义自定义放映”对话框中的“在自定义放映中的幻灯片”列表中选择，然后单击“删除”按钮，即可删除自定义放映中的幻灯片。

24.3 共享演示文稿

在PowerPoint 2010中，提供了许多种共享演示文稿的方法，例如，可以使用电子邮件的方式发送演示文稿；可以将演示文稿创建为讲义，以Word文档形式来保存和查看演示文稿；还可以通过PowerPoint 2010新增的“广播幻灯片”功能直接进行远程播放；还可以将演示文稿打包记录成CD等。

24.3.1 使用电子邮件发送演示文稿

用户可以用电子邮件的方式发送演示文稿，可以直接将演示文稿作为附件发送，也可以以PDF或者XPS的形式发送邮件，还可以以Internet传真的形式发送。

如果以附件的形式发送，每位收件人都会接收到演示文稿的单独副本；如果以PDF或者XPS的形式发送，收件人收到的文档外观都基本相等，且不容易被修改。其具体操作方法如下。

Step1 单击“文件”按钮，Step2 从展开的下拉菜单中选择“保存并发送”命令，Step3 在“保存并发送”区域内单击“使用电子邮件发送”选项，Step4 然后在“使用电子邮件发送”区域内单击“作为附件发送”按钮。Step5 如果当前计算机中的Outlook已设置好链接到用户的电子邮箱，随后会将演示文稿作为附件添加到一封新邮件中，如图24-23所示。

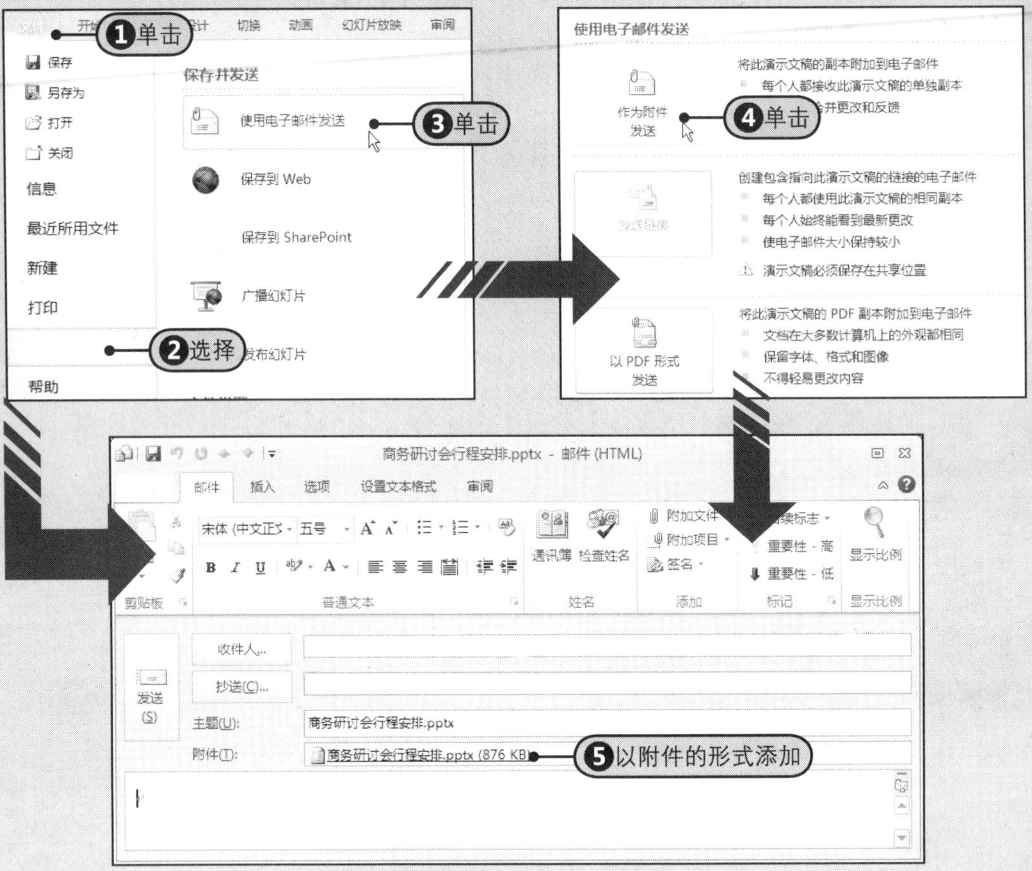

图24-23　以附件的形式发送电子邮件

提示　以PDF或者XPS的形式发送电子邮件

用户还可以以PDF或XPS的形式发送电子邮件，只需要在“使用电子邮件发送”区域内单击“以PDF形式发送”（或者“以XPS形式发送”）按钮，系统会自动将添加到附件的格式更改为PDF（或者XPS）的形式，如图24-24所示。

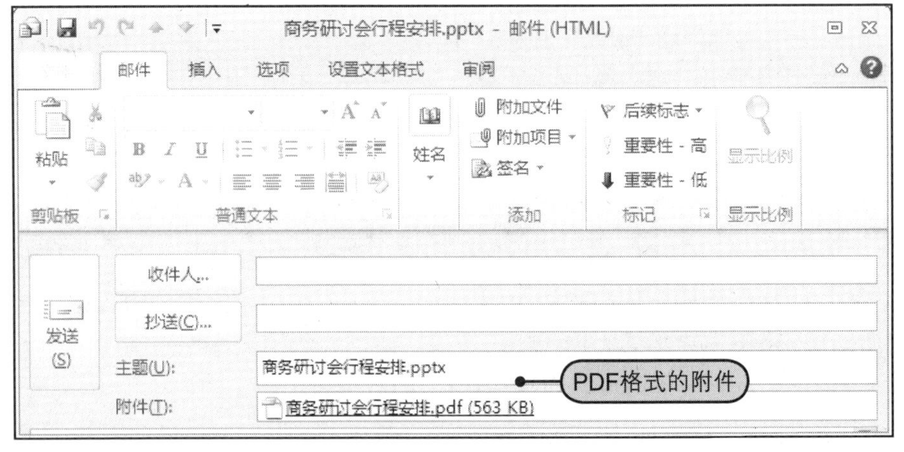

图24-24　以PDF的形式发送邮件

24.3.2 将演示文稿创建为讲义

用户还可以将演示文稿创建为讲义，保存为Word文档的格式。其创建的方法如下。

Step❶单击“文件”按钮，Step❷从下拉菜单中选择“保存并发送”命令，Step❸然后在“文件类型”区域内单击“创建讲义”选项，Step❹然后单击“创建讲义”按钮，Step❺在“发送到Microsoft Word”对话框中选择使用的版式，Step❻然后单击“确定”按钮，Step❼创建的讲义文档如图24-25所示。

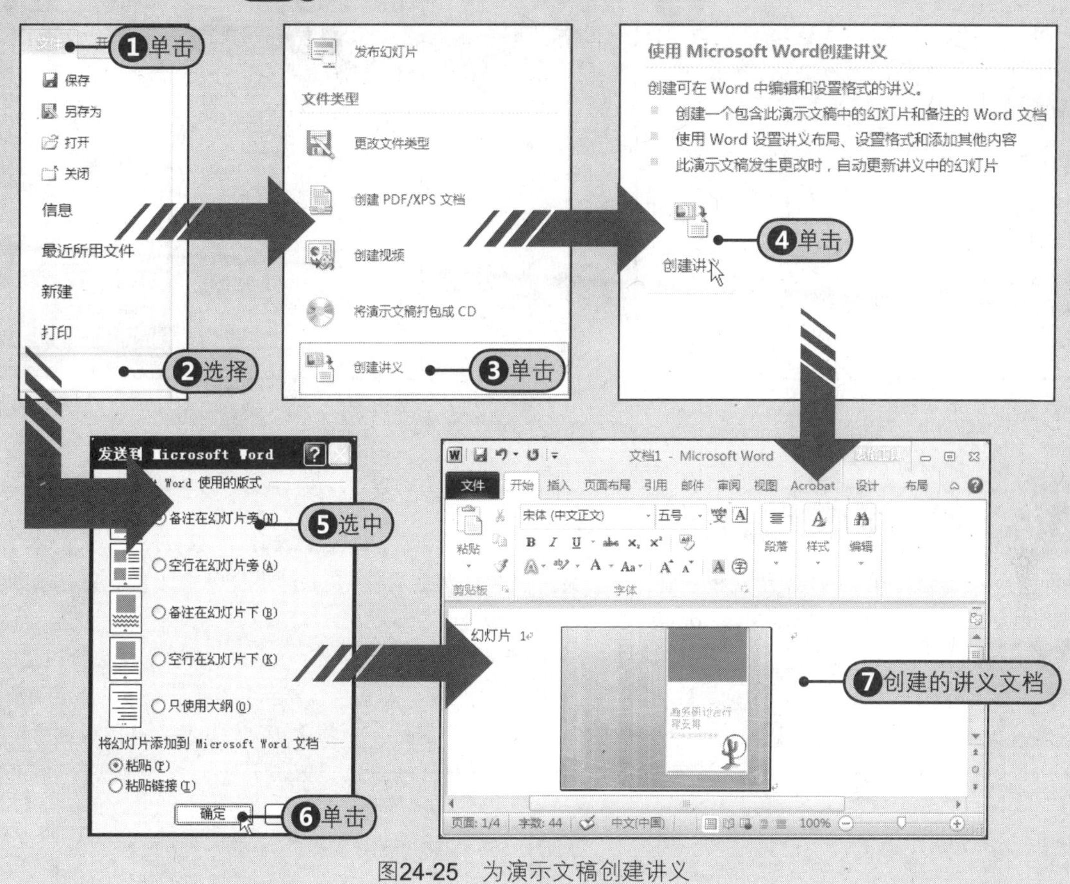

图24-25 为演示文稿创建讲义

24.3.3 广播幻灯片

使用PowerPoint 2010中的“广播幻灯片”功能，可以在Web浏览器中远程观看广播幻灯片，而不需要安装程序。PowerPoint 2010将创建一个链接与其他人共享，使用此链接的任何人都可以在广播时观看幻灯片放映。

步骤1 Step❶单击“文件”按钮，Step❷从展开的下拉菜单中选择“保存并发送”命令，Step❸然后在“保存并发送”区域内单击“广播幻灯片”选项，如图24-26所示。

图24-26 单击“文件”按钮

步骤2 Step❹在“广播幻灯片”区域内单击“广播幻灯片”按钮，如图24-27所示。

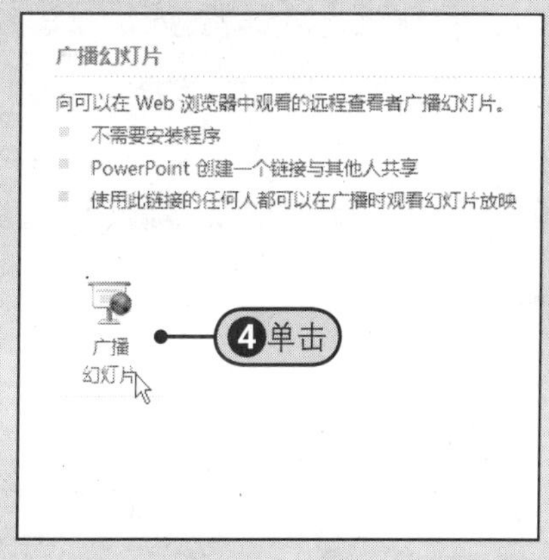

图24-27 单击“广播幻灯片”按钮

3 步骤 Step 5 在“广播幻灯片”对话框中单击“启动广播”按钮，如图24-28所示。

图24-28 单击“启动广播”按钮

4 步骤 Step 6 随后弹出“连接到…”对话框，在该对话框输入用户的邮件地址和密码，如图24-29所示，然后按照对话框提示进行操作。

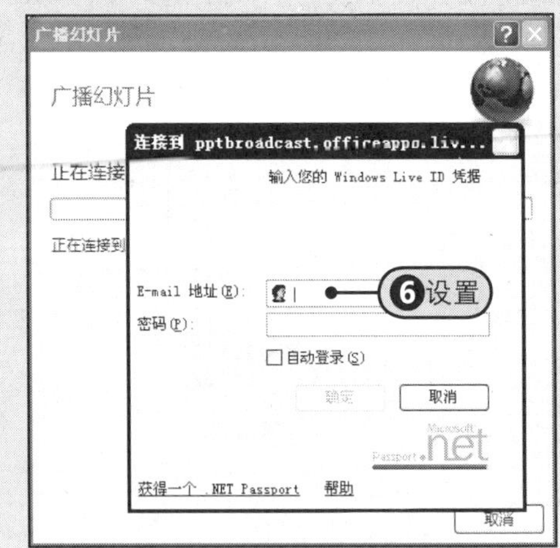

图24-29 设置E-mail地址和密码

24.3.4 将演示文稿打包到CD

用户还可以将PowerPoint 2010演示文稿复制到一个文件夹中，然后可使用CD刻录程序将该文件夹复制到CD上。即使没有PowerPoint 2010程序，该CD也能在Windows系统中播放和运行。

Step 1 在“文件”菜单中切换至“保存并发送”选项面板，在“文件类型”中单击“将演示文稿打包成CD”选项，Step 2 然后单击“打包成CD”按钮，Step 3 弹出“打包成CD”对话框，单击“复制到文件夹”按钮，随后弹出“复制到文件夹”对话框，设置好位置后，Step 4 单击“确定”按钮，如图24-30所示，然后将该文件夹使用刻录机刻录到CD即可。

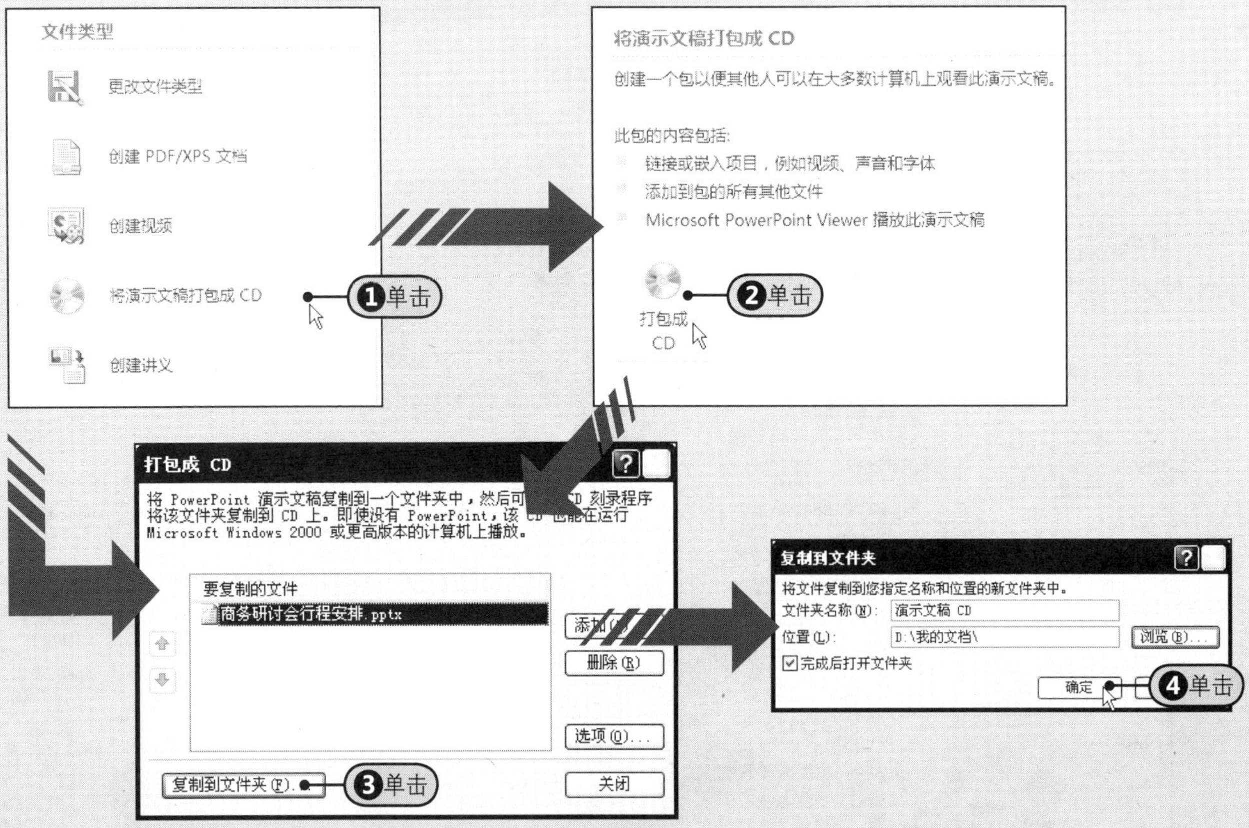

图24-30 将演示文稿打包到CD

24.4 融会贯通 将演示文稿“企业文化”制作为视频文件

本章主要介绍了放映演示文稿的准备工作、如何放映演示文稿及如何共享演示文稿。除了上面介绍的方法，还可以将演示文稿制作为视频文件。打开附书光盘\实例文件\第24章\原始文件\企业文化.pptx，其具体操作步骤如下。

步骤1 单击“创建视频”选项。

Step1 在“文件”下拉菜单中单击“保存并发送”选项。

Step2 在“文件类型”中单击“创建视频”选项。

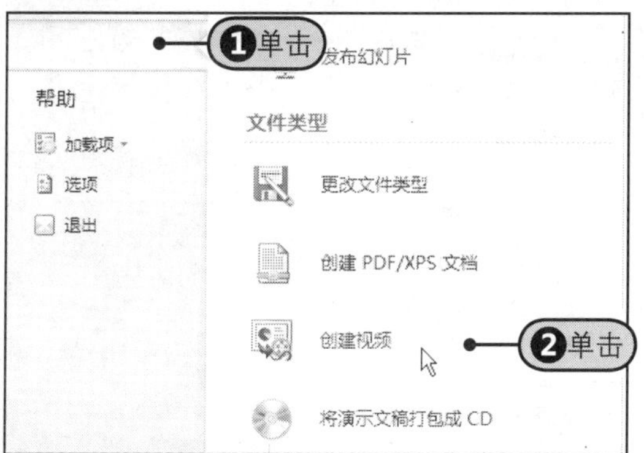

步骤2 单击“创建视频”按钮。

在选项面板中单击“创建视频”按钮。

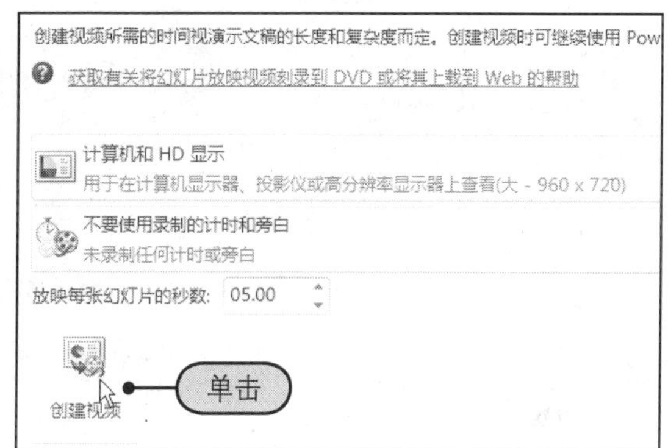

步骤3 输入视频文件名。

在“另存为”对话框中输入“文件名”，此时“保存类型”自动设置为“Windows Media视频”。

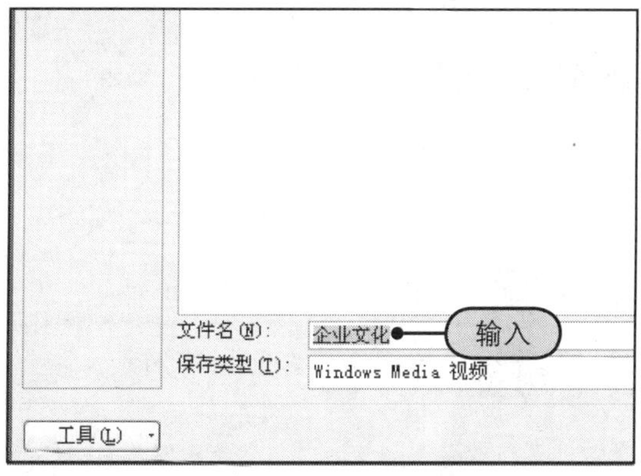

步骤4 显示正在制作视频。

此时演示文稿窗口的状态栏中会显示“正在制作视频”和进度条。

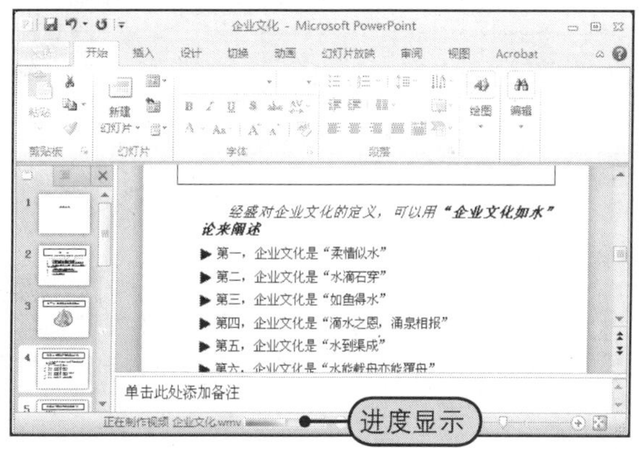

步骤5 单击播放视频。

在指定的文件夹中，如果计算机中已安装播放软件，可以双击制作的视频文件在播放软件中播放视频。

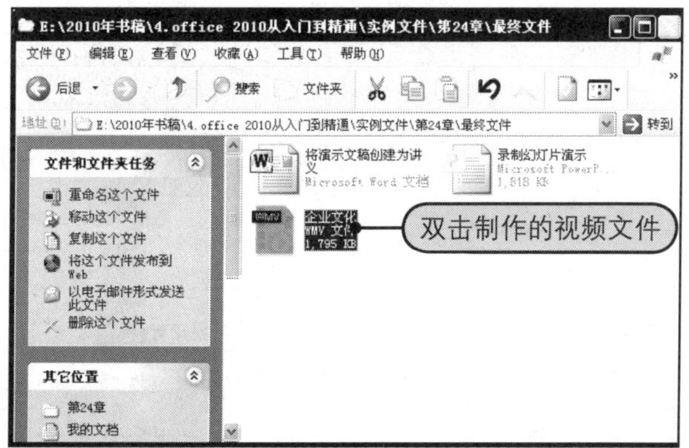

24.5 专家支招

演示文稿的放映和共享是展示我们工作成果的时刻，掌握了本部分内容，可以为一场成功的演示画下一个完美的句号。结合本章知识点，本节有针对性地补充以下3个问题。

招术一 设置演示文稿显示/打印为灰度或黑白模式

如果需要节约成本打印演示文稿，可以将演示文稿设置为灰度或黑白模式。打开需要转换的演示文稿，在“视图”选项卡中的“颜色/灰度”组中单击“灰度”按钮，将演示文稿转换为灰度模式，如图24-31所示。如果需要将演示文稿转换为黑白模式，可以在“颜色/灰度”组中单击“黑白模式”按钮。

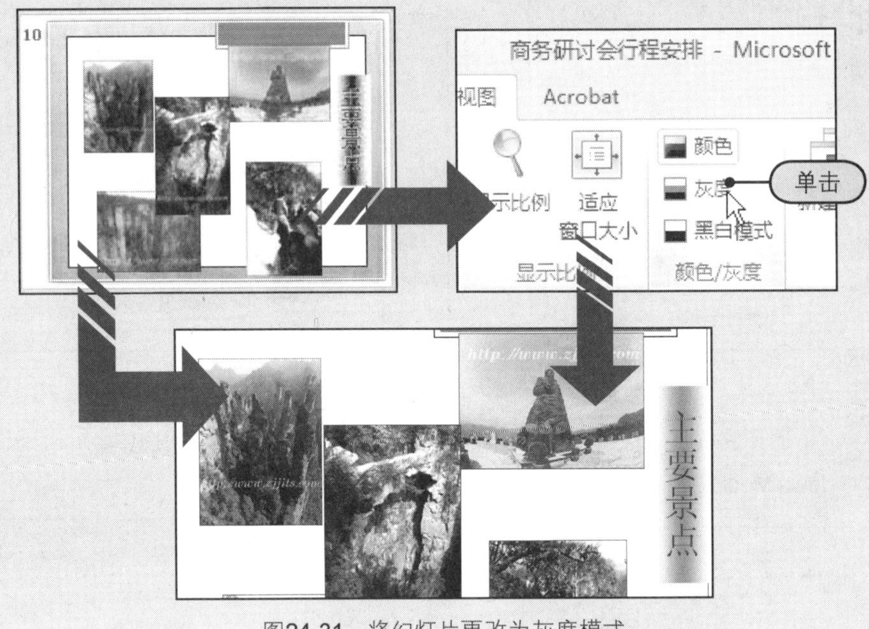

图24-31　将幻灯片更改为灰度模式

招术二 将演示文稿保存为“PowerPoint放映类型”格式

如果希望其他的用户只能观看演示文稿，而不能对演示文稿进行修改等编辑操作，可以将演示文稿保存为PowerPoint放映类型。

Step 1 在“文件”下拉菜单中单击“保存并发送”选项，Step 2 在“文件类型”区域内单击“更改文件类型”选项，Step 3 在显示的“文件类型”列表中单击“PowerPoint放映”选项，随后弹出“另存为”对话框，Step 4 在“文件名”中输入要保存的文件名，Step 5 然后单击“保存”按钮，如图24-32所示。

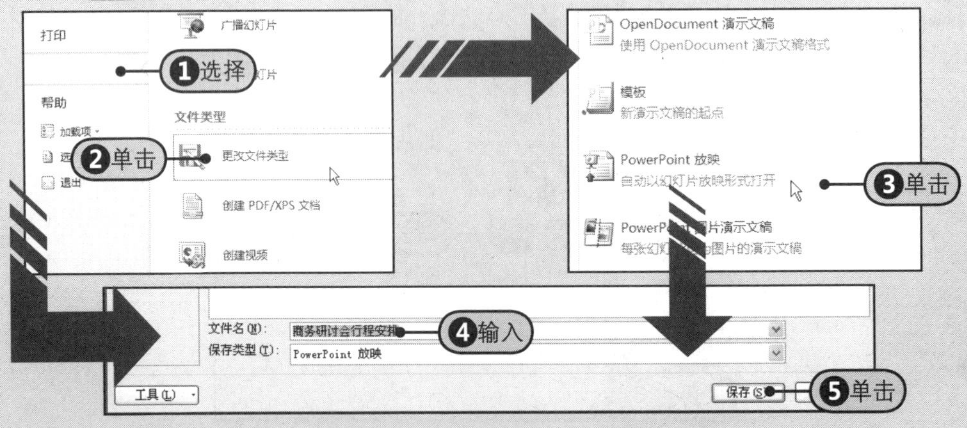

图24-32　保存演示文稿为幻灯片放映格式

招术三 清除幻灯片中的计时

为幻灯片录制演示后，在浏览视图中会显示每页幻灯片的计时，用户也可以清除这些计时。

Step 1 单击要清除计时的幻灯片，Step 2 在“幻灯片放映”组中单击“录制幻灯片演示”的下三角按钮，Step 3 从展开的下拉列表中选择“清除”选项，Step 4 从下级下拉列表中选择“清除当前幻灯片的计时”命令，Step 5 清除计时后的幻灯片，如图24-33所示。

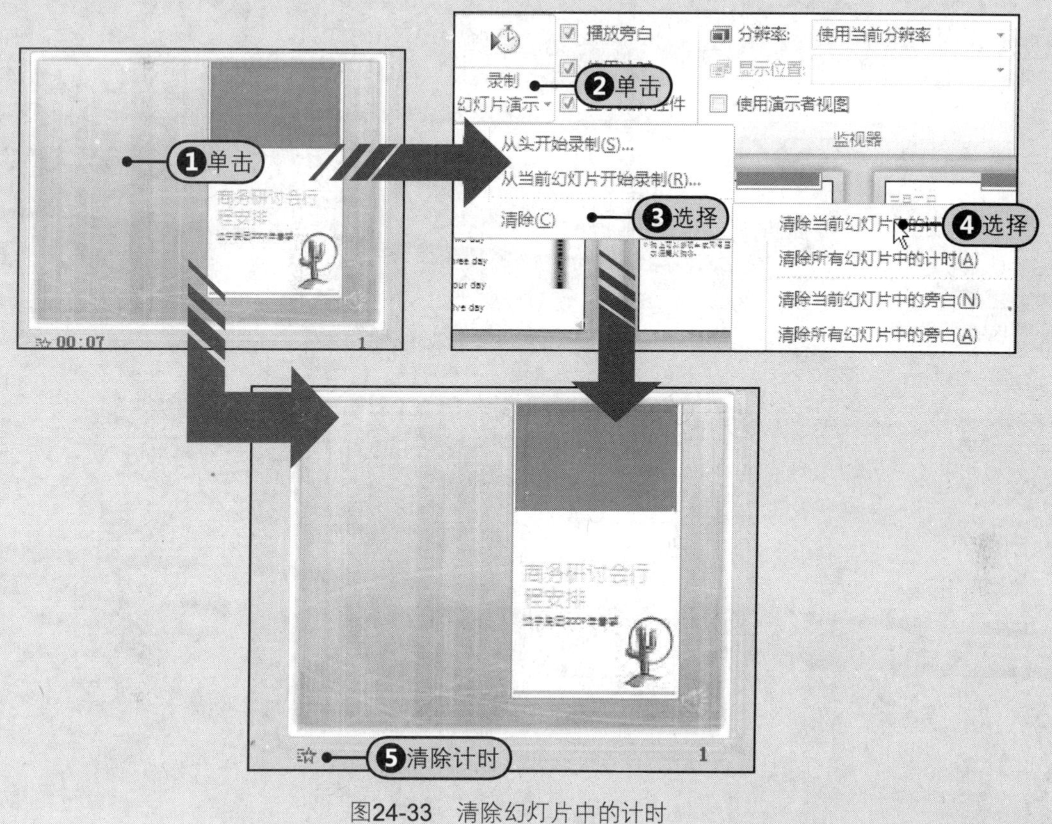

图24-33 清除幻灯片中的计时

读书笔记

Part 5 综合演练篇

Chapter 25

制作月工作报告

通过以上章节的介绍，我们了解了Office 2010软件的三大组件：Word 2010、Excel 2010及PowerPoint 2010的使用方法和相关技巧。在本章中，我们将通过实例来重温一遍三大组件的相关内容。

25.1 制作月工作书面报告

在日常工作中，经常会制作月工作书面报告，这就不得不使用到Office 2010中的文字处理软件Word 2010。现在，我们就用Word 2010来制作一份包含图片的月工作书面报告。

25.1.1 在Word 2010中输入文本并设置段落格式

打开附书光盘\实例文件\第25章\原始文件\月工作报告.docx电子文档，本节将制作一份完整的书面工作报告，对其进行段落设置是必不可少的。要对文档进行段落格式设置，具体操作步骤如下。

步骤1 Step1 设置标题居中格式，选择标题文本“月工作报告”，如图25-1所示。

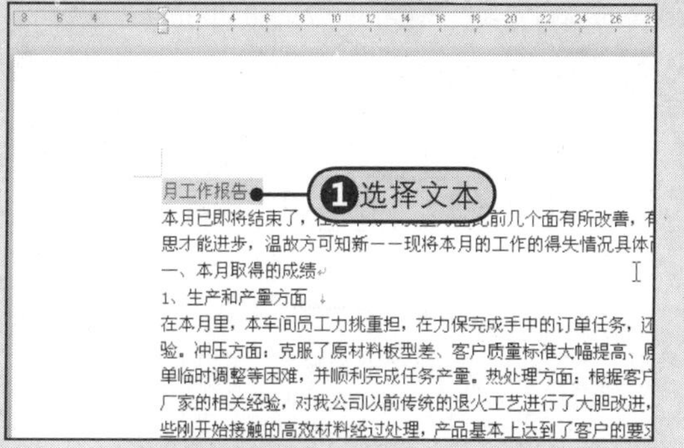

图25-1 选择设置文本

步骤2 Step2 单击功能区内“段落”组中的“居中”按钮，标题文字立即以“居中”方式在屏幕中显示出来，如图25-2所示。

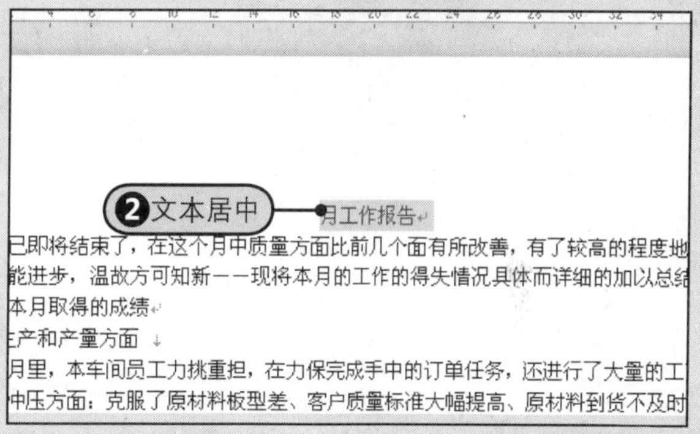

图25-2 “居中”格式效果

步骤3 右击要设置的段落任意位置，Step3 从快捷菜单中选择“段落”命令。Step4 在打开的对话框中，从“特殊格式”下拉列表中选择“首行缩进”，保留默认缩进值，单击“确定”按钮，Step5 设置段落格式后的效果，如图25-3所示。

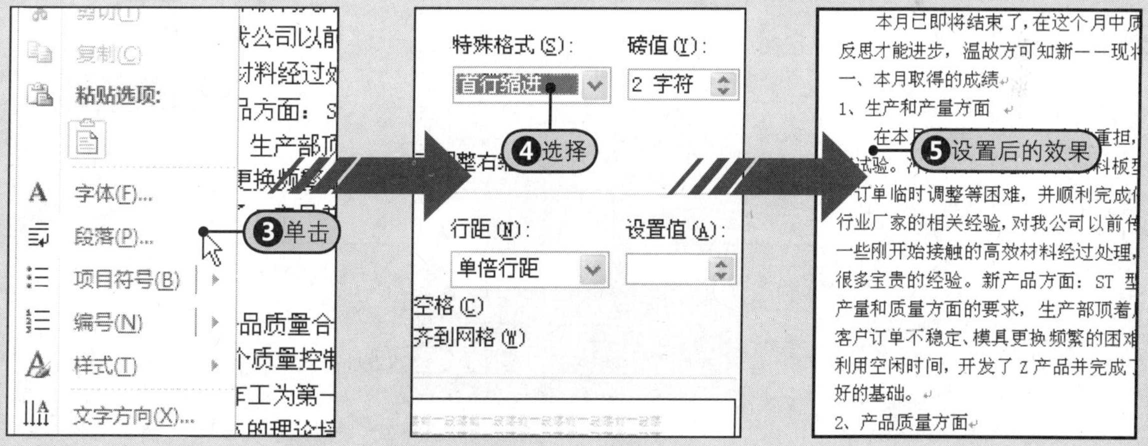

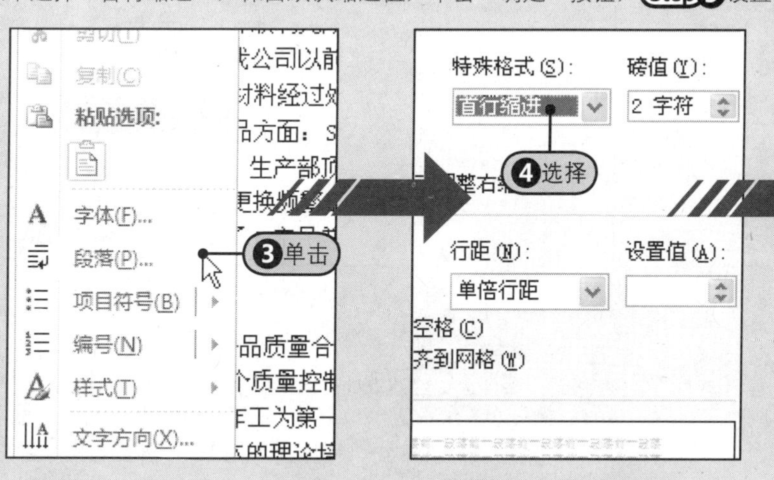

图25-3 设置首行缩进

25.1.2 在文档中插入图片并美化文档

当文档的段落格式设置完成后，工作报告最基本的制作就完成了。当然，用户还可以在文档中插入图片来美化文档。要在文档中插入图片，具体操作如下。

1 步骤 Step 1 将光标置于要插入图片的位置，单击“插入”选项卡下的“图片”按钮。

2 步骤 Step 2 在打开的对话框中双击要插入的图片，此时，Step 3 文档即显示插入图片的效果，如图25-4所示。

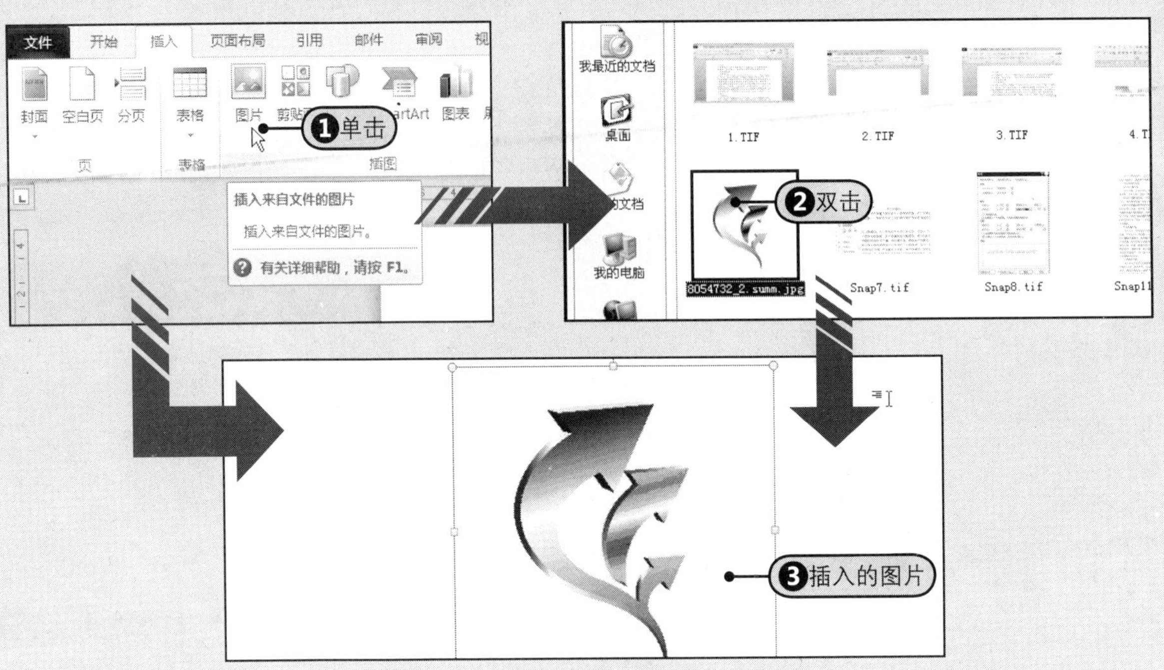

图25-4　插入图片

3 步骤 Step 4 在文档中双击图片，在弹出的图片工具功能区对其进行相关设置，如图25-5所示。

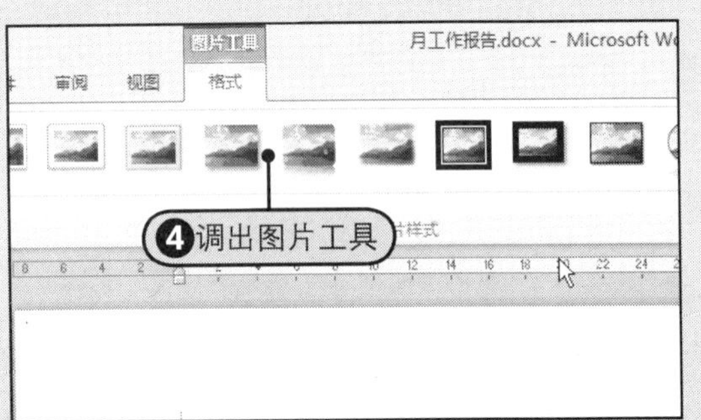

图25-5　调出图片工具

4 步骤 Step 5 单击“图片工具-格式”选项卡下“排列”组的“自动换行”按钮，Step 6 选择下拉列表中的“衬于文字下方”命令，如图25-6所示。

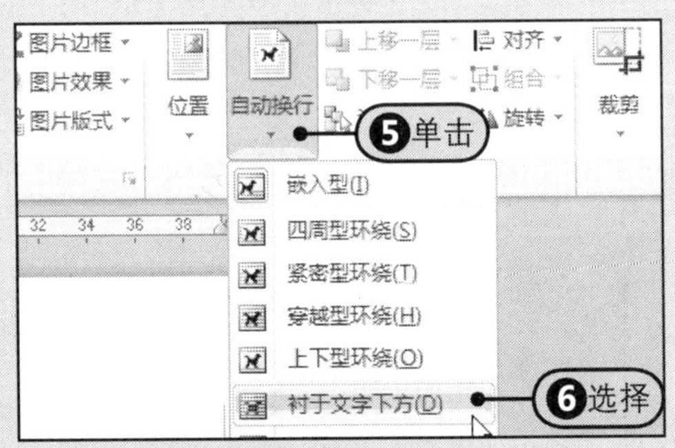

图25-6　设置“自动换行”

5 步骤 Step 7 依次将图片样式设置为“棱台透视”，颜色设置为“橄榄色”，图片效果设置为“阴影下的右下角透视”，其最终效果如图25-7所示。

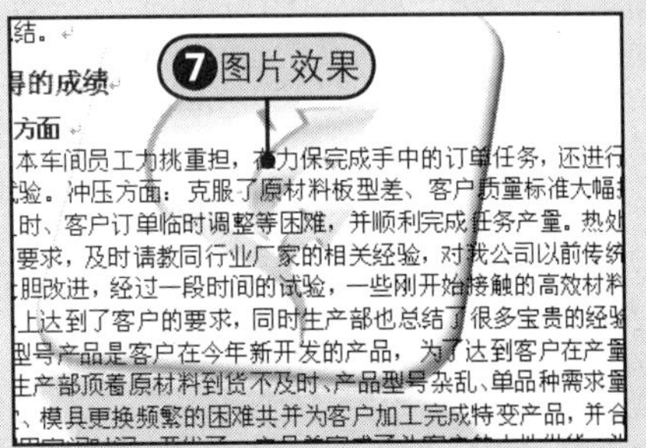

图25-7　图片设置效果

6 步骤 Step 8 对文档中的文本进行设置以美化文档，将标题文字字号设置为“二号”，正文文字设置为“小四号”，并对各级标题的字形设置为“粗形”，其最终效果如图25-8所示。

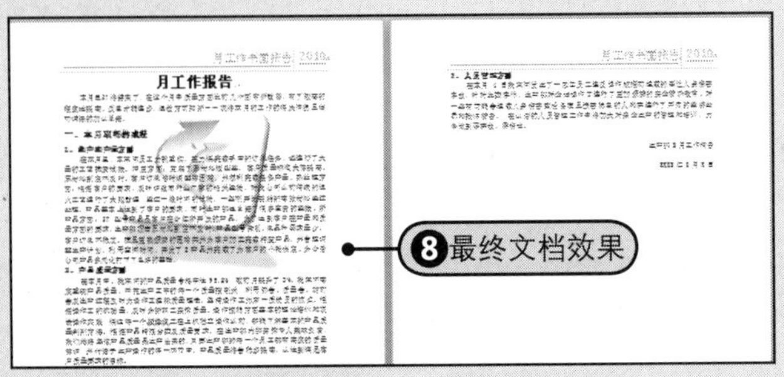

图25-8　最终文档效果图

25.1.3 设置页面格式

设置页面格式，是指对页面的页边距和纸张大小等格式的设置。在制作Word文档时，用户可根据需求选择不同的页边距和纸张，我们目前制作的是月工作书面报告，最常用到的纸张为A4，页边距设置为系统默认值即可。设置页边距和纸张大小，具体操作步骤如下。

Step1单击“页面布局”标签，Step2单击该功能区“页面设置”组中的“页边距”按钮，Step3选择弹出的下拉列表中的“普通”，Step4单击该组中的“纸张大小”按钮，Step5选择弹出的下拉列表中的A4。此时，Step6文档即显示最终效果，如图25-9所示。

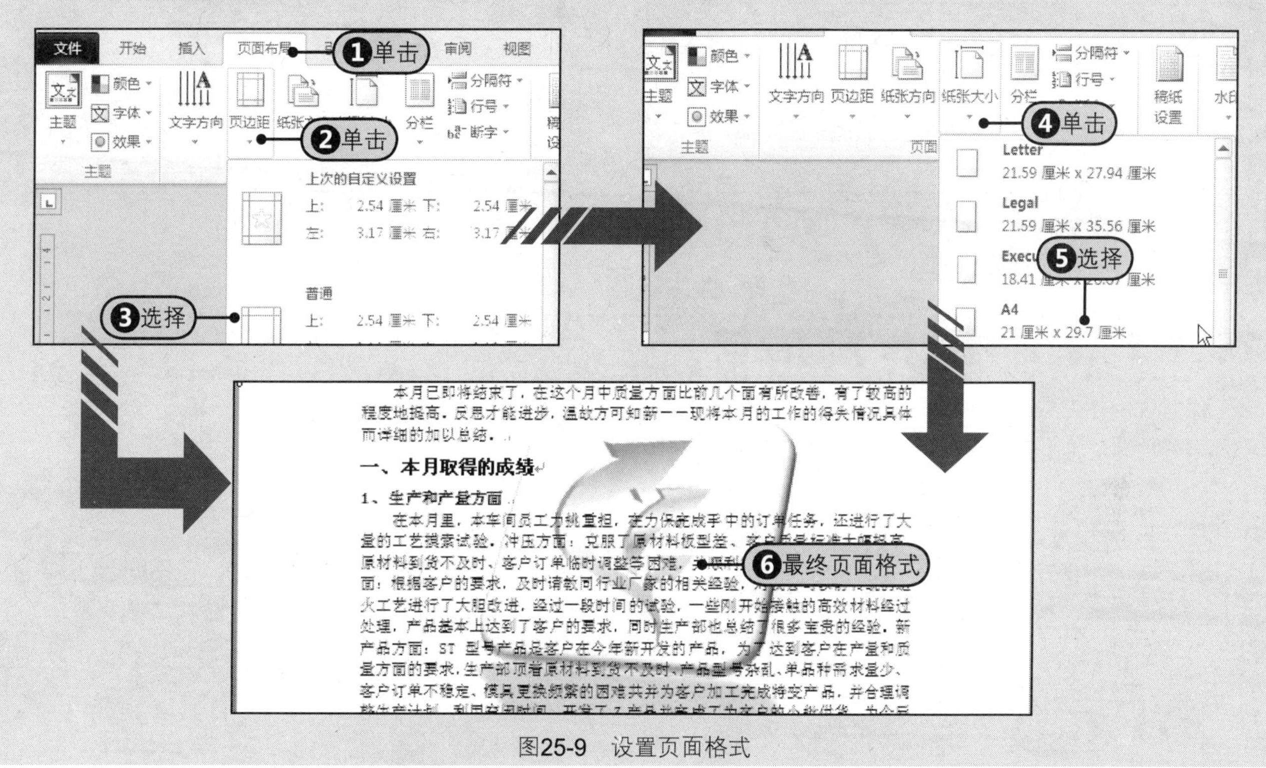

图25-9 设置页面格式

25.1.4 添加页眉和页脚

给文档添加页眉，可快速了解该文档的主题和日期等信息，而页脚则能对文档的页数等信息一目了然。在页眉和页脚中，用户还可以根据需求增加更多有用的信息。给文档添加页眉和页脚，具体步骤如下。

1步骤 Step1单击“插入”标签下的“页眉”按钮，Step2选择下拉列表中的“年刊型”页眉选项，如图25-10所示。

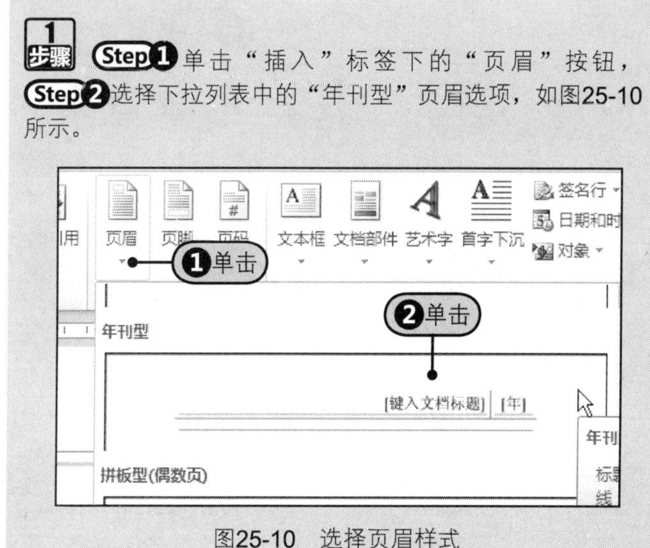

图25-10 选择页眉样式

2步骤 Step3在返回的页眉编辑窗口处分别输入标题和日期，如图25-11所示。

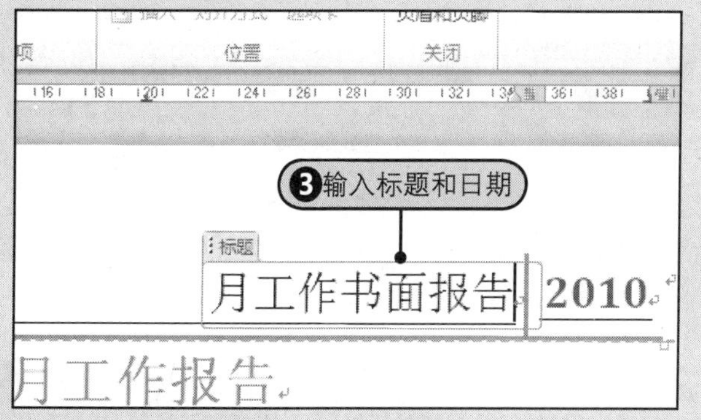

图25-11 编辑页眉

3 步骤 Step 4 单击“插入”标签下的“页脚”按钮，Step 5 选择下拉列表中的“年刊型”页脚选项，如图25-12所示。

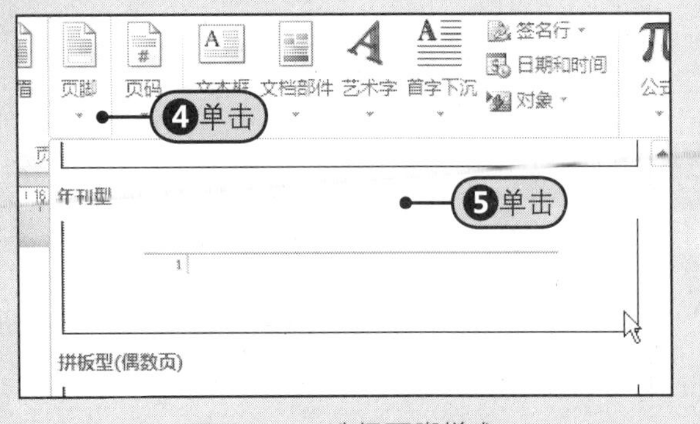

图25-12 选择页脚样式

4 步骤 Step 6 单击“设计”选项卡下的“页码”按钮，Step 7 选择下拉列表中的“当前位置”命令，Step 8 再单击列表中的“加粗显示的数字”选项，如图25-13所示。

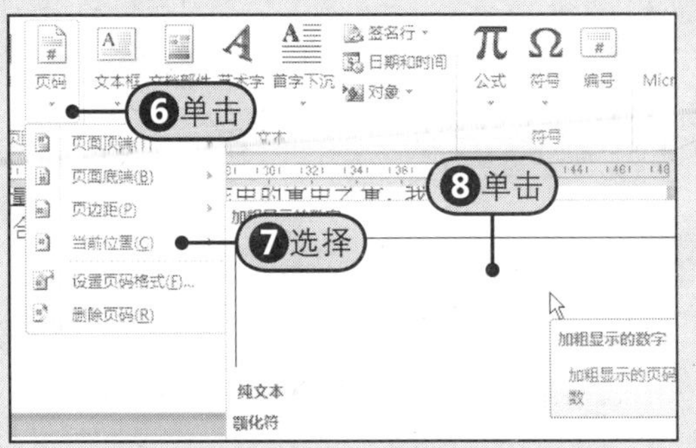

图25-13 编辑页码

25.1.5 打印月工作书面报告

当工作报告制作完成后，可以保存为电子文档。电子文档具有保存不占位置和修改方便的优点，但往往也需要将其打印出来存档和查阅。要打印编辑好的工作书面报告，具体操作步骤如下。

1 步骤 Step 1 单击“文件”按钮，Step 2 选择下拉菜单中的“打印”命令，如图25-14所示。

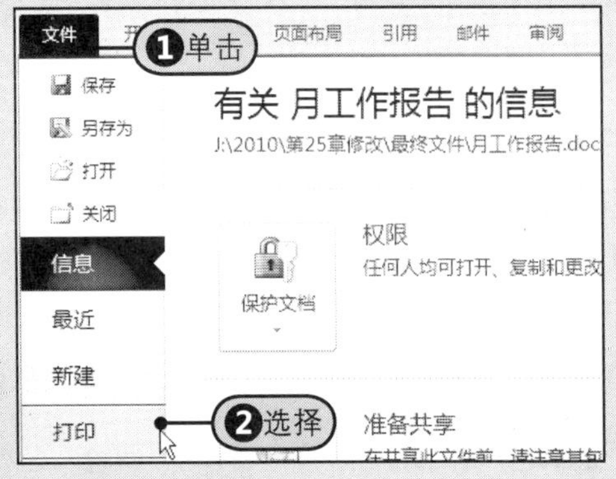

图25-14 选择打印

2 步骤 Step 3 在“副本”框中设置打印份数，Step 4 在“打印机”选项处选择连接的打印机，Step 5 在“设置”选项处选择“打印所有页”，Step 6 然后单击“打印”按钮，如图25-15所示。

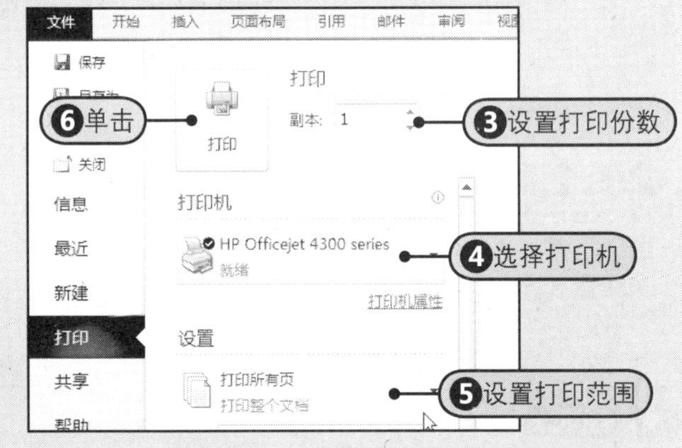

图25-15 编辑打印信息

25.2 使用Excel 2010制作月工作成果表格并创建图表

当报表中需要输入大量的数据并要对数据进行分析或创建图表时，使用Excel 2010软件就能轻松地解决此问题。它使输入工作簿中的数据整齐、有序，它超强的图表和分析功能使数据分析及统计工作更加方便、快捷。现在，我们就用它来做一个关于月工作成果的报表。

25. 2.1 在原始数据中筛选产量大于10000的数值

打开附书光盘\实例文件\第25章\原始文件\10月生产统计表.xlsx工作簿，如要查看报表中产品某些特定数量的数据，可通过Excel的筛选功能来实现。如要将报表中大于10000的数值通过筛选的功能显示出来，具体操作步骤如下。

1 步骤 **Step 1** 在“月工作统计表”工作簿中，选择B3:G3单元格为要进行数值筛选区域的标题行，如图25-16所示。

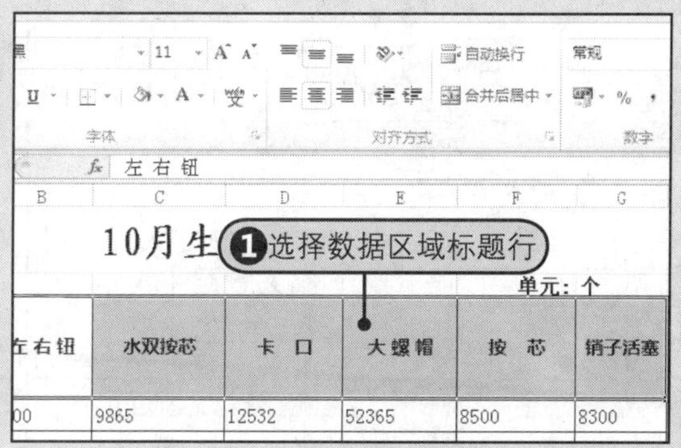

图25-16　选择标题行

2 步骤 **Step 2** 单击“数据”选项卡中“排序和筛选”组中的“筛选”按钮，**Step 3** 此时，报表中标题行各品名的右下角出现了可供筛选的下三角形按钮，如图25-17所示。

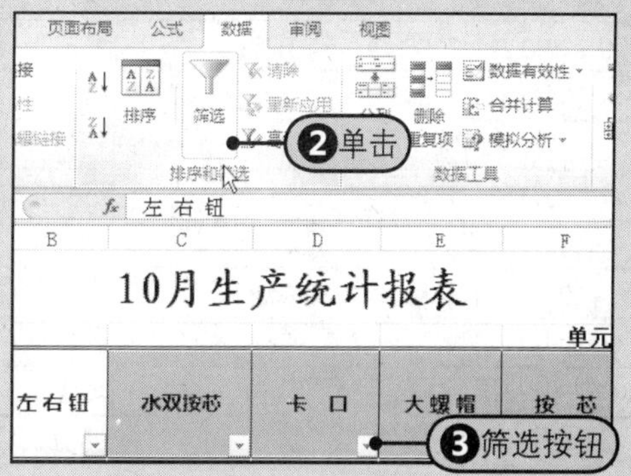

图25-17　筛选按钮

3 步骤 **Step 4** 单击要进行筛选的标题行的下三角形按钮，如要对“水双按芯”产品进行筛选，则单击该单元格右下角的三角形按钮，**Step 5** 选择展开的下拉列表中的“数字筛选”命令，**Step 6** 选择右列表中的“大于”命令，如图25-18所示。

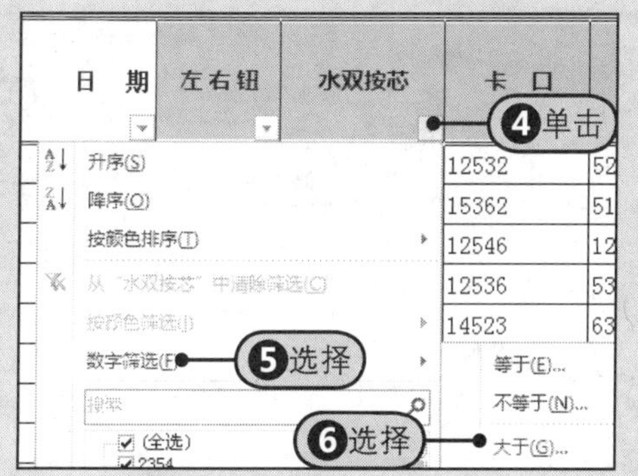

图25-18　选择“大于”选项

4 步骤 **Step 7** 在打开的“自定义自动筛选方式”对话框中的第二条目框中输入“10000”，**Step 8** 然后单击“确定”按钮，如图25-19所示。

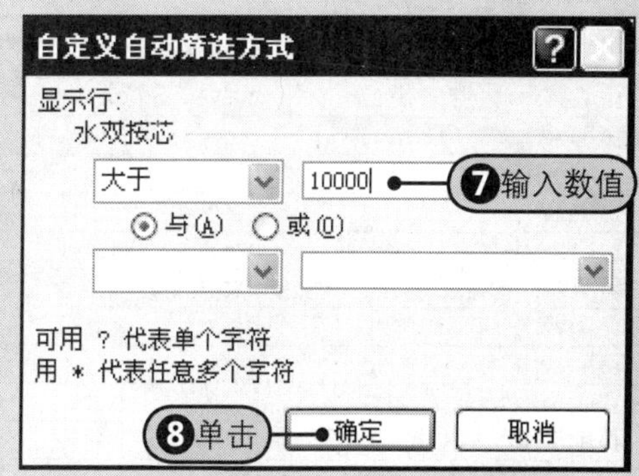

图25-19　设置自定义筛选

5 步骤 **Step 9** 此时，报表中的“水双按芯”列中显示出了所有大于“10000”的数值，如图25-20所示。

左右钮	水双按芯	卡
7565	10235	12584
7586	10238	9632
4856	12530	15863
7521	36985	15863
4568	12583	15478

9 筛选的数值

图25-20　筛选的数值

25.2.2　在新工作表中分级显示数据

按需求对工作报表设置分组显示数据，可以快速查看并汇总数据，并使数据看起来更清晰、更有条理。现在，我们就将工作表分为3个时段来进行数据显示，具体操作步骤如下。

1 步骤 Step❶将“月工作统计表”工作簿中原始数据复制到Sheet2工作表中并重命名为“分级显示数据”，如图25-21所示。

15	10月12日	7586	10238	9632
16	10月13日	4856	12530	9854
17	10月14日	3685	8546	7852
18	10月15日	7586	3215	19632
19	10月16日	4859	9563	15863
20	10月17日	6854	7582	12548
21	10月18日	7521	9562	9632
22	10月1			15829
23	10月20日	5632	9865	15478

原始数据 分级显示数据 Sheet3

❶分级显示工作簿

图25-21　新建工作簿

2 步骤 Step❷在“分级显示数据”工作表中的10日、20日和31日处设置为上旬、中旬、下旬段，如图25-22所示。

10月10日	6548	9658	2586	75632
上旬				
10月11日	7565	10235	12584	41583
10月12日	7586	10238	9632	15480
10月13日	4856	12530	9854	56983
10月14日	3685	8546	7852	12586
10月15日	7586	3215	19632	12536
10月16日	4859	9563	15863	12548
10月17日	6854	7582	12548	6988
10月18日	7521	9562	9632	15421
10月19日	7632	4885	15829	5875
10月20日	5632	9865	15478	6985
中旬				

❷设置

图25-22　设置分级

3 步骤 Step❸分别对各时段各产品的产量进行求和运算，如图25-23所示。

13	10月10日	6548	9658	2586	75632
14	上旬	58211	59921		138
15	10月11日	7565	10235	12584	41583
16	10月12日	7586	10238	9632	15480
17	10月13日	4856	12530	9854	56983
18	10月14日	3685	8546	7852	12586
19	10月15日	7586	3215	19632	12536
20	10月16日	4859	9563	15863	12548
21	10月17日	6854	7582	12548	6988
22	10月18日	7521	9562	9632	15421
23	10月19日	7632	4885	15829	5875
24	10月20日	5632	9865	15478	6985
25	中旬	63776	86221	128904	186985

❸求和

图25-23　对各时段进行运算

4 步骤 Step❹选择A4:G37单元格，Step❺单击“数据”选项卡下“分级显示”组中“创建组”的下三角按钮，Step❻单击“自动建立分级显示”按钮，如图25-24所示。

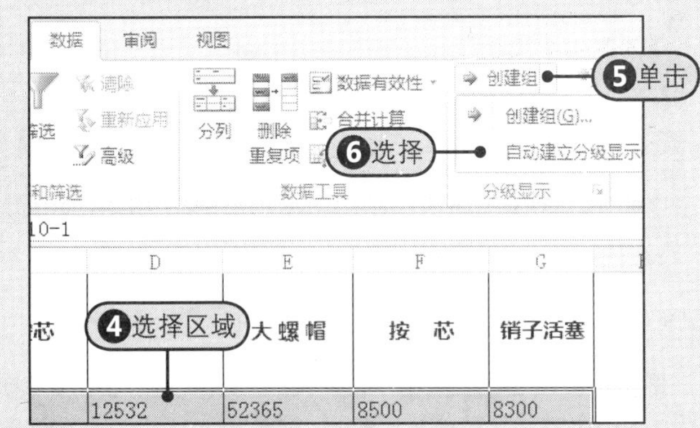

图25-24　建立分级显示

5 步骤 Step❼此时，工作表左侧即为设置的分级显示符号，如图25-25所示。

	A	B	C
4	10月1日	5500	9865
5	10月2日	6500	5321
6	10月3日	5000	6895
7	10月4日	4500	4852
8	10月5日	4300	7985
9	10月6日	6500	4856
10	10月7日	8500	3546
11	10月8日	8300	4589
12	10月9日	4563	2354
13	10月10日	6548	9658
14	上旬	58211	59921
15	10月11日	7565	10235

❼分级显示符号

图25-25　分级显示符号

6 步骤 Step❽单击“分级显示”组中的“隐藏明细数据”按钮，此时，Step❾工作簿即只显示上、中、下旬级的产量数据，如图25-26所示。

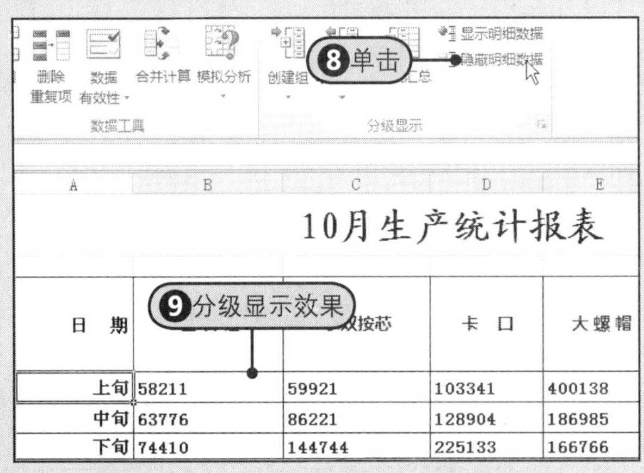

图25-26　分级显示效果

25.2.3 使用SUMIF公式创建产量统计报表

我们还可以利用Excel 2010的函数公式来轻松地创建产量统计报表。现在，我们就使用SUMIF公式创建产量统计报表，具体操作步骤如下。

1 步骤 Step 1 在“月工作统计表”工作簿中新建“10月产量统计表”工作表，并输入统计报表的时间段和品名，如图25-27所示。

图25-27 创建统计表

2 步骤 Step 2 现对“左右钮”产品上旬数量进行统计，在B3单元格中输入公式“=SUMIF(原始数据!A4:A34,″<=2010年10月10日″,原始数据!B4:B34)”，公式运算结果如图25-28所示。

图25-28 插入SUMIF公式

3 步骤 Step 3 拖动B3单元格右下角的填充柄，向右复制公式至G3单元格，得到其他产品上旬的运算数据，如图25-29所示。

图25-29 复制公式

4 步骤 Step 4 对“左右钮”产品中旬数量进行统计，在B4单元格中输入公式“=SUMIF(原始数据!A4:A34,″<=2010年10月10日″,原始数据!B4:B34)-B3”，公式运算结果如图25-30所示。

图25-30 插入SUMIF公式

5 步骤 Step 5 拖动B4单元格右下角的填充柄，向右复制公式至G4单元格，得到其他产品中旬的运算数据，如图25-31所示。

图25-31 复制公式

6 步骤 Step 6 对“左右钮”产品下旬数量进行统计，在B5单元格中输入公式“=SUMIF(原始数据!A4:A34,″>2010年10月20日″,原始数据!B4:B34)”，公式运算结果如图25-32所示。

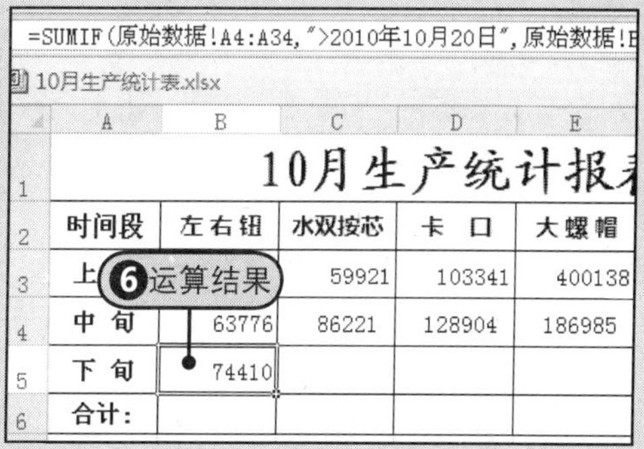

图25-32 插入SUMIF公式

7 步骤 Step7 拖动B5单元格右下角的填充柄，向右复制公式至G5单元格，得到其他产品下旬的运算数据，如图25-33所示。

图25-33 复制公式

8 步骤 Step8 选择B3:G5单元格，Step9 单击“自动求和”按钮，Step10 工作簿中B6:G6即显示出所有产品的总产量，如图25-34所示。

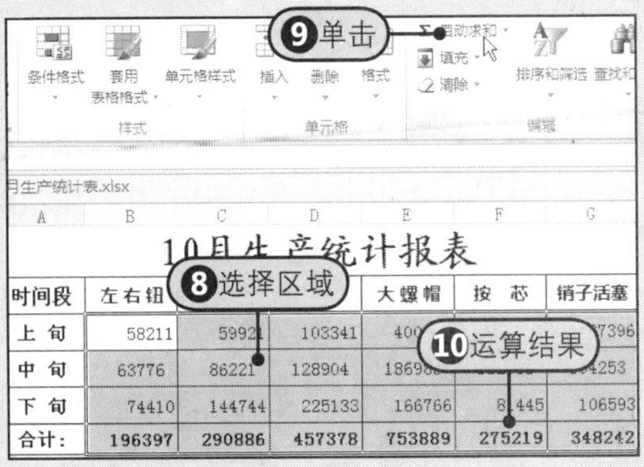

图25-34 总产量统计

25.2.4 创建单元格迷你图表

为报表添加迷你图，可更加直观地看到各种产品每日生产数据的变化。现在，我们就来为本报表添加迷你图，具体操作步骤如下。

1 步骤 Step1 单击“插入”标签，Step2 单击该选项卡中“迷你图”组中的“列”按钮，如图25-35所示。

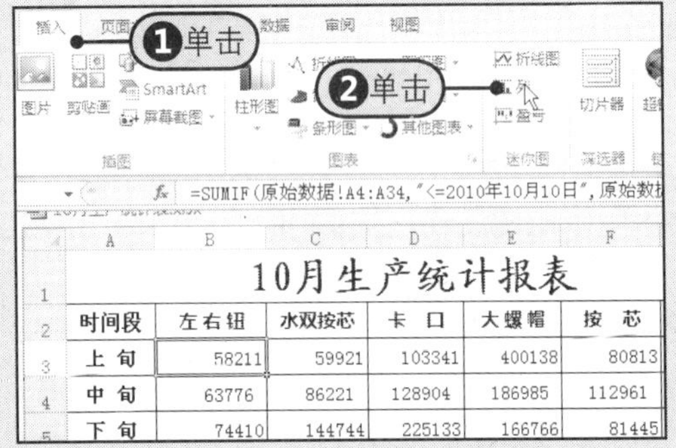

图25-35 为报表添加迷你图

3 步骤 Step6 此时，“左右钮”列下方的单元格B6中将显示添加的迷你图，如图25-37所示。

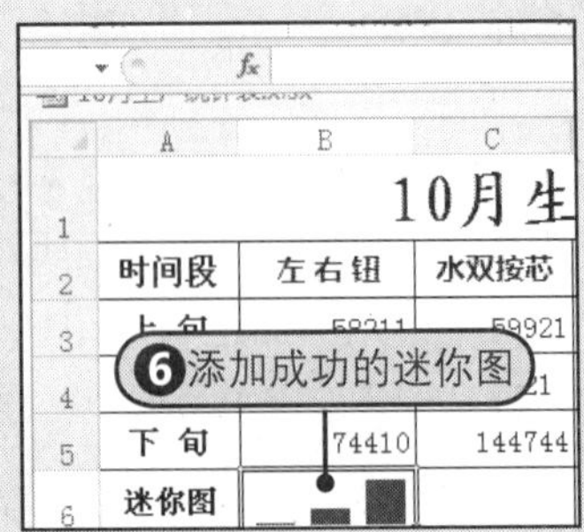

图25-37 添加成功的迷你图

2 步骤 Step3 在弹出的对话框中选择相应数据，如要给“左右钮”产品添加迷你图，则在“数据范围”栏中选择B3:B5单元格，Step4 在“位置范围”栏中选择迷你图要放置的位置，如B6列，Step5 然后单击“确定”按钮，如图25-36所示。

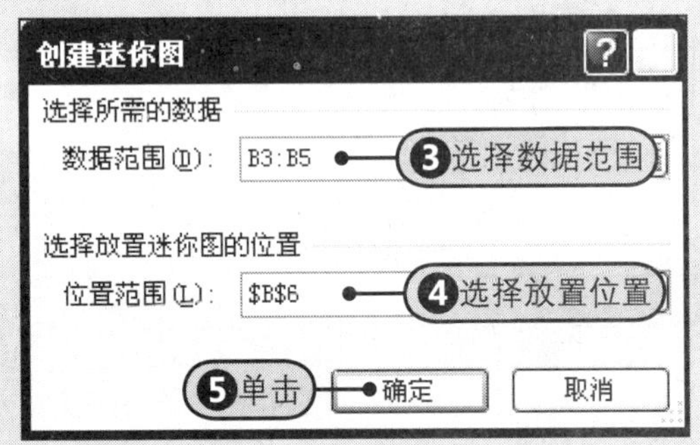

图25-36 选择数据和放置位置

4 步骤 Step7 拖动B6单元格右下角的填充柄，向右复制公式到G6单元格，对所有产品添加迷你图，最后的报表迷你图效果，如图25-38所示。

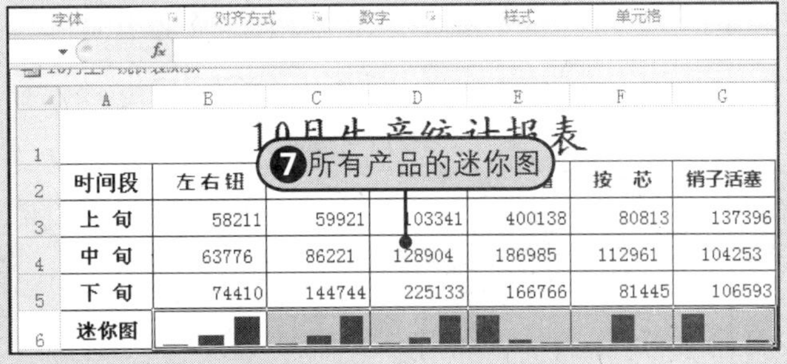

图25-38 所有产品添加的迷你图

25.2.5 创建该月产量趋势变化图表

Excel 2010软件具有超强的图表功能和数据分析功能，能让工作簿中的数据以更加直观的方式呈现出来；程序中还内置各种各样的分析图表，用户可根据需求来选择所需的分析图样。现在，我们就来为10月生产报表制作折线分析图，具体操作步骤如下。

1 步骤 Step1 选择B2:G5单元格，Step2 单击“插入”选项卡中“图表”组中的“折线图”的下三角形按钮，Step3 选择开的下拉列表中的“带数据标记的折线图”，如图25-39所示。

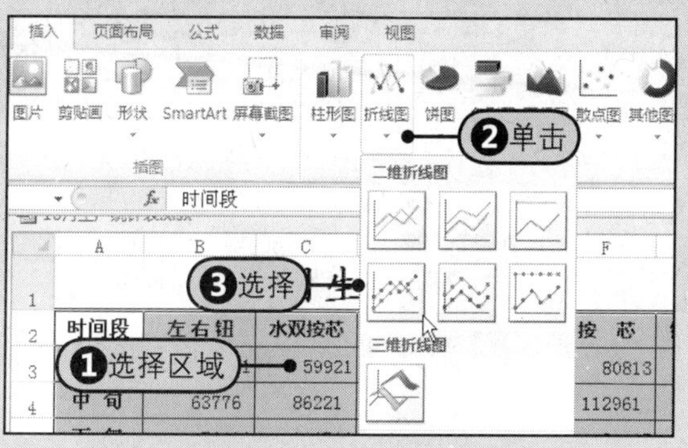

图25-39 选择折线图类型

2 步骤 Step4 右击屏幕中显示折线图，Step5 从快捷菜单中选择“选择数据”命令，如图25-40所示。

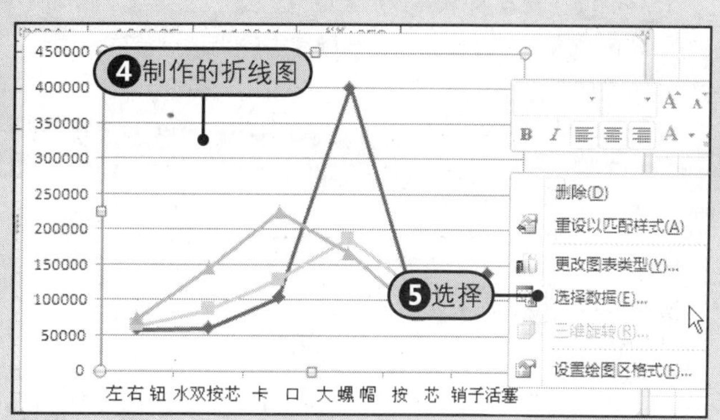

图25-40 设置折线图

3 步骤 Step6 单击“选择数据源”对话框中的“切换行/列”按钮，如图25-41所示。

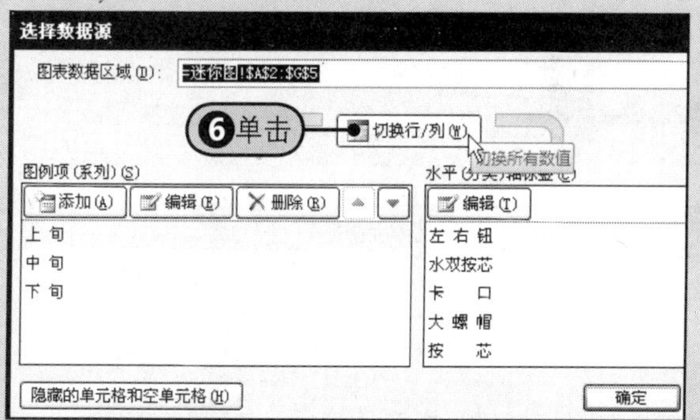

图25-41 设置折线图行列坐标

4 步骤 Step7 单击“确定”按钮后，工作簿中显示更改设置后折线图，如图25-42所示。

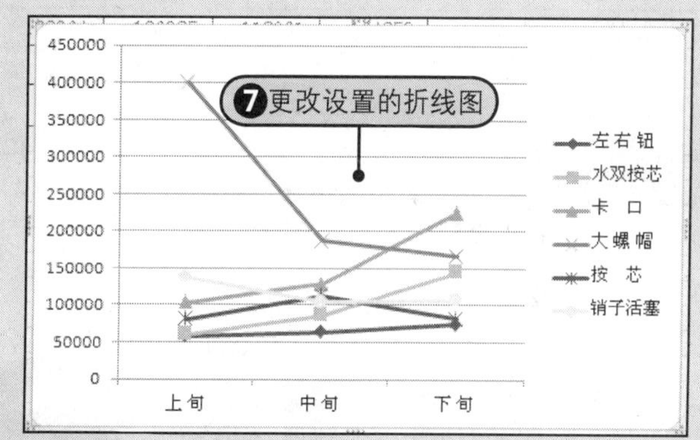

图25-42 设置后的折线图

5 步骤 Step8 双击图表中任意位置，单击图表设计工具中“布局”选项卡中的“图表标题”按钮，从弹出的下拉列表中选择“图表上方”命令，如图25-43所示。

图25-43 为折线图添加标题

6 步骤 Step9 在图表中标题位置处输入图表标题，如图25-44所示。

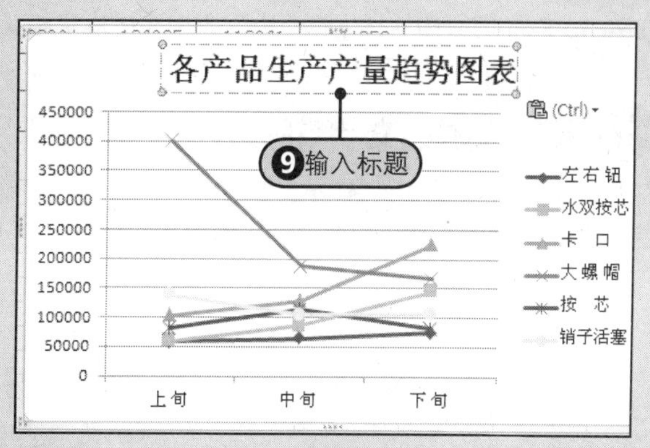

图25-44 输入图表标题

25.3 制作月工作总结报告演示文稿

将工作总结报告制作成演示文稿，可以将Word文档的文字信息和Excel的数据信息完美结合，再配合报告人员的现场演讲，就能使工作报告变得更生动和直观。现在，我们就以演示文稿的形式来制作一份月工作总结报告。

25.3.1 创建“项目状态报告”模板文稿

在PowerPoint 2010中包括了各种报告的内置模板，用户可根据需要利用这些模板来制作出精美的报告。其具体操作步骤如下。

Step1 在新建的演示文稿中单击“文件”按钮，Step2 选择该下拉菜单下的“新建”命令，Step3 单击“样本模板”按钮，Step4 双击打开的样本模板库中的“项目状态报告”。Step5 此时，窗口立即显示出“项目状态报告”的文稿模板，如图25-45所示。

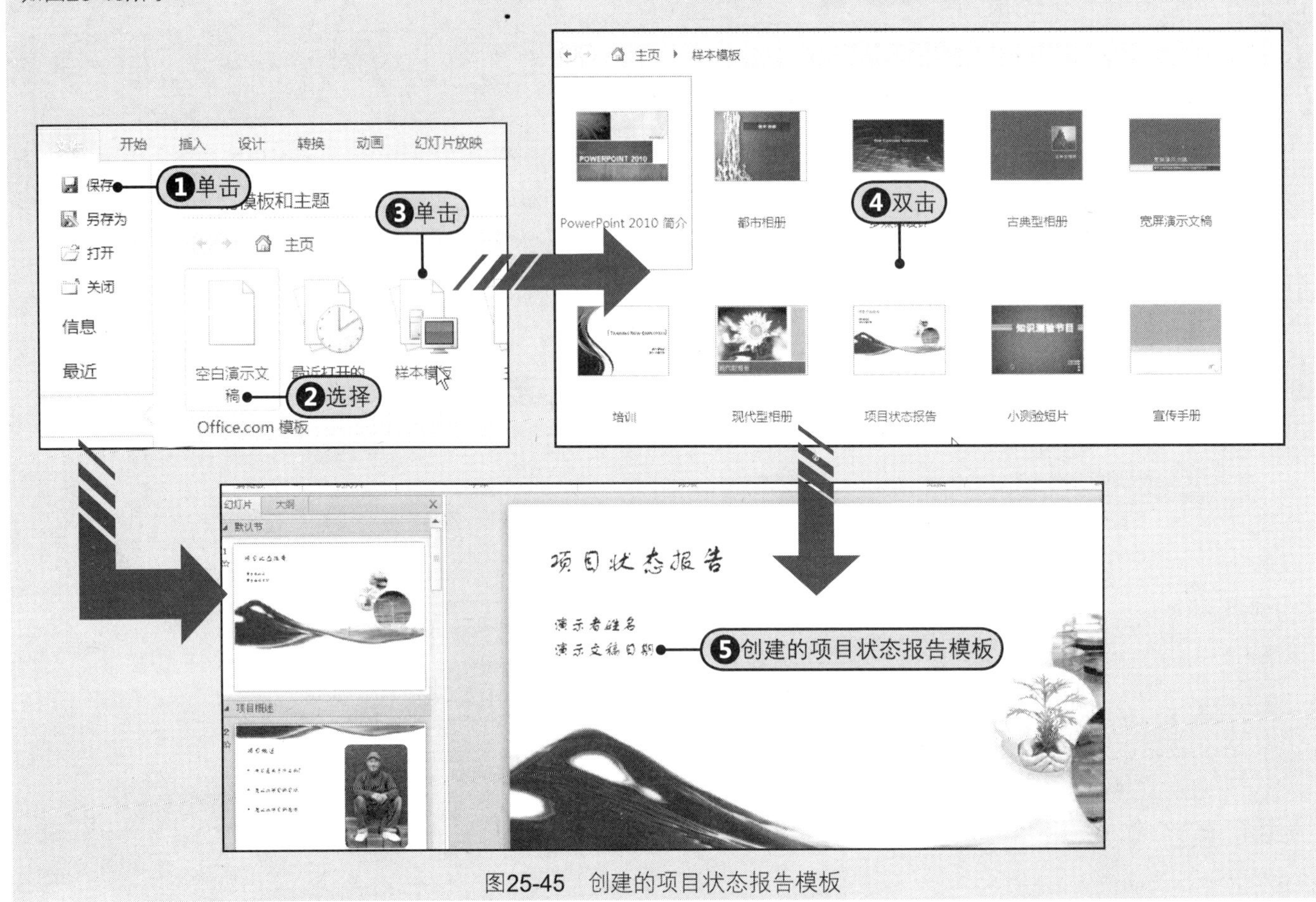

图25-45 创建的项目状态报告模板

25.3.2 根据模板架构编辑月工作报表文稿

在PowerPoint 2010的样本模板中，为用户提供了相关的模板架构，用户只需根据制作的需求在相应位置输入内容，即可完成月工作报表的制作。现在，我们就根据“项目状态报告”模板的架构来制作月工作报表文稿。

❶ 编辑文稿的文字与图片内容

打开附书光盘\实例文件\第25章\原始文件\项目状态报告.pptx演示文稿，我们看到该文稿中已输入了关于月工作报表的文本信息。我们可以对文稿中的文字和图片进行编辑，从而使其更加整齐美观，具体操作步骤如下。

Step 1 对文稿中的文本内容进行字体格式和段落格式的设置，可以使其看上去更加美观、整齐和具有层次感，如图25-46所示。

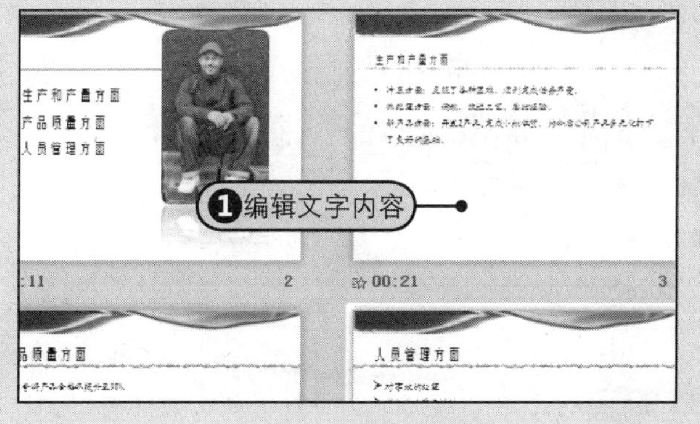

图25-46 编辑文字内容

Step 2 给文稿添加图片并对图片进行调整，可以用来进一步美化文稿，如图25-47所示。

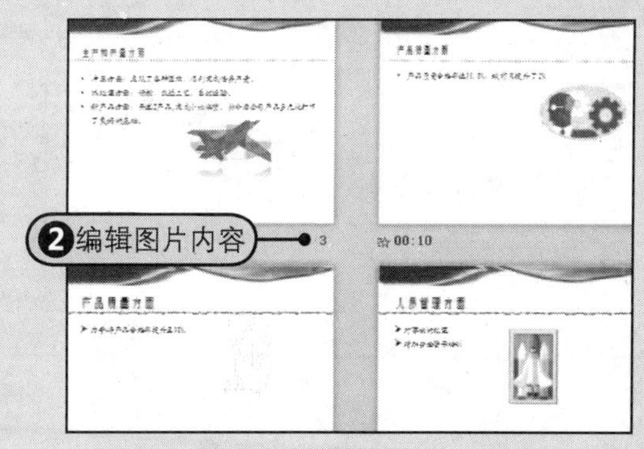

图25-47 编辑图片内容

2 插入Excel中的10月生产报表折线图

在制作工作报表演示文稿时插入Excel中的10月生产报表折线图，报告者就不必再启动Excel 2010程序了。要将折线图插入到工作报表文稿中，具体操作步骤如下。

Step 1 打开“10月生产统计报表.xlsx”工作簿，右击工作簿中的折线图，选择快捷菜单中的“复制”命令，Step 2 在“10月生产统计报表”中要插入图表的幻灯片中右击，选择快捷菜单中的“保留源格式和嵌入工作簿”按钮，Step 3 屏幕立即显示插入的折线图，如图25-48所示。

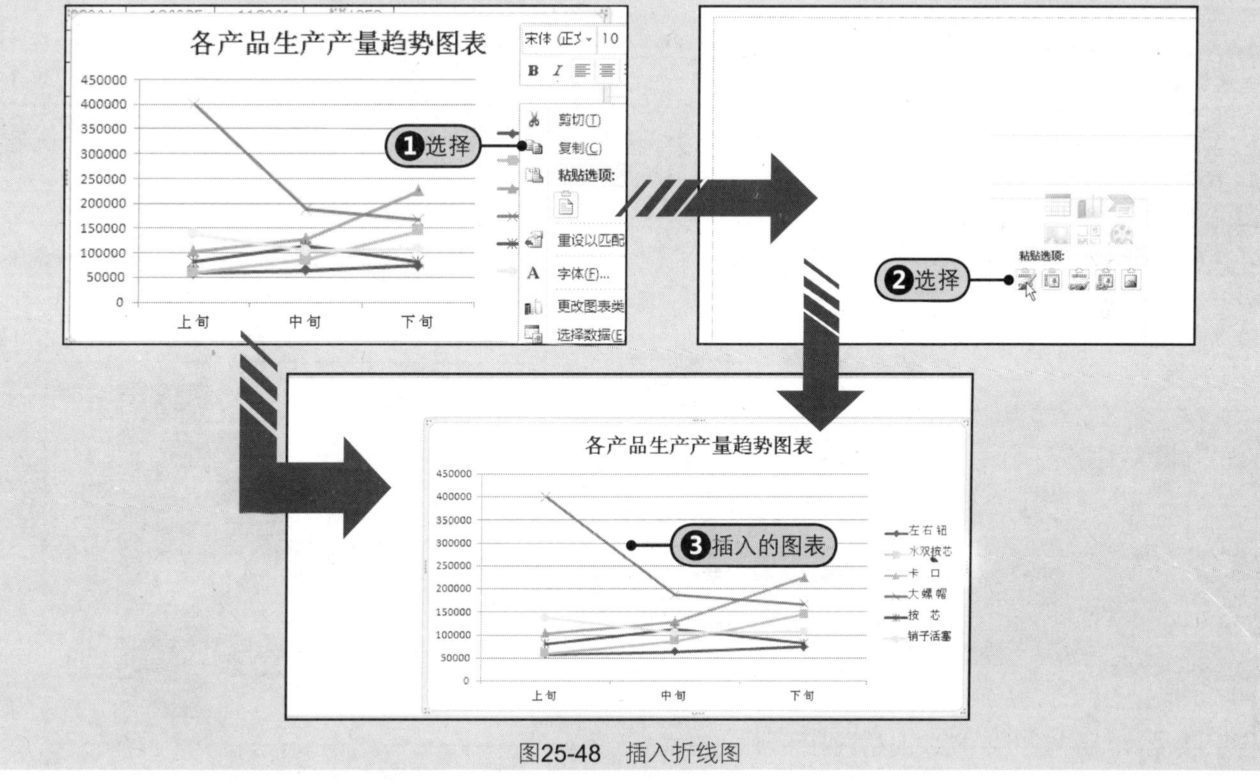

图25-48 插入折线图

3 使用“屏幕截图”截取Word文档中的精美图片

打开附书光盘\实例文件\第25章\最终文件\月工作报告.docx电子文档，现在我们将“工作书面报告”文档中的图片截取到当前演示文稿中，其具体操作步骤如下。

Step 1 选择要放置屏幕截图的幻灯片，Step 2 单击“插入”选项卡下“图像”组中的“屏幕截图”按钮，Step 3 单击展开的“可用视窗”中的“月工作报告.docx”图标，Step 4 此时，幻灯片中显示出该文档图片，Step 5 单击“图片工具-格式”选项卡下的“裁剪”按钮，将图片以外的部分裁剪掉，Step 6 裁剪后的效果如图25-49所示。

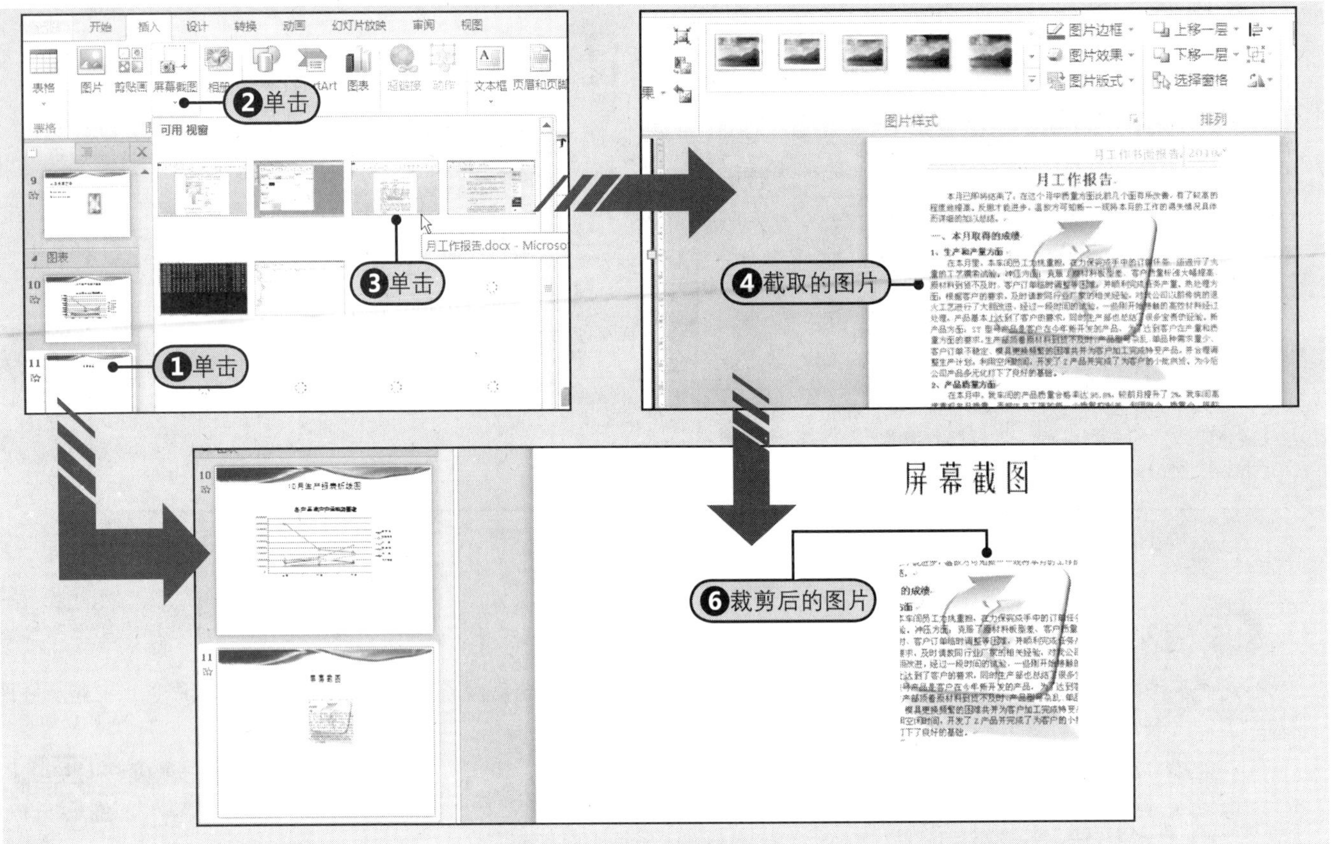

图25-49　屏幕截图

25.3.3　对文稿进行排练计时

当演示文稿的内容制作完成后，可通过排练计时来控制每张幻灯片播放的时长。要对文稿进行排练计时，具体操作步骤如下。

1 步骤 Step1 单击“幻灯片放映”标签，Step2 单击“设置”组中的“排练计时”按钮，如图25-50所示。

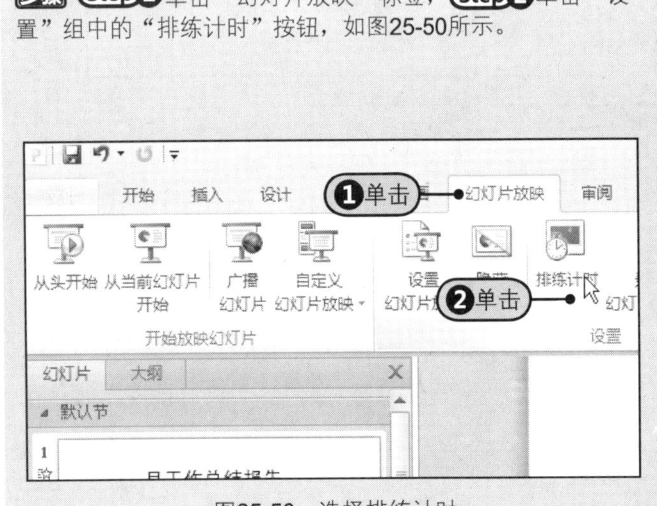

图25-50　选择排练计时

2 步骤 Step3 此时屏幕切换至全屏放映并出现时间录制条，其中显示有当前幻灯片的放映时长，Step4 并显示目前幻灯片放映总时长，如图25-51所示。

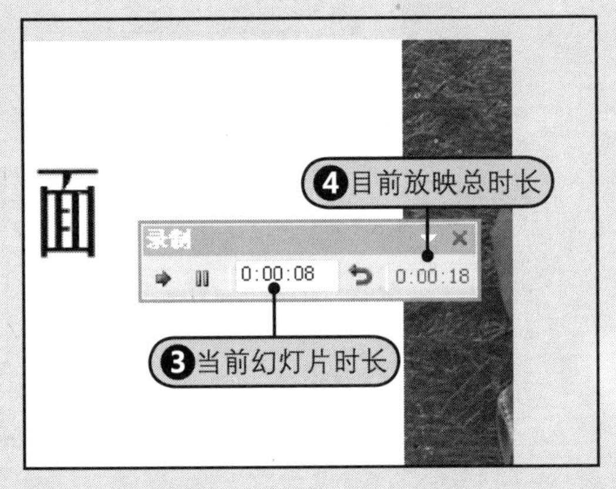

图25-51　对文稿进行排练计时

25.3.4　打包演示文稿

将制作完成的演示文稿打包能将演示文稿中的链接及路径完整地保存下来。要将演示文稿进行打包，具体操作步骤如下。

1 步骤 Step 1 选择“文件”下拉菜单下的“共享”命令，Step 2 双击该列表中“文件类型”组中的“将演示文稿打包成CD”选项，如图25-52所示。

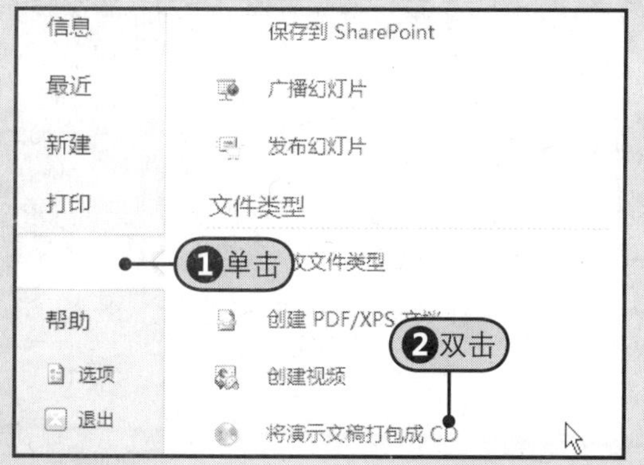

图25-52　选择文件类型

2 步骤 Step 3 单击打开的“打包成CD”对话框中的“复制到文件夹”按钮，如图25-53所示。

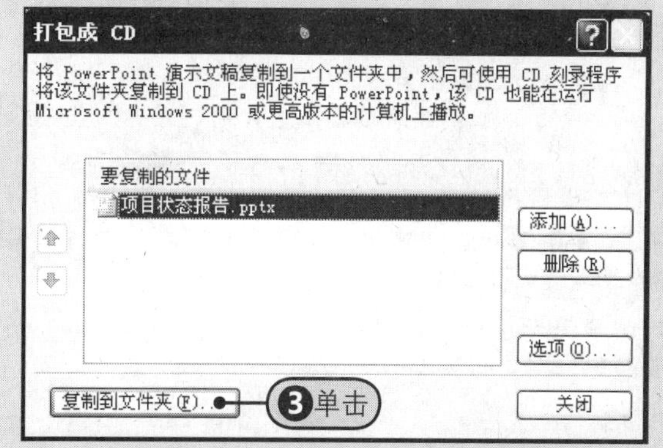

图25-53　“打包成CD”对话框

3 步骤 Step 4 在打开的“复制到文件夹”对话框中的“文件夹名称”框中输入名称，如“项目状态报告CD”，Step 5 单击“浏览”按钮，在弹出的对话框中为文件夹选择位置，Step 6 然后单击“确定”按钮，如图25-54所示。

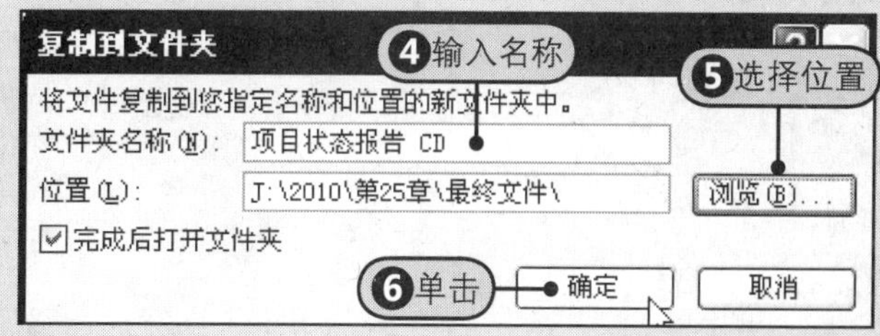

图25-54　设置文件夹信息

4 步骤 Step 7 单击屏幕，弹出提示对话框中的“是”按钮，如图25-55所示。

图25-55　提示对话框

5 步骤 Step 8 此时，屏幕即显示出文件正在复制状态，如图25-56所示。

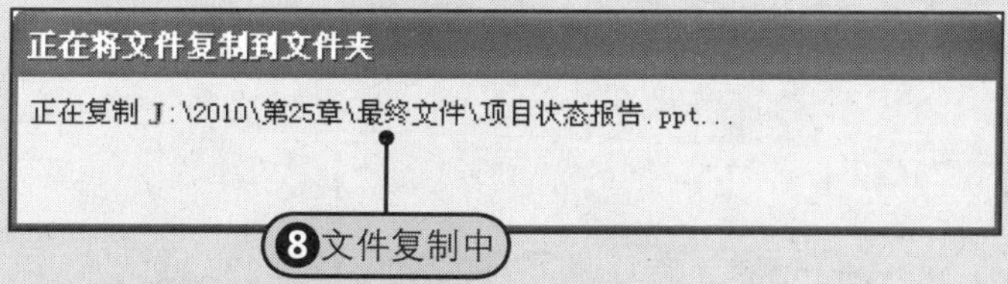

图25-56　文件复制中

6 步骤 Step 9 文件复制完后，打开的文件夹位置处会显示刚刚打包成功的文稿，如图25-57所示。

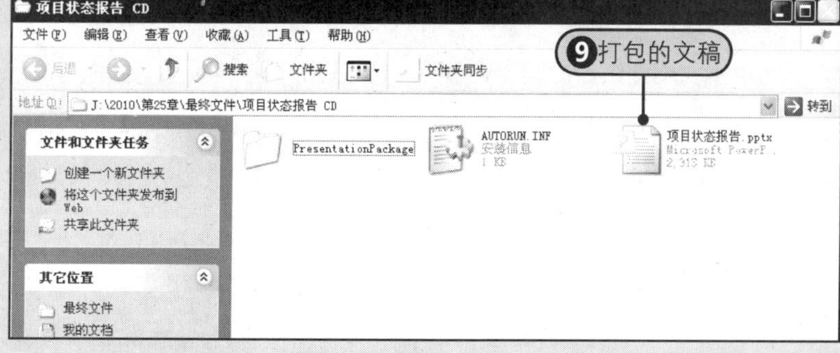

图25-57　打包成功的文稿

读者意见调查表

读者服务

亲爱的读者：

衷心感谢您购买和阅读了我们的图书。为了给您提供更好的服务，帮助我们改进和完善图书出版，请填写本读者意见调查表，十分感谢。

您可以通过以下方式之一反馈给我们。

① 邮　　寄：北京市朝阳区大屯路风林西奥中心B座20层　中国科学出版集团新世纪书局
　　办公室　收　（邮政编码：100101）

② 电子信箱：ncpress_market@vip.sina.com

我们将从中选出意见中肯的热心读者，赠与您另外一本相关图书。同时，我们将充分考虑您的建议，并尽可能给您满意的答复。谢谢！

读者资料

姓　名：　　　　性　别：□男 □女　　　　年　龄：

职　业：　　　　文化程度：　　　　电　话：

通信地址：　　　　电子信箱：

意见调查

书名：《Office 2010从入门到精通》

◎ 您是如何得知本书的：
□别人推荐　□书店　□出版社图书目录
□杂志、报纸等的介绍（请指明）　□其他（请指明）

◎ 影响您购买本书的因素重要性（请排序）：
(1) 封面封底　(2) 版式装帧　(3) 价格　(4) 前言及目录
(5) 出版社声誉　(6) 作者声誉　(7) 内容的权威性　(8) 内容针对性
(9) 实用性　(10) 书评广告　(11) 讲解的可操作性

对本书的总体评价

◎ 在您选购本书的时候哪一点打动了您，使您购买了这本书而非同类其他书？

◎ 阅读本书之后，您对本书的总体满意度：　□5分 □4分 □3分 □2分 □1分

◎ 本书令您最满意和最不满意的地方是：

关于本书的装帧形式

◎ 您对本书的封面设计及装帧设计的满意度：　□5分 □4分 □3分 □2分 □1分

◎ 您对本书正文版式的满意度：　□5分 □4分 □3分 □2分 □1分

◎ 您对本书的印刷工艺及装订质量的满意度：　□5分 □4分 □3分 □2分 □1分

◎ 您的建议：

关于本书的内容方面

◎ 您对本书整体结构的满意度：　□5分 □4分 □3分 □2分 □1分

◎ 您对本书的实例制作的技术水平或艺术水平的满意度：　□5分 □4分 □3分 □2分 □1分

◎ 您对本书的文字水平和讲解方式的满意度：　□5分 □4分 □3分 □2分 □1分

◎ 您的建议：

读者的阅读习惯调查

◎ 您喜欢阅读的图书类型：　□实例类 □入门类 □提高类 □技巧类 □手册类

◎ 您现在最想买而买不到的是什么书？

特别说明

如果您是学校或者培训班教师，选用了本书作为教材，请在这里注明您对本书作为教材的评价，我们会尽力为您提供更多方便教学的材料，谢谢！